DIN-Taschenbuch 86

Für das Fachgebiet Bauleistungen bestehen folgende DIN-Taschenbücher:

TAB   Titel

70 Bauleistungen	1.	Putz- und Stuckarbeiten VOB/StLB. Normen
71 Bauleistungen	2.	Abdichtungsarbeiten VOB/StLB. Normen
72 Bauleistungen	3.	Dachdeckungsarbeiten, Dachabdichtungsarbeiten VOB/StLB. Normen
73 Bauleistungen	4.	Estricharbeiten, Gußasphaltarbeiten VOB/StLB. Normen
74 Bauleistungen	5.	Parkettarbeiten. Bodenbelagarbeiten. Holzpflasterarbeiten VOB/StLB. Normen
75 Bauleistungen	6.	Erdarbeiten, Verbauarbeiten, Rammarbeiten. Einpreßarbeiten. Naßbaggerarbeiten, Untertagebauarbeiten VOB/StLB/STLK. Normen
76 Bauleistungen	7.	Verkehrswegebauarbeiten. Oberbauschichten ohne Bindemittel, Oberbauschichten mit hydraulischen Bindemitteln. Oberbauschichten aus Asphalt, Pflasterdecken, Plattenbeläge und Einfassungen VOB/StLB/STLK. Normen
77 Bauleistungen	8.	Mauerarbeiten VOB/StLB/STLK. Normen
78 Bauleistungen	9.	Beton- und Stahlbetonarbeiten VOB/StLB. Normen
79 Bauleistungen	10.	Naturwerksteinarbeiten. Betonwerksteinarbeiten VOB/StLB. Normen
80 Bauleistungen	11.	Zimmer- und Holzbauarbeiten VOB/StLB. Normen
81 Bauleistungen	12.	Landschaftsbauarbeiten VOB/StLB/STLK. Normen
82 Bauleistungen	13.	Tischlerarbeiten VOB/StLB. Normen
83 Bauleistungen	14.	Metallbauarbeiten, Schlosserarbeiten VOB/StLB/STLK. Normen
84 Bauleistungen	15.	Heizanlagen und zentrale Wassererwärmungsanlagen VOB/StLB. Normen
85 Bauleistungen	16.	Lüftungstechnische Anlagen VOB/StLB. Normen
86 Bauleistungen	17.	Klempnerarbeiten VOB/StLB. Normen
87 Bauleistungen	18.	Trockenbauarbeiten VOB/StLB. Normen
88 Bauleistungen	19.	Entwässerungskanalarbeiten, Druckrohrleitungsarbeiten im Erdreich. Dränarbeiten. Sicherungsarbeiten an Gewässern, Deichen und Küstendünen VOB/StLB. Normen
89 Bauleistungen	20.	Fliesen- und Plattenarbeiten VOB/StLB. Normen
90 Bauleistungen	21.	Dämmarbeiten an technischen Anlagen VOB/StLB. Normen, Verordnungen
91 Bauleistungen	22.	Bohrarbeiten, Brunnenbauarbeiten. Wasserhaltungsarbeiten VOB/StLB/STLK. Normen
92 Bauleistungen	23.	Förderanlagen, Aufzugsanlagen, Fahrtreppen und Fahrsteige VOB/StLB. Normen
93 Bauleistungen	24.	Stahlbauarbeiten VOB/StLB. Normen
94 Bauleistungen	25.	Fassadenarbeiten VOB/StLB. Normen
95 Bauleistungen	26.	Gas-, Wasser- und Abwasser-Installationsarbeiten innerhalb von Gebäuden VOB/StLB. Normen
96 Bauleistungen	27.	Beschlagarbeiten VOB/StLB. Normen
97 Bauleistungen	28.	Maler- und Lackierarbeiten VOB/StLB. Normen
98 Bauleistungen	29.	Elektrische Kabel- und Leitungsanlagen in Gebäuden VOB. Normen
99 Bauleistungen	30.	Verglasungsarbeiten VOB/StLB. Normen

DIN-Taschenbücher aus den Fachgebieten "Bauwesen" siehe Seite 639 und "Bauen in Europa" siehe Seite 640.

DIN-Taschenbücher sind vollständig oder nach verschiedenen thematischen Gruppen auch im Abonnement erhältlich.

Für Auskünfte und Bestellungen wählen Sie bitte im Beuth Verlag Tel.: (030) 2601 - 2260.

Inhalt

Die in den Verzeichnissen in Verbindung mit einer DIN-Nummer verwendeten Abkürzungen bedeuten:

A   Änderung

E   Entwurf

E EN   Entwurf für eine Europäische Norm (EN), deren Deutsche Fassung den Status einer Deutschen Norm erhalten soll

EN   Europäische Norm (EN), deren Deutsche Fassung den Status einer Deutschen Norm erhalten hat

EN ISO   Europäische Norm (EN), in die eine Internationale Norm (ISO) unverändert übernommen wurde und deren Deutsche Fassung den Status einer Deutschen Norm hat

> **Maßgebend für das Anwenden jeder in diesem DIN-Taschenbuch abgedruckten Norm ist deren Fassung mit dem neuesten Ausgabedatum.**
>
> **Bei den abgedruckten Norm-Entwürfen wird auf den Anwendungswarnvermerk verwiesen.**
>
> **Vergewissern Sie sich bitte im aktuellen DIN-Katalog mit neuestem Ergänzungsheft oder fragen Sie: (0 30) 26 01 - 22 60.**

Die deutsche Normung

Grundsätze und Organisation

Normung ist das Ordnungsinstrument des gesamten technisch-wissenschaftlichen und persönlichen Lebens. Sie ist integrierender Bestandteil der bestehenden Wirtschafts-, Sozial- und Rechtsordnungen.

Normung als satzungsgemäße Aufgabe des DIN Deutsches Institut für Normung e.V. *) ist die planmäßige, durch die interessierten Kreise gemeinschaftlich durchgeführte Vereinheitlichung von materiellen und immateriellen Gegenständen zum Nutzen der Allgemeinheit. Sie fördert die Rationalisierung und Qualität in Wirtschaft, Technik, Wissenschaft und Verwaltung. Normung dient der Sicherheit von Menschen und Sachen, der Qualitätsverbesserung in allen Lebensbereichen sowie einer sinnvollen Ordnung und der Information auf dem jeweiligen Normungsgebiet. Die Normungsarbeit wird auf nationaler, regionaler und internationaler Ebene durchgeführt.

Träger der Normungsarbeit ist das DIN, das als gemeinnütziger Verein Deutsche Normen (DIN-Normen) erarbeitet. Sie werden unter dem Verbandszeichen

vom DIN herausgegeben.

Das DIN ist eine Institution der Selbstverwaltung der an der Normung interessierten Kreise und als die zuständige Normungsorganisation für das Bundesgebiet durch einen Vertrag mit der Bundesrepublik Deutschland anerkannt.

Information

Über alle bestehenden DIN-Normen und Norm-Entwürfe informieren der jährlich neu herausgegebene DIN-Katalog für technische Regeln und die dazu monatlich erscheinenden kumulierten Ergänzungshefte.

Die Zeitschrift DIN-MITTEILUNGEN + elektronorm – Zentralorgan der deutschen Normung – berichtet über die Normungsarbeit im In- und Ausland. Deren ständige Beilage "DIN-Anzeiger für technische Regeln" gibt sowohl die Veränderungen der technischen Regeln sowie die neu in das Arbeitsprogramm aufgenommenen Regelungsvorhaben als auch die Ergebnisse der regionalen und internationalen Normung wieder.

Auskünfte über den jeweiligen Stand der Normungsarbeit im nationalen Bereich sowie in den europäisch-regionalen und internationalen Normungsorganisationen vermittelt: Deutsches Informationszentrum für technische Regeln (DITR) im DIN, Postanschrift: 10772 Berlin, Hausanschrift: Burggrafenstraße 6, 10787 Berlin; Telefon: (0 30) 26 01 - 26 00, Telefax: (0 30) 26 28 125.

Bezug der Normen und Normungsliteratur

Sämtliche Deutsche Normen und Norm-Entwürfe, Europäische Normen, Internationale Normen sowie alles weitere Normen-Schrifttum sind beziehbar durch den organschaftlich mit dem DIN verbundenen Beuth Verlag GmbH, Postanschrift: 10772 Berlin, Hausanschrift: Burggrafenstraße 6, 10787 Berlin; Telefon: (0 30) 26 01 - 22 60, Telex: 184 273 din d, Telefax: (0 30) 26 01 - 12 60.

DIN-Taschenbücher

In DIN-Taschenbüchern sind für einen Fach- oder Anwendungsbereich wichtige DIN-Normen, auf Format A5 verkleinert, zusammengestellt. Die DIN-Taschenbücher haben in der Regel eine Laufzeit von drei Jahren, bevor eine Neuauflage erscheint. In der Zwischenzeit kann ein Teil der abgedruckten DIN-Normen überholt sein: Maßgebend für das Anwenden jeder Norm ist jeweils deren Fassung mit dem neuesten Ausgabedatum.

---

*) Im folgenden in der Kurzform DIN verwendet

Vorwort

Mit den DIN-Taschenbüchern der Reihe "Bauleistungen VOB" werden dem Praktiker jeweils auf bestimmte Arbeiten von Bauleistungen ausgerichtete Zusammenstellungen von DIN-Normen an die Hand gegeben, um die Arbeit im Büro und auf der Baustelle zu erleichtern.

Die "Verdingungsordnung für Bauleistungen" (VOB) wird durch den "Deutschen Verdingungsausschuß für Bauleistungen" (DVA) aufgestellt und weiterentwickelt. Seit ihrer ersten Einführung im Jahre 1926 bilden die Teile B (DIN 1961 "Allgemeine Vertragsbedingungen für die Ausführung von Bauleistungen") und C ("Allgemeine technische Vertragsbedingungen für Bauleistungen" – ATV –) der VOB, als sinnvolle – speziell auf die besonderen Bedingungen des Bauens ausgerichtete – Ergänzung des Werkvertragsrechts des Bürgerlichen Gesetzbuches (BGB), eine bewährte Grundlage für die rechtliche Ausgestaltung der Bauverträge.

In der VOB werden nur die im unmittelbaren Zusammenhang mit der Regelung stehenden DIN-Normen zitiert. Daneben sind bei der Ausführung von Bauleistungen selbstverständlich die anerkannten Regeln der Technik – zu denen die weiteren in Frage kommenden DIN-Normen zählen – und die gesetzlichen und behördlichen Bestimmungen zu beachten (DIN 1961 VOB Teil B § 4 Nr 2 Abs. (1)).

Das vom "Gemeinsamen Ausschuß Elektronik im Bauwesen" (GAEB) aufgestellte "Standardleistungsbuch für das Bauwesen" (StLB) wird ebenfalls vom DIN Deutsches Institut für Normung e. V.[1]) herausgegeben und enthält – gegliedert nach Leistungsbereichen – systematisch erfaßte Texte für die standardisierte Beschreibung aller gängigen Bauleistungen. Die technisch einwandfreien, straff formulierten Texte sind mit Schlüsselnummern versehen und ermöglichen entsprechend DIN 1960 VOB Teil A, Abschnitte 1, 2 und 3, jeweils § 9 Abs. (1), eine eindeutige, erschöpfende Leistungsbeschreibung, die sowohl manuell als auch mit Hilfe der Datenverarbeitung erfolgen kann. Die als Buch erschienenen Leistungsbereiche des StLB sind auch auf Datenträgern (Magnetband und Disketten) erhältlich. Zur voll integrierten Verarbeitung des StLB stehen geeignete DV-Programme und DV-Programmsysteme zur Verfügung. Hinweise auf die einschlägigen DIN-Normen sind in den einzelnen Leistungsbereichen eingearbeitet.

Auf den Abdruck der VOB Teil A (DIN 1960 "Allgemeine Bestimmungen für die Vergabe von Bauleistungen") ist verzichtet worden.

Zur Erläuterung sind jedoch die "Hinweise zu den Allgemeinen Bestimmungen für die Vergabe von Bauleistungen – VOB/A, DIN 1960, Ausgabe 1992 –" in diesem DIN-Taschenbuch abgedruckt.

VOB Teil A ist vollständig in dem Zusatzband "Verdingungsordnung für Bauleistungen – Allgemeine Bestimmungen für die Vergabe von Bauleistungen – VOB Teil A – DIN 1960"[1]) abgedruckt, der auch das "Zweite Gesetz zur Änderung des Haushaltsgrundsätzegesetzes" sowie die "Vergabeverordnung" enthält. Die VOB Teil B und die vollständige VOB Teil C sind in dem "VOB-Ergänzungsband 1998"[1]) abgedruckt.

---

[1]) Siehe Seite VIII

Die vorliegende 7. Auflage[2]) des DIN-Taschenbuches 86 "Klempnerarbeiten" enthält VOB Teil B "Allgemeine Vertragsbedingungen für die Ausführung von Bauleistungen", ATV DIN 18299 "Allgemeine Regelungen für Bauarbeiten jeder Art" und ATV DIN 18339 "Klempnerarbeiten" sowie die wichtigsten darin und in dem Leistungsbereich LB 022, des Standardleistungsbuches für das Bauwesen (StLB), zitierten Normen sowie Normen, die für deren Anwendung noch von Bedeutung sind.

Darüber hinaus wurden auch einige Europäische Norm-Entwürfe aufgenommen, um einen Ausblick auf weitere zukünftige normative Festlegungen zu geben.

Gegenüber der 6. Auflage haben sich bei einer Reihe von Normen Änderungen ergeben, die auch bei der Auswahl der abgedruckten Normen von Bedeutung waren.

Berlin, im September 1998

Normenausschuß Bauwesen (NABau) im DIN Deutsches Institut für Normung e.V. Dipl.-Ing. E. Vogel

---

[1]) Zu beziehen durch den Beuth Verlag GmbH, 10772 Berlin, Tel. (0 30) 26 01 - 22 60, Telefax (0 30) 26 01 - 12 60

[2]) Änderungsvorschläge für die nächste Auflage dieses DIN-Taschenbuches werden erbeten an das DIN Deutsches Institut für Normung e.V., Normenausschuß Bauwesen, 10772 Berlin

VIII

Hinweise für das Anwenden des DIN-Taschenbuches

Eine **Norm** ist das herausgegebene Ergebnis der Normungsarbeit.

Deutsche Normen (DIN-Normen) sind vom DIN Deutsches Institut für Normung e.V. unter dem Zeichen DIN herausgegebene Normen.

Sie bilden das Deutsche Normenwerk.

Eine **Vornorm** war bis etwa März 1985 eine Norm, zu der noch Vorbehalte hinsichtlich der Anwendung bestanden und nach der versuchsweise gearbeitet werden konnte. Seit April 1985 wird eine Vornorm nicht mehr als Norm herausgegeben. Damit können auch Arbeitsergebnisse, zu deren Inhalt noch Vorbehalte bestehen oder deren Aufstellungsverfahren gegenüber dem einer Norm abweicht, als Vornorm herausgegeben werden (Einzelheiten siehe DIN 820-4).

Eine **Auswahlnorm** ist eine Norm, die für ein bestimmtes Fachgebiet einen Auszug aus einer anderen Norm enthält, jedoch ohne sachliche Veränderungen oder Zusätze.

Eine **Übersichtsnorm** ist eine Norm, die eine Zusammenstellung aus Festlegungen mehrerer Normen enthält, jedoch ohne sachliche Veränderungen oder Zusätze.

Teil (früher Blatt) kennzeichnete bis Juni 1994 eine Norm, die den Zusammenhang zu anderen Teilen mit gleicher Hauptnummer dadurch zum Ausdruck brachte, daß sich die DIN-Nummern nur in den Zählnummern hinter dem Zusatz "Teil" voneinander unterschieden haben. Das DIN hat sich bei der Art der Nummernvergabe der internationalen Praxis angeschlossen. Es entfällt deshalb bei der DIN-Nummer die Angabe "Teil"; diese Angabe wird in der DIN-Nummer durch "-" ersetzt. Das Wort "Teil" wird dafür mit in den Titel übernommen. In den Verzeichnissen dieses DIN-Taschenbuches wird deshalb für alle ab Juli 1994 erschienenen Normen die neue Schreibweise verwendet.

Ein **Beiblatt** enthält Informationen zu einer Norm, jedoch keine zusätzlichen genormten Festlegungen.

Ein **Norm-Entwurf** ist das vorläufig abgeschlossene Ergebnis einer Normungsarbeit, das in der Fassung der vorgesehenen Norm der Öffentlichkeit zur Stellungnahme vorgelegt wird.

Die Gültigkeit von Normen beginnt mit dem Zeitpunkt des Erscheinens (Einzelheiten siehe DIN 820-4). Das Erscheinen wird im DIN-Anzeiger angezeigt.

Hinweise für den Anwender von DIN-Normen

Die Normen des Deutschen Normenwerkes stehen jedermann zur Anwendung frei.

Festlegungen in Normen sind aufgrund ihres Zustandekommens nach hierfür geltenden Grundsätzen und Regeln fachgerecht. Sie sollen sich als "anerkannte Regeln der Technik" einführen. Bei sicherheitstechnischen Festlegungen in DIN-Normen besteht überdies eine tatsächliche Vermutung dafür, daß sie "anerkannte Regeln der Technik" sind. Die Normen bilden einen Maßstab für einwandfreies technisches Verhalten; dieser Maßstab ist auch im Rahmen der Rechtsordnung von Bedeutung. Eine Anwendungspflicht kann sich aufgrund von Rechts- oder Verwaltungsvorschriften, Verträgen oder sonstigen Rechtsgründen ergeben. DIN-Normen sind nicht die einzige, sondern eine Erkenntnisquelle für technisch ordnungsgemäßes Verhalten im Regelfall. Es ist auch zu berücksichtigen, daß DIN-Normen nur den zum Zeitpunkt der jeweiligen Ausgabe herrschenden Stand der Technik berücksichtigen können. Durch das Anwenden von Normen entzieht sich niemand der Verantwortung für eigenes Handeln. Jeder handelt insoweit auf eigene Gefahr.

Jeder, der beim Anwenden einer DIN-Norm auf eine Unrichtigkeit oder eine Möglichkeit einer unrichtigen Auslegung stößt, wird gebeten, dies dem DIN unverzüglich mitzuteilen, damit etwaige Mängel beseitigt werden können.

DIN-Nummernverzeichnis

Hierin bedeuten:

●   Neu aufgenommen gegenüber der 6. Auflage des DIN-Taschenbuches 86

□   Geändert gegenüber der 6. Auflage des DIN-Taschenbuches 86

(en)   Von dieser Norm gibt es auch eine vom DIN herausgegebene englische Übersetzung

Dokument	Seite	Dokument	Seite	Dokument	Seite
DIN 1732-1 (en)	51	DIN 18299 (en)	21	DIN EN 1172 (en)	381
DIN 1748-3 (en)	59	DIN 18339 □	33	DIN EN 1462 □ (en)	389
DIN 1748-4 [1]) (en)	65	DIN 18460 (en)	183	DIN EN 1600 ● (en)	397
DIN 1751 (en)	75	DIN 50976 [1]) (en)	186	DIN EN 1652 ●	405
DIN 1759 (en)	80	DIN 52130	193	DIN EN 10088-2 ● (en)	442
DIN 1791 (en)	91	DIN 52143 (en)	196	DIN EN 10142 (en)	483
DIN 1961 □	1	DIN 59610 (en)	198	E DIN EN 10142 ●	494
DIN 4074-1	96	DIN EN 485-1 (en)	200	DIN EN 10143 (en)	517
DIN 4074-2 (en)	103	DIN EN 485-2 [1]) (en)	209	DIN EN 10147 (en)	525
DIN 7748-1	106	DIN EN 485-4 [1]) (en)	246	E DIN EN 10147 ●	536
DIN 8513-1 (en)	111	DIN EN 501 (en)	255	DIN EN 10169-1 ● (en)	559
DIN 8513-2 (en)	116	DIN EN 573-4 ● (en)	262	DIN EN 10214 ● (en)	573
DIN 8513-3 (en)	119	DIN EN 607 (en)	275	DIN EN 10215 ● (en)	582
DIN 8513-4 (en)	126	DIN EN 612 [1]) (en)	283	DIN EN 10258 ● (en)	590
DIN 8556-1	129	DIN EN 754-2 ● (en)	292	DIN EN 10259 ● (en)	599
DIN 17440 (en)	139	DIN EN 755-1 ● (en)	316	DIN EN 29453 (en)	608
DIN 17441 (en)	163	DIN EN 755-2 ● (en)	328	DIN EN 29454-1 (en)	615
DIN 17611 (en)	176	DIN EN 988 (en)	369		
DIN 17640-1 (en)	180	DIN EN 1045 ● (en)	377		

[1]) Siehe Druckfehlerberichtigung Seite 628

Gegenüber der letzten Auflage nicht mehr abgedruckte Normen

DIN 1055-4	–
DIN 1055-4/A1	–
DIN 1725-1	Ersetzt durch DIN EN 573-3, DIN EN 573-4
DIN 1747-1	Ersetzt durch DIN EN 754-2, DIN EN 755-2
DIN 1748-1	Ersetzt durch DIN EN 755-2
DIN 1748-2	Ersetzt durch DIN EN 755-1
DIN 8511-1	Ersetzt durch DIN EN 1045
DIN 17670-1	Ersetzt durch DIN EN 1652
DIN 17670-2	Ersetzt durch DIN EN 1652
DIN 18516-1	–
DIN 32767	Ersetzt durch DIN EN 1263-1
DIN 59381	Ersetzt durch DIN EN 10258
DIN 59382	Ersetzt durch DIN EN 10259
E DIN EN 504	–
E DIN EN 506	–
DIN ISO 3506	Ersetzt durch DIN EN ISO 3506-1, DIN EN ISO 3506-2, DIN EN ISO 3506-3

Verzeichnis abgedruckter Normen und Norm-Entwürfe

(nach Sachgebieten geordnet)

2.4 Baustoffe aus nichtrostendem Stahl

2.5 Baustoffe aus Kupfer

2.6 Baustoffe aus Blei

2.7 Baustoffe aus Aluminium

2.8 Sonstige Baustoffe

Übersicht über die Leistungsbereiche (LB) des Standardleistungsbuches für das Bauwesen (StLB)

LB-Nr	Bezeichnung
000	Baustelleneinrichtung
001	Gerüstarbeiten
002	Erdarbeiten
003	Landschaftsbauarbeiten
004	Landschaftsbauarbeiten; Pflanzen
005	Brunnenbauarbeiten und Aufschlußbohrungen
006	Bohr-, Verbau-, Ramm- und Einpreßarbeiten, Anker, Pfähle und Schlitzwände
007	Untertagebauarbeiten (z. Zt. zurückgezogen)[1]
008	Wasserhaltungsarbeiten
009	Entwässerungskanalarbeiten
010	Dränarbeiten
011	Abscheideranlagen, Kleinkläranlagen
012	Mauerarbeiten
013	Beton- und Stahlbetonarbeiten
014	Naturwerksteinarbeiten, Betonwerksteinarbeiten
016	Zimmer- und Holzbauarbeiten
017	Stahlbauarbeiten
018	Abdichtungsarbeiten
020	Dachdeckungsarbeiten
021	Dachabdichtungsarbeiten
022	Klempnerarbeiten
023	Putz- und Stuckarbeiten
024	Fliesen- und Plattenarbeiten
025	Estricharbeiten
027	Tischlerarbeiten
028	Parkettarbeiten, Holzpflasterarbeiten
029	Beschlagarbeiten
030	Rolladenarbeiten; Rollabschlüsse, Sektionaltore, Sonnenschutz- und Verdunkelungsanlagen
031	Metallbauarbeiten
032	Verglasungsarbeiten
033	Baureinigungsarbeiten
034	Maler- und Lackierarbeiten
035	Korrosionsschutzarbeiten an Stahl- und Aluminiumbaukonstruktionen
036	Bodenbelagarbeiten
037	Tapezierarbeiten
039	Trockenbauarbeiten
040	Heizanlagen und zentrale Wassererwärmungsanlagen; Wärmeerzeuger und zentrale Einrichtungen
041	Heizanlagen und zentrale Wassererwärmungsanlagen; Heizflächen, Rohrleitungen, Armaturen

LB-Nr	Bezeichnung
042	Gas- und Wasserinstallationsarbeiten; Leitungen und Armaturen
043	Druckrohrleitungen für Gas, Wasser und Abwasser
044	Abwasserinstallationsarbeiten; Leitungen, Abläufe
045	Gas-, Wasser- und Abwasserinstallationsarbeiten; Einrichtungsgegenstände, Sanitärausstattungen
046	Gas-, Wasser- und Abwasserinstallationsarbeiten; Betriebseinrichtungen
047	Wärme- und Kältedämmarbeiten an betriebstechnischen Anlagen
048	Sanitärausstattung für den medizinischen Bereich[1]
049	Feuerlöschanlagen, Feuerlöschgeräte
050	Blitzschutz- und Erdungsanlagen
051	Bauleistungen für Kabelanlagen
052	Mittelspannungsanlagen
053	Niederspannungsanlagen
055	Ersatzstromversorgungsanlagen
058	Leuchten und Lampen
059	Notbeleuchtung
060	Elektroakustische Anlagen, Sprechanlagen, Personenrufanlagen
061	Fernmeldeleitungsanlagen
063	Meldeanlagen
069	Aufzüge
070	Gebäudeautomation; Einrichtungen und Programme der Managementebene[1]
071	Gebäudeautomation; Automationseinrichtungen, Hardware und Funktionen[1]
072	Gebäudeautomation; Schaltschränke, Feldgeräte, Verbindungen
074	Raumlufttechnische Anlagen; Zentralgeräte und Bauelemente
075	Raumlufttechnische Anlagen; Luftverteilsysteme und Bauelemente
076	Raumlufttechnische Anlagen; Einzelgeräte
077	Raumlufttechnische Anlagen; Schuträume
078	Raumlufttechnische Anlagen; Kälteanlagen
080	Straßen, Wege, Plätze
081	Betonerhaltungsarbeiten

[1] In Vorbereitung

---

[1] In Vorbereitung

[2] Vertrieb Buch und Datenträger:
Deutsche Bahn AG
Geschäftsbereich Netz
Geschäftsführende Stelle System
Bauinformation
Postfach 21 02 29, 50528 Köln
Tel.: (02 21) 1 41 21 89,
Fax: (02 21) 1 41 32 27

Auskunft erteilt:

Gemeinsamer Ausschuß Elektronik
im Bauwesen (GAEB)
Deichmanns Aue 31–37, 53179 Bonn
Tel.: (02 28) 3 37 - 0, Durchwahl 337 - 51 42/3/5
Fax: (02 28) 3 37 - 30 60

Hinweise zu den Allgemeinen Bestimmungen
für die Vergabe von Bauleistungen
— VOB/A, DIN 1960, Ausgabe 1992 —

Anwendungsbereich

Abschnitt 1: Basisparagraphen

Die Regelungen gelten für die Vergabe von Bauaufträgen unterhalb des Schwellenwertes der EG-Baukoordinierungsrichtlinie (§ 1a) und der EG-Sektorenrichtlinie (§ 1b) durch Auftraggeber, die durch die Bundeshaushaltsordnung, die Landeshaushaltsordnungen und die Gemeindehaushaltsverordnungen zur Anwendung der VOB/A verpflichtet sind.

Abschnitt 2: Basisparagraphen mit zusätzlichen Bestimmungen nach der EG-Baukoordinierungsrichtlinie

1. Die Regelungen gelten für die Vergabe von Bauaufträgen, die den Schwellenwert der EG-Baukoordinierungsrichtlinie erreichen oder übersteigen (§ 1a) durch Auftraggeber, die zur Anwendung der EG-Baukoordinierungsrichtlinie verpflichtet sind.

2. Die Bestimmungen der a-Paragraphen finden keine Anwendung, wenn die unter Nr. 1 genannten Auftraggeber Bauaufträge auf dem Gebiet der Trinkwasser- oder Energieversorgung sowie des Verkehrs- oder Fernmeldewesens vergeben (vgl. Hinweise zu den Anwendungsbereichen der Abschnitte 3 und 4).

Abschnitt 3: Basisparagraphen mit zusätzlichen Bestimmungen nach der EG-Sektorenrichtlinie

Die Regelungen gelten für die Vergabe von Bauaufträgen durch Auftraggeber, die zur Anwendung der Vergabebestimmungen nach der EG-Sektorenrichtlinie (VOB/A – SKR) verpflichtet sind und daneben die Basisparagraphen anwenden.

Abschnitt 4: Vergabebestimmungen nach der EG-Sektorenrichtlinie (VOB/A – SKR)

Die Regelungen gelten für die Vergabe von Bauaufträgen, die den Schwellenwert der EG-Sektorenrichlinie erreichen oder übersteigen (§ 1 SKR), durch Auftraggeber, die auf dem Gebiet der Trinkwasser- oder Energieversorgung sowie des Verkehrs- oder Fernmeldewesens tätig sind.

Zu § 1 Abgrenzung der Bauleistungen

Unter § 1 fallen alle zur Herstellung, Instandhaltung oder Änderung einer baulichen Anlage zu montierenden Bauteile, insbesondere die Lieferung und Montage maschineller und elektrotechnischer Einrichtungen.

Nicht unter § 1 fallen Einrichtungen, die von der baulichen Anlage ohne Beeinträchtigung der Vollständigkeit oder Benutzbarkeit abgetrennt werden können und einem selbständigen Nutzungszweck dienen,

z. B.: — maschinelle und elektrotechnische Anlagen, soweit sie nicht zur Funktion einer baulichen Anlage erforderlich sind, z. B. Einrichtungen für Heizkraftwerke, für Energieerzeugung und -verteilung,

- öffentliche Vermittlungs- und Übertragungseinrichtungen,
- Kommunikationsanlagen (Sprach-, Text-, Bild- und Datenkommunikation), soweit sie nicht zur Funktion einer baulichen Anlage erforderlich sind,
- EDV-Anlagen und Geräte, soweit sie nicht zur Funktion einer baulichen Anlage erforderlich sind,
- selbständige medizintechnische Anlagen.

Zu § 3b Wahl der Vergabeart

Der nicht zur Anwendung verpflichtete Auftraggeber entscheidet, ob er bei der Wahl der Vergabearten nach § 3 vorgeht.

Zu § 8 Nr. 3 Buchst. f, § 5 SKR Nr. 2 Buchst. f
Angabe des Berufsregisters

Von den Bewerbern oder Bietern dürfen zum Nachweis ihrer Eignung auch der Nachweis ihrer Eintragung in das Berufsregister ihres Sitzes oder Wohnsitzes verlangt werden. Die Berufsregister der EG-Mitgliedstaaten sind:

- für Belgien das „Registre du Commerce" — „Handelsregister";
- für Dänemark das „Handelsregister", „Aktieselskabsregistret" und „Erhvervsregistret";
- für Deutschland das „Handelsregister", die „Handwerksrolle" und das „Mitgliederverzeichnis der Industrie- und Handelskammer";
- für Griechenland kann eine vor dem Notar abgegebene eidesstattliche Erklärung über die Ausübung des Berufs eines Bauunternehmers verlangt werden;
- für Spanien der „registro Oficial de Contratistat del Ministerio de Industria y Energia";
- für Frankreich das „Registre du commerce" und das „Répertoire des métiers";
- für Italien das „Registro della Camera di commercio, undustria, agricoltura e artigianato";
- für Luxemburg das „Registre aux firmes" und die „Róle de la Chambre des métiers";
- für die Niederlande das „Handelsregister";
- für Portugal der „Commissao de Alvarás de Empresas de Obras Públicas e Particulares (CAEOPP)";
- im Falle des Vereinigten Königreichs und Irlands kann der Unternehmer aufgefordert werden, eine Bescheinigung der „Registrar of Companies" oder des „Registrat of Friendly Societies" vorzulegen oder andernfalls eine Bescheinigung über die von den Betreffenden abgegebene eidesstattliche Erklärung, daß er den betreffenden Beruf in dem Lande, in dem er niedergelassen ist, an einem bestimmten Ort unter einer bestimmten Firmenbezeichnung ausübt.

Zu § 9 Nr. 4 Abs. 2, § 6 SKR Bezugnahme auf technische Spezifikationen

Die technischen Anforderungen an eine Bauleistung müssen unter Bezugnahme auf gemeinschaftsrechtliche technische Spezifikationen, insbesondere durch Bezugnahme auf eine als innerstaatliche Norm übernommene Europäische Norm

(DIN-EN) festgelegt werden, soweit für die Leistung eine solche Norm vorliegt und kein Ausnahmetatbestand (§ 9 Nr. 4 Abs. 3, § 6 SKR Nr. 2 Abs. 1) gegeben ist.

Im Teil C der VOB, den Allgemeinen Technischen Vertragsbedingungen, werden die jeweils zu beachtenden bzw. anzuwendenden DIN-EN aufgenommen.

Die Aufsteller von standardisierten Texten einer Leistungsbeschreibung (z. B. Texte des Standardleistungsbuchs) werden in den Texten die anzuwendenden DIN-EN zitieren. Der Aufsteller einer Leistungsbeschreibung, der keine standardisierten Texte verwendet, hat im Einzelfall zu prüfen, ob für die zu beschreibenden technischen Anforderungen auf eine DIN-EN Bezug zu nehmen ist.

Das DIN gibt eine Liste mit den geltenden DIN-EN heraus.

Zu § 10 Nr. 4 Abs. 1

1. Wartungsvertrag für maschinelle und elektrotechnische Einrichtungen

Ist Gegenstand der Leistung eine maschinelle oder elektrotechnische Anlage, bei der eine ordnungsgemäße Pflege und Wartung einen erheblichen Einfluß auf Funktionsfähigkeit und Zuverlässigkeit der Anlage haben, z. B. bei Aufzugsanlagen, Meß-, Steuer- und Regelungseinrichtungen, Anlagen der Gebäudeleittechnik, Gefahrenmeldeanlagen, ist dem Auftragnehmer während der Dauer der Verjährungsfrist für die Gewährleistungsansprüche die Pflege und Wartung der Anlage zu übertragen (0. 2. 19 ATV DIN 18 299). Es empfiehlt sich, hierfür das Vertragsmuster „Wartung 85" für technische Anlagen und Einrichtungen, herausgegeben vom Arbeitskreis Maschinen- und Elektrotechnik staatlicher und kommunaler Verwaltungen (AMEV-Veröffentlichung 1985 Wartung 85, Stand 20. 06. 1991) zugrunde zu legen.

2. Vorauszahlungen (Absatz 1 Buchstabe k)

Im Gegensatz zu Abschlagszahlungen müssen Vorauszahlungen jeweils besonders vereinbart werden. Sie können vorgesehen werden, wenn dies allgemein üblich oder durch besondere Umstände gerechtfertigt ist. Als allgemein üblich sind Vorauszahlungen anzusehen, wenn in einem Wirtschaftszweig regelmäßig Vorauszahlungen vereinbart werden. Vorauszahlungen sind z. B. im Bereich der elektrotechnischen Industrie sowie im Maschinen- und Anlagenbau allgemein üblich.

Zu § 11 Nr. 4 Pauschalierung des Verzugsschadens

Die Pauschalierung des Verzugsschadens soll in den Fällen vereinbart werden, in denen die branchenüblichen Allgemeinen Geschäftsbedingungen des jeweiligen Fachbereichs eine Begrenzung des Verzugsschadens der Höhe nach vorsehen. Derartige Allgemeine Geschäftsbedingungen gibt es z. B. in der elektrotechnischen Industrie und im Bereich des Maschinen- und Anlagenbaus.

Zu § 17a Nr. 1, § 17b Nr. 2, § 8 SKR Nr. 2 Verpflichtung zur Vorinformation

Die Auftraggeber sind zur Bekanntmachung der Vorinformation verpflichtet. Die Nichtbeachtung dieser Verpflichtung stellt einen Verstoß gegen die VOB/A und gegen das EG-Recht dar.

Zu § 21 Nr. 2, § 6 SKR Nr. 7   Leistungen mit abweichenden technischen Spezifikationen

Ein Angebot mit einer Leistung, die von den vorgesehenen technischen Spezifikationen abweicht, gilt nicht als Änderungsvorschlag oder Nebenangebot, es kann in der Bekanntmachung oder in der Aufforderung zur Angebotsabgabe nicht ausgeschlossen werden. Das Angebot muß gewertet werden, wenn die Voraussetzungen von § 21 Nr. 2 bzw. § 6 SKR Nr. 7 erfüllt sind.

Zu § 31, § 13 SKR   Vergabeprüfstelle

Die Vergabeprüfstellen für Vergabeverfahren nach Abschnitt 1 ist die Behörde, die die Fach- oder Rechtsaufsicht über die Vergabestelle ausübt.

Die Vergabeprüfstelle für Vergabeverfahren nach Abschnitt 2 bis Abschnitt 4 werden mit der Umsetzung der EG-Überwachungsrichtlinie festgelegt.

Zu den Mustern:

1. Anhang B Nr. 15, C Nr. 13, D Nr. 13

In den Anhängen nicht vorgesehene Angaben:

Die Anhänge enthalten für nachfolgende Angaben keine Textvorgabe:

— Gründe für die Ausnahme von der Anwendung gemeinschaftsrechtlicher technischer Spezifikationen (§ 9 Nr. 4 Abs. 3).

— Angabe, daß Anträge auf Teilnahme auch durch Telegramm, Fernschreiben, Fernkopierer, Telefon oder in sonstiger Weise elektronisch übermittelt werden dürfen (§ 17 Nr. 3).

— Angabe der Möglichkeit der Anwendung des Verfahrens nach § 3a Nr. 5 Buchstabe f bei der Ausschreibung des ersten Bauabschnitts (Wiederholung gleichartiger Bauleistungen durch denselben Auftraggeber).

Diese Angaben sind unter den Nummern 15 bzw. 13 „Sonstige Angaben" aufzunehmen.

2. Anhang A/SKR Nr. 15, B/SKR Nr. 13, C/SKR Nr. 13

In den Anhängen nicht vorgesehene Angaben:

Die Anhänge enthalten für nachfolgende Angaben keine Textvorgabe:

— Angabe, daß Anträge auf Teilnahme auch durch Telegramme, Fernschreiben, Fernkopierer, Telefon oder in sonstiger Weise elektronisch übermittelt werden dürfen (§ 17 Nr. 3 bzw. § 8 SKR Nr. 9).

— Angabe der Möglichkeit der Anwendung des Verfahrens nach § 3b Nr. 2 Buchstabe f bzw. § 3 SKR Nr. 3 Buchstabe f bei der Ausschreibung des ersten Bauabschnitts (Wiederholung gleichartiger Bauleistungen durch denselben Auftraggeber).

Diese Angaben sind unter den Nummern 15 bzw. 13 „Sonstige Angaben" aufzunehmen.

Hinweis auf die Veröffentlichung "VOB*aktuell*" [1])

Die VOB '92 mit der Aktualisierung von Mai 1998 ist gültig und in Kraft, das Regelwerk jedoch entwickelt sich weiter. Als inhaltliche Ergänzung zur Buchausgabe der VOB gibt es deshalb VOB*aktuell*. VOB*aktuell* berichtet kontinuierlich über Änderungen und Neuregelungen im Baubereich, z. B.:

– veränderte Normen in der VOB (blaue Seiten) – zur Aktualisierung und Ergänzung der VOB-Buchausgabe

sowie

– Aktuelles aus der Vergabepraxis (weiße Seiten), Berichte, Tips, Erfahrungen, Anwendungsbeispiele, Rechtsfälle, Neuerungen im Baubereich,

und über interessante Rechtsfälle, den Einfluß der europäischen Normung auf die VOB, Anwendungsbeispiele und Veränderungen jedweder Art.

Nationale Normen werden schrittweise durch Europäische Normen ersetzt. Damit sind fortlaufende Änderungen des Bau-Regelwerkes unvermeidbar.

VOB*aktuell* listet kontinuierlich die in das nationale Regelwerk übernommenen baurelevanten Europäischen Normen auf und bietet dem VOB-Anwender so eine ständig aktuelle Übersicht über die bisher erschienenen DIN-EN-Normen. Dies ist besonders hilfreich, da die Benummerung der DIN-EN-Normen in fast allen Fällen von der Benummerung der bekannten DIN-Normen abweicht.

VOB*aktuell* erweist sich als eine lückenlose, authentische Arbeitsgrundlage, die Sie zweimal jährlich über die Entwicklungen auf dem laufenden hält. Diese Informationsquelle hat daher vor dem Hintergrund des europäischen Einigungsprozesses und den damit einhergehenden Veränderungen im bautechnischen Regelwerk immer stärker an Gewicht hinzugewonnen.

Für den VOB*aktuell*-Abonnenten stellen Neuregelungen, auf die man sonst nur zufällig aufmerksam wird, kein Problem mehr dar.

Beispielhaft werden zur Erläuterung der VOB*aktuell* Auszüge aus dem Heft 1/98 wiedergegeben.

---

[1]) Bezugsquelle: Beuth Verlag GmbH, Burggrafenstraße 6, 10787 Berlin,
Tel.: (0 30) 26 01 - 22 60, Fax: (0 30) 26 01 - 12 60

"Normen in der VOB

Teil 1: Übersicht baurelevanter DIN-EN-Normen

Nach § 9 Nr. 4 Absatz 2, VOB/A, sind die technischen Anforderungen an die zu er-
bringende Leistung unter Bezugnahme auf gemeinschaftsrechtliche technische Spezifikationen festzulegen. Das sind an erster Stelle als DIN-EN-Normen übernommene
Europäische Normen. Die Auflistung im Teil 1 der im nationalen Regelwerk enthaltenen
baurelevanten DIN-EN-Normen soll dem VOB-Anwender eine Übersicht und damit eine
Hilfe bei der Vertragsgestaltung und dem Bemühen um Vertragssicherheit geben. Sie
enthält die bis zum[1]) veröffentlichten baurelevanten DIN-EN-Normen einschließlich einer
Zusammenfassung der in den vorangegangenen Heften VOBaktuell aufgeführten Normen.
Diese Auflistung erhebt jedoch keinen Anspruch auf Vollständigkeit und schränkt die
Verantwortung des Aufstellers von Leistungsbeschreibungen zur Beachtung aller für
den Einzelfall einschlägigen Normen nicht ein.

Teil 2: Ersatz der in der VOB Teil C zitierten Normen durch DIN-EN-Normen

In der VOB Teil C sind in den Abschnitten 1 bis 5 aller ATV eine Reihe von Normen zitiert.
Im Zuge der europäischen Normung werden die nationalen Normen schrittweise durch
Europäische Normen ersetzt. Die im nachstehenden Teil 2 aufgeführten Änderungen er-
fassen alle seit dem [1]) durch DIN-EN-Normen ersetzten DIN-Normen. Die Auswirkungen
der Änderungen auf die Regelungen der ATVen, insbesondere im Abschnitt 3, werden
durch den DVA geprüft."

---

[1]) Datum ist in der jeweiligen Ausgabe von "VOBaktuell" genannt.

Teil 1: Übersicht baurelevanter DIN-EN-Normen
(Stand Juni 1998)

DIN EN 54-2 12.97	Brandmeldeanlagen - Teil 2: Brandmeldezentralen; Deutsche Fassung EN 54-2:1997
Vorgängernorm:	DIN 14675/A2
Änderung:	Der Inhalt der Abschnitte 3.4 und 4.2 wurde mit dem Entwurf A2 ersetzt und dem Stand der Technik angepaßt (z. B. Softwaresteuerung, Meldeadressierung, Displayanzeige). Die Anforderungen wurden auf verbindliche und wählbare Funktionen umgestellt. Die Angaben zu den Leistungsmerkmalen und Betriebsbedingungen wurden ergänzt.
DIN EN 54-4 12.97	Brandmeldeanlagen - Teil 4: Energieversorgungseinrichtungen; Deutsche Fassung EN 54-4:1997
Änderung:	Der Inhalt des Abschnittes 3.5 wurde teilweise ersetzt und dem Stand der Technik angepaßt. Die Anforderungen wurden auf verbindliche Funktionen umgestellt. Die Angaben zu den Prüfverfahren für Leistungsmerkmale und Betriebsbedingungen wurden ergänzt.
DIN EN 480-1 03.98	Zusatzmittel für Beton, Mörtel und Einpreßmörtel - Prüfverfahren - Teil 1: Referenzbeton und Referenzmörtel für Prüfungen; Deutsche Fassung EN 480-1:1997
DIN EN 480-12 01.98	Zusatzmittel für Beton, Mörtel und Einpreßmörtel - Prüfverfahren - Teil 12: Bestimmung des Alkaligehalts von Zusatzstoffen; Deutsche Fassung EN 480-12:1997
DIN EN 593 03.98	Industriearmaturen - Metallische Klappen; Deutsche Fassung EN 593:1998
Vorgängernorm:	DIN 3354-1, DIN 3354-2, DIN 3354-3, DIN 3354-4
Änderung:	Der Anwendungsbereich wurde um Angaben zu Klappen für Regelzwecke und Klappen zum Einklemmen zwischen Flanschen und auf andere metallische Werkstoffe als Eisenwerkstoffe erweitert. Der Nennweitenbereich wurde bis DN 40 ausgedehnt. Der PN-Bereich wurde um die Angaben zu PN 40 erweitert. Die Angaben Class 125, Class 150 und Class 300 wurden zusätzlich aufgenommen.
DIN EN 621 03.98	Gasbefeuerte Warmlufterzeuger mit erzwungener Konvektion zum Beheizen von Räumen für den nicht-häuslichen Bereich mit einer Nennwärmebelastung nicht über 300 kW ohne Gebläse zur Beförderung der Verbrennungsluft und/oder Abgase; Deutsche Fassung EN 621:1998
DIN EN 737-1 02.98	Rohrleitungssysteme für medizinische Gase - Teil 1: Entnahmestellen für medizinische Druckgase und Vakuum; Deutsche Fassung EN 737-1:1998
Vorgängernorm:	DIN 13260-2
DIN EN 737-4 02.98	Rohrleitungssysteme für medizinische Gase - Teil 4: Entnahmestellen für Anästhesiegas-Fortleitungssysteme; Deutsche Fassung EN 737-4:1998

Nur als Beispiel anzusehen!
Beachten Sie bitte die aktuelle Ausgabe von "VOB*aktuell*".

Teil 2: Ersatz der in der VOB Teil C zitierten Normen durch DIN-EN-Normen (Stand Juni 1998)

ATV Klempnerarbeiten - DIN 18339   *Nur als Beispiel anzusehen!*

Normzitat:	DIN 1751 Bleche und Blechstreifen aus Kupfer und Kupfer-Knetlegierungen, kaltgewalzt - Maße
Ersatznorm:	DIN EN 1652 (1998-03); teilweiser Ersatz Kupfer und Kupferlegierungen - Platten, Bleche, Bänder, Streifen und Ronden zur allgemeinen Verwendung
Änderung:	Die Werkstoffkurzzeichen wurden teilweise geändert (Tabelle). Die Werkstoffnummern nach dem Europäischen Werkstoffnummersystem für Kupfer und Kupferlegierungen wurden nach EN 1412 geändert (Tabelle). Angaben zu den Werkstoffen wurden gestrichen bzw. neu hinzugefügt (Tabelle). Die Zusammensetzungen der Werkstoffe wurden geringfügig geändert. Für die im Zugversuch ermittelten Kennwerte wurden Bezeichnungen nach EN 10002-1 festgelegt. Die Kennzeichnung der Werkstoffzustände, die Bereiche für die mechanischen Eigenschaften, die Grenzabmaße für die Dicke, Breite und Länge sowie die Toleranzen für die Rechtwinkligkeit und für die Säbelförmigkeit wurden geändert. Die Angaben zu den Mindestwerten für die Bruchdehnung A_{10} ($A_{11,3}$) wurden durch die Werte $A_{50 \text{ mm}}$ ersetzt. Die Grenzabmaße für die Dicke warmgewalzter Produkte wurde zusätzlich aufgenommen.

Normzitat:	DIN 1791 Bänder und Bandstreifen aus Kupfer und Kupfer-Knetlegierungen, kaltgewalzt - Maße
Ersatznorm:	DIN EN 1652 (1998-03); teilweiser Ersatz Kupfer und Kupferlegierungen - Platten, Bleche, Bänder, Streifen und Ronden zur allgemeinen Verwendung
Änderung:	siehe oben

Normzitat:	DIN 17670-1 Bänder und Bleche aus Kupfer und Kupfer-Knetlegierungen - Eigenschaften
Ersatznorm:	DIN EN 1652 (1998-03) Kupfer und Kupferlegierungen - Platten, Bleche, Bänder, Streifen und Ronden zur allgemeinen Verwendung
Änderung:	siehe oben

Normzitat:	DIN 17670-2 Bänder und Bleche aus Kupfer und Kupfer-Knetlegierungen - Technische Lieferbedingungen
Ersatznorm:	DIN EN 1652 (1998-03) Kupfer und Kupferlegierungen - Platten, Bleche, Bänder, Streifen und Ronden zur allgemeinen Verwendung
Änderung:	siehe oben

Nur als Beispiel anzusehen!
Beachten Sie bitte die aktuelle Ausgabe von "VOB*aktuell*".

Teil 2: Ersatz der in der VOB Teil C zitierten Normen durch DIN-EN-Normen (Stand Juni 1998)

Normzitat:	DIN ISO 3506 Verbindungselemente aus nichtrostenden Stählen - Technische Lieferbedingungen
Ersatznorm:	DIN EN ISO 3506-1; DIN EN ISO 3506-2; DIN EN ISO 3506-3 (alle 1998-03) Mechanische Eigenschaften von Verbindungselementen aus nichtrostenden Stählen - Teil 1: Schrauben Teil 2: Muttern Teil 3: Gewindestifte und ähnliche, nicht auf Zug beanspruchte Schrauben
Änderung:	Die Norm-Nummer wurde geändert. Folgende Angaben wurden aufgenommen: Stahlsorten für stabilisierte austenitische Stähle (A3, A5); Kennzeichnung für austenitische Stähle mit niedrigem C-Gehalt; Festigkeitsklassen C1 - 110; Festigkeitsklassen für niedrige Muttern. Folgende informative Anhänge wurden aufgenommen: zur Beschreibung der Stahlgruppen und Stahlsorten; über Richtwerte für die 0,2%-Dehngrenze bei erhöhter Temperatur; mit Schaubild über die Zeit-Temperatur-Umwandlung bei austenitischen Stählen; über magnetische Eigenschaften von austenitischen Stählen. Die Gültigkeit der Festigkeitsklassen für die Stahlsorten A3, A4 und A5 wurde auf die Nenngrößen ≤ 24 mm begrenzt (darüber hinaus „nach Vereinbarung"). Die Härtewerte für einige Stahlsorten wurden ergänzt. Die chemische Zusammensetzung der Stahlsorten wurde überarbeitet.

Zusätzliches Stichwortverzeichnis zu
VOB Teil B: DIN 1961
VOB Teil C: ATV DIN 18299
ATV DIN 18339

Zusätzliches Stichwortverzeichnis zu VOB Teil B: DIN 1961 und VOB Teil C: ATV DIN 18299, ATV DIN 18339

VOB **Verdingungsordnung für Bauleistungen**	**DIN**
Teil B: Allgemeine Vertragsbedingungen für die Ausführung von Bauleistungen	**1961**

ICS 91.010.20   Ersatz für Ausgabe 1996-06

Deskriptoren: Bauleistung, Verdingungsordnung, Vertragsbedingung, VOB, Bauwesen

Contract procedures for building works – Part B: General conditions of contract for the execution of building works

Cahier des charges pour des travaux du bâtiment – Partie B: Conditions généralés de contrat pour d'execution des travaux du bâtiment

Vorwort

Diese Norm wurde vom Deutschen Verdingungsausschuß für Bauleistungen (DVA) aufgestellt.

Änderungen

Gegenüber der Ausgabe Juni 1996 wurden folgende Änderungen vorgenommen:

- § 17 Nr. 2 Angaben zum WTO-Übereinkommen ergänzt.

Frühere Ausgaben

DIN 1961: 1926-05, 1934-08, 1937-01, 1952x-11, 1973-11, 1979-10, 1988-09, 1990-07, 1992-12, 1996-06

Inhalt

Fortsetzung Seite 2 bis 19

DIN Deutsches Institut für Normung e. V.

1

§ 1

Art und Umfang der Leistung

1. Die auszuführende Leistung wird nach Art und Umfang durch den Vertrag bestimmt. Als Bestandteil des Vertrages gelten auch die Allgemeinen Technischen Vertragsbedingungen für Bauleistungen.

2. Bei Widersprüchen im Vertrag gelten nacheinander:
   a) die Leistungsbeschreibung,
   b) die Besonderen Vertragsbedingungen,
   c) etwaige Zusätzliche Vertragsbedingungen,
   d) etwaige Zusätzliche Technische Vertragsbedingungen,
   e) die Allgemeinen Technischen Vertragsbedingungen für Bauleistungen,
   f) die Allgemeinen Vertragsbedingungen für die Ausführung von Bauleistungen.

3. Änderungen des Bauentwurfs anzuordnen, bleibt dem Auftraggeber vorbehalten.

4. Nicht vereinbarte Leistungen, die zur Ausführung der vertraglichen Leistung erforderlich werden, hat der Auftragnehmer auf Verlangen des Auftraggebers mit auszuführen, außer wenn sein Betrieb auf derartige Leistungen nicht eingerichtet ist. Andere Leistungen können dem Auftragnehmer nur mit seiner Zustimmung übertragen werden.

§ 2

Vergütung

1. Durch die vereinbarten Preise werden alle Leistungen abgegolten, die nach der Leistungsbeschreibung, den Besonderen Vertragsbedingungen, den Zusätzlichen Vertragsbedingungen, den Zusätzlichen Technischen Vertragsbedingungen, den Allgemeinen Technischen Vertragsbedingungen für Bauleistungen und der gewerblichen Verkehrssitte zur vertraglichen Leistung gehören.

2. Die Vergütung wird nach den vertraglichen Einheitspreisen und den tatsächlich ausgeführten Leistungen berechnet, wenn keine andere Berechnungsart (z. B. durch Pauschalsumme, nach Stundenlohnsätzen, nach Selbstkosten) vereinbart ist.

3. (1) Weicht die ausgeführte Menge der unter einem Einheitspreis erfaßten Leistung oder Teilleistung um nicht mehr als 10 v. H. von dem im Vertrag vorgesehenen Umfang ab, so gilt der vertragliche Einheitspreis.

   (2) Für die über 10 v. H. hinausgehende Überschreitung des Mengenansatzes ist auf Verlangen ein neuer Preis unter Berücksichtigung der Mehr- oder Minderkosten zu vereinbaren.

(3)   Bei einer über 10 v. H. hinausgehenden Unterschreitung des Mengenansatzes ist auf Verlangen der Einheitspreis für die tatsächlich ausgeführte Menge der Leistung oder Teilleistung zu erhöhen, soweit der Auftragnehmer nicht durch Erhöhung der Mengen bei anderen Ordnungszahlen (Positionen) oder in anderer Weise einen Ausgleich erhält. Die Erhöhung des Einheitspreises soll im wesentlichen dem Mehrbetrag entsprechen, der sich durch Verteilung der Baustelleneinrichtungs- und Baustellengemeinkosten und der Allgemeinen Geschäftskosten auf die verringerte Menge ergibt. Die Umsatzsteuer wird entsprechend dem neuen Preis vergütet.

(4)   Sind von der unter einem Einheitspreis erfaßten Leistung oder Teilleistung andere Leistungen abhängig, für die eine Pauschalsumme vereinbart ist, so kann mit der Änderung des Einheitspreises auch eine angemessene Änderung der Pauschalsumme gefordert werden.

4.   Werden im Vertrag ausbedungene Leistungen des Auftragnehmers vom Auftraggeber selbst übernommen (z. B. Lieferung von Bau-, Bauhilfs- und Betriebsstoffen), so gilt, wenn nichts anderes vereinbart wird, § 8 Nr. 1 Abs. 2 entsprechend.

5.   Werden durch Änderung des Bauentwurfs oder andere Anordnungen des Auftraggebers die Grundlagen des Preises für eine im Vertrag vorgesehene Leistung geändert, so ist ein neuer Preis unter Berücksichtigung der Mehr- oder Minderkosten zu vereinbaren. Die Vereinbarung soll vor der Ausführung getroffen werden.

6.   (1)   Wird eine im Vertrag nicht vorgesehene Leistung gefordert, so hat der Auftragnehmer Anspruch auf besondere Vergütung. Er muß jedoch den Anspruch dem Auftraggeber ankündigen, bevor er mit der Ausführung der Leistung beginnt.

(2)   Die Vergütung bestimmt sich nach den Grundlagen der Preisermittlung für die vertragliche Leistung und den besonderen Kosten der geforderten Leistung. Sie ist möglichst vor Beginn der Ausführung zu vereinbaren.

7.   (1)   Ist als Vergütung der Leistung eine Pauschalsumme vereinbart, so bleibt die Vergütung unverändert. Weicht jedoch die ausgeführte Leistung von der vertraglich vorgesehenen Leistung so erheblich ab, daß ein Festhalten an der Pauschalsumme nicht zumutbar ist (§ 242 BGB), so ist auf Verlangen ein Ausgleich unter Berücksichtigung der Mehr- oder Minderkosten zu gewähren. Für die Bemessung des Ausgleichs ist von den Grundlagen der Preisermittlung auszugehen. Nummern 4, 5 und 6 bleiben unberührt.

(2)   Wenn nichts anderes vereinbart ist, gilt Absatz 1 auch für Pauschalsummen, die für Teile der Leistung vereinbart sind; Nummer 3 Absatz 4 bleibt unberührt.

8.   (1)   Leistungen, die der Auftragnehmer ohne Auftrag oder unter eigenmächtiger Abweichung vom Vertrag ausführt, werden nicht vergütet. Der Auftragnehmer hat sie auf Verlangen innerhalb einer angemessenen Frist zu beseitigen; sonst kann es auf seine Kosten geschehen. Er haftet außerdem für andere Schäden, die dem Auftraggeber hieraus entstehen.

(2)   Eine Vergütung steht dem Auftragnehmer jedoch zu, wenn der Auftraggeber solche Leistungen nachträglich anerkennt. Eine Vergütung steht ihm

3

auch zu, wenn die Leistungen für die Erfüllung des Vertrags notwendig waren, dem mutmaßlichen Willen des Auftraggebers entsprachen und ihm unverzüglich angezeigt wurden.

(3) Die Vorschriften des BGB über die Geschäftsführung ohne Auftrag (§ 677 ff.) bleiben unberührt.

9. (1) Verlangt der Auftraggeber Zeichnungen, Berechnungen oder andere Unterlagen, die der Auftragnehmer nach dem Vertrag, besonders den Technischen Vertragsbedingungen oder der gewerblichen Verkehrssitte, nicht zu beschaffen hat, so hat er sie zu vergüten.

(2) Läßt er vom Auftragnehmer nicht aufgestellte technische Berechnungen durch den Auftragnehmer nachprüfen, so hat er die Kosten zu tragen.

10. Stundenlohnarbeiten werden nur vergütet, wenn sie als solche vor ihrem Beginn ausdrücklich vereinbart worden sind (§ 15).

§ 3

Ausführungsunterlagen

1. Die für die Ausführung nötigen Unterlagen sind dem Auftragnehmer unentgeltlich und rechtzeitig zu übergeben.

2. Das Abstecken der Hauptachsen der baulichen Anlagen, ebenso der Grenzen des Geländes, das dem Auftragnehmer zur Verfügung gestellt wird, und das Schaffen der notwendigen Höhenfestpunkte in unmittelbarer Nähe der baulichen Anlagen sind Sache des Auftraggebers.

3. Die vom Auftraggeber zur Verfügung gestellten Geländeaufnahmen und Absteckungen und die übrigen für die Ausführung übergebenen Unterlagen sind für den Auftragnehmer maßgebend. Jedoch hat er sie, soweit es zur ordnungsgemäßen Vertragserfüllung gehört, auf etwaige Unstimmigkeiten zu überprüfen und den Auftraggeber auf entdeckte oder vermutete Mängel hinzuweisen.

4. Vor Beginn der Arbeiten ist, soweit notwendig, der Zustand der Straßen und Geländeoberfläche, der Vorfluter und Vorflutleitungen, ferner der baulichen Anlagen im Baubereich in einer Niederschrift festzuhalten, die vom Auftraggeber und Auftragnehmer anzuerkennen ist.

5. Zeichnungen, Berechnungen, Nachprüfungen von Berechnungen oder andere Unterlagen, die der Auftragnehmer nach dem Vertrag, besonders den Technischen Vertragsbedingungen, oder der gewerblichen Verkehrssitte oder auf besonderes Verlangen des Auftraggebers (§ 2 Nr. 9) zu beschaffen hat, sind dem Auftraggeber nach Aufforderung rechtzeitig vorzulegen.

6. (1) Die in Nummer 5 genannten Unterlagen dürfen ohne Genehmigung ihres Urhebers nicht veröffentlicht, vervielfältigt, geändert oder für einen anderen als den vereinbarten Zweck benutzt werden.

(2) An DV-Programmen hat der Auftraggeber das Recht zur Nutzung mit den vereinbarten Leistungsmerkmalen in unveränderter Form auf den festge-

legten Geräten. Der Auftraggeber darf zum Zwecke der Datensicherung zwei Kopien herstellen. Diese müssen alle Identifikationsmerkmale enthalten. Der Verbleib der Kopien ist auf Verlangen nachzuweisen.

(3) Der Auftragnehmer bleibt unbeschadet des Nutzungsrechts des Auftraggebers zur Nutzung der Unterlagen und der DV-Programme berechtigt.

§ 4
Ausführung

1. (1) Der Auftraggeber hat für die Aufrechterhaltung der allgemeinen Ordnung auf der Baustelle zu sorgen und das Zusammenwirken der verschiedenen Unternehmer zu regeln. Er hat die erforderlichen öffentlich-rechtlichen Genehmigungen und Erlaubnisse – z. B. nach dem Baurecht, dem Straßenverkehrsrecht, dem Wasserrecht, dem Gewerberecht – herbeizuführen.

   (2) Der Auftraggeber hat das Recht, die vertragsgemäße Ausführung der Leistung zu überwachen. Hierzu hat er Zutritt zu den Arbeitsplätzen, Werkstätten und Lagerräumen, wo die vertragliche Leistung oder Teile von ihr hergestellt oder die hierfür bestimmten Stoffe und Bauteile gelagert werden. Auf Verlangen sind ihm die Werkzeichnungen oder andere Ausführungsunterlagen sowie die Ergebnisse von Güteprüfungen zur Einsicht vorzulegen und die erforderlichen Auskünfte zu erteilen, wenn hierdurch keine Geschäftsgeheimnisse preisgegeben werden. Als Geschäftsgeheimnis bezeichnete Auskünfte und Unterlagen hat er vertraulich zu behandeln.

   (3) Der Auftraggeber ist befugt, unter Wahrung der dem Auftragnehmer zustehenden Leitung (Nummer 2) Anordnungen zu treffen, die zur vertragsgemäßen Ausführung der Leistung notwendig sind. Die Anordnungen sind grundsätzlich nur dem Auftragnehmer oder seinem für die Leitung der Ausführung bestellten Vertreter zu erteilen, außer wenn Gefahr im Verzug ist. Dem Auftraggeber ist mitzuteilen, wer jeweils als Vertreter des Auftragnehmers für die Leitung der Ausführung bestellt ist.

   (4) Hält der Auftragnehmer die Anordnungen des Auftraggebers für unberechtigt oder unzweckmäßig, so hat er seine Bedenken geltend zu machen, die Anordnungen jedoch auf Verlangen auszuführen, wenn nicht gesetzliche oder behördliche Bestimmungen entgegenstehen. Wenn dadurch eine ungerechtfertigte Erschwerung verursacht wird, hat der Auftraggeber die Mehrkosten zu tragen.

2. (1) Der Auftragnehmer hat die Leistung unter eigener Verantwortung nach dem Vertrag auszuführen. Dabei hat er die anerkannten Regeln der Technik und die gesetzlichen und behördlichen Bestimmungen zu beachten. Es ist seine Sache, die Ausführung seiner vertraglichen Leistung zu leiten und für Ordnung auf seiner Arbeitsstelle zu sorgen.

   (2) Er ist für die Erfüllung der gesetzlichen, behördlichen und berufsgenossenschaftlichen Verpflichtungen gegenüber seinen Arbeitnehmern allein verantwortlich. Es ist ausschließlich seine Aufgabe, die Vereinbarungen und Maßnahmen zu treffen, die sein Verhältnis zu den Arbeitnehmern regeln.

3. Hat der Auftragnehmer Bedenken gegen die vorgesehene Art der Ausführung (auch wegen der Sicherung gegen Unfallgefahren), gegen die Güte der vom Auftraggeber gelieferten Stoffe oder Bauteile oder gegen die Leistungen anderer Unternehmer, so hat er sie dem Auftraggeber unverzüglich – möglichst schon vor Beginn der Arbeiten – schriftlich mitzuteilen; der Auftraggeber bleibt jedoch für seine Angaben, Anordnungen oder Lieferungen verantwortlich.

4. Der Auftraggeber hat, wenn nichts anderes vereinbart ist, dem Auftragnehmer unentgeltlich zur Benutzung oder Mitbenutzung zu überlassen:

   a) die notwendigen Lager- und Arbeitsplätze auf der Baustelle,

   b) vorhandene Zufahrtswege und Anschlußgleise,

   c) vorhandene Anschlüsse für Wasser und Energie. Die Kosten für den Verbrauch und den Messer oder Zähler trägt der Auftragnehmer, mehrere Auftragnehmer tragen sie anteilig.

5. Der Auftragnehmer hat die von ihm ausgeführten Leistungen und die ihm für die Ausführung übergebenen Gegenstände bis zur Abnahme vor Beschädigung und Diebstahl zu schützen. Auf Verlangen des Auftraggebers hat er sie vor Winterschäden und Grundwasser zu schützen, ferner Schnee und Eis zu beseitigen. Obliegt ihm die Verpflichtung nach Satz 2 nicht schon nach dem Vertrag, so regelt sich die Vergütung nach § 2 Nr. 6.

6. Stoffe oder Bauteile, die dem Vertrag oder den Proben nicht entsprechen, sind auf Anordnung des Auftraggebers innerhalb einer von ihm bestimmten Frist von der Baustelle zu entfernen. Geschieht es nicht, so können sie auf Kosten des Auftragnehmers entfernt oder für seine Rechnung veräußert werden.

7. Leistungen, die schon während der Ausführung als mangelhaft oder vertragswidrig erkannt werden, hat der Auftragnehmer auf eigene Kosten durch mangelfreie zu ersetzen. Hat der Auftragnehmer den Mangel oder die Vertragswidrigkeit zu vertreten, so hat er auch den daraus entstehenden Schaden zu ersetzen. Kommt der Auftragnehmer der Pflicht zur Beseitigung des Mangels nicht nach, so kann ihm der Auftraggeber eine angemessene Frist zur Beseitigung des Mangels setzen und erklären, daß er ihm nach fruchtlosem Ablauf der Frist den Auftrag entziehe (§ 8 Nr. 3).

8. (1) Der Auftragnehmer hat die Leistung im eigenen Betrieb auszuführen. Mit schriftlicher Zustimmung des Auftraggebers darf er sie an Nachunternehmer übertragen. Die Zustimmung ist nicht notwendig bei Leistungen, auf die der Betrieb des Auftragnehmers nicht eingerichtet ist.

   (2) Der Auftragnehmer hat bei der Weitervergabe von Bauleistungen an Nachunternehmer die Verdingungsordnung für Bauleistungen zugrunde zu legen.

   (3) Der Auftragnehmer hat die Nachunternehmer dem Auftraggeber auf Verlangen bekanntzugeben.

9. Werden bei Ausführung der Leistung auf einem Grundstück Gegenstände von Altertums-, Kunst- oder wissenschaftlichem Wert entdeckt, so hat der Auftragnehmer vor jedem weiteren Aufdecken oder Ändern dem Auftraggeber den Fund anzuzeigen und ihm die Gegenstände nach näherer Weisung abzu-

liefern. Die Vergütung etwaiger Mehrkosten regelt sich nach § 2 Nr. 6. Die Rechte des Entdeckers (§ 984 BGB) hat der Auftraggeber.

§ 5
Ausführungsfristen

1. Die Ausführung ist nach den verbindlichen Fristen (Vertragsfristen) zu beginnen, angemessen zu fördern und zu vollenden. In einem Bauzeitenplan enthaltene Einzelfristen gelten nur dann als Vertragsfristen, wenn dies im Vertrag ausdrücklich vereinbart ist.

2. Ist für den Beginn der Ausführung keine Frist vereinbart, so hat der Auftraggeber dem Auftragnehmer auf Verlangen Auskunft über den voraussichtlichen Beginn zu erteilen. Der Auftragnehmer hat innerhalb von 12 Werktagen nach Aufforderung zu beginnen. Der Beginn der Ausführung ist dem Auftraggeber anzuzeigen.

3. Wenn Arbeitskräfte, Geräte, Gerüste, Stoffe oder Bauteile so unzureichend sind, daß die Ausführungsfristen offenbar nicht eingehalten werden können, muß der Auftragnehmer auf Verlangen unverzüglich Abhilfe schaffen.

4. Verzögert der Auftragnehmer den Beginn der Ausführung, gerät er mit der Vollendung in Verzug oder kommt er der in Nummer 3 erwähnten Verpflichtung nicht nach, so kann der Auftraggeber bei Aufrechterhaltung des Vertrages Schadenersatz nach § 6 Nr. 6 verlangen oder dem Auftragnehmer eine angemessene Frist zur Vertragserfüllung setzen und erklären, daß er ihm nach fruchtlosem Ablauf der Frist den Auftrag entziehe (§ 8 Nr. 3).

§ 6
Behinderung und Unterbrechung der Ausführung

1. Glaubt sich der Auftragnehmer in der ordnungsgemäßen Ausführung der Leistung behindert, so hat er es dem Auftraggeber unverzüglich schriftlich anzuzeigen. Unterläßt er die Anzeige, so hat er nur dann Anspruch auf Berücksichtigung der hindernden Umstände, wenn dem Auftraggeber offenkundig die Tatsache und deren hindernde Wirkung bekannt waren.

2. (1) Ausführungsfristen werden verlängert, soweit die Behinderung verursacht ist:
   a) durch einen vom Auftraggeber zu vertretenden Umstand,
   b) durch Streik oder eine von der Berufsvertretung der Arbeitgeber angeordnete Aussperrung im Betrieb des Auftragnehmers oder in einem unmittelbar für ihn arbeitenden Betrieb,
   c) durch höhere Gewalt oder andere für den Auftragnehmer unabwendbare Umstände.

   (2) Witterungseinflüsse während der Ausführungszeit, mit denen bei Abgabe des Angebots normalerweise gerechnet werden mußte, gelten nicht als Behinderung.

3. Der Auftragnehmer hat alles zu tun, was ihm billigerweise zugemutet werden kann, um die Weiterführung der Arbeiten zu ermöglichen. Sobald die hindernden Umstände wegfallen, hat er ohne weiteres und unverzüglich die Arbeiten wiederaufzunehmen und den Auftraggeber davon zu benachrichtigen.

4. Die Fristverlängerung wird berechnet nach der Dauer der Behinderung mit einem Zuschlag für die Wiederaufnahme der Arbeiten und die etwaige Verschiebung in eine ungünstigere Jahreszeit.

5. Wird die Ausführung für voraussichtlich längere Dauer unterbrochen, ohne daß die Leistung dauernd unmöglich wird, so sind die ausgeführten Leistungen nach den Vertragspreisen abzurechnen und außerdem die Kosten zu vergüten, die dem Auftragnehmer bereits entstanden und in den Vertragspreisen des nicht ausgeführten Teils der Leistung enthalten sind.

6. Sind die hindernden Umstände von einem Vertragsteil zu vertreten, so hat der andere Teil Anspruch auf Ersatz des nachweislich entstandenen Schadens, des entgangenen Gewinns aber nur bei Vorsatz oder grober Fahrlässigkeit.

7. Dauert eine Unterbrechung länger als 3 Monate, so kann jeder Teil nach Ablauf dieser Zeit den Vertrag schriftlich kündigen. Die Abrechnung regelt sich nach Nummern 5 und 6; wenn der Auftragnehmer die Unterbrechung nicht zu vertreten hat, sind auch die Kosten der Baustellenräumung zu vergüten, soweit sie nicht in der Vergütung für die bereits ausgeführten Leistungen enthalten sind.

§ 7
Verteilung der Gefahr

1. Wird die ganz oder teilweise ausgeführte Leistung vor der Abnahme durch höhere Gewalt, Krieg, Aufruhr oder andere unabwendbare vom Auftragnehmer nicht zu vertretende Umstände beschädigt oder zerstört, so hat dieser für die ausgeführten Teile der Leistung die Ansprüche nach § 6 Nr. 5; für andere Schäden besteht keine gegenseitige Ersatzpflicht.

2. Zu der ganz oder teilweise ausgeführten Leistung gehören alle mit der baulichen Anlage unmittelbar verbundenen, in ihre Substanz eingegangenen Leistungen, unabhängig von deren Fertigstellungsgrad.

3. Zu der ganz oder teilweise ausgeführten Leistung gehören nicht die noch nicht eingebauten Stoffe und Bauteile sowie die Baustelleneinrichtung und Absteckungen. Zu der ganz oder teilweise ausgeführten Leistung gehören ebenfalls nicht Baubehelfe, z. B. Gerüste, auch wenn diese als Besondere Leistung oder selbständig vergeben sind.

§ 8
Kündigung durch den Auftraggeber

1. (1) Der Auftraggeber kann bis zur Vollendung der Leistung jederzeit den Vertrag kündigen.

    (2) Dem Auftragnehmer steht die vereinbarte Vergütung zu. Er muß sich jedoch anrechnen lassen, was er infolge der Aufhebung des Vertrags an Kosten erspart oder durch anderweitige Verwendung seiner Arbeitskraft und seines Betriebs erwirbt oder zu erwerben böswillig unterläßt (§ 649 BGB).

2. (1) Der Auftraggeber kann den Vertrag kündigen, wenn der Auftragnehmer seine Zahlungen einstellt, das Vergleichsverfahren beantragt oder in Konkurs gerät.

    (2) Die ausgeführten Leistungen sind nach § 6 Nr. 5 abzurechnen. Der Auftraggeber kann Schadenersatz wegen Nichterfüllung des Restes verlangen.

3. (1) Der Auftraggeber kann den Vertrag kündigen, wenn in den Fällen des § 4 Nr. 7 und des § 5 Nr. 4 die gesetzte Frist fruchtlos abgelaufen ist (Entziehung des Auftrags). Die Entziehung des Auftrags kann auf einen in sich abgeschlossenen Teil der vertraglichen Leistung beschränkt werden.

    (2) Nach der Entziehung des Auftrags ist der Auftraggeber berechtigt, den noch nicht vollendeten Teil der Leistung zu Lasten des Auftragnehmers durch einen Dritten ausführen zu lassen, doch bleiben seine Ansprüche auf Ersatz des etwa entstehenden weiteren Schadens bestehen. Er ist auch berechtigt, auf die weitere Ausführung zu verzichten und Schadenersatz wegen Nichterfüllung zu verlangen, wenn die Ausführung aus den Gründen, die zur Entziehung des Auftrags geführt haben, für ihn kein Interesse mehr hat.

    (3) Für die Weiterführung der Arbeiten kann der Auftraggeber Geräte, Gerüste, auf der Baustelle vorhandene andere Einrichtungen und angelieferte Stoffe und Bauteile gegen angemessene Vergütung in Anspruch nehmen.

    (4) Der Auftraggeber hat dem Auftragnehmer eine Aufstellung über die entstandenen Mehrkosten und über seine anderen Ansprüche spätestens binnen 12 Werktagen nach Abrechnung mit dem Dritten zuzusenden.

4. Der Auftraggeber kann den Auftrag entziehen, wenn der Auftragnehmer aus Anlaß der Vergabe eine Abrede getroffen hatte, die eine unzulässige Wettbewerbsbeschränkung darstellt. Die Kündigung ist innerhalb von 12 Werktagen nach Bekanntwerden des Kündigungsgrundes auszusprechen. Die Nummer 3 gilt entsprechend.

5. Die Kündigung ist schriftlich zu erklären.

6. Der Auftragnehmer kann Aufmaß und Abnahme der von ihm ausgeführten Leistungen alsbald nach der Kündigung verlangen; er hat unverzüglich eine prüfbare Rechnung über die ausgeführten Leistungen vorzulegen.

7. Eine wegen Verzugs verwirkte, nach Zeit bemessene Vertragsstrafe kann nur für die Zeit bis zum Tag der Kündigung des Vertrags gefordert werden.

§ 9
Kündigung durch den Auftragnehmer

1. Der Auftragnehmer kann den Vertrag kündigen:

   a) wenn der Auftraggeber eine ihm obliegende Handlung unterläßt und dadurch den Auftragnehmer außerstande setzt, die Leistung auszuführen (Annahmeverzug nach §§ 293 ff. BGB),

   b) wenn der Auftraggeber eine fällige Zahlung nicht leistet oder sonst in Schuldnerverzug gerät.

2. Die Kündigung ist schriftlich zu erklären. Sie ist erst zulässig, wenn der Auftragnehmer dem Auftraggeber ohne Erfolg eine angemessene Frist zur Vertragserfüllung gesetzt und erklärt hat, daß er nach fruchtlosem Ablauf der Frist den Vertrag kündigen werde.

3. Die bisherigen Leistungen sind nach den Vertragspreisen abzurechnen. Außerdem hat der Auftragnehmer Anspruch auf angemessene Entschädigung nach § 642 BGB; etwaige weitergehende Ansprüche des Auftragnehmers bleiben unberührt.

§ 10
Haftung der Vertragsparteien

1. Die Vertragsparteien haften einander für eigenes Verschulden sowie für das Verschulden ihrer gesetzlichen Vertreter und der Personen, deren sie sich zur Erfüllung ihrer Verbindlichkeiten bedienen (§§ 276, 278 BGB).

2. (1) Entsteht einem Dritten im Zusammenhang mit der Leistung ein Schaden, für den auf Grund gesetzlicher Haftpflichtbestimmungen beide Vertragsparteien haften, so gelten für den Ausgleich zwischen den Vertragsparteien die allgemeinen gesetzlichen Bestimmungen, soweit im Einzelfall nicht anderes vereinbart ist. Soweit der Schaden des Dritten nur die Folge einer Maßnahme ist, die der Auftraggeber in dieser Form angeordnet hat, trägt er den Schaden allein, wenn ihn der Auftragnehmer auf die mit der angeordneten Ausführung verbundene Gefahr nach § 4 Nr. 3 hingewiesen hat.

   (2) Der Auftragnehmer trägt den Schaden allein, soweit er ihn durch Versicherung seiner gesetzlichen Haftpflicht gedeckt hat oder innerhalb der von der Versicherungsaufsichtsbehörde genehmigten Allgemeinen Versicherungsbedingungen zu tarifmäßigen, nicht auf außergewöhnliche Verhältnisse abgestellten Prämien und Prämienzuschlägen bei einem im Inland zum Geschäftsbetrieb zugelassenen Versicherer hätte decken können.

3. Ist der Auftragnehmer einem Dritten nach §§ 823 ff. BGB zu Schadenersatz verpflichtet wegen unbefugten Betretens oder Beschädigung angrenzender Grundstücke, wegen Entnahme oder Auflagerung von Boden oder anderen Gegenständen außerhalb der vom Auftraggeber dazu angewiesenen Flächen oder wegen der Folgen eigenmächtiger Versperrung von Wegen oder Wasserläufen, so trägt er im Verhältnis zum Auftraggeber den Schaden allein.

4. Für die Verletzung gewerblicher Schutzrechte haftet im Verhältnis der Vertragsparteien zueinander der Auftragnehmer allein, wenn er selbst das geschützte Verfahren oder die Verwendung geschützter Gegenstände angeboten oder wenn der Auftraggeber die Verwendung vorgeschrieben und auf das Schutzrecht hingewiesen hat.

5. Ist eine Vertragspartei gegenüber der anderen nach Nummern 2, 3 oder 4 von der Ausgleichspflicht befreit, so gilt diese Befreiung auch zugunsten ihrer gesetzlichen Vertreter und Erfüllungsgehilfen, wenn sie nicht vorsätzlich oder grob fahrlässig gehandelt haben.

6. Soweit eine Vertragspartei von dem Dritten für einen Schaden in Anspruch genommen wird, den nach Nummern 2, 3 oder 4 die andere Vertragspartei zu tragen hat, kann sie verlangen, daß ihre Vertragspartei sie von der Verbindlichkeit gegenüber dem Dritten befreit. Sie darf den Anspruch des Dritten nicht anerkennen oder befriedigen, ohne der anderen Vertragspartei vorher Gelegenheit zur Äußerung gegeben zu haben.

§ 11
Vertragsstrafe

1. Wenn Vertragsstrafen vereinbart sind, gelten die §§ 339 bis 345 BGB.

2. Ist die Vertragsstrafe für den Fall vereinbart, daß der Auftragnehmer nicht in der vorgesehen Frist erfüllt, so wird sie fällig, wenn der Auftragnehmer in Verzug gerät.

3. Ist die Vertragsstrafe nach Tagen bemessen, so zählen nur Werktage; ist sie nach Wochen bemessen, so wird jeder Werktag angefangener Wochen als $1/_6$ Woche gerechnet.

4. Hat der Auftraggeber die Leistung abgenommen, so kann er die Strafe nur verlangen, wenn er dies bei der Abnahme vorbehalten hat.

§ 12
Abnahme

1. Verlangt der Auftragnehmer nach der Fertigstellung – gegebenenfalls auch vor Ablauf der vereinbarten Ausführungsfrist – die Abnahme der Leistung, so hat sie der Auftraggeber binnen 12 Werktagen durchzuführen; eine andere Frist kann vereinbart werden.

2. Besonders abzunehmen sind auf Verlangen:
   a) in sich abgeschlossene Teile der Leistung,
   b) andere Teile der Leistung, wenn sie durch die weitere Ausführung der Prüfung und Feststellung entzogen werden.

3. Wegen wesentlicher Mängel kann die Abnahme bis zur Beseitigung verweigert werden.

4. (1)   Eine förmliche Abnahme hat stattzufinden, wenn eine Vertragspartei es verlangt. Jede Partei kann auf ihre Kosten einen Sachverständigen zuziehen. Der Befund ist in gemeinsamer Verhandlung schriftlich niederzulegen. In die Niederschrift sind etwaige Vorbehalte wegen bekannter Mängel und wegen Vertragsstrafen aufzunehmen, ebenso etwaige Einwendungen des Auftragnehmers. Jede Partei erhält eine Ausfertigung.

    (2)   Die förmliche Abnahme kann in Abwesenheit des Auftragnehmers stattfinden, wenn der Termin vereinbart war oder der Auftraggeber mit genügender Frist dazu eingeladen hatte. Das Ergebnis der Abnahme ist dem Auftragnehmer alsbald mitzuteilen.

5. (1)   Wird keine Abnahme verlangt, so gilt die Leistung als abgenommen mit Ablauf von 12 Werktagen nach schriftlicher Mitteilung über die Fertigstellung der Leistung.

    (2)   Hat der Auftraggeber die Leistung oder einen Teil der Leistung in Benutzung genommen, so gilt die Abnahme nach Ablauf von 6 Werktagen nach Beginn der Benutzung als erfolgt, wenn nichts anderes vereinbart ist. Die Benutzung von Teilen einer baulichen Anlage zur Weiterführung der Arbeiten gilt nicht als Abnahme.

    (3)   Vorbehalte wegen bekannter Mängel oder wegen Vertragsstrafen hat der Auftraggeber spätestens zu den in den Absätzen 1 und 2 bezeichneten Zeitpunkten geltend zu machen.

6. Mit der Abnahme geht die Gefahr auf den Auftraggeber über, soweit er sie nicht schon nach § 7 trägt.

§ 13
Gewährleistung

1. Der Auftragnehmer übernimmt die Gewähr, daß seine Leistung zur Zeit der Abnahme die vertraglich zugesicherten Eigenschaften hat, den anerkannten Regeln der Technik entspricht und nicht mit Fehlern behaftet ist, die den Wert oder die Tauglichkeit zu dem gewöhnlichen oder dem nach dem Vertrag vorausgesetzten Gebrauch aufheben oder mindern.

2. Bei Leistungen nach Probe gelten die Eigenschaften der Probe als zugesichert, soweit nicht Abweichungen nach der Verkehrssitte als bedeutungslos anzusehen sind. Dies gilt auch für Proben, die erst nach Vertragsabschluß als solche anerkannt sind.

3. Ist ein Mangel zurückzuführen auf die Leistungsbeschreibung oder auf Anordnungen des Auftraggebers, auf die von diesem gelieferten oder vorgeschriebenen Stoffe oder Bauteile oder die Beschaffenheit der Vorleistung eines anderen Unternehmers, so ist der Auftragnehmer von der Gewährleistung für diese Mängel frei, außer wenn er die ihm nach § 4 Nr. 3 obliegende Mitteilung über die zu befürchtenden Mängel unterlassen hat.

4. (1)   Ist für die Gewährleistung keine Verjährungsfrist im Vertrag vereinbart, so beträgt sie für Bauwerke und für Holzerkrankungen 2 Jahre, für Arbeiten

an einem Grundstück und für die vom Feuer berührten Teile von Feuerungs-
anlagen ein Jahr.

(2) Bei maschinellen und elektrotechnischen/elektronischen Anlagen oder
Teilen davon, bei denen die Wartung Einfluß auf die Sicherheit und Funktionsfähigkeit hat, beträgt die Verjährungsfrist für die Gewährleistungsansprüche
abweichend von Absatz 1 ein Jahr, wenn der Auftraggeber sich dafür ent-
schieden hat, dem Auftragnehmer die Wartung für die Dauer der Verjährungsfrist nicht zu übertragen.

(3) Die Frist beginnt mit der Abnahme der gesamten Leistung; nur für in sich
abgeschlossene Teile der Leistung beginnt sie mit der Teilabnahme (§ 12
Nr. 2a).

5. (1) Der Auftragnehmer ist verpflichtet, alle während der Verjährungsfrist her-
vortretenden Mängel, die auf vertragswidrige Leistung zurückzuführen sind,
auf seine Kosten zu beseitigen, wenn es der Auftraggeber vor Ablauf der Frist
schriftlich verlangt. Der Anspruch auf Beseitigung der gerügten Mängel ver-
jährt mit Ablauf der Regelfristen der Nummer 4, gerechnet vom Zugang des
schriftlichen Verlangens an, jedoch nicht vor Ablauf der vereinbarten Frist.
Nach Abnahme der Mängelbeseitigungsleistung beginnen für diese Leistung
die Regelfristen der Nummer 4, wenn nichts anderes vereinbart ist.

(2) Kommt der Auftragnehmer der Aufforderung zur Mängelbeseitigung in
einer vom Auftraggeber gesetzten angemessenen Frist nicht nach, so kann
der Auftraggeber die Mängel auf Kosten des Auftragnehmers beseitigen
lassen.

6. Ist die Beseitigung des Mangels unmöglich oder würde sie einen unverhältnismäßig hohen Aufwand erfordern und wird sie deshalb vom Auftragnehmer
verweigert, so kann der Auftraggeber Minderung der Vergütung verlangen
(§ 634 Abs. 4, § 472 BGB). Der Auftraggeber kann ausnahmsweise auch
dann Minderung der Vergütung verlangen, wenn die Beseitigung des Mangels
für ihn unzumutbar ist.

7. (1) Ist ein wesentlicher Mangel, der die Gebrauchsfähigkeit erheblich beeinträchtigt, auf ein Verschulden des Auftragnehmers oder seiner Erfüllungsgehilfen zurückzuführen, so ist der Auftragnehmer außerdem verpflichtet,
dem Auftraggeber den Schaden an der baulichen Anlage zu ersetzen, zu
deren Herstellung, Instandhaltung oder Änderung die Leistung dient.

(2) Den darüber hinausgehenden Schaden hat er nur dann zu ersetzen:
a) wenn der Mangel auf Vorsatz oder grober Fahrlässigkeit beruht,
b) wenn der Mangel auf einem Verstoß gegen die anerkannten Regeln der
Technik beruht,
c) wenn der Mangel in dem Fehlen einer vertraglich zugesicherten Eigenschaft besteht oder
d) soweit der Auftragnehmer den Schaden durch Versicherung seiner gesetzlichen Haftpflicht gedeckt hat oder innerhalb der von der Versicherungsaufsichtsbehörde genehmigten Allgemeinen Versicherungsbedingungen zu
tarifmäßigen, nicht auf außergewöhnliche Verhältnisse abgestellten Prämien und Prämienzuschlägen bei einem im Inland zum Geschäftsbetrieb
zugelassenen Versicherer hätte decken können.

(3) Abweichend von Nummer 4 gelten die gesetzlichen Verjährungsfristen, soweit sich der Auftragnehmer nach Absatz 2 durch Versicherung geschützt hat oder hätte schützen können oder soweit ein besonderer Versicherungsschutz vereinbart ist.

(4) Eine Einschränkung oder Erweiterung der Haftung kann in begründeten Sonderfällen vereinbart werden.

§ 14
Abrechnung

1. Der Auftragnehmer hat seine Leistungen prüfbar abzurechnen. Er hat die Rechnungen übersichtlich aufzustellen und dabei die Reihenfolge der Posten einzuhalten und die in den Vertragsbestandteilen enthaltenen Bezeichnungen zu verwenden. Die zum Nachweis von Art und Umfang der Leistung erforderlichen Mengenberechnungen, Zeichnungen und andere Belege sind beizufügen. Änderungen und Ergänzungen des Vertrags sind in der Rechnung besonders kenntlich zu machen; sie sind auf Verlangen getrennt abzurechnen.

2. Die für die Abrechnung notwendigen Feststellungen sind dem Fortgang der Leistung entsprechend möglichst gemeinsam vorzunehmen. Die Abrechnungsbestimmungen in den Technischen Vertragsbedingungen und den anderen Vertragsunterlagen sind zu beachten. Für Leistungen, die bei Weiterführung der Arbeiten nur schwer feststellbar sind, hat der Auftragnehmer rechtzeitig gemeinsame Feststellungen zu beantragen.

3. Die Schlußrechnung muß bei Leistungen mit einer vertraglichen Ausführungsfrist von höchstens 3 Monaten spätestens 12 Werktage nach Fertigstellung eingereicht werden, wenn nichts anderes vereinbart ist; diese Frist wird um je 6 Werktage für je weitere 3 Monate Ausführungsfrist verlängert.

4. Reicht der Auftragnehmer eine prüfbare Rechnung nicht ein, obwohl ihm der Auftraggeber dafür eine angemessene Frist gesetzt hat, so kann sie der Auftraggeber selbst auf Kosten des Auftragnehmers aufstellen.

§ 15
Stundenlohnarbeiten

1. (1) Stundenlohnarbeiten werden nach den vertraglichen Vereinbarungen abgerechnet.

(2) Soweit für die Vergütung keine Vereinbarungen getroffen worden sind, gilt die ortsübliche Vergütung. Ist diese nicht zu ermitteln, so werden die Aufwendungen des Auftragnehmers für

Lohn- und Gehaltskosten der Baustelle, Lohn- und Gehaltsnebenkosten der Baustelle, Stoffkosten der Baustelle, Kosten der Einrichtungen, Geräte, Maschinen und maschinellen Anlagen der Baustelle, Fracht-, Fuhr- und Ladekosten, Sozialkassenbeiträge und Sonderkosten,

die bei wirtschaftlicher Betriebsführung entstehen, mit angemessenen Zuschlägen für Gemeinkosten und Gewinn (einschließlich allgemeinem Unternehmerwagnis) zuzüglich Umsatzsteuer vergütet.

2. Verlangt der Auftraggeber, daß die Stundenlohnarbeiten durch einen Polier oder eine andere Aufsichtsperson beaufsichtigt werden, oder ist die Aufsicht nach den einschlägigen Unfallverhütungsvorschriften notwendig, so gilt Nummer 1 entsprechend.

3. Dem Auftraggeber ist die Ausführung von Stundenlohnarbeiten vor Beginn anzuzeigen. Über die geleisteten Arbeitsstunden und den dabei erforderlichen, besonders zu vergütenden Aufwand für den Verbrauch von Stoffen, für Vorhaltung von Einrichtungen, Geräten, Maschinen und maschinellen Anlagen, für Frachten, Fuhr- und Ladeleistungen sowie etwaige Sonderkosten sind, wenn nichts anderes vereinbart ist, je nach der Verkehrssitte werktäglich oder wöchentlich Listen (Stundenlohnzettel) einzureichen. Der Auftraggeber hat die von ihm bescheinigten Stundenlohnzettel unverzüglich, spätestens jedoch innerhalb von 6 Werktagen nach Zugang, zurückzugeben. Dabei kann er Einwendungen auf den Stundenlohnzetteln oder gesondert schriftlich erheben. Nicht fristgemäß zurückgegebene Stundenlohnzettel gelten als anerkannt.

4. Stundenlohnrechnungen sind alsbald nach Abschluß der Stundenlohnarbeiten, längstens jedoch in Abständen von 4 Wochen, einzureichen. Für die Zahlung gilt § 16.

5. Wenn Stundenlohnarbeiten zwar vereinbart waren, über den Umfang der Stundenlohnleistungen aber mangels rechtzeitiger Vorlage der Stundenlohnzettel Zweifel bestehen, so kann der Auftraggeber verlangen, daß für die nachweisbar ausgeführten Leistungen eine Vergütung vereinbart wird, die nach Maßgabe von Nummer 1 Abs. 2 für einen wirtschaftlich vertretbaren Aufwand an Arbeitszeit und Verbrauch von Stoffen, für Vorhaltung von Einrichtungen, Geräten, Maschinen und maschinellen Anlagen, für Frachten, Fuhr- und Ladeleistungen sowie etwaige Sonderkosten ermittelt wird.

§ 16

Zahlung

1. (1) Abschlagszahlungen sind auf Antrag in Höhe des Wertes der jeweils nachgewiesenen vertragsgemäßen Leistungen einschließlich des ausgewiesenen, darauf entfallenden Umsatzsteuerbetrags in möglichst kurzen Zeitabständen zu gewähren. Die Leistungen sind durch eine prüfbare Aufstellung nachzuweisen, die eine rasche und sichere Beurteilung der Leistungen ermöglichen muß. Als Leistungen gelten hierbei auch die für die geforderte Leistung eigens angefertigten und bereitgestellten Bauteile sowie die auf der Baustelle angelieferten Stoffe und Bauteile, wenn dem Auftraggeber nach

seiner Wahl das Eigentum an ihnen übertragen ist oder entsprechende Sicherheit gegeben wird.

(2)   Gegenforderungen können einbehalten werden. Andere Einbehalte sind nur in den im Vertrag und in den gesetzlichen Bestimmungen vorgesehenen Fällen zulässig.

(3)   Abschlagszahlungen sind binnen 18 Werktagen nach Zugang der Aufstellung zu leisten.

(4)   Die Abschlagszahlungen sind ohne Einfluß auf die Haftung und Gewährleistung des Auftragnehmers; sie gelten nicht als Abnahme von Teilen der Leistung.

2.   (1)   Vorauszahlungen können auch nach Vertragsabschluß vereinbart werden; hierfür ist auf Verlangen des Auftraggebers ausreichende Sicherheit zu leisten. Diese Vorauszahlungen sind, sofern nichts anderes vereinbart wird, mit 1 v. H. über dem Lombardsatz der Deutschen Bundesbank zu verzinsen.

(2)   Vorauszahlungen sind auf die nächstfälligen Zahlungen anzurechnen, soweit damit Leistungen abzugelten sind, für welche die Vorauszahlungen gewährt worden sind.

3.   (1)   Die Schlußzahlung ist alsbald nach Prüfung und Feststellung der vom Auftragnehmer vorgelegten Schlußrechnung zu leisten, spätestens innerhalb von 2 Monaten nach Zugang. Die Prüfung der Schlußrechnung ist nach Möglichkeit zu beschleunigen. Verzögert sie sich, so ist das unbestrittene Guthaben als Abschlagszahlung sofort zu zahlen.

(2)   Die vorbehaltlose Annahme der Schlußzahlung schließt Nachforderungen aus, wenn der Auftragnehmer über die Schlußzahlung schriftlich unterrichtet und auf die Ausschlußwirkung hingewiesen wurde.

(3)   Einer Schlußzahlung steht es gleich, wenn der Auftraggeber unter Hinweis auf geleistete Zahlungen weitere Zahlungen endgültig und schriftlich ablehnt.

(4)   Auch früher gestellte, aber unerledigte Forderungen werden ausgeschlossen, wenn sie nicht nochmals vorbehalten werden.

(5)   Ein Vorbehalt ist innerhalb von 24 Werktagen nach Zugang der Mitteilung nach Absätzen 2 und 3 über die Schlußzahlung zu erklären. Er wird hinfällig, wenn nicht innerhalb von weiteren 24 Werktagen eine prüfbare Rechnung über die vorbehaltenen Forderungen eingereicht wird oder, wenn das nicht möglich ist, der Vorbehalt eingehend begründet wird.

(6)   Die Ausschlußfristen gelten nicht für ein Verlangen nach Richtigstellung der Schlußrechnung und -zahlung wegen Aufmaß-, Rechen- und Übertragungsfehlern.

4.   In sich abgeschlossene Teile der Leistung können nach Teilabnahme ohne Rücksicht auf die Vollendung der übrigen Leistungen endgültig festgestellt und bezahlt werden.

5.   (1)   Alle Zahlungen sind aufs äußerste zu beschleunigen.

(2) Nicht vereinbarte Skontoabzüge sind unzulässig.

(3) Zahlt der Auftraggeber bei Fälligkeit nicht, so kann ihm der Auftragnehmer eine angemessene Nachfrist setzen. Zahlt er auch innerhalb der Nachfrist nicht, so hat der Auftragnehmer vom Ende der Nachfrist an Anspruch auf Zinsen in Höhe von 1 v. H. über dem Lombardsatz der Deutschen Bundesbank, wenn er nicht einen höheren Verzugsschaden nachweist. Außerdem darf er die Arbeiten bis zur Zahlung einstellen.

6. Der Auftraggeber ist berechtigt, zur Erfüllung seiner Verpflichtungen aus Nummern 1 bis 5 Zahlungen an Gläubiger des Auftragnehmers zu leisten, soweit sie an der Ausführung der vertraglichen Leistung des Auftragnehmers aufgrund eines mit diesem abgeschlossenen Dienst- oder Werkvertrags beteiligt sind und der Auftragnehmer in Zahlungsverzug gekommen ist. Der Auftragnehmer ist verpflichtet, sich auf Verlangen des Auftraggebers innerhalb einer von diesem gesetzten Frist darüber zu erklären, ob und inwieweit er die Forderungen seiner Gläubiger anerkennt; wird diese Erklärung nicht rechtzeitig abgegeben, so gelten die Forderungen als anerkannt und der Zahlungsverzug als bestätigt.

§ 17
Sicherheitsleistung

1. (1) Wenn Sicherheitsleistung vereinbart ist, gelten die §§ 232 bis 240 BGB, soweit sich aus den nachstehenden Bestimmungen nichts anderes ergibt.

(2) Die Sicherheit dient dazu, die vertragsgemäße Ausführung der Leistung und die Gewährleistung sicherzustellen.

2. Wenn im Vertrag nichts anderes vereinbart ist, kann Sicherheit durch Einbehalt oder Hinterlegung von Geld oder durch Bürgschaft eines Kreditinstituts oder Kreditversicherers geleistet werden, sofern das Kreditinstitut oder der Kreditversicherer
  – in der Europäischen Gemeinschaft oder
  – in einem Staat der Vertragsparteien des Abkommens über den Europäischen Wirtschaftsraum oder
  – in einem Staat der Vertragsparteien des WTO-Übereinkommens über das öffentliche Beschaffungswesen
  zugelassen ist.

3. Der Auftragnehmer hat die Wahl unter den verschiedenen Arten der Sicherheit; er kann eine Sicherheit durch eine andere ersetzen.

4. Bei Sicherheitsleistung durch Bürgschaft ist Voraussetzung, daß der Auftraggeber den Bürgen als tauglich anerkannt hat. Die Bürgschaftserklärung ist schriftlich unter Verzicht auf die Einrede der Vorausklage abzugeben (§ 771 BGB); sie darf nicht auf bestimmte Zeit begrenzt und muß nach Vorschrift des Auftraggebers ausgestellt sein.

5. Wird Sicherheit durch Hinterlegung von Geld geleistet, so hat der Auftragnehmer den Betrag bei einem zu vereinbarenden Geldinstitut auf ein Sperrkonto einzuzahlen, über das beide Parteien nur gemeinsam verfügen können. Etwaige Zinsen stehen dem Auftragnehmer zu.

6. (1) Soll der Auftraggeber vereinbarungsgemäß die Sicherheit in Teilbeträgen von seinen Zahlungen einbehalten, so darf er jeweils die Zahlung um höchstens 10 v. H. kürzen, bis die vereinbarte Sicherheitssumme erreicht ist. Den jeweils einbehaltenen Betrag hat er dem Auftragnehmer mitzuteilen und binnen 18 Werktagen nach dieser Mitteilung auf Sperrkonto bei dem vereinbarten Geldinstitut einzuzahlen. Gleichzeitig muß er veranlassen, daß dieses Geldinstitut den Auftragnehmer von der Einzahlung des Sicherheitsbetrags benachrichtigt. Nr. 5 gilt entsprechend.

(2) Bei kleineren oder kurzfristigen Aufträgen ist es zulässig, daß der Auftraggeber den einbehaltenen Sicherheitsbetrag erst bei der Schlußzahlung auf Sperrkonto einzahlt.

(3) Zahlt der Auftraggeber den einbehaltenen Betrag nicht rechtzeitig ein, so kann ihm der Auftragnehmer hierfür eine angemessene Nachfrist setzen. Läßt der Auftraggeber auch diese verstreichen, so kann der Auftragnehmer die sofortige Auszahlung des einbehaltenen Betrags verlangen und braucht dann keine Sicherheit mehr zu leisten.

(4) Öffentliche Auftraggeber sind berechtigt, den als Sicherheit einbehaltenen Betrag auf eigenes Verwahrgeldkonto zu nehmen; der Betrag wird nicht verzinst.

7. Der Auftragnehmer hat die Sicherheit binnen 18 Werktagen nach Vertragsabschluß zu leisten, wenn nichts anderes vereinbart ist. Soweit er diese Verpflichtung nicht erfüllt hat, ist der Auftraggeber berechtigt, vom Guthaben des Auftragnehmers einen Betrag in Höhe der vereinbarten Sicherheit einzubehalten. Im übrigen gelten Nummern 5 und 6 außer Absatz 1 Satz 1 entsprechend.

8. Der Auftraggeber hat eine nicht verwertete Sicherheit zum vereinbarten Zeitpunkt, spätestens nach Ablauf der Verjährungsfrist für die Gewährleistung, zurückzugeben. Soweit jedoch zu dieser Zeit seine Ansprüche noch nicht erfüllt sind, darf er einen entsprechenden Teil der Sicherheit zurückhalten.

§ 18

Streitigkeiten

1. Liegen die Voraussetzungen für eine Gerichtsstandvereinbarung nach § 38 Zivilprozeßordnung vor, richtet sich der Gerichtsstand für Streitigkeiten aus dem Vertrag nach dem Sitz der für die Prozeßvertretung des Auftraggebers zuständigen Stelle, wenn nichts anderes vereinbart ist. Sie ist dem Auftragnehmer auf Verlangen mitzuteilen.

2. Entstehen bei Verträgen mit Behörden Meinungsverschiedenheiten, so soll der Auftragnehmer zunächst die der auftraggebenden Stelle unmittelbar vorgesetzte Stelle anrufen. Diese soll dem Auftragnehmer Gelegenheit zur mündlichen Aussprache geben und ihn möglichst innerhalb von 2 Monaten nach der Anrufung schriftlich bescheiden und dabei auf die Rechtsfolgen des Satzes 3 hinweisen. Die Entscheidung gilt als anerkannt, wenn der Auftragnehmer nicht innerhalb von 2 Monaten nach Eingang des Bescheides schriftlich Einspruch beim Auftraggeber erhebt und dieser ihn auf die Ausschlußfrist hingewiesen hat.

3. Bei Meinungsverschiedenheiten über die Eigenschaft von Stoffen und Bauteilen, für die allgemeingültige Prüfungsverfahren bestehen, und über die Zulässigkeit oder Zuverlässigkeit der bei der Prüfung verwendeten Maschinen oder angewendeten Prüfungsverfahren kann jede Vertragspartei nach vorheriger Benachrichtigung der anderen Vertragspartei die materialtechnische Untersuchung durch eine staatliche oder staatlich anerkannte Materialprüfungsstelle vornehmen lassen; deren Feststellungen sind verbindlich. Die Kosten trägt der unterliegende Teil.

4. Streitfälle berechtigen den Auftragnehmer nicht, die Arbeiten einzustellen.

	VOB Verdingungsordnung für Bauleistungen Teil C: Allgemeine Technische Vertragsbedingungen für Bauleistungen (ATV) **Allgemeine Regelungen für Bauarbeiten jeder Art**	**DIN** **18299**

ICS 91-030   Ersatz für Ausgabe 1992-12

Deskriptoren: VOB, Verdingungsordnung, Bauleistung, Bauarbeit, Vertragsbedingung

Contract procedures for building works – Part C: General technical specifications
for building works – General rules for all kinds of building works

Cahier des charges pour des travaux du bâtiment – Partie C: Règlements techniques généralés de contrat pour d'execution des travaux du bâtiment – Règles
généralés pour toute sorte des travaux

Vorwort

Diese Norm wurde vom Deutschen Verdingungsausschuß für Bauleistungen (DVA) aufgestellt.

Änderungen

Gegenüber der Ausgabe 1992-12 wurden folgende Änderungen vorgenommen:
– Abschnitt 0 wurde unter Berücksichtigung umweltrechtlicher Vorschriften und aufgrund von Erkenntnissen aus dem
Bauablauf ergänzt.

Frühere Ausgaben

DIN 18299: 1988-09, 1992-12

Normative Verweisungen

Diese Norm enthält durch datierte oder undatierte Verweisungen Festlegungen aus anderen Publikationen. Diese normativen Verweisungen sind an den jeweiligen Stellen im Text
zitiert, und die Publikationen sind nachstehend aufgeführt. Bei
datierten Verweisungen gehören spätere Änderungen oder
Überarbeitungen dieser Publikationen nur zu dieser Norm,
falls sie durch Änderung oder Überarbeitung eingearbeitet
sind. Bei undatierten Verweisungen gilt die letzte Ausgabe der
in Bezug genommenen Publikation.

DIN 1960
VOB Verdingungsordnung für Bauleistungen – Teil A: Allgemeine Bestimmungen für die Vergabe von Bauleistungen

DIN 1961
VOB Verdingungsordnung für Bauleistungen – Teil B: All-
gemeine Vertragsbedingungen für die Ausführung von
Bauleistungen

DIN 18300
VOB Verdingungsordnung für Bauleistungen – Teil C: Allgemeine Technische Vertragsbedingungen für Bauleistungen (ATV); Erdarbeiten

DIN 18301
VOB Verdingungsordnung für Bauleistungen – Teil C: Allgemeine Technische Vertragsbedingungen für Bauleistungen (ATV); Bohrarbeiten

DIN 18302
VOB Verdingungsordnung für Bauleistungen – Teil C: Allgemeine Technische Vertragsbedingungen für Bauleistungen (ATV); Brunnenbauarbeiten

DIN 18303
VOB Verdingungsordnung für Bauleistungen – Teil C: Allgemeine Technische Vertragsbedingungen für Bauleistungen (ATV); Verbauarbeiten

DIN 18304
VOB Verdingungsordnung für Bauleistungen – Teil C: Allgemeine Technische Vertragsbedingungen für Bauleistungen (ATV); Rammarbeiten

DIN 18305
VOB Verdingungsordnung für Bauleistungen – Teil C: Allgemeine Technische Vertragsbedingungen für Bauleistungen (ATV); Wasserhaltungsarbeiten

DIN 18306
VOB Verdingungsordnung für Bauleistungen – Teil C: Allgemeine Technische Vertragsbedingungen für Bauleistungen (ATV); Entwässerungskanalarbeiten

DIN 18307
VOB Verdingungsordnung für Bauleistungen – Teil C: Allgemeine Technische Vertragsbedingungen für Bauleistungen (ATV); Gas- und Wasserleitungsarbeiten im Erdreich

Fortsetzung Seite 2 bis 12

DIN Deutsches Institut für Normung e.V.

DIN 18308
  VOB Verdingungsordnung für Bauleistungen – Teil C: Allgemeine Technische Vertragsbedingungen für Bauleistungen (ATV); Dränarbeiten

DIN 18309
  VOB Verdingungsordnung für Bauleistungen – Teil C: Allgemeine Technische Vertragsbedingungen für Bauleistungen (ATV); Einpreßarbeiten

DIN 18310
  VOB Verdingungsordnung für Bauleistungen – Teil C: Allgemeine Technische Vertragsbedingungen für Bauleistungen (ATV); Sicherungsarbeiten an Gewässern, Deichen und Küstendünen

DIN 18311
  VOB Verdingungsordnung für Bauleistungen – Teil C: Allgemeine Technische Vertragsbedingungen für Bauleistungen (ATV); Naßbaggerarbeiten

DIN 18312
  VOB Verdingungsordnung für Bauleistungen – Teil C: Allgemeine Technische Vertragsbedingungen für Bauleistungen (ATV); Untertagebauarbeiten

DIN 18313
  VOB Verdingungsordnung für Bauleistungen – Teil C: Allgemeine Technische Vertragsbedingungen für Bauleistungen (ATV); Schlitzwandarbeiten mit stützenden Flüssigkeiten

DIN 18314
  VOB Verdingungsordnung für Bauleistungen – Teil C: Allgemeine Technische Vertragsbedingungen für Bauleistungen (ATV); Spritzbetonarbeiten

DIN 18315
  VOB Verdingungsordnung für Bauleistungen – Teil C: Allgemeine Technische Vertragsbedingungen für Bauleistungen (ATV); Verkehrswegebauarbeiten, Oberbauschichten ohne Bindemittel

DIN 18316
  VOB Verdingungsordnung für Bauleistungen – Teil C: Allgemeine Technische Vertragsbedingungen für Bauleistungen (ATV); Verkehrswegebauarbeiten, Oberbauschichten mit hydraulischen Bindemitteln

DIN 18317
  VOB Verdingungsordnung für Bauleistungen – Teil C: Allgemeine Technische Vertragsbedingungen für Bauleistungen (ATV); Verkehrswegebauarbeiten, Oberbauschichten aus Asphalt

DIN 18318
  VOB Verdingungsordnung für Bauleistungen – Teil C: Allgemeine Technische Vertragsbedingungen für Bauleistungen (ATV); Verkehrswegebauarbeiten, Pflasterdecken, Plattenbeläge, Einfassungen

DIN 18319
  VOB Verdingungsordnung für Bauleistungen – Teil C: Allgemeine Technische Vertragsbedingungen für Bauleistungen (ATV); Rohrvortriebsarbeiten

DIN 18320
  VOB Verdingungsordnung für Bauleistungen – Teil C: Allgemeine Technische Vertragsbedingungen für Bauleistungen (ATV); Landschaftsbauarbeiten

DIN 18325
  VOB Verdingungsordnung für Bauleistungen – Teil C: Allgemeine Technische Vertragsbedingungen für Bauleistungen (ATV); Gleisbauarbeiten

DIN 18330
  VOB Verdingungsordnung für Bauleistungen – Teil C: Allgemeine Technische Vertragsbedingungen für Bauleistungen (ATV); Maurerarbeiten

DIN 18331
  VOB Verdingungsordnung für Bauleistungen – Teil C: Allgemeine Technische Vertragsbedingungen für Bauleistungen (ATV); Beton- und Stahlbetonarbeiten

DIN 18332
  VOB Verdingungsordnung für Bauleistungen – Teil C: Allgemeine Technische Vertragsbedingungen für Bauleistungen (ATV); Naturwerksteinarbeiten

DIN 18333
  VOB Verdingungsordnung für Bauleistungen – Teil C: Allgemeine Technische Vertragsbedingungen für Bauleistungen (ATV); Betonwerksteinarbeiten

DIN 18334
  VOB Verdingungsordnung für Bauleistungen – Teil C: Allgemeine Technische Vertragsbedingungen für Bauleistungen (ATV); Zimmer- und Holzbauarbeiten

DIN 18335
  VOB Verdingungsordnung für Bauleistungen – Teil C: Allgemeine Technische Vertragsbedingungen für Bauleistungen (ATV); Stahlbauarbeiten

DIN 18336
  VOB Verdingungsordnung für Bauleistungen – Teil C: Allgemeine Technische Vertragsbedingungen für Bauleistungen (ATV); Abdichtungsarbeiten

DIN 18338
  VOB Verdingungsordnung für Bauleistungen – Teil C: Allgemeine Technische Vertragsbedingungen für Bauleistungen (ATV); Dachdeckungs- und Dachabdichtungsarbeiten

DIN 18339
  VOB Verdingungsordnung für Bauleistungen – Teil C: Allgemeine Technische Vertragsbedingungen für Bauleistungen (ATV); Klempnerarbeiten

DIN 18349
  VOB Verdingungsordnung für Bauleistungen – Teil C: Allgemeine Technische Vertragsbedingungen für Bauleistungen (ATV); Betonerhaltungsarbeiten

DIN 18350
  VOB Verdingungsordnung für Bauleistungen – Teil C: Allgemeine Technische Vertragsbedingungen für Bauleistungen (ATV); Putz- und Stuckarbeiten

DIN 18352
  VOB Verdingungsordnung für Bauleistungen – Teil C: Allgemeine Technische Vertragsbedingungen für Bauleistungen (ATV); Fliesen- und Plattenarbeiten

DIN 18353
  VOB Verdingungsordnung für Bauleistungen – Teil C: Allgemeine Technische Vertragsbedingungen für Bauleistungen (ATV); Estricharbeiten

DIN 18354
  VOB Verdingungsordnung für Bauleistungen – Teil C: Allgemeine Technische Vertragsbedingungen für Bauleistungen (ATV); Gußasphaltarbeiten

DIN 18355
  VOB Verdingungsordnung für Bauleistungen – Teil C: Allgemeine Technische Vertragsbedingungen für Bauleistungen (ATV); Tischlerarbeiten

DIN 18356
  VOB Verdingungsordnung für Bauleistungen – Teil C: Allgemeine Technische Vertragsbedingungen für Bauleistungen (ATV); Parkettarbeiten

DIN 18357
  VOB Verdingungsordnung für Bauleistungen – Teil C: Allgemeine Technische Vertragsbedingungen für Bauleistungen (ATV); Beschlagarbeiten

DIN 18358
VOB Verdingungsordnung für Bauleistungen – Teil C: Allgemeine Technische Vertragsbedingungen für Bauleistungen (ATV); Rolladenarbeiten

DIN 18360
VOB Verdingungsordnung für Bauleistungen – Teil C: Allgemeine Technische Vertragsbedingungen für Bauleistungen (ATV); Metallbauarbeiten

DIN 18361
VOB Verdingungsordnung für Bauleistungen – Teil C: Allgemeine Technische Vertragsbedingungen für Bauleistungen (ATV); Verglasungsarbeiten

DIN 18363
VOB Verdingungsordnung für Bauleistungen – Teil C: Allgemeine Technische Vertragsbedingungen für Bauleistungen (ATV); Maler- und Lackiererarbeiten

DIN 18364
VOB Verdingungsordnung für Bauleistungen – Teil C: Allgemeine Technische Vertragsbedingungen für Bauleistungen (ATV); Korrosionsschutzarbeiten an Stahl- und Aluminiumbauten

DIN 18365
VOB Verdingungsordnung für Bauleistungen – Teil C: Allgemeine Technische Vertragsbedingungen für Bauleistungen (ATV); Bodenbelagarbeiten

DIN 18366
VOB Verdingungsordnung für Bauleistungen – Teil C: Allgemeine Technische Vertragsbedingungen für Bauleistungen (ATV); Tapezierarbeiten

DIN 18367
VOB Verdingungsordnung für Bauleistungen – Teil C: Allgemeine Technische Vertragsbedingungen für Bauleistungen (ATV); Holzpflasterarbeiten

DIN 18379
VOB Verdingungsordnung für Bauleistungen – Teil C: Allgemeine Technische Vertragsbedingungen für Bauleistungen (ATV); Raumlufttechnische Anlagen

DIN 18380
VOB Verdingungsordnung für Bauleistungen – Teil C: Allgemeine Technische Vertragsbedingungen für Bauleistungen (ATV); Heizanlagen und zentrale Wassererwärmungsanlagen

DIN 18381
VOB Verdingungsordnung für Bauleistungen – Teil C: Allgemeine Technische Vertragsbedingungen für Bauleistungen (ATV); Gas-, Wasser- und Abwasserinstallationsarbeiten innerhalb von Gebäuden

DIN 18382
VOB Verdingungsordnung für Bauleistungen – Teil C: Allgemeine Technische Vertragsbedingungen für Bauleistungen (ATV); Elektrische Kabel- und Leitungsanlagen in Gebäuden

DIN 18384
VOB Verdingungsordnung für Bauleistungen – Teil C: Allgemeine Technische Vertragsbedingungen für Bauleistungen (ATV); Blitzschutzanlagen

DIN 18385
VOB Verdingungsordnung für Bauleistungen – Teil C: Allgemeine Technische Vertragsbedingungen für Bauleistungen (ATV); Förderanlagen, Aufzugsanlagen, Fahrtreppen und Fahrsteige

DIN 18386
VOB Verdingungsordnung für Bauleistungen – Teil C: Allgemeine Technische Vertragsbedingungen für Bauleistungen (ATV); Gebäudeautomation

DIN 18421
VOB Verdingungsordnung für Bauleistungen – Teil C: Allgemeine Technische Vertragsbedingungen für Bauleistungen (ATV); Dämmarbeiten an technischen Anlagen

DIN 18451
VOB Verdingungsordnung für Bauleistungen – Teil C: Allgemeine Technische Vertragsbedingungen für Bauleistungen (ATV); Gerüstarbeiten

– Leerseite –

Inhalt

0   Hinweise für das Aufstellen der Leistungsbeschreibung

Diese Hinweise für das Aufstellen der Leistungsbeschreibung gelten für Bauarbeiten jeder Art; sie werden ergänzt durch die auf die einzelnen Leistungsbereiche bezogenen Hinweise in den Abschnitten 0 der ATV DIN 18300 ff.

Die Beachtung dieser Hinweise ist Voraussetzung für eine ordnungsgemäße Leistungsbeschreibung gemäß A § 9.

Die Hinweise werden nicht Vertragsbestandteil.

In der Leistungsbeschreibung sind nach den Erfordernissen des Einzelfalls insbesondere anzugeben:

0.1   Angaben zur Baustelle

0.1.1 *Lage der Baustelle, Umgebungsbedingungen, Zufahrtsmöglichkeiten und Beschaffenheit der Zufahrt sowie etwaige Einschränkungen bei ihrer Benutzung.*

0.1.2 *Art und Lage der baulichen Anlagen, z. B. auch Anzahl und Höhe der Geschosse.*

0.1.3 *Verkehrsverhältnisse auf der Baustelle, insbesondere Verkehrsbeschränkungen.*

0.1.4 *Für den Verkehr freizuhaltende Flächen.*

0.1.5 Lage, Art, Anschlußwert und Bedingungen für das Überlassen von Anschlüssen für Wasser, Energie und Abwasser.

0.1.6 Lage und Ausmaß der dem Auftragnehmer für die Ausführung seiner Leistungen zur Benutzung oder Mitbenutzung überlassenen Flächen, Räume.

0.1.7 Bodenverhältnisse, Baugrund und seine Tragfähigkeit. Ergebnisse von Bodenunter-suchungen.

0.1.8 Hydrologische Werte von Grundwasser und Gewässern. Art, Lage, Abfluß, Abfluß-vermögen und Hochwasserverhältnisse von Vorflutern. Ergebnisse von Wasseranalysen.

0.1.9 Besondere umweltrechtliche Vorschriften.

0.1.10 Besondere Vorgaben für die Entsorgung, z. B. besondere Beschränkungen für die Beseitigung von Abwasser und Abfall.

0.1.11 Schutzgebiete oder Schutzzeiten im Bereich der Baustelle, z. B. wegen Forde-rungen des Gewässer-, Boden-, Natur-, Landschafts- oder Immissionsschutzes; vorliegende Fachgutachten o. ä.

0.1.12 Art und Umfang des Schutzes von Bäumen, Pflanzenbeständen, Vegetationsflä-chen, Verkehrsflächen, Bauteilen, Bauwerken, Grenzsteinen u. ä. im Bereich der Baustelle.

0.1.13 Im Baugelände vorhandene Anlagen, insbesondere Abwasser- und Versorgungs-leitungen.

0.1.14 Bekannte oder vermutete Hindernisse im Bereich der Baustelle, z. B. Leitungen, Kabel, Dräne, Kanäle, Bauwerksreste, und, soweit bekannt, deren Eigentümer.

0.1.15 Vermutete Kampfmittel im Bereich der Baustelle, Ergebnisse von Erkundungs- oder Beräumungsmaßnahmen.

0.1.16 Besondere Anordnungen, Vorschriften und Maßnahmen der Eigentümer (oder der anderen Weisungsberechtigten) von Leitungen, Kabeln, Dränen, Kanälen, Straßen, Wegen, Gewässern, Gleisen, Zäunen und dergleichen im Bereich der Baustelle.

0.1.17 Art und Umfang von Schadstoffbelastungen, z. B. des Bodens, der Gewässer, der Luft, der Stoffe und Bauteile; vorliegende Fachgutachten o. ä.

0.1.18 Art und Zeit der vom Auftraggeber veranlaßten Vorarbeiten.

0.1.19 Arbeiten anderer Unternehmer auf der Baustelle.

0.2 Angaben zur Ausführung

0.2.1 Vorgesehene Arbeitsabschnitte, Arbeitsunterbrechungen und -beschränkungen nach Art, Ort und Zeit sowie Abhängigkeit von Leistungen anderer.

0.2.2 Besondere Erschwernisse während der Ausführung, z. B. Arbeiten in Räumen, in denen der Betrieb weiterläuft, Arbeiten im Bereich von Verkehrswegen, oder bei außergewöhnlichen äußeren Einflüssen.

0.2.3 Besondere Anforderungen für Arbeiten in kontaminierten Bereichen, gegebenenfalls besondere Anordnungen für Schutz- und Sicherheitsmaßnahmen.

0.2.4 Besondere Anforderungen an die Baustelleneinrichtung und Entsorgungseinrichtungen, z. B. Behälter für die getrennte Erfassung.

0.2.5 Besonderheiten der Regelung und Sicherung des Verkehrs, gegebenenfalls auch, wieweit der Auftraggeber die Durchführung der erforderlichen Maßnahmen übernimmt.

0.2.6 Auf- und Abbauen sowie Vorhalten der Gerüste, die nicht Nebenleistung sind.

0.2.7 Mitbenutzung fremder Gerüste, Hebezeuge, Aufzüge, Aufenthalts- und Lagerräume, Einrichtungen und dergleichen durch den Auftragnehmer.

0.2.8 Wie lange, für welche Arbeiten und gegebenenfalls für welche Beanspruchung der Auftragnehmer seine Gerüste, Hebezeuge, Aufzüge, Aufenthalts- und Lagerräume, Einrichtungen und dergleichen für andere Unternehmer vorzuhalten hat.

0.2.9 Verwendung oder Mitverwendung von wiederaufbereiteten (Recycling-)Stoffen.

0.2.10 Anforderungen an wiederaufbereitete (Recycling-)Stoffe und an nicht genormte Stoffe und Bauteile.

0.2.11 Besondere Anforderungen an Art, Güte und Umweltverträglichkeit der Stoffe und Bauteile, auch z. B. an die schnelle biologische Abbaubarkeit von Hilfsstoffen.

0.2.12 Art und Umfang der vom Auftraggeber verlangten Eignungs- und Gütenachweise.

0.2.13 Unter welchen Bedingungen auf der Baustelle gewonnene Stoffe verwendet werden dürfen bzw. müssen oder einer anderen Verwertung zuzuführen sind.

0.2.14 Art, Zusammensetzung und Menge der aus dem Bereich des Auftraggebers zu entsorgenden Böden, Stoffe und Bauteile; Art der Verwertung bzw. bei Abfall die Entsorgungsanlage; Anforderungen an die Nachweise über Transporte, Entsorgung und die vom Auftraggeber zu tragenden Entsorgungskosten.

0.2.15 Art, Menge, Gewicht der Stoffe und Bauteile, die vom Auftraggeber beigestellt werden, sowie Art, Ort (genaue Bezeichnung) und Zeit ihrer Übergabe.

0.2.16 In welchem Umfang der Auftraggeber Abladen, Lagern und Transport von Stoffen und Bauteilen übernimmt oder dafür dem Auftragnehmer Geräte oder Arbeitskräfte zur Verfügung stellt.

0.2.17   *Leistungen für andere Unternehmer.*

0.2.18 Mitwirken beim Einstellen von Anlageteilen und bei der Inbetriebnahme von Anlagen im Zusammenwirken mit anderen Beteiligten, z. B. mit dem Auftragnehmer für die Gebäudeautomation.

0.2.19 *Benutzung von Teilen der Leistung vor der Abnahme.*

0.2.20 Übertragung der Wartung während der Dauer der Verjährungsfrist für die Gewährleistungsansprüche für maschinelle und elektrotechnische/elektronische Anlagen oder Teile davon, bei denen die Wartung Einfluß auf die Sicherheit und die Funktionsfähigkeit hat (vergleiche B § 13 Nr 4, Abs. 2), durch einen besonderen Wartungsvertrag.

0.2.21 *Abrechnung nach bestimmten Zeichnungen oder Tabellen.*

0.3 Einzelangaben bei Abweichungen von den ATV

0.3.1 Wenn andere als die in den ATV DIN 18299 ff. vorgesehenen Regelungen getroffen werden sollen, sind diese in der Leistungsbeschreibung eindeutig und im einzelnen anzugeben.

0.3.2 Abweichende Regelungen von der ATV DIN 18299 können insbesondere in Betracht kommen bei

Abschnitt 2.1.1,   wenn die Lieferung von Stoffen und Bauteilen nicht zur Leistung gehören soll,

Abschnitt 2.2,   wenn nur ungebrauchte Stoffe und Bauteile vorgehalten werden dürfen,

Abschnitt 2.3.1,   wenn auch gebrauchte Stoffe und Bauteile geliefert werden dürfen.

0.4 Einzelangaben zu Nebenleistungen und Besonderen Leistungen

0.4.1 Nebenleistungen

Nebenleistungen (Abschnitt 4.1 aller ATV) sind in der Leistungsbeschreibung nur zu erwähnen, wenn sie ausnahmsweise selbständig vergütet werden sollen. Eine ausdrückliche Erwähnung ist geboten, wenn die Kosten der Nebenleistung von erheblicher Bedeutung für die Preisbildung sind; in diesen Fällen sind besondere Ordnungszahlen (Positionen) vorzusehen.

Dies kommt insbesondere in Betracht für

– das Einrichten und Räumen der Baustelle,

– Gerüste,

– besondere Anforderungen an Zufahrten, Lager- und Stellflächen.

0.4.2 Besondere Leistungen

Werden Besondere Leistungen (Abschnitt 4.2 aller ATV) verlangt, ist dies in der Leistungsbeschreibung anzugeben; gegebenenfalls sind hierfür besondere Ordnungszahlen (Positionen) vorzusehen.

0.5 Abrechnungseinheiten

Im Leistungsverzeichnis sind die Abrechnungseinheiten für die Teilleistungen (Positionen) gemäß Abschnitt 0.5 der jeweiligen ATV anzugeben.

1 Geltungsbereich

Die ATV "Allgemeine Regelungen für Bauarbeiten jeder Art" – DIN 18299 – gilt für alle Bauarbeiten, auch für solche, für die keine ATV in C – DIN 18300 ff. – bestehen. Abweichende Regelungen in den ATV DIN 18300 ff. haben Vorrang.

2 Stoffe, Bauteile

2.1 Allgemeines

2.1.1 Die Leistungen umfassen auch die Lieferung der dazugehörigen Stoffe und Bauteile einschließlich Abladen und Lagern auf der Baustelle.

2.1.2 Stoffe Bauteile, die vom Auftraggeber beigestellt werden, hat der Auftragnehmer rechtzeitig beim Auftraggeber anzufordern.

2.1.3 Stoffe und Bauteile müssen für den jeweiligen Verwendungszweck geeignet und aufeinander abgestimmt sein.

2.2 Vorhalten

Stoffe und Bauteile, die der Auftragnehmer nur vorzuhalten hat, die also nicht in das Bauwerk eingehen, dürfen nach Wahl des Auftragnehmers gebraucht oder ungebraucht sein.

2.3 Liefern

2.3.1 Stoffe und Bauteile, die der Auftragnehmer zu liefern und einzubauen hat, die also in das Bauwerk eingehen, müssen ungebraucht sein. Wiederaufbereitete (Recycling-)Stoffe gelten als ungebraucht, wenn sie Abschnitt 2.1.3 entsprechen.

2.3.2 Stoffe und Bauteile, für die DIN-Normen bestehen, müssen den DIN-Güte- und -Maßbestimmungen entsprechen.

2.3.3 Stoffe und Bauteile, die nach den deutschen behördlichen Vorschriften einer Zulassung bedürfen, müssen amtlich zugelassen sein und den Zulassungsbedingungen entsprechen.

2.3.4 Stoffe und Bauteile, für die bestimmte technische Spezifikationen in der Leistungsbeschreibung nicht genannt sind, dürfen auch verwendet werden, wenn sie Normen, technische Vorschriften oder sonstigen Bestimmungen anderer Staaten entsprechen, sofern das geforderte Schutzniveau in bezug auf Sicherheit, Gesundheit und Gebrauchstauglichkeit gleichermaßen dauerhaft erreicht wird.

Sofern für Stoffe und Bauteile eine Überwachungs-, Prüfzeichenpflicht oder der Nachweis der Brauchbarkeit, z. B. durch allgemeine bauaufsichtliche Zulassung, allgemein vorgesehen ist, kann von einer Gleichwertigkeit nur ausgegangen werden, wenn die Stoffe und Bauteile ein Überwachungs- oder Prüfzeichen tragen oder für sie der genannte Brauchbarkeitsnachweis erbracht ist.

3 Ausführung

3.1 Wenn Verkehrs-, Versorgungs- und Entsorgungsanlagen im Bereich des Baugeländes liegen, sind die Vorschriften und Anordnungen der zuständigen Stellen zu beachten. Kann die Lage dieser Anlagen nicht angegeben werden, ist sie zu erkunden. Solche Maßnahmen sind Besondere Leistungen (siehe Abschnitt 4.2.1).

3.2 Die für die Aufrechterhaltung des Verkehrs bestimmten Flächen sind freizuhalten. Der Zugang zu Einrichtungen der Versorgungs- und Entsorgungsbetriebe, der Feuerwehr, der Post und Bahn, zu Vermessungspunkten und dergleichen darf nicht mehr als durch die Ausführung unvermeidlich behindert werden.

3.3 Werden Schadstoffe angetroffen, z. B. in Böden, Gewässern oder Bauteilen, ist der Auftraggeber unverzüglich zu unterrichten. Bei Gefahr im Verzug hat der Auftragnehmer unverzüglich die notwendigen Sicherungsmaßnahmen zu treffen. Die weiteren Maßnahmen sind gemeinsam festzulegen. Die getroffenen und die weiteren Maßnahmen sind Besondere Leistungen (siehe Abschnitt 4.2.1).

4 Nebenleistungen, Besondere Leistungen

4.1 Nebenleistungen

Nebenleistungen sind Leistungen, die auch ohne Erwähnung im Vertrag zur vertraglichen Leistung gehören (B § 2 Nr 1).

Nebenleistungen sind demnach insbesondere:

4.1.1 Einrichten und Räumen der Baustelle einschließlich der Geräte und dergleichen.

4.1.2 Vorhalten der Baustelleneinrichtung einschließlich der Geräte und dergleichen.

4.1.3 Messungen für das Ausführen und Abrechnen der Arbeiten einschließlich des Vorhaltens der Meßgeräte, Lehren, Absteckzeichen usw., des Erhaltens der Lehren und Absteckzeichen während der Bauausführung und des Stellens der Arbeitskräfte, jedoch nicht Leistungen nach B § 3 Nr 2.

4.1.4 Schutz- und Sicherheitsmaßnahmen nach den Unfallverhütungsvorschriften und den behördlichen Bestimmungen, ausgenommen Leistungen nach Abschnitt 4.2.4.

4.1.5 Beleuchten, Beheizen und Reinigen der Aufenthalts- und Sanitärräume für die Beschäftigten des Auftragnehmers.

4.1.6 Heranbringen von Wasser und Energie von den vom Auftraggeber auf der Baustelle zur Verfügung gestellten Anschlußstellen zu den Verwendungsstellen.

4.1.7 Liefern der Betriebsstoffe.

4.1.8 Vorhalten der Kleingeräte und Werkzeuge.

4.1.9 Befördern aller Stoffe und Bauteile, auch wenn sie vom Auftraggeber beigestellt sind, von den Lagerstellen auf der Baustelle bzw. von den in der Leistungsbeschreibung angegebenen Übergabestellen zu den Verwendungsstellen und etwaiges Rückbefördern.

4.1.10 Sichern der Arbeiten gegen Niederschlagswasser, mit dem normalerweise gerechnet werden muß, und seine etwa erforderliche Beseitigung.

4.1.11 Entsorgen von Abfall aus dem Bereich des Auftragnehmers sowie Beseitigen der Verunreinigungen, die von den Arbeiten des Auftragnehmers herrühren.

4.1.12 Entsorgen von Abfall aus dem Bereich des Auftraggebers bis zu einer Menge von 1 m³, soweit der Abfall nicht schadstoffbelastet ist.

4.2 Besondere Leistungen

Besondere Leistungen sind Leistungen, die nicht Nebenleistungen gemäß Abschnitt 4.1 sind und nur dann zur vertraglichen Leistung gehören, wenn sie in der Leistungsbeschreibung besonders erwähnt sind. Besondere Leistungen sind z. B.:

4.2.1 Maßnahmen nach den Abschnitten 3.1 und 3.3.

4.2.2 Beaufsichtigen der Leistungen anderer Unternehmer.

4.2.3 Sicherungsmaßnahmen zur Unfallverhütung für Leistungen anderer Unternehmer.

4.2.4 Besondere Schutz- und Sicherheitsmaßnahmen bei Arbeiten in kontaminierten Bereichen, z. B. meßtechnische Überwachung, spezifische Zusatzgeräte für Baumaschinen und Anlagen, abgeschottete Arbeitsbereiche.

4.2.5 Besondere Schutzmaßnahmen gegen Witterungsschäden, Hochwasser und Grundwasser, ausgenommen Leistungen nach Abschnitt 4.1.10.

4.2.6 Versicherung der Leistung bis zur Abnahme zugunsten des Auftraggebers oder Versicherung eines außergewöhnlichen Haftpflichtwagnisses.

4.2.7 Besondere Prüfung von Stoffen und Bauteilen, die der Auftraggeber liefert.

4.2.8 Aufstellen, Vorhalten, Betreiben und Beseitigen von Einrichtungen zur Sicherung und Aufrechterhaltung des Verkehrs auf der Baustelle, z. B. Bauzäune, Schutzgerüste, Hilfsbauwerke, Beleuchtungen, Leiteinrichtungen.

4.2.9 Aufstellen, Vorhalten, Betreiben und Beseitigen von Einrichtungen außerhalb der Baustelle zur Umleitung und Regelung des öffentlichen und Anlieger-Verkehrs.

4.2.10 Bereitstellen von Teilen der Baustelleneinrichtung für andere Unternehmer oder den Auftraggeber.

4.2.11 Besondere Maßnahmen aus Gründen des Umweltschutzes, der Landes- und Denkmalpflege.

4.2.12 Entsorgen von Abfall über die Leistungen nach den Abschnitten 4.1.11 und 4.1.12 hinaus.

4.2.13 Besonderer Schutz der Leistung, der vom Auftraggeber für eine vorzeitige Benutzung verlangt wird, seine Unterhaltung und spätere Beseitigung.

4.2.14 Beseitigen von Hindernissen.

4.2.15 Zusätzliche Maßnahmen für die Weiterarbeit bei Frost und Schnee, soweit sie dem Auftragnehmer nicht ohnehin obliegen.

4.2.16 Besondere Maßnahmen zum Schutz und zur Sicherung gefährdeter baulicher Anlagen und benachbarter Grundstücke.

4.2.17 Sichern von Leitungen, Kabeln, Dränen, Kanälen, Grenzsteinen, Bäumen, Pflanzen und dergleichen.

5 Abrechnung

Die Leistung ist aus Zeichnungen zu ermitteln, soweit die ausgeführte Leistung diesen Zeichnungen entspricht. Sind solche Zeichnungen nicht vorhanden, ist die Leistung aufzumessen.

	VOB Verdingungsordnung für Bauleistungen Teil C: Allgemeine Technische Vertragsbedingungen für Bauleistungen (ATV) **Klempnerarbeiten**	**DIN** **18339**

ICS 91.010.20   Ersatz für Ausgabe 1996-06

Deskriptoren: VOB, Verdingungsordnung, Bauleistung, Klempnerarbeit

Contract procedures for building works – Part C: General technical specifications for building works – Sheet metal works
Cahier des charges pour des travaux du bâtiment – Partie C: Règlements techniques généralés de contrat pour d'execution des travaux du bâtiment – Travaux de ferblantier

Vorwort
Diese Norm wurde vom Deutschen Verdingungsausschuß für Bauleistungen (DVA) aufgestellt.

Änderungen
Gegenüber der Ausgabe Juni 1996 wurden folgende Änderungen vorgenommen:
  – Die Zitate von DIN-Normen wurden dem aktuellen Stand angepaßt.

Frühere Ausgaben
DIN 1972: 1925-08
DIN 18339: 1955-07, 1958-12, 1974-08, 1979-10, 1984-09, 1988-09, 1992-12, 1996-06

Normative Verweisungen
Diese Norm enthält durch datierte oder undatierte Verweisungen Festlegungen aus anderen Publikationen. Diese normativen Verweisungen sind an den jeweiligen Stellen im Text zitiert, und die Publikationen sind nachstehend aufgeführt. Bei datierten Verweisungen gehören spätere Änderungen oder Überarbeitungen dieser Publikationen nur zu dieser Norm, falls sie durch Änderung oder Überarbeitung eingearbeitet sind. Bei undatierten Verweisungen gilt die letzte Ausgabe der in Bezug genommenen Publikation.

DIN 1055-4
    Lastannahmen für Bauten – Verkehrslasten, Windlasten bei nicht schwingungsanfälligen Bauwerken
DIN 1960
    VOB Verdingungsordnung für Bauleistungen – Teil A: Allgemeine Bestimmungen für die Vergabe von Bauleistungen
DIN 1961
    VOB Verdingungsordnung für Bauleistungen – Teil B: Allgemeine Vertragsbedingungen für die Ausführung von Bauleistungen
DIN 18299
    VOB Verdingungsordnung für Bauleistungen – Teil C: Allgemeine Technische Vertragsbedingungen für Bauleistungen (ATV); Allgemeine Regelungen für Bauarbeiten jeder Art
DIN 18338
    VOB Verdingungsordnung für Bauleistungen – Teil C: Allgemeine Technische Vertragsbedingungen für Bauleistungen (ATV); Dachdeckungs- und Dachabdichtungsarbeiten
DIN 18360
    VOB Verdingungsordnung für Bauleistungen – Teil C: Allgemeine Technische Vertragsbedingungen (ATV); Metallbauarbeiten
DIN 18421
    VOB Verdingungsordnung für Bauleistungen – Teil C: Allgemeine Technische Vertragsbedingungen für Bauleistungen (ATV); Dämmarbeiten an technischen Anlagen
DIN 18460
    Regenfalleitungen außerhalb von Gebäuden und Dachrinnen – Begriffe, Bemessungsgrundlagen
DIN 18516-1
    Außenwandbekleidungen, hinterlüftet – Anforderungen, Prüfgrundsätze
Weitere normative Verweisungen siehe Abschnitt 2.

Fortsetzung Seite 2 bis 17

DIN Deutsches Institut für Normung e. V.

33

– Leerseite –

Inhalt

0   Hinweise für das Aufstellen der Leistungsbeschreibung

Diese Hinweise ergänzen die ATV DIN 18299 "Allgemeine Regelungen für Bauarbeiten jeder Art", Abschnitt 0. Die Beachtung dieser Hinweise ist Voraussetzung für eine ordnungsgemäße Leistungsbeschreibung gemäß A § 9.

Die Hinweise werden nicht Vertragsbestandteil.

In der Leistungsbeschreibung sind nach den Erfordernissen des Einzelfalls insbesondere anzugeben:

0.1   Angaben zur Baustelle

Keine ergänzende Regelung zur ATV DIN 18299, Abschnitt 0.1.

0.2   Angaben zur Ausführung

0.2.1   *Art und Beschaffenheit des Untergrundes (Unterlage, Unterbau, Tragschicht, Tragwerk).*

0.2.2   *Ausbildung der Anschlüsse an Bauwerke.*

0.2.3   *Art und Anzahl der geforderten Musterflächen, Mustermontagen und Proben.*

0.2.4   *Zulässige Belastungen der Dachfläche oder Tragkonstruktion.*

0.2.5   *Dachneigung und Dachform.*

0.2.6 *Ob gekrümmte Teil- oder Kleinflächen, Gaupen, Erker, Dachausbauten u. ä. auszuführen sind.*

0.2.7 *Anzahl, Art und Ausbildung von Dachdurchdringungen, Dachfenstern, Lichtkuppeln.*

0.2.8 *Ob Schornsteine mit einer Abdeckhaube versehen werden sollen.*

0.2.9 *Ob oberhalb von Durchdringungen zur Ableitung des Wassers Sättel bauseitig vorhanden sind.*

0.2.10 *Art und Lage von Dachentwässerungen.*

0.2.11 *Zuschnittsbreite oder Richtgröße der Dachrinnen, Anzahl, Art und Maße der Rinnenhalter, Regenfallrohre, Traufbleche und dergleichen in Zuschnitteilen und deren Dicke.*

0.2.12 *Ob die Rinnenhalter mit Spreizen (Spanneisen) herzustellen sind.*

0.2.13 *Ob Leiterhaken, Schneefanggitter oder Wasserabweiser anzubringen sind.*

0.2.14 *Ob Gefällestufen bauseitig vorgesehen sind.*

0.2.15 *Besondere mechanische, chemische und thermische Beanspruchungen, denen Stoffe und Bauteile nach dem Einbau ausgesetzt sind.*

0.2.16 *Zusätzliche Maßnahmen zur Sturmsicherung.*

0.2.17 *Anforderungen an den Brand-, Schall-, Wärme- und Feuchteschutz sowie lüftungstechnische Anforderungen.*

0.2.18 *Art und Dicke der Dämmschichten.*

0.2.19 *Art, Umfang und Ausbildung der Hinterlüftung sowie Abdeckung ihrer Öffnungen.*

0.2.20 *Geforderte gestalterische Wirkung von Flächen, z. B. Teilung, Fugenausbildung, Struktur, Farbe, Oberflächenbehandlung sowie besondere Verlegeart.*

0.2.21 *Ob und wie Fugen abzudichten und abzudecken sind.*

0.2.22 *Stoffe, die für die Dachdeckung und Wandbekleidung verwendet werden.*

0.2.23 *Art der Bekleidungen, Dicke, Maße der Einzelteile sowie ihre Befestigung, z. B. sichtbar oder nicht sichtbar.*

0.2.24 *Ob Trennschichten anzubringen und aus welchen Werkstoffen diese auszuführen sind.*

0.2.25 Art und Farbe des Oberflächenschutzes oder der Beschichtung des zu verwendenden Stoffes.

0.2.26 Ob ein zusätzlicher Korrosionsschutz auszuführen ist.

0.2.27 Art des Korrosionsschutzes.

0.2.28 Ob chemischer Holzschutz gefordert wird.

0.2.29 Ob der Auftragnehmer Verlegepläne oder Montagepläne zu liefern hat.

0.2.30 Art und Durchführung der Befestigung der Bauteile.

0.2.31 Art und Anzahl der Dübel, Dübelleisten, Traufbohlen usw., die zur Befestigung bauseitig vorgesehen sind.

0.2.32 Ob zur Befestigung Schrauben oder Nägel verwendet werden sollen.

0.2.33 Art und Ausführung der Wandanschlüsse und ob Vorleistungen anderer Unternehmer vorliegen.

0.2.34 Dehnungsausgleicher nach Art oder Typ und Anzahl.

0.2.35 Art und Ausführung von provisorischen Abdeckungen bzw. Abdichtungen und deren Beseitigung.

0.2.36 Besonderer Schutz der Leistungen, z. B. Verpackung, Kantenschutz und Abdeckungen.

0.3 Einzelangaben bei Abweichungen von den ATV

0.3.1 Wenn andere als die in dieser ATV vorgesehenen Regelungen getroffen werden sollen, sind diese in der Leistungsbeschreibung eindeutig und im einzelnen anzugeben.

0.3.2 Abweichende Regelungen können insbesondere in Betracht kommen bei

Abschnitt 3.1.8,	wenn Durchdringungen entgegen der vorgesehenen Regelung eingefaßt werden sollen,
Abschnitt 3.2.1,	wenn Metall-Dachdeckungen nicht aus Bändern hergestellt werden sollen, sondern z. B. aus Tafeln,
Abschnitt 3.2.2,	wenn Metall-Wandbekleidungen nicht aus Bändern nach dem Doppelfalzsystem hergestellt werden sollen,
Abschnitt 3.2.3,	wenn bei Dachneigungen unter 5 % (3°) die Längsfalze nicht zusätzlich abgedichtet werden sollen,
Abschnitt 3.2.4,	wenn für Metall-Dachdeckungen keine Trennschicht aus Glasvlies-Bitumendachbahn, fein besandet, eingebracht werden soll,

37

Abschnitt 3.2.5,	*wenn Metallfalzdächer senkrecht zur Traufe nicht doppelte Stehfalze von mindestens 23 mm Höhe haben müssen,*
Abschnitt 3.2.6,	*wenn Leistendächer nicht nach dem Deutschen Leistensystem ausgeführt werden sollen, sondern z. B. nach dem Belgischen Leistensystem,*
Abschnitt 3.2.9,	*wenn Quernähte nicht nach Tabelle 3 ausgebildet werden sollen,*
Abschnitt 3.2.10,	*wenn kein Gefällesprung mit mindestens 60 mm Höhe vorgesehen werden soll, sondern z. B. Aufschiebling oder Schiebenaht.*

0.4 Einzelangaben zu Nebenleistungen und Besonderen Leistungen

Keine ergänzende Regelung zur ATV DIN 18299, Abschnitt 0.4.

0.5 Abrechnungseinheiten

Im Leistungsverzeichnis sind die Abrechnungseinheiten wie folgt vorzusehen:

0.5.1 *Flächenmaß (m^2) für*
– *Dachdeckungen, Wandbekleidungen und dergleichen, getrennt nach Art,*
– *Trenn- und Dämmschichten, getrennt nach Art und Dicke.*

0.5.2 *Längenmaß (m) für*
– *geformte Bleche, Blechprofile, z. B. Firste, Grate, Traufen, Kehlen, An- und Abschlüsse, Einfassungen, Gefällestufen, Dehnungs- und Bewegungselemente von Dachdeckungen und Wandbekleidungen, Abdeckungen für Gesimse, Ortgänge, Fensterbänke, Überhangstreifen, getrennt nach Art, Dicke und Zuschnitt,*
– *Schneefanggitter, einschließlich Stützen, getrennt nach Art und Größe,*
– *Rinnen und Traufblech, getrennt nach Art, Dicke, Zuschnitt oder Nennmaß,*
– *Wulstverstärkungen an Rinnen, getrennt nach Art und Größe,*
– *Regenfallrohre, getrennt nach Art, Dicke und Nennmaß,*
– *Strangpreßprofile, getrennt nach Art und Größe,*
– *in Streifen verlegte Trenn- und Dämmschichten, getrennt nach Art, Dicke und Breite.*

0.5.3 *Anzahl (Stück) für*
– *Ecken bei geformten Blechen und Blechprofilen sowie Formstücke bei Strangpreßprofilen, getrennt nach Art und Größe,*
– *Leiterhaken, Laufbrettstützen, Dachlukendeckel, getrennt nach Art und Größe, Einfassungen für Durchdringungen, z. B. Lüftungshauben, Dachentlüfter, Rohre und Stützen für Geländer, Laufbretter, Schneefanggitter, getrennt nach Art, Größe, Dicke und Zuschnitt,*
– *Dehnungsausgleicher, z. B. an Dachrinnen, Traufblechen, An- und Abschlüssen, Gesims und Mauerabdeckungen, getrennt nach Art, Dicke und Zuschnitt,*
– *Rinnenwinkel, Bodenstücke, Ablaufstutzen, Rinnenkessel, Gliederbogen, konische Rohre für Ablaufstutzen, Regenrohrklappen, Rohranschlüsse, Rohrbogen und -winkel, Standrohre und Abdeckplatten, Laub- und Schmutzfänger, Wasserspeier und dergleichen, getrennt nach Art, Dicke und Größe,*
– *Abdeckhauben an Schornsteinen, Schächten und dergleichen, getrennt nach Art, Dicke und Größe.*

1 Geltungsbereich

1.1 ATV "Klempnerarbeiten" – DIN 18339 – gilt nicht für

– Deckungen mit genormten Well-, Pfannen- und Trapezblechen (siehe ATV DIN 18338 "Dachdeckungs- und Dachabdichtungsarbeiten"),
– Fassaden und Bekleidungen mit Metallbauteilen (siehe ATV DIN 18360 "Metallbauarbeiten") und
– Blecharbeiten bei Dämmarbeiten (siehe ATV DIN 18421 "Dämmarbeiten an technischen Anlagen").

1.2 Ergänzend gelten die Abschnitte 1 bis 5 der ATV DIN 18299 "Allgemeine Regelungen für Bauarbeiten jeder Art". Bei Widersprüchen gehen die Regelungen der ATV DIN 18339 vor.

2 Stoffe, Bauteile

Ergänzend zur ATV DIN 18299, Abschnitt 2, gilt:

Für die gebräuchlichsten genormten Stoffe und Bauteile sind die DIN-Normen nachstehend aufgeführt.

2.1 Dachrinnen und Regenfallrohre

DIN EN 607 Hängedachrinnen und Zubehörteile aus PVC-U – Begriffe, Anforderungen und Prüfung; Deutsche Fassung EN 607 : 1995

DIN EN 612 Hängedachrinnen und Regenfallrohre aus Metallblech – Begriffe, Einteilung und Anforderungen; Deutsche Fassung EN 612 : 1996

2.2 Zinkbleche und Zinkbänder

DIN EN 988 Zink und Zinklegierungen – Anforderungen an gewalzte Flacherzeugnisse für das Bauwesen; Deutsche Fassung EN 988 : 1996

2.3 Stahlbleche und Stahlbänder
2.3.1 Feuerverzinkte und beschichtete Stahlbleche und -bänder

DIN EN 10142 Kontinuierlich feuerverzinktes Blech und Band aus weichen Stählen zum Kaltumformen – Technische Lieferbedingungen; Deutsche Fassung EN 10142 : 1990

DIN EN 10143 Kontinuierlich schmelztauchveredeltes Blech und Band aus Stahl – Grenzabmaße und Formtoleranzen; Deutsche Fassung EN 10143 : 1993

DIN EN 10147 Kontinuierlich feuerverzinktes Band und Blech aus Baustählen – Technische Lieferbedingungen (enthält Änderung A1 : 1995); Deutsche Fassung EN 10147 : 1991 + A1 : 1995

2.3.2 Nichtrostende Stahlbleche und Stahlbänder

DIN 17441 Nichtrostende Stähle – Technische Lieferbedingungen für kaltgewalzte Bänder und Spaltbänder sowie daraus geschnittene Bleche

DIN EN 10088-2 Nichtrostende Stähle – Teil 2: Technische Lieferbedingungen für Blech und Band für allgemeine Verwendung; Deutsche Fassung EN 10088-2 : 1995

DIN EN 10258 Kaltband und Kaltband in Stäben aus nichtrostendem Stahl – Grenzabmaße und Formtoleranzen; Deutsche Fassung EN 10258 : 1997

DIN EN 10259   Kaltbreitband und Blech aus nichtrostendem Stahl – Grenzab-
                maße und Formtoleranzen; Deutsche Fassung EN 10259 : 1997

2.4 Kupferbleche, Kupferbänder, Kupferprofile

Für Kupferbleche und Kupferbänder ist SF-Cu nach DIN 1787 "Kupfer – Halbzeug"
zu verwenden.

Ferner gelten:

DIN 1751   Bleche und Blechstreifen aus Kupfer und Kupfer-Knetlegie-
                rungen, kaltgewalzt – Maße

DIN 1759   Rechteckstangen aus Kupfer und Kupfer-Knetlegierungen,
                gezogen, mit scharfen Kanten – Maße, zulässige Abweichungen,
                statische Werte

DIN 1791   Bänder und Bandstreifen aus Kupfer und Kupfer-Knetlegie-
                rungen, kaltgewalzt – Maße

DIN 17670-1   Bänder und Bleche aus Kupfer und Kupfer-Knetlegierungen –
                Eigenschaften

DIN 17670-2   Bleche und Bänder aus Kupfer und Kupfer-Knetlegierungen –
                Technische Lieferbedingungen

2.5 Aluminium und Aluminiumlegierungen

DIN 17611   Anodisch oxidiertes Halbzeug aus Aluminium und Aluminium-
                Knetlegierungen mit Schichtdicken von mindestens 10 µm –
                Technische Lieferbedingungen

DIN EN 485-1   Aluminium und Aluminiumlegierungen – Bänder, Bleche und
                Platten – Teil 1: Technische Lieferbedingungen; Deutsche
                Fassung EN 485-1 : 1993

DIN EN 485-2   Aluminium und Aluminiumlegierungen – Bänder, Bleche und
                Platten – Teil 2: Mechanische Eigenschaften; Deutsche Fassung
                EN 485-2 : 1994

DIN EN 485-4   Aluminium und Aluminiumlegierungen – Bänder, Bleche und
                Platten – Teil 4: Grenzabmaße und Formtoleranzen für kaltge-
                walzte Erzeugnisse; Deutsche Fassung EN 485-4 : 1993

DIN EN 573-3   Aluminium und Aluminiumlegierungen – Chemische Zusammen-
                setzung und Form von Halbzeug – Teil 3: Chemische Zusammen-
                setzung; Deutsche Fassung EN 573-3 : 1994

DIN EN 573-4   Aluminium und Aluminiumlegierungen – Chemische Zusammen-
                setzung und Form von Halbzeug – Teil 4: Erzeugnisformen;
                Deutsche Fassung EN 573-4 : 1994

DIN EN 754-2   Aluminium und Aluminiumlegierungen – Gezogene Stangen und
                Rohre – Teil 2: Mechanische Eigenschaften; Deutsche Fassung
                EN 754-2 : 1997

DIN EN 755-2   Aluminium und Aluminiumlegierungen – Stranggepreßte
                Stangen, Rohre und Profile – Teil 2: Mechanische Eigenschaften;
                Deutsche Fassung EN 755-2 : 1997

2.6 Bleche aus Blei und Bleilegierungen

DIN 17640-1 bis	
DIN 17640-3	Bleilegierungen
DIN 59610	Bleche aus Blei – Maße

2.7 Feuerverzinkte und feuerverbleite Bauteile

DIN 50976   Korrosionsschutz – Feuerverzinken von Einzelteilen (Stückverzinken) – Anforderungen und Prüfung

Feuerverbleite Stahlteile müssen gut haftende und dichte Überzüge aufweisen.

2.8 Verbindungsstoffe (Schweiß- und Lötstoffe)

DIN 1732-1   Schweißzusätze für Aluminium und Aluminiumlegierungen – Zusammensetzung, Verwendung und Technische Lieferbedingungen

DIN 8513-1   Hartlote – Kupferbasislote, Zusammensetzung, Verwendung, Technische Lieferbedingungen

DIN 8513-2   Hartlote – Silberhaltige Lote mit weniger als 20 Gew.-% Silber, Zusammensetzung, Verwendung, Technische Lieferbedingungen

DIN 8513-3   Hartlote – Silberhaltige Lote mit mindestens 20 % Silber, Zusammensetzung, Verwendung, Technische Lieferbedingungen

DIN 8513-4   Hartlote – Aluminiumbasislote, Zusammensetzung, Verwendung, Technische Lieferbedingungen

DIN 8556-1   Schweißzusätze für das Schweißen nichtrostender und hitzebeständiger Stähle – Bezeichnung, Technische Lieferbedingungen

DIN EN 1045   Hartlöten – Flußmittel zum Hartlöten – Einteilung und Technische Lieferbedingungen; Deutsche Fassung EN 1045 : 1997

DIN EN 29453   Weichlote – Chemische Zusammensetzung und Lieferformen (ISO 9453 : 1990); Deutsche Fassung EN 29453 : 1993

DIN EN 29454-1   Flußmittel zum Weichlöten – Einteilung und Anforderungen – Teil 1: Einteilung, Kennzeichnung und Verpackung (ISO 9454-1 : 1990); Deutsche Fassung EN 29454-1 : 1993

DIN ISO 3506   Verbindungselemente aus nichtrostenden Stählen – Technische Lieferbedingungen; Identisch mit ISO 3506 : 1979

3 Ausführung

Ergänzend zur ATV DIN 18299, Abschnitt 3, gilt:

3.1 Allgemeines

3.1.1 Der Auftragnehmer hat bei seiner Prüfung Bedenken (siehe B § 4 Nr. 3) insbesondere geltend zu machen bei

– ungeeigneter Beschaffenheit des Untergrundes, z. B. bei zu rauhen, zu porigen, feuchten, verschmutzten oder verölten Flächen,

- ungenügenden Schalungsdicken, zu scharfen Schalungskanten und Graten, Unebenheiten, fehlenden Abrundungen an Ecken und Kanten,
- fehlenden oder ungeeigneten Befestigungsmöglichkeiten, z. B. an Anschlüssen, Aussparungen, Durchdringungen,
- fehlender Be- und Entlüftung bei zu durchlüftenden Dächern und Wandbekleidungen,
- ungeeigneter Art und Lage von Durchdringungen, Entwässerungen, Anschlüssen, Schwellen und dergleichen,
- Abweichung von der Waagerechten oder dem Gefälle, das in der Leistungsbeschreibung vorgeschrieben oder nach Sachlage nötig ist,
- fehlenden Höhenbezugspunkten je Geschoß,
- fehlenden oder ungenügenden Ausdehnungsmöglichkeiten,
- fehlenden oder ungenügenden baulichen Voraussetzungen für Sicherheitsüberläufe,
- fehlenden Sätteln an Dachdurchdringungen.

3.1.2 Bei Verwendung verschiedener Metalle müssen, auch wenn sie sich nicht berühren, schädigende Einwirkungen aufeinander ausgeschlossen sein; dies gilt insbesondere in Fließrichtung des Wassers.

3.1.3 Metalle sind gegen schädigende Einflüsse angrenzender Stoffe, z. B. Mörtel, Steine, Beton, Holzschutzmittel, durch eine geeignete Trennschicht, z. B. aus Glasvlies-Bitumendachbahn, zu schützen.

3.1.4 Verbindungen und Befestigungen sind so auszuführen, daß sich die Teile bei Temperaturänderungen schadlos ausdehnen, zusammenziehen oder verschieben können. Hierbei ist von einer Temperaturdifferenz von 100 K – im Bereich von –20 °C bis +80 °C – auszugehen.

Die Abstände von Dehnungsausgleichern sind abhängig von deren Ausführung und der Art und Anordnung der Bauteile zu wählen. Folgende Abstände der Ausgleicher untereinander dürfen nicht überschritten werden:

- in wasserführenden Ebenen für eingeklebte Einfassungen, Winkelanschlüsse, Rinneneinhänge und Shedrinnen 6 m,
- für Strangpreß-Profile 6 m,
- außerhalb wasserführender Ebenen für Mauerabdeckungen, Dachrandabschlüsse, nicht eingeklebte Dachrinnen mit Zuschnitt über 500 mm 8 m, bei Stahl 14 m,
- für Scharen von Dachdeckungen und Wandbekleidungen, bei innenliegenden, nicht eingeklebten Dachrinnen mit Zuschnitt unter 500 mm, Hängedachrinnen mit Zuschnitt über 500 mm 10 m, bei Stahl 14 m,
- für Hängedachrinnen bis 500 mm Zuschnitt 15 m.

Für die Abstände von Ecken oder Festpunkten gelten jeweils die halben Längen.

3.1.5 Gegen Abheben und Beschädigung durch Sturm sind geeignete Sicherungsmaßnahmen zu treffen.

Für Hafte und Befestigungsmittel gelten die Anforderungen gemäß Tabelle 1.

Tabelle 1: Hafte und Befestigungsmittel; Anforderungen

Werkstoff [1]) der zu befestigenden Teile	Hafte		Befestigungsmittel [2])			
			gerauhte Nägel		Senkkopfschrauben	
	Werkstoff	Dicke mm	Werkstoff	Maße mm × mm	Werkstoff	Maße mm × mm
1	2	3	4	5	6	7
1 Titanzink	Titanzink	≥ 0,7	feuerverzinkter Stahl	≥ (2,8 × 25)	feuerverzinkter Stahl	≥ (4 × 25)
	feuerverzinkter Stahl	≥ 0,6				
	Aluminium [3])	≥ 0,8				
2 feuerverzinkter Stahl	feuerverzinkter Stahl	≥ 0,6	feuerverzinkter Stahl	≥ (2,8 × 25)	feuerverzinkter Stahl	≥ (4 × 25)
	Aluminium [3])	≥ 0,8				
3 Aluminium	Aluminium [3])	≥ 0,8	Aluminium	≥ (3,8 × 25)	feuerverzinkter Stahl	≥ (4 × 25)
	Edelstahl	≥ 0,4	Edelstahl	≥ (2,5 × 25)	Edelstahl	≥ (4 × 25)
4 Kupfer	Kupfer	≥ 0,6	Kupfer	≥ (2,8 × 25)	Kupfer-Zink-Legierung	≥ (4 × 25)
					Edelstahl	≥ (4 × 25)
					Kupfer	≥ (4 × 25)
5 Edelstahl	Edelstahl	≥ 0,4	Kupfer	≥ (2,8 × 25)	Kupfer-Zink-Legierung	≥ (4 × 25)
			Edelstahl	≥ (2,8 × 25)	Edelstahl	≥ (4 × 25)
					Kupfer	≥ (4 × 25)
6 Blei	Kupfer	≥ 0,7	Kupfer	≥ (2,8 × 25)	Kupfer-Zink-Legierung	≥ (4 × 30)
					Edelstahl	≥ (4 × 30)
					Kupfer	≥ (4 × 30)

[1]) Die erforderliche Schalungsdicke bei Dachdeckungen beträgt bei Blei mindestens 30 mm, bei allen anderen Werkstoffen mindestens 24 mm.

[2]) Je Haft mindestens 2 Stück mit einer Einbindetiefe von mindestens 20 mm.

[3]) Bei Schiebehaften ist das Unterteil mindestens 1 mm dick auszuführen.

Tabelle 2: Metalldachdeckung: Breite und Länge der Scharen, Werkstoffdicken, Anzahl und Abstand der Hafte

	Gebäudehöhe m		bis 8				über 8 bis 20			über 20 bis 100	
	1	2	3	4	5	6	7	8	9	10	11
1	Scharenbreite [1] in mm ≈		520	620	720	920	520	620	720 [2]	520	620 [2]
2	Werkstoff	Scharenlänge m	Mindestwerkstoffdicke mm								
3	Aluminium	≤ 10	0,7	0,8	0,8	—[3]	0,7	0,8	—[3]	0,7	—[3]
4	Kupfer	≤ 10	0,6	0,6	0,7	—[3]	0,6	0,6	—[3]	0,6	—[3]
5	Titanzink	≤ 10	0,7	0,7	0,8	—[3]	0,7	0,7	—[3]	0,7	—[3]
6	feuerverzinkter Stahl	≤ 14	0,6	0,6	0,6	0,7	0,6	0,6	0,6	0,6	0,6
7	Hafte, Anzahl und Abstand untereinander [4]										
8	Allgemeiner Dachbereich — Anzahl Stück/m²		4				5			6	
	Abstand mm		≤ 500	≤ 420	≤ 360	≤ 280	≤ 400	≤ 330	≤ 280	≤ 330	≤ 280
9	Dachrandbereich nach DIN 1055-4 (1/8 der Gebäudebreite) — Anzahl Stück/m²		4				6			8 [5]	8
	Abstand mm		≤ 500	≤ 420	≤ 360	≤ 280	≤ 330	≤ 280	≤ 240	≤ 250	≤ 210

[1]) Die Scharenbreiten errechnen sich aus den Band- bzw. Blechbreiten von 600, 700, 800 und 1 000 mm abzüglich ≈ 80 mm bei Falzdächern. Für Leistendächer ergibt sich eine geringere Scharenbreite in Abhängigkeit vom Leistenquerschnitt.

[2]) Größere Scharenbreiten unzulässig.

[3]) Unzulässig.

[4]) Anforderungen an die Hafte siehe Tabelle 1.

[5]) Für Kupferdeckung statt Nägel auch Schrauben aus Kupfer-Zink-Legierung 4 × 25, 6 Stück/m² mit max. 380 mm Abstand.

3.1.6 Halter für Dachrandeinfassungen und Verwahrungen im Deckbereich sind bündig einzulassen und versenkt zu verschrauben.

Tabelle 3: Quernähte

	Dachneigung	Art der Quernähte
	1	2
1	58 % (30°) und größer	Überlappung 100 mm
2	47 % (25°) und größer	Einfacher Querfalz
3	18 % (10°) und größer	Einfacher Querfalz mit Zusatzfalz
4	13 % (7°) und größer	Doppelter Querfalz (ohne Dichtung)
5	kleiner als 13 % (7°)	Wasserdichte Ausführung, je nach verwendetem Werkstoff gelötet, genietet oder doppelt gefalzt mit Dichtung

3.1.7 Anschlüsse an höhergeführte Bauwerksteile müssen mindestens 150 mm über die Oberkante des Dachbelages hochgeführt und regensicher verwahrt werden.

3.1.8 Durchdringungen von Dächern oder Bekleidungen sind regendicht mit der Deckung oder Bekleidung einzufassen oder zu verbinden, z. B. durch Falten, Falzen, Nieten, Löten oder Schweißen.

3.1.9 Alle einzuklebenden Metallanschlüsse müssen Klebeflansche von mindestens 120 mm Breite aufweisen. Verbindungen sind wasserdicht auszuführen. Bei Längen über 3 m ist die Befestigung indirekt auszuführen.

3.2 Metall-Dachdeckungen (Falz- und Leistendächer), Metall-Wandbekleidungen

3.2.1 Metall-Dachdeckungen sind aus Bändern herzustellen.

3.2.2 Metall-Wandbekleidungen sind aus Bändern nach dem Doppelfalzsystem herzustellen.

3.2.3 Bei Dachneigungen unter 5 % (3°) sind die Längsfalze zusätzlich abzudichten.

3.2.4 Für Metall-Dachdeckungen ist eine Trennschicht aus Glasvlies-Bitumendachbahnen, fein besandet, einzubauen.

3.2.5 Metallfalzdächer müssen senkrecht zur Traufe doppelte Stehfalze von mindestens 23 mm Höhe haben.

3.2.6 Leistendächer sind nach dem Deutschen Leistensystem auszuführen. Der Leistenquerschnitt muß mindestens 40 mm × 40 mm betragen.

3.2.7 Scharenlänge, Scharenbreite und Werkstoffdicke sowie Anzahl der Hafte sind Tabelle 2 zu entnehmen.

3.2.8 Zwischen den Unterkanten der Längsaufkantung der Scharen ist ein Abstand von 3 mm zur Aufnahme der Dehnung zwischen den Falzen vorzusehen.

3.2.9 Quernähte sind nach Tabelle 3 auszubilden.

3.2.10 Ist der Abstand zwischen First und Traufe größer als die zulässige Scharenlänge nach Tabelle 2, ist ein Gefällesprung mit mindestens 60 mm Höhe vorzusehen.

3.2.11 Die Traufe ist so auszubilden, daß die Längenänderungen der Scharen und die Windsoglasten aufgenommen werden. Die Scharenenden müssen mittels Umschlag an dem als Haftstreifen ausgebildeten Traufblech befestigt sein.

3.2.12 Bei durchlüfteten Dächern (Kaltdächern) dürfen durch die Ausführung der Metalldeckung die Lüftungsquerschnitte nicht beeinträchtigt werden.

3.2.13 Bei Metall-Wandbekleidungen muß die Überdeckung in der Senkrechten bei glatten Stößen mindestens 50 mm betragen.

3.2.14 Hinterlüftete Außenwandbekleidungen sind nach DIN 18516-1 "Außenwandbekleidungen, hinterlüftet – Anforderungen, Prüfgrundsätze" auszuführen. Bei der Verwendung von Faserzementplatten sind asbestfreie Produkte, die bauaufsichtlich zugelassen sind, zu verwenden.

3.3 Kehlen

3.3.1 Kehlen aus Metall sind auf beiden Seiten mit aufgebogenem Wasserfalz auszuführen.

3.3.2 Ungelötete Überdeckungen müssen mindestens 100 mm betragen. Bei Kehlneigungen unter 26 % (15°) müssen Überdeckungen gelötet werden.

3.3.3 Metallkehlen müssen vollflächig aufliegen.

3.4 Dachrandabschlüsse, Mauerabdeckungen und Anschlüsse

3.4.1 Die erforderliche Werkstoffdicke ist in Abhängigkeit von der Größe, der Zuschnittsbreite, der Formgebung, der Befestigung, der Unterkonstruktion und dem verwendeten Werkstoff zu wählen, dabei ist die Mindestdicke für gekantete Dachrandabschlüsse, Mauerabdeckungen und Anschlüsse nach Tabelle 4 einzuhalten.

Die Mindestdicke für Strangpreßprofile muß 1,5 mm betragen; für auf Unterkonstruktion verlegte Metallteile gilt Tabelle 2.

Tabelle 4: Mindestwerkstoffdicken für gekantete Dachrandabschlüsse, Mauerabdeckungen und Anschlüsse

| | Werkstoff | Gekantete | | |
		Dachrand-abschlüsse mindestens	Mauerab-deckungen mindestens	Anschlüsse mindestens
	1	2	3	4
1	Aluminium	1,2 mm	0,8 mm	0,8 mm
2	Kupfer (halbhart)	0,8 mm	0,7 mm	0,7 mm
3	Verzinkter Stahl	0,7 mm	0,7 mm	0,7 mm
4	Titanzink	0,8 mm	0,7 mm	0,7 mm
5	Edelstahl	0,7 mm	0,7 mm	0,7 mm

3.4.2 Dachrandabschlüsse, Mauerabdeckungen und Anschlüsse sind mit korrosionsgeschützten Befestigungselementen verdeckt anzubringen. Für den Dehnungsausgleich gilt Abschnitt 3.1.4.

3.4.3 Abdeckungen müssen eine Tropfkante mit mindestens 20 mm Abstand von den zu schützenden Bauwerksteilen aufweisen.

3.4.4 Alle Ecken sind je nach Werkstoff durch Falzen, Nieten, Weichlöten, Hartlöten oder Schweißen regendicht auszuführen.

3.4.5 Aufgesetzte Kappleisten sind mindestens alle 250 mm, Wandanschlußschienen mindestens alle 200 mm zu befestigen.

3.5 Dachrinnen, Rinnenhalter, Regenfallrohre

3.5.1 Dachrinnen, Regenfallrohre und Zubehör sind nach DIN 18460 "Regenfallleitungen außerhalb von Gebäuden und Dachrinnen – Begriffe, Bemessungsgrundlagen" zu bemessen.

3.5.2 Hängedachrinnen aus Metallblech sind nach DIN EN 612, Hängedachrinnen aus PVC-U nach DIN EN 607 auszuführen.

3.5.3 Bei Metalldächern und bei Dachabdichtungen aus Bahnen sind die Halter in die Schalung bündig einzulassen und versenkt zu befestigen.

3.5.4 Für die Abführung von Regenwasser während der Bauzeit sind Wasserabweiser vorzuhalten. Sie sind so anzubringen, daß sie mindestens 50 cm über das Gerüst hinausreichen.

4 Nebenleistungen, Besondere Leistungen

4.1 Nebenleistungen sind ergänzend zur ATV DIN 18299, Abschnitt 4.1, insbesondere:

4.1.1 Auf- und Abbauen sowie Vorhalten der Gerüste, deren Arbeitsbühnen nicht höher als 2 m über Gelände oder Fußboden liegen.

4.1.2 Anzeichnen der Aussparungen, Schlitze und Durchbrüche am Bau.

4.1.3 Einlassen und Befestigen der Rinnenhalter, Laufbrettstützen, Dübel, Rohrschellen.

4.1.4 Liefern der Verbindungs- und Befestigungsmittel, z. B. Rinnenhalter, Spanneisen, Rohrschellen, Hafte, Schrauben, Nägel, Niete, Draht, Dübel, Lötzinn, Blei.

4.2 Besondere Leistungen sind ergänzend zur ATV DIN 18299, Abschnitt 4.2, z. B.:

4.2.1 Vorhalten von Aufenthalts- und Lagerräumen, wenn der Auftraggeber Räume, die leicht verschließbar gemacht werden können, nicht zur Verfügung stellt.

4.2.2 Auf- und Abbauen sowie Vorhalten der Gerüste, deren Arbeitsbühnen höher als 2 m über Gelände oder Fußboden liegen.

4.2.3 Umbau von Gerüsten für Zwecke anderer Unternehmer.

4.2.4 Herstellen von im Bauwerk verbleibenden Verankerungsmöglichkeiten, z. B. für Gerüste.

4.2.5 Erstellen von Montage- und Verlegeplänen.

4.2.6 Reinigen des Untergrundes von grober Verschmutzung, z. B. Gipsreste, Mörtelreste, Farbreste, Öl, soweit diese von anderen Unternehmern herrührt.

4.2.7 Schaffen der notwendigen Höhenfestpunkte nach B § 3 Nr 2.

4.2.8 Herstellen von Proben, Musterflächen, Musterkonstruktionen und Modellen.

4.2.9 Liefern statischer und bauphysikalischer Nachweise.

4.2.10 Anbringen, Vorhalten und Befestigen von Wasserabweisern, wenn Maßnahmen nach Abschnitt 3.5.4 nicht ausreichen.

4.2.11 Anbringen, Vorhalten und Befestigen von behelfsmäßigen Regenfallrohren und -ablaufstutzen.

4.2.12 Abnehmen und Wiederanbringen von Regenfallrohren, soweit es der Auftragnehmer nicht zu vertreten hat.

4.2.13 Liefern und Einbauen von Laub- und Schmutzfängen.

4.2.14 Herstellen von Schlitzen und Dübellöchern in Werkstein und von Schlitzen in Mauerwerk und Beton.

4.2.15 Schließen von Schlitzen.

4.2.16 Nachträgliches Herstellen und Schließen von Löchern im Mauerwerk und Beton für Auflager und Verankerungen.

4.2.17 Auf- und Zudecken des Daches, soweit es der Auftragnehmer nicht zu vertreten hat.

4.2.18 Ausbau und/oder Wiedereinbau von Bekleidungselementen für Leistungen anderer Unternehmer.

4.2.19 Nachträgliches Anarbeiten und/oder nachträglicher Einbau von Teilen.

4.2.20 Einbauen von Innen- und Außenecken an geformten Blechen und Blechprofilen.

4.2.21 Einbauen von Formstücken an Strangpreßprofilen.

4.2.22 Einbauen von Rinnenwinkeln, Bodenstücken, Ablaufstutzen, Rinnen-kesseln, Rohrbogen und -winkeln, konischen Rohren und Wasserspeiern.

4.2.23 Einbauen von Dachhaken, Laufbrettstützen und Dachlukendeckel.

5 Abrechnung
Ergänzend zur ATV DIN 18299, Abschnitt 5, gilt:

5.1 Allgemeines
5.1.1 Der Ermittlung der Leistung – gleichgültig, ob sie nach Zeichnung oder nach Aufmaß erfolgt – sind zugrunde zu legen:

Bei Dachdeckungen und Dachabdichtungen

– auf Flächen ohne begrenzende Bauteile die Maße der zu deckenden bzw. zu bekleidenden Flächen,
– auf Flächen mit begrenzenden Bauteilen die Maße der zu deckenden bzw. zu bekleidenden Flächen bis zu den begrenzenden, ungeputzten bzw. unbeklei-deten Bauteilen.

Bei Fassaden die Maße der Bekleidung.

5.1.2 Bei Trenn- und Dämmschichten werden Bohlen, Sparren und dergleichen übermessen.

5.1.3 Bei Schrägschnitten von Abkantungen und Profilen wird die jeweils größte Kantenlänge zugrunde gelegt.

5.1.4 Bei geformten Blechen und Blechprofilen werden Überdeckungen und Über-fälzungen übermessen.

5.1.5 Rinnen und Traufbleche werden an den Vorderwulsten gemessen, Winkel und Dehnungsausgleicher werden übermessen.

5.1.6 Regenfallrohre werden in der Mittellinie gemessen, Winkel und Bogen werden übermessen.

5.1.7 Bei der Ermittlung des Längenmaßes wird die größte Bauteillänge gemessen.

5.2 Es werden abgezogen:
5.2.1 Bei Abrechnung nach Flächenmaß (m²):

Aussparungen und Öffnungen über 2,5 m² Einzelgröße, z. B. für Schornsteine, Fenster, Oberlichter, Entlüftungen.

5.2.2 Bei Abrechnung nach Längenmaß (m):

Unterbrechungen von mehr als 1 m Länge.

	Schweißzusätze für Aluminium und Aluminiumlegierungen Zusammensetzung, Verwendung und Technische Lieferbedingungen	**DIN** **1732** Teil 1

Welding filler metals for aluminium and aluminium alloys;
composition, application and technical delivery conditions

Ersatz für Ausgabe 04.75

Diese Norm wurde in Zusammenarbeit mit dem Deutschen Verband für Schweißtechnik (DVS) aufgestellt.
In dieser Norm bedeutet % bei der Angabe von Gehalten Massenanteil in Prozent (früher Gew.-%).

Maße in mm

1 Anwendungsbereich

Diese Norm gilt für Schweißzusätze zum Schmelzschweißen (vorzugsweise für Schutzgasschweißen (SG) und auch für Gasschmelzschweißen (G), Lichtbogenhandschweißen (E)) von Aluminium und Aluminiumlegierungen.
Die Werkstoffe sind erfaßt in DIN 1712 Teil 3, DIN 1725 Teil 1 und Teil 2.

2 Einteilung und Beschreibung der Schweißzusätze

Für die Einteilung der Schweißzusätze ist maßgebend:
a) bei Drahtelektroden, Schweißdrähten und Schweißstäben für das Schutzgasschweißen und das Gasschmelzschweißen die chemische Zusammensetzung des Zusatzwerkstoffes,
b) bei umhüllten Stabelektroden die chemische Zusammensetzung des Schweißgutes.

2.1 Drahtelektroden, Schweißdrähte und Schweißstäbe

Drahtelektroden, Schweißdrähte und Schweißstäbe werden mit metallisch blanker Oberfläche verwendet; sie werden mit SG gekennzeichnet.
Die chemische Zusammensetzung der Schweißzusätze ist in Tabelle 1 enthalten, physikalische Eigenschaften ihres Schweißgutes und Beispiele für die Verwendung sind in den Tabellen 2 und 3 aufgeführt.

Fortsetzung Seite 2 bis 8

Normenausschuß Schweißtechnik (NAS) im DIN Deutsches Institut für Normung e. V.
Normenausschuß Nichteisenmetalle (FNNE) im DIN e. V.

Tabelle 1. **Chemische Zusammensetzung von Drahtelektroden, Schweißdrähten, Schweißstäben und des Schweißgutes von Stabelektroden**

Werkstoff-Kurzzeichen	Nummer	Zusammensetzung, Massenanteile in %											
		Si max.	Fe max.	Cu	Mn	Mg	Cr	Zn max.	Ti[1]	Zr	andere Legier.-bestandteile	andere Beimengungen einzeln max.	zusammen max.
SG-Al99,8[5] EL-Al99,8	3.0286	max. 0,15	0,15	0,02	–	–	–	0,06	max. 0,03	–	Al99,8	0,01	–
SG-Al99,5[5] EL-Al99,5	3.0259	max. 0,30	0,40	0,05	–	–	–	0,07	max. 0,05	–	Al99,5	0,03	–
SG-Al99,5Ti[5] EL-Al99,5Ti	3.0805	max. 0,30	0,40	0,05	–	–	–	0,07	0,1 bis 0,2[2]	–	Al + Ti min. 99,5	0,03	–
SG-AlMn1[5] EL-AlMn1	3.0516	max. 0,50	0,60	0,10	0,9 bis 1,5	0 bis 0,3	max. 0,05	0,20	max. 0,10	–	–	0,05	0,15
SG-AlMg3[5]	3.3536	max. 0,25	0,40	0,05	0,10 bis 0,6[3]	2,6 bis 3,6	0 bis 0,3[3]	0,20	max. 0,15	–	Mn + Cr 0,1 bis 0,6	0,05	0,15
SG-AlMg5	3.3556	max. 0,25	0,40	0,05	0,10 bis 0,5[3]	4,5 bis 5,6	0 bis 0,3[3]	0,20	max. 0,15	–	Mn + Cr 0,1 bis 0,6	0,05	0,15
SG-AlMg2Mn0,8	3.3528	max. 0,25	0,40	0,05	0,50 bis 1,1	1,6 bis 2,5	max. 0,30	0,20	max. 0,15	–	–	0,05	0,15
SG-AlMg2Mn0,8Zr	3.3529	max. 0,25	0,40	0,05	0,50 bis 1,1	1,6 bis 2,5	max. 0,30	0,20	max. 0,15	0,08 bis 0,20[4]	–	0,05	0,15
SG-AlMg2,7Mn	3.3538	max. 0,25	0,40	0,05	0,50 bis 1,0	2,4 bis 3,0	0,05 bis 0,20	0,25	max. 0,15	–	–	0,05	0,15
SG-AlMg2,7MnZr	3.3539	max. 0,25	0,40	0,05	0,50 bis 1,0	2,4 bis 3,0	0,05 bis 0,20	0,25	max. 0,15	0,08 bis 0,20[4]	– ·	0,05	0,15
SG-AlMg4,5Mn	3.3548	max. 0,25	0,40	0,05	0,60 bis 1,0	4,3 bis 5,2	0,05 bis 0,25	0,25	max. 0,15	–	–	0,05	0,15
SG-AlMg4,5MnZr	3.3546	max. 0,25	0,40	0,05	0,60 bis 1,0	4,3 bis 5,2	0,05 bis 0,25	0,25	max. 0,15	0,08 bis 0,20[4]	–	0,05	0,15
SG-AlSi5[5] EL-AlSi5	3.2245	4,5 bis 5,5	0,40	0,05	max. 0,2	max. 0,1	–	0,2	max. 0,15	–	–	0,05	0,15
SG-AlSi10Mg	3.2385	9,0 bis 11,0	0,50	0,03	0,001 bis 0,4	0,20 bis 0,50	–	0,10	max. 0,15	–	–	0,05	0,15
SG-AlSi12[5] EL-AlSi12	3.2585	11,0 bis 13,5	0,50	0,05	max. 0,3	max. 0,05	–	0,10	max. 0,15	–	–	0,05	0,15

[1] Der Ti-Gehalt kann ganz oder teilweise durch andere kornverfeinernde Zusätze ersetzt werden.
[2] Der Ti-Gehalt bewirkt Kornverfeinerung im Schweißgut.
[3] Von den beiden Legierungsbestandteilen Mn und Cr muß wenigstens einer vorhanden sein, und zwar Mn mit mindestens 0,2% oder Cr mit mindestens 0,1%
[4] Der Zr-Gehalt bewirkt eine erhöhte Heißrißsicherheit
[5] Für das Gasschmelzschweißen geeignet

Tabelle 2.   **Physikalische Eigenschaften des Schweißgutes von Drahtelektroden, Schweißdrähten und Schweißstäben**

Werkstoff-		Physikalische Eigenschaften	
Kurzzeichen	Nummer	Schmelzbereich °C	Dichte kg/dm^3
SG−Al99,8 EL−Al99,8	3.0286	658	2,70
SG−Al99,5 EL−Al99,5	3.0259	647 bis 658	2,70
SG−Al99,5Ti EL−Al99,5Ti	3.0805	647 bis 658	2,71
SG−AlMn1 EL−AlMn1	3.0516	648 bis 657	2,73
SG−AlMg3	3.3536	610 bis 642	2,66
SG−AlMg5	3.3556	575 bis 633	2,64
SG−AlMg2Mn0,8 SG−AlMg2Mn0,8Zr	3.3528 3.3529	615 bis 650	2,71
SG−AlMg2,7Mn SG−AlMg2,7MnZr	3.3538 3.3539	602 bis 646	2,68
SG−AlMg4,5Mn SG−AlMg4,5MnZr	3.3548 3.3546	574 bis 638	2,66
SG−AlSi5 EL−AlSi5	3.2245	573 bis 625	2,68
SG−AlSi10Mg	3.2385	570 bis 610	2,65
SG−AlSi12 EL−AlSi12	3.2585	573 bis 585	2,65

Tabelle 3. **Anwendungsbeispiele von Drahtelektroden, Schweißdrähten, Schweißstäben und Stabelektroden**

Schweißzusatz Kurzzeichen	Nummer	Al99,8	Al99,7	E-Al	Al99,5	Al99	AlMn0,6	AlMn1	AlMnCu	AlMnMg1	AlMg1	AlMg2	AlMg3	AlMg5	AlMg2Mn0,8	AlMg2,7Mn	AlMg4Mn	AlMg4,5Mn	AlMgSi0,5	AlMgSi0,7	AlMgSi1	AlMgSiCu	AlZn4,5Mg1	G-AlSi12	G-AlSi12(Cu)	G-AlSi11	G-AlSi10Mg	G-AlSi10Mg(Cu)	G-AlSi9Mg	G-AlSi7Mg	G-AlSi5Mg	G-AlSi6Cu3	G-AlSi6Cu4	G-AlMg5	G-AlMg5Si	G-AlMg3	G-AlMg3Si
SG–Al99,8[1] / EL–Al99,8	**3.0286**	×	×	×	●																																
SG–Al99,5[1] / EL–Al99,5	**3.0259**	●	×	●	×	×																															
SG–Al99,5Ti[1] / EL–Al99,5Ti	**3.0805**	●	●		×	×																															
SG–AlMn1[1] / EL–AlMn1	**3.0516**						×	×	×	×	●																										
SG–AlMg3[1]	**3.3536**										×	×	×		● 3)	● 3)			● 4)	● 4)																×	×
SG–AlMg5	**3.3556**									×			×	×	×	×	×	×	× 4,5)	× 4,5)	× 4,5)	× 4,5)												×	×	×	×
SG–AlMg2Mn0,8 / SG–AlMg2Mn0,8Zr	**3.3528** / **3.3529**												● 6)	×	×	×		●	● 6)																		
SG–AlMg2,7Mn / SG–AlMg2,7MnZr	**3.3538** / **3.3539**												×	×	×	×			× 5,6)	× 5,6)	× 5,6)	× 5,6)	×														
SG–AlMg4,5Mn / SG–AlMg4,5MnZr	**3.3548** / **3.3546**													●				●	× 2)	× 2)	× 2)	× 2)	×											×	×		
SG–AlSi5[1] / EL–AlSi5	**3.2245**																													●	●						
SG–AlSi10Mg	**3.2385**																								●	●	×	×	×	×	×	●	×				
SG–AlSi12[1] / EL–AlSi12	**3.2585**																							×	×	×	●	●	●	●	●	×	●				●

Kombination Schweißzusatz/Grundwerkstoff: × gut; ● möglich

1) Für das Gasschmelzschweißen geeignet.
2) Bei anodischer Oxidation wird Schweißnaht durch Si-Gehalt mehr oder weniger grau gefärbt.
3) Falls korrosionschemisch keine Bedenken.
4) Bei anodischer Oxidation Abzeichnen der Naht.
5) Bei höheren Anforderungen an Festigkeit und Zähigkeit des Schweißgutes.
6) Bei anodischer Oxidation wird Schweißnaht durch Mn-Gehalt mehr oder weniger verfärbt.

2.2 Umhüllte Stabelektroden

Umhüllte Stabelektroden bestehen aus Kernstab und Umhüllung und werden beim Schweißen stromführend abgeschmolzen. Die Stromart ist Gleichstrom, wenn nicht anders vom Hersteller vorgeschrieben. Die Schweißeigenschaften werden im wesentlichen von der Zusammensetzung des Kernstabes und der Umhüllung bestimmt.

Umhüllte Stabelektroden werden mit EL gekennzeichnet.

Die chemische Zusammensetzung des Schweißgutes ist in Tabelle 1 enthalten, physikalische Eigenschaften und Beispiele für die Verwendung sind in den Tabellen 2 und 3 aufgeführt.

3   Bezeichnung, Bestellangaben

3.1   Normbezeichnung

Für die Bezeichnung der Schweißzusätze sind die Werkstoffkurzzeichen oder die Werkstoffnummern nach der Tabelle 1 zu verwenden.

Bezeichnung einer Drahtelektrode mit dem Kurzzeichen SG-AlMg4,5Mn oder der Werkstoffnummer 3.3548:

Drahtelektrode DIN 1732 – SG-AlMg4,5Mn

oder

Drahtelektrode DIN 1732 – 3.3548

Bezeichnung eines Schweißstabes mit dem Kurzzeichen SG-Al99,5Ti oder der Werkstoffnummer 3.0805:

Schweißstab DIN 1732 – SG-Al99,5Ti

oder

Schweißstab DIN 1732 – 3.0805

Bezeichnung einer umhüllten Stabelektrode mit dem Kurzzeichen EL-AlSi12 oder der Werkstoffnummer 3.2585:

Stabelektrode DIN 1732 – EL-AlSi12

oder

Stabelektrode DIN 1732 – 3.2585

3.2   Bestellangaben

150 kg Drahtelektrode aus Werkstoff SG-AlMg4,5Mn, Werkstoffnummer 3.3548, von 1,6 mm Durchmesser, aufgespult auf Dornspule D 300 nach DIN 8559 Teil 1:

150 kg Drahtelektrode DIN 1732 – SG-AlMg4,5Mn-1,6 auf Dornspule D 300 nach DIN 8559 Teil 1 gespult

oder

150 kg Drahtelektrode DIN 1732 – 3.3548-1,6 auf Dornspule D 300 nach DIN 8559 Teil 1 gespult

200 kg Schweißstab aus Werkstoff SG-Al99,5Ti, Werkstoffnummer 3.0805, von 4 mm Durchmesser und einer Länge von 1000 mm:

200 kg Schweißstab DIN 1732 – SG-Al99,5Ti – 4 × 1000

oder

200 kg Schweißstab DIN 1732 – 3.0805 – 4 × 1000

180 kg umhüllte Stabelektrode aus Werkstoff EL-AlSi12, Werkstoffnummer 3.2585, von 3,2 mm Durchmesser und einer Länge von 350 mm:

180 kg Stabelektrode DIN 1732 – EL-AlSi12 – 3,2 × 350

oder

180 kg Stabelektrode DIN 1732 – 3.2585 – 3,2 × 350

4   Technische Lieferbedingungen

4.1   Maße (siehe Tabelle 4)

4.2   Lieferzustand, Beschaffenheit

4.2.1   Drahtelektroden, Schweißdrähte, Schweißstäbe

Die Oberfläche der Schweißzusätze muß frei von Verunreinigungen und Oberflächenfehlern sein, die das Schweißen nachteilig beeinflussen.

Die Drahtelektroden und Schweißdrähte müssen in **einer** Länge auf Spulenkörper nach DIN 8559 Teil 1 gespult sein. Sie dürfen keine Knicke, Wellen oder sonstige Unregelmäßigkeiten aufweisen, die den kontinuierlichen Ablauf des Schweißens beeinträchtigen. Drahtanfang und Drahtende sind zu befestigen. Die Drahtelektrode bzw. der Schweißdraht darf keinen Drall aufweisen. Diese Anforderung gilt als erfüllt, wenn sich das freie Drahtende eines abgeschnittenen, freiliegenden Drahtumgangs nicht um mehr als 50 mm von einer ebenen Fläche abhebt.

Tabelle 4. **Maße**

Schweißzusatz	Durchmesser[1]		Länge	
	Nennmaß	Grenzabmaße	Nennmaß	Grenzabmaße
Drahtelektroden, Schweißdrähte	(0,6)	+ 0,01 − 0,02	−	−
	0,8			
	1	+ 0,01 − 0,03		
	1,2			
	1,6	+ 0,01 − 0,04		
	2,4	+ 0,01 − 0,05		
	3,2	+ 0,01 − 0,06		
Schweißstäbe	1,5 2[2] 2,5[2] 3,2 4[2]	± 0,1	1000[3] oder nach Vereinbarung	± 5
	5 6 8[2]	± 0,15		
Umhüllte Stabelektroden	2[2]	± 0,1	300	± 2
	2,5[2] 3,2		350	
	4[2]			
	5[2]	± 0,15	400	
	6 8[2]		450	

Eingeklammerte Werte sind zu vermeiden.
[1]) Bei umhüllten Stabelektroden gilt der Kernstabdurchmesser.
[2]) Durchmesser entsprechen der Internationalen Norm ISO 544–1975.
[3]) Länge entspricht der Internationalen Norm ISO 546–1975.

4.2.2 Umhüllte Stabelektroden

Die Umhüllung der Stabelektrode soll den Kernstab gleichmäßig dick und zentrisch umschließen. Hiermit wird bei fachgerechter Handhabung ein einseitiges Abschmelzen der Stabelektrode vermieden. Die Umhüllung darf keine Unregelmäßigkeiten und Oberflächenfehler aufweisen, die das Schweißen ungünstig beeinflussen. Sie muß fest auf dem Kernstab haften und darf bei sachgemäßem Transport und Gebrauch nicht abplatzen oder reißen.

Das Einspannende der Stabelektrode soll auf einer Länge von mindestens 20 mm frei von Umhüllungsmasse sein.

4.3 Verpackung

Die Schweißzusätze müssen so verpackt sein, daß bei sachgemäßer Beförderung und Lagerung ein ausreichender Schutz gegen Beschädigungen, Verunreinigungen und Feuchtigkeitseinwirkungen gegeben ist.

4.4 Lagerung

Schweißzusätze sollen bis zu ihrer Verwendung in der unbeschädigten Originalverpackung gelagert werden. Der Raum zum Lagern der Schweißzusätze muß geschlossen, belüftbar und trocken sein.

4.5 Rücktrocknung von Stabelektroden

Im Einzelfall kann es erforderlich sein, Stabelektroden, deren Umhüllung z.B. durch unsachgemäßes Lagern oder infolge anderer Bedingungen einen unzulässig hohen Feuchtigkeitsgehalt aufweist, unmittelbar vor den Schweißarbeiten rückzutrocknen. Rücktrocknungstemperatur und Rücktrocknungsdauer sind entsprechend den Herstellerangaben zu wählen.

4.6 Qualitätsnachweis

In der Regel genügt für den Qualitätsnachweis die Angabe der Fabrikations- und/oder Chargennummer nach Abschnitt 5.1 oder Abschnitt 5.2. Sind weitere Qualitätsnachweise erforderlich, müssen diese zwischen Besteller und Lieferer vereinbart und nach DIN 50 049 bescheinigt werden.

Die Legierungsbestandteile und die Beimengungen werden in der Regel nach den Analysenmethoden des Herstellers bestimmt.

Schiedsanalysen bzw. Probenahmen sind auszuführen nach der neuesten Ausgabe der „Analyse der Metalle" des Chemikerausschusses der Gesellschaft Deutscher Metallhütten- und Bergleute e. V., Band I „Schiedsanalysen" oder im „Ergänzungsband zu den Bänden I Schiedsanalysen · II Betriebsanalysen" und Band III „Probenahme".

5 Kennzeichnung

5.1 Drahtelektroden, Schweißdrähte und Schweißstäbe

Die Gebinde von Drahtelektroden, Schweißdrähten und Schweißstäben sind nach Wahl des Herstellers auf einem Anhängeschild oder einem Klebezettel mit folgenden Angaben zu kennzeichnen:

– Handelsbezeichnung
– Hersteller oder Lieferer
– Bezeichnung nach Abschnitt 3
– Chargen- bzw. Fabrikationsnummer
– Durchmesser
– Gewicht

Schweißstäbe sind einzeln dauerhaft so zu kennzeichnen, daß die Zugehörigkeit zum Legierungstyp feststellbar ist; der Hersteller soll erkennbar sein.

5.2 Umhüllte Stabelektroden

Jede einzelne Stabelektrode muß auf der Umhüllung nahe dem Einspannende mit einem gut lesbaren Stempelaufdruck versehen sein, mit dem die Zugehörigkeit zu einer Legierung feststellbar ist. Im allgemeinen ist die Handelsbezeichnung der Stabelektrode aufgedruckt. Es können jedoch auch andere Kurzzeichen vereinbart werden, z. B. nach Tabelle 1 oder AWS*).

Stabelektrodenpakete sollen folgende Angaben enthalten:

– Handelsbezeichnung
– Hersteller oder Lieferer
– Bezeichnung (nach Abschnitt 3)
– Chargen- bzw. Fabrikationsnummer
– Durchmesser und Länge des Kernstabes
– Stromart und Polung
– Empfohlener Bereich für die Schweißstromstärke
– Hinweise über gegebenenfalls notwendige Rücktrocknung (Temperatur und Haltezeit)
– Stückzahl der Stabelektroden im Paket und/oder Nettogewicht

---

*) American Welding Society

Zitierte Normen und andere Unterlagen

DIN 1712 Teil 3	Aluminium; Halbzeug
DIN 1725 Teil 1	Aluminiumlegierungen; Knetlegierungen
DIN 1725 Teil 2	Aluminiumlegierungen; Gußlegierungen; Sandguß, Kokillenguß, Druckguß, Feinguß
DIN 8559 Teil 1	Schweißzusätze für das Schutzgasschweißen; Drahtelektroden, Schweißdrähte und Massivstäbe für das Schutzgasschweißen von unlegierten und legierten Stählen
DIN 50 049	Bescheinigungen über Materialprüfungen
ISO 544-1975	Durchmesser und Toleranzen von Schweißzusatzwerkstoffen für das Lichtbogenschweißen und für das Gasschweißen
ISO 546-1975	Längen und Toleranzen für gezogene und gepreßte, in geraden Längen gelieferte Schweißstäbe

Analyse der Metalle**) Band I: Schiedsanalysen, 3. Auflage, 1966

Band III: Probenahme, 2. Auflage, 1975

1. Ergänzungsband (1980) zu den Bänden I Schiedsanalysen, II Betriebsanalysen

Frühere Ausgaben

DIN 1732: 06.44

DIN 1732 Teil 1: 03.63, 04.73, 04.75

Änderungen

Gegenüber der Ausgabe April 1975 wurden folgende Änderungen vorgenommen:

Inhalt dem Stand der Technik angepaßt, Werkstoffkurzzeichen geändert, einige Sorten ergänzt (Näheres siehe Erläuterungen).

**) Zu beziehen durch: Springer Verlag, Berlin – Göttingen – Heidelberg

Erläuterungen

Im Rahmen der Überprüfung von bestehenden Normen wurde DIN 1732 Teil 1 an die Folgeausgaben der Werkstoffnormen DIN 1712 Teil 3, DIN 1725 Teil 1 und Teil 2 angepaßt.

Beim Lichtbogenhandschweißen von Aluminium mit Stabelektroden erfolgt kein Auflegieren über die Umhüllung. In Tabelle 1 konnten daher die chemische Zusammensetzung der Drahtelektroden, Schweißdrähte und Schweißstäbe sowie diejenige des Schweißgutes von umhüllten Stabelektroden zusammengefaßt werden. Lichtbogenhandschweißen wird bevorzugt für Reparaturschweißungen verwendet. Es darf zum Fügen überwachungsbedürftiger Bauteile nicht mehr eingesetzt werden.

Die bisher übliche Kennzeichnung aller Schweißzusätze mit dem Kurzzeichen S wurde ersetzt durch die Kennzeichnung SG für Drahtelektroden, Schweißdrähte und Schweißstäbe sowie EL für umhüllte Stabelektroden. Der national und international für Stabelektroden zum Schweißen von unlegierten und legierten Stählen übliche Kennbuchstabe E kann für Stabelektroden im NE-Bereich nicht gewählt werden, weil er schon eingeführt ist für die Bezeichnung von NE-Werkstoffen mit festgelegten Grenzwerten der elektrischen Leitfähigkeit, z. B. E-Cu57, E-Al.

Bisher waren die Angaben über die chemische Zusammensetzung, die physikalischen Eigenschaften und Verwendung der Schweißzusätze in einer Tabelle zusammengefaßt. In Anlehnung an das Schema vergleichbarer Normen wurden diese Angaben bei der Überarbeitung zur Verbesserung der Übersichtlichkeit auf 3 Tabellen verteilt.

Die in Tabelle 1 aufgeführten Schweißzusätze entsprechen dem heutigen Stand der Technik. Neu aufgenommen wurden die Schweißzusätze SG-AlMg2Mn0,8, SG-AlMg2Mn0,8Zr, SG-AlMg2,7Mn, SG-AlMg2,7MnZr, SG-AlMg4,5MnZr und SG-AlSi10Mg. SG-AlMg2Mn0,8 und SG-AlMg2,7Mn sind vornehmlich für das Schweißen von Bauteilen bestimmt, die bei Betriebstemperaturen über 60 °C eingesetzt werden. Die dann folgenden zirkonhaltigen Schweißzusätze SG-AlMg2Mn0,8Zr, SG-AlMg4,5MnZr, SG-AlMg2,7MnZr können wegen ihrer höheren Heißrißsicherheit vorteilhaft bei komplizierten Schweißkonstruktionen mit ungünstigen Einspannverhältnissen eingesetzt werden. SG-AlSi10Mg ist für Gußstücke aus aushärtbaren Legierungen vorgesehen, mit denen nach dem Schweißen eine nachträgliche Wärmebehandlung durchgeführt werden soll.

Bei den Angaben über den Lieferzustand wurde bei der Überarbeitung der Norm auf die Empfehlung von Mindestwerten der Zugfestigkeit für geschobene Drahtelektroden verzichtet. Beim heutigen Stand der Technik erschien dies nicht mehr erforderlich.

Angaben über die Festigkeitseigenschaften des reinen Schweißgutes für die Schweißzusätze sind in DIN 1732 Teil 3 „Schweißzusätze für Aluminium und Aluminiumlegierungen; Prüfstücke, Proben, Mechanisch-technologische Mindestwerte des reinen Schweißgutes" enthalten. DIN 1732 Teil 2 „Schweißzusatzwerkstoffe für Aluminium; Prüfung an Schweißverbindungen" wird zur Zeit überarbeitet.

Internationale Patentklassifikation

B 23 K 35/00
B 23 K 35/365
C 22 C 21/00
C 22 C 21/02
C 22 C 21/06

Strangpreßprofile aus Aluminium (Reinstaluminium, Reinaluminium und Aluminium-Knetlegierungen) Gestaltung	**DIN** **1748** Blatt 3

Extruded shapes of aluminium; shaping
Profilés filés en aluminium; configuration

Unter dem Oberbegriff „Aluminium" sind Reinstaluminium und Reinaluminium nach DIN 1712 Blatt 3 sowie deren Knetlegierungen nach DIN 1725 Blatt 1 zusammengefaßt. Mit der Einführung dieses Oberbegriffes wird dem seit langem üblichen Sprachgebrauch Rechnung getragen.

Maße in mm

1. Geltungsbereich

Diese Norm soll als Arbeitsgrundlage für die Gestaltung neuer Querschnittsformen von Strangpreßprofilen dienen. Sie soll dem Besteller ermöglichen, beim Entwurf von Strangpreßprofilen, deren Querschnittsformen innerhalb eines umschreibenden Kreises von einem Durchmesser d_u bis 500 mm liegen, die fertigungstechnischen Voraussetzungen des Herstellers zu berücksichtigen (siehe DIN 1748 Blatt 4).

Diese Norm gilt nicht für Profile, die gewalzt, gezogen oder abgekantet sind.

2. Allgemeines

2.1. Das Strangpressen von Aluminium ermöglicht die Herstellung von Profilen in den verschiedensten Querschnittsformen, deren Gestaltung sich leicht den jeweiligen Konstruktionsbedingungen anpassen läßt.

Nach DIN 17 600 Blatt 2 (z. Z. noch Entwurf) ist ein Profil ein Erzeugnis mit über die ganze Länge gleichbleibender Querschnittsform, die jedoch von der des Rohres, der Stange und des Bleches abweicht, in gestreckter Länge.

Strangpreßprofile werden in folgende Grundformen unterteilt:

Vollprofile Beispiele siehe Bilder 1 bis 7

Halbhohlprofile Beispiele siehe Bilder 8 bis 11

Hohlprofile Beispiele siehe Bilder 12 bis 18

Zwischen den einzelnen Grundformen können Mischformen vorkommen, siehe z. B. Bilder 4 und 14.

Bei den Herstellern von Strangpreßprofilen ist eine große Anzahl von Preßwerkzeugen für die unterschiedlichsten Querschnittsformen vorhanden. Darüber hinaus können Strangpreßprofile nach folgenden Maßnormen geliefert werden:

DIN 1771	Winkelprofile
DIN 9712	Doppel-T-Profile
DIN 9713	U-Profile
DIN 9714	T-Profile
DIN 80 291	Wulstflach-Profile
DIN 80 292	Wulstflach-Profile mit Schweißflansch
DIN 80 293	Wulstwinkel-Profile

Vor der Gestaltung neuer Querschnittsformen ist zweckmäßigerweise an Hand der Normen und der Unterlagen der Herstellerwerke zu prüfen, ob vorhandene Werkzeuge den jeweiligen Konstruktionsbedingungen genügen.

Die Herstellung neuer Werkzeuge, z. B. Preßmatrizen, für das Strangpressen ist verhältnismäßig einfach. Es muß jedoch vorausgesetzt werden, daß die benötigte Menge eines neuen Strangpreßprofiles die Neuerstellung von Werkzeugen rechtfertigt.

2.2. Strangpreßprofile bieten unter Berücksichtigung der in DIN 1748 Blatt 1 angegebenen Festigkeitseigenschaften die Möglichkeit, die Querschnittsformen auf die Beanspruchung so abzustimmen, daß eine gute Ausnutzung des Werkstoffes gewährleistet ist. Bei besonderen statischen Anforderungen sind die einschlägigen Richtlinien, z. B. DIN 4113 Aluminium im Hochbau, zu beachten.

2.3. Die mögliche Formgebung ist jedoch vom Werkstoff und vom Endzustand, z. B. Wärmebehandlung (siehe Abschnitt 6), abhängig.

3. Voraussetzungen bei der Gestaltung

3.1. Strangpreßprofile sind Halbzeug. Jede nachträgliche mechanische Bearbeitung der Querschnittsform auf der gesamten Länge wird sich erheblich teurer stellen als die Berücksichtigung dieser endgültigen Form beim Konstruieren und Pressen des Strangpreßprofiles. Eine nachträglich erforderliche spanabhebende Bearbeitung soll sich daher auf ein Mindestmaß beschränken (siehe Abschnitt 7).

Nachträgliche Änderungen der Querschnittsform in den Werkzeugen sind nur bedingt möglich. Derartige Korrekturen müssen zwischen Besteller und Hersteller abgestimmt werden. Der Hersteller kann das Risiko für die Werkzeugänderung ablehnen und dem Besteller gegebenenfalls die Anfertigung neuer Werkzeuge vorschlagen. Die Verringerung der Außen- und Dickenmaße von Strangpreßprofilen ist durch Änderungen vorhandener Werkzeuge nicht möglich.

3.2. Scharfe Kanten und Ecken, schroffe Querschnittsübergänge, erhebliche Querschnittsunterschiede und Werkstoffanhäufungen sind möglichst zu vermeiden.

Fortsetzung Seite 2 bis 6

Fachnormenausschuß Nichteisenmetalle im Deutschen Normenausschuß (DNA)

59

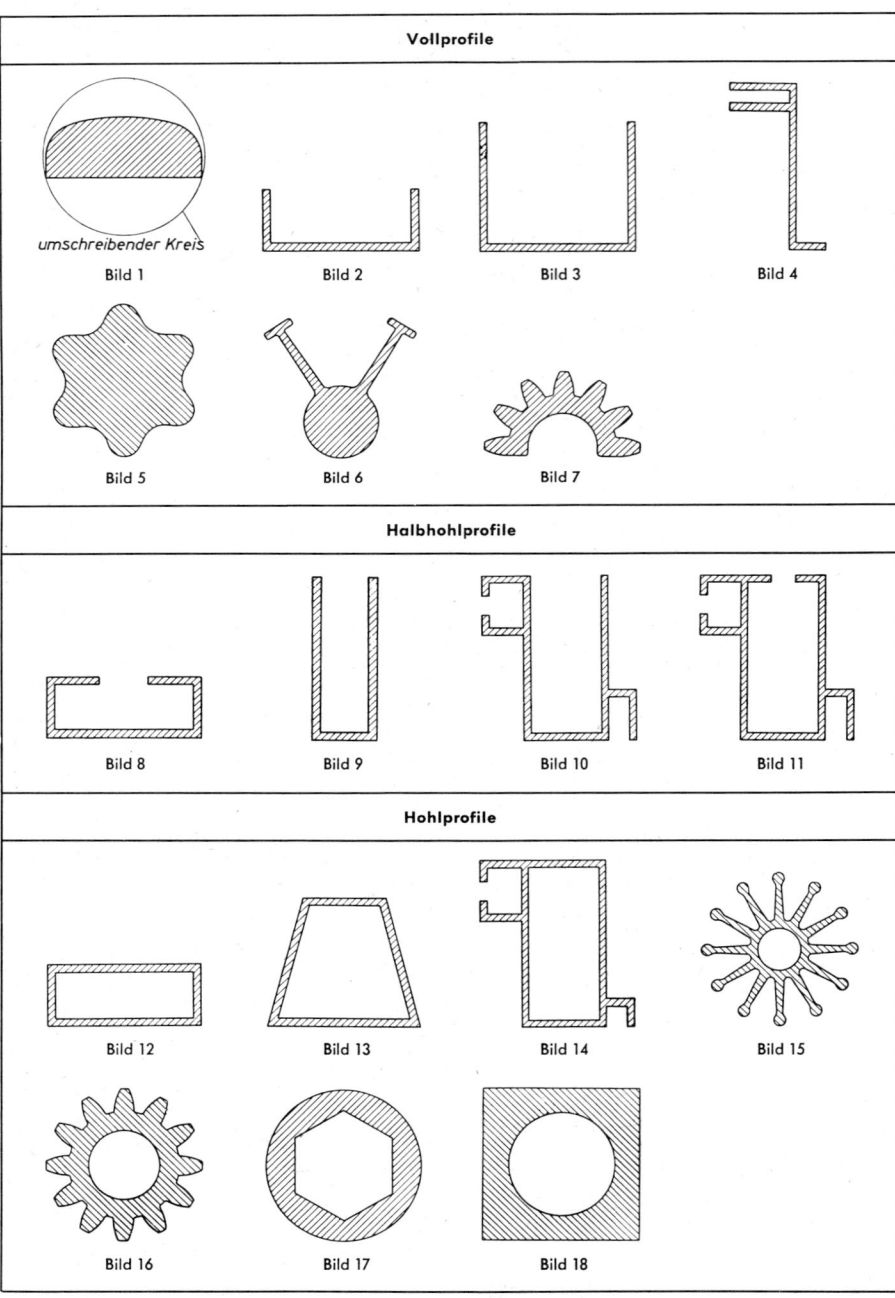

Vollprofile

Bild 1 — umschreibender Kreis

Bild 2

Bild 3

Bild 4

Bild 5

Bild 6

Bild 7

Halbhohlprofile

Bild 8

Bild 9

Bild 10

Bild 11

Hohlprofile

Bild 12

Bild 13

Bild 14

Bild 15

Bild 16

Bild 17

Bild 18

3.3. Rundungen

Es ist zu unterscheiden:

3.3.1. Fertigungsbedingte Rundungen

Aus werkzeugtechnischen Gründen dürfen scharfe Profilkanten leicht gerundet sein. Hierfür gelten die in der Tabelle 1 angegebenen Rundungen.

Tabelle 1. **Fertigungsbedingte Rundungen**

Dicke [1] s		Rundungen scharfer Außen- und Innenkanten
über	bis	höchstens [2]
–	3	0,5
3	6	0,6
6	10	0,8
10	18	1,0
18	30	1,2
30	50	1,6

3.3.2. Konstruktionsbedingte Rundungen

Für Hohlkehlen und Kanten, die nicht scharf ausgeführt werden sollen, werden die in der Tabelle 2 angegebenen Rundungen empfohlen (siehe Bilder 19 und 20).

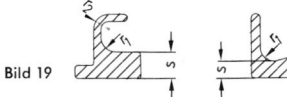

Bild 19   Bild 20

Tabelle 2. **Konstruktionsbedingte Rundungen**

Dicke [3] s		Empfohlene Rundungen	
über	bis	Hohlkehlen r_1	Kanten r_2
–	2	2	1
2	4	2,5	1,6
4	6	4	2
6	10	6	3
10	20	10	5
20	35	16	10
35	50	20	16

3.4. Bei der Gestaltung von Querschnittsformen mit ebenen Flächen ist zu beachten, daß diese Flächen Abweichungen von der Ebenheit (siehe DIN 1748 Blatt 4) aufweisen können. Wird nach einer Oberflächenbehandlung ein gleichmäßiges dekoratives Aussehen erwartet, so ist zu empfehlen, die Fläche zu unterbrechen bzw. aufzuteilen (siehe Bilder 21 und 22).

Flächenunterbrechungen   *Flächenunterbrechung*

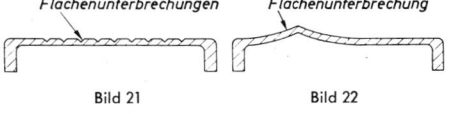

Bild 21   Bild 22

Bei Strangpreßprofilen mit Stegen können sich diese Stege auf der Gegenseite (siehe Bilder 23 und 24, Punkt a) auch nach einer Oberflächenbehandlung mehr oder weniger stark abzeichnen. Auch hier ist zu empfehlen, die Fläche zu unterbrechen.

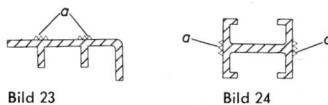

Bild 23   Bild 24

4. Richtlinien für die Konstruktion

Es ist die Unterteilung von Querschnittsformen der Strangpreßprofile nach Abschnitt 2.1 zu beachten. Jede Mischform eines Profiles besteht aus einer Grundform des Querschnittes, mit der eine oder mehrere Nebenformen verbunden sein können. Die Zuordnung der Mischformen zu Vollprofilen, Halbhohlprofilen und Hohlprofilen richtet sich nach der überwiegenden Grundform des Querschnittes. Für die Grundform und die mit einer Grundform verbundenen Nebenformen gelten die in den Abschnitten 4.1 und 4.2 angegebenen Gestaltungsrichtlinien.

Beispiele für Mischformen:

Bild 4 Vollprofil (Grundform), verbunden mit Halbhohlprofil (Nebenform)

Bild 14 Hohlprofil (Grundform), verbunden mit Voll- und Halbhohlprofil (Nebenformen)

4.1. Vollprofile (siehe Bilder 1 bis 7)

Zu beachten ist, daß flache, dünne Querschnitte schwer herstellbar sind. Mit wachsender Größe des umschreibenden Kreises nehmen die geringstmöglichen Dicken und der Aufwand für das Richten zu. In gleicher Weise wirkt sich das unterschiedliche Verhalten der Legierungen beim Warmumformen aus. Als Anhalt für die kleinstmögliche Dicken von Strangpreßprofilen in Abhängigkeit des umschreibenden Kreises gelten die Werte nach Tabelle 3.

Bei Vollprofilen soll das Verhältnis der größten lichten Tiefen g der eingeschlossenen Flächen zu deren Öffnungsbreiten b die in Tabelle 4 angegebenen Werte nicht überschreiten (siehe Bild 25).

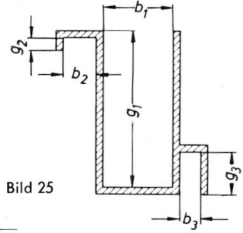

Bild 25

---

[1] Bei zwei ungleich dicken aufeinanderstoßenden Profilstegen bezieht sich die Dicke s auf den dickeren Steg (siehe Bild 19).

[2] Bei Profilen aus den Werkstoffen, die in den letzten beiden Zeilengruppen der Tabelle 3 angegeben sind, verdoppeln sich die angegebenen Werte.

[3] Die Dicke s wird am Ansatz der Hohlkehle des dickeren der beiden aufeinanderstoßenden Profilstege gemessen (siehe Bild 21).

Tabelle 3. **Richtwerte für kleinste Dicken** s **und Mindestmetergewichte** G **von Vollprofilen in Abhängigkeit vom Durchmesser des umschreibenden Kreises**

Werkstoff		Durchmesser des umschreibenden Kreises																		
		über																		
		–		25		50		75		100		150		200		250		300		350	
		bis																		
		25		50		75		100		150		200		250		300		350		500	
Kurzzeichen	nach	s	G [4]) kg/m ≈	s	G [4]) kg/m ≈	s	G [4]) kg/m ≈	s	G [4]) kg/m ≈	s	G [4]) kg/m ≈	s	G [4]) kg/m ≈	s	G [4]) kg/m ≈	s	G [4]) kg/m ≈	s	G [4]) kg/m ≈	s	G [4]) kg/m ≈
Al99,98R Al99,9 Al99,8 Al99,7 Al99,5 Al99	DIN 1712	1	0,08	1	0,16	1,2	0,29	1,5	0,49	2	0,97	2,5	1,62	2,5	2,16	3	3,16	4	4,97	5	6,5
AlMn	DIN 1725																				
AlRMg0,5 AlRMg1 Al99,9Mg0,5 Al99,9Mg1 Al99,9MgSi Al99,9ZnMg AlMg1 AlMgSi0,5	DIN 1725	1	0,08	1,2	0,20	1,5	0,34	1,7	0,54	2	0,97	2,5	1,62	3	2,63	4	4,21	5	6,15	6	7,5
AlRMg2 AlMg2 AlMgMn AlMg3 AlSi5 AlMgSi0,8 AlMgSi1 AlZnMg1	DIN 1725	1,5	0,12	1,7	0,27	2	0,49	2,5	0,81	3	1,45	3,5	2,27	4	3,51	5	5,26	7	8,60	8,5	15,5
AlMg5 AlMg4,5Mn AlCuMg1	DIN 1725	1,7	0,14	2	0,33	2,5	0,57	3	0,97	3,5	1,68	4	2,60	5,5	4,80	7	7,37	9	11,70	11	27
AlZnMgCu0,5 AlZnMgCu1,5	DIN 1725	2	0,16	2,5	0,40	3	0,73	4	1,30	5	2,43	6	3,90	10	8,77	10	12,64	15	14,42	20	45

[4]) Gewichte errechnet mit einer Dichte von 2,7 kg/dm^3 für Al-Legierungen.

Tabelle 4. **Voliprofile**

Öffnungsbreite b		Verhältnis $g : b$
über	bis	
4	10	3,5
10	18	4,5
18	30	4
30	50	3,5
50	80	3
80	120	2
120	–	1,5

4.2.   Halbhohlprofile, Hohlprofile (siehe Bilder 8 bis 18)

Diese Strangpreßprofile können nach verschiedenen Verfahren mit schwebendem, in der Strangpresse gehaltenen oder in der Matrize gehaltenen oder im Werkzeug gehaltenen Dorn hergestellt werden. Das Herstellverfahren bleibt dem Hersteller überlassen. Die Verfahren wirken sich unterschiedlich auf die Mindestwanddicke, Maßabweichung und Oberflächenbeschaffenheit aus. Es wird deshalb empfohlen, bei der Gestaltung solcher Querschnittsformen auch über eine vorgesehene Oberflächenbehandlung, z. B. Polieren, Anodisieren, den Rat des Herstellers einzuholen.

Die kleinstmögliche Wanddicke ist vom Durchmesser des umschreibenden Kreises und vom Werkstoff abhängig. In Tabelle 5 sind Richtwerte für die Mindestwanddicken angegeben.

Tabelle 5. **Richtwerte für kleinste Wanddicken** s **von Halbhohlprofilen, Hohlprofilen in Abhängigkeit vom Durchmesser des umschreibenden Kreises**

Profilart A: Über beide Achsen symmetrische Hohlprofile
Profilart B: Unsymmetrische oder nur über eine Achse symmetrische Hohlprofile oder Profile mit mehreren Hohlräumen

Werkstoff		Profilart	Kleinste Wanddicke s bei Durchmesser des umschreibenden Kreises über											
			–	30	50	75	100	130	160	190	220	250	300	400
Kurzzeichen	nach		bis											
			30	50	75	100	130	160	190	220	250	300	400	500
Al99,98R Al99,9 Al99,8 Al99,7 Al99,5 Al99	DIN 1712	A	1	1,5	2	2,5	3	4	5	6	7	8	9	
AlMn	DIN 1725	B	1,5	2	2,5	3	4	5	6	7	8,5	9,5	11	
AlRMg0,5 AlRMg1 Al99,9Mg0,5 Al99,9Mg1 Al99,9MgSi Al99,9ZnMg AlMg1 AlMgSi0,5	DIN 1725	A	1,5	2	2,5	3	3,5	4,5	5,5	6,5	8	9	10	
		B	2	2,5	3	4	4,5	5,5	6,5	7,5	9,5	10,5	11	
AlRMg2 AlMg2 AlMgMn AlMg3 AlSi5 AlMgSi0,8 AlMgSi1 AlZnMg1	DIN 1725	A	2	2,5	3	4	4,5	5,5	6,5	7,5	9	10,5	11	
		B	2,5	3	3,5	4,5	5,5	6,5	7,5	nach Vereinbarung				
AlMg5 AlMg4,5Mn AlCuMg1	DIN 1725	A	2,5	3	4	5	6	7,5	9	nach Vereinbarung				
		B	nach Vereinbarung											
AlZnMgCu0,5 AlZnMgCu1,5	DIN 1725	A	3	3,5	5	6,5	8,5	10,5	nach Vereinbarung					
		B	nach Vereinbarung											

(rechte Randbeschriftung: nach Vereinbarung)

4.2.1. Halbhohlprofile

Überschreiten die eingeschlossenen Flächen A im Verhältnis zu deren Öffnungsbreiten b eine bestimmte Größe, so sind solche Profile wegen der damit verbundenen Überbeanspruchung der Werkzeuge in den Öffnungsbreiten b nur durch besondere Maßnahmen und erhöhten Aufwand herstellbar.

Deshalb soll im allgemeinen das Verhältnis

$$\frac{\text{eingeschlossene Fläche}}{\text{Quadrat ihrer Öffnungsbreite}} = A : b^2$$

die in Tabelle 6 angegebenen Werte nicht überschreiten (siehe Bild 26)

Tabelle 6. **Halbhohlprofile**

Öffnungsbreite b		Verhältnis $A : b^2$
über	bis	
4	10	3,5
10	18	4,5
18	30	4
30	50	3,5
50	80	3
80	120	2
120	–	1,5

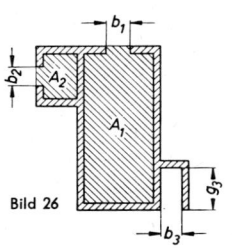

Bild 26

4.2.2. Hohlprofile

Für die Form der eingeschlossenen Flächen dieser Strangpreßprofile darf ein bestimmtes Verhältnis von Breite zu Höhe nicht überschritten werden. Dafür gelten die Richtwerte nach Tabelle 7 (siehe Bilder 27 und 28).

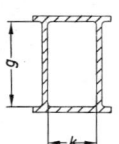
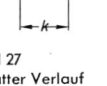

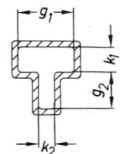

Bild 27
Glatter Verlauf
des Innenumrisses

Bild 28
Unterbrochener Verlauf
des Innenumrisses

Tabelle 7. Empfohlene Verhältnisse $g : k$ bei $g \geq k$ für die verschiedenen lichten Weiten von Hohlprofilen

Lichte Weite k		Verhältnis $g : k$
über	bis	
5	10	bis 3
10	18	bis 5
18	30	bis 6
30	–	bis 7

5. Ausführungsbeispiele für fertigungsgerechte Herstellung (siehe Tabelle 8)

In den Bildern 29 bis 38 sind Beispiele von Strangpreßprofilen angegeben, deren Querschnittsformen preßtechnisch günstig oder ungünstiger ausgelegt wurden. Übergänge von dicken zu dünnwandigen Querschnitten sind preßtechnisch schwierig. Ist eine derartige Form unvermeidlich, sollten entsprechend weiche Übergänge vorgesehen werden (siehe Bilder 29 und 30).

6. Wärmebehandlung

Eine Wärmebehandlung von Strangpreßprofilen verursacht meist ein starkes Verziehen, vor allem wenn es sich dabei um eine mit Abschrecken verbundene Aushärtung handelt. Strangpreßprofile mit großen Dickenunterschieden und solche mit verhältnismäßig geringen Dicken sind besonders anfällig gegen Verziehen. Ein Nachrichten ist nur bedingt und mit erheblichem Aufwand möglich.

7. Hinweise für spanabhebende Bearbeitung

Beim Festlegen etwaiger Bearbeitungszugaben sind die durch die Querschnittsform und Länge des Strangpreßprofiles bedingten zulässigen Abweichungen nach DIN 1748 Blatt 4 zu berücksichtigen.

Bei einseitiger spanabhebender Bearbeitung neigen Strangpreßprofile, besonders im ausgehärteten Zustand, zum Verziehen.

Tabelle 8

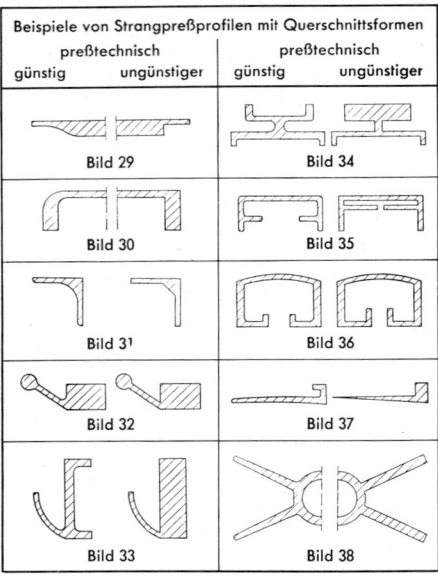

Beispiele von Strangpreßprofilen mit Querschnittsformen			
preßtechnisch		preßtechnisch	
günstig	ungünstiger	günstig	ungünstiger
Bild 29		Bild 34	
Bild 30		Bild 35	
Bild 31		Bild 36	
Bild 32		Bild 37	
Bild 33		Bild 38	

DK 669.71-423-126 : 669.715.018.26-423-126
: 621.753.1

| Strangpreßprofile aus Aluminium und Aluminium-Knetlegierungen
Zulässige Abweichungen | $\overline{\text{DIN}}$
1748
Teil 4 |

Extruded profiles of wrought aluminium alloys; tolerances

Profilés filés en aluminium et en alliages d'aluminium corroyés; tolérances

Ersatz für Ausgabe 12.68

Maße in mm

1 Anwendungsbereich

1.1 Diese Norm gilt für die zulässigen Abweichungen von genormten und nicht genormten Strangpreßprofilen aus Aluminium und Aluminium-Knetlegierungen, deren Querschnittsformen innerhalb eines umschreibenden Kreises von einem Durchmesser d_u bis 600 mm liegen (siehe Bild 1).

Genormte Strangpreßprofile sind Profile, für die eigene Maßnormen bestehen, z. B. Winkel-Profile (DIN 1771), Leisten aus Aluminium (DIN 5518), U-Profile (DIN 9713), T-Profile (DIN 9714); diese Normen enthalten keine Angaben über zulässige Maßabweichungen, sondern nur Vorzugsmaße und statische Werte.

Nicht genormte Strangpreßprofile sind Profile, für die wegen ihrer Vielgestaltigkeit keine eigenen Maßnormen bestehen und für die vom Besteller Zeichnungen einzureichen sind.

$d_u \leqq 600$

Bild 1.

1.2 Die zulässigen Abweichungen dieser Norm gelten nicht für Präzisionsprofile aus Legierungen des Typs AlMgSi0,5, siehe DIN 17 615 Teil 3.

2 Zulässige Maßabweichungen

Die Maßabweichungen werden unabhängig von der unvermeidlichen Fertigungsschwankung wesentlich beeinflußt von der Herstellungsgenauigkeit der Werkzeuge, dem Werkzeugverschleiß und nachfolgender Formgebung an den Strangpreßprofilen.

Wenn die zulässigen Maßabweichungen nach dieser Norm in Zeichnungen gelten sollen, so ist auf der Zeichnung im entsprechenden Feld des Schriftfeldes auf DIN 1748 Teil 4 hinzuweisen.

Wenn aus zwingenden Gründen kleinere als die in der Norm festgelegten zulässigen Maßabweichungen gewünscht werden, so können diese nur für einzelne, besonders funktionswichtige Maße zugestanden werden. Solche Einengungen sind von Form und Größe der Querschnittsform und vom Werkstoff abhängig und bedingen einen erhöhten Fertigungsaufwand. Deshalb sind die kleineren zulässigen Maßabweichungen mit dem Hersteller zu vereinbaren und in der Profilzeichnung an dem betreffenden Maß einzutragen.

Fortsetzung Seite 2 bis 10

Normenausschuß Nichteisenmetalle (FNNE) im DIN Deutsches Institut für Normung e. V.

2.1 Zulässige Abweichungen der Maße b, h und d sowie der Wanddicke s (siehe Tabellen 1, 2 und 3, Bilder 2, 3 und 4)

Die zulässigen Abweichungen der Nennmaße sind in den Tabellen 1, 2 und 3 in Abhängigkeit vom Verhältnis $d_u : s_{min}$ angegeben.

Für die zulässigen Maßabweichungen eines Strangpreßprofiles ist der jeweils größte Wert des Verhältnisses $d_u : s_{min}$ maßgebend.

Die Konzentrizitätstoleranz von Hohlprofilen ist in den zulässigen Maßabweichungen der Wanddicke enthalten.

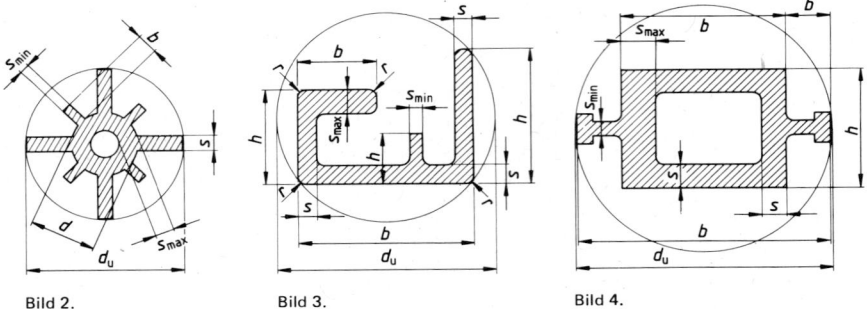

Bild 2.   Bild 3.   Bild 4.

Tabelle 1. **Zulässge Abweichungen der Maße b, h und d**
          (siehe Bilder 2, 3 und 4)

Die Rundheitstoleranz kreisrunder Profile darf die zulässigen Maßabweichungen der Tabelle 1 nicht überschreiten.

Maße b, h und d		Zulässige Abweichungen der Maße b, h und d bei einem Verhältnis $d_u : s_{min}$		
über	bis	bis 20 : 1	über 20 : 1 bis 40 : 1	über 40 : 1
–	10	± 0,15	± 0,30	± 0,40
10	15	± 0,20	± 0,40	± 0,60
15	30	± 0,30	± 0,45	± 0,70
30	45	± 0,40	± 0,50	± 0,80
45	60	± 0,50	± 0,60	± 0,90
60	90	± 0,60	± 0,70	± 1,0
90	120	± 0,80	± 0,90	± 1,1
120	150	± 0,90	± 1,0	± 1,2
150	180	± 1,10	± 1,3	± 1,5
180	240	± 1,40	± 1,6	± 1,9
240	300	± 1,60	± 2,0	± 2,4
300	400	± 2,0	± 2,4	± 3,0
400	500	± 2,5	± 3,0	± 3,5
500	600	–	± 3,5	± 4,0

Tabelle 2. **Zulässige Maßabweichungen für Wanddicken**

Tabelle 2 gilt nicht für Wandungen, die Hohlräume von Hohlprofilen umschließen (siehe Tabelle 3).

Wanddicke s		Zulässige Maßabweichungen der Wanddicke s bei einem Verhältnis $d_u : s_{min}$		
über	bis	bis 20 : 1	über 20 : 1 bis 40 : 1	über 40 : 1
—	1,5	± 0,15	± 0,20	± 0,25
1,5	3	± 0,20	± 0,25	± 0,35
3	6	± 0,25	± 0,30	± 0,45
6	10	± 0,30	± 0,35	± 0,50
10	15	± 0,40	± 0,40	± 0,55
15	20	± 0,50	± 0,50	± 0,60
20	30	± 0,60	± 0,60	± 0,65
30	40	± 0,70	± 0,70	± 0,75
40	50	± 0,80	± 0,80	± 0,80

Tabelle 3. **Zulässige Maßabweichungen für die Dicke von Wandungen, die Hohlräume von Hohlprofilen umschließen**

Die Konzentrizitätstoleranz für Hohlprofile — ermittelt durch Messen der Wanddickenunterschiede in einem Querschnitt — ist in den zulässigen Maßabweichungen der Wanddicke enthalten.

Wanddicke s		Zulässige Maßabweichungen der Wanddicke s bei einem Durchmesser des umschreibenden Kreises d_u				
über	bis	bis 75	über 75 bis 130	über 130 bis 250	über 250 bis 400	über 400 bis 600
—	1,5	± 0,30	± 0,35	—	—	—
1,5	2	± 0,30	± 0,40	± 0,50	—	—
2	3	± 0,40	± 0,50	± 0,60	± 0,70	± 0,90
3	6	± 0,50	± 0,60	± 0,80	± 0,90	± 1,0
6	9	± 0,70	± 0,80	± 0,90	± 1,0	± 1,1
9	12	± 0,80	± 0,90	± 1,0	± 1,2	± 1,4
12	15	± 1,0	± 1,1	± 1,2	± 1,5	± 1,8
15	20	—	± 1,3	± 1,5	± 1,8	± 2,1
20	30	—	—	± 1,8	± 2,0	± 2,5

Für Hohlprofile, die über Dorn gepreßt werden müssen, erhöhen sich die zulässigen Maßabweichungen nach Tabelle 3 um 25 %.

2.2 Zulässige Kantenradien (siehe Tabelle 4)

Scharfe, nicht bemaßte Profilkanten dürfen leicht gerundet sein.

Bei unterschiedlichen Wanddicken ist im Übergangsbereich für den zulässigen Kantenradius die größere Wanddicke maßgebend.

Tabelle 4. **Zulässige Kantenradien**

Wanddicke s		Zulässiger Kantenradius
über	bis	max.
–	3	0,5
3	6	0,6
6	10	0,8
10	18	1,0
18	30	1,2
30	50	1,6

3 Formtoleranzen gerichteter Strangpreßprofile

Die nachstehend festgelegten Formtoleranzen dürfen nur innerhalb der zulässigen Maßabweichungen in Anspruch genommen werden.

Es wird unterschieden zwischen normalgerichteten und feingerichteten Strangpreßprofilen.

Es können feingerichtet werden:

Strangpreßprofile aus den in DIN 1748 Teil 1 aufgeführten Legierungen mit Ausnahme von Al99,8, Al99,5, Al99, AlCuMg1, AlCuMg2, AlCuSiMn, AlZnMgCu0,5 und AlZnMgCu1,5.

3.1 Linienformtoleranz der Rundungen (Rundungstoleranz) (siehe Bild 5)

Für Rundungen sowohl bei normalgerichteten als auch bei feingerichteten Strangpreßprofilen gilt eine Linienformtoleranz e_1 von 20 % des Nennmaßes r, mindestens aber von 1 mm vorausgesetzt, daß bei einseitiger Lage eine Toleranz e_2 von 10 %, mindestens aber von 0,5 mm, eingehalten wird.

Die zulässigen Abweichungen der Maße b, h, d und s nach den Tabellen 1 bis 3 müssen jedoch eingehalten werden.

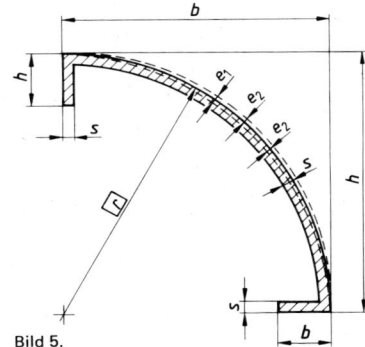

Bild 5.

3.2 Geradheitstoleranz der Kanten des Querschnittes (Wölbungstoleranz des Querschnittes)

Die in der Tabelle 5 festgelegten Toleranzen gelten für normalgerichtete und feingerichtete Vollprofile, siehe Bilder 6 und 7, und für Hohlprofile, siehe Bilder 8 und 9.

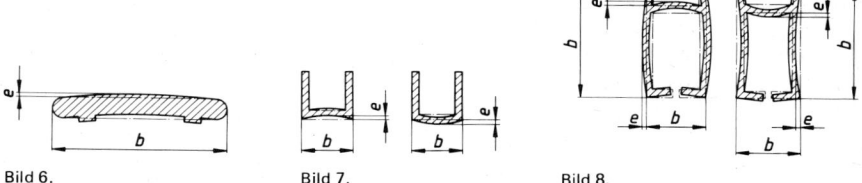

Bild 6.   Bild 7.   Bild 8.

Bei Vollprofilen mit einer Breite b min. 300 mm und bei Hohlprofilen mit einer Breite b min. 200 mm darf die Toleranz e_1 auf jeden gemessenen Abschnitt $b_1 = 100$ mm bei normalgerichteten Profilen 1,2 mm, bei feingerichteten Profilen 1,0 mm nicht überschreiten, siehe Bild 9.

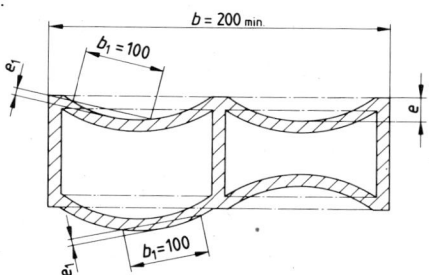

Bild 9.

Tabelle 5. **Geradheitstoleranzen e der Kanten des Querschnittes**

Breite b		Geradheitstoleranz e der Kanten des Querschnittes			
		Normalgerichtet (N)		Feingerichtet (F)	
über	bis	Vollprofile	Hohlprofile	Vollprofile	Hohlprofile
−	30	0,20	0,30	0,20	0,30
30	60	0,30	0,50	0,20	0,30
60	90	0,40	0,70	0,30	0,40
90	120	0,60	1,0	0,40	0,50
120	150	0,80	1,2	0,50	0,70
150	200	1,0	1,5	0,60	0,90
200	250	1,2	2,0	0,70	1,2
250	300	1,4	2,5	0,90	1,5
300	400	1,6	3,0	1,2	1,8
400	500	2,0	3,5	1,5	2,4
500	600	2,5	4,0	1,8	3,0

3.3 Geradheitstoleranz der Kanten in Längsrichtung

Zum Ermitteln der Geradheitsabweichung der Kanten in Längsrichtung wird das Strangpreßprofil auf eine Meßplatte gelegt und die Maße h_1 und h_2 gemessen; siehe Bild 10.

3.3.1 Normalgerichtet (N)

Die Geradheitstoleranz h_1 darf für bestimmte Längen l_1 die Werte der Tabelle 6 nicht überschreiten; auf jeden Längenabschnitt $l_2 = 300$ mm darf die Toleranz h_2 höchstens 0,5 mm betragen, siehe Bild 10.

Tabelle 6. **Geradheitstoleranz der Kanten in Längsrichtung, normalgerichtete Profile**

Länge l_1	bis 1000	über 1000 bis 2000	über 2000 bis 3000	über 3000 bis 4000	über 4000 bis 5000	über 5000 bis 6000
Toleranz h_1	2	4	6	7	8	9
Für Längen über 6000 mm darf die Geradheitstoleranz h_1 höchstens 1,5 mm je m, linear zunehmend, betragen.						

3.3.2 Feingerichtet (F)

Die Geradheitstoleranz h_1 darf für bestimmte Längen l_1 die Werte der Tabelle 7 nicht überschreiten; auf jeden Längenabschnitt $l_2 = 300$ mm darf die Toleranz h_2 höchstens 0,3 mm betragen, siehe Bild 10.

Tabelle 7. **Geradheitstoleranz der Kanten in Längsrichtung, feingerichtete Profile**

Länge l_1	bis 1000	über 1000 bis 2000	über 2000 bis 3000	über 3000 bis 4000	über 4000 bis 5000	über 5000 bis 6000
Toleranz h_1	1	2	3	3,5	4	5
Für Längen über 6000 mm darf die Geradheitstoleranz h_1 höchstens 1,0 mm je m, linear zunehmend, betragen.						

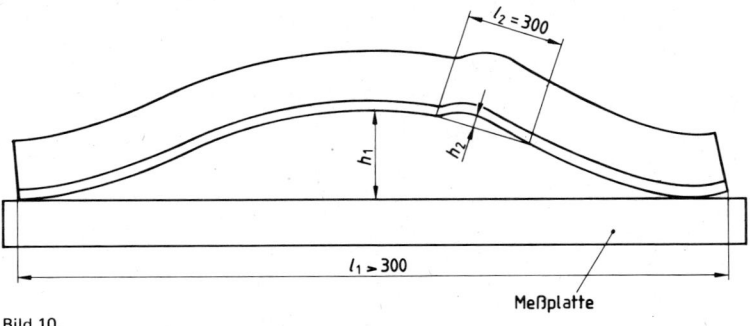

Bild 10.

3.4 Ebenheitstoleranz (Verwindungstoleranz)

Ausgangsmaß für die Festlegung der Ebenheitstoleranz v nach Tabelle 8 ist die Breite b des auf der Meßplatte aufliegenden Profiles, siehe Bild 11.

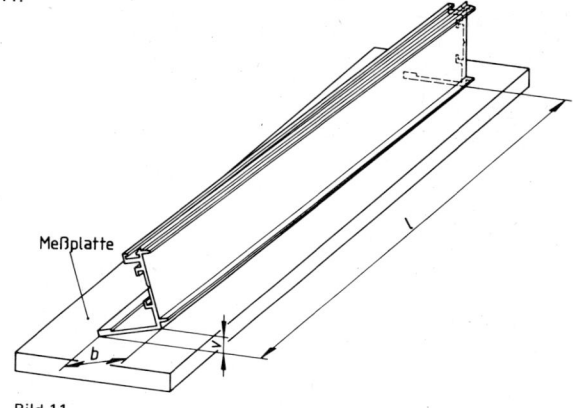

Bild 11.

Tabelle 8. Ebenheitstoleranz (Verwindungstoleranz)

Breite b		Ebenheitstoleranz v bei Längen l					
		Normalgerichtet (N)			Feingerichtet (F)		
			gesamte Profillänge			gesamte Profillänge	
über	bis	je 1000	bis max. 6000	über 6000	je 1000	bis max. 6000	über 6000
−	30	1,2	2,5	3,0	0,8	1,5	2,5
30	50	1,5	3,0	4,0	1,0	2,0	3,0
50	100	2,0	3,5	5,0	1,0	2,5	4,0
100	200	2,5	5,0	7,0	1,5	3,0	5,0
200	300	2,5	6,0	8,0	2,0	4,0	6,0
300	450	3,0	8,0	$1,5 \times l$ (l in m)	2,0	5,0	$1,0 \times l$ (l in m)
450	600	3,5	9,0		2,5	6,0	

3.5 Rechtwinkligkeits- und Neigungstoleranz (Winkeltoleranz)

Es gelten die Werte der Tabelle 9. In den Bildern 12 bis 16 sind die Grenzlagen für die Winkelabweichung dargestellt.

Die Rechtwinkligkeits- und Neigungstoleranz w bezieht sich bei ungleichen Schenkellängen auf den kürzeren Schenkel des Winkels, d. h. es wird vom längeren Schenkel ausgehend gemessen.

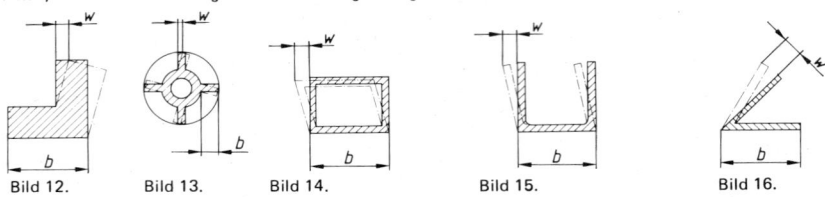

Bild 12.   Bild 13.   Bild 14.   Bild 15.   Bild 16.

Tabelle 9. **Rechtwinkligkeits- und Neigungstoleranz**

Breite b		Toleranz w	
über	bis	Normalgerichtet (N)	Feingerichtet (F)
—	30	0,5	0,4
30	100	0,014 × b	0,01 × b
100	200	0,014 × b	0,008 × b
200	300	0,013 × b	0,007 × b
300	600	0,012 × b	0,006 × b

4 Gewichte und zulässige Abweichungen

Das Gewicht errechnet sich aus den Nennmaßen des jeweiligen Strangpreßprofils und der Dichte des Werkstoffes.

Bei einseitiger Toleranzlage der Wanddicken wird für die Berechnung des Gewichtes der Mittelwert der Toleranz zugrunde gelegt.

Die zulässige Gewichtsabweichung ergibt sich aus den zulässigen Maßabweichungen und den zulässigen Abweichungen in der Zusammensetzung.

5 Lieferart

5.1 Herstellängen

Herstellängen werden in Längen von mindestens 200 mm geliefert.

Unterlängen mit einer Mindestlänge von 1000 mm dürfen bis zu 10 % der Liefermenge mitgeliefert werden.

5.2 Festlängen

Festlängen sind bei Bestellung anzugeben. In der Bestell-Bezeichnung wird dann hinter der Längenangabe das Kennwort „Festlänge" eingesetzt.

Für Festlängen gelten die zulässigen Maßabweichungen nach Tabelle 10.

Tabelle 10. **Zulässige Maßabweichungen von Festlängen**

Durchmesser des umschreibenden Kreises		Zulässige Maßabweichungen von Festlängen				
d_u						
über	bis	bis 1000	über 1000 bis 2000	über 2000 bis 5000	über 5000 bis 8000	über 8000
—	25	+ 2 / 0	+ 3 / 0	+ 5 / 0	+ 7 / 0	+ 10 / 0
25	50	+ 3 / 0	+ 4 / 0	+ 6 / 0	+ 7 / 0	+ 12 / 0
50	100	+ 4 / 0	+ 5 / 0	+ 7 / 0	+ 8 / 0	+ 14 / 0
100	250	+ 5 / 0	+ 6 / 0	+ 8 / 0	+ 10 / 0	+ 16 / 0
250	600	+ 8 / 0	+ 8 / 0	+ 10 / 0	+ 12 / 0	+ 20 / 0

5.3 Schnittflächen

Die Rechtwinkligkeitstoleranz der Schnittflächen beträgt bei Festlängen nur die Hälfte der in Tabelle 10 angegebenen Werte.

Das Nennmaß der Länge darf jedoch nicht unterschritten werden.

Zitierte Normen

DIN	1748 Teil 1	Strangpreßprofile aus Aluminium und Aluminium-Knetlegierungen; Festigkeitseigenschaften
DIN	1771	Winkel-Profile aus Aluminium und Magnesium, gepreßt; Maße, Statische Werte
DIN	5518	Leisten aus Aluminium, gepreßt, für Schienenfahrzeuge
DIN	9713	U-Profile aus Aluminium und Magnesium, gepreßt; Maße, Statische Werte
DIN	9714	T-Profile aus Aluminium und Magnesium, gepreßt; Maße, Statische Werte
DIN 17 615 Teil 3		Präzisionsprofile aus Legierungen des Typs AlMgSiO,5; Zulässige Abweichungen

Weitere Normen

DIN	1748 Teil 2	Strangpreßprofile aus Aluminium (Reinstaluminium, Reinaluminium und Aluminium-Knetlegierungen); Technische Lieferbedingungen
DIN	1748 Teil 3	Strangpreßprofile aus Aluminium (Reinstaluminium, Reinaluminium und Aluminium-Knetlegierungen); Gestaltung
DIN	1770	Rechteckstangen aus Aluminium (Reinstaluminium, Reinaluminium und Aluminium-Knetlegierungen) gepreßt; Maße, zulässige Abweichungen, statische Werte
DIN	1799	Rundstangen aus Aluminium (Reinstaluminium, Reinaluminium und Aluminium-Knetlegierungen) gepreßt; Maße
DIN	9107	Rohre aus Aluminium (Reinstaluminium, Reinaluminium und Aluminium-Knetlegierungen) gepreßt; Maße
DIN 40 501 Teil 3		Aluminium für die Elektrotechnik; Profile, Stangen aus Reinaluminium und Aluminium-Knetlegierung; Technische Lieferbedingungen
DIN 59 700		Vierkantstangen aus Aluminium (Reinstaluminium, Reinaluminium und Aluminium-Knetlegierungen) gepreßt; Maße

Frühere Ausgaben

DIN 9711: 11.41, 9.55;   DIN 1748 Teil 4: 5.62, 12.68

Änderungen

Gegenüber der Ausgabe Dezember 1968 wurden folgende Änderungen vorgenommen:

a) Durchmesser des umschreibenden Kreises auf 600 mm erweitert.

b) Zulässige Abweichungen der Tabellen 1 und 3 eingeengt, in den oberen Maßbereichen teilweise bis auf $^1/_3$ der bisherigen Zahlenwerte.

c) In den Tabellen 1 und 2 wurde das Verhältnis $s_{max} : s_{min}$ gestrichen.

d) Zulässige Kantenradien aufgenommen.

e) Terminologie der Formabweichungen nach DIN 7182 Teil 1 und DIN 7184 Teil 1 übernommen. Redaktionell vollständig überarbeitet.

Erläuterungen

Nachdem im Dezember 1976 die neue Norm DIN 17 615 über „Präzisionsprofile aus Legierungen des Typs AlMgSi0,5" erschienen war, um den besonderen Anforderungen an Maß- und Formabweichungen, wie sie bevorzugt im Metallbau angewendet werden, gerecht zu werden, konnte die Überarbeitung der Norm DIN 1748 Teil 4, Ausgabe Dezember 1968 aufgegriffen werden.

Folgende wesentliche Einzelheiten werden erläutert:

Zu 1   Anwendungsbereich

Entsprechend der technischen Entwicklung wurde der Durchmesser des umschreibenden Kreises von 500 auf 600 mm erweitert.

Um die Allgemeingültigkeit dieser Norm deutlicher als bisher darzustellen, wurde im Anwendungsbereich ausdrücklich auf genormte und nicht genormte Strangpreßprofile hingewiesen. Wiederholte Anfragen haben gezeigt, daß die bisherige Liste der bestehenden Maßnormen für Norm-Profile (auch FLUTZ-Profile genannt wegen der Buchstabenform) dahingehend gedeutet wurde, daß DIN 1748 Teil 4 nur für derartige Profile gilt.

Zu 2   Zulässige Maßabweichungen

Die zulässigen Abweichungen in den Tabellen 1 und 3 wurden eingeengt, teilweise bis zu $1/3$ der bisherigen Zahlenwerte, besonders in den oberen Maßbereichen; ferner wurden zulässige Kantenradien aufgenommen.

Das Verhältnis größte Wanddicke zu kleinste Wanddicke ($s_{max} : s_{min}$) wurde in den Tabellen 1 und 2 gestrichen, da dieses Verhältnis gegenüber dem Verhältnis $d_u : s_{min}$ für die zulässigen Maßabweichungen von untergeordneter Bedeutung ist.

Zu 3   Formtoleranzen gerichteter Strangpreßprofile

Für Formtoleranzen wurde die Terminologie der Norm DIN 7182 Teil 1 und DIN 7184 Teil 1 übernommen, sofern sie auf Halbzeug übertragen werden kann; in einigen Fällen wurden die bisherigen Benennungen, z. B. Wölbung, Verwindung, Winkeltoleranz, neben den neuen Benennungen beibehalten, um den Übergang zu erleichtern.

Im übrigen ist nach „normalgerichtet" und „feingerichtet" in Abhängigkeit vom Werkstoff unterschieden.

Zu 4   Gewichte und zulässige Abweichungen

Im Abschnitt 4 entfällt die Tabelle mit den Umrechnungsfaktoren für das Gewicht, da in DIN 1748 Teil 4 keine Gewichtsangaben gemacht werden.

Zu 5   Lieferart

Im Abschnitt 5 wurden die Ungefährlängen gestrichen, die Festlängen auf über 8000 mm erweitert. Die Bestellbeispiele wurden gestrichen, da DIN 1748 Teil 4 nur zulässige Abweichungen, nicht aber Nennmaße wie andere Maßnormen festlegt.

Bleche und Blechstreifen aus Kupfer und Kupfer-Knetlegierungen kaltgewalzt Maße	 **DIN** **1751**

Sheet of wrought copper and copper alloys; cold-rolled, dimensions
Tôles en cuivre et alliages de cuivre corroyés; laminées à froid, dimensions

Maße in mm

1. Geltungsbereich

Diese Norm gilt für: kaltgewalzte
Bleche von 0,2 bis 5 mm Dicke, 500 bis 1100 mm Breite und Längen über 1000 mm und
Blechstreifen von 0,2 bis 5 mm Dicke, 50 bis unter 500 mm Breite in Längen über 500 mm aus
den in Abschnitt 4 aufgeführten Werkstoffen.

2. Bezeichnung

Bleche und Blechstreifen werden wie folgt bezeichnet:

Bleche: Benennung, Dicke x Breite x Länge, DIN-Nummer, Werkstoff, z. B.:

$$\text{Blech } 0,5 \times 600 \times 2000 \text{ DIN } 1751 - \text{CuZn37 F30}$$

oder   Blech 0,5 × 600 × 2000 DIN 1751 − 2.0321.10

bisher   Blech 0,5 × 600 × 2000 DIN 1751 − Ms63 F30

Blechstreifen: Benennung, Dicke x Breite x Länge, DIN-Nummer, Werkstoff, z. B.:

$$\text{Blechstreifen } 0,5 \times 200 \times 1000 \text{ DIN } 1751 - \text{CuZn37 F30}$$

oder   Blechstreifen 0,5 × 200 × 1000 DIN 1751 − 2.0321.10

bisher   Blechstreifen 0,5 × 200 × 1000 DIN 1751 − Ms63 F30

Anstelle der ausgeschriebenen Benennung kann auch die abgekürzte Schreibweise nach DIN 1353
Blatt 2 gewählt werden.

3. Maße und zulässige Formabweichungen

3.1. Dicke, Breite und Länge (siehe Tabelle 1 Seite 2)

Fortsetzung Seite 2 bis 5
Erläuterungen Seite 5

Fachnormenausschuß Nichteisenmetalle im Deutschen Normenausschuß (DNA)

75

Tabelle 1.

Dicke [1]	Dicke von Blechen [2] bei Breiten			Herstellbreite		Festbreite		Länge		Gewicht [3]
	von 500 bis 700	über 700 bis 900	über 900 bis 1100	von 500 bis 700	über 700 bis 1100	von 50 bis 250	über 250 bis 1100	Herstelllänge	Festlänge	
	±	±	±							kg/m² ≈
0,2	0,03	—	—							1,78
0,22	0,03	—	—							1,96
0,25	0,03	—	—							2,22
0,3	0,03	0,04	—							2,67
0,4	0,04	0,04	0,05							3,56
0,45	0,04	0,05	0,05							4,00
0,5	0,04	0,05	0,05							4,45
0,6	0,04	0,05	0,06							5,34
0,7	0,04	0,05	0,06							6,23
0,8	0,05	0,06	0,07							7,12
0,9	0,05	0,06	0,07							8,00
1	0,05	0,06	0,07							8,90
1,1	0,05	0,06	0,07	± 15	± 30	+ 2 0	+ 5 0	bis 5000: ± 50	bis 5000: + 10 0	9,80
1,2	0,06	0,07	0,08							10,69
1,4	0,06	0,07	0,08							12,47
1,5	0,07	0,08	0,09							13,35
1,6	0,07	0,08	0,09							14,23
1,8	0,07	0,09	0,10							16,01
2	0,08	0,09	0,11							17,80
2,2	0,08	0,10	0,12							19,59
2,5	0,09	0,11	0,13							22,21
2,8	0,09	0,11	0,13							24,95
3	0,10	0,12	0,14							26,75
3,2	0,10	0,13	0,15							28,50
3,5	0,11	0,14	0,16							31,19
4	0,12	0,15	0,17							35,61
4,5	0,13	0,16	0,18							40,10
5	0,13	0,16	0,19							44,50

[1] Bei Zwischenmaßen gilt die zulässige Abweichung der nächsthöheren Dicke.

[2] Blechstreifen siehe Abschnitt 3.1.3

[3] Errechnet mit einer Dichte von 8,9 kg/dm³ (Kupfer). Für Werkstoffe mit einer anderen Dichte sind die Gewichte entsprechend der Umrechnungsfaktoren der Tabelle 4 zu errechnen (siehe auch Abschnitt 6).

3.1.1. Bei der Dickenmessung muß ein Streifen von 10 mm Breite vom Rand unberücksichtigt bleiben.

3.1.2. Für die Festbreite und Festlänge können andere Lagen des Toleranzfeldes in der gleichen Größe festgelegt werden.

3.1.3. Blechstreifen werden immer aus Blechen größerer Breite geschnitten. Die zulässigen Abweichungen für die Dicke von Blechstreifen entsprechen denen der Bleche von 500 bis 700 mm Breite.

3.2. Geradheit der Schnittkanten

Die zulässige Abweichung der Schnittkanten von der Geraden darf 2 mm je Meter, linear zunehmend mit der Kantenlänge, z. B. 6 mm bei 3 m, betragen.

3.3. Rechtwinkligkeit

Rechtwinkligkeit kann nur für Bleche in Festmaßen gefordert werden. Die Rechtwinkligkeitstoleranz darf die in Tabelle 2 angegebenen Höchstwerte nicht überschreiten. Die Rechtwinkligkeitstoleranz wird als Differenz der beiden Diagonalen über das Blech gemessen.

Tabelle 2.

Festbreite	Rechtwinkligkeitstoleranz bei Festlängen		
	von 1000 bis 2000	über 2000 bis 3000	über 3000 —
von 500 bis 700	6	7	8
über 700 bis 1100	8	9	10

3.4. Ebenheit (Planheit)

Anforderungen an die Ebenheit können für alle Lieferzustände, ausgenommen den weichen Zustand des jeweiligen Werkstoffes, gekennzeichnet durch die Anhängezahl .10 der Werkstoffnummer (siehe DIN 17 670 Blatt 1), gestellt werden.

Für die Ebenheitstoleranz, bezogen auf 1 m Länge, gelten die Werte nach Tabelle 3.

Tabelle 3.

Dicke	Breite	Toleranz
bis 3	von 500 bis 700	10
	über 700 bis 1100	15
über 3	nach Vereinbarung	

Bei Unebenheiten, die kürzer als die Länge des Bleches oder des Blechstreifens sind, darf die Toleranz nicht größer als 1 % der Länge der Unebenheit sein. Die in der Tabelle 3 angegebenen zulässigen Toleranzen dürfen jedoch nicht überschritten werden. Anforderungen an die Ebenheit von Blechen über 3 mm Dicke sind besonders zu vereinbaren.

4. Werkstoff und Festigkeitseigenschaften

Kupfer und Kupfer-Knetlegierungen nach DIN 17 670 Blatt 1
Kupfer für die Elektrotechnik nach DIN 40 500 Blatt 1.

Tabelle 4. Werkstoffe

Benennung	Kurzzeichen		Werkstoffnummer	Dichte	Umrechnungs-faktor
	neu	bisher		kg/dm^3	
Kupfer	E-Cu57		2.0060	8,9	1
	Of-Cu		2.0040	8,9	1
	SF-Cu		2.0090	8,9	1
	SW-Cu		2.0076	8,9	1
	SE-Cu		2.0070	8,9	1
Kupfer-Zink-Legierungen	CuZn5	Ms95	2.0220	8,9	1
	CuZn10	Ms90	2.0230	8,8	0,989
	CuZn15	Ms85	2.0240	8,8	0,989
	CuZn20	Ms80	2.0250	8,7	0,977
	CuZn28	Ms72	2.0261	8,6	0,966
	CuZn30	Ms70	2.0265	8,5	0,955
	CuZn33	Ms67	2.0280	8,5	0,955
	CuZn36	Ms63	2.0335	8,4	0,944
	CuZn37	Ms63	2.0321	8,4	0,944
	CuZn40	Ms60	2.0360	8,4	0,944
	CuZn39Pb0,5	Ms60Pb	2.0372	8,4	0,944
	CuZn39Pb2	Ms58	2.0380	8,4	0,944
	CuZn40Pb2	Ms58	2.0402	8,4	0,944
	CuZn20Al	SoMs76	2.0460	8,3	0,932
	CuZn28Sn	SoMs71	2.0470	8,5	0,955
	CuZn39Sn	SoMs60	2.0530	8,4	0,944
Kupfer-Zinn-Legierungen	CuSn6	SnBz6	2.1020	8,8	0,989
	CuSn8	SnBz8	2.1030	8,8	0,989
Kupfer-Nickel-Zink-Legierungen	CuNi12Zn30Pb	Ns5712Pb	2.0780	8,6	0,966
	CuNi12Zn24	Ns6512	2.0730	8,7	0,977
	CuNi18Zn20	Ns6212	2.0740	8,7	0,977
	CuNi25Zn15	Ns6025	2.0750	8,8	0,989
Kupfer-Nickel-Legierungen	CuNi5Fe	CuNi5Fe	2.0882	8,9	1
	CuNi10Fe	CuNi10Fe	2.0872	8,9	1
	CuNi20Fe	CuNi20Fe	2.0878	8,9	1
	CuNi25	CuNi25	2.0830	8,9	1
	CuNi30Fe	CuNi30Fe	2.0882	8,9	1
	CuNi44	CuNi44	2.0842	8,9	1
Kupfer-Aluminium-Legierungen	CuAl5	AlBz5	2.0916	8,2	0,921
	CuAl8	AlBz8	2.0920	7,7	0,865
	CuAl8Fe	AlBz8Fe	2.0932	7,7	0,865
	CuAl10Ni	AlBz10Ni	2.0966	7,5	0,843
Kupfer-Knetlegierungen niedrig legiert. Nicht aushärtbar.	CuAsP		2.1491	8,9	1
	CuMn2		2.1363	8,8	0,989
	CuMn5		2.1366	8,6	0,966
	CuSi2Mn		2.1522	8,7	0,977
	CuSi3Mn		2.1525	8,5	0,955
Kupfer-Knetlegierungen niedrig legiert. Aushärtbar.	CuBe1,7		2.1245	8,4	0,944
	CuBe2		2.1247	8,3	0,932
	CuCoBe		2.1285	8,8	0,989
	CuCr		2.1291	8,9	1

5. Ausführung

Siehe Technische Lieferbedingungen für Bleche und Bänder aus Kupfer und Kupfer-Knetlegierungen nach DIN 17 670 Blatt 2, aus Kupfer für die Elektrotechnik nach DIN 40 500 Blatt 1.

6. Gewichte und zulässige Gewichtsabweichungen

Das Gewicht in kg/m² errechnet sich aus dem Nennmaß der jeweiligen Dicke sowie der Dichte des Werkstoffes. Umrechnungsfaktoren siehe Tabelle 4, Abschnitt 4.

Die zulässige Gewichtsabweichung ergibt sich aus den zulässigen Abweichungen der Nennmaße und den zulässigen Abweichungen in der Zusammensetzung.

7. Lieferart

7.1. Herstellmaße für Bleche

Herstellbreite: für Kupfer-Knetlegierungen üblich 600, für Kupfer üblich 1000
Herstelllänge: üblich 2000

7.2. Herstellmaße für Blechstreifen

Bei Blechstreifen ist die Breite immer ein Festmaß.
Herstelllänge: üblich 2000

7.3. Festmaße für Bleche und Blechstreifen

Festmaße sind in der Bestellung besonders anzugeben.
Zur Bezeichnung muß dann hinter die Längenangabe des Kennwort „fest" eingefügt werden.

7.4. Bestellbeispiele

für Bleche in Herstellmaßen:
1500 kg Blech von 0,7 mm Dicke, 600 mm Herstellbreite und 2000 mm Herstelllänge aus CuZn37 F45:

1500 kg Blech 0,7 × 600 × 2000 DIN 1751 — CuZn37 F45

oder   1500 kg Blech 0,7 × 600 × 2000 DIN 1751 — 2.0321.30

bisher 1500 kg Blech 0,7 × 600 × 2000 DIN 1751 — Ms63 F45

für Blechstreifen in Herstellmaßen:
500 kg Blechstreifen von 0,5 mm Dicke, 250 mm Festbreite und 2000 mm Herstelllänge aus CuZn37 F38:

500 kg Blechstreifen 0,5 × 250 × 2000 DIN 1751 — CuZn37 F38

für Bleche in Festmaßen:
100 Stück Blech von 0,8 mm Dicke, 625 mm Festbreite und 2100 mm Festlänge aus CuZn37 F45:

100 Bleche 0,8 × 625 × 2100 fest DIN 1751 — CuZn37 F45

für Blechstreifen in Festmaßen:
50 Stück Blechstreifen von 0,5 mm Dicke, 275 mm Festbreite und 2500 mm Festlänge aus CuZn37 F38:

50 Blechstreifen 0,5 × 275 × 2500 fest DIN 1751 — CuZn37 F38

Hinweise auf weitere Normen

Bänder und Bandstreifen aus Kupfer und Kupfer-Knetlegierungen, kaltgewalzt, Maße, siehe DIN 1791
Bänder und Streifen aus Kupfer-Knetlegierungen für Blattfedern, Technische Lieferbedingungen, siehe DIN 1780.

Erläuterungen
zu den Normen DIN 1751 und DIN 1791

Da die Normen DIN 1751 und DIN 1791 eng miteinander verknüpft sind und die Änderungen in beiden Normen für die Praxis zwar wichtig, im Umfang jedoch relativ gering sind, werden die Erläuterungen für beide Normen zusammengefaßt.

In DIN 1751 wurden in der Tabelle 1 die Dicken unter 0,2 mm und die Toleranzen für Breiten unter 500 mm Breite gestrichen. Die Gewichtsangaben sind auf Reinkupfer bezogen, ebenso wie in DIN 1791.

In Tabelle 2 wurde der Längenbereich über 3000 mm nicht mehr begrenzt.

In DIN 1791 wurden in Tabelle 1 die zulässigen Abweichungen auf Abmessungen für den Bereich über 700 bis 1000 mm zusätzlich aufgenommen, da heute Bänder bereits in dieser Breite hergestellt werden.

Die für Bleche und Bänder infrage kommenden Werkstoffe nach DIN 17 670 und DIN 40 500, jeweils Blatt 1, wurden in Form einer Tabelle angegeben, mit Kurzzeichen, Werkstoffnummer, Dichte und Umrechnungsfaktor für das Gewicht (vgl. Maßnormen für Stangen DIN 1756 ff).

Rechteckstangen aus Kupfer und Kupfer-Knetlegierungen
gezogen, mit scharfen Kanten
Maße, zulässige Abweichungen, statische Werte

DIN
1759

Rectangular bar of wrought copper and copper alloys drawn, with sharp edges, dimensions, tolerances, static values

Méplats etirés à froid en cuivre et en alliages de cuivre corroyés à angles vifs, dimensions, tolérances, valeurs statiques

Zugleich Ersatz für DIN 1768

Maße in mm

1. Geltungsbereich

Diese Norm gilt für gezogene Rechteckstangen (früherer Flachstangen) mit scharfen Kanten mit Breiten von 5 bis 200 mm und Dicken von 2 bis 40 mm.

Rechteckstangen nach dieser Norm werden aus den in Abschnitt 4 aufgeführten Werkstoffen der Werkstoffgruppen I und II hergestellt. Die Maße über 120 mm Breite gelten nur für Kupfer.

2. Bezeichnung

Bezeichnung einer gezogenen Rechteckstange mit scharfen Kanten mit der Breite b = 80 mm und der Dicke a = 15 mm aus dem Werkstoff mit dem Kurzzeichen CuZn30 F36 oder der Werkstoffnummer 2.0265.26:

Rechteck 80 x 15 DIN 1759 — CuZn30 F36

oder Rechteck 80 x 15 DIN 1759 — 2.0265.26

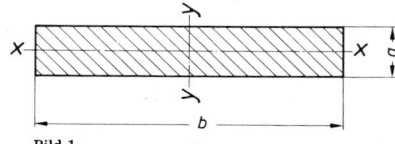

Bild 1.

3. Maße, zulässige Abweichungen, Gewichte, statische Werte

3.1. Breiten und Dicken

3.1.1. Die zulässigen Maßabweichungen für Breiten und Dicken sind in Tabelle 1 für Werkstoffgruppe I und in Tabelle 2 für Werkstoffgruppe II nach Maßbereichen angegeben.

3.1.2. Die zulässigen Maßabweichungen, die Gewichte und die statischen Werte für Vorzugsmaße sind in den Tabellen 3 und 4 angegeben.

Erläuterungen siehe Originalfassung der Norm

Fortsetzung Seite 2 bis 11

Fachnormenausschuß Nichteisenmetalle (FNNE) im Deutschen Normenausschuß (DNA)

Tabelle 1. Zulässige Abweichungen der Breite und Dicke für Werkstoffgruppe I

Für Rechteckstangen mit Breiten über 120 mm gelten die zulässigen Abweichungen dieser Tabelle nur für Kupfer.

Breite b [1]			Zulässige Abweichungen der Dicke a [1] im Maßbereich der Dicke					
Maßbereich			von 2 bis 3	über 3 bis 6	über 6 bis 10	über 10 bis 18	über 18 bis 30	über 30 bis 40
über	bis	Zul. Abw.						
–	10	± 0,08	± 0,05	± 0,07	± 0,08	–	–	–
10	18	± 0,10	± 0,05	± 0,07	± 0,09	± 0,10	–	–
18	30	± 0,15	± 0,05	± 0,07	± 0,09	± 0,10	± 0,15	–
30	50	± 0,20	± 0,07	± 0,09	± 0,10	± 0,12	± 0,15	± 0,20
50	80	± 0,25	± 0,09	± 0,11	± 0,12	± 0,15	± 0,20	± 0,25
80	120	± 0,30	–	± 0,12	± 0,15	± 0,18	± 0,23	± 0,30
120	160	± 0,40	–	–	± 0,18	± 0,20	± 0,25	± 0,40
160	200	± 0,50	–	–	± 0,20	± 0,25	± 0,30	± 0,50

[1] Bei einem Verhältnis $b : a$ größer 20 : 1 sind die zulässigen Abweichungen zu vereinbaren.

Tabelle 2. Zulässige Abweichungen der Breite und Dicke für Werkstoffgruppe II

Breite b [1]			Zulässige Abweichungen der Dicke a [1] im Maßbereich der Dicke					
Maßbereich			von 2 bis 3	über 3 bis 6	über 6 bis 10	über 10 bis 18	über 18 bis 30	über 30 bis 40
über	bis	Zul. Abw.						
–	10	± 0,12	± 0,07	± 0,10	± 0,12	–	–	–
10	18	± 0,15	± 0,07	± 0,10	± 0,12	± 0,15	–	–
18	30	± 0,22	± 0,07	± 0,10	± 0,12	± 0,15	± 0,22	–
30	50	± 0,30	± 0,10	± 0,13	± 0,15	± 0,18	± 0,22	± 0,30
50	80	± 0,37	± 0,13	± 0,16	± 0,18	± 0,22	± 0,30	± 0,37
80	120	± 0,45	–	± 0,18	± 0,22	± 0,27	± 0,35	± 0,45

[1] Bei einem Verhältnis $b : a$ größer 20 : 1 sind die zulässigen Abweichungen zu vereinbaren.

Tabelle 3. Vorzugsmaße, Gewichte, statische Werte für Kupfer und Kupfer-Knetlegierungen

Nennmaße	Zulässige Abweichungen für Werkstoffgruppe				Quer-schnitt	Ge-wicht *)	Statische Werte für die Biegeachsen					
	I		II				x — x			y — y		
							J_x	i_x	W_x	J_y	i_y	W_y
$b \times a$	b	a	b	a	mm²	kg/m	cm⁴	cm	cm³	cm⁴	cm	cm³
5 × 2	± 0,08	± 0,05	± 0,12	± 0,07	10	0,089	0,0003	0,057	0,003	0,002	0,144	0,008
5 × 3	± 0,08	± 0,05	± 0,12	± 0,07	15	0,134	0,001	0,086	0,007	0,003	0,144	0,012
5 × 4		± 0,07		± 0,10	20	0,178	0,002	0,115	0,013	0,004	0,144	0,016
6 × 2	± 0,08	± 0,05	± 0,12	± 0,07	12	0,107	0,0003	0,057	0,004	0,003	0,173	0,012
6 × 3		± 0,05		± 0,07	18	0,160	0,001	0,086	0,009	0,005	0,173	0,018
6 × 4		± 0,07		± 0,10	24	0,214	0,003	0,115	0,016	0,007	0,173	0,024
6 × 5		± 0,07		± 0,10	30	0,267	0,006	0,144	0,025	0,009	0,173	0,030
8 × 2	± 0,08	± 0,05	± 0,12	± 0,07	16	0,142	0,0004	0,057	0,005	0,008	0,230	0,021
8 × 3		± 0,05		± 0,07	24	0,214	0,001	0,086	0,012	0,012	0,230	0,032
8 × 4					32	0,285	0,004	0,115	0,021	0,017	0,230	0,042
8 × 5		± 0,07		± 0,10	40	0,355	0,008	0,144	0,033	0,021	0,230	0,053
8 × 6					48	0,426	0,014	0,173	0,048	0,025	0,230	0,064
10 × 2	± 0,08	± 0,05	± 0,12	± 0,07	20	0,178	0,0007	0,057	0,006	0,016	0,288	0,033
10 × 3		± 0,05		± 0,07	30	0,267	0,002	0,086	0,015	0,025	0,288	0,050
10 × 4					40	0,355	0,005	0,115	0,026	0,033	0,288	0,066
10 × 5		± 0,07		± 0,10	50	0,445	0,010	0,144	0,041	0,041	0,288	0,083
10 × 6					60	0,534	0,018	0,173	0,060	0,050	0,288	0,100
10 × 8		± 0,08		± 0,12	80	0,712	0,042	0,230	0,106	0,066	0,288	0,133
12 × 2		± 0,05		± 0,07	24	0,214	0,0008	0,057	0,003	0,028	0,346	0,048
12 × 3		± 0,05		± 0,07	36	0,321	0,002	0,086	0,018	0,043	0,346	0,072
12 × 4					48	0,426	0,006	0,115	0,032	0,057	0,346	0,096
12 × 5	± 0,10	± 0,07	± 0,15	± 0,10	60	0,534	0,012	0,144	0,050	0,072	0,346	0,120
12 × 6					72	0,641	0,021	0,173	0,072	0,086	0,346	0,144
12 × 8		± 0,09		± 0,12	96	0,856	0,051	0,230	0,128	0,115	0,346	0,192
12 × 10		± 0,09		± 0,12	120	1,07	0,100	0,288	0,200	0,144	0,346	0,240
15 × 2		± 0,05		± 0,07	30	0,267	0,001	0,057	0,010	0,056	0,433	0,075
15 × 3		± 0,05		± 0,07	45	0,408	0,003	0,086	0,022	0,084	0,433	0,112
15 × 4					60	0,534	0,008	0,115	0,040	0,112	0,433	0,150
15 × 5	± 0,10	± 0,07	± 0,15	± 0,10	75	0,667	0,015	0,144	0,062	0,140	0,433	0,187
15 × 6					90	0,804	0,027	0,173	0,090	0,168	0,433	0,225
15 × 8		± 0,09		± 0,12	120	1,07	0,064	0,230	0,160	0,225	0,433	0,300
15 × 10		± 0,09		± 0,12	150	1,34	0,125	0,288	0,250	0,281	0,433	0,375
15 × 12		± 0,10		± 0,15	180	1,60	0,216	0,346	0,360	0,337	0,433	0,456
18 × 2		± 0,05		± 0,07	36	0,320	0,001	0,057	0,012	0,097	0,519	0,108
18 × 3	± 0,10	± 0,05	± 0,15	± 0,07	54	0,480	0,004	0,086	0,027	0,145	0,519	0,162
18 × 4		± 0,07		± 0,10	72	0,640	0,009	0,115	0,048	0,194	0,519	0,216
18 × 5		± 0,07		± 0,10	90	0,804	0,018	0,144	0,075	0,242	0,519	0,270

*) Errechnet mit einer Dichte von 8,9 kg/dm³. Für die übrigen Werkstoffe sind die Gewichte entsprechend ihrer Dichte zu berechnen. Umrechnungsfaktoren siehe Tabellen 8 und 9.

Tabelle 3. (Fortsetzung)

| Nennmaße | Zulässige Abweichungen für Werkstoffgruppe | | | | Quer-schnitt | Ge-wicht *) | Statische Werte für die Biegeachsen | | | | | |
| | I | | II | | | | x — x | | | y — y | | |
$b \times a$	b	a	b	a	mm^2	kg/m	J_x cm^4	i_x cm	W_x cm^3	J_y cm^4	i_y cm	W_y cm^3
18 × 6		± 0,07		± 0,10	108	0,97	0,032	0,173	0,108	0,291	0,519	0,324
18 × 8		± 0,09		± 0,12	144	1,28	0,076	0,230	0,192	0,388	0,519	0,432
18 × 10	± 0,10		± 0,15		180	1,60	0,150	0,288	0,300	0,486	0,519	0,540
18 × 12		± 0,10		± 0,15	216	1,92	0,259	0,346	0,432	0,583	0,519	0,648
18 × 15					270	2,40	0,506	0,433	0,675	0,729	0,519	0,810
20 × 2		± 0,05		± 0,07	40	0,356	0,001	0,057	0,013	0,133	0,577	0,133
20 × 3					60	0,534	0,004	0,086	0,030	0,200	0,577	0,200
20 × 4					80	0,712	0,010	0,115	0,053	0,266	0,577	0,266
20 × 5		± 0,07		± 0,10	100	0,890	0,020	0,144	0,083	0,333	0,577	0,333
20 × 6	± 0,15		± 0,22		120	1,07	0,036	0,173	0,120	0,400	0,577	0,400
20 × 8		± 0,09		± 0,12	160	1,42	0,085	0,230	0,213	0,533	0,577	0,533
20 × 10					200	1,78	0,166	0,288	0,333	0,666	0,577	0,666
20 × 12		± 0,10		± 0,15	240	2,14	0,288	0,346	0,480	0,800	0,577	0,800
20 × 15					300	2,67	0,562	0,433	0,750	1,000	0,577	1,000
20 × 18					360	3,20	0,972	0,519	1,080	1,200	0,577	1,200
25 × 2		± 0,05		± 0,07	50	0,445	0,001	0,057	0,016	0,260	0,721	0,208
25 × 3					75	0,667	0,005	0,086	0,037	0,390	0,721	0,312
25 × 4					100	0,890	0,013	0,115	0,066	0,520	0,721	0,416
25 × 5		± 0,07		± 0,10	125	1,12	0,026	0,144	0,104	0,651	0,721	0,520
25 × 6					150	1,34	0,045	0,173	0,150	0,781	0,721	0,625
25 × 8	± 0,15	± 0,09	± 0,22	± 0,12	200	1,78	0,106	0,230	0,266	1,041	0,721	0,833
25 × 10					250	2,26	0,208	0,288	0,416	1,302	0,721	1,041
25 × 12		± 0,10		± 0,15	300	2,67	0,360	0,346	0,600	1,562	0,721	1,250
25 × 15					375	3,34	0,703	0,433	0,937	1,953	0,721	1,562
25 × 18					450	4,00	1,215	0,519	1,350	2,343	0,721	1,875
25 × 20		± 0,15		± 0,22	500	4,45	1,666	0,577	1,666	2,604	0,721	2,083
30 × 3		± 0,05		± 0,07	90	0,804	0,006	0,086	0,045	0,675	0,866	0,450
30 × 4					120	1,07	0,016	0,115	0,080	0,900	0,866	0,600
30 × 5		± 0,07		± 0,10	150	1,34	0,031	0,144	0,125	1,125	0,866	0,750
30 × 6					180	1,60	0,054	0,173	0,180	1,350	0,866	0,900
30 × 8		± 0,09		± 0,12	240	2,14	0,128	0,230	0,320	1,800	0,866	1,200
30 × 10	± 0,15		± 0,22		300	2,67	0,250	0,288	0,500	2,250	0,866	1,500
30 × 12		± 0,10		± 0,15	360	3,20	0,432	0,346	0,720	2,700	0,866	1,800
30 × 15					450	4,01	0,843	0,433	1,125	3,375	0,866	2,250
30 × 18					540	4,81	1,458	0,519	1,620	4,050	0,866	2,700
30 × 20		± 0,15		± 0,22	600	5,34	2,000	0,577	2,000	4,500	0,866	3,000
30 × 25					750	6,69	3,906	0,721	3,125	5,625	0,866	3,750
40 × 3	± 0,20	± 0,07	± 0,30	± 0,10	120	1,07	0,009	0,086	0,060	1,600	1,154	0,800

*) Siehe Seite 3

Tabelle 3. (Fortsetzung)

Nennmaße	Zulässige Abweichungen für Werkstoffgruppen				Querschnitt	Gewicht *)	Statische Werte für die Biegeachsen					
	I		II				x — x			y — y		
	b	a	b	a			J_x	i_x	W_x	J_y	i_y	W_y
$b \times a$					mm²	kg/m	cm⁴	cm	cm³	cm⁴	cm	cm³
40 × 4					160	1,42	0,021	0,115	0,106	2,133	1,154	1,066
40 × 5		± 0,09		± 0,13	200	1,78	0,041	0,144	0,166	2,666	1,154	1,333
40 × 6					240	2,14	0,072	0,173	0,240	3,200	1,154	1,600
40 × 8		± 0,10		± 0,15	320	2,85	0,170	0,230	0,426	4,266	1,154	2,133
40 × 10					400	3,56	0,333	0,288	0,666	5,333	1,154	2,666
40 × 12	± 0,20		± 0,30		480	4,27	0,576	0,346	0,960	6,400	1,154	3,200
40 × 15		± 0,12		± 0,18	600	5,34	1,125	0,433	1,500	8,000	1,154	4,000
40 × 18					720	6,40	1,944	0,519	2,160	9,600	1,154	4,800
40 × 20					800	7,12	2,666	0,577	2,666	10,666	1,154	5,333
40 × 25		± 0,15		± 0,22	1000	8,90	5,208	0,721	4,166	13,333	1,154	6,666
40 × 30					1200	10,7	9,000	0,866	6,000	16,000	1,154	8,000
40 × 35		± 0,20		± 0,30	1400	12,5	14,291	1,010	8,166	18,666	1,154	9,333
50 × 3		± 0,07		± 0,10	150	1,34	0,011	0,086	0,075	3,125	1,443	1,250
50 × 4					200	1,78	0,026	0,115	0,133	4,166	1,443	1,666
50 × 5		± 0,09		± 0,13	250	2,23	0,052	0,144	0,208	5,208	1,443	2,083
50 × 6					300	2,67	0,090	0,173	0,300	6,250	1,443	2,500
50 × 8		± 0,10		± 0,15	400	3,56	0,213	0,230	0,533	8,333	1,443	3,333
50 × 10					500	4,45	0,416	0,288	0,833	10,416	1,443	4,166
50 × 12	± 0,20		± 0,30		600	5,34	0,720	0,346	1,200	12,500	1,443	5,000
50 × 15		± 0,12		± 0,18	750	6,70	1,406	0,433	1,875	15,625	1,443	6,250
50 × 18					900	8,01	2,430	0,519	2,700	18,750	1,443	7,500
50 × 20					1000	8,90	3,333	0,577	3,333	20,833	1,443	8,333
50 × 25		± 0,15		± 0,22	1250	12,0	6,510	0,721	5,208	26,041	1,443	10,416
50 × 30					1500	13,4	11,250	0,866	7,500	31,250	1,443	12,500
50 × 35		± 0,20		± 0,30	1750	15,6	17,864	1,010	10,208	36,458	1,443	14,583
50 × 40					2000	17,8	26,666	1,154	13,333	41,666	1,443	16,666
60 × 3		± 0,09		± 0,13	180	1,60	0,013	0,086	0,090	5,400	1,732	1,800
60 × 4					240	2,14	0,032	0,115	0,160	7,200	1,732	2,400
60 × 5		± 0,11		± 0,16	300	2,67	0,062	0,144	0,250	9,000	1,732	3,000
60 × 6					360	3,20	0,108	0,173	0,360	10,800	1,732	3,600
60 × 8		± 0,12		± 0,18	480	4,27	0,256	0,230	0,640	14,400	1,732	4,800
60 × 10					600	5,34	0,500	0,288	1,000	18,000	1,732	6,000
60 × 12	± 0,25		± 0,37		720	6,41	0,864	0,346	1,440	21,600	1,732	7,200
60 × 15		± 0,15		± 0,22	900	8,01	1,687	0,433	2,250	27,000	1,732	9,000
60 × 18					1080	9,60	2,916	0,519	3,240	32,400	1,732	10,800
60 × 20					1200	10,7	4,000	0,577	4,000	36,000	1,732	12,000
60 × 25		± 0,20		± 0,30	1500	13,4	7,812	0,721	6,250	45,000	1,732	15,000
60 × 30					1800	16,0	13,500	0,866	9,000	54,000	1,732	18,000

*) Siehe Seite 3

Tabelle 3. (Fortsetzung)

Nennmaße	Zulässige Abweichungen für Werkstoffgruppe				Quer-schnitt	Ge-wicht *)	Statische Werte für die Biegeachsen					
	I		II				x — x			y — y		
							J_x	i_x	W_x	J_y	i_y	W_y
$b \times a$	b	a	b	a	mm²	kg/m	cm⁴	cm	cm³	cm⁴	cm	cm³
60 × 35	± 0,25	± 0,25	± 0,37	± 0,37	2100	18,7	21,437	1,010	12,250	63,000	1,732	21,000
60 × 40					2400	21,4	32,000	1,154	16,000	72,000	1,732	24,000
80 × 4		± 0,11		± 0,16	320	2,84	0,042	0,115	0,213	17,006	2,309	4,266
80 × 5					400	3,56	0,083	0,144	0,333	21,333	2,309	5,333
80 × 6					480	4,26	0,144	0,173	0,480	25,600	2,309	6,400
80 × 8		± 0,12		± 0,18	640	5,70	0,341	0,230	0,853	34,133	2,309	8,533
80 × 10					800	7,12	0,666	0,288	1,333	42,666	2,309	10,666
80 × 12	± 0,25	± 0,15	± 0,30	± 0,22	960	8,50	1,152	0,346	1,920	51,200	2,309	12,800
80 × 15					1200	10,7	2,250	0,433	3,000	64,000	2,309	16,000
80 × 18					1440	12,8	3,888	0,519	4,320	76,800	2,309	19,200
80 × 20		± 0,20		± 0,30	1600	14,2	5,333	0,577	5,333	85,333	2,309	21,333
80 × 25					2000	17,8	10,416	0,721	8,333	106,666	2,309	26,666
80 × 30					2400	21,4	18,000	0,866	12,000	128,000	2,309	32,000
80 × 35		± 0,25		± 0,37	2800	24,9	28,583	1,010	16,333	149,333	2,309	37,333
80 × 40					3200	28,5	42,666	1,154	21,333	170,666	2,309	42,666
100 × 5		± 0,12		± 0,18	500	4,45	0,104	0,144	0,416	41,666	2,886	8,333
100 × 6					600	5,34	0,180	0,173	0,600	50,000	2,886	10,000
100 × 8		± 0,15		± 0,22	800	7,12	0,426	0,230	1,066	66,666	2,886	13,333
100 × 10					1000	8,90	0,883	0,288	1,666	83,333	2,886	16,666
100 × 12		± 0,18		± 0,27	1200	10,7	1,440	0,346	2,400	100,000	2,886	20,000
100 × 15	± 0,30		± 0,45		1500	13,4	2,812	0,433	3,750	125,000	2,886	25,000
100 × 18					1800	16,0	4,860	0,519	5,400	150,000	2,886	30,000
100 × 20		± 0,23		± 0,35	2000	17,8	6,666	0,577	6,666	166,666	2,886	33,333
100 × 25					2500	22,3	13,020	0,721	10,416	208,333	2,886	41,666
100 × 30					3000	26,7	22,500	0,866	15,000	250,000	2,886	50,000
100 × 35		± 0,30		± 0,45	3500	31,2	35,729	1,010	20,416	291,666	2,886	58,333
100 × 40					4000	35,6	53,333	1,154	26,666	333,333	2,886	66,666
120 × 6		± 0,12		± 0,18	720	6,41	0,216	0,173	0,720	86,400	3,464	14,400
120 × 8		± 0,15		± 0,22	960	8,50	0,512	0,230	1,280	115,200	3,464	19,200
120 × 10					1200	10,7	1,000	0,288	2,000	144,000	3,464	24,000
120 × 12		± 0,18		± 0,27	1440	12,8	1,728	0,346	2,880	172,800	3,464	28,800
120 × 15					1800	16,0	3,375	0,433	4,500	216,000	3,464	36,000
120 × 18	± 0,30		± 0,45		2160	19,2	5,832	0,519	6,480	259,200	3,464	43,200
120 × 20		± 0,23		± 0,35	2400	21,4	8,000	0,577	8,000	288,000	3,464	48,000
120 × 25					3000	26,7	15,625	0,721	12,500	360,000	3,464	60,000
120 × 30					3600	32,0	27,000	0,866	18,000	432,000	3,464	72,000
120 × 35		± 0,30		± 0,45	4200	37,4	42,875	1,010	24,500	504,000	3,464	84,000
120 × 40					4800	42,8	64,000	1,154	32,000	576,000	3,464	96,000

*) Siehe Seite 3

Tabelle 4. Vorzugsmaße, Gewicht, statische Werte für Rechteckstangen aus Kupfer mit Breiten über 120 mm

Nennmaße	Zulässige Abweichungen		Quer-schnitt	Ge-wicht *)	Statische Werte für die Biegeachsen					
					x — x			y — y		
					J_x	i_x	W_x	J_y	i_y	W_y
$b \times a$	b	a	mm²	kg/m	cm⁴	cm	cm³	cm⁴	cm	cm³
140 × 10		± 0,18	1400	12,5	1,166	0,288	2,333	228,666	4,041	32,666
140 × 15		± 0,20	2100	18,7	3,937	0,433	5,250	343,000	4,041	49,000
140 × 20			2800	24,9	9,333	0,577	9,333	457,333	4,041	65,333
140 × 25	± 0,40	± 0,25	3500	31,2	18,229	0,721	14,583	571,666	4,041	81,666
140 × 30			4200	37,4	31,500	0,866	21,000	686,000	4,041	98,000
140 × 35		± 0,40	4900	43,6	50,020	1,010	28,583	800,333	4,041	114,333
140 × 40			5600	49,9	74,666	1,154	37,333	914,666	4,041	130,666
150 × 10		± 0,18	1500	13,4	1,250	0,288	1,250	281,250	4,329	37,500
150 × 15		± 0,20	2250	20,0	4,215	0,433	3,675	421,875	4,329	56,291
150 × 20			3000	26,7	19,000	0,577	10,000	562,500	4,329	75,000
150 × 25	± 0,40	± 0,25	3750	33,4	19,531	0,721	15,625	696,791	4,329	93,750
150 × 30			4500	40,0	33,750	0,866	22,500	863,750	4,329	115,500
150 × 35		± 0,40	5200	46,4	53,596	1,010	30,625	984,375	4,329	129,166
150 × 40			6000	53,4	80,000	1,154	40,000	1125,000	4,329	150,000
160 × 10		± 0,18	1600	14,2	1,333	0,288	2,666	341.333	4,618	42,666
160 × 15		± 0,20	2400	21,4	4,500	0,433	6,000	512,000	4,618	64,000
160 × 20			3200	28,5	10,666	0,577	10,666	682,666	4,618	85,333
160 × 25	± 0,40	± 0,25	4000	35,6	20,833	0,721	16,666	853,333	4,618	106,606
160 × 30			4800	42,8	36,000	0,866	24,000	1024,000	4,618	128,000
160 × 35		± 0,40	5600	50,0	57,166	1,010	32,666	1194,666	4,618	149,333
160 × 40			6400	57,0	85,333	1,154	42,666	1365,333	4,618	170,666
180 × 10		± 0,20	1800	16,0	1,500	0,288	3,000	486,000	5,196	54,000
180 × 15		± 0,25	2700	24,0	5,062	0,433	6,750	729,000	5,196	81,000
180 × 20			3600	32,0	12,000	0,577	12,000	972,000	5,196	108,000
180 × 25	± 0,50	± 0,30	4500	40,0	23,437	0,721	18,750	1215,000	5,196	135,000
180 × 30			5400	48,0	40,500	0,866	27,000	1458,000	5,196	162,000
180 × 35		± 0,50	6300	56,0	64,312	1,010	36,750	1701,000	5,196	189,000
180 × 40			7200	64,0	96,000	1,154	48,000	1944,000	5,196	216,000
200 × 10		± 0,20	2000	17,8	1,666	0,288	3,333	666,666	5,773	66,666
200 × 15		± 0,25	3000	26,7	5,625	0,433	7,500	1000,000	5,773	100,000
200 × 20			4000	35,6	13,333	0,577	13,333	1333,333	5,773	133,333
200 × 25	± 0,50	± 0,30	5000	44,5	26,041	0,721	20,833	1666,666	5,773	166,666
200 × 30			6000	53,4	45,000	0,866	30,000	2000,000	5,773	800,000
200 × 35		± 0,50	7000	62,3	71,458	1,010	40,833	2333,333	5,773	233,333
200 × 40			8000	71,2	106,666	1,154	53,333	2666,666	5,773	266,666

*) Siehe Seite 3

3.2. Breiten- und Dickenmessung (siehe Bild 2)

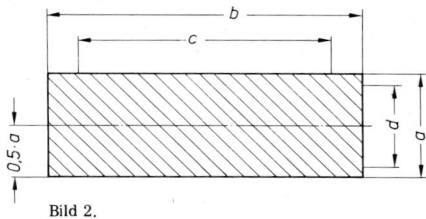

Bild 2.

Bei Stangen mit Breiten $b \geqq 20$ mm wird die Dicke innerhalb des Maßes $c = 0,8\,b$, bei Stangen mit $b < 20$ mm innerhalb des Maßes $c = 0,5\,b$ gemessen. Bei Stangen mit Dicken $a \geqq 8$ mm wird die Breite innerhalb des Maßes $d = 0,7\,a$ gemessen. Bei Dicken $a < 8$ mm wird die Stangenbreite an der Stelle $d = 0,5\,a$ gemessen.

3.3. Zulässige Kantenrundung

Die Rundung der Kanten wird von den ziehtechnischen Eigenschaften des Werkstoffes beeinflußt, siehe Tabelle 5.

Tabelle 5. Zulässige Kantenrundung

Dicke a	Kantenrundung r höchstens	
	Werkstoffgruppe I	Werkstoffgruppe II
bis 8	0,2	0,5
über 8 bis 20	0,4	0,8
über 20 bis 40	0,8	1,2

3.4. Geradheitstoleranz der Kanten des Querschnittes (siehe Bilder 3 und 4)
   (Zulässige Wölbung des Querschnittes)

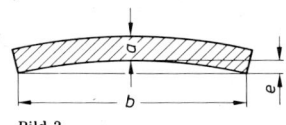

Bild 3.

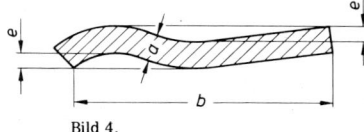

Bild 4.

Die Geradheitstoleranz e der Kanten des Querschnittes (zulässige Wölbung e) beträgt:
für Werkstoffgruppe I: 0,2 mm
für Werkstoffgruppe II: 0,3 mm

3.5. Geradheitstoleranz der Kanten in Längsrichtung

Für die Hochkant- und Flachlage von Rechteckstangen gelten für alle Lieferzustände, ausgenommen den weichen Zustand des jeweiligen Werkstoffes, bezeichnet durch die Anhängezahl .10 der Werkstoffnummer, die Geradheitstoleranzen nach Tabelle 6, siehe Bild 5.

Tabelle 6. Geradheitstoleranz

Breite b	Geradheitstoleranz			
	h_1		h_2	
	Werkstoffgruppe		Werkstoffgruppe	
Maßbereich	I	II	I	II
5 bis 200	2	3	0,8	1,2
h_1 in mm ist die Geradheitstoleranz je lfd. Meter für Längen l_1 größer als 400 mm; h_2 in mm ist die Geradheitstoleranz für Meßlänge l_2 = 400 mm.				

3.6. Ebenheitstoleranz (Verwindungstoleranz)

Bezugsmaß für die Festlegung der Ebenheitstoleranz (Verwindungstoleranz) ist die Breite b, siehe Tabelle 7 und Bild 6.

Tabelle 7. Ebenheitstoleranz

Breite b		Ebenheitstoleranz v (Verwindungstoleranz)							
		für Meßlänge 400 mm		je lfd. Meter		für gesamte Länge			
Maßbereich						bis 3 m		über 3 m	
		Werkstoffgruppe		Werkstoffgruppe		Werkstoffgruppe		Werkstoffgruppe	
über	bis	I	II	I	II	I	II	I	II
—	18	0,5	0,8	1	1,5	2	3		
18	30	0,8	1,2	1,5	2,3	3	4,5		
30	50	1	1,5	2	3	4	6	nach Vereinbarung	
50	80	1,5	2,3	3	4,5	6	9		
80	120	2,3	3,5	4,5	7	9	13		
120	200	3	4,5	6	9	12	18		

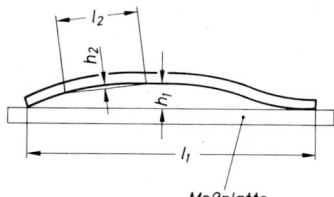

Meßplatte

Bild 5. Geradheit

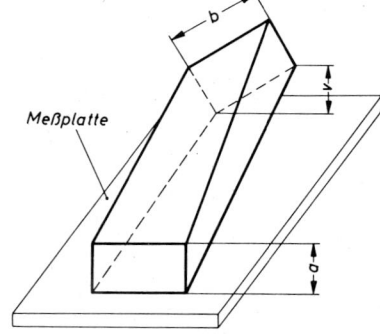

Meßplatte

Bild 6.

4. Werkstoffe und Festigkeitseigenschaften

Kupfer und Kupfer-Knetlegierungen nach DIN 17 672 Blatt 1

Kupfer für die Elektrotechnik nach DIN 40 500 Blatt 3

Rechteckstangen nach dieser Norm sind nicht in allen Abmessungen aus allen in den Tabellen 8 und 9 aufgeführten Werkstoffen lieferbar. Deshalb sind über den gewünschten Werkstoff gegebenenfalls Vereinbarungen zu treffen.

Die Werkstoffgruppen I und II berücksichtigen das unterschiedliche Umformverhalten der Legierungen entsprechend ihrer Zusammensetzung (vgl. Kurzzeichen in den Tabellen 8 und 9).

Tabelle 8. Werkstoffgruppe I

Kurzzeichen	Werkstoffnummer	Dichte kg/dm^3	Umrechnungsfaktor für das Gewicht	Früheres Kurzzeichen
E-Cu58	2.0065	8,9	1	—
E-Cu57	2.0060	8,9	1	—
OF-Cu	2.0040	8,9	1	—
SE-Cu	2.0070	8,9	1	—
SW-Cu	2.0076	8,9	1	—
SF-Cu	2.0090	8,9	1	—
CuZn5	2.0220	8,9	1	Ms95
CuZn10	2.0230	8,8	0,989	Ms90
CuZn15	2.0240	8,8	0,989	Ms85
CuZn20	2.0250	8,7	0,977	Ms80
CuZn28	2.0261	8,6	0,966	Ms72
CuZn30	2.0265	8,5	0,955	Ms70
CuZn33	2.0280	8,5	0,955	Ms67
CuZn36	2.0335	8,4	0,944	Ms63
CuZn37	2.0321	8,4	0,944	Ms63
CuZn40	2.0360	8,4	0,944	Ms60
CuZn36Pb1,5	2.0331	8,5	0,955	Ms63Pb
CuZn37Pb0,5	2.0332	8,5	0,955	Ms63Pb
CuZn36Pb3	2.0375	8,5	0,955	—
CuZn38Pb1,5	2.0371	8,4	0,944	Ms60Pb
CuZn39Pb0,5	2.0372	8,4	0,944	Ms60Pb
CuZn39Pb2	2.0380	8,4	0,944	Ms58
CuZn39Pb3	2.0401	8,5	0,955	Ms58
CuZn40Pb2	2.0402	8,4	0,944	
CuAsP	2.1491	8,9	1	SB-Cu
CuCd0,5	2.1265	8,9	1	—
CuSP	2.1498	8,9	1	—
CuTeP	2.1546	8,9	1	SF-CuTe
CuNi1,5Si	2.0853	8,8	0,989	—
CuNi2Si	2.0855	8,8	0,989	—

Tabelle 9. Werkstoffgruppe II

Kurzzeichen	Werkstoffnummer	Dichte kg/dm^3	Umrechnungsfaktor für das Gewicht	Früheres Kurzzeichen
CuZn31Si	2.0490	8,4	0,944	SoMs68
CuZn35Ni	2.0540	8,3	0,932	SoMs59
CuZn40Ni	2.0571	8,3	0,932	SoMs58
CuZn40Mn	2.0572	8,3	0,932	SoMs58
CuZn40MnPb	2.0580	8,2	0,921	SoMs58Pb
CuBe1,7	2.1245	8,4	0,944	—
CuBe2	2.1247	8,3	0,932	—
CuCoBe	2.1285	8,8	0,989	—
CuCr	2.1291	8,9	1	—
CuNi3Si	2.0857	8,8	0,989	—

5. Ausführung

Nach den Technischen Lieferbedingungen DIN 17 672 Blatt 2

Kupfer für die Elektrotechnik nach DIN 40 500 Blatt 3

6. Gewichte und zulässige Gewichtsabweichungen

Das Gewicht errechnet sich aus den Nennmaßen der jeweiligen Breite und Dicke sowie der Dichte des Werkstoffes.

Dichte und Umrechnungsfaktoren für das Gewicht siehe Tabellen 8 und 9.

Die zulässige Gewichtsabweichung ergibt sich aus den zulässigen Maßabweichungen und den zulässigen Abweichungen in der Zusammensetzung.

7. Lieferart

7.1. Herstellängen

Herstellängen sollen mindestens 2000 mm betragen; Unterlängen von mindestens 1000 mm sind bis zu 10 % der Liefermenge zulässig.

7.2. Ungefährlängen

Ungefährlängen sind zu vereinbaren; zur Kennzeichnung ist dann hinter die Längenangabe „ungefähr" zu setzen.

Die zulässige Abweichung der bestellten Länge beträgt ± 10 %. Es dürfen Unterlängen von mindestens 1000 mm bis zu 10 % des Liefergewichtes mitgeliefert werden.

7.3. Festlängen

Festlängen sind zu vereinbaren; zur Bezeichnung wird dann hinter die Längenangabe das Kennwort „fest" eingesetzt. Für Festlängen gelten die zulässigen Abweichungen nach Tabelle 10.

Tabelle 10. Zulässige Abweichungen für Festlängen

Breite b		Zulässige Abweichungen für Festlängen			
über	bis	bis 1000	über 1000 bis 2000	über 2000 bis 4000	über 4000 bis 6000
—	18	+ 4 0	+ 5 0	+ 7 0	+ 9 0
18	50	+ 5 0	+ 6 0	+ 8 0	+ 10 0
50	120	+ 6 0	+ 7 0	+ 9 0	+ 11 0
120	200	+ 7 0	+ 8 0	+ 10 0	+ 12 0

7.4. Sägeschnitte

Bei Sägeschnitten an Festlängen darf die zulässige Abweichung vom rechten Winkel nur die Hälfte der in Tabelle 10 angegebenen Werte betragen; das Nennmaß der Festlänge darf jedoch nicht unterschritten werden.

7.5. Bestellbeispiele

7.5.1. Bestellbeispiel für Herstellängen

1000 kg gezogene Rechteckstangen mit scharfen Kanten mit der Breite b = 100 mm und der Dicke a = 10 mm, in Herstelllängen, aus dem Werkstoff mit dem Kurzzeichen CuZn30 F36 oder der Werkstoffnummer 2.0265.26:

1000 kg Rechteck 100 × 10 DIN 1759 — CuZn30 F36

oder 1000 kg Rechteck 100 × 10 DIN 1759 — 2.0265.26

7.5.2. Bestellbeispiel für Festlängen

180 Stück gezogene Rechteckstangen mit scharfen Kanten, mit der Breite b = 100 mm und der Dicke a = 10 mm in Festlängen von 3500 mm aus dem Werkstoff mit dem Kurzzeichen CuZn30 F26 oder der Werkstoffnummer 2.0265.26:

180 Stück Rechteck 100 × 10 × 3500 fest DIN 1759 — CuZn30 F36

oder 180 Stück Rechteck 100 × 10 × 3500 fest DIN 1759 — 2.0265.26

| Bänder und Bandstreifen aus Kupfer und Kupfer-Knetlegierungen kaltgewalzt   Maße | DIN 1791 |

Strip of wrought copper and copper alloys; cold rolled, dimensions
Bandes en cuivre et alliages de cuivre corroyés; laminées à froid, dimensions

Maße in mm

1. Geltungsbereich

Diese Norm gilt für kaltgewalzte Bänder von 0,1 bis 4 mm Dicke, bis 1000 mm Breite in Herstelllängen und Bandstreifen von 0,1 bis 4 mm Dicke, bis unter 500 mm Breite in Längen über 500 mm aus den in Abschnitt 4 aufgeführten Werkstoffen.

2. Bezeichnung

Bänder und Bandstreifen werden wie folgt bezeichnet:

Bänder: Benennung, Dicke × Breite, DIN-Nummer, Werkstoff, z. B.:

> Band 0,5 × 350 DIN 1791 — CuZn37 F30

oder Band 0,5 × 350 DIN 1791 — 2.0321.10

bisher Band 0,5 × 350 DIN 1791 — Ms63 F30

Bandstreifen: Benennung, Dicke × Breite × Länge, DIN-Nummer, Werkstoff, z. B.:

> Bandstreifen 0,5 × 200 × 1000 DIN 1791 — CuZn37 F30

oder Bandstreifen 0,5 × 200 × 1000 DIN 1791 — 2.0321.10

bisher Bandstreifen 0,5 × 200 × 1000 DIN 1791 — Ms63 F30

Anstelle der ausgeschriebenen Benennung kann auch die abgekürzte Schreibweise nach DIN 1353 Blatt 2 gewählt werden.

3. Maße und zulässige Formabweichungen

3.1. Dicke, Breite und Länge (siehe Tabelle 1 Seite 2)

3.1.1. Bei der Dickenmessung wird wie folgt verfahren:

bei Bandbreiten bis 30 mm muß in der Mitte gemessen werden,

bei Bandbreiten über 30 bis 200 mm muß ein Streifen von 5 mm und

bei Bandbreiten über 200 bis 700 mm muß ein Streifen von 10 mm vom Rand entfernt unberücksichtigt bleiben.

3.1.2. Für die Breite können andere Lagen des Toleranzfeldes in der gleichen Größe vereinbart werden.

Erläuterungen siehe DIN 1751   Fortsetzung Seite 2 bis 5

Fachnormenausschuß Nichteisenmetalle im Deutschen Normenausschuß (DNA)

Tabelle 1.

Dicke [1]	Dicke bei Breiten					Breiten						Länge		Gewicht [2] bei 100 mm Breite
	bis 200	über 200 bis 350	über 350 bis 500	über 500 bis 700	über 700 bis 1000	bis 100	über 100 bis 200	über 200 bis 350	über 350 bis 500	über 500 bis 700	über 700 bis 1000	Herstell-länge	Fest-länge	kg/m ≈
	±	±	±	±	±									
0,1	0,01	0,01	0,02	0,02	0,03									0,089
(0,12)	0,01	0,01	0,02	0,02	0,03									0,107
(0,15)	0,01	0,01	0,02	0,02	0,03									0,133
0,16	0,01	0,015	0,02	0,02	0,03									0,142
0,18	0,01	0,015	0,02	0,03	0,04									0,160
0,2	0,015	0,015	0,02	0,03	0,04									0,178
0,22	0,015	0,02	0,02	0,03	0,04									0,196
0,25	0,015	0,02	0,02	0,03	0,04									0,222
0,3	0,015	0,02	0,02	0,03	0,04									0,267
(0,35)	0,02	0,02	0,02	0,03	0,04									0,312
0,4	0,02	0,025	0,03	0,04	0,05									0,356
0,45	0,02	0,025	0,03	0,04	0,05									0,400
0,5	0,02	0,025	0,03	0,04	0,05	+0,2 / 0	+0,4 / 0	+0,6 / 0	+1 / 0	+1,5 / 0	+2 / 0			0,445
(0,55)	0,025	0,025	0,03	0,04	0,05									0,490
0,6	0,025	0,03	0,03	0,04	0,06									0,534
0,65	0,025	0,03	0,03	0,04	0,06									0,579
0,7	0,025	0,03	0,03	0,04	0,06									0,623
(0,75)	0,025	0,03	0,03	0,04	0,07									0,667
0,8	0,025	0,03	0,04	0,05	0,07							für Bänder nicht festgelegt / für Streifen ± 100	+ 10 / 0	0,712
(0,85)	0,03	0,03	0,04	0,05	0,07									0,756
0,9	0,03	0,03	0,04	0,05	0,07									0,800
1	0,03	0,03	0,04	0,05	0,07									0,890
1,1	0,03	0,04	0,04	0,05	0,07									0,980
1,2	0,03	0,04	0,04	0,06	0,08									1,07
(1,3)	0,03	0,04	0,04	0,06	0,08									1,16
1,4	0,03	0,04	0,05	0,06	0,08	+0,3 / 0	+0,5 / 0	+1 / 0	+1,2 / 0	+1,5 / 0	+2,0 / 0			1,24
1,5	0,04	0,04	0,05	0,07	0,09									1,33
1,6	0,04	0,05	0,06	0,07	0,09									1,42
(1,7)	0,04	0,05	0,06	0,07	0,10									1,51
1,8	0,04	0,05	0,06	0,07	0,10									1,60
(1,9)	0,04	0,05	0,06	0,07	0,11									1,69
2	0,04	0,05	0,06	0,08	0,11									1,78
2,2	0,05	0,05	0,06	0,08	0,12	+0,5 / 0	+0,7 / 0	+1,2 / 0	+1,5 / 0	+2 / 0	+2,5 / 0			1,96
2,5	0,05	0,06	0,07	0,09	0,13									2,22
2,8	0,05	0,06	0,07	0,09	0,13	+1 / 0	+1,2 / 0	+1,5 / 0	+2 / 0	+2,5 / 0	+3 / 0			2,49
3	0,06	0,06	0,07	0,10	0,14									2,67
3,2	0,06	0,07	0,08	0,10	0,15									2,85
3,5	0,06	0,07	0,08	0,11	0,16	+2 / 0	+2,5 / 0	+3 / 0	+4 / 0	+5 / 0	+6 / 0			3,12
(3,8)	0,07	0,07	0,08	0,11	0,17									3,38
4	0,07	0,07	0,09	0,12	0,17									3,56

[1]) Bei Zwischenmaßen gilt die Abweichung der nächsthöheren Dicke. Eingeklammerte Maße nach Möglichkeit vermeiden.

[2]) Errechnet mit einer Dichte von 8,9 kg/dm³ (Kupfer). Für Werkstoffe mit einer anderen Dichte sind die Gewichte entsprechend der Umrechnungsfaktoren der Tabelle 4 zu errechnen (siehe auch Abschnitt 6).

3.2. Geradheit der Längskante (Säbelförmigkeit, Hochkantkrümmung)

Für die Geradheit der Längskante bei Bändern und Bandstreifen bezogen auf 1 m Meßlänge gelten die in Tabelle 2 festgelegten Toleranzen.

Tabelle 2.

Dicke	Geradheitstoleranz für Breiten		
	von 3 bis 8	über 8 bis 15	über 15
bis 1	10	6	4
über 1	14	10	6

Darüber hinausgehende Ansprüche erfordern einen erhöhten Aufwand und sind zu vereinbaren.

3.3. Ebenheit (Planheit)

3.3.1. Bänder

Anforderungen an die Ebenheit in Walzrichtung können nicht gestellt werden, da durch die Aufhaspelung nach dem Abrollen immer eine Wölbung zurückbleiben wird. Anforderungen an die Ebenheit quer zur Walzrichtung sind zu vereinbaren.

3.3.2. Bandstreifen

Anforderungen an die Ebenheit in und quer zur Walzrichtung können für alle Lieferzustände, ausgenommen den weichen Zustand des jeweiligen Werkstoffes, gekennzeichnet durch die Anhängezahl .10 der Werkstoffnummer (siehe DIN 17 670 Blatt 1), gestellt werden. Als Toleranzen auf 1 m Meßlänge gelten die Werte der Tabelle 3:

Tabelle 3.

Dicke	Toleranz für Breiten	
	bis 50	über 50
bis 1	5	8
über 1	3	5

Höhere Anforderungen erfordern einen erhöhten Aufwand und sind zu vereinbaren.

4. Werkstoff- und Festigkeitseigenschaften

Kupfer und Kupfer-Knetlegierungen nach DIN 17 670 Blatt 1

Kupfer für die Elektrotechnik nach DIN 40 500 Blatt 1 unter Berücksichtigung der dort angegebenen Abmessungsbereiche.

Tabelle 4. Werkstoffe

| Benennung | Kurzzeichen | | Werkstoffnummer | Dichte | Umrechnungs- |
	neu	bisher		kg/dm^3	faktor
Kupfer	E-Cu57		2.0060	8,9	1
	OF-Cu		2.0040	8,9	1
	SF-Cu		2.0090	8,9	1
	SW-Cu		2.0076	8,9	1
	SE-Cu		2.0070	8,9	1
Kupfer-Zink-Legierungen	CuZn5	Ms95	2.0220	8,9	1
	CuZn10	Ms90	2.0230	8,8	0,989
	CuZn15	Ms85	2.0240	8,8	0,989
	CuZn20	Ms80	2.0250	8,7	0,977
	CuZn28	Ms72	2.0261	8,6	0,966
	CuZn30	Ms70	2.0265	8,5	0,955
	CuZn33	Ms67	2.0280	8,5	0,955
	CuZn36	Ms63	2.0335	8,4	0,944
	CuZn37	Ms63	2.0321	8,4	0,944
	CuZn36Pb1,5	Ms63Pb	2.0331	8,5	0,955
	CuZn37Pb0,5	Ms63Pb	2.0332	8,5	0,955
	CuZn40	Ms60	2.0360	8,4	0,944
	CuZn38Pb1,5	Ms60Pb	2.0371	8,4	0,944
	CuZn39Pb0,5	Ms60Pb	2.0372	8,4	0,944
	CuZn39Pb2	Ms58	2.0380	8,4	0,944
	CuZn40Pb2	Ms58	2.0402	8,4	0,944
	CuZn31Si	SoMs68	2.0490	8,4	0,944
Kupfer-Zinn-Legierungen	CuSn2	SnBz2	2.1010	8,9	1
	CuSn6	SnBz6	2.1020	8,8	0,989
	CuSn8	SnBz8	2.1030	8,8	0,989
	CuSn6Zn	MSnBz6	2.1080	8,8	0,989
Kupfer-Nickel-Zink-Legierungen	CuNi12Zn30Pb	Ns5712Pb	2.0780	8,6	0,966
	CuNi12Zn24	Ns6512	2.0730	8,7	0,977
	CuNi18Zn20	Ns6212	2.0740	8,7	0,977
	CuNi25Zn15	Ns6025	2.0750	8,8	0,989
Kupfer-Nickel-Legierungen	CuNi5Fe	CuNi5Fe	2.0862	8,9	1
	CuNi10Fe	CuNi10Fe	2.0872	8,9	1
	CuNi20Fe	CuNi20Fe	2.0878	8,9	1
	CuNi25	CuNi25	2.0830	8,9	1
	CuNi30Fe	CuNi30Fe	2.0832	8,9	1
	CuNi44	CuNi44	2.0842	8,9	1
Kupfer-Aluminium-Legierungen	CuAl5	AlBz5	2.0916	8,2	0,921
	CuAl8	AlBz8	2.0920	7,7	0,865
	CuAl8Fe	AlBz8Fe	2.0932	7,7	0,865
	CuAl10Ni	AlBz10Ni	2.0966	7,5	0,843
Kupfer-Knetlegierungen niedrig legiert. Nicht aushärtbar.	CuAg0,03		2.1201	8,9	1
	CuAg0,1		2.1203	8,9	1
	CuAg0,1P		2.1191	8,9	1
	CuSi2Mn		2.1522	8,7	0,977
	CuSi3Mn		2.1525	8,5	0,955
Kupfer-Knetlegierungen niedrig legiert. Aushärtbar	CuBe1,7		2.1245	8,4	0,944
	CuBe2		2.1247	8,3	0,932
	CuCoBe		2.1285	8,8	0,989
	CuCr		2.1291	8,9	1
	CuNi1,5Si		2.0853	8,8	0,989
	CuNi2Si		2.0855	8,8	0,989

5. Ausführung

Siehe Technische Lieferbedingungen für Bleche und Bänder aus Kupfer und Kupfer-Knetlegierungen nach DIN 17 670 Blatt 2, aus Kupfer für die Elektrotechnik nach DIN 40 500 Blatt 1.

6. Gewichte und zulässige Gewichtsabweichungen

Das Gewicht in kg/m errechnet sich aus dem Nennmaß der jeweiligen Dicke sowie der Dichte des Werkstoffes. Umrechnungsfaktoren siehe Tabelle 4.

Die zulässige Gewichtsabweichung ergibt sich aus den zulässigen Abweichungen der Nennmaße und den zulässigen Abweichungen in der Zusammensetzung.

7. Lieferart

7.1. Herstellbreiten (Festbreiten für Bänder bis 1000 mm und Bandstreifen bis unter 500 mm) (Vorzugsmaße)

4 5 6 8 10 12 14 16 18 20 22 25 28 32 36 40 45 50 56 63 70 80 90 100 110 125 140 160 180 200 220 250 280 320 360 400 450 500 600 700 1000

7.2. Bänder in Herstellängen

Bis 2 mm Dicke in Rollen von vorzugsweise 300 oder 400 mm Innendurchmesser,

über 2 mm Dicke in Rollen von mindestens 400 mm. Andere Innendurchmesser — z. B. 600 mm — sind zu vereinbaren.

7.3. Bandstreifen

In geraden Herstellängen von vorzugsweise 2000 mm.

Festlängen sind in der Bestellung besonders anzugeben. Zur Kennzeichnung muß dann hinter die Längenangabe das Kennwort „fest" eingefügt werden.

7.4. Bestellbeispiele

für Bänder in Herstellängen:

1000 kg Band von 0,5 mm Dicke und 100 mm Breite in Herstellänge mit einem Rolleninnendurchmesser von 300 mm aus CuZn37 F30:

        1000 kg Band 0,5 x 100 DIN 1791 — CuZn37 F30 Rolleninnendurchmesser 300

oder 1000 kg Band 0,5 x 100 DIN 1791 — 2.0321.10 Rolleninnendurchmesser 300

bisher 1000 kg Band 0,5 x 100 DIN 1791 — Ms63 F30 Rolleninnendurchmesser 300

für Bandstreifen in Herstellängen:

500 kg Bandstreifen von 0,5 mm Dicke, 200 mm Breite und 2000 mm Herstellänge aus CuZn37 F38:

        500 kg Bandstreifen 0,5 x 200 x 2000 DIN 1791 — CuZn37 F38

für Bandstreifen in Festlängen:

500 kg Bandstreifen von 0,5 mm Dicke, 200 mm Breite und 1200 mm Festlänge aus CuZn37 F38:

        500 kg Bandstreifen 0,5 x 200 x 1200 fest DIN 1791 — CuZn37 F38

Hinweise auf weitere Normen

Bleche und Blechstreifen aus Kupfer und Kupfer-Knetlegierungen, kaltgewalzt, Maße, siehe DIN 1751
Bänder und Streifen aus Kupferlegierungen für Blattfedern, Maße, siehe DIN 1777

| Sortierung von Nadelholz nach der Tragfähigkeit
Nadelschnittholz | **DIN**
4074
Teil 1 |

Strength grading of coniferous wood; Coniferous sawn timber   Ersatz für Ausgabe 12.58

Zusammenhang mit einer beim Europäischen Komitee für Normung (CEN) in Vorbereitung befindlichen Norm, siehe Erläuterungen.

Maße in mm

1 Anwendungsbereich und Zweck

Diese Norm gilt für Nadelschnitthölzer, deren Querschnitte nach der Tragfähigkeit zu bemessen sind.

Sie legt Sortiermerkmale und -klassen als Voraussetzung für die Anwendung von Rechenwerten für den Standsicherheitsnachweis nach z. B. DIN 1052 Teil 1 oder DIN 1074 fest. Nach zwei Verfahren kann sortiert werden:

- visuell (nach Abschnitt 5).
- maschinell (nach Abschnitt 6).

Für bestimmte Verwendungszwecke des Holzes gelten spezielle Normen bezüglich der Sortierung nach der Tragfähigkeit: DIN 68 362 und DIN 4568 Teil 2 für Holzleitern, DIN 15 147 für Flachpaletten.

2 Begriffe

2.1 Schnittholz

Holzerzeugnis von mindestens 6 mm Dicke, das durch Sägen oder Spanen von Rundholz parallel zur Stammachse hergestellt wird. Dabei wird nach Tabelle 1 unterschieden:

Tabelle 1. **Schnittholzeinteilung**

	Dicke d bzw. Höhe h	Breite b
2.1.1 Latte	$d \leq 40$	$b < 80$
2.1.2 Brett[1]	$d \leq 40$	$b \geq 80$
2.1.3 Bohle[1]	$d > 40$	$b > 3\,d$
2.1.4 Kantholz einschließlich Kreuzholz (Rahmen) und Balken	$b \leq h \leq 3\,b$	$b > 40$

[1]) Vorwiegend hochkant biegebeanspruchte Bretter und Bohlen sind wie Kantholz zu sortieren.

Anmerkung: Die Definitionen der Schnitthölzer in DIN 68 252 Teil 1 und DIN 68 365 sind nicht einheitlich und decken nicht alle Querschnitte ab.

2.2 Holzfeuchte

2.2.1 Mittlere Holzfeuchte bedeutet nach dieser Norm Mittelwert der Feuchte eines Holzquerschnitts.

Anmerkung: Holzfeuchte in %, bezogen auf die Darrmasse, Bestimmung nach DIN 52 183.

2.2.2 Schnittholz gilt als

a) **frisch,** wenn es eine mittlere Holzfeuchte von über 30 % hat (bei Querschnitten über 200 cm² über 35 %),

b) **halbtrocken,** wenn es eine mittlere Holzfeuchte von über 20 % und von höchstens 30 % hat (bei Querschnitten über 200 cm² höchstens 35 %),

c) **trocken,** wenn es eine mittlere Holzfeuchte bis 20 % hat.

Anmerkung: Eine mittlere Holzfeuchte bis 20 % kann kurzfristig nur durch technische Trocknung erreicht werden. Eine mittlere Holzfeuchte unter 15 % ist in der Regel nur durch technische Trocknung zu erreichen.

2.3 Sollquerschnitt

Der Sollquerschnitt bezieht sich auf eine mittlere Holzfeuchte von 30 %.

Anmerkung: Als mittleres Schwind-/Quellmaß für die Querschnittsmaße Breite und Dicke bzw. Höhe ist ein Rechenwert von 0,24 % je 1 % Holzfeuchteänderung anzunehmen.

3 Bezeichnung

Bezeichnung eines Kantholzes Sortierklasse S 10, aus Fichte (FI):

Kantholz DIN 4074 – S 10 – FI

4 Sortiermerkmale

4.1 Baumkante

Die Breite k der Baumkante wird schräg gemessen und als Bruchteil K der größeren Querschnittsseite angegeben (siehe Bild 1).

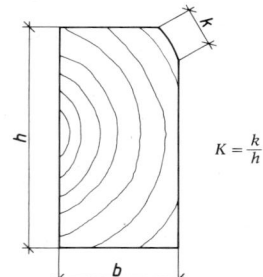

$$K = \frac{k}{h}$$

Bild 1. Messung und Berechnung der Baumkante

Fortsetzung Seite 2 bis 7

Normenausschuß Holzwirtschaft und Möbel (NHM) im DIN Deutsches Institut für Normung e.V.
Normenausschuß Bauwesen (NABau) im DIN
Normenausschuß Maschinenbau (NAM) im DIN

4.2 Äste

4.2.1 Allgemeines

Zwischen verwachsenen und nicht verwachsenen Ästen wird nicht unterschieden. Astlöcher werden im Sinne dieser Norm mit Ästen gleichgesetzt. Astrinde wird dem Ast hinzugerechnet.

4.2.2 Äste in Kanthölzern

4.2.2.1 Maßgebend ist der kleinste sichtbare Durchmesser d der Äste. Bei angeschnittenen Ästen gilt die Bogenhöhe (siehe d_1 in Bild 2), wenn diese kleiner als der Durchmesser ist.

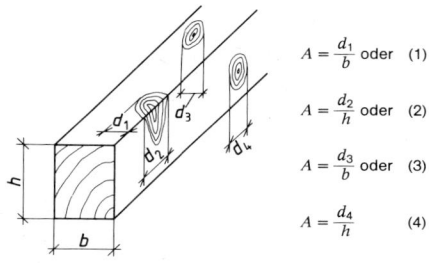

$$A = \frac{d_1}{b} \quad \text{oder} \quad (1)$$

$$A = \frac{d_2}{h} \quad \text{oder} \quad (2)$$

$$A = \frac{d_3}{b} \quad \text{oder} \quad (3)$$

$$A = \frac{d_4}{h} \quad (4)$$

Bild 2.   Messung und Berechnung der Ästigkeit in Kanthölzern

4.2.2.2 Die Ästigkeit A berechnet sich aus dem nach Abschnitt 4.2.2.1 bestimmten Durchmesser d geteilt durch das Maß b bzw. h der zugehörigen Querschnittsseite (siehe Bild 2). Maßgebend ist der größte Ast.

4.2.3 Äste in Brettern, Bohlen und Latten[1])

4.2.3.1 Äste werden kantenparallel und dort gemessen, wo der Astquerschnitt zutage tritt. Der auf einer inneren (rechten) Seite sichtbare Teil eines Kantenastes (a_3 in Bild 3) bleibt unberücksichtigt, wenn das auf der Schmalseite vorhandene Astmaß (a_3), auf die Schmalseite bezogen, die in Ziffer 2.1 der Tabelle 3 angegebenen Werte nicht überschreitet.

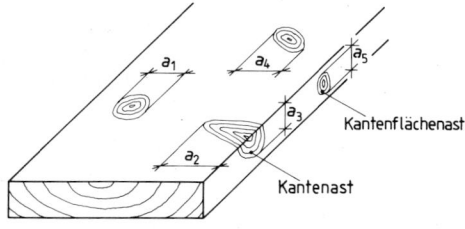

Bild 3.   Messung der Äste in Brettern, Bohlen und Latten

4.2.3.2 Als Sortiermerkmale sind zwei Kriterien zu berücksichtigen

– Einzelast: Die Ästigkeit A berechnet sich aus der Summe der nach Abschnitt 4.2.3.1 bestimmten Astmaße a auf allen Schnittflächen, auf denen der Ast auftritt, geteilt durch das doppelte Maß der Breite b (siehe Bild 4).

– Astansammlung: Die Ästigkeit A berechnet sich aus der Summe der nach Abschnitt 4.2.3.1 bestimmten Astmaße a aller Astschnittflächen, die sich überwiegend innerhalb einer Meßlänge von 150 mm befinden, geteilt durch das doppelte Maß der Breite b (siehe Bild 5). Astmaße, die sich überlappen, werden nur einfach berücksichtigt. Äste, deren kleinster Durchmesser an keiner Schnittfläche 5 mm übersteigt, bleiben unberücksichtigt.

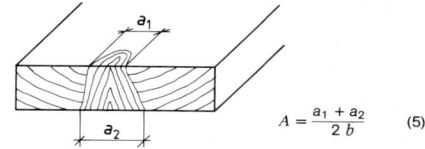

$$A = \frac{a_1 + a_2}{2\,b} \quad (5)$$

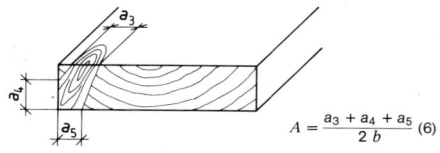

$$A = \frac{a_3 + a_4 + a_5}{2\,b} \quad (6)$$

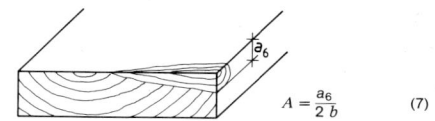

$$A = \frac{a_6}{2\,b} \quad (7)$$

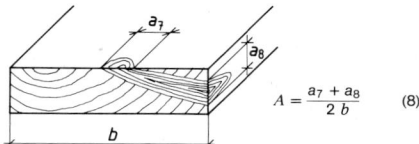

$$A = \frac{a_7 + a_8}{2\,b} \quad (8)$$

Bild 4.   Berechnung der Ästigkeit A beim Einzelast

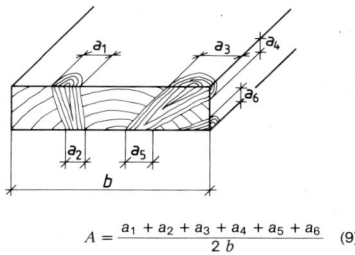

$$A = \frac{a_1 + a_2 + a_3 + a_4 + a_5 + a_6}{2\,b} \quad (9)$$

Bild 5. Berechnung der Ästigkeit A bei Astansammlung

4.3 Jahrringbreite

Die Jahrringbreite wird in radialer Richtung in mm gemessen. Bei Schnitthölzern, die Mark enthalten, bleibt ein Bereich von 25 mm, ausgehend von der Markröhre, außer Betracht.

Es gilt die mittlere Jahrringbreite nach DIN 52 181.

---

[1]) Vorwiegend hochkant biegebeanspruchte Bretter und Bohlen sind wie Kantholz zu sortieren.

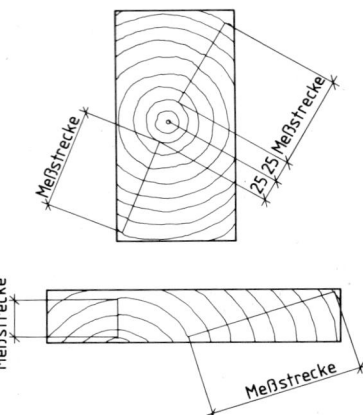

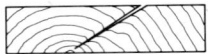 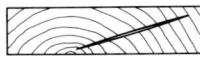

Bild 8.   Frostriß   Bild 9.   Blitzriß

4.5.4 Schwindrisse (Trockenrisse) sind radial gerichtete Risse, die als Folge der Holztrocknung am gefällten Stamm bzw. am Schnittholz entstehen.

Anmerkung: Übliche Schwindrisse beeinträchtigen die Tragfähigkeit nicht.

4.6 Verfärbungen

Als Verfärbung gilt die Veränderung der natürlichen Holzfarbe.

4.6.1 Bläue entsteht durch Befall mit Bläuepilzen. Bläuepilze leben von Inhaltsstoffen. Sie greifen die Zellwände nicht an und sind daher ohne Einfluß auf die Festigkeitseigenschaften.

4.6.2 Braune und rote Streifen werden durch Pilzbefall hervorgerufen. Eine Festigkeitsminderung liegt in der Regel noch nicht vor, solange sie nagelfest sind, also die Härte des Holzes nicht erkennbar vermindert ist. Bei trockenem Holz ist eine weitere Ausdehnung des Befalls nicht möglich.

4.6.3 Rot- und Weißfäule stellen einen fortgeschrittenen Befall durch holzzerstörende Pilze dar. Sie sind an einer fleckigen Verfärbung und reduzierter Oberflächenhärte zu erkennen.

4.7 Druckholz

Druckholz wird im lebenden Baum als Reaktion auf äußere Beanspruchungen gebildet und ist durch eine vom üblichen Holz verschiedene Struktur gekennzeichnet. In mäßigem Umfang ist Druckholz ohne wesentlichen Einfluß auf die Festigkeitseigenschaften, kann aber wegen des ausgeprägten Längsschwindverhaltens eine erhebliche Krümmung des Schnittholzes verursachen.

4.8 Insektenfraß

Stehende Bäume und frisches Rundholz können von sogenannten Frischholzinsekten befallen werden. Der Befall ist auf der Holzoberfläche an den Fraßgängen (Bohrlöchern) zu erkennen. Bohrlöcher mit einem Durchmesser bis 2 mm rühren vom holzbrütenden Borkenkäfer (Trypodendron lineatum; Synonym: Xyloterus lineatus) her. Sie sind in dem bisher festgestellten Ausmaß ohne praktischen Einfluß auf die Festigkeitseigenschaften. Eine Ausdehnung des Befalls ist in trockenem Holz nicht möglich.

4.9 Mistelbefall

Mistel (Viscum album) ist eine auf Bäumen wachsende Halbschmarotzerpflanze, deren Senkerwurzeln im Holz des Wirtsbaumes Löcher hinterlassen. Senkerlöcher (etwa 5 mm Durchmesser) liegen in den betroffenen Schnitthölzern meist dicht beisammen und verursachen dann eine enge Durchlöcherung.

4.10 Krümmung

4.10.1 Das in radialer und tangentialer Richtung unterschiedliche Schwindmaß kann zu einer Querkrümmung (Schüsselung), Drehwuchs und Druckholz können zu einer Längskrümmung und Verdrehung des Schnittholzes führen. Die Krümmung hängt wesentlich von der Holzfeuchte ab. Sie ist bei frischem Schnittholz in der Regel noch nicht zu erkennen und erreicht ihr größtes Ausmaß erst, wenn das Holz getrocknet ist.

4.10.2 Verdrehung und Längskrümmung werden berechnet als Pfeilhöhe h an der Stelle der größten Verformung, bezogen auf 2000 mm Meßlänge.

Bild 6.   Maßgebender Bereich für die Bestimmung der Jahrringbreite

4.4 Faserneigung

Die Faserneigung wird berechnet als Abweichung „e" der Fasern auf 1000 mm Länge. Örtliche Faserabweichungen, wie sie z. B. von Ästen hervorgerufen werden, bleiben unberücksichtigt. Die Faserneigung wird nach Augenschein, Schwindrissen, dem Jahrringverlauf oder mit Hilfe eines geeigneten Ritzgerätes (siehe DIN 52 181) gemessen.

Anmerkung: Drehwuchs ist in frischem Zustand schwer zu erkennen.

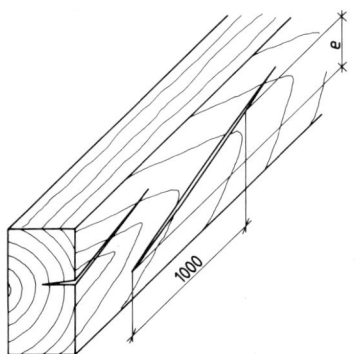

Bild 7.   Bestimmung der Faserneigung nach Schwindrissen

4.5 Risse

4.5.1 Unterschieden wird zwischen Blitz- und Frostrissen, Ringschäle sowie Schwindrissen (Trockenrissen).

4.5.2 Blitz- und Frostrisse sind radial gerichtete Risse, die am stehenden Baum entstehen. Sie sind an einer Nachdunkelung des angrenzenden Holzes und Frostrisse zusätzlich an einer örtlichen Krümmung der Jahrringe zu erkennen.

4.5.3 Unter Ringschäle wird ein Riß verstanden, der den Jahrringen folgt.

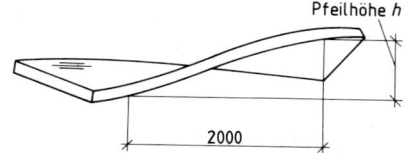

Bild 10.   Verdrehung von Schnittholz

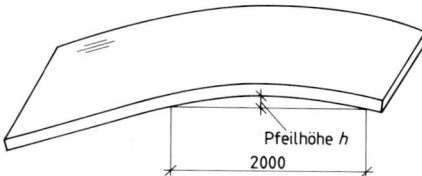

Bild 11.   Längskrümmung von Schnittholz-Krümmung in Richtung der Dicke

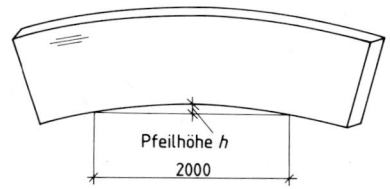

Bild 13.   Längskrümmung von Schnittholz-Krümmung in Richtung der Breite

4.10.3 Querkrümmung wird berechnet als Pfeilhöhe h bezogen auf die Breite des Schnittholzes.

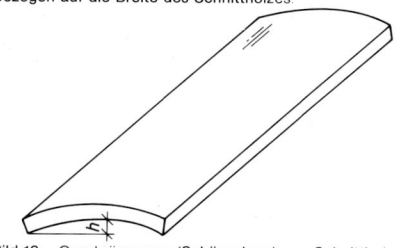

Bild 12.   Querkrümmung (Schüsselung) von Schnittholz

4.11   Markröhre

Die Markröhre ist die zentrale Röhre im Stamm innerhalb des ersten Jahrringes.

5   Visuelle Sortierung

5.1   Sortierklassen (S)

Nach visuell feststellbaren Merkmalen werden drei Klassen unterschieden

- Klasse S 7: Schnittholz mit geringer Tragfähigkeit

- Klasse S 10: Schnittholz mit üblicher Tragfähigkeit

- Klasse S 13: Schnittholz mit überdurchschnittlicher Tragfähigkeit

5.2   Anforderungen

5.2.1   Sortierkriterien

Die Anforderungen an Kantholz sind aus Tabelle 2, die Anforderungen an Bretter, Bohlen und Latten aus Tabelle 3 zu entnehmen.

Anmerkung: Sonstige Schäden, wie z. B. mechanische Schädigung oder extremer Rindeneinschluß, sind sinngemäß zu berücksichtigen.

5.2.2   Maßhaltigkeit

Abweichungen von den vorgesehenen Querschnittsmaßen nach unten sind, bezogen auf eine mittlere Holzfeuchte von 30 %, zulässig bis 3 % bei 10 % der Menge.

5.2.3   Toleranzen

Bei nachträglicher Inspektion einer Lieferung sortierten Holzes sind ungünstige Abweichungen von den geforderten Grenzwerten zulässig bis 10 % bei 10 % der Menge.

5.3   Kennzeichnung

Schnitthölzer der Sortierklasse S 13 sind dauerhaft, eindeutig und deutlich zu kennzeichnen. Hierbei muß die Kennzeichnung angeben

- Sortierklasse

- Name des Betriebes, in dem sortiert wurde

- Name des ausführenden Sortierers

99

Tabelle 2. **Sortierkriterien für Kanthölzer bei der visuellen Sortierung**

Sortiermerkmale (siehe Abschnitt 4)	Sortierklassen		
	S 7	S 10	S 13
1. Baumkante	alle vier Seiten müssen durchlaufend vom Schneidwerkzeug gestreift sein	bis ⅓, in jedem Querschnitt muß mindestens ⅓ jeder Querschnittsseite von Baumkante frei sein	bis ⅛, in jedem Querschnitt muß mindestens ⅔ jeder Querschnittsseite von Baumkante frei sein
2. Äste	bis ⅗	bis ⅖ nicht über 70	bis ⅕ nicht über 50
3. Jahrringbreite – im allgemeinen – bei Douglasie	– –	bis 6 bis 8	bis 4 bis 6
4. Faserneigung	bis 200 mm/m	bis 120 mm/m	bis 70 mm/m
5. Risse – radiale Schwindrisse (= Trockenrisse) – Blitzrisse Frostrisse Ringschäle	zulässig nicht zulässig	zulässig nicht zulässig	zulässig nicht zulässig
6. Verfärbungen – Bläue – nagelfeste braune und rote Streifen – Rotfäule Weißfäule	zulässig bis zu ⅗ des Querschnitts oder der Oberfläche zulässig nicht zulässig	zulässig bis zu ⅖ des Querschnitts oder der Oberfläche zulässig nicht zulässig	zulässig bis zu ⅕ des Querschnitts oder der Oberfläche zulässig nicht zulässig
7. Druckholz	bis zu ⅗ des Querschnitts oder der Oberfläche zulässig	bis zu ⅖ des Querschnitts oder der Oberfläche zulässig	bis zu ⅕ des Querschnitts oder der Oberfläche zulässig
8. Insektenfraß	Fraßgänge bis 2 mm Durchmesser von Frischholzinsekten zulässig		
9. Mistelbefall	nicht zulässig	nicht zulässig	nicht zulässig
10. Krümmung – Längskrümmung, Verdrehung	bis 15 mm/2 m	bis 8 mm/2 m	bis 5 mm/2 m

Tabelle 3. **Sortierkriterien für Bohlen, Bretter und Latten bei der visuellen Sortierung[1])**

Sortiermerkmale (siehe Abschnitt 4)	Sortierklassen		
	S 7	S 10	S 13
1. Baumkante	alle vier Seiten müssen durchlaufend vom Schneidwerkzeug gestreift sein	bis ⅓, in jedem Querschnitt muß mindestens ⅓ jeder Querschnittsseite von Baumkante frei sein	bis ⅛, in jedem Querschnitt muß mindestens ⅔ jeder Querschnittsseite von Baumkante frei sein
2. Äste 2.1 Einzellast	bis ½	bis ⅓ Kantenflächenäste nach DIN 68 256, die sich über ⅓ der Breite erstrecken, sind nicht zulässig	bis ⅕
2.2 Astansammlung	bis ⅔	bis ½	bis ⅓
3. Jahrringbreite – im allgemeinen – bei Douglasie	– –	bis 6 bis 8	bis 4 bis 6
4. Faserneigung	bis 200 mm/m	bis 120 mm/m	bis 70 mm/m
5. Risse – radiale Schwindrisse (= Trockenrisse) – Blitzrisse Frostrisse Ringschäle	zulässig nicht zulässig	zulässig nicht zulässig	zulässig nicht zulässig
6. Verfärbungen – Bläue – nagelfeste braune und rote Streifen – Rotfäule Weißfäule	zulässig bis zu ⅗ des Querschnitts oder der Oberfläche zulässig nicht zulässig	zulässig bis zu ⅖ des Querschnitts oder der Oberfläche zulässig nicht zulässig	zulässig bis zu ⅕ des Querschnitts oder der Oberfläche zulässig nicht zulässig
7. Druckholz	bis zu ⅗ des Querschnitts oder der Oberfläche zulässig	bis zu ⅖ des Querschnitts oder der Oberfläche zulässig	bis zu ⅕ des Querschnitts oder der Oberfläche zulässig
8. Insektenfraß	Fraßgänge bis 2 mm Durchmesser von Frischholzinsekten zulässig		
9. Mistelbefall	nicht zulässig	nicht zulässig	nicht zulässig
10. Krümmung – Längskrümmung, Verdrehung	bis 15 mm/2 m	bis 8 mm/2 m	bis 5 mm/2 m
– Querkrümmung	bis 1/20	bis 1/30	bis 1/50
11. Markröhre	zulässig	zulässig	nicht zulässig

[1]) Vorwiegend hochkant biegebeanspruchte Bretter und Bohlen sind wie Kantholz zu sortieren.

6   Maschinelle Sortierung

6.1   Allgemeines

Schnittholz nach dieser Norm darf maschinell nur mit einer nach DIN 4074 Teil 3 geprüften und registrierten Sortiermaschine sortiert werden. Die Registrierung wird durch die Berechtigung zum Führen des DIN-Prüf- und Überwachungszeichens in Verbindung mit der zugehörigen Registernummer nachgewiesen (siehe DIN 4074 Teil 3).

Betriebe, die Schnittholz nach dieser Norm maschinell sortieren, müssen den Nachweis erbringen, daß ihre Werkseinrichtung und ihr Fachpersonal nach DIN 4074 Teil 4 überprüft wurden. Der Nachweis gilt als erbracht, wenn eine Eignungsbescheinigung nach DIN 4074 Teil 4 ausgestellt ist.

6.2   Sortierklassen (MS)

Nach maschinell zu ermittelnden Eigenschaften und zusätzlichen visuellen Sortiermerkmalen (siehe Tabelle 4) werden vier Klassen unterschieden

– Klasse MS 7: Schnittholz mit geringer Tragfähigkeit
– Klasse MS 10: Schnittholz mit üblicher Tragfähigkeit
– Klasse MS 13: Schnittholz mit überdurchschnittlicher Tragfähigkeit
– Klasse MS 17: Schnittholz mit besonders hoher Tragfähigkeit

6.3   Anforderungen

6.3.1   Sortierkriterien

Für die Anforderungen an Nadelschnittholz der jeweiligen Klasse gelten Abschnitt 6.4 und Tabelle 4.

6.3.2   Maßhaltigkeit

Abweichungen von den vorgesehenen Querschnittsmaßen nach unten sind, bezogen auf eine Holzfeuchte von 30 %, zulässig bis 1,5 %. Größere Einzelabweichungen nach unten sind in den Klassen MS 17 und MS 13 unzulässig, in den Klassen MS 10 und MS 7 zulässig bis 3 % bei 10 % der Menge.

6.3.3   Toleranzen

Bei nachträglicher Inspektion einer Lieferung sortierten Holzes sind ungünstige Abweichungen von den geforderten, visuell festzustellenden Grenzwerten zulässig bis 10 % bei 10 % der Menge.

6.4   Sortiermaschine

Für die Anforderungen an die Prüfergebnisse der Sortiermaschinen nach Abschnitt 6.1 und die gegebenenfalls verlangten, maschinenspezifisch erforderlichen, visuellen Zusatzkontrollen gelten die in deren Registrierbescheiden in Abhängigkeit von den Sortierklassen angegebenen Werte.

6.5   Kennzeichnung maschinell sortierten Schnittholzes

Schnitthölzer der Sortierklassen MS 7 bis MS 17 sind dauerhaft, eindeutig und deutlich zu kennzeichnen. Hierbei muß die Kennzeichnung angeben

– Sortierklasse
– Name des Betriebes, in dem sortiert wurde
– Typ der Maschine, mit der sortiert wurde
– Name des ausführenden Sortierers.

Tabelle 4.   Zusätzliche Sortierkriterien für Schnittholz bei der maschinellen Sortierung

Sortiermerkmale (siehe Abschnitt 4)	Sortierklassen			
	MS 7	MS 10	MS 13	MS 17
1. Baumkante	alle vier Seiten müssen durchlaufend vom Schneidwerkzeug gestreift sein	bis $\frac{1}{3}$, in jedem Querschnitt muß mindestens $\frac{1}{3}$ jeder Querschnittsseite von Baumkante frei sein	bis $\frac{1}{8}$, in jedem Querschnitt muß mindestens $\frac{2}{3}$ jeder Querschnittsseite von Baumkante frei sein	bis $\frac{1}{8}$, in jedem Querschnitt muß mindestens $\frac{2}{3}$ jeder Querschnittsseite von Baumkante frei sein
5. Risse				
– radiale Schwindrisse (= Trockenrisse)	zulässig	zulässig	zulässig	zulässig
– Blitzrisse Frostrisse Ringschäle	nicht zulässig	nicht zulässig	nicht zulässig	nicht zulässig
6. Verfärbungen				
– Bläue	zulässig	zulässig	zulässig	zulässig
– nagelfeste braune und rote Streifen	bis $\frac{3}{5}$ des Querschnitts oder der Oberfläche	bis $\frac{2}{5}$ des Querschnitts oder der Oberfläche	bis $\frac{1}{5}$ des Querschnitts oder der Oberfläche	bis $\frac{1}{5}$ des Querschnitts oder der Oberfläche
– Rotfäule Weißfäule	nicht zulässig	nicht zulässig	nicht zulässig	nicht zulässig
8. Insektenfraß	Fraßgänge bis 2 mm Durchmesser von Frischholzinsekten zulässig			
9. Mistelbefall	nicht zulässig	nicht zulässig	nicht zulässig	nicht zulässig
10. Krümmung				
– Längskrümmung, Verdrehung	bis 15 mm/2 m	bis 8 mm/2 m	bis 5 mm/2 m	bis 5 mm/2 m

Zitierte Normen

DIN 1052 Teil 1	Holzbauwerke; Berechnung und Ausführung
DIN 1074	Holzbrücken; Berechnung und Ausführung
DIN 4074 Teil 3	Sortierung von Nadelholz nach der Tragfähigkeit; Sortiermaschinen, Anforderungen und Prüfung
DIN 4074 Teil 4	Sortierung von Nadelholz nach der Tragfähigkeit; Nachweis der Eignung zur maschinellen Schnittholzsortierung
DIN 4568 Teil 2	Leitern; Anforderungen, Prüfung
DIN 15 147	Flachpaletten aus Holz; Gütebedingungen
DIN 52 181	Bestimmung der Wuchseigenschaften von Nadelschnittholz
DIN 52 183	Prüfung von Holz; Bestimmung des Feuchtigkeitsgehaltes
DIN 68 252 Teil 1	Begriffe für Schnittholz; Form und Maße
DIN 68 256	Gütemerkmale von Schnittholz; Begriffe
DIN 68 362	Holz für Leitern; Gütebedingungen
DIN 68 365	Bauholz für Zimmerarbeiten; Gütebedingungen

Frühere Ausgaben

DIN 4074: 03.39
DIN 4074 Teil 1: 12.58

Änderungen

Gegenüber der Ausgabe Dezember 1958 wurden folgende Änderungen vorgenommen:
a) Die Norm wurde vollständig überarbeitet.
b) Statt der bisherigen „Güteklassen" wird jetzt in „Sortierklassen" eingeteilt; Bezeichnung entsprechend geändert.
c) Zusätzlich zu der visuellen Sortierung wurde die maschinelle Sortierung aufgenommen.
d) Für maschinell zu sortierendes Holz wurde die Sortierklasse MS 17 aufgenommen.

Erläuterungen

Diese Norm wurde erarbeitet vom Arbeitsausschuß NHM-1.7 „Bauholz, Güte".
Die Überarbeitung und Anpassung an den Stand der Technik war u.a. auch aus sicherheitsrelevanten Gründen dringend erforderlich. Die Neuausgabe der Norm stimmt in allen wesentlichen Punkten mit der z.Z. von CEN/TC 124 erarbeiteten EN-Norm überein. Ihre Veröffentlichung erfolgt in Übereinstimmung mit Abschnitt 6.2.3 der Geschäftsordnung, Teil 2, des CEN/CENELEC.
Die Klassen S 7, S 10, S 13 bzw. MS 7, MS 10, MS 13 entsprechen den früheren und in DIN 1052 Teil 1 bis Teil 3, Ausgabe 04.88, aufgeführten Güteklassen III, II, I.

Internationale Patentklassifikation

B 07 B 5/00
G 01 N 33/46
G 01 B

Bauholz für Holzbauteile

Gütebedingungen
für Baurundholz (Nadelholz)

DIN
4074
Blatt 2

Mit Blatt 1 Ersatz für DIN 4074

1. Geltungsbereich

Diese Gütebedingungen gelten für die Auslese und den Einbau der Baurundhölzer (Nadelholz außer Weymouth-kiefer), deren Querschnitte nach der Tragfähigkeit bemessen werden [1]), vgl. DIN 1052 „Holzbauwerke; Berechnung und Ausführung" und DIN 1074 „Holzbrücken; Berechnung und Ausführung". Für andere Baurundhölzer sind die Gütebedingungen in DIN 68 365 „Bauholz für Zimmerarbeiten; Gütebedingungen" maßgebend.

Im eingebauten Zustand müssen Baurundhölzer von Rinde und Bast befreit sein.

2. Feuchtigkeitsgehalt

2.1 Bauholz gilt als

2.11 t r o c k e n , wenn es einen mittleren Feuchtigkeitsgehalt von höchstens 20% hat,

2.12 h a l b t r o c k e n , wenn es einen mittleren Feuchtigkeitsgehalt von höchstens 30%, bei Querschnitten über 200 cm² von höchstens 35% hat,

2.13 f r i s c h , ohne Begrenzung des Feuchtigkeitsgehaltes.

2.2 Die Feuchtigkeitsprozentsätze beziehen sich auf das Darrgewicht der Hölzer.

2.3 Maßgebend ist im allgemeinen das Ergebnis der Messung mit einem amtlich geprüften bzw. für die Messung an Bauhölzern zugelassenen Feuchtigkeitsmeßgerät. In Zweifels- oder Schiedsfällen muß jedoch der Feuchtigkeitsgehalt nach der Darrmethode gemäß DIN 52 183 „Prüfung von Holz, Bestimmung des Feuchtigkeitsgehaltes" ermittelt werden.

---

[1]) „Bauholz für Holzbauteile; Gütebedingungen für Bauschnittholz (Nadelholz)" siehe DIN 4074 Blatt 1.

3. Einteilung nach Güteklassen

3.1 Nach den Güteeigenschaften werden drei Güteklassen unterschieden:

Güteklasse I   Baurundholz mit besonders hoher Tragfähigkeit

Güteklasse II   Baurundholz mit gewöhnlicher Tragfähigkeit

Güteklasse III   Baurundholz mit geringer Tragfähigkeit.

Die Anforderungen an die Hölzer der drei Güteklassen sind aus der Tabelle Seite 2 und 3 zu entnehmen [2]).

Baurundholz der Güteklasse I ist an sichtbar bleibender Stelle deutlich und einheitlich zu kennzeichnen. Hierbei muß durch das Kennzeichen erkennbar sein, wer das Holz ausgesucht hat und welcher Teil zum ausgesuchten Holz gehört (vgl. DIN 1052, Einführungserlaß vom 31. 12. 1943).

3.2 Die Hölzer brauchen die Bedingungen der vorgesehenen Güteklasse jeweils nur auf dem Teil der Länge zu erfüllen, an dem die entsprechenden Spannungen — gemäß Spannungsberechnung [2]) — auftreten. Außerdem ist ein beiderseitiger Sicherheitszuschlag des 1½fachen des größten Querschnittsmaßes zu berücksichtigen.

Knickstäbe der Güteklasse I brauchen die entsprechenden Gütebedingungen für Schlankheitsgrade $\lambda \leq 100$ nur auf den mittleren ¾ der Knicklänge, für $\lambda \geq 100$ nur auf der mittleren Hälfte der Knicklänge zu erfüllen. Außerhalb dieser Bereiche genügen die Bedingungen der Güteklasse II.

---

[2]) Die zulässigen Spannungen für die Hölzer der drei Güteklassen sind in DIN 1052 „Holzbauwerke, Berechnung und Ausführung" und DIN 1074 „Holzbrücken, Berechnung und Ausführung" festgelegt.

Fortsetzung Seite 2 und 3

Arbeitsgruppe Einheitliche Technische Baubestimmungen (ETB)
des Fachnormenausschusses Bauwesen im Deutschen Normenausschuß (DNA)
Fachnormenausschuß Holz im DNA

Bedingungen der Güteklassen I bis III				
1	2	3	4	5
Einteilung der Güteklassen	Güteklasse I [3]) Baurundholz mit besonders hoher Tragfähigkeit	Güteklasse II [3]) Baurundholz mit gewöhnlicher Tragfähigkeit	Güteklasse III [3]) Baurundholz mit geringer Tragfähigkeit	Bemessungsbeispiele
1. Allgemeine Beschaffenheit a) Hölzer ohne Schutzbehandlung (Verwendung nur unter Dach bzw. an Stellen, wo die Hölzer im Sinne von Abschnitt 2.11 trocken bleiben) [4])	**zulässig:** Bläue, **unzulässig:** Blitzrisse, Frostrisse, Insektenfraß (Bohrlöcher), Mistelbefall, Ringschäle, Rotfäule, braune und rote Streifen, Weißfäule	**zulässig:** Bläue, nagelfeste braune und rote Streifen [5]) **unzulässig:** Blitzrisse, Frostrisse, Insektenfraß (Bohrlöcher), Mistelbefall, Ringschäle, Rotfäule, Weißfäule		
b) Hölzer mit Holzschutz gemäß DIN 68 800 (Verwendung auch im Freien sowie in Räumen mit hoher Luftfeuchtigkeit) [4])	**zulässig:** Bläue, nagelfeste braune und rote Streifen [5]) **unzulässig:** Blitzrisse, Frostrisse, Insektenbefall Mistelbefall, Ringschäle, Rotfäule, Weißfäule	**zulässig:** Bläue, Insektenfraß an der Oberfläche, nagelfeste braune und rote Streifen [5]) **unzulässig:** Blitzrisse, Frostrisse, Mistelbefall, Ringschäle, Rotfäule, Weißfäule	**zulässig:** Bläue, Blitzrisse [6]), Frostrisse [6]), Insektenfraß (Bohrlöcher), Mistelbefall, Ringschäle, nagelfeste braune und rote Streifen [5]) **unzulässig:** lebende Larven und Eier von Insekten im Holz, Rotfäule, Weißfäule	
2. Feuchtigkeitsgehalt	Das Holz darf beim Einbau halbtrocken sein, aber nur dort, wo es bald auf den trockenen Zustand für dauernd zurückgehen kann. Für Sonderfälle (Wasserbauhölzer u. a.) gelten die Festlegungen in DIN 1052 und DIN 1074.			
3. Mindestwichte (Mindestraumgewicht)	Mindestwichte (Mindestraumgewicht) bei 20% Feuchtigkeitsgehalt in kg/dm³ Probekörper astfrei / mit Ästen Fichte und Tanne 0,38 / 0,40 Kiefer und Lärche 0,42 / 0,45	—	—	
4. Jahrringbreite [7])	Ringbreiten über 4 mm sind höchstens bei der Hälfte des Querschnitts zulässig	—	—	

[3]) Die für Zug- und Biegestäbe geltenden zulässigen Beanspruchungen werden in DIN 1052 nachgetragen.
[4]) Siehe hierzu DIN 52 175 „Holzschutz; Grundlagen, Begriffe" sowie DIN 68 800 „Holzschutz im Hochbau".
[5]) In der Breite nicht größer als die für die betreffende Güteklasse zulässigen Einzeläste.
[6]) Die Querschnittsminderung durch nicht mehr nagelfeste Teile darf nicht größer sein als diejenige durch die für diese Güteklasse zugelassenen Äste.
[7]) Bestimmung der Wuchseigenschaften nach DIN 52 181 „Prüfung von Holz, Bestimmung der Wuchseigenschaften".

Bedingungen der Güteklassen I bis III

1	2	3	4	5
Einteilung der Güteklassen	**Güteklasse I** [3]) Baurundholz mit besonders hoher Tragfähigkeit	**Güteklasse II** [3]) Baurundholz mit gewöhnlicher Tragfähigkeit	**Güteklasse III** [3]) Baurundholz mit geringer Tragfähigkeit	Bemessungsbeispiele
5. Äste **5.1** Einzeläste Durchmesser des einzelnen Astes im Verhältnis zum Durchmesser des Rundholzes	bis $1/6$	bis $1/4$	bis $2/5$	 Verhältniszahl: $\dfrac{a}{d}$
5.2 Astansammlung Summe der Astdurchmesser auf einer Fläche von 150 mm Länge und der Breite entsprechend einem Viertel des Umfanges im Verhältnis zum Durchmesser des Rundholzes [8])	bis $1/3$	bis $1/2$	bis $3/5$	 Verhältniszahl: $\dfrac{a_1 + a_2 + a_3}{d}$
6. Krümmung Zulässige Pfeilhöhe a) auf 2 m Meßlänge an der Stelle der größten Krümmung	10 mm	15 mm	20 mm	
b) bezogen auf die Gesamtlänge l bei Hölzern für Biegeglieder	$1/200$	$1/100$	–	
Druckglieder	$1/300$	$1/200$	–	

[3]) Siehe Seite 2
[8]) Jeweils an der ungünstigsten Stelle gemessen.

Kunststoff-Formmassen ## Weichmacherfreie Polyvinylchlorid(PVC-U)-Formmassen Einteilung und Bezeichnung	**DIN** **7748** Teil 1

Plastic moulding materials; unplasticized polyvinyl chloride (PVC-U) moulding materials; classification and designation   Ersatz für Ausgabe 07.79

Zusammenhang mit dem von der International Organization for Standardization (ISO) herausgegebenen Internationalen Norm-Entwurf ISO/DIS 1163/1 – 1984, siehe Erläuterungen.

1 Anwendungsbereich und Zweck

In dieser Norm wird ein System für die Einteilung und Bezeichnung von weichmacherfreien Polyvinylchlorid(PVC-U)-Formmassen[1]) nach dem chemischen Aufbau, der hauptsächlichen Anwendung, der Lieferform, den wesentlichen Additiven und **kennzeichnenden Eigenschaften** festgelegt.

Das Bezeichnungssystem erfaßt nicht alle Eigenschaften. Darum sind Formmassen, die nach dieser Norm die gleiche Bezeichnung erhalten, nicht in jedem Fall austauschbar.

Für viele Anwendungen und Verarbeitungsverfahren sind weitere Eigenschaften von Bedeutung, über deren Werte besondere Vereinbarungen zwischen Lieferer und Abnehmer zu treffen sind. Für die Bestimmung der kennzeichnenden sowie dieser weiteren Eigenschaften sind – sofern aufgeführt – die in DIN 7748 Teil 2 festgelegten Prüfverfahren anzuwenden.

Vereinbarte zusätzliche Kennzeichnungsmerkmale können in das Bezeichnungssystem (siehe Abschnitt 3) aufgenommen werden.

Diese Norm gilt nur für PVC-U-Formmassen mit einem Massenanteil an Vinylchlorid (VC)-Monomer bis 10 mg/kg, der nach DIN 53 743 bestimmt ist.

Diese Norm gilt nicht für PVC-U-Formmassen zur Herstellung harter Schaumstoffe (siehe Erläuterungen).

2 Begriffe

PVC-U-Formmassen im Sinne dieser Norm sind thermoplastische Formmassen auf Basis von Homo- oder Copolymerisaten des Vinylchlorids (VC)

oder

chloriertem VC-Homopolymerisat (PVC-C)

oder

Gemischen daraus

oder

Gemischen dieser Polymerisate mit anderen Polymerisaten mit überwiegendem Massenanteil der VC-Polymerisate.

Sie enthalten Zusätze, wie z. B. Stabilisatoren, Gleitmittel, Farbmittel, die für die Verarbeitung notwendig sind oder die Eigenschaften des Formstoffes beeinflussen.

3 Bezeichnungssystem

Der Einteilung und Bezeichnung liegt ein Block-System zugrunde, das aus einem Benennungs-Block und einem Identifizierungs-Block besteht. Der Identifizierungs-Block setzt sich aus einem Norm-Nummer-Block und einem Merkmale-Block zusammen. Um eine eindeutige Codierung aller Thermoplaste zu ermöglichen, wird der Merkmale-Block in mindestens vier Daten-Blöcke unterteilt.

Benennungs-Block	Identifizierungs-Block					
	Norm-Nummer-Block	Merkmale-Block				
		Daten-Block 1	Daten-Block 2	Daten-Block 3	Daten-Block 4	Daten-Block 5

[1]) Begriff Formmassen siehe DIN 7708 Teil 1; Kurzzeichen siehe DIN 7728 Teil 1; weichmacherfreies PVC wird im üblichen Sprachgebrauch auch als PVC hart bezeichnet.

Fortsetzung Seite 2 bis 5

Normenausschuß Kunststoffe (FNK) im DIN Deutsches Institut für Normung e.V.

Der Merkmale-Block beginnt mit einem Mittestrich. Die vier Daten-Blöcke werden untereinander durch Beistriche getrennt.

Die Daten-Blöcke 1 bis 4 enthalten folgende, in den Abschnitten 3.1 bis 3.3 beschriebene Informationen:

Daten-Block 1:

Kurzzeichen der Formmasse nach DIN 7728 Teil 1 (siehe Abschnitt 3.1)

Daten-Block 2:

Position 1:   Kennzeichnung der hauptsächlichen Anwendung oder des Verarbeitungsverfahrens (siehe Abschnitt 3.2, Tabelle 1)

Position 2 bis   Hinweise auf Lieferform, wesentliche Eigen-
Position 4:   schaften, und Additive (siehe Abschnitt 3.2, Tabelle 1)

Daten-Block 2 enthält bis zu vier Codierungsstellen (Positionen); wenn die erste Codierungsstelle keine Angabe enthält, muß dies durch ein X gekennzeichnet werden.

Die Zeichen in Position 2 bis 4 sind in alphabetischer Reihenfolge anzuordnen.

Daten-Block 3:

Kennzeichnende Eigenschaften
(siehe Abschnitt 3.3, Tabellen 2 bis 4)

Die Zeichen in den einzelnen Positionen werden in der Reihenfolge der Tabellen angeordnet.

Daten-Block 4:

Art und Massenanteil an Füll- oder Verstärkungsstoffen (entfällt in dieser Norm)

Daten-Block 5:

Für Spezifikationen kann die Bezeichnung durch einen 5. Daten-Block mit zu vereinbarenden Kennzeichnungsmerkmalen erweitert werden.

Die Bedeutung der Ziffern und Zeichen ist in jedem Daten-Block verschieden (siehe Abschnitte 3.1 bis 3.3).

Werden bei gekürzter Schreibweise Daten-Blöcke des Identifizierungs-Blocks unterdrückt, so werden durch zwei Beistriche gekennzeichnet. Es ergeben sich dann für

einen ausgelassenen Daten-Block 2 Beistriche,
zwei ausgelassene Daten-Blöcke 3 Beistriche.

PVC-U-Formmassen werden in diesem Bezeichnungssystem durch die in den Abschnitten 3.1 bis 3.3 aufgeführten Merkmale bezeichnet.

Anmerkung: Nicht zu allen Kombinationen von Zeichen sind die entsprechenden Formmassen zu verwirklichen.

3.1 Im Daten-Block 1 wird der chemische Aufbau durch das Kurzzeichen PVC-U nach DIN 7728 Teil 1 (U für unplastifiziert) angegeben.

3.2 Im Daten-Block 2 wird in Position 1 die vorgesehene Anwendung codiert. In den Positionen 2 bis 4 können bis zu drei wesentliche Additive (und ergänzende Informationen) gekennzeichnet werden (siehe Tabelle 1).

3.3 Im Daten-Block 3 werden die folgenden kennzeichnenden Eigenschaften codiert (siehe Tabellen 2 bis 4):

– die nach DIN 53 460 bestimmte Vicat-Erweichungstemperatur VST/B/50 nach Tabelle 2, gekennzeichnet durch 3 Ziffern und getrennt durch einen Mittestrich;

– die nach DIN 53 453 bestimmte Kerbschlagzähigkeit a_k nach Tabelle 3, gekennzeichnet durch 2 Ziffern und getrennt durch einen Mittestrich;

– der nach DIN 53 457 bestimmte Elastizitätsmodul E nach Tabelle 4, gekennzeichnet durch 2 Ziffern.

Ihre Bestimmung erfolgt nach den in DIN 7748 Teil 2 angegebenen Bedingungen.

Tabelle 1.   **Merkmale im Daten-Block 2**

Zeichen	Position 1 Hauptsächliche Anwendung	Zeichen	Position 2 bis 4 Additiv (wesentliche Eigenschaft)
		A	Verarbeitungs-stabilisator
B	Blasformen	B	Antiblockmittel
C	Kalandrieren	C	Farbmittel
D	Schallplatten-herstellung	D	Pulver (Dryblend)
E	Extrusion von Rohren, Profilen und Platten	E	Treibmittel
F	Extrusion von Folien	F	Brandschutzmittel
G	Allgemeine Anwendung	G	Granulat
H	Beschichtung	H	Wärmealterungs-stabilisator
L	Monofilextrusion	L	Licht- und/oder Witterungs-stabilisator
M	Spritzgießen		
		N	Naturfarben (ohne Farbzusatz)
		P	Schlagzäh modifiziert
Q	Pressen		
R	Rotationsformen	R	Entformungs-hilfsmittel
S	Pulversintern	S	Gleitmittel
		T	Erhöhte Transparenz
X	Keine Angabe		
		Z	Antistatikum

Durch Abweichungen, die durch die Herstellung der PVC-U-Formmassen und das Prüfverfahren verursacht werden, können die Einzelwerte der kennzeichnenden Eigenschaften auch in einem zum für die Bezeichnung gewählten Wertebereich benachbarten oberen oder unteren Wertebereich liegen.

Tabelle 2. **Kennzeichnende Eigenschaft im Daten-Block 3: Vicat-Erweichungstemperatur**

Zeichen	Vicat-Erweichungstemperatur VST/B/50 °C
060	bis 61
062	über 61 bis 63
064	über 63 bis 65
066	über 65 bis 67
⋮	⋮
098	über 97 bis 99
100	über 99 bis 101
102	über 101 bis 103
⋮	⋮
114	über 113 bis 115
116	über 115 bis 117
118	über 117 bis 119
120	über 119

Tabelle 3. **Kennzeichnende Eigenschaft im Daten-Block 3: Kerbschlagzähigkeit**

Zeichen	Kerbschlagzähigkeit a_k[2]) kJ/m^2
02	bis 3
04	über 3 bis 5
08	über 5 bis 10
15	über 10 bis 20
25	über 20 bis 30
35	über 30

[2]) PVC-U-Formmassen mit einer Kerbschlagzähigkeit unter 5 kJ/m^2 sind als normalschlagzäh, von 5 bis 20 kJ/m^2 als erhöht schlagzäh und über 20 kJ/m^2 als hochschlagzäh anzusehen.

Tabelle 4. **Kennzeichnende Eigenschaft im Daten-Block 3: Elastizitätsmodul**

Zeichen	Elastizitätsmodul E N/mm^2
18	über 1500 bis 2000
23	über 2000 bis 2500
28	über 2500 bis 3000
33	über 3000

Anmerkung: Werden Erzeugnisse aus PVC-U-Formmassen als Bedarfsgegenstände im Sinne des Lebensmittelgesetzes verwendet, so sind die entsprechenden Empfehlungen der Kunststoff-Kommission des Bundesgesundheitsamtes und die gültigen Rechtsverordnungen zu berücksichtigen.

4 Bezeichnung

Unter Anwendung der in den Abschnitten 3.1 bis 3.3 genannten Merkmale, dargestellt durch Angaben in den Positionen der einzelnen Daten-Blöcke, werden PVC-U-Formmassen wie folgt bezeichnet:

Beispiel 1:

Weichmacherfreie Polyvinylchlorid-Formmasse	(PVC-U Daten-Block 1)
für die Extrusion von Rohren, Profilen und Platten	(E Daten-Block 2, 1. Position)
geliefert als Pulver (Dryblend)	(D Daten-Block 2, 2. Position)
mit Licht- und Witterungsstabilisator	(L Daten-Block 2, 3. Position)
mit einer Vicat-Erweichungstemperatur VST/B/50 von 82 °C	(082 Daten-Block 3, 1. Position)
mit einer Kerbschlagzähigkeit a_k von 8 kJ/m^2 und	(08 Daten-Block 3, 2. Position)
mit einem Elastizitätsmodul E von 3700 N/mm^2	(33 Daten-Block 3, 3. Position)

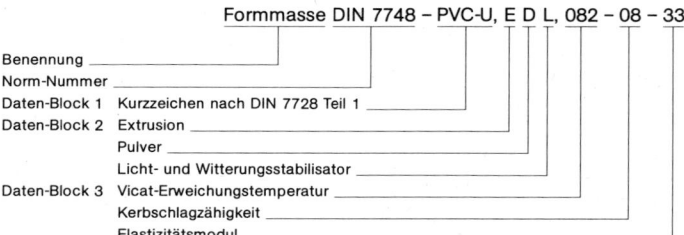

Formmasse DIN 7748 – PVC-U, E D L, 082 – 08 – 33

Benennung
Norm-Nummer
Daten-Block 1   Kurzzeichen nach DIN 7728 Teil 1
Daten-Block 2   Extrusion
                Pulver
                Licht- und Witterungsstabilisator
Daten-Block 3   Vicat-Erweichungstemperatur
                Kerbschlagzähigkeit
                Elastizitätsmodul

Beispiel 2:

Weichmacherfreie Polyvinylchlorid-Formmasse	(PVC-U Daten-Block 1)
für das Blasformen	(B Daten-Block 2, 1. Position)
geliefert als Pulver (Dryblend)	(D Daten-Block 2, 2. Position)
mit erhöhter Transparenz	(T Daten-Block 2, 3. Position)
mit einer Vicat-Erweichungstemperatur VST/B/50 von 76 °C	(076 Daten-Block 3, 1. Position)
mit einer Kerbschlagzähigkeit a_k von 27 kJ/m^2 und	(30 Daten-Block 3, 2. Position)
mit einem Elastizitätsmodul E von 2670 N/mm^2	(28 Daten-Block 3, 3. Position)

Formmasse DIN 7748 – PVC-U, B D T , 076 – 30 – 28

Benennung
Norm-Nummer
Daten-Block 1   Kurzzeichen nach DIN 7728 Teil 1
Daten-Block 2   Blasformen
　　　　　　　　 Pulver
　　　　　　　　 Erhöhte Transparenz
Daten-Block 3   Vicat-Erweichungstemperatur
　　　　　　　　 Kerbschlagzähigkeit
　　　　　　　　 Elastizitätsmodul

Zitierte Normen

DIN 7708 Teil 1	Kunststoff-Formmassen; Kunststofferzeugnisse; Begriffe
DIN 7728 Teil 1	Kunststoffe; Kurzzeichen für Homopolymere; Copolymere und Polymergemische
DIN 7748 Teil 2	Kunststoff-Formmassen; Weichmacherfreie Polyvinylchlorid (PVC-U)-Formmassen; Bestimmung von Eigenschaften
DIN 53 453	Prüfung von Kunststoffen; Schlagbiegeversuch
DIN 53 457	Prüfung von Kunststoffen; Bestimmung des Elastizitätsmoduls im Zug-, Druck- und Biegeversuch
DIN 53 460	Prüfung von Kunststoffen; Bestimmung der Vicat-Erweichungstemperatur von nicht-härtbaren Kunststoffen
DIN 53 743	Prüfung von Kunststoffen; Gaschromatographische Bestimmung von Vinylchlorid (VC) in Polyvinylchlorid (PVC)

Weitere Normen

DIN 7746 Teil 1	Vinylchlorid(VC)-Polymerisate; Homopolymerisate, Einteilung und Bezeichnung
DIN 7746 Teil 2	Vinylchlorid(VC)-Polymerisate; Homo- und Copolymerisate; Bestimmung von Eigenschaften
DIN 7749 Teil 1	Kunststoff-Formmassen; Weichmacherhaltige Polyvinylchlorid(PVC-P)-Formmassen; Einteilung und Bezeichnung
DIN 7749 Teil 2	Kunststoff-Formmassen; Weichmacherhaltige Polyvinylchlorid(PVC-P)-Formmassen; Bestimmung von Eigenschaften
DIN 55 947	Anstrichstoffe und Kunststoffe; Gemeinsame Begriffe

Frühere Ausgaben

DIN 7748: 09.65, 02.72;   DIN 7748 Teil 1: 07.79

Änderungen

Gegenüber der Ausgabe Juli 1979 wurden folgende Änderungen vorgenommen:
Das zur Einteilung und Bezeichnung der Thermoplast-Formmassen entwickelte Daten-Block-System ist voll angewendet.

Erläuterungen

Die vorliegende Norm wurde vom FNK-Unterausschuß 303.2 „PVC-Formmassen" ausgearbeitet.

Die Neufassung wurde erforderlich, da zwischenzeitlich die Ausarbeitung eines Systems für die Einteilung und Bezeichnung von thermoplastischen Formmassen abgeschlossen wurde, das u. a. für qualitative Angaben eine einheitliche Codierung vorsieht. Dieses System wurde 1981 für ISO/TC 61 „Plastics" und für den FNK im DIN als verbindlich erklärt. Das in Abschnitt 3 beschriebene System ist jetzt identisch mit der in ISO/TC 61 verabschiedeten Systematik. Entsprechend stimmt der Inhalt der vorliegenden Norm mit dem Internationalen Norm-Entwurf ISO/DIS 1163/1 – 1984 „Plastics – Unplasticized compounds of homopolymers and copolymers of vinyl chloride – Part 1: Designation" überein.

Im Gegensatz zur ISO/DIS 1163/1 wird die kennzeichnende Eigenschaft im Daten-Block 3 „Kerbschlagzähigkeit" in 6 statt nur in 3 Bereiche eingeteilt. Diese feinere Einteilung in 6 Bereiche, wie sie auch schon in DIN 7748 Teil 1, Ausgabe Juli 1979 enthalten war, hat sich in der Praxis bewährt und soll daher beibehalten werden.

Das neue Bezeichnungssystem kann als Grundlage für zu vereinbarende Spezifikationen dienen, da im Daten-Block 5 die Möglichkeit vorgesehen ist, zusätzliche Anforderungen für bestimmte Anwendungen, wie z. B. elektrische Eigenschaften oder Angaben über die thermische Beständigkeit, zu spezifizieren.

Eines der Probleme von DIN 7748 Teil 1 ist, daß darin keine PVC-U-Formmassen zur Herstellung harter Schaumstoffe enthalten sind. Der Grund dafür ist, daß solche Formmassen nicht durch die in DIN 7748 Teil 1 enthaltenen kennzeichnenden Eigenschaften: Vicat-Erweichungstemperatur, Kerbschlagzähigkeit und Elastizitätsmodul codiert werden können.

Ein weiteres Problem ist die Bezeichnung: „Weichmacherfreie Polyvinylchlorid(PVC-U)-Formmassen" oder im ISO-Norm-Entwurf: „Unplasticized compounds" (wörtlich übersetzt: nicht weichgemachte Formmassen). Hier stellt sich die Frage, ob diese Formmassen wirklich in allen Fällen weichmacherfrei oder nicht weichgemacht sind.

In DIN 55 947 wird der Begriff „Weichmacher" definiert. Nach dieser Definition kann ein Weichmacher z. B. eine feste Substanz sein, die dem mit ihm hergestellten Formteil eine bestimmte angestrebte physikalische Eigenschaft, wie z. B. erniedrigte Einfriertemperatur, erhöhtes Formänderungsvermögen und erhöhte elastische Eigenschaften verleiht. Diese Definition trifft auch auf viele schlagzäh modifizierende Additive von PVC-U-Formmassen zu. Sie könnten danach auch als Weichmacher angesehen werden, die Polyvinylchlorid weichgemacht haben.

In anderen Fällen enthalten PVC-U-Formmassen z. B. epoxidierte Fettsäureester als Wärmealterungsstabilisator und Verarbeitungshilfsmittel. Diese Additive werden aber gleichermaßen als Weichmacher bei der Weichverarbeitung von PVC eingesetzt.

Aus diesen Beispielen ist ersichtlich, daß die Bezeichnung und Unterteilung von PVC-Formmassen in weichmacherfreie, nicht weichgemachte oder harte einerseits und weichmacherhaltige, weichgemachte oder weiche andererseits beim heutigen Stand der Technik einer gewissen Willkür nicht entbehrt.

Die Klassifizierung der PVC-U-Formmassen nach dieser Norm beruht auf statistischen Mittelwerten. Es können daraus keine Produktspezifikationen abgeleitet werden.

Internationale Patentklassifikation

C 08 L 27/06

Hartlote Kupferbasislote Zusammensetzung, Verwendung, Technische Lieferbedingungen	**DIN** **8513** Teil 1

Brazing and braze welding filler metals; copper base, brazing alloys, composition, use, technical terms of delivery

Zusammenhang mit der von der International Organization for Standardization (ISO) herausgegebenen Internationalen Norm ISO 3677-1976, siehe Erläuterungen.

Diese Norm wurde in Zusammenarbeit mit dem Deutschen Verband für Schweißtechnik (DVS) aufgestellt.

1 Geltungsbereich

Diese Norm gilt für Hartlote aus Kupfer und Kupferlegierungen zum Hartlöten von Werkstücken aus Schwermetall, z. B. aus Eisenwerkstoffen, Kupferwerkstoffen und Nickelwerkstoffen.

2 Mitgeltende Normen

DIN 1733 Teil 1	Schweißzusätze für Kupfer und Kupferlegierungen; Zusammensetzung, Verwendung und Technische Lieferbedingungen
DIN 1787	Kupfer; Halbzeug
DIN 50 049	Bescheinigungen über Werkstoffprüfungen

3 Bezeichnung

Für die Bezeichnung der Hartlote sind die Kurzzeichen oder Werkstoffnummern nach Tabelle 1 zu verwenden. Bezeichnung eines Hartlotes mit dem Kurzzeichen L-CuZn40 oder der Werkstoffnummer 2.0367:

Hartlot DIN 8513 — L-CuZn40
oder
Hartlot DIN 8513 — 2.0367

4 Verwendung

Die Arbeitstemperaturen der Kupfer-Zinn-Lote, Kupfer-Zink-Lote und Kupfer-Nickel-Zink-Lote liegen zwischen 845 und 1040 °C. Diese Lote dienen dementsprechend vorzugsweise zum Hartlöten von Eisen- und Nickelwerkstoffen sowie von Kupfer und solchen Kupferlegierungen, deren Schmelztemperatur (Solidus) mindestens 50 °C über der Arbeitstemperatur des Lotes liegt.

Anmerkung: Falls Lötungen an den genannten Grundwerkstoffen bei niedrigeren Arbeitstemperaturen ausgeführt werden sollen, sind Hartlote nach DIN 8513 Teil 2 oder DIN 8513 Teil 3 zu verwenden.

Das Hartlot L-CuP8 mit seinem vergleichsweise hohen P-Gehalt kann bei Kupferwerkstoffen verwendet werden, wenn niedrige Arbeitstemperatur und eutektisches Schmelzverhalten erforderlich, eine Verformbarkeit der Lötstelle jedoch nicht notwendig ist. Die Hartlote L-CuP7 oder L-CuP6 haben aufgrund des geringeren P-Gehaltes ein breiteres Schmelzintervall und ergeben Lötstellen mit erhöhter Zähigkeit.

Für Eisen- und Nickelwerkstoffe sind phosphorhaltige Hartlote nicht geeignet, da spröde Übergangszonen entstehen. Weitere Hinweise für die Verwendung siehe Tabelle 1.

5 Zusammensetzung und physikalische Eigenschaften (siehe Tabelle 1)

Die Kupferbasislote umfassen Kupfer-Zink-Lote (Messing-Lote), Kupfer-Nickel-Zink-Lote (Neusilber-Lote), Kupfer-Phosphor-Lote, Kupferlote und Kupfer-Zinn-Lote. Der Gehalt an Zink, Zinn bzw. Phosphor bestimmt im wesentlichen die Schmelz- und Arbeitstemperatur der Lote.

Fortsetzung Seite 2 bis 5
Erläuterungen Seite 5

Normenausschuß Schweißtechnik (NAS) im DIN Deutsches Institut für Normung e. V.
Normenausschuß Nichteisenmetalle (FNNE) im DIN

Tabelle 1. Zusammensetzung, Eigenschaften, Verwendung

Kurzzeichen ISO-Kurzzeichen	Werkstoffnummer	Zusammensetzung Legierungsbestandteile Gew.-%	Zusammensetzung zulässige Beimengungen Gew.-%	Schmelzbereich Solidus °C ≈	Schmelzbereich Liquidus °C ≈	Arbeitstemperatur °C ≈	Dichte kg/dm³ ≈	Hinweise für die Verwendung Grundwerkstoff	Hinweise für die Verwendung Form der Lötstelle	Art der Lotzuführung
L-Cu[1] BCu99 1083	2.0081	Cu mindestens 99,90 (sauerstoffhaltig)	—		1083	1100	8,9	Stähle	Spalt (für Spaltlötungen, an die keine besonderen Anforderungen gestellt werden)	eingelegt
L-SFCu[2] BCu99 1083	2.0091	Cu mindestens 99,90 (sauerstofffrei) P 0,015 bis 0,040	—		1083	1100	8,9	Stähle	Spalt (für Spaltlötungen, an die hohe Anforderungen gestellt werden)	eingelegt
L-CuSn6 BCu94Sn 910–1040	2.1021	Cu mindestens 91,0; Sn 5,0 bis 8,0; P 0 bis 0,4	Pb 0,02; Al 0,005; Sonstige: einzeln 0,1; zus. 0,4	910	1040	1040	8,7	Eisen- und Nickelwerkstoffe	Spalt	eingelegt
L-CuSn12 BCu88Sn 825–990	2.1055	Cu mindestens 86,0; Sn 11,0 bis 13,0; P 0 bis 0,4	Pb 0,02; Al 0,005; Zn 0,05; Sonstige: einzeln 0,1; zus. 0,4	825	990	990	8,6	Eisen- und Nickelwerkstoffe	Spalt	eingelegt
L-CuZn40[3] BCu60Zn 890–900	2.0367	Cu 59,0 bis 62,0; Si 0,1 bis 0,3; Sn 0 bis 0,5; Mn 0 bis 0,3; Fe 0 bis 0,2; Zn Rest	Pb 0,03; Al 0,005; Sonstige: zus. 0,1	890	900	900	8,4	Stähle, Temperguß, Kupfer, Kupferlegierungen mit Schmelztemperatur über 950 °C (Solidus), Nickel, Nickellegierungen	Spalt und Fuge (für Fugenlötungen, an die keine hohen Festigkeitsansprüche gestellt werden)	angesetzt und eingelegt
L-CuZn39Sn[3] BCu59Zn 870–890	2.0533	Cu[4] 56,0 bis 62,0; Si 0,05 bis 0,2; Sn 0,5 bis 1,5; Mn 0,2 bis 1,0; Fe 0 bis 0,5; Ni[4] 0 bis 1,5; Ag[4] 0 bis 1,0; Zn Rest	Pb 0,03; Al 0,005; Sonstige: zus. 0,1	870	890	900	8,4	Stähle, Temperguß, Kupfer, Kupferlegierungen mit Schmelztemperatur über 950 °C (Solidus), Nickel, Nickellegierungen	Spalt und Fuge (für Fugenlötungen, an die hohe Festigkeitsansprüche gestellt werden)	angesetzt und eingelegt
								Gußeisen	vorzugsweise Fuge	vorzugsweise angesetzt

¹), ²), ³) und ⁴) Siehe Seite 3

Tabelle 1. (Fortsetzung)

Kurzzeichen ISO-Kurzzeichen	Werkstoffnummer	Zusammensetzung Legierungsbestandteile Gew.-%	zulässige Beimengungen Gew.-%	Schmelzbereich Solidus °C ≈	Liquidus °C ≈	Arbeitstemperatur °C ≈	Dichte kg/dm³ ≈	Grundwerkstoff	Form der Lötstelle	Art der Lotzuführung
L-CuZn46 BCu54Zn 880 – 890	**2.0413**	Cu 53,0 bis 55,0 Zn Rest	Pb 0,1 Al 0,005 Sonstige: zus. 1,0	880	890	890	8,3	Stähle, Temperguß, Kupfer und Kupferlegierungen	Spalt	eingelegt
L-ZnCu42 BZn58Cu 835 – 845	**2.2310**	Cu 41,0 bis 43,0 Zn Rest	Pb 0,1 Sonstige: zus. 1,0	835	845	845	8,1	vorzugsweise Neusilber	Spalt	eingelegt
L-CuNi10Zn42 BCu48ZnNi 890 – 920	**2.0711**	Cu 46,0 bis 50,0 Ni 8,0 bis 11,0 Si 0,1 bis 0,3 Zn Rest	Pb 0,03 Al 0,005 S 0,001 Sonstige: zus. 0,5	890	920	910	8,7	Stähle, Temperguß, Nickel und Nickellegierungen	Spalt und Fuge [5]	angesetzt und eingelegt
								Gußeisen	Fuge [5]	angesetzt
L-CuP8 BCu92P 710	**2.1465**	P 7,6 bis 8,4 Cu Rest	Al 0,01 Pb 0,02 Zn + Cd 0,01 Sonstige: zus. 0,1	710	710 bis 750	710	8,0	vorzugsweise Kupfer, Rotguß, Kupfer-Zink-Legierungen, Kupfer-Zinn-Legierungen	Spalt	angesetzt und eingelegt
L-CuP7 BCu93P 710 – 820	**2.1463**	P 6,7 bis 7,5 Cu Rest		710	820	720	8,1			
L-CuP6 BCu94P 710 – 880	**2.1462**	P 5,9 bis 6,5 Cu Rest		710	880	730	8,1			

1) E-Cu57 nach DIN 1787.
2) SF-Cu nach DIN 1787.
3) Die Hartlote L-CuZn40 und L-CuZn39Zn haben engere Grenzen für die Legierungsbestandteile und für die zulässigen Beimengungen als die Schweißdrähte S-CuZn40Si und S-CuZn39Sn nach DIN 1733 Teil 1.
4) Nickel- und Kupfergehalt sollen 62 Gew.-% nicht überschreiten, Silber- und Kupfergehalt sollen 62 Gew.-% nicht überschreiten.
5) Das Lot L-CuNi10Zn42 wird auch zur Herstellung verschleißfester Auftragschichten verwendet.

6   Technische Lieferbedingungen
6.1   Lieferformen, Maße, Bezeichnung
6.1.1   Lieferformen, Maße

Tabelle 2.   **Lieferformen und Maße**

Kurzzeichen	Lotdraht/Lotstab gezogen (zh) (.20)		flußmittelumhüllte (u) Lotstäbe		Lotstab gepreßt (gp) (.08)	
	Durchmesser	Festlänge	Kerndraht-durchmesser	Festlänge	Durchmesser	Festlänge
	mm	mm	mm	mm	mm	mm
	± 0,05	± 5	± 0,2	± 5	± 0,3	± 5
L-Cu						
L-SFCu						
L-CuSn6	1,5 2 3 4	500 oder 1000				
L-CuSn12						
L-CuZn40			2 3 4	500		
L-CuZn39Sn						
L-CuNi10Zn42						
L-CuZn46 [6]						
L-ZnCu42 [6]						
L-CuP8						
L-CuP7						2 3 4 5	500 oder 1000
L-CuP6	1,5 2 3	500 oder 1000				

[6])   Wird nur als Körnung geliefert.

Sonstige Lieferformen nach Vereinbarung für walz- und ziehbare Lote: flußmittelgefüllte Lotstäbe, Band, Blech, Formteile, Körnung, Lotpaste, Lotdraht und Lotstab gewalzt.

6.1.2   Bezeichnung
Bezeichnung eines Lotstabes aus dem Hartlot L-CuP7 oder der Werkstoffnummer 2.1463 im Zustand gepreßt (gp) (Anhängezahl .08 bei Anwenden der Werkstoffnummer) von 3 mm Durchmesser und einer Länge von 500 mm:

Lotstab DIN 8513 — L-CuP7 gp — 3 × 500
oder
Lotstab DIN 8513 — 2.1463.08 — 3 × 500

Anmerkung: Als Benennungsblock der Norm-Bezeichnung ist die entsprechende Benennung aus dem Abschnitt 6.3 zu verwenden.

6.2   Bestellbezeichnung
100 kg Lotdraht aus dem Hartlot L-CuZn40 oder der Werkstoffnummer 2.0367 im Zustand gezogen (zh oder Anhängezahl .20) von 3 mm Durchmesser und einer Festlänge von 1000 mm, in Bunden:

100 kg Lotdraht DIN 8513 – L-CuZn40 zh – 3 × 1000 in Bunden
oder
100 kg Lotdraht DIN 8513 – 2.0367.20 – 3 × 1000 in Bunden

6.3   Lieferart
Lotdraht: in Bunden
Lotstab: gebündelt oder in Kartons
Körnung: in Behältern
Lotpaste: in Behältern

6.4   Oberflächenbeschaffenheit
Die Oberfläche der Stäbe, Drähte und der Körnung muß frei von schädlichen Verunreinigungen sein. Gezogene Drähte sollen metallisch blank sein.

6.5   Prüfung und Abnahme
Für die Abnahme genügt in der Regel eine Werksbescheinigung nach DIN 50 049. Soweit vom Besteller Prüfungen gewünscht werden, sind mit dem Lieferer entsprechende Vereinbarungen zu treffen.

7   Kennzeichnung
Drahtbunde und Stabbündel sind mit Anhängeschildern, Verpackungen für Drähte und Stäbe sowie Behälter für Körnung sind mit Klebezetteln zu versehen, die außer dem Zeichen des Herstellers oder Lieferers mindestens die Kurzbezeichnung nach Abschnitt 3 und das ISO-Kurzzeichen nach Tabelle 1 tragen.

8   Hinweise für die Arbeitssicherheit
Die Bestimmungen in UVV-VBG 15 [7]) bezüglich der Belüftung von Werkstatt und Arbeitsplatz sind zu beachten.

[7])   VBG 15 „Schweißen, Schneiden und verwandte Arbeitsverfahren", zu beziehen durch Carl Heymanns Verlag, Gereonstraße 18-32, 5000 Köln 1.

Schrifttum

[1] Kinzel, J.: Auswahlregeln für Lote und Flußmittel
Der Praktiker, Heft 7/8, 1977, S. 118/136

[2] Colbus, J., und Zimmermann, K. F.: Prüfung von Hartlötverbindungen (Diskussionsbeitrag zu den Prüfverfahren des IIW, der AWS und der DIN 8525)
Schweißen und Schneiden, **17** (1965), Heft 10, S. 518/525

[3] Colbus, J.: Die Festigkeit von Lötverbindungen
DVS-Fachbuch: „Zehn Jahre wissenschaftlicher Beirat des Deutschen Verbandes für Schweißtechnik",
Deutscher Verlag für Schweißtechnik (1965), S. 92/96

[4] Zimmermann, K. F.: Hartlöten-Regeln für Konstruktion und Fertigung, DVS-Fachbuch, Band 52 (1968)

Weitere Normen

DIN 1707	Weichlote für Schwermetalle; Zusammensetzung, Verwendung, Technische Lieferbedingungen
DIN 8505 Teil 1	Löten; Allgemeines, Begriffe
DIN 8505 Teil 2	Löten; Einteilung der Verfahren, Begriffe
DIN 8511 Teil 1	Flußmittel zum Löten metallischer Werkstoffe; Flußmittel zum Hartlöten von Schwermetallen
DIN 8511 Teil 2	Flußmittel zum Löten metallischer Werkstoffe; Flußmittel zum Weichlöten von Schwermetallen
DIN 8511 Teil 3	Flußmittel zum Löten metallischer Werkstoffe; Flußmittel zum Hart- und Weichlöten von Leichtmetallen
DIN 8513 Teil 2	Hartlote; Silberhaltige Lote mit weniger als 20 Gew.-% Silber, Zusammensetzung, Verwendung, Technische Lieferbedingungen
DIN 8513 Teil 3	Hartlote; Silberhaltige Lote mit mindestens 20 Gew.-% Silber, Zusammensetzung, Verwendung, Technische Lieferbedingungen
DIN 8525 Teil 1	Prüfung von Hartlötverbindungen; Spaltlötverbindungen, Zugversuch
DIN 8525 Teil 2	Prüfung von Hartlötverbindungen; Spaltlötverbindungen, Scherversuch
DIN ISO 3677	(z. Z. noch Entwurf) Zusätze zum Weich- und Hartlöten; Aufbau der Kurzzeichen

Erläuterungen

Diese Norm enthält in Tabelle 1 Kurzzeichen, gebildet nach den Grundlagen in der Internationalen Norm ISO 3677-1976.

D Zusätze zum Weich- und Hartlöten, Kennzeichnung

E Filler metals for brazing and soldering, code of symbols

F Métaux d'apport de brasage tendre et de brasage fort, code de symbolisation

Bei der Neubearbeitung der DIN 8513 Teil 1 waren vor allem die Kupfer-Phosphor-Lote ergänzungsbedürftig. Bisher war mit L-CuP8 nur diese eine Legierung aus dieser Lotgruppe genormt; wegen seiner Dünnflüssigkeit und relativ großen Sprödigkeit hatte L-CuP8 nur einen begrenzten Einsatzbereich. Eine Abstufung im Phosphorgehalt innerhalb dieser Lotgruppe ermöglicht eine gezielte Auswahl für weitere Anwendungsbereiche. Neu aufgenommen wurden deshalb L-CuP7 und L-CuP6.

Die mit dem Kurzzeichen L-CuZn40, L-CuZn39Sn, L-CuNi10Zn42, L-CuSn6 und L-CuSn12 gekennzeichneten Lot-Typen der Tabelle 1 lassen in bezug auf die Legierungsbestandteile verhältnismäßig weite Grenzen zu.

Der abgegrenzte Rahmen beinhaltet Lote mit unterschiedlichen Eigenschaften in bezug auf Lötverhalten und Festigkeitswerte.

Zur **Klassifizierung von Loten** für Spaltlötverbindungen als auch zur **Ermittlung der Zug- bzw. Scherfestigkeit** von Spaltlötverbindungen wird die Norm DIN 8525 Teil 1 und Teil 2 angewendet. Da die Festigkeit einer Lötverbindung nicht nur von der Lotzusammensetzung, sondern auch von der Art und Festigkeit der Grundwerkstoffe, von den geometrischen Formen der Lötverbindung und von den Herstellungsbedingungen der Lötung abhängig ist, sind in der genannten Norm für alle diese Einflußgrößen Festlegungen getroffen worden.

Das sauerstoffhaltige sowie das sauerstofffreie Kupferlot (L-Cu bzw. L-SCu) wurde beibehalten, da bei der Herstellung von Körnung, Pulver und Lotpaste eine Sauerstoffaufnahme als unvermeidlich angesehen wird. Demgegenüber enthalten gezogene Drähte bzw. Stäbe aus Kupferlot aus ziehtechnischen Gründen keinen gebundenen Sauerstoff.

Hartlote

Silberhaltige Lote mit weniger als 20 Gew.-% Silber
Zusammensetzung, Verwendung, Technische Lieferbedingungen

**DIN
8513**
Teil 2

Brazing and braze welding filler metals; silver bearing brazing alloys less than 20 % in weight silver, composition, use, technical terms of delivery

Zusammenhang mit der von der International Organization for Standardization (ISO) herausgegebenen Internationalen Norm ISO 3677-1976, siehe Erläuterungen.
Diese Norm wurde in Zusammenarbeit mit dem Deutschen Verband für Schweißtechnik (DVS) aufgestellt.

1 Geltungsbereich

Diese Norm gilt für Hartlote aus silberhaltigen Legierungen mit Silbergehalten unter 20 Gew.-% zum Hartlöten von Werkstücken aus Schwermetall, z. B. aus Eisenwerkstoffen, Kupferwerkstoffen und Nickelwerkstoffen. Die Kupferbasislote sind in DIN 8513 Teil 1, die silberhaltigen Hartlote mit mindestens 20 Gew.-% Silber in DIN 8513 Teil 3 genormt.

2 Mitgeltende Normen und Unterlagen

DIN 50049   Bescheinigungen über Werkstoffprüfungen
UVV-VBG 15   Schweißen, Schneiden und verwandte Arbeitsverfahren

3 Bezeichnung

Bei der Bezeichnung der Hartlote sind die Kurzzeichen oder Werkstoffnummern nach Tabelle 1 anzuwenden. Bezeichnung eines Hartlotes mit dem Kurzzeichen L-Ag15P oder der Werkstoffnummer 2.1210:

> ### Hartlot DIN 8513 — L-Ag15P
> oder
> ### Hartlot DIN 8513 — 2.1210

4 Verwendung

Die Arbeitstemperaturen der Kupfer-Silber-Zink-Lote und des Kupfer-Silber-Zink-Cadmium-Lotes nach dieser Norm liegen im Bereich von 800 bis 860 °C. Man verwendet sie vorzugsweise für wärmeunempfindliche Werkstoffe und Werkstücke. Die Hartlote L-Ag5 und L-Ag12 eignen sich außer für die Handlötung auch zum Hartlöten mit Lotformteilen in der Massenfertigung auf Lötanlagen.
Die Kupfer-Silber-Phosphor-Lote können bei Kupfer verwendet werden, wenn flußmittelfrei gelötet werden soll und eine niedrige Arbeitstemperatur erwünscht ist. Zum Hartlöten von nickelfreien Kupferwerkstoffen sind sie bei Verwendung von Flußmitteln geeignet.

Für Eisen- und Nickelwerkstoffe sind die Kupfer-Silber-Phosphor-Lote nicht geeignet, da bei diesen Grundwerkstoffen durch den Phosphorgehalt spröde Übergangszonen verursacht werden.
Weitere Hinweise für die Verwendung siehe Tabelle 1.

5 Zusammensetzung und physikalische Eigenschaften (siehe Tabelle 1)

Die silberhaltigen Hartlote mit weniger als 20 Gew.-% Silber umfassen Kupfer-Silber-Zink-Lote, Kupfer-Silber-Zink-Cadmium-Lote und Kupfer-Silber-Phosphor-Lote.

6 Technische Lieferbedingungen

6.1 Lieferformen, Maße, Bezeichnung

6.1.1 Lieferformen, Maße

Tabelle 2. **Lieferformen und Maße**

Kurzzeichen	Lotdraht/Lotstab gezogen (zh) (.20)		Lotstab gepreßt (gp) (.08)	
	Durchmesser mm ± 0,05	Festlänge mm ± 5	Durchmesser mm ± 0,3	Festlänge mm
L-Ag12Cd	1; 1,5; 2; 3	500 oder 1000	—	—
L-Ag12				
L-Ag5				
L-Ag15P	1,5; 2	500 oder 1000	2; 3; 4	500 oder 1000
L-Ag5P				
L-Ag2P				

Sonstige Lieferformen nach Vereinbarung: Blech, Band, Formteile, Körnung, Draht und Stab gewalzt.

Fortsetzung Seite 2 und 3
Erläuterungen Seite 3

Normenausschuß Schweißtechnik (NAS) im DIN Deutsches Institut für Normung e. V.
Normenausschuß Nichteisenmetalle (FNNE) im DIN

Tabelle 1. **Zusammensetzung, Eigenschaften, Verwendung**

Kurzzeichen ISO-Kurzzeichen	Werkstoff-nummer	Zusammensetzung Legierungsbestandteile Gew.-%	Zusammensetzung zulässige Beimengungen Gew.-%	Schmelzbereich Solidus °C ≈	Schmelzbereich Liquidus °C ≈	Arbeits-temperatur °C ≈	Dichte kg/dm³ ≈	Hinweise für die Verwendung Grundwerkstoff	Hinweise für die Verwendung Form der Lötstelle	Hinweise für die Verwendung Art der Lotzuführung
L-Ag12Cd BCu50ZnAgCd 620 – 825	**2.1208**	Ag 11,0 bis 13,0 Cd 5,0 bis 9,0 Cu 49,0 bis 51,0 Zn Rest	Al 0,005 Pb 0,02 Sonstige: zusammen 0,1	620	825	800	8,5	Stähle Temperguß Kupfer Kupferlegierungen	Spalt und Fuge	angesetzt
L-Ag12 BCu48ZnAg 800 – 830	**2.1207**	Ag 11,0 bis 13,0 Cu 47,0 bis 49,0 Zn Rest		800	830	830	8,5	Nickel Nickellegierungen	Spalt	angesetzt und eingelegt
L-Ag5 BCu55ZnAg 820 – 870	**2.1205**	Ag 4,0 bis 6,0 Cu 54,0 bis 56,0 Si 0 bis 0,2 Zn Rest		820	870	860	8,4		Spalt und Fuge	angesetzt und eingelegt
L-Ag15P BCu80AgP 650 – 800	**2.1210**	Ag 14,0 bis 16,0 P 4,7 bis 5,3 Cu Rest	Al 0,01 Pb 0,02 Zn + Cd 0,01 Sonstige: zusammen 0,1	650	800	710	8,4	Kupfer Rotguß Kupfer-Zink-Legierungen	Spalt	angesetzt und eingelegt
L-Ag5P BCu89PAg 650 – 810	**2.1466**	Ag 4,0 bis 6,0 P 5,7 bis 6,3 Cu Rest		650	810	710	8,2	Kupfer-Zinn-Legierungen	Spalt und Fuge	angesetzt und eingelegt
L-Ag2P BCu92PAg 650 – 810	**2.1467**	Ag 1,5 bis 2,5 P 5,9 bis 6,5 Cu Rest		650	810	710	8,1		Spalt und Fuge	angesetzt und eingelegt

117

6.1.2 Bezeichnung

Bezeichnung eines Stabes aus Hartlot mit dem Kurzzeichen L-Ag12 oder der Werkstoffnummer 2.1207 im Zustand gezogen (zh) (Anhängezahl .20 bei Anwenden der Werkstoffnummer) von 2 mm Durchmesser und einer Länge von 500 mm:

Lotstab DIN 8513 — L-Ag12zh — 2 × 500

oder

Lotstab DIN 8513 — 2.1207.20 — 2 × 500

Anmerkung: Als Benennungsblock der Norm-Bezeichnung ist die entsprechende Benennung aus dem Abschnitt 6.3 zu verwenden.

6.2 Bestellbezeichnung

100 kg Stäbe aus dem Hartlot mit dem Kurzzeichen L-Ag15P oder der Werkstoffnummer 2.1210 im Zustand gepreßt (gp oder Anhängezahl .08) von 2 mm Durchmesser und einer Festlänge von 500 mm, verpackt:

100 kg Lotstab DIN 8513 – L-Ag15P gp – 2 × 500 verpackt

oder

100 kg Lotstab DIN 8513 – 2.1210.08 – 2 × 500 verpackt

6.3 Lieferart

Lotdraht: in Bunden
Lotstab: gebündelt oder verpackt

6.4 Oberflächenbeschaffenheit

Die Oberfläche der Stäbe und Drähte muß frei von schädlichen Verunreinigungen sein.

6.5 Prüfung und Abnahme

Für die Abnahme genügt in der Regel eine Werksbescheinigung nach DIN 50 049. Soweit vom Besteller Prüfungen

gewünscht werden, sind mit dem Lieferer entsprechende Vereinbarungen zu treffen.

7 Kennzeichnung

Drahtbunde und Stabbündel sind mit Anhängeschildern, Verpackungen sind mit Klebezetteln zu versehen. Anhängeschilder und Klebezettel sollen neben dem Zeichen des Herstellers oder Lieferers mindestens die Kurzbezeichnung nach Abschnitt 3 und das ISO-Kurzzeichen nach Tabelle 1 tragen.

Auf allen Verpackungen cadmiumhaltiger Lote muß folgender Hinweis enthalten sein:

Cadmiumhaltiges Lot. Überhitzen ist schlechtes Löten und kann zu gesundheitsschädigenden Dämpfen führen.

8 Hinweise für die Arbeitssicherheit

Die im Kurzzeichen mit Cd gekennzeichneten Hartlote enthalten Cadmium in nicht vernachlässigbaren Mengen. Bei unsachgemäßer Verarbeitung, insbesondere erheblicher Überhitzung, können gesundheitsschädliche Cadmiumoxid-Dämpfe entstehen. Die Bestimmungen in UVV-VBG 15 [1]) bezüglich der Belüftung von Werkstatt und Arbeitsplatz sind zu beachten.

Bei nicht genormten cadmiumhaltigen Hartloten muß entsprechend verfahren werden.

---

[1]) VBG 15 „Schweißen, Schneiden und verwandte Arbeitsverfahren", zu beziehen durch Carl Heymanns Verlag, Gereonstraße 18-32, 5000 Köln 1.

Weitere Normen

DIN 1707	Weichlote für Schwermetalle; Zusammensetzung, Verwendung, Technische Lieferbedingungen
DIN 8505 Teil 1	Löten; Allgemeines, Begriffe
DIN 8505 Teil 2	Löten; Einteilung der Verfahren, Begriffe
DIN 8511 Teil 1	Flußmittel zum Löten metallischer Werkstoffe; Flußmittel zum Hartlöten von Schwermetallen
DIN 8511 Teil 2	Flußmittel zum Löten metallischer Werkstoffe; Flußmittel zum Weichlöten von Schwermetallen
DIN 8511 Teil 3	Flußmittel zum Löten metallischer Werkstoffe; Flußmittel zum Hart- und Weichlöten von Leichtmetallen
DIN 8513 Teil 1	Hartlote; Kupferbasislote, Zusammensetzung, Verwendung, Technische Lieferbedingungen
DIN 8513 Teil 3	Hartlote; Silberhaltige Lote mit mindestens 20 Gew.-% Silber, Zusammensetzung, Verwendung, Technische Lieferbedingungen
DIN 8525 Teil 1	Prüfung von Hartlötverbindungen; Spaltlötverbindungen, Zugversuch
DIN 8525 Teil 2	Prüfung von Hartlötverbindungen; Spaltlötverbindungen, Scherversuch
DIN ISO 3677	(z. Z. noch Entwurf) Zusätze zum Weich- und Hartlöten; Aufbau der Kurzzeichen

Erläuterungen

Diese Norm enthält in Tabelle 1 Kurzzeichen, gebildet nach den Grundlagen in der Internationalen Norm ISO 3677-1976

D Zusätze zum Weich- und Hartlöten, Kennzeichnung
E Filler metals for brazing and soldering, code of symbols
F Métaux d'apport de brasage tendre et de brasage fort, code de symbolisation

Der Inhalt wurde sachlich überarbeitet unter Beibehaltung der bisher genormten 6 Lote. Für die phosphorfreien Hartlote wurde der zulässige Al-Gehalt auf 0,005 % vermindert. In den Angaben über Lieferformen war eine Erweiterung für gepreßte Stäbe erforderlich. Ferner wurden die Norm-Angaben über Lieferformen, Oberflächenbeschaffenheit und die Kennzeichnung der Hartlote überprüft und im wesentlichen bestätigt.

Über die Prüfung und Abnahme enthält die Norm nur kurze, allgemeine Hinweise. Für die Festigkeitsprüfung von Lötstellen wird auf die Normen DIN 8525 Teil 1 und Teil 2 verwiesen.

Hartlote

Silberhaltige Lote mit mindestens 20% Silber
Zusammensetzung, Verwendung, Technische Lieferbedingungen

DIN
8513
Teil 3

Filler metals for brazing; silver-base brazing alloys containing not less than 20% silver by mass, composition, use, technical delivery conditions

Ersatz für Ausgabe 10.79

Zusammenhang mit der von der International Organization for Standardization (ISO) herausgegebenen Internationalen Norm ISO 3677 – 1976, siehe Erläuterungen.

Diese Norm wurde in Zusammenarbeit mit dem Deutschen Verband für Schweißtechnik (DVS) aufgestellt.

In dieser Norm bedeutet die Angabe % Massenanteil in Prozent (früher Gew.-%).

1 Anwendungsbereich

Diese Norm gilt für Hartlote aus silberhaltigen Legierungen mit Silbergehalten von mindestens 20% zum Hartlöten von Werkstücken aus Schwermetall, z. B. aus Eisenwerkstoffen, Kupferwerkstoffen und Nickelwerkstoffen, sowie aus Edelmetallen und ihren Legierungen.

Die Kupferbasislote sind in DIN 8513 Teil 1, die silberhaltigen Hartlote mit weniger als 20% Silber in DIN 8513 Teil 2 festgelegt.

2 Bezeichnung

Bei der Bezeichnung der Hartlote sind die Kurzzeichen oder Werkstoffnummern nach der Tabelle 1 anzuwenden. Bezeichnung eines Hartlotes mit dem Kurzzeichen L-Ag40Cd oder der Werkstoffnummer 2.5141:

Hartlot DIN 8513 – L-Ag40Cd

oder

Hartlot DIN 8513 – 2.5141

3 Verwendung

Die Silber-Kupfer-Zink-Cadmium-Lote sind niedrigschmelzende Hartlote und ermöglichen ein werkstoff- und werkstückschonendes Hartlöten bei kurzen Lötzeiten. L-Ag40Cd, das niedrigstschmelzende Hartlot, wird wegen seines engen Schmelzbereichs und seiner ausgezeichneten Löteigenschaften, außer für die Handlötung, bevorzugt zum Hartlöten in der Mengenfertigung der Lötanlagen eingesetzt. Ähnliches gilt für L-Ag34Cd. Die Hartlote L-Ag44, L-Ag30, LAg55Sn, L-Ag45Sn, L-Ag40Sn, L-Ag34Sn, L-Ag30Sn und Ag25Sn sind cadmiumfreie, niedrigschmelzende Hartlote, die gegebenenfalls an die Stelle der cadmiumhaltigen Hartlote treten können (siehe Erläuterungen).

Die beiden nickel- und manganhaltigen Hartlote L-Ag27 und L-Ag49 werden bevorzugt zum Auflöten von Hartmetallen auf Stahlträger eingesetzt. Sie enthalten Nickel und Mangan als benetzungsfördernde Zusätze und können deshalb auch zum Hartlöten von schwerbenetzbaren Werkstoffen, z. B. Wolfram- oder Molybdänwerkstoffen, verwendet werden.

Ein ähnliches Einsatzgebiet hat das Hartlot L-Ag50CdNi; es ergibt außerdem gut korrosionsbeständige Lötverbindungen an Kupferlegierungen im maritimen Bereich. Das Hartlot L-Ag56InNi ist zink- und cadmiumfrei. Es dient vornehmlich zum Löten von Edelstählen.

Die Hartlote mit Silbergehalten zwischen 60 und 67% dienen bevorzugt zum Hartlöten von Silberwaren aus Silberlegierungen. Das Hartlot L-Ag75 ist für Lötarbeiten an Gegenständen aus Silberlegierungen vorgesehen, welche nachträglich emailliert werden. Das Hartlot L-Ag83 dient vornehmlich zum Löten von Feinsilberapparaturen bzw. Feinsilberauskleidungen an chemischen Geräten.

Das Silber-Mangan-Lot L-Ag85 gehört in die Gruppe der Hochtemperatur-Hartlote; es ist erfahrungsgemäß ammoniakbeständig.

Das eutektische Silber-Kupfer-Lot L-Ag72 eignet sich auch zum Hartlöten von Kupfer, Kupfer-Nickel- und Nickel-Kupfer-Legierungen ohne Flußmittel im Vakuum oder in technischen Löt-Schutzgasen (z. B. Formiergas). Weitere Hinweise für die Verwendung siehe Tabelle 1.

4 Zusammensetzung und physikalische Eigenschaften

Die silberhaltigen Hartlote mit mindestens 20% Silber umfassen Silber-Kupfer-Zink-Cadmium-Lote, Silber-Kupfer-Zink-Lote und Silber-Kupfer-Zink-Lote mit Zusätzen von Zinn, Nickel, Mangan sowie zink- und cadmiumfreie Hartlote (Silber-Mangan-, Silber-Kupfer-, Silber-Kupfer-Indium-Nickel-Lote).

Fortsetzung Seite 2 bis 7

Normenausschuß Schweißtechnik (NAS) im DIN Deutsches Institut für Normung e.V.
Normenausschuß Nichteisenmetalle (FNNE) im DIN

Tabelle 1. Zusammensetzung, Eigenschaften, Verwendung

Gruppe	Kurzzeichen ISO-Kurzzeichen *)	Werkstoff-nummer	Zusammensetzung Legierungsbestandteile %	zulässige Beimengungen %	Schmelzbereich Solidus °C ≈	Liquidus °C ≈	Arbeitstemperatur °C ≈	Dichte kg/dm³ ≈	Grundwerkstoff	Form der Lötstelle	Art der Lotzuführung
Ag-Cu-Cd-Zn-Hartlote	L-Ag67Cd BAg67ZnCuCd 635–720	2.5142	Ag 66,0 bis 68,0 Cd 8,0 bis 12,0 Cu 10,0 bis 12,0 Zn Rest	Al 0,005 Pb 0,02 Sonstige: zusammen 0,1	635	720	710	9,9	Edelmetalle		
	L-Ag50Cd BAg50CdZnCu 620–640	2.5143	Ag 49,0 bis 51,0 Cd 15,0 bis 19,0 Cu 14,0 bis 16,0 Zn Rest	Al 0,005 Pb 0,02 Sonstige: zusammen 0,1	620	640	640	9,5	Edelmetalle Kupfer-legierungen Stähle		
	L-Ag45Cd BAg45CdCuZn 620–635	2.5146	Ag 44,0 bis 46,0 Cd 18,0 bis 22,0 Cu 16,0 bis 18,0 Zn Rest	Al 0,005 Pb 0,02 Sonstige: zusammen 0,1	620	635	620	9,4	Edelmetalle Doublé Kupfer-legierungen Stähle		
	L-Ag40Cd BAg40ZnCdCu 595–630	2.5141	Ag 39,0 bis 41,0 Cd 18,0 bis 22,0 Cu 18,0 bis 20,0 Zn Rest	Al 0,005 Pb 0,02 Sonstige: zusammen 0,1	595	630	610	9,3		Spalt	
	L-Ag34Cd BAg34CuZnCd 610–680	2.5140	Ag 33,0 bis 35,0 Cd 18,0 bis 22,0 Cu 21,0 bis 23,0 Zn Rest	Al 0,005 Pb 0,02 Sonstige: zusammen 0,1	610	680	640	9,1	Stähle Temperguß Kupfer-legierungen Nickel		
	L-Ag30Cd BAg30CuZnCd 600–690	2.5145	Ag 29,0 bis 31,0 Cd 19,0 bis 23,0 Cu 27,0 bis 29,0 Zn Rest	Al 0,005 Pb 0,02 Sonstige: zusammen 0,1	600	690	680	9,2	Kupfer-legierungen Nickel		
	L-Ag25Cd BCu30ZnAgCd 605–720	2.1218	Ag 24,0 bis 26,0 Cd 15,5 bis 19,5 Cu 29,0 bis 31,0 Zn Rest	Al 0,005 Pb 0,02 Sonstige: zusammen 0,1	605	720	710	8,8	Nickel-legierungen		angesetzt und eingelegt
	L-Ag20Cd BCu40ZnAgCd 605–765	2.1215	Ag 19,0 bis 21,0 Cd 13,0 bis 17,0 Cu 39,0 bis 41,0 Zn Rest	Al 0,005 Pb 0,02 Sonstige: zusammen 0,1	605	765	750	8,8		Spalt und Fuge	

Ag-Cu-Zn-(Sn)-Hartlote

Kurzzeichen / Bezeichnung	Werkstoff-Nr.	Zusammensetzung	Verunreinigungen	Solidus	Liquidus	Arbeitstemperatur	Dichte	Grundwerkstoffe	Lötspalt
L-Ag55Sn BAg55ZnCuSn 620–660	2.5159	Ag 54,0 bis 57,0 Cu 20,0 bis 23,0 Sn 2,0 bis 5,0 Zn Rest	Al 0,005 Pb 0,02 Sonstige: zusammen 0,1	620	660	650	9,4	Stähle Kupferlegierungen Nickellegierungen	Spalt · angesetzt und eingelegt
L-Ag45Sn BAg45ZnCuSn 640–680	2.5158	Ag 44,0 bis 46,0 Cu 26,0 bis 28,0 Sn 2,5 bis 3,5 Zn Rest	Al 0,005 Pb 0,02 Sonstige: zusammen 0,1	640	680	670	9,2		
L-Ag44 BAg44CuZn 675–735	2.5147	Ag 43,0 bis 45,0 Cu 29,0 bis 31,0 Zn Rest	Al 0,005 Pb 0,02 Sonstige: zusammen 0,1	675	735	730	9,1		
L-Ag40Sn BAg40CuZnSn 640–700	2.5165	Ag 39,0 bis 41,0 Cu 29,0 bis 31,0 Sn 1,5 bis 2,5 Zn Rest	Al 0,005 Pb 0,02 Sonstige: zusammen 0,1	640	700	690	9,1		
L-Ag34Sn BCu36AgZnSn 630–730	2.5157	Ag 33,0 bis 35,0 Cu 35,0 bis 37,0 Sn 2,5 bis 3,5 Zn Rest	Al 0,005 Pb 0,02 Sonstige: zusammen 0,1	630	730	710	9,0	Stahl Temperguß Kupfer Kupferlegierungen Nickel Nickellegierungen	
L-Ag30Sn BCu36ZnAgSn 650–750	2.5166	Ag 29,0 bis 31,0 Cu 35,0 bis 37,0 Sn 1,5 bis 2,5 Zn Rest	Al 0,005 Pb 0,02 Sonstige: zusammen 0,1	650	750	740	8,8		
L-Ag30 BCu38ZnAg 680–765	2.5167	Ag 29,0 bis 31,0 Cu 37,0 bis 39,0 Zn Rest	Al 0,005 Pb 0,02 Sonstige: zusammen 0,1	680	765	750	8,9		
L-Ag25Sn BCu40ZnAgSn 680–760	2.5168	Ag 24,0 bis 26,0 Cu 39,0 bis 41,0 Sn 1,5 bis 2,5 Zn Rest	Al 0,005 PB 0,02 Sonstige: zusammen 0,1	680	760	750	8,7		
L-Ag25 BCu41ZnAg 700–800	2.1216	Ag 24,0 bis 26,0 Cu 40,0 bis 42,0 Zn Rest	Al 0,005 Pb 0,02 Sonstige: zusammen 0,1	700	800	780	8,8		
L-Ag20 BCu44ZnAg 690–810	2.1213	Ag 19,0 bis 21,0 Cu 43,0 bis 45,0 Si 0 bis 0,2 Zn Rest	Al 0,01 Pb 0,02 Sonstige: zusammen 0,1	690	810	810	8,7		Spalt und Fuge

*) Nach ISO 3677 – 1976

Tabelle 1. (Fortsetzung)

Gruppe	Kurzzeichen ISO-Kurzzeichen *)	Werkstoffnummer	Zusammensetzung Legierungsbestandteile %	Zusammensetzung zulässige Beimengungen %	Schmelzbereich Solidus °C ≈	Schmelzbereich Liquidus °C ≈	Arbeitstemperatur °C ≈	Dichte kg/dm³ ≈	Grundwerkstoff	Form der Lötstelle	Art der Lotzuführung
Zinkfreie Sonderhartlote	**L-Ag85** BAg85Mn 960 – 970	**2.5161**	Ag 83,0 bis 87,0 Mn Rest	Pb 0,02 Sonstige: zusammen 0,5	960	970	960	9,4	Stähle Nickel Nickellegierungen		angesetzt und eingelegt
Zinkfreie Sonderhartlote	**L-Ag72** BAg72Cu 780	**2.5151**	Ag 71,0 bis 73,0 Cu Rest	Pb 0,005 Pb 0,02 Sonstige: zusammen 0,1	779	779	780	10,0	Kupfer Kupfer- und Nickellegierungen		eingelegt
Zinkfreie Sonderhartlote	**L-Ag56InNi** BAg56CuInNi 620 – 730	**2.5162**	Ag 55,0 bis 57,0 Cu Rest In 13,0 bis 15,0 Ni 3,5 bis 4,5	Al 0,01 Pb 0,02 Sonstige: zusammen 0,1	620	730	730	9,5	Chrom- und Chrom-/ Nickelstähle	Spalt	
Zinkfreie Sonderhartlote	**L-Ag50CdNi** BAg50ZnCuCdNi 645–690	**2.5160**	Ag 49,0 bis 51,0 Cu 14,5 bis 16,5 Cd 14,0 bis 18,0 Ni 2,5 bis 3,5 Zn Rest	Al 0,005 Pb 0,02 Sonstige: zusammen 0,1	645	690	660	9,5	Kupferlegierungen Hartmetall auf Stahl	Spalt	
Sonderhartlote	**L-Ag49** BAg49ZnCuMnNi 625–705	**2.5156**	Ag 48,0 bis 50,0 Cu 15,0 bis 17,0 Mn 6,5 bis 8,5 Ni 4,0 bis 5,0 Zn Rest	Al 0,01 Pb 0,02 Sonstige: zusammen 0,3	625	705	690	8,9	Hartmetall auf Stahl Wolfram- und MolybdänWerkstoffe	Spalt	angesetzt und eingelegt
Sonderhartlote	**L-Ag27** BCu38AgZnMnNi 680–830	**2.1217**	Ag 26,0 bis 28,0 Cu 37,0 bis 39,0 Mn 8,5 bis 10,5 Ni 5,0 bis 6,0 Zn Rest	Al 0,01 Pb 0,02 Sonstige: zusammen 0,3	680	830	840	8,7	Hartmetall auf Stahl Wolfram- und MolybdänWerkstoffe	Spalt	angesetzt und eingelegt

							Edelmetalle	Spalt	angesetzt und eingelegt
L-Ag83 BAg83CuZn 780 – 830	2.5152	Ag 82,0 bis 84,0 Zn 1,0 bis 3,0 Cu Rest	Al 0,005 Pb 0,02 Sonstige: zusammen 0,1	780	830	830	10,2		
L-Ag75 BAg75CuZn 740 – 775	2.5153	Ag 74,0 bis 76,0 Zn 2,0 bis 4,0 Cu Rest	Al 0,005 Pb 0,02 Sonstige: zusammen 0,1	740	775	770	10,0		
L-Ag67 BAg67CuZn 700 – 730	2.5148	Ag 66,0 bis 68,0 Cu 22,0 bis 24,0 Zn Rest	Al 0,005 Pb 0,02 Sonstige: zusammen 0,1	700	730	730	9,7		
L-Ag64 BAg64CuZn 690 – 720	2.5149	Ag 63,0 bis 65,0 Cu 19,0 bis 21,0 Zn Rest	Al 0,005 Pb 0,02 Sonstige: zusammen 0,1	690	720	720	9,7		
L-Ag60 BAg60CuZn 695 – 730	2.5150	Ag 59,0 bis 61,0 Cu 25,0 bis 27,0 Zn Rest	Al 0,005 Pb 0,02 Sonstige: zusammen 0,1	695	730	710	9,5		
L-Ag60Sn BAg60CuZnSn 620 – 685	2.5155	Ag 59,0 bis 61,0 Cu 22,0 bis 24,0 Sn 2,0 bis 4,0 Zn Rest	Al 0,005 Pb 0,02 Sonstige: zusammen 0,1	620	685	680	9,6		

Ag-Cu-Zn-(Sn)-Sonderhartlote

*) Nach ISO 3677 – 1976

5 Technische Lieferbedingungen

5.1 Lieferformen, Maße, Bezeichnung

5.1.1 Lieferformen, Maße

Tabelle 2.   Lieferformen und Maße

Lotdraht/Lotstab Durchmesser mm ± 0,05	Lotstab Festlänge mm ± 5
1 1,5 2	500 oder 1000

Sonstige Lieferformen nach Vereinbarung: Blech, Band, Formteile, Körnung, flußmittelumhüllte Stäbe.

5.1.2 Bezeichnung

Bezeichnung eines Stabes aus Hartlot mit dem Kurzzeichen L-Ag40Cd oder der Werkstoffnummer 2.5141, von 2 mm Durchmesser und einer Länge von 500 mm:

Lotstab DIN 8513 − L-Ag40Cd − 2 × 500

oder

Lotstab DIN 8513 − 2.5141 − 2 × 500

Anmerkung: Als Benennung der Normbezeichnung ist die entsprechende Benennung aus dem Abschnitt 5.3 zu verwenden.

5.2 Bestellbezeichnung

100 kg Stab aus Hartlot mit dem Kurzzeichen L-Ag40Cd oder der Werkstoffnummer 2.5141, von 2 mm Durchmesser und einer Festlänge von 500 mm:

100 kg Lotstab DIN 8513 − L-Ag40Cd − 2 × 500

oder

100 kg Lotstab DIN 8513 − 2.5141 − 2 × 500

5.3 Lieferart

Lotdraht: in Bunden
Lotstab: gebündelt

5.4 Oberflächenbeschaffenheit

Die Oberfläche der Stäbe und Drähte muß frei von schädlichen Verunreinigungen sein.

5.5 Prüfung und Abnahme

Für die Abnahme genügt in der Regel eine Werksbescheinigung nach DIN 50 049. Soweit vom Besteller Prüfungen gewünscht werden, sind mit dem Lieferer entsprechende Vereinbarungen zu treffen.

6 Kennzeichnung

Drahtbunde und Stabbündel sind mit Anhängeschildern, Verpackungen mit Klebezetteln zu versehen. Anhängeschilder und Klebezettel sollen neben dem Zeichen des Herstellers oder Lieferers mindestens die Kurzbezeichnung nach Abschnitt 2 und das ISO-Kurzzeichen nach Tabelle 1 tragen.

Auf allen Verpackungen cadmiumhaltiger Lote müssen folgende Angaben enthalten sein:

− Cadmiumhaltiges Lot. Überhitzen ist schlechtes Löten und kann zu gesundheitsschädigenden Dämpfen führen.

− Gefahrensymbol nach der Verordnung über gefährliche Arbeitsstoffe, Ausgabe September 1980, Anhang I, Nr 1.2, angegeben als Andreaskreuz in einem Rechteck mit orangem Hintergrund und darunter „gesundheitsschädlich" (siehe Bild 1).

gesundheitsschädlich

Bild 1.

Anmerkung: Das Gefahrensymbol kann neben dem Text angeordnet werden.

7 Hinweise für die Arbeitssicherheit

Die im Kurzzeichen mit Cd gekennzeichneten Hartlote enthalten Cadmium in nicht vernachlässigbaren Mengen. Bei unsachgemäßer Verarbeitung, insbesondere erheblicher Überhitzung, können gesundheitsschädliche Cadmiumoxid-Dämpfe entstehen. Die Bestimmungen in UVV-VGB 15 bezüglich der Belüftung von Werkstatt und Arbeitsplatz sind zu beachten.

Bei nicht genormten cadmiumhaltigen Hartloten muß entsprechend verfahren werden.

Zitierte Normen und andere Unterlagen

DIN 8513 Teil 1 Hartlote; Kupferbasislote, Zusammensetzung, Verwendung, Technische Lieferbedingungen
DIN 8513 Teil 2 Hartlote; Silberhaltige Lote mit weniger als 20 Gew.-% Silber, Zusammensetzung, Verwendung, Technische Lieferbedingungen
DIN 50049   Bescheinigungen über Materialprüfungen
ISO 3677 – 1976   Zusätze zum Weich- und Hartlöten; Kennzeichnung
UVV VBG 15   Schweißen, Schneiden und verwandte Arbeitsverfahren [1])
Verordnung über gefährliche Arbeitsstoffe [1])

Weitere Normen

DIN 1707   Weichlote; Zusammensetzung, Verwendung, Technische Lieferbedingungen
DIN 8505 Teil 1 Löten; Allgemeines, Begriffe
DIN 8505 Teil 2 Löten; Einteilung der Verfahren, Begriffe
DIN 8505 Teil 3 Löten; Einteilung der Verfahren nach Energieträgern, Verfahrensbeschreibungen
DIN 8511 Teil 1 Flußmittel zum Löten metallischer Werkstoffe; Flußmittel zum Hartlöten
DIN 8511 Teil 2 Flußmittel zum Löten metallischer Werkstoffe; Flußmittel zum Weichlöten von Schwermetallen
DIN 8511 Teil 3 Flußmittel zum Löten metallischer Werkstoffe; Flußmittel zum Weichlöten von Leichtmetallen
DIN 8513 Teil 4 Hartlote; Aluminiumbasislote, Zusammensetzung, Verwendung, Technische Lieferbedingungen
DIN 8513 Teil 5 Hartlote; Nickelbasislote zum Hochtemperaturlöten, Verwendung, Zusammensetzung, Technische Lieferbedingungen
DIN 8525 Teil 1 Prüfung von Hartlötverbindungen, Spaltlötverbindungen, Zugversuch
DIN 8525 Teil 2 Prüfung von Hartlötverbindungen, Spaltlötverbindungen, Scherversuch

Frühere Ausgaben

DIN 1710: 04.25; DIN 1734: 06.44; DIN 1735: 08.44; DIN 8513 Teil 3: 04.66, 12.69, 01.76, 10.79

Änderungen

Gegenüber der Ausgabe Oktober 1979 wurden folgende Änderungen vorgenommen:
a) Ergänzung der Lote L-Ag25Cd, L-Ag40Sn, L-Ag30Sn, L-Ag30 und L-Ag25Sn.
b) Angaben zur Kennzeichnung cadmiumhaltiger Hartlote ergänzt.

Erläuterungen

Diese Norm enthält in Tabelle 1 Kurzzeichen, gebildet nach den Grundlagen der Internationalen Norm ISO 3677 – 1976

D Zusätze zum Weich- und Hartlöten, Kennzeichnung
E Filler metals for brazing and soldering, code of symbols
F Métaux d'apport de brasage tendre et de brasage fort, code de symbolisation

Der dem Stand der Technik angepaßten Überarbeitung liegt zugrunde, für die cadmiumhaltigen Lote Alternativen anzubieten durch cadmiumfreie oder geringer cadmiumhaltige Lote. Deshalb sind einige Ag-Cu-Zn-/Sn-Hartlote und L-Ag25Cd ergänzt.

Daneben lag der Neubearbeitung insbesondere die Absicht zugrunde, die Kennzeichnung der cadmiumhaltigen Hartlote zu verbessern. Hierzu ist zunächst festzustellen, daß Hinweise für die Arbeitssicherheit nach Abschnitt 7 dieser Norm schon immer auf den Verpackungen vorgeschrieben waren als Hilfe zum sachgerechten Umgang mit diesen Arbeitsstoffen. Darüber hinaus erschien es ratsam, durch eine weitere Kennzeichnung deutlich auf die möglichen Gesundheitsgefahren bei unsachgemäßem Umgang mit cadmiumhaltigen Hartloten hinzuweisen. Das nunmehr vorgeschriebene Gefahrensymbol nach Abschnitt 6 als zusätzliche Kennzeichnung auf der Verpackung cadmiumhaltiger Hartlote wird dieser Absicht im Sinne der Verarbeiter gerecht.

Internationale Patentklassifikation

B 23 K 35/30

---

[1]) Zu beziehen durch Carl Heymanns Verlag KG, Gereonstraße 18–32, 5000 Köln 1.

Hartlote Aluminiumbasislote Zusammensetzung Verwendung Technische Lieferbedingungen	 **DIN** **8513** Teil 4

Brazing and braze welding filler metals; aluminium base, composition, use, technical terms of delivery	Mit DIN 1707 Ersatz für DIN 8512

Zusammenhang mit der von der International Organization for Standardization (ISO) herausgegebenen Internationalen Norm ISO 3677 − 1976, siehe Erläuterungen.

Diese Norm wurde in Zusammenarbeit mit dem Deutschen Verband für Schweißtechnik (DVS) aufgestellt.

1 Geltungsbereich

Diese Norm gilt für Lote zum Hartlöten von Werkstücken aus Aluminium und Aluminiumlegierungen (siehe Abschnitt 4).

2 Mitgeltende Normen

DIN 50 049   Bescheinigungen über Werkstoffprüfungen

3 Bezeichnung

Bei der Bezeichnung der Lote sind die Kurzzeichen oder Werkstoffnummern nach Tabelle 1 zu verwenden.
Bezeichnung eines Hartlotes mit dem Kurzzeichen L-AlSi12 oder der Werkstoffnummer 3.2285:

Hartlot DIN 8513 − L-AlSi12

oder

Hartlot DIN 8513 − 3.2285

4 Verwendung

Das Hartlot dient vorzugsweise zum Spaltlöten mit angesetztem oder eingelegtem Lot bei Aluminium nach DIN 1712 Teil 3 und Legierungen der Typen AlMn, AlMnMg, bedingt auch für Legierungen der Typen AlMg und AlMgSi nach DIN 1725 Teil 1 mit Mg-Gehalten bis max. 2 Gew.-%.

Verwendung finden auch lotplattierte Bleche und Bänder, bei denen der Grundwerkstoff mit dem Lot ein- oder beidseitig beschichtet ist.

Bei Gußlegierungen dienen die Hartlote auch zum Fugenlöten und Auftragen.

5 Zusammensetzung und physikalische Eigenschaften (siehe Tabelle 1)

Tabelle 1. **Zusammensetzung, Eigenschaften, Verwendung**

Kurzzeichen ISO-Kurzzeichen	Werk- stoff- num- mer	Zusammensetzung		Schmelzbereich [1]		Arbeits- temperatur [1] °C	Hinweise für die Verwendung
		Legierungs- bestandteile Gew.-%	Zulässige Beimengungen Gew.-%	Solidus °C ≈	Liquidus °C ≈		
L-AlSi7,5 BAl92,5Si 575-615	3.2280	Si 6,8 bis 8,2 Al Rest	Fe 0,5 Cu 0,03	575	615	605 bis 615	Lotplattiertes Blech [3]
L-AlSi10 BAl90Si 575-595	3.2282	Si 9,0 bis 10,5 Al Rest	Mn 0,1 Mg 0,1 Zn 0,07	575	595	595 bis 605	Lotplattiertes Blech [3]
L-AlSi12 [2] BAl88Si 575-590	3.2285	Si 11,0 bis 13,5 Al Rest	Ti 0,03 Sonstige: einzeln: 0,03 zus.: 0,15	575	590	590 bis 600	angesetzt, eingelegt

[1] Der Schmelzbereich und die Arbeitstemperatur sind Richtwerte.

[2] Das Hartlot L-AlSi12 hat engere Grenzen für die zulässigen Beimengungen als der Schweißzusatz S-AlSi12 DIN 1732.

[3] Kernwerkstoff vorzugsweise Legierungen des Typs AlMn.

Fortsetzung Seite 2 und 3
Erläuterungen Seite 3

Normenausschuß Schweißtechnik (NAS) im DIN Deutsches Institut für Normung e.V.
Normenausschuß Nichteisenmetalle (FNNE) im DIN

6 Technische Lieferbedingungen

6.1 Lieferformen, Maße, Bezeichnung

6.1.1 Lieferformen, Maße

Tabelle 2. Lieferformen und Maße

Kurzzeichen	Lotdraht/Lotstab Durchmesser [4) mm ± 0,05	Festlänge mm ± 5	Blech [4)	Körnung	Lotplattiertes Blech
L-AlSi7,5	–	–	–	–	nach Vereinbarung
L-AlSi10	–	–	–	–	
L-AlSi12	1 bis 6	500 1000	0,15 bis 0,30	nach Vereinbarung	

[4) Aus dem angegebenen Bereich ist bei Bestellung ein Wert zu vereinbaren und in der Norm-Bezeichnung anzugeben.

6.1.2 Bezeichnung

Bezeichnung eines Lotstabes aus dem Hartlot L-AlSi12 oder der Werkstoffnummer 3.2285 von 2 mm Durchmesser und der Länge von 500 mm:

$$\text{Lotstab DIN 8513 -- L-AlSi12 -- 2} \times \text{500}$$

oder

$$\text{Lotstab DIN 8513 -- 3.2285 -- 2} \times \text{500}$$

A n m e r k u n g : *Als Benennungs-Block der Norm-Bezeichnung ist die entsprechende Benennung aus dem Abschnitt 6.3 zu verwenden.*

6.2 Bestellbezeichnung

100 kg Lotstäbe aus dem Hartlot L-AlSi12 oder der Werkstoffnummer 3.2285 von 2 mm Durchmesser und der Länge von 500 mm:

$$\text{100 kg Lotstab DIN 8513 -- L-AlSi12 -- 2} \times \text{500}$$

oder

$$\text{100 kg Lotstab DIN 8513 -- 3.2285 -- 2} \times \text{500}$$

6.3 Lieferart

Lotdraht: in Bunden, auf Spulen
Lotstab: gebündelt
Blech: in Tafeln, Bänder
Lotplattiertes Blech: in Tafeln, Bänder
Körnung: in Behältern

6.4 Oberflächenbeschaffenheit

Die Oberfläche der Stäbe, Drähte, Bleche und der Lotplattierschichten muß frei von schädlichen Verunreinigungen sein.

6.5 Prüfung und Abnahme

Für die Abnahme genügt in der Regel eine Werksbescheinigung nach DIN 50 049. Soweit vom Besteller Prüfungen gewünscht werden, sind mit dem Lieferer entsprechende Vereinbarungen zu treffen.

7 Kennzeichnung

Drahtbunde und Stabbündel sind mit Anhängeschildern, Spulen, Bleche, Platten, Verpackungen sind mit Klebezetteln zu versehen, die außer dem Zeichen des Herstellers oder Lieferers mindestens den Identifizierungs-Block der Norm-Bezeichnung nach Abschnitt 3 (z. B. DIN 8513 – L-AlSi12) und das ISO-Kurzzeichen nach Tabelle 1 tragen.

8 Hinweise für die Arbeitssicherheit

Die Bestimmungen in UVV-VBG 15 [5) bezüglich der Belüftung von Werkstatt und Arbeitsplatz sind zu beachten.

[5) VBG 15 „Schweißen, Schneiden und verwandte Arbeitsverfahren", zu beziehen durch Carl Heymanns Verlag, Gereonstraße 18-32, 5000 Köln 1.

Weitere Normen

DIN	1707	Weichlote; Zusammensetzung, Verwendung, Technische Lieferbedingungen
DIN	1712 Teil 3	Aluminium; Halbzeug
DIN	1725 Teil 1	Aluminiumlegierungen; Knetlegierungen
DIN	1725 Teil 2	Aluminiumlegierungen; Gußlegierungen, Sandguß, Kokillenguß, Druckguß
DIN	1732 Teil 1	Schweißzusatzwerkstoffe für Aluminium; Zusammensetzung, Verwendung und Technische Lieferbedingungen
DIN	8505 Teil 1	Löten; Allgemeines, Begriffe
DIN	8505 Teil 2	Löten; Einteilung der Verfahren, Begriffe
DIN	8511 Teil 3	Flußmittel zum Löten metallischer Werkstoffe; Flußmittel zum Hart- und Weichlöten von Leichtmetallen
DIN	8525 Teil 1	Prüfung von Hartlötverbindungen, Spaltlötverbindungen, Zugversuch
DIN	8525 Teil 2	Prüfung von Hartlötverbindungen, Spaltlötverbindungen, Scherversuch
DIN ISO 3677		Zusätze zum Weich- und Hartlöten; Aufbau der Kurzzeichen

Erläuterungen

Die Norm enthält in Tabelle 1 Kurzzeichen, gebildet nach den Grundlagen in der Internationalen Norm ISO 3677 — 1976.

D: Zusätze zum Weich- und Hartlöten; Kennzeichnung

E: Filler metals for brazing and soldering; code of symbols

F: Métaux d'apport de brasage tendre et de brasage fort; code de symbolisation

Die Absicht, alle Hartlote unter DIN 8513 und alle Weichlote unter DIN 1707 zusammenzufassen, führte dazu, die Aluminium-Hartlote aus DIN 8512 in den vorliegenden Teil 4 von DIN 8513 und die Weichlote für Aluminium aus DIN 8512 in die Folgeausgabe von DIN 1707 zu übernehmen. Der Inhalt dieser Norm entspricht somit der sachlichen Überarbeitung der bisher in DIN 8512 enthaltenen Hartlote für Aluminium.

Das in DIN 8512 bisher genormte Hartlot AlSiSn wird praktisch nicht mehr verwendet und wurde deshalb nicht mehr aufgenommen. Ergänzt wurden die Plattierlote L-AlSi 7,5 und L-AlSi 10.

Schweißzusätze für das Schweißen
nichtrostender und hitzebeständiger Stähle
Bezeichnung
Technische Lieferbedingungen

**DIN
8556**
Teil 1

Filler metals for welding stainless and heat resistant steels; designation,
technical delivery conditions

Ersatz für Ausgabe 03.76

Zusammenhang mit der von der International Organization for Standardization (ISO) herausgegebenen Internationalen
Norm ISO 3581 − 1976, siehe Erläuterungen.

Diese Norm wurde in Zusammenarbeit mit dem Deutschen Verband für Schweißtechnik (DVS) aufgestellt.

In dieser Norm sind die Begriffe nach DIN 8571 verwendet.

In dieser Norm bedeutet % bei Angaben von Gehalten Massenanteil in Prozent.

Inhalt

Fortsetzung Seite 2 bis 10

Normenausschuß Schweißtechnik (NAS) im DIN Deutsches Institut für Normung e.V.
Normenausschuß Eisen und Stahl (FES) im DIN

129

1   Anwendungsbereich

Diese Norm gilt für Schweißzusätze — ausgenommen Fülldrahtelektroden — zum Schweißen nichtrostender und hitzebeständiger Stähle und Stahlgußsorten. Diese Stähle sind erfaßt z. B. in

DIN 17 440, DIN 17 441, DIN 17 445, DIN 17 455, DIN 17 456, DIN 17 457, DIN 17 458, DIN 17 465 und in den Stahl-Eisen-Werkstoffblättern (SEW)

SEW 400, SEW 410, SEW 470, SEW 471, SEW 595.

Diese Norm erfaßt Stabelektroden zum Lichtbogenhandschweißen, Drahtelektroden, Schweißdrähte und Schweißstäbe zum Schutzgasschweißen sowie Band- und Drahtelektroden und Schweißdrähte zum Unterpulverschweißen.

2   Einteilung

2.1   Stabelektroden zum Lichtbogenhandschweißen

Für die Einteilung der Stabelektroden ist die chemische Zusammensetzung des Schweißgutes nach Tabelle 1 maßgebend.

2.2   Schweißstäbe, Schweißdrähte, Drahtelektroden zum Schutzgasschweißen (WIG- und MSG-Verfahren)

Für die Einteilung der Schweißstäbe, Schweißdrähte und Drahtelektroden ist ihre chemische Zusammensetzung nach Tabelle 2 maßgebend.

2.3   Band- und Drahtelektroden zum Unterpulverschweißen

Für die Einteilung der Band- und Drahtelektroden ist ihre chemische Zusammensetzung nach Tabelle 2 maßgebend.

2.4   Hilfsstoffe

2.4.1   Schweißpulver

Für Schweißpulver zum Unterpulverschweißen gilt DIN 32 522.

2.4.2   Schutzgase

Für Schutzgase zum Schutzgasschweißen gilt DIN 32 526.

3   Bezeichnung

Die Bezeichnung setzt sich aus folgenden Teilen zusammen:

a) bei Stabelektroden:
- der Benennung: Stabelektrode
- der DIN-Hauptnummer
- dem Kennbuchstaben E für das Schweißverfahren (siehe Abschnitt 3.1)
- dem Kurznamen für die chemische Zusammensetzung des Schweißgutes oder der vergleichbaren Werkstoffnummer (siehe Abschnitt 3.2 und Tabelle 1)
- dem Typ-Kurzzeichen für die Umhüllung (siehe Abschnitt 3.3)
- der Kennziffer für die Schweißposition sowie der Kennziffer oder dem Kennzeichen für die Stromeignung der Stabelektroden (siehe Abschnitt 3.5)

- der Kennzahl für das Ausbringen, wenn es mehr als 105% beträgt (siehe Abschnitt 3.6)

b) bei Band- und Drahtelektroden, Schweißdrähten, Schweißstäben:
- der Benennung: Bandelektrode, Drahtelektrode, Schweißdraht oder Schweißstab
- der DIN-Nummer
- dem Kennbuchstaben SG oder UP für das Schweißverfahren (siehe Abschnitt 3.1)
- dem Kurznamen für die chemische Zusammensetzung oder der Werkstoffnummer (siehe Abschnitt 3.4 und Tabelle 2)

3.1   Kennbuchstaben für das Schweißverfahren

Die Kennbuchstaben für das Schweißverfahren lauten:

E = Lichtbogenhandschweißen

SG = Schutzgasschweißen   (z. B. Wolfram-Inertgasschweißen (WIG) oder Metall-Schutzgasschweißen (MSG)

UP = Unterpulverschweißen

3.2   Kurzname für die chemische Zusammensetzung des Schweißgutes von Stabelektroden

Im Kurznamen für die chemische Zusammensetzung des Schweißgutes von Stabelektroden werden die Legierungsbestandteile (Richtwerte) in der Reihenfolge Cr, Ni, Mo zahlenmäßig hintereinander ohne das chemische Kurzzeichen aufgeführt.

Weitere Legierungsbestandteile, wie Nb und Cu, werden als chemische Kurzzeichen ohne zahlenmäßige Angabe des Legierungsanteiles hinzugefügt.

Mn als Legierungsbestandteil wird erst bei einem Massenanteil über 5% durch das chemische Kurzzeichen angegeben.

Der Zusatz L bedeutet besonders niedriger C-Anteil (siehe Tabellen 1 und 2).

3.3   Typ-Kurzzeichen für die Umhüllung der Stabelektroden

Man unterscheidet folgende Umhüllungstypen:

R Rutil Typ

Diese Stabelektroden enthalten in der Umhüllung als wesentlichen Bestandteil Titandioxid, meistens in Form von Rutil.

B Basischer Typ

Die Umhüllung weist einen hohen Massenanteil an Calcium- oder anderen Erdalkalicarbonaten und Flußspat auf.

MP Hüllenlegierter Typ

Für hüllenlegierte Hochleistungselektroden ist vor dem Typ-Kurzzeichen für die Umhüllung (Umhüllungstyp) das Kurzzeichen MP für Metall-Pulver zu setzen, z. B. MPR.

3.4   Kurzname für die chemische Zusammensetzung der Band- und Drahtelektroden, Schweißdrähte und Schweißstäbe zum Schutzgasschweißen und Unterpulverschweißen

Die Kurznamen, die Werkstoffnummer und die chemische Zusammensetzung der Schweißzusätze sind in Tabelle 2 enthalten.

Tabelle 1. Chemische Zusammensetzung des Schweißgutes der Stabelektroden

Kurzname	Vergleichbare Werkstoffnummer (nach Tabelle 2)	Chemische Zusammensetzung in %									Kurzname nach ISO 3581
		C ≤	Si¹) ≤	Mn	P²) ≤	S²) ≤	Cr	Mo	Ni	Sonstige	
13	1.4009	0,120	1,0	≤1,5	0,030	0,025	11,0 bis 14,0	—	—	—	13
13 1	1.4018	0,120	1,0	≤1,5	0,030	0,025	11,0 bis 14,0	≤1,0	0,5 bis 2,0	—	13.1*)
13 4	1.4351	0,070	1,0	≤1,5	0,030	0,025	11,5 bis 14,5	≤1,0	3,0 bis 5,0	—	13.4*)
17	1.4015	0,100	1,0	≤1,5	0,030	0,025	16,0 bis 18,0	—	—	—	17*)
17 Mo	1.4115	0,250	1,0	≤1,5	0,030	0,025	15,0 bis 18,0	0,5 bis 1,5	≤1,0	—	—
19 9	1.4302	0,070	1,5	≤2,0	0,030	0,025	18,0 bis 21,0	—	8,0 bis 11,0	—	19.9
19 9 L	1.4316	0,040	1,5	≤2,0	0,030	0,025	18,0 bis 21,0	—	8,0 bis 11,0	—	19.9 L
19 9 Nb	1.4551	0,080	1,5	≤2,0	0,030	0,025	18,0 bis 21,0	—	8,0 bis 11,0	Nb⁴)	19.9 Nb
19 12 3	1.4403	0,070	1,5	≤2,0	0,030	0,025	17,0 bis 20,0	2,5 bis 3,0	10,0 bis 13,0	—	19.12.3*)
19 12 3 L	1.4430	0,040	1,5	≤2,0	0,030	0,025	17,0 bis 20,0	2,5 bis 3,0	10,0 bis 13,0	—	19.12.3 L*)
19 12 3 Nb	1.4576	0,080	1,5	≤2,0	0,030	0,025	17,0 bis 20,0	2,5 bis 3,0	10,0 bis 13,0	Nb⁴)	19.12.3 Nb*)
18 15 3 L³)	1.4433	0,040	1,5	1,0 bis 4,0	0,030	0,025	16,5 bis 19,5	2,5 bis 3,5	14,0 bis 17,0	—	18.15.3 L
18 16 5 L³)	1.4440	0,040	1,5	1,0 bis 4,0	0,035	0,025	17,0 bis 20,0	4,0 bis 5,0	16,0 bis 19,0	N	—
20 25 5 LCu³)	1.4519	0,040	1,5	1,0 bis 4,0	0,035	0,025	19,0 bis 22,0	4,0 bis 6,0	23,0 bis 26,0	Cu 1,0 bis 2,0	—
20 16 3 MnL³)	1.4455	0,040	1,5	5,0 bis 8,0	0,035	0,025	18,0 bis 21,0	2,5 bis 3,5	15,0 bis 18,0	N	—
18 8 Mn³)	1.4370	0,200	1,5	4,5 bis 7,5	0,035	0,025	17,0 bis 20,0	—	7,0 bis 10,0	—	18.8 Mn*)
20 10 3	1.4431	0,150	1,5	≤2,5	0,030	0,025	18,0 bis 21,0	2,0 bis 4,0	8,0 bis 12,0	—	—
23 12 L	1.4332	0,040	1,5	≤2,5	0,030	0,025	22,0 bis 25,0	—	11,0 bis 15,0	—	—
23 12 Nb	1.4556	0,080	1,5	≤2,5	0,030	0,025	22,0 bis 25,0	—	11,0 bis 15,0	Nb⁴)	23.12 Nb
23 13 2	1.4459	0,120	1,5	≤2,5	0,035	0,025	22,0 bis 25,0	2,0 bis 3,0	11,0 bis 15,0	—	—
29 9	1.4337	0,150	1,5	≤2,5	0,035	0,025	27,0 bis 31,0	—	8,0 bis 12,0	—	29.9*)
30	1.4773	0,100	2,0	≤2,0	0,035	0,025	27,0 bis 30,0	—	4,0 bis 6,0	—	30
25 4	1.4820	0,150	2,0	≤2,0	0,030	0,025	24,0 bis 27,0	—	—	—	25.4
22 12	1.4829	0,150	2,0	≤2,0	0,030	0,025	20,0 bis 23,0	—	10,0 bis 13,0	—	22.12
25 20³)	1.4842	0,150	2,0	2,0 bis 5,0	0,030	0,025	23,0 bis 27,0	—	18,0 bis 22,0	—	25.20*)
18 36³)	1.4863	0,300	2,0	≤2,0	0,030	0,025	14,0 bis 19,0	—	33,0 bis 38,0	—	18.36*)

*) Chemische Zusammensetzung gegenüber ISO-Norm eingeschränkt.

1) Umhüllungsbedingt sind Unterschiede des Si-Anteiles zwischen rutil- und basischumhüllten Stabelektroden zu erwarten. Bei rutilumhüllten Stabelektroden sind Si-Anteile > 0,5% üblich.

2) Der Anteil von P und S darf zusammen 0,050% nicht übersteigen, dies gilt nicht für die Werkstoffe 1.4440, 1.4455, 1.4370, 1.4337, 1.4773.

3) Das Schweißgut ist weitgehend vollaustenitisch.

4) Der Anteil an Nb ist mindestens 8mal so groß wie der Anteil an C, jedoch höchstens 1,1%; bis 20% des Anteiles an Nb dürfen durch Tantal ersetzt werden.

Tabelle 2.   Chemische Zusammensetzung der Schweißzusätze für das Schutzgasschweißen und für das Unterpulverschweißen

Kurzname	Werkstoffnummer	Chemische Zusammensetzung in %								
		C ≤	Si[5] ≤	Mn	P[6] ≤	S[6] ≤	Cr	Mo	Ni	Sonstige
X 8 Cr 14	1.4009	0,10	1,0	≤1,5	0,030	0,025	12,0 bis 15,0	≤1,0	—	—
X 8 CrNi 13 1	1.4018	0,10	1,0	≤1,5	0,030	0,025	11,5 bis 14,5	≤1,0	0,5 bis 2,0	—
X 3 CrNi 13 4	1.4351	0,04	1,0	≤1,5	0,030	0,025	12,0 bis 15,0	≤1,0	3,0 bis 5,0	—
X 8 CrTi 18	1.4502[7]	0,10	1,0	≤1,5	0,030	0,025	16,0 bis 19,0	—	—	Ti 0,3 bis 0,7
X 20 CrMo 17 1	1.4115	0,25	1,0	≤1,5	0,030	0,025	15,5 bis 18,5	0,5 bis 1,5	≤1,0	—
X 5 CrNi 19 9	1.4302	0,06	1,5	≤2,0	0,030	0,025	18,5 bis 21,0	—	9,0 bis 11,0	—
X 2 CrNi 19 9	1.4316	0,025	1,5	≤2,0	0,030	0,025	18,5 bis 21,0	—	9,0 bis 11,0	—
X 5 CrNiNb 19 9	1.4551	0,07	1,5	≤2,0	0,030	0,025	18,5 bis 21,0	—	8,5 bis 10,5	Nb[9]
X 5 CrNiMo 19 11	1.4403	0,06	1,5	≤2,0	0,030	0,025	18,5 bis 21,0	2,5 bis 3,0	10,0 bis 13,0	—
X 2 CrNiMo 19 12	1.4430	0,025	1,5	≤2,0	0,030	0,025	18,0 bis 20,0	2,5 bis 3,0	10,0 bis 13,0	—
X 5 CrNiMoNb 19 12	1.4576	0,07	1,5	≤2,0	0,030	0,025	18,5 bis 21,0	2,5 bis 3,0	10,0 bis 13,0	Nb[9]
X 2 CrNiMo 18 15[8]	1.4433	0,025	1,5	2,5 bis 5,0	0,030	0,025	17,0 bis 19,0	2,5 bis 3,5	13,0 bis 16,0	—
X 2 CrNiMo 18 16[8]	1.4440	0,025	1,5	2,5 bis 5,0	0,035	0,025	17,0 bis 20,0	4,0 bis 5,0	16,0 bis 19,0	N
X 2 CrNiMoCu 20 25[8]	1.4519	0,025	1,5	2,0 bis 5,0	0,030	0,025	19,0 bis 22,0	4,0 bis 6,0	24,0 bis 27,0	Cu 1,0 bis 2,0
X 2 CrNiMnMoN 20 16[8]	1.4455	0,025	1,5	5,0 bis 9,0	0,035	0,025	19,0 bis 22,0	2,5 bis 3,5	15,0 bis 18,0	N
X 15 CrNiMn 18 8[8]	1.4370	0,20	1,5	5,0 bis 8,0	0,035	0,025	17,0 bis 20,0	—	7,0 bis 10,0	—
X 12 CrNiMo 19 10	1.4431	0,15	1,5	≤2,5	0,030	0,025	18,0 bis 21,0	2,0 bis 4,0	8,0 bis 12,0	—
X 2 CrNi 24 12	1.4332	0,025	1,5	≤2,5	0,030	0,025	22,0 bis 25,0	—	11,0 bis 15,0	—
X 2 CrNiNb 24 12	1.4556	0,025	1,5	≤2,5	0,030	0,025	22,0 bis 25,0	—	11,0 bis 15,0	Nb[9]
X 8 CrNiMo 23 13	1.4459	0,12	1,5	≤2,5	0,030	0,025	22,0 bis 25,0	2,0 bis 3,0	11,0 bis 15,0	—
X 10 CrNi 30 9	1.4337	0,15	1,5	≤2,5	0,035	0,025	27,0 bis 31,0	—	8,0 bis 12,0	—
X 8 Cr 30	1.4773	0,10	2,0	≤2,0	0,035	0,025	28,5 bis 31,5	—	≤2,0	—
X 12 CrNi 25 4	1.4820	0,15	2,0	≤2,0	0,030	0,025	24,5 bis 27,5	—	4,0 bis 6,0	—
X 12 CrNi 22 12	1.4829	0,15	2,0	≤2,0	0,030	0,025	20,5 bis 23,5	—	10,0 bis 13,0	—
X 12 CrNi 25 20[8]	1.4842	0,15	2,0	2,0 bis 5,0	0,030	0,025	24,0 bis 27,0	—	19,0 bis 22,0	—
X 20 NiCr 36 18[8]	1.4863	0,30	2,0	≤2,0	0,030	0,025	17,0 bis 20,0	—	33,0 bis 38,0	—

5) Für das Schutzgasschweißen sind Anteile an Si von > 0,5 üblich. Für das Unterpulverschweißen sind Anteile an Si von < 0,5 üblich. Bei der Bestellung ist daher das Verfahren anzugeben, siehe Abschnitt 3.7.

6) Der Anteil von P und S darf zusammen 0,050% nicht übersteigen, dies gilt nicht für die Werkstoffe 1.4440, 1.4455, 1.4370, 1.4337, 1.4773.

7) Als Werkstoff X 8 Cr 18 (Werkstoffnummer: 1.4015) auch unstabilisiert lieferbar.

8) Das Schweißgut ist weitgehend vollaustenitisch.

9) Der Anteil an Nb ist mindestens 12mal so groß wie der Anteil an C, jedoch höchstens 1,1%, bis 20% des Anteiles Nb dürfen durch Tantal ersetzt werden.

3.5 Kennziffern für die Schweißpositionen sowie Kennziffern und Kennzeichen für die Stromeignung der Stabelektroden

3.5.1 Schweißpositionen

Die Schweißpositionen, für die die Stabelektroden geeignet sind, werden durch eine Kennziffer nach Tabelle 3 angegeben.

Tabelle 3. Kennziffer für die Schweißposition

Kenn-ziffer	Schweißpositionen	Kennbuchstaben nach DIN 1912 Teil 2
1	alle Positionen	w h hü s f q ü
2	alle Positionen außer Fallposition	w h hü s q ü
3	Stumpfnaht, Wannenposition Kehlnaht, Wannenposition Kehlnaht, Horizontalposition	w w h
4	Stumpfnaht, Wannenposition Kehlnaht, Wannenposition	w w

3.5.2 Stromeignung

Die Kennziffer oder das Kennzeichen nach Tabelle 4 gibt die Stromart, die Spannung und für Gleichstrom die Polung an, mit denen die Stabelektroden geschweißt werden können.

Tabelle 4. Kennziffer oder Kennzeichen für die Stromeignung

Gleich- oder Wechselstrom			Nur Gleichstrom	
Leerlaufspannung bei Wechselstrom Volt min.				
50 10)	70	80		
Kennziffer bzw.			Polung der Stabelektrode	
1	4	7	0	jede Polung
2	5	8	0 −	negativ
3	6	9	0 +	positiv

10) Die zugeordneten Kennziffern gelten auch für Stabelektroden, die für eine Leerlaufspannung von 42 V geeignet sind.

3.6 Kennzahlen für das Ausbringen

Wenn das Ausbringen ≥ 105 % beträgt, ist es nach Tabelle 5 durch Kennzahl anzugeben.

Tabelle 5. Kennzahl für das Ausbringen

Ermitteltes Ausbringen %	Kennzahl
< 105	−
≥ 105 bis < 115	110
≥ 115 bis < 125	120
≥ 125 bis < 135	130
≥ 135 bis < 145	140
≥ 145 bis < 155	150
≥ 155 bis < 165	160

3.7 Bezeichnungsbeispiele

3.7.1 Schweißzusatz zum Lichtbogenhandschweißen mit Stabelektroden

Bezeichnung einer Stabelektrode zum Lichtbogenhandschweißen (E), der Schweißgut-Legierungsgruppe 18 bis 21 % Cr, 8 bis 11 % Ni, Nb-stabilisiert (Kurzzeichen 19 9 Nb) oder der vergleichbaren Werkstoffnummer 1.4551 und vom Umhüllungstyp R; geeignet für alle Positionen, außer Fallposition (2); bei Wechselstrom mit mindestens 70 Volt Leerlaufspannung, bei Gleichstrom am Pluspol (6) verschweißbar, Ausbringung 158 % (160):

Stabelektrode DIN 8556 − E 19 9 Nb R 26 160

oder

Stabelektrode DIN 8556 − E 1.4551 R 26 160

3.7.2 Schweißzusatz für das Schutzgasschweißen

Bezeichnung eines Schweißstabes für das WIG-Schweißen (SG) mit dem Kurznamen X 5 CrNiMoNb 19 12 oder der Werkstoffnummer 1.4576:

Schweißstab DIN 8556 − SGX5 CrNiMoNb 19 12

oder

Schweißstab DIN 8556 − SG 1.4576

Bezeichnung einer Drahtelektrode für das MSG-Schweißen (SG) mit dem Kurznamen X 5 CrNiMoNb 19 12 oder der Werkstoffnummer 1.4576:

Drahtelektrode DIN 8556 − SGX5 CrNiMoNb 19 12

oder

Drahtelektrode DIN 8556 − SG 1.4576

3.7.3 Schweißzusatz für das Unterpulverschweißen

Bezeichnung einer Drahtelektrode für das UP-Schweißen (UP) mit dem Kurznamen X 5 CrNi 19 9 oder der Werkstoffnummer 1.4302:

Drahtelektrode DIN 8556 − UPX5 CrNi 19 9

oder

Drahtelektrode DIN 8556 − UP 1.4302

4 Mechanische Gütewerte

Dehngrenzen und Zugfestigkeit des Schweißgutes der in Tabelle 1 und Tabelle 2 aufgeführten Schweißzusätze erfüllen die Mindestanforderungen der entsprechenden Grundwerkstoffe nach DIN 17 440.

Die Kerbschlagarbeit des Schweißgutes kann gefügebedingt von den Mindestwerten des entsprechenden Grundwerkstoffes abweichen. Das Schweißgut der Sorten mit den Werkstoffnummern bzw. den vergleichbaren Werkstoffnummern 1.4302, 1.4316, 1.4551, 1.4403, 1.4430 und 1.4576 erreicht jedoch eine Mindestkerbschlagarbeit von 40 J bei 20 °C.

Die mechanischen Gütewerte werden bestimmt an ungeglühten Schweißgutproben nach DIN 32 525 Teil 1, hergestellt an Prüfstücken nach Tabelle 6. Die Arbeitstemperatur beträgt max. 150 °C. Dem Prüfstück werden 3 Kerbschlagproben und eine Zugprobe entnommen. Sofern der Mittelwert unter den Mindestwerten liegt, ist ein doppelter Probensatz zur Nachprüfung zulässig. Der Mittelwert aus den Ergebnissen der Nachprüfung muß den Mindestwerten entsprechen.

Tabelle 6. Prüfstück und Durchmesser des Schweißzusatzes zur Bestimmung der mechanischen Gütewerte

Verfahren	Prüfstück nach DIN 32 525 Teil 1 Form	Draht- bzw. Kernstab- durchmesser mm
Lichtbogen- handschweißen (E)	2	4
Wolfram-Inertgas- schweißen (WIG)	1	3
Metall-Schutzgas- schweißen (MSG)	2	1,2
Unterpulver- schweißen (UP)	3	3

5 Technische Lieferbedingungen

5.1 Maße und Bezeichnung

5.1.1 Stabelektroden

Durchmesser und Längen für Stabelektroden siehe Tabelle 7.

Die Durchmesserangaben beziehen sich auf die Kernstabdicke.

Tabelle 7. Durchmesser und Längen der Kernstäbe für Stabelektroden

Durchmesser mm Nennmaß [11]	zul. Abw.	Länge [12] mm Nennmaß	zul. Abw.
2	0 −0,060	250	
2,5			
3,2 [13]	0 −0,075	350	0 −3
4			
5		450	

[11] Außer dem Durchmesser 3,2 mm entsprechen die Werte ISO 544 − 1975.
[12] Werte entsprechen der ISO 547 − 1975.
[13] Das Nennmaß 3,25 mm ist ebenfalls möglich.

5.1.2 Drahtelektroden und Schweißdrähte

Tabelle 8. Durchmesser der Drahtelektroden und Schweißdrähte

Nennmaß	Durchmesser mm für Schutzgas- schweißen zul. Abw.	für Unterpulver- schweißen zul. Abw.
0,6	+ 0,01 −0,02	−
0,8		
1	+ 0,01 −0,03	
1,2		
1,6	+ 0,01 −0,04	
2	+ 0,01 −0,05	
2,4		+ 0,01 −0,05
2,5	−	
3	+ 0,01 −0,06	
3,2		
4	+ 0,01 −0,08	+ 0,01 −0,08
5	−	

5.1.3 Schweißstäbe

Tabelle 9. Durchmesser und Länge der Schweißstäbe für WIG-Schweißen

Nennmaß	Durchmesser [14] mm zul. Abw.	Länge [15] [16] mm
1		
1,2		
1,6		
2	± 0,10	1000 ± 5
2,4		
3		
3,2		
4		
5	± 0,15	

[14] Außer den Durchmessern 1,2; 2,4; 3 und 3,2 mm entsprechen die Werte der ISO 544 − 1975.
[15] Werte entsprechen der ISO 546 − 1975.
[16] Andere Längen sind besonders zu vereinbaren.

5.1.4 Bezeichnung

Bezeichnung einer Stabelektrode für das Lichtbogenhandschweißen (E) mit dem Kurznamen 19 9 Nb R 26 oder der vergleichbaren Werkstoffnummer 1.4551 von Durchmesser d = 4 mm und einer Länge 350 mm:

Stabelektrode DIN 8556 — E 19 9 Nb R 26 — 4×350

oder

Stabelektrode DIN 8556 — E 1.4551 R 26 — 4×350

Bezeichnung einer Drahtelektrode für das UP-Schweißen X 5 CrNi 19 9 oder der Werkstoffnummer 1.4302 von Durchmesser d = 2 mm:

Drahtelektrode DIN 8556 — UPX5 CrNi 19 9 — 2

oder

Drahtelektrode DIN 8556 — UP 1.4302 — 2

5.2. Bestellbeispiele

200 kg Stabelektroden für das Lichtbogenhandschweißen (E) mit dem Kurznamen 19 9 Nb R 26 oder der vergleichbaren Werkstoffnummer 1.4551 von Durchmesser d = 4 mm und einer Länge 350 mm:

**200 kg Stabelektroden
DIN 8556 — E 19 9 Nb R 26 — 4 × 350**

oder

**200 kg Stabelektroden
DIN 8556 — E 1.4551 R 26 — 4 × 350**

300 kg Drahtelektroden für das UP-Schweißen mit dem Kurznamen X 5 CrNi 19 9 oder der Werkstoffnummer 1.4302 von Durchmesser d = 2 mm aufgespult z. B. auf Spulenkörpern H 420 nach DIN 8559 Teil 1:

**300 kg Drahtelektroden DIN 8556 — UP X 5 CrNi 19 9 — 2
auf Spulenkörper DIN 8559 — H 420 gespult**

oder

**300 kg Drahtelektroden DIN 8556 — UP 1.4302 — 2 auf
Spulenkörper DIN 8559 — H 420 gespult.**

300 kg Drahtelektroden für das MSG-Schweißen (SG) mit dem Kurznamen X 5 CrNiMoNb 19 12 oder der Werkstoffnummer 1.4576 von Durchmesser d = 1,2 mm aufgespult z. B. auf Spulenkörper H 420 nach DIN 8559 Teil 1:

**300 kg Drahtelektroden
DIN 8556 — SG X 5 CrNiMoNb 19 12 — 1,2 auf Spulenkörper DIN 8559 — H 420 gespult**

oder

**300 kg Drahtelektroden
DIN 8556 — SG   1.4576 — 1,2   auf   Spulenkörper
DIN 8559 — H 420 gespult.**

5.3 Beschaffenheit

5.3.1 Stabelektroden

Die Umhüllung der Stabelektroden soll den Kernstab gleichmäßig dick und zentrisch umschließen. Hiermit wird bei fachgerechter Handhabung ein einseitiges Abschmelzen der Stabelektrode vermieden. Die Umhüllung darf keine Unregelmäßigkeiten und Oberflächenfehler aufweisen. Sie muß fest auf dem Kerndraht haften und darf bei sachgemäßem Transport und Gebrauch nicht reißen.

Das Einspannende der Stabelektrode soll auf einer Länge von mindestens 20 mm frei von Umhüllungsmasse sein. Bei basischumhüllten Typen ist das Zündende im allgemeinen mit einer Zündhilfe versehen.

5.3.2 Drahtelektroden, Schweißdrähte und Schweißstäbe

Alle Schweißzusätze sollen eine glatte Oberfläche haben, frei sein von Oberflächenfehlern und Verunreinigungen, welche die Schweißung oder die Verarbeitung nachteilig beeinflussen.

Die Schweißzusätze dürfen mit metallischen Überzügen versehen sein, z. B. mit Kupfer; diese dürfen jedoch die Schweißung und Verarbeitung nicht beeinträchtigen.

5.4 Ausbringen

Das Ausbringen von Stabelektroden wird nach DIN 32 523 ermittelt.

5.5 Chemische Zusammensetzung

5.5.1 Stabelektroden

Für die chemische Zusammensetzung des Schweißgutes der Stabelektroden gilt Tabelle 1.

Die Prüfung der chemischen Zusammensetzung des Schweißgutes erfolgt an Proben, die nach DIN 32 525 Teil 1 oder Teil 2 hergestellt werden.

5.5.2 Drahtelektroden, Schweißdrähte und Schweißstäbe zum Schutzgasschweißen und Unterpulverschweißen

Für die chemische Zusammensetzung dieser Schweißzusätze gilt Tabelle 2.

Die chemische Zusammensetzung ist nach den vom Chemikerausschuß des Vereins Deutscher Eisenhüttenleute angegebenen Verfahren [17]) zu prüfen.

5.6 Kennzeichnung

5.6.1 Stabelektroden

Die Stabelektrode muß auf der Umhüllung nahe dem Einspannende mit einem Stempelaufdruck (Handelsbezeichnung oder Werkstoffnummer) versehen sein.

Folgende Angaben müssen auf einer Längsseite des Paketes entweder direkt oder auf ein aufgeklebtes Etikett aufgedruckt sein:

— Handelsbezeichnung oder Werkstoffnummer
— Bezeichnung nach Abschnitt 3
— Maße nach Abschnitt 5.1.1
— Angabe der Stabelektrodenkennzeichnung durch Kennfarbe oder Stempelaufdruck
— Fabrikations-Nummer
— Stromeignung nach Abschnitt 3.5.2
— höchste und niedrigste Schweißstromstärke, bezogen auf w-Position
— Stückzahl oder Gewicht der im Paket enthaltenen Stabelektroden

---

[17]) Handbuch für das Eisenhüttenlaboratorium
  Band 2 Die Untersuchung der metallischen Werkstoffe (1966) und
  Band 4 Schiedsanalysen (1955),
  sowie zugehörige Nachträge.

Seite 8   DIN 8556 Teil 1

- Hersteller oder Lieferer
- Hinweise auf Eignungsprüfung oder Zulassung
- Rücktrocknungsvorschriften (falls erforderlich)

5.6.2 Drahtelektroden, Bandelektroden, Schweißdrähte und Schweißstäbe

Schweißstäbe müssen einzeln dauerhaft so gekennzeichnet werden, daß die Zugehörigkeit zu einer Legierung feststellbar ist, vorzugsweise durch die Angabe der Werkstoffnummer. Die Kennzeichnung muß mindestens einmal auf dem Stab erscheinen.

Anhängeschilder oder Klebezettel auf der Verpackungseinheit sollen folgende Angaben enthalten:

- Handelsbezeichnung oder Werkstoffnummer
- Bezeichnung nach Abschnitt 3
- Kennzeichnung
- Fabrikations-Nummer bzw. Chargen-Nummer
- Durchmesser
- Gewicht
- Hersteller oder Lieferer
- Hinweise auf Eignungsprüfung oder Zulassung

5.7 Lieferart

Stabelektroden werden üblicherweise in Paketen geliefert. Schweißstäbe werden in Bunden oder in Paketen, Schweißdrähte und Drahtelektroden werden in Ringen oder auf Spulenkörper gespult geliefert.

Maße der Spulenkörper für Schweißdrähte und Drahtelektroden für das Schutzgasschweißen siehe DIN 8559 Teil 1.

Ringgewichte und Ringmaße der Drahtelektroden für das Unterpulverschweißen siehe DIN 8557 Teil 1.

5.8 Verpackung

Die Schweißzusätze müssen so verpackt werden, daß bei sachgemäßer Beförderung und Lagerung ein ausreichender Schutz gegen Beschädigungen und Feuchtigkeitseinwirkungen gegeben ist.

5.9 Abnahmeprüfungen

Bei Schweißzusätzen für hochwertige Schweißungen kann eine Abnahmeprüfung durch den Besteller oder eine von ihm beauftragte Prüfstelle [18] vereinbart werden.

Für Schweißungen an überwachungsbedürftigen Anlagen gelten die von den zuständigen Prüfstellen [18] für die verschiedenen Anwendungsgebiete (z. B. Behälter- und Kesselbau, Rohrleitungsbau, Schiffbau, Stahlhochbau) herausgegebenen anerkannten Regeln der Technik.

6   Lagerung und Rücktrocknung

Um das Entstehen einer unzulässig feuchten Umhüllung zu vermeiden und die Schweißzusätze vor anderen feuchtigkeitsbedingten Schäden zu schützen, müssen die Schweißzusätze in unbeschädigter Verpackung in einem trockenen Raum gelagert werden. Sofern für die Schweißzusätze eine Rücktrocknung erforderlich ist, ist nach den Angaben des Herstellers rückzutrocknen.

---

[18] Als Prüfstellen sind unter anderem zuständig: Technische Überwachungsvereine und -ämter, Germanischer Lloyd, Deutsche Bundesbahn.

Zitierte Normen und andere Unterlagen

DIN 1912 Teil 2   Zeichnerische Darstellung, Schweißen, Löten; Arbeitspositionen, Nahtneigungswinkel, Nahtdrehwinkel

DIN 8557 Teil 1   Schweißzusätze für das Unterpulverschweißen; Verbindungsschweißen von unlegierten und legierten Stählen, Bezeichnung, Technische Lieferbedingungen

DIN 8559 Teil 1   Schweißzusätze für das Schutzgasschweißen; Drahtelektroden, Schweißdrähte und Massivstäbe für das Schutzgasschweißen von unlegierten und legierten Stählen

DIN 17 440   Nichtrostende Stähle; Technische Lieferbedingungen für Blech, Warmband, Walzdraht, gezogenen Draht, Stabstahl, Schmiedestücke und Halbzeug

DIN 17 441   Nichtrostende Stähle; Technische Lieferbedingungen für kaltgewalzte Bänder und Spaltbänder sowie daraus geschnittene Bleche

DIN 17 445   Nichtrostender Stahlguß; Technische Lieferbedingungen

DIN 17 455   Geschweißte kreisförmige Rohre aus nichtrostenden Stählen für allgemeine Anforderungen; Technische Lieferbedingungen

DIN 17 456   Nahtlose kreisförmige Rohre aus nichtrostenden Stählen für allgemeine Anforderungen; Technische Lieferbedingungen

DIN 17 457   Geschweißte kreisförmige Rohre aus austenitischen nichtrostenden Stählen für besondere Anforderungen; Technische Lieferbedingungen

DIN 17 458   Nahtlose kreisförmige Rohre aus austenitischen nichtrostenden Stählen für besondere Anforderungen; Technische Lieferbedingungen

DIN 17 465   Hitzebeständiger Stahlguß; Technische Lieferbedingungen

DIN 32 522   Schweißpulver zum Unterpulverschweißen; Bezeichnung, Technische Lieferbedingungen

DIN 32 523   Bestimmung des Ausbringens beim Schweißen mit umhüllten Stabelektroden

DIN 32 525 Teil 1   Prüfung von Schweißgutproben mittels Schweißgutproben; Lichtbogengeschweißte Prüfstücke, Proben für mechanisch-technologische Prüfungen

DIN 32 525 Teil 2   Prüfung von Schweißzusätzen mittels Schweißgutproben; Prüfstücke für die Ermittlung der chemischen Zusammensetzung bei geringem Wärmeeinbringen

DIN 32 526   Schutzgase zum Schweißen

ISO 544 − 1975   Durchmesser und Toleranzen von Schweißzusatzwerkstoffen für das Lichtbogenschweißen und für das Gasschweißen

ISO 546 − 1975   Längen und Toleranzen für gezogene und gepreßte, in geraden Längen gelieferte Schweißstäbe

ISO 547 − 1975   Längen und Toleranzen von Stabelektroden aus unlegierten und niedriglegierten hochzugfesten Stählen

ISO 3581 − 1976   Umhüllte Stabelektroden zum Lichtbogenhandschweißen von nichtrostenden und anderen ähnlich hochlegierten Stählen; Schema zur Symbolisierung

SEW 400   Nichtrostende Walz- und Schmiedestähle

SEW 410   Nichtrostender Stahlguß; Gütevorschriften

SEW 470   Hitzebeständige Walz- und Schmiedestähle

SEW 471   Hitzebeständiger Stahlguß

SEW 595   Stahlguß für Erdöl- und Erdgasanlagen

Handbuch für das Eisenhüttenlaboratorium

Band 2   Die Untersuchung der metallischen Werkstoffe (1966) und

Band 4   Schiedsanalysen (1955), sowie zugehörige Nachträge

Stahl-Eisen-Werkstoffblätter (SEW) und Handbuch für das Eisenhüttenlaboratorium

zu beziehen durch: Verlag Stahleisen mbH, Postfach 8229, 4000 Düsseldorf 1

Frühere Ausgaben

DIN 8556 Teil 1: 04.65, 03.76

Änderungen

Gegenüber der Ausgabe März 1976 wurden folgende Änderungen vorgenommen:

Inhalt dem Stand der Technik, der internationalen Beratungen und der Normung (z. B. Berücksichtigung der Neufassung von DIN 1913 Teil 1) angepaßt. Kennzeichnung des besonders niedrigen C-Anteils im Kurznamen für Stabelektroden von bisher nC geändert in L. Näheres siehe Erläuterungen.

Erläuterungen

Diese Norm enthält Angaben zu einer Auswahl marktgängiger Schweißzusätze für das Schweißen nichtrostender und hitzebeständiger Stähle und ist angepaßt an den aktuellen Stand der Technik und Normung. Sie ist vergleichbar mit ISO 3581 – 1976.

E: Covered electrodes for manual arc welding of stainless and other similar high alloy steels; Code of symbols for identification

F: Electrodes enrobées pour le soudage manuel à l'arc des aciers inoxydables et autres aciers similaires fortement alliés; Code de symbolisation pour l'identification

D: Umhüllte Stabelektroden zum Lichtbogenhandschweißen von nichtrostenden und anderen ähnlich hochlegierten Stählen; Schema zur Symbolisierung

Sie enthält jedoch zusätzlich Schweißzusätze zum Schutzgasschweißen und zum Unterpulverschweißen. Den Analysenfestlegungen – bei Stabelektroden die chemische Zusammensetzung des reinen Schweißgutes, bei Schweißdrähten und -stäben die chemische Zusammensetzung des Materials – wurden Erfahrungen und Gebrauch des deutschen Marktes zugrunde gelegt. Neben der Aktualisierung der aufgeführten Schweißzusätze wurden diese insbesondere durch ergänzende Angaben für Silizium, Mangan, Phosphor und Schwefel präzisiert. Einem Bedürfnis vieler Verbraucher entsprechend, wurden Schweißzusätze für das Schweißen der Grundwerkstoffe 1.4008, 1.4115, 1.4440, 1.4539, 1.4455, 1.4431, 1.4459 und 1.4337 neu aufgenommen.

Fußnoten weisen auf notwendige Unterscheidungsmerkmale bei verschiedenen Umhüllungstypen (rutil/basisch) oder Schweißverfahren (SG/UP) hin. Vollaustenitische Schweißgüter werden wegen ihrer Besonderheiten beim Schweißen gesondert gekennzeichnet.

Neu aufgenommen wurden Hinweise auf mechanische Gütewerte, denen die Mindestanforderungen der entsprechenden Grundwerkstoffe nach DIN 17 440 zugrunde liegen. Auf die Möglichkeit von gefügebedingten Abweichungen insbesondere bei der Kerbschlagarbeit des Schweißgutes wird hingewiesen.

Die Systematik der Schweißzusatz-Bezeichnung bleibt unverändert. Die Kurznamen der Stabelektroden nach dieser Norm sind mit denen für vergleichbare Stabelektroden nach der ISO 3581 identisch. Als zusätzliche Bezeichnungs- und Kennzeichnungsmöglichkeit wurde die Werkstoffnummer für drahtförmige Zusätze bzw. die vergleichbare Werkstoffnummer für das Schweißgut von Stabelektroden aufgenommen.

Durch die Bezugnahme auf DIN 32 525 Teil 1 zur Bestimmung der mechanischen Gütewerte kann zukünftig DIN 8556 Teil 2 entfallen.

Internationale Patentklassifikation

B 23 K 35/00
B 23 K 35/22
B 23 K 35/36
B 23 K 9/00

Nichtrostende Stähle
Technische Lieferbedingungen für Blech, Warmband und
gewalzte Stäbe für Druckbehälter, gezogenen Draht und
Schmiedestücke

DIN
17440

ICS 77.140.20

Deskriptoren: Nichtrostender Stahl, Blech, Warmband, Draht, Schmiedestück,
Stab

Mit DIN EN 10088-2 : 1995-08
und DIN EN 10088-3 : 1995-08
Ersatz für Ausgabe 1985-07

Stainless steels — Technical delivery conditions for plates, hot rolled strip and
bars for pressure purposes, drawn wire and forgings

Die mit einem Punkt ● gekennzeichneten Abschnitte enthalten Angaben über Vereinbarungen, die bei der Bestellung zu treffen sind.

Die mit zwei Punkten ●● gekennzeichneten Abschnitte enthalten Angaben über Vereinbarungen, die bei der Bestellung zusätzlich getroffen werden können.

Vorwort

Die Veröffentlichung dieser "Restnorm" wurde erforderlich, da die Ausgabe Juli 1985 durch DIN EN 10088-2 und DIN EN 10088-3 nur teilweise ersetzt wird. Der Anwendungsbereich dieser Restnorm ist beschränkt auf die durch DIN EN 10088-2 und DIN EN 10088-3 nicht abgedeckten Erzeugnisformen und/oder Verwendungszwecke, nämlich

- Schmiedestücke für Druckbehälter (E DIN EN 10222-5),
- Schmiedestücke für allgemeine Verwendung (E DIN EN 10250-5),
- warmgewalzter Stabstahl für Druckbehälter (Europäische Norm in Vorbereitung),
- Tafelbleche und warmgewalztes Band für Druckbehälter (E DIN EN 10028-7),
- Draht (z. Z. keine Europäische Norm in Vorbereitung).

Es ist nicht beabsichtigt, bei Annahme eines der Entwürfe als Europäische Norm jeweils eine neue Restnorm DIN 17440 zu veröffentlichen. Vielmehr soll diese Restnorm möglichst frühzeitig zurückgezogen und durch DIN-EN-Normen und gegebenenfalls Norm-Entwürfe ersetzt werden.

In der vorliegenden Restnorm wurden die Kurznamen (unter Beibehaltung der jetzt auch europäisch geltenden Werkstoffnummern) und die chemische Zusammensetzung der Stahlsorten an DIN EN 10088 angepaßt. Ebenso wurden die Angaben zu den zitierten Normen überarbeitet. Unverändert beibehalten wurden dagegen die Festlegungen für z. B. die mechanischen Eigenschaften, Wärmebehandlung, Prüfumfang und Ausführungsarten. Insbesondere ist zu beachten, daß die Ausführungsarten nach dieser Norm nicht identisch sind mit denen in DIN EN 10088-2 und DIN EN 10088-3.

Änderungen

Gegenüber der Ausgabe Juli 1985 wurden folgende Änderungen vorgenommen:

a) Halbzeug, Walzdraht und Profile sowie Blech, Band und Stäbe für allgemeine Verwendung wurden aus dem Anwendungsbereich herausgenommen.

b) Wegen des geänderten Anwendungsbereiches sind die Sorten X38Cr13 (1.4031), X46Cr13 (1.4034) und X45CrMoV15 (1.4116) entfallen.

c) Die Sorten X10Cr13 (1.4006) und X15Cr13 (1.4024) wurden unter der Bezeichnung X12Cr13 (1.4006) zusammengefaßt.

d) Die Kurznamen und die chemische Zusammensetzung wurden an die Festlegungen in EN 10088 "Nichtrostende Stähle" angepaßt.

e) Redaktionelle Überarbeitung, insbesondere im Hinblick auf die zitierten Unterlagen.

Frühere Ausgaben

DIN 17440: 1967-01, 1972-12, 1985-07

Fortsetzung Seite 2 bis 24

Normenausschuß Eisen und Stahl (FES) im DIN Deutsches Institut für Normung e. V.

Inhalt

1 Anwendungsbereich

1.1 Diese Norm gilt für warmgewalzte Bänder, kalt- oder warmgewalzte Tafelbleche und gewalzten Stabstahl für Druckbehälter, gezogenen Draht und Schmiedestücke aus nichtrostenden Stählen.

Kaltgewalzte Bänder und Spaltbänder sowie daraus geschnittene Bleche aus nichtrostenden Stählen für den Druckbehälterbereich sind in DIN 17441, Rohre aus nichtrostenden Stählen in DIN 17455 bis DIN 17458, Flacherzeugnisse für allgemeine Verwendung in DIN EN 10088-2, Halbzeug, Stäbe, Walzdraht und Profile für allgemeine Verwendung in DIN EN 10088-3 genormt.

> ANMERKUNG: Unter dem in DIN EN 10079 nicht aufgeführten Begriff "Tafelblech" sind aus Walztafeln hergestellte, d. h. nicht aus Band geschnittene Bleche zu verstehen.

1.2 Zusätzlich zu den Angaben dieser Norm gelten, sofern im folgenden nichts anderes festgelegt ist, die in DIN EN 10021 wiedergegebenen allgemeinen technischen Lieferbedingungen für Stahl und Stahlerzeugnisse.

1.3 Diese Norm gilt nicht für die durch Weiterverarbeitung der in 1.1 genannten Erzeugnisformen hergestellten Teile mit fertigungsbedingten abweichenden Gütemerkmalen.

2 Normative Verweisungen

DIN 50133
   Prüfung metallischer Werkstoffe – Härteprüfung nach Vickers, Bereich HV 0,2 bis HV 100

DIN 50914
   Prüfung nichtrostender Stähle auf Beständigkeit gegen interkristalline Korrosion; Kupfersulfat-Schwefelsäure-Verfahren; Strauß-Test

DIN EN 10002-1
   Metallische Werkstoffe – Zugversuch – Teil 1: Prüfverfahren (bei Raumtemperatur); enthält Änderung AC1 : 1990; Deutsche Fassung EN 10002-1 : 1990 und AC1 : 1990

DIN EN 10002-5
   Metallische Werkstoffe – Zugversuch – Teil 5: Prüfverfahren bei erhöhter Temperatur; Deutsche Fassung EN 10002-5 : 1991

DIN EN 10003-1
   Metallische Werkstoffe – Härteprüfung nach Brinell – Teil 1: Prüfverfahren; Deutsche Fassung EN 10003-1 : 1994

DIN EN 10021
   Allgemeine technische Lieferbedingungen für Stahl und Stahlerzeugnisse; Deutsche Fassung EN 10021 : 1993

DIN EN 10045-1
   Metallische Werkstoffe – Kerbschlagbiegeversuch nach Charpy – Teil 1: Prüfverfahren; Deutsche Fassung EN 10045-1 : 1990

DIN EN 10052
   Begriffe der Wärmebehandlung von Eisenwerkstoffen; Deutsche Fassung EN 10052 : 1993

DIN EN 10079
   Begriffsbestimmungen für Stahlerzeugnisse; Deutsche Fassung EN 10079 : 1992

DIN EN 10204
   Metallische Erzeugnisse – Arten von Prüfbescheinigungen (enthält Änderung A1 : 1995); Deutsche Fassung EN 10204 : 1991 + A1 : 1995

Stahl-Eisen-Prüfblatt 1805 [1]
   Probenahme und Probenvorbereitung für die Stückanalyse bei Stählen

Handbuch für das Eisenhüttenlaboratorium, Band 2 [1]
   Die Untersuchung der metallischen Stoffe, Düsseldorf 1966

Handbuch für das Eisenhüttenlaboratorium, Band 2a (Ergänzungsband) [1] Düsseldorf 1982

Handbuch für das Eisenhüttenlaboratorium, Band 5 (Ergänzungsband) [1]
   A4.4 – Aufstellung empfohlener Schiedsverfahren,
   B – Probenahmeverfahren
   C – Analysenverfahren, jeweils letzte Auflage

Siehe auch die in Anhang A aufgeführten Maßnormen.

---

[1] Verlag Stahleisen GmbH, Postfach 10 51 64, 40042 Düsseldorf

3 Definitionen

3.1 Nichtrostende Stähle

Als nichtrostend gelten Stähle, die sich durch besondere Beständigkeit gegen chemisch angreifende Stoffe auszeichnen; sie haben im allgemeinen einen Massenanteil Chrom von mindestens 10,50 % und einen Massenanteil Kohlenstoff von höchstens 1,2 %.

3.2 Wärmebehandlungsarten

Für die Wärmebehandlungsarten gelten die Begriffsbestimmungen nach DIN EN 10052.

3.3 Erzeugnisformen

Für die Erzeugnisformen sind die Begriffsbestimmungen in DIN EN 10079 maßgebend.

4 ● Maße und Grenzabmaße

Die Maße und Grenzabmaße sind bei der Bestellung zu vereinbaren, möglichst nach den im Anhang A angegebenen Maßnormen.

5 Gewichtserrechnung und zulässige Gewichtsabweichungen

5.1 Bei einer Ermittlung des theoretischen Gewichts der Erzeugnisse sind die in Tabelle B.1 angegebenen Werte der Dichte zugrunde zu legen.

5.2 ●● Die zulässigen Gewichtsabweichungen können bei der Bestellung vereinbart werden, falls sie in den im Anhang A angegebenen Maßnormen nicht festgelegt sind.

6 Bezeichnung und Bestellung

6.1 Die Normbezeichnung für einen Stahl nach dieser Norm setzt sich entsprechend den nachfolgenden Beispielen zusammen aus

— der Benennung "Stahl",

— der DIN-Nummer dieser Norm,

— dem Kurznamen oder der Werkstoffnummer für die Stahlsorte (siehe Tabelle 1),

— dem Kurzzeichen für die Ausführungsart (siehe Tabelle 8),

— gegebenenfalls dem Wärmebehandlungszustand (siehe Tabellen 3 und 4),

— gegebenenfalls der Verfestigungsstufe (siehe Tabelle 7).

BEISPIEL 1:

Stahl DIN 17440−X5CrNi18-10 + c2

oder

Stahl DIN 17440−X5CrNi18-10 + II a

oder

Stahl DIN 17440−1.4301 + c2

oder

Stahl DIN 17440−1.4301 + II a

BEISPIEL 2:

Stahl DIN 17440−X5CrNi18-10 + f + C800

oder

Stahl DIN 17440−X5CrNi18-10 + III a + C800

oder

Stahl DIN 17440−1.4301 + f + C800

oder

Stahl DIN 17440−1.4301 + III a + C800

6.2 Für die Normbezeichnung der Erzeugnisse gelten die Angaben der betreffenden Maßnorm.

6.3 Die Bestellung muß alle notwendigen Angaben zur eindeutigen Beschreibung der gewünschten Erzeugnisse und ihrer Beschaffenheit und Prüfung enthalten. Falls hierzu z. B. bei Vereinbarungen entsprechend den mit ● und ●● gekennzeichneten Abschnitten die Bezeichnungen nach 6.1 und 6.2 nicht ausreichen, sind an diese die erforderlichen zusätzlichen Angaben anzufügen.

7 Anforderungen

7.1 Herstellverfahren

7.1.1 Das Erschmelzungsverfahren der Stähle für Erzeugnisse nach dieser Norm bleibt dem Herstellerwerk überlassen, sofern bei der Bestellung nicht ein Sondererschmelzungsverfahren vereinbart wurde.

●● Das Erschmelzungsverfahren ist auf Vereinbarung dem Besteller bekanntzugeben.

7.1.2 ●● Das Formgebungsverfahren der Erzeugnisse bleibt dem Hersteller überlassen, sofern es bei der Bestellung nicht vereinbart wurde.

7.2 Lieferzustand

Die üblichen Behandlungszustände und Aufführungsarten gehen aus den Tabellen 3 bis 5 und 8 hervor (siehe auch Tabelle B.2).

7.3 Chemische Zusammensetzung

7.3.1 Schmelzenanalyse

Die chemische Zusammensetzung der Stähle nach der Schmelzenanalyse muß Tabelle 1 entsprechen. Geringe Abweichungen von diesen Werten sind im Einvernehmen mit dem Besteller oder dessen Beauftragten zulässig, wenn die mechanischen Eigenschaften, die Schweißeignung und das korrosionschemische Verhalten des Stahles den Anforderungen dieser Norm entsprechen.

7.3.2 Stückanalyse

Bei der Prüfung der chemischen Zusammensetzung am fertigen Erzeugnis sind gegenüber den Angaben in Tabelle 1 die Abweichungen nach Tabelle 2 zulässig.

7.4 Korrosionschemische Eigenschaften

Für die Beständigkeit der ferritischen und austenitischen Stähle gegen interkristalline Korrosion bei Prüfung nach DIN 50914 gelten die Angaben in den Tabellen 3 und 5.

ANMERKUNG: Das Verhalten der nichtrostenden Stähle gegen Korrosion kann durch Versuche im Laboratorium nicht eindeutig gekennzeichnet werden. Es empfiehlt sich daher, auf vorliegende Betriebserfahrungen zurückzugreifen. Hinweise über das Verhalten unter bestimmten Korrosionsbedingungen sind z. B. in den DECHEMA-Werkstofftabellen zu finden.

7.5 Mechanische Eigenschaften

7.5.1 Für die mechanischen Eigenschaften bei Raumtemperatur im wärmebehandelten Zustand gelten die Tabellen 3 bis 5. Diese Tabellen gelten nicht für Erzeugnisse der Ausführungsart a1 nach Tabelle 8.

●● Wenn die Erzeugnisse in der Ausführungsart a1 geliefert werden, müssen bei sachgemäßer Behandlung die mechanischen Eigenschaften nach Tabelle 3, 4 oder 5 erreichbar sein. Bei der Bestellung können der Nachweis der mechanischen Eigenschaften an Bezugsproben und die Wärmebehandlung dieser Bezugsproben vereinbart werden.

Für die mechanischen Eigenschaften bei Raumtemperatur von kaltverfestigten Drähten gilt Tabelle 7.

7.5.2 Für die mechanischen Eigenschaften von abschließend wärmebehandeltem Draht mit Durchmessern < 2 mm gilt Tabelle 10.

7.5.3 Für die 0,2 %- und 1 %-Dehngrenzen bei höheren Temperaturen gilt Tabelle 6.

7.6 Oberflächenbeschaffenheit

Angaben zur Oberflächenbeschaffenheit finden sich in Tabelle 8.

7.7 Sprödbruchunempfindlichkeit und Kaltzähigkeit

Die in dieser Norm aufgeführten austenitischen Stähle sind sprödbruchunempfindlich. Darüber hinaus sind die in Tabelle 11 aufgeführten austenitischen Stähle kaltzäh und können daher auch bei tiefen Temperaturen eingesetzt werden. Zum Nachweis der Kaltzähigkeit reicht die Prüfung der Kerbschlagarbeit bei Raumtemperatur aus.

> ANMERKUNG: Die in Tabelle 11 aufgeführten Stähle sind im AD-Merkblatt W 10 enthalten. Neben diesen Stählen kommen auch andere austenitische Stähle für die Verwendung bei tiefen Temperaturen in Betracht.

8 Prüfung

8.1 ●● Vereinbarung von Prüfungen und Bescheinigungen über Materialprüfungen

Bei der Bestellung kann für jede Lieferung die Ausstellung einer der Bescheinigungen über Materialprüfungen nach DIN EN 10204 vereinbart werden.

8.1.1 Falls entsprechend den Bestellvereinbarungen ein Werkszeugnis (EN 10204 — 2.2) auszustellen ist, enthält dieses folgende Angaben:

a) die Bestätigung, daß die Erzeugnisse den Bestellangaben entsprechen;

b) die Ergebnisse der Schmelzenanalyse für alle in Tabelle 1 für die betreffende Stahlsorte aufgeführten Elemente.

8.1.2 Falls entsprechend den Bestellvereinbarungen ein Werksprüfzeugnis [2] (EN 10204 — 2.3) auszustellen ist, enthält dieses folgende Angaben:

a) die Angaben nach 8.1.1;

b) die Ergebnisse der entsprechend 8.2.2 bis 8.2.9 durchgeführten Prüfungen;

c) die Kennzeichnung der Erzeugnisse entsprechend Abschnitt 9.

8.1.3 Falls entsprechend den Bestellvereinbarungen ein Abnahmeprüfzeugnis (EN 10204 — 3.1.A oder EN 10204 — 3.1.B oder EN 10204 — 3.1.C) oder Abnahmeprüfprotokoll (EN 10204 — 3.2) auszustellen ist, enthält dieses folgende Angaben:

a) die Ergebnisse der entsprechend 8.2.2 bis 8.2.9 durchgeführten Prüfungen;

b) die Kennzeichnung nach Abschnitt 9.

Außerdem wird in einem Werkszeugnis die Schmelzenanalyse mitgeteilt; diese kann auch in dem jeweils höheren Nachweis enthalten sein.

Bei werksfremden Abnahmeprüfungen ist der Beauftragte vom Besteller zu benennen.

8.2 Prüfumfang

8.2.1 Für alle Erzeugnisse gelten die Festlegungen nach 8.2.2 bis 8.2.9.

8.2.2 ●● Eine Nachprüfung der chemischen Zusammensetzung am Stück kann bei der Bestellung vereinbart werden; dabei ist auch der Prüfumfang zu vereinbaren.

8.2.3 Für die Zusammenstellung der Prüfeinheiten und die Anzahl der je nach Erzeugnisform für den Zugversuch bei Raumtemperatur zu entnehmenden Probenstücke und der zu prüfenden Proben gelten die Angaben in Tabelle 9.

8.2.4 ●● Bei der Bestellung kann ein Nachweis der in den Tabellen 4 und 5 angegebenen Kerbschlagarbeitswerte vereinbart werden; werden dabei über den Prüfumfang keine Absprachen getroffen, so gelten hierfür die Angaben nach Tabelle 9, wobei jedoch in Übereinstimmung mit DIN EN 10021 statt einer Probe ein Satz von drei Kerbschlagbiegeproben zu prüfen ist.

8.2.5 ●● Bei der Bestellung kann ein Nachweis der in Tabelle 6 angegebenen 0,2 %- und 1 %-Dehngrenzenwerte bei erhöhten Temperaturen vereinbart werden; dabei sind auch die Prüftemperatur und der Prüfumfang zu vereinbaren.

8.2.6 ●● Bei der Bestellung kann eine Prüfung der Beständigkeit gegen interkristalline Korrosion vereinbart werden; dabei ist auch der Prüfumfang zu vereinbaren.

8.2.7 An allen Erzeugnissen sind die Maße zu prüfen.

8.2.8 An allen Erzeugnissen ist die Oberflächenbeschaffenheit zu prüfen.

8.2.9 Alle Erzeugnisse sind vom Hersteller einer geeigneten Prüfung auf Werkstoffverwechslung zu unterziehen.

8.3 Probenahme und Probenvorbereitung

8.3.1 Für die Stückanalyse sind die Angaben im Stahl-Eisen-Prüfblatt 1805 zu beachten.

8.3.2 Für den Zugversuch und für den Kerbschlagbiegeversuch sind die Proben im Lieferzustand entsprechend den Angaben in 8.3.2.1 bis 8.3.2.3 zu entnehmen.

●● Jedoch kann auch vereinbart werden, daß die Proben vor dem Richten entnommen werden.

8.3.2.1 ●● Bei Blech und Band sind die Proben, wenn nicht anders vereinbart, entsprechend Bild 1 zu entnehmen, und zwar derart, daß die Proben in halbem Abstand zwischen Längskanten und Mittellinie liegen.

8.3.2.2 Bei Stäben ≤ 160 mm Durchmesser oder größerer Kantenlänge und Draht gelten die Angaben zur Probenahme entsprechend Bild 2. Bei Draht entfällt die Prüfung von Kerbschlagproben.

8.3.2.3 Für Stäbe > 160 mm Durchmesser oder größerer Kantenlänge und für Schmiedestücke gelten die Angaben in Bild 3.

8.4 Durchführung der Prüfungen

8.4.1 Die chemische Zusammensetzung ist nach den vom Chemikerausschuß des Vereins Deutscher Eisenhüttenleute angegebenen Verfahren [3] zu prüfen.

---

[2] Kommt für Schmiedestücke nicht in Betracht

[3] Handbuch für das Eisenhüttenlaboratorium, Band 2: Die Untersuchung der metallischen Stoffe, Düsseldorf 1966; Band 2a (Ergänzungsband) Düsseldorf 1982; Band 5 (Ergänzungsband):
A 4.4 — Aufstellung empfohlener Schiedsverfahren,
B — Probenahmeverfahren,
C — Analysenverfahren, jeweils letzte Auflage; Verlag Stahleisen GmbH, Düsseldorf

8.4.2 Der Zugversuch ist wie folgt durchzuführen.

8.4.2.1 Bei Blechen und Bändern mit einer Nenndicke unter 3 mm nach DIN EN 10002-1 an Proben mit einer Meßlänge von 80 mm und einer Breite von 20 mm.

8.4.2.2 Bei Draht<4 mm Durchmesser nach DIN EN 10002-1, Anhang B.

8.4.2.3 In allen sonstigen Fällen nach DIN EN 10002-1, und zwar im Regelfall mit proportionalen Proben von der Meßlänge $L_o = 5{,}65 \sqrt{S_o}$ (S_o = Probenquerschnitt). In Zweifelsfällen und in Schiedsfällen muß diese Probe verwendet werden.

8.4.2.4 Der Zugversuch bei erhöhten Temperaturen ist nach DIN EN 10002-5 durchzuführen.

8.4.3 Der Kerbschlagbiegeversuch ist nach DIN EN 10045-1 an ISO-V-Proben durchzuführen und entsprechend DIN EN 10021 zu bewerten (beachte Fußnote 4 zu Tabelle 4).

8.4.4 Die Härteprüfung nach Vickers ist nach DIN 50133, die Härteprüfung nach Brinell nach DIN EN 10003-1 durchzuführen.

8.4.5 Der Nachweis der Beständigkeit gegen interkristalline Korrosion ist nach DIN 50914 durchzuführen.
●● Über die Versuchseinzelheiten können gegebenenfalls Vereinbarungen getroffen werden.

8.4.6 Maße und Maßabweichungen der Erzeugnisse sind nach den Festlegungen in den betreffenden Maßnormen, soweit vorhanden, zu prüfen.

8.4.7 Die Oberflächenbeschaffenheit ist durch eine Besichtigung mit normaler Sehschärfe bei geeigneter Beleuchtung zu prüfen.

8.5 Wiederholungsprüfungen

Für die Vorgehensweise bei Wiederholungsprüfungen gilt DIN EN 10021.

9 Kennzeichnung
9.1 Umfang der Kennzeichnung

9.1.1 ●● Wenn bei der Bestellung nichts anderes vereinbart wurde, werden die Erzeugnisse mit dem Zeichen des Herstellers und der Stahlsorte gekennzeichnet, auf Wunsch auch mit der Schmelzennummer. Flacherzeugnisse können zusätzlich mit dem Kurzzeichen für die Ausführungsart, mit der Dicke und gegebenenfalls mit der Bandnummer gekennzeichnet werden.

9.1.2 Bei spezifischen Prüfungen sind die Erzeugnisse zusätzlich mit der Schmelzennummer, der Nummer des Prüfloses oder des Bandes und dem Zeichen des Prüfers zu kennzeichnen. Mit der Probennummer werden nur die Prüfstücke gekennzeichnet, aus denen die Proben entnommen wurden, sofern die Prüflosnummer nicht anstelle der Probennummer verwendet wird.

9.2 Art der Kennzeichnung

Üblicherweise werden die Erzeugnisse wie folgt gekennzeichnet:

— Flacherzeugnisse quer zur Walzrichtung durch Farbstempelung; bei Bändern und daraus geschnittenen Blechen ist auch Rollstempelung in Längsrichtung möglich.

— Stäbe und Schmiedestücke durch Farb- oder Schlagstempelung;

— Drähte und Stäbe mit einer Dicke < 35 mm durch Anhängeschild am Bund.

●● Andere Arten der Kennzeichnung können bei der Bestellung vereinbart werden.

10 Beanstandungen

10.1 Nach geltendem Recht bestehen Mängelansprüche nur, wenn das Erzeugnis mit Fehlern behaftet ist, die seine Verarbeitung und Verwendung mehr als unerheblich beeinträchtigen. Dies gilt, sofern bei der Bestellung keine anderen Vereinbarungen getroffen wurden.

10.2 Es ist üblich und zweckdienlich, daß der Besteller dem Lieferer Gelegenheit gibt, sich von der Berechtigung der Beanstandung zu überzeugen, soweit möglich durch Vorlage des beanstandeten Erzeugnisses und von Belegstücken der gelieferten Erzeugnisse.

Probenart	Erzeugnis-dicke mm	Lage der Probenlängsachse bei einer Walzbreite von		Abstand der Proben (schraffiert) von der Walzoberfläche mm
		< 300 mm	≥ 300 mm	
Zug-proben [1]	≤ 30	längs	quer	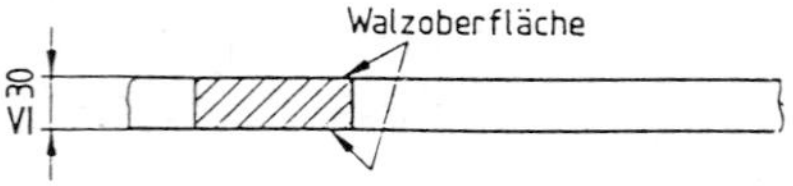
	> 30			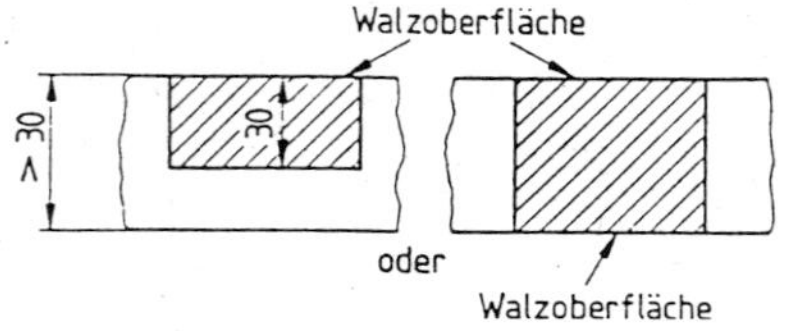
Kerbschlag-proben [2]	> 10	quer	quer	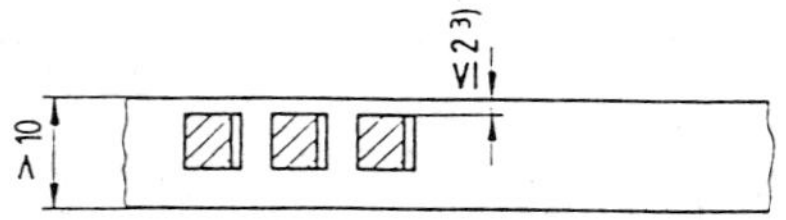

[1] Bei Erzeugnisdicken unter 3 mm sind Flachproben mit einer Meßlänge von 80 mm und einer Breite von 20 mm zu entnehmen. In Zweifels- und Schiedsfällen muß bei den Proben aus Erzeugnissen mit ≥ 3 mm Dicke die Anfangsmeß-länge $L_o = 5,65 \sqrt{S_o}$ betragen.
●● Bei Erzeugnisdicken über 30 mm kann nach Vereinbarung eine Rundprobe verwendet werden; die Rundprobe ist in ¼ der Erzeugnisdicke zu entnehmen.
[2] Die Längsachse des Kerbes muß jeweils senkrecht zur Walzoberfläche des Erzeugnisses stehen.
[3] Bei Erzeugnisdicken über 30 mm sind die Kerbschlagproben in ¼ der Erzeugnisdicke zu entnehmen.

Bild 1: Probenlage bei Blech und Band

Maße in mm

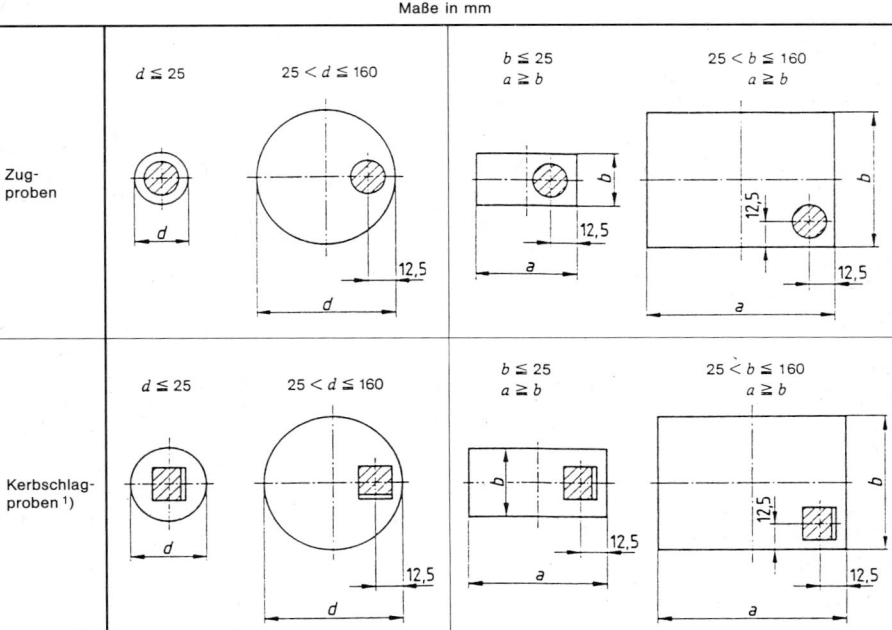

Bild 2: **Probenlage bei Stäben und Draht einschließlich Sechskant- und ähnlichen Querschnitten**

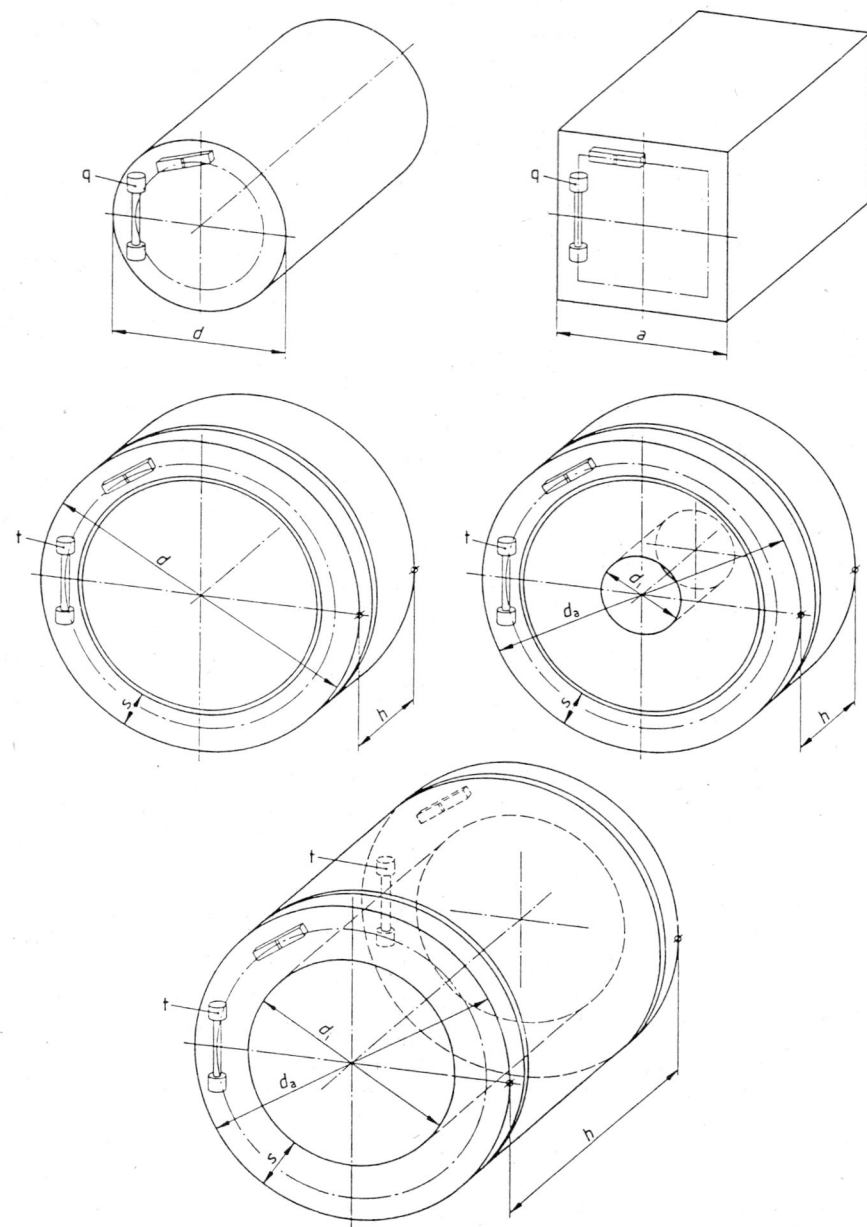

Bild 3: Maßgebliche Maße und Probenlagen bei Stäben > 160 mm Durchmesser oder Dicke und bei einfachen Schmiedestücken (fortgesetzt)

Bild 3 (abgeschlossen)

Erzeugnisform	Probenlage und -richtung	Maßgebliches Maß
Stabstahl rund bzw. rechteckig	$d/6$ max. 50 mm q = Querproben	Durchmesser bzw. kleinste Kantenlänge
Scheibe [1]) $0,1 \cdot d \leq h \leq d$ Lochscheibe $0,1 \cdot d_a \leq h \leq d_a$ $d_i \leq 0,4 \cdot d_a$	$h/6$ und $d_a/6$, jedoch max. 50 mm, aus abgestochenem Ring, t = Tangentialprobe	h
Ring $h \leq d_a$ $d_i > 0,4 \cdot d_a$	$h/6$ und $s/6$, jedoch max. 50 mm, aus abgestochenem Ring oder aus von der Stirnfläche abgetrennter (Loch-)Scheibe, t = Tangentialprobe	Kleineres Maß von h oder s
Buchse $h > d_a$ $d_i > 0,4 \cdot d_a$		s

[1]) Scheiben, die aus Stäben spanend gefertigt werden, werden bezüglich ihres maßgeblichen Maßes wie Stäbe behandelt.

Tabelle 1: Stahlsorten und ihre chemische Zusammensetzung nach der Schmelzenanalyse[1]

Stahlsorte Kurzname	Werkstoff- nummer	C	Si max.	Mn max.	P max.	S	N	Cr	Mo	Ni	Sonstige
Ferritische und martensitische Stähle											
X6Cr13	1.4000	≤ 0,08	1,00	1,00	0,040	≤ 0,015[2]		12,00 bis 14,00			
X6CrAl13	1.4002	≤ 0,08	1,00	1,00	0,040	≤ 0,015[2]		12,00 bis 14,00		≤ 0,75	Al: 0,10 bis 0,30
X12Cr13	1.4006	0,08 bis 0,15	1,00	1,50	0,040	≤ 0,015[2]		11,50 bis 13,50			
X20Cr13	1.4021	0,16 bis 0,25	1,00	1,50	0,040	≤ 0,015[2]		12,00 bis 14,00			
X30Cr13	1.4028	0,26 bis 0,35	1,00	1,50	0,040	≤ 0,015[2]		12,00 bis 14,00			
X6Cr17	1.4016	≤ 0,08	1,00	1,00	0,040	≤ 0,015[2]		16,00 bis 18,00			
X3CrTi17	1.4510	≤ 0,05	1,00	1,00	0,040	≤ 0,015[2]		16,00 bis 18,00			Ti: 4 × (C + N) + 0,15 ≤ 0,80[3]
X6CrMoS17	1.4105	≤ 0,08	1,00	1,50	0,040	0,15 bis 0,35		16,00 bis 18,00	0,20 bis 0,60		
X14CrMoS17	1.4104	0,10 bis 0,17	1,00	1,50	0,040	0,15 bis 0,35		15,50 bis 17,50	0,20 bis 0,60		
X17CrNi16-2	1.4057	0,12 bis 0,22	1,00	1,50	0,040	≤ 0,015[2]		15,00 bis 17,00		1,50 2,50	
Austenitische Stähle											
X5CrNi18-10	1.4301	≤ 0,07	1,00	2,00	0,045	≤ 0,015[2]	≤ 0,11	17,00 bis 19,50		8,00 bis 10,50	
X4CrNi18-12	1.4303	≤ 0,06	1,00	2,00	0,045	≤ 0,015[2]	≤ 0,11	17,00 bis 19,00		11,00 bis 13,00	
X8CrNiS18-9	1.4305	≤ 0,10	1,00	2,00	0,045	0,15 bis 0,35	≤ 0,11	17,00 bis 19,00		8,00 bis 10,00	Cu: ≤ 1,00
X2CrNi19-11	1.4306	≤ 0,030	1,00	2,00	0,045	≤ 0,015[2]	≤ 0,11	18,00 bis 20,00		10,00 bis 12,00[4]	
X2CrNiN18-10	1.4311	≤ 0,030	1,00	2,00	0,045	≤ 0,015[2]	0,12 bis 0,22	17,00 bis 19,50		8,50 bis 11,50	
X6CrNiTi18-10	1.4541	≤ 0,08	1,00	2,00	0,045	≤ 0,015[2]		17,00 bis 19,00		9,00 bis 12,00[4]	Ti: 5 × C bis 0,70
X6CrNiNb18-10	1.4550	≤ 0,08	1,00	2,00	0,045	≤ 0,015		17,00 bis 19,00		9,00 bis 12,00[4]	Nb: 10 × C bis 1,00
X5CrNiMo17-12-2	1.4401	≤ 0,07	1,00	2,00	0,045	≤ 0,015[2]	≤ 0,11	16,50 bis 18,50	2,00 bis 2,50	10,00 bis 13,00	
X2CrNiMo17-12-2	1.4404	≤ 0,030	1,00	2,00	0,045	≤ 0,015[2]	≤ 0,11	16,50 bis 18,50	2,00 bis 2,50	10,00 bis 13,00[4]	
X2CrNiMoN17-11-2	1.4406	≤ 0,030	1,00	2,00	0,045	≤ 0,015[2]	0,12 bis 0,22	16,50 bis 18,50	2,00 bis 2,50	10,00 bis 12,00[4]	
X6CrNiMoTi17-12-2	1.4571	≤ 0,08	1,00	2,00	0,045	≤ 0,015[2]		16,50 bis 18,50	2,00 bis 2,50	10,50 bis 13,50[4]	Ti: 5 × C bis 0,70
X6CrNiMoNb17-12-2	1.4580	≤ 0,08	1,00	2,00	0,045	≤ 0,015		16,50 bis 18,50	2,00 bis 2,50	10,50 bis 13,50	Nb: 10 × C bis 1,00
X2CrNiMoN17-13-3	1.4429	≤ 0,030	1,00	2,00	0,045	≤ 0,015	0,12 bis 0,22	16,50 bis 18,50	2,50 bis 3,00	11,00 bis 14,00[4]	
X3CrNiMo18-14-3	1.4435	≤ 0,030	1,00	2,00	0,045	≤ 0,015[2]	≤ 0,11	17,00 bis 19,00	2,50 bis 3,00	12,50 bis 15,00	
X3CrNiMo17-13-3	1.4436	≤ 0,05	1,00	2,00	0,045	≤ 0,015[2]	≤ 0,11	16,50 bis 18,50	2,50 bis 3,00	10,50 bis 13,00[4]	
X2CrNiMo18-15-4	1.4438	≤ 0,030	1,00	2,00	0,045	≤ 0,015[2]	≤ 0,11	17,50 bis 19,50	3,00 bis 4,00	13,00 bis 16,00[4]	
X2CrNiMoN17-13-5	1.4439	≤ 0,08	1,00	2,00	0,045	≤ 0,015	0,12 bis 0,22	16,50 bis 18,50	4,00 bis 5,00	12,50 bis 14,50	

[1] In dieser Tabelle nicht aufgeführte Elemente dürfen dem Stahl, außer zum Fertigbehandeln der Schmelze, ohne Zustimmung des Bestellers nicht absichtlich zugesetzt werden. Es sind alle angemessenen Vorkehrungen zu treffen, um die Zufuhr solcher Elemente aus dem Schrott und anderen bei der Herstellung verwendeten Stoffen zu vermeiden, die die mechanischen Eigenschaften und die Verwendbarkeit des Stahls beeinträchtigen.

[2] Für Stäbe, Draht und Schmiedestücke gilt ein Höchstgehalt von 0,030 % S.
Für alle zu bearbeitenden Erzeugnisse wird ein geregelter Schwefelgehalt von 0,015 bis 0,030 % empfohlen und ist zulässig.

[3] Die Stabilisierung kann durch die Verwendung von Titan und Niob oder Zirkon erfolgen. Entsprechend der Atomnummer dieser Elemente und dem Gehalt an Kohlenstoff und Stickstoff gilt folgendes:

$$Ti \leqq \frac{7}{4} \quad Nb \leqq \frac{7}{4} Zr.$$

[4] Wenn es aus besonderen Gründen, z. B. Warmumformbarkeit für die Herstellung nahtloser Rohre, erforderlich ist, den Gehalt an Deltaferrit zu minimieren, oder zwecks niedriger Permeabilität darf der Höchstgehalt an Nickel um die folgenden Beträge erhöht werden:
0,50 % (m/m): 1.4571   1,00 % (m/m): 1.4306, 1.4406, 1.4429, 1.4436, 1.4438, 1.4541, 1.4550   1,50 % (m/m): 1.4404

Tabelle 2: Grenzabweichungen der chemischen Zusammensetzung nach der Stückanalyse von den Grenzwerten nach der Schmelzenanalyse

Element	Grenzwerte für die Schmelzenanalyse nach Tabelle 1 Massenanteil in %	Grenzabweichung[1]) Massenanteil in %
Kohlenstoff C	$\leq$ 0,030 > 0,030 $\leq$ 0,20 > 0,20 $\leq$ 0,35	+ 0,005 ± 0,01 ± 0,02
Silicium Si	$\leq$ 1,00	+ 0,05
Mangan Mn	$\leq$ 1,00 > 1,00 $\leq$ 2,00	+ 0,03 + 0,04
Phosphor P	$\leq$ 0,045	+ 0,005
Schwefel S	$\leq$ 0,030 $\geq$ 0,15 $\leq$ 0,35	+ 0,005 ± 0,02
Stickstoff N	$\leq$ 0,22	± 0,01
Aluminium Al	$\leq$ 0,30	± 0,05
Chrom Cr	$\geq$ 11,50 < 15,00 $\geq$ 15,00 $\leq$ 20,00	± 0,15 ± 0,20
Molybdän Mo	$\leq$ 0,60 > 0,60 < 1,75 $\geq$ 1,75 $\leq$ 5,00	± 0,03 ± 0,05 ± 0,10
Nickel Ni	$\leq$ 1,00 > 1,00 $\leq$ 5,00 > 5,00 $\leq$ 10,00 > 10,00 $\leq$ 17,00	+ 0,03 ± 0,07 ± 0,10 ± 0,15
Niob Nb	$\leq$ 1,00	± 0,05
Titan Ti	$\leq$ 0,80	± 0,05
Kupfer Cu	$\leq$ 1,00	+ 0,07

[1]) Werden bei einer Schmelze mehrere Stückanalysen durchgeführt und werden dabei für ein einzelnes Element Gehalte außerhalb des nach der Schmelzenanalyse zulässigen Bereiches der chemischen Zusammensetzung ermittelt, so sind entweder nur Überschreitungen des zulässigen Höchstwertes oder nur Unterschreitungen des zulässigen Mindestwertes gestattet, nicht jedoch bei einer Schmelze beides gleichzeitig.

Tabelle 3: Mechanische Eigenschaften bei Raumtemperatur der ferritischen Stähle sowie Beständigkeit gegen interkristalline Korrosion

Stahlsorte		Wärmebehandlungszustand[1])	Härte HB oder HV[2]) max. Flacherzeugnisse $\leq$ 12 mm Dicke	Streckgrenze oder 0,2%-Dehngrenze N/mm² min. Flacherzeugnisse $\leq$ 12 mm Dicke	Zugfestigkeit N/mm² Flacherzeugnisse $\leq$ 12 mm Dicke Draht $\geq$ 2 $\leq$ 20 mm Durchmesser oder Dicke	Bruchdehnung in % min. Flacherzeugnisse			Beständigkeit gegen interkristalline Korrosion bei Prüfung nach DIN 50914	
Kurzname	Werkstoffnummer					< 3 mm Dicke ($A_{80\,mm}$) längs quer	$\geq$ 3 $\leq$ 12 mm Dicke (A_5) längs	quer	im Lieferzustand	im geschweißten Zustand
X6Cr13	1.4000	geglüht vergütet	– –	– –	400 bis 600 550 bis 700	– –	– –	– –	nein nein	nein nein
X6CrAl13	1.4002	geglüht vergütet	– –	– –	400 bis 600 550 bis 700	– –	– –	– –	nein nein	nein nein
X6Cr17	1.4016	geglüht	–	–	450 bis 600	–	–	–	ja	nein
X3CrTi17	1.4510	geglüht	185	270	450 bis 600	18	20	18	ja	ja
X6CrMoS17	1.4105	geglüht	–	–	450 bis 650	–	–	–	nein	–

[1]) Anhaltsangaben über die Wärmebehandlung siehe Tabelle B.2
[2]) Anhaltswerte; eine Umrechnung der Zugfestigkeit aus der Härte ist mit einer großen Streuung behaftet.

Tabelle 4: Mechanische Eigenschaften bei Raumtemperatur der martensitischen Stähle

Stahlsorte Kurzname	Werkstoff-nummer	Wärme-behandlungs-zustand[1]	Härte[2] HB oder HV max. Stäbe u. Schmiedestücke	Streckgrenze oder 0,2%-Dehngrenze N/mm² min. Stäbe u. Schmiedestücke	Zugfestigkeit N/mm² Stäbe u. Schmiedestücke	Bruchdehnung maßgebliches Maß (Bild 3) mm	Bruchdehnung längs	Bruchdehnung quer	Bruchdehnung tang[3]	Kerbschlag maßgebliches Maß (Bild 3) mm	ISO-V längs	ISO-V quer	ISO-V tang[3]	DVM längs	DVM quer	DVM tang[3]
X12Cr13	1.4006	geglüht	200	250	450 bis 650	≤25	20	–	–	≤25	–	–	–	–	–	–
		vergütet	–	420	600 bis 800	≤60	18	–	15	≤60	–	–	–	–	–	–
						>60≤160	15	–	13	>60≤160	–	–	–	–	–	–
X20Cr13	1.4021	geglüht	230	–	≤740	≤100	–	–	–	≤100	–	–	–	–	–	–
		vergütet	–	450	650 bis 800	≤60	14	–	12	≤60	30	–	20	40	–	30
						>60≤160	14	–	12	>60≤160	25	–	–	35	–	25
						>160≤400	14	10	12	>160≤400	–	–	–	–	20	–
		vergütet	–	550	750 bis 950	≤60	14	–	10	≤60	–	–	–	30	–	25
						>60≤160	12	–	10	>60≤160	–	–	–	30	–	20
						>160≤400	–	8	10	>160≤400	–	–	–	–	–	–
X30Cr13	1.4028	geglüht	245	–	≤780	≤100	–	–	–	≤100	–	–	–	–	–	–
		vergütet	–	600	800 bis 1000	≤100	11	–	–	≤100	–	–	–	–	–	–
X14CrMoS17	1.4104	geglüht	230	–	540 bis 740	≤100	16	–	–	≤100	–	–	–	–	–	–
		vergütet	–	450	640 bis 840	≤100	11	–	–	≤100	–	–	–	–	–	–
X17CrNi16-2	1.4057	geglüht	295	–	≤950	≤100	–	–	–	≤100	–	–	–	–	–	–
		vergütet	–	550	750 bis 950	≤60	14	–	10	≤60	20	–	–	30	–	–
						>60≤160	12	–	10	>60≤160	20	–	–	25	–	–
						>160≤400	–	5	10	>160≤400	–	–	–	–	–	–

1) Anhaltsangaben über die Wärmebehandlung siehe Tabelle B.2

2) Anhaltswerte; eine Umrechnung der Zugfestigkeit aus der Härte ist mit einer großen Streuung behaftet. Für Stäbe und Schmiedestücke im geglühten Zustand ist jedoch in der Regel die Ermittlung der Härte ausreichend.

3) Nur für Schmiedestücke (siehe Bild 3)

4) Der Kerbschlagbiegeversuch ist – sofern vereinbart – an ISO-V-Proben durchzuführen. Werden die hierfür geforderten Mindestwerte der Kerbschlagarbeit unterschritten oder sind für die entsprechenden Maßbereiche und Probenlagen keine ISO-V-Werte angegeben, so ist der Nachweis einer ausreichenden Kerbschlagarbeit an DVM-Proben zu erbringen.

Tabelle 5: Mechanische Eigenschaften bei Raumtemperatur der austenitischen Stähle im abgeschreckten Zustand (siehe Tabelle B.2) sowie Beständigkeit gegen interkristalline Korrosion

Kurzname	Werkstoffnummer	0,2%-Dehngrenze N/mm² min. (Flacherzeugnisse ≤75mm Dicke), Stäbe und Schmiedestücke	1%-Dehngrenze N/mm² min.	Zugfestigkeit N/mm² (Flacherzeugnisse ≤75mm Dicke), Draht ≥2 Dicke), ≤20mm Durchmesser oder Dicke, Stäbe und Schmiedestücke	Bruchdehnung in % min. – Flach <3mm Dicke (A80mm) längs	quer	Flach ≥3≤75mm Dicke (A5) längs/quer	Stäbe u. Schmiedestücke (A5) maßgebliches Maß (Bild 3) mm	längs	quer²	tang³	Kerbschlag (ISO-V) in J min. Stäbe u. Schmiedestücke maßgebliches Maß (Bild 3) mm	längs	quer²	tang³	Flacherzeugnisse ≤75mm Dicke quer	Korrosion im Lieferzustand	Korrosion im geschweißten Zustand
X5CrNi18-10	1.4301	195	230	500 bis 700	35	40	40	≤160 / >160≤250	45 / –	– / 35	40 / 40	≤160	85 / –	55⁴ / 55	70 / 65	55	ja⁵	ja⁶
X4CrNi18-12	1.4303	–	–	490 bis 690	–	–	–	>160≤250	–	35	40	–	–	–	–	–	ja⁵	ja⁶
X8CrNiS18-9	1.4305	–	–	500 bis 700	–	–	–	–	–	–	–	–	–	–	–	–	nein	nein
X2CrNi19-11	1.4306	180	215	460 bis 680	37	42	40	≤160 / >160≤250	45 / –	– / 35	40 / 40	≤160 / >160≤250	85 / –	55⁴ / 55	70 / 65	55	ja	ja
X2CrNiN18-10	1.4311	270	305	550 bis 760	35	40	35	≤160 / >160≤250	40 / –	– / 30	35 / 35	≤160 / >160≤250	85 / –	55⁴ / 55(50)	65 / 60	55	ja	ja
X6CrNiTi18-10	1.4541	200⁷	235⁷	500 bis 730	35	42	35	≤160 / >160≤450	40 / –	– / 30(26)	35 / 35	≤160 / >160≤450	85 / –	55⁴ / 55(45)	60 / 55	55	ja	ja
X6CrNiNb18-10	1.4550	205	240	510 bis 740	35	42	30	≤160 / >160≤450	40 / –	– / 30(26)	35 / 35	≤160 / >160≤450	85 / –	55⁴ / 55(45)	60 / 55	55	ja	ja
X5CrNiMo17-12-2	1.4401	205	240	510 bis 710	35	40	40	≤160 / >160≤250	40 / –	– / 30	35 / 35	≤160 / >160≤250	85 / –	55⁴ / 55(50)	65 / 60	55	ja⁵	ja⁶
X2CrNiMo17-12-2	1.4404	190	225	490 bis 690	35	40	40	≤160 / >160≤250	40 / –	– / 30	35 / 35	≤160 / >160≤250	85 / –	55⁴ / 55(50)	65 / 60	55	ja	ja
X2CrNiMoN17-11-2	1.4406	280	315	580 bis 800	35	40	35	≤160 / >160≤250	40 / –	– / 30	35	≤160 / >160≤250	85 / –	55⁴ / 55(50)	65	55	ja	ja
X6CrNiMoTi17-12-2	1.4571	210⁷	245⁷	500 bis 730	35	40	35	≤160 / >160≤450	35 / –	– / 30(26)	30 / 30	≤160 / >160≤450	85 / –	55⁴ / 55(45)	60 / 55	55	ja	ja
X6CrNiMoNb17-12-2	1.4580	215	250	510 bis 740	–	–	30	≤160 / >160≤250	35 / –	– / 30(26)	30 / 30	≤160 / >160≤250	85 / –	55⁴ / 55(45)	60 / 55	55	ja	ja
X2CrNiMoN17-13-3	1.4429	295	330	580 bis 800	35	40	35	≤160 / >160≤400	40 / –	– / 30	30 / 30	≤160 / >160≤400	85 / –	55⁴ / 55(50)	65 / 60	55	ja	ja
X2CrNiMo18-14-3	1.4435	190	225	490 bis 690	35	40	40	≤160 / >160≤250	35 / –	– / 30	30 / 30	≤160 / >160≤250	85 / –	55⁴ / 55(50)	65 / 60	55	ja	ja
X3CrNiMo17-13-3	1.4436	205	240	510 bis 710	35	40	40	≤160	40	–	30	≤160	85	55⁴	65	55	ja⁵	ja⁶
X2CrNiMo18-15-4	1.4438	195	230	490 bis 690	35	40	35	≤160	35	–	30	≤160	85	55⁴	60	55	ja	ja
X2CrNiMoN17-13-5	1.4439	285	315	580 bis 800	35	40	35	≤160	35	–	30	≤160	85	55⁴	60	55	ja	ja

¹) bis ⁷) siehe Seite 15

Tabelle 6: Mindestwerte der 0,2%- und 1%-Dehngrenze bei erhöhten Temperaturen für Flacherzeugnisse, Stäbe und Schmiedestücke für die in den Tabellen 3 bis 5 angegebenen Maßbereiche

Ferritische und martensitische Stähle

Kurzname	Werkstoffnummer	Wärmebehandlungszustand[1]	0,2% 50	100	150	200	250	300	350	400	450	500	550
X6Cr13 / X6CrAl13 / X12Cr13	1.4000 / 1.4002 / 1.4006	geglüht	240	235	230	225	225	220	210	195	—	—	—
X12Cr13	1.4006	vergütet	430	420	410	400	382	365	335	305	—	—	—
X20Cr13	1.4021	vergütet	430	420	410	400	382	365	335	305	—	—	—
X17CrNi16-2	1.4057	vergütet	515	495	475	460	450	430	390	345	—	—	—

Austenitische Stähle

0,2%-Dehngrenze und 1%-Dehngrenze (N/mm² min.) bei einer Temperatur in °C von

Kurzname	Werkstoffnummer	Wärmebehandlungszustand[1]	0,2% 50	100	150	200	250	300	350	400	450	500	550	1% 50	100	150	200	250	300	350	400	450	500	550	Grenztemperatur[2] °C
X5CrNi18-10	1.4301	abgeschreckt	177	157	142	127	118	110	104	98	95	92	90	211	191	172	157	145	135	129	125	120	120	120	300
X2CrNi19-11	1.4306	abgeschreckt	162	147	132	118	108	100	94	89	85	81	80	201	181	162	147	137	127	121	116	112	109	108	350
X2CrNiN18-10	1.4311	abgeschreckt	245	205	175	157	145	136	130	125	121	119	118	280	240	210	187	175	167	161	156	152	149	147	400
X6CrNiTi18-10[3]	1.4541	abgeschreckt	190	176	167	157	147	136	130	125	119	119	118	222	208	195	185	177	167	161	156	152	149	147	400
X6CrNiNb18-10	1.4550	abgeschreckt	191	177	167	157	147	136	130	125	121	119	118	226	211	196	186	177	167	161	156	152	149	147	400
X5CrNiMo17-12-2	1.4401	abgeschreckt	196	177	162	147	137	127	120	115	112	110	108	230	211	191	177	167	156	150	144	141	139	137	300
X2CrNiMo17-12-2	1.4404	abgeschreckt	182	166	152	137	127	118	113	108	103	100	98	217	199	181	167	157	145	139	135	130	128	127	400
X2CrNiMoN17-11-2	1.4406	abgeschreckt	250	211	185	167	155	145	140	135	131	129	127	284	246	218	198	183	175	169	164	160	158	157	400
X6CrNiMoTi17-12-2[3]	1.4571	abgeschreckt	202	185	177	167	157	145	140	135	131	129	127	234	218	206	196	186	175	169	164	160	158	157	400
X6CrNiMoNb17-12-2	1.4580	abgeschreckt	206	186	177	167	157	145	140	135	131	129	127	240	221	206	196	186	175	169	164	160	158	157	400
X2CrNiMoN17-13-3	1.4429	abgeschreckt	265	225	197	178	165	155	150	145	140	138	136	300	260	227	208	195	185	180	175	170	168	166	400
X2CrNiMo18-14-3	1.4435	abgeschreckt	182	166	152	137	127	118	113	108	103	100	98	217	199	181	167	157	145	139	135	130	128	127	400
X3CrNiMo17-13-3	1.4436	abgeschreckt	196	177	162	147	137	127	120	115	112	110	108	230	211	191	177	167	156	150	144	141	139	137	300
X2CrNiMo18-15-4	1.4438	abgeschreckt	186	172	157	147	137	127	120	115	112	110	108	221	206	186	177	167	156	150	144	144	140	138	350
X2CrNiMoN17-13-5	1.4439	abgeschreckt	260	225	200	185	175	165	155	150	—	—	—	290	255	230	210	200	190	180	175	—	—	—	400

[1] Siehe Tabelle B.2

[2] Bei Einsatz bis zu den genannten Temperaturen und einer Betriebsdauer bis zu 100 000 h tritt keine interkristalline Korrosion bei Prüfung nach DIN 50914 auf.

[3] Bei Stäben und Schmiedestücken mit maßgeblichen Maßen > 160 mm (siehe Bild 3) können die Werte um 10 N/mm² unterschritten werden.

Tabelle 7: Angaben[1]) über die mechanischen Eigenschaften von kaltverfestigten Drähten aus nichtrostenden Stählen

Verfestigungsstufe	0,2%-Dehngrenze N/mm² min.	Zugfestigkeit N/mm²	Bruchdehnung (A_5) % min.	Lieferbare Durchmesser mm	In Betracht kommende Stahlsorten (Werkstoffnummern)
Ferritische und martensitische Stähle					
C 550	400	550 bis 750	15	≤ 12	1.4016, 1.4104
C 800	650	800 bis 1 000	10	≤ 3,0	1.4016
Austenitische Stähle					
C 700	350	700 bis 850	20	≤ 12	1.4301, 1.4305, 1.4401, 1.4541, 1.4571
C 800	500	800 bis 1 000	12	≤ 9	1.4301, 1.4305, 1.4401, 1.4541, 1.4571
C 1 000	750	1 000 bis 1 200	–	≤ 4	1.4301, 1.4401, 1.4541, 1.4571
C 1 200	950	1 200 bis 1 400	–	≤ 3	1.4301, 1.4401, 1.4541, 1.4571

[1]) Einzuhalten ist die Zugfestigkeit. Bei 0,2%-Dehngrenze und Bruchdehnung handelt es sich um Anhaltsangaben.

Fußnoten zu Tabelle 5, Seite 13:

[1]) Für die Stähle 1.4301, 1.4306, 1.4404, 1.4406, 1.4541, 1.4571 und 1.4435 bis 100 mm Dicke

[2]) Bei von den Festlegungen nach 8.3.2.3 abweichenden Probelagen gelten die Klammerwerte.

[3]) Nur für Schmiedestücke (siehe Bild 3)

[4]) Dieser Wert gilt nur für Stäbe mit einem Durchmesser > 100 mm.

[5]) Nur für Dicken ≤6 mm oder Durchmesser ≤40 mm

[6]) ●● Die Maßgrenzen für die Beständigkeit gegen interkristalline Korrosion können je nach vorliegender chemischer Zusammensetzung und den Schweißbedingungen variieren und sind bei der Bestellung zu vereinbaren.

[7]) Für Flacherzeugnisse in Dicken ≤30 mm gilt ein um 5 N/mm² höherer Mindestwert.

Tabelle 8: Ausführungsart und Oberflächenbeschaffenheit der Erzeugnisse

Kurzzeichen	Ausführungsart	Oberflächenbeschaffenheit	Erzeugnisform				Bemerkungen
			Flacherzeugnisse	Draht	Stabstahl	Schmiedestücke	
a1	warmgeformt, nicht wärmebehandelt, nicht entzundert	mit Walzhaut bedeckt, gegebenenfalls mit Putzstellen	×	–	×	–	Geeignet nur für warm weiterzuverarbeitende Erzeugnisse (siehe Anhang B.2.7).
b oder I c	warmgeformt, wärmebehandelt[2], nicht entzundert	mit Walzhaut bedeckt	×	–	×	×	Geeignet nur für Teile, die nach der Fertigung allseits entzundert oder bearbeitet werden (siehe Anhang B.2.7).
c1 oder II a	warmgeformt, wärmebehandelt[2], mechanisch entzundert[3]	metallisch sauber	×	–	×	×	●● Die Art der mechanischen Entzunderung, z. B. Schleifen, Strahlen oder Schälen, hängt von der Erzeugnisform ab und bleibt, wenn nicht anders vereinbart, dem Hersteller überlassen.
c2 oder II a	warmgeformt, wärmebehandelt[2], gebeizt		×	–	×	×	
e	warmgeformt, wärmebehandelt[2], spangebend vorbearbeitet	metallisch blank	–	–	×	×	
f oder III a	wärmebehandelt, mechanisch oder chemisch entzundert, abschließend kaltgeformt	glatt und blank, wesentlich glatter als nach Ausführung c2 oder II a	×	×	–	–	Durch Kaltumformen ohne anschließende Wärmebehandlung werden die Eigenschaften je nach Umformgrad verändert (vgl. Tabelle 7).
h oder III b	mechanisch oder chemisch entzundert, kaltgeformt, wärmebehandelt[2], gebeizt	glatter als bei Ausführung c2 oder II a	×	×	–	–	
m oder III d	mechanisch oder chemisch entzundert, kaltgeformt, blankgeglüht[4] oder blankgeglüht[4]) und leicht kalt nachgewalzt oder nachgezogen	glänzend und glatter als bei Ausführung h oder III b	×	×	–	–	Besonders geeignet zum Schleifen und Polieren.
n oder III c	mechanisch oder chemisch entzundert, kaltgeformt, wärmebehandelt[2], gebeizt, blankgezogen (ziehpoliert)	matt und glatter als bei Ausführung h oder III b	–	×	–	–	Die Erzeugnisse nach dieser Ausführung sind etwas härter als nach Ausführung h oder III b, m oder III d; sie sind besonders geeignet zum Schleifen, Bürsten oder Polieren.
o oder IV	geschliffen	●● Art, Grad und Umfang des Schliffes bzw. der Politur sind bei der Bestellung zu vereinbaren	×	–	–	–	Als Ausgangszustand werden üblicherweise die Ausführungen b oder I c, c1 oder II a, f oder III a, n oder III c, m oder III d verwendet.
p oder V	poliert		×	×	–	–	
q	gebürstet	seidenmatt	×	–	–	–	Bester Ausgangszustand ist Ausführung n oder III c.

1) Es werden hier wie in der Ausgabe 1985-07 der DIN 17440 zwei Arten von Kurzzeichen angegeben. Es ist zu beachten, daß beide Arten von Kurzzeichen demnächst entfallen (siehe DIN EN 10088-2 und DIN EN 10088-3).

2) Unter "wärmebehandelt" wird hier der übliche Wärmebehandlungszustand entsprechend den Tabellen 3 bis 5 verstanden.

3) ●● Nach Vereinbarung bei der Bestellung können insbesondere Flacherzeugnisse in dieser Oberflächenausführung kurzzeitig gebeizt geliefert werden.

4) Unter "blankgeglüht" wird hier der übliche Wärmebehandlungszustand entsprechend den Tabellen 3 bis 5 verstanden.

Tabelle 9: Prüfeinheit und Prüfumfang für den Zugversuch bei Raumtemperatur

Prüf-einheit	Prüfumfang je Prüfeinheit				
	Warmband und daraus geschnittene Bleche	Bleche (Tafelwalzung)	●● Schmiede-stücke für allgemeine Anforderungen	●● Stäbe und Schmiedestücke für besondere Anforderungen, z. B. für überwachungs-bedürftige Anlagen	Kaltverfestigter Draht sowie abschließend wärmebehandelter Draht < 2 mm Durchmesser
Schmelze, Maß [1]), Wärme-behand-lungslos	je 1 Probe von Anfang und Ende jeder warmgewalz-ten Rolle [2])	a) Bleche ≤ 20 mm Dicke: losweise Prüfung mit max. 20 Walz-tafeln; b) Bleche > 20 mm Dicke: Einzelprüfung Je Los bzw. bei Dicken über 20 mm je Walztafel ist 1 Probe zu prüfen.	Schmiedestücke können jeweils zu einem Los von höchstens 5 000 kg zusam-mengefaßt wer-den. Je Los ist 1 Probe zu prüfen.	a) Bei maßgeblichen Maßen ≤ 250 mm 1 Probe je Los. Das Los umfaßt max. 500 kg. Umfaßt eine Lieferung mehr als 4 gleichartige Lose, werden nur 4 Lose geprüft. b) Bei maßgeblichen Maßen > 250 mm erfolgt Einzelprüfung, und zwar — bei Stückgewichten ≤ 2 500 kg 1 Probe je Stück; — bei Stückgewichten > 2 500 kg je eine Probe von Anfang und Ende des Stük-kes, bei Schmiede-stücken mit einem Durchmesser > 1 000 mm um 180° versetzte Proben	nach Vereinbarung

[1]) Abweichungen von 20 % von dem jeweils größten maßgeblichen Maß können zusammengefaßt werden.

[2]) Bei Lieferungen für überwachungsbedürftige und kerntechnische Anlagen muß ein Nachweis der Gleichmäßigkeit erbracht sein.

155

Tabelle 10: Mechanische Eigenschaften von abschließend wärmebehandeltem Draht < 2 mm Durchmesser

Stahlsorte		Durchmesser mm	Zugfestigkeit N/mm² max.
Kurzname	Werkstoffnummer		
Austenitische Stähle			
X5CrNi18-10	1.4301		900
X4CrNi18-12	1.4303	> 0,1 bis ≤ 0,5	850
X6CrNiTi18-10	1.4541	> 0,5 bis ≤ 1,0	800
X5CrNiMo17-12-2	1.4401	> 1,0 bis ≤ 2,0	
X6CrNiMoTi17-12-2	1.4571		
Ferritische Stähle			
X6Cr13	1.4000		
X6Cr17	1.4016	> 0,1 bis < 2,0	650
X3CrTi17	1.4510		

Tabelle 11: Austenitische nichtrostende Stähle für die Verwendung bei tiefen Temperaturen [1])

Stahlsorte	
Kurzname	Werkstoffnummer
X5CrNi18-10	1.4301
X2CrNi19-11	1.4306
X6CrNiTi18-10	1.4541
X6CrNiNb18-10	1.4550
X5CrNiMo17-12-2	1.4401
X2CrNiMo17-12-2	1.4404
X6CrNiMoTi17-12-2	1.4571
X6CrNiMoNb17-12-2	1.4580
X2CrNiN18-10	1.4311
X2CrNiMoN17-11-2	1.4406
X2CrNiMoN17-13-3	1.4429

[1]) Flacherzeugnisse, Stäbe und Schmiedestücke für die in Tabelle 5 angegebenen Maßbereiche. Die je nach Beanspruchungsfall gestaffelten tiefsten Anwendungstemperaturen sind dem AD-Merkblatt W10 zu entnehmen.

Anhang A (informativ)

Für die Erzeugnisse aus nichtrostenden Stählen nach dieser Norm in Betracht kommende Maßnormen

DIN 177
Runder Stahldraht, kaltgezogen – Maße – Grenzabmaße – Gewichte

DIN 1013-1
Stabstahl – Warmgewalzter Rundstahl für allgemeine Verwendung – Maße, zulässige Maß- und Formabweichungen

DIN 1013-2
Stabstahl – Warmgewalzter Rundstahl für besondere Verwendung – Maße, zulässige Maß- und Formabweichungen

DIN 1014-1
Stabstahl – Warmgewalzter Vierkantstahl für allgemeine Verwendung – Maße, zulässige Maß- und Formabweichungen

DIN 1014-2
Stabstahl – Warmgewalzter Vierkantstahl für besondere Verwendung – Maße, zulässige Maß- und Formabweichungen

DIN 1015
Stabstahl – Warmgewalzter Sechskantstahl – Maße, Gewichte, zulässige Abweichungen

DIN 1017-1
Stabstahl – Warmgewalzter Flachstahl für allgemeine Verwendung – Maße, Gewichte, zulässige Abweichungen

DIN 1017-2
Stabstahl – Warmgewalzter Flachstahl für besondere Verwendung (in Stabziehereien, Schraubenwerken usw.) – Maße, Gewichte, zulässige Abweichungen

DIN 7526
Schmiedestücke aus Stahl – Toleranzen und zulässige Abweichungen für Gesenkschmiedestücke

DIN 7527-1
Schmiedestücke aus Stahl – Bearbeitungszugaben und zulässige Abweichungen für freiformgeschmiedete Scheiben

DIN 7527-2
Schmiedestücke aus Stahl – Bearbeitungszugaben und zulässige Abweichungen für freiformgeschmiedete Lochscheiben

DIN 7527-3
Schmiedestücke aus Stahl – Bearbeitungszugaben und zulässige Abweichungen für nahtlos freiformgeschmiedete Ringe

DIN 7527-4
Schmiedestücke aus Stahl – Bearbeitungszugaben und zulässige Abweichungen für nahtlos freiformgeschmiedete Buchsen

DIN 7527-5
Schmiedestücke aus Stahl – Bearbeitungszugaben und zulässige Abweichungen für freiformgeschmiedete, gerollte und geschweißte Ringe

DIN 7527-6
Schmiedestücke aus Stahl – Bearbeitungszugaben und zulässige Abweichungen für freiformgeschmiedete Stäbe

DIN EN 10029
Warmgewalztes Stahlblech von 3 mm Dicke an – Grenzabmaße, Formtoleranzen, zulässige Gewichtsabweichungen; Deutsche Fassung EN 10029 : 1991

DIN EN 10051
Kontinuierlich warmgewalztes Blech und Band ohne Überzug aus unlegierten und legierten Stählen – Grenzabmaße und Formtoleranzen; Deutsche Fassung EN 10051 : 1991

Anhang B (informativ)

Ergänzende Angaben

B.1 Physikalische Eigenschaften

Anhaltsangaben über physikalische Eigenschaften sind in Tabelle B.1 zusammengestellt.

B.2 Anhaltsangaben für die Wärmebehandlung und Weiterverarbeitung

B.2.1 Wegen der Weiterverarbeitung der Stähle wird die Verständigung mit dem Hersteller empfohlen.

B.2.2 Anhaltsangaben für die Wärmebehandlung sind in Tabelle B.2 enthalten.

B.2.3 Die Stähle sind im allgemeinen für eine Kaltumformung (z. B. Ziehen, Strecken, Drücken, Biegen) geeignet. Zum Kaltstauchen besonders geeignete nichtrostende Stähle sind in DIN 1654-5 genormt. Es ist zu beachten, daß durch eine Kaltumformung die korrosionschemischen, mechanischen und physikalischen Eigenschaften verändert werden.

B.2.4 Die für das Lichtbogenschweißen geeigneten Schweißzusätze sind aus Tabelle B.3 ersichtlich. Das Schweißen ohne Schweißzusätze, z. B. Abbrennstumpfschweißen, ist zulässig. Bei den Automatenstählen X14CrMoS17 (1.4104), X6CrMoS17 (1.4105) und X8CrNiS18-9 (1.4305) ist Schweißen nicht üblich. In Zweifelsfällen wird empfohlen, mit dem Lieferwerk das für die betreffende Stahlsorte am besten geeignete Schweißverfahren und die Wahl des Schweißzusatzes abzustimmen.

B.2.5 Brennschneiden ist bei geeigneten Arbeitsbedingungen, z. B. unter Anwendung von Pulver, Schutzgas oder Plasma, auszuführen. Randzonen, die durch das Brennschneiden nachteilig verändert werden, sind abzuarbeiten.

B.2.6 Weichlöten ist bei allen Stählen möglich. Hartlöten scheidet für die härtbaren martensitischen Stähle aus. Austenitische Stähle müssen mit Sonderloten (Silberloten) mit niedrigem Schmelzpunkt gelötet werden.

B.2.7 Da die Korrosionsbeständigkeit der nichtrostenden Stähle nur bei metallisch sauberer Oberfläche gesichert ist, müssen Zunderschichten und Anlauffarben, die bei der Warmformgebung, Wärmebehandlung oder beim Schweißen entstanden sind, vor dem Gebrauch entfernt werden. Fertigteile aus Stählen mit rund 13 % Cr verlangen zur Erzielung ihrer höchsten Korrosionsbeständigkeit besten Oberflächenzustand (feingeschliffen oder poliert).

Tabelle B.1: Anhaltsangaben über physikalische Eigenschaften

Stahlsorte Kurzname	Werkstoffnummer	Dichte kg/dm³	Elastizitätsmodul bei kN/mm²						Wärmeausdehnung zwischen 20 °C und 10⁻⁶·K⁻¹					Wärmeleitfähigkeit bei 20 °C W/(m·K)	Spezifische Wärmekapazität bei 20 °C J/(kg·K)	Elektrischer Widerstand bei 20 °C Ω·mm²/m	Magnetisierbarkeit
			20 °C	100 °C	200 °C	300 °C	400 °C	500 °C	100 °C	200 °C	300 °C	400 °C	500 °C				
Ferritische und martensitische Stähle																	
X6Cr13 X6CrAl13 X12Cr13 X20Cr13	1.4000 1.4002 1.4006 1.4021	7,7	216	213	207	200	192		10,5	11,0	11,5	12,0	12,0	30	460	0,60	vorhanden
X30Cr13	1.4028		220	218	212	205	197									0,65	
X6Cr17 X3CrTi17	1.4016 1.4510		220	218	212	205	197		10,0		10,5	10,5				0,60	vorhanden
X6CrMoS17 X14CrMoS17	1.4105 1.4104	7,7	216	213	207	200	192		10,0	10,5				25	460	0,70	
X17CrNi16-2	1.4057										11,0	11,0					
Austenitische Stähle																	
X5CrNi18-10 X4CrNi18-12 X8CrNiS18-9 X2CrNi19-11 X2CrNiN18-10 X6CrNiTi18-10 X6CrNiNb18-10	1.4301 1.4303 1.4305 1.4306 1.4311 1.4541 1.4550	7,9	200	194	186	179	172	165	16,0	17,0	17,5	18,0	18,0	15	500	0,73	nicht vorhanden ¹)
X5CrNiMo17-12-2 X2CrNiMo17-12-2 X2CrNiMoN17-11-2	1.4401 1.4404 1.4406	7,98									17,5	18,0	18,5			0,75	
X6CrNiMoTi17-12-2	1.4571									18,5	18,5		19,0				
X6CrNiMoNb17-12-2	1.4580								16,5	17,5	18,0						
X2CrNiMoN17-13-3 X2CrNiMo18-14-3 X3CrNiMo17-13-3	1.4429 1.4435 1.4436	7,98								17,5			18,5				
X2CrNiMo18-15-4	1.4438	8,00									18,0		19,0	14		0,85	
X2CrNiMoN17-13-5	1.4439	8,02									17,5		18,5				

¹) Austenitische Stähle können im abgeschreckten Zustand unter Umständen schwach magnetisierbar sein. Ihre Magnetisierbarkeit kann mit steigender Kaltumformung zunehmen.

Tabelle B.2: Anhaltsangaben zum Warmumformen bei der Weiterverarbeitung und zur Wärmebehandlung

| Stahlsorte | | Warmumformen | | Glühen | | Härten bzw. Abschrecken | | Anlassen |
Kurzname	Werkstoffnummer	Temperatur °C	Abkühlungsart	Temperatur[1] °C	Abkühlungsart	Temperatur[1] °C	Abkühlungsart	Temperatur °C
Ferritische Stähle								
X6Cr13	**1.4000**			750 bis 800	Ofen, Luft	950 bis 1 000	Öl, Luft[2]	650 bis 750
X6CrAl13	**1.4002**	1 100 bis 800	Luft					
X6Cr17	**1.4016**			750 bis 850	Luft, Wasser			
X3CrTi17	**1.4510**							
X6CrMoS17	**1.4105**							
Martensitische Stähle								
X12Cr13	**1.4006**		Luft	750 bis 800	Luft	950 bis 1 000	Öl, Luft[2]	680 bis 780
X20Cr13	**1.4021**		langsame Abkühlung	730 bis 780				650 bis 750; 600 bis 700
X30Cr13	**1.4028**	1 100 bis 800			Ofen, Luft	980 bis 1 030	Öl, Luft[2]	640 bis 740
X14CrMoS17	**1.4104**		Luft	750 bis 850				550 bis 650
X17CrNi16-2	**1.4057**		langsame Abkühlung	650 bis 750[3]				620 bis 720[4]
Austenitische Stähle[5]								
X5CrNi18-10	**1.4301**	1 150 bis 750	Luft			1 000 bis 1 080	Wasser, Luft[2]	
X4CrNi18-12	**1.4303**							
X8CrNiS18-9	**1.4305**							
X2CrNi19-11	**1.4306**							
X2CrNi18-10	**1.4311**							
X6CrNiTi18-10	**1.4541**					1 020 bis 1 100		
X6CrNiNb18-10	**1.4550**							
X5CrNiMo17-12-2	**1.4401**							
X2CrNiMo17-12-2	**1.4404**							
X6CrNiMoTi17-12-2	**1.4571**							
X6CrNiMoNb17-12-2	**1.4580**							
X2CrNiMoN17-13-3	**1.4429**					1 040 bis 1 120		
X2CrNiMo18-14-3	**1.4435**					1 020 bis 1 100		
X3CrNiMo17-13-3	**1.4436**							
X2CrNiMo18-15-4	**1.4438**					1 040 bis 1 120		
X2CrNiMoN17-13-5	**1.4439**							

[1] Bei Bandglühungen im Durchlauf dürfen die oberen Temperaturgrenzen überschritten werden.
[2] Abkühlung ausreichend schnell
[3] Gegebenenfalls nach vorhergehender Umwandlung in der Martensitstufe
[4] Bei höherem Nickelgehalt wird ein zweimaliges Anlassen mit Zwischenabkühlung auf Raumtemperatur empfohlen.
[5] Bei einer Wärmebehandlung im Rahmen der Weiterverarbeitung ist der für das Lösungsglühen angegebenen Bereich der für das Lösungsglühen angegebenen Spanne anzustreben. Falls bei der Warmformgebung eine Temperatur von 850 °C nicht unterschritten wurde oder falls das Erzeugnis kalt geformt wurde, darf bei einer erneuten Lösungsglühung die Untergrenze der Lösungsglühtemperatur um 20 K unterschritten werden.

Tabelle B.3: Anhaltsangaben über Schweißzusätze zum Lichtbogenschweißen der in Betracht kommenden Stähle und über die Wärmebehandlung nach dem Schweißen (siehe Anhang B.2.4)

| Stahlsorte | | Geeignete Schweißzusätze [1] | | | Wärmebehandlung nach dem Schweißen |
| Kurzname | Werkstoffnummer | Kurzzeichen des Schweißgutes der umhüllten Stabelektroden | Schweißstäbe, Drahtelektroden, Schweißdrähte | | |
			Kurzzeichen	Werkstoffnummer	
Ferritische und martensitische Stähle [2]					
X6Cr13	1.4000	19 9, 19 9 Nb, 13 [3]	X5CrNi19 9, X5CrNiNb19 9, X8CrN14 [3]	1.4302, 1.4551, 1.4009 [3]	Glühen
X6CrAl13	1.4002	19 9, 19 9 Nb, 13 [3]	X5CrNi19 9, X5CrNiNb19 9, X8CrN14 [3]	1.4302, 1.4551, 1.4009 [3]	Anlassen
X12Cr13	1.4006	19 9, 19 9 Nb, 13 [3]	X5CrNi19 9, X5CrNiNb19 9, X8CrN14 [3]	1.4302, 1.4551, 1.4009 [3]	
X20Cr13	1.4021	19 9, 19 9 Nb, 13 [3]	X5CrNi19 9, X5CrNiNb19 9, X8CrN14 [3]	1.4302, 1.4551, 1.4009 [3]	
X30Cr13	1.4028	S-NiCr19Nb, S-NiCr16FeMn	S-NiCr 20 Nb	2.4806	Im allgemeinen nicht erforderlich; bei größeren Querschnitten Glühen bei 600 bis 800 °C
X6Cr17 [4]	1.4016	(19 9), (19 9 Nb), 17 [3]	(X5CrNi19 9), (X5CrNiNb19 9), X8CrTi18 [3]	(1.4302), (1.4551), 1.4502 [3]	
X3CrTi17 [4]	1.4510	(19 9), (19 9 Nb), (17) [3]	(X5CrNi19 9), (X5CrNiNb19 9), (X8CrTi18) [3]	(1.4302), (1.4551), (1.4502) [3]	
X17CrNi16-2	1.4057	S-NiCr19Nb, S-NiCr16FeMn	S-NiCr20Nb	2.4806	Anlassen 650 bis 700 °C
Austenitische Stähle					
X5CrNi18-10	1.4301	19 9, 19 9 L, 19 9 Nb	X5CrNi19 9, X2CrNi19 9, X5CrNiNb19 9	1.4302, 1.4316, 1.4551	Im allgemeinen nicht erforderlich
X4CrNi18-12	1.4303	19 9, 19 9 L, 19 9 Nb	X5CrNi19 9, C2CrNi19 9, X5CrNiNb19 9	1.4302, 1.4316, 1.4551	
X2CrNi19-11	1.4306	19 9 L, (19 9 Nb)	X2CrNi19 9, (X5CrNiNb19 9)	1.4316, (1.4551)	
X2CrNiN18-10	1.4311	19 9 L, (20 16 3 MnL)	X2CrNi19 9, (X2CrNiMnMoN20 16)	1.4316, (1.4455)	
X6CrNiTi18-10	1.4541	19 9 Nb, 19 9 L	X5CrNiNb19 9, X2CrNi19 9	1.4551, 1.4316	
X6CrNiNb18-10	1.4550	19 9 Nb, 19 9 L	X5CrNiNb19 9, X2CrNi19 9	1.4551, 1.4316	
X5CrNiMo17-12-2	1.4401	19 12 3, 19 12 3 L, 19 12 3 Nb	X5CrNiMo19 11, X2CrNiMo19 12, X5CrNiMoNb19 12	1.4403, 1.4430, 1.4576	Im allgemeinen nicht erforderlich
X2CrNiMo17-12-2	1.4404	19 12 3 L, (19 12 3 Nb)	X2CrNiMo19 12, (X5CrNiMoNb19 12)	1.4430, (1.4576)	
X2CrNiMoN17-11-2	1.4406	19 12 3 L, 20 16 3 MnL	X2CrNiMo19 12, X2CrNiMnMoN20 16	1.4430, 1.4455	
X6CrNiMoTi17-12-2	1.4571	19 12 3 Nb, 19 12 3 L	X5CrNiMoNb19 12, X2CrNiMo19 12	1.4576, 1.4430	
X6CrNiMoNb17-12-2	1.4580	19 12 3 Nb, 19 12 3 L	X5CrNiMoNb19 12, X2CrNiMo19 12	1.4576, 1.4430	
X2CrNiMoN17-13-3	1.4429	19 12 3 L, 20 16 3 MnL	X2CrNiMo19 12, X2CrNiMnMoN20 16	1.4430, 1.4455	Im allgemeinen nicht erforderlich
X2CrNiMo18-14-3	1.4435	19 12 3 L, (19 12 3 Nb)	X2CrNiMo19 12, (X5CrNiMoNb19 12)	1.4430, (1.4576)	
X3CrNiMo17-13-3	1.4436	19 12 3, 19 12 3 L, 19 12 3 Nb	X5CrNiMo19 11, X2CrNiMo19 12, X5CrNiMoNb19 12	1.4403, 1.4430, 1.4576	
X2CrNiMo18-16-5	1.4438	18 16 5	X2CrNiMo18 16 5	1.4440	
X2CrNiMoN17-13-5	1.4439	18 16 5	X2CrNiMo18 16 5	1.4440	

1) Weitere Angaben zu den Schweißzusätzen siehe DIN 8556-1 und DIN 1736-1. Eine Einklammerung weist auf eine nur eingeschränkte Bedeutung des betreffenden Schweißzusatzes hin.

2) Nur unter Einhaltung bestimmter Maßnahmen schweißbar; über 0,25 % C ist Schweißeignung nur bedingt gegeben.

3) Decklagen mit artähnlichen Schweißzusätzen

4) Die Stähle mit 17 % Cr sind vorwiegend geeignet zum Schweißen mit Verfahren, die ein geringes Wärmeeinbringen verursachen, wie Punkt- oder Rollnahtschweißen. Schweißen mit Zusätzen stellt bei diesen Stählen die Ausnahme dar.

Anhang C (informativ)
Literaturhinweise

DIN 1654-5
 Kaltstauch- und Kaltfließpreßstähle – Technische Lieferbedingungen für nichtrostende Stähle

DIN 1736-1
 Schweißzusätze für Nickel und Nickellegierungen – Zusammensetzung, Verwendung und Technische Lieferbedingungen

DIN 8556-1
 Schweißzusatzwerkstoffe für das Schweißen nichtrostender und hitzebeständiger Stähle – Bezeichnung, Technische Lieferbedingungen

DIN 17441
 Nichtrostende Stähle – Technische Lieferbedingungen für kaltgewalzte Bänder und Spaltbänder sowie daraus geschnittene Bleche

DIN 17455
 Geschweißte kreisförmige Rohre aus nichtrostenden Stählen für allgemeine Anforderungen – Technische Lieferbedingungen

DIN 17456
 Nahtlose kreisförmige Rohre aus nichtrostenden Stählen für allgemeine Anforderungen – Technische Lieferbedingungen

DIN 17457
 Geschweißte kreisförmige Rohre aus austenitischen nichtrostenden Stählen für besondere Anforderungen – Technische Lieferbedingungen

DIN 17458
 Nahtlose kreisförmige Rohre aus austenitischen nichtrostenden Stählen für besondere Anforderungen – Technische Lieferbedingungen

DIN EN 10088-2
 Nichtrostende Stähle – Teil 2: Technische Lieferbedingungen für Blech und Band für allgemeine Verwendung; Deutsche Fassung EN 10088-2 : 1995

DIN EN 10088-3
 Nichtrostende Stähle – Teil 3: Technische Lieferbedingungen für Halbzeug, Stäbe, Walzdraht und Profile für allgemeine Verwendung; Deutsche Fassung EN 10088-3 : 1995

AD-Merkblatt W 10 [4]
 Werkstoffe für tiefe Temperaturen; Eisenwerkstoffe

DECHEMA-Werkstofftabelle [5]

---

[4] Beuth Verlag GmbH, 10772 Berlin

[5] DECHEMA, Deutsche Gesellschaft für Chemisches Apparatewesen, Chemische Technik und Biotechnologie e. V., Theodor-Heuss-Allee 25, 60486 Frankfurt am Main

	Nichtrostende Stähle Technische Lieferbedingungen für kaltgewalzte Bänder und Spaltbänder sowie daraus geschnittene Bleche für Druckbehälter	**DIN** **17441**

ICS 77.140.20; 77.140.30

Mit DIN EN 10088-2 : 1995-08
Ersatz für DIN 17441 : 1985-07

Deskriptoren: Nichtrostender Stahl, kaltgewalzt, Band, Spaltband, Blech

Stainless steels; technical delivery conditions for cold rolled strips
and slit coils and sheets cut from such strips for pressure purposes

Die mit einem Punkt ● gekennzeichneten Abschnitte enthalten Angaben über Vereinbarungen, die bei der Bestellung zu treffen sind.

Die mit zwei Punkten ●● gekennzeichneten Abschnitte enthalten Angaben über Vereinbarungen, die bei der Bestellung zusätzlich getroffen werden können.

Vorwort

Die Veröffentlichung dieser "Restnorm" wurde erforderlich, da die Ausgabe Juli 1985 durch DIN EN 10088-2 : 1995-08 nur teilweise ersetzt wird. Der Anwendungsbereich dieser Restnorm ist begrenzt auf kaltgewalzte Bänder und daraus geschnittene Bleche für den Druckbehälterbau. Es ist beabsichtigt, diese Restnorm nach Annahme der betreffenden Europäischen Norm (z. Z. Entwurf DIN EN 10028-7) zurückzuziehen.

In der vorliegenden Restnorm wurden die Kurznamen (unter Beibehaltung der jetzt auch europäisch geltenden Werkstoffnummern), die chemische Zusammensetzung, die mechanischen Eigenschaften und die Ausführungsarten an DIN EN 10088-2 und DIN EN 10028-7 (z. Z. Entwurf) angepaßt. Die Norm wurde, insbesondere im Hinblick auf die zitierten Unterlagen, redaktionell überarbeitet.

Änderungen

Gegenüber der Ausgabe Juli 1985 wurden folgende Änderungen vorgenommen:

a) Titel und Anwendungsbereich wurden auf die Verwendung der Erzeugnisse im Druckbehälterbau beschränkt.

b) Wegen des geänderten Anwendungsbereiches sind – bis auf die Sorte X6CrTi17 (1.4510) – alle ferritischen und martensitischen Stahlsorten sowie die austenitische Stahlsorte X5CrNi18-12 (1.4303) entfallen.

c) Die Kurznamen und chemische Zusammensetzung wurden an die Festlegungen in DIN EN 10088-2 und DIN EN 10028-7 (z. Z. Entwurf) angepaßt.

d) Die Tabellen für die mechanischen Eigenschaften bei Raumtemperatur und bei erhöhten Temperaturen wurden entsprechend den Festlegungen für kaltgewalztes Band in DIN EN 10088-2 und DIN EN 10028-7 (z. Z. Entwurf) überarbeitet.

e) Die Ausführungsarten und deren Kurzzeichen wurden an die Festlegungen für Kaltband in DIN EN 10088-2 und DIN EN 10028-7 (z. Z. Entwurf) angeglichen.

f) Entfallen sind die Angaben für die mechanischen Eigenschaften kaltverfestigter Bänder.

g) Entfallen sind die Tabellen mit Angaben für die mechanischen Eigenschaften nach einer Wärmebehandlung im Rahmen der Weiterverarbeitung.

h) Redaktionelle Überarbeitung, insbesondere im Hinblick auf die zitierten Unterlagen.

Frühere Ausgaben

DIN 17440: 1967-01, 1972-12
DIN 17441: 1985-07

Fortsetzung Seite 2 bis 13

Normenausschuß Eisen und Stahl (FES) im DIN Deutsches Institut für Normung e.V.

Inhalt

1 Anwendungsbereich

1.1 Diese Norm gilt für kaltgewalzte Bänder in Dicken bis 6 mm und bis 1 600 mm Breite aus nichtrostenden Stählen für Druckbehälter. Sie gilt ebenfalls für aus Band geschnittenes Blech sowie für durch Längsteilen hergestelltes Spaltband und daraus geschnittene Stäbe (Streifen).

Warmgewalzte Bänder, kalt- oder warmgewalzte Tafelbleche und gewalzte Stäbe für Druckbehälter, gezogener Draht, Schmiedestücke aus nichtrostenden Stählen sind in DIN 17440, Rohre aus nichtrostenden Stählen in DIN 17455 bis DIN 17458, Flacherzeugnisse für allgemeine Verwendung in DIN EN 10088-2, Halbzeug, Stäbe, Walzdraht und Profile für allgemeine Verwendung in DIN EN 10088-3 genormt.

1.2 Zusätzlich zu den Angaben dieser Norm gelten, sofern im folgenden nichts anderes festgelegt ist, die in DIN EN 10021 wiedergegebenen allgemeinen technischen Lieferbedingungen für Stahl und Stahlerzeugnisse.

1.3 Diese Norm gilt nicht für die durch Weiterverarbeitung hergestellten Teile mit fertigungsbedingten abweichenden Gütemerkmalen.

2 Normative Verweisungen

DIN 50914
    Prüfung nichtrostender Stähle auf Beständigkeit gegen interkristalline Korrosion — Kupfersulfat-Schwefelsäure-Verfahren — Strauß-Test

DIN 59381
    Flachzeug aus Stahl — Kaltgewalztes Band aus nichtrostenden und aus hitzebeständigen Stählen — Maße, zulässige Maß-, Form- und Gewichtsabweichungen

DIN 59382
    Flachzeug aus Stahl — Kaltgewalztes Breitband und Blech aus nichtrostenden Stählen — Maße, zulässige Maß- und Formabweichungen

DIN EN 10002-1
    Metallische Werkstoffe — Zugversuch — Teil 1: Prüfverfahren (bei Raumtemperatur); enthält Änderung AC1 : 1990; Deutsche Fassung EN 10002-1 : 1990 und AC1 : 1990

DIN EN 10002-5
    Metallische Werkstoffe — Zugversuch — Teil 5: Prüfverfahren bei erhöhter Temperatur; Deutsche Fassung EN 10002-5 : 1991

DIN EN 10021
    Allgemeine technische Lieferbedingungen für Stahl und Stahlerzeugnisse; Deutsche Fassung EN 10021 : 1993

DIN 10052
    Begriffe der Wärmebehandlung von Eisenwerkstoffen; Deutsche Fassung EN 10052 : 1993

DIN EN 10204
    Metallische Erzeugnisse — Arten von Prüfbescheinigungen (enthält Änderung A1 : 1995); Deutsche Fassung EN 10204 : 1991 + A1 : 1995

Stahl-Eisen-Prüfblatt 1805 [1]: Probenahme und Probenvorbereitung für die Stückanalyse bei Stählen

Handbuch für das Eisenhüttenlaboratorium, Band 2 [1]: Die Untersuchung der metallischen Stoffe, Düsseldorf 1966

Handbuch für das Eisenhüttenlaboratorium, Band 2a (Ergänzungsband) [1]: Düsseldorf 1982

Handbuch für das Eisenhüttenlaboratorium, Band 5 (Ergänzungsband) [1]:
    A 4.4 — Aufstellung empfohlener Schiedsverfahren,
    B — Probenahmeverfahren,
    C — Analyseverfahren, jeweils letzte Auflage

3 Definitionen

3.1 Nichtrostende Stähle

Als nichtrostend gelten Stähle, die sich durch besondere Beständigkeit gegen chemisch angreifende Stoffe auszeichnen; sie haben im allgemeinen einen Massenanteil Chrom von mindestens 10,50 % und einen Massenanteil Kohlenstoff von höchstens 1,2 %.

3.2 Wärmebehandlungsarten

Für die Wärmebehandlungsarten gelten die Begriffsbestimmungen nach DIN EN 10052.

4 Maße und Grenzabmaße

Für die Maße und Grenzabmaße gelten die Festlegungen in DIN 59381 oder DIN 59382.

5 Gewichtserrechnung

Bei einer Ermittlung des theoretischen Gewichts der Erzeugnisse sind die in Tabelle A.1 angegebenen Werte der Dichte zugrunde zu legen.

[1] Verlag Stahleisen GmbH, Postfach 10 51 64, 4002 Düsseldorf

6 Bezeichnung und Bestellung

6.1 Die Normbezeichnung für einen Stahl nach dieser Norm setzt sich entsprechend dem nachfolgenden Beispiel zusammen aus

— der Benennung "Stahl",

— der DIN-Nummer dieser Norm,

— dem Kurznamen oder der Werkstoffnummer für die Stahlsorte (siehe Tabelle 1),

— dem Kurzzeichen für die Ausführungsart (siehe Tabelle 6).

BEISPIEL:

Stahl DIN 17441 — X5CrNi18-10 + 2B

oder

Stahl DIN 17441 — 1.4301 + 2B

6.2 Für die Normbezeichnung der Erzeugnisse gelten die Angaben der betreffenden Maßnorm.

6.3 Die Bestellung muß alle notwendigen Angaben zur eindeutigen Beschreibung der gewünschten Erzeugnisse und ihrer Beschaffenheit und Prüfung enthalten. Falls hierzu z. B. bei Vereinbarungen entsprechend den mit ● und ●● gekennzeichneten Abschnitten die Bezeichnungen nach den Abschnitten 6.1 und 6.2 nicht ausreichen, sind an diese die erforderlichen zusätzlichen Angaben anzufügen.

7 Anforderungen

7.1 Herstellverfahren

Das Erschmelzungsverfahren der Stähle für Erzeugnisse nach dieser Norm bleibt dem Herstellerwerk überlassen, sofern bei der Bestellung nicht ein Sonderschmelzungsverfahren vereinbart wurde.

●● Das Erschmelzungsverfahren ist auf Vereinbarung dem Besteller bekanntzugeben.

7.2 Lieferzustand

Die üblichen Behandlungszustände und Ausführungsarten gehen aus den Tabellen 3, 4 und 6 hervor (siehe auch Tabelle A.2).

7.3 Chemische Zusammensetzung

7.3.1 Schmelzenanalyse

Die chemische Zusammensetzung der Stähle nach der Schmelzenanalyse muß Tabelle 1 entsprechen. Geringe Abweichungen von diesen Werten sind im Einvernehmen mit dem Besteller oder dessen Beauftragten zulässig, wenn die mechanischen Eigenschaften, die Schweißeignung und das korrosionschemische Verhalten des Stahles den Anforderungen dieser Norm entsprechen.

7.3.2 Stückanalyse

Bei der Prüfung der chemischen Zusammensetzung am fertigen Erzeugnis sind gegenüber den Angaben in Tabelle 1 die Abweichungen nach Tabelle 2 zulässig.

7.4 Korrosionschemische Eigenschaften

Für die Beständigkeit des ferritischen Stahles gegen interkristalline Korrosion bei Prüfung nach DIN 50914 gelten die Angaben in der Tabelle 3. Alle austenitischen Stähle dieser Norm sind im Anlieferzustand wie im geschweißten Zustand bei der Prüfung nach DIN 50914 beständig gegen interkristalline Korrosion.

ANMERKUNG: Das Verhalten der nichtrostenden Stähle gegen Korrosion kann durch Versuche im Laboratorium nicht eindeutig gekennzeichnet werden. Es empfiehlt sich daher, auf vorliegende Betriebserfahrungen zurückzugreifen. Hinweise über

das Verhalten unter bestimmten Korrosionsbedingungen sind z. B. in den DECHEMA-Werkstofftabellen zu finden.

7.5 Mechanische Eigenschaften

7.5.1 Für die mechanischen Eigenschaften bei Raumtemperatur gelten für den ferritischen Stahl im geglühten Zustand die Angaben in Tabelle 3, für die austenitischen Stähle im lösungsgeglühten Zustand die Angaben in Tabelle 4. Mit dem Nachweis der Eigenschaften an Querproben gelten die Mindestwerte in Längsrichtung als erfüllt.

7.5.2 Für die 0,2 %- und 1 %-Dehngrenze bei erhöhten Temperaturen gilt Tabelle 5.

7.6 Oberflächenbeschaffenheit

Angaben zur Oberflächenbeschaffenheit finden sich in Tabelle 6.

7.7 Sprödbruchunempfindlichkeit und Kaltzähigkeit

Die in dieser Norm aufgeführten austenitischen Stähle sind sprödbruchunempfindlich und kaltzäh und können daher auch bei tiefen Temperaturen eingesetzt werden.

8 Prüfung

8.1 ●● Vereinbarung von Prüfungen und Bescheinigungen über Materialprüfungen

Bei der Bestellung kann für jede Lieferung die Ausstellung einer der Bescheinigungen über spezifische Prüfungen nach DIN EN 10204 vereinbart werden.

Falls entsprechend den Bestellvereinbarungen ein Abnahmeprüfzeugnis (EN 10204-3.1.A oder EN 10204-3.1.B oder EN 10204-3.1.C) oder Abnahmeprüfprotokoll (EN 10204-3.2) auszustellen ist, enthält dieses folgende Angaben:

a) die Ergebnisse der entsprechend den Abschnitten 8.2.2 bis 8.2.7 durchgeführten Prüfungen;

b) die Kennzeichnung nach Abschnitt 9.

Außerdem wird in einem Werkszeugnis die Schmelzenanalyse mitgeteilt; diese kann auch in dem jeweils höheren Nachweis enthalten sein.

Bei werksfremden Abnahmeprüfungen ist der Beauftragte vom Besteller zu benennen.

8.2 Prüfumfang

8.2.1 ●● Falls bei der Bestellung nichts anderes vereinbart wurde, gilt als Prüfeinheit das ungeteilte Band.

8.2.2 ●● Falls nichts anderes vereinbart wurde, sind folgende Prüfungen durchzuführen:

— Schmelzenanalyse

— Zugversuch bei Raumtemperatur an Bandanfang und Bandende.

Bei Lieferungen für überwachungsbedürftige Anlagen muß ein Nachweis der Gleichmäßigkeit der Werkstoffeigenschaften über die Bandlänge erbracht sein.

8.2.3 ●● Bei der Bestellung kann ein Nachweis der in Tabelle 5 angegebenen 0,2 %- und 1 %-Dehngrenzenwerte bei erhöhten Temperaturen vereinbart werden; dabei sind auch die Prüftemperatur und der Prüfumfang zu vereinbaren.

8.2.4 ●● Bei der Bestellung kann eine Prüfung der Beständigkeit gegen interkristalline Korrosion vereinbart werden; dabei ist auch der Prüfumfang zu vereinbaren.

8.2.5 An allen Erzeugnissen sind die Maße zu prüfen.

8.2.6 An allen Erzeugnissen ist die Oberflächenbeschaffenheit zu prüfen.

8.2.7 Alle Erzeugnisse sind vom Hersteller einer geeigneten Prüfung auf Werkstoffverwechslung zu unterziehen.

8.3 Probenahme und Probenvorbereitung

8.3.1 Für die Stückanalyse sind die Angaben im Stahl-Eisen-Prüfblatt 1805 zu beachten.

8.3.2 Für den Zugversuch sind bei Walzbreiten ≥ 300 mm die Proben quer zur Walzrichtung so zu entnehmen, daß die Probenmitte mindestens ¼ der Bandbreite von den Bandkanten entfernt zu liegen kommt. Bei Walzbreiten < 300 mm sind Längsproben zu prüfen, deren Achse mindestens ¼ der Bandbreite von den Bandkanten entfernt zu liegen kommt.

8.4 Durchführung der Prüfungen

8.4.1 Die chemische Zusammensetzung ist nach den vom Chemikerausschuß des Vereins Deutscher Eisenhüttenleute angegebenen Verfahren [2]) zu prüfen.

8.4.2 Der Zugversuch ist bei Nenndicken unter 3 mm nach DIN EN 10002-1 an Proben mit einer Meßlänge von 80 mm und einer Breite von 20 mm durchzuführen. Bei Banddicken ab 3 mm ist der Zugversuch nach DIN EN 10002-1 mit proportionalen Proben von der Meßlänge $L_o = 5,65 \sqrt{S_o}$ (S_o = Probenquerschnitt) durchzuführen.

8.4.3 Der Zugversuch bei erhöhten Temperaturen ist nach DIN EN 10002-5 durchzuführen.

8.4.4 Der Nachweis der Beständigkeit gegen interkristalline Korrosion ist nach DIN 50914 durchzuführen.

●● Über die Versuchseinzelheiten können gegebenenfalls Vereinbarungen getroffen werden.

8.4.5 Maße und Maßabweichungen sind nach den Festlegungen in DIN 59381 oder DIN 59382 zu prüfen.

8.4.6 Die Oberflächenbeschaffenheit ist durch eine Besichtigung mit normaler Sehschärfe bei geeigneter Beleuchtung zu prüfen.

8.5 Wiederholungsprüfungen

Für die Vorgehensweise bei Wiederholungsprüfungen gilt DIN EN 10021.

9 Kennzeichnung

9.1 Umfang der Kennzeichnung

9.1.1 ●● Wenn bei der Bestellung nichts anderes vereinbart wurde, werden die Erzeugnisse mit dem Zeichen des Herstellers, der Stahlsorte, der Schmelzennummer, dem Kurzzeichen für die Ausführungsart, der Dicke und der Bandnummer gekennzeichnet.

9.1.2 Zusätzlich sind die Erzeugnisse mit dem Zeichen des Prüfers zu kennzeichnen. Mit der Probennummer werden nur die Prüfstücke gekennzeichnet, aus denen die Proben entnommen werden, sofern die Prüflosnummer nicht anstelle der Probennummer verwendet wird.

9.2 Art der Kennzeichnung

Bänder und Bleche werden üblicherweise quer zur Walzrichtung mit Farbstempelung gekennzeichnet, jedoch ist auch Rollstempelung in Längsrichtung möglich.

●● Andere Arten der Kennzeichnung können bei der Bestellung vereinbart werden.

10 Beanstandungen

10.1 Nach geltendem Recht bestehen Mängelansprüche nur, wenn das Erzeugnis mit Fehlern behaftet ist, die seine Verarbeitung und Verwendung mehr als unerheblich beeinträchtigen. Dies gilt, sofern bei der Bestellung keine anderen Vereinbarungen getroffen wurden.

10.2 Es ist üblich und zweckdienlich, daß der Besteller dem Lieferer Gelegenheit gibt, sich von der Berechtigung der Beanstandung zu überzeugen, soweit möglich durch Vorlage des beanstandeten Erzeugnisses und von Belegstücken der gelieferten Erzeugnisse.

---

[2]) Handbuch für das Eisenhüttenlaboratorium,
Band 2: Die Untersuchung der metallischen Stoffe, Düsseldorf 1966;
Band 2a (Ergänzungsband) Düsseldorf 1982;
Band 5 (Ergänzungsband):
A 4.4 – Aufstellung empfohlener Schiedsverfahren,
B – Probenahmeverfahren,
C – Analysenverfahren, jeweils letzte Auflage; Verlag Stahleisen GmbH, Düsseldorf

Tabelle 1: Stahlsorten und ihre chemische Zusammensetzung nach der Schmelzenanalyse[1])

| Stahlsorte | | Chemische Zusammensetzung (Massenanteil in %) | | | | | | | | | |
Kurzname	Werkstoff-nummer	C max.	Si max.	Mn max.	P max.	S max.	N	Cr	Mo	Ni	Sonstige
Ferritischer Stahl											
X3CrTi17	**1.4510**	0,05	1,00	1,00	0,040	0,015[2])		16,00 bis 18,00			Ti: 4 × (C+N)+0,15 ≤ 0,80[3])
Austenitische Stähle											
X5CrNi18-10	**1.4301**	0,07	1,00	2,00	0,045	0,015[2])	≤ 0,11	17,00 bis 19,50		8,00 bis 10,50	
X2CrNi19-11	**1.4306**	0,030	1,00	2,00	0,045	0,015[2])	≤ 0,11	18,00 bis 20,00		10,00 bis 12,00	
X2CrNi18-10	**1.4311**	0,030	1,00	2,00	0,045	0,015[2])	0,12 bis 0,22	17,00 bis 19,50		8,50 bis 11,50	
X6CrNiTi18-10	**1.4541**	0,08	1,00	2,00	0,045	0,015[2])		17,00 bis 19,00		9,00 bis 12,00	Ti: 5 × C bis 0,70
X6CrNiNb18-10	**1.4550**	0,08	1,00	2,00	0,045	0,015		17,00 bis 19,00		9,00 bis 12,00	Nb: 10 × C bis 1,00
X5CrNiMo17-12-2	**1.4401**	0,07	1,00	2,00	0,045	0,015[2])	≤ 0,11	16,50 bis 18,50	2,00 bis 2,50	10,00 bis 13,00	
X2CrNiMo17-12-2	**1.4404**	0,030	1,00	2,00	0,045	0,015[2])	≤ 0,11	16,50 bis 18,50	2,00 bis 2,50	10,00 bis 13,00	
X2CrNiMoN17-11-2	**1.4406**	0,030	1,00	2,00	0,045	0,015[2])	0,12 bis 0,22	16,50 bis 18,50	2,00 bis 2,50	10,00 bis 12,00	
X6CrNiMoTi17-12-2	**1.4571**	0,08	1,00	2,00	0,045	0,015[2])		16,50 bis 18,50	2,00 bis 2,50	10,50 bis 13,50	Ti: 5 × C bis 0,70
X2CrNiMoN17-13-3	**1.4429**	0,030	1,00	2,00	0,045	0,015	0,12 bis 0,22	16,50 bis 18,50	2,50 bis 3,00	11,00 bis 14,00	
X2CrNiMo18-14-3	**1.4435**	0,030	1,00	2,00	0,045	0,015[2])	≤ 0,11	17,00 bis 19,00	2,50 bis 3,00	12,50 bis 15,00	
X3CrNiMo17-13-3	**1.4436**	0,05	1,00	2,00	0,045	0,015[2])	≤ 0,11	16,50 bis 18,50	2,50 bis 3,00	10,50 bis 13,00	
X2CrNiMo18-15-4	**1.4438**	0,030	1,00	2,00	0,045	0,015[2])	≤ 0,11	17,50 bis 19,50	3,00 bis 4,00	13,00 bis 16,00	
X2CrNiMoN17-13-5	**1.4439**	0,030	1,00	2,00	0,045	0,015	0,12 bis 0,22	16,50 bis 18,50	4,00 bis 5,00	12,50 bis 14,50	

[1]) In dieser Tabelle nicht aufgeführte Elemente dürfen dem Stahl, außer zum Fertigbehandeln der Schmelze, ohne Zustimmung des Bestellers nicht absichtlich zugesetzt werden. Es sind alle angemessenen Vorkehrungen zu treffen, um die Zufuhr solcher Elemente aus dem Schrott und anderen bei der Herstellung verwendeten Stoffen zu vermeiden, die die mechanischen Eigenschaften und die Verwendbarkeit des Stahls beeinträchtigen.

[2]) Für alle zu bearbeitenden Erzeugnisse wird ein geregelter Schwefelgehalt von 0,015 bis 0,030 % empfohlen und ist zulässig.

[3]) Die Stabilisierung kann durch die Verwendung von Titan und Niob oder Zirkon erfolgen. Entsprechend der Atomnummer dieser Elemente und dem Gehalt an Kohlenstoff und Stickstoff gilt folgendes Äquivalent:

$$\text{Ti} \cong \frac{7}{4} \text{Nb} \cong \frac{7}{4} \text{Zr.}$$

Tabelle 2: Grenzabweichungen der chemischen Zusammensetzung nach der Stückanalyse von den Grenzwerten nach der Schmelzenanalyse

Element	Grenzwerte für die Schmelzenanalyse nach Tabelle 1 Massenanteil in %	Grenzabweichung [1]) Massenanteil in %
Kohlenstoff C	$\leq$ 0,030 > 0,030 $\leq$ 0,08	+ 0,005 + 0,01
Silicium Si	$\leq$ 1,00	+ 0,05
Mangan Mn	$\leq$ 1,00 > 1,00 $\leq$ 2,00	+ 0,03 + 0,04
Phosphor P	$\leq$ 0,045	+ 0,005
Schwefel S	$\leq$ 0,030	+ 0,005
Stickstoff N	$\leq$ 0,22	$\pm$ 0,01
Chrom Cr	$\geq$ 16,00 $\leq$ 20,00	$\pm$ 0,20
Molybdän Mo	$\geq$ 2,00 $\leq$ 5,00	$\pm$ 0,10
Nickel Ni	$\geq$ 8,00 < 10,00 $\geq$ 10,00 $\leq$ 16,00	$\pm$ 0,10 $\pm$ 0,15
Niob Nb	$\leq$ 1,00	$\pm$ 0,05
Titan Ti	$\leq$ 0,80	$\pm$ 0,05

[1]) Werden bei einer Schmelze mehrere Stückanalysen durchgeführt und werden dabei für ein einzelnes Element Gehalte außerhalb des nach der Schmelzenanalyse zulässigen Bereiches der chemischen Zusammensetzung ermittelt, so sind entweder nur Überschreitungen des zulässigen Höchstwertes oder nur Unterschreitungen des zulässigen Mindestwertes gestattet, nicht jedoch bei einer Schmelze beides gleichzeitig.

Tabelle 3: Mechanische Eigenschaften bei Raumtemperatur der nichtrostenden ferritischen Kaltbänder im geglühten Zustand [1] sowie Beständigkeit gegen interkristalline Korrosion

Stahlsorte		Streckgrenze oder 0,2%-Dehngrenze N/mm^2 min.		Zugfestigkeit N/mm^2	Bruchdehnung A_{80mm} | A_5 % min.		Beständigkeit gegen interkristalline Korrosion bei Prüfung nach DIN 50914	
Kurzname	Werkstoffnummer	längs	quer	längs und quer	längs und quer		Lieferzustand	geschweißt
X3CrTi17	1.4510	230	240	420 bis 600	23	23	ja	ja

[1] Die Werte gelten auch nach Warm- oder Kaltumformung und anschließendem Glühen entsprechend den Angaben in Tabelle A.2.

Tabelle 4: Mechanische Eigenschaften bei Raumtemperatur der nichtrostenden austenitischen Kaltbänder im lösungsgeglühten Zustand

Stahlsorte		0,2%-Dehngrenze N/mm^2 min.		1%-Dehngrenze N/mm^2 min.		Zugfestigkeit N/mm^2	Bruchdehnung % min.			
Kurzname	Werkstoffnummer	längs	quer	längs	quer	längs und quer	A_{80mm} längs	A_{80mm} quer	A_5 längs	A_5 quer
X5CrNi18-10	1.4301	215	230	245	260	540 bis 750	40[1]	45[1]	43[1]	45[1]
X2CrNi19-11	1.4306	205	220	235	250	520 bis 670	40	45	43	45
X2CrNiN18-10	1.4311	275	290	305	320	550 bis 750	35	40	38	40
X6CrNiTi18-10	1.4541	205	220	235	250	520 bis 720	35	40	38	40
X6CrNiNb18-10	1.4550	205	220	235	250	520 bis 720	35	40	38	40
X5CrNiMo17-12-2	1.4401	225	240	255	270	530 bis 680	35	40	38	40
X2CrNiMo17-12-2	1.4404	225	240	255	270	530 bis 680	35	40	38	40
X2CrNiMoN17-11-2	1.4406	285	300	315	330	580 bis 780	35	40	38	40
X6CrNiMoTi17-12-2	1.4571	225	240	255	270	540 bis 690	35	40	38	40
X2CrNiMoN17-13-3	1.4429	285	300	315	330	580 bis 780	30	35	33	35
X2CrNiMo18-14-3	1.4435	225	240	255	270	550 bis 700	35	40	38	40
X3CrNiMo17-13-3	1.4436	225	240	255	270	550 bis 700	35	40	38	40
X2CrNiMo18-15-4	1.4438	225	240	255	270	550 bis 700	30	35	33	35
X2CrNiMoN17-13-5	1.4439	275	290	305	320	580 bis 780	30	35	33	35

[1] Bei streckgerichteten Erzeugnissen ist der Mindestwert 5% niedriger.

Tabelle 5: Mindestwerte der 0,2%- und 1%-Dehngrenze bei erhöhten Temperaturen

Stahlsorte Kurzname	Werkstoffnummer	Wärmebehandlungszustand [1]	0,2%-Dehngrenze N/mm² min. bei einer Temperatur in °C von 100	150	200	250	300	350	400	450	500	550	1%-Dehngrenze N/mm² min. 100	150	200	250	300	350	400	450	500	550	Grenztemperatur [2] °C
Ferritischer Stahl																							
X3CrTi17	1.4510	geglüht	195	190	185	175	165	155	–	–	–	–	–	–	–	–	–	–	–	–	–	–	–
Austenitische Stähle																							
X5CrNi18-10	1.4301	lösungsgeglüht	157	142	127	118	110	104	98	95	92	90	191	172	157	145	135	129	125	122	120	120	300
X2CrNi19-11	1.4306	lösungsgeglüht	147	132	118	108	100	94	89	85	81	80	181	162	147	137	127	121	116	112	109	108	350
X2CrNiN18-10	1.4311	lösungsgeglüht	205	175	157	145	136	130	125	121	119	118	240	210	187	175	167	161	156	152	149	147	400
X6CrNiTi18-10	1.4541	lösungsgeglüht	176	167	157	147	136	130	125	121	119	118	208	196	186	177	167	161	156	152	149	147	400
X6CrNiNb18-10	1.4550	lösungsgeglüht	177	167	157	147	136	130	125	121	119	118	211	196	186	177	167	161	156	152	149	147	400
X5CrNiMo17-12-2	1.4401	lösungsgeglüht	177	162	147	137	127	120	115	112	110	108	211	191	177	167	156	150	144	141	139	137	300
X2CrNiMo17-12-2	1.4404	lösungsgeglüht	166	152	137	127	118	113	108	103	100	98	199	181	167	157	145	139	135	130	128	127	400
X2CrNiMoN17-11-2	1.4406	lösungsgeglüht	211	185	167	155	145	140	135	131	128	127	246	218	198	183	175	169	164	160	158	157	400
X6CrNiMoTi17-12-2	1.4571	lösungsgeglüht	185	177	167	157	145	140	135	131	129	127	218	206	196	186	175	169	164	160	158	157	400
X2CrNiMoN17-13-3	1.4429	lösungsgeglüht	211	185	167	155	145	140	135	131	129	127	246	218	198	183	175	169	164	160	158	157	400
X2CrNiMo18-14-3	1.4435	lösungsgeglüht	165	150	137	127	119	113	108	103	100	98	200	180	165	153	145	139	135	130	128	127	400
X3CrNiMo17-13-3	1.4436	lösungsgeglüht	177	162	147	137	127	120	115	112	110	108	211	191	177	167	156	150	144	141	139	137	300
X2CrNiMo18-15-4	1.4438	lösungsgeglüht	172	157	147	137	127	120	115	112	110	108	206	188	177	167	156	148	144	140	138	136	350
X2CrNiMoN17-13-5	1.4439	lösungsgeglüht	225	200	185	175	165	155	150	–	–	–	255	230	210	200	190	180	175	–	–	–	400

[1] Siehe Tabelle A.2.
[2] Bei Einsatz bis zu den genannten Temperaturen und einer Betriebsdauer bis zu 100 000 h tritt keine interkristalline Korrosion bei Prüfung nach DIN 50914 auf.

Tabelle 6: Ausführungsart und Oberflächenbeschaffenheit für Band [1]

	Kurz-zeichen [2]	Ausführungsart	Oberflächen-beschaffenheit	Bemerkungen
Kalt-gewalzt	2C	Kaltgewalzt, wärmebehandelt, nicht entzundert	Glatt, mit Zunder von der Wärmebehandlung	Geeignet für Teile, die anschließend entzundert oder bearbeitet werden oder für gewisse hitzebeständige Anwendungen
	2E	Kaltgewalzt, wärmebehandelt, mechanisch entzundert	Rauh und stumpf	Üblicherweise angewendet für Stähle mit sehr beizbeständigem Zunder. Kann nachfolgend gebeizt werden.
	2D	Kaltgewalzt, wärmebehandelt, gebeizt	Glatt	Ausführung für gute Umformbarkeit, aber nicht so glatt wie 2B oder 2R.
	2B	Kaltgewalzt, wärmebehandelt, gebeizt, kalt nachgewalzt	Glatter als 2D	Häufigste Ausführung für die meisten Stahlsorten, um gute Korrosionsbeständigkeit, Glattheit und Ebenheit sicherzustellen. Auch übliche Ausführung für Weiterverarbeitung. Nachwalzen kann durch Streckrichten erfolgen.
	2R	Kaltgewalzt, blankgeglüht [3]	Glatt, blank, reflektierend	Glatter und blanker als 2B. Auch übliche Ausführung für Weiterverarbeitung.
Sonder-ausführungen	2G	Geschliffen [4]	Siehe Fußnote 5.	Schleifpulver oder Oberflächenrauheit kann festgelegt werden. Gleichgerichtete Textur, nicht sehr reflektierend.
	2J	Gebürstet [4] oder mattpoliert [4]	Glatter als geschliffen. Siehe Fußnote 5.	Bürstenart oder Polierband oder Oberflächenrauheit kann festgelegt werden. Gleichgerichtete Textur, nicht sehr reflektierend.
	2P	Blankpoliert [4]	Siehe Fußnote 5.	Mechanisches Polieren. Verfahren oder Oberflächenrauheit kann festgelegt werden. Ungerichtete Ausführung, reflektierend mit hohem Grad von Bildklarheit.

[1] Nicht alle Ausführungsarten und Oberflächenbeschaffenheiten sind für alle Stähle verfügbar.
[2] Erste Stelle: 2 = kaltgewalzt
[3] Es darf nachgewalzt werden.
[4] Nur eine Oberfläche, falls nicht bei der Bestellung ausdrücklich anders vereinbart.
[5] Innerhalb jeder Ausführungsbeschreibung können die Oberflächeneigenschaften variieren, und es kann erforderlich sein, genauere Anforderungen zwischen Hersteller und Verbraucher zu vereinbaren (z. B. Schleifpulver oder Oberflächenrauheit).

Anhang A

Ergänzende Angaben

A.1 Physikalische Eigenschaften

Anhaltsangaben über physikalische Eigenschaften sind in Tabelle A.1 zusammengestellt.

A.2 Anhaltsangaben für die Wärmebehandlung und Weiterverarbeitung

A.2.1 Wegen der Weiterverarbeitung der Stähle wird die Verständigung mit dem Hersteller empfohlen.

A.2.2 Anhaltsangaben für die Wärmebehandlung sind in Tabelle A.2 enthalten.

A.2.3 Für eine Kaltumformung (z. B. Tiefziehen, Streckziehen, Biegen, Drücken) sind die ferritischen und austenitischen Stähle besonders geeignet. Es ist zu beachten, daß durch eine Kaltumformung die korrosionschemischen, mechanischen und physikalischen Eigenschaften verändert werden.

A.2.4 Die Stähle können mit und ohne Schweißzusatz geschweißt werden. Bei ferritischen und austenitischen Stählen ist nach dem Schweißen im allgemeinen keine Nachbehandlung notwendig.

A.2.5 Weichlöten ist bei allen Stählen möglich. Austenitische Stähle müssen mit Sonderloten (Silberloten) mit niedrigem Schmelzpunkt gelötet werden.

A.2.6 Da die Korrosionsbeständigkeit der nichtrostenden Stähle nur bei metallisch sauberer Oberfläche gesichert ist, müssen Zunderschichten und Anlauffarben, die bei der Warmformgebung, Wärmebehandlung oder beim Schweißen entstanden sind, vor dem Gebrauch entfernt werden.

Tabelle A.1: Anhaltsangaben über physikalische Eigenschaften

Stahlsorte Kurzname	Werkstoff-nummer	Dichte kg/dm³	E-Modul 20°C	100°C	200°C	300°C	400°C	500°C	Wärmeausdehnung zwischen 20°C und 100°C	200°C	300°C	400°C	500°C	Wärmeleit-fähigkeit bei 20°C W/(m·K)	Spezifische Wärmekapazität bei 20°C J/(kg·K)	Elektrischer Widerstand bei 20°C Ω·mm²/m	Magnetisier-barkeit
Ferritischer Stahl																	
X3CrTi17	**1.4510**	7,7	220	218	212	205	197		10,0	10,0	10,5	10,5	11,0	25	460	0,60	vorhanden
Austenitische Stähle																	
X5CrNi18-10	1.4301	7,9	200	194	186	179	172	165	16,0	17,0	17,0	18,0	18,0	15	500	0,73	nicht vorhan-den [1]
X2CrNi19-11	1.4306																
X2CrNiN18-10	1.4311																
X6CrNiTi18-10	1.4541																
X6CrNiNb18-10	1.4550																
X5CrNiMo17-12-2	1.4401	7,98									17,5	17,5	18,5				
X2CrNiMo17-12-2	1.4404																
X2CrNiMoN17-11-2	1.4406																
X6CrNiMoTi17-12-2	1.4571	7,98									18,5	18,5	19,0				
X2CrNiMoN17-13-3	1.4429	7,98							16,5	17,5	17,5	18,5	18,5			0,75	
X2CrNiMo18-14-3	1.4435																
X3CrNiMo17-13-3	1.4436																
X2CrNiMo18-15-4	1.4438	8,00									18,0		19,0				
X2CrNiMoN17-13-5	1.4439	8,02									17,5		18,5	14		0,85	

[1] Austenitische Stähle können im abgeschreckten Zustand unter Umständen schwach magnetisierbar sein. Ihre Magnetisierbarkeit kann mit steigender Kaltumformung zunehmen.

173

Tabelle A.2: Anhaltsangaben zur Wärmebehandlung von kaltgewalzten Bändern

Stahlsorte		Rekristallisations- bzw. Lösungsglühung	
Kurzname	Werkstoff-nummer	Temperatur [1] °C	Abkühlungs-art
Ferritischer Stahl			
X3CrTi17	1.4510	750 bis 850	Luft, Wasser
Austenitische Stähle [3]			
X5CrNi18-10 X2CrNi19-11 X2CrNiN18-10	1.4301 1.4306 1.4311	1 000 bis 1 100	Wasser, Luft [2]
X6CrNiTi18-10 X6CrNiNb18-10 X5CrNiMo17-12-2 X2CrNiMo17-12-2 X2CrNiMoN17-11-2 X6CrNiMoTi17-12-2	1.4541 1.4550 1.4401 1.4404 1.4406 1.4571	1 020 bis 1 120	
X2CrNiMoN17-13-3	1.4429	1 050 bis 1 150	
X2CrNiMo18-14-3 X3CrMiMo17-13-3	1.4435 1.4436	1 020 bis 1 120	
X2CrNiMo18-15-4 X2CrNiMoN17-13-5	1.4438 1.4439	1 050 bis 1 150	

[1] Bei Bandglühung im Durchlauf dürfen die oberen Temperaturgrenzen überschritten werden.

[2] Abkühlung ausreichend schnell.

[3] Bei einer Wärmebehandlung im Rahmen der Weiterverarbeitung ist der untere Bereich der für das Lösungsglühen angegebenen Spanne anzustreben. Falls bei der Warmformgebung eine Temperatur von 850 °C nicht unterschritten wurde oder falls das Erzeugnis kalt geformt wurde, darf bei einer erneuten Lösungsglühung die Untergrenze der Lösungsglühtemperatur um 20 K unterschritten werden.

Anhang B (informativ)

Literaturhinweise

DIN 17224
  Federdraht und Federband aus nichtrostenden Stählen – Technische Lieferbedingungen

DIN 17440
  Nichtrostende Stähle – Technische Lieferbedingungen für Blech, Warmband und gewalzte Stäbe für Druckbehälter, gezogenen Draht und Schmiedestücke

DIN 17455
  Geschweißte kreisförmige Rohre aus nichtrostenden Stählen für allgemeine Anforderungen – Technische Lieferbedingungen

DIN 17456
  Nahtlose kreisförmige Rohre aus nichtrostenden Stählen für allgemeine Anforderungen – Technische Lieferbedingungen

DIN 17457
  Geschweißte kreisförmige Rohre aus austenitischen nichtrostenden Stählen für besondere Anforderungen – Technische Lieferbedingungen

DIN 17458
  Nahtlose kreisförmige Rohre aus austenitischen nichtrostenden Stählen für besondere Anforderungen – Technische Lieferbedingungen

E DIN EN 10028-7
  Flacherzeugnisse aus Druckbehälterstählen – Teil 7: Nichtrostende Stähle; Deutsche Fassung prEN 10028-7 : 1996

DIN EN 10088-2
  Nichtrostende Stähle – Teil 2: Technische Lieferbedingungen für Blech und Band für allgemeine Verwendung; Deutsche Fassung EN 10088-2 : 1995

DIN EN 10088-3
  Nichtrostende Stähle – Teil 3: Technische Lieferbedingungen für Halbzeug, Stäbe, Walzdraht und Profile für allgemeine Verwendung; Deutsche Fassung EN 10088-3 : 1995

AD-Merkblatt W 2 [3] Austenitische Stähle

AD-Merkblatt W 10 [3] Werkstoffe für tiefe Temperaturen; Eisenwerkstoffe

DECHEMA-Werkstofftabelle [4]

---

[3] Beuth Verlag GmbH, 10772 Berlin

[4] DECHEMA, Deutsche Gesellschaft für Chemisches Apparatewesen, Chemische Technik und Biotechnologie e. V., Theodor-Heuss-Allee 25, 60486 Frankfurt am Main

Anodisch oxidiertes Halbzeug aus Aluminium und Aluminium-Knetlegierungen mit Schichtdicken von mindestens 10 μm Technische Lieferbedingungen	**DIN** **17 611**

Anodized wrought products of aluminium and aluminium alloys with layer thicknesses of at least 10 μm; technical conditions of delivery

Produits corroyés anodisés en aluminium et en alliages d'aluminium avec des épaisseurs de couche de 10 μm au minimum; conditions technique de livraison

Ersatz für Ausgabe 12.81

1 Anwendungsbereich

Diese Technischen Lieferbedingungen gelten für anodisch oxidiertes Halbzeug aus Aluminium und Aluminium-Knetlegierungen sowie aus diesem Halbzeug hergestellte Teile, wie es bevorzugt für die Metallverarbeitung verwendet wird. Die Bedingungen dieser Norm gelten für Schichtdicken von mindestens 10 μm.

Halbzeugarten im Sinne dieser Norm sind:

- Präzisionsprofile nach DIN 17 615 Teil 1, Teil 2 *) und Teil 3
- Strangpreßprofile nach DIN 1748 Teil 1 bis Teil 4
- Bleche und Bänder nach DIN 1745 Teil 1 und Teil 2
- Stangen nach DIN 1747 Teil 1 und Teil 2
- Rohre nach DIN 1746 Teil 1 und Teil 2

Diese Norm gilt nicht:

- für Halbzeug und Teile mit Oxidschichten, die nach dem Hartanodisationsverfahren für technische Zwecke erzeugt werden, und
- für Halbzeug und Teile, wenn sie nach der anodischen Oxidation umgeformt werden.

2 Zweck der anodischen Oxidation

Durch die anodische Oxidation wird auf der Oberfläche von Aluminium eine Oxidschicht erzeugt, die eine erhöhte Beständigkeit bei Korrosionsbeanspruchung bewirkt. Außerdem kann bei geeigneten Legierungen das durch eine Vorbehandlung nach Tabelle 1 erzielte dekorative Aussehen dauerhaft bewahrt werden.

3 Lieferqualitäten

3.1 Eloxalqualität

Halbzeug, an das nach der anodischen Oxidation Ansprüche an ein dekoratives Aussehen gestellt werden, ist in Eloxalqualität (EQ) zu bestellen.

Geeignete Werkstoffe sind:

AlMg1, AlMg1,5, AlMg1,8, AlMg3 [1]) und AlMgSi0,5 nach DIN 1725 Teil 1.

Al99,8, Al99,7 und Al99,5 nach DIN 1712 Teil 3.

Für die Oberflächenbeschaffenheit des Halbzeuges in Eloxalqualität gelten die jeweiligen Technischen Lieferbedingungen, siehe die im Abschnitt 1 genannten Normen.

Bei der Bestellung des Halbzeuges ist die vorgesehene Oberflächenbehandlung E0 bis E6 nach Tabelle 1 anzugeben, z. B. Profil DIN 17 615 – AlMgSi0,5 F22 – E6 – Nr ...

3.2 Normalqualität

Halbzeug, das in Normalqualität hergestellt wird, kann ebenfalls anodisch oxidiert werden. Hierbei dürfen jedoch keine Ansprüche an ein dekoratives Aussehen gestellt werden, auch dann nicht, wenn eine der in Tabelle 1 genannten Vorbehandlungen durchgeführt worden ist.

4 Anodisiergerechtes Konstruieren

Zum Erzielen eines dekorativen Aussehens der Oberfläche ist ein anodisiergerechtes Konstruieren erforderlich, das z. B. notwendige Kontaktstellen, Überbreiten, Überlängen, Auslauföffnungen für Hohlkörper berücksichtigt, siehe die Konstruktionsrichtlinien für Präzisionsprofile nach DIN 17 615 Teil 2 *).

Kontaktstellen sind verfahrensbedingt und deshalb nicht zu vermeiden. Die Lage der Kontaktstellen ist unter Berücksichtigung der Sichtflächen zwischen Auftraggeber und ausführendem Betrieb zu vereinbaren. Die Größe und Anzahl der Kontaktstellen ist abhängig von der Oberfläche und der Querschnittsform des zu behandelnden Teile. Wenn Kontaktstellen an Sichtflächen nicht zu vermeiden sind, sind entsprechende Übermaße für Länge und/oder Breite der zu behandelnden Teile vor deren endgültigem Zuschnitt zu vereinbaren.

5 Anodische Oxidation

5.1 Werkstoffe

Dem die Oberflächenbehandlung ausführenden Betrieb ist der Werkstoff der angelieferten Teile anzugeben.

5.2 Vorbehandlung

Die mechanische und/oder chemische Vorbehandlung dient dazu, die Oberfläche der Teile für die anodische Oxidation vorzubereiten. Hierdurch können bestimmte Oberflächeneffekte erzielt werden. Die Art der jeweiligen Behandlung ist durch das entsprechende Kurzzeichen anzugeben, siehe Tabelle 1.

Es ist zu beachten, daß unter denselben Kurzzeichen durch technisch unvermeidbare Schwankungen sehr unterschiedliche Oberflächeneffekte ergeben können. Deshalb müssen zwischen dem Auftraggeber und der die Oberflächenbehandlung ausführenden Betrieb Vereinbarungen über das gewünschte Aussehen anhand von anodisierten Mustern für das Halbzeug bzw. für daraus hergestellte Teile, getrennt nach Walz- und Strangpreßerzeugnissen, getroffen werden.

*) Z. Z. Entwurf

[1]) AlMg3 kann nicht uneingeschränkt für die elektrolytische Einfärbung (2-Stufen-Verfahren) empfohlen werden.

Fortsetzung Seite 2 bis 4

Normenausschuß Nichteisenmetalle (FNNE) im DIN Deutsches Institut für Normung e.V.

Tabelle 1. **Kurzzeichen für die anodische Oxidation in Abhängigkeit von der Vorbehandlung**

Das einzelne Kurzzeichen soll es ermöglichen, bei der Bestellung die Art der Vorbehandlung kurz und allgemein anzugeben. Einzelheiten über den zu erzielenden Oberflächeneffekt sind durch die Angabe eines Kurzzeichens nicht festgelegt.

| Kurz-zeichen [1]) | Art der Behandlung | | Hinweise und Erläuterungen [2]) |
	Vorbehandlung	Haupt- und Nachbehandlung	
E0 (P0)	ohne wesentliche oberflächen-abtragende Vor-behandlung	anodisiert und verdichtet	Die anodische Oxidation wird nach Entfetten und Beizen (Beseitigung der vorhandenen Oxidschicht) ohne weitere Vorbehandlung durchgeführt. Die durch die Herstellung und/oder die Bearbeitung bedingte Oberflächenbeschaffenheit bleibt erhalten. Riefen, Kratzer, Scheuerstellen, Feilstriche und dergleichen bleiben sichtbar. Korrosionserscheinungen, die vor dem Beizen nicht oder nur schwer erkennbar sind, können durch diese Behandlung sichtbar werden.
E1 (P1)	geschliffen	anodisiert und verdichtet	Durch Schleifen wird eine relativ gleichmäßige, etwas stumpf aussehende Oberfläche erzielt. Etwaige Oberflächenfehler werden weitgehend beseitigt (kein Planschliff). Je nach Schleifkorn sind grobe bis feine Schleifriefen sichtbar.
E2 (P2)	gebürstet	anodisiert und verdichtet	Durch Bürsten entsteht eine gleichmäßige, helle Oberfläche (im Unterschied zu E1). Die Bürstenstriche sind sichtbar. Riefen, Kratzer, Scheuerstellen und Feilstriche werden nur zum Teil entfernt.
E3 (P3)	poliert	anodisiert und verdichtet	Durch Polieren entsteht eine glänzende Oberfläche. Riefen, Kratzer, Scheuerstellen, Feilstriche und sonstige Oberflächenfehler werden nur bedingt beseitigt; Stegabzeichnungen an Profilen können durch diese Behandlung deutlich sichtbar werden.
E4 (P4)	geschliffen und gebürstet	anodisiert und verdichtet	Durch Schleifen und Bürsten wird eine gleichmäßige, helle Oberfläche erzielt. Riefen, Kratzer, Scheuerstellen, Feilstriche und sonstige Oberflächenfehler – vor allem verdeckte Korrosionserscheinungen, die bei den Behandlungen nach E0 oder E6 sichtbar werden können, werden beseitigt (kein Planschliff).
E5 (P5)	geschliffen und poliert	anodisiert und verdichtet	Durch Schleifen und Polieren wird ein glattes, glänzendes Aussehen der Oberfläche erzielt. Riefen, Kratzer, Scheuerstellen, Feilstriche und sonstige Oberflächenfehler – vor allem verdeckte Korrosionserscheinungen, die bei E0 oder E6 sichtbar werden können, werden beseitigt (kein Planschliff).
E6 (P6)	chemisch behandelt in Spezialbeizen	anodisiert und verdichtet	Nach dem Entfetten wird durch Behandlung in speziellen Beizlösungen eine satinierte oder mattierte Oberfläche erzielt. Hierbei können die durch Herstellung und/oder Bearbeitung bedingten zulässigen leichten Riefen und Aufrauhungen nicht völlig beseitigt, sondern höchstens weitgehend ausgeglichen werden.
			Etwaige, das dekorative Aussehen beeinträchtigende Korrosionserscheinungen, die vor dem Beizen nicht oder nur schwer erkennbar sind, können durch diese Behandlung sichtbar werden. Diese Korrosionserscheinungen können jedoch durch eine zusätzliche mechanische Vorbehandlung beseitigt werden. [3])

[1]) Die in Klammern angegebenen Kurzzeichen (P0) bis (P6) sind ein Vorschlag in ISO/TC 79/SC 2 "Anodisch oxidiertes Aluminium" zur Kennzeichnung der Vorbehandlung (P = Pretreatment).

[2]) Gefügeunregelmäßigkeiten, z. B. streifenförmige Grobkornbildung, Stegabzeichnungen, die bei der Herstellung von stranggepreßtem Halbzeug nicht immer zu vermeiden sind, sowie Strangpreßnähte können insbesondere durch die E6-Behandlung hervorgehoben werden.

[3]) Deshalb sind für Halbzeug, das für eine E6-Behandlung vorgesehen ist, besondere Maßnahmen zum Korrosionsschutz erforderlich, siehe auch Erläuterungen.

5.3 Verfahren der anodischen Oxidation   (siehe Erläuterungen)

Das jeweilige Verfahren der anodischen Oxidation und der möglichen Farbgebung ist zwischen Auftraggeber und ausführendem Betrieb zu vereinbaren, jedoch bleiben die Einzelheiten des Verfahrens dem ausführenden Betrieb überlassen.

5.4 Verdichten

Anodisch erzeugte Oxidschichten müssen grundsätzlich verdichtet werden. Das Verdichten soll vorzugsweise in entsalztem, siedendem Wasser von 96 bis 100 °C oder in Dampf vorgenommen werden.

Die das dekorative Aussehen beeinträchtigenden Verdichtungsbeläge auf den Sichtflächen sollen entweder verhindert oder nachträglich beseitigt werden.

6 Anforderungen

6.1 Dicke der Oxidschicht

Anodisierte Oberflächen müssen je nach Lage und Beanspruchung die in Tabelle 2 aufgeführten Mindestschichtdicken aufweisen.

Tabelle 2. **Mindestdicke der Oxidschicht**

Klasse	Lage der Beanspruchung	Mindestschichtdicke [1) μm
10	Innen, trocken	10
20	Innen, feucht Außen	20 [2)

[1) Es ist zu beachten, daß die Schichtdicke in Nuten aufgrund der Profilgeometrie und der Streufähigkeit des Anodisierbades geringer sein kann.

[2) Bei Farbanodisation können aufgrund der Farbabhängigkeit Schichtdicken von 20 bis 40 μm erforderlich sein.

Bei Gleichstrom-Schwefelsäure- (GS) und Gleichstrom-Schwefelsäure-Oxalsäure (GSX-) Anodisation können in besonderen Fällen, z. B. bei aggressiver Atmosphäre, Mindestschichtdicken von 25 μm vereinbart werden, jedoch sollen Schichtdicken von 30 μm nicht wesentlich überschritten werden.

6.2 Qualität der Oxidschicht

Die anodische Oxidation und das Verdichten müssen so durchgeführt werden, daß die Schicht die Bedingungen der Prüfverfahren nach Abschnitt 7 erfüllt.

6.3 Oberflächenaussehen

Über das dekorative Aussehen, den Glanz, die Farbe sowie die Farbtiefe anodisch oxidierten Halbzeugs sind jeweils zwischen den Vertragspartnern genaue Abmachungen zu treffen, am besten anhand von nach Halbzeugarten getrennten Grenzmustern. Leichte Farbtonunterschiede, die auf material- und verfahrensbedingte zulässige Streuungen zurückzuführen sind, lassen sich nicht vermeiden.

Zur Beurteilung des dekorativen Aussehens sind folgende Betrachtungsabstände – senkrecht zur Oberfläche – bei diffusem Tageslicht einzuhalten:
- für die Farbe im Vergleich mit den Grenzmustern: höchstens 1 m,
- für alle anderen Kriterien
bei Außenteilen im Erdgeschoß: 3 m,
bei Außenteilen in Obergeschossen: 5 m,
bei Innenteilen: 2 m

Falls das dekorative Aussehen an anodisch oxidierten Teilen im eingebauten Zustand beurteilt werden soll, ist vorher eine Reinigung dieser Teile durchzuführen.

7 Prüfverfahren

7.1 Messen der Schichtdicke

Für den Prüfumfang gilt Tabelle 3, siehe Abschnitt 8.2.

Die Schichtdicke wird nach einem der beiden nachstehenden Prüfverfahren gemessen.

7.1.1 Messen der Schichtdicke mit Wirbelstromgeräten nach DIN 50 984

Dieses zerstörungsfreie Verfahren eignet sich besonders zum Messen der Schichtdicke an ebenen Flächen.

Die Dicke der Oxidschicht auf der Sichtfläche wird an mindestens 5 Meßstellen von je 0,5 cm^2 Fläche mit je 3 bis 5 Einzelmessungen bestimmt. Der Mittelwert der Einzelmessungen wird in den Prüfbericht eingetragen.

Meßunsicherheit: $\pm$ 2 μm

7.1.2 Messen der Schichtdicke am Schliff mit dem Mikroskop nach DIN 50 950

Dieses Verfahren bedingt die Zerstörung des zu prüfenden Werkstückes.

---

*) Z. Z. Entwurf

Die Dicke der Oxidschicht auf der Sichtfläche wird an zwei Stellen, die möglichst mehr als 800 mm voneinander entfernt liegen, gemessen.

Meßunsicherheit: $\pm$ 0,8 μm.

7.2 Prüfung der Beständigkeit

7.2.1 Messen des Scheinleitwertes nach DIN 50 949

Der auf eine Schichtdicke von 20 μm bezogene Scheinleitwert Y_{20} darf bei ungefärbten Oxidschichten nicht mehr als 20 μS betragen. Die Prüfung ist innerhalb von 48 Stunden nach dem Verdichten durchzuführen. Bei farbigen und gefärbten Oxidschichten können unter Umständen andere Grenzwerte die ausreichende Beständigkeit kennzeichnen.

7.2.2 Farbtropfentest nach DIN 50 946 *)

Der Reflexionswert der geprüften Stelle darf nicht weniger als 85 % bezogen auf den Reflexionswert derselben Probe vor der Prüfung betragen. Die Prüfung ist nur bei ungefärbten Oxidschichten anwendbar. Beim Verdichten in Bädern mit Schwermetallsalzen oder mit organischen Zusätzen ergibt diese Prüfung keine sichere Beurteilung.

7.2.3 Bestimmung des Gewichtsverlustes

Der Gewichtsverlust wird mit dem Chromphosphorsäure-Verfahren nach DIN 50 899 bestimmt und darf nicht mehr als 30 mg/dm^2 betragen.

8 Loseinteilung und Prüfumfang

8.1 Loseinteilung

Als Prüflos gilt diejenige Menge von anodisch oxidierten Teilen, die gleichzeitig zur Abnahme vorgelegt werden, ohne Rücksicht auf Zusammensetzung, Lieferzustand, Querschnitt und Länge. Nach verschiedenen Anodisierverfahren behandelte Teile sollen jedoch nicht in einem Prüflos zusammengefaßt werden.

8.2 Prüfumfang

Der Prüfumfang für die Schichtdickenmessung (siehe Abschnitt 7.1) ist in Tabelle 3 festgelegt.

Tabelle 3. **Anzahl der Proben für die Schichtdickenmessung**

Prüflos Anzahl der Teile	Anzahl der zu prüfenden Teile	Zulässige Anzahl nicht entsprechender Proben *)
1 bis 10	alle	0
11 bis 200	10	1
201 bis 300	15	1
301 bis 500	20	2
501 bis 800	30	3

*) Anzahl der Proben mit Schichtdicken zwischen 80 % und 100 % der Mindestschichtdicke nach Tabelle 2, wobei keine Probe eine geringere Schichtdicke als 80 % des Sollwertes aufweisen darf.

Für andere Prüfverfahren (siehe Abschnitt 7.2) ist der Prüfumfang bei Bestellung zu vereinbaren.

9 Maßnahmen für Transport, Lagerung und Montage

Transport und Lagerung von anodisiertem Halbzeug und anodisierten Teilen müssen zum Vermeiden von Beschädigungen sachgemäß durchgeführt werden. Zusätzliche Maßnahmen, die dem Schutz des Halbzeuges bzw. der Teile während des Transportes, der Lagerung und bei der Montage dienen, müssen vereinbart werden.

Zitierte Normen

DIN	1712 Teil 3	Aluminium, Halbzeug
DIN	1725 Teil 1	Aluminiumlegierungen; Knetlegierungen
DIN	1745 Teil 1	Bänder und Bleche aus Aluminium und Aluminium-Knetlegierungen mit Dicken über 0,35 mm; Eigenschaften
DIN	1745 Teil 2	Bänder und Bleche aus Aluminium und Aluminium-Knetlegierungen mit Dicken über 0,35 mm; Technische Lieferbedingungen
DIN	1746 Teil 1	Rohre aus Aluminium und Aluminium-Knetlegierungen; Festigkeitseigenschaften
DIN	1746 Teil 2	Rohre aus Aluminium und Aluminium-Knetlegierungen; Technische Lieferbedingungen
DIN	1747 Teil 1	Stangen aus Aluminium und Aluminium-Knetlegierungen; Eigenschaften
DIN	1747 Teil 2	Stangen aus Aluminium und Aluminium-Knetlegierungen; Technische Lieferbedingungen
DIN	1748 Teil 1	Strangpreßprofile aus Aluminium und Aluminium-Knetlegierungen; Eigenschaften
DIN	1748 Teil 2	Strangpreßprofile aus Aluminium und Aluminium-Knetlegierungen; Technische Lieferbedingungen
DIN	1748 Teil 3	Strangpreßprofile aus Aluminium (Reinstaluminium, Reinaluminium und Aluminium-Knetlegierungen); Gestaltung
DIN	1748 Teil 4	Strangpreßprofile aus Aluminium und Aluminium-Knetlegierungen; Zulässige Abweichungen
DIN 17 615 Teil 1		Präzisionsprofile aus AlMgSi0,5; Technische Lieferbedingungen
DIN 17 615 Teil 2	(z. Z. Entwurf)	Präzisionsprofile aus AlMgSi0,5; Konstruktionsgrundlagen
DIN 17 615 Teil 3		Präzisionsprofile aus AlMgSi0,5; Zulässige Abweichungen
DIN 50 899		Prüfung der Qualität von verdichteten anodisch erzeugten Oxidschichten auf Aluminium und Aluminiumlegierungen; Bestimmung des Massenverlustes in Chromphosphorsäure-Lösung
DIN 50 946		(z. Z. Entwurf) Prüfung von anorganischen nichtmetallischen Überzügen auf Reinaluminium und Aluminiumlegierungen; Abschätzen der Anfärbbarkeit von anodisch erzeugten Oxidschichten durch den Farbtropfentest mit vorheriger Säurebehandlung
DIN 50 949		Prüfung von anorganischen nichtmetallischen Überzügen auf Reinaluminium und Aluminiumlegierungen; Zerstörungsfreie Prüfung von anodisch erzeugten Oxidschichten durch Messung des Scheinleitwertes
DIN 50 950		Messung von Schichtdicken; Mikroskopische Messung der Schichtdicke, Querschliff-Verfahren
DIN 50 984		Messung von Schichtdicken; Wirbelstromverfahren zur Messung der Dicke von elektrisch nichtleitenden Schichten auf nichtferromagnetischem Grundmetall

Frühere Ausgaben

DIN 17 612: 06.69; DIN 17 611: 05.64, 06.69, 12.81

Änderungen

Gegenüber der Ausgabe Dezember 1981 wurden folgende Änderungen vorgenommen:

a) Der Vornormcharakter wurde aufgehoben.

b) Der Anfärbeversuch nach ISO 2143 wurde durch den Farbtropfentest nach DIN 50 946, in den die ISO 2143 eingearbeitet wurde, ersetzt. Siehe Entwurf DIN 50 946, Ausgabe Mai 1984.

c) Im Abschnitt 7.2.3 wurden
   – die Fußnote 4 für den erhöhten Grenzwert des Gewichtsverlustes gestrichen und
   – der Hinweis auf ISO 3210 durch DIN 50 899 ersetzt, in die die ISO 3210 übernommen wurde.

d) Die Normzitate und die Erläuterungen wurden redaktionell überarbeitet.

Erläuterungen

Verfahren der anodischen Oxidation

In Tabelle 1 sind zusätzlich zu den Kurzzeichen E0 bis E6 auch Kurzzeichen P0 bis P6 angegeben, die auf Überlegungen auf internationaler Ebene zurückgehen und dem Anwender der Norm zur Kenntnis gebracht werden sollen.

Die Frage der „Vorkorrosion" war Gegenstand eingehender Diskussionen, die in bezug auf die Behandlungen E0 und E6 wie folgt beendet wurden:

E0: Es bleibt bei der bisherigen Textformulierung, daß Korrosionserscheinungen durch diese Behandlung sichtbar werden können, d. h. die Behandlung E0 erzeugt nicht unbedingt ein dekoratives Aussehen.

E6: Wenn Korrosionserscheinungen sichtbar werden, können diese jedoch durch eine zusätzliche mechanische Vorbehandlung beseitigt werden. In Tabelle 1 wird in einer Fußnote darauf hingewiesen, daß zum Vermeiden von Korrosionsschäden für Halbzeug, das für E6-Behandlung vorgesehen ist, erhöhte Aufwendungen zum Korrosionsschutz erforderlich sind. Diese besonderen Maßnahmen zum Korrosionsschutz bei E6-Behandlung, die das Halbzeug von der Herstellung über die anodische Oxidation bis zum Zusammenbau begleiten sollen, sind am anodisierten Fertigteil nicht mehr zu erkennen.

Es wird ausdrücklich darauf aufmerksam gemacht, daß an anodisch oxidiertes Halbzeug in Normalqualität auch dann keine Ansprüche an das dekorative Aussehen gestellt werden können, wenn eine Vorbehandlung entsprechend Tabelle 1 durchgeführt worden ist.

Einige Festlegungen und Beschreibungen der Verfahren der anodischen Oxidation sind im Merkblatt O4 der Aluminium-Zentrale e.V. in Düsseldorf, enthalten.

Internationale Patentklassifikation

C 25 D 11/04

	Bleilegierungen Legierungen für allgemeine Verwendung	 **DIN** **17 640** Teil 1

Lead alloys for general purposes   Ersatz für
Alliages de plomb pour usages generaux   DIN 17 641/10.62

1 Anwendungsbereich

Diese Norm gilt für die Zusammensetzung von Bleilegierungen in Barren und Blöcken, die als Vormaterial zur Herstellung von Halbzeug und Gußstücken für allgemeine Verwendung, z. B. im chemischen Apparatebau, im Bauwesen, dienen, siehe Tabelle.

Diese Norm gilt nicht für die Zusammensetzung von Legierungen, die zur Herstellung von Loten, Lagermetallen, für das graphische Gewerbe und für Druckgußteile Verwendung finden.

DIN 17 640 Teil 2 gilt für Legierungen für Kabelmäntel und DIN 17 640 Teil 3 für Legierungen für Akkumulatoren.

2 Bezeichnung

Bei der Bezeichnung und Bestellung von Bleilegierungen sind die Werkstoff-Kurzzeichen und Werkstoff-Nummern nach der Tabelle dieser Norm zu verwenden.

2.1 Normbezeichnung

Bezeichnung einer Bleilegierung mit dem Werkstoff-Kurzzeichen PbSb1As und der Werkstoff-Nummer 2.3201:

> ### Bleilegierung DIN 17 640 – PbSb1As
> oder ### Bleilegierung DIN 17 640 – 2.3201

2.2 Bestellbezeichnung

500 kg Bleilegierung in Barren mit dem Werkstoff-Kurzzeichen PbSb1As und der Werkstoff-Nummer 2.3201:

> **500 kg Bleilegierung DIN 17 640 – PbSb1As in Barren**
> oder **500 kg Bleilegierung DIN 17 640 – 2.3201 in Barren**

3 Zusammensetzung (siehe Tabelle)

4 Prüfung der Zusammensetzung

Die Probenahme und das Analysenverfahren bleiben dem Hersteller überlassen. In Zweifelsfällen ist die Analyse nach den neuesten Verfahren durchzuführen, die in „Analyse der Metalle" des Chemikerausschusses der Gesellschaft Deutscher Metallhütten- und Bergleute e.V. angegeben sind, und zwar entweder in Band I „Schiedsanalysen" oder im „Ergänzungsband zu den Bänden I Schiedsanalysen * II Betriebsanalysen", für die Probenahme gilt Band III „Probenahme".

Zum Vergleich mit den Grenzwerten dieser Norm ist jedes Meßergebnis entsprechend der Rundungsregel nach DIN 1333 Teil 2 auf dieselbe Genauigkeit wie die des Grenzwertes zu runden.

5 Lieferformen

Barren oder Blöcke

Diese sollen frei von Oxideinschlüssen sein. Lunker und Oberflächenrisse sind zulässig.

Fortsetzung Seite 2 und 3

Normenausschuß Nichteisenmetalle (FNNE) im DIN Deutsches Institut für Normung e.V.

Tabelle. **Bleilegierungen für allgemeine Verwendung**
Die in der Tabelle angegebenen Hinweise für die Verwendung erheben keinen Anspruch auf Allgemeingültigkeit und Vollständigkeit.

Benennung	Werkstoff Kurzzeichen	Nummer	Legierungsbestandteile Massenanteile in %[3]				Zulässige Beimengungen Massenanteile in %	davon							Hinweise für die Verwendung
			As	Cu	Sb	Pb	Ins-gesamt	Ag	As	Bi	Fe	Sb	Sn[2]	Zn	
Kupfer-feinblei	**Pb99,985Cu**	2.3021	–	0,04 bis 0,05	–	Rest	0,015	0,005	0,001	0,01	0,001	0,001	0,005	0,001	Korrosionsbeständiger Werkstoff für den chemischen Apparatebau
Kupfer-hüttenblei	**Pb99,94Cu**	2.3035	–	0,04 bis 0,05	–	Rest	0,06	0,005	0,001	0,05	0,001	0,001	0,005	0,001	Halbzeug für das Bauwesen
Blei-Antimon-Legierungen (Rohrblei)	**PbSb0,25 Pb(Sb)**	2.3202	–	–	0,2 bis 0,3	Rest	nicht festgelegt								Bleirohre, Geruchverschlüsse nach DIN 1260
	PbSb1As (R-Pb)	2.3201	0,02 bis 0,05	–	0,75 bis 1,25	Rest									Hartblei-Rohre für Druckleitungen (Nicht-Trinkwasser) nach DIN 1262
	PbSb1	2.3209	[1]	–	0,7 bis 1,3	Rest									Formguß für Strahlenschutz, Chemische Industrie, Halbzeug PbSb1 und PbSb4 sind nicht immer gut schweiß- und gießbar
	PbSb4	2.3207	[1]	–	3,5 bis 4,5	Rest									
	PbSb6	2.3206	[1]	–	5,5 bis 6,5	Rest									
Blei-Antimon-Legierung (Hartblei)	**PbSb8**	2.3208	[1]	–	7,5 bis 8,5	Rest									
	PbSb12	2.3212	–	–	10 bis 14	Rest									Basislegierungen zur Herstellung von Legierungen
	PbSb18	2.3210	–	–	15 bis 21	Rest									

[1] Die Aushärtung von PbSb-Legierungen kann durch Arsen verbessert werden; folgende Massenanteile werden empfohlen:
 – für Knetlegierungen: 0,04 bis 0,06 % As
 – für Gußlegierungen: 0,08 bis 0,15 % As
[2] Nach besonderer Vereinbarung ist ein Massenanteil von max. 0,05 % Zinn zulässig.
[3] Falls keine Grenzwerte angegeben werden, sind Querstriche in die Felder eingetragen.

181

Zitierte Normen und andere Unterlagen

DIN 1260   Geruchverschlüsse aus Blei

DIN 1262   Druckrohre aus Blei, für Nichttrinkwasser-Leitungen

DIN 1333 Teil 2   Zahlenangaben; Runden

DIN 17 640 Teil 2 Bleilegierungen; Legierungen für Kabelmäntel

DIN 17 640 Teil 3 Bleilegierungen; Legierungen für Akkumulatoren

Analyse der Metalle[1])

                  Band I   Schiedsanalysen

                  Band III Probenahme

                  Ergänzungsband zu den Bänden I Schiedsanalysen * II Betriebsanalysen

Weitere Normen

DIN 1707   Weichlote; Zusammensetzung, Verwendung, Technische Lieferbedingungen

DIN 1719   Blei; Zusammensetzung

DIN 1741   Blei-Druckgußlegierungen; Druckgußstücke

DIN 28 058   Homogene Verbleiung von Behältern, Apparaten und Rohrleitungen; Herstellung, Prüfung

DIN 59 610   Bleche aus Blei; Maße

DIN ISO 4381   Gleitlager; Blei- und Zinn-Gußlegierungen für Verbundgleitlager

Frühere Ausgaben

DIN 1728: 05.44xxx; DIN 17 641: 10.62

Änderungen

Gegenüber DIN 17 641/10.62 wurden folgende Änderungen vorgenommen:

a) Alle Bleilegierungen wurden unter DIN 17 640 zusammengefaßt; in Teil 1 die Blei-Antimon-Legierungen (Hartblei) als Legierungen für allgemeine Verwendung, z. B. für den chemischen Apparatebau.

b) Die Legierung Pb99,985Cu wurde aus DIN 1719 übernommen.

c) Folgende Legierungen wurden aufgenommen: Pb99,94Cu, PbSb1, PbSb4, PbSb6 und PbSb18.

d) Folgende Werkstoff-Kurzzeichen wurden geändert: R-Pb in PbSb1As und Pb(Sb) in PbSb0,25.

e) Schrotblei PbSbAs (2.3203) wurde gestrichen.

f) Der Inhalt wurde redaktionell überarbeitet.

Internationale Patentklassifikation

B 22 D 11/00

C 22 B 13/00

---

[1]) Zu beziehen durch:

    Springer-Verlag, Berlin – Heidelberg – New York

Regenfalleitungen außerhalb von Gebäuden und Dachrinnen

Begriffe, Bemessungsgrundlagen

DIN
18 460

External rainwater pipes and roof gutters; Terms and definitions, principles for dimensioning
Tuyaux extérieurs pour descentes d'eaux pluviales et gouttieres; Terms et définitions, bases de calcul

Ersatz für Ausgabe 09.78

Maße in mm

1 Anwendungsbereich

Diese Norm behandelt Begriffe und wesentliche Bemessungsgrundlagen für Dachrinnen und Regenfalleitungen außerhalb von Gebäuden, die der Ableitung des Niederschlagswassers (Regenwasser) von Dächern, Balkonen und Logien dienen.

2 Begriffe

2.1 Regenfalleitung

Außenliegende (frei bzw. verkleidet angeordnete) Leitungen zum Ableiten des Niederschlagswassers von Dachflächen, Balkonen und Loggien.

2.1.1 Regenfallrohr

Teil einer Regenfalleitung

2.1.2 Regenfallrohrmuffe

Loses oder angeformtes Teil zur Verbindung zweier Regenfallrohre.

2.1.3 Schrägrohr

Konisches Verbindungsrohr zwischen Rinnenstutzen und Regenfalleitung.

2.1.4 Standrohr

Teil einer Regenfalleitung am Anschluß an die Grund- bzw. Sammelleitung in einem Bereich, in dem mit mechanischen Beschädigungen gerechnet werden muß.

2.1.5 Rohrbogen

Rohrteil zur Richtungsänderung innerhalb einer Regenfalleitung.

2.1.6 Fallrohrabzweig

Formteil zum Verbinden von zwei unabhängigen Regenfalleitungen.

2.1.7 Regenwasserklappe

Vorrichtung zur Entnahme von Niederschlagswasser.

2.1.8 Rohrwulst (Nase)

An der Regenfalleitung befestigtes Auflager über der Rohrschelle.

2.1.9 Rohrschelle

Halter zur Befestigung der Regenfalleitung.

2.2 Dachrinne

Dachrinne ist ein offenes Profil, in der Regel mit vorderer und hinterer Versteifung in Form von Wulst und Wasserfalz, zum Sammeln und Ableiten von Niederschlagswasser.

2.2.1 Rinnenverbinder

Teil zum Verbinden zweier Dachrinnen.

2.2.2 Rinnenablauf

Rinnenstutzen als Übergangsstück zwischen Dachrinne und Regenfalleitung.

2.2.3 Rinnenwinkel

Rinnenstück zur Richtungsänderung einer Dachrinne.

2.2.4 Rinnenendstück

Abschlußteil an den Dachrinnenenden.

2.2.5 Rinnenhalter

Halter zur Befestigung der Dachrinne.

2.3 Bemessung

2.3.1 Regenspende (r)

Regensumme in der Zeiteinheit, bezogen auf die Fläche in $l/(s \cdot ha)$.

2.3.2 Regenwasserabfluß (Q_r)

Regenwassermenge, die sich aus Regenspende, Abflußbeiwert und Niederschlagsfläche ergibt.

2.3.3 Regenwasserabflußspende (q_r)

Regenwasserabfluß bezogen auf die Fläche in $l/(s \cdot ha)$.

2.3.4 Abflußbeiwert (ψ)

Verhältnis der Regenwasserabflußspende zur Regenspende.

3 Bemessungsgrundlagen

Die Bemessung der Regenfalleitungen und damit die Zuordnung der Dachrinnengröße ist abhängig von der Regenspende, der Dachgrundfläche (Grundrißfläche) und dem Abflußbeiwert (Neigung, Oberflächenbeschaffenheit). Es gelten für die Bemessung der Regenfalleitungen und der zugeordneten Dachrinnen die aus den lichten Maßen der wasserführenden Profile errechneten Querschnittsflächen. Bei Regenfalleitungen mit rechteckigem Querschnitt muß die kleinste Seite mindestens den Wert des Durchmessers (Nenngröße) der entsprechenden Regenfalleitungen mit kreisförmigem Querschnitt haben.

Wegen der erhöhten Verschmutzungsgefahr von Dachrinnen werden Regenfalleitungen, um Eindringen von Niederschlagswasser aus der Dachrinne in das Gebäude zu vermeiden, für eine Regenspende von mindestens 300 l (s · ha) bemessen (siehe Tabellen 1 bis 3).

Fortsetzung Seite 2 und 3

Normenausschuß Bauwesen (NABau) im DIN Deutsches Institut für Normung e.V.
Normenausschuß Wasserwesen (NAW) im DIN

4   Bemessung der Regenfalleitung

Tabelle 1.   **Bemessung der Regenfalleitung mit kreisförmigem Querschnitt und Zuordnung der halbrunden und kastenförmigen Dachrinnen aus Metall** (siehe DIN 18 461)
(Auszug aus Tabelle 12 von DIN 1986 Teil 2, Ausgabe September 1978)

Anzuschließende Dachgrundfläche bei max. Regenspende $r = 300$ $l/(s \cdot ha)$[1] m^2	Regen-wasser-abfluß[2] $Q_{r\,zul}$ l/s	Regenfalleitung		Zugeordnete Dachrinne			
				halbrund		kastenförmig	
		Nenn-größe [4]	Quer-schnitt cm^2	Nenngröße	Rinnen-querschnitt cm^2	Nenngröße	Rinnen-querschnitt cm^2
37	1,1	60	28	200	25	200	28
57	1,7	70	38	–	–	–	–
83	2,5	80	50	250 280	43 63	250	42
150	4,5	100	79	333	92	333	90
243[3]	7,3	120	113	400	145	400	135
270	8,1	125	122	–	–	–	–
443	13,3	150	177	500	245	500	220

[1]   Ist die örtliche Regenspende größer als 300 $l/(s \cdot ha)$, muß mit den entsprechenden Werten gerechnet werden (siehe Berechnungsbeispiel).
[2]   Die angegebenen Werte resultieren aus trichterförmigen Einläufen. Bei zylindrischen Einläufen sind die anzuschließenden Dachgrundflächen um etwa 30 % zu reduzieren.
[3]   In DIN 1986 Teil 2 nicht enthalten.
[4]   Regional sind auch Regenfallrohre mit den Nenngrößen 76 und 87 noch üblich. Die anzuschließenden Dachgrundflächen sind entsprechend umzurechnen.

Tabelle 2.   **Bemessung der Regenfalleitung mit kreisförmigem Querschnitt und Zuordnung der halbrunden und kastenförmigen Dachrinnen aus PVC hart** (siehe DIN 8062)

Anzuschließende Dachgrundfläche bei max. Regenspende $r = 300$ $l/(s \cdot ha)$[1] m^2	Regen-wasser-abfluß[2] $Q_{r\,zul}$ l/s	Regenfalleitung			Zugeordnete Dachrinne			
		Außen-durch-messer mm	Nenn-größe	Quer-schnitt cm^2	halbrund		kastenförmig	
					Nenn-größe[3]	Rinnen-querschnitt cm^2	Rinnen-querschnitt cm^2	
20	0,6	50	50	17	80	34	22	
37	1,1	63	63	28	80	34	34	
57	1,7	75	70	38	100	53	53	
97	2,9	90	90	56	125	73	73	
170	5,1	110	100	86	150	101	100	
243	7.3	125	125	113	180	137	137	
483	14,5	160	150	188	250	245	225	

[1]   Ist die örtliche Regenspende größer als 300 $l/(s \cdot ha)$, muß mit den entsprechenden Werten gerechnet werden (siehe Berechnungsbeispiel).
[2]   Die angegebenen Werte resultieren aus trichterförmigen Einläufen.
[3]   Nenngröße entspricht der lichten Weite in mm.

Tabelle 3.   **Abflußbeiwerte** [1])

Art der angeschlossenen Dachfläche	Abflußbeiwert ψ
Dächer $\geq$ 15 °	1
Dächer < 15 °	0,8
Dachgärten	0,3

[1]) Auszug aus DIN 1986 Teil 2/09.78, Tabelle 13: Abfluß-beiwerte zu Ermittlung des Regenwasserabflusses Q_r.
Q_r (l/s) = Fläche (ha) × Regenspende r (l/(s · ha)) × Abflußbeiwert ψ.

5   Berechnungsbeispiele
nach Tabelle 1 oder Tabelle 2

Berechnungsbeispiel 1:
(bei einer örtlichen Regenspende $r \leq$ 300 l/(s · ha))

Regenspende:	$r =$ 300 l/(s · ha)
Dachgrundfläche 12,5 m × 17,5 m:	$A \approx$ 220 m^2
Abflußbeiwert: (Dach $\geq$ 15 °)	$\psi =$ 1,0

Regenwasserabfluß: $Q_r = \dfrac{220}{10\,000} \cdot 300 \cdot 1{,}0$

$Q_r =$ 6,6 l/s

nach Tabelle 1 gewähltes
Rohr für $Q_r \leq$ 7,3 l/s: 1 Regenfalleitung mit Nenngröße 120 oder wahlweise 2 Regenfalleitungen mit Nenngröße 100

Berechnungsbeispiel 2:
(Bei einer örtlichen Regenspende $r >$ 300 l/(s · ha)

Regenwasserabfluß:	$Q_r = A \cdot r \cdot \psi$ in l/s
Regenspende z. B.:	$r =$ 400 l/(s · ha)
Dachgrundfläche 12,5 m × 17,5 m:	$A \approx$ 220 m^2
Abflußbeiwert: (Dach $\geq$ 15 °)	$\psi =$ 1,0

$Q_r = \dfrac{220}{10\,000} \cdot 400 \cdot 1{,}0$

$Q_r =$ 8,8 l/s

nach Tabelle 1 gewähltes
Rohr für $Q_r \leq$ 13,3 l/s: 1 Regenfalleitung mit Nenngröße 150 oder wahlweise 2 Regenleitungen mit Nenngröße 100

Zitierte Normen

DIN 1986 Teil 2   Entwässerungsanlagen für Gebäude und Grundstücke; Bestimmungen für die Ermittlung der lichten Weiten und Nennweiten für Rohrleitungen

DIN 8062   Rohre aus weichmacherfreiem Polyvinylchlorid (PVC-U, PVC-HI); Maße

DIN 18 461   Hängedachrinnen, Regenfallrohre außerhalb von Gebäuden und Zubehörteile aus Metall; Maße, Werkstoffe

Frühere Ausgaben

DIN 18 460: 11.69, 09.78

Änderungen

Gegenüber der Ausgabe September 1978 wurden folgende Änderungen vorgenommen:

a)   Die Angaben „Durchmesser = Nennmaß", „Nennmaß" und „Richtgröße" für die Regenfalleitungen und „Nennmaß Abwicklung" und „Richtgröße" für die Dachrinnen wurden in Abstimmung mit DIN 18 461 einheitlich mit „Nenngröße" bezeichnet.

b)   Nenngröße 285 für halbrunde Dachrinne in Nenngröße 280 geändert.

c)   Redaktionell überarbeitet.

Internationale Patentklassifikation

E 04 D 13/04

Korrosionsschutz
Feuerverzinken von Einzelteilen (Stückverzinken)
Anforderungen und Prüfung

DIN
50 976

Protection against corrosion; Hot dip galvanizing (general galvanizing);
Requirements and tests

Protection contre la corrosion; Revétements de galvanisation à chaud
(galvanisation à facon); Spécifications et essais

Ersatz für Ausgabe 03.80

Zusammenhang mit dem von der International Organization for Standardization (ISO) herausgegebenen Norm Entwurf ISO/
DIS 1461 : 1987 siehe Erläuterungen.

1 Anwendungsbereich und Zweck

In dieser Norm werden Anforderungen an und Prüfungen für
Überzüge festgelegt, die durch Feuerverzinken von Einzelteilen oder Werkstücken (im folgenden kurz Werkstücke) aus
unlegierten oder niedriglegierten Eisenwerkstoffen (Stahl,
Stahlguß oder Gußeisen) zum Schutz gegen Korrosion aufgebracht worden sind (Stückverzinken).

Die Norm gilt nicht für feuerverzinktes Band oder Blech (nach
DIN 17 162 Teil 1 und Teil 2), Stahldraht (nach DIN 1548), Stahl-
rohre für Installationszwecke (nach DIN 2444), Abwasser-
rohre und Formstücke (nach DIN 19 530 Teil 1 und Teil 2),
mechanische Verbindungselemente (nach DIN 267 Teil 10 –
einschließlich Unterlegscheiben) sowie für Tempergußfittings
(nach DIN 2950). Soweit in anderen Normen abweichende
Anforderungen festgelegt sind (z. B. DIN 4131, DIN VDE 0210)
gelten diese.

2 Begriffe

Das Feuerverzinken[1]) ist eine Verfahrenstechnik, die dem
Schmelztauchen[1]) als spezielles Verfahren zugeordnet ist.

Die in dieser Norm verwendeten Begriffe „Überzug",
„Beschichtung", „Schicht" und „Schichtdicke" sind in
DIN 50 982 Teil 1 bzw. in DIN 55 928 Teil 1 definiert.

3 Bezeichnung

Ein Überzug durch Feuerverzinken (t Zn) (t steht als Abkür-
zung für „thermisch") wird z. B. wie folgt bezeichnet:

Überzug DIN 50 976 – t Zn o

Benennung
DIN-Nummer
Kurzzeichen

Das Kurzzeichen t Zn o steht für das Feuerverzinken ohne
Anforderungen für eine Nachbehandlung

Weitere Bezeichnungen sind
Überzug DIN 50 976 – t Zn b
sowie
Überzug DIN 50 976 – t Zn k

Das Kurzzeichen t Zn b steht für das Feuerverzinken und
Beschichten, das Kuzzeichen t Zn k für Feuerverzinken und
keine Nachbehandlung vornehmen.

Sollen Werkstücke beschichtet geliefert werden (Kurzzeichen t Zn b), ist dies gesondert zu vereinbaren ("Duplex-
Systeme" siehe DIN 55 928 Teil 5).

Ergänzende Hinweise sind in den Abschnitten 8.4 und 11 enthalten.

4 Zeichnungsangabe

Werkstücke, die feuerverzinkt werden, sollen in Zeichnungen
mit Angaben entsprechend Bild 1 versehen werden:

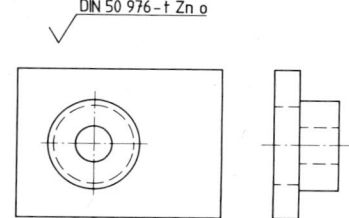

DIN 50 976 – t Zn o

Bild 1.

5 Hinweise zur Konstruktion und Fertigung

Werkstücke, die feuerverzinkt werden sollen, sind feuerverzinkungsgerecht zu konstruieren und zu fertigen.[2]) Werkstücke mit Hohlräumen erfordern Entlüftungsöffnungen. In
Zweifelsfällen muß eine Abstimmung mit dem Verzinkungsbetrieb erfolgen.

Bei augenscheinlichen Mängeln an zur Verzinkung angelieferten Werkstücken ist seitens des Verzinkungsbetriebes
eine Abstimmung mit dem Auftraggeber herbeizuführen.

Anmerkung: Liegen Eigenspannungen im Werkstück vor,
kann die verfahrensbedingte Erwärmung im Zinkbad
zu einem Verziehen oder zu Rissen führen.

---
[1]) Begriff nach DIN 50 902
[2]) Siehe DIN 55 928 Teil 2 und Merkblatt 359

Fortsetzung Seite 2 bis 7

Normenausschuß Materialprüfung (NMP) im DIN Deutsches Institut für Normung e. V.
Normenausschuß Bergbau (FABERG) im DIN

Konstruktions- und/oder fertigungsbedingte Spalten und Poren, z.B. in Schweißverbindungen, sind zu vermeiden.[2]) Aus solchen Hohlräumen können nach dem Verzinken Reste von Beiz- und Flußmitteln austreten und die Verzinkung beeinträchtigen. Bei nicht feuerverzinkungsgerecht konstruierten Werkstücken können sich Zinkasche und Flußmittelrückstände anlagern, über deren Entfernung Vereinbarungen zu treffen sind.

6   Grundwerkstoff und Oberflächenbeschaffenheit

Die chemische Zusammensetzung, die Oberflächenbeschaffenheit des Grundwerkstoffes, die Masse des Werkstückes und die Verzinkungsbedingungen beeinflussen das Aussehen sowie Dicke und Struktur des Zinküberzuges (siehe Erläuterungen). Werden an das Aussehen der Zinkoberfläche oder an die Dicke des Überzuges besondere Anforderungen gestellt, so ist dies mit dem Verzinkungsbetrieb schriftlich zu vereinbaren. In diesen Fällen ist über geeignete Werkstoffe und konstruktive Gestaltung eine Abstimmung herbeizuführen.

Wenn der Stahl vor dem Feuerverzinken kaltverformt werden soll, so ist ein alterungsunempfindlicher Stahl zu empfehlen.

Zum Feuerverzinken ist eine Oberfläche des Werkstückes mit Norm-Reinheitsgrad Be nach DIN 55 928 Teil 4 (z. Z. Entwurf) Voraussetzung. Verunreinigungen, die weder durch Entfetten noch durch Beizen zu beseitigen sind, z.B. Beschichtungen, Signierungen, Ziehhilfsmittel, Schweißsprayfilme und Schweißrückstände, sind vom Auftraggeber zu entfernen. Der Verzinkungsbetrieb hat sich hiervon zu überzeugen und im Bedarfsfalle eine Abstimmung mit dem Auftraggeber herbeizuführen.

Werkstücke aus Stahlguß oder Gußeisen müssen frei sein von offenen Poren und Sandstellen. Die Oberfläche muß gegebenenfalls durch Strahlen, spezielles Beizen oder andere geeignete Verfahren für das Verzinken vorbereitet werden. In diesen Fällen ist deshalb eine Abstimmung mit dem Verzinkungsbetrieb erforderlich.

Anmerkung: Unebenheiten in der Oberfläche des Grundwerkstoffes, z.B. Überwalzungen, Schweißnähte, Zunder- und Rostnarben, bleiben nach dem Feuerverzinken erkennbar bzw. werden dadurch erst sichtbar. Die Rauheit der Oberfläche des Grundwerkstoffes beeinflußt die Dicke und das Aussehen des Zinküberzuges. Mit zunehmender Rauheit erhöht sich im Regelfall die Dicke des Überzuges.

7   Zinkschmelze

Die Zinkschmelze muß im Arbeitsbereich mindestens 98,5 % (Massenanteile) Zink enthalten.

Probenahmen sind in der Mitte des Zinkbades mindestens 5 cm unter der Oberfläche – unmittelbar nach einem Verzinkungsvorgang – vorzunehmen.

Anmerkung: Eine abweichende Zusammensetzung der Zinkschmelze ist zu vereinbaren.

8   Anforderungen an den Zinküberzug

8.1   Oberflächenbeschaffenheit

Der Zinküberzug muß zusammenhängend und frei von Fehlererscheinungen sein, welche die Verwendbarkeit des Werkstückes beeinträchtigen. Zinkaschereste und Flußmittelrückstände sowie scharfkantige Zinkspitzen (Verletzungsgefahr) sind nicht zulässig. Weißrost auf dem Zinküberzug ist kein Grund zur Beanstandung, sofern keine Anforderungen an die Nachbehandlung gestellt sind (Kurzzeichen t Zn o) und die Dicke des Zinküberzuges nach Abschnitt 8.2 hierdurch nicht unterschritten ist.

Fehlstellen sind – sofern nicht anders vereinbart – vom Verzinkungsbetrieb nach Abschnitt 10 vor der Auslieferung der Teile, also vor Übergang des Verzinkungsgutes aus dem Verantwortungsbereich des Verzinkungsbetriebes, auszubessern.

Anmerkung: Die Ausbesserung von Schäden, die bei Transport, Lagerung und Montage außerhalb des Verantwortungsbereichs des Verzinkungsbetriebes entstanden sind, ist vom Auftraggeber zu veranlassen.

Die Summe der einzelnen ausgebesserten Stellen bzw. Fehlstellen darf 0,5 % der Gesamtoberfläche des Werstückes nicht überschreiten. Sind Fehlstellen nahezu über die gesamte Oberfläche verteilt, so gilt dies auch dann als wesentlicher Mangel, wenn der Grenzwert von 0,5 % der Gesamtoberfläche nicht erreicht ist (siehe Erläuterungen). Der einzelne Ausbesserungsbereich einschließlich der erforderlichen Überlappung darf nicht größer als 100 cm[2] sein. Bei nicht begehbaren Hohlkonstruktionen beziehen sich diese Forderungen, sofern nicht anders vereinbart, nicht auf die Innenoberflächen.

Wenn z.B. Bohrungen und Gewinde durch örtliches Aufschmelzen der Zinküberzüge gängig gemacht werden müssen, dürfen diese Bereiche ein anderes Aussehen aufweisen.

Bei reaktionsfreudigen Werkstoffen (siehe Erläuterungen) kann die Eisen-Zink-Reaktion besonders schnell ablaufen, so daß die Überzüge dicker ausfallen und der gesamte Überzug aus Legierungsschichten bestehen kann. Derartige Überzüge haben eine rauhere Oberfläche und eine unterschiedlich graue Färbung, die nach längerer Bewitterung in Braun übergehen kann. Die Korrosionsschutzwirkung des Zinküberzuges bei Belastung durch die Atmosphäre wird durch eine derartige Erscheinung nicht beeinträchtigt. Das Haftvermögen kann bei dickeren Überzügen verringert sein.

Durch Inhomogenitäten und/oder Kaltumformung im Oberflächenbereich des Werkstückes (chemische Zusammensetzung, Gefügezustand, Oberflächenstruktur u. ä.) und/oder unterschiedlichem Abkühlungsverlauf nach dem Verzinken darf der Zinküberzug auch bei ein und demselben Werkstück unterschiedlich ausgebildet sein und ein unterschiedliches Aussehen aufweisen.

Kleinteile sowie kleine Gußteile (siehe Erläuterungen) werden häufig direkt nach dem Verzinken geschleudert, um eine einwandfreie Oberflächenqualität zu erzielen. Der Anteil, der danach zusammenhaftet, ist unter anderem von der Form der Werkstücke abhängig. Der zulässige Anteil ist von Fall zu Fall zu vereinbaren.

8.2   Schichtdicke

Die Dicke des Zinküberzuges muß den Angaben der Tabelle 1 entsprechen. Abweichende Werte sind zu vereinbaren, gegebenenfalls auf der Grundlage einer Probeverzinkung. In der Tabelle 1 ist neben der Schichtdicke in μm jeweils die entsprechende flächenbezogene Masse in g/m^2 Oberfläche angegeben.

8.3   Haftvermögen

Der Zinküberzug muß genügend fest auf dem Grundwerkstoff haften, um die beim sachgemäßen Transport, bei sachgemäßer Montage und bei bestimmungsgemäßem Gebrauch feuerverzinkter Werkstücke auftretenden mechanischen Belastungen auszuhalten.

Für Werkstücke, die einer größeren mechanischen Belastung unterliegen, sind besondere Vereinbarungen in bezug auf geeignete Werkstoffe und die konstruktive Gestaltung zu treffen. Größere mechanische Belastungen können z. B. bei bestimmungsgemäßem Gebrauch von Förderwagenkästen gegeben sein und ferner auftreten, wenn sachgerecht gerichtet oder zur Verbesserung des Haftvermögens zusätzlicher Beschichtungen leicht gestrahlt werden (sogenanntes „Sweepen").

2) Siehe Seite 1

Tabelle 1.   **Schichtdicken und entsprechende flächenbezogene Massen**

Werkstückgruppe	Mittelwerte nach Abschnitt 9.2		Mindestwerte[1]) der örtlichen Schichtdicken $\bar{x}$ in μm
	örtliche Schichtdicken $\bar{\bar{x}}$ in μm	entsprechende flächenbezogene Massen m_A[3]) in g/m^2	
Stahlteile mit einer Dicke < 1 mm	50	360	45
Stahlteile mit einer Dicke ≥ 1 mm bis > 3 mm	55	400	50
Stahlteile mit einer Dicke ≥ 3 mm bis > 6 mm	70	500	60
Stahlteile mit einer Dicke ≥ 6 mm	85	610	75
Kleinteile[2])	55	400	50
Gußteile[2])	70	500	60

[1]) Die Schichtdicke ist nach oben nicht begrenzt, sofern der Verwendungszweck nicht beeinträchtigt wird.
[2]) Beträgt die Dicke geschleuderter Teile < 1 mm, so gelten die Anforderungen wie für Stahlteile mit einer Dicke < 1 mm.
Sollen Werkstücke geschleudert werden, ist dies zu vereinbaren.
[3]) $m_A \triangleq 7,2 \cdot \bar{x}$ (Werte zum Teil gerundet)

8.4   Nachbehandlung

Feuerverzinkte Werkstücke werden üblicherweise nicht nachbehandelt. Falls keine Anforderungen an die Nachbehandlung gestellt werden, ist das Kurzzeichen (siehe Abschnitt 3) mit dem Buchstaben „o" (ohne Anforderung) zu versehen (Kurzzeichen t Zn o).

Sollen feuerverzinkte Werkstücke später beschichtet werden ("Duplex-Systeme"[3])), ist der Verzinkungsbetrieb darauf hinzuweisen, daß er keine die Eigenschaften der Beschichtung beeinträchtigenden Maßnahmen vornehmen darf (z. B. Einölen). Außerdem ist in der Bestellung das Kurzzeichen mit dem Buchstaben „k" (keine Nachbehandlung) zu versehen (Kurzzeichen t Zn k).

Anmerkung: Verfahrensbedingt kann die Oberfläche feuerverzinkter Werkstücke Hartzinkpickel aufweisen. An diesen kann durch „Kantenflucht" die Dicke der Beschichtung vermindert sein.

8.5   Sonderanforderungen an den Zinküberzug von Verzinkungsgut, das mit Trinkwasser in Berührung kommen soll

Wenn feuerverzinkte Werkstücke bestimmungsgemäß mit Trinkwasser in Berührung kommen sollen, ist der Verzinkungsbetrieb hierauf schriftlich hinzuweisen.

Bei derartigen Werkstücken sind in Anlehnung an DIN 2444 Fehlstellen im Zinküberzug an der wasserbeaufschlagten Oberfläche nicht zulässig – auch nicht mit Ausbesserung. Außerdem müssen diese Oberflächen frei von Rückständen nichtmetallischer Art wie z. B. Zinkascheresten und Flußmittelrückständen sein.

Die chemische Zusammensetzung des Zinküberzuges muß den Anforderungen nach DIN 2444 entsprechen.

9   Prüfung des Zinküberzuges

Bei der Prüfung von Zinküberzügen nach dieser Norm sind die nachfolgend beschriebenen Verfahren anzuwenden. Die Prüfungen sollen vor dem Einbau des entsprechenden Werkstückes erfolgen, vorzugsweise noch im Verzinkungsbetrieb.

9.1   Oberflächenbeschaffenheit

Die Anforderungen nach Abschnitt 8.1 werden durch eine Sichtprüfung (mit unbewaffnetem Auge) geprüft.

9.2   Schichtdicke

Die Dicke des Zinküberzuges wird zerstörungsfrei nach DIN 50 981 gemessen. Andere – eventuell auch zerstörend arbeitende – Verfahren der Schichtdickenmessung (siehe DIN 50 982 Teil 2) sind zu vereinbaren.

Sofern nicht anders vereinbart, sind zur Bestimmung der örtlichen Schichtdicke $\bar{x}$[4]) jeweils mindestens 3 Einzelmessungen an einer Referenzfläche auszuführen. Der arithmetische Mittelwert der Ergebnisse dieser Einzelmessungen ergibt die örtliche Schichtdicke $\bar{x}$ für die Referenzfläche, die mindestens 1 cm^2 groß sein soll. Die Anzahl der Referenzflächen[4]) soll sich nach der Größe der wesentlichen Flächen[4]) richten und mindestens 5 betragen. Der arithmetische Mittelwert aus den örtlichen Schichtdicken $\bar{x}$ ergibt den Mittelwert der örtlichen Schichtdicken $\bar{\bar{x}}$.

Liegen nur wesentliche Flächen vor, die kleiner als 0,5 m^2 sind und auf denen keine 5 Referenzflächen festgelegt oder auch keine 3 Einzelmessungen zur Bestimmung der örtlichen Schichtdicke $\bar{x}$ ausgeführt werden können, ist es zulässig, die Meßergebnisse mehrerer Einzelstücke zusammenzufassen.

9.3   Haftvermögen

Verfahrensbedingt haftet der Zinküberzug genügend fest auf dem Grundwerkstoff, so daß das Haftvermögen nicht geprüft werden muß. Wenn eine Prüfung des Haftvermögens erforderlich ist, z. B. bei Werkstücken, die einer größeren mechanischen Belastung unterliegen, ist dies zu vereinbaren.

Wenn eine Prüfung des Haftvermögens vereinbart ist, so ist bei Werkstücken mit einer Mindestwanddicke von 6 mm und einer Zinkschichtdicke bis 150 μm nach DIN 50 978 zu prüfen. Bei Werkstücken geringerer Wanddicke und Zinkschichten über 150 μm ist das Prüfverfahren zu vereinbaren.

[3]) DIN 55 928 Teil 5 sowie Merkblatt 329
[4]) Begriff nach DIN 50 982 Teil1 und Teil 3

Die Prüfung des Haftvermögens sollte nur an wesentlichen Flächen erfolgen, in Bereichen also, in denen das Haftvermögen verwendungsbedingt von Bedeutung ist. Im Regelfall werden dies die außenliegenden Flächen eines Werkstücks sein.

9.4 Sonderanforderungen an den Zinküberzug von Verzinkungsgut, das mit Trinkwasser in Berührung kommen soll

Die Prüfungen erfolgen nach DIN 2444.

10   Ausbesserung des Zinküberzuges

Zur Ausbesserung ist im Regelfall das thermische Spritzen mit Zink anzuwenden[5]. Die Dicke der thermisch gespritzten Zinkschicht muß mindestens 100 μm betragen.

Wenn thermisches Spritzen aus technischen Gründen nicht möglich oder nicht sinnvoll ist, z. B. an unzugänglichen Bereichen, an Kanten, verzinkungstechnisch bedingten Abdrucken und Klebestellen sowie bei unverhältnismäßig hohem Aufwand, darf durch Auftragen von Zweikomponenten-epoxidharz-, luftfeuchtigkeitshärtenden Einkomponenten-polyurethan- oder Ethylsilicat-Zinkstaubbeschichtungsstoffen ausgebessert werden. Die Oberflächenvorbereitung hierfür muß mindestens dem Norm-Reinheitsgrad Sa 2 ½ oder PMa nach DIN 55 928 Teil 4 (z. Z. Entwurf) (siehe auch Beiblatt 1 und Beiblatt 2 zu DIN 55 928 Teil 4) entsprechen. Die Beschichtung muß mindestens 92 % (Massenanteile) Zinkstaub im Pigment aufweisen. Die Dicke der Beschichtung muß mindestens 100 μm betragen.

Andere Ausbesserungsverfahren, z. B. das Auftragen von Loten oder das elektrolytische Nachverzinken (Tampon-Galvanisieren), sind zu vereinbaren.

11   Zusätzliches Beschichten („Duplex System")

Bei normaler Korrosionsbelastung durch die Atmosphäre sind Zinküberzüge ausreichend beständig. Bei stärkerer Korrosionsbelastung empfiehlt sich das zusätzliche Beschichten. In diesem Fall ist das Kurzzeichen (siehe Abschnitt 3) mit dem Buchstaben „b" (Beschichten) zu versehen (Kurzzeichen t zu b). Die Einzelheiten wie (Oberflächenvorbereitung, Beschichtungsstoffe, Applikation, Schichtdicke) sind gesondert zu vereinbaren.

Durch Feuerverzinken hergestellte Überzüge können verschiedenartige Oberflächenstrukturen aufweisen (siehe Abschnitt 6 sowie Erläuterungen). Zusätzlich ist der Zinküberzug von der Aufbringung bis zur Beschichtung je nach Zeitdauer und Umgebungsbedingungen örtlichen Einflüssen ausgesetzt, die zu arteigenen (z. B. Zinksulfat, Zinkchlorid, Zinkhydroxid) und/oder artfremden (z. B. Öle, Fette, Staub) Produkten auf den Oberflächen führen können.

Bedingungen für eine einwandfreie Haftung der Beschichtungsstoffe sind trockene und saubere Oberflächen der Verzinkung. Neben Verunreinigungen, wie Fett, Öl, Staub usw., müssen insbesondere Zinksalze (Weißrost) gründlich entfernt werden. Deshalb muß vor jeder Beschichtung eine auf die zu erwartenden Belastungen abgestimmte Oberflächenvorbereitung durchgeführt werden.

Beschichtungsstoffe für feuerverzinkte Oberflächen sind entsprechend der zu erwartenden Belastung auszuwählen und sollen ihre Eignung möglichst durch ein Prüfattest, z. B. AGK-Arbeitsblatt B 1 oder Hagen-Test, nachgewiesen haben.

Zitierte Normen und andere Unterlagen

DIN 267 Teil 10	Mechanische Verbindungselemente; Technische Lieferbedingungen; Feuerverzinkte Teile
DIN 1548	Zinküberzüge auf runden Stahldrähten
DIN 2444	Zinküberzüge auf Stahlrohren; Qualitätsnorm für die Feuerverzinkung von Stahlrohren für Installationszwecke
DIN 2950	Tempergußfittings
DIN 4131	Antennentragwerke aus Stahl; Berechnung und Ausführung
DIN 17 162 Teil 1	Flachzeug aus Stahl; Feuerverzinktes Band und Blech aus weichen unlegierten Stählen; Technische Lieferbedingungen
DIN 17 162 Teil 2	Flachzeug aus Stahl; Feuerverzinktes Band und Blech; Technische Lieferbedingungen, Allgemeine Baustähle
DIN 18 800 Teil 7	Stahlbauten; Herstellen, Eignungsnachweise zum Schweißen
DIN 19 530 Teil 1	Rohre und Formstücke aus Stahl mit Steckmuffe für Abwasserleitungen; Maße
DIN 19 530 Teil 2	Rohre und Formstücke aus Stahl mit Steckmuffe für Abwasserleitungen; Technische Lieferbedingungen
DIN 50 902	Behandlung von Metalloberflächen aus dem Korrosionsschutz durch anorganische Schichten; Begriffe
DIN 50 978	Prüfung metallischer Überzüge; Haftvermögen von durch Feuerverzinken hergestellten Überzügen
DIN 50 981	Messung von Schichtdicken; Magnetische Verfahren zur Messung der Dicken von nichtferromagnetischen Schichten auf ferromagnetischem Werkstoff
DIN 50 982 Teil 1	Messung von Schichtdicken; Allgemeine Arbeitsgrundlagen; Begriffe über Schichtdicke und Oberflächenmeßbereiche
DIN 50 982 Teil 2	Messung von Schichtdicken; Allgemeine Arbeitsgrundlagen; Übersicht und Zusammenstellung der gebräuchlichen Meßverfahren
DIN 50 982 Teil 3	Messung von Schichtdicken; Allgemeine Arbeitsgrundlagen; Auswahl der Verfahren und Durchführung der Messungen
DIN 55 928 Teil 1	Korrosionsschutz von Stahlbauten durch Beschichtungen und Überzüge; Allgemeines
DIN 55 928 Teil 2	Korrosionsschutz von Stahlbauten durch Beschichtungen und Überzüge; Korrosionsschutzgerechte Gestaltung
DIN 55 928 Teil 4	(z. Z. Entwurf) Korrosionsschutz von Stahlbauten durch Beschichtungen und Überzüge; Vorbereitung und Prüfung der Oberflächen
Beiblatt 1 zu DIN 55 928 Teil 4	Korrosionsschutz von Stahlbauten durch Beschichtungen und Überzüge; Vorbereitung und Prüfung der Oberflächen, Photographische Vergleichsmuster

[5] Für das Ausbessern durch thermisches Spritzen mit Zink gilt eine Einführungsfrist von 1 Jahr (siehe Erläuterungen).

Beiblatt 2 zu DIN 55 928 Teil 4	Korrosionsschutz von Stahlbauten durch Beschichtungen und Überzüge; Vorbereitung und Prüfung der Oberflächen, Photographische Beispiele für maschinelles Schleifen auf Teilbereichen (Norm-Reinheitsgrad PMa)
DIN 55 928 Teil 5	Korrosionschutz durch Stahlbauten durch Beschichtungen und Überzüge; Beschichtungsstoffe und Schutzsysteme
DIN VDE 0210	Bau von Starkstrom-Freileitungen mit Nennspannungen über 1 kV
Merkblatt 329	Feuerverzinken + Beschichten = Duplex-System*)
Merkblatt 359	Feuerverzinkungsgerechtes Konstruieren im Stahlbau*)
Horstmann, D.:	Archiv Eisenhüttenwesen 46 (1975) 2, Seite 137-141

AGK-Arbeitsblatt B 1: 01.1987. Prüfung von Duplexsystemen zum Korrosionsschutz von Stahlkonstruktionen durch Feuerverzinken und Beschichten. Arbeitsgemeinschaft Korrosion e. V., Frankfurt/M.

Weitere Normen

DIN 8565	Korrosionsschutz von Stahlbauten durch thermisches Spritzen von Zink und Aluminium; Allgemeine Grundsätze
DIN 50 955	Messung von Schichtdicken; Messung der Dicke von metallischen Schichten durch örtliches anodisches Ablösen; Coulometrisches Verfahren
DIN 55 928 Teil 3	Korrosionsschutz von Stahlbauten durch Beschichtungen und Überzüge; Planung der Korrosionsschutzarbeiten

Frühere Ausgaben:

DIN 50 975: 10.67

DIN 50 976: 08.70, 03.80

Änderungen

Gegenüber der Ausgabe März 1980 wurden folgende Änderungen vorgenommen:

a) Aussage zum Grundwerkstoff erweitert

b) Anforderungen an den Zinküberzug entsprechend den heutigen verfahrenstechnischen Gegebenheiten angehoben

c) Hinweise auf besondere Anforderungen bei zusätzlichen Beschichtungen neu aufgenommen

d) Aussagen zur Fehlstellenregelung und Ausbesserung neu formuliert

Erläuterungen

Die Norm wurde vom Arbeitsausschuß NMP 175 „Schmelztauchüberzüge" des Normenausschusses Materialprüfung (NMP) ausgearbeitet.

Die vorliegende Norm behandelt das gleiche Sachgebiet wie der von der International Organization for Standardization (ISO) herausgegebene Norm-Entwurf ISO/DIS 1461 : 1987 „Hot dip galvanized coatings on fabricated ferrous products; Specifications".

Ein wesentlicher Unterschied zum ISO-Entwurf besteht darin, daß er im Gegensatz zu DIN 50 976 keinen Hinweis auf die Zusammensetzung des Zinküberzuges bei mit Trinkwasser beaufschlagten Teilen enthält. Da dieser ISO-Entwurf voraussichtlich noch wesentliche Änderungen erfahren wird, erfolgt keine nähere Kommentierung.

Zu Abschnitt 6:

Der Reaktionsverlauf zwischen Eisen bzw. Stahl und flüssigem Zink ist kompliziert. Die Phasengrenzreaktionen sind von den Einflußgrößen des Grundwerkstoffes und den Verzinkungsbedingungen abhängig. Die Eisen-Zink-Reaktion kann von einigen Stahlbegleitelementen, insbesondere Silicium, erheblich verstärkt werden.

Dieses wurde hauptsächlich bei Gehalten von etwa 0,03 bis 0,12 % (Massenanteil) Silicium beobachtet (sogenannter Sandelin-Effekt) sowie bei Gehalten oberhalb von etwa 0,30 % (Massenanteil) Silicium (siehe Bild 2); der dargestellte Kurvenverlauf ist als Trend zu sehen und in bezug auf die Absolutwerte nicht auf beliebige Stahlsorten übertragbar. Höhere Phosphorgehalte können, additiv zu den Siliciumgehalten, zur Verstärkung der Eisen-Zink-Reaktionen beitragen. Andere Stahl- und Gußeisen-Begleitelemente sind in ihrer Wirkung auf die Eisen-Zink-Reaktionen vernachlässigbar, wenn ihre Gehalte im Bereich der Normangaben liegen.

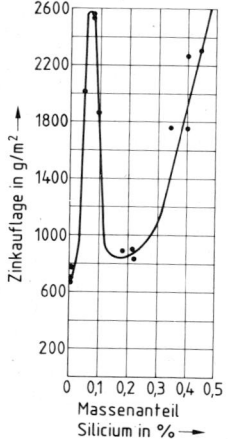

Bild 2. Einfluß des Siliciumgehaltes bei 460 °C Badtemperatur und einer Tauchdauer von 9 min auf die flächenbezogene Masse des Zinküberzuges (nach Horstmann, D.)

*) Zu beziehen durch Stahl-Informations-Zentrum, 4000 Düsseldorf 1, Postfach 1611

Die Verzinkerei hat nur begrenzte verfahrenstechnische Möglichkeiten, durch Variation von Badtemperatur und Tauchdauer die von der Werkstoffzusammensetzung her bedingte beschleunigte Eisen-Zink-Reaktion zu beeinflussen. Der Stahlbauer sollte deshalb Stähle verwenden, deren Silicium-Gehalt außerhalb der für die Eisen-Zink-Reaktion ungünstigen Bereiche liegt. Im Regelfall werden dies Silicium-Gehalte zwischen etwa 0,12 und 0,30 % (Massenanteil) sein sowie Silicium-Gehalte unterhalb 0,03 % (Massenanteile), beispielsweise bei Al-beruhigten Stählen. In besonderen Fällen (z. B. Serienteile, umfangreiche Losgrößen) sollten sich die Beteiligten durch eine Probeverzinkung über eventuelle Verzinkungsschwierigkeiten unterrichten und die Werkstoffauswahl, die Konstruktion sowie die Verzinkungsbedingungen darauf abstellen.

An kaltumgeformten Profilen kann es in Ziehrichtung zu streifenförmigen Verdickungen des Zinküberzuges kommen. Die Ursachen hierfür sind noch nicht hinreichend bekannt. Das Korrosionsverhalten des Überzuges wird hierdurch nicht beeinträchtigt.

Das vor dem Verzinken erforderliche Entfernen von Schweißspritzern, Schweiß- oder Brennschlacken, Spänen, Nachschleifen von Walzfehlern, Entgraten und ähnliches sind Nacharbeiten im Rahmen der Stahlbauausführung (siehe DIN 18 800 Teil 7) oder Sondermaßnahmen und nicht Gegenstand dieser Norm.

Zu Abschnitt 8.1:

Die Angaben zum Ausbessern besagen, daß nur einzelne örtlich begrenzte Fehlstellen (z. B. durch nicht entfernte Beschichtungsreste verursacht) ausgebessert werden dürfen, wenn die Bedingungen ≤ 0,5 % ≤ 100 cm² erfüllt sind. Hiermit soll das Nacharbeiten von Abdrücken oder Klebestellen der Anschlag- und Transporthilfsmittel sowie das Ausbessern einzelner Fehlstellen ermöglicht werden. Derartige Fehlstellen treten nur vereinzelt auf und nicht über die gesamte oder nahezu gesamte Oberfläche verteilt; letzteres ließe auf einen Konstruktions- und/oder Ausführungsmangel schließen, der hierdurch nicht abgedeckt werden soll.

Überzüge mit grauem oder graufleckigem Aussehen bestehen völlig oder überwiegend aus Eisen-Zink-Legierungsphasen. Bei der Korrosion dieser Überzüge können sich nach mehrjähriger atmosphärischer Korrosionsbelastung Eisenoxidhydrate bilden, die in die Deckschichten des Zinks eingelagert werden und diese braun färben. Eine Beeinträchtigung der Korrosionsschutzwirkung ist mit dieser Erscheinung nicht verbunden. Das gilt auch für die Schutzwirkung nachfolgend aufgebrachter Beschichtungen nach einer Oberflächenvorbereitung.

Zu Tabelle 1:

Die Frage, wann ein Werkstück als „Kleinteil" einzustufen ist und wann als „Stahlteil" oder „Gußteil" mit kleinen Abmessungen, kann im Einzelfall schwierig zu beantworten sein. In der Praxis werden die Begriffe „Kleinteile" und „Schleuderware" meistens synonym gebraucht. Somit scheint es sinnvoll zu sein, bei Schleuderwaren generell die Anforderungen an die Werkstückgruppe „Kleinteile" zugrunde zu legen und bei nicht geschleuderten Anhänge- oder Aufsteckwaren die Anforderungen der Werkstückgruppen „Stahlteile" bzw. „Gußteile". Das bedeutet, daß z. B. bei geschleuderten Stahlteilen mit einer Dicke > 3 mm und bei geschleuderten Gußteilen der Mittelwert der örtlichen Schichtdicke 55 μm betragen muß im Vergleich zu 70 und 85 μm bei nicht geschleuderten Teilen. Diese praxisnahe Einstufung trägt der Tatsache Rechnung, daß beim Schleudern der Zinküberzug gleicher Teile dünner ausfällt als beim üblichen Verzinkungsablauf. Soll bei Schleuderwaren ein dickerer Zinküberzug als 55 μm aufgebracht werden, muß dies rechtzeitig vereinbart

werden – gegebenenfalls auf der Grundlage einer Probeverzinkung, da den Einflußnahmemöglichkeiten der Feuerverzinkerei Grenzen gesetzt sind.

zu Abschnitt 9.2

Hinweise zur Prüfung der Schichtdicke:

Beispiel 1

Es werden an einer feuerverzinkten Konstruktion, deren Werkstückdicke 5 mm beträgt, jeweils 3 Einzelmessungen an 5 ausgewählten Referenzflächen mit Werten nach Tabelle 2 ausgeführt:

Tabelle 2.

Referenzfläche Nr	Einzelmeßwerte in μm	örtliche Schichtdicken $\bar{x}$ in μm
1	74 80 78	77
2	75 70 71	72
3	80 83 86	83
4	69 72 78	73
5	81 84 84	83

Mittelwert der örtlichen Schichtdicken $\bar{\bar{x}}$ = 77 μm

Der Mittelwert der örtlichen Schichtdicken $\bar{\bar{x}}$ von allen Referenzflächen liegt über dem in der Tabelle 1 geforderten Wert von 70 μm. Auch die kleinste örtliche Schichtdicke $\bar{x}$ unterschreitet nicht den angegebenen Tabellenwert. Die Anforderung an die Dicke des Zinküberzuges ist damit erfüllt.

Beispiel 2:

Es liegen Kleinteile vor, bei denen nach Tabelle 1 an allen Stellen eine Mindestschichtdicke von 50 μm vorhanden sein muß. Somit stellt jeweils die gesamte Oberfläche die wesentliche Fläche dar.

Da die Kleinteiloberflächen nur eine Referenzfläche mit 3 Meßstellen für die Einzelmessungen zulassen, sind insgesamt 5 Kleinteile zur Messung auszuwählen.

Tabelle 3.

Kleinteil Nr	Referenzfläche Nr	Einzelmeßwert μm	örtliche Schichtdicken $\bar{x}$ in μm
1	1	62 60 55	59
2	2	60 65 55	60
3	3	61 59 57	59
4	4	45 56 58	53
5	5	43 56 45	48

Mittelwert der örtlichen Schichtdicken $\bar{x}$ = 56 μm

Obwohl der vorgegebene Mittelwert der örtlichen Schichtdicken $\bar{x}$ von allen Referenzflächen mit 56 μm erreicht wird, sind die Anforderungen nicht erfüllt, da die örtliche Schichtdicke $\bar{x}$ der Referenzfläche Nr 5 unter dem geforderten Wert der Tabelle 1 von 50 μm liegt.

Ergänzend zu den in Abschnitt 9.2 enthaltenen Aussagen zur Wiederholungsprüfung ist die Verhältnismäßigkeit eventueller Aufwendungen für das Ausbessern oder Neuverzinken im Hinblick zu der Verwendbarkeit zu berücksichtigen.

191

Zu Abschnitt 10

Da der Betrieb von thermischen Spritzgeräten, wie in Abschnitt 10 gefordert, für Feuerverzinkungsbetriebe zulassungspflichtig ist, wird eine Einführungsfrist von 1 Jahr eingeräumt, um auch den Betrieben die Anschaffung zu ermöglichen, die bisher noch nicht die geeigneten Geräte besitzen.

Das soll aber nicht bedeuten, daß Feuerverzinkereien, die bereits über derartige Geräte verfügen, ebenfalls die Einführungsfrist geltend machen und unbegründet andere Ausbesserungsverfahren anwenden.

Internationale Patentklassifikation

C 23 C 2/06

G 01 N 33/20

G 01 N 17/00

	Bitumen-Dachdichtungsbahnen Begriffe, Bezeichnungen, Anforderungen	DIN 52130

ICS 01.040.91; 91.060.20; 91.100.50

Deskriptoren: Bitumen, Dachdichtungsbahn, Anforderung, Bauwesen

Bitumen sheeting for water-proofing of roofs – Concepts, designation, requirements
Feutres bitumés pour d'étanchéité des toits – Notions, désignation, exigences

Ersatz für
DIN 52130 : 1985-08

Inhalt

Vorwort

Diese Norm wurde vom NABau-Arbeitsausschuß "Dach- und Dichtungsbahnen" erarbeitet.

Änderungen

Gegenüber der Ausgabe August 1985 wurden folgende Änderungen vorgenommen:

– Die Neuausgabe der Norm läßt zu, daß, wenn mit gekühlten Klemmen oder Extensiometer gemessen wird, die Mindestdehnungswerte bei Bahnen mit Polyestervlieseinlage um 5 % (absolut) abgesenkt werden können, weil damit vergleichbare Werte zur Prüfung mit nichtgekühlten Klemmen erhalten werden.

Frühere Ausgaben

DIN 52130: 1967-09, 1978-09, 1985-08

Fortsetzung Seite 2 und 3

Normenausschuß Bauwesen (NABau) im DIN Deutsches Institut für Normung e.V.

86/8

1 Anwendungsbereich

Diese Norm gilt für Dachdichtungsbahnen, die unter Verwendung von Bitumen hergestellt werden und die besandet oder beschiefert sind.

2 Normative Verweisungen

Diese Norm enthält durch datierte oder undatierte Verweisungen Festlegungen aus anderen Publikationen. Diese normativen Verweisungen sind an den jeweiligen Stellen im Text zitiert, und die Publikationen sind nachstehend aufgeführt. Bei datierten Verweisungen gehören spätere Änderungen oder Überarbeitungen dieser Publikationen nur zu dieser Norm, falls sie durch Änderung oder Überarbeitung eingearbeitet sind. Bei undatierten Verweisungen gilt die letzte Ausgabe der in Bezug genommenen Publikation.

DIN 18191
　Textilglasgewebe als Einlage für bituminöse Bahnen

DIN 18192
　Verfestigtes Polyestervlies als Einlage für Bitumen- und Polymerbitumenbahnen – Begriff, Bezeichnung, Anforderungen, Prüfung

DIN 52123
　Prüfung von Bitumen- und Polymerbitumenbahnen

3 Begriffe

3.1 Besandete Bitumen-Dachdichtungsbahn

Eine besandete Bitumen-Dachdichtungsbahn ist eine rollbare Bahn, die aus einer Trägereinlage besteht, welche mit Bitumen getränkt und auf beiden Seiten mit einer Deckschicht aus Bitumen versehen und gleichmäßig mit mineralischen Stoffen aus vorwiegend gedrungenem (kugeligem) Korn mit einer Größe bis etwa 1 mm bestreut ist.

3.2 Beschieferte Bitumen-Dachdichtungsbahn

Eine beschieferte Bitumen-Dachdichtungsbahn ist eine rollbare Bahn, die aus einer Trägereinlage besteht, welche mit Bitumen getränkt und auf beiden Seiten mit einer Deckschicht aus Bitumen versehen ist. Sie ist ferner auf der Oberseite mit mineralischen Stoffen aus vorwiegend schuppenförmigem Korn mit einer Größe von etwa 1 mm bis 4 mm und auf der Unterseite mit mineralischen Stoffen aus vorwiegend gedrungenem (kugeligem) Korn mit einer Größe bis etwa 1 mm bestreut.

4 Bezeichnung

Besandete oder beschieferte Bitumen-Dachdichtungsbahnen werden mit dem Kurzzeichen für die verwendete Trägereinlage nach 5.1 und den Buchstaben DD bezeichnet.

Bezeichnung einer Bitumen-Dachdichtungsbahn mit einer Trägereinlage aus Textilglasgewebe (G 200) als Dachdichtungsbahn (DD):

Dachdichtungsbahn DIN 52130 – G 200 DD

Bezeichnung einer Bitumen-Dachdichtungsbahn mit einer Trägereinlage aus Polyestervlies (PV 200) als Dachdichtungsbahn (DD):

Dachdichtungsbahn DIN 52130 – PV 200 DD

5 Anforderungen

5.1 Trägereinlage

Als Trägereinlage sind zu verwenden:

a) J 300: Jutegewebe mit einer flächenbezogenen Masse von mindestens 300 g/m^2 und einer Fadendichte von mindestens 45 Fäden auf jeweils 100 mm Länge in Kett- und Schußrichtung,

b) G 200: Textilglasgewebe DIN 18191-200, oder

c) PV 200: Polyestervlies 200 T oder 250 B nach DIN 18192, nach Wahl des Herstellers.

5.2 Tränk- und Deckmasse

Als Tränk- und Deckmasse ist Bitumen zu verwenden. Tränk- und Deckmassen dürfen plastizitätsverbessernde Stoffe, Deckmassen auch stabilisierende Stoffe enthalten.

5.3 Äußere Beschaffenheit und Durchtränkung

Bitumen-Dachdichtungsbahnen (im folgenden kurz Bahn genannt) müssen eine gleichmäßige Oberfläche haben und frei sein von Mängeln wie Rissen und Falten. Die Trägereinlage muß durch separate Tränkung gleichmäßig durchtränkt sein. Trägereinlage und Deckschichten müssen innig miteinander verbunden sein. Die Trägereinlage soll im mittleren Drittel der Bahnendicke liegen. Die mineralische Bestreuung muß gleichmäßig sein, gut haften und darf die Verklebung der Bahn nicht behindern. Eine Beschieferung muß die Oberfläche auf eine Längskante, die zur Nahtüberdeckung vorgesehen ist, vollständig bedecken.

5.4 Gehalt an löslichen Bestandteilen

(lösliche Tränk- und Deckmasse)

Der Gehalt an löslichen Bestandteilen muß in Abhängigkeit von der verwendeten Trägereinlage und der Art der mineralischen Bestreuung Tabelle 1 entsprechen.

Tabelle 1

Bahn mit Trägereinlage	Art der Bestreuung	Gehalt an löslichen Bestandteilen	
		Mittelwert g/m^2	kleinster Einzelwert g/m^2
J　300 G　200 PV　200	besandet	≥1600	≥1520
J　300 G　200 PV　200	beschiefert	≥2000	≥1900

5.5 Mineralische Füllstoffe der Deckmasse

Die mineralischen Füllstoffe der Deckmasse dürfen in einem Massenanteil von höchstens 25 % säurelöslich sein.

5.6 Wasserundurchlässigkeit

Die Bahnen dürfen bei der Schlitzdruckprüfung unter einem Wasserdruck von 1 bar ($\approx$ 10 N/cm^2) innerhalb von 24 h keine Undichtheit aufweisen.

5.7 Höchstzugkraft und Dehnung bei Höchstzugkraft

Die Höchstzugkraft und die Dehnung bei Höchstzugkraft müssen Tabelle 2 entsprechen.

5.8 Kaltbiegeverhalten

Die Bahnen dürfen bei der Prüfung des Kaltbiegeverhaltens bei 0 °C nicht brechen.

5.9 Wärmestandfestigkeit

Die Bahnen dürfen bei der Prüfung der Wärmestandfestigkeit bei 70 °C innerhalb von 2 h weder fließen noch abrutschen.

6 Prüfung

Die Prüfung der in Abschnitt 5 genannten Anforderungen ist nach DIN 52123 durchzuführen.

Tabelle 2

Bahn mit Träger-einlage	Mittelwerte in Bahnenrichtungen					
	längs		quer		diagonal	
	Höchstzug-kraft	Dehnung bei Höchstzug-kraft	Höchstzug-kraft	Dehnung bei Höchstzug-kraft	Höchstzug-kraft	Dehnung bei Höchst-zugkraft
	N	%	N	%	N	%
J 300	$\geq$ 600	$\geq$2	$\geq$ 500	$\geq$3	–	–
G 200	$\geq$1000	$\geq$2	$\geq$1000	$\geq$2	–	–
PV 200	$\geq$ 800	$\geq$40*)	$\geq$ 800	$\geq$40*)	$\geq$800	$\geq$40*)

*) Wird mit gekühlten Klemmen oder Extensiometern gemessen, dürfen die Mindestdehnungswerte bei Bahnen mit Polyestervlieseinlage in Bahnlängs-, -quer- und diagonaler Richtung um 5 % (absolut) gesenkt werden.

Anhang A (informativ)

Literaturhinweise

DIN 52131   Bitumen-Schweißbahnen – Begriffe, Bezeichnung, Anforderungen

DIN 52132   Polymerbitumen-Dachdichtungsbahnen – Begriffe, Bezeichnung, Anforderungen

DIN 52133   Polymerbitumen-Schweißbahnen – Begriffe, Bezeichnung, Anforderungen

86/8*

Glasvlies-Bitumendachbahnen

Begriffe, Bezeichnung, Anforderungen

DIN
52143

Bitumen roof sheeting with inlay of glass fibre fleece; concepts, designation, requirements

Feutres bitumés à armature en tissu de verre part toits; notions, désignation, exigences

Ersatz für Ausgabe 07.80

1 Anwendungsbereich

Diese Norm gilt für Dachbahnen, die unter Verwendung von Bitumen mit einer Trägereinlage aus Glasvlies hergestellt werden und die besandet oder beschiefert sind.

2 Begriffe

2.1 Besandete Glasvlies-Bitumendachbahn

Eine besandete Glasvlies-Bitumendachbahn ist eine rollbare Bahn, die aus einer Trägereinlage aus Glasvlies besteht, welche mit Bitumen getränkt und auf beiden Seiten mit einer Deckschicht aus Bitumen versehen sowie gleichmäßig mit mineralischen Stoffen aus vorwiegend gedrungenem (kugeligem) Korn mit einer Größe bis etwa 1 mm bestreut ist.

2.2 Beschieferte Glasvlies-Bitumendachbahn

Eine beschieferte Glasvlies-Bitumendachbahn ist eine rollbare Bahn, die aus einer Trägereinlage aus Glasvlies besteht, welche mit Bitumen getränkt und auf beiden Seiten mit Deckschichten aus Bitumen versehen ist. Sie ist ferner auf der Oberseite mit mineralischen Stoffen aus vorwiegend schuppenförmigem Korn mit einer Größe von etwa 1 bis 4 mm und auf der Unterseite mit mineralischen Stoffen aus vorwiegend gedrungenem (kugeligem) Korn mit einer Größe bis etwa 1 mm bestreut.

3 Bezeichnung

Besandete und beschieferte Glasvlies-Bitumendachbahnen werden mit dem Kurzzeichen V 13 bezeichnet.

Bezeichnung einer besandeten oder beschieferten Glasvlies-Bitumendachbahn:

Dachbahn DIN 52 143 – V 13

4 Anforderungen

4.1 Trägereinlage

Als Trägereinlage ist Glasvlies DIN 52 141 – 60 zu verwenden.

4.2 Tränk- und Deckmasse

Als Tränk- und Deckmasse ist Bitumen zu verwenden. Tränk- und Deckmassen dürfen plastizitätsverbessernde Stoffe, Deckmassen auch stabilisierende Stoffe enthalten.

4.3 Äußere Beschaffenheit und Durchtränkung

Glasvlies-Bitumendachbahnen (im folgenden kurz Bahn genannt) müssen eine gleichmäßige Oberfläche haben und frei sein von Mängeln wie Rissen oder Falten. Die Trägereinlage muß gleichmäßig durchtränkt und innig mit den Deckschichten verbunden sein. Sie soll im mittleren Drittel der Bahnendicke liegen. Die mineralische Bestreuung muß gleichmäßig sein und darf die Verklebung der Bahn nicht behindern.

4.4 Gehalt an Löslichem (lösliche Tränk- und Deckmasse)

Der Gehalt an Löslichem muß in Abhängigkeit von der Art der Bestreuung der Tabelle entsprechen.

Tabelle.

Art der Bestreuung	Gehalt an Löslichem	
	Mittelwert	kleinster Einzelwert
	g/m^2	g/m^2
besandet	1300	1235
beschiefert	1500	1425

4.5 Wasserundurchlässigkeit

Die Bahnen müssen bei der Prüfung der Wasserundurchlässigkeit während einer Prüfdauer von 72 h wasserundurchlässig sein.

4.6 Höchstzugkraft und Dehnung bei Höchstzugkraft

Die Höchstzugkraft der Bahnen muß im Mittel mindestens

– 400 N in Bahnenlängsrichtung und
– 300 N in Bahnenquerrichtung

betragen.

Die Dehnung bei Höchstzugkraft muß in beiden Richtungen mindestens 2% betragen.

4.7 Kaltbiegeverhalten

Die Bahnen dürfen bei der Prüfung des Kaltbiegeverhaltens nicht brechen.

4.8 Wärmestandfestigkeit

Bei der Prüfung der Wärmestandfestigkeit dürfen die Deckschichten der Bahnen bei 70 °C innerhalb von 2 h weder fließen noch abrutschen.

5 Prüfung

Die Prüfung der in Abschnitt 4 genannten Anforderungen ist nach DIN 52 123 durchzuführen.

Fortsetzung Seite 2

Normenausschuß Bauwesen (NABau) im DIN Deutsches Institut für Normung e.V.

Zitierte Normen

DIN 52 123   Prüfung von Bitumen- und Polymerbitumenbahnen

DIN 52 141   Glasvlies als Einlage für Dach- und Dichtungsbahnen; Begriffe, Bezeichnung, Anforderungen

Frühere Ausgaben

DIN 52 143: 11.71, 07.75, 07.80

Änderungen

Gegenüber der Ausgabe Juli 1980 wurden folgende Änderungen vorgenommen:

a) Es wurde zwischen besandeten und beschieferten Bahnen unterschieden.

b) Der Gehalt an Löslichem für beschieferte Bahnen wurde erhöht; für diese Anforderungen wurden Mittelwerte und kleinste Einzelwerte festgelegt.

c) Der Begriff „Wärmebeständigkeit" wurde in „Wärmestanfestigkeit" und der Begriff „Kältebeständigkeit" in „Kaltbiegeverhalten" geändert.

Internationale Patentklassifikation

B 32 B 11/02

D 06 N 5/00

E 04 D 5/02

E 04 D 5/10

E 04 D 5/12

| Bleche aus Blei
Maße | **DIN**
59 610 |

Sheet of lead, dimensions
Tôles en plomb, dimensions

Maße in mm

1. Geltungsbereich

Diese Norm gilt für gewalzte Bleche von 0,5 bis 10 mm Dicke und bis 2000 mm Breite aus den in Abschnitt 4 genannten Werkstoffen.

Maße und Werkstoffe für Bleche für das Bauwesen sind in den Abschnitten 3.1 und 4.1 besonders angegeben.

Bleche für andere Verwendungszwecke, z. B. für den chemischen Apparatebau, werden nach Vereinbarung mit dem Hersteller auch in größeren Abmessungen als in der Tabelle angegeben geliefert.

2. Bezeichnung

Es werden angegeben:

2.1. in Zeichnungen und Stücklisten

Benennung, Dicke, DIN-Nummer, Werkstoff, z. B. für ein Blech von 1 mm Dicke aus der Bleisorte mit dem Kurzzeichen Pb99,9 oder der Werkstoffnummer 2.3040:

Blech 1 DIN 59 610 – Pb99,9

oder   Blech 1 DIN 59 610 – 2.3040

2.2. in Bestellungen und Auftragslaufkarten

(Bestellbeispiele siehe Abschnitt 6.3)

Benennung, Dicke, Breite, DIN-Nummer, Werkstoff, z. B. für ein Blech von 1 mm Dicke und 800 mm Breite aus der Bleisorte mit dem Kurzzeichen Pb99,9 oder der Werkstoffnummer 2.3040:

Blech 1 × 800 DIN 59 610 – Pb99,9

oder   Blech 1 × 800 DIN 59 610 – 2.3040

An Stelle der ausgeschriebenen Benennung „Blech" kann auch die abgekürzte Schreibweise „Bl" nach DIN 1353 gewählt werden.

3. Maße und zulässige Abweichungen

3.1. Dicke, Breite und Länge (siehe Tabelle)

Für das B a u w e s e n werden Bleche in den Dicken 0,5 bis 3 mm entsprechend der Tabelle mit den dort angegebenen zulässigen Abweichungen bevorzugt angewendet, jedoch mit Breiten nur bis 1000 mm.

Bei der Dickenmessung muß ein Streifen von 50 mm Breite vom Rand unberücksichtigt bleiben. Zur Dickenmessung verwende man nur eine Bügelmeßschraube (Mikrometer) mit Kupplung (Ratsche). Das letzte Herandrehen des Meßdornes muß langsam, d. h. gleichmäßig und ohne Schwung vorgenommen werden. Der Durchmesser des Meßdornes soll nicht kleiner als 6,5 mm, die Meßflächen müssen planparallel sein.

Dicke	Dicke bei Breiten über						Herstellbreite bei Breiten über				Herstellänge	Festbreite bei Breiten über		Festlänge bei Längen über			Ge-wicht *)	Länge in m bei 1000 mm Breite und Gewicht von		
	—	400	600	800	1000	1500	—	400	800	1000		—	500	1000	—	1000	2000				
				bis					bis				bis			bis					
	400	600	800	1000	1500	2000	400	800	1000	2000		500	1000	2000	1000	2000	5000	kg/m²	50 kg	100 kg
0,5	0,03	0,03	0,04	0,05	0,08	0,10												5,7	8,8	17,6
0,6	0,03	0,03	0,04	0,05	0,08	0,10												6,8	7,3	14,7
0,7	0,04	0,04	0,05	0,06	0,08	0,10												7,9	6,3	12,6
0,75	0,04	0,04	0,05	0,06	0,08	0,10	2	3	5	10		2	3	5	3	5	10	8,5	5,9	11,8
0,8	0,04	0,04	0,05	0,06	0,08	0,10												9,1	5,5	11,0
0,9	0,04	0,05	0,06	0,07	0,10	0,15												10,2	4,9	9,8
1,0	0,05	0,06	0,07	0,08	0,10	0,15												11,3	4,4	8,8
1,25	0,10	0,10	0,10	0,10	0,15	0,15												14,2	3,5	7,0
1,5	0,10	0,10	0,10	0,10	0,15	0,20												17,0	2,9	5,9
2,0	0,10	0,10	0,10	0,12	0,15	0,20												22,7	2,2	4,4
2,5	0,10	0,10	0,10	0,12	0,15	0,20												28,3	1,8	3,5
3,0	0,10	0,10	0,12	0,15	0,15	0,20	3	4	5	10		3	4	5	4	5	10	34,0	1,5	2,9
4,0	0,10	0,10	0,12	0,15	0,15	0,20												45,3		
5,0	0,10	0,10	0,12	0,15	0,20	0,25												57,0	Rollen nicht handelsüblich	
6,0	0,12	0,15	0,15	0,20	0,25	0,25												68,0		
8,0	0,15	0,20	0,20	0,25	0,30	0,30	5	5	5	10		4	5	8	5	8	15	91,0		
10,0	0,20	0,20	0,25	0,30	0,35	0,40												114,0		

Spalte "Herstellänge": nicht festgelegt

Bei Zwischenmaßen gelten die Abweichungen der nächsthöheren Dicke
*) Errechnet mit einer Dichte von 11,34 kg/dm³

Fortsetzung Seite 2

Fachnormenausschuß Nichteisenmetalle im Deutschen Normenausschuß (DNA)

3.2. Abweichung der Schnittkanten von der Geraden

Die zulässige Abweichung der Schnittkanten von der Geraden darf 2 mm je Meter, linear zunehmend mit der Kantenlänge, z. B. 6 mm bei 3 m, betragen.

3.3. Rechtwinkligkeit

Rechtwinkligkeit kann nur für Bleche in Festmaßen gefordert werden.

4. Werkstoff

4.1. für Bleche für das Bauwesen
(bei Bestellung angeben):

Kb-Pb (Werkstoffnummer 2.3131) nach DIN 17 640
Pb99,9 (Werkstoffnummer 2.3040) nach DIN 1719

4.2. für Bleche für andere Verwendungszwecke:

Vorzugsweise Bleisorten nach DIN 1719 und DIN 17 640; die gewünschte Bleisorte ist bei Bestellung anzugeben.
Andere Bleisorten sind bei Bestellung zu vereinbaren.

5. Ausführung

Technische Lieferbedingungen für Bleche aus Blei liegen noch nicht vor. Entsprechende Anforderungen sind besonders zu vereinbaren.

6. Gewichte und zulässige Abweichungen

Die Gewichtsangaben in der Tabelle beziehen sich auf die Nennmaße. Die zulässigen Gewichtsabweichungen ergeben sich aus den zulässigen Abweichungen der Nennmaße und dürfen höchstens $\pm 5\%$ des errechneten Gewichts betragen.

7. Lieferart

7.1. Herstellmaße

Die Bleche werden in Rollen (Wickelbunden) geliefert, vorzugsweise mit einem Gewicht von etwa 50 kg oder 100 kg. Das Gewicht ist bei Bestellung anzugeben.

7.2. Festmaße

Werden die Bleche in Festmaßen (Festbreite und Festlänge) gewünscht, so ist dies bei der Bestellung besonders anzugeben. Zur Kennzeichnung muß dann hinter die Länge „fest" gesetzt werden.

7.3. Bestellbeispiele

für Bleche in Herstellmaßen:

5 Rollen Bleche von 1 mm Dicke, 500 mm Herstellbreite aus der Bleisorte mit dem Kurzzeichen Pb99,9 oder der Werkstoffnummer 2.3040 und je 50 kg Gewicht:

5 Rollen Blech 1 × 500 DIN 59 610 − Pb99,9 je 50 kg

oder

5 Rollen Blech 1 × 500 DIN 59 610 − 2.3040 je 50 kg

für Bleche in Festmaßen:

5 Rollen Bleche von 0,75 mm Dicke, 375 mm Festbreite und 825 mm Festlänge aus der Bleisorte mit dem Kurzzeichen Pb99,9 oder der Werkstoffnummer 2.3040:

5 Rollen Blech 0,75 × 375 × 825 fest DIN 59 610 − Pb99,9

oder

5 Rollen Blech 0,75 × 375 × 825 fest DIN 59 610 − 2.3040

8. Kennzeichnung

Bleche nach dieser Norm sind deutlich erkennbar und dauerhaft mit folgenden Angaben zu kennzeichnen:

Blechdicke, Rollengewicht — oder bei Festmaßen: Festbreite und Festlänge — Verbandszeichen DIN nach DIN 31, Herstellerzeichen.

Aluminium und Aluminiumlegierungen
Bänder, Bleche und Platten
Teil 1: Technische Lieferbedingungen
Deutsche Fassung EN 485-1 : 1993

DIN
EN 485
Teil 1

Aluminium and aluminium alloys; Sheet, strip and plate; Part 1: Technical conditions for inspection and delivery;
German version EN 485-1 : 1993

Aluminium et alliages d'aluminium; Tôles, bandes et tôles épaisses;
Partie 1: Conditions techniques de contrôle et de livraison;
Version allemande EN 485-1 : 1993

Ersatz für
DIN 1745 T2/02.83

Die Europäische Norm EN 485-1 : 1993 hat den Status einer Deutschen Norm.

Nationales Vorwort

Diese Europäische Norm EN 485-1 : 1993 ist vom Technischen Komitee CEN/TC 132 „Aluminium und Aluminiumlegierungen" (Sekretariat: Frankreich) ausgearbeitet worden.

Das zuständige deutsche Normungsgremium ist der Arbeitsausschuß FNNE-2.7 „Bänder, Bleche, Platten" des Normenausschusses Nichteisenmetalle (FNNE) im DIN Deutsches Institut für Normung e.V.

Für die im Abschnitt 2 zitierten Europäischen Normen, soweit die Norm-Nummer geändert ist, und Internationalen Normen wird im folgenden auf die entsprechenden Deutschen Normen hingewiesen:

EN 10204   siehe DIN 50049

ISO 6506   siehe DIN 50351

ISO 6507-1   siehe DIN 50133

ISO 6507-2   siehe DIN 50133

ISO 7438   siehe DIN 50111

ISO 8490   siehe DIN 50101 Teil 1

Fortsetzung Seite 2
und 7 Seiten EN-Norm

Normenausschuß Nichteisenmetalle (FNNE) im DIN Deutsches Institut für Normung e.V.

Zitierte Normen

— in der Deutschen Fassung:
Siehe Abschnitt 2

— in nationalen Zusätzen:

DIN 50 049	Metallische Erzeugnisse; Arten von Prüfbescheinigungen; Deutsche Fassung EN 10 204 : 1991
DIN 50 101 Teil 1	Prüfung metallischer Werkstoffe; Tiefungsversuch an Blechen und Bändern mit einer Breite $\geq$ 90 mm (nach Erichsen), Dickenbereich: 0,2 mm bis 2 mm
DIN 50 111	Prüfung metallischer Werkstoffe; Technologischer Biegeversuch (Faltversuch)
DIN 50 133	Prüfung metallischer Werkstoffe; Härteprüfung nach Vickers; Bereich HV 0,2 bis HV 100
DIN 50 155	Prüfung metallischer Werkstoffe; Zipfelprüfung durch Näpfchenziehversuch für Bleche, Bänder oder Streifen aus Nichteisenmetallen mit einer Dicke von 0,1 mm bis 3 mm
DIN 50 351	Prüfung metallischer Werkstoffe; Härteprüfung nach Brinell

Frühere Ausgaben

DIN 1745 Teil 2: 01.62x, 12.68, 02.83
DIN 1745 Teil 3: 12.68
DIN 1788: 06.37, 05.54

Änderungen

Gegenüber DIN 1745 T 2/02.83 wurden folgende Änderungen vorgenommen:

a) Erweiterung des Anwendungsbereiches mit der Aufnahme von Dicken über 0,20 mm.
b) Vollständige Übernahme der Festlegungen der Europäischen Norm.
c) Redaktionelle Überarbeitung unter europäischen Gesichtspunkten.

Internationale Patentklassifikation

C 22 C 021/00
B 21 B 001/22
G 01 B 021/00
G 01 N 033/20

EUROPÄISCHE NORM
EUROPEAN STANDARD
NORME EUROPÉENNE

EN 485-1

Oktober 1993

DK 669.71-41 : 669.715.018.26 : 620.1

Deskriptoren: Aluminium, Aluminiumlegierung, Band, Bestellung, Blech, Halbzeug, Kontrolle, Konformitätsprüfung, Lieferung, Prüfung

Deutsche Fassung

Aluminium und Aluminiumlegierungen
Bänder, Bleche und Platten
Teil 1: Technische Lieferbedingungen

Aluminium and aluminium alloys — Sheet, strip and plate — Part 1: Technical conditions for inspection and delivery

Aluminium et alliages d'aluminium — Tôles, bandes et tôles épaisses — Partie 1: Conditions techniques de contrôle et de livraison

Diese Europäische Norm wurde von CEN am 1993-10-08 angenommen.

Die CEN-Mitglieder sind gehalten, die CEN/CENELEC-Geschäftsordnung zu erfüllen, in der die Bedingungen festgelegt sind, unter denen dieser Europäischen Norm ohne jede Änderung der Status einer nationalen Norm zu geben ist.

Auf dem letzten Stand befindliche Listen dieser nationalen Normen mit ihren bibliographischen Angaben sind beim Zentralsekretariat oder bei jedem CEN-Mitglied auf Anfrage erhältlich.

Diese Europäische Norm besteht in drei offiziellen Fassungen (Deutsch, Englisch, Französisch). Eine Fassung in einer anderen Sprache, die von einem CEN-Mitglied in eigener Verantwortung durch Übersetzung in seine Landessprache gemacht und dem Zentralsekretariat mitgeteilt worden ist, hat den gleichen Status wie die offiziellen Fassungen.

CEN-Mitglieder sind die nationalen Normungsinstitute von Belgien, Dänemark, Deutschland, Finnland, Frankreich, Griechenland, Irland, Island, Italien, Luxemburg, Niederlande, Norwegen, Österreich, Portugal, Schweden, Schweiz, Spanien und dem Vereinigten Königreich.

CEN

EUROPÄISCHES KOMITEE FÜR NORMUNG
European Committee for Standardization
Comité Européen de Normalisation

Zentralsekretariat: rue de Stassart 36, B-1050 Brüssel

Ref.-Nr. EN 485-1 : 1993 D

Inhalt

Vorwort

Diese Europäische Norm wurde vom CEN/TC 132 "Aluminium und Aluminiumlegierungen" erarbeitet, dessen Sekretariat von AFNOR betreut wird.

Im Rahmen seines Arbeitsprogrammes hat das Technische Komitee CEN/TC 132 die CEN/TC 132/WG 7 "Bänder, Bleche und Platten" mit der Ausarbeitung der folgenden Norm beauftragt:

EN 485-1   Aluminium und Aluminiumlegierungen — Bänder, Bleche und Platten — Teil 1: Technische Lieferbedingungen

Diese Norm ist Teil einer Reihe von 4 Normen. Die anderen Normen lauten wie folgt:

EN 485-2   Aluminium und Aluminiumlegierungen — Bänder, Bleche und Platten — Teil 2: Mechanische Eigenschaften

EN 485-3   Aluminium und Aluminiumlegierungen — Bänder, Bleche und Platten — Teil 3: Grenzabmaße und Formtoleranzen für warmgewalzte Erzeugnisse

EN 485-4   Aluminium und Aluminiumlegierungen — Bänder, Bleche und Platten — Teil 4: Grenzabmaße und Formtoleranzen für kaltgewalzte Erzeugnisse

Diese Europäische Norm muß den Status einer nationalen Norm erhalten, etweder durch Veröffentlichung eines identischen Textes oder durch Anerkennung bis April 1994, und etwaige entgegenstehende nationale Normen müssen bis April 1994 zurückgezogen werden.

Die Norm wurde angenommen, und entsprechend der CEN/CENELEC-Geschäftsordnung sind folgende Länder gehalten, diese Europäische Norm zu übernehmen:

Belgien, Dänemark, Deutschland, Finnland, Frankreich, Griechenland, Irland, Island, Italien, Luxemburg, Niederlande, Norwegen, Österreich, Portugal, Schweden, Schweiz, Spanien und das Vereinigte Königreich.

1 Anwendungsbereich

Diese Norm legt die Technischen Lieferbedingungen für Bänder, Bleche und Platten aus Aluminium und Aluminium-Knetlegierungen für allgemeine Verwendungen fest. Sie gilt für Erzeugnisse mit einer Dicke über 0,20 mm bis 200 mm.

Sie gilt nicht für Vorwalzbänder und nicht für Sonderanwendungen wie beispielsweise Luft- und Raumfahrt, Herstellung von Dosen und Verschlüssen, Wärmeaustauscher usw., welche Gegenstand besonderer Europäischer Normen sind.

2 Normative Verweisungen

Diese Europäische Norm enthält durch datierte oder undatierte Verweisungen Festlegungen aus anderen Publikationen. Diese normativen Verweisungen sind an den jeweiligen Stellen im Text zitiert und die Publikationen sind nachstehend aufgeführt. Bei datierten Verweisungen gehören spätere Änderungen oder Überarbeitungen dieser Publikationen nur zu dieser Europäischen Norm, falls sie durch Änderung oder Überarbeitung eingearbeitet sind. Bei undatierten Verweisungen gilt die letzte Ausgabe der in Bezug genommenen Publikation.

EN 485-2	Aluminium und Aluminiumlegierungen — Bänder, Bleche und Platten — Teil 2: Mechanische Eigenschaften
EN 485-3	Aluminium und Aluminiumlegierungen — Bänder, Bleche und Platten — Teil 3: Grenzabmaße und Formtoleranzen für warmgewalzte Erzeugnisse
EN 485-4	Aluminium und Aluminiumlegierungen — Bänder, Bleche und Platten — Teil 4: Grenzabmaße und Formtoleranzen für kaltgewalzte Erzeugnisse
EN 515	Aluminium und Aluminiumlegierungen — Halbzeug-Bezeichnungen der Werkstoffzustände
EN 573-3	Aluminium und Aluminiumlegierungen — Chemische Zusammensetzung und Form von Halbzeug — Teil 3: Chemische Zusammensetzung
EN 2004-1	Luft- und Raumfahrt — Prüfverfahren für Erzeugnisse aus Aluminium und Aluminiumlegierungen — Teil 1: Bestimmung der elektrischen Leitfähigkeit von Aluminium-Knetlegierungen
EN 10002-1	Metallische Werkstoffe — Zugversuch — Teil 1: Prüfverfahren (bei Raumtemperatur)
EN 10204	Metallische Erzeugnisse — Arten von Prüfbescheinigungen
ISO 6506	Metallische Werkstoffe — Härteprüfung — Brinell-Prüfung
ISO 6507-1	Metallic materials — Hardness test — Vickers test — Part 1: HV 5 to HV 100
ISO 6507-2	Metallic materials — Hardness test — Vickers test — Part 2: HV 0,2 to less than HV 5
ISO 7438	Metallic materials — Bend test
ISO 8490	Metallic materials — Sheet and strip — Modified Erichsen cupping test

3 Definitionen

Für die Anwendung dieser Norm gelten die folgenden Definitionen:

3.1 Blech

Flachgewalztes Erzeugnis mit rechteckigem Querschnitt, einer gleichmäßigen Dicke über 0,20 mm, das in geraden Stücken (d. h. flach), üblicherweise mit beschnittenen bzw. gesägten Kanten geliefert wird. Die Dicke beträgt nicht mehr als $^1/_{10}$ der Breite.

ANMERKUNG 1: Erzeugnisse, die rollgeformt, geprägt (z. B. mit Streifen-, Riffel-, Karo-, Tropfen-, Knopf- und Rautenmustern), beschichtet, gelocht, oder mit abgerundeten Kanten versehen sind, werden als Blech eingestuft, wenn sie aus einem mit der obigen Definition übereinstimmenden Erzeugnis stammen.

ANMERKUNG 2: In einigen Ländern wird "Blech" mit einer Dicke über 6 mm "Platte" genannt.

3.2 Band

Flachgewalztes Erzeugnis mit rechteckigem Querschnitt und einer gleichbleibenden Dicke über 0,20 mm, das aufgerollt, üblicherweise mit besäumten Kanten geliefert wird. Die Dicke beträgt nicht mehr als $^1/_{10}$ der Breite.

ANMERKUNG 1: Erzeugnisse, die rollgeformt, geprägt (z. B. mit Streifen-, Riffel-, Karo-, Tropfen-, Knopf- und Rautenmustern), beschichtet, gelocht, oder mit abgerundeten Kanten versehen sind, werden als Band eingestuft, wenn sie aus einem mit der obigen Definition übereinstimmenden Erzeugnis stammen.

ANMERKUNG 2: "Band" wird manchmal "coil" genannt.

3.3 Warmgewalztes Blech und Band

Blech oder Band mit einer durch Warmwalzen erzielten Enddicke.

3.4 Kaltgewalztes Blech und Band

Blech oder Band mit einer durch Kaltwalzen erzielten Enddicke.

3.5 Prüflos

Bei der Prüfung wird die Lieferung in Lose aufgeteilt. Ein Los besteht aus Erzeugnissen des gleichen Reinheitsgrades oder der gleichen Legierung, Form, des gleichen metallurgischen Zustandes, mit gleicher Dicke oder gleichem Querschnitt und aus gleichartiger Fertigung.

3.6 Wärmebehandlungscharge

Eine Erzeugnismenge des gleichen Reinheitsgrades oder der gleichen Legierung, mit gleicher Form, Dicke oder gleichem Querschnitt, gleichartiger Fertigung, die in einer Ofencharge wärmebehandelt wurde. Oder aber Erzeugnisse die auf diese Art einer Lösungsglühung und dann in derselben Ofencharge einer Auslagerungsbehandlung unterzogen wurden. Eine Auslagerungscharge kann aus mehreren Lösungsglühchargen bestehen.

Im Falle einer Wärmebehandlung in einem Durchlaufofen können die während einer Zeitspanne bis zu 8 Stunden behandelten Erzeugnisse als zu derselben Wärmebehandlungscharge gehörend angesehen werden [1].

3.7 Prüfeinheit

Eine oder mehrere aus einem Prüflos stammende Erzeugniseinheiten.

3.8 Probenabschnitt

Ein oder mehrere aus jeder Prüfeinheit entnommenen Materialabschnitte zur Herstellung von Proben.

---

[1] Diese Acht-Stunden-Grenze darf bei Blechen mit großer Dicke, die in einem Durchlaufofen einem Lösungsglühen unterzogen werden, überschritten werden.

3.9 Probe

Teil eines Probenabschnittes für die Prüfung passend vorbereitet.

3.10 Prüfung

Ein Vorgang, dem die Probe unterzogen wird, um Eigenschaften festzustellen.

4 Bestellungen oder Angebote

Die Bestellung oder das Angebot muß das erforderliche Erzeugnis festlegen und folgende Angaben enthalten:

a) Form und Art des Erzeugnisses:
   - die Form des Erzeugnisses (Blech, Band, Platte, usw.);
   - die Bezeichnung des Aluminiums oder der Aluminium-Knetlegierung;
   - wenn beim Kunden eine dekorative Anodisierung vorgesehen ist, muß das ausdrücklich in der Bestellung angegeben werden. In allen anderen Fällen wird empfohlen, die vom Kunden vorgesehene Verwendung anzugeben;

b) den metallurgischen Lieferzustand des Werkstoffs nach EN 515 und falls abweichend, den metallurgischen Zustand bei der Verwendung;

c) die Nummer der vorliegenden Europäischen Norm oder eine Spezifikationsnummer oder mangels dessen die zwischen dem Lieferer und den Kunden vereinbarten Eigenschaften;

d) die Maße und Form des Erzeugnisses:
   - Dicke;
   - Breite;
   - Länge (in Walzrichtung);
   - Innen- und Außendurchmesser der Bänder;
   - ANMERKUNG: Sofern keine gegenteilige Angabe erfolgt, ist bei Blechen die Länge das größte Maß;

e) die Grenzabmaße und Formtoleranzen mit Verweis auf die entsprechende Europäische Norm;

f) die Menge:
   - Gewicht bzw. Stückzahl;
   - Grenz-Mengenabweichungen, wenn erforderlich;

g) alle Anforderungen für Prüfbescheinigungen;

h) alle zwischen dem Lieferer und Kunden vereinbarten Sondervorschriften:
   - Kennzeichnung der Erzeugnisse;
   - Verweisungen auf Zeichnungen usw;

i) bei Erzeugnissen, welche vom Kunden einer dekorativen Anodisierung unterzogen werden, muß die Bestellung außerdem folgende Angaben enthalten:
   - die vorgesehene besondere Oberflächenbehandlung (nach der entsprechenden EN-Norm);
   - ob ein dekorativer Effekt nach der Anodisierung auf beiden Seiten erforderlich ist und, falls nur eine Seite betroffen ist, die Lage dieser Seite bei dem Band (Innen- oder Außenseite des Bandes) oder bei dem Blech bzw. der Platte (Oberseite oder Unterseite).

Es wird auch empfohlen, Erzeugnisse, die für eine bestimmte Gesamtfläche eingesetzt werden sollen (z. B. eine Fassade), aus einer einzigen Charge zu bestellen.

5 Anforderungen

5.1 Fertigungsverfahren

Sofern keine anderslautenden Abmachungen in der Bestellung vereinbart werden, sind die Fertigungsverfahren

dem Ermessen des Herstellers überlassen. Außer bei einem ausdrücklichen Hinweis in der Bestellung unterliegt der Hersteller keiner Verpflichtung zum Einsatz derselben Verfahren bei späteren Bestellungen gleicher Art.

5.2 Qualitätsprüfung

Der Lieferer ist für die Durchführung aller, nach der entsprechenden Europäischen Norm und/oder Sonderspezifikation, erforderlichen Prüfungen vor dem Versand der Erzeugnisse verantwortlich.

Wenn der Kunde die Erzeugnisse im Werk des Lieferers einer Prüfung unterziehen will, so muß er dies dem Lieferer bei der Auftragserteilung mitteilen.

5.3 Chemische Zusammensetzung

Die chemische Zusammensetzung muß mit der in EN 573-3 aufgeführten Zusammensetzung übereinstimmen.

Wenn der Kunde Grenzen für nicht in der vorgenannten Norm spezifizierte Elemente angibt, so müssen diese Grenzen in der Bestellung nach Absprache zwischen dem Lieferer und dem Kunden aufgeführt werden.

5.4 Mechanische Eigenschaften

Die mechanischen Eigenschaften müssen mit den in der Norm EN 485-2 oder den zwischen dem Lieferer und dem Kunden vereinbarten und in der Bestellung genau aufgeführten Eigenschaften übereinstimmen.

5.5 Fehlerfreiheit

Die Erzeugnisse müssen frei von Fehlern sein, die die Anwendung unter angemessenen Einsatzbedingungen beeinträchtigen.

Die gewalzten Oberflächen müssen glatt und sauber sein. Kleinere Oberflächenfehler wie beispielsweise geringfügige Streifen, Kratzer, Riefen, Schieferstellen, Längsstreifen, Walzenschläge, Verfärbungen sowie eine etwas ungleichmäßige Oberflächenbeschaffenheit, aus den Wärmebehandlungen resultierend, usw. die nicht immer ganz zu vermeiden sind, werden üblicherweise auf beiden Seiten des Erzeugnisses zugelassen.

Obwohl keinerlei Maßnahme zum Verdecken eines Fehlers erlaubt ist, ist die Beseitigung eines Oberflächenfehlers (Verputzen) gestattet, sofern die Grenzabmaße und die Werkstoffeigenschaften weiterhin mit den Spezifikationen übereinstimmen.

Bei Erzeugnissen, die für eine dekorative Anodisierung bestimmt sind, dürfen die Oberflächenfehler (Verfärbungen, mechanische oder strukturmäßige Fehler) nicht einen Grad erreichen, der den dekorativen Effekt nach der vereinbarten Oberflächenbehandlung beeinträchtigen könnte. Grenzproben können zwischen dem Lieferer und dem Kunden vereinbart werden.

5.6 Grenzabmaße und Formtoleranzen

Die Grenzabmaße und Formtoleranzen müssen mit den nachstehend aufgeführten Europäischen Normen übereinstimmen:

EN 485-3: Warmgewalzte Bänder, Bleche und Platten;

EN 485-4: Kaltgewalzte Bänder, Bleche und Platten.

Sofern keine anderslautenden Vereinbarungen getroffen worden sind, darf der Kunde nur die Erzeugnisse verweigern, deren Maße nicht mit den spezifizierten Grenzabmaßen und Formtoleranzen übereinstimmen.

5.7 Sonstige Eigenschaften

Zusätzliche Anforderungen wie Härte, Biegefähigkeit, Isotropie usw. müssen zwischen dem Lieferer und dem Kunden vereinbart und in der Bestellung angegeben werden.

6 Prüfvorgang

6.1 Probenahme

6.1.1 Chemische Analyse

Die Proben für die chemische Analyse müssen beim Gießen entnommen werden. Ihre Form und die Herstellungsbedingungen (Ausbildung der Form, Abkühlungsgeschwindigkeit, Gewicht usw.) müssen so gewählt werden, daß eine gleichmäßige Zusammensetzung und eine einwandfreie Abstimmung auf das Analyseverfahren sichergestellt sind.

6.1.2 Probenabschnitte für mechanische Prüfungen

6.1.2.1 Lage und Größe

Die Entnahme der Probenabschnitte von den Prüfeinheiten muß so erfolgen, daß die Proben im Vergleich zum Erzeugnis nach den Festlegungen von 6.1.2.2 ausgerichtet werden können.

Die Probenabschnitte müssen eine ausreichende Größe aufweisen, damit die zur Durchführung der vorgeschriebenen Prüfungen notwendigen Proben hergestellt und Proben für eventuell notwendige Gegenproben gefertigt werden können.

6.1.2.2 Orientierung der Probenabschnitte

Üblicherweise müssen die Prüfungen in Querrichtung (bzw. Längs-/Querrichtung bei Platten) durchgeführt werden. Wenn die Breite (weniger als 300 mm) nicht zur Herstellung eines Probenabschnittes in Querrichtung ausreicht, können Prüfungen in der Längsrichtung durchgeführt werden.

6.1.2.3 Identifizierung der Probenabschnitte

Jeder Probenabschnitt muß so gekennzeichnet sein, daß jederzeit nach Entnahme die Identifizierung des Erzeugnisses, von dem es entnommen wurde, sowie seine Lage und Orientierung möglich ist. Wenn im Laufe der weiteren Arbeitsgänge das Entfernen der Kennzeichnung unumgänglich ist, muß eine neue Kennzeichnung vor Entfernung der Originalkennzeichnung angebracht werden.

6.1.2.4 Vorbereitung der Probenabschnitte

Die Entnahme der Probenabschnitte von den Prüfeinheiten muß nach Beendigung aller mechanischen Behandlungen und Wärmebehandlungen, denen das Erzeugnis vor der Lieferung unterliegt und welche einen Einfluß auf die mechanischen Eigenschaften des Metalls haben könnten, erfolgen. Falls dies nicht möglich ist, kann die Entnahme der Prüfeinheit oder der Probenabschnitte zu einem früheren Zeitpunkt erfolgen, sie müssen aber der gleichen Behandlung unterliegen, die für das betroffene Erzeugnis vorgesehen ist[2]).

Das Schneiden muß so erfolgen, daß dabei die Eigenschaften der Probenabschnitte, aus denen die Proben vorbereitet werden, nicht verändert werden. Bei den Abmessungen der Proben muß ein entsprechender Bearbeitungszuschlag vorgesehen werden, damit der Schnittbereich entfernt werden kann.

Die Probenabschnitte dürfen weder einer maschinellen Bearbeitung noch einer sonstigen Behandlung, die ihre mechanischen Eigenschaften beeinträchtigen könnten, unterzogen werden. Jedes sich als notwendig erweisende Richten muß mit größter Sorgfalt, vorzugsweise von Hand durchgeführt werden.

6.1.2.5 Anzahl der Probenabschnitte

Sofern keine anderslautende Festlegung getroffen worden ist, muß ein Probenabschnitt von jedem Prüflos unter oder gleich 10 000 kg bzw. von jeder Wärmebehandlungscharge entnommen werden.

Bei Platten oder Bändern über je 10 000 kg ist nur die Entnahme eines einzigen Probenabschnittes je Platte oder Band erforderlich.

6.1.3 Proben für den Zugversuch

6.1.3.1 Identifizierung der Proben

Jede Probe muß so gekennzeichnet werden, daß das Prüflos, von dem sie stammt und falls notwendig, die Lage und Ausrichtung zum Erzeugnis identifiziert werden können.

Wenn eine Probe durch Einschlagen eines Stempels gekennzeichnet wird, darf dies nicht an einer Stelle oder auf eine Weise erfolgen, die eine spätere Prüfung beeinflußt. Wenn sich die Kennzeichnung einer Probe als nicht praktikabel erweist, kann diese Probe mit einem Kennzeichnungsetikett versehen werden[3]).

6.1.3.2 Bearbeitung

Die notwendigen Bearbeitungen müssen so ausgeführt werden, daß es zu keiner Änderung der Materialeigenschaften der Probe kommt.

6.1.3.3 Anzahl der Proben

Es muß eine Probe von jedem Probenabschnitt entnommen werden. Die für die Proben empfohlenen Maße und Formen sind in der EN 10002-1 angegeben.

6.1.3.4 Typ und Lage der Proben

Für Nenndicken kleiner oder gleich 12,5 mm müssen Flachproben verwendet werden. Die Flachprobe muß so vorbereitet werden, daß die beiden gewalzten Seiten ohne Veränderungen beibehalten werden.

Für Nenndicken über 12,5 mm müssen Rundproben verwendet werden.

Für Nenndicken kleiner oder gleich 40 mm, muß die Längsachse der Rundprobe einen Abstand zur Oberfläche aufweisen, der gleich der Hälfte der Dicke ist.

Für Nenndicken über 40 mm, muß die Längsachse der Rundprobe einen Abstand zur Oberfläche aufweisen, der $^1/_4$ der Dicke beträgt.

6.1.4 Proben für sonstige Prüfungen

Für alle sonstigen Prüfungen (Härteprüfung, Anisotropie, Biegeversuch usw.) müssen die Verfahren zwischen Lieferer und Kunden vereinbart werden.

6.2 Prüfverfahren

6.2.1 Chemische Zusammensetzung

Die Analysenverfahren sind dem Ermessen des Lieferer überlassen. In Zweifelsfällen über die chemische Zusammensetzung muß eine Schiedsanalyse erfolgen, die entsprechend den in Europäischen Normen angegebenen Verfahren vorgenommen wird. Die mit Hilfe dieser Verfahren erzielten Ergebnisse müssen akzeptiert werden[4]).

---

[2]) Wenn der Kunde das Material in einen Endzustand bringen will, der von dem "Lieferzustand" abweicht, kann er zusätzliche Informationen verlangen. Damit soll festgestellt werden, ob mit diesem Material die im Endzustand spezifizierten Eigenschaften zu erreichen sind. Der Lieferer muß dann nur bestätigen, daß die ausgewählten, unter Laborbedingungen des Lieferers wärmebehandelten Proben, den geforderten Eigenschaften im Endzustand genügen.

[3]) Andere Verfahren, wie z. B. der Einsatz spezieller Behälter, können auch zur Identifizierung der Proben eingesetzt werden.

[4]) Bei der Analyse von dicken Platten können Schwankungen in der Zusammensetzung senkrecht zur Dicke festgestellt werden.

6.2.2 Zugversuch

Der Zugversuch muß in Übereinstimmung mit der EN 10002-1 durchgeführt werden.

6.2.3 Prüfung der Maßabweichungen

Die Maße müssen mit Hilfe von Meßzeugen mit der für die Maße und die Grenzabmaße erforderlichen Genauigkeit gemessen werden.

Alle Maße müssen bei Umgebungstemperatur der Werkshallen oder des Labors geprüft werden; im Streitfalle bei einer Temperatur zwischen 15 °C und 25 °C.

6.2.4 Oberflächenbeschaffenheit

Sofern keine anderslautende Vereinbarung getroffen wird, hat die Oberflächenprüfung an den Erzeugnissen vor der Lieferung ohne Einsatz von Vergrößerungsgeräten zu erfolgen.

Bei Erzeugnissen, die für die Anodisierung bestimmt sind, wird empfohlen, daß der Hersteller vor der Lieferung eine Eignungsprüfung bezüglich Anodisierbarkeit vornimmt. Die Häufigkeit und die Prüfbedingungen sollten zwischen dem Hersteller und dem Kunden vereinbart werden.

6.2.5 Sonstige Prüfungen

Wenn sonstige mechanische oder physikalische Prüfungen benötigt werden, müssen diese zwischen dem Lieferer und dem Kunden vereinbart werden. Die Durchführung dieser Prüfungen hat nach bestehenden Europäischen Normen zu erfolgen, bzw. ist zwischen Lieferer und Kunden zu vereinbaren. Nachfolgende Normen können hierbei als Referenz dienen:

— Brinell-Härte (HBS) darf nach ISO 6506 gemessen werden;

— Vickers-Härte (HV) darf nach ISO 6507 Teil 1 oder Teil 2 gemessen werden;

— Biegeversuch: Prüfung darf nach ISO 7438 durchgeführt werden;

— elektrische Leitfähigkeit darf nach EN 2004-1 gemessen werden;

— Zipfelprüfung: Prüfung darf in Übereinstimmung mit der entsprechenden Europäischen Norm durchgeführt werden;

— Erichsen-Versuch: Prüfung darf nach ISO 8490 durchgeführt werden.

6.3 Wiederholungsprüfungen

6.3.1 Mechanische Eigenschaften

Wenn irgendeine der ersten Proben nicht den Anforderungen der mechanischen Prüfungen genügt, muß wie folgt verfahren werden:

— wenn ein Fehler klar identifiziert wird, sei es in der Vorbereitung der Probe oder im Prüfverfahren, wird das Ergebnis nicht berücksichtigt und die Prüfung wird wie ursprünglich vorgeschrieben neu durchgeführt.

— wenn dies nicht der Fall ist, werden zwei zusätzliche Probenabschnitte vom Prüflos entnommen werden, wobei einer dieser Probenabschnitte von der gleichen Prüfeinheit (Blech, Band usw.) von der ursprünglichen Probenabschnitt stammt, entnommen werden muß, es sei denn, daß der Lieferer diese Prüfeinheit bei der Lieferung zurückgezogen hat.

Wenn die beiden von den zusätzlichen Prüfeinheiten stammenden Proben die Anforderungen erfüllen, gilt das Los, das die darstellen, als mit den Anforderungen der vorliegenden Europäischen Norm übereinstimmend.

Wenn eine dieser Proben nicht die Anforderungen erfüllt:

— gilt das Prüflos als nicht mit den Anforderungen der vorliegenden Europäischen Norm übereinstimmend;

— oder, wenn dies möglich ist, kann das Los einer bzw. mehreren zusätzlichen Wärmebehandlungen unterzogen und dann nochmals als neues Prüflos geprüft werden.

6.3.2 Sonstige Eigenschaften

Die Wiederholungsprüfungen für die sonstigen Eigenschaften müssen zwischen dem Lieferer und dem Kunden vereinbart werden.

7 Prüfbescheinigungen

7.1 Allgemeines

Wenn der Kunde dies in der Bestellung vorschreibt, muß der Lieferer eine oder mehrere der folgenden Unterlagen, je nachdem was zutreffend ist, aushändigen.

7.2 Bescheinigungen, erstellt auf der Grundlage von Prüfungen, die von qualifiziertem Personal durchgeführt wurden, das der Fertigungsabteilung und/oder der Qualitätsstelle angehören kann

7.2.1 Werksbescheinigung

Hierbei bestätigt der Hersteller, daß die gelieferten Erzeugnisse entsprechend der Ergebnisse repräsentativer Prüfungen mit den gültigen Normen und eventuell zusätzlich vereinbarten Anforderungen übereinstimmen.

7.2.2 Werkszeugnis

Hierbei bestätigt der Hersteller, daß die gelieferten Erzeugnisse den Vereinbarungen bei der Bestellung entsprechen. Es enthält Angaben über durchgeführte Prüfungen, die an identischen, nach dem gleichen Fertigungsverfahren hergestellten Erzeugnissen vorgenommen worden sind. Die geprüften Erzeugnisse müssen nicht notwendigerweise aus der Lieferung selbst stammen.

7.2.3 Werksprüfzeugnis

Hierbei bestätigt der Hersteller, daß die gelieferten Erzeugnisse den Vereinbarungen bei der Bestellung entsprechen. Es enthält Angaben über die chemische Zusammensetzung, über Ergebnisse der vorgeschriebenen Festigkeitsprüfung und Ergebnisse über andere Prüfungen, die gemäß Bestellung vereinbart wurden. Die Angaben basieren auf Prüfungen, die an Probenabschnitten durchgeführt wurden, die von den auszuliefernden Enderzeugnissen entnommen worden sind. Das Werksprüfzeugnis enthält im allgemeinen Ergebnisse verschiedener, einzelner Prüflose.

7.3 Bescheinigungen, erstellt auf der Grundlage von Prüfungen, die von qualifiziertem Personal durchgeführt oder beaufsichtigt wurden, das von der Fertigungsabteilung unabhängig ist. Die Prüfungen werden an den zu liefernden Erzeugnissen oder an Prüflosen, von denen diese ein Teil sind, entsprechend den in der Bestellung festgelegten Anforderungen, durchgeführt

Abnahmeprüfzeugnisse nach EN 10204:

— "3.1.A": Abnahmeprüfzeugnis, herausgegeben und bestätigt von einem in den amtlichen Vorschriften genannten Sachverständigen, in Übereinstimmung mit diesen und den zugehörigen Technischen Regeln.

— "3.1.B": Abnahmeprüfzeugnis, herausgegeben von einer von der Fertigungsabteilung unabhängigen Abteilung und bestätigt von einem dazu Beauftragten, von der Fertigungsabteilung unabhängigen Sachverständigen des Herstellers.

— "3.1.C": Abnahmeprüfzeugnis, herausgegeben und bestätigt von einem durch den Besteller beauftragten Sachverständigen in Übereinstimmung mit den Lieferbedingungen in der Bestellung.

8 Kennzeichnung der Erzeugnisse

Die Kennzeichnung der Erzeugnisse muß erfolgen, wenn dies zwischen dem Lieferer und dem Kunden vereinbart und in der Bestellung festgelegt worden ist.

Die Kennzeichnung darf die Endverwendung des Erzeugnisses nicht beeinflussen.

9 Verpackung

Sofern keine anderslautende Bestimmung in den Europäischen Normen für spezielle Erzeugnisse festgelegt ist oder in der Bestellung vermerkt wurde, wird die Art der Verpackung vom Lieferer festgelegt. Der Lieferer muß dabei alle geeigneten Vorkehrungen treffen, um sicherzustellen, daß unter üblichen Transportbedingungen die Erzeugnisse in einem für den Einsatz brauchbaren Zustand geliefert werden.

10 Schiedsverfahren

Bei einem Streitfall über die Übereinstimmung mit der vorliegenden Europäischen Norm oder mit der in der Bestellung genannten Spezifikation betrifft, und vor Zurückweisung der Erzeugnisse, müssen von einem, in gegenseitigem Einverständnis zwischen dem Lieferer und dem Kunden, gewählten Schiedssachverständigen Prüfungen durchgeführt werden. Die Entscheidung dieses Schiedssachverständigen ist endgültig.

März 1995

	Aluminium und Aluminiumlegierungen **Bänder, Bleche und Platten** Teil 2: Mechanische Eigenschaften Deutsche Fassung EN 485-2 : 1994	**DIN** **EN 485-2**

ICS 77.120.10; 77.140.90

Deskriptoren: Aluminiumband, Aluminiumblech, Platte, mechanische Eigenschaft

Aluminium and aluminium alloys — Sheet, strip and plate —
Part 2: Mechanical properties; German version EN 485-2 : 1994
Aluminium et alliages d'aluminium — Tôles, bandes et tôles épaisses —
Partie 2: Caractéristiques mécaniques; Version allemande EN 485-2 : 1994

Ersatz für
DIN 1745-1 : 1983-02
und teilweiser
Ersatz für
DIN 1788 : 1983-02

Die Europäische Norm EN 485-2 : 1994 hat den Status einer Deutschen Norm.

Nationales Vorwort

Diese Europäische Norm EN 485-2 : 1994 ist vom Technischen Komitee CEN/TC 132 "Aluminium und Aluminium-legierungen" (Sekretariat: Frankreich) ausgearbeitet worden.

Das zuständige deutsche Normungsgremium ist der Arbeitsausschuß FNNE-2.7 "Bänder, Bleche, Platten" des Normenausschusses Nichteisenmetalle (FNNE) im DIN Deutsches Institut für Normung e.V.

Für die im Abschnitt 2 zitierten Internationalen Normen wird im folgenden auf die entsprechenden Deutschen Normen hingewiesen:

ISO 6506   siehe DIN EN 10003-1

ISO 6507-1 siehe DIN 50133

ISO 6507-2 siehe DIN 50133

ISO 7438   siehe DIN 50111

ISO 9591   siehe LN 65666

Änderungen

Gegenüber DIN 1745-1 : 1983-02 wurden folgende Änderungen vorgenommen:

  a) Vollständige Übernahme der Festlegungen der Europäischen Norm.
  b) Redaktionelle Überarbeitung unter europäischen Gesichtspunkten.
  c) Erweiterung des Anwendungsbereiches mit der Aufnahme von Dicken über 0,20 mm.

Für DIN 1788 : 1983-02 ergibt sich folgende Änderung:

  — Einengung des Anwendungsbereiches auf Dicken von 0,021 mm bis 0,20 mm.

Frühere Ausgaben

DIN 1745: 1938-09, 1947-08, 1951-11, 1959-06
DIN 1788: 1937-06, 1954-05, 1976-12, 1983-02
DIN 17605: 1956-11
DIN 1745-1: 1963-06, 1968-12, 1976-12, 1983-02

Nationaler Anhang NA   (informativ)

Literaturhinweise in nationalen Zusätzen

DIN 50111   Prüfung metallischer Werkstoffe — Technologischer Biegeversuch (Faltversuch)

DIN 50133   Prüfung metallischer Werkstoffe — Härteprüfung nach Vickers — Bereich HV 0,2 bis HV 100

DIN EN 10003-1   Metallische Werkstoffe — Härteprüfung nach Brinell — Teil 1: Prüfverfahren; Deutsche Fassung
                 EN 10003-1 : 1994

LN 65666   Spannungsrißkorrosions-Prüfung von Aluminium-Knetlegierungen für Luftfahrtgerät

Fortsetzung 36 Seiten EN

Normenausschuß Nichteisenmetalle (FNNE) im DIN Deutsches Institut für Normung e.V.

EUROPÄISCHE NORM
EUROPEAN STANDARD
NORME EUROPÉENNE

EN 485-2

November 1994

ICS 77.120.10

Deskriptoren: Aluminium, Aluminumlegierung, Halbzeug, Metallband, Blech, mechanische Eigenschaft, Zugversuch, Biegeversuch, Härteprüfung, elektrische Leitfähigkeit, Korrosionsbeständigkeit

Deutsche Fassung

Aluminium und Aluminiumlegierungen

Bänder, Bleche und Platten
Teil 2: Mechanische Eigenschaften

Aluminium and aluminium alloys — Sheet, strip and plate — Part 2: Mechanical properties

Aluminium et alliages d'aluminium — Tôles, bandes et tôles épaisses — Partie 2: Caractéristiques mécaniques

---

Diese Europäische Norm wurde von CEN am 1994-10-26 angenommen.

Die CEN-Mitglieder sind gehalten, die CEN/CENELEC-Geschäftsordnung zu erfüllen, in der die Bedingungen festgelegt sind, unter denen dieser Europäischen Norm ohne jede Änderung der Status einer nationalen Norm zu geben ist.

Auf dem letzten Stand befindlichen Listen dieser nationalen Normen mit ihren bibliographischen Angaben sind beim Zentralsekretariat oder bei jedem CEN-Mitglied auf Anfrage erhältlich.

Diese Europäische Norm besteht in drei offiziellen Fassungen (Deutsch, Englisch, Französisch). Eine Fassung in einer anderen Sprache, die von einem CEN-Mitglied in eigener Verantwortung durch Übersetzung in seine Landessprache gemacht und dem Zentralsekretariat mitgeteilt worden ist, hat den gleichen Status wie die offiziellen Fassungen.

CEN-Mitglieder sind die nationalen Normungsinstitute von Belgien, Dänemark, Deutschland, Finnland, Frankreich, Griechenland, Irland, Island, Italien, Luxemburg, Niederlande, Norwegen, Österreich, Portugal, Schweden, Schweiz, Spanien und dem Vereinigten Königreich.

CEN

EUROPÄISCHES KOMITEE FÜR NORMUNG
European Committee for Standardization
Comité Européen de Normalisation

Zentralsekretariat: rue de Stassart 36, B-1050 Brüssel

Ref. Nr. EN 485-2 : 1994 D

Inhalt

Vorwort

Diese Europäische Norm wurde vom Technischen Komitee CEN/TC 132 "Aluminium und Aluminiumlegierungen" erarbeitet, dessen Sekretariat von AFNOR betreut wird.

Diese Europäische Norm wurde unter einem Mandat erarbeitet, das die Europäische Kommission und das Sekretariat der Europäische Freihandelszone dem CEN erteilt haben, und unterstützt grundlegende Anforderungen der EG-Richtlinie(n).

Im Rahmen seines Arbeitsprogrammes hat das Technische Komitee CEN/TC 132 die CEN/TC 132/WG 7 "Bänder, Bleche und Platten" mit der Vorbereitung der folgenden Norm beauftragt:

EN 485-2 Aluminium und Aluminiumlegierungen — Bänder, Bleche und Platten — Teil 2: Mechanische Eigenschaften

Diese Norm ist Teil einer Reihe von vier Normen. Die anderen Normen lauten wie folgt:

EN 485-1 Aluminium und Aluminiumlegierungen — Bänder, Bleche und Platten — Teil 1: Technische Lieferbedingungen

EN 485-3 Aluminium und Aluminiumlegierungen — Bänder, Bleche und Platten — Teil 3: Grenzabmaße und Formtoleranzen für warmgewalzte Erzeugnisse

EN 485-4 Aluminium und Aluminiumlegierungen — Bänder, Bleche und Platten — Teil 4: Grenzabmaße und Formtoleranzen für kaltgewalzte Erzeugnisse

Der Anhang A ist normativ und enthält "Rundungsregeln".

Diese Europäische Norm muß den Status einer nationalen Norm erhalten, entweder durch Veröffentlichung eines identischen Textes oder durch Anerkennung bis Mai 1995, und etwaige entgegenstehende nationale Normen müssen bis Mai 1995 zurückgezogen werden.

Entsprechend der CEN/CENELEC-Geschäftsordnung sind folgende Länder gehalten, diese Europäische Norm zu übernehmen:

Belgien, Dänemark, Deutschland, Finnland, Frankreich, Griechenland, Irland, Island, Italien, Luxemburg, Niederlande, Norwegen, Österreich, Portugal, Schweden, Schweiz, Spanien und das Vereinigte Königreich.

1 Anwendungsbereich

Dieser Teil der EN 485 legt die mechanischen Eigenschaften für Bleche, Bänder und Platten aus Aluminium und Aluminium-Knetlegierungen fest, die für allgemeine Verwendungen bestimmt sind.

Er gilt für flachgewalzte Erzeugnisse.

Er gilt nicht für Vorwalzbänder, Spezialerzeugnisse wie z. B. rollgeformte, geprägte oder lackierte Bänder und Bleche, oder Erzeugnisse, die für Spezialanwendungen, wie beispielsweise Luft- und Raumfahrt, Getränkedosen, Wärmeaustauscher usw. eingesetzt werden. Diese werden in gesonderten Europäischen Normen abgehandelt.

Die Systeme für die Bezeichnung dieser Werkstoffe sind in EN 573-1 und EN 573-2 beschrieben. Die Grenzen der chemischen Zusammensetzung sind in EN 573-3 angegeben.

Für alle Legierungen, die nach EN 573-4 der Klasse A zugeordnet sind, sind die Grenzwerte der mechanischen Eigenschaften festgelegt.

Die Bezeichnungen der Werkstoffzustände sind in EN 515 festgelegt.

2 Normative Verweisungen

Diese Europäische Norm enthält durch datierte oder undatierte Verweisungen Festlegungen aus anderen Publikationen. Diese normativen Verweisungen sind an den jeweiligen Stellen im Text zitiert, und die Publikationen sind nachstehend aufgeführt. Bei datierten Verweisungen gehören spätere Änderungen oder Überarbeitungen dieser Publikationen nur zu dieser Europäischen Norm, falls sie durch Änderung oder Überarbeitung eingearbeitet sind. Bei undatierten Verweisungen gilt die letzte Ausgabe der in bezug genommenen Publikation.

EN 485-1
Aluminium und Aluminiumlegierungen — Bänder, Bleche und Platten — Teil 1: Technische Lieferbedingungen

EN 515
Aluminium und Aluminiumlegierungen — Halbzeug — Bezeichnungen der Werkstoffzustände

EN 573-1
Aluminium und Aluminiumlegierungen — Chemische Zusammensetzung und Form von Halbzeug — Teil 1: Numerisches Bezeichnungssystem

EN 573-2
Aluminium und Aluminiumlegierungen — Chemische Zusammensetzung und Form von Halbzeug — Teil 2: Bezeichnungssystem mit chemischen Symbolen

EN 573-3
Aluminium und Aluminiumlegierungen — Chemische Zusammensetzung und Form von Halbzeug — Teil 3: Chemische Zusammensetzung

EN 573-4
Aluminium und Aluminiumlegierungen — Chemische Zusammensetzung und Form von Halbzeug — Teil 4: Erzeugnisformen

EN 2004-1
Luft- und Raumfahrt — Prüfverfahren für Erzeugnisse aus Aluminium und Aluminiumlegierungen — Teil 1: Bestimmung der elektrischen Leitfähigkeit von Aluminium-Knetlegierungen

EN 10002-1
Metallische Werkstoffe — Zugversuch — Teil 1: Prüfverfahren (bei Raumtemperatur)

ISO 6506
Metallic materials — Hardness test — Brinell test

ISO 6507-1
Metallic materials — Hardness test — Vickers test — Part 1: HV 5 to HV 100

ISO 6507-2
Metallic materials — Hardness test — Vickers test — Part 2: HV 0,2 to less than HV 5

ISO 7438
Metallic materials — Bend test

ISO 9591
Corrosion of aluminium alloys — Determination of resistance to stress corrosion cracking

ASTM G34-90
Exfoliation corrosion susceptibility in 2XXX and 7XXX series aluminium alloys (EXCO test)

ASTM G66-86
Visual assessment of exfoliation corrosion susceptibility of 5XXX series aluminium alloys (ASSET test)

3 Zugversuch

Die Auswahl, Vorbereitung und Anzahl der Probenabschnitte und Proben sind in EN 485-1 festgelegt.

Die Prüfung muß in Übereinstimmung mit EN 10002-1 durchgeführt werden, unter Berücksichtigung der folgenden Zusätze:

— die Proben müssen üblicherweise quer (oder längs-/quer) zur Walzrichtung entnommen werden. Wenn die Breite des Erzeugnisses kleiner als 300 mm ist, darf die Prüfung in Längsrichtung durchgeführt werden. In beiden Fällen gelten die in den Tabellen 2 bis 34 festgelegten Werte der mechanischen Eigenschaften;

— es müssen bearbeitete Proben mit rechteckigem oder kreisrundem Querschnitt (je nach Notwendigkeit) verwendet werden;

— bei Dicken bis einschließlich 12,5 mm muß die Probe einen rechteckigen (oder quadratischen) Querschnitt aufweisen. Der Anfangsquerschnitt innerhalb der Versuchslänge muß eine Breite von 12,5 mm aufweisen und die Dicke muß gleich der vollen Dicke des Erzeugnisses sein;

— bei Dicken von 10,0 mm bis einschließlich 12,5 mm können Proben mit kreisrundem Querschnitt verwendet werden. Bei Streitfällen muß jedoch eine Probe mit rechteckigem Querschnitt verwendet werden;

— bei Dicken über 12,5 mm muß die Probe einen kreisrunden Querschnitt mit einem empfohlenen Durchmesser von 10 mm im Anfangsquerschnitt der Versuchslänge aufweisen;

— empfohlene Probenformen mit rechteckigem und kreisrundem Querschnitt sind in den Bildern 1 und 2 dargestellt;

— während der Prüfung zur Bestimmung der Dehngrenze darf die Spannungszunahmegeschwindigkeit 12 MPa/s nicht überschreiten. Nach Entfernung des Dehnungsmeßgerätes kann die Geschwindigkeit erhöht werden, sie darf jedoch 50 % der Länge des Versuchslängenbereiches je Minute nicht überschreiten;

— die Dehnung an Proben mit rechteckigem (oder quadratischem) Querschnitt muß unter Anwendung einer Anfangsmeßlänge von 50 mm gemessen werden;

— die Dehnung an Proben mit kreisrundem Querschnitt muß unter Anwendung einer Anfangsmeßlänge, die gleich $5\,D$ ist, gemessen werden, wobei D der Probendurchmesser der Versuchslänge ist.

— zur Ermittlung der Übereinstimmung mit dieser Norm müssen die Werte der Dehngrenze und der Zugfestigkeit auf das nächste volle MPa und der Bruchdehnungswerte auf jeweils 1 % unter Anwendung der im Anhang A angegebenen Rundungsregeln gerundet werden.

4 Biegeversuch

Bleche, Bänder und Platten müssen je nach Angabe um 90° bzw. 180° kalt über einen Dorn mit einem Radius gleich k mal der Dicke t des Bleches, Bandes oder der Platte (z. B. 2,5 t) gebogen werden können, ohne daß es dabei zu einer Rißbildung kommt. Die empfohlenen Werte der minimalen Biegeradien sind in den Tabellen 2 bis 34 angegeben.

Die Einhaltung dieser Werte und/oder die Durchführung der Prüfung ist nur dann vorgeschrieben, wenn dies bei der Bestellung festgelegt wurde.

Die Prüfung muß in Übereinstimmung mit ISO 7438 durchgeführt werden, unter Berücksichtigung der folgenden Zusätze:

— der Biegeversuch muß an einem Probenabschnitt durchgeführt werden, der neben dem Probenabschnitt für den Zugversuch entnommen wurde;

— die Probe muß in Querrichtung entnommen werden, wobei die Achse, um die gebogen wird, parallel zur Walzrichtung liegt. Falls die Breite des Erzeugnisses kleiner als 150 mm ist, darf die Probe in Walzrichtung entnommen werden;

— die Probe muß mindestens eine Breite von 20 mm, vorzugsweise eine Breite zwischen 40 mm bis 50 mm aufweisen. Für Material mit einer Breite kleiner als 20 mm, muß die Probenbreite gleich der Materialbreite sein;

— die Probenkanten dürfen bearbeitet werden, falls dies nützlich ist. Sie dürfen auf einen Radius von etwa 2 mm gerundet werden.

5 Härteprüfung

Die Härteprüfung kann zur Überprüfung der Einheitlichkeit des Loses von Nutzen sein. Sie darf auch zu einer schnellen halbquantitativen Überprüfung der am Werkstoff durchgeführten Wärmebehandlung herangezogen werden, oder zur Kurzidentifizierung des Werkstoffes dienen. Jedoch ist die Genauigkeit allgemein geringer als beim Zugversuch. Daher kann sie auf keinen Fall den Zugversuch ersetzen.

Die Werte in den Tabellen 2 bis 34 sind charakteristische Brinell-Härtewerte (HBS), die bei einer Prüfung nach ISO 6506 mit einer Stahlkugel von 2,5 mm Durchmesser gelten. Sie sind nur zur Information angegeben.

Falls die Härteprüfung nach Brinell nicht durchführbar ist (weil die Dicke zu gering ist oder ein weicher Zustand vorliegt), kann die Härteprüfung nach Vickers nach ISO 6507-1 oder ISO 6507-2 durchgeführt werden. In diesem Fall liegen die erzielten Werte etwa 10 % höher als die angegebenen Brinellwerte.

In der Tabelle 1 sind zur Orientierung für mehrere HBS-Werte die Mindestdicken angegeben, bei denen die Härteprüfung in Übereinstimmung mit den Vorschriften nach ISO 6506 und unter Anwendung einer Stahlkugel von 2,5 mm Durchmesser und einer Last von 612,9 N gültig ist:

6 Elektrische Leitfähigkeit

Die Messung der elektrischen Leitfähigkeit ist zur Abnahmeprüfung für die Legierung EN AW-7075 in den Zuständen T73 und T76 vorgeschrieben, um die Beständigkeit gegen Spannungsrißkorrosion oder Schichtkorrosion beurteilen zu können.

Der Probenabschnitt zur Bestimmung der elektrischen Leitfähigkeit ist neben dem Probenabschnitt der für den Zugversuch bestimmt ist, zu entnehmen.

Die Messung muß nach dem Wirbelstromverfahren nach EN 2004-1 durchgeführt werden. Die zu verwendenden Eichblöcke müssen zwischen dem Hersteller und dem Kunden vereinbart werden. Die Ergebnisse sind auf den nächsten 0,1 MS/m-Wert unter Einhaltung der im Anhang A festgelegten Rundungsregeln zu runden.

Die Abnahmekriterien sind in der Tabelle 33 angegeben.

7 Beständigkeit gegen Spannungsrißkorrosion

7.1 Platten der Legierung EN AW-7075 in den Zuständen T73 und T7351 mit Dicken über 25 mm dürfen nach der Durchführung einer beschleunigten Spannungsrißkorrosionsprüfung nach ISO 9591 keinerlei Anzeichen von Spannungsrißkorrosion aufweisen.

Für die Anwendung dieser Norm gelten folgende Bestimmungen:

— es sind mindestens drei gleiche, nebeneinanderliegende Proben von jedem Probenabschnitt zu entnehmen und der Prüfung zu unterziehen;

— die Beanspruchung erfolgt durch Wechseltauchen in eine wäßrige Natriumchloridlösung mit 3,5 % Massenanteil;

— die Proben müssen in der Kurz-Querrichtung mit einem Spannungsfaktor gleich 75 % der spezifizierten Dehngrenze belastet werden;

— nach einer minimalen Beanspruchungsdauer von 20 Tagen darf keinerlei auf Spannungsrißkorrosion zurückzuführender Bruch festgestellt werden.

Das Belastungsverfahren (Biegung, einachsige Spannung, C-Ring, usw.), die Form und die Maße der Proben, sowie die Prüfungshäufigkeit sind dem Ermessen des Herstellers überlassen. Der Hersteller muß die Prüfergebnisse aller so geprüften Lose mindestens fünf Jahre aufbewahren und sie zur Einsicht bereithalten.

7.2 Bei Abnahmeprüfungen muß die Beständigkeit gegen Spannungsrißkorrosion für jedes Prüflos bestimmt werden, indem auf die zuvor ausgewählten Zugproben die in der Tabelle 33 angegebenen Kriterien angewandt werden.

Tabelle 1: Mindest-Materialdicke und Härtewerte

Brinellhärte, HBS	30	40	50	60	70	80	90	100
Mindestdicke, mm	2,1	1,6	1,3	1,1	0,91	0,80	0,71	0,64
Brinellhärte, HBS	110	120	130	140	150	160	170	180
Mindestdicke, mm	0,58	0,53	0,49	0,45	0,42	0,40	0,37	0,35

8 Beständigkeit gegen Schichtkorrosion (Legierungen der 5xxx-Serie)

8.1 Die Erzeugnisse aus Legierungen EN AW-5086 und EN AW-5083 in dem Zustand H116 dürfen nach der Durchführung einer beschleunigten Prüfung auf Anfälligkeit gegen Schichtkorrosion nach ASTM G 66-86 keinerlei Anzeichen von Schichtkorrosion aufweisen.

Die Prüfung muß bei Erzeugnissen mit einer Dicke unter 2,5 mm an Proben mit voller Materialdicke durchgeführt werden. Bei Erzeugnissen mit einer Dicke größer oder gleich 2,5 mm, müssen 10 % der Dicke durch Bearbeitung einer der Walzflächen entfernt und beide Flächen, sowohl die bearbeitete Fläche als auch die andere Walzfläche, der Prüfung unterzogen und beurteilt werden.

8.2 Bei Abnahmeprüfungen muß die Annehmbarkeit jedes Prüfloses aus vorgenanntem Werkstoff durch den Hersteller bestimmt werden, wobei eine metallographische Prüfung eines Probenabschnittes je Los durchzuführen ist. Der Probenabschnitt ist dabei auf halber Breite an einem Ende eines stichprobenartig gewählten Bleches, einer Platte oder eines Bandes unter Anwendung des folgenden Verfahrens zu entnehmen:

— ein zur Walzfläche senkrechter und zur Walzrichtung paralleler Schliff muß poliert (vorzugsweise elektrolytisches Polieren) und dann 3 Minuten lang in einer Lösung aus 40 ml 85 %iger Phosphorsäure und 60 ml destilliertem Wasser bei (35 ± 5) °C mikrogeätzt werden;

— die metallographische Prüfung muß mit 500facher Vergrößerung durchgeführt werden;

— die aufgezeigte Mikrostruktur muß weitgehend frei von kontinuierlichen Aluminium-Magnesium-Ausscheidungen an den Korngrenzen sein (Al_3Mg_2).

Die Annehmbarkeit muß durch Vergleich mit vom Hersteller angefertigten Referenz-Mikrophotographien bestimmt werden, die von einwandfreiem Material stammen. Weist die Mikrostruktur eine höhere Menge an Al_3Mg_2-Ausscheidungen auf als die entsprechende Referenz, wird das entsprechende Los entweder zurückgezogen oder einer Prüfung nach ASTM G 66-86 unterzogen.

Die Referenz-Mikrophotographien müssen an einem einwandfreien Werkstoff (nach ASTM G 66-86) für jeden in der Tabelle 27 (EN AW-5086) oder in der Tabelle 26 (EN AW-5083) festgelegten Dickenbereich durchgeführt werden. Die Herstellungsverfahren dürfen nach Erstellung dieser Referenz-Mikrophotographien nicht mehr verändert werden.

Bei jeder wichtigen Änderung des Herstellungsverfahrens, die die Mikrostruktur der Legierung beeinflussen kann, müssen neue Referenz-Mikrophotographien wie oben angegeben erstellt werden.

Der Hersteller muß im Werk alle Unterlagen bezüglich der Durchführung der Referenz-Mikrophotographien und der Herstellungsverfahren aufbewahren.

9 Beständigkeit gegen Schichtkorrosion (Legierungen der 7xxx-Serie)

9.1 Erzeugnisse aus der Legierung EN AW-7075 in den T76-Zuständen dürfen nach Durchführung der unter 9.3 beschriebenen Prüfung keinerlei Anzeichen von Schichtkorrosion aufweisen, die über den Grad EB nach ASTM G 34-86 hinausgehen.

9.2 Bei Abnahmeprüfungen muß die Beständigkeit gegen Schichtkorrosion für jedes Prüflos bestimmt werden, indem auf die zuvor ausgewählten Zugproben und in der Tabelle 33 angegebenen Kriterien angewandt werden.

9.3 Wird die Prüfung zur Prozeßüberwachung regelmäßig durchgeführt, muß sie nach ASTM G 34-86 (EXCO-Prüfung) erfolgen und den nachstehenden Anforderungen genügen:

— die stichprobenartige Entnahme der Probenabschnitte für die Prüfung muß an Material erfolgen, welches mit dem in der Tabelle 33 angeführten Annahmekriterien übereinstimmt. Die Probenabschnitte müssen für jeden in dieser Tabelle angegebenen Dickenbereich entnommen werden;

— die Proben müssen mindestens eine Größe von 50 mm × 100 mm aufweisen, wobei die 50 mm parallel zur Walzrichtung sein müssen. Die Proben müssen die volle Dicke des Materials enthalten, es sei denn, die Dicke ist ≥ 2,5 mm. In diesem Fall müssen 10 % der Dicke durch Bearbeitung der Prüffläche entfernt werden. Bei bearbeiteten Proben ist die bearbeitete Fläche dem Einfluß der Prüflösung auszusetzen und zu beurteilen;

— die Prüfhäufigkeit ist dem Ermessen des Herstellers überlassen. Dieser muß für mindestens fünf Jahre die Ergebnisse aller so geprüften Lose aufbewahren und zur Einsicht bereithalten.

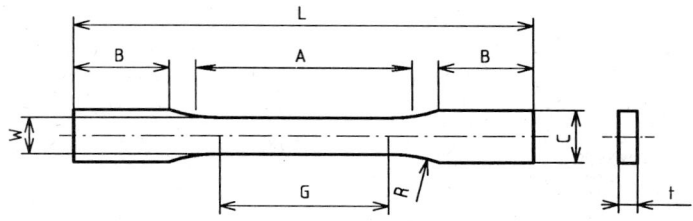

Maße in Millimeter

	Standardprobe
Nennbreite	12,5
G Anfangsmeßlänge	50,0 ± 0,5
W Probenbreite	12,5 ± 0,10
t Probendicke	Materialdicke
R Anschlußradius, min.	12,5
L Gesamtlänge, min.	200
A Versuchslänge, min.	57
B Kopfhöhe, min.	50
C Kopfbreite, ca.	20

Bild 1: Standard-Zugprobe (Flachprobe)

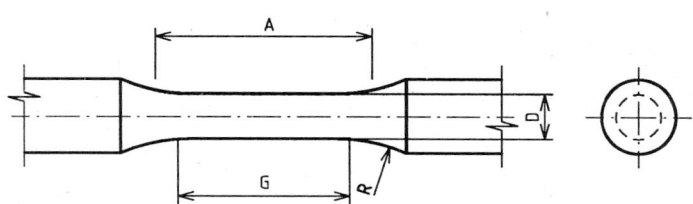

Maße in Millimeter

	Standardprobe	Kleine proportionale Zugprobe		
Nenndurchmesser	10	8	6	4
G Anfangsmeßlänge	50,0 ± 0,5	40,0 ± 0,5	30,0 ± 0,5	20,0 ± 0,5
D Probendurchmesser	10,0 ± 0,10	8,0 ± 0,10	6,0 ± 0,10	4,0 ± 0,05
R Anschlußradius, min.	9	8	6	4
A Versuchslänge, min.	60	48	36	24

Bild 2: Standard-Zugprobe
(Rundprobe mit 10 mm ø und Anfangsmeßlänge 50 mm)
sowie Beispiele von kleinen proportionalen Rundproben

215

Tabelle 2: Aluminium EN AW-1080A [Al 99,8(A)]

Zustand	Nenndicke mm		R_m MPa		$R_{p0,2}$ MPa		Bruchdehnung % min.		Biegeradius[1]		Härte HBS[1]
	über	bis	min.	max.	min.	max.	$A_{50\,mm}$	A	180°	90°	
F[1]	≥ 2,5	25,0	60	—	—	—	—	—	—	—	—
O/H111	0,2	0,5	60	90	15	—	26	—	0 t	0 t	18
	0,5	1,5	60	90	15	—	28	—	0 t	0 t	18
	1,5	3,0	60	90	15	—	31	—	0 t	0 t	18
	3,0	6,0	60	90	15	—	35	—	0,5 t	0,5 t	18
	6,0	12,5	60	90	15	—	35	—	0,5 t	0,5 t	18
H112	≥ 6,0	12,5	70	—	—	—	20	—	—	—	—
	12,5	25,0	70	—	—	—	—	20	—	—	—
H12	0,2	0,5	80	120	55	—	5	—	0,5 t	0 t	26
	0,5	1,5	80	120	55	—	6	—	0,5 t	0 t	26
	1,5	3,0	80	120	55	—	7	—	0,5 t	0,5 t	26
	3,0	6,0	80	120	55	—	9	—	—	1,0 t	26
	6,0	12,5	80	120	55	—	12	—	—	2,0 t	26
H14	0,2	0,5	100	140	70	—	4	—	0,5 t	0 t	32
	0,5	1,5	100	140	70	—	4	—	0,5 t	0,5 t	32
	1,5	3,0	100	140	70	—	5	—	1,0 t	1,0 t	32
	3,0	6,0	100	140	70	—	6	—	—	1,5 t	32
	6,0	12,5	100	140	70	—	7	—	—	2,5 t	32
H16	0,2	0,5	110	150	90	—	2	—	1,0 t	0,5 t	36
	0,5	1,5	110	150	90	—	2	—	1,0 t	1,0 t	36
	1,5	4,0	110	150	90	—	3	—	1,0 t	1,0 t	36
H18	0,2	0,5	125	—	105	—	2	—	—	1,0 t	40
	0,5	1,5	125	—	105	—	2	—	—	2,0 t	40
	1,5	3,0	125	—	105	—	2	—	—	2,5 t	40
H22	0,2	0,5	80	120	50	—	8	—	0,5 t	0 t	26
	0,5	1,5	80	120	50	—	9	—	0,5 t	0 t	26
	1,5	3,0	80	120	50	—	11	—	0,5 t	0,5 t	26
	3,0	6,0	80	120	50	—	13	—	—	1,0 t	26
	6,0	12,5	80	120	50	—	15	—	—	2,0 t	26
H24	0,2	0,5	100	140	60	—	5	—	0,5 t	0 t	31
	0,5	1,5	100	140	60	—	6	—	0,5 t	0,5 t	31
	1,5	3,0	100	140	60	—	7	—	1,0 t	1,0 t	31
	3,0	6,0	100	140	60	—	9	—	—	1,5 t	31
	6,0	12,5	100	140	60	—	11	—	—	2,5 t	31
H26	0,2	0,5	110	150	80	—	3	—	—	0,5 t	35
	0,5	1,5	110	150	80	—	3	—	—	1,0 t	35
	1,5	4,0	110	150	80	—	4	—	—	1,0 t	35

[1] Nur zur Information

Tabelle 3: Aluminium EN AW-1070A [Al 99,7]

Zustand	Nenndicke mm		R_m MPa		$R_{p0,2}$ MPa		Bruchdehnung % min.		Biegeradius[1]		Härte HBS[1]
	über	bis	min.	max.	min.	max.	$A_{50\,mm}$	A	180°	90°	
F [1]	≥ 2,5	25,0	60	—	—	—	—	—	—	—	—
O/H111	0,2	0,5	60	90	15	—	23	—	0 t	0 t	18
	0,5	1,5	60	90	15	—	25	—	0 t	0 t	18
	1,5	3,0	60	90	15	—	29	—	0 t	0 t	18
	3,0	6,0	60	90	15	—	32	—	0,5 t	0,5 t	18
	6,0	12,5	60	90	15	—	35	—	0,5 t	0,5 t	18
H112	≥ 6,0	12,5	70	—	20	—	20	—	—	—	—
	12,5	25,0	70	—	—	—	—	20	—	—	—
H12	0,2	0,5	80	120	55	—	5	—	0,5 t	0 t	26
	0,5	1,5	80	120	55	—	6	—	0,5 t	0 t	26
	1,5	3,0	80	120	55	—	7	—	0,5 t	0,5 t	26
	3,0	6,0	80	120	55	—	9	—	—	1,0 t	26
	6,0	12,5	80	120	55	—	12	—	—	2,0 t	26
H14	0,2	0,5	100	140	70	—	4	—	0,5 t	0 t	32
	0,5	1,5	100	140	70	—	4	—	0,5 t	0,5 t	32
	1,5	3,0	100	140	70	—	5	—	1,0 t	1,0 t	32
	3,0	6,0	100	140	70	—	6	—	—	1,5 t	32
	6,0	12,5	100	140	70	—	7	—	—	2,5 t	32
H16	0,2	0,5	110	150	90	—	2	—	1,0 t	0,5 t	36
	0,5	1,5	110	150	90	—	2	—	1,0 t	1,0 t	36
	1,5	4,0	110	150	90	—	3	—	1,0 t	1,0 t	36
H18	0,2	0,5	125	—	105	—	2	—	—	1,0 t	40
	0,5	1,5	125	—	105	—	2	—	—	2,0 t	40
	1,5	3,0	125	—	105	—	2	—	—	2,5 t	40
H22	0,2	0,5	80	120	50	—	7	—	0,5 t	0 t	26
	0,5	1,5	80	120	50	—	8	—	0,5 t	0 t	26
	1,5	3,0	80	120	50	—	10	—	0,5 t	0,5 t	26
	3,0	6,0	80	120	50	—	12	—	—	1,0 t	26
	6,0	12,5	80	120	50	—	15	—	—	2,0 t	26
H24	0,2	0,5	100	140	60	—	5	—	0,5 t	0 t	31
	0,5	1,5	100	140	60	—	6	—	0,5 t	0,5 t	31
	1,5	3,0	100	140	60	—	7	—	1,0 t	1,0 t	31
	3,0	6,0	100	140	60	—	9	—	—	1,5 t	31
	6,0	12,5	100	140	60	—	11	—	—	2,5 t	31
H26	0,2	0,5	110	150	80	—	3	—	—	0,5 t	35
	0,5	1,5	110	150	80	—	3	—	—	1,0 t	35
	1,5	4,0	110	150	80	—	4	—	—	1,0 t	35

[1] Nur zur Information

Tabelle 4: Aluminium EN AW-1050A [Al 99,5]

Zustand	Nenndicke mm		R_m MPa		$R_{p0,2}$ MPa		Bruchdehnung % min.		Biegeradius[1]		Härte HBS[1]
	über	bis	min.	max.	min.	max.	$A_{50\,mm}$	A	180°	90°	
F[1]	≥ 2,5	150,0	65	—	—	—	—	—	—	—	—
O/H111	0,2	0,5	65	95	20	—	20	—	0 t	0 t	20
	0,5	1,5	65	95	20	—	22	—	0 t	0 t	20
	1,5	3,0	65	95	20	—	26	—	0 t	0 t	20
	3,0	6,0	65	95	20	—	29	—	0,5 t	0,5 t	20
	6,0	12,5	65	95	20	—	35	—	1,0 t	1,0 t	20
	12,5	50,0	65	95	20	—	—	32	—	—	20
H112	≥ 6,0	12,5	75	—	30	—	20	—	—	—	23
	12,5	80,0	70	—	25	—	—	20	—	—	22
H12	0,2	0,5	85	125	65	—	2	—	0,5 t	0 t	28
	0,5	1,5	85	125	65	—	4	—	0,5 t	0 t	28
	1,5	3,0	85	125	65	—	5	—	0,5 t	0,5 t	28
	3,0	6,0	85	125	65	—	7	—	1,0 t	1,0 t	28
	6,0	12,5	85	125	65	—	9	—	—	2,0 t	28
	12,5	40,0	85	125	65	—	—	9	—	—	28
H14	0,2	0,5	105	145	85	—	2	—	1,0 t	0 t	34
	0,5	1,5	105	145	85	—	3	—	1,0 t	0,5 t	34
	1,5	3,0	105	145	85	—	4	—	1,0 t	1,0 t	34
	3,0	6,0	105	145	85	—	5	—	—	1,5 t	34
	6,0	12,5	105	145	85	—	6	—	—	2,5 t	34
	12,5	25,0	105	145	85	—	—	6	—	—	34
H16	0,2	0,5	120	160	100	—	1	—	—	0,5 t	39
	0,5	1,5	120	160	100	—	2	—	—	1,0 t	39
	1,5	4,0	120	160	100	—	3	—	—	1,5 t	39
H18	0,2	0,5	140	—	120	—	1	—	—	1,0 t	42
	0,5	1,5	140	—	120	—	2	—	—	2,0 t	42
	1,5	3,0	140	—	120	—	2	—	—	3,0 t	42
H19	0,2	0,5	150	—	130	—	1	—	—	—	45
	0,5	1,5	150	—	130	—	1	—	—	—	45
	1,5	3,0	150	—	130	—	1	—	—	—	45
H22	0,2	0,5	85	125	55	—	4	—	0,5 t	0 t	27
	0,5	1,5	85	125	55	—	5	—	0,5 t	0 t	27
	1,5	3,0	85	125	55	—	6	—	0,5 t	0,5 t	27
	3,0	6,0	85	125	55	—	11	—	1,0 t	1,0 t	27
	6,0	12,5	85	125	55	—	12	—	—	2,0 t	27
H24	0,2	0,5	105	145	75	—	3	—	1,0 t	0 t	33
	0,5	1,5	105	145	75	—	4	—	1,0 t	0,5 t	33
	1,5	3,0	105	145	75	—	5	—	1,0 t	1,0 t	33
	3,0	6,0	105	145	75	—	8	—	1,5 t	1,5 t	33
	6,0	12,5	105	145	75	—	8	—	—	2,5 t	33
H26	0,2	0,5	120	160	90	—	2	—	—	0,5 t	38
	0,5	1,5	120	160	90	—	3	—	—	1,0 t	38
	1,5	4,0	120	160	90	—	4	—	—	1,5 t	38
H28	0,2	0,5	140	—	110	—	2	—	—	1,0 t	41
	0,5	1,5	140	—	110	—	2	—	—	2,0 t	41
	1,5	3,0	140	—	110	—	3	—	—	3,0 t	41

[1] Nur zur Information

Tabelle 5: Aluminium EN AW-1200 [Al 99,0]

Zustand	Nenndicke mm		R_m MPa		$R_{p0,2}$ MPa		Bruchdehnung % min.		Biegeradius[1]		Härte HBS[1]
	über	bis	min.	max.	min.	max.	$A_{50\,mm}$	A	180°	90°	
F[1]	≥ 2,5	150,0	75	—	—	—	—	—	—	—	—
O/H111	0,2	0,5	75	105	25	—	19	—	0 t	0 t	23
	0,5	1,5	75	105	25	—	21	—	0 t	0 t	23
	1,5	3,0	75	105	25	—	24	—	0 t	0 t	23
	3,0	6,0	75	105	25	—	28	—	0,5 t	0,5 t	23
	6,0	12,5	75	105	25	—	33	—	1,0 t	1,0 t	23
	12,5	50,0	75	105	25	—	—	30	—	—	23
H112	≥ 6,0	12,5	85	—	35	—	16	—	—	—	26
	12,5	80,0	80	—	30	—	—	16	—	—	24
H12	0,2	0,5	95	135	75	—	2	—	0,5 t	0 t	31
	0,5	1,5	95	135	75	—	4	—	0,5 t	0 t	31
	1,5	3,0	95	135	75	—	5	—	0,5 t	0,5 t	31
	3,0	6,0	95	135	75	—	6	—	1,0 t	1,0 t	31
	6,0	12,5	95	135	75	—	8	—	—	2,0 t	31
	12,5	40,0	95	135	75	—	—	8	—	—	31
H14	0,2	0,5	115	155	95	—	2	—	1,0 t	0 t	37
	0,5	1,5	115	155	95	—	3	—	1,0 t	0,5 t	37
	1,5	3,0	115	155	95	—	4	—	1,0 t	1,0 t	37
	3,0	6,0	115	155	95	—	5	—	1,5 t	1,5 t	37
	6,0	12,5	115	155	90	—	6	—	—	2,5 t	37
	12,5	25,0	115	155	90	—	—	6	—	—	37
H16	0,2	0,5	130	170	115	—	1	—	—	0,5 t	42
	0,5	1,5	130	170	115	—	2	—	—	1,0 t	42
	1,5	4,0	130	170	115	—	3	—	—	1,5 t	42
H18	0,2	0,5	150	—	130	—	1	—	—	1,0 t	45
	0,5	1,5	150	—	130	—	2	—	—	2,0 t	45
	1,5	3,0	150	—	130	—	2	—	—	3,0 t	45
H19	0,2	0,5	160	—	140	—	1	—	—	—	48
	0,5	1,5	160	—	140	—	1	—	—	—	48
	1,5	3,0	160	—	140	—	1	—	—	—	48
H22	0,2	0,5	95	135	65	—	4	—	0,5 t	0 t	30
	0,5	1,5	95	135	65	—	5	—	0,5 t	0 t	30
	1,5	3,0	95	135	65	—	6	—	0,5 t	0,5 t	30
	3,0	6,0	95	135	65	—	10	—	1,0 t	1,0 t	30
	6,0	12,5	95	135	65	—	10	—	—	2,0 t	30
H24	0,2	0,5	115	155	90	—	3	—	1,0 t	0 t	37
	0,5	1,5	115	155	90	—	4	—	1,0 t	0,5 t	37
	1,5	3,0	115	155	90	—	5	—	1,0 t	1,0 t	37
	3,0	6,0	115	155	90	—	7	—	—	1,5 t	37
	6,0	12,5	115	155	85	—	9	—	—	2,5 t	36
H26	0,2	0,5	130	170	105	—	2	—	—	0,5 t	41
	0,5	1,5	130	170	105	—	3	—	—	1,0 t	41
	1,5	4,0	130	170	105	—	4	—	—	1,5 t	41

[1] Nur zur Information

Tabelle 6: Legierung EN AW-2014 [Al Cu4SiMg]

Zustand	Nenndicke mm		R_m MPa		$R_{p0,2}$ MPa		Bruchdehnung % min.		Biegeradius[1])		Härte HBS[1])
	über	bis	min.	max.	min.	max.	$A_{50\,mm}$	A	180°	90°	
O	≥ 0,4	1,5	—	220	—	140	12	—	0,5 t	0 t	55
	1,5	3,0	—	220	—	140	13	—	1,0 t	1,0 t	55
	3,0	6,0	—	220	—	140	16	—	—	1,5 t	55
	6,0	9,0	—	220	—	140	16	—	—	2,5 t	55
	9,0	12,5	—	220	—	140	16	—	—	4,0 t	55
	12,5	25,0	—	220	—	—	—	10	—	—	55
T3	≥ 0,4	1,5	395	—	245	—	14	—	—	—	111
	1,5	6,0	400	—	245	—	14	—	—	—	112
T4	≥ 0,4	1,5	395	—	240	—	14	—	3,0 t	3,0 t	110
T451	1,5	6,0	395	—	240	—	14	—	5,0 t	5,0 t	110
[2])	6,0	12,5	400	—	250	—	14	—	—	8,0 t	112
T451	12,5	40,0	400	—	250	—	—	10	—	—	112
	40,0	100,0	395	—	250	—	—	7	—	—	111
T42	≥ 0,4	6,0	395	—	230	—	14	—	—	—	110
	6,0	12,5	400	—	235	—	14	—	—	—	111
	12,5	25,0	400	—	235	—	—	12	—	—	111
T6	≥ 0,4	1,5	440	—	390	—	6	—	—	5,0 t	133
T651	1,5	6,0	440	—	390	—	7	—	—	7,0 t	133
[2])	6,0	12,5	450	—	395	—	7	—	—	10 t	135
T651	12,5	40,0	460	—	400	—	—	6	—	—	138
	40,0	60,0	450	—	390	—	—	5	—	—	135
	60,0	80,0	435	—	380	—	—	4	—	—	131
	80,0	100,0	420	—	360	—	—	4	—	—	126
	100,0	120,0	410	—	350	—	—	4	—	—	123
T62	≥ 0,4	12,5	440	—	390	—	7	—	—	—	133
	12,5	25,0	450	—	395	—	—	6	—	—	135

Wann immer ein neuer Einsatz für diese Legierung beabsichtigt wird und falls dabei bestimmte Eigenschaften wie Korrosionsbeständigkeit, Zähigkeit, Ermüdungsfestigkeit gefordert werden, wird dem Anwender nachdrücklich empfohlen, mit dem Hersteller zwecks sorgfältiger Auswahl des Werkstoffes Rücksprache zu nehmen.

[1]) Nur zur Information

[2]) Beträchtlich geringere Biegeradien können sofort nach dem Lösungsglühen erzielt werden.

Tabelle 7: Legierung EN AW-2017A [Al Cu4MgSi(A)]

Zustand	Nenndicke mm		R_m MPa		$R_{p0.2}$ MPa		Bruchdehnung % min.		Biegeradius[1]		Härte HBS[1]
	über	bis	min.	max.	min.	max.	$A_{50\ mm}$	A	180°	90°	
O	≥ 0,4	1,5	—	225	—	145	12	—	0,5 t	0 t	55
	1,5	3,0	—	225	—	145	14	—	1,0 t	1,0 t	55
	3,0	6,0	—	225	—	145	13	—	—	1,5 t	55
	6,0	9,0	—	225	—	145	13	—	—	2,5 t	55
	9,0	12,5	—	225	—	145	13	—	—	4,0 t	55
	12,5	25,0	—	225	—	145	—	12	—	—	55
T4	≥ 0,4	1,5	390	—	245	—	14	—	3,0 t	3,0 t	110
T451	1,5	6,0	390	—	245	—	15	—	5,0 t	5,0 t	110
[2])	6,0	12,5	390	—	260	—	13	—	—	8,0 t	111
T451	12,5	40,0	390	—	250	—	—	12	—	—	110
	40,0	100,0	385	—	240	—	—	10	—	—	108
	100,0	120,0	370	—	240	—	—	8	—	—	105
	120,0	150,0	350	—	240	—	—	4	—	—	101
T42	≥ 0,4	3,0	390	—	235	—	14	—	—	—	109
	3,0	12,5	390	—	235	—	15	—	—	—	109
	12,5	25,0	390	—	235	—	—	12	—	—	109

Wann immer ein neuer Einsatz für diese Legierung beabsichtigt wird und falls dabei bestimmte Eigenschaften wie Korrosionsbeständigkeit, Zähigkeit, Ermüdungsfestigkeit gefordert werden, wird dem Anwender nachdrücklich empfohlen, mit dem Hersteller zwecks sorgfältiger Auswahl des Werkstoffes Rücksprache zu nehmen.

[1] Nur zur Information

[2] Beträchtlich geringere Biegeradien können sofort nach dem Lösungsglühen erzielt werden.

Tabelle 8: Legierung EN AW-2024 [Al Cu4Mg1]

Zustand	Nenndicke mm		R_m MPa		$R_{p0,2}$ MPa		Bruchdehnung % min.		Biegeradius[1]		Härte HBS[1]
	über	bis	min.	max.	min.	max.	$A_{50\,mm}$	A	180°	90°	
O	≥ 0,4	1,5	—	220	—	140	12	—	0,5 t	0 t	55
	1,5	3,0	—	220	—	140	13	—	2,0 t	1,0 t	55
	3,0	6,0	—	220	—	140	13	—	3,0 t	1,5 t	55
	6,0	9,0	—	220	—	140	13	—	—	2,5 t	55
	9,0	12,5	—	220	—	140	13	—	—	4,0 t	55
	12,5	25,0	—	220	—	—	—	11	—	—	55
T4	≥ 0,4	1,5	425	—	275	—	12	—	4,0 t	—	120
	1,5	6,0	425	—	275	—	14	—	5,0 t	—	120
T3	≥ 0,4	1,5	435	—	290	—	12	—	4,0 t	4,0 t	123
T351	1,5	3,0	435	—	290	—	14	—	4,0 t	4,0 t	123
[2])	3,0	6,0	440	—	290	—	14	—	5,0 t	5,0 t	124
	6,0	12,5	440	—	290	—	13	—	—	8,0 t	124
T351	12,5	40,0	430	—	290	—	—	11	—	—	122
	40,0	80,0	420	—	290	—	—	8	—	—	120
	80,0	100,0	400	—	285	—	—	7	—	—	115
	100,0	120,0	380	—	270	—	—	5	—	—	110
	120,0	150,0	360	—	250	—	—	5	—	—	104
T42	≥ 0,4	6,0	425	—	260	—	15	—	—	—	119
	6,0	12,5	425	—	260	—	12	—	—	—	119
	12,5	25,0	420	—	260	—	—	8	—	—	118
T8	≥ 0,4	1,5	460	—	400	—	5	—	—	5,0 t	138
T851	1,5	6,0	460	—	400	—	6	—	—	7,0 t	138
	6,0	12,5	460	—	400	—	5	—	—	—	138
T851	12,5	25,0	455	—	400	—	—	4	—	—	137
	25,0	40,0	455	—	395	—	—	4	—	—	136
T62	≥ 0,4	12,5	440	—	345	—	5	—	—	—	129
	12,5	25,0	435	—	345	—	—	4	—	—	128

Wann immer ein neuer Einsatz für diese Legierung beabsichtigt wird und falls dabei bestimmte Eigenschaften wie Korrosionsbeständigkeit, Zähigkeit, Ermüdungsfestigkeit gefordert werden, wird dem Anwender nachdrücklich empfohlen, mit dem Hersteller zwecks sorgfältiger Auswahl des Werkstoffes Rücksprache zu nehmen.

[1]) Nur zur Information

[2]) Beträchtlich geringere Biegeradien können sofort nach dem Lösungsglühen erzielt werden.

Tabelle 9: Legierung EN AW-3003 [Al Mn1Cu]

Zustand	Nenndicke mm		R_m MPa		$R_{p0,2}$ MPa		Bruchdehnung % min.		Biegeradius[1]		Härte HBS[1]
	über	bis	min.	max.	min.	max.	$A_{50\,mm}$	A	180°	90°	
F[1]	≥ 2,5	80,0	95	—	—	—	—	—	—	—	—
O/H111	0,2	0,5	95	135	35	—	15	—	0 t	0 t	28
	0,5	1,5	95	135	35	—	17	—	0 t	0 t	28
	1,5	3,0	95	135	35	—	20	—	0 t	0 t	28
	3,0	6,0	95	135	35	—	23	—	1,0 t	1,0 t	28
	6,0	12,5	95	135	35	—	24	—	—	1,5 t	28
	12,5	50,0	95	135	35	—	—	23	—	—	28
H112	≥ 6,0	12,5	115	—	70	—	10	—	—	—	35
	12,5	80,0	100	—	40	—	—	18	—	—	29
H12	0,2	0,5	120	160	90	—	3	—	1,5 t	0 t	38
	0,5	1,5	120	160	90	—	4	—	1,5 t	0,5 t	38
	1,5	3,0	120	160	90	—	5	—	1,5 t	1,0 t	38
	3,0	6,0	120	160	90	—	6	—	—	1,0 t	38
	6,0	12,5	120	160	90	—	7	—	—	2,0 t	38
	12,5	40,0	120	160	90	—	—	8	—	—	38
H14	0,2	0,5	145	185	125	—	2	—	2,0 t	0,5 t	46
	0,5	1,5	145	185	125	—	2	—	2,0 t	1,0 t	46
	1,5	3,0	145	185	125	—	3	—	2,0 t	1,0 t	46
	3,0	6,0	145	185	125	—	4	—	—	2,0 t	46
	6,0	12,5	145	185	125	—	5	—	—	2,5 t	46
	12,5	25,0	145	185	125	—	—	5	—	—	46
H16	0,2	0,5	170	210	150	—	1	—	2,5 t	1,0 t	54
	0,5	1,5	170	210	150	—	2	—	2,5 t	1,5 t	54
	1,5	4,0	170	210	150	—	2	—	2,5 t	2,0 t	54
H18	0,2	0,5	190	—	170	—	1	—	—	1,5 t	60
	0,5	1,5	190	—	170	—	2	—	—	2,5 t	60
	1,5	3,0	190	—	170	—	2	—	—	3,0 t	60
H19	0,2	0,5	210	—	180	—	1	—	—	—	65
	0,5	1,5	210	—	180	—	2	—	—	—	65
	1,5	3,0	210	—	180	—	2	—	—	—	65
H22	0,2	0,5	120	160	80	—	6	—	1,0 t	0 t	37
	0,5	1,5	120	160	80	—	7	—	1,0 t	0,5 t	37
	1,5	3,0	120	160	80	—	8	—	1,0 t	1,0 t	37
	3,0	6,0	120	160	80	—	9	—	—	1,0 t	37
	6,0	12,5	120	160	80	—	11	—	—	2,0 t	37
H24	0,2	0,5	145	185	115	—	4	—	1,5 t	0,5 t	45
	0,5	1,5	145	185	115	—	4	—	1,5 t	1,0 t	45
	1,5	3,0	145	185	115	—	5	—	1,5 t	1,0 t	45
	3,0	6,0	145	185	115	—	6	—	—	2,0 t	45
	6,0	12,5	145	185	110	—	8	—	—	2,5 t	45
H26	0,2	0,5	170	210	140	—	2	—	2,0 t	1,0 t	53
	0,5	1,5	170	210	140	—	3	—	2,0 t	1,5 t	53
	1,5	4,0	170	210	140	—	3	—	2,0 t	2,0 t	53
H28	0,2	0,5	190	—	160	—	2	—	—	1,5 t	59
	0,5	1,5	190	—	160	—	2	—	—	2,5 t	59
	1,5	3,0	190	—	160	—	3	—	—	3,0 t	59

[1] Nur zur Information

Tabelle 10: Legierung EN AW-3103 [Al Mn1]

Zustand	Nenndicke mm über	bis	R_m MPa min.	max.	$R_{p0,2}$ MPa min.	max.	Bruchdehnung % min. $A_{50\,mm}$	A	Biegeradius[1] 180°	90°	Härte HBS[1]
F[1]	≥ 2,5	80,0	90	—	—	—	—	—	—	—	—
O/H111	0,2	0,5	90	130	35	—	17	—	0 *t*	0 *t*	27
	0,5	1,5	90	130	35	—	19	—	0 *t*	0 *t*	27
	1,5	3,0	90	130	35	—	21	—	0 *t*	0 *t*	27
	3,0	6,0	90	130	35	—	24	—	1,0 *t*	1,0 *t*	27
	6,0	12,5	90	130	35	—	28	—	—	1,5 *t*	27
	12,5	50,0	90	130	35	—	—	25	—	—	27
H112	≥ 6,0	12,5	110	—	70	—	10	—	—	—	34
	12,5	80,0	95	—	40	—	—	18	—	—	28
H12	0,2	0,5	115	155	85	—	3	—	1,5 *t*	0 *t*	36
	0,5	1,5	115	155	85	—	4	—	1,5 *t*	0,5 *t*	36
	1,5	3,0	115	155	85	—	5	—	1,5 *t*	1,0 *t*	36
	3,0	6,0	115	155	85	—	6	—	—	1,0 *t*	36
	6,0	12,5	115	155	85	—	7	—	—	2,0 *t*	36
	12,5	40,0	115	155	85	—	—	8	—	—	36
H14	0,2	0,5	140	180	120	—	2	—	2,0 *t*	0,5 *t*	45
	0,5	1,5	140	180	120	—	2	—	2,0 *t*	1,0 *t*	45
	1,5	3,0	140	180	120	—	3	—	2,0 *t*	1,0 *t*	45
	3,0	6,0	140	180	120	—	4	—	—	2,0 *t*	45
	6,0	12,5	140	180	120	—	5	—	—	2,5 *t*	45
	12,5	25,0	140	180	120	—	—	5	—	—	45
H16	0,2	0,5	160	200	145	—	1	—	2,5 *t*	1,0 *t*	51
	0,5	1,5	160	200	145	—	2	—	2,5 *t*	1,5 *t*	51
	1,5	4,0	160	200	145	—	2	—	2,5 *t*	2,0 *t*	51
H18	0,2	0,5	185	—	165	—	1	—	—	1,5 *t*	58
	0,5	1,5	185	—	165	—	2	—	—	2,5 *t*	58
	1,5	3,0	185	—	165	—	2	—	—	3,0 *t*	58
H19	0,2	0,5	200	—	175	—	1	—	—	—	62
	0,5	1,5	200	—	175	—	2	—	—	—	62
	1,5	3,0	200	—	175	—	2	—	—	—	62
H22	0,2	0,5	115	155	75	—	6	—	1,0 *t*	0 *t*	36
	0,5	1,5	115	155	75	—	7	—	1,0 *t*	0,5 *t*	36
	1,5	3,0	115	155	75	—	8	—	1,0 *t*	1,0 *t*	36
	3,0	6,0	115	155	75	—	9	—	—	1,0 *t*	36
	6,0	12,5	115	155	75	—	11	—	—	2,0 *t*	36
H24	0,2	0,5	140	180	110	—	4	—	1,5 *t*	0,5 *t*	44
	0,5	1,5	140	180	110	—	4	—	1,5 *t*	1,0 *t*	44
	1,5	3,0	140	180	110	—	5	—	1,5 *t*	1,0 *t*	44
	3,0	6,0	140	180	110	—	6	—	—	2,0 *t*	44
	6,0	12,5	140	180	110	—	8	—	—	2,5 *t*	44
H26	0,2	0,5	160	200	135	—	2	—	2,0 *t*	1,0 *t*	50
	0,5	1,5	160	200	135	—	3	—	2,0 *t*	1,5 *t*	50
	1,5	4,0	160	200	135	—	3	—	2,0 *t*	2,0 *t*	50
H28	0,2	0,5	185	—	155	—	2	—	—	1,5 *t*	58
	0,5	1,5	185	—	155	—	2	—	—	2,5 *t*	58
	1,5	3,0	185	—	155	—	3	—	—	3,0 *t*	58

[1] Nur zur Information

224

Tabelle 11: Legierung EN AW-3004 [Al Mn1Mg1]

Zustand	Nenndicke mm		R_m MPa		$R_{p0,2}$ MPa		Bruchdehnung % min.		Biegeradius[1])		Härte HBS[1])
	über	bis	min.	max.	min.	max.	$A_{50\,mm}$	A	180°	90°	
F[1])	≥ 2,5	80,0	155	—	—	—	—	—	—	—	—
O/H111	0,2	0,5	155	200	60	—	13	—	0 t	0 t	45
	0,5	1,5	155	200	60	—	14	—	0 t	0 t	45
	1,5	3,0	155	200	60	—	15	—	0,5 t	0 t	45
	3,0	6,0	155	200	60	—	16	—	1,0 t	1,0 t	45
	6,0	12,5	155	200	60	—	16	—	—	2,0 t	45
	12,5	50,0	155	200	60	—	—	14	—	—	45
H12	0,2	0,5	190	240	155	—	2	—	1,5 t	0 t	59
	0,5	1,5	190	240	155	—	3	—	1,5 t	0,5 t	59
	1,5	3,0	190	240	155	—	4	—	2,0 t	1,0 t	59
	3,0	6,0	190	240	155	—	5	—	—	1,5 t	59
H14	0,2	0,5	220	265	180	—	1	—	2,5 t	0,5 t	67
	0,5	1,5	220	265	180	—	2	—	2,5 t	1,0 t	67
	1,5	3,0	220	265	180	—	2	—	2,5 t	1,5 t	67
	3,0	6,0	220	265	180	—	3	—	—	2,0 t	67
H16	0,2	0,5	240	285	200	—	1	—	3,5 t	1,0 t	73
	0,5	1,5	240	285	200	—	1	—	3,5 t	1,5 t	73
	1,5	4,0	240	285	200	—	2	—	—	2,5 t	73
H18	0,2	0,5	260	—	230	—	1	—	—	1,5 t	80
	0,5	1,5	260	—	230	—	1	—	—	2,5 t	80
	1,5	3,0	260	—	230	—	2	—	—	—	80
H19	0,2	0,5	270	—	240	—	1	—	—	—	83
	0,5	1,5	270	—	240	—	1	—	—	—	83
H22/H32	0,2	0,5	190	240	145	—	4	—	1,0 t	0 t	58
	0,5	1,5	190	240	145	—	5	—	1,0 t	0,5 t	58
	1,5	3,0	190	240	145	—	6	—	1,5 t	1,0 t	58
	3,0	6,0	190	240	145	—	7	—	—	1,5 t	58
H24/H34	0,2	0,5	220	265	170	—	3	—	2,0 t	0,5 t	66
	0,5	1,5	220	265	170	—	4	—	2,0 t	1,0 t	66
	1,5	3,0	220	265	170	—	4	—	2,0 t	1,5 t	66
H26/H36	0,2	0,5	240	285	190	—	3	—	3,0 t	1,0 t	72
	0,5	1,5	240	285	190	—	3	—	3,0 t	1,5 t	72
	1,5	3,0	240	285	190	—	3	—	—	2,5 t	72
H28/H38	0,2	0,5	260	—	220	—	2	—	—	1,5 t	79
	0,5	1,5	260	—	220	—	3	—	—	2,5 t	79

[1]) Nur zur Information

225

Tabelle 12: Legierung EN AW-3005 [Al Mn1Mg0,5]

Zustand	Nenndicke mm		R_m MPa		$R_{p0,2}$ MPa		Bruchdehnung % min.		Biegeradius[1])		Härte HBS[1])
	über	bis	min.	max.	min.	max.	$A_{50\,mm}$	A	180°	90°	
F[1])	≥ 2,5	80,0	115	—	—	—	—	—	—	—	—
O/H111	0,2	0,5	115	165	45	—	12	—	0 t	0 t	33
	0,5	1,5	115	165	45	—	14	—	0 t	0 t	33
	1,5	3,0	115	165	45	—	16	—	1,0 t	0,5 t	33
	3,0	6,0	115	165	45	—	19	—	—	1,0 t	33
H12	0,2	0,5	145	195	125	—	3	—	1,5 t	0 t	46
	0,5	1,5	145	195	125	—	4	—	1,5 t	0,5 t	46
	1,5	3,0	145	195	125	—	4	—	2,0 t	1,0 t	46
	3,0	6,0	145	195	125	—	5	—	—	1,5 t	46
H14	0,2	0,5	170	215	150	—	1	—	2,5 t	0,5 t	54
	0,5	1,5	170	215	150	—	2	—	2,5 t	1,0 t	54
	1,5	3,0	170	215	150	—	2	—	—	1,5 t	54
	3,0	6,0	170	215	150	—	3	—	—	2,0 t	54
H16	0,2	0,5	195	240	175	—	1	—	—	1,0 t	61
	0,5	1,5	195	240	175	—	2	—	—	1,5 t	61
	1,5	4,0	195	240	175	—	2	—	—	2,5 t	61
H18	0,2	0,5	220	—	200	—	1	—	—	1,5 t	69
	0,5	1,5	220	—	200	—	2	—	—	2,5 t	69
	1,5	3,0	220	—	200	—	2	—	—	—	69
H19	0,2	0,5	235	—	210	—	1	—	—	—	73
	0,5	1,5	235	—	210	—	1	—	—	—	73
H22	0,2	0,5	145	195	110	—	5	—	1,0 t	0 t	45
	0,5	1,5	145	195	110	—	5	—	1,0 t	0,5 t	45
	1,5	3,0	145	195	110	—	6	—	1,5 t	1,0 t	45
	3,0	6,0	145	195	110	—	7	—	—	1,5 t	45
H24	0,2	0,5	170	215	130	—	4	—	1,5 t	0,5 t	52
	0,5	1,5	170	215	130	—	4	—	1,5 t	1,0 t	52
	1,5	3,0	170	215	130	—	4	—	—	1,5 t	52
H26	0,2	0,5	195	240	160	—	3	—	—	1,0 t	60
	0,5	1,5	195	240	160	—	3	—	—	1,5 t	60
	1,5	3,0	195	240	160	—	3	—	—	2,5 t	60
H28	0,2	0,5	220	—	190	—	2	—	—	1,5 t	68
	0,5	1,5	220	—	190	—	2	—	—	2,5 t	68
	1,5	3,0	220	—	190	—	3	—	—	—	68

[1]) Nur zur Information

Tabelle 13: Legierung EN AW-3105 [Al Mn0,5Mg0,5]

Zustand	Nenndicke mm		R_m MPa		$R_{p0,2}$ MPa		Bruchdehnung % min.		Biegeradius[1]		Härte HBS[1]
	über	bis	min.	max.	min.	max.	$A_{50\,mm}$	A	180°	90°	
F[1]	≥ 2,5	80,0	100	—	—	—	—	—	—	—	—
O/H111	0,2	0,5	100	155	40	—	14	—	0 t	—	29
	0,5	1,5	100	155	40	—	15	—	0 t	—	29
	1,5	3,0	100	155	40	—	17	—	0,5 t	—	29
H12	0,2	0,5	130	180	105	—	3	—	1,5 t	—	41
	0,5	1,5	130	180	105	—	4	—	1,5 t	—	41
	1,5	3,0	130	180	105	—	4	—	1,5 t	—	41
H14	0,2	0,5	150	200	130	—	2	—	2,5 t	—	48
	0,5	1,5	150	200	130	—	2	—	2,5 t	—	48
	1,5	3,0	150	200	130	—	2	—	2,5 t	—	48
H16	0,2	0,5	175	225	160	—	1	—	—	—	56
	0,5	1,5	175	225	160	—	2	—	—	—	56
	1,5	3,0	175	225	160	—	2	—	—	—	56
H18	0,2	0,5	195	—	180	—	1	—	—	—	62
	0,5	1,5	195	—	180	—	1	—	—	—	62
	1,5	3,0	195	—	180	—	1	—	—	—	62
H19	0,2	0,5	215	—	190	—	1	—	—	—	67
	0,5	1,5	215	—	190	—	1	—	—	—	67
H22	0,2	0,5	130	180	105	—	6	—	—	—	41
	0,5	1,5	130	180	105	—	6	—	—	—	41
	1,5	3,0	130	180	105	—	7	—	—	—	41
H24	0,2	0,5	150	200	120	—	4	—	2,5 t	—	47
	0,5	1,5	150	200	120	—	4	—	2,5 t	—	47
	1,5	3,0	150	200	120	—	5	—	2,5 t	—	47
H26	0,2	0,5	175	225	150	—	3	—	—	—	55
	0,5	1,5	175	225	150	—	3	—	—	—	55
	1,5	3,0	175	225	150	—	3	—	—	—	55
H28	0,2	0,5	195	—	170	—	2	—	—	—	61
	0,5	1,5	195	—	170	—	2	—	—	—	61

[1]) Nur zur Information

Tabelle 14: Legierung EN AW-4006 [Al Si1Fe]

Zustand	Nenndicke mm		R_m MPa		$R_{p0,2}$ MPa		Bruchdehnung % min.		Biegeradius[1])		Härte HBS[1])
	über	bis	min.	max.	min.	max.	$A_{50 mm}$	A	180°	90°	
F[1])	≥ 2,5	6,0	95	—	—	—	—	—	—	—	—
O	0,2	0,5	95	130	40	—	17	—	0 t	—	28
	0,5	1,5	95	130	40	—	19	—	0 t	—	28
	1,5	3,0	95	130	40	—	22	—	0 t	—	28
	3,0	6,0	95	130	40	—	25	—	1,0 t	—	28
H12	0,2	0,5	120	160	90	—	4	—	1,5 t	—	38
	0,5	1,5	120	160	90	—	4	—	1,5 t	—	38
	1,5	3,0	120	160	90	—	5	—	1,5 t	—	38
H14	0,2	0,5	140	180	120	—	3	—	2,0 t	—	45
	0,5	1,5	140	180	120	—	3	—	2,0 t	—	45
	1,5	3,0	140	180	120	—	3	—	2,0 t	—	45
T4 [2])	0,2	0,5	120	160	55	—	14	—	—	—	35
	0,5	1,5	120	160	55	—	16	—	—	—	35
	1,5	3,0	120	160	55	—	18	—	—	—	35
	3,0	6,0	120	160	55	—	21	—	—	—	35

[1]) Nur zur Information
[2]) Der Zustand T4 wird üblicherweise nicht vom Hersteller für Halbzeug wie Ronden, Bänder und Bleche geliefert. Er wird durch schnelles Erkalten nach Erwärmung auf eine relativ hohe Temperatur, d. h. über 500 °C, hergestellt. Diese Wärmestufe wird üblicherweise erreicht, wenn aus dieser Legierung hergestellte Erzeugnisse emailliert werden, z. B. Bratpfannen, Druckkochtöpfe, Pfannen, usw.

Tabelle 15: Legierung EN AW-4007 [Al Si1,5Mn]

Zustand	Nenndicke mm		R_m MPa		$R_{p0,2}$ MPa		Bruchdehnung % min.		Biegeradius[1])		Härte HBS[1])
	über	bis	min.	max.	min.	max.	$A_{50 mm}$	A	180°	90°	
F[1])	≥ 2,5	6,0	110	—	—	—	—	—	—	—	—
O/H111	0,2	0,5	110	150	45	—	15	—	—	—	32
	0,5	1,5	110	150	45	—	16	—	—	—	32
	1,5	3,0	110	150	45	—	19	—	—	—	32
	3,0	6,0	110	150	45	—	21	—	—	—	32
	6,0	12,5	110	150	45	—	25	—	—	—	32
H12	≥ 0,2	0,5	140	180	110	—	4	—	—	—	44
	0,5	1,5	140	180	110	—	4	—	—	—	44
	1,5	3,0	140	180	110	—	5	—	—	—	44

[1]) Nur zur Information

Tabelle 16: Legierung EN AW-5005 [Al Mg1(B)]

Zustand	Nenndicke mm		R_m MPa		$R_{p0,2}$ MPa		Bruchdehnung % min.		Biegeradius[1])		Härte HBS[1])
	über	bis	min.	max.	min.	max.	$A_{50\,mm}$	A	180°	90°	
F[1])	≥ 2,5	80,0	100	—	—	—	—	—	—	—	—
O/H111	0,2	0,5	100	145	35	—	15	—	0 t	0 t	29
	0,5	1,5	100	145	35	—	19	—	0 t	0 t	29
	1,5	3,0	100	145	35	—	20	—	0,5 t	0 t	29
	3,0	6,0	100	145	35	—	22	—	1,0 t	1,0 t	29
	6,0	12,5	100	145	35	—	24	—	—	1,5 t	29
	12,5	50,0	100	145	35	—	—	20	—	—	29
H12	0,2	0,5	125	165	95	—	2	—	1,0 t	0 t	39
	0,5	1,5	125	165	95	—	2	—	1,0 t	0,5 t	39
	1,5	3,0	125	165	95	—	4	—	1,5 t	1,0 t	39
	3,0	6,0	125	165	95	—	5	—	—	1,0 t	39
	6,0	12,5	125	165	95	—	7	—	—	2,0 t	39
H14	0,2	0,5	145	185	120	—	2	—	2,0 t	0,5 t	48
	0,5	1,5	145	185	120	—	2	—	2,0 t	1,0 t	48
	1,5	3,0	145	185	120	—	3	—	2,5 t	1,0 t	48
	3,0	6,0	145	185	120	—	4	—	—	2,0 t	48
	6,0	12,5	145	185	120	—	5	—	—	2,5 t	48
H16	0,2	0,5	165	205	145	—	1	—	—	1,0 t	52
	0,5	1,5	165	205	145	—	2	—	—	1,5 t	52
	1,5	3,0	165	205	145	—	3	—	—	2,0 t	52
	3,0	4,0	165	205	145	—	3	—	—	2,5 t	52
H18	0,2	0,5	185	—	165	—	1	—	—	1,5 t	58
	0,5	1,5	185	—	165	—	2	—	—	2,5 t	58
	1,5	3,0	185	—	165	—	2	—	—	3,0 t	58
H19	0,2	0,5	205	—	185	—	1	—	—	—	64
	0,5	1,5	205	—	185	—	2	—	—	—	64
	1,5	3,0	205	—	185	—	2	—	—	—	64
H22/H32	0,2	0,5	125	165	80	—	4	—	1,0 t	0 t	38
	0,5	1,5	125	165	80	—	5	—	1,0 t	0,5 t	38
	1,5	3,0	125	165	80	—	6	—	1,5 t	1,0 t	38
	3,0	6,0	125	165	80	—	8	—	—	1,0 t	38
	6,0	12,5	125	165	80	—	10	—	—	2,0 t	38
H24/H34	0,2	0,5	145	185	110	—	3	—	1,5 t	0,5 t	47
	0,5	1,5	145	185	110	—	4	—	1,5 t	1,0 t	47
	1,5	3,0	145	185	110	—	5	—	2,0 t	1,0 t	47
	3,0	6,0	145	185	110	—	6	—	—	2,0 t	47
	6,0	12,5	145	185	110	—	8	—	—	2,5 t	47
H26/H36	0,2	0,5	165	205	135	—	2	—	—	1,0 t	52
	0,5	1,5	165	205	135	—	3	—	—	1,5 t	52
	1,5	3,0	165	205	135	—	4	—	—	2,0 t	52
	3,0	4,0	165	205	135	—	4	—	—	2,5 t	52
H28/H38	0,2	0,5	185	—	160	—	1	—	—	1,5 t	58
	0,5	1,5	185	—	160	—	2	—	—	2,5 t	58
	1,5	3,0	185	—	160	—	3	—	—	3,0 t	58

[1]) Nur zur Information

Tabelle 17: Legierung EN AW-5040 [Al Mg1,5Mn]

Zustand	Nenndicke mm		R_m MPa		$R_{p0,2}$ MPa		Bruchdehnung % min.		Biegeradius[1])		Härte HBS[1])
	über	bis	min.	max.	min.	max.	$A_{50\,mm}$	A	180°	90°	
H24/H34	≥ 0,8	1,8	220	260	170	—	6	—	—	—	66
H26/H36	≥ 1,0	2,0	240	280	205	—	5	—	—	—	74

[1]) Nur zur Information

Tabelle 18: Legierung EN AW-5049 [Al Mg2Mn0,8]

Zustand	Nenndicke mm		R_m MPa		$R_{p0,2}$ MPa		Bruchdehnung % min.		Biegeradius[1]		Härte HBS[1]
	über	bis	min.	max.	min.	max.	$A_{50\,mm}$	A	180°	90°	
F[1]	≥ 2,5	100,0	190	—	—	—	—	—	—	—	—
O/H111	0,2	0,5	190	240	80	—	12	—	0,5 t	0 t	52
	0,5	1,5	190	240	80	—	14	—	0,5 t	0,5 t	52
	1,5	3,0	190	240	80	—	16	—	1,0 t	1,0 t	52
	3,0	6,0	190	240	80	—	18	—	1,0 t	1,0 t	52
	6,0	12,5	190	240	80	—	18	—	—	2,0 t	52
	12,5	100,0	190	240	80	—	—	17	—	—	52
H112	≥ 6,0	12,5	210	—	140	—	12	—	—	—	62
	12,5	25,0	200	—	120	—	—	10	—	—	58
	25,0	40,0	190	—	80	—	—	12	—	—	52
	40,0	80,0	190	—	80	—	—	14	—	—	52
H12	0,2	0,5	220	270	170	—	4	—	—	—	66
	0,5	1,5	220	270	170	—	5	—	—	—	66
	1,5	3,0	220	270	170	—	6	—	—	—	66
	3,0	6,0	220	270	170	—	7	—	—	—	66
	6,0	12,5	220	270	170	—	9	—	—	—	66
	12,5	40,0	220	270	170	—	—	9	—	—	66
H14	0,2	0,5	240	280	190	—	3	—	—	—	72
	0,5	1,5	240	280	190	—	3	—	—	—	72
	1,5	3,0	240	280	190	—	4	—	—	—	72
	3,0	6,0	240	280	190	—	4	—	—	—	72
	6,0	12,5	240	280	190	—	5	—	—	—	72
	12,5	25,0	240	280	190	—	—	5	—	—	72
H16	0,2	0,5	265	305	220	—	2	—	—	—	80
	0,5	1,5	265	305	220	—	3	—	—	—	80
	1,5	3,0	265	305	220	—	3	—	—	—	80
	3,0	6,0	265	305	220	—	3	—	—	—	80
H18	0,2	0,5	290	—	250	—	1	—	—	—	88
	0,5	1,5	290	—	250	—	2	—	—	—	88
	1,5	3,0	290	—	250	—	2	—	—	—	88
H22/H32	0,2	0,5	220	270	130	—	7	—	1,5 t	0,5 t	63
	0,5	1,5	220	270	130	—	8	—	1,5 t	1,0 t	63
	1,5	3,0	220	270	130	—	10	—	2,0 t	1,5 t	63
	3,0	6,0	220	270	130	—	11	—	—	1,5 t	63
	6,0	12,5	220	270	130	—	10	—	—	2,5 t	63
	12,5	40,0	220	270	130	—	—	9	—	—	63
H24/H34	0,2	0,5	240	280	160	—	6	—	2,5 t	1,0 t	70
	0,5	1,5	240	280	160	—	6	—	2,5 t	1,5 t	70
	1,5	3,0	240	280	160	—	7	—	2,5 t	2,0 t	70
	3,0	6,0	240	280	160	—	8	—	—	2,5 t	70
	6,0	12,5	240	280	160	—	10	—	—	3,0 t	70
	12,5	25,0	240	280	160	—	—	8	—	—	70
H26/H36	0,2	0,5	265	305	190	—	4	—	—	1,5 t	78
	0,5	1,5	265	305	190	—	4	—	—	2,0 t	78
	1,5	3,0	265	305	190	—	5	—	—	3,0 t	78
	3,0	6,0	265	305	190	—	6	—	—	3,5 t	78
H28/H38	0,2	0,5	290	—	230	—	3	—	—	—	87
	0,5	1,5	290	—	230	—	3	—	—	—	87
	1,5	3,0	290	—	230	—	4	—	—	—	87

[1]) Nur zur Information

230

Tabelle 19: Legierung EN AW-5050 [Al Mg1,5(C)]

Zustand	Nenndicke mm		R_m MPa		$R_{p0,2}$ MPa		Bruchdehnung % min.		Biegeradius[1]		Härte HBS[1]
	über	bis	min.	max.	min.	max.	$A_{50\,mm}$	A	180°	90°	
F[1]	≥ 2,5	80,0	130	—	—	—	—	—	—	—	—
O/H111	0,2	0,5	130	170	45	—	16	—	0 t	0 t	36
	0,5	1,5	130	170	45	—	17	—	0 t	0 t	36
	1,5	3,0	130	170	45	—	19	—	0,5 t	0 t	36
	3,0	6,0	130	170	45	—	21	—	—	1,0 t	36
	6,0	12,5	130	170	45	—	20	—	—	2,0 t	36
	12,5	50,0	130	170	45	—	—	20	—	—	36
H112	≥ 6,0	12,5	140	—	55	—	12	—	—	—	39
	12,5	40,0	140	—	55	—	—	10	—	—	39
	40,0	80,0	140	—	55	—	—	10	—	—	39
H12	0,2	0,5	155	195	130	—	2	—	—	0 t	49
	0,5	1,5	155	195	130	—	2	—	—	0,5 t	49
	1,5	3,0	155	195	130	—	4	—	—	1,0 t	49
H14	0,2	0,5	175	215	150	—	2	—	—	0,5 t	55
	0,5	1,5	175	215	150	—	2	—	—	1,0 t	55
	1,5	3,0	175	215	150	—	3	—	—	1,5 t	55
	3,0	6,0	175	215	150	—	4	—	—	2,0 t	55
H16	0,2	0,5	195	235	170	—	1	—	—	1,0 t	61
	0,5	1,5	195	235	170	—	2	—	—	1,5 t	61
	1,5	3,0	195	235	170	—	2	—	—	2,5 t	61
	3,0	4,0	195	235	170	—	3	—	—	3,0 t	61
H18	0,2	0,5	220	—	190	—	1	—	—	1,5 t	68
	0,5	1,5	220	—	190	—	2	—	—	2,5 t	68
	1,5	3,0	220	—	190	—	2	—	—	—	68
H22/H32	0,2	0,5	155	195	110	—	4	—	1,0 t	0 t	47
	0,5	1,5	155	195	110	—	5	—	1,0 t	0,5 t	47
	1,5	3,0	155	195	110	—	7	—	1,5 t	1,0 t	47
	3,0	6,0	155	195	110	—	10	—	—	1,5 t	47
H24/H34	0,2	0,5	175	215	135	—	3	—	1,5 t	0,5 t	54
	0,5	1,5	175	215	135	—	4	—	1,5 t	1,0 t	54
	1,5	3,0	175	215	135	—	5	—	2,0 t	1,5 t	54
	3,0	6,0	175	215	135	—	8	—	—	2,0 t	54
H26/H36	0,2	0,5	195	235	160	—	2	—	—	1,0 t	60
	0,5	1,5	195	235	160	—	3	—	—	1,5 t	60
	1,5	3,0	195	235	160	—	4	—	—	2,5 t	60
	3,0	4,0	195	235	160	—	6	—	—	3,0 t	60
H28/H38	0,2	0,5	220	—	180	—	1	—	—	1,5 t	67
	0,5	1,5	220	—	180	—	2	—	—	2,5 t	67
	1,5	3,0	220	—	180	—	3	—	—	—	67

[1] Nur zur Information

Tabelle 20: Legierung EN AW-5251 [Al Mg2]

Zustand	Nenndicke mm		R_m MPa		$R_{p0,2}$ MPa		Bruchdehnung % min.		Biegeradius[1]		Härte HBS[1]
	über	bis	min.	max.	min.	max.	$A_{50\,mm}$	A	180°	90°	
F[1]	≥ 2,5	80,0	160	—	—	—	—	—	—	—	—
O/H111	0,2	0,5	160	200	60	—	13	—	0 t	0 t	44
	0,5	1,5	160	200	60	—	14	—	0 t	0 t	44
	1,5	3,0	160	200	60	—	16	—	0,5 t	0,5 t	44
	3,0	6,0	160	200	60	—	18	—	—	1,0 t	44
	6,0	12,5	160	200	60	—	18	—	—	2,0 t	44
	12,5	50,0	160	200	60	—	—	18	—	—	44
H12	0,2	0,5	190	230	150	—	3	—	2,0 t	0 t	58
	0,5	1,5	190	230	150	—	4	—	2,0 t	1,0 t	58
	1,5	3,0	190	230	150	—	5	—	2,0 t	1,0 t	58
	3,0	6,0	190	230	150	—	8	—	—	1,5 t	58
	6,0	12,5	190	230	150	—	10	—	—	2,5 t	58
	12,5	25,0	190	230	150	—	—	10	—	—	58
H14	0,2	0,5	210	250	170	—	2	—	2,5 t	0,5 t	64
	0,5	1,5	210	250	170	—	2	—	2,5 t	1,5 t	64
	1,5	3,0	210	250	170	—	3	—	2,5 t	1,5 t	64
	3,0	6,0	210	250	170	—	4	—	—	2,5 t	64
	6,0	12,5	210	250	170	—	5	—	—	3,0 t	64
H16	0,2	0,5	230	270	200	—	1	—	3,5 t	1,0 t	71
	0,5	1,5	230	270	200	—	2	—	3,5 t	1,5 t	71
	1,5	3,0	230	270	200	—	3	—	3,5 t	2,0 t	71
	3,0	4,0	230	270	200	—	3	—	—	3,0 t	71
H18	0,2	0,5	255	—	230	—	1	—	—	—	79
	0,5	1,5	255	—	230	—	2	—	—	—	79
	1,5	3,0	255	—	230	—	2	—	—	—	79
H22/H32	0,2	0,5	190	230	120	—	4	—	1,5 t	0 t	56
	0,5	1,5	190	230	120	—	6	—	1,5 t	1,0 t	56
	1,5	3,0	190	230	120	—	8	—	1,5 t	1,0 t	56
	3,0	6,0	190	230	120	—	10	—	—	1,5 t	56
	6,0	12,5	190	230	120	—	12	—	—	2,5 t	56
	12,5	25,0	190	230	120	—	—	12	—	—	56
H24/H34	0,2	0,5	210	250	140	—	3	—	2,0 t	0,5 t	62
	0,5	1,5	210	250	140	—	5	—	2,0 t	1,5 t	62
	1,5	3,0	210	250	140	—	6	—	2,0 t	1,5 t	62
	3,0	6,0	210	250	140	—	8	—	—	2,5 t	62
	6,0	12,5	210	250	140	—	10	—	—	3,0 t	62
H26/H36	0,2	0,5	230	270	170	—	3	—	3,0 t	1,0 t	69
	0,5	1,5	230	270	170	—	4	—	3,0 t	1,5 t	69
	1,5	3,0	230	270	170	—	5	—	3,0 t	2,0 t	69
	3,0	4,0	230	270	170	—	7	—	—	3,0 t	69
H28/H38	0,2	0,5	255	—	200	—	2	—	—	—	77
	0,5	1,5	255	—	200	—	3	—	—	—	77
	1,5	3,0	255	—	200	—	3	—	—	—	77

[1]) Nur zur Information

Tabelle 21: Legierung EN AW-5052 [Al Mg2,5]

Zustand	Nenndicke mm		R_m MPa		$R_{p0,2}$ MPa		Bruchdehnung % min.		Biegeradius[1]		Härte HBS[1]
	über	bis	min.	max.	min.	max.	$A_{50\ mm}$	A	180°	90°	
F[1]	≥ 2,5	80,0	170	—	—	—	—	—	—	—	—
O/H111	0,2	0,5	170	215	65	—	12	—	0 t	0 t	47
	0,5	1,5	170	215	65	—	14	—	0 t	0 t	47
	1,5	3,0	170	215	65	—	16	—	0,5 t	0,5 t	47
	3,0	6,0	170	215	65	—	18	—	—	1,0 t	47
	6,0	12,5	165	215	65	—	19	—	—	2,0 t	46
	12,5	80,0	165	215	65	—	—	18	—	—	46
H112	≥ 6,0	12,5	190	—	110	—	7	—	—	—	55
	12,5	40,0	170	—	70	—	—	10	—	—	47
	40,0	80,0	170	—	70	—	—	14	—	—	47
H12	0,2	0,5	210	260	160	—	4	—	—	—	63
	0,5	1,5	210	260	160	—	5	—	—	—	63
	1,5	3,0	210	260	160	—	6	—	—	—	63
	3,0	6,0	210	260	160	—	8	—	—	—	63
	6,0	12,5	210	260	160	—	10	—	—	—	63
	12,5	40,0	210	260	160	—	—	9	—	—	63
H14	0,2	0,5	230	280	180	—	3	—	—	—	69
	0,5	1,5	230	280	180	—	3	—	—	—	69
	1,5	3,0	230	280	180	—	4	—	—	—	69
	3,0	6,0	230	280	180	—	4	—	—	—	69
	6,0	12,5	230	280	180	—	5	—	—	—	69
	12,5	25,0	230	280	180	—	—	4	—	—	69
H16	0,2	0,5	250	300	210	—	2	—	—	—	76
	0,5	1,5	250	300	210	—	3	—	—	—	76
	1,5	3,0	250	300	210	—	3	—	—	—	76
	3,0	6,0	250	300	210	—	3	—	—	—	76
H18	0,2	0,5	270	—	240	—	1	—	—	—	83
	0,5	1,5	270	—	240	—	2	—	—	—	83
	1,5	3,0	270	—	240	—	2	—	—	—	83
H22/H32	0,2	0,5	210	260	130	—	5	—	1,5 t	0,5 t	61
	0,5	1,5	210	260	130	—	6	—	1,5 t	1,0 t	61
	1,5	3,0	210	260	130	—	7	—	1,5 t	1,5 t	61
	3,0	6,0	210	260	130	—	10	—	—	1,5 t	61
	6,0	12,5	210	260	130	—	12	—	—	2,5 t	61
	12,5	40,0	210	260	130	—	—	12	—	—	61
H24/H34	0,2	0,5	230	280	150	—	4	—	2,0 t	0,5 t	67
	0,5	1,5	230	280	150	—	5	—	2,0 t	1,5 t	67
	1,5	3,0	230	280	150	—	6	—	2,0 t	2,0 t	67
	3,0	6,0	230	280	150	—	7	—	—	2,5 t	67
	6,0	12,5	230	280	150	—	9	—	—	3,0 t	67
	12,5	25,0	230	280	150	—	—	9	—	—	67
H26/H36	0,2	0,5	250	300	180	—	3	—	—	1,5 t	74
	0,5	1,5	250	300	180	—	4	—	—	2,0 t	74
	1,5	3,0	250	300	180	—	5	—	—	3,0 t	74
	3,0	6,0	250	300	180	—	6	—	—	3,5 t	74
H28/H38	0,2	0,5	270	—	210	—	3	—	—	—	81
	0,5	1,5	270	—	210	—	3	—	—	—	81
	1,5	3,0	270	—	210	—	4	—	—	—	81

[1]) Nur zur Information

Tabelle 22: Legierung EN AW-5154A [Al Mg3,5(A)]

Zustand	Nenndicke mm		R_m MPa		$R_{p0,2}$ MPa		Bruchdehnung % min.		Biegeradius[1]		Härte HBS[1]
	über	bis	min.	max.	min.	max.	$A_{50\,mm}$	A	180°	90°	
F[1]	≥ 2,5	80,0	215	—	—	—	—	—	—	—	—
O/H111	0,2	0,5	215	275	85	—	12	—	0,5 t	0,5 t	58
	0,5	1,5	215	275	85	—	13	—	0,5 t	0,5 t	58
	1,5	3,0	215	275	85	—	15	—	1,0 t	1,0 t	58
	3,0	6,0	215	275	85	—	17	—	—	1,5 t	58
	6,0	12,5	215	275	85	—	18	—	—	2,5 t	58
	12,5	50,0	215	275	85	—	—	16	—	—	58
H112	≥ 6,0	12,5	220	—	125	—	8	—	—	—	63
	12,5	40,0	215	—	90	—	—	9	—	—	59
	40,0	80,0	215	—	90	—	—	13	—	—	59
H12	0,2	0,5	250	305	190	—	3	—	—	—	75
	0,5	1,5	250	305	190	—	4	—	—	—	75
	1,5	3,0	250	305	190	—	5	—	—	—	75
	3,0	6,0	250	305	190	—	6	—	—	—	75
	6,0	12,5	250	305	190	—	7	—	—	—	75
	12,5	40,0	250	305	190	—	—	6	—	—	75
H14	0,2	0,5	270	325	220	—	2	—	—	—	81
	0,5	1,5	270	325	220	—	3	—	—	—	81
	1,5	3,0	270	325	220	—	3	—	—	—	81
	3,0	6,0	270	325	220	—	4	—	—	—	81
	6,0	12,5	270	325	220	—	5	—	—	—	81
	12,5	25,0	270	325	220	—	—	4	—	—	81
H18	0,2	0,5	310	—	270	—	1	—	—	—	94
	0,5	1,5	310	—	270	—	1	—	—	—	94
	1,5	3,0	310	—	270	—	1	—	—	—	94
H19	0,2	0,5	330	—	285	—	1	—	—	—	100
	0,5	1,5	330	—	285	—	1	—	—	—	100
H22/H32	0,2	0,5	250	305	180	—	5	—	1,5 t	0,5 t	74
	0,5	1,5	250	305	180	—	6	—	1,5 t	1,0 t	74
	1,5	3,0	250	305	180	—	7	—	2,0 t	2,0 t	74
	3,0	6,0	250	305	180	—	8	—	—	2,5 t	74
	6,0	12,5	250	305	180	—	10	—	—	4,0 t	74
	12,5	40,0	250	305	180	—	—	9	—	—	74
H24/H34	0,2	0,5	270	325	200	—	4	—	2,5 t	1,0 t	80
	0,5	1,5	270	325	200	—	5	—	2,5 t	2,0 t	80
	1,5	3,0	270	325	200	—	6	—	3,0 t	2,5 t	80
	3,0	6,0	270	325	200	—	7	—	—	3,0 t	80
	6,0	12,5	270	325	200	—	8	—	—	4,0 t	80
	12,5	25,0	270	325	200	—	—	7	—	—	80
H26/H36	0,2	0,5	290	345	230	—	3	—	—	—	87
	0,5	1,5	290	345	230	—	3	—	—	—	87
	1,5	3,0	290	345	230	—	4	—	—	—	87
	3,0	6,0	290	345	230	—	5	—	—	—	87
H28/H38	0,2	0,5	310	—	250	—	3	—	—	—	93
	0,5	1,5	310	—	250	—	3	—	—	—	93
	1,5	3,0	310	—	250	—	3	—	—	—	93

[1]) Nur zur Information

Tabelle 23: Legierung EN AW-5454 [Al Mg3Mn]

Zustand	Nenndicke mm		R_m MPa		$R_{p0,2}$ MPa		Bruchdehnung % min.		Biegeradius[1]		Härte HBS[1]
	über	bis	min.	max.	min.	max.	$A_{50\,mm}$	A	180°	90°	
F[1]	≥ 2,5	80,0	215	—	—	—	—	—	—	—	—
O/H111	0,2	0,5	215	275	85	—	12	—	0,5 t	0,5 t	58
	0,5	1,5	215	275	85	—	13	—	0,5 t	0,5 t	58
	1,5	3,0	215	275	85	—	15	—	1,0 t	1,0 t	58
	3,0	6,0	215	275	85	—	17	—	—	1,5 t	58
	6,0	12,5	215	275	85	—	18	—	—	2,5 t	58
	12,5	80,0	215	275	85	—	—	16	—	—	58
H112	≥ 6,0	12,5	220	—	125	—	8	—	—	—	63
	12,5	40,0	215	—	90	—	—	9	—	—	59
	40,0	120,0	215	—	90	—	—	13	—	—	59
H12	0,2	0,5	250	305	190	—	3	—	—	—	75
	0,5	1,5	250	305	190	—	4	—	—	—	75
	1,5	3,0	250	305	190	—	5	—	—	—	75
	3,0	6,0	250	305	190	—	6	—	—	—	75
	6,0	12,5	250	305	190	—	7	—	—	—	75
	12,5	40,0	250	305	190	—	—	6	—	—	75
H14	0,2	0,5	270	325	220	—	2	—	—	—	81
	0,5	1,5	270	325	220	—	3	—	—	—	81
	1,5	3,0	270	325	220	—	3	—	—	—	81
	3,0	6,0	270	325	220	—	4	—	—	—	81
	6,0	12,5	270	325	220	—	5	—	—	—	81
	12,5	25,0	270	325	220	—	—	4	—	—	81
H22/H32	0,2	0,5	250	305	180	—	5	—	1,5 t	0,5 t	74
	0,5	1,5	250	305	180	—	6	—	1,5 t	1,0 t	74
	1,5	3,0	250	305	180	—	7	—	2,0 t	2,0 t	74
	3,0	6,0	250	305	180	—	8	—	—	2,5 t	74
	6,0	12,5	250	305	180	—	10	—	—	4,0 t	74
	12,5	40,0	250	305	180	—	—	9	—	—	74
H24/H34	0,2	0,5	270	325	200	—	4	—	2,5 t	1,0 t	80
	0,5	1,5	270	325	200	—	5	—	2,5 t	2,0 t	80
	1,5	3,0	270	325	200	—	6	—	3,0 t	2,5 t	80
	3,0	6,0	270	325	200	—	7	—	—	3,0 t	80
	6,0	12,5	270	325	200	—	8	—	—	4,0 t	80
	12,5	25,0	270	325	200	—	—	7	—	—	80
H26/H36	0,2	0,5	290	345	230	—	3	—	—	—	87
	0,5	1,5	290	345	230	—	3	—	—	—	87
	1,5	3,0	290	345	230	—	4	—	—	—	87
	3,0	6,0	290	345	230	—	5	—	—	—	87
H28/H38	0,2	0,5	310	—	250	—	3	—	—	—	93
	0,5	1,5	310	—	250	—	3	—	—	—	93
	1,5	3,0	310	—	250	—	3	—	—	—	93

[1]) Nur zur Information

Tabelle 24: Legierung EN AW-5754 [Al Mg3]

Zustand	Nenndicke mm über	bis	R_m MPa min.	max.	$R_{p0,2}$ MPa min.	max.	Bruchdehnung % min. $A_{50\,mm}$	A	Biegeradius[1] 180°	90°	Härte HBS[1]
F[1]	≥ 2,5	100,0	190	—	—	—	—	—	—	—	—
O/H111	0,2	0,5	190	240	80	—	12	—	0,5 t	0 t	52
	0,5	1,5	190	240	80	—	14	—	0,5 t	0,5 t	52
	1,5	3,0	190	240	80	—	16	—	1,0 t	1,0 t	52
	3,0	6,0	190	240	80	—	18	—	1,0 t	1,0 t	52
	6,0	12,5	190	240	80	—	18	—	—	2,0 t	52
	12,5	100,0	190	240	80	—	—	17	—	—	52
H112	≥ 6,0	12,5	210	—	140	—	12	—	—	—	62
	12,5	25,0	200	—	120	—	—	10	—	—	58
	25,0	40,0	190	—	80	—	—	12	—	—	52
	40,0	80,0	190	—	80	—	—	14	—	—	52
H12	0,2	0,5	220	270	170	—	4	—	—	—	66
	0,5	1,5	220	270	170	—	5	—	—	—	66
	1,5	3,0	220	270	170	—	6	—	—	—	66
	3,0	6,0	220	270	170	—	7	—	—	—	66
	6,0	12,5	220	270	170	—	9	—	—	—	66
	12,5	40,0	220	270	170	—	—	9	—	—	66
H14	0,2	0,5	240	280	190	—	3	—	—	—	72
	0,5	1,5	240	280	190	—	3	—	—	—	72
	1,5	3,0	240	280	190	—	4	—	—	—	72
	3,0	6,0	240	280	190	—	4	—	—	—	72
	6,0	12,5	240	280	190	—	5	—	—	—	72
	12,5	25,0	240	280	190	—	—	5	—	—	72
H16	0,2	0,5	265	305	220	—	2	—	—	—	80
	0,5	1,5	265	305	220	—	3	—	—	—	80
	1,5	3,0	265	305	220	—	3	—	—	—	80
	3,0	6,0	265	305	220	—	3	—	—	—	80
H18	0,2	0,5	290	—	250	—	1	—	—	—	88
	0,5	1,5	290	—	250	—	2	—	—	—	88
	1,5	3,0	290	—	250	—	2	—	—	—	88
H22/H32	0,2	0,5	220	270	130	—	7	—	1,5 t	0,5 t	63
	0,5	1,5	220	270	130	—	8	—	1,5 t	1,0 t	63
	1,5	3,0	220	270	130	—	10	—	2,0 t	1,5 t	63
	3,0	6,0	220	270	130	—	11	—	—	1,5 t	63
	6,0	12,5	220	270	130	—	10	—	—	2,5 t	63
	12,5	40,0	220	270	130	—	—	9	—	—	63
H24/H34	0,2	0,5	240	280	160	—	6	—	2,5 t	1,0 t	70
	0,5	1,5	240	280	160	—	6	—	2,5 t	1,5 t	70
	1,5	3,0	240	280	160	—	7	—	2,5 t	2,0 t	70
	3,0	6,0	240	280	160	—	8	—	—	2,5 t	70
	6,0	12,5	240	280	160	—	10	—	—	3,0 t	70
	12,5	25,0	240	280	160	—	—	8	—	—	70
H26/H36	0,2	0,5	265	305	190	—	4	—	—	1,5 t	78
	0,5	1,5	265	305	190	—	4	—	—	2,0 t	78
	1,5	3,0	265	305	190	—	5	—	—	3,0 t	78
	3,0	6,0	265	305	190	—	6	—	—	3,5 t	78
H28/H38	0,2	0,5	290	—	230	—	3	—	—	—	87
	0,5	1,5	290	—	230	—	3	—	—	—	87
	1,5	3,0	290	—	230	—	4	—	—	—	87

[1] Nur zur Information

Tabelle 25: Legierung EN AW-5182 [Al Mg4,5Mn0,4]

Zustand	Nenndicke mm		R_m MPa		$R_{p0,2}$ MPa		Bruchdehnung % min.		Biegeradius[1])		Härte HBS[1])
	über	bis	min.	max.	min.	max.	$A_{50\,mm}$	A	180°	90°	
F[1])	≥ 2,5	80,0	255	—	—	—	—	—	—	—	—
O/H111	0,2	0,5	255	315	110	—	11	—	1,0 t	—	69
	0,5	1,5	255	315	110	—	12	—	1,0 t	—	69
	1,5	3,0	255	315	110	—	13	—	1,0 t	—	69
H19	0,2	0,5	380	—	320	—	1	—	—	—	114
	0,5	1,5	380	—	320	—	1	—	—	—	114

[1]) Nur zur Information

Tabelle 26: Legierung EN AW-5083 [Al Mg4,5Mn0,7]

Zustand	Nenndicke mm		R_m MPa		$R_{p0,2}$ MPa		Bruchdehnung % min.		Biegeradius[1]		Härte HBS[1]
	über	bis	min.	max.	min.	max.	$A_{50\,mm}$	A	180°	90°	
F[1]	≥ 2,5	150,0	275	—	—	—	—	—	—	—	—
O/H111	0,2	0,5	275	350	125	—	11	—	1,0 t	0,5 t	75
	0,5	1,5	275	350	125	—	12	—	1,0 t	1,0 t	75
	1,5	3,0	275	350	125	—	13	—	1,5 t	1,0 t	75
	3,0	6,0	275	350	125	—	15	—	—	1,5 t	75
	6,0	12,5	275	350	125	—	16	—	—	2,5 t	75
	12,5	50,0	275	350	125	—	—	15	—	—	75
	50,0	80,0	270	345	115	—	—	14	—	—	73
	80,0	120,0	260	—	110	—	—	12	—	—	70
	120,0	150,0	255	—	105	—	—	12	—	—	69
H112	≥ 6,0	12,5	275	—	125	—	12	—	—	—	75
	12,5	40,0	275	—	125	—	—	10	—	—	75
	40,0	80,0	270	—	115	—	—	10	—	—	73
H116 [2])	≥ 1,5	3,0	305	—	215	—	8	—	3,0 t	2,0 t	89
	3,0	6,0	305	—	215	—	10	—	—	2,5 t	89
	6,0	12,5	305	—	215	—	12	—	—	4,0 t	89
	12,5	40,0	305	—	215	—	—	10	—	—	89
	40,0	80,0	285	—	200	—	—	10	—	—	83
H12	0,2	0,5	315	375	250	—	3	—	—	—	94
	0,5	1,5	315	375	250	—	4	—	—	—	94
	1,5	3,0	315	375	250	—	5	—	—	—	94
	3,0	6,0	315	375	250	—	6	—	—	—	94
	6,0	12,5	315	375	250	—	7	—	—	—	94
	12,5	40,0	315	375	250	—	—	6	—	—	94
H14	0,2	0,5	340	400	280	—	2	—	—	—	102
	0,5	1,5	340	400	280	—	3	—	—	—	102
	1,5	3,0	340	400	280	—	3	—	—	—	102
	3,0	6,0	340	400	280	—	3	—	—	—	102
	6,0	12,5	340	400	280	—	4	—	—	—	102
	12,5	25,0	340	400	280	—	—	3	—	—	102
H16	0,2	0,5	360	420	300	—	1	—	—	—	108
	0,5	1,5	360	420	300	—	2	—	—	—	108
	1,5	3,0	360	420	300	—	2	—	—	—	108
	3,0	4,0	360	420	300	—	2	—	—	—	108
H22/H32	0,2	0,5	305	380	215	—	5	—	2,0 t	0,5 t	89
	0,5	1,5	305	380	215	—	6	—	2,0 t	1,5 t	89
	1,5	3,0	305	380	215	—	7	—	3,0 t	2,0 t	89
	3,0	6,0	305	380	215	—	8	—	—	2,5 t	89
	6,0	12,5	305	380	215	—	10	—	—	3,5 t	89
	12,5	40,0	305	380	215	—	—	9	—	—	89
H24/H34	0,2	0,5	340	400	250	—	4	—	—	1,0 t	99
	0,5	1,5	340	400	250	—	5	—	—	2,0 t	99
	1,5	3,0	340	400	250	—	6	—	—	2,5 t	99
	3,0	6,0	340	400	250	—	7	—	—	3,5 t	99
	6,0	12,5	340	400	250	—	8	—	—	4,5 t	99
	12,5	25,0	340	400	250	—	—	7	—	—	99
H26/H36	0,2	0,5	360	420	280	—	2	—	—	—	106
	0,5	1,5	360	420	280	—	3	—	—	—	106
	1,5	3,0	360	420	280	—	3	—	—	—	106
	3,0	4,0	360	420	280	—	3	—	—	—	106

[1]) Nur zur Information

[2]) Material, das in diesem Zustand geliefert wird, darf nach Durchführung der beschleunigten Prüfung auf Anfälligkeit gegen Schichtkorrosion nach ASTM G 66-86 keinerlei Anzeichen von Schichtkorrosion aufweisen.

238

Tabelle 27: Legierung EN AW-5086 [Al Mg4]

Zustand	Nenndicke mm über	bis	R_m MPa min.	max.	$R_{p0,2}$ MPa min.	max.	Bruchdehnung % min. $A_{50\,mm}$	A	Biegeradius[1] 180°	90°	Härte HBS[1]
F[1]	≥ 2,5	150,0	240	—	—	—	—	—	—	—	—
O/H111	0,2	0,5	240	310	100	—	11	—	1,0 t	0,5 t	65
	0,5	1,5	240	310	100	—	12	—	1,0 t	1,0 t	65
	1,5	3,0	240	310	100	—	13	—	1,0 t	1,0 t	65
	3,0	6,0	240	310	100	—	15	—	1,5 t	1,5 t	65
	6,0	12,5	240	310	100	—	17	—	—	2,5 t	65
	12,5	150,0	240	310	100	—	—	16	—	—	65
H112	≥ 6,0	12,5	250	—	125	—	8	—	—	—	69
	12,5	40,0	240	—	105	—	—	9	—	—	65
	40,0	80,0	240	—	100	—	—	12	—	—	65
H116 [2])	≥ 1,5	3,0	275	—	195	—	8	—	2,0 t	2,0 t	81
	3,0	6,0	275	—	195	—	9	—	—	2,5 t	81
	6,0	12,5	275	—	195	—	10	—	—	3,5 t	81
	12,5	50,0	275	—	195	—	—	9	—	—	81
H12	0,2	0,5	275	335	200	—	3	—	—	—	81
	0,5	1,5	275	335	200	—	4	—	—	—	81
	1,5	3,0	275	335	200	—	5	—	—	—	81
	3,0	6,0	275	335	200	—	6	—	—	—	81
	6,0	12,5	275	335	200	—	7	—	—	—	81
	12,5	40,0	275	335	200	—	—	6	—	—	81
H14	0,2	0,5	300	360	240	—	2	—	—	—	90
	0,5	1,5	300	360	240	—	3	—	—	—	90
	1,5	3,0	300	360	240	—	3	—	—	—	90
	3,0	6,0	300	360	240	—	3	—	—	—	90
	6,0	12,5	300	360	240	—	4	—	—	—	90
	12,5	25,0	300	360	240	—	—	3	—	—	90
H16	0,2	0,5	325	385	270	—	1	—	—	—	98
	0,5	1,5	325	385	270	—	2	—	—	—	98
	1,5	3,0	325	385	270	—	2	—	—	—	98
	3,0	4,0	325	385	270	—	2	—	—	—	98
H18	0,2	0,5	345	—	290	—	1	—	—	—	104
	0,5	1,5	345	—	290	—	1	—	—	—	104
	1,5	3,0	345	—	290	—	1	—	—	—	104
H22/H32	0,2	0,5	275	335	185	—	5	—	2,0 t	0,5 t	80
	0,5	1,5	275	335	185	—	6	—	2,0 t	1,5 t	80
	1,5	3,0	275	335	185	—	7	—	2,0 t	2,0 t	80
	3,0	6,0	275	335	185	—	8	—	—	2,5 t	80
	6,0	12,5	275	335	185	—	10	—	—	3,5 t	80
	12,5	40,0	275	335	185	—	—	9	—	—	80
H24/H34	0,2	0,5	300	360	220	—	4	—	2,5 t	1,0 t	88
	0,5	1,5	300	360	220	—	5	—	2,5 t	2,0 t	88
	1,5	3,0	300	360	220	—	6	—	2,5 t	2,5 t	88
	3,0	6,0	300	360	220	—	7	—	—	3,5 t	88
	6,0	12,5	300	360	220	—	8	—	—	4,5 t	88
	12,5	25,0	300	360	220	—	—	7	—	—	88
H26/H36	0,2	0,5	325	385	250	—	2	—	—	—	96
	0,5	1,5	325	385	250	—	3	—	—	—	96
	1,5	3,0	325	385	250	—	3	—	—	—	96
	3,0	4,0	325	385	250	—	3	—	—	—	96

[1]) Nur zur Information
[2]) Material, das in diesem Zustand geliefert wird, darf nach Durchführung der beschleunigten Prüfung auf Anfälligkeit gegen Schichtkorrosion nach ASTM G 66-86 keinerlei Anzeichen von Schichtkorrosion aufweisen.

Tabelle 28: Legierung EN AW-6061 [Al Mg1SiCu]

Zustand	Nenndicke mm		R_m MPa		$R_{p0,2}$ MPa		Bruchdehnung % min.		Biegeradius[1]		Härte HBS[1]
	über	bis	min.	max.	min.	max.	$A_{50\,mm}$	A	180°	90°	
O	≥ 0,4	1,5	—	150	—	85	14	—	1,0 t	0,5 t	40
	1,5	3,0	—	150	—	85	16	—	1,0 t	1,0 t	40
	3,0	6,0	—	150	—	85	19	—	—	1,0 t	40
	6,0	12,5	—	150	—	85	16	—	—	2,0 t	40
	12,5	25,0	—	150	—	—	—	16	—	—	40
T4	≥ 0,4	1,5	205	—	110	—	12	—	1,5 t	1,0 t	58
T451	1,5	3,0	205	—	110	—	14	—	2,0 t	1,5 t	58
[2])	3,0	6,0	205	—	110	—	16	—	—	3,0 t	58
	6,0	12,5	205	—	110	—	18	—	—	4,0 t	58
T451	12,5	40,0	205	—	110	—	—	15	—	—	58
	40,0	80,0	205	—	110	—	—	14	—	—	58
T42	≥ 0,4	1,5	205	—	95	—	12	—	—	1,0 t	57
[2])	1,5	3,0	205	—	95	—	14	—	—	1,5 t	57
	3,0	6,0	205	—	95	—	16	—	—	3,0 t	57
	6,0	12,5	205	—	95	—	18	—	—	4,0 t	57
	12,5	40,0	205	—	95	—	—	15	—	—	57
	40,0	80,0	205	—	95	—	—	14	—	—	57
T6	≥ 0,4	1,5	290	—	240	—	6	—	—	2,5 t	88
T651	1,5	3,0	290	—	240	—	7	—	—	3,5 t	88
T62	3,0	6,0	290	—	240	—	10	—	—	4,0 t	88
[2])	6,0	12,5	290	—	240	—	9	—	—	5,0 t	88
T651	12,5	40,0	290	—	240	—	—	8	—	—	88
T62	40,0	80,0	290	—	240	—	—	6	—	—	88
	80,0	100,0	290	—	240	—	—	5	—	—	88
	100,0	150,0	275	—	240	—	—	5	—	—	84
	150,0	175,0	265	—	230	—	—	4	—	—	81

[1]) Nur zur Information
[2]) Beträchtlich geringere Biegeradien können sofort nach dem Lösungsglühen erzielt werden.

Tabelle 29: Legierung EN AW-6082 [Al SiMgMn]

Zustand	Nenndicke mm		R_m MPa		$R_{p0,2}$ MPa		Bruchdehnung % min.		Biegeradius[1])		Härte HBS[1])
	über	bis	min.	max.	min.	max.	$A_{50\ mm}$	A	180°	90°	
O	≥ 0,4	1,5	—	150	—	85	14	—	1,0 t	0,5 t	40
	1,5	3,0	—	150	—	85	16	—	1,0 t	1,0 t	40
	3,0	6,0	—	150	—	85	18	—	—	1,5 t	40
	6,0	12,5	—	150	—	85	17	—	—	2,5 t	40
	12,5	25,0	—	155	—	—	—	16	—	—	40
T4	≥ 0,4	1,5	205	—	110	—	12	—	3,0 t	1,5 t	58
T451	1,5	3,0	205	—	110	—	14	—	3,0 t	2,0 t	58
[2])	3,0	6,0	205	—	110	—	15	—	—	3,0 t	58
	6,0	12,5	205	—	110	—	14	—	—	4,0 t	58
T451	12,5	40,0	205	—	110	—	—	13	—	—	58
	40,0	80,0	205	—	110	—	—	12	—	—	58
T42	≥ 0,4	1,5	205	—	95	—	12	—	—	1,5 t	57
[2])	1,5	3,0	205	—	95	—	14	—	—	2,0 t	57
	3,0	6,0	205	—	95	—	15	—	—	3,0 t	57
	6,0	12,5	205	—	95	—	14	—	—	4,0 t	57
	12,5	40,0	205	—	95	—	—	13	—	—	57
	40,0	80,0	205	—	95	—	—	12	—	—	57
T6	≥ 0,4	1,5	310	—	260	—	6	—	—	2,5 t	94
T651	1,5	3,0	310	—	260	—	7	—	—	3,5 t	94
T62	3,0	6,0	310	—	260	—	10	—	—	4,5 t	94
[2])	6,0	12,5	300	—	255	—	9	—	—	6,0 t	91
T651	12,5	60,0	295	—	240	—	—	8	—	—	89
T62	60,0	100,0	295	—	240	—	—	7	—	—	89
	100,0	150,0	275	—	240	—	—	6	—	—	84
	150,0	175,0	275	—	230	—	—	4	—	—	83
T61	≥ 0,4	1,5	280	—	205	—	10	—	—	2,0 t	82
T6151	1,5	3,0	280	—	205	—	11	—	—	2,5 t	82
[2])	3,0	6,0	280	—	205	—	11	—	—	4,0 t	82
	6,0	12,5	280	—	205	—	12	—	—	5,0 t	82
T6151	12,5	60,0	275	—	200	—	—	12	—	—	81
	60,0	100,0	275	—	200	—	—	10	—	—	81
	100,0	150,0	275	—	200	—	—	9	—	—	81
	150,0	175,0	275	—	200	—	—	8	—	—	81

[1]) Nur zur Information
[2]) Beträchtlich geringere Biegeradien können sofort nach dem Lösungsglühen erzielt werden.

Tabelle 30: Legierung EN AW-7020 [Al Zn4,5Mg1]

Zustand	Nenndicke mm		R_m MPa		$R_{p0,2}$ MPa		Bruchdehnung % min.		Biegeradius[1]		Härte HBS[1]
	über	bis	min.	max.	min.	max.	$A_{50\,mm}$	A	180°	90°	
O	≥ 0,4	1,5	—	220	—	140	12	—	—	—	45
	1,5	3,0	—	220	—	140	13	—	—	—	45
	3,0	6,0	—	220	—	140	15	—	—	—	45
	6,0	12,5	—	220	—	140	12	—	—	—	45
T4	≥ 0,4	1,5	320	—	210	—	11	—	—	2,0 t	92
T451	1,5	3,0	320	—	210	—	12	—	—	2,5 t	92
[2], [3]	3,0	6,0	320	—	210	—	13	—	—	3,5 t	92
	6,0	12,5	320	—	210	—	14	—	—	5,0 t	92
T6	≥ 0,4	1,5	350	—	280	—	7	—	—	3,5 t	104
T651	1,5	3,0	350	—	280	—	8	—	—	4,0 t	104
T62	3,0	6,0	350	—	280	—	10	—	—	5,5 t	104
[2]	6,0	12,5	350	—	280	—	10	—	—	8,0 t	104
T651	12,5	40,0	350	—	280	—	—	9	—	—	104
	40,0	100,0	340	—	270	—	—	8	—	—	101
	100,0	150,0	330	—	260	—	—	7	—	—	98
	150,0	175,0	330	—	260	—	—	6	—	—	98

Wann immer ein neuer Einsatz für diese Legierung beabsichtigt wird und falls dabei bestimmte Eigenschaften wie Korrosionsbeständigkeit, Zähigkeit, Ermüdungsfestigkeit gefordert werden, wird dem Anwender nachdrücklich empfohlen, mit dem Hersteller zwecks sorgfältiger Auswahl des Werkstoffes Rücksprache zu nehmen.

[1] Nur zur Information

[2] Beträchtlich geringere Biegeradien können sofort nach dem Lösungsglühen erzielt werden.

[3] Der Einsatz dieser Legierung in den Zuständen T4 oder T451 ist bei Fertigprodukten zu vermeiden. Die spezifizierten mechanischen Eigenschaften werden nach dreimonatiger Kaltaushärtung bei Raumtemperatur erzielt. Ungefähr dieselbe Kaltaushärtung kann dadurch erhalten werden, daß die abgeschreckten Proben 60 h lang auf einer Temperatur zwischen 60 °C und 65 °C gehalten werden.

Tabelle 31: Legierung EN AW-7021 [Al Zn5,5Mg1,5]

Zustand	Nenndicke mm		R_m MPa		$R_{p0,2}$ MPa		Bruchdehnung % min.		Biegeradius[1]		Härte HBS[1]
	über	bis	min.	max.	min.	max.	$A_{50\,mm}$	A	180°	90°	
T6	≥ 1,5	3,0	400	—	350	—	7	—	—	—	121
	3,0	6,0	400	—	350	—	8	—	—	—	121

Wann immer ein neuer Einsatz für diese Legierung beabsichtigt wird und falls dabei bestimmte Eigenschaften wie Korrosionsbeständigkeit, Zähigkeit, Ermüdungsfestigkeit gefordert werden, wird dem Anwender nachdrücklich empfohlen, mit dem Hersteller zwecks sorgfältiger Auswahl des Werkstoffes Rücksprache zu nehmen.

[1] Nur zur Information

Tabelle 32: Legierung EN AW-7022 [Al Zn5Mg3Cu]

Zustand	Nenndicke mm		R_m MPa		$R_{p0,2}$ MPa		Bruchdehnung % min.		Biegeradius[1]		Härte HBS[1]
	über	bis	min.	max.	min.	max.	$A_{50\,mm}$	A	180°	90°	
T6	≥ 3,0	12,5	450	—	370	—	8	—	—	—	133
T6	12,5	25,0	450	—	370	—	—	8	—	—	133
T651	25,0	50,0	450	—	370	—	—	7	—	—	133
	50,0	100,0	430	—	350	—	—	5	—	—	127
	100,0	200,0	410	—	330	—	—	3	—	—	121

Wann immer ein neuer Einsatz für diese Legierung beabsichtigt wird und falls dabei bestimmte Eigenschaften wie Korrosionsbeständigkeit, Zähigkeit, Ermüdungsfestigkeit gefordert werden, wird dem Anwender nachdrücklich empfohlen, mit dem Hersteller zwecks sorgfältiger Auswahl des Werkstoffes Rücksprache zu nehmen.

[1] Nur zur Information

Tabelle 33: Legierung EN AW-7075 [Al Zn5,5MgCu]

Zustand	Nenndicke mm		R_m MPa		$R_{p0,2}$ MPa		Bruchdehnung % min.		Biegeradius[1]		Härte HBS[1]
	über	bis	min.	max.	min.	max.	$A_{50\,mm}$	A	180°	90°	
O	≥ 0,4	0,8	—	275	—	145	10	—	1,0 t	0,5 t	55
	0,8	1,5	—	275	—	145	10	—	2,0 t	1,0 t	55
	1,5	3,0	—	275	—	145	10	—	3,0 t	1,0 t	55
	3,0	6,0	—	275	—	145	10	—	—	2,5 t	55
	6,0	12,5	—	275	—	145	10	—	—	4,0 t	55
	12,5	75,0	—	275	—	—	—	9	—	—	55
T6	≥ 0,4	0,8	525	—	460	—	6	—	—	4,5 t	157
T651	0,8	1,5	540	—	460	—	6	—	—	5,5 t	160
T62	1,5	3,0	540	—	470	—	7	—	—	6,5 t	161
[2])	3,0	6,0	545	—	475	—	8	—	—	8,0 t	163
	6,0	12,5	540	—	460	—	8	—	—	12,0 t	160
T651	12,5	25,0	540	—	470	—	—	6	—	—	161
T62	25,0	50,0	530	—	460	—	—	5	—	—	158
	50,0	60,0	525	—	440	—	—	4	—	—	155
	60,0	80,0	495	—	420	—	—	4	—	—	147
	80,0	90,0	490	—	390	—	—	4	—	—	144
	90,0	100,0	460	—	360	—	—	3	—	—	135
	100,0	120,0	410	—	300	—	—	2	—	—	119
	120,0	150,0	360	—	260	—	—	2	—	—	104
T76	≥ 1,5	3,0	500	—	425	—	7	—	—	—	149
T7651	3,0	6,0	500	—	425	—	8	—	—	—	149
[3])	6,0	12,5	490	—	415	—	7	—	—	—	146
T73	≥ 1,5	3,0	460	—	385	—	7	—	—	—	137
T7351	3,0	6,0	460	—	385	—	8	—	—	—	137
[4])	6,0	12,5	475	—	390	—	7	—	—	—	140
T7351	12,5	25,0	475	—	390	—	—	6	—	—	140
[4])	25,0	50,0	475	—	390	—	—	5	—	—	140
	50,0	60,0	455	—	360	—	—	5	—	—	133
	60,0	80,0	440	—	340	—	—	5	—	—	129
	80,0	100,0	430	—	340	—	—	5	—	—	126

Wann immer ein neuer Einsatz für diese Legierung beabsichtigt wird und falls dabei bestimmte Eigenschaften wie Korrosionsbeständigkeit, Zähigkeit, Ermüdungsfestigkeit gefordert werden, wird dem Anwender nachdrücklich empfohlen, mit dem Hersteller zwecks sorgfältiger Auswahl des Werkstoffes Rücksprache zu nehmen.

[1] bis [4] siehe Seite 35

(fortgesetzt)

Tabelle 33 (abgeschlossen)

[1]) Nur zur Information

[2]) Beträchtlich geringere Biegeradien können sofort nach dem Lösungsglühen erzielt werden.

[3]) Bei Abnahmeprüfungen muß das Material in den Zuständen T76 und T7651 mit den in der folgenden Tabelle festgelegten Kriterien übereinstimmen. Die Prüfung wird am Probenabschnitt für den Zugversuch durchgeführt.

Elektrische Leitfähigkeit γ MS/m	Mechanische Eigenschaften	Akzeptanz des Prüfloses
$\gamma \geq 22{,}0$	wie spezifiziert	akzeptabel
$21{,}0 \leq \gamma < 22{,}0$	wie spezifiziert, wobei $R_{p0{,}2}$ den Mindestwert um nicht mehr als 85 MPa überschreitet.	akzeptabel
$21{,}0 \leq \gamma < 22{,}0$	wie spezifiziert, wobei $R_{p0{,}2}$ den Mindestwert um mehr als 85 MPa überschreitet.	akzeptabel, wenn die EXCO-Prüfung zufriedenstellende Ergebnisse bringt.
$\gamma < 21{,}0$	jede Stufe	nicht akzeptabel

[4]) Bei Abnahmeprüfungen muß das Material in den Zuständen T73 und T7351 mit den in der folgenden Tabelle festgelegten Kriterien übereinstimmen. Die Prüfung wird am Probenabschnitt für den Zugversuch durchgeführt.

Elektrische Leitfähigkeit γ MS/m	Mechanische Eigenschaften	Akzeptanz des Prüfloses
$\gamma \geq 23{,}0$	wie spezifiziert	akzeptabel
$22{,}0 \leq \gamma < 23{,}0$	wie spezifiziert, wobei $R_{p0{,}2}$ den Mindestwert um nicht mehr als 85 MPa überschreitet.	akzeptabel
$22{,}0 \leq \gamma < 23{,}0$	wie spezifiziert, wobei $R_{p0{,}2}$ den Mindestwert um mehr als 85 MPa überschreitet.	akzeptabel, wenn die elektrische Leitfähigkeit, innerhalb 15 min nach einem zusätzlichen Lösungsglühen und Abschrecken geprüft, um mindestens 3,5 MS/m vom Ausgangswert abfällt.
$\gamma < 22{,}0$	jede Stufe	nicht akzeptabel

Tabelle 34: Legierung EN AW-8011A [Al FeSi(A)]

Zustand	Nenndicke mm		R_m MPa		$R_{p0,2}$ MPa		Bruchdehnung % min.		Biegeradius[1]		Härte HBS[1]
	über	bis	min.	max.	min.	max.	$A_{50\ mm}$	A	180°	90°	
F[1]	≥ 2,5	80,0	85	—	—	—	—	—	—	—	—
O/H111	0,2	0,5	85	130	30	—	19	—	—	—	25
	0,5	1,5	85	130	30	—	21	—	—	—	25
	1,5	3,0	85	130	30	—	24	—	—	—	25
	3,0	6,0	85	130	30	—	25	—	—	—	25
	6,0	12,5	85	130	30	—	30	—	—	—	25
H14	0,2	0,5	125	165	110	—	2	—	—	—	41
	0,5	1,5	125	165	110	—	3	—	—	—	41
	1,5	3,0	125	165	110	—	3	—	—	—	41
	3,0	6,0	125	165	110	—	4	—	—	—	41
	6,0	12,5	125	165	110	—	5	—	—	—	41
H16	0,2	0,5	145	185	130	—	1	—	—	—	47
	0,5	1,5	145	185	130	—	2	—	—	—	47
	1,5	4,0	145	185	130	—	3	—	—	—	47
H18	0,2	0,5	165	—	145	—	1	—	—	—	50
	0,5	1,5	165	—	145	—	2	—	—	—	50
	1,5	3,0	165	—	145	—	2	—	—	—	50
H22	0,2	0,5	105	145	90	—	4	—	—	—	35
	0,5	1,5	105	145	90	—	5	—	—	—	35
	1,5	3,0	105	145	90	—	6	—	—	—	35
H24	0,2	0,5	125	165	100	—	3	—	—	—	40
	0,5	1,5	125	165	100	—	4	—	—	—	40
	1,5	3,0	125	165	100	—	5	—	—	—	40
	3,0	6,0	125	165	100	—	6	—	—	—	40
	6,0	12,5	125	165	100	—	7	—	—	—	40
H26	0,2	0,5	145	185	120	—	2	—	—	—	46
	0,5	1,5	145	185	120	—	3	—	—	—	46
	1,5	4,0	145	185	120	—	4	—	—	—	46

[1] Nur zur Information

Anhang A   (normativ)

Rundungsregeln

In den Prüfprotokollen muß die Zahl, die die Ergebnisse einer Eigenschaftsprüfung wiedergibt, die gleiche Anzahl von Dezimalstellen aufweisen, wie die entsprechende Zahl in dieser Norm.

Folgende Rundungsregeln müssen zur Ermittlung der Übereinstimmung mit dieser Norm angewendet werden:

a) Wenn auf die letzte zu berücksichtigende Dezimalstelle eine Ziffer kleiner als fünf folgt, bleibt sie unverändert.

b) Wenn auf die letzte zu berücksichtigende Dezimalstelle eine Ziffer größer als fünf oder die Ziffer 5 folgt und mindestens eine Ziffer folgt, die nicht null ist, wird die letzte Dezimalstelle um eins erhöht.

c) Wenn auf die letzte zu berücksichtigende Dezimalstelle die Ziffer 5 und ausschließlich Nullen folgen, bleibt die letzte Dezimalstelle unverändert, wenn sie gerade ist; sie wird aber um eins erhöht, wenn sie ungerade ist.

DK 669.71-122.2-41 : 669.715.018.26-122.2-41
: 621.713.14

Januar 1994

Aluminium und Aluminiumlegierungen **Bänder, Bleche und Platten** Teil 4: Grenzabmaße und Formtoleranzen für kaltgewalzte Erzeugnisse Deutsche Fassung EN 485-4 : 1993	**DIN** **EN 485** Teil 4

Aluminium and aluminium alloys; Sheet, strip and plate; Part 4: Tolerances on shape and dimensions for cold-rolled products; German version EN 485-4 : 1993 Aluminium et alliages d'aluminium; Tôles, bandes et tôles épaisses; Partie 4: Tolérances sur forme et dimensions de produits laminés à froid; Version allemande EN 485-4 : 1993	Ersatz für DIN 1783/04.81 und teilweise Ersatz für DIN 1784/04.81

Die Europäische Norm EN 485-4:1993 hat den Status einer Deutschen Norm.

Nationales Vorwort

Diese Europäische Norm EN 485-4:1993 ist vom Technischen Komitee CEN/TC 132 „Aluminium und Aluminiumlegierungen" (Sekretariat: Frankreich) ausgearbeitet worden.

Das zuständige deutsche Normungsgremium ist der Arbeitsausschuß FNNE-2.7 „Bänder, Bleche, Platten" des Normenausschusses Nichteisenmetalle (FNNE) im DIN Deutsches Institut für Normung e.V.

Zitierte Normen

— in der Deutschen Fassung:

Siehe Abschnitt 2

Frühere Ausgaben

DIN 1753: 07.25, 10.27, 12.33, 11.41, 03.54

DIN 1783: 03.40, 12.52, 10.63, 04.81

DIN 1784: 03.40x, 12.52, 04.81

DIN 1784 Teil 1: 10.63

DIN 1793: 12.33, 07.42, 03.54

Änderungen

Gegenüber DIN 1783/04.81 und DIN 1784/04.81 wurden folgende Änderungen vorgenommen:

a) Der Geltungsbereich der DIN 1784/04.81 wird auf Bänder und Bleche in Dicken von 0,021 mm bis 0,20 mm eingeschränkt, bedingt durch die vollständige Übernahme der EN 485-4.

b) Der Geltungsbereich der DIN 1783/04.81 wird auf Bänder und Bleche in Dicken über 0,20 mm erweitert.

c) Teilweise Einengung der Ebenheitstoleranzen.

Internationale Patentklassifikation

C 22 C 021/00

B 21 B 001/28

B 21 B 001/36

G 01 B 021/00

Fortsetzung 8 Seiten EN-Norm

Normenausschuß Nichteisenmetalle (FNNE) im DIN Deutsches Institut für Normung e.V.

EUROPÄISCHE NORM
EUROPEAN STANDARD
NORME EUROPÉENNE

EN 485-4

Oktober 1993

DK 669.71-41-122.2 : 669.715.018.26

Deskriptoren: Aluminium, Aluminiumlegierung, Band, Blech, Formtoleranz, Halbzeug, Kaltumformen, Maßtoleranz

Deutsche Fassung

Aluminium und Aluminiumlegierungen
Bänder, Bleche und Platten
Teil 4: Grenzabmaße und Formtoleranzen für kaltgewalzte Erzeugnisse

Aluminium and aluminium alloys — Sheet, strip and plate — Part 4: Tolerances on shape and dimensions for cold-rolled products

Aluminium et alliages d'aluminium — Tôles, bandes et tôles épaisses — Partie 4: Tolérances sur forme et dimensions de produits laminés à froid

Diese Europäische Norm wurde von CEN am 1993-10-08 angenommen.

Die CEN-Mitglieder sind gehalten, die CEN/CENELEC-Geschäftsordnung zu erfüllen, in der die Bedingungen festgelegt sind, unter denen dieser Europäischen Norm ohne jede Änderung der Status einer nationalen Norm zu geben ist.

Auf dem letzten Stand befindliche Listen dieser nationalen Normen mit ihren bibliographischen Angaben sind beim Zentralsekretariat oder bei jedem CEN-Mitglied auf Anfrage erhältlich.

Diese Europäische Norm besteht in drei offiziellen Fassungen (Deutsch, Englisch, Französisch). Eine Fassung in einer anderen Sprache, die von einem CEN-Mitglied in eigener Verantwortung durch Übersetzung in seine Landessprache gemacht und dem Zentralsekretariat mitgeteilt worden ist, hat den gleichen Status wie die offiziellen Fassungen.

CEN-Mitglieder sind die nationalen Normungsinstitute von Belgien, Dänemark, Deutschland, Finnland, Frankreich, Griechenland, Irland, Island, Italien, Luxemburg, Niederlande, Norwegen, Österreich, Portugal, Schweden, Schweiz, Spanien und dem Vereinigten Königreich.

CEN

EUROPÄISCHES KOMITEE FÜR NORMUNG
European Committee for Standardization
Comité Européen de Normalisation

Zentralsekretariat: rue de Stassart 36, B-1050 Brüssel

Ref.-Nr. EN 485-4 : 1993 D

Inhalt

Vorwort

Diese Europäische Norm wurde vom CEN/TC 132 "Aluminium und Aluminiumlegierungen" erarbeitet, dessen Sekretariat von AFNOR betreut wird.

Im Rahmen seines Arbeitsprogrammes hat das Technische Komitee CEN/TC 132 die CEN/TC 132/WG 7 "Bänder, Bleche und Platten" mit der Ausarbeitung der folgenden Norm beauftragt:

EN 485-4   Aluminium und Aluminiumlegierungen — Bänder, Bleche und Platten — Teil 4: Grenzabmaße und Formtoleranzen für kaltgewalzte Erzeugnisse

Diese Norm ist Teil einer Reihe von 4 Normen. Die anderen Normen lauten wie folgt:

EN 485-1   Aluminium und Aluminiumlegierungen — Bänder, Bleche und Platten — Teil 1: Technische Lieferbedingungen

EN 485-2   Aluminium und Aluminiumlegierungen — Bänder, Bleche und Platten — Teil 2: Mechanische Eigenschaften

EN 485-3   Aluminium und Aluminiumlegierungen — Bänder, Bleche und Platten — Teil 3: Grenzabmaße und Formtoleranzen für warmgewalzte Erzeugnisse

Diese Europäische Norm muß den Status einer nationalen Norm erhalten, etweder durch Veröffentlichung eines identischen Textes oder durch Anerkennung bis April 1994, und etwaige entgegenstehende nationale Normen müssen bis April 1994 zurückgezogen werden.

Die Norm wurde angenommen, und entsprechend der CEN/CENELEC-Geschäftsordnung sind folgende Länder gehalten, diese Europäische Norm zu übernehmen:

Belgien, Dänemark, Deutschland, Finnland, Frankreich, Griechenland, Irland, Island, Italien, Luxemburg, Niederlande, Norwegen, Österreich, Portugal, Schweden, Schweiz, Spanien und das Vereinigte Königreich.

1 Anwendungsbereich

Dieser Teil der Norm EN 485 legt die Grenzabmaße und Formtoleranzen für kaltgewalzte Bänder, Bleche und Platten aus Aluminium und Aluminium-Knetlegierungen fest, die für allgemeine Verwendungen bestimmmt sind. Er gilt für Erzeugnisse mit einer Dicke über 0,20 mm bis 50 mm.

Er gilt nicht für Vorwalzbänder, nicht für Spezialerzeugnisse wie z. B. geprägte oder rollgeformte Bänder und Bleche und nicht für Erzeugnisse, die für Spezialanwendungen, wie beispielsweise Luft- und Raumfahrt, Getränkedosen usw. eingesetzt werden. Diese werden in gesonderten Europäischen Normen abgehandelt.

Die zugehörigen Technischen Lieferbedingungen sind in der EN 485-1 festgelegt.

2 Normative Verweisungen

Diese Europäische Norm enthält durch datierte oder undatierte Verweisungen Festlegungen aus anderen Publikationen. Diese normativen Verweisungen sind an den jeweiligen Stellen im Text zitiert und die Publikationen sind nachstehend aufgeführt. Bei datierten Verweisungen gehören spätere Änderungen oder Überarbeitungen dieser Publikationen nur zu dieser Europäischen Norm, falls sie durch Änderung oder Überarbeitung eingearbeitet sind. Bei undatierten Verweisungen gilt die letzte Ausgabe der in Bezug genommenen Publikation.

EN 485-1   Aluminium und Aluminiumlegierungen — Bänder, Bleche und Platten — Teil 1: Technische Lieferbedingungen

EN 573-3   Aluminium und Aluminiumlegierungen — Chemische Zusammensetzung und Form von Halbzeug — Teil 3: Chemische Zusammensetzung

3 Grenzabmaße

3.1 Dicke

3.1.1 In dieser Europäischen Norm sind die Legierungen in zwei Gruppen nach unterschiedlichen Schwierigkeitsgraden der Umformung eingeteilt. Die engeren Grenzabmaße gelten für Legierungen der Gruppe I (leicht verformbare Legierungen).

Diese Einteilung ist entsprechend den Grenzen der angegebenen chemischen Zusammensetzung der Legierungen (siehe EN 573-3) wie folgt:

Legierungen der Gruppe I:

— Legierungen der Reihe 1000;

— nicht aushärtbare Legierungen der Reihen 7000 und 8000;

— Legierungen der Reihe 4000 mit einer festgelegten, maximalen Massenkonzentration an Silizium kleiner als 2 %;

— Legierungen der Reihen 3000 und 5000 mit einer festgelegten, maximalen Massenkonzentration an Magnesium und Mangan kleiner oder gleich 1,8 %, wobei die Summe der maximalen Massenkonzentrationen beider Elemente gleich oder kleiner als 2,3 % ist.

Legierungen der Gruppe II:

— alle Legierungen, die nicht zur Gruppe I gehören.

Die Aufteilung der am häufigsten verwendeten Legierungen für allgemeine Verwendungen in die Gruppen I und II ist im Anhang A, (siehe Tabelle A.1) aufgeführt.

3.1.2 Die Dicken-Grenzabmaße für Bänder, Bleche und Platten sind in Tabelle 1 festgelegt.

3.1.3 Andere Dicken-Grenzabmaße können auch zwischen dem Lieferer und dem Kunden vereinbart werden. Sie sind in Anhang B festgelegt.

3.2 Breite

3.2.1 Breiten-Grenzabmaße für Bänder sind in Tabelle 2 festgelegt.

3.2.2 Breiten-Grenzabmaße für Bleche und Platten sind in Tabelle 3 festgelegt.

3.3 Länge

3.3.1 Längen-Grenzabmaße sind für Bänder nicht festgelegt.

3.3.2 Längen-Grenzabmaße für Bleche und Platten sind in Tabelle 4 festgelegt.

4 Formtoleranzen

4.1 Geradheit der Längskante

4.1.1 Die Geradheitstoleranzen für Bänder mit einer Breite gleich oder kleiner als 3 500 mm sind in Tabelle 5 festgelegt.

Die Messung der Geradheitsabweichung d erfolgt nach Bild 1 über eine Länge L von 2 000 mm ab einem Bandende, wobei das Band auf einer ebenen, horizontalen Fläche ruht.

4.1.2 Die Geradheitstoleranzen für Bleche und Platten sind in Tabelle 6 festgelegt.

Die Messung der Geradheitsabweichung d erfolgt nach Bild 1. Hierbei ruht das Blech oder die Platte auf einer ebenen, horizontalen Fläche.

4.2 Ebenheit

4.2.1 Ebenheitstoleranzen sind für Bänder nicht festgelegt.

4.2.2 Die Ebenheitstoleranzen für Bleche und Platten sind in Tabelle 7 festgelegt und werden als Prozentsatz der Länge L und/oder der Breite W und/oder der gemessenen Sehne l ausgedrückt.

Die Messung der aus einer Längs- oder Querwölbung, aus Buckeln oder Randwellen resultierenden Abweichung d von der Ebenheit wird nach den Bildern 2 bis Bild 5 durchgeführt. Diese Messung wird mit Hilfe eines geraden, leichten Lineals und einer Fühlerlehre, Anzeigeinstrument bzw. einer Meßschiene vorgenommen. Hierbei ruht das Blech bzw. die Platte auf einer ebenen, horizontalen Fläche und die konkave Seite ist nach oben gerichtet.

Die Toleranzen nach Tabelle 7 gelten nicht für die im Zustand O (weichgeglüht) bzw. F (Herstellungszustand) gelieferten Bleche bzw. Platten. Sie gelten auch nicht für Bleche in Glänzqualität.

Rand- und Eckenaufbiegungen werden in den Toleranzen nicht berücksichtigt.

4.3 Rechtwinkligkeit

4.3.1 Rechtwinkligkeitstoleranzen sind für Bänder nicht festgelegt.

4.3.2 Die Rechtwinkligkeitstoleranzen für Bleche und Platten sind in Tabelle 8 festgelegt. Die Abweichung von der Rechtwinkligkeit ist die maximal zulässige Differenz zwischen den Diagonalen AA und BB nach Bild 6.

Tabelle 1: Dicken-Grenzabmaße Maße in Millimeter

Nenndicke		bis 1 000		über 1 000 bis 1 250		über 1 250 bis 1 600		über 1 600 bis 2 000		über 2 000 bis 2 500	über 2 500 bis 3 000	über 3 000 bis 3 500
		für Legierungsgruppen										
über	bis	I	II	I	II	I	II	I	II	I und II	I und II	I und II
0,20	0,4	± 0,02	± 0,03	± 0,04	± 0,05	± 0,05	± 0,06	—	—	—	—	—
0,4	0,5	± 0,03	± 0,03	± 0,04	± 0,05	± 0,05	± 0,06	± 0,06	± 0,07	± 0,10	—	—
0,5	0,6	± 0,03	± 0,04	± 0,05	± 0,06	± 0,06	± 0,07	± 0,07	± 0,08	± 0,11	—	—
0,6	0,8	± 0,03	± 0,04	± 0,06	± 0,07	± 0,07	± 0,08	± 0,08	± 0,09	± 0,12	—	—
0,8	1,0	± 0,04	± 0,05	± 0,06	± 0,08	± 0,08	± 0,09	± 0,09	± 0,10	± 0,13	—	—
1,0	1,2	± 0,04	± 0,05	± 0,07	± 0,09	± 0,09	± 0,10	± 0,10	± 0,12	± 0,14	—	—
1,2	1,5	± 0,05	± 0,07	± 0,09	± 0,11	± 0,10	± 0,12	± 0,11	± 0,14	± 0,16	—	—
1,5	1,8	± 0,06	± 0,08	± 0,10	± 0,12	± 0,11	± 0,13	± 0,12	± 0,15	± 0,17	—	—
1,8	2,0	± 0,06	± 0,09	± 0,11	± 0,13	± 0,12	± 0,14	± 0,14	± 0,16	± 0,19	—	—
2,0	2,5	± 0,07	± 0,10	± 0,12	± 0,14	± 0,13	± 0,15	± 0,15	± 0,17	± 0,20	—	—
2,5	3,0	± 0,08	± 0,11	± 0,13	± 0,15	± 0,15	± 0,17	± 0,17	± 0,19	± 0,23	—	—
3,0	3,5	± 0,10	± 0,12	± 0,15	± 0,17	± 0,17	± 0,19	± 0,18	± 0,20	± 0,24	—	—
3,5	4,0	± 0,15		± 0,20		± 0,22		± 0,23		± 0,25	± 0,34	± 0,38
4,0	5,0	± 0,18		± 0,22		± 0,24		± 0,25		± 0,29	± 0,36	± 0,42
5,0	6,0	± 0,20		± 0,24		± 0,25		± 0,26		± 0,32	± 0,40	± 0,46
6,0	8,0	± 0,24		± 0,30		± 0,31		± 0,32		± 0,38	± 0,44	± 0,50
8,0	10	± 0,27		± 0,33		± 0,36		± 0,38		± 0,44	± 0,50	± 0,56
10	12	± 0,32		± 0,38		± 0,40		± 0,41		± 0,47	± 0,53	± 0,59
12	15	± 0,36		± 0,42		± 0,43		± 0,45		± 0,51	± 0,57	± 0,63
15	20	± 0,38		± 0,44		± 0,46		± 0,48		± 0,54	± 0,60	± 0,66
20	25	± 0,40		± 0,46		± 0,48		± 0,50		± 0,56	± 0,62	± 0,68
25	30	± 0,45		± 0,50		± 0,53		± 0,55		± 0,60	± 0,65	± 0,70
30	40	± 0,50		± 0,55		± 0,58		± 0,60		± 0,65	± 0,70	± 0,75
40	50	± 0,55		± 0,60		± 0,63		± 0,65		± 0,70	± 0,75	± 0,80

Bei der Dickenmessung muß ein Streifen von 10 mm Breite vom Rand unberücksichtigt bleiben.

Tabelle 2: Breiten-Grenzabmaße für Band   Maße in Millimeter

Nenndicke		Breiten-Grenzabmaße für Nennbreiten					
über	bis	bis 100	über 100 bis 300	über 300 bis 500	über 500 bis 1 250	über 1 250 bis 1 650	über 1 650 bis 2 600
0,20	0,6	+ 0,3 0	+ 0,4 0	+ 0,6 0	+ 1,5 0	+ 2,5 0	+ 3 0
0,6	1,0	+ 0,3 0	+ 0,5 0	+ 1 0	+ 1,5 0	+ 2,5 0	+ 3 0
1,0	2,0	+ 0,4 0	+ 0,7 0	+ 1,2 0	+ 2 0	+ 2,5 0	+ 3 0
2,0	3,0	+ 1 0	+ 1 0	+ 1,5 0	+ 2 0	+ 2,5 0	+ 4 0
3,0	5,0	—	+ 1,5 0	+ 2 0	+ 3 0	+ 3 0	+ 5 0

Tabelle 3: Breiten-Grenzabmaße für Bleche und Platten   Maße in Millimeter

Nenndicke		Breiten-Grenzabmaße für Nennbreiten				
über	bis	bis 500	über 500 bis 1 250	über 1 250 bis 2 000	über 2 000 bis 3 000	über 3 000 bis 3 500
0,20	3,0	+ 1,5 0	+ 3 0	+ 4 0	+ 5 0	—
3,0	6,0	+ 3 0	+ 4 0	+ 5 0	+ 8 0	+ 8 0
6,0	50	+ 4 0	+ 5 0	+ 5 0	+ 8 0	+ 8 0

Tabelle 4: Längen-Grenzabmaße für Bleche und Platten   Maße in Millimeter

Nenndicke		Längen-Grenzabmaße für Nennlängen				
über	bis	bis 1000	über 1 000 bis 2 000	über 2 000 bis 3 000	über 3 000 bis 5 000	über 5 000
0,20	3,0	+ 3 0	+ 4 0	+ 6 0	+ 8 0	+ 0,2 % der Nennlänge
3,0	6,0	+ 4 0	+ 6 0	+ 8 0	+ 10 0	+ 0,2 % der Nennlänge
6,0	50	+ 6 0	+ 8 0	+ 10 0	+ 10 0	+ 0,2 % der Nennlänge

Tabelle 5: Geradheitstoleranzen für Band
(bei einer Meßlänge von 2000 mm)   Maße in Millimeter

Nennbreite		Geradheits- abweichung
über	bis	d_{max}
≥ 25 [1])	100	8
100	300	6
300	600	5
600	1 000	4
1 000	2 000	3
2 000	3 500	3

[1]) Für Breiten kleiner 25 mm sind die Toleranzen zwischen Lieferer und Kunden zu vereinbaren.

251

Tabelle 6: Geradheitstoleranzen für Bleche und Platten

Maße in Millimeter

Nennbreite		Geradheitsabweichung d_{max} für Nennlängen L				
über	bis	bis 1 000	über 1 000 bis 2 000	über 2 000 bis 3 500	über 3 500 bis 5 000	über 5 000 bis 15 000
≥ 100 [1])	300	2	4	8	—	—
300	600	1,5	3	5	—	—
600	1 000	1	2	4	5	0,1 % der Nennlänge
1 000	2 000	—	2	4	5	
2 000	3 500	—	—	4	5	

[1]) Für Breiten kleiner 100 mm sind die Toleranzen zwischen Lieferer und Kunden zu vereinbaren.

Tabelle 7: Ebenheitstoleranzen für Bleche und Platten

Nenndicke mm		Gesamtabweichung %		Teilabweichung % (bei einer Sehne von mindestens 300 mm)
über	bis	auf Länge d_{max}/L	auf Breite d_{max}/W	d_{max}/l
0,20	0,50	nach Vereinbarung		
0,50	3,0	0,4	0,5	0,5
3,0	6,0	0,3	0,4	0,35
6,0	50	0,2	0,4	0,3

Tabelle 8: Rechtwinkligkeitstoleranzen für Bleche und Platten

Maße in Millimeter

Nennlänge		Nenndicke	Rechtwinkligkeitstoleranzen bei Nennbreiten			
über	bis		bis 1 000	über 1 000 bis 1 500	über 1 500 bis 2 000	über 2 000 bis 3 500
—	1 000	≤ 6	4	—	—	—
		> 6	5	—	—	—
1 000	2 000	≤ 6	4	5	6	—
		> 6	6	7	8	—
2 000	3 000	≤ 6	5	5	7	8
		> 6	7	7	9	10
3 000	5 000	≤ 6	6	8	8	10
		> 6	8	10	10	12
5 000	15 000	≤ 6	10	10	12	12
		> 6	12	12	15	15

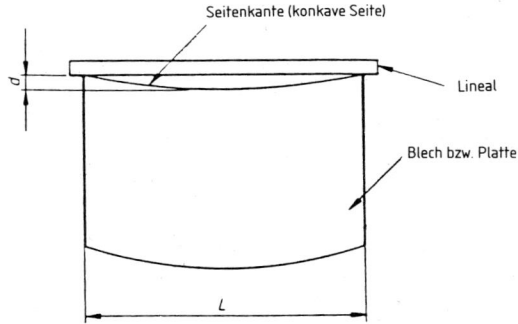

d Abweichung von der Geradheit
L Länge des Blechs bzw. der Platte

Bild 1: Geradheit eines Blechs bzw. einer Platte mit einer Länge L (siehe 4.1.2)

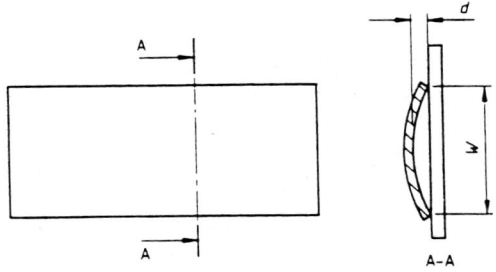

d Abweichung von der Ebenheit
W Breite des Blechs bzw. der Platte

Bild 2: Querwölbung (siehe 4.2.2)

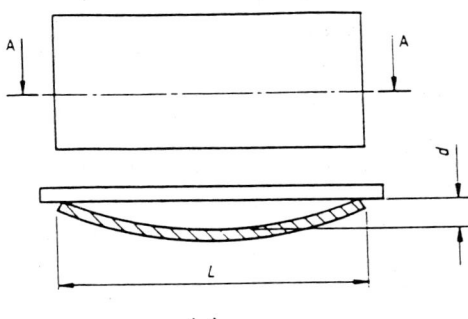

d Abweichung von der Ebenheit
L Länge des Blechs bzw. der Platte

Bild 3: Längswölbung (siehe 4.2.2)

253

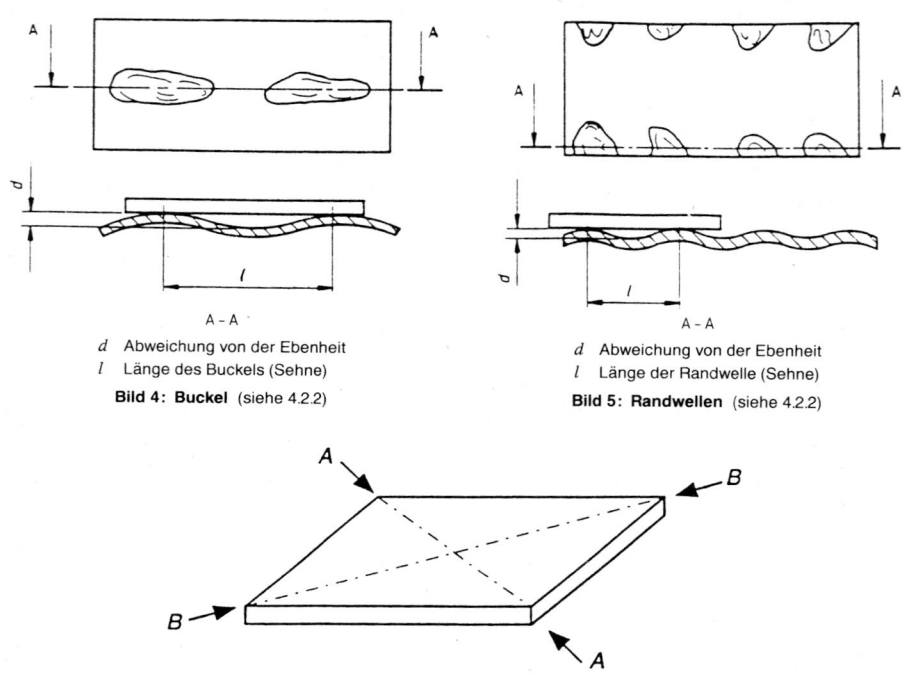

d Abweichung von der Ebenheit
l Länge des Buckels (Sehne)
Bild 4: Buckel (siehe 4.2.2)

d Abweichung von der Ebenheit
l Länge der Randwelle (Sehne)
Bild 5: Randwellen (siehe 4.2.2)

Bild 6: Messung der Rechtwinkligkeit (siehe 4.3.2)

Anhang A (normativ)
Legierungsaufteilung in Gruppe I und Gruppe II

Tabelle A.1: Legierungsgruppen

Gruppe I	1080A 1070A 1050A 1200 3003 3103 3005 3105 4006 4007 5005 5050 8011A
Gruppe II	2014 2017A 2024 3004 5040 5049 5251 5052 5154A 5454 5754 5182 5082 5086 6061 6082 7020 7021 7022 7075

Anhang B (normativ)
Andere Dicken-Grenzabmaße

Nach Vereinbarung zwischen Lieferer und Kunden können die Legierungen der Gruppe I in den Dicken-Grenzabmaßen der Gruppe II geliefert werden.

Dacheindeckungsprodukte aus Metallblech	**DIN**
Festlegungen für vollflächig unterstützte Bedachungselemente aus Zinkblech	
Deutsche Fassung EN 501 : 1994	**EN 501**

ICS 91.060.20

Deskriptoren: Dacheindeckung, Dachdeckung, Blech, Zinkblech, Metallblech

Roofing products from metal sheet — Specification for fully supported roofing products of zinc sheet;
German version EN 501 : 1994

Produits de couverture en tôle métallique — Spécification pour les produits de couverture en feuille de zinc totalement supportés;
Version allemande EN 501 : 1994

Die Europäische Norm EN 501 : 1994 hat den Status einer Deutschen Norm.

Nationales Vorwort

Diese Europäische Norm wurde vom Technischen Komitee CEN/TC 128 "Dacheindeckungsprodukte für überlappende Verlegung" erarbeitet. Deutschland war durch den NABau-Arbeitsausschuß "Dachdeckungsprodukte aus Metall" an der Bearbeitung beteiligt.

Internationale Patentklassifikation

E 04 D 003/30
E 04 D 005/40
G 01 B 021/00

Fortsetzung 6 Seiten EN

Normenausschuß Bauwesen (NABau) im DIN Deutsches Institut für Normung e.V.

EUROPÄISCHE NORM
EUROPEAN STANDARD
NORME EUROPÉENNE

EN 501

Mai 1994

DK 692.415 : 669.6-41 : 620.1

Deskriptoren: Dach, Schrägdach, Dachdeckung, Metall, Zink, Zinklegierung, Kupferlegierung, Titanlegierung, Metallblech, Anforderung, Eigenschaft, Abmessung, Maßtoleranz, chemische Zusammensetzung, Prüfung, Qualitätsprüfung, Bezeichnung, Kennzeichnung

Deutsche Fassung

Dacheindeckungsprodukte aus Metallblech
Festlegungen für vollflächig unterstützte Bedachungselemente aus Zinkblech

Roofing products from metal sheet — Specification for fully supported roofing products of zinc sheet

Produits de couverture en tôle métallique — Spécification pour les produits de couverture en feuille de zinc totalement supportés

Diese Europäische Norm wurde von CEN am 1994-05-18 angenommen.

Die CEN-Mitglieder sind gehalten, die CEN/CENELEC-Geschäftsordnung zu erfüllen, in der die Bedingungen festgelegt sind, unter denen dieser Europäischen Norm ohne jede Änderung der Status einer nationalen Norm zu geben ist.

Auf dem letzten Stand befindliche Listen dieser nationalen Normen mit ihren bibliographischen Angaben sind beim Zentralsekretariat oder bei jedem CEN-Mitglied auf Anfrage erhältlich.

Diese Europäische Norm besteht in drei offiziellen Fassungen (Deutsch, Englisch, Französisch). Eine Fassung in einer anderen Sprache, die von einem CEN-Mitglied in eigener Verantwortung durch Übersetzung in seine Landessprache gemacht und dem Zentralsekretariat mitgeteilt worden ist, hat den gleichen Status wie die offiziellen Fassungen.

CEN-Mitglieder sind die nationalen Normungsinstitute von Belgien, Dänemark, Deutschland, Finnland, Frankreich, Griechenland, Irland, Island, Italien, Luxemburg, Niederlande, Norwegen, Österreich, Portugal, Schweden, Schweiz, Spanien und dem Vereinigten Königreich.

CEN

EUROPÄISCHES KOMITEE FÜR NORMUNG
European Committee for Standardization
Comité Européen de Normalisation

Zentralsekretariat: rue de Stassart 36, B-1050 Brüssel

Ref. Nr. EN 501 : 1994 D

Inhalt

Vorwort

Diese Europäische Norm wurde vom Technischen Komitee CEN/TC 128 "Dacheindeckungsprodukte für überlappende Verlegung", dessen Sekretariat von ON geführt wird, erarbeitet

Diese Europäische Norm muß den Status einer nationalen Norm erhalten, entweder durch Veröffentlichung eines identischen Textes oder durch Anerkennung bis November 1994, und etwaige entgegenstehende nationale Normen müssen bis November 1994 zurückgezogen werden.

Entsprechend der CEN/CENELEC-Geschäftsordnung sind folgende Länder gehalten, diese Europäische Norm zu übernehmen:

Belgien, Dänemark, Deutschland, Finnland, Frankreich, Griechenland, Irland, Island, Italien, Luxemburg, Niederlande, Norwegen, Österreich, Portugal, Schweden, Schweiz, Spanien und das Vereinigte Königreich.

0   Einleitung

Bild 1 gibt einen Überblick über die Stellung der vorliegenden Norm innerhalb des Normensystems des CEN.

In der vorliegenden Norm wurde das Leistungsprofil der Produkte, soweit dies möglich war, auf der Grundlage von Einsatzeignungsprüfungen definiert.

Die Funktion eines Daches, welches mit den hier beschriebenen Erzeugnissen ausgeführt wurde, hängt jedoch nicht nur von den in dieser Norm festgelegten Produktanforderungen an die Erzeugnisse ab, sondern auch von der Planung und der Ausführung des Daches insgesamt, in Abhängigkeit von den jeweiligen Umwelt- und Nutzungsbedingungen.

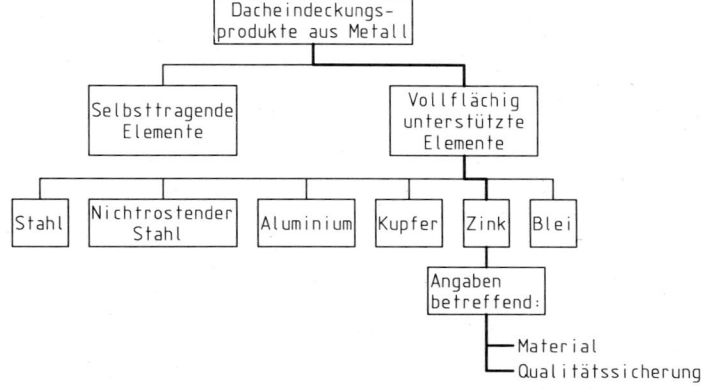

Bild 1: Normensystem

1 Anwendungsbereich

Diese Europäische Norm legt die Anforderungen an Bedachungselemente zur Herstellung der Eindeckung geneigter Dächer fest, die aus Titanzink[1])-Blech und -Band ohne oder mit zusätzlichen organischen Beschichtungen hergestellt sind.

Diese Norm legt allgemeine Merkmale, Definitionen sowie Regeln für die Etikettierung und die Qualitätsüberwachung dieser Erzeugnisse fest. Die Erzeugnisse können sowohl vorgefertigte oder vorgeformte Erzeugnisse (z. B. Dachpfannen, Dachschindeln, Anschlußbleche) sein, als auch Bänder, Bleche oder Tafeln für die Verarbeitung auf der Baustelle (z. B. Stehfalzdach, Leistendach).

Die Norm gilt für alle überlappt und vollflächig verlegten Dacheindeckungen aus Titanzink (Zn-Cu-Ti). Anforderungen an die Anwendung (z. B. Befestigungsverfahren, Unterkonstruktion, die Ausführung des Dachsystems und die Ausführung der Verbindungen und Anschlüsse) sind in der vorliegenden Norm nicht erfaßt. Die Norm legt die Anforderungen fest, die Bedachungselemente aus Blechen, Spaltband, Band und Zuschnitten aus Zink erfüllen müssen, um allen normalen Einsatzbedingungen gerecht zu werden.

ANMERKUNG: Diese Norm gilt zum Teil für Flachzeug und zum Teil für vorgefertigte (vorgeformte) Erzeugnisse. Weitere nützliche Informationen über vorgefertigte Erzeugnisse enthält prEN 506.

2 Normative Verweisungen

Diese Europäische Norm enthält durch datierte oder undatierte Verweisungen Festlegungen aus anderen Publikationen. Diese normativen Verweisungen sind an den jeweiligen Stellen im Text zitiert, und die Publikationen sind nachstehend aufgeführt. Bei starren Verweisungen gehören spätere Änderungen und Überarbeitungen dieser Publikationen nur zu dieser Europäischen Norm, falls sie durch Änderungen oder Überarbeitungen eingearbeitet sind. Bei undatierten Verweisungen gilt die letzte Ausgabe der in Bezug genommenen Publikation.

---

[1]) Zink mit geringen Legierungszusätzen von Kupfer und Titan.

EN 10204 : 1991
  Metallische Erzeugnisse — Arten von Prüfbescheinigungen
prEN 988
  Zink und Zinklegierungen — Technische Lieferbedingungen für gewalzte Flacherzeugnisse für das Bauwesen
prEN 506
  Dacheindeckungsprodukte aus Metallblech — Festlegungen für selbsttragende Bedachungselemente aus Kupfer- und Zinkblech

3 Begriffe, Symbole und Kurzzeichen

Für die Anwendung dieser Norm gelten die folgenden Definitionen:

ANMERKUNG: Die folgenden Bezeichnungen bezeichnen das gleiche Erzeugnis:
  D: Titanzink
  E: Zinc-copper-titanium
  F: Zinc-cuivre-titane

3.1 Begriffe

3.1.1 Organisch beschichtetes Zink

Zink, das in einer kontinuierlich arbeitenden Beschichtungsanlage im Walzenauftrag beschichtet wird, wird auch bandbeschichtetes Zink genannt.

ANMERKUNG: Für spezielle Architekturanwendungen kann bandbeschichtetes Zink (kontinuierlich organisch beschichtet) geliefert werden.

3.1.2 Vollflächig unterstützte Auflagerung

Einbauanordnung, bei der die flachen Untergurte der Erzeugnisse voll auf einer durchgehenden Unterkonstruktion aufliegen.

3.1.3 Coil, Band oder Spaltband

Die Begriffe sind in prEN 988 erläutert.

3.1.4 Blechtafel oder Zuschnitt

Die Begriffe sind in prEN 988 erläutert.

3.1.5 Geformte (vorgefertigte) Erzeugnisse

Die Begriffe sind in prEN 506 erläutert.

3.2 Geometrie der Erzeugnisse

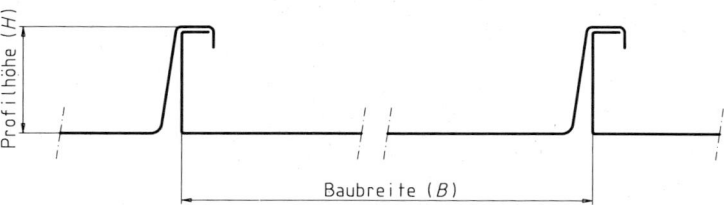

Bild 2

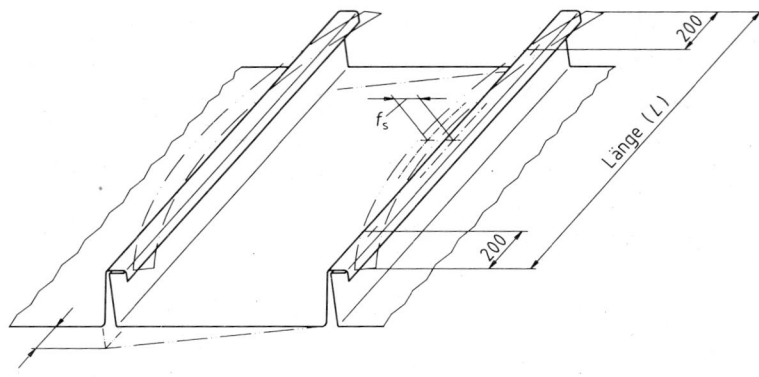

Bild 3

3.3 Symbole und Kurzzeichen

Es gelten die folgenden Symbole und Kurzzeichen:

Zn-Cu-Ti	Titanzink nach Abschnitt 4.2
AY	Acryl-Flüssigbeschichtung
SP	Polyester-Flüssigbeschichtung
SP-SI	Silicon-Polyester-Flüssigbeschichtung,
PVDF	PVDF-Flüssigbeschichtung
PVC-P	Polyvinylchlorid-(Plastisol)-Beschichtung, im Coil-Coating-Verfahren aufgetragen
PW	Vorbewitterte Oberfläche (chemische Oberflächenbehandlung)

4 Anforderungen

4.1 Allgemeines

Bauteile aus Blechtafeln, Zuschnitten, Band und Spaltband können unter Beachtung der Werkstoffeigenschaften, die in der jeweiligen Werkstoffnorm aufgeführt sind, problemlos geschnitten, abgekantet, gefalzt, umgeformt und gelötet werden.

Die Eigenschaften der Erzeugnisse hängen von den verwendeten Materialien und der Formgebung der Erzeugnisse ab. Anforderungen an das Material sind in prEN 988 aufgeführt.

Die Werkstoffprüfungen (Blech, Beschichtung, Oberflächenbehandlung usw.) liegen in der Verantwortung des Materialherstellers, sie müssen jedoch vom Hersteller der Bedachungselemente auf Anforderung nachgewiesen werden.

In dieser Norm wurde soweit als möglich auf die "wesentlichen Anforderungen" der Bauproduktenrichtlinie Bezug genommen.

4.2 Anforderungen an den Werkstoff

4.2.1 Allgemeines

Die Titanzinklegierung kann entweder in Blöcken oder kontinuierlich vergossen werden. Diese werden zu Coils gewalzt. Die Blechtafeln und Zuschnitte werden von Coil oder Spaltband abgelängt.

Titanzink ist für die Herstellung von vollflächig unterstützten Dacheindeckungsprodukten sowohl im industriellen Verfahren als auch für die Verarbeitung auf der Baustelle geeignet.

4.2.2 Chemische Zusammensetzung

Die chemische Zusammensetzung ist in prEN 988 definiert.

4.2.3 Physikalische und mechanische Eigenschaften

Die physikalischen und mechanischen Eigenschaften sind in prEN 988 definiert.

4.2.4 Organische Beschichtungen oder chemische Oberflächenbehandlung auf Titanzinkblech

Organische Beschichtungen sind entsprechend den Verarbeitungs- und Einsatzbedingungen auszuwählen. Organische Beschichtungen nach dieser Norm sind Acryl-Flüssigbeschichtung (AY), Polyester-(SP) oder Silicon-Polyester-(SP-SI)-Flüssigbeschichtung, Polyvinylidenfluorid-Flüssigbeschichtung (PVDF) und Polyvinylchlorid-(Plastisol)-Beschichtung (PVC-P). Eine chemische Oberflächenbehandlung kann zur Erzeugung einer vorbewitterten Oberfläche (PW) durchgeführt werden.

4.2.5 Aussehen der Zinkoberfläche ohne zusätzliche organische Beschichtung

Die Oberfläche muß gleichförmig sein, z.B. frei von großflächigen Poren. Streifen auf der Oberfläche, kleine Poren und Walzabdrücke sind zulässig, soweit sie die Verarbeitung nicht negativ beeinflussen.

Oberflächenfehler wie z.B. Weißrost, Fett oder Ölspuren sind zulässig, da sie unsichtbar werden, sobald sich die natürliche Schutzschicht bildet, ohne die Eigenschaften des Werkstoffes negativ zu beeinflussen.

4.3 Anforderungen an das Erzeugnis

4.3.1 Festigkeitseigenschaften

Die Anforderungen sind in prEN 988 angegeben.

4.3.2 Maße und Toleranzen

Die Maße und die Toleranzen für Bänder und Blechtafeln sind in prEN 988 angegeben. Die zulässige Mindestnenndicke für vollflächig unterstützte Dacheindeckungsprodukte aus Titanzink beträgt 0,6 mm.

4.3.3 Formen und Toleranzen von geformten (vorgefertigten) Erzeugnissen

Geformte (vorgefertigte) Erzeugnisse werden in zwei Kategorien unterteilt:

a) diejenigen, die mittels einer Falzung auf der Baustelle verbunden werden,

b) diejenigen, die nicht durch Falzung auf der Baustelle verbunden werden.

259

4.3.3.1 Erzeugnisse mit auf der Baustelle gefalzten Verbindungen

Die Formen oder die zugehörigen Toleranzen müssen entsprechend der Anwendung zwischen Besteller und Lieferer abgestimmt werden. Sie hängen im wesentlichen von technischen und architektonischen Anforderungen ab und sind auf die eingesetzten Falzmaschinen und die sonstigen Geräte abzustimmen.

4.3.3.2 Erzeugnisse ohne auf der Baustelle gefalzte Verbindungen

Die Werte können bei der Bestellung unter Berücksichtigung der Anforderungen an das Erzeugnis, die Paßgenauigkeit und die Verarbeitung vereinbart werden.

Wenn keine Maßabweichungen angegeben sind, gelten auf jeden Fall die Mindest-Toleranzwerte wie sie in Tabelle 1 aufgeführt sind (gemessen unbelastet, durchgehend unterstützt, bei einer Prüftemperatur von $(20 \pm 2)\,°C$.

Tabelle 1: Zulässige Maßabweichungen bei Erzeugnissen ohne auf der Baustelle gefalzte Verbindungen

Merkmal	Maßabweichungen
Länge (L)	$^{+\,10}_{\ \ \,0}$ mm
Geradheit (f_s)	2 mm/m Länge
Baubreite	$\pm\,5$ mm
Profilhöhe	$^{+\,1,5}_{\ \ \ \,0}$ mm

Die Definitionen der geometrischen Merkmale enthält Abschnitt 3.2. Die Messungen sind 200 mm vom Ende des Erzeugnisses durchzuführen, siehe Abschnitt 3.2.

4.3.4 Brandschutz

Die an die organischen Beschichtungen bezüglich der Flammenausbreitung gestellten Anforderungen sind in nationalen Vorschriften festgelegt.

ANMERKUNG: Die von dieser Norm erfaßten Erzeugnisse sind nicht entflammbar und widerstandsfähig gegen Flugfeuer und strahlende Wärme.

4.3.5 Gebrauchstauglichkeit, Hygiene, Gesundheit und Umweltschutz

Unter Beachtung nationaler Vorschriften sollte in angemessener Weise Sorge getragen werden, daß die Bleche bei der Montage nicht vom Bauwerk herabfallen und daß scharfe Kanten keine Verletzungen an den Händen der Beschäftigten hervorrufen. Bei der Verarbeitung und Befestigung von beschichteten Metalldachblechen sind keine besonderen Vorkehrungen erforderlich.

4.4 Befestigungselemente

Befestigungselemente sind aus einem Werkstoff herzustellen, der eine ausreichende Festigkeit und eine gute Dauerhaftigkeit sicherstellt.

Folgende Werkstoffe sind zugelassen:
— Titanzink,
— verzinkter Stahl,
— nichtrostender Stahl (Cr-Ni),
— Aluminium,
— verzinntes Kupfer.

Güteanforderungen und Abmessungen sind in nationalen Ausführungsrichtlinien und/oder Vorschriften festgelegt.

5 Probenahme und Prüfverfahren

5.1 Flachzeug

Die Probenahme und die Prüfverfahren sind in prEN 988 festgelegt.

5.2 Geformte (vorgefertigte) Erzeugnisse

5.2.1 Probenahme

Der Abnehmer oder sein Vertreter dürfen aus jeder Lieferung so viele Proben auswählen, wie sie zur Durchführung der Prüfungen erforderlich sind.

5.2.2 Prüfverfahren

5.2.2.1 Allgemeines

Die Erzeugnisse können mit oder ohne Prüfung der Übereinstimmung mit den Anforderungen geliefert werden. Wenn eine Prüfung verlangt wird, muß der Besteller bei der Bestellung folgende Angaben machen:
— Art der Prüfung (spezifische oder nichtspezifische Prüfung, siehe EN 10204),
— Art der Prüfbescheinigung (siehe EN 10204).

5.2.2.2 Prüfeinheit

Für die Prüfung der Maßtoleranzen besteht die Prüfeinheit aus mindestens 1 vollständigen Teil aus der Liefermenge.

Sofern dies bei der Bestellung zwischen Besteller und Lieferant besonders vereinbart wird, kann die Prüfeinheit aus mehr als 1 Teil bestehen.

5.2.2.3 Anzahl der Prüfungen

Eine vollständige Prüfung entsprechend Abschnitt 4.3.3 ist zur Bestimmung der Abmessungen durchzuführen.

6 Bezeichnung

Erzeugnisse nach dieser Norm sind wie folgt zu bezeichnen:
— Erzeugnisart (z. B. Blechtafel, Coil, Spaltband, Zuschnitt, Dachpfanne, Dachschindel),
— Kurzbezeichnung des Werkstoffs (siehe Abschnitt 3.1) oder vollständige Bezeichnung,
— Nummer dieser Norm (EN 501).

7 Kennzeichnung, Etikettierung und Verpackung

7.1 Kennzeichnung und Etikettierung

Es gelten folgende Mindestanforderungen für die Kennzeichnung:
— die Mindestanforderungen für die Kennzeichnung wie in prEN 988 aufgeführt,
— die Nummer dieser Norm (EN 501),
— der Name oder das registrierte Warenzeichen des Herstellers.

Die Kennzeichnung muß fortlaufend auf das Erzeugnis gestempelt sein oder diese Angaben können auf einem Etikett stehen, welches an jedem Paket, Coil, Bund oder sonstigen Liefereinheit angebracht ist.

Alle Anweisungen zur Handhabung und Lagerung sowie das Netto- oder Bruttogewicht (kg) sind gut lesbar auf der Verpackung anzubringen.

7.2 Verpackung

Die Art der Verpackung wird durch den Lieferanten bestimmt, der die Verpackung für normale Transportbedingungen auslegen muß. Die Verpackung darf die Qualität der Erzeugnisse nicht beeinträchtigen.

ANMERKUNG: Wenn ungünstige Bedingungen bei Transport, Lagerung oder Verarbeitung zu erwarten sind, kann das Erzeugnis nach Abstimmung auch mit einem zusätzlichen abziehbaren Schutzfilm, gewachst oder geölt geliefert werden.

Art, Dicke, Haftungseigenschaften, Verformbarkeit, Reißfestigkeit und Lichtbeständigkeit sind bei der Wahl des Schutzfilms zu beachten.

Alle Schutzfilme können ohne Beeinträchtigung nur für eine begrenzte Zeit der Bewitterung ausgesetzt werden.

7.3 Transport, Lagerung und Handhabung

Bei der Lieferung sind die Erzeugnisse mit Sorgfalt zu behandeln, um die Qualität der Erzeugnisse zu erhalten.

Die Erzeugnisse sind so zu versenden und zu lagern, daß sie gegen Feuchtigkeit und Kondensat geschützt sind.

Feuchtigkeit, insbesondere Kondensation innerhalb der Verpackungen, kann zu Fleckenbildung führen. Bei länger anhaltender Feuchtigkeitseinwirkung kann das Aussehen der Erzeugnisse beeinträchtigt werden, insbesondere durch die Bildung von Weißrost.

Die verpackten Erzeugnisse müssen unter einem belüfteten Schutz gelagert werden (z.B. in einem überdachten Lager oder unter einer Plane). Die Güter müssen mit Hilfe von Latten vom Boden getrennt werden, um eine ausreichende Belüftung sicherzustellen. Es ist Vorsorge zu treffen, um eine bleibende Verformung der Bleche, Bänder, Spaltbänder und Zuschnitte zu vermeiden.

7.4 Vom Abnehmer zu liefernde Angaben

Um den Anforderungen dieser Norm zu genügen, müssen Anfragen und Bestellungen folgende Angaben enthalten:

— Hinweis auf diese Europäische Norm (EN 501),

— Bezeichnung des Erzeugnisses (Coil, Spaltband, Blechtafel, Zuschnitt),

— Werkstoffbezeichnung (Zn-Cu-Ti oder Titanzink),

— gewünschte Abmessungen (Dicke, Breite, Länge),

— gewünschte Menge,

— gegebenenfalls nähere Angaben zu Verarbeitungsbedingungen,

— gegebenenfalls Anforderungen an die Verpackung,

— gegebenenfalls nähere Angaben zur Oberflächenbehandlung.

261

Dezember 1994

Aluminium und Aluminiumlegierungen Chemische Zusammensetzung und Form von Halbzeug Teil 4: Erzeugnisformen Deutsche Fassung EN 573-4 : 1994	DIN EN 573-4

ICS 77.120.10; 77.140.90

Deskriptoren: Aluminium, Aluminiumlegierung, Halbzeug, Form

Aluminium and aluminium alloys — Chemical composition
and form of wrought products — Part 4: Forms of products;
German version EN 573-4 : 1994

Aluminium et alliages d'aluminium — Composition chimique
et forme des produits corroyés — Partie 4: Forme de produits;
Version allemande EN 573-4 : 1994

Mit DIN EN 573-3 : 1994-12
vorgesehen als Ersatz für
DIN 1712-3 : 1976-12 und
DIN 1725-1 : 1983-02
siehe auch
Nationales Vorwort

Die Europäische Norm EN 573-4 : 1994 hat den Status einer Deutschen Norm.

Nationales Vorwort

Diese Europäische Norm EN 573-4 : 1994 ist vom Technischen Komitee CEN/TC 132 "Aluminium und
Aluminiumlegierungen" (Sekretariat: Frankreich) ausgearbeitet worden.

Das zuständige deutsche Normungsgremium ist der Fachbereich 2 "Aluminium" des Normenausschusses Nichteisenmetalle (FNNE) im DIN Deutsches Institut für Normung e.V.

Da sowohl die bisherigen DIN-Normen als auch die EN-Normen jeweils ein geschlossenes System
bilden, ist ein Ersatz von einzelnen DIN-Normen durch DIN-EN-Normen meist erst dann möglich, wenn
alle Normen des neuen "Normenpaketes" vorliegen. Aus diesem Grunde werden "EN-Normenpakete"
gebildet, die zu einem festgelegten Zeitpunkt die entgegenstehenden nationalen Normen ersetzen.

In Resolution CEN/BT C27/1994 ist festgelegt, daß die Normen EN 485-1, EN 485-2, EN 485-3,
EN 485-4, EN 515, EN 573-1, EN 573-2, EN 573-3 und EN 573-4 vom CEN/TC 132 ein "EN-Normen-
paket" bilden. Für diese Normen wurde das späteste Datum für die Zurückziehung (DOW) der entgegenstehenden nationalen Normen auf den 30. 06. 1995 festgelegt.

Änderungen

Gegenüber DIN 1712-3 : 1976-12 und DIN 1725-1 : 1983-02 wurden folgende Änderungen vorgenommen:

  a) Tabellen über Erzeugnisformen wurden in dieser Norm zusammengelegt.

  b) Tabelle 3 "Besondere Eigenschaften" der DIN 1725-1 wurde in dieser Norm nicht mehr berücksichtigt.

  c) Die handelsüblichen Erzeugnisformen sind anstelle von "X" mit "A" oder "B" gekennzeichnet, und
  diese Klassifizierung wird im Abschnitt 3 erläutert.

  d) Eine zusätzliche Spalte "Legierung für Lebensmittel-Kontakte geeignet" wurde aufgenommen.

  e) Festlegungen der Europäischen Norm übernommen.

  f) Redaktionell überarbeitet.

Frühere Ausgaben

DIN 1712-3: 1925-07, 1937-12, 1943-03, 1953-08, 1961-10, 1976-12
DIN 1712-4: 1953-12
DIN 1725-4: 1961-10
DIN 1713: 1935-09, 1937-09
DIN 1713-1: 1941-06
DIN 1725: 1942-11
DIN 1725-1: 1943-07, 1945-01, 1951-01, 1958-05, 1961-05, 1967-02, 1976-12, 1983-02

Internationale Patentklassifikation

C 22 C 021/00
G 01 N 033/20

Fortsetzung 12 Seiten EN

Normenausschuß Nichteisenmetalle (FNNE) im DIN Deutsches Institut für Normung e.V.

EUROPÄISCHE NORM
EUROPEAN STANDARD
NORME EUROPÉENNE

EN 573-4

August 1994

DK 669.71 : 669.715.018.26-4

Deskriptoren: Aluminium, Aluminiumlegierung, Walzerzeugnisse, Aluminiumerzeugnis, chemische Zusammensetzung, Form, Bezeichnung, Tabelle

Deutsche Fassung

Aluminium und Aluminiumlegierungen
Chemische Zusammensetzung und Form von Halbzeug
Teil 4: Erzeugnisformen

Aluminium and aluminium alloys — Chemical composition and form of wrought products — Part 4: Forms of products

Aluminium et alliages d'aluminium — Composition chimique et forme des produits corroyés — Partie 4: Form de produits

---

Diese Europäische Norm wurde von CEN am 1994-08-17 angenommen.

Die CEN-Mitglieder sind gehalten, die CEN/CENELEC-Geschäftsordnung zu erfüllen, in der die Bedingungen festgelegt sind, unter denen dieser Europäischen Norm ohne jede Änderung der Status einer nationalen Norm zu geben ist.

Auf dem letzten Stand befindliche Listen dieser nationalen Normen mit ihren bibliographischen Angaben sind beim Zentralsekretariat oder bei jedem CEN-Mitglied auf Anfrage erhältlich.

Diese Europäische Norm besteht in drei offiziellen Fassungen (Deutsch, Englisch, Französisch). Eine Fassung in einer anderen Sprache, die von einem CEN-Mitglied in eigener Verantwortung durch Übersetzung in seine Landessprache gemacht und dem Zentralsekretariat mitgeteilt worden ist, hat den gleichen Status wie die offiziellen Fassungen.

CEN-Mitglieder sind die nationalen Normungsinstitute von Belgien, Dänemark, Deutschland, Finnland, Frankreich, Griechenland, Irland, Island, Italien, Luxemburg, Niederlande, Norwegen, Österreich, Portugal, Schweden, Schweiz, Spanien und dem Vereinigten Königreich.

CEN

EUROPÄISCHES KOMITEE FÜR NORMUNG
European Committee for Standardization
Comité Européen de Normalisation

Zentralsekretariat: rue de Stassart 36, B-1050 Brüssel

Ref. Nr. EN 573-4 : 1994 D

Inhalt

Vorwort

Diese Europäische Norm wurde vom CEN/TC 132 "Aluminium und Aluminiumlegierungen", dessen Sekretariat die Association Française de Normalisation (AFNOR) innehat, erarbeitet.

Im Rahmen seines Arbeitsprogramms wurde das Technische Komitee CEN/TC 132 mit der Ausarbeitung der folgenden Norm beauftragt:

EN 573-4   Aluminium und Aluminiumlegierungen — Chemische Zusammensetzung und Form von Halbzeug — Teil 4: Erzeugnisformen

Diese Norm ist Teil einer Reihe von vier Normen. Die anderen Normen lauten wie folgt:

EN 573-1   Aluminium und Aluminiumlegierungen — Chemische Zusammensetzung und Form von Halbzeug — Teil 1: Numerisches Bezeichnungssystem

EN 573-2   Aluminium und Aluminiumlegierungen — Chemische Zusammensetzung und Form von Halbzeug — Teil 2: Bezeichnungsystem mit chemischen Symbolen

EN 573-3   Aluminium und Aluminiumlegierungen — Chemische Zusammensetzung und Form von Halbzeug — Teil 3: Chemische Zusammensetzung

Das CEN/TC 132 ist am 20. und 21. Oktober 1992 in Paris zusammengetreten und hat beschlossen, den vorliegenden Text den CEN-Mitgliedern zur formellen Abstimmung vorzulegen.

Diese Europäische Norm muß den Status einer nationalen Norm erhalten, entweder durch Veröffentlichung eines identischen Textes oder durch Anerkennung bis Februar 1995, und etwaige entgegenstehende nationale Normen müssen bis Juni 1995 zurückgezogen werden.

Entsprechend der CEN/CENELEC-Geschäftsordnung sind folgende Länder gehalten, diese Europäische Norm zu übernehmen:

Belgien, Dänemark, Deutschland, Finnland, Frankreich, Griechenland, Irland, Island, Italien, Luxemburg, Niederlande, Norwegen, Österreich, Portugal, Schweden, Schweiz, Spanien und das Vereinigte Königreich.

1 Anwendungsbereich

Dieser Teil der EN 573 gibt eine Übersicht über die zur Zeit lieferbaren Erzeugnisformen von Aluminium und Aluminium-Knetlegierungen, wobei die einzelnen Hauptanwendungsgebiete aufgelistet sind.

Er gilt für Aluminium und Aluminiumlegierungen, deren chemische Zusammensetzungen in EN 573-3 festgelegt sind.

ANMERKUNG: Einige der eingetragenen Legierungen können Gegenstand von einem Patent oder von Patentanmeldungen sein. Ihre Auflistung in dieser Norm bedeutet aber keinesfalls, daß dadurch eine Lizenzübertragung unter diesem Patentrecht erfolgt.

Das vierstellige numerische Bezeichnungssystem und das alternativ anzuwendende Bezeichnungssystem mit chemischen Symbolen sind in EN 573-1 bzw. EN 573-2 beschrieben.

2 Normative Verweisungen

Diese Europäische Norm enthält durch datierte oder undatierte Verweisungen Festlegungen aus anderen Publikationen. Diese normativen Verweisungen sind an den jeweiligen Stellen im Text zitiert, und die Publikationen sind nachstehend aufgeführt. Bei datierten Verweisungen gehören spätere Änderungen oder Überarbeitungen dieser Publikationen nur zu dieser Europäischen Norm, falls sie durch Änderung oder Überarbeitung eingearbeitet sind. Bei undatierten Verweisungen gilt die letzte Ausgabe der in Bezug genommenen Publikation.

EN 573-1

Aluminium und Aluminiumlegierungen — Chemische Zusammensetzung und Form von Halbzeug — Teil 1: Numerisches Bezeichnungssystem

EN 573-2

Aluminium und Aluminiumlegierungen — Chemische Zusammensetzung und Form von Halbzeug — Teil 2: Bezeichnungssystem mit chemischen Symbolen

EN 573-3

Aluminium und Aluminiumlegierungen — Chemische Zusammensetzung und Form von Halbzeug — Teil 3: Chemische Zusammensetzung

EN 602

Aluminium und Aluminiumlegierungen — Knethalbzeug — Chemische Zusammensetzung von Halbzeug für die Herstellung von Erzeugnissen, die in Kontakt mit Lebensmitteln kommen

3 Klassifizierung

Für die Anwendung dieser Norm wurden Aluminium und Aluminiumlegierungen in die zwei Klassen A und B wie folgt unterteilt:

— Klasse A: Aluminium und Aluminiumlegierungen, die für das betreffende Anwendungsgebiet in großen Mengen hergestellt werden, und für die in den entsprechenden Europäischen Normen mechanische Eigenschaften festgelegt sind.

ANMERKUNG: Walz- und Preßbarren sind in Übereinstimmung mit dem entsprechenden Halbzeug klassifiziert.

— Klasse B: Aluminium und Aluminiumlegierungen, die für das betreffende Anwendungsgebiet in begrenzten Mengen hergestellt werden, und/oder die für spezielle Anwendungszwecke benötigt werden, die durch eine Europäische Norm nicht abgedeckt sind. Die mechanischen Eigenschaften dieser Legierungen sind in der entsprechenden Europäischen Norm, falls eine existiert, nicht festgelegt.

Die Grenzabmaße und Formtoleranzen, die in entsprechenden Europäischen Normen festgelegt sind, gelten für Aluminium und Aluminiumlegierungen beider Klassen, A und B.

ANMERKUNG: Aluminium und Aluminiumlegierungen für Anwendungen in der Luft- und Raumfahrt, welche von der AECMA genormt sind, die aber nicht zum Bereich "Allgemeine Anwendungen" gehören, fallen unter die Klasse B. Ihre mechanischen Eigenschaften und die Grenzabmaße und Formtoleranzen sind in der entsprechenden Europäischen Norm für die Luft- und Raumfahrt festgelegt.

4 Erzeugnisformen

Die Tabellen 1 bis 8 geben eine Übersicht über die lieferbaren Legierungen für alle Hauptanwendungsgebiete, wobei die Legierungen in die Klassen A oder B unterteilt sind.

Die letzte Spalte der Tabellen zeigt mit J oder N (Ja oder Nein) an, ob die Legierung der EN 602 entspricht oder nicht. In der EN 602 sind Kriterien für die chemische Zusammensetzung von Aluminium und Aluminium-Knetlegierungen festgelegt, die eingehalten werden müssen, wenn sie für die Herstellung von Erzeugnissen eingesetzt werden, die in Kontakt mit Lebensmitteln kommen.

Tabelle 1: Anwendungen und Erzeugnisformen — Serie 1000

Numerisch	Chemische Symbole	Walzbarren	Preßbarren	Schmiedestücke und Vormaterial	elektrotechnische Anwendung	schweißtechnische Anwendung	mechanische Anwendung	Preß- und Ziehprodukte	Folie	Vormaterial für Wärmeaustauscher (Finstock)	Bleche, Bänder und Platten	Vormaterial für Dosen, Deckel und Verschlüsse	Butzen	HF-geschweißte Rohre	Legierung für Lebensmittelkontakte geeignet
EN AW-1199	EN AW-Al 99,99	B	–	–	–	–	–	–	B	–	B	–	–	–	✓
EN AW-1098	EN AW-Al 99,98	B	–	–	–	B	A	–	–	–	B	–	A	–	✓
EN AW-1198	EN AW-Al 99,98(A)	B	–	–	–	–	B	–	B	–	B	–	–	–	✓
EN AW-1090	EN AW-Al 99,90	–	–	–	–	–	B	–	–	–	–	–	–	–	✓
EN AW-1085	EN AW-Al 99,85	B	–	–	–	–	–	–	–	–	B	–	–	–	✓
EN AW-1080A	EN AW-Al 99,8(A)	A	B	–	–	A	A	B	–	–	A	–	A	–	✓
EN AW-1070A	EN AW-Al 99,7	A	A	–	–	–	A	A	–	–	A	–	A	–	✓
EN AW-1370	EN AW-EAl 99,7	–	–	–	A	–	–	–	–	–	–	–	–	–	✓
EN AW-1060	EN AW-Al 99,6	B	B	–	–	–	–	B	B	–	B	–	–	–	✓
EN AW-1050A	EN AW-Al 99,5	A	A	B	–	A	A	A	A	A	A	B	A	–	✓
EN AW-1350	EN AW-EAl 99,5	–	A	–	A	–	–	A	–	–	–	–	–	–	✓
EN AW-1350A	EN AW-EAl 99,5(A)	B	–	–	–	B	–	–	–	–	B	–	–	–	✓
EN AW-1450	EN AW-Al 99,5Ti	–	–	–	–	–	–	–	–	–	–	–	–	–	✓
EN AW-1235	EN AW-Al 99,35	B	–	–	–	–	–	–	B	–	–	–	–	–	✓
EN AW-1200	EN AW-Al 99,0	A	A	–	–	–	B	A	A	A	A	–	A	–	✓
EN AW-1200A	EN AW-Al 99,0(A)	B	–	–	–	–	–	–	–	–	B	–	–	–	✓
EN AW-1100	EN AW-Al 99,0Cu	A	B	–	–	–	–	B	B	A	B	–	–	–	✓

Tabelle 2: Anwendungen und Erzeugnisformen — Serie 2000

Numerisch	Chemische Symbole	Walz-barren	Preß-barren	Schmiede-stücke und Vor-material	elektro-technische Anwendung	schweiß-technische Anwendung	mecha-nische Anwendung	Preß- und Zieh-pro-dukte	Folie	Vormaterial für Wärmeaus-tauscher (Finstock)	Bleche, Bänder und Platten	Vormaterial für Dosen, Deckel und Verschlüsse	Butzen	HF-ge-schweißte Rohre	Legierung für Lebens-mittel-kontakte geeignet
EN AW-2001	EN AW-Al Cu5,5MgMn	–	B	–	–	–	–	B	–	–	–	–	–	–	N
EN AW-2007	EN AW-Al Cu4PbMgMn	–	A	–	–	–	–	A	–	–	–	–	–	–	N
EN AW-2011	EN AW-Al Cu6BiPb	–	A	B	–	–	A	A	–	–	–	–	A	–	N
EN AW-2011A	EN AW-Al Cu6BiPb(A)	–	A	–	–	–	–	A	–	–	–	–	–	–	N
EN AW-2014	EN AW-Al Cu4SiMg	A	A	A	–	–	–	A	–	–	A	–	–	–	N
EN AW-2014A	EN AW-Al Cu4SiMg(A)	A	A	B	–	–	A	A	–	–	B	–	–	–	N
EN AW-2214	EN AW-Al Cu4SiMg(B)	B	B	B	–	–	–	B	–	–	B	–	–	–	N
EN AW-2017A	EN AW-Al Cu4MgSi(A)	A	A	B	–	–	A	A	–	–	A	–	–	–	N
EN AW-2117	EN AW-Al Cu2,5Mg	B	–	–	–	–	A	–	–	–	B	–	–	–	N
EN AW-2618A	EN AW-Al Cu2Mg1,5Ni	B	B	B	–	–	–	B	–	–	B	–	–	–	N
EN AW-2219	EN AW-Al Cu6Mn	B	–	B	–	–	–	–	–	–	B	–	–	–	N
EN AW-2319	EN AW-Al Cu6Mn(A)	–	–	–	–	B	–	–	–	–	–	–	–	–	N
EN AW-2024	EN AW-Al Cu4Mg1	A	A	A	–	–	A	A	–	–	A	–	–	–	N
EN AW-2124	EN AW-Al Cu4Mg1(A)	B	–	–	–	–	–	–	–	–	B	–	–	–	N
EN AW-2030	EN AW-Al Cu4PbMg	–	A	–	–	–	B	A	–	–	–	–	–	–	N
EN AW-2031	EN AW-Al Cu2,5NiMg	–	–	B	–	–	–	–	–	–	B	–	–	–	N
EN AW-2091	EN AW-Al Cu2Li2Mg1,5	B	B	–	–	–	–	B	–	–	B	–	–	–	N

Tabelle 3: Anwendungen und Erzeugnisformen — Serie 3000

Bezeichnung der Legierung		Walzbarren	Preßbarren	Schmiedestücke und Vormaterial	Draht und Vordraht für			Preß- und Ziehprodukte	Folie	Vormaterial für Wärmeaustauscher (Finstock)	Bleche, Bänder und Platten	Vormaterial für Dosen, Deckel und Verschlüsse	Butzen	HF-geschweißte Rohre	Legierung für Lebensmittelkontakte geeignet
Numerisch	Chemische Symbole				elektrotechnische Anwendung	schweißtechnische Anwendung	mechanische Anwendung								
EN AW-3002	EN AW-Al Mn0,2Mg0,1	B	—	—	—	—	—	—	—	—	B	—	—	—	J
EN AW-3102	EN AW-Al Mn0,2	—	—	—	—	—	—	—	—	—	—	—	A	—	N
EN AW-3003	EN AW-Al Mn1Cu	A	A	—	—	—	A	A	A	A	A	A	—	B	J
EN AW-3103	EN AW-Al Mn1	A	A	—	—	B	A	A	A	A	A	B	A	A	J
EN AW-3103A	EN AW-Al Mn1(A)	B	—	—	—	—	—	—	—	—	B	—	—	—	J
EN AW-3004	EN AW-Al Mn1Mg1	A	—	—	—	—	—	—	—	B	A	A	—	A	J
EN AW-3104	EN AW-Al Mn1Mg1Cu	A	—	—	—	—	—	—	—	—	B	A	—	A	J
EN AW-3005	EN AW-Al Mn1Mg0,5	A	—	—	—	—	—	—	A	—	A	A	—	A	J
EN AW-3105	EN AW-Al Mn0,5Mg0,5	A	—	—	—	—	—	—	B	B	A	—	—	B	N
EN AW-3105A	EN AW-Al Mn0,5Mg0,5(A)	A	—	—	—	—	—	—	—	—	B	A	—	—	J
EN AW-3207	EN AW-Al Mn0,6	A	—	—	—	—	—	—	—	—	B	A	A	—	J
EN AW-3207A	EN AW-Al Mn0,6(A)	B	—	—	—	—	—	—	—	—	B	B	—	—	J
EN AW-3017	EN AW-Al Mn1Cu0,3	B	—	—	—	—	—	—	—	—	B	B	—	—	J

Tabelle 4: Anwendungen und Erzeugnisformen — Serie 4000

Bezeichnung der Legierung		Walz-barren	Preß-barren	Schmiede-stücke und Vor-material	Draht und Vordraht für			Preß- und Zieh-pro-dukte	Folie	Vormaterial für Wärmeaus-tauscher (Finstock)	Bleche, Bänder und Platten	Vormaterial für Dosen, Deckel und Verschlüsse	Butzen	HF-ge-schweißte Rohre	Legierung für Lebens-mittel-kontakte geeignet
Numerisch	Chemische Symbole				elektro-technische Anwendung	schweiß-technische Anwendung	mecha-nische Anwendung								
EN AW-4004	EN AW-Al Si10Mg1,5	B	–	–	–	–	–	–	–	–	B	–	–	–	J
EN AW-4104	EN AW-Al Si10MgBi	B	–	–	–	–	–	–	–	–	B	–	–	–	N
EN AW-4006	EN AW-Al Si1Fe	A	–	–	–	–	–	–	–	–	A	–	–	–	J
EN AW-4007	EN AW-Al Si1,5Mn	A	–	–	–	–	–	–	–	–	A	–	–	–	J
EN AW-4014	EN AW-Al Si2	B	–	–	–	–	–	–	–	–	B	–	–	–	J
EN AW-4015	EN AW-Al Si2Mn	B	–	–	–	–	–	–	–	–	B	–	–	–	J
EN AW-4032	EN AW-Al Si12,5MgCuNi	–	B	B	–	–	–	B	–	–	–	–	–	–	N
EN AW-4043A	EN AW-Al Si5(A)	–	–	–	–	A	–	–	–	–	–	–	–	–	J
EN AW-4343	EN AW-Al Si7,5	B	–	–	–	–	–	–	–	–	B	–	–	–	J
EN AW-4045	EN AW-Al Si10	B	–	–	–	B	–	–	–	–	B	–	–	–	J
EN AW-4046	EN AW-Al Si10Mg	–	–	–	–	B	–	–	–	–	–	–	–	–	J
EN AW-4047A	EN AW-Al Si12(A)	B	–	–	–	A	–	–	–	–	B	–	–	–	J

Tabelle 5: Anwendungen und Erzeugnisformen — Serie 5000

| Bezeichnung der Legierung | | Walz-barren | Preß-barren | Schmiede-stücke und Vor-material | Draht und Vordraht für | | | Preß- und Zieh-pro-dukte | Folie | Vormaterial für Wärmeaus-tauscher (Finstock) | Bleche, Bänder und Platten | Vormaterial für Dosen, Deckel und Verschlüsse | Butzen | HF-ge-schweißte Rohre | Legierung für Lebens-mittel-kontakte geeignet |
Numerisch	Chemische Symbole				elektro-technische Anwendung	schweiß-technische Anwendung	mecha-nische Anwendung								
EN AW-5005	EN AW-Al Mg1(B)	A	A	—	—	—	B	A	—	A	A	—	—	A	J
EN AW-5005A	EN AW-Al Mg1(C)	—	A	—	—	—	—	A	—	—	—	—	A	—	J
EN AW-5305	EN AW-Al 99.85Mg1	B	—	—	—	—	B	—	—	—	B	—	A	—	J
EN AW-5505	EN AW-Al 99.9Mg1	B	—	—	—	—	B	—	—	—	B	—	A	—	J
EN AW-5605	EN AW-Al 99.98Mg1	B	—	—	—	—	—	—	—	—	B	—	—	—	J
EN AW-5010	EN AW-Al Mg0.5Mn	B	—	—	—	—	—	—	—	—	B	—	—	—	N
EN AW-5110	EN AW-Al 99.85Mg0,5	B	—	—	—	—	B	—	—	—	B	—	A	—	J
EN AW-5210	EN AW-Al 99.9Mg0,5	B	—	—	—	—	B	—	—	—	B	—	A	—	J
EN AW-5310	EN AW-Al 99.98Mg0,5	B	—	—	—	—	—	—	—	—	B	—	—	—	J
EN AW-5018	EN AW-Al Mg3Mn0,4	—	—	—	—	B	—	—	—	—	—	—	—	—	J
EN AW-5019	EN AW-Al Mg5	—	A	B	—	B	A	A	—	—	—	—	—	—	J
EN AW-5119	EN AW-Al Mg5(A)	—	—	—	—	B	—	—	—	—	—	—	—	—	J
EN AW-5040	EN AW-Al Mg1,5Mn	A	—	—	—	—	—	—	—	—	A	—	—	A	J
EN AW-5042	EN AW-Al Mg3,5Mn	A	—	—	—	—	—	—	—	—	—	A	—	—	J
EN AW-5049	EN AW-Al Mg2Mn0,8	A	—	—	—	—	—	—	—	—	A	—	—	A	J
EN AW-5149	EN AW-Al Mg2Mn0,8(A)	—	—	—	—	B	—	—	—	—	—	—	—	—	J
EN AW-5249	EN AW-Al Mg2Mn0,8Zr	—	—	—	—	B	—	—	—	—	—	—	—	—	J
EN AW-5050	EN AW-Al Mg1,5(C)	A	—	—	—	—	—	—	—	—	A	B	—	—	J
EN AW-5050A	EN AW-Al Mg1,5(D)	B	—	—	—	—	—	—	—	—	B	B	—	—	J
EN AW-5051A	EN AW-Al Mg2(B)	—	A	—	—	—	A	A	—	—	—	—	—	—	J
EN AW-5251	EN AW-Al Mg2	A	A	—	—	—	A	A	—	—	A	B	—	A	J
EN AW-5052	EN AW-Al Mg2,5	A	A	—	—	—	A	A	—	—	A	A	—	B	J
EN AW-5252	EN AW-Al Mg2,5(B)	B	—	—	—	—	—	—	—	—	B	—	—	—	J
EN AW-5352	EN AW-Al Mg2,5(A)	B	—	—	—	—	—	—	—	—	—	B	—	—	J
EN AW-5154A	EN AW-Al Mg3,5(A)	A	A	—	—	A	A	A	—	—	A	—	—	—	J

(fortgesetzt)

Tabelle 5 (abgeschlossen)

Numerisch	Chemische Symbole	Walzbarren	Preßbarren	Schmiedestücke und Vormaterial	Draht und Vordraht für elektrotechnische Anwendung	Draht und Vordraht für schweißtechnische Anwendung	Draht und Vordraht für mechanische Anwendung	Preß- und Ziehprodukte	Folie	Vormaterial für Wärmeaustauscher (Finstock)	Bleche, Bänder und Platten	Vormaterial für Dosen, Deckel und Verschlüsse	Butzen	HF-geschweißte Rohre	Legierung für Lebensmittelkontakte geeignet
EN AW-5154B	EN AW-Al Mg3,5Mn0,3	B	B	–	–	B	–	B	–	–	B	–	–	B	J
EN AW-5354	EN AW-Al Mg2,5MnZr	–	–	–	–	B	–	–	–	–	–	–	–	–	J
EN AW-5454	EN AW-Al Mg3Mn	A	A	B	–	–	–	A	–	–	A	–	–	A	J
EN AW-5554	EN AW-Al Mg3Mn(A)	–	–	–	–	B	–	–	–	–	–	–	–	–	J
EN AW-5654	EN AW-Al Mg3,5Cr	–	–	–	–	B	–	–	–	–	–	–	–	–	J
EN AW-5754	EN AW-Al Mg3	A	A	A	–	A	A	A	–	B	A	–	A	A	J
EN AW-5056A	EN AW-Al Mg5	Siehe neue Bezeichnung EN AW-5019 [Al Mg5]													
EN AW-5356	EN AW-Al Mg5Cr(A)	–	–	–	–	A	–	–	–	–	–	–	–	–	J
EN AW-5456A	EN AW-Al Mg5Mn1(A)	–	–	–	–	B	–	–	–	–	–	–	–	–	J
EN AW-5556A	EN AW-Al Mg5Mn	–	–	–	–	A	–	–	–	–	–	–	–	–	J
EN AW-5657	EN AW-Al 99,85Mg1(A)	B	–	–	–	–	–	–	–	–	B	–	–	–	J
EN AW-5058	EN AW-Al Mg5Pb1,5	–	B	–	–	–	B	B	–	–	–	B	–	–	N
EN AW-5082	EN AW-Al Mg4,5	B	–	–	–	–	–	–	–	–	–	A	–	–	J
EN AW-5182	EN AW-Al Mg4,5Mn0,4	A	–	–	–	–	–	–	–	–	A	–	–	A	J
EN AW-5083	EN AW-Al Mg4,5Mn0,7	A	A	A	–	A	–	A	–	–	A	–	–	–	J
EN AW-5183	EN AW-Al Mg4,5Mn0,7(A)	–	–	–	–	A	–	B	–	–	–	–	–	–	J
EN AW-5283A	EN AW-Al Mg4,5Mn0,7(B)	–	B	–	–	–	–	B	–	–	–	–	–	–	J
EN AW-5086	EN AW-Al Mg4	A	A	–	–	–	A	A	–	–	A	–	–	A	J
EN AW-5087	EN AW-Al Mg4,5MnZr	–	–	–	–	A	–	–	–	–	–	–	–	–	–

Tabelle 6: Anwendungen und Erzeugnisformen — Serie 6000

Numerisch	Chemische Symbole	Walzbarren	Preßbarren	Schmiedestücke und Vormaterial	Draht und Vordraht für — elektrotechnische Anwendung	Draht und Vordraht für — schweißtechnische Anwendung	Draht und Vordraht für — mechanische Anwendung	Preß- und Ziehprodukte	Folie	Vormaterial für Wärmeaustauscher (Finstock)	Bleche, Bänder und Platten	Vormaterial für Dosen, Deckel und Verschlüsse	Butzen	HF-geschweißte Rohre	Legierung für Lebensmittelkontakte geeignet
EN AW-6101	EN AW-EAl MgSi	—	—	—	A	—	—	—	—	—	—	—	—	—	N
EN AW-6101A	EN AW-EAl MgSi(A)	—	A	—	—	—	—	A	—	—	—	—	—	—	J
EN AW-6101B	EN AW-EAl MgSi(B)	—	A	—	—	—	—	A	—	—	—	—	—	—	J
EN AW-6201	EN AW-EAl Mg0,7Si	—	—	—	A	—	—	—	—	—	—	—	—	—	N
EN AW-6401	EN AW-Al 99.9MgSi	—	—	—	—	—	B	—	—	—	—	—	—	—	J
EN AW-6003	EN AW-Al Mg1Si0,8	B	—	—	—	—	—	—	—	—	B	—	—	—	J
EN AW-6005	EN AW-Al SiMg	—	A	B	—	—	—	A	—	—	—	—	—	—	J
EN AW-6005A	EN AW-Al SiMg(A)	—	A	—	—	—	—	A	—	—	—	—	—	—	J
EN AW-6005B	EN AW-Al SiMg(B)	—	B	—	—	—	—	B	—	—	—	—	—	—	J
EN AW-6106	EN AW-Al MgSiMn	—	A	—	—	—	—	A	—	—	—	—	—	—	J
EN AW-6011	EN AW-Al Mg0,9Si0,9Cu	B	—	—	—	—	—	—	—	—	B	—	—	—	N
EN AW-6012	EN AW-Al MgSiPb	—	A	—	—	—	B	A	—	—	—	—	—	—	N
EN AW-6013	EN AW-Al Mg1Si0,8CuMn	B	—	—	—	—	—	—	—	—	B	—	—	—	N
EN AW-6015	EN AW-Al Mg1Si0,3Cu	B	—	—	—	—	—	—	—	—	B	—	—	—	J
EN AW-6018	EN AW-Al Al1SiPbMn	—	A	—	—	—	—	A	—	—	—	—	—	—	N
EN AW-6351	EN AW-Al Si1Mg0,5Mn	B	A	—	—	—	—	A	—	—	B	—	—	—	J
EN AW-6351A	EN AW-Al Si1Mg0,5Mn(A)	—	B	—	—	—	—	B	—	—	—	—	—	—	J
EN AW-6951	EN AW-Al MgSi0,3Cu	A	—	—	—	—	—	—	—	A	—	—	—	—	J
EN AW-6056	EN AW-Al Si1MgCuMn	—	B	—	—	—	—	B	—	A	—	—	—	—	N
EN AW-6060	EN AW-Al MgSi	A	A	B	—	—	A	A	—	—	—	—	A	—	J
EN AW-6061	EN AW-Al Mg1SiCu	A	A	B	—	—	A	A	—	—	A	—	A	—	J
EN AW-6061A	EN AW-Al Mg1SiCu(A)	—	B	—	—	—	—	B	—	—	—	—	—	—	J
EN AW-6261	EN AW-Al Mg1SiCuMn	—	A	—	—	—	—	A	—	—	—	—	—	—	J
EN AW-6262	EN AW-Al Mg1SiPb	—	A	—	—	—	—	A	—	—	—	—	—	—	N
EN AW-6063	EN AW-Al Mg0,7Si	A	A	—	—	—	A	—	—	A	B	—	—	—	J
EN AW-6063A	EN AW-Al Mg0,7Si(A)	—	A	—	—	—	—	A	—	—	—	—	—	—	J
EN AW-6463	EN AW-Al Mg0,7Si(B)	—	A	—	—	—	—	A	—	—	—	—	—	—	J
EN AW-6081	EN AW-Al Si0,9MgMn	B	A	—	—	—	—	A	—	—	B	—	—	—	J
EN AW-6181	EN AW-Al SiMg0.8	B	—	B	—	—	—	—	—	—	B	—	—	B	J
EN AW-6082	EN AW-Al Si1MgMn	A	B	A	—	—	A	A	—	A	A	—	A	—	J
EN AW-6082A	EN AW-Al Si1MgMn(A)	—	B	—	—	—	—	B	—	—	—	—	—	—	J

Tabelle 7: Anwendungen und Erzeugnisformen — Serie 7000

Numerisch	Chemische Symbole	Walzbarren	Preßbarren	Schmiedestücke und Vormaterial	Draht und Vordraht für elektrotechnische Anwendung	Draht und Vordraht für schweißtechnische Anwendung	Draht und Vordraht für mechanische Anwendung	Preß- und Ziehprodukte	Folie	Vormaterial für Wärmeaustauscher (Finstock)	Bleche, Bänder und Platten	Vormaterial für Dosen, Deckel und Verschlüsse	Butzen	HF-geschweißte Rohre	Legierung für Lebensmittelkontakte geeignet
EN AW-7003	EN AW-Al Zn6Mg0,8Zr	–	A	–	–	–	–	A	–	–	–	–	–	–	N
EN AW-7005	EN AW-Al Zn4,5Mg1,5Mn	–	A	–	–	–	–	A	–	–	–	–	–	–	N
EN AW-7108	EN AW-Al Zn5Mg1Zr	–	B	–	–	–	–	B	–	–	–	–	–	–	N
EN AW-7009	EN AW-Al Zn5,5MgCuAg	–	B	B	–	–	–	B	–	–	–	–	–	–	N
EN AW-7010	EN AW-Al Zn6MgCu	B	B	B	–	–	–	B	–	–	B	–	–	–	N
EN AW-7012	EN AW-Al Zn6Mg2Cu	B	B	B	–	–	–	B	–	–	B	–	–	B	N
EN AW-7015	EN AW-Al Zn5Mg1,5CuZr	B	–	–	–	–	–	–	–	–	B	–	–	–	N
EN AW-7016	EN AW-Al Zn4,5Mg1Cu	–	B	–	–	–	–	B	–	–	–	–	–	–	N
EN AW-7116	EN AW-Al Zn4,5Mg1Cu0,8	–	B	–	–	–	–	B	–	–	–	–	–	–	N
EN AW-7020	EN AW-Al Zn4,5Mg1	A	A	B	–	–	B	A	–	–	A	–	–	–	N
EN AW-7021	EN AW-Al Zn5,5Mg1,5	A	–	–	–	–	–	–	–	–	A	–	–	–	N
EN AW-7022	EN AW-Al Zn5Mg3Cu	A	A	–	–	–	–	A	–	–	A	–	–	–	N
EN AW-7026	EN AW-Al Zn5Mg1,5Cu	–	B	–	–	–	–	B	–	–	–	–	–	–	N
EN AW-7029	EN AW-Al Zn4,5Mg1,5Cu	–	B	–	–	–	–	B	–	–	–	–	–	–	N
EN AW-7129	EN AW-Al Zn4,5Mg1,5Cu(A)	–	B	–	–	–	B	B	–	–	–	–	–	–	N
EN AW-7030	EN AW-Al Zn5,5Mg1Cu	–	B	–	–	–	–	B	–	–	–	–	–	–	N
EN AW-7039	EN AW-Al Zn4Mg3	B	–	–	–	–	–	–	–	–	B	–	–	–	N
EN AW-7049A	EN AW-Al Zn8MgCu	B	A	–	–	–	–	A	–	–	B	–	–	–	N
EN AW-7149	EN AW-Al Zn8MgCu(A)	–	B	–	–	–	–	B	–	–	–	–	–	–	N
EN AW-7050	EN AW-Al Zn6CuMgZr	B	B	B	–	–	B	B	–	–	B	–	–	–	N
EN AW-7150	EN AW-Al Zn6CuMgZr(A)	B	B	–	–	–	–	B	–	–	B	–	–	–	N
EN AW-7060	EN AW-Al Zn7CuMg	–	B	–	–	–	–	B	–	B	–	–	–	–	N
EN AW-7072	EN AW-Al Zn1	B	A	A	–	–	–	A	–	–	B	–	–	–	N
EN AW-7075	EN AW-Al Zn5,5MgCu	A	A	A	–	–	A	A	–	–	A	–	–	A	N
EN AW-7175	EN AW-Al Zn5,5MgCu(B)	B	B	–	–	–	–	B	–	–	B	–	–	–	N
EN AW-7475	EN AW-Al Zn5,5MgCu(A)	B	–	–	–	–	–	–	–	–	B	–	–	–	N
EN AW-7178	EN AW-Al Zn7MgCu	–	B	–	–	–	–	B	–	–	–	–	–	–	N

Tabelle 8: Anwendungen und Erzeugnisformen — Serie 8000

Bezeichnung der Legierung		Walz-barren	Preß-barren	Schmiede-stücke und Vor-material	Draht und Vordraht für				Preß- und Zieh-pro-dukte	Folie	Vormaterial für Wärmeaus-tauscher (Finstock)	Bleche, Bänder und Platten	Vormaterial für Dosen, Deckel und Verschlüsse	Butzen	HF-ge-schweißte Rohre	Legierung für Lebens-mittel-kontakte geeignet
Numerisch.	Chemische Symbole				elektro-technische Anwendung	schweiß-technische Anwendung	mecha-nische Anwendung									
EN AW-8006	EN AW-Al Fe1,5Mn	A	–	–	–	–	–	–	A	A	B	–	–	–	J
EN AW-8008	EN AW-Al Fe1Mn0,8	A	–	–	–	–	–	–	A	–	–	–	–	–	J
EN AW-8011A	EN AW-Al FeSi(A)	A	–	–	–	–	–	–	A	A	A	A	–	–	J
EN AW-8111	EN AW-Al FeSi(B)	A	–	–	–	–	–	–	A	–	B	–	–	–	J
EN AW-8211	EN AW-Al FeSi(C)	B	–	–	–	–	–	–	–	–	–	B	–	–	N
EN AW-8112	EN AW-Al 95	B	–	–	–	–	–	–	–	B	B	–	–	–	N
EN AW-8014	EN AW-Al Fe1,5Mn0,4	A	–	–	–	–	–	–	A	–	–	–	–	–	J
EN AW-8016	EN AW-Al Fe1Mn	B	–	–	–	–	–	–	–	B	–	–	–	–	J
EN AW-8018	EN AW-Al FeSiCu	B	–	–	–	–	–	–	–	–	–	B	–	–	J
EN AW-8079	EN AW-Al Fe1Si	A	–	–	–	–	–	–	A	A	B	–	–	–	J
EN AW-8090	EN AW-Al Li2,5Cu1,5Mg1	B	–	–	–	–	–	B	–	–	B	–	–	–	N

Hängedachrinnen und Zubehörteile aus PVC-U

Begriffe, Anforderungen und Prüfung
Deutsche Fassung EN 607 : 1995

DIN

EN 607

ICS 91.140.80

Ersatz für DIN 18469 : 1988-05

Deskriptoren: Dachrinne, Hängedachrinne, Zubehörteil, PVC-U, Prüfverfahren

Eaves gutters and fittings made PVC-U — Definitions, requirements and testing;
German version EN 607 : 1995
Gouttières pendantes et leurs raccords en PVC-U — Définitions, exigences et méthodes d'essai;
Version allemande EN 607 : 1995

Die Europäische Norm EN 607 : 1995 hat den Status einer Deutschen Norm.

Nationales Vorwort

Diese Europäische Norm wurde vom Technischen Komitee CEN/TC 128 "Dacheindeckungsprodukte für überlappende Verlegung" erarbeitet. Deutschland war durch den
NABau-Arbeitsausschuß "Dachrinnen" an der Bearbeitung beteiligt.

Frühere Ausgaben
DIN 18469: 1969-04, 1976-08, 1988-05

Änderungen
Gegenüber DIN 18469 : 1988-05 wurden folgende Änderungen vorgenommen:
— Der Inhalt wurde vollständig überarbeitet.

Fortsetzung 7 Seiten EN

Normenausschuß Bauwesen (NABau) im DIN Deutsches Institut für Normung e.V.

EUROPÄISCHE NORM
EUROPEAN STANDARD
NORME EUROPÉENNE

EN 607

Juni 1995

ICS 91.140.80

Deskriptoren: Dacheindeckung, Wasserableitung, Regen, Traufrinne, PVC hart, Einpassen, Anforderung, Begriffe, physikalische Eigenschaft, Prüfung, Gebrauchbarkeit, Bezeichnung, Kennzeichnung

Deutsche Fassung

Hängedachrinnen und Zubehörteile aus PVC-U
Begriffe, Anforderungen und Prüfung

Eaves gutters and fittings made PVC-U — Definitions, requirements and testing

Gouttières pendantes et leurs raccords en PVC-U — Définitions, exigences et méthodes d'essais

Diese Europäische Norm wurde von CEN am 1995-06-06 angenommen.

Die CEN-Mitglieder sind gehalten, die CEN/CENELEC-Geschäftsordnung zu erfüllen, in der die Bedingungen festgelegt sind, unter denen dieser Europäischen Norm ohne jede Änderung der Status einer nationalen Norm zu geben ist.

Auf dem letzten Stand befindliche Listen dieser nationalen Normen mit ihren bibliographischen Angaben sind beim Zentralsekretariat oder bei jedem CEN-Mitglied auf Anfrage erhältlich.

Diese Europäische Norm besteht in drei offiziellen Fassungen (Deutsch, Englisch, Französisch). Eine Fassung in einer anderen Sprache, die von einem CEN-Mitglied in eigener Verantwortung durch Übersetzung in seine Landessprache gemacht und dem Zentralsekretariat mitgeteilt worden ist, hat den gleichen Status wie die offiziellen Fassungen.

CEN-Mitglieder sind die nationalen Normungsinstitute von Belgien, Dänemark, Deutschland, Finnland, Frankreich, Griechenland, Irland, Island, Italien, Luxemburg, Niederlande, Norwegen, Österreich, Portugal, Schweden, Schweiz, Spanien und dem Vereinigten Königreich.

CEN

EUROPÄISCHES KOMITEE FÜR NORMUNG
European Committee for Standardization
Comité Européen de Normalisation

Zentralsekretariat: rue de Stassart 36, B-1050 Brüssel

Ref.-Nr. EN 607 : 1995 D

Inhalt

Vorwort

Diese Europäische Norm wurde vom Technischen Komitee CEN/TC 128 "Dacheindeckungsprodukte für überlappende Verlegung" erarbeitet, dessen Sekretariat von IBN gehalten wird.

Diese Europäische Norm muß den Status einer nationalen Norm erhalten, entweder durch Veröffentlichung eines identischen Textes oder durch Anerkennung bis Dezember 1995, und etwaige entgegenstehende nationale Normen müssen bis Dezember 1995 zurückgezogen werden.

Entsprechend der CEN/CENELEC-Geschäftsordnung sind folgende Länder gehalten, diese Europäische Norm zu übernehmen:

Belgien, Dänemark, Deutschland, Finnland, Frankreich, Griechenland, Irland, Island, Italien, Luxemburg, Niederlande, Norwegen, Österreich, Portugal, Schweden, Schweiz, Spanien und das Vereinigte Königreich.

1   Anwendungsbereich

Diese Europäische Norm gilt für die Anforderungen und die Prüfverfahren für Dachrinnen und ihre Zubehörteile aus weichmacherfreiem Polyvinylchlorid (PVC-U), die zur Ableitung von Regenwasser dienen.

2   Normative Verweisungen

Diese Europäische Norm enthält durch datierte oder undatierte Verweisungen Festlegungen aus anderen Publikationen. Diese normativen Verweisungen sind an den jeweiligen Stellen im Text zitiert, und die Publikationen sind nachstehend aufgeführt. Bei datierten Verweisungen gehören spätere Änderungen oder Überarbeitungen dieser Publikationen nur zu dieser Europäischen Norm, falls sie durch Änderung oder Überarbeitung eingearbeitet sind. Bei undatierten Verweisungen gilt die letzte Ausgabe der in Bezug genommenen Publikation.

EN 638 : 1992
  Kunststoff-Rohrleitungs- und Schutzrohrsysteme — Rohre aus Thermoplasten — Bestimmung der Eigenschaften im Kurzzeit- Zugversuch

EN 727 : 1992
  Kunststoff-Rohrleitungs- und Schutzrohrsysteme — Rohre und Formstücke aus Thermoplasten — Bestimmung der Vicat-Erweichungstemperatur

prEN 743
  Kunststoff-Rohrleitungs- und Schutzrohrsysteme — Rohre aus Thermoplasten — Bestimmung des Längs- schrumpfes

prEN 763
  Kunststoff-Rohrleitungs- und Schutzrohrsysteme — Spritzguß-Formstücke aus Thermoplasten — Prüfverfahren für die visuelle Beurteilung der Einflüsse durch Warmlagerung

ISO 105-A02 : 1987
  Textiles — Tests for colour fastness — Part A02: Grey scale for assessing change in colour

ISO/DIS 4892-2
  Plastics — Methods of exposure to laboratory light sources — Part 2: Xenon arc sources

ISO/DIS 4892-3
  Plastics — Methods of exposure to laboratory light sources — Part 3: Fluorescent lamps

ISO 8256 : 1990
  Plastics — Determination of tensile impact strength

3   Begriffe

Für die Anwendung dieser Norm gelten die folgenden Definitionen.

3.1   Einzelteile

3.1.1   Hängedachrinne

Eine Dachrinne, die außen am Gebäude angebracht ist und durch Rinnenhalter getragen wird.

3.1.2   Fallrohr

Ein Rohr, das mit einer Dachrinne verbunden ist, um Regenwasser von dort in ein Entwässerungssystem oder einen Sammler zu leiten.

3.1.3   Verbindungsschale

Ein Zubehörteil zur Verbindung von zwei Dachrinnen, das nur von den Dachrinnen selbst getragen wird.

3.1.4   Verbindungskonsole

Ein Zubehörteil zur Verbindung von zwei Dachrinnen, das an dem Bauwerk befestigt ist.

Tabelle 1: Physikalische und mechanische Eigenschaften von Dachrinnen

Eigenschaft	Anforderung	Prüfverfahren	Prüfbedingungen
Hammerschlagwiderstand (Typprüfung)	Kein Bruch oder sichtbarer Riß bei Betrachten ohne Vergrößerung	Anhang A	—
Zugfestigkeit (Typprüfung)	min. 42 MPa	EN 638	—
Bruchdehnung (Typprüfung)	min. 100 %	EN 638	—
Schlagzugfestigkeit (Typprüfung)	min. 500 kJ/m^2	ISO 8256	Verfahren A, Messung bei (23 ± 2)°C vor Alterung, 10 maschinelle Probekörper der Form 2, 3 oder 5 *)
Wärmeschrumpfverhalten (Typprüfung und Kontrollprüfung)	max. 3 %	EN 743	Verfahren B, in Luft von (100 ± 2)°C für (30 ± 2) min
Vicat-Erweichungspunkt (Typprüfung)	min. 75°C	EN 727	—

*) Im Streitfall sind Probekörper der Form 5 zu verwenden.

3.1.5 Rinnenadapter
Ein Zubehörteil zur Verbindung von zwei Dachrinnen mit unterschiedlicher Form.

3.1.6 Eckstück
Ein Zubehörteil von zwei Dachrinnen, die in verschiedenen Richtungen verlegt sind.

3.1.7 Endstück
Ein Zubehörteil zum Abschluß, das am Ende einer Dachrinne oder eines Ablaufs angebracht wird.

3.1.8 Ablauf
Ein Zubehörteil zur Einleitung des Regenwassers aus der Dachrinne in das Fallrohr.

3.1.9 Herstellänge
Die Länge einer Dachrinne oder eines Fallrohres, wie sie im Werk hergestellt werden.

3.2 Werkstoff

3.2.1 Ungebrauchter Werkstoff
Werkstoff in Form von Granulat oder Pulver, das bisher nicht verwendet wurde, das keiner Verarbeitung außer zu seiner Herstellung unterworfen war und dem kein bereits verwendeter oder wiederaufbereiteter Werkstoff zugesetzt worden ist.

3.2.2 Eigener wiederverwendbarer Werkstoff
Werkstoff aus ausgesonderten, ungebrauchten Dachrinnen und Zubehörteilen, einschließlich des Verschnitts aus der Herstellung von Dachrinnen oder Zubehörteilen, der in dem Betrieb des Herstellers wiederverwendet wird, nachdem er in diesem Betrieb durch Spritzgießen oder Extrudieren verarbeitet wurde, und dessen vollständige Zusammensetzung bekannt ist.

3.2.3 Fremder wiederverwendbarer Werkstoff
Werkstoff, der einer der nachstehenden Festlegungen entspricht:

a) Werkstoff aus ausgesonderten, ungebrauchten Dachrinnen, Zubehörteilen oder davon herrührendem Verschnitt, der wiederverwendet wird, nachdem er zunächst durch einen anderen Hersteller verarbeitet worden ist.

b) Werkstoff aus ungebrauchten anderen PVC-U-Produkten als Dachrinnen und Zubehörteilen aus jeglicher Herstellung, der zu Dachrinnen und/oder Zubehörteilen verarbeitet wird.

3.2.4 Wiederaufbereiteter Werkstoff
Werkstoff, der einer der nachstehenden Festlegungen entspricht:

a) Werkstoff aus gebrauchten Dachrinnen oder Zubehörteilen, die gereinigt und zerkleinert oder gemahlen wurden.

b) Werkstoff aus gebrauchten anderen PVC-U-Produkten als Dachrinnen und Zubehörteilen, die gereinigt und zerkleinert und gemahlen wurden.

4 Anforderungen an den Werkstoff

Der Werkstoff, aus dem Dachrinnen und Zubehörteile herzustellen sind, muß im wesentlichen aus weichmacherfreiem Polyvinylchlorid (PVC-U) bestehen, dem solche Stoffe zugesetzt werden dürfen, die die Herstellung von Dachrinnen nach dieser Europäischen Norm erleichtern.

Die Verwendung von eigenem wiederverwendbarem Werkstoff, der während der Produktion angefallen ist und den Werkstoffanforderungen dieser Norm entspricht, ist zulässig. Falls anderer wiederverwendbarer oder wiederaufbereiteter Werkstoff verwendet wird, muß ungebrauchter oder eigener wiederverwendbarer Werkstoff zugemischt werden. Solcher wiederverwendbarer oder

Tabelle 2: Physikalische Eigenschaften von Zubehörteilen

Eigenschaft	Anforderung	Prüfverfahren	Prüfbedingungen
Wärmestandverhalten[1] (Kontrollprüfung)	Kein Riß in der Wandung an der Bindenaht; keine Einkerbung in der Oberfläche mit mehr als der halben Wanddicke	EN 763	bei 150 °C für 15 min
Wärmeschrumpfverhalten[2] (Typprüfung)	Keine sichtbare Verformung	Anhang B	—
Vicat-Erweichungspunkt (Typprüfung)	min. 75 °C	EN 727	—

[1] Ohne Dichtung und nur für Zubehörteile aus Spritzguß.
[2] Für Zubehörteile, die nicht im Spritzgußverfahren hergestellt wurden.

wiederaufbereiteter Werkstoff muß vom gleichen Typ und mit dem ungebrauchten Werkstoff verträglich sein und darf 20 % vom Gewicht der Mischung nicht übersteigen. Die Einarbeitung von anderem als ungebrauchtem oder eigenem wiederverwendbarem Werkstoff gilt als Änderung der Rezeptur, die die Durchführung einer Erstprüfung erforderlich macht.

5 Dachrinnen, Anforderungen und Prüfverfahren

5.1 Aussehen

Bei der Betrachtung ohne Vergrößerungsgerät müssen die innere und die äußere Oberfläche der Dachrinnen glatt, sauber und frei von Kerben, Löchern und anderen Oberflächenfehlern sein. Die Enden müssen sauber und rechtwinklig zur Profilachse geschnitten sein.

5.2 Breite

Dachrinnen werden mit ihrer oberen Öffnungsbreite (Größe) bezeichnet. Der Hersteller muß die nutzbare Fläche des Querschnitts zur Berechnung des Fassungsvermögens angeben. Der nutzbare Querschnitt muß auf der Dachrinne aufgedruckt oder in den technischen Unterlagen angegeben sein.

5.3 Länge

Die Herstellänge einer Dachrinne darf nur eine positive Maßabweichung aufweisen, wenn sie bei 20 °C gemessen wird.

5.4 Physikalische und mechanische Eigenschaften

Die Anforderungen an die physikalischen und mechanischen Eigenschaften sowie die entsprechenden Prüfverfahren müssen Tabelle 1 entsprechen.

ANMERKUNG: Parameter und Anforderungen in den dort aufgeführten Prüfnormen, die diesen Angaben widersprechen, gelten nicht.

6 Zubehörteile, Anforderungen und Prüfverfahren

6.1 Allgemeines

Die folgenden Zubehörteile müssen den Anforderungen nach 6.2, 6.3 und 6.4 entsprechen: Verbindungsschale, Verbindungskonsole, Rinnenadapter, Eckstück, Endstück, Ablauf, und Dehnungsausgleicher.

6.2 Aussehen

Bei der Betrachtung ohne Vergrößerungsgerät müssen die innere und die äußere Oberfläche von Zubehörteilen glatt, sauber und frei von Kerben, Löchern und anderen Oberflächenfehlern sein.

6.3 Formen und Maße

Die Zubehörteile müssen auf die Formen und die Maße der Dachrinnen abgestimmt sein. Die Abläufe müssen mit den Rohren und Formstücken zusammenpassen.

6.4 Physikalische Eigenschaften

Die Anforderungen an die physikalischen Eigenschaften und die entsprechenden Prüfverfahren müssen Tabelle 2 entsprechen.

ANMERKUNG: Parameter und Anforderungen in den dort aufgeführten Prüfnormen, die diesen Angaben widersprechen, gelten nicht.

7 Dichtungen und Klebstoffe

Dichtungen dürfen die Eigenschaften von Dachrinnen und Zubehörteilen nicht nachteilig beeinflussen und müssen sicherstellen, daß an ihnen hergestellte Prüfanordnungen die Funktionsanforderungen nach Abschnitt 10 erfüllen.

Wenn zur Dichtung ein Klebstoff verwendet werden soll, muß der vom Hersteller der Zubehörteile vorgesehene Klebstoff verwendet werden.

8 Bezeichnung

Hängedachrinnen und ihre Zubehörteile sind mit

a) der Benennung des Produkts, z. B. Dachrinne, Endstück, Ablauf,

b) der Nummer dieser Norm (EN 607),

c) dem Identifizierungsblock, bestehend aus

— der Rinnengröße, bzw. im Fall eines Zubehörteiles der zugehörigen Rinnengröße in mm, und

— dem Symbol für den Werkstoff (PVC-U)

zu bezeichnen.

Beispiel:
Bezeichnung einer Hängedachrinne mit einer Größe von 150 mm aus PVC-U:

Hängedachrinne EN 607 — 150 — PVC-U

9 Kennzeichnung

9.1 Die Kennzeichnung ist der Dachrinne oder dem Zubehörteil so einzuprägen oder aufzudrucken, daß keine Risse oder andere Schäden auftreten und daß bei üblicher Lagerung, Bewitterung, Bearbeitung, Einbau und Verwendung der Erzeugnisse die Lesbarkeit dauerhaft erhalten bleibt. Bei Zubehörteilen darf die Kennzeichnung

wahlweise auch auf einem dauerhaft befestigtem Schild angebracht werden.

Wenn die Kennzeichnung aufgedruckt wird, muß sich die Druckfarbe von der Farbe des Erzeugnisses unterscheiden.

Die Kennzeichnung muß ohne Vergrößerung leicht lesbar sein.

9.2 Die Kennzeichnung muß mindestens folgende Angaben enthalten:

a) Name, Kurzname oder Zeichen des Herstellers,

b) obere Öffnungsweite in mm,

c) das Qualitätskennzeichen, wenn ein Zertifizierungssystem besteht,

d) die Nummer dieser Norm (EN 607).

10 Gebrauchstauglichkeit von Dachrinnen-Systemen

Dachrinnen-Systeme müssen den Anforderungen der Tabelle 3 entsprechen, wenn sie den dort genannten Prüfverfahren unter den angegebenen Bedingungen unterworfen werden.

Tabelle 3: Anforderungen an Dachrinnen-Systeme

Eigenschaft	Anforderung	Prüfverfahren	Prüfbedingungen
Künstliche Alterung (Typprüfung)		ISO/DIS 4892-2 (Xenon-Test)	2,6 GJ/m^2 Verfahren A, Wasserzyklus 3'/17', Temperatur (45 ± 3)°C, relative Luftfeuchte (50 ± 5)%
		oder[1])	
		ISO/DIS 4892-3 (QUV-Test)	Bestrahlungsdauer: 1 600 h, Zyklus: 6 h UV, Temperatur: (50 ± 3)°C, Kondensation: 2 h, Temperatur: (50 ± 3)°C UVA 351 Lampe
Farbbeständigkeit (Typprüfung)	Die Farbänderung darf die Stufe 3 der Grauskala nach ISO 105-A02 nicht überschreiten.		
Schlagzugfestigkeit nach Alterung (Typprüfung)	min. 50 % des Wertes vor der Alterung	ISO 8256	Verfahren A, Messung bei (23 ± 2)°C
Wasserdichtheit (Typprüfung)	Keine Tropfenbildung	Anhang C	—

[1]) In Streitfällen ist das Verfahren nach ISO/DIS 4892-2 (Xenon-Test) anzuwenden.

Anhang A   (normativ)

Schlagprüfung

Die Schlagprüfung ist an drei Probekörpern von mindestens 900 mm Länge durchzuführen.

Der Probekörper ist 1 h in Eiswasser oder 4 h in einem Kühlschrank bei (0 ± 2) °C vorzulagern. Anschließend ist er in zwei Rinnenhaltern mit (700 ± 2) mm Abstand auf einer festen Unterlage so zu befestigen, daß der gedachte Wasserspiegel des Rinnenquerschnitts, wie in Bild A.1 dargestellt, senkrecht verläuft.

Das Pendel muß innerhalb von 10 s nach dem Herausnehmen aus dem Eiswasser oder dem Kühlschrank auf den Probekörper fallen gelassen werden.

Maße in mm

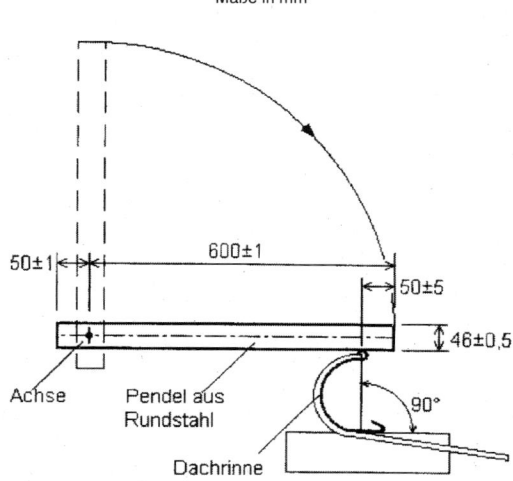

Bild A.1:   Anordnung für die Schlagprüfung

Anhang B   (normativ)

Prüfung des Wärmeschrumpfverhaltens von Zubehörteilen

Die Prüfung ist an drei Probekörpern durchzuführen, die jeweils aus einem vollständigen Zubehörteil mit Dichtung bestehen müssen. Jeder Probekörper ist waagerecht und so in einem Wärmeschrank zu lagern, daß er sich frei ausdehnen kann. Sie sind (30 ± 2) min einer Temperatur von (65 ± 2) °C auszusetzen.

Nach dem Abkühlen auf Raumtemperatur sind die Probekörper durch Betrachten auf Anzeichen von Verformung und auf Oberflächenmängel zu untersuchen.

Anhang C (normativ)

Prüfung der Wasserdichtheit

Für die Prüfung ist die Anordnung eines Rinnensystems nach Bild C.1 mit einem Gefälle von 3 mm/m herzustellen. Der Abstand zwischen zwei Rinnenhaltern muß 500 mm betragen, sofern vom Hersteller nichts anderes angegeben wird. Der folgende Prüfzyklus ist fünfmal nacheinander durchzuführen:
— Heißes Wasser von (50 ± 2)°C ist für 15 min und
— kaltes Wasser von (15 ± 2)°C ist für 10 min
jeweils mit einer Durchflußrate von 0,3 l/s (18 l/min) durch die Prüfanordnung zu spülen.
In der Nähe des Ablaufs muß ein Hindernis von halber Rinnenhöhe angeordnet sein, das den Wasserfluß behindert. Es muß am Boden eine Öffnung aufweisen, die so bemessen sein muß, daß nicht mehr als 0,3 l/s durchfließen können.

Maße in mm

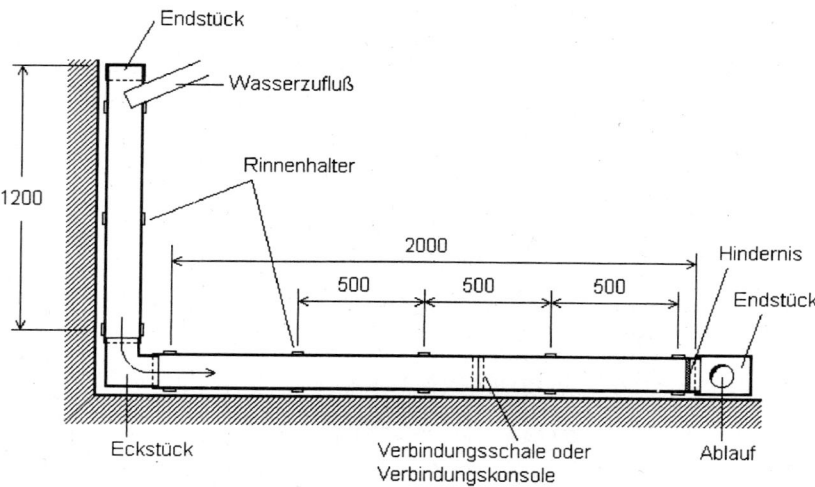

Bild C.1: Anordnung für die Prüfung der Wasserdichtheit (Draufsicht)

Hängedachrinnen und Regenfallrohre aus Metallblech Begriffe, Einteilung und Anforderungen Deutsche Fassung EN 612:1996	**DIN** **EN 612**

ICS 91.140.80

Deskriptoren: Hängedachrinne, Regenfallrohr, Metallblech, Bauwesen

Ersatz für
DIN 18461:1989-02

Eaves gutters and rainwater down-pipes of metal sheet — Definitions, classification and requirements;
German version EN 612:1996

Gouttières pendantes et descentes d'eaux pluviales en métal laminé — Définitions, classification et spécifications;
Version allemande EN 612:1996

Die Europäische Norm EN 612:1996 hat den Status einer Deutschen Norm.

Nationales Vorwort

Diese Europäische Norm wurde vom Technischen Komitee CEN/TC 128 "Dacheindeckungsprodukte für überlappende Verlegung" erarbeitet. Deutschland war durch den NABau-Arbeitsausschuß "Dachrinnen" an der Bearbeitung beteiligt.

Änderungen

Gegenüber DIN 18461:1989-02 wurden folgende Änderungen vorgenommen:

— Die Norm wurde vollständig überarbeitet.

Frühere Ausgaben

DIN 18461: 1969-11, 1978-09, 1989-02

Fortsetzung 8 Seiten EN

Normenausschuß Bauwesen (NABau) im DIN Deutsches Institut für Normung e.V.

EUROPÄISCHE NORM
EUROPEAN STANDARD
NORME EUROPÉENNE

EN 612

März 1996

ICS 91.140.80

Deskriptoren: Abwasserableitung, Regen, Regenwasserrohr, Traufrinne, Metall, Walzen, Begriffe, Klassifikation, Form, Abmessung, Maßtoleranz, Bezeichnung, Kennzeichnung, Etikettieren

Deutsche Fassung

Hängedachrinnen und Regenfallrohre aus Metallblech
Begriffe, Einteilung und Anforderungen

Eaves gutters and rainwater down-pipes of metal sheet — Definitions, classification and requirements

Gouttières pendantes et descentes d'eaux pluviales en métal laminé — Définitions, classification et spécifications

Diese Europäische Norm wurde von CEN am 1995-12-01 angenommen.

Die CEN-Mitglieder sind gehalten, die CEN/CENELEC-Geschäftsordnung zu erfüllen, in der die Bedingungen festgelegt sind, unter denen dieser Europäischen Norm ohne jede Änderung der Status einer nationalen Norm zu geben ist.

Auf dem letzten Stand befindliche Listen dieser nationalen Normen mit ihren bibliographischen Angaben sind beim Zentralsekretariat oder bei jedem CEN-Mitglied auf Anfrage erhältlich.

Diese Europäische Norm besteht in drei offiziellen Fassungen (Deutsch, Englisch, Französisch). Eine Fassung in einer anderen Sprache, die von einem CEN-Mitglied in eigener Verantwortung durch Übersetzung in seine Landessprache gemacht und dem Zentralsekretariat mitgeteilt worden ist, hat den gleichen Status wie die offiziellen Fassungen.

CEN-Mitglieder sind die nationalen Normungsinstitute von Belgien, Dänemark, Deutschland, Finnland, Frankreich, Griechenland, Irland, Island, Italien, Luxemburg, Niederlande, Norwegen, Österreich, Portugal, Schweden, Schweiz, Spanien und dem Vereinigten Königreich.

CEN

EUROPÄISCHES KOMITEE FÜR NORMUNG
European Committee for Standardization
Comité Européen de Normalisation

Zentralsekretariat: rue de Stassart 36, B-1050 Brüssel

Ref. Nr. EN 612 : 1996 D

Inhalt

Vorwort

Diese Europäische Norm wurde vom Technischen Komitee CEN/TC 128 "Dacheindeckungsprodukte für überlappende Verlegung" erarbeitet, dessen Sekretariat von IBN gehalten wird.

Diese Europäische Norm muß den Status einer nationalen Norm erhalten, entweder durch Veröffentlichung eines identischen Textes oder durch Anerkennung bis September 1996, und etwaige entgegenstehende nationale Normen müssen bis September 1996 zurückgezogen werden.

Entsprechend der CEN/CENELEC-Geschäftsordnung sind folgende Länder gehalten, diese Europäische Norm zu übernehmen: Belgien, Dänemark, Deutschland, Finnland, Frankreich, Griechenland, Irland, Island, Italien, Luxemburg, Niederlande, Norwegen, Österreich, Portugal, Schweden, Schweiz, Spanien und das Vereinigte Königreich.

Diese Europäische Norm ersetzt keine andere Europäische Norm.

Einleitung

Diese Europäische Norm legt Produktanforderungen fest, die von den Leistungsanforderungen für die verschiedenen Anwendungen abgeleitet sind; sie wird begleitet von mehreren Normen über allgemeine und besondere Prüfverfahren im Rahmen der jeweiligen Stoffnorm. Die Leistungsfähigkeit eines aus diesen Produkten hergestellten Dachrinnen- und Entwässerungssystems ist nicht nur von den Eigenschaften der Produkte abhängig, wie sie in dieser Norm festgelegt sind. Die Konstruktion, die Ausführung und das Verhalten der entsprechenden Teile des Bauwerks haben ebenfalls einen Einfluß auf die Leistungsfähigkeit des Gesamtsystems.

1 Anwendungsbereich

Diese Europäische Norm gilt für die Anforderungen an industriell hergestellte Dachrinnen und Fallrohre aus Metallblech. Sie legt die allgemeinen Merkmale, die Bezeichnung, die Einteilung, die Kennzeichnung und die Güteanforderungen für diese Erzeugnisse fest.

Diese Norm gilt für Hängedachrinnen und außen liegende Regenfallrohre, die von Rinnenhaltern aus Metall gehalten werden und zur Ableitung von Regenwasser dienen. Die Form und die Maße einer Dachrinne werden durch die Wassermenge, die vom Dach zu den Fallrohren geleitet werden muß, und die architektonischen Anforderungen bestimmt. Die Fähigkeit des Systems, das Wasser aufzunehmen, hängt von der Gestaltung des Daches sowie von den Maßen der Dachrinne und der Fallrohre ab.

Diese Norm legt die Anforderungen an Dachrinnen und Regenfallrohre fest, die die Erzeugnisse befähigen, alle üblichen Funktionen zu erfüllen, d. h. Regenwasser, geschmolzenen Schnee oder Eiswasser vom Bauwerk in ein Entwässerungssystem oder einen Sammler außerhalb des Bauwerks zu leiten.

Die Norm enthält keine Anforderungen an Befestigungen, Unterkonstruktionen, Anschlüsse, oder an die Verfahren zur Verbindung der verschiedenen Einzelteile.

2 Normative Verweisungen

Diese Europäische Norm enthält durch datierte oder undatierte Verweisungen Festlegungen aus anderen Publikationen. Diese normativen Verweisungen sind an den jeweiligen Stellen im Text zitiert, und die Publikationen sind nachstehend aufgeführt. Bei datierten Verweisungen gehören spätere Änderungen oder Überarbeitungen dieser Publikationen nur zu dieser Europäischen Norm, falls sie durch Änderung oder Überarbeitung eingearbeitet sind. Bei undatierten Verweisungen gilt die letzte Ausgabe der in Bezug genommenen Publikation.

EN 485-1
    Aluminium und Aluminiumlegierungen—Bänder, Bleche und Platten—Teil 1: Technische Lieferbedingungen

EN 573-3
    Aluminium und Aluminiumlegierungen — Chemische Zusammensetzung und Form von Halbzeug — Teil 3: Chemische Zusammensetzung

prEN 988
    Zink- und Zinklegierungen — Technische Lieferbedingungen für gewalzte Flacherzeugnisse für das Bauwesen

prEN 1172
    Kupfer- und Kupferlegierungen — Bleche und Bänder für das Bauwesen

prEN 10088-1
    Nichtrostende Stähle — Teil 1: Verzeichnis der nichtrostenden Stähle

EN 10142
    Kontinuierlich feuerverzinktes Band und Blech aus weichen Stählen zum Kaltumformen — Technische Lieferbedingungen

prEN 10169-1
    Kontinuierlich organisch bandbeschichtete Flacherzeugnisse aus Stahl — Teil 1: Allgemeines (Definitionen, Werkstoffe, Grenzabweichungen, Prüfverfahren)

prEN 10214
    Kontinuierlich schmelztauchveredeltes Band und Blech aus Stahl mit Zink-Aluminium-Überzügen (ZA) — Technische Lieferbedingungen

prEN 10215
    Kontinuierlich schmelztauchveredeltes Band und Blech aus Stahl mit Aluminium-Zink-Überzügen (AZ) — Technische Lieferbedingungen

285

3 Definitionen

Für die Anwendung dieser Norm gelten die folgenden Definitionen:

3.1 Hängedachrinne: Eine Dachrinne, die außen am Gebäude angebracht ist und durch Rinnenhalter getragen wird.

3.2 Fallrohr: Ein Rohr, das mit einer Dachrinne verbunden ist, um Regenwasser von dort in ein Entwässerungssystem oder einen Sammler zu leiten.

3.3 Wulst: Ein teilweise kreisförmiges oder rechteckiges Profil an der Oberkante der Rinnenvorderseite.

3.4 Rinnenvorderseite: Das Teil einer Dachrinne, das dem Bauwerk abgewandt ist (siehe Bild 1).

3.5 Rinnensohle: Das untere Teil eines Dachrinnenprofils (siehe Bild 1).

3.6 Rinnenrückseite: Das Teil einer Dachrinne, das dem Bauwerk zugewandt ist (siehe Bild 1).

3.7 Wasserfalz: Ein schmaler, nach innen gekanteter Falz an der Oberkante der Rinnenrückseite.

3.8 Zuschnittbreite: Die ursprüngliche Breite des Metallblechs, aus dem die Dachrinne oder das Fallrohr hergestellt sind.

3.9 Herstellänge: Die Länge des Abschnitts einer Dachrinne oder eines Fallrohres, wie er werkseitig hergestellt wird.

3.10 Zubehörteile: Alle Teile, die neben der Dachrinne und dem Fallrohr zum Aufbau einer Regenwasserentwässerung erforderlich sind.

3.11 Nahtüberlappung: Die Überlappung des Materials, die bei der Herstellung eines Fallrohres aus einem flachen Blech entsteht (siehe Bild 3).

4 Formen

4.1 Dachrinnen

4.1.1 Bestandteile

Eine Dachrinne, hergestellt aus einem Stück Metallblech, besteht im wesentlichen aus den folgenden vier Teilen:
— dem Wulst,
— der Rinnenvorderseite,
— der Rinnensohle und
— der Rinnenrückseite.

Diese Teile bilden zusammen eine trogartige Form mit einer oberen Öffnung zur Aufnahme des Regenwassers. Die gebräuchlichsten Formen enthält Bild 1.

Die Form einer Dachrinne wird bestimmt durch
— die Maße des Wulstes,
— die Höhe der Rinnenvorderseite,
— die äußere Breite der Rinnensohle,
— die Höhe der Rinnenrückseite,
— die obere Öffnungsweite und
— die Zuschnittbreite.

4.1.2 Allgemeine Anforderungen an die wesentlichen Teile

4.1.2.1 Wulst

Der Wulst muß zwei Funktionen erfüllen,
a) die Dachrinne in waagerechter und senkrechter Richtung aussteifen und

b) einen Befestigungspunkt für die Rinnenhalter bilden.

Die Form des Wulstes muß einer vereinbarten Zeichnung entsprechen, wobei die Maßtoleranzen nach 7.1.2 einzuhalten sind.

Drei der gebräuchlichsten Wulstformen sind in Bild 2 dargestellt. Der Wulstdurchmesser, Maß d in Bild 2, darf nicht geringer sein als der jeweilige Wert in Tabelle 1. Die Belastbarkeit und Steifigkeit der Wulste mit anderen Formen müssen mindestens denen eines kreisförmigen Wulstes, Form I Bild 2, sowohl in waagerechter als auch in senkrechter Richtung und bezogen auf den gleichen Werkstoff entsprechen. Dies muß durch die Berechnung des Widerstandsmoments nachgewiesen werden.

4.1.2.2 Rinnenvorderseite

Die Form und die Maße der Rinnenvorderseite müssen einer vereinbarten Zeichnung entsprechen, wobei die Maßtoleranzen nach 7.1.2 einzuhalten sind. Die senkrechte Höhe der Rinnenvorderseite, Maß a in Bild 1, bzw. die Summe aus Wulstdurchmesser (Form II) zuzüglich Höhe der Rinnenvorderseite, d. h. die Summe der Maße $a + d$ in den Bildern 1 und 2b, muß mindestens dem entsprechenden Wert der Tabelle 1 entsprechen.

4.1.2.3 Rinnensohle

Die Form und die Maße der Rinnensohle hängen vom Typ der Dachrinne ab. Sie bestimmen zusammen mit denen der Rinnenvorderseite und -rückseite die obere Öffnungsweite, Maß e in Bild 1. Wenn die äußere Breite der Rinnensohle, Maß b in Bild 1, festgelegt ist, gelten die Maßtoleranzen nach 7.1.2.

4.1.2.4 Rinnenrückseite

Die Form und die Maße der Rinnenrückseite müssen einer vereinbarten Zeichnung entsprechen, wobei die Maßtoleranzen nach 7.1.2 einzuhalten sind.

Wenn ein Wasserfalz vorhanden ist, muß die Höhe der Rinnenrückseite, Maß c in Bild 1, mindestens 6 mm größer als die der Rinnenvorderseite sein. Wenn kein Wasserfalz vorhanden ist, muß dieses Maß mindestens 15 mm betragen.

4.2 Fallrohre

Die Querschnitte und die Maße von Fallrohren werden durch die abzuleitende Regenwassermenge und durch architektonische Anforderungen bestimmt. Die gebräuchlichsten Fallrohre haben kreisförmigen und quadratischen Querschnitt. Andere Querschnitte müssen einer vereinbarten Zeichnung entsprechen, die vom Abnehmer zur Verfügung zu stellen ist.

5 Einteilung

5.1 Dachrinnen

Dachrinnen werden nach dem Wulstdurchmesser oder dem entsprechenden Widerstandsmoment in die Klassen X und Y eingeteilt (siehe Tabelle 1). Wenn ein Produkt als Klasse X ausgewiesen ist, erfüllt es auch die Anforderungen der Klasse Y.

5.2 Fallrohre

Fallrohre werden nach dem Maß der Nahtüberlappung in die Klassen X und Y eingeteilt (siehe Tabelle 2). Wenn ein Produkt als Klasse X ausgewiesen ist, erfüllt es auch die Anforderungen an Klasse Y.

Tabelle 1: Dachrinnen, Wulstdurchmesser und Höhe der Rinnenvorderseite

Maße in Millimeter

Zuschnittbreite w	Wulstdurchmesser d		Höhe der Rinnenvorderseite	Summe aus Wulstdurchmesser und Höhe der Rinnenvorderseite
	Klasse X min.	Klasse Y min.	Maß a nach Bild 1 min.	Maß $a + d$ nach Bild 1 und Bild 2 min.
$w \leq 200$	16	14	40	70
$200 < w \leq 250$	16	14	50	75
$250 < w \leq 333$	18	14	55	75
$333 < w \leq 400$	20	18	65	90
$400 < w$	20	20	75	100

Tabelle 2: Fallrohre, Nähte

Maße in Millimeter

Ausführung der Nähte	Werkstoff					Nahtüberlappung	
	Al [1]	Cu [2]	St [3]	S.S. [4]	Zn [5]	Klasse X min.	Klasse Y min.
weichgelötet		X			X	5 [6]	1 [6]
hartgelötet		X				3 [6]	3 [6]
gefalzt	X	X	X	X	X	6 [7]	6 [7]
geschweißt	X	X	X	X	X	in Abhängigkeit vom Schweißverfahren	

[1] Aluminiumblech nach 6.1.
[2] Kupferblech nach 6.2.
[3] Schmelztauchveredeltes Stahlblech nach 6.3 und schmelztauchveredeltes Stahlblech mit organischer Beschichtung nach 6.4.
[4] Nichtrostendes Stahlblech nach 6.5.
[5] Zinkblech nach 6.6.
[6] Gebundene Lötnaht, Maß L in Bild 3a.
[7] Gesamtlänge, Maß F in Bild 3b.

6 Werkstoffanforderungen

6.1 Aluminiumblech

Aluminium oder Aluminiumlegierungen der Serien 1 000, 3 000, 5 000 oder 6 000 nach EN 573-3 in Form von Blechen nach EN 485-1, ausgenommen die Legierungen mit einem Magnesiumgehalt von mehr als 3 % oder einem Kupfergehalt von mehr als 0,3 %.

6.2 Kupferblech

Cu-DHP, Werkstoffnummer CW024A,
CuZn 0,5 Werkstoffnummer CW119C,
nach prEN 1172.

6.3 Schmelztauchveredeltes Stahlblech

— Stahlblech mit Zinküberzug (Z):
DX 51 D + Z oder höhere Güte, mit einer Gesamt-Nennauflage von mindestens 275 g/m² auf beiden Seiten (Schichtdicke auf jeder Seite 20 μm) nach EN 10142.

— Stahlblech mit Zink-Aluminium-Überzug (ZA):
DX 51 D + ZA oder höhere Güte, mit einer Gesamt-Nennauflage von mindestens 225 g/m² auf beiden Seiten (Schichtdicke auf jeder Seite 20 μm) nach EN 10142.

— Stahlblech mit Aluminium-Zink-Überzug (AZ):
DX 51 D + AZ oder höhere Güte, mit einer Gesamt-Nennauflage von mindestens 150 g/m² auf beiden Seiten (Schichtdicke auf jeder Seite 20 μm) nach EN 10215.

6.4 Schmelztauchveredeltes Stahlblech mit organischer Beschichtung

Ein Trägerwerkstoff nach 6.3 mit einer organischen Beschichtung in einer Mindest-Nenndicke auf jeder Seite von

— 25 μm bei Bandbeschichtung oder
— 60 μm bei Stückbeschichtung.

6.5 Nichtrostendes Stahlblech

X 3 CrTi 17, Werkstoffnummer 1.4510,
X 6 CrNi 19 10, Werkstoffnummer 1.4301,
X 6 CrNiMo 17 12 2, Werkstoffnummer 1.4401,

nach prEN 10088-1. Diese Stähle dürfen auch organisch beschichtet oder mit einem Schmelztauchüberzug versehen sein.

6.6 Zink

Titanzink nach prEN 988.

287

7 Maßanforderungen

Tabelle 3: Dachrinnen, Werkstoffdicke

Maße in Millimeter

| Zuschnittbreite w | Werkstoff-Nenndicke | | | | | |
| | Al [1] min. | Cu [2] min. | St [3] min. | S.S. [4] | | Zn [5] min. |
				Klasse A min.	Klasse B min.	
w ≤ 250	0,7	0,6	0,6	0,5	0,4	0,65
250 < w ≤ 333	0,7	0,6	0,6	0,5	0,4	0,7
333 < w	0,8	0,7	0,7	0,6	0,5	0,8

[1] Aluminiumblech nach 6.1.
[2] Kupferblech nach 6.2.
[3] Schmelztauchveredeltes Stahlblech nach 6.3 und schmelztauchveredeltes Stahlblech mit organischer Beschichtung nach 6.4.
[4] Nichtrostendes Stahlblech nach 6.5.
[5] Zinkblech nach 6.6.

Tabelle 4: Fallrohre, Werkstoffdicke

Maße in Millimeter

| Form und Größe des Querschnitts [8] | Werkstoff-Nenndicke | | | | | |
| | Al [1] min. | Cu [2] min. | St [3] min. | S.S. [4] | | Zn [5] min. |
				Klasse A min.	Klasse B min.	
kreisförmig						
Durchmesser ≤ 100	0,7	0,6	0,6	0,5	0,4	0,65
Durchmesser > 100	0,7	0,7	0,7	0,6	0,5	0,7
quadratisch oder rechteckig (lange Seite)						
Seite < 100	0,7	0,6	0,6	0,5	0,4	0,65
100 ≤ Seite < 120	0,7	0,7	0,7	0,5	0,4	0,7
120 ≤ Seite	0,7	0,7	0,7	0,6	0,5	0,8

[1] Aluminiumblech nach 6.1.
[2] Kupferblech nach 6.2.
[3] Schmelztauchveredeltes Stahlblech nach 6.3 und schmelztauchveredeltes Stahlblech mit organischer Beschichtung nach 6.4.
[4] Nichtrostendes Stahlblech nach 6.5.
[5] Zinkblech nach 6.6.
[8] Am weiteren Ende gemessen.

7.1 Dachrinnen

7.1.1 Werkstoffdicke

Die Mindestwerkstoffdicke ist in Abhängigkeit von der gewählten Zuschnittbreite – bei Werkstoff S.S zusätzlich von den Klassen A und B der Nenndicke – in Tabelle 3 angegeben. Für die Maßtoleranzen gelten die entsprechenden Werkstoffnormen. Die Prüfung ist nach den Verfahren der jeweiligen Werkstoffnorm durchzuführen.

7.1.2 Maßtoleranzen

Für das Nennmaß der Zuschnittbreite und die Querschnittsmaße der Dachrinnen gelten die folgenden Maßtoleranzen:

- Zuschnittbreite w: ± 2 mm,
- Höhe der Rinnenvorderseite a: ± 2 mm,
- äußere Breite der Rinnensohle b: $_{-2}^{0}$ mm,
- Höhe der Rinnenrückseite c: ± 2 mm.

Bei den Maßen a, b und c bleibt die Fertigungskontrolle dem Hersteller überlassen. Für Eignungstests oder im Falle einer Reklamation ist die Prüfung des Nennmaße an einer Dachrinne vorzunehmen, die in zwei Rinnenhaltern ohne Maßabweichungen oder in zwei, für diesen Zweck besonders hergestellte Rinnenhalter eingesetzt wurde. Die Rinnenhalter müssen einen Abstand von 600 mm haben. Die Maße des Prüfkörpers sind in der Mitte zwischen den Rinnenhaltern, bezogen auf die Außenseite, zu ermitteln.

- Wulstdurchmesser d: $_{-1}^{+2}$ mm, falls der Wulst einer Darstellung in Bild 2 entspricht; bei anderen Formen sind die Grenzabmaße zwischen Hersteller und Abnehmer zu vereinbaren.
- Geradheit des Wulstes: max. 2 mm Abweichung, gemessen an der umgedreht auf einer ebenen Unterlage aufliegenden Dachrinne als Abweichung von der geraden Linie.
- Herstellänge: $_{0}^{+10}$ mm.

7.2 Fallrohre

7.2.1 Werkstoffdicke

Die Mindestwerkstoffdicke ist in Abhängigkeit von Form und Größe des Querschnitts – bei Werkstoff S.S zusätzlich von den Klassen A und B der Nenndicke – in Tabelle 4 angegeben. Für die Maßtoleranzen gelten die entsprechenden Werkstoffnormen. Die Prüfung ist nach den Verfahren der jeweiligen Werkstoffnorm durchzuführen.

7.2.2 Maßtoleranzen

Für die Formen gelten folgende Grenzabmaße:

- innere Weite des Querschnitts (Durchmesser, Quadratseite oder lange Seite des Rechtecks): ± 1 mm.
- Geradheit: max. 2,5 mm/m Abweichung, gemessen von der Mittelachse.
- Herstellänge: $_{0}^{+10}$ mm.

7.2.3 Verbindungen

Jede Herstellänge eines Fallrohres muß entweder
- mit einem weiten Ende (Aufnahmeende) und einem engen Ende (Steckende) versehen sein, damit Aufnahme-

und Steckende zweier Herstellängen zu einer Steckverbindung von mindestens 50 mm Überdeckung zusammengesteckt werden können, oder

- mit gleich weiten Enden zur Verbindung mit losen Muffen versehen sein.

7.3 Zubehörteile

Zubehörteile sind so herzustellen, daß sie den Angaben der Hersteller entsprechend zu den zugehörigen Erzeugnissen passen.

8 Bezeichnung

Hängedachrinnen und Fallrohre aus Metallblech sind mit folgenden Angaben zu bezeichnen:

a) Querschnittsform und Beschreibung des Erzeugnisses,

b) Nummer dieser Norm (EN 612),

c) Identifizierungsblock, bestehend aus
- der Zuschnittbreite der Dachrinne bzw. dem Durchmesser oder dem Querschnitt des Fallrohres in mm,
- der Art des Materials durch Angabe des Kurzzeichens nach den Tabellen 3 und 4, und dem Buchstaben der Klasse im Fall des Werkstoffes S.S.

BEISPIELE:

Bezeichnung einer rechteckigen Hängedachrinne mit einer Zuschnittbreite von 333 mm aus Kupfer (Cu) mit einer Wulst der Klasse Y:

Rechteckige Hängedachrinne EN 612–333–Cu–Y

Bezeichnung eines Fallrohres mit kreisförmigem Querschnitt von 100 mm Durchmesser aus nichtrostendem Stahl (S.S) mit einer Dicke der Klasse B und mit einer Nahtüberlappung der Klasse X:

Rundes Fallrohr EN 612 – 100 – S.S.B – X

9 Kennzeichnung

Sofern bei der Bestellung nichts anderes vereinbart wurde, sind Dachrinnen oder Fallrohre wie folgt zu kennzeichnen:

a) Handelsname oder Markenname des Herstellers,

b) Kurzzeichen des Herstellandes,

c) Nummer dieser Europäischen Norm (EN 612),

d) Identifizierungsblock nach 8c).

10 Etikettierung

Sofern bei der Bestellung nichts anderes vereinbart wurde, sind folgende Angaben auf einem Etikett an jeder Liefereinheit von Dachrinnen oder Fallrohren anzubringen:

a) Handelsname oder Markenname des Herstellers,

b) Nummer dieser Europäischen Norm (EN 612),

c) Art des Erzeugnisses,

d) Art des Werkstoffes.

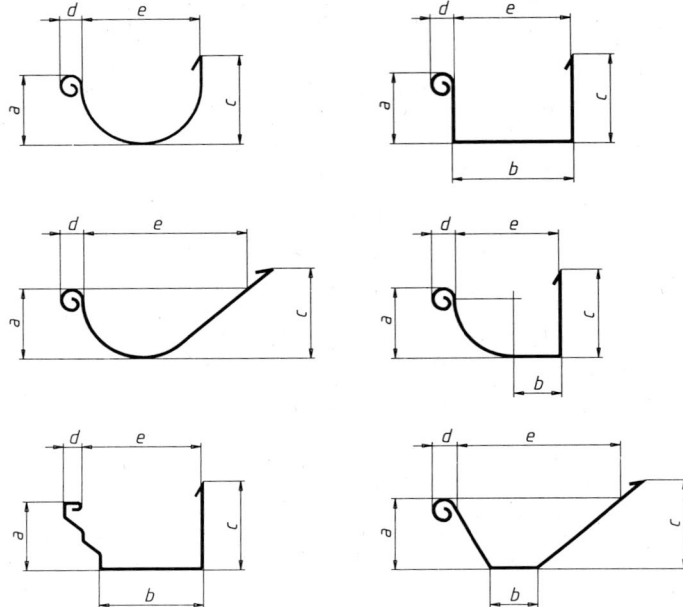

a: Höhe der Rinnenvorderseite
b: Äußere Breite der Rinnensohle
c: Höhe der Rinnenrückseite
d: Wulstmaß (Durchmesser oder Breite)
e: Obere Öffnungsweite

Bild 1: Beispiele für Dachrinnen

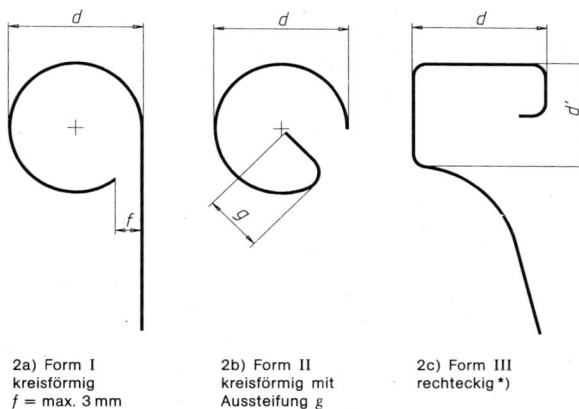

2a) Form I
kreisförmig
f = max. 3 mm

2b) Form II
kreisförmig mit
Aussteifung g

2c) Form III
rechteckig *)

Bild 2: Wulstformen

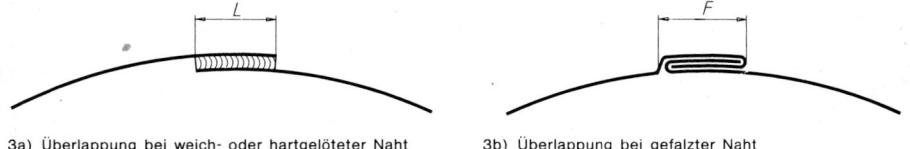

3a) Überlappung bei weich- oder hartgelöteter Naht

3b) Überlappung bei gefalzter Naht

Bild 3: Beispiele für die Nahtüberlappung

---

*) Für die Berechnung kann $d' = d$ angenommen werden, wenn d nicht mehr als 1/3 der Höhe der Rinnenvorderseite a beträgt.
Bei anderen Formen sind die Berechnungsgrundlagen für die Form I sinngemäß anzuwenden.

Aluminium und Aluminiumlegierungen
Gezogene Stangen und Rohre
Teil 2: Mechanische Eigenschaften
Deutsche Fassung EN 754-2 : 1997

DIN
EN 754-2

ICS 77.150.10

Deskriptoren: Aluminium, Aluminiumlegierung, Stange, Aluminiumrohr, Eigenschaft

Mit DIN EN 755-2 : 1997-08
Ersatz für
DIN 1746-1 : 1987-01
DIN 1747-1 : 1983-02

Aluminium and aluminium alloys — Cold drawn rod/bar and tube —
Part 2: Mechanical properties;
German version EN 754-2 : 1997
Aluminium et alliages d'aluminium — Barres et tubes étirés —
Partie 2: Caractéristiques mécaniques;
Version allemande EN 754-2 : 1997

Die Europäische Norm EN 754-2 : 1997 hat den Status einer Deutschen Norm.

Nationales Vorwort

Diese Europäische Norm EN 754-2 : 1997 ist von der Arbeitsgruppe 5 "Stranggepreßte und gezogene Erzeugnisse" (Sekretariat: Vereinigtes Königreich) im Technischen Komitee TC 132 "Aluminium und Aluminiumlegierungen" (Sekretariat: Frankreich) des Europäischen Komitees für Normung (CEN) erarbeitet worden.

Das zuständige deutsche Normungsgremium ist der Arbeitsausschuß FNNE-AA 2.5 "Aluminium-Strangpreßerzeugnisse" des Normenausschusses Nichteisenmetalle (FNNE) im DIN Deutsches Institut für Normung e.V.

Um dem Anwender dieser Norm die Umstellung von den DIN-Normen auf die EN-Norm zu erleichtern, wurden den europäischen Werkstoffbezeichnungen die in den DIN-Normen aufgeführten Werkstoffkurzzeichen und Werkstoffnummern gegenübergestellt (siehe nationaler Anhang).

Änderungen

Gegenüber DIN 1746-1 : 1987-01 und DIN 1747-1 : 1983-02 wurden folgende Änderungen vorgenommen:

    a) Inhalt der beiden Normen zusammengelegt und nach dem Herstellverfahren neu aufgegliedert.

    b) Europäischen Werkstoff- und Zustandsbezeichnungen übernommen.

    c) Neuaufnahme und Streichung von Werkstoffen und/oder Zuständen nach europäischen Gesichtspunkten.

    d) Streichung der Dehnungsmeßlänge A_{10} und Aufnahme der Dehnungsmeßlänge $A_{50\,mm}$.

    e) Redaktionell vollständig überarbeitet.

Frühere Ausgaben

DIN 1746: 1938-09, 1947-11, 1951-11, 1959-06
DIN 1746-1: 1963-06, 1968-12, 1976-12, 1987-01
DIN 1747: 1938-09, 1948-03, 1951-12, 1959-06, 1960-07
DIN 1747-1: 1963-06, 1968-12, 1977-01, 1983-02

Fortsetzung Seite 2
und 22 Seiten EN

Normenausschuß Nichteisenmetalle (FNNE) im DIN Deutsches Institut für Normung e.V.

Nationaler Anhang NA (informativ)

Gegenüberstellung der Bezeichnungen von Aluminium und Aluminiumlegierungen für Halbzeug nach DIN EN und DIN

*)	DIN EN 573-3		DIN 1712-3 bzw. DIN 1725-1	
		Bezeichnung		Werkstoff-
	Numerisch	Chemische Symbole	Kurzzeichen	Nummer
1	EN AW-1050A	EN AW-Al 99,5	Al99,5	3.0255
2	EN AW-1200	EN AW-Al 99,0	Al99	3.0205
3	EN AW-2007	EN AW-Al Cu4PbMgMn	AlCuMgPb	3.1645
4	EN AW-2011	EN AW-Al Cu6BiPb	AlCuBiPb	3.1655
5	EN AW-2011A	EN AW-Al Cu6BiPb(A)	—	—
6	EN AW-2014	EN AW-Al Cu4SiMg	AlCuSiMn	3.1255
7	EN AW-2014A	EN AW-Al Cu4SiMg(A)	—	—
8	EN AW-2017A	EN AW-Al Cu4MgSi(A)	AlCuMg1	3.1325
9	EN AW-2024	EN AW-Al Cu4Mg1	AlCuMg2	3.1355
10	EN AW-2030	EN AW-Al Cu4PbMg	—	—
11	EN AW-3003	EN AW-Al Mn1Cu	AlMnCu	3.0517
12	EN AW-3103	EN AW-Al Mn1	AlMn1	3.0515
13	EN AW-5005	EN AW-Al Mg1(B)	—	—
14	EN AW-5005A	EN AW-Al Mg1(C)	AlMg1	3.3315
15	EN AW-5019	EN AW-Al Mg5	AlMg5	3.3555
16	EN AW-5251	EN AW-Al Mg2	AlMg2Mn0,3	3.3525
17	EN AW-5052	EN AW-Al Mg2,5	AlMg2,5	3.3523
18	EN AW-5154A	EN AW-Al Mg3,5(A)	—	—
19	EN AW-5754	EN AW-Al Mg3	AlMg3	3.3535
20	EN AW-5083	EN AW-Al Mg4,5Mn0,7	AlMg4,5Mn	3.3547
21	EN AW-5086	EN AW-Al Mg4	AlMg4Mn	3.3545
22	EN AW-6012	EN AW-Al MgSiPb	AlMgSiPb	3.0615
23	EN AW-6060	EN AW-Al MgSi	AlMgSi0,5	3.3206
24	EN AW-6061	EN AW-Al Mg1SiCu	AlMg1SiCu	3.3211
25	EN AW-6262	EN AW-Al Mg1SiPb	—	—
26	EN AW-6063	EN AW-Al Mg0,7Si	—	—
27	EN AW-6063A	EN AW-Al Mg0,7Si(A)	—	—
28	EN AW-6082	EN AW-Al Si1MgMn	AlMgSi1	3.2315
29	EN AW-7020	EN AW-Al Zn4,5Mg1	AlZn4,5Mg1	3.4335
30	EN AW-7022	EN AW-Al Zn5Mg3Cu	AlZnMgCu0,5	3.4345
31	EN AW-7049A	EN AW-Al Zn8MgCu	—	—
32	EN AW-7075	EN AW-Al Zn5,5MgCu	AlZnMgCu1,5	3.4365

*) Die Zahlen in dieser Spalte sind identisch mit den Nummern der Tabellen von EN 754-2, in denen die mechanischen Eigenschaften für diese Werkstoffe angegeben sind.

EUROPÄISCHE NORM
EUROPEAN STANDARD
NORME EUROPÉENNE

EN 754-2

April 1997

ICS 77.150.10

Deskriptoren: Aluminium, Aluminiumlegierung, Kneterzeugnis, gezogenes Erzeugnis, Stange, Rohr, mechanische Eigenschaft, Tabelle

Deutsche Fassung

Aluminium und Aluminiumlegierungen

Gezogene Stangen und Rohre
Teil 2: Mechanische Eigenschaften

Aluminium and aluminium alloys — Cold drawn rod/bar and tube — Part 2: Mechanical properties

Aluminium et alliages d'aluminium — Barres et tubes étirés — Partie 2: Caractéristiques mécaniques

---

Diese Europäische Norm wurde von CEN am 1997-03-10 angenommen.

Die CEN-Mitglieder sind gehalten, die CEN/CENELEC-Geschäftsordnung zu erfüllen, in der die Bedingungen festgelegt sind, unter denen dieser Europäischen Norm ohne jede Änderung der Status einer nationalen Norm zu geben ist.

Auf dem letzten Stand befindliche Listen dieser nationalen Normen mit ihren bibliographischen Angaben sind beim Zentralsekretariat oder bei jedem CEN-Mitglied auf Anfrage erhältlich.

Diese Europäische Norm besteht in drei offiziellen Fassungen (Deutsch, Englisch, Französisch). Eine Fassung in einer anderen Sprache, die von einem CEN-Mitglied in eigener Verantwortung durch Übersetzung in seine Landessprache gemacht und dem Zentralsekretariat mitgeteilt worden ist, hat den gleichen Status wie die offiziellen Fassungen.

CEN-Mitglieder sind die nationalen Normungsinstitute von Belgien, Dänemark, Deutschland, Finnland, Frankreich, Griechenland, Irland, Island, Italien, Luxemburg, Niederlande, Norwegen, Österreich, Portugal, Schweden, Schweiz, Spanien und dem Vereinigten Königreich.

CEN

EUROPÄISCHES KOMITEE FÜR NORMUNG
European Committee for Standardization
Comité Européen de Normalisation

Zentralsekretariat: rue de Stassart 36, B-1050 Brüssel

Ref. Nr. EN 754-2 : 1997 D

Inhalt

Vorwort

Diese Europäische Norm wurde vom Technischen Komitee CEN/TC 132 "Aluminium und Aluminiumlegierungen" erarbeitet, dessen Sekretariat vom AFNOR gehalten wird.

Diese Europäische Norm muß den Status einer nationalen Norm erhalten, entweder durch Veröffentlichung eines identischen Textes oder durch Anerkennung bis Oktober 1997, und etwaige entgegenstehende nationale Normen müssen bis Oktober 1997 zurückgezogen werden.

Im Rahmen seines Arbeitsprogramms hat das Technische Komitee CEN/TC 132 die CEN/TC 132/WG 5 "Stranggepreßte und gezogene Erzeugnisse" mit der Vorbereitung der folgenden Norm beauftragt:

EN 754-2

Aluminium und Aluminumlegierungen — Gezogene Stangen und Rohre — Teil 2: Mechanische Eigenschaften

Diese Norm ist Teil einer Reihe von acht Normen. Die anderen Normen lauten wie folgt:

EN 754-1

Aluminium und Aluminiumlegierungen — Gezogene Stangen und Rohre — Teil 1: Technische Lieferbedingungen

EN 754-3

Aluminium und Aluminiumlegierungen — Gezogene Stangen und Rohre — Teil 3: Rundstangen, Grenzabmaße und Formtoleranzen

EN 754-4

Aluminium und Aluminiumlegierungen — Gezogene Stangen und Rohre — Teil 4: Vierkantstangen, Grenzabmaße und Formtoleranzen

EN 754-5

Aluminium und Aluminiumlegierungen — Gezogene Stangen und Rohre — Teil 5: Rechteckstangen, Grenzabmaße und Formtoleranzen

EN 754-6

Aluminium und Aluminiumlegierungen — Gezogene Stangen und Rohre — Teil 6: Sechskantstangen, Grenzabmaße und Formtoleranzen

prEN 754-7

Aluminium und Aluminiumlegierungen — Gezogene Stangen und Rohre — Teil 7: Nahtlose Rohre, Grenzabmaße und Formtoleranzen

prEN 754-8

Aluminium und Aluminiumlegierungen — Gezogene Stangen und Rohre — Teil 8: Mit Kammerwerkzeug stranggepreßte Rohre, Grenzabmaße und Formtoleranzen

Entsprechend der CEN/CENELEC-Geschäftsordnung sind die nationalen Normungsinstitute der folgenden Länder gehalten, diese Europäische Norm zu übernehmen:

Belgien, Dänemark, Deutschland, Finnland, Frankreich, Griechenland, Irland, Island, Italien, Luxemburg, Niederlande, Norwegen, Österreich, Portugal, Schweden, Schweiz, Spanien und das Vereinigte Königreich.

1 Anwendungsbereich

Dieser Teil von EN 754 legt die Grenzwerte für die mechanischen Eigenschaften von gezogenen Stangen und Rohren aus Aluminium und Aluminiumlegierungen fest.

Die Bezeichnungen der Werkstoffzustände sind in EN 515 definiert. Das numerische Bezeichnungssystem der Werkstoffe ist in EN 573-1 und das Bezeichnungssystem mit chemischen Symbolen ist in EN 573-2 festgelegt. In der EN 573-3 sind die Grenzen der chemischen Zusammensetzung für diese Werkstoffe angegeben. Die Grenzwerte der mechanischen Eigenschaften sind für alle Werkstoffe der Klasse A festgelegt, wie in EN 573-4 definiert.

2 Normative Verweisungen

Diese Europäische Norm enthält durch datierte oder undatierte Verweisungen Festlegungen aus anderen Publikationen. Diese normativen Verweisungen sind an den jeweiligen Stellen im Text zitiert, und die Publikationen sind nachstehend aufgeführt. Bei datierten Verweisungen gehören spätere Änderungen oder Überarbeitungen dieser Publikationen nur zu dieser Europäischen Norm, falls sie durch Änderung oder Überarbeitung eingearbeitet sind. Bei undatierten Verweisungen gilt die letzte Ausgabe der in Bezug genommenen Publikation.

EN 515
Aluminium und Aluminiumlegierungen — Halbzeug — Bezeichnungen der Werkstoffzustände

EN 573-1
Aluminium und Aluminiumlegierungen — Chemische Zusammensetzung und Form von Halbzeug — Teil 1: Numerisches Bezeichnungssystem

EN 573-2
Aluminium und Aluminiumlegierungen — Chemische Zusammensetzung und Form von Halbzeug — Teil 2: Bezeichnungssystem mit chemischen Symbolen

EN 573-3
Aluminium und Aluminiumlegierungen — Chemische Zusammensetzung und Form von Halbzeug — Teil 3: Chemische Zusammensetzung

EN 573-4
Aluminium und Aluminiumlegierungen — Chemische Zusammensetzung und Form von Halbzeug — Teil 4: Erzeugnisformen

EN 754-1
Aluminium und Aluminiumlegierungen — Gezogene Stangen und Rohre — Teil 1: Technische Lieferbedingungen

EN 2004-1
Luft- und Raumfahrt — Prüfverfahren für Erzeugnisse aus Aluminium und Aluminiumlegierungen — Teil 1: Bestimmung der elektrischen Leitfähigkeit von Aluminium-Knetlegierungen

EN 10002-1
Metallische Werkstoffe — Zugversuch — Teil 1: Prüfverfahren (bei Raumtemperatur) "enthält Änderung AC1 : 1990"

ISO 9591
Corrosion of aluminium alloys — Determination of resistance to stress-corrosion cracking

ASTM G 47
Standard test method for determining susceptibility to stress-corrosion cracking of high-strength aluminium alloy products

3 Anforderungen

Die mechanischen Eigenschaften müssen mit den in Abschnitt 5 festgelegten oder mit den zwischen Lieferer und Kunden vereinbarten und in der Bestellung angegebenen übereinstimmen.

4 Zugversuch

Die Auswahl, Vorbereitung und Anzahl der Probenabschnitte und Proben sind in EN 754-1 festgelegt.

Der Zugversuch muß, wie in EN 10002-1 festgelegt, durchgeführt werden.

4.1 Prüfrichtung

Alle Erzeugnisse müssen in Längsrichtung geprüft werden, um die garantierten mechanischen Eigenschaften nachzuweisen.

Es dürfen auch Prüfungen in andere Richtungen mit festgelegten Grenzwerten durchgeführt werden. Dies muß jedoch zwischen Lieferer und Kunden vereinbart und in der Bestellung angegeben werden. Es wird jedoch darauf aufmerksam gemacht, daß die auf diese Weise erzielten mechanischen Eigenschaften von den in dieser Norm angegebenen Eigenschaften in Längsrichtung abweichen können.

4.2 Dehnungswerte

Der Wert $A_{50\,mm}$ ist die über eine Anfangsmeßlänge von 50 mm gemessene Dehnung in Prozent.

Der Wert A ist die über eine Anfangsmeßlänge von 5,65 $\sqrt{S_0}$ gemessene Dehnung in Prozent, wobei S_0 die ursprüngliche Querschnittsfläche der Probe ist.

a) Gezogene Stangen

Der Wert $A_{50\,mm}$ muß für rechteckige Stangen verwendet werden, die in ihrer vollen Dicke bis 12,5 mm geprüft werden.

Der Wert A muß für alle anderen Proben verwendet werden.

b) Gezogene Rohre

Der Wert $A_{50\,mm}$ muß für alle Rohre verwendet werden, die als Rohrabschnitt oder als Flachprobe geprüft werden, wobei die Rohre entweder eine Ebene oder eine gekrümmte Wand haben, deren Dicke 12,5 mm nicht überschreitet.

Der Wert A muß für bearbeitete Rundproben verwendet werden, die aus Wanddicken größer als 12,5 mm entnommen wurden.

5 Liste von Aluminium und Aluminiumlegierungen und ihrer mechanischen Eigenschaften

ANMERKUNG: EN AW-5019 ist die neue Bezeichnung für EN AW-5056A.

297

Tabelle 1: Aluminium EN AW-1050A [Al 99,5]

Werkstoff-zustand	Maße mm		R_m MPa		$R_{p0,2}$ MPa		A %	A_{50mm} %
Gezogene Stangen								
	$D^1)$	$S^2)$	min.	max.	min.	max.	min.	min.
O, H111	≤ 80	≤ 60	60	95	—	—	25	22
H14	≤ 40	≤ 10	100	135	70	—	6	5
H16	≤ 15	≤ 5	120	160	105	—	4	3
H18	≤ 10	≤ 3	145	—	125	—	3	3
Gezogene Rohre								
Werkstoff-zustand	Maße mm $e^3)$		R_m MPa		$R_{p0,2}$ MPa		A %	A_{50mm} %
			min.	max.	min.	max.	min.	min.
O, H111	≤ 20		60	95	—	—	25	22
H14	≤ 10		100	135	70	—	6	5
H16	≤ 5		120	160	105	—	4	3
H18	≤ 3		145	—	125	—	3	3

[1]) D = Durchmesser von Rundstangen
[2]) S = Schlüsselweite von Vierkant- und Sechskantstangen, Dicke von Rechteckstangen
[3]) e = Wanddicke

Tabelle 2: Aluminium EN AW-1200 [Al 99,0]

Werkstoff-zustand	Maße mm		R_m MPa		$R_{p0,2}$ MPa		A %	A_{50mm} %
Gezogene Stangen								
	$D^1)$	$S^2)$	min.	max.	min.	max.	min.	min.
O, H111	≤ 80	≤ 60	70	105	—	—	20	16
H14	≤ 40	≤ 10	110	145	80	—	5	4
H16	≤ 15	≤ 5	135	170	115	—	3	3
H18	≤ 10	≤ 3	150	—	130	—	3	3
Gezogene Rohre								
Werkstoff-zustand	Maße mm $e^3)$		R_m MPa		$R_{p0,2}$ MPa		A %	A_{50mm} %
			min.	max.	min.	max.	min.	min.
O, H111	≤ 20		70	105	—	—	20	16
H14	≤ 10		110	145	80	—	5	4
H16	≤ 5		135	170	115	—	3	3
H18	≤ 3		150	—	130	—	3	3

[1]) D = Durchmesser von Rundstangen
[2]) S = Schlüsselweite von Vierkant- und Sechskantstangen, Dicke von Rechteckstangen
[3]) e = Wanddicke

Tabelle 3: Legierung EN AW-2007 [Al Cu4PbMgMn]

Werkstoff-zustand	Maße mm		R_m MPa		$R_{p0.2}$ MPa		A %	A_{50mm} %
	$D^1)$	$S^2)$	min.	max.	min.	max.	min.	min.
			Gezogene Stangen					
T3[4]	≤ 30	≤ 30	370	—	240	—	7	5
	30 < D ≤ 80	30 < S ≤ 80	340	—	220	—	6	—
T351[4]	≤ 80	≤ 80	370	—	240	—	5	3

Werkstoff-zustand	Maße mm	R_m MPa		$R_{p0.2}$ MPa		A %	A_{50mm} %
	$e^3)$	min.	max.	min.	max.	min.	min.
	Gezogene Rohre						
T3[4]	≤ 20	370	—	250	—	7	5
T3510, T3511[4]	≤ 20	370	—	240	—	5	3

[1]) D = Durchmesser von Rundstangen
[2]) S = Schlüsselweite von Vierkant- und Sechskantstangen, Dicke von Rechteckstangen
[3]) e = Wanddicke
[4]) Die Eigenschaften dürfen durch Abschrecken an der Presse erzielt werden.

Tabelle 4: Legierung EN AW-2011 [Al Cu6BiPb]

Gezogene Stangen

Werkstoff-zustand	Maße mm		R_m MPa		$R_{p0.2}$ MPa		A %	A_{50mm} %
	$D^1)$	$S^2)$	min.	max.	min.	max.	min.	min.
T3	≤ 40	≤ 40	320	—	270	—	10	8
	40 < D ≤ 50	40 < S ≤ 50	300	—	250	—	10	—
	50 < D ≤ 80	50 < S ≤ 80	280	—	210	—	10	—
T8	≤ 80	≤ 80	370	—	270	—	8	6

Gezogene Rohre

Werkstoff-zustand	Maße mm	R_m MPa		$R_{p0.2}$ MPa		A %	A_{50mm} %
	$e^3)$	min.	max.	min.	max.	min.	min.
T3	≤ 5	310	—	260	—	10	8
	5 < e ≤ 20	290	—	240	—	8	6
T8	≤ 20	370	—	275	—	8	6

[1]) D = Durchmesser von Rundstangen
[2]) S = Schlüsselweite von Vierkant- und Sechskantstangen, Dicke von Rechteckstangen
[3]) e = Wanddicke

Tabelle 5: Legierung EN AW-2011A [Al Cu6BiPb(A)]

Gezogene Stangen								
Werkstoff-zustand	Maße mm		R_m MPa		$R_\mathrm{p0.2}$ MPa		A %	$A_{50\,\mathrm{mm}}$ %
	$D^1)$	$S^2)$	min.	max.	min.	max.	min.	min.
T3	≤ 40	≤ 40	320	—	270	—	10	8
	40 < D ≤ 50	40 < S ≤ 50	300	—	250	—	10	—
	50 < D ≤ 80	50 < S ≤ 80	280	—	210	—	10	—
T8	≤ 80	≤ 80	370	—	270	—	8	6

Gezogene Rohre							
Werkstoff-zustand	Maße mm	R_m MPa		$R_\mathrm{p0.2}$ MPa		A %	$A_{50\,\mathrm{mm}}$ %
	$e^3)$	min.	max.	min.	max.	min.	min.
T3	≤ 5	310	—	260	—	10	8
	5 < e ≤ 20	290	—	240	—	8	6
T8	≤ 20	370	—	275	—	8	6

[1]) D = Durchmesser von Rundstangen
[2]) S = Schlüsselweite von Vierkant- und Sechskantstangen, Dicke von Rechteckstangen
[3]) e = Wanddicke

Tabelle 6: Legierung EN AW-2014 [Al Cu4SiMg]

Gezogene Stangen								
Werkstoff-zustand	Maße mm		R_m MPa		$R_\mathrm{p0.2}$ MPa		A %	$A_{50\,\mathrm{mm}}$ %
	$D^1)$	$S^2)$	min.	max.	min.	max.	min.	min.
O, H111	≤ 80	≤ 80	—	240	—	125	12	10
T3	≤ 80	≤ 80	380	—	290	—	8	6
T351	≤ 80	≤ 80	380	—	290	—	6	4
T4	≤ 80	≤ 80	380	—	220	—	12	10
T451	≤ 80	≤ 80	380	—	220	—	10	8
T6	≤ 80	≤ 80	450	—	380	—	8	6
T651	≤ 80	≤ 80	450	—	380	—	6	4

Gezogene Rohre							
Werkstoff-zustand	Maße mm	R_m MPa		$R_\mathrm{p0.2}$ MPa		A %	$A_{50\,\mathrm{mm}}$ %
	$e^3)$	min.	max.	min.	max.	min.	min.
O, H111	≤ 20	—	240	—	125	12	10
T3	≤ 20	380	—	290	—	8	6
T3510, T3511	≤ 20	380	—	290	—	6	4
T4	≤ 20	380	—	240	—	12	10
T4510, T4511	≤ 20	380	—	240	—	10	8
T6	≤ 20	450	—	380	—	8	6
T6510, T6511	≤ 20	450	—	380	—	6	4

[1]) D = Durchmesser von Rundstangen
[2]) S = Schlüsselweite von Vierkant- und Sechskantstangen, Dicke von Rechteckstangen
[3]) e = Wanddicke

Tabelle 7: Legierung EN AW-2014A [Al Cu4SiMg(A)]

	Gezogene Stangen							
Werkstoff-zustand	Maße mm		R_m MPa		$R_{p0,2}$ MPa		A %	A_{50mm} %
	$D^1)$	$S^2)$	min.	max.	min.	max.	min.	min.
O, H111	≤ 80	≤ 80	—	240	—	125	12	10
T3	≤ 80	≤ 80	380	—	290	—	8	6
T351	≤ 80	≤ 80	380	—	290	—	6	4
T4	≤ 80	≤ 80	380	—	220	—	12	10
T451	≤ 80	≤ 80	380	—	220	—	10	8
T6	≤ 80	≤ 80	450	—	380	—	8	6
T651	≤ 80	≤ 80	450	—	380	—	6	4

	Gezogene Rohre						
Werkstoff-zustand	Maße mm $e^3)$	R_m MPa		$R_{p0,2}$ MPa		A %	A_{50mm} %
		min.	max.	min.	max.	min.	min.
O, H111	≤ 20	—	240	—	125	12	10
T3	≤ 20	380	—	290	—	8	6
T3510, T3511	≤ 20	380	—	290	—	6	4
T4	≤ 20	380	—	240	—	12	10
T4510, T4511	≤ 20	380	—	240	—	10	8
T6	≤ 20	450	—	380	—	8	6
T6510, T6511	≤ 20	450	—	380	—	6	4

[1]) D = Durchmesser von Rundstangen
[2]) S = Schlüsselweite von Vierkant- und Sechskantstangen, Dicke von Rechteckstangen
[3]) e = Wanddicke

Tabelle 8: Legierung EN AW-2017A [Al Cu4MgSi(A)]

Gezogene Stangen								
Werkstoffzustand	Maße mm		R_m MPa		$R_{p0,2}$ MPa		A %	A_{50mm} %
	D[1])	S[2])	min.	max.	min.	max.	min.	min.
O, H111	≤ 80	≤ 80	—	240	—	125	12	10
T3[4])	≤ 80	≤ 80	400	—	250	—	10	8
T351[4])	≤ 80	≤ 80	400	—	250	—	8	6

Gezogene Rohre							
Werkstoffzustand	Maße mm	R_m MPa		$R_{p0,2}$ MPa		A %	A_{50mm} %
	e[3])	min.	max.	min.	max.	min.	min.
O, H111	≤ 20	—	240	—	125	12	10
T3[4])	≤ 20	400	—	250	—	10	8
T3510, T3511[4])	≤ 20	400	—	250	—	8	6

[1]) D = Durchmesser von Rundstangen
[2]) S = Schlüsselweite von Vierkant- und Sechskantstangen, Dicke von Rechteckstangen
[3]) e = Wanddicke
[4]) Die Eigenschaften dürfen durch Abschrecken an der Presse erzielt werden.

Tabelle 9: Legierung EN AW-2024 [Al Cu4Mg1]

Gezogene Stangen								
Werkstoffzustand	Maße mm		R_m MPa		$R_{p0,2}$ MPa		A %	A_{50mm} %
	D[1])	S[2])	min.	max.	min.	max.	min.	min.
O, H111	≤ 80	≤ 80	—	250	—	150	12	10
T3	≤ 10 $10 < D \le 80$	≤ 10 $10 < S \le 80$	425 425	— —	310 290	— —	10 9	8 7
T351	≤ 80	≤ 80	425	—	310	—	8	6
T6	≤ 80	≤ 80	425	—	315	—	5	4
T651	≤ 80	≤ 80	425	—	315	—	4	3
T8	≤ 80	≤ 80	455	—	400	—	4	3
T851	≤ 80	≤ 80	455	—	400	—	3	2

Gezogene Rohre							
Werkstoffzustand	Maße mm	R_m MPa		$R_{p0,2}$ MPa		A %	A_{50mm} %
	e[3])	min.	max.	min.	max.	min.	min.
O, H111	≤ 20	—	240	—	140	12	10
T3	≤ 5 $5 < e \le 20$	440 420	— —	290 270	— —	10 10	8 8
T3510, T3511	≤ 20	420	—	290	—	8	6

[1]) D = Durchmesser von Rundstangen
[2]) S = Schlüsselweite von Vierkant- und Sechskantstangen, Dicke von Rechteckstangen
[3]) e = Wanddicke

Tabelle 10: Legierung EN AW-2030 [Al Cu4PbMg]

Werkstoff-zustand	Maße mm		R_m MPa		$R_{p0.2}$ MPa		A %	A_{50mm} %
Gezogene Stangen								
	$D^1)$	$S^2)$	min.	max.	min.	max.	min.	min.
T3[4]	≤ 30	≤ 30	370	—	240	—	7	5
	30 < D ≤ 80	30 < S ≤ 80	340	—	220	—	6	—
T351[4]	≤ 80	≤ 80	370	—	240	—	5	3

Werkstoff-zustand	Maße mm	R_m MPa		$R_{p0.2}$ MPa		A %	A_{50mm} %
Gezogene Rohre							
	$e^3)$	min.	max.	min.	max.	min.	min.
T3[4]	≤ 20	370	—	240	—	7	5
T3510, T3511[4]	≤ 20	370	—	240	—	5	3

[1]) D = Durchmesser von Rundstangen
[2]) S = Schlüsselweite von Vierkant- und Sechskantstangen, Dicke von Rechteckstangen
[3]) e = Wanddicke
[4]) Die Eigenschaften dürfen durch Abschrecken an der Presse erzielt werden.

Tabelle 11: Legierung EN AW-3003 [Al Mn1Cu]

Werkstoff-zustand	Maße mm		R_m MPa		$R_{p0.2}$ MPa		A %	A_{50mm} %
Gezogene Stangen								
	$D^1)$	$S^2)$	min.	max.	min.	max.	min.	min.
O, H111	≤ 80	≤ 60	95	130	35	—	25	16
H14	≤ 40	≤ 10	130	165	110	—	6	4
H16	≤ 15	≤ 5	160	195	130	—	4	3
H18	≤ 10	≤ 3	180	—	145	—	3	2

Werkstoff-zustand	Maße mm	R_m MPa		$R_{p0.2}$ MPa		A %	A_{50mm} %
Gezogene Rohre							
	$e^3)$	min.	max.	min.	max.	min.	min.
O, H111	≤ 20	95	130	35	—	25	20
H14	≤ 10	130	165	110	—	6	4
H16	≤ 5	160	195	130	—	4	3
H18	≤ 3	180	—	145	—	3	2

[1]) D = Durchmesser von Rundstangen
[2]) S = Schlüsselweite von Vierkant- und Sechskantstangen, Dicke von Rechteckstangen
[3]) e = Wanddicke

Tabelle 12: Legierung EN AW-3103 [Al Mn1]

	Maße mm		R_m MPa		$R_{p0,2}$ MPa		A %	A_{50mm} %
Werkstoff-zustand	$D^1)$	$S^2)$	min.	max.	min.	max.	min.	min.

Gezogene Stangen

Werkstoff-zustand	$D^1)$	$S^2)$	min.	max.	min.	max.	min.	min.
O, H111	≤ 80	≤ 60	95	130	35	—	25	20
H14	≤ 40	≤ 10	130	165	110	—	6	4
H16	≤ 15	≤ 5	160	195	130	—	4	3
H18	≤ 10	≤ 3	180	—	145	—	3	2

Gezogene Rohre

Werkstoff-zustand	Maße mm $e^3)$	R_m MPa min.	max.	$R_{p0,2}$ MPa min.	max.	A % min.	A_{50mm} % min.
O, H111	≤ 20	95	130	35	—	25	20
H14	≤ 10	130	165	110	—	6	4
H16	≤ 5	160	195	130	—	4	3
H18	≤ 3	180	—	145	—	3	2

$^1)$ D = Durchmesser von Rundstangen
$^2)$ S = Schlüsselweite von Vierkant- und Sechskantstangen, Dicke von Rechteckstangen
$^3)$ e = Wanddicke

Tabelle 13: Legierung EN AW-5005 [Al Mg1(B)]

Gezogene Stangen

Werkstoff-zustand	Maße mm $D^1)$	$S^2)$	R_m MPa min.	max.	$R_{p0,2}$ MPa min.	max.	A % min.	A_{50mm} % min.
O, H111	≤ 80	≤ 60	100	145	40	—	18	16
H14	≤ 40	≤ 10	140	—	110	—	6	4
H18	≤ 15	≤ 2	185	—	155	—	4	2

Gezogene Rohre

Werkstoff-zustand	Maße mm $e^3)$	R_m MPa min.	max.	$R_{p0,2}$ MPa min.	max.	A % min.	A_{50mm} % min.
O, H111	≤ 20	100	145	40	—	18	16
H14	≤ 5	140	—	110	—	6	4
H18	≤ 3	185	—	155	—	4	2

$^1)$ D = Durchmesser von Rundstangen
$^2)$ S = Schlüsselweite von Vierkant- und Sechskantstangen, Dicke von Rechteckstangen
$^3)$ e = Wanddicke

Tabelle 14: Legierung EN AW-5005A [Al Mg1(C)]

Werkstoff-zustand	Maße mm		R_m MPa		$R_{p0,2}$ MPa		A %	A_{50mm} %
	D^1)	S^2)	min.	max.	min.	max.	min.	min.
Gezogene Stangen								
O, H111	≤ 80	≤ 60	100	145	40	—	18	16
H14	≤ 40	≤ 10	140	—	110	—	6	4
H18	≤ 15	≤ 2	185	—	155	—	4	2

Werkstoff-zustand	Maße mm	R_m MPa		$R_{p0,2}$ MPa		A %	A_{50mm} %
	e^3)	min.	max.	min.	max.	min.	min.
Gezogene Rohre							
O, H111	≤ 20	100	145	40	—	18	16
H14	≤ 5	140	—	110	—	6	4
H18	≤ 3	185	—	155	—	4	2

^{1}) D = Durchmesser von Rundstangen
^{2}) S = Schlüsselweite von Vierkant- und Sechskantstangen, Dicke von Rechteckstangen
^{3}) e = Wanddicke

Tabelle 15: Legierung EN AW-5019 [Al Mg5]

Werkstoff-zustand	Maße mm		R_m MPa		$R_{p0,2}$ MPa		A %	A_{50mm} %
	D^1)	S^2)	min.	max.	min.	max.	min.	min.
Gezogene Stangen								
O, H111	≤ 80	≤ 60	250	320	110	—	16	14
H12, H22, H32	≤ 40	≤ 25	270	350	180	—	8	7
H14, H24, H34	≤ 25	≤ 10	300	—	210	—	4	3

Werkstoff-zustand	Maße mm	R_m MPa		$R_{p0,2}$ MPa		A %	A_{50mm} %
	e^3)	min.	max.	min.	max.	min.	min.
Gezogene Rohre							
O, H111	≤ 20	250	320	110	—	16	14
H12, H22, H32	≤ 10	270	350	180	—	8	7
H14, H24, H34	≤ 5	300	380	220	—	4	3
H16, H26, H36	≤ 3	320	—	260	—	2	2

^{1}) D = Durchmesser von Rundstangen
^{2}) S = Schlüsselweite von Vierkant- und Sechskantstangen, Dicke von Rechteckstangen
^{3}) e = Wanddicke

Tabelle 16: Legierung EN AW-5251 [Al Mg2]

Gezogene Stangen								
Werkstoff-zustand	Maße mm		R_m MPa		$R_{p0,2}$ MPa		A %	A_{50mm} %
	$D^1)$	$S^2)$	min.	max.	min.	max.	min.	min.
O, H111	≤ 80	≤ 60	150	200	60	—	17	15
H14, H24, H34	≤ 30	≤ 5	200	240	160	—	5	4
H18, H28, H38	≤ 20	≤ 3	240	—	200	—	2	2

Gezogene Rohre							
Werkstoff-zustand	Maße mm	R_m MPa		$R_{p0,2}$ MPa		A %	A_{50mm} %
	$e^3)$	min.	max.	min.	max.	min.	min.
O, H111	≤ 20	150	200	60	—	17	15
H12, H22, H32	≤ 10	180	220	110	—	5	4
H14, H24, H34	≤ 5	200	240	160	—	4	3
H16, H26, H36	≤ 5	220	260	180	—	3	2
H18, H28, H38	≤ 3	240	—	200	—	2	2

$^1)$ D = Durchmesser von Rundstangen
$^2)$ S = Schlüsselweite von Vierkant- und Sechskantstangen, Dicke von Rechteckstangen
$^3)$ e = Wanddicke

Tabelle 17: Legierung EN AW-5052 [Al Mg2,5]

Werkstoff-zustand	Maße mm		R_m MPa		$R_{p0,2}$ MPa		A %	A_{50mm} %
Gezogene Stangen								
	$D^1)$	$S^2)$	min.	max.	min.	max.	min.	min.
O, H111	≤ 80	≤ 60	170	230	65	—	20	17
H12, H22, H32	≤ 40	—	210	250	160	—	7	5
H14, H24, H34	≤ 25	—	230	270	180	—	5	4
H16, H26, H36	≤ 15	—	250	290	200	—	3	3
H18, H28, H38	≤ 10	—	270	—	220	—	2	2

Werkstoff-zustand	Maße mm	R_m MPa		$R_{p0,2}$ MPa		A %	A_{50mm} %
Gezogene Rohre							
	$e^3)$	min.	max.	min.	max.	min.	min.
O, H111	≤ 20	170	230	65	—	20	17
H14, H24, H34	≤ 5	230	270	180	—	5	4
H18, H28, H38	≤ 5	270	—	220	—	2	2

[1]) D = Durchmesser von Rundstangen
[2]) S = Schlüsselweite von Vierkant- und Sechskantstangen, Dicke von Rechteckstangen
[3]) e = Wanddicke

Tabelle 18: Legierung EN AW-5154A [Al Mg3,5(A)]

Werkstoff-zustand	Maße mm		R_m MPa		$R_{p0,2}$ MPa		A %	A_{50mm} %
Gezogene Stangen								
	$D^1)$	$S^2)$	min.	max.	min.	max.	min.	min.
O, H111	≤ 80	≤ 60	200	260	85	—	16	14
H14, H24, H34	≤ 25	—	260	320	200	—	5	4
H18, H28, H38	≤ 10	—	310	—	240	—	3	2

Werkstoff-zustand	Maße mm	R_m MPa		$R_{p0,2}$ MPa		A %	A_{50mm} %
Gezogene Rohre							
	$e^3)$	min.	max.	min.	max.	min.	min.
O, H111	≤ 20	200	260	85	—	16	14
H14, H24, H34	≤ 10	260	320	200	—	5	4
H18, H28, H38	≤ 5	310	—	240	—	3	2

[1]) D = Durchmesser von Rundstangen
[2]) S = Schlüsselweite von Vierkant- und Sechskantstangen, Dicke von Rechteckstangen
[3]) e = Wanddicke

Tabelle 19: Legierung EN AW-5754 [Al Mg3]

	Gezogene Stangen							
Werkstoff-zustand	Maße mm		R_m MPa		$R_{p0,2}$ MPa		A %	A_{50mm} %
	$D^1)$	$S^2)$	min.	max.	min.	max.	min.	min.
O, H111	≤ 80	≤ 60	180	250	80	—	16	14
H14, H24, H34	≤ 25	≤ 5	240	290	180	—	4	3
H18, H28, H38	≤ 10	≤ 3	280	—	240	—	3	2
	Gezogene Rohre							
Werkstoff-zustand	Maße mm		R_m MPa		$R_{p0,2}$ MPa		A %	A_{50mm} %
	$e^3)$		min.	max.	min.	max.	min.	min.
O, H111	≤ 20		180	250	80	—	16	14
H14, H24, H34	≤ 10		240	290	180	—	4	3
H18, H28, H38	≤ 3		280	—	240	—	3	2

[1]) D = Durchmesser von Rundstangen
[2]) S = Schlüsselweite von Vierkant- und Sechskantstangen, Dicke von Rechteckstangen
[3]) e = Wanddicke

Tabelle 20: Legierung EN AW-5083 [Al Mg4,5Mn0,7]

	Gezogene Stangen							
Werkstoff-zustand	Maße mm		R_m MPa		$R_{p0,2}$ MPa		A %	A_{50mm} %
	$D^1)$	$S^2)$	min.	max.	min.	max.	min.	min.
O, H111	≤ 80	≤ 60	270	350	110	—	16	14
H12, H22, H32	≤ 30	—	280	—	200	—	6	4
	Gezogene Rohre							
Werkstoff-zustand	Maße mm		R_m MPa		$R_{p0,2}$ MPa		A %	A_{50mm} %
	$e^3)$		min.	max.	min.	max.	min.	min.
O, H111	≤ 20		270	350	110	—	16	14
H12, H22, H32	≤ 10		280	—	200	—	6	4
H14, H24, H34	≤ 5		300	—	235	—	4	3

[1]) D = Durchmesser von Rundstangen
[2]) S = Schlüsselweite von Vierkant- und Sechskantstangen, Dicke von Rechteckstangen
[3]) e = Wanddicke

Tabelle 21: Legierung EN AW-5086 [Al Mg4]

Werkstoff-zustand	Maße mm		R_m MPa		$R_{p0,2}$ MPa		A %	A_{50mm} %
Gezogene Stangen								
	$D^1)$	$S^2)$	min.	max.	min.	max.	min.	min.
O, H111	≤ 80	≤ 60	240	320	95	—	16	14
H12, H22, H32	≤ 30	—	270	—	190	—	5	4

Werkstoff-zustand	Maße mm	R_m MPa		$R_{p0,2}$ MPa		A %	A_{50mm} %
Gezogene Rohre							
	$e^3)$	min.	max.	min.	max.	min.	min.
O, H111	≤ 20	240	320	95	—	16	14
H12, H22, H32	≤ 10	270	—	190	—	5	4
H14, H24, H34	≤ 5	295	—	230	—	3	2
H16, H26, H36	≤ 3	320	—	260	—	2	1

[1]) D = Durchmesser von Rundstangen
[2]) S = Schlüsselweite von Vierkant- und Sechskantstangen, Dicke von Rechteckstangen
[3]) e = Wanddicke

Tabelle 22: Legierung EN AW-6012 [Al MgSiPb]

Werkstoff-zustand	Maße mm		R_m MPa		$R_{p0,2}$ MPa		A %	A_{50mm} %
Gezogene Stangen								
	$D^1)$	$S^2)$	min.	max.	min.	max.	min.	min.
T4[4])	≤ 80	≤ 80	200	—	100	—	10	8
T6[4])	≤ 80	≤ 80	310	—	260	—	8	6

Werkstoff-zustand	Maße mm	R_m MPa		$R_{p0,2}$ MPa		A %	A_{50mm} %
Gezogene Rohre							
	$e^3)$	min.	max.	min.	max.	min.	min.
T4[4])	≤ 20	200	—	100	—	10	8
T6[4])	≤ 20	310	—	260	—	8	6

[1]) D = Durchmesser von Rundstangen
[2]) S = Schlüsselweite von Vierkant- und Sechskantstangen, Dicke von Rechteckstangen
[3]) e = Wanddicke
[4]) Die Eigenschaften dürfen durch Abschrecken an der Presse erzielt werden.

Tabelle 23: Legierung EN AW-6060 [Al MgSi]

Gezogene Stangen								
Werkstoff-zustand	Maße mm		R_{m} MPa		$R_{p0,2}$ MPa		A %	$A_{50\,\text{mm}}$ %
	D^1)	S^2)	min.	max.	min.	max.	min.	min.
T4[4])	≤ 80	≤ 80	130	—	65	—	15	13
T6[4])	≤ 80	≤ 80	215	—	160	—	12	10
Gezogene Rohre								
Werkstoff-zustand	Maße mm		R_{m} MPa		$R_{p0,2}$ MPa		A %	$A_{50\,\text{mm}}$ %
	e^3)		min.	max.	min.	max.	min.	min.
T4[4])	≤ 5 5 < e ≤ 20		130 130	—	65 65	—	12 15	10 13
T6[4])	≤ 20		215	—	160	—	12	10

[1]) D = Durchmesser von Rundstangen
[2]) S = Schlüsselweite von Vierkant- und Sechskantstangen, Dicke von Rechteckstangen
[3]) e = Wanddicke
[4]) Die Eigenschaften dürfen durch Abschrecken an der Presse erzielt werden.

Tabelle 24: Legierung EN AW-6061 [Al Mg1SiCu]

Gezogene Stangen								
Werkstoff-zustand	Maße mm		R_{m} MPa		$R_{p0,2}$ MPa		A %	$A_{50\,\text{mm}}$ %
	D^1)	S^2)	min.	max.	min.	max.	min.	min.
O, H111	≤ 80	≤ 80	—	150	—	110	16	14
T4[4])	≤ 80	≤ 80	205	—	110	—	16	14
T6[4])	≤ 80	≤ 80	290	—	240	—	10	8
Gezogene Rohre								
Werkstoff-zustand	Maße mm		R_{m} MPa		$R_{p0,2}$ MPa		A %	$A_{50\,\text{mm}}$ %
	e^3)		min.	max.	min.	max.	min.	min.
O, H111	≤ 20		—	150	—	110	16	14
T4[4])	≤ 20		205	—	110	—	16	14
T6[4])	≤ 20		290	—	240	—	10	8

[1]) D = Durchmesser von Rundstangen
[2]) S = Schlüsselweite von Vierkant- und Sechskantstangen, Dicke von Rechteckstangen
[3]) e = Wanddicke
[4]) Die Eigenschaften dürfen durch Abschrecken an der Presse erzielt werden.

Tabelle 25: Legierung EN AW-6262 [Al Mg1SiPb]

Werkstoff-zustand	Maße mm $D^1)$	Maße mm $S^2)$	R_m MPa min.	R_m MPa max.	$R_{p0,2}$ MPa min.	$R_{p0,2}$ MPa max.	A % min.	A_{50mm} % min.
Gezogene Stangen								
T6[4])	≤ 80	≤ 80	290	—	240	—	10	8
T8[4])	≤ 50	≤ 50	345	—	315	—	4	3
T9[4])	≤ 50	≤ 50	360	—	330	—	4	3

Werkstoff-zustand	Maße mm $e^3)$	R_m MPa min.	R_m MPa max.	$R_{p0,2}$ MPa min.	$R_{p0,2}$ MPa max.	A % min.	A_{50mm} % min.
Gezogene Rohre							
T6[4])	≤ 5 / 5 < e ≤ 20	290 / 290	— / —	240 / 240	— / —	10 / 10	8 / 8
T8[4])	≤ 10	345	—	315	—	4	3
T9[4])	≤ 10	360	—	330	—	4	3

[1]) D = Durchmesser von Rundstangen
[2]) S = Schlüsselweite von Vierkant- und Sechskantstangen, Dicke von Rechteckstangen
[3]) e = Wanddicke
[4]) Die Eigenschaften dürfen durch Abschrecken an der Presse erzielt werden.

Tabelle 26: Legierung EN AW-6063 [Al Mg0,7Si]

Werkstoff-zustand	Maße mm $D^1)$	Maße mm $S^2)$	R_m MPa min.	R_m MPa max.	$R_{p0,2}$ MPa min.	$R_{p0,2}$ MPa max.	A % min.	A_{50mm} % min.
Gezogene Stangen								
T4[4])	≤ 80	≤ 80	150	—	75	—	15	13
T6[4])	≤ 80	≤ 80	220	—	190	—	10	8
T66[4])	≤ 80	≤ 80	230	—	195	—	10	8

Werkstoff-zustand	Maße mm $e^3)$	R_m MPa min.	R_m MPa max.	$R_{p0,2}$ MPa min.	$R_{p0,2}$ MPa max.	A % min.	A_{50mm} % min.
Gezogene Rohre							
O, H111	≤ 20	—	155	—	—	20	15
T4[4])	≤ 5 / 5 < e ≤ 20	150 / 150	— / —	75 / 75	— / —	12 / 15	10 / 13
T6[4])	≤ 20	220	—	190	—	10	8
T66[4])	≤ 20	230	—	195	—	10	8
T832[4])	≤ 5	275	—	240	—	5	3

[1]) D = Durchmesser von Rundstangen
[2]) S = Schlüsselweite von Vierkant- und Sechskantstangen, Dicke von Rechteckstangen
[3]) e = Wanddicke
[4]) Die Eigenschaften dürfen durch Abschrecken an der Presse erzielt werden.

Tabelle 27: Legierung EN AW-6063A [Al Mg0,7Si(A)]

	\multicolumn{9}{c}{Gezogene Stangen}							
Werkstoff-zustand	Maße mm		R_m MPa		$R_{p0,2}$ MPa		A %	$A_{50\,mm}$ %
	D^1)	S^2)	min.	max.	min.	max.	min.	min.
O, H111	≤ 80	≤ 80	—	140	—	—	15	13
T4⁴)	≤ 80	≤ 80	150	—	90	—	16	14
T6⁴)	≤ 80	≤ 80	230	—	190	—	9	7
	\multicolumn{9}{c}{Gezogene Rohre}							
Werkstoff-zustand	Maße mm		R_m MPa		$R_{p0,2}$ MPa		A %	$A_{50\,mm}$ %
	e^3)		min.	max.	min.	max.	min.	min.
O, H111	≤ 20		—	140	—	—	15	13
T4⁴)	≤ 20		150	—	90	—	16	14
T6⁴)	≤ 20		230	—	190	—	9	7

¹) D = Durchmesser von Rundstangen
²) S = Schlüsselweite von Vierkant- und Sechskantstangen, Dicke von Rechteckstangen
³) e = Wanddicke
⁴) Die Eigenschaften dürfen durch Abschrecken an der Presse erzielt werden.

Tabelle 28: Legierung EN AW-6082 [Al Si1MgMn]

	\multicolumn{9}{c}{Gezogene Stangen}							
Werkstoff-zustand	Maße mm		R_m MPa		$R_{p0,2}$ MPa		A %	$A_{50\,mm}$ %
	D^1)	S^2)	min.	max.	min.	max.	min.	min.
O, H111	≤ 80	≤ 80	—	160	—	110	15	13
T4⁴)	≤ 80	≤ 80	205	—	110	—	14	12
T6⁴)	≤ 80	≤ 80	310	—	255	—	10	9
	\multicolumn{9}{c}{Gezogene Rohre}							
Werkstoff-zustand	Maße mm		R_m MPa		$R_{p0,2}$ MPa		A %	$A_{50\,mm}$ %
	e^3)		min.	max.	min.	max.	min.	min.
O, H111	≤ 20		—	160	—	110	15	13
T4⁴)	≤ 20		205	—	110	—	14	12
T6⁴)	≤ 5 / 5 < e ≤ 20		310 / 310	—	255 / 240	—	8 / 10	7 / 9

¹) D = Durchmesser von Rundstangen
²) S = Schlüsselweite von Vierkant- und Sechskantstangen, Dicke von Rechteckstangen
³) e = Wanddicke
⁴) Die Eigenschaften dürfen durch Abschrecken an der Presse erzielt werden.

Tabelle 29: Legierung EN AW-7020 [Al Zn4,5Mg1]

Werkstoff-zustand	Maße mm		R_m MPa		$R_{p0,2}$ MPa		A %	A_{50mm} %
Gezogene Stangen								
	$D^1)$	$S^2)$	min.	max.	min.	max.	min.	min.
T6[4])	≤ 80	≤ 50	350	—	280	—	10	8

Werkstoff-zustand	Maße mm	R_m MPa		$R_{p0,2}$ MPa		A %	A_{50mm} %
Gezogene Rohre							
	$e^3)$	min.	max.	min.	max.	min.	min.
T6[4])	≤ 20	350	—	280	—	10	8

[1]) D = Durchmesser von Rundstangen
[2]) S = Schlüsselweite von Vierkant- und Sechskantstangen, Dicke von Rechteckstangen
[3]) e = Wanddicke
[4]) Die Eigenschaften dürfen durch Abschrecken an der Presse erzielt werden.

Tabelle 30: Legierung EN AW-7022 [Al Zn5Mg3Cu]

Werkstoff-zustand	Maße mm		R_m MPa		$R_{p0,2}$ MPa		A %	A_{50mm} %
Gezogene Stangen								
	$D^1)$	$S^2)$	min.	max.	min.	max.	min.	min.
T6[4])	≤ 80	≤ 80	460	—	380	—	8	6

Werkstoff-zustand	Maße mm	R_m MPa		$R_{p0,2}$ MPa		A %	A_{50mm} %
Gezogene Rohre							
	$e^3)$	min.	max.	min.	max.	min.	min.
T6[4])	≤ 20	460	—	380	—	8	8

[1]) D = Durchmesser von Rundstangen
[2]) S = Schlüsselweite von Vierkant- und Sechskantstangen, Dicke von Rechteckstangen
[3]) e = Wanddicke
[4]) Die Eigenschaften dürfen durch Abschrecken an der Presse erzielt werden.

Tabelle 31: Legierung EN AW-7049A [Al Zn8MgCu]

	Gezogene Stangen							
Werkstoff-zustand	Maße mm		R_m MPa		$R_{p0,2}$ MPa		A %	A_{50mm} %
	$D^1)$	$S^2)$	min.	max.	min.	max.	min.	min.
T6	≤ 80	—	590	—	500	—	7	5

	Gezogene Rohre						
Werkstoff-zustand	Maße mm	R_m MPa		$R_{p0,2}$ MPa		A %	A_{50mm} %
	$e^3)$	min.	max.	min.	max.	min.	min.
T6, T6510, T6511	≤ 5 \ 5 < e ≤ 20	590 \ 590	—	530 \ 530	—	6 \ 7	4 \ 5

$^1)$ D = Durchmesser von Rundstangen
$^2)$ S = Schlüsselweite von Vierkant- und Sechskantstangen, Dicke von Rechteckstangen
$^3)$ e = Wanddicke

Tabelle 32: Legierung EN AW-7075 [Al Zn5,5MgCu]

	Gezogene Stangen							
Werkstoff-zustand	Maße mm		R_m MPa		$R_{p0,2}$ MPa		A %	A_{50mm} %
	$D^1)$	$S^2)$	min.	max.	min.	max.	min.	min.
O, H111	≤ 80	≤ 80	—	275	—	165	10	8
T6	≤ 80	≤ 80	540	—	485	—	7	6
T651	≤ 80	≤ 80	540	—	485	—	5	4
T73$^5)$	≤ 80	≤ 80	455	—	385	—	10	8
T7351$^5)$	≤ 80	≤ 80	455	—	385	—	8	6

	Gezogene Rohre						
Werkstoff-zustand	Maße mm	R_m MPa		$R_{p0,2}$ MPa		A %	A_{50mm} %
	$e^3)$	min.	max.	min.	max.	min.	min.
O, H111	≤ 20	—	275	—	165	10	8
T6	≤ 20	540	—	485	—	7	6
T6510, T6511	≤ 20	540	—	485	—	5	4
T73$^5)$	≤ 20	455	—	385	—	10	8
T73510, T73511$^5)$	≤ 20	455	—	385	—	8	6

$^1)$ D = Durchmesser von Rundstangen
$^2)$ S = Schlüsselweite von Vierkant- und Sechskantstangen, Dicke von Rechteckstangen
$^3)$ e = Wanddicke
$^5)$ Siehe Anhänge A und B für Werkstoff in diesem Werkstoffzustand

Anhang A (normativ)

Beständigkeit gegen Spannungsrißkorrosion — Prüfung auf Spannungsrißkorrosion

Erzeugnisse der Legierung EN AW-7075 in den Werkstoffzuständen T73, T7351, T73510 und T73511 und mit Dicken gleich oder größer als 20 mm dürfen nach Durchführung einer Prüfung nach ASTM G 47 oder ISO 9591 keinerlei Anzeichen von Spannungsrißkorrosion aufweisen. Die Proben müssen dabei in Querrichtung mit einem Spannungsfaktor gleich 75 % der festgelegten Mindestdehngrenze $R_{p0,2}$ belastet werden.

Das Verfahren zum Aufbringen der Spannung sowie die Form und die Maße der Proben sind zwischen Lieferer und Kunden zu vereinbaren.

Die Prüfhäufigkeit muß mindestens einen Probenabschnitt alle 6 Monate für jeden Dicken- oder Durchmesserbereich betragen, sofern nichts anderes vereinbart und in der Bestellung angegeben ist.

Anhang B (normativ)

Beständigkeit gegen Spannungsrißkorrosion — Elektrische Leitfähigkeit

Die elektrische Leitfähigkeit muß an den Proben für den Zugversuch für jedes Prüflos nach EN 2004-1 bestimmt werden[1]).
Abnahmekriterien eines Prüfloses für die Werkstoffzustände T73, T73510 und T73511:

Elektrische Leitfähigkeit MS/m	Mechanische Eigenschaften	Akzeptanz des Prüfloses
≥ 23,0	wie in der Norm festgelegt	akzeptabel
22,0 ≤ γ < 23,0	wie in der Norm festgelegt wobei $R_{p0,2}$ den Mindestwert um nicht mehr als 85 MPa überschreitet	akzeptabel
	wie in der Norm festgelegt wobei $R_{p0,2}$ den Mindestwert um mehr als 85 MPa überschreitet	verdächtig[1])
weniger als 22,0	jede Stufe	nicht akzeptabel[2])

[1]) Wenn das Los sich bei der Abnahmeprüfung als "verdächtig" erweist, muß das Material nachbehandelt werden oder eine Probe von dem Material muß einer Wärmebehandlung von mindestens 30 min bei einer Temperatur von (465 ± 5)°C unterzogen und danach in kaltem Wasser abgeschreckt werden. Die elektrische Leitfähigkeit muß dann innerhalb 15 min nach dem Abschrecken gemessen werden. Falls die Differenz zwischen dem Ausgangswert und diesem Meßwert ≥ 3,5 MS/m ist, gilt das Prüflos als akzeptabel. Ist der Unterschied kleiner als 3,5 MS/m, gilt das Prüflos als nicht akzeptabel und muß nachbehandelt werden (zusätzliche Warmauslagerungsbehandlung oder Lösungsglühen und Warmauslagerung).

[2]) Wenn das Los als "nicht akzeptabel" eingestuft wird, so darf das Material nachbehandelt werden (zusätzliche Warmauslagerungsbehandlung oder Lösungsglühen und Warmauslagerung).

[1]) Vorgenanntes stellt die minimal erforderliche Prüfhäufigkeit dar. Zusätzliche Prüfungen dürfen nach Vereinbarung zwischen Lieferer und Kunden durchgeführt werden.

Aluminium und Aluminiumlegierungen **Stranggepreßte Stangen, Rohre und Profile** Teil 1: Technische Lieferbedingungen Deutsche Fassung EN 755-1 : 1997	**DIN** **EN 755-1**

ICS 77.150.10

Deskriptoren: Aluminium, Aluminiumlegierung, Stange, Aluminiumrohr, Lieferbedingung

Aluminium and aluminium alloys — Extruded rod/bar, tube and profiles —
Part 1: Technical conditions for inspection and delivery;
German version EN 755-1 : 1997

Aluminium et alliages d'aluminium — Barres, tubes et profilés filés —
Partie 1: Conditions techniques de contrôle et de livraison;
Version allemande EN 755-1 : 1997

Ersatz für
DIN 1748-2 : 1983-02
Mit DIN EN 754-1 : 1997-08
Ersatz für
DIN 1746-2 : 1983-02
DIN 1747-2 : 1983-02

Die Europäische Norm EN 755-1 : 1997 hat den Status einer Deutschen Norm.

Nationales Vorwort

Diese Europäische Norm EN 755-1 : 1997 ist von der Arbeitsgruppe 5 "Stranggepreßte und gezogene Erzeugnisse" (Sekretariat: Vereinigtes Königreich) im Technischen Komitee (TC) 132 "Aluminium und Aluminiumlegierungen" (Sekretariat: Frankreich) des Europäischen Komitees für Normung (CEN) erarbeitet worden.

Das zuständige deutsche Normungsgremium ist der Arbeitsausschuß FNNE-AA 2.5 "Aluminium-Strangpreßerzeugnisse" des Normenausschusses Nichteisenmetalle (FNNE) im DIN Deutsches Institut für Normung e. V.

Änderungen

Gegenüber DIN 1746-2 : 1983-02, DIN 1747-2 : 1983-02 und DIN 1748-2 : 1983-02 wurden folgende Änderungen vorgenommen:

a) Inhalt der 3 Normen zusammengelegt und nach dem Herstellverfahren neu aufgegliedert.

b) Vollständige Überarbeitung unter Berücksichtigung europäischer Gesichtspunkte.

c) Aufnahme der Abschnitte "Definitionen", "Bestellungen oder Angebote" und "Probenahme" und der Anhänge A "Probenarten" und B "Lage der Proben".

d) Redaktionell überarbeitet.

Frühere Ausgaben

DIN 1746-2: 1963-07, 1968-12, 1983-02
DIN 1747-2: 1968-12, 1977-05, 1983-02
DIN 1748-2: 1962-05, 1968-12, 1983-02

Fortsetzung 11 Seiten EN

Normenausschuß Nichteisenmetalle (FNNE) im DIN Deutsches Institut für Normung e.V.

EUROPÄISCHE NORM
EUROPEAN STANDARD
NORME EUROPÉENNE

EN 755-1

April 1997

ICS 77.150.10

Deskriptoren: Aluminium, Aluminiumlegierung, Kneterzeugnis, stranggepreßtes Erzeugnis, Stange, Rohr, Profil, Warenlieferung, Kontrolle, Prüfung, Anforderung

Deutsche Fassung

Aluminium und Aluminiumlegierungen

Stranggepreßte Stangen, Rohre und Profile
Teil 1: Technische Lieferbedingungen

Aluminium and aluminium alloys — Extruded rod/bar, tube and profiles — Part 1: Technical conditions for inspection and delivery

Aluminium et alliages d'aluminium — Barres, tubes et profilés filés — Partie 1: Conditions techniques de contrôle et de livraison

---

Diese Europäische Norm wurde von CEN am 1997-03-10 angenommen.

Die CEN-Mitglieder sind gehalten, die CEN/CENELEC-Geschäftsordnung zu erfüllen, in der die Bedingungen festgelegt sind, unter denen dieser Europäischen Norm ohne jede Änderung der Status einer nationalen Norm zu geben ist.

Auf dem letzten Stand befindliche Listen dieser nationalen Normen mit ihren bibliographischen Angaben sind beim Zentralsekretariat oder bei jedem CEN-Mitglied auf Anfrage erhältlich.

Diese Europäische Norm besteht in drei offiziellen Fassungen (Deutsch, Englisch, Französisch). Eine Fassung in einer anderen Sprache, die von einem CEN-Mitglied in eigener Verantwortung durch Übersetzung in seine Landessprache gemacht und dem Zentralsekretariat mitgeteilt worden ist, hat den gleichen Status wie die offiziellen Fassungen.

CEN-Mitglieder sind die nationalen Normungsinstitute von Belgien, Dänemark, Deutschland, Finnland, Frankreich, Griechenland, Irland, Island, Italien, Luxemburg, Niederlande, Norwegen, Österreich, Portugal, Schweden, Schweiz, Spanien und dem Vereinigten Königreich.

CEN

EUROPÄISCHES KOMITEE FÜR NORMUNG
European Committee for Standardization
Comité Européen de Normalisation

Zentralsekretariat: rue de Stassart 36, B-1050 Brüssel

Ref. Nr. EN 755-1 : 1997 D

317

Inhalt

Vorwort

Diese Europäische Norm wurde vom Technischen Komitee CEN/TC 132 "Aluminium und Aluminiumlegierungen" erarbeitet, dessen Sekretariat vom AFNOR gehalten wird.

Diese Europäische Norm muß den Status einer nationalen Norm erhalten, entweder durch Veröffentlichung eines identischen Textes oder durch Anerkennung bis Oktober 1997, und etwaige entgegenstehende nationale Normen müssen bis Oktober 1997 zurückgezogen werden.

Im Rahmen seines Arbeitsprogramms hat das Technische Komitee CEN/TC 132 die CEN/TC 132/WG 5 "Stranggepreßte und gezogene Erzeugnisse" mit der Vorbereitung der folgenden Norm beauftragt:

EN 755-1

Aluminium und Aluminiumlegierungen — Stranggepreßte Stangen, Rohre und Profile — Teil 1: Technische Lieferbedingungen

Diese Norm ist Teil einer Reihe von neun Normen. Die anderen Normen lauten wie folgt:

EN 755-2

Aluminium und Aluminiumlegierungen — Stranggepreßte Stangen, Rohre und Profile — Teil 2: Mechanische Eigenschaften

EN 755-3

Aluminium und Aluminiumlegierungen — Stranggepreßte Stangen, Rohre und Profile — Teil 3: Rundstangen, Grenzmaße und Formtoleranzen

EN 755-4

Aluminium und Aluminiumlegierungen — Stranggepreßte Stangen, Rohre und Profile — Teil 4: Vierkantstangen, Grenzabmaße und Formtoleranzen

EN 755-5

Aluminium und Aluminiumlegierungen — Stranggepreßte Stangen, Rohre und Profile — Teil 5: Rechteckstangen, Grenzabmaße und Formtoleranzen

EN 755-6
Aluminium und Aluminiumlegierungen — Stranggepreßte Stangen, Rohre und Profile — Teil 6: Sechskantstangen, Grenzabmaße und Formtoleranzen

prEN 755-7
Aluminium und Aluminiumlegierungen — Stranggepreßte Stangen, Rohre und Profile — Teil 7: Nahtlose Rohre, Grenzabmaße und Formtoleranzen

prEN 755-8
Aluminium und Aluminiumlegierungen — Stranggepreßte Stangen, Rohre und Profile — Teil 8: Mit Kammerwerkzeug stranggepreßte Rohre, Grenzabmaße und Formtoleranzen

prEN 755-9
Aluminium und Aluminiumlegierungen — Stranggepreßte Stangen, Rohre und Profile — Teil 9: Profile, Grenzabmaße und Formtoleranzen

Entsprechend der CEN/CENELEC-Geschäftsordnung sind die nationalen Normungsinstitute der folgenden Länder gehalten, diese Europäische Norm zu übernehmen:

Belgien, Dänemark, Deutschland, Finnland, Frankreich, Griechenland, Irland, Island, Italien, Luxemburg, Niederlande, Norwegen, Österreich, Portugal, Schweden, Schweiz, Spanien und das Vereinigte Königreich.

1 Anwendungsbereich

Dieser Teil von EN 755 legt die Technischen Lieferbedingungen für stranggepreßte Stangen, Rohre und Profile aus Aluminium und Aluminium-Knetlegierungen für allgemeine Anwendungen fest.

Er gilt nicht für Schmiedevormaterial, stranggepreßte Präzisionsprofile der Legierungen EN AW-6060 und EN AW-6063 und Erzeugnisse, die aufgewickelt geliefert werden.

2 Normative Verweisungen

Diese Europäische Norm enthält durch datierte oder undatierte Verweisungen Festlegungen aus anderen Publikationen. Diese normativen Verweisungen sind an den jeweiligen Stellen im Text zitiert, und die Publikationen sind nachstehend aufgeführt. Bei datierten Verweisungen gehören spätere Änderungen oder Überarbeitungen dieser Publikationen nur zu dieser Europäischen Norm, falls sie durch Änderung oder Überarbeitung eingearbeitet sind. Bei undatierten Verweisungen gilt die letzte Ausgabe der in Bezug genommenen Publikation.

EN 515
Aluminium und Aluminiumlegierungen — Halbzeug — Bezeichnungen der Werkstoffzustände

EN 573-3
Aluminium und Aluminiumlegierungen — Chemische Zusammensetzung und Form von Halbzeug — Teil 3: Chemische Zusammensetzung

EN 755-2
Aluminium und Aluminiumlegierungen — Stranggepreßte Stangen, Rohre und Profile — Teil 2: Mechanische Eigenschaften

EN 755-3
Aluminium und Aluminiumlegierungen — Stranggepreßte Stangen, Rohre und Profile — Teil 3: Rundstangen, Grenzabmaße und Formtoleranzen

EN 755-4
Aluminium und Aluminiumlegierungen — Stranggepreßte Stangen, Rohre und Profile — Teil 4: Vierkantstangen, Grenzabmaße und Formtoleranzen

EN 755-5
Aluminium und Aluminiumlegierungen — Stranggepreßte Stangen, Rohre und Profile — Teil 5: Rechteckstangen, Grenzabmaße und Formtoleranzen

EN 755-6
Aluminium und Aluminiumlegierungen — Stranggepreßte Stangen, Rohre und Profile — Teil 6: Sechskantstangen, Grenzabmaße und Formtoleranzen

prEN 755-7
Aluminium und Aluminiumlegierungen — Stranggepreßte Stangen, Rohre und Profile — Teil 7: Nahtlose Rohre, Grenzabmaße und Formtoleranzen

prEN 755-8
Aluminium und Aluminiumlegierungen — Stranggepreßte Stangen, Rohre und Profile — Teil 8: Mit Kammerwerkzeug stranggepreßte Rohre, Grenzabmaße und Formtoleranzen

prEN 755-9
Aluminium und Aluminiumlegierungen — Stranggepreßte Stangen, Rohre und Profile — Teil 9: Profile, Grenzabmaße und Formtoleranzen

EN 10002-1
Metallische Werkstoffe — Zugversuch — Teil 1: Prüfverfahren (bei Raumtemperatur) "enthält Änderung AC : 1990"

EN 10204
Metallische Erzeugnisse — Arten von Prüfbescheinigungen

3 Definitionen

Für die Anwendung dieser Norm gelten die folgenden Definitionen:

3.1 stranggepreßte Stange: Stranggepreßtes Erzeugnis mit gleichmäßigem vollen Querschnitt über die gesamte Länge.

ANMERKUNG 1: Die Querschnittsformen sind kreisförmig, quadratisch, rechteckig oder regelmäßig sechseckig. Erzeugnisse mit quadratischem, rechteckigem oder regelmäßig sechseckigem Querschnitt könen gerundete Kanten über die gesamte Länge haben.

ANMERKUNG 2: Bei Rechteckstangen:
— ist die Dicke größer als ein Zehntel der Breite;
— der Begriff "Rechteckstange" beinhaltet auch "abgeflachte Kreise" und "modifizierte Rechtecke", von deren gegenüberliegenden Seiten zwei Seiten einen konvexen Bogen darstellen, die beiden anderen Seiten gerade, von gleicher Länge und parallel sind.

3.2 stranggepreßtes Rohr: Stranggepreßtes hohles Erzeugnis mit gleichmäßigem Querschnitt, mit nur einem einzigen Hohlraum über die gesamte Länge und mit gleichmäßiger Wanddicke. Die Querschnittsformen sind kreisförmig, quadratisch, rechteckig und regelmäßig sechs- oder achteckig. Erzeugnisse mit quadratischem, rechteckigem und regelmäßig sechs- oder achteckigem Querschnitt können gerundete Kanten über die gesamte Länge haben.

3.3 nahtloses Rohr: Rohr ohne Materialtrennung in Längsrichtung und ohne Längsnaht durch Druck, Schmelzschweißen oder mechanische Verbindung.

3.4 über Kammer-/Brückenwerkzeug gepreßtes Rohr: Rohr, welches durch Strangpressen eines kompakten Preßbarrens durch ein Kammer-/Brückenwerkzeug hergestellt wird.

3.5 Kammer-/Brückenwerkzeug: Werkzeug mit einem Preßdorn, welcher Bestandteil der Matrize ist.

ANMERKUNG: Die Brückenmatrize, die Steg- und Selbstabstreifmatrizen sind Sonderformen der Kammerwerkzeuge.

3.6 Strangpreßprofil: Stranggepreßtes Erzeugnis mit gleichmäßigem Querschnitt über die gesamte Länge, und mit Querschnittsformen anders als Stange, Draht, Rohr, Blech oder Band.

3.7 Hohlprofil: Strangpreßprofil, dessen Querschnitt entweder einen geschlossenen Hohlraum, aber mit anderen Querschnittsformen als denen eines Rohres, oder mehrere geschlossene Hohlräume einschließt.

3.8 Vollprofil: Strangpreßprofil, dessen Querschnitt keinen geschlossenen Hohlraum einschließt.

3.9 Prüflos: Lieferung oder Teil davon, welche zur Prüfung bereitgestellt wird, bestehend aus Erzeugnissen der gleichen Sorte oder Legierung, Form, des gleichen Werkstoffzustandes, mit gleicher Dicke oder gleichem Querschnitt und aus gleichartiger Fertigung.

3.10 Wärmebehandlungscharge: Eine Erzeugnismenge gleicher Sorte oder Legierung, mit gleicher Form, Dicke oder gleichem Querschnitt, gleichartiger Fertigung, die in einer Ofencharge wärmebehandelt wurde. Oder aber Erzeugnisse, die auf diese Art einer Lösungsglühung und dann in derselben Ofencharge einer Auslagerungsbehandlung unterzogen wurden. Eine Auslagerungscharge kann aus mehreren Lösungsglühchargen bestehen.

3.11 Prüfeinheit: Ein oder mehrere Erzeugnis(se), die aus einem Prüflos entnommen wurden.

3.12 Probenabschnitt: Ein oder mehrere aus jedem Erzeugnis der Prüfeinheit entnommene Materialabschnitte zur Herstellung von Proben.

3.13 Probe: Teil eines Probenabschnitts, für die Prüfung passend vorbereitet.

3.14 Prüfung: Ein Vorgang, dem die Probe unterzogen wird, um eine Eigenschaft zu messen oder zu klassifizieren.

4 Bestellungen oder Angebote

Die Bestellung oder das Angebot muß das erforderliche Erzeugnis festlegen und folgende Angaben enthalten:

a) Form und Art des Erzeugnisses:
— die Form des Erzeugnisses (stranggepreßte Stange, stranggepreßtes Rohr oder Strangpreßprofil). Sofern Rohre, ob nahtlos oder über Kammer-/Brückenwerkzeug hergestellt;
— die Bezeichnung des Aluminiums oder der Aluminiumlegierung;
— die vom Kunden vorgesehene Anwendung. Diese Angabe muß dann ausdrücklich in der Bestellung stehen, wenn der Kunde das Erzeugnis einer Anodisierung unterziehen will;

b) den Werkstoffzustand des Erzeugnisses bei der Auslieferung nach EN 515 und, falls abweichend, den Werkstoffzustand bei der Verwendung;

c) die Nummer dieser Europäischen Norm bzw. eine Spezifikationsnummer oder, wenn nicht vorhanden, die zwischen Lieferer und Kunden vereinbarten Eigenschaften;

d) die Maße und Form des Erzeugnisses:
1) Rundrohr:
— Außen-/Innendurchmesser[1]);
— Wanddicke[1]);
— Länge;
2) Rundstange:
— Durchmesser;
— Länge;
3) Vierkant- und Sechskantstange:
— Seitenlänge bzw. Schlüsselweite;
— Länge;
4) Rechteckstange:
— Breite;
— Dicke;
— Länge;
5) in allen anderen Fällen:
— Zeichnung des Querschnitts;
— Länge;

e) die Grenzabmaße und Formtoleranzen mit Verweis auf die entsprechende Europäische Norm, falls diese nicht auf der Zeichnung angegeben sind;

f) die Menge:
— Masse;
— Stückzahl;
— Gesamtlänge;
— zulässige Mengenabweichungen;

g) alle Anforderungen hinsichtlich Werksbescheinigungen, Werkzeugnisse und/oder Analysenprotokolle oder Abnahmeprüfzeugnisse;

h) alle zwischen Lieferer und Kunden vereinbarten speziellen Anforderungen:
— Kennzeichnung der Erzeugnisse;
— Verweisungen auf Zeichnungen, Stücknummern, usw.;
— zusätzliche oder spezielle Prüfungen;
— Anforderungen an die Oberflächenbeschaffenheit;
— Oberflächenschutz;
— Verpackung;
— Prüfung vor der Lieferung;

---

[1]) Nur zwei von diesen Maßen können angegeben werden, aber nicht alle drei.

i) bei Erzeugnissen, die vom Kunden einer Anodisierung unterzogen werden sollen, muß die Bestellung folgende Angabe enthalten:
— die vorgesehene spezielle Oberflächenbehandlung (nach der entsprechenden Europäischen Norm).

5 Anforderungen

5.1 Herstellverfahren und Fertigungsabläufe

Sofern in der Bestellung nichts anderes festgelegt ist, sind die Herstellverfahren und Fertigungsabläufe dem Ermessen des Herstellers zu überlassen. Außer bei einem ausdrücklichen Hinweis in der Bestellung unterliegt der Hersteller keiner Verpflichtung zum Einsatz derselben Verfahren bei späteren Bestellungen oder Bestellungen gleicher Art.

5.2 Qualitätsprüfung

Der Lieferer ist für die Durchführung aller, nach der entsprechenden Europäischen Norm und/oder Sonderspezifikation erforderlichen Prüfungen vor dem Versand der Erzeugnisse verantwortlich. Will der Kunde die Erzeugnisse im Werk des Lieferers einer Prüfung unterziehen, so muß er dies dem Lieferer bei der Auftragserteilung mitteilen.

5.3 Chemische Zusammensetzung

Die chemische Zusammensetzung muß mit der in EN 573-3 angegebenen Zusammensetzung übereinstimmen.

Wenn der Kunde Gehaltsgrenzen für nicht in der vorstehend genannten Norm festgelegte Elemente fordert, so müssen diese Grenzen in der Bestellung, nach Vereinbarung zwischen Lieferant und Kunden, aufgeführt werden.

5.4 Mechanische Eigenschaften

Die mechanischen Eigenschaften müssen mit den in EN 755-2 angegebenen oder den zwischen Lieferer und Kunden vereinbarten und in der Bestellung aufgeführten Eigenschaften übereinstimmen.

5.5 Freiheit von Oberflächenfehlern

Die stranggepreßte Oberfläche muß frei von Fehlern sein, die die Anwendung unter angemessenen Einsatzbedingungen beeinträchtigen.

Die Erzeugnisse müssen eine glatte und saubere Oberfläche aufweisen. Kleinere, nicht immer vermeidbare Oberflächenfehler, wie beispielsweise geringfügige Kratzer, Eindrücke, Schieferstellen, Verfärbungen, sowie ein etwas ungleichmäßiges, aus den Wärmebehandlungen resultierendes Oberflächenaussehen usw., sind im allgemeinen auf der Erzeugnisoberfläche zulässig.

Obwohl keinerlei Maßnahme zum Verdecken eines Fehlers erlaubt ist, ist die Beseitigung eines Oberflächenfehlers gestattet, sofern die Grenzabmaße und die Werkstoffeigenschaften weiterhin mit den Spezifikationen übereinstimmen.

Bei Erzeugnissen, die für eine Oberflächenbehandlung bestimmt sind, dürfen die Oberflächenfehler (Verfärbungen, mechanische oder strukturmäßige Fehler) nicht einen Grad erreichen, der den dekorativen Effekt nach der vereinbarten Oberflächenbehandlung beeinträchtigt. Grenzproben dürfen zwischen Lieferer und Kunden vereinbart werden.

5.6 Grenzabmaße und Formtoleranzen

Für die verschiedenen Erzeugnisformen müssen die Grenzabmaße und Formtoleranzen mit den entsprechenden Europäischen Normen EN 755-3, EN 755-4, EN 755-5, EN 755-6, prEN 755-7, prEN 755-8 und prEN 755-9 übereinstimmen, sofern zwischen Lieferer und Kunden nichts anderes vereinbart wurde.

Sofern nichts anderes vereinbart wurde, darf der Kunde nur jene Erzeugnisse zurückweisen, deren Maße nicht mit den festgelegten Toleranzen übereinstimmen.

5.7 Sonstige Anforderungen

Zusätzliche Anforderungen müssen zwischen Kunden und Lieferer vereinbart und bei der Bestellung angegeben werden.

6 Prüfvorgang

6.1 Probenahme

6.1.1 Proben für die chemische Analyse

Die Proben für die chemische Analyse müssen beim Gießen entnommen werden. Ihre Form und die Herstellungsbedingungen (Ausbildung der Form, Abkühlgeschwindigkeit, Masse usw.) müssen so gewählt werden, daß eine gleichmäßige Zusammensetzung und eine einwandfreie Abstimmung auf das Analysenverfahren sichergestellt sind.

6.1.2 Probenabschnitte für mechanische Prüfungen
6.1.2.1 Lage und Abmessungen

Die Entnahme der Probenabschnitte von den Prüfeinheiten muß so erfolgen, daß die Proben im Vergleich zum Erzeugnis, wie in 6.1.2.2 festgelegt, ausgerichtet werden können.

Die Probenabschnitte müssen eine ausreichende Größe aufweisen, damit die zur Durchführung der vorgeschriebenen Prüfungen notwendigen Proben hergestellt und auch die Proben für eventuell notwendige Wiederholungsprüfungen gefertigt werden können.

6.1.2.2 Orientierung

Alle Erzeugnisse müssen in Längsrichtung geprüft werden, um die garantierten mechanischen Eigenschaften nachzuweisen.

Es dürfen auch Prüfungen in andere Richtungen durchgeführt werden, und die Grenzwerte der Eigenschaften sind festzulegen. Dies muß jedoch zwischen Lieferer und Kunden vereinbart und in der Bestellung angegeben werden. Es sollte jedoch darauf aufmerksam gemacht werden, daß die auf diese Weise erzielten mechanischen Eigenschaften von den in der entsprechenden Norm angegebenen Eigenschaften in Längsrichtung abweichen können.

6.1.2.3 Kennzeichnung

Jeder Probenabschnitt muß so gekennzeichnet sein, daß jederzeit nach Entnahme die Identifizierung des Prüfloses, aus dem er entnommen wurde und falls gefordert, seine Lage und Orientierung möglich ist. Wenn im Laufe der weiteren Arbeitsgänge das Entfernen der Kennzeichnung unumgänglich ist, muß eine neue Kennzeichnung vor Entfernung der Originalkennzeichnung angebracht werden.

6.1.2.4 Vorbereitung

Die Entnahme der Probenabschnitte aus den Prüfeinheiten muß nach Beendigung aller mechanischen Behandlungen und Wärmebehandlungen, denen das Erzeugnis vor der Lieferung unterliegen muß und welche einen Einfluß auf die mechanischen Eigenschaften des Metalls haben können, erfolgen.

Sollte dies nicht möglich sein, darf die Entnahme der Prüfeinheit oder der Probenabschnitte zu einem früheren Zeitpunkt erfolgen; sie müssen aber der gleichen Behandlung unterzogen werden, die für das betroffene Erzeugnis vorgesehen ist.

ANMERKUNG: Beabsichtigt der Kunde das Erzeugnis auf einen Werkstoffzustand zu bringen, der vom Lieferzustand abweicht, darf er zusätzliche Prüfungen verlangen, um festzustellen, ob mit diesem Erzeugnis die für den Endzustand festgelegten Eigenschaften erreicht werden können. Der Lieferer muß dann nur bestätigen, daß die ausgewählten, unter den Laborbedingungen des Lieferers wärmebehandelten Probenabschnitte den vom Kunden vorgeschriebenen Eigenschaften im Endzustand genügen.

Das Schneiden muß so erfolgen, daß dabei die Eigenschaften der Probenabschnitte, aus denen die Proben vorbereitet werden, nicht verändert werden. Bei den Abmessungen der Probenabschnitte muß eine entsprechende Bearbeitungszugabe vorgesehen werden, damit der Schnittbereich entfernt werden kann.

Die Probenabschnitte dürfen weder einer maschinellen Bearbeitung noch einer sonstigen Behandlung, die ihre mechanischen Eigenschaften beeinträchtigen können, unterzogen werden. Sollte sich ein Richtvorgang als notwendig erweisen, muß das Richten mit größter Sorgfalt, vorzugsweise von Hand, durchgeführt werden.

6.1.2.5 Anzahl

Sofern nichts anderes festgelegt ist, muß die zu entnehmende Mindestanzahl der Probenabschnitte wie folgt sein:

— bei Erzeugnissen mit einer Nennmasse bis 1 kg je Meter (1 kg/m) muß ein Probenabschnitt aus jedem Prüflos oder jedem Teillos von 1 000 kg entnommen werden;

— bei Erzeugnissen mit einer Nennmasse über 1 kg/m bis 5 kg/m muß ein Probenabschnitt aus jedem Prüflos oder jedem Teillos von 2 000 kg entnommen werden;

— bei Erzeugnissen mit einer Nennmasse über 5 kg/m muß ein Probenabschnitt aus jedem Prüflos oder jedem Teillos von 3 000 kg entnommen werden.

Ferner darf die Anzahl der entnommenen Probenabschnitte nicht kleiner als ein Probenabschnitt je Prüflos oder je Wärmebehandlungscharge sein.

6.1.3 Proben für den Zugversuch

6.1.3.1 Kennzeichnung

Jede Probe muß so gekennzeichnet werden, daß das Prüflos, aus dem sie stammt und falls gefordert, die Lage und Ausrichtung zum Erzeugnis identifiziert werden können.

Wird eine Probe durch Einschlagen eines Stempels gekennzeichnet, darf dies nicht an einer Stelle oder auf eine Weise erfolgen, die eine spätere Prüfung beeinflussen könnte. Sollte sich die Kennzeichnung einer Probe als nicht praktikabel erweisen, darf diese Probe mit einem Kennzeichnungsetikett versehen werden.

6.1.3.2 Bearbeitung

Die notwendigen Bearbeitungen müssen so ausgeführt werden, daß es zu keiner Änderung der Materialeigenschaften der Proben kommt.

6.1.3.3 Anzahl

Es muß eine Probe aus jedem Probenabschnitt entnommen werden. Die für die Proben empfohlenen Formen und Maße sind in EN 10002-1 angegeben.

6.1.3.4 Art und Lage

Einzelheiten über Art und Lage der Proben sind in den Anhängen A und B angegeben.

6.2 Prüfverfahren

6.2.1 Chemische Zusammensetzung

Die Analysenverfahren sind dem Ermessen des Lieferers überlassen. In Streitfällen über die chemische Zusammensetzung muß eine Schiedsanalyse erfolgen, die entsprechend den in den Europäischen Normen angegebenen Verfahren vorgenommen wird. Die mit Hilfe dieser Verfahren erzielten Ergebnisse müssen akzeptiert werden.

6.2.2 Zugversuch

Der Zugversuch muß nach EN 10002-1 durchgeführt werden.

6.2.3 Messung der Maße

Die Maße müssen mit Hilfe von Meßgeräten, die eine für die Maße und Grenzabmaße erforderliche Genauigkeit aufweisen, gemessen werden. Alle Maße müssen bei Umgebungstemperatur der Werkshallen oder des Labors gemessen werden; im Streitfall bei einer Temperatur zwischen 15 °C und 25 °C.

6.2.4 Oberflächenbeschaffenheit

Sofern nichts anderes festgelegt ist, muß die Prüfung der Oberflächenbeschaffenheit an den Erzeugnissen vor der Lieferung ohne Einsatz von Vergrößerungsgeräten erfolgen.

Bei Erzeugnissen, die für die Anodisierung bestimmt sind, sollte der Hersteller vor der Lieferung eine Eignungsprüfung bezüglich Anodisierbarkeit vornehmen. Die Häufigkeit und die Prüfbedingungen können zwischen Lieferer und Kunden vereinbart werden.

6.2.5 Sonstige Prüfungen

Werden sonstige mechanische oder physikalische Prüfungen benötigt, müssen diese zwischen Lieferer und Kunden vereinbart werden. Die Durchführung dieser Prüfungen muß nach bestehenden Europäischen Normen oder einem zwischen Lieferer und Kunden vereinbarten Verfahren erfolgen.

6.3 Wiederholungsprüfungen

6.3.1 Chemische Zusammensetzung

Wenn eine Analyse der vorgeschriebenen Zusammensetzung nicht entspricht, muß die Gußcharge verworfen werden.

ANMERKUNG: Analysen außerhalb der vorgeschriebenen Zusammensetzung dürfen nicht zu einer Zurückweisung des Loses führen, wenn eine schriftliche Zustimmung des Kunden zu einer vorher gestellten Ausnahmegenehmigung vorliegt.

6.3.2 Mechanische Eigenschaften

Wenn irgendeine der ersten Proben nicht den Anforderungen der mechanischen Prüfungen genügt, so muß wie folgt verfahren werden:

— wird ein Fehler klar identifiziert, sei es in der Vorbereitung der Probe oder im Prüfvorgang, darf das hierbei erzielte Ergebnis nicht berücksichtigt werden und die Prüfung muß, wie ursprünglich vorgeschrieben, neu durchgeführt werden;

— ist dies nicht der Fall, müssen zwei zusätzliche Probenabschnitte vom Prüflos entnommen werden, wobei einer dieser Probenabschnitte von der gleichen Prüfeinheit (Stange, Rohr oder Profil), von dem der ursprüngliche Probenabschnitt stammt, entnommen werden muß, es sei denn, der Lieferer hat diese Prüfeinheit zurückgezogen.

Wenn die beiden von den zusätzlichen Probenabschnitten stammenden Proben die Anforderungen erfüllen, gilt das Prüflos, das sie darstellen, als mit den Anforderungen von diesem Teil der Norm übereinstimmend.

Wenn eine dieser Proben nicht die Anforderungen erfüllt:

— gilt das Prüflos als nicht mit den Anforderungen von diesem Teil der Norm übereinstimmend;

— oder, wenn dies möglich ist, darf das Los zusätzlichen mechanischen Behandlungen oder Wärmebehandlungen unterzogen und dann nochmals als neues Prüflos geprüft werden.

6.3.3 Sonstige Eigenschaften

Die Wiederholungsprüfungen für die sonstigen Eigenschaften müssen zwischen Lieferer und Kunden vereinbart werden (siehe 6.2.5).

7 Prüfbescheinigungen

7.1 Allgemeines

Wenn der Kunde dies in der Bestellung vorschreibt, muß der Lieferer eine oder mehrere der folgenden Bescheinigungen, je nachdem was zutreffend ist, aushändigen.

7.2 Bescheinigungen, erstellt auf der Grundlage von Prüfungen, die von qualifiziertem Personal durchgeführt wurden, das der Fertigungsabteilung und/oder der Qualitätsstelle angehören kann.

7.2.1 Werksbescheinigung

Bescheinigung, in welcher der Hersteller bestätigt, daß die gelieferten Erzeugnisse mit den Ergebnissen repräsentativer Prüfungen mit den entsprechenden Normen und zusätzlichen Anforderungen in der Bestellung, falls welche festgelegt sind, übereinstimmen.

7.2.2 Werkszeugnis

Bescheinigung, in welcher der Hersteller bestätigt, daß die gelieferten Erzeugnisse den in der Bestellung festgelegten Anforderungen entsprechen. Diese Bescheinigung enthält Ergebnisse durchgeführter Prüfungen, die an identischen, nach dem gleichen Fertigungsverfahren hergestellten Erzeugnissen vorgenommen worden sind. Die geprüften Erzeugnisse müssen nicht notwendigerweise aus der Lieferung selbst stammen.

7.2.3 Werksprüfzeugnis

Bescheinigung, in welcher der Hersteller bestätigt, daß die gelieferten Erzeugnisse den in der Bestellung festgelegten Anforderungen entsprechen. Diese Bescheinigung enthält Angaben über die chemische Zusammensetzung und die Ergebnisse der vorgeschriebenen mechanischen Prüfungen und jeder anderen Prüfung, die in der Bestellung festgelegt ist. Die Angaben basieren auf Prüfungen, die an Probenabschnitten durchgeführt wurden, die von den gelieferten Erzeugnissen entnommen worden sind. Das Werksprüfzeugnis enthält im allgemeinen Ergebnisse verschiedener, einzelner Prüflose.

7.3 Bescheinigungen, erstellt auf der Grundlage von Prüfungen, die von qualifiziertem Personal durchgeführt oder beaufsichtigt wurden, das von der Fertigungsabteilung unabhängig ist. Die Prüfungen werden an den zu liefernden Erzeugnissen oder an Prüflosen, von denen diese ein Teil sind, entsprechend den in der Bestellung festgelegten Anforderungen, durchgeführt.

Abnahmeprüfzeugnisse nach EN 10204:

— "3.1.A": Abnahmeprüfzeugnis, herausgegeben und bestätigt von einem in den amtlichen Vorschriften genannten Sachverständigen, in Übereinstimmung mit diesen und den zugehörigen Technischen Regeln.

— "3.1.B": Abnahmeprüfzeugnis, herausgegeben von einer von der Fertigungsabteilung unabhängigen Abteilung und bestätigt von einem dazu beauftragten, von der Fertigungsabteilung unabhängigen Sachverständigen des Herstellers.

— "3.1.C": Abnahmeprüfzeugnis, herausgegeben und bestätigt von einem durch den Besteller beauftragten Sachverständigen in Übereinstimmung mit den Lieferbedingungen in der Bestellung.

8 Kennzeichnung der Erzeugnisse

Die Kennzeichnung der Erzeugnisse muß erfolgen, wenn dies in der Norm vorgeschrieben oder zwischen Lieferer und Kunden vereinbart und in der Bestellung festgelegt worden ist. Die Kennzeichnung darf die Endverwendung des Erzeugnisses nicht beeinträchtigen. Alle für die Kennzeichnung notwendigen Angaben sind zwischen Lieferer und Kunden zu vereinbaren.

9 Verpackung

Sofern nichts anderes in den Europäischen Normen für spezielle Erzeugnisse festgelegt ist oder in der Bestellung vereinbart wurde, muß die Art der Verpackung vom Lieferer bestimmt werden. Dieser muß dabei alle notwendigen Vorkehrungen treffen, um sicherzustellen, daß unter üblichen Transportbedingungen die Erzeugnisse in einem für den Einsatz brauchbaren Zustand geliefert werden.

Üblicherweise werden die Erzeugnisse vor dem Versand nicht mit einem Korrosionsschutzmittel behandelt. Sollte dies erforderlich sein, muß es in der Bestellung angegeben und mit dem Lieferer vereinbart werden. Die Art des zu verwendenden Korrosionsschutzes ist dabei ebenfalls zwischen Lieferer und Kunden zu vereinbaren.

10 Schiedsverfahren

Bei einem Streitfall, der die Übereinstimmung mit den Anforderungen dieser Europäischen Norm oder der in der Bestellung genannten Spezifikation betrifft, und vor Zurückweisung der Erzeugnisse, müssen von einem in gegenseitigem Einverständnis zwischen Lieferer und Kunden gewählten Schiedssachverständigen Prüfungen durchgeführt werden.

Die Entscheidung dieses Schiedssachverständigen muß endgültig sein.

86/12*

Anhang A   (normativ)

Probenarten

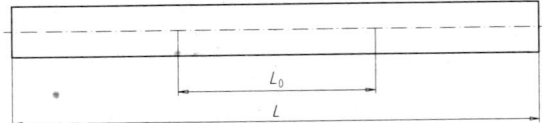

Gesamtlänge $L \geq 200$ mm
Anfangsmeßlänge $L_0 = 50$ mm

Bild A.1: Aus einem Rohrabschnitt bestehende Probe

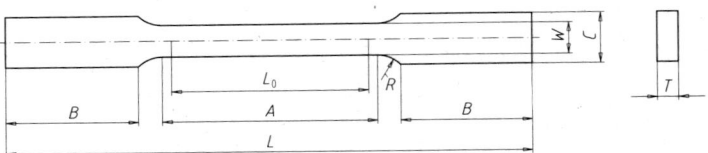

Bild A.2: Probe mit rechteckigem Querschnitt

Tabelle A.1   Maße in Millimeter

Formelzeichen	Benennung	Standardprobe
—	Nennbreite	12,5
L_0	Anfangsmeßlänge	50 ± 0,5
W	Breite	12,5 ± 0,10
T	Dicke	Materialdicke
R	Anschlußradius, min.	12,5
L	Gesamtlänge, min.	200
A	Versuchslänge, min.	57
B	Länge der Probenköpfe, min.	50
C	Breite der Probenköpfe, min.	20

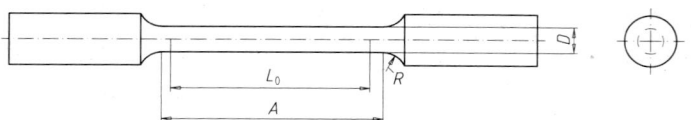

Bild A.3: Rundprobe

Tabelle A.2

Maße in Millimeter

Formel-zeichen	Benennung	Maße der Standardproben				
—	Nenndurchmesser	13,82	10	8	6	4
L_0	Anfangsmeßlänge	69,0 ± 0,5	50,0 ± 0,5	40,0 ± 0,5	30,0 ± 0,5	20,0 ± 0,5
D	Durchmesser	13,82 ± 0,10	10,0 ± 0,10	8,0 ± 0,10	6,0 ± 0,10	4,0 ± 0,10
R	Anschlußradius	13	9	8	6	4
A	Versuchslänge, min.	76	60	48	36	24

325

Anhang B (normativ)

Lage der Proben

B.1 Rund-, Vierkant- und Sechskantstange

Bei D oder S bis 40 mm: Es muß eine runde Standardprobe (Durchmesser kleiner oder gleich 10 mm) aus der Mitte der Stange entnommen werden.

D: Durchmesser
S: Seitenlänge bzw. Schlüsselweite

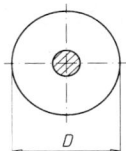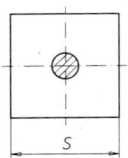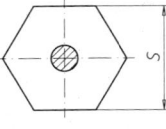

Bild B.1: Rund-, Vierkant- und Sechskantstange

Bei D oder S über 40 mm: Es muß eine runde Standardprobe mit einem Durchmesser von 10 mm, wie nachstehend gezeigt, entnommen werden.

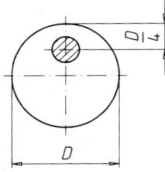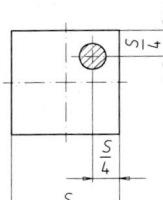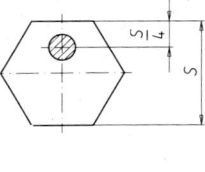

Bild B.2: Rund-, Vierkant- und Sechskantstange

B.2 Rechteckstange

Bei Dicken T bis 12,5 mm: Proben mit rechteckigem Querschnitt müssen entnommen werden. Die Proben müssen so vorbereitet werden, daß beide Herstelloberflächen ohne Änderung erhalten bleiben.

Bei Dicken T über 12,5 mm und bis 40 mm: Es müssen runde Standardproben (Durchmesser kleiner oder gleich 10 mm), wie nachstehend gezeigt, entnommen werden.

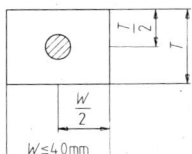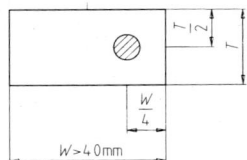

Bild B.3: Rechteckstange

Bei Dicken T über 40 mm: Es müssen runde Standardproben mit einem Durchmesser von 10 mm, wie nachstehend gezeigt, entnommen werden:

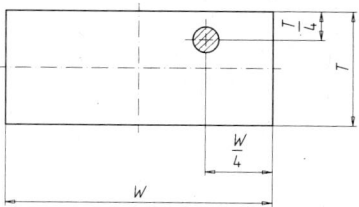

Bild B.4: Rechteckstange

B.3 Rohr

Die Anforderungen an die Proben aus Rohren sind in der nachstehenden Tabelle aufgeführt:

Tabelle B.1 Rohre

Bennennung	Rundrohr	Vierkantrohr	Ovales, rechteckiges und vieleckiges Rohr
Rohrabschnitt	Fläche ≤ 150 mm² und D ≤ 25 mm	Fläche ≤ 150 mm² und D ≤ 25 mm	—
Probe mit bearbeitetem rechteckigen Querschnitt	Wanddicke ≤ 12,5 mm	Wanddicke ≤ 12,5 mm	Wanddicke ≤ 12,5 mm
Rundprobe mit bearbeitetem Querschnitt	Wanddicke > 12,5 mm	Wanddicke > 12,5 mm	Wanddicke > 12,5 mm

B.4 Profile

Bei Dicken T ≤ 12,5 mm: Probe mit rechteckigem Querschnitt. Die Probe muß so vorbereitet werden, daß die beiden Her-stelloberflächen ohne Änderung erhalten bleiben.

Bei Dicken T über 12,5 mm und bis 40 mm: Es müssen runde Standardproben mit einem Durchmesser von 10 mm, wie nachstehend gezeigt, entnommen werden.

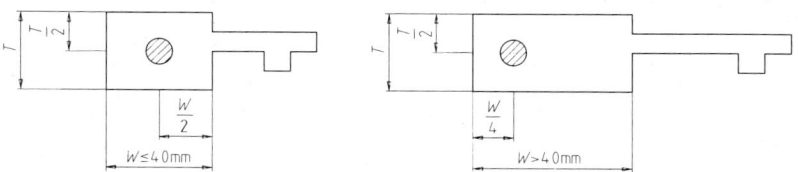

Bild B.5: Profile

Bei Dicken T über 40 mm: Es müssen runde Standardproben mit einem Durchmesser von 10 mm, wie nachstehend gezeigt, entnommen werden:

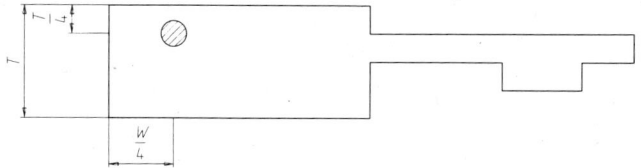

Bild B.6: Profile

327

	Aluminium und Aluminiumlegierungen **Stranggepreßte Stangen, Rohre und Profile** Teil 2: Mechanische Eigenschaften Deutsche Fassung EN 755-2 : 1997	**DIN** **EN 755-2**

ICS 77.150.10

Deskriptoren: Aluminium, Aluminiumlegierung, Stange, Aluminiumrohr, Eigenschaft

Aluminium and aluminium alloys — Extruded rod/bar, tube and profiles —
Part 2: Mechanical properties;
German version EN 755-2 : 1997
Aluminium et alliages d'aluminium — Barres, tubes et profilés filés —
Partie 2: Caractéristiques mécaniques;
Version allemande EN 755-2 : 1997

Ersatz für
DIN 1748-1 : 1983-02
Mit DIN EN 754-2 : 1997-08
Ersatz für
DIN 1746-1 : 1987-01
DIN 1747-1 : 1983-02

Die Europäische Norm EN 755-2 : 1997 hat den Status einer Deutschen Norm.

Nationales Vorwort

Diese Europäische Norm EN 755-2 : 1997 ist von der Arbeitsgruppe 5 "Stranggepreßte und gezogene Erzeugnisse" (Sekretariat: Vereinigtes Königreich) im Technischen Komitee TC 132 "Aluminium und Aluminiumlegierungen" (Sekretariat: Frankreich) des Europäischen Komitees für Normung (CEN) erarbeitet worden.

Das zuständige deutsche Normungsgremium ist der Arbeitsausschuß FNNE-AA 2.5 "Aluminium-Strangpreßerzeugnisse" des Normenausschusses Nichteisenmetalle (FNNE) im DIN Deutsches Institut für Normung e.V.

Um dem Anwender dieser Norm die Umstellung von den DIN-Normen auf die EN-Norm zu erleichtern, wurden den europäischen Werkstoffbezeichnungen die in den DIN-Normen aufgeführten Werkstoffkurzzeichen und Werkstoffnummern gegenübergestellt (siehe nationaler Anhang).

Änderungen

Gegenüber DIN 1746-1: 1987-01, DIN 1747-1: 1983-02 und DIN 1748-1 : 1983-02 wurden folgende Änderungen vorgenommen:

a) Inhalt der 3 Normen zusammengelegt und nach dem Herstellverfahren neu aufgegliedert.

b) Die europäischen Werkstoff- und Zustandsbezeichnungen übernommen.

c) Neuaufnahme und Streichung von Werkstoffen und/oder Zuständen nach europäischen Gesichtspunkten.

d) Streichung der Dehnungsmeßlänge A_{10} und Aufnahme der Dehnungsmeßlänge A_{50mm}.

e) Redaktionell vollständig überarbeitet.

Frühere Ausgaben

DIN 1746: 1938-09, 1947-11, 1951-11, 1959-06
DIN 1746-1: 1963-06, 1968-12, 1976-12, 1987-01
DIN 1747: 1938-09, 1948-03, 1951-12, 1959-06, 1960-07
DIN 1747-1: 1963-06, 1968-12, 1977-01, 1983-02
DIN 1748: 1938-09x, 1952-01, 1959-06
DIN 1748-1: 1963-06, 1968-12, 1976-12, 1983-02

Fortsetzung Seite 2
und 39 Seiten EN

Normenausschuß Nichteisenmetalle (FNNE) im DIN Deutsches Institut für Normung e.V.

Nationaler Anhang NA   (informativ)

Gegenüberstellung der Bezeichnungen von Aluminium und Aluminiumlegierungen für Halbzeug nach DIN EN und DIN

*)	DIN EN 573-3		DIN 1712-3 bzw. DIN 1725-1	
		Bezeichnung		Werkstoff-
	Numerisch	Chemische Symbole	Kurzzeichen	Nummer
1	EN AW-1050A	EN AW-Al 99,5	Al99,5	3.0255
2	EN AW-1070A	EN AW-Al 99,7	Al99,7	3.0275
3	EN AW-1200	EN AW-Al 99,0	Al99	3.0205
4	EN AW-1350	EN AW-EAl 99,5	—	—
5	EN AW-2007	EN AW-Al Cu4PbMgMn	AlCuMgPb	3.1645
6	EN AW-2011	EN AW-Al Cu6BiPb	AlCuBiPb	3.1655
7	EN AW-2011A	EN AW-Al Cu6BiPb(A)	—	—
8	EN AW-2014	EN AW-Al Cu4SiMg	Al CuSiMn	3.1255
9	EN AW-2014A	EN AW-Al Cu4SiMg(A)	—	—
10	EN AW-2017A	EN AW-Al Cu4MgSi(A)	AlCuMg1	3.1325
11	EN AW-2024	EN AW-Al Cu4Mg1	AlCuMg2	3.1355
12	EN AW-2030	EN AW-Al Cu4PbMg	—	—
13	EN AW-3003	EN AW-Al Mn1Cu	AlMnCu	3.0517
14	EN AW-3103	EN AW-Al Mn1	AlMn1	3.0515
15	EN AW-5005	EN AW-Al Mg1(B)	—	—
16	EN AW-5005A	EN AW-Al Mg1(C)	AlMg1	3.3315
17	EN AW-5019	EN AW-Al Mg5	AlMg5	3.3555
18	EN AW 5051A	EN AW-Al Mg2(B)	AlMg1,8	3.3326
19	EN AW-5251	EN AW-Al Mg2	AlMg2Mn0,3	3.3525
20	EN AW-5052	EN AW-Al Mg2,5	AlMg2,5	3.3523
21	EN AW-5154A	EN AW-Al Mg3,5(A)	—	—
22	EN AW-5454	EN AW-Al Mg3Mn	AlMg2,7Mn	3.3537
23	EN AW-5754	EN AW-Al Mg3	AlMg3	3.3535
24	EN AW-5083	EN AW-Al Mg4,5Mn0,7	AlMg4,5Mn	3.3547
25	EN AW-5086	EN AW-Al Mg4	AlMg4Mn	3.3545
26	EN AW-6101A	EN AW-EAl MgSi(A)	—	—
27	EN AW-6101B	EN AW-EAl MgSi(B)	E-AlMgSi0,5	3.3207
28	EN AW-6005	EN AW-Al SiMg	—	—
29	EN AW-6005A	EN AW-Al SiMg(A)	AlMgSi0,7	3.3210
30	EN AW-6106	EN AW-Al MgSiMn	—	—
31	EN AW-6012	EN AW-Al MgSiPb	AlMgSiPb	3.0615
32	EN AW-6018	EN AW-Al Mg1SiPbMn	—	—
33	EN AW-6351	EN AW-Al Si1Mg0,5Mn	—	—
34	EN AW-6060	EN AW-Al MgSi	AlMgSi0,5	3.3206
35	EN AW-6061	EN AW-Al Mg1SiCu	AlMg1SiCu	3.3211
36	EN AW-6261	EN AW-Al Mg1SiCuMn	—	—
37	EN AW-6262	EN AW-Al Mg1SiPb	—	—
38	EN AW-6063	EN AW-Al Mg0,7Si	—	—
39	EN AW-6063A	EN AW-Al Mg0,7Si(A)	—	—
40	EN AW-6463	EN AW-Al Mg0,7Si(B)	—	—
41	EN AW-6081	EN AW-Al Si0,9MgMn	—	—
42	EN AW-6082	EN AW-Al Si1MgMn	AlMgSi1	3.2315
43	EN AW-7003	EN AW-Al Zn6Mg0,8Zr	—	—
44	EN AW-7005	EN AW-Al Zn4,5Mg1,5Mn	—	—
45	EN AW-7020	EN AW-Al Zn4,5Mg1	AlZn4,5Mg1	3.4335
46	EN AW-7022	EN AW-Al Zn5Mg3Cu	AlZnMgCu0,5	3.4345
47	EN AW-7049A	EN AW-Al Zn8MgCu	—	—
48	EN AW-7075	EN AW-Al Zn5,5MgCu	AlZnMgCu1,5	3.4365

*) Die Zahlen in dieser Spalte sind identisch mit den Nummern der Tabellen von EN 755-2, in denen die mechanischen Eigenschaften für diese Werkstoffe angegeben sind.

EUROPÄISCHE NORM
EUROPEAN STANDARD
NORME EUROPÉENNE

EN 755-2

April 1997

ICS 77.150.10

Deskriptoren: Aluminium, Aluminiumlegierung, Kneterzeugnis, strangepreßtes Erzeugnis, Stange, Rohr, Profil, mechanische Eigenschaft, Tabelle

Deutsche Fassung

Aluminium und Aluminiumlegierungen

Stranggepreßte Stangen, Rohre und Profile
Teil 2: Mechanische Eigenschaften

Aluminium and aluminium alloys — Extruded rod/bar, tube and profiles — Part 2: Mechanical properties

Aluminium et alliages d'aluminium — Barres, tubes et profilés filés — Partie 2: Caractéristiques mécaniques

Diese Europäische Norm wurde von CEN am 1997-03-10 angenommen.

Die CEN-Mitglieder sind gehalten, die CEN/CENELEC-Geschäftsordnung zu erfüllen, in der die Bedingungen festgelegt sind, unter denen dieser Europäischen Norm ohne jede Änderung der Status einer nationalen Norm zu geben ist.

Auf dem letzten Stand befindliche Listen dieser Normen mit ihren bibliographischen Angaben sind beim Zentralsekretariat oder bei jedem CEN-Mitglied auf Anfrage erhältlich.

Diese Europäische Norm besteht in drei offiziellen Fassungen (Deutsch, Englisch, Französisch). Eine Fassung in einer anderen Sprache, die von einem CEN-Mitglied in eigener Verantwortung durch Übersetzung in seine Landessprache gemacht und dem Zentralsekretariat mitgeteilt worden ist, hat den gleichen Status wie die offiziellen Fassungen.

CEN-Mitglieder sind die nationalen Normungsinstitute von Belgien, Dänemark, Deutschland, Finnland, Frankreich, Griechenland, Irland, Island, Italien, Luxemburg, Niederlande, Norwegen, Österreich, Portugal, Schweden, Schweiz, Spanien und dem Vereinigten Königreich.

CEN

EUROPÄISCHES KOMITEE FÜR NORMUNG
European Committee for Standardization
Comité Européen de Normalisation

Zentralsekretariat: rue de Stassart 36, B-1050 Brüssel

Ref. Nr. EN 755-2 : 1997 D

Inhalt

Vorwort

Diese Europäische Norm wurde vom Technischen Komitee CEN/TC 132 "Aluminium und Aluminiumlegierungen" erarbeitet, dessen Sekretariat vom AFNOR gehalten wird.

Diese Europäische Norm muß den Status einer nationalen Norm erhalten, entweder durch Veröffentlichung eines identischen Textes oder durch Anerkennung bis Oktober 1997, und etwaige entgegenstehende nationale Normen müssen bis Oktober 1997 zurückgezogen werden.

Im Rahmen seines Arbeitsprogramms hat das Technische Komitee CEN/TC 132 die CEN/TC 132/WG 5 "Stranggepreßte und gezogene Erzeugnisse" mit der Vorbereitung der folgenden Norm beauftragt:

EN 755-2
   Aluminium und Aluminumlegierungen — Stranggepreßte Stangen, Rohre und Profile — Teil 2: Mechanische Eigenschaften

Diese Norm ist Teil einer Reihe von acht Normen. Die anderen Normen lauten wie folgt:

EN 755-1
   Aluminium und Aluminiumlegierungen — Stranggepreßte Stangen, Rohre und Profile — Teil 1: Technische Lieferbedingungen

EN 755-3
   Aluminium und Aluminiumlegierungen — Stranggepreßte Stangen, Rohre und Profile — Teil 3: Rundstangen, Grenzabmaße und Formtoleranzen

EN 755-4
   Aluminium und Aluminiumlegierungen — Stranggepreßte Stangen, Rohre und Profile — Teil 4: Vierkantstangen, Grenzabmaße und Formtoleranzen

EN 755-5
   Aluminium und Aluminiumlegierungen — Stranggepreßte Stangen, Rohre und Profile — Teil 5: Rechteckstangen, Grenzabmaße und Formtoleranzen

EN 755-6
   Aluminium und Aluminiumlegierungen — Stranggepreßte Stangen, Rohre und Profile — Teil 6: Sechskantstangen, Grenzabmaße und Formtoleranzen

prEN 755-7
   Aluminium und Aluminiumlegierungen — Stranggepreßte Stangen, Rohre und Profile — Teil 7: Nahtlose Rohre, Grenzabmaße und Formtoleranzen

prEN 755-8
   Aluminium und Aluminiumlegierungen — Stranggepreßte Stangen, Rohre und Profile — Teil 8: Mit Kammerwerkzeug stranggepreßte Rohre, Grenzabmaße und Formtoleranzen

prEN 755-9
   Aluminium und Aluminiumlegierungen — Stranggepreßte Stangen, Rohre und Profile — Teil 9: Profile, Grenzabmaße und Formtoleranzen

Entsprechend der CEN/CENELEC-Geschäftsordnung sind die nationalen Normungsinstitute der folgenden Länder gehalten, diese Europäische Norm zu übernehmen:

Belgien, Dänemark, Deutschland, Finnland, Frankreich, Griechenland, Irland, Island, Italien, Luxemburg, Niederlande, Norwegen, Österreich, Portugal, Schweden, Schweiz, Spanien und das Vereinigte Königreich.

1 Anwendungsbereich

Dieser Teil von EN 755 legt die Grenzwerte für die mechanischen Eigenschaften von stranggepreßten Stangen, Rohren und Profilen aus Aluminium und Aluminiumlegierungen fest.

Die Bezeichnungen der Werkstoffzustände sind in EN 515 definiert. Das numerische Bezeichnungssystem der Werkstoffe ist in EN 573-1 und das Bezeichnungssystem mit chemischen Symbolen ist in EN 573-2 festgelegt. In der EN 573-3 sind die Grenzen der chemischen Zusammensetzung für diese Werkstoffe angegeben. Die Grenzwerte der mechanischen Eigenschaften sind für alle Werkstoffe der Klasse A festgelegt, wie in EN 573-4 definiert.

2 Normative Verweisungen

Diese Europäische Norm enthält durch datierte oder undatierte Verweisungen Festlegungen aus anderen Publikationen. Diese normativen Verweisungen sind an den jeweiligen Stellen im Text zitiert, und die Publikationen sind nachstehend aufgeführt. Bei datierten Verweisungen gehören spätere Änderungen oder Überarbeitungen dieser Publikationen nur zu dieser Europäischen Norm, falls sie durch Änderung oder Überarbeitung eingearbeitet sind. Bei undatierten Verweisungen gilt die letzte Ausgabe der in Bezug genommenen Publikation.

EN 515
  Aluminium und Aluminiumlegierungen — Halbzeug — Bezeichnungen der Werkstoffzustände

EN 573-1
  Aluminium und Aluminiumlegierungen — Chemische Zusammensetzung und Form von Halbzeug — Teil 1: Numerisches Bezeichnungssystem

EN 573-2
  Aluminium und Aluminiumlegierungen — Chemische Zusammensetzung und Form von Halbzeug — Teil 2: Bezeichnungssystem mit chemischen Symbolen

EN 573-3
  Aluminium und Aluminiumlegierungen — Chemische Zusammensetzung und Form von Halbzeug — Teil 3: Chemische Zusammensetzung

EN 573-4
  Aluminium und Aluminiumlegierungen — Chemische Zusammensetzung und Form von Halbzeug — Teil 4: Erzeugnisformen

EN 755-1
  Aluminium und Aluminiumlegierungen — Stranggepreßte Stangen, Rohre und Profile — Teil 1: Technische Lieferbedingungen

EN 2004-1
  Luft- und Raumfahrt — Prüfverfahren für Erzeugnisse aus Aluminium und Aluminiumlegierungen — Teil 1: Bestimmung der elektrischen Leitfähigkeit von Aluminium-Knetlegierungen

EN 10002-1
  Metallische Werkstoffe — Zugversuch — Teil 1: Prüfverfahren (bei Raumtemperatur) "enthält Änderung AC1 : 1990"

ISO 9591
  Corrosion of aluminium alloys — Determination of resistance to stress-corrosion cracking

ASTM G 47
  Standard test method for determining susceptibility to stress-corrosion cracking of high-strength aluminium alloy products

3 Anforderungen

Die mechanischen Eigenschaften müssen mit den in Abschnitt 5 festgelegten oder mit den zwischen Lieferer und Kunden vereinbarten und in der Bestellung angegebenen übereinstimmen.

4 Zugversuch

Die Auswahl, Vorbereitung und Anzahl der Probenabschnitte und Proben sind in EN 755-1 festgelegt.

Der Zugversuch muß, wie in EN 10002-1 festgelegt, durchgeführt werden.

4.1 Prüfrichtung

Alle Erzeugnisse müssen in Längsrichtung geprüft werden, um die garantierten mechanischen Eigenschaften nachzuweisen.

Es dürfen auch Prüfungen in andere Richtungen durchgeführt werden. Dies und die mechanischen Eigenschaften müssen jedoch zwischen Lieferer und Kunden vereinbart und in der Bestellung angegeben werden. Es sollte jedoch darauf aufmerksam gemacht werden, daß die auf diese Weise erzielten mechanischen Eigenschaften von den in dieser Norm angegebenen Eigenschaften in Längsrichtung abweichen können.

4.2 Dehnungswerte

Der Wert A_{50mm} ist die über eine Anfangsmeßlänge von 50 mm gemessene Dehnung in Prozent.

Der Wert A ist die über eine Anfangsmeßlänge von 5,65 $\sqrt{S_0}$ gemessene Dehnung in Prozent, wobei S_0 die ursprüngliche Querschnittsfläche der Probe ist.

a) Stranggepreßte Stange

Der Wert A_{50mm} muß für rechteckige Stangen verwendet werden, die in ihrer vollen Dicke bis 12,5 mm geprüft werden.

Der Wert A muß für alle anderen Proben verwendet werden.

b) Stranggepreßtes Rohr

Der Wert A_{50mm} muß für alle Rohre verwendet werden, die als Rohrabschnitt oder als Flachprobe geprüft werden, wobei die Rohre entweder eine Ebene oder eine gekrümmte Wand haben, deren Dicke 12,5 mm nicht überschreitet.

Der Wert A muß für bearbeitete Rundproben verwendet werden, die aus Wanddicken größer als 12,5 mm entnommen wurden.

c) Strangpreßprofil

Der Wert A_{50mm} muß für alle Strangpreßprofile verwendet werden, die mit vollem Querschnitt oder als bearbeitete Flachprobe geprüft werden. Der Dickenbereich darf 12,5 mm nicht überschreiten, und die Probe muß aus einem Bereich mit zwei parallelen Oberflächen entnommen werden.

Der Wert A muß für bearbeitete Rundproben verwendet werden, die aus Querschnitten mit Dicken über 12,5 mm entnommen wurden.

5 Liste von Aluminium und Aluminiumlegierungen und ihrer mechanischen Eigenschaften

ANMERKUNG: EN AW-5019 ist die neue Bezeichnung für EN AW-5056A.

Tabelle 1: Aluminium EN AW-1050A [Al 99,5]

Werkstoff-zustand	Maße mm		R_m MPa		$R_{p0,2}$ MPa		A %	A_{50mm} %
	D^1)	S^2)	min.	max.	min.	max.	min.	min.
F^4), H112	alle	alle	60	—	20	—	25	23
O, H111	alle	alle	60	95	20	—	25	23

Stranggepreßte Stangen

Werkstoff-zustand	Maße mm	R_m MPa		$R_{p0,2}$ MPa		A %	A_{50mm} %
	e^3)	min.	max.	min.	max.	min.	min.
F^4), H112	alle	60	—	20	—	25	23
O, H111	alle	60	95	20	—	25	23

Stranggepreßte Rohre

Werkstoff-zustand	Maße mm	R_m MPa		$R_{p0,2}$ MPa		A %	A_{50mm} %
	e^3)	min.	max.	min.	max.	min.	min.
F^4), H112	alle	60	—	20	—	25	23

Strangpreßprofile

^{1}) D = Durchmesser von Rundstangen
^{2}) S = Schlüsselweite von Vierkant- und Sechskantstangen, Dicke von Rechteckstangen
^{3}) e = Wanddicke
^{4}) Werkstoffzustand F: Die Werte sind nur zur Information.

Tabelle 2: Aluminium EN AW-1070A [Al 99,7]

Werkstoff-zustand	Maße mm		R_m MPa		$R_{p0,2}$ MPa		A %	A_{50mm} %
	D^1)	S^2)	min.	max.	min.	max.	min.	min.
F^4), H112	alle	alle	60	—	20	—	25	23

Stranggepreßte Stangen

Stranggepreßte Rohre

Mechanische Eigenschaften sind nicht festgelegt.

Strangpreßprofile

Mechanische Eigenschaften sind nicht festgelegt.

^{1}) D = Durchmesser von Rundstangen
^{2}) S = Schlüsselweite von Vierkant- und Sechskantstangen, Dicke von Rechteckstangen
^{4}) Werkstoffzustand F: Die Werte sind nur zur Information.

Tabelle 3: Aluminium EN AW-1200 [Al 99,0]

Stranggepreßte Stangen								
Werkstoff-zustand	Maße mm		R_m MPa		$R_{p0,2}$ MPa		A %	A_{50mm} %
	D^1)	S^2)	min.	max.	min.	max.	min.	min.
F^4), H112	alle	alle	75	—	25	—	20	18

Stranggepreßte Rohre							
Werkstoff-zustand	Maße mm	R_m MPa		$R_{p0,2}$ MPa		A %	A_{50mm} %
	e^3)	min.	max.	min.	max.	min.	min.
F^4), H112	alle	75	—	25	—	20	18

Strangpreßprofile							
Werkstoff-zustand	Maße mm	R_m MPa		$R_{p0,2}$ MPa		A %	A_{50mm} %
	e^3)	min.	max.	min.	max.	min.	min.
F^4), H112	alle	75	—	25	—	20	18

^{1}) D = Durchmesser von Rundstangen
^{2}) S = Schlüsselweite von Vierkant- und Sechskantstangen, Dicke von Rechteckstangen
^{3}) e = Wanddicke
^{4}) Werkstoffzustand F: Die Werte sind nur zur Information.

Tabelle 4: Aluminium EN AW-1350 [EAl 99,5]

Stranggepreßte Stangen^{11})								
Werkstoff-zustand	Maße mm		R_m MPa		$R_{p0,2}$ MPa		A %	A_{50mm} %
	D^1)	S^2)	min.	max.	min.	max.	min.	min.
F^4), H112	alle	alle	60	—	—	—	25	23

Stranggepreßte Rohre^{11})							
Werkstoff-zustand	Maße mm	R_m MPa		$R_{p0,2}$ MPa		A %	A_{50mm} %
	e^3)	min.	max.	min.	max.	min.	min.
F^4), H112	alle	60	—	—	—	25	23

Strangpreßprofile^{11})							
Werkstoff-zustand	Maße mm	R_m MPa		$R_{p0,2}$ MPa		A %	A_{50mm} %
	e^3)	min.	max.	min.	max.	min.	min.
F^4), H112	alle	60	—	—	—	25	23

^{1}) D = Durchmesser von Rundstangen
^{2}) S = Schlüsselweite von Vierkant- und Sechskantstangen, Dicke von Rechteckstangen
^{3}) e = Wanddicke
^{4}) Werkstoffzustand F: Die Werte sind nur zur Information.
^{11}) Elektrische Leitfähigkeit $\gamma \geq 35,4$ MS/m

Tabelle 5: Legierung EN AW-2007 [Al Cu4PbMgMn]

Stranggepreßte Stangen								
Werkstoff-zustand	Maße mm		R_m MPa		$R_{p0,2}$ MPa		A %	A_{50mm} %
	$D^1)$	$S^2)$	min.	max.	min.	max.	min.	min.
T4, T4510, T4511[5]	≤ 80 80 < D ≤ 200 200 < D ≤ 250	≤ 80 80 < S ≤ 200 200 < S ≤ 250	370 340 330	— — —	250 220 210	— — —	8 8 7	6 — —
Stranggepreßte Rohre								
Werkstoff-zustand	Maße mm		R_m MPa		$R_{p0,2}$ MPa		A %	A_{50mm} %
	$e^3)$		min.	max.	min.	max.	min.	min.
T4, T4510, T4511[5]	≤ 25		370	—	250	—	8	6
Strangpreßprofile								
Werkstoff-zustand	Maße mm		R_m MPa		$R_{p0,2}$ MPa		A %	A_{50mm} %
	$e^3)$		min.	max.	min.	max.	min.	min.
T4, T4510, T4511[5]	≤ 30		370	—	250	—	8	6

[1] D = Durchmesser von Rundstangen
[2] S = Schlüsselweite von Vierkant- und Sechskantstangen, Dicke von Rechteckstangen
[3] e = Wanddicke
[5] Die Eigenschaften dürfen durch Abschrecken an der Presse erzielt werden.

Tabelle 6: Aluminium EN AW-2011 [Al Cu6BiPb]

Stranggepreßte Stangen								
Werkstoff-zustand	Maße mm		R_m MPa		$R_{p0,2}$ MPa		A %	A_{50mm} %
	$D^1)$	$S^2)$	min.	max.	min.	max.	min.	min.
T4[5]	≤ 200	≤ 60	275	—	125	—	14	12
T6[5]	≤ 75 75 < D ≤ 200	≤ 60 —	310 295	—	230 195	—	8 6	6 —
Stranggepreßte Rohre								
Werkstoff-zustand	Maße mm		R_m MPa		$R_{p0,2}$ MPa		A %	A_{50mm} %
	$e^3)$		min.	max.	min.	max.	min.	min.
T6[5]	≤ 25		310	—	230	—	6	4
Strangpreßprofile								
Mechanische Eigenschaften sind nicht festgelegt								

[1] D = Durchmesser von Rundstangen
[2] S = Schlüsselweite von Vierkant- und Sechskantstangen, Dicke von Rechteckstangen
[3] e = Wanddicke
[5] Die Eigenschaften dürfen durch Abschrecken an der Presse erzielt werden.

336

Tabelle 7: Legierung EN AW-2011A [Al Cu6BiPb(A)]

Werkstoff-zustand	Maße mm		R_m MPa		$R_{p0,2}$ MPa		A %	A_{50mm} %
	$D^1)$	$S^2)$	min.	max.	min.	max.	min.	min.
	Stranggepreßte Stangen							
T4[5])	≤ 200	≤ 60	275	—	125	—	14	12
T6[5])	≤ 75	≤ 60	310	—	230	—	8	6
	75 < D ≤ 200	—	295	—	195	—	6	—

Werkstoff-zustand	Maße mm	R_m MPa		$R_{p0,2}$ MPa		A %	A_{50mm} %
	$e^3)$	min.	max.	min.	max.	min.	min.
	Stranggepreßte Rohre						
T6[5])	≤ 25	310	—	230	—	6	4

Strangpreßprofile

Mechanische Eigenschaften sind nicht festgelegt

[1]) D = Durchmesser von Rundstangen
[2]) S = Schlüsselweite von Vierkant- und Sechskantstangen, Dicke von Rechteckstangen
[3]) e = Wanddicke
[5]) Die Eigenschaften dürfen durch Abschrecken an der Presse erzielt werden.

Tabelle 8: Legierung EN AW-2014 [Al Cu4SiMg]

Werkstoff-zustand	Maße mm D^1)	Maße mm S^2)	R_m MPa min.	R_m MPa max.	$R_{p0,2}$ MPa min.	$R_{p0,2}$ MPa max.	A % min.	A_{50mm} % min.
					Stranggepreßte Stangen			
O, H111	≤ 200	≤ 200	—	250	—	135	12	10
T4, T4510, T4511	≤ 25	≤ 25	370	—	230	—	13	11
	25 < D ≤ 75	25 < S ≤ 75	410	—	270	—	12	—
	75 < D ≤ 150	75 < S ≤ 150	390	—	250	—	10	—
	150 < D ≤ 200	150 < S ≤ 200	350	—	230	—	8	—
T6, T6510, T6511	≤ 25	≤ 25	415	—	370	—	6	5
	25 < D ≤ 75	25 < S ≤ 75	460	—	415	—	7	—
	75 < D ≤ 150	75 < S ≤ 150	465	—	420	—	7	—
	150 < D ≤ 200	150 < S ≤ 200	430	—	350	—	6	—
	200 < D ≤ 250	200 < S ≤ 250	420	—	320	—	5	—

Stranggepreßte Rohre

Werkstoff-zustand	Maße mm e^3)	R_m MPa min.	R_m MPa max.	$R_{p0,2}$ MPa min.	$R_{p0,2}$ MPa max.	A % min.	A_{50mm} % min.
O, H111	≤ 20	—	250	—	135	12	10
T4, T4510, T4511	≤ 20	370	—	230	—	11	10
T6, T6510 T6511	≤ 10	415	—	370	—	7	5
	10 < e ≤ 40	450	—	400	—	6	4

Strangpreßprofile[10])

Werkstoff-zustand	Maße mm e^3)	R_m MPa min.	R_m MPa max.	$R_{p0,2}$ MPa min.	$R_{p0,2}$ MPa max.	A % min.	A_{50mm} % min.
O, H111	alle	—	250	—	135	12	10
T4, T4510, T4511	≤ 25	370	—	230	—	11	10
	25 < e ≤ 75	410	—	270	—	10	—
T6, T6510, T6511	≤ 25	415	—	370	—	7	5
	25 < e ≤ 75	460	—	415	—	7	—

[1]) D = Durchmesser von Rundstangen
[2]) S = Schlüsselweite von Vierkant- und Sechskantstangen, Dicke von Rechteckstangen
[3]) e = Wanddicke
[10]) Wenn der Querschnitt eines Profils sich aus unterschiedlichen Dicken zusammensetzt, denen verschiedene Werte der mechanischen Eigenschaften zugeordnet sind, gelten jeweils die niedrigsten festgelegten Werte für den gesamten Querschnitt des Profils.

Tabelle 9: Legierung EN AW-2014A [Al Cu4SiMg(A)]

Stranggepreßte Stangen							
Werkstoff-zustand	Maße mm		R_m MPa		$R_{p0,2}$ MPa		A %	A_{50mm} %
	$D^1)$	$S^2)$	min.	max.	min.	max.	min.	min.
O, H111	≤ 200	≤ 200	—	250	—	135	12	10
T4, T4510, T4511	≤ 25	≤ 25	370	—	230	—	13	11
	25 < D ≤ 75	25 < S ≤ 75	410	—	270	—	12	—
	75 < D ≤ 150	75 < S ≤ 150	390	—	250	—	10	—
	150 < D ≤ 200	150 < S ≤ 200	350	—	230	—	8	—
T6, T6510, T6511	≤ 25	≤ 25	415	—	370	—	6	5
	25 < D ≤ 75	25 < S ≤ 75	460	—	415	—	7	—
	75 < D ≤ 150	75 < S ≤ 150	465	—	420	—	7	—
	150 < D ≤ 200	150 < S ≤ 200	430	—	350	—	6	—
	200 < D ≤ 250	200 < S ≤ 250	420	—	320	—	5	—

Stranggepreßte Rohre						
Werkstoff-zustand	Maße mm $e^3)$	R_m MPa		$R_{p0,2}$ MPa		A %	A_{50mm} %
		min.	max.	min.	max.	min.	min.
O, H111	≤ 20	—	250	—	135	12	10
T4, T4510, T4511	≤ 20	370	—	230	—	11	10
T6, T6510 T6511	≤ 10	415	—	370	—	7	5
	10 < e ≤ 40	450	—	400	—	6	4

Strangpreßprofile [10])						
Werkstoff-zustand	Maße mm $e^3)$	R_m MPa		$R_{p0,2}$ MPa		A %	A_{50mm} %
		min.	max.	min.	max.	min.	min.
O, H111	alle	—	250	—	135	12	10
T4, T4510, T4511	≤ 25	370	—	230	—	11	10
	25 < e ≤ 75	410	—	270	—	10	—
T6, T6510, T6511	≤ 25	415	—	370	—	7	5
	25 < e ≤ 75	460	—	415	—	7	—

[1]) D = Durchmesser von Rundstangen

[2]) S = Schlüsselweite von Vierkant- und Sechskantstangen, Dicke von Rechteckstangen

[3]) e = Wanddicke

[10]) Wenn der Querschnitt eines Profils sich aus unterschiedlichen Dicken zusammensetzt, denen verschiedene Werte der mechanischen Eigenschaften zugeordnet sind, gelten jeweils die niedrigsten festgelegten Werte für den gesamten Querschnitt des Profils.

Tabelle 10: Legierung EN AW-2017A [Al Cu4MgSi(A)]

Stranggepreßte Stangen

Werkstoffzustand	Maße mm D[1])	Maße mm S[2])	R_m MPa min.	R_m MPa max.	$R_{p0,2}$ MPa min.	$R_{p0,2}$ MPa max.	A % min.	$A_{50\,mm}$ % min.
O, H111	≤ 200	≤ 200	—	250	—	135	12	10
T4, T4510, T4511[5])	≤ 25 25 < D ≤ 75 75 < D ≤ 150 150 < D ≤ 200 200 < D ≤ 250	≤ 25 25 < S ≤ 75 75 < S ≤ 150 150 < S ≤ 200 200 < S ≤ 250	380 400 390 370 360	— — — — —	260 270 260 240 220	— — — — —	12 10 9 8 7	10 — — — —

Stranggepreßte Rohre

Werkstoffzustand	Maße mm e[3])	R_m MPa min.	R_m MPa max.	$R_{p0,2}$ MPa min.	$R_{p0,2}$ MPa max.	A % min.	$A_{50\,mm}$ % min.
O, H111	≤ 20	—	250	—	135	12	10
T4, T4510, T4511[5])	≤ 10 10 < e ≤ 75	380 400	— —	260 270	— —	12 10	10 8

Strangpreßprofile

Werkstoffzustand	Maße mm e[3])	R_m MPa min.	R_m MPa max.	$R_{p0,2}$ MPa min.	$R_{p0,2}$ MPa max.	A % min.	$A_{50\,mm}$ % min.
T4, T4510, T4511[5])	≤ 30	380	—	260	—	10	8

[1]) D = Durchmesser von Rundstangen
[2]) S = Schlüsselweite von Vierkant- und Sechskantstangen, Dicke von Rechteckstangen
[3]) e = Wanddicke
[5]) Die Eigenschaften dürfen durch Abschrecken an der Presse erzielt werden.

Tabelle 11: Legierung EN AW-2024 [Al Cu4Mg1]

	Stranggepreßte Stangen							
Werkstoff-zustand	Maße mm		R_m MPa		$R_{p0,2}$ MPa		A %	A_{50mm} %
	$D^1)$	$S^2)$	min.	max.	min.	max.	min.	min.
O, H111	≤ 200	≤ 200	—	250	—	150	12	10
T3, T3510, T3511	≤ 50 50 < D ≤ 100 100 < D ≤ 200 200 < D ≤ 250	≤ 50 50 < S ≤ 100 100 < S ≤ 200 200 < S ≤ 250	450 440 420 400	— — — —	310 300 280 270	— — — —	8 8 8 8	6 — — —
T8, T8510, T8511	≤ 150	≤ 150	455	—	380	—	5	4

	Stranggepreßte Rohre						
Werkstoff-zustand	Maße mm	R_m MPa		$R_{p0,2}$ MPa		A %	A_{50mm} %
	$e^3)$	min.	max.	min.	max.	min.	min.
O, H111	≤ 30	—	250	—	150	12	10
T3, T3510, T3511	≤ 30	420	—	290	—	8	6
T8, T8510 T8511	≤ 30	455	—	380	—	5	4

	Strangpreßprofile [10])						
Werkstoff-zustand	Maße mm	R_m MPa		$R_{p0,2}$ MPa		A %	A_{50mm} %
	$e^3)$	min.	max.	min.	max.	min.	min.
O, H111	alle	—	250	—	150	12	10
T3, T3510, T3511	≤ 15 15 < e ≤ 50	395 420	— —	290 290	— —	8 8	6 —
T8, T8510, T8511	≤ 50	455	—	380	—	5	4

[1]) D = Durchmesser von Rundstangen
[2]) S = Schlüsselweite von Vierkant- und Sechskantstangen, Dicke von Rechteckstangen
[3]) e = Wanddicke
[10]) Wenn der Querschnitt eines Profils sich aus unterschiedlichen Dicken zusammensetzt, denen verschiedene Werte der mechanischen Eigenschaften zugeordnet sind, gelten jeweils die niedrigsten festgelegten Werte für den gesamten Querschnitt des Profils.

Tabelle 12: Legierung EN AW-2030 [Al Cu4PbMg]

	Stranggepreßte Stangen							
Werkstoff-zustand	Maße mm		R_m MPa		$R_{p0,2}$ MPa		A %	$A_{50\,mm}$ %
	$D^1)$	$S^2)$	min.	max.	min.	max.	min.	min.
T4, T4510, T4511[5]	≤ 80	≤ 80	370	—	250	—	8	6
	80 < D ≤ 200	80 < S ≤ 200	340	—	220	—	8	—
	200 < D ≤ 250	200 < S ≤ 250	330	—	210	—	7	—

	Stranggepreßte Rohre						
Werkstoff-zustand	Maße mm	R_m MPa		$R_{p0,2}$ MPa		A %	$A_{50\,mm}$ %
	$e^3)$	min.	max.	min.	max.	min.	min.
T4, T4510, T4511[5]	≤ 25	370	—	250	—	8	6

	Strangpreßprofile						
Werkstoff-zustand	Maße mm	R_m MPa		$R_{p0,2}$ MPa		A %	$A_{50\,mm}$ %
	$e^3)$	min.	max.	min.	max.	min.	min.
T4, T4510, T4511[5]	≤ 30	370	—	250	—	8	6

[1]) D = Durchmesser von Rundstangen
[2]) S = Schlüsselweite von Vierkant- und Sechskantstangen, Dicke von Rechteckstangen
[3]) e = Wanddicke
[5]) Die Eigenschaften dürfen durch Abschrecken an der Presse erzielt werden.

Tabelle 13: Legierung EN AW-3003 [Al Mn1Cu]

	Stranggepreßte Stangen							
Werkstoff-zustand	Maße mm		R_m MPa		$R_{p0,2}$ MPa		A %	$A_{50\,mm}$ %
	$D^1)$	$S^2)$	min.	max.	min.	max.	min.	min.
F[4], H112	alle	alle	95	—	35	—	25	20
O, H111	alle	alle	95	135	35	—	25	20

	Stranggepreßte Rohre						
Werkstoff-zustand	Maße mm	R_m MPa		$R_{p0,2}$ MPa		A %	$A_{50\,mm}$ %
	$e^3)$	min.	max.	min.	max.	min.	min.
F[4], H112	alle	95	—	35	—	25	20
O, H111	alle	95	135	35	—	25	20

	Strangpreßprofile						
Werkstoff-zustand	Maße mm	R_m MPa		$R_{p0,2}$ MPa		A %	$A_{50\,mm}$ %
	$e^3)$	min.	max.	min.	max.	min.	min.
F[4], H112	alle	95	—	35	—	25	20

[1]) D = Durchmesser von Rundstangen
[2]) S = Schlüsselweite von Vierkant- und Sechskantstangen, Dicke von Rechteckstangen
[3]) e = Wanddicke
[4]) Werkstoffzustand F: Die Werte sind nur zur Information.

Tabelle 14: Legierung EN AW-3103 [Al Mn1]

	Stranggepreßte Stangen							
Werkstoff-zustand	Maße mm		R_m MPa		$R_{p0,2}$ MPa		A %	A_{50mm} %
	$D^1)$	$S^2)$	min.	max.	min.	max.	min.	min.
$F^4)$, H112	alle	alle	95	—	35	—	25	20
O, H111	alle	alle	95	135	35	—	25	20

	Stranggepreßte Rohre						
Werkstoff-zustand	Maße mm	R_m MPa		$R_{p0,2}$ MPa		A %	A_{50mm} %
	$e^3)$	min.	max.	min.	max.	min.	min.
$F^4)$, H112	alle	95	—	35	—	25	20
O, H111	alle	95	135	35	—	25	20

	Strangpreßprofile						
Werkstoff-zustand	Maße mm	R_m MPa		$R_{p0,2}$ MPa		A %	A_{50mm} %
	$e^3)$	min.	max.	min.	max.	min.	min.
$F^4)$, H112	alle	95	—	35	—	25	20

[1]) D = Durchmesser von Rundstangen
[2]) S = Schlüsselweite von Vierkant- und Sechskantstangen, Dicke von Rechteckstangen
[3]) e = Wanddicke
[4]) Werkstoffzustand F: Die Werte sind nur zur Information.

Tabelle 15: Legierung EN AW-5005 [Al Mg1(B)]

	Stranggepreßte Stangen							
Werkstoff-zustand	Maße mm		R_m MPa		$R_{p0,2}$ MPa		A %	A_{50mm} %
	$D^1)$	$S^2)$	min.	max.	min.	max.	min.	min.
$F^4)$, H112	alle	alle	100	—	40	—	18	16
O, H111	alle	alle	100	150	40	—	20	18

	Stranggepreßte Rohre						
Werkstoff-zustand	Maße mm	R_m MPa		$R_{p0,2}$ MPa		A %	A_{50mm} %
	$e^3)$	min.	max.	min.	max.	min.	min.
$F^4)$, H112	alle	100	—	40	—	18	16
O, H111	alle	100	150	40	—	20	18

	Strangpreßprofile						
Werkstoff-zustand	Maße mm	R_m MPa		$R_{p0,2}$ MPa		A %	A_{50mm} %
	$e^3)$	min.	max.	min.	max.	min.	min.
$F^4)$, H112	alle	100	—	40	—	18	16

[1]) D = Durchmesser von Rundstangen
[2]) S = Schlüsselweite von Vierkant- und Sechskantstangen, Dicke von Rechteckstangen
[3]) e = Wanddicke
[4]) Werkstoffzustand F: Die Werte sind nur zur Information.

Tabelle 16: Legierung EN AW-5005A [Al Mg1(C)]

			R_m		$R_{p0,2}$		A	A_{50mm}
Werkstoff-zustand	Maße mm		MPa		MPa		%	%
	$D^1)$	$S^2)$	min.	max.	min.	max.	min.	min.
F[4]), H112	alle	alle	100	—	40	—	18	16
O, H111	alle	alle	100	150	40	—	20	18

Stranggepreßte Rohre							
Werkstoff-zustand	Maße mm	R_m MPa		$R_{p0,2}$ MPa		A %	A_{50mm} %
	$e^3)$	min.	max.	min.	max.	min.	min.
F[4]), H112	alle	100	—	40	—	18	16
O, H111	alle	100	150	40	—	20	18

Strangpreßprofile							
Werkstoff-zustand	Maße mm	R_m MPa		$R_{p0,2}$ MPa		A %	A_{50mm} %
	$e^3)$	min.	max.	min.	max.	min.	min.
F[4]), H112	alle	100	—	40	—	18	16

[1]) D = Durchmesser von Rundstangen
[2]) S = Schlüsselweite von Vierkant- und Sechskantstangen, Dicke von Rechteckstangen
[3]) e = Wanddicke
[4]) Werkstoffzustand F: Die Werte sind nur zur Information.

Tabelle 17: Legierung EN AW-5051A [Al Mg2(B)]

			R_m		$R_{p0,2}$		A	A_{50mm}
Werkstoff-zustand	Maße mm		MPa		MPa		%	%
	$D^1)$	$S^2)$	min.	max.	min.	max.	min.	min.
F[4]), H112	alle	alle	150	—	50	—	16	14
O, H111	alle	alle	150	200	50	—	18	16

Stranggepreßte Rohre							
Werkstoff-zustand	Maße mm	R_m MPa		$R_{p0,2}$ MPa		A %	A_{50mm} %
	$e^3)$	min.	max.	min.	max.	min.	min.
F[4]), H112	alle	150	—	60	—	16	14
O, H111	alle	150	200	60	—	18	16

Strangpreßprofile							
Werkstoff-zustand	Maße mm	R_m MPa		$R_{p0,2}$ MPa		A %	A_{50mm} %
	$e^3)$	min.	max.	min.	max.	min.	min.
F[4]), H112	alle	150	—	60	—	16	14

[1]) D = Durchmesser von Rundstangen
[2]) S = Schlüsselweite von Vierkant- und Sechskantstangen, Dicke von Rechteckstangen
[3]) e = Wanddicke
[4]) Werkstoffzustand F: Die Werte sind nur zur Information.

Tabelle 18: Legierung EN AW-5251 [Al Mg2]

Stranggepreßte Stangen								
Werkstoff-zustand	Maße mm		R_m MPa		$R_{p0,2}$ MPa		A %	A_{50mm} %
	$D^1)$	$S^2)$	min.	max.	min.	max.	min.	min.
$F^4)$, H112	alle	alle	160	—	60	—	16	14
O, H111	alle	alle	160	220	60	—	17	15

Stranggepreßte Rohre							
Werkstoff-zustand	Maße mm	R_m MPa		$R_{p0,2}$ MPa		A %	A_{50mm} %
	$e^3)$	min.	max.	min.	max.	min.	min.
$F^4)$, H112	alle	160	—	60	—	16	14
O, H111	alle	160	220	60	—	17	15

Strangpreßprofile							
Werkstoff-zustand	Maße mm	R_m MPa		$R_{p0,2}$ MPa		A %	A_{50mm} %
	$e^3)$	min.	max.	min.	max.	min.	min.
$F^4)$, H112	alle	160	—	60	—	16	14

[1]) D = Durchmesser von Rundstangen
[2]) S = Schlüsselweite von Vierkant- und Sechskantstangen, Dicke von Rechteckstangen
[3]) e = Wanddicke
[4]) Werkstoffzustand F: Die Werte sind nur zur Information.

Tabelle 19: Legierung EN AW-5052 [Al Mg2,5]

Stranggepreßte Stangen								
Werkstoff-zustand	Maße mm		R_m MPa		$R_{p0,2}$ MPa		A %	A_{50mm} %
	$D^1)$	$S^2)$	min.	max.	min.	max.	min.	min.
$F^4)$, H112	alle	alle	170	—	70	—	15	13
O, H111	alle	alle	170	230	70	—	17	15

Stranggepreßte Rohre							
Werkstoff-zustand	Maße mm	R_m MPa		$R_{p0,2}$ MPa		A %	A_{50mm} %
	$e^3)$	min.	max.	min.	max.	min.	min.
$F^4)$, H112	alle	170	—	70	—	15	13
O, H111	alle	170	230	70	—	17	15

Strangpreßprofile							
Werkstoff-zustand	Maße mm	R_m MPa		$R_{p0,2}$ MPa		A %	A_{50mm} %
	$e^3)$	min.	max.	min.	max.	min.	min.
$F^4)$, H112	alle	170	—	70	—	15	13

[1]) D = Durchmesser von Rundstangen
[2]) S = Schlüsselweite von Vierkant- und Sechskantstangen, Dicke von Rechteckstangen
[3]) e = Wanddicke
[4]) Werkstoffzustand F: Die Werte sind nur zur Information.

Tabelle 20: Legierung EN AW-5154A [Al Mg3,5(A)]

Werkstoff-zustand	Maße mm		R_m MPa		$R_{p0,2}$ MPa		A %	A_{50mm} %
Stranggepreßte Stangen								
	$D^1)$	$S^2)$	min.	max.	min.	max.	min.	min.
$F^4)$, H112	≤ 200	≤ 200	200	—	85	—	16	14
O, H111	≤ 200	≤ 200	200	275	85	—	18	16

Werkstoff-zustand	Maße mm	R_m MPa		$R_{p0,2}$ MPa		A %	A_{50mm} %
Stranggepreßte Rohre							
	$e^3)$	min.	max.	min.	max.	min.	min.
$F^4)$, H112	≤ 25	200	—	85	—	16	14
O, H111	≤ 25	200	275	85	—	18	16

Werkstoff-zustand	Maße mm	R_m MPa		$R_{p0,2}$ MPa		A %	A_{50mm} %
Strangpreßprofile							
	$e^3)$	min.	max.	min.	max.	min.	min.
$F^4)$, H112	≤ 25	200	—	85	—	16	14

[1]) D = Durchmesser von Rundstangen
[2]) S = Schlüsselweite von Vierkant- und Sechskantstangen, Dicke von Rechteckstangen
[3]) e = Wanddicke
[4]) Werkstoffzustand F: Die Werte sind nur zur Information.

Tabelle 21: Legierung EN AW-5454 [Al Mg3Mn]

Werkstoff-zustand	Maße mm		R_m MPa		$R_{p0,2}$ MPa		A %	A_{50mm} %
Stranggepreßte Stangen								
	$D^1)$	$S^2)$	min.	max.	min.	max.	min.	min.
$F^4)$, H112	≤ 200	≤ 200	200	—	85	—	16	14
O, H111	≤ 200	≤ 200	200	275	85	—	18	16

Werkstoff-zustand	Maße mm	R_m MPa		$R_{p0,2}$ MPa		A %	A_{50mm} %
Stranggepreßte Rohre							
	$e^3)$	min.	max.	min.	max.	min.	min.
$F^4)$, H112	≤ 25	200	—	85	—	16	14
O, H111	≤ 25	200	275	85	—	18	16

Werkstoff-zustand	Maße mm	R_m MPa		$R_{p0,2}$ MPa		A %	A_{50mm} %
Strangpreßprofile							
	$e^3)$	min.	max.	min.	max.	min.	min.
$F^4)$, H112	≤ 25	200	—	85	—	16	14

[1]) D = Durchmesser von Rundstangen
[2]) S = Schlüsselweite von Vierkant- und Sechskantstangen, Dicke von Rechteckstangen
[3]) e = Wanddicke
[4]) Werkstoffzustand F: Die Werte sind nur zur Information.

Tabelle 22: Legierung EN AW-5754A [Al Mg3]

Stranggepreßte Stangen								
Werkstoff- zustand	Maße mm		R_m MPa		$R_{p0,2}$ MPa		A %	A_{50mm} %
	$D^1)$	$S^2)$	min.	max.	min.	max.	min.	min.
$F^4)$, H112	≤ 150 150 < D ≤ 250	≤ 150 150 < D ≤ 250	180 180	— —	80 70	— —	14 13	12 —
O, H111	≤ 150	≤ 150	180	250	80	—	17	15
Stranggepreßte Rohre								
Werkstoff- zustand	Maße mm		R_m MPa		$R_{p0,2}$ MPa		A %	A_{50mm} %
	$e^3)$		min.	max.	min.	max.	min.	min.
$F^4)$, H112	≤ 25		180	—	80	—	14	12
O, H111	≤ 25		180	250	80	—	17	15
Strangpreßprofile								
Werkstoff- zustand	Maße mm		R_m MPa		$R_{p0,2}$ MPa		A %	A_{50mm} %
	$e^3)$		min.	max.	min.	max.	min.	min.
$F^4)$, H112	≤ 25		180	—	80	—	14	12

[1]) D = Durchmesser von Rundstangen
[2]) S = Schlüsselweite von Vierkant- und Sechskantstangen, Dicke von Rechteckstangen
[3]) e = Wanddicke
[4]) Werkstoffzustand F: Die Werte sind nur zur Information.

Tabelle 23: Legierung EN AW-5019 [Al Mg5]

Stranggepreßte Stangen								
Werkstoff- zustand	Maße mm		R_m MPa		$R_{p0,2}$ MPa		A %	A_{50mm} %
	$D^1)$	$S^2)$	min.	max.	min.	max.	min.	min.
$F^4)$, H112	≤ 200	≤ 200	250	—	110	—	14	12
O, H111	≤ 200	≤ 200	250	320	110	—	15	13
Stranggepreßte Rohre								
Werkstoff- zustand	Maße mm		R_m MPa		$R_{p0,2}$ MPa		A %	A_{50mm} %
	$e^3)$		min.	max.	min.	max.	min.	min.
$F^4)$, H112	≤ 30		250	—	110	—	14	12
O, H111	≤ 30		250	320	110	—	15	13
Strangpreßprofile								
Werkstoff- zustand	Maße mm		R_m MPa		$R_{p0,2}$ MPa		A %	A_{50mm} %
	$e^3)$		min.	max.	min.	max.	min.	min.
$F^4)$, H112	≤ 30		250	—	110	—	14	12

[1]) D = Durchmesser von Rundstangen
[2]) S = Schlüsselweite von Vierkant- und Sechskantstangen, Dicke von Rechteckstangen
[3]) e = Wanddicke
[4]) Werkstoffzustand F: Die Werte sind nur zur Information.

Tabelle 24: Legierung EN AW-5083 [Al Mg4,5Mn0,7]

Werkstoff-zustand	Maße mm		R_m MPa		$R_{p0,2}$ MPa		A %	A_{50mm} %
	D^1)	S^2)	min.	max.	min.	max.	min.	min.

Stranggepreßte Stangen

Werkstoff-zustand	D^1)	S^2)	min.	max.	min.	max.	min.	min.
F^4)	≤ 200	≤ 200	270	—	110	—	12	10
	200 < D ≤ 250	200 < S ≤ 250	260	—	100	—	12	—
O, H111	≤ 200	≤ 200	270	—	110	—	12	10
H112	≤ 200	≤ 200	270	—	125	—	12	10

Stranggepreßte Rohre

Werkstoff-zustand	Maße mm e^3)	R_m MPa min.	R_m MPa max.	$R_{p0,2}$ MPa min.	$R_{p0,2}$ MPa max.	A % min.	A_{50mm} % min.
F^4)	alle	270	—	110	—	12	10
O, H111	alle	270	—	110	—	12	10
H112	alle	270	—	125	—	12	10

Strangpreßprofile

Werkstoff-zustand	Maße mm e^3)	R_m MPa min.	R_m MPa max.	$R_{p0,2}$ MPa min.	$R_{p0,2}$ MPa max.	A % min.	A_{50mm} % min.
F^4)	alle	270	—	110	—	12	10
H112	alle	270	—	125	—	12	10

^{1}) D = Durchmesser von Rundstangen
^{2}) S = Schlüsselweite von Vierkant- und Sechskantstangen, Dicke von Rechteckstangen
^{3}) e = Wanddicke
^{4}) Werkstoffzustand F: Die Werte sind nur zur Information.

Tabelle 25: Legierung EN AW-5086 [Al Mg4]

Werkstoff-zustand	Maße mm		R_m MPa		$R_{p0,2}$ MPa		A %	A_{50mm} %
Stranggepreßte Stangen								
	D^1)	S^2)	min.	max.	min.	max.	min.	min.
F^4), H112	≤ 250	≤ 250	240	—	95	—	12	10
O, H111	≤ 200	≤ 200	240	320	95	—	18	15
Stranggepreßte Rohre								
Werkstoff-zustand	Maße mm e^3)		R_m MPa min.	max.	$R_{p0,2}$ MPa min.	max.	A % min.	A_{50mm} % min.
F^4), H112	alle		240	—	95	—	12	10
O, H111	alle		240	320	95	—	18	15
Strangpreßprofile								
Werkstoff-zustand	Maße mm e^3)		R_m MPa min.	max.	$R_{p0,2}$ MPa min.	max.	A % min.	A_{50mm} % min.
F^4), H112	alle		240	—	95	—	12	10

[1]) D = Durchmesser von Rundstangen
[2]) S = Schlüsselweite von Vierkant- und Sechskantstangen, Dicke von Rechteckstangen
[3]) e = Wanddicke
[4]) Werkstoffzustand F: Die Werte sind nur zur Information.

Tabelle 26: Legierung EN AW-6101A [EAl MgSi(A)]

Werkstoff-zustand	Maße mm		R_m MPa		$R_{p0,2}$ MPa		A %	A_{50mm} %
Stranggepreßte Stangen								
	D^1)	S^2)	min.	max.	min.	max.	min.	min.
$T6^5$)	≤ 150	≤ 150	200	—	170	—	10	8
Stranggepreßte Rohre								
Werkstoff-zustand	Maße mm e^3)		R_m MPa min.	max.	$R_{p0,2}$ MPa min.	max.	A % min.	A_{50mm} % min.
$T6^5$)	≤ 25		200	—	170	—	10	8
Strangpreßprofile								
Werkstoff-zustand	Maße mm e^3)		R_m MPa min.	max.	$R_{p0,2}$ MPa min.	max.	A % min.	A_{50mm} % min.
$T6^5$)	≤ 50		200	—	170	—	10	8

[1]) D = Durchmesser von Rundstangen
[2]) S = Schlüsselweite von Vierkant- und Sechskantstangen, Dicke von Rechteckstangen
[3]) e = Wanddicke
[5]) Die Eigenschaften dürfen durch Abschrecken an der Presse erzielt werden.

Tabelle 27: Legierung EN AW-6101B [EAl MgSi(B)]

Werkstoff-zustand	Maße mm		R_m MPa		$R_{p0,2}$ MPa		A %	A_{50mm} %
Stranggepreßte Stangen								
	D^1)	S^2)	min.	max.	min.	max.	min.	min.
T6[5], [6])	—	≤ 15	215	—	160	—	8	6
T7[5], [7])	—	≤ 15	170	—	120	—	12	10

Werkstoff-zustand	Maße mm		R_m MPa		$R_{p0,2}$ MPa		A %	A_{50mm} %
Stranggepreßte Rohre								
	e^3)		min.	max.	min.	max.	min.	min.
T6[5], [6])	≤ 15		215	—	160	—	8	6
T7[5], [7])	≤ 15		170	—	120	—	12	10

Werkstoff-zustand	Maße mm		R_m MPa		$R_{p0,2}$ MPa		A %	A_{50mm} %
Strangpreßprofile								
	e^3)		min.	max.	min.	max.	min.	min.
T6[5], [6])	≤ 15		215	—	160	—	8	6
T7[5], [7])	≤ 15		170	—	120	—	12	10

[1]) D = Durchmesser von Rundstangen
[2]) S = Schlüsselweite von Vierkant- und Sechskantstangen, Dicke von Rechteckstangen
[3]) e = Wanddicke
[5]) Die Eigenschaften dürfen durch Abschrecken an der Presse erzielt werden.
[6]) Elektrische Leitfähigkeit $\gamma \geq 30 \, MS/m$
[7]) Elektrische Leitfähigkeit $\gamma \geq 32 \, MS/m$

Tabelle 28: Legierung EN AW-6005 [Al SiMg]

Werkstoff-zustand	Maße mm		R_m MPa		$R_{p0,2}$ MPa		A %	A_{50mm} %
	$D^1)$	$S^2)$	min.	max.	min.	max.	min.	min.
Stranggepreßte Stangen								
T6[5])	≤ 25	≤ 25	270	—	225	—	10	8
	$25 < D \leq 50$	$25 < S \leq 50$	270	—	225	—	8	—
	$50 < D \leq 100$	$50 < S \leq 100$	260	—	215	—	8	—

Stranggepreßte Stangen

Stranggepreßte Rohre

Werkstoff-zustand	Maße mm $e^3)$	R_m MPa min.	max.	$R_{p0,2}$ MPa min.	max.	A % min.	A_{50mm} % min.
T6[5])	≤ 5	270	—	225	—	8	6
	$5 < e \leq 10$	260	—	215	—	8	6

Strangpreßprofile[10])

Werkstoff-zustand	Maße mm $e^3)$	R_m MPa min.	max.	$R_{p0,2}$ MPa min.	max.	A % min.	A_{50mm} % min.
Offenes Profil T4[5])	≤ 25	180	—	90	—	15	13
T6[5])	≤ 5	270	—	225	—	8	6
	$5 < e \leq 10$	260	—	215	—	8	6
	$10 < e \leq 25$	250	—	200	—	8	6
Hohlprofil T4[5])	≤ 10	180	—	90	—	15	13
T6[5])	≤ 5	255	—	215	—	8	6
	$5 < e \leq 15$	250	—	200	—	8	6

[1]) D = Durchmesser von Rundstangen

[2]) S = Schlüsselweite von Vierkant- und Sechskantstangen, Dicke von Rechteckstangen

[3]) e = Wanddicke

[5]) Die Eigenschaften dürfen durch Abschrecken an der Presse erzielt werden.

[10]) Wenn der Querschnitt eines Profils sich aus unterschiedlichen Dicken zusammensetzt, denen verschiedene Werte der mechanischen Eigenschaften zugeordnet sind, gelten jeweils die niedrigsten festgelegten Werte für den gesamten Querschnitt des Profils.

Tabelle 29: Legierung EN AW-6005A [Al SiMg(A)]

Werkstoff-zustand	Maße mm		R_m MPa		$R_{p0,2}$ MPa		A %	A_{50mm} %
	Stranggepreßte Stangen							
	$D^1)$	$S^2)$	min.	max.	min.	max.	min.	min.
T6[5])	≤ 25	≤ 25	270	—	225	—	10	8
	25 < D ≤ 50	25 < S ≤ 50	270	—	225	—	8	—
	50 < D ≤ 100	50 < S ≤ 100	260	—	215	—	8	—

Werkstoff-zustand	Maße mm	R_m MPa		$R_{p0,2}$ MPa		A %	A_{50mm} %
	Stranggepreßte Rohre						
	$e^3)$	min.	max.	min.	max.	min.	min.
T6[5])	≤ 5	270	—	225	—	8	6
	5 < e ≤ 10	260	—	215	—	8	6

Werkstoff-zustand	Maße mm	R_m MPa		$R_{p0,2}$ MPa		A %	A_{50mm} %
	Strangpreßprofile[10])						
	$e^3)$	min.	max.	min.	max.	min.	min.
Offenes Profil T4[5])	≤ 25	180	—	90	—	15	13
T6[5])	≤ 5	270	—	225	—	8	6
	5 < e ≤ 10	260	—	215	—	8	6
	10 < e ≤ 25	250	—	200	—	8	6
Hohlprofil T4[5])	≤ 10	180	—	90	—	15	13
T6[5])	≤ 5	255	—	215	—	8	6
	5 < e ≤ 15	250	—	200	—	8	6

[1]) D = Durchmesser von Rundstangen
[2]) S = Schlüsselweite von Vierkant- und Sechskantstangen, Dicke von Rechteckstangen
[3]) e = Wanddicke
[5]) Die Eigenschaften dürfen durch Abschrecken an der Presse erzielt werden.
[10]) Wenn der Querschnitt eines Profils sich aus unterschiedlichen Dicken zusammensetzt, denen verschiedene Werte der mechanischen Eigenschaften zugeordnet sind, gelten jeweils die niedrigsten festgelegten Werte für den gesamten Querschnitt des Profils.

Tabelle 30: Legierung EN AW-6106 [Al MgSiMn]

Stranggepreßte Stangen

Mechanische Eigenschaften sind nicht festgelegt.

Stranggepreßte Rohre

Mechanische Eigenschaften sind nicht festgelegt.

Werkstoff-zustand	Maße mm	R_m MPa		$R_{p0,2}$ MPa		A %	A_{50mm} %
	Strangpreßprofile						
	$e^1)$	min.	max.	min.	max.	min.	min.
T6[2])	≤ 10	250	—	200	—	8	6

[1]) e = Wanddicke
[2]) Die Eigenschaften dürfen durch Abschrecken an der Presse erzielt werden.

Tabelle 31: Legierung EN AW-6012 [Al MgSiPb]

Stranggepreßte Stangen								
Werkstoff-zustand	Maße mm		R_m MPa		$R_{p0,2}$ MPa		A %	A_{50mm} %
	$D^1)$	$S^2)$	min.	max.	min.	max.	min.	min.
T6, T6510, T6511 5)	≤ 150	≤ 150	310	—	260	—	8	6
	150 < D ≤ 200	150 < S ≤ 200	260	—	200	—	8	—
Stranggepreßte Rohre								
Werkstoff-zustand	Maße mm		R_m MPa		$R_{p0,2}$ MPa		A %	A_{50mm} %
	$e^3)$		min.	max.	min.	max.	min.	min.
T6, T6510, T6511 5)	≤ 30		310	—	260	—	8	6
Strangpreßprofile								
Werkstoff-zustand	Maße mm		R_m MPa		$R_{p0,2}$ MPa		A %	A_{50mm} %
	$e^3)$		min.	max.	min.	max.	min.	min.
T6, T6510, T6511 5)	≤ 30		310	—	260	—	8	6

1) D = Durchmesser von Rundstangen
2) S = Schlüsselweite von Vierkant- und Sechskantstangen, Dicke von Rechteckstangen
3) e = Wanddicke
5) Die Eigenschaften dürfen durch Abschrecken an der Presse erzielt werden.

Tabelle 32: Legierung EN AW-6018 [Al Mg1SiPbMn]

Stranggepreßte Stangen								
Werkstoff-zustand	Maße mm		R_m MPa		$R_{p0,2}$ MPa		A %	A_{50mm} %
	$D^1)$	$S^2)$	min.	max.	min.	max.	min.	min.
T6, T6510, T6511 5)	≤ 150	≤ 150	310	—	260	—	8	6
	150 < D ≤ 200	150 < S ≤ 200	260	—	200	—	8	—
Stranggepreßte Rohre								
Werkstoff-zustand	Maße mm		R_m MPa		$R_{p0,2}$ MPa		A %	A_{50mm} %
	$e^3)$		min.	max.	min.	max.	min.	min.
T6, T6510, T6511 5)	≤ 30		310	—	260	—	8	6
Strangpreßprofile								
Werkstoff-zustand	Maße mm		R_m MPa		$R_{p0,2}$ MPa		A %	A_{50mm} %
	$e^3)$		min.	max.	min.	max.	min.	min.
T6, T6510, T6511 5)	≤ 30		310	—	260	—	8	6

1) D = Durchmesser von Rundstangen
2) S = Schlüsselweite von Vierkant- und Sechskantstangen, Dicke von Rechteckstangen
3) e = Wanddicke
5) Die Eigenschaften dürfen durch Abschrecken an der Presse erzielt werden.

353

Tabelle 33: Legierung EN AW-6351 [Al Si1Mg0,5Mn]

Stranggepreßte Stangen

Werkstoff-zustand	Maße mm		R_m MPa		$R_{p0,2}$ MPa		A %	A_{50mm} %
	$D^1)$	$S^2)$	min.	max.	min.	max.	min.	min.
O, H111	≤ 200	≤ 200	—	160	—	110	14	12
T4⁵⁾	≤ 200	≤ 200	205	—	110	—	14	12
T6⁵⁾	≤ 20	≤ 20	295	—	250	—	8	6
	20 < D ≤ 75	20 < S ≤ 75	300	—	255	—	8	—
	75 < D ≤ 150	75 < S ≤ 150	310	—	260	—	8	—
	150 < D ≤ 200	150 < S ≤ 200	280	—	240	—	6	—
	200 < D ≤ 250	200 < S ≤ 250	270	—	200	—	6	—

Stranggepreßte Rohre

Werkstoff-zustand	Maße mm $e^3)$	R_m MPa		$R_{p0,2}$ MPa		A %	A_{50mm} %
		min.	max.	min.	max.	min.	min.
O, H111	≤ 25	—	160	—	110	14	12
T4⁵⁾	≤ 25	205	—	110	—	14	12
T6⁵⁾	≤ 5	290	—	250	—	8	6
	5 < e ≤ 25	300	—	255	—	10	8

Strangpreßprofile¹⁰⁾

Werkstoff-zustand	Maße mm $e^3)$	R_m MPa		$R_{p0,2}$ MPa		A %	A_{50mm} %
		min.	max.	min.	max.	min.	min.
O, H111	alle	—	160	—	110	14	12
T4⁵⁾	≤ 25	205	—	110	—	14	12
Offenes Profil T5	≤ 5	270	—	230	—	8	6
T6⁵⁾	≤ 5	290	—	250	—	8	6
	5 < e ≤ 25	300	—	255	—	10	8
Hohlprofil T5	≤ 5	270	—	230	—	8	6
T6⁵⁾	≤ 5	290	—	250	—	8	6
	5 < e ≤ 25	300	—	255	—	10	8

¹) D = Durchmesser von Rundstangen
²) S = Schlüsselweite von Vierkant- und Sechskantstangen, Dicke von Rechteckstangen
³) e = Wanddicke
⁵) Die Eigenschaften dürfen durch Abschrecken an der Presse erzielt werden.
¹⁰) Wenn der Querschnitt eines Profils sich aus unterschiedlichen Dicken zusammensetzt, denen verschiedene Werte der mechanischen Eigenschaften zugeordnet sind, gelten jeweils die niedrigsten festgelegten Werte für den gesamten Querschnitt des Profils.

Tabelle 34: Legierung EN AW-6060 [Al MgSi]

Werkstoff-zustand	Maße mm D^1)	Maße mm S^2)	R_m MPa min.	R_m MPa max.	$R_{p0,2}$ MPa min.	$R_{p0,2}$ MPa max.	A % min.	A_{50mm} % min.
				Stranggepreßte Stangen				
T4[5])	≤ 150	≤ 150	120	—	60	—	16	14
T5	≤ 150	≤ 150	160	—	120	—	8	6
T6[5])	≤ 150	≤ 150	190	—	150	—	8	6
T64[5]), [8])	≤ 50	≤ 50	180	—	120	—	12	10
T66[5])	≤ 150	≤ 150	215	—	160	—	8	6

Werkstoff-zustand	Maße mm e^3)	R_m MPa min.	R_m MPa max.	$R_{p0,2}$ MPa min.	$R_{p0,2}$ MPa max.	A % min.	A_{50mm} % min.
			Stranggepreßte Rohre				
T4[5])	≤ 15	120	—	60	—	16	14
T5	≤ 15	160	—	120	—	8	6
T6[5])	≤ 15	190	—	150	—	8	6
T64[5]), [8])	≤ 15	180	—	120	—	12	10
T66[5])	≤ 15	215	—	160	—	8	6

Werkstoff-zustand	Maße mm e^3)	R_m MPa min.	R_m MPa max.	$R_{p0,2}$ MPa min.	$R_{p0,2}$ MPa max.	A % min.	A_{50mm} % min.
			Strangpreßprofile[10])				
T4[5])	≤ 25	120	—	60	—	16	14
T5	≤ 5	160	—	120	—	8	6
	5 < e ≤ 25	140	—	100	—	8	6
T6[5])	≤ 3	190	—	150	—	8	6
	3 < e ≤ 25	170	—	140	—	8	6
T64[5]), [8])	≤ 15	180	—	120	—	12	10
T66[5])	≤ 3	215	—	160	—	8	6
	3 < e ≤ 25	195	—	150	—	8	6

[1]) D = Durchmesser von Rundstangen
[2]) S = Schlüsselweite von Vierkant- und Sechskantstangen, Dicke von Rechteckstangen
[3]) e = Wanddicke
[5]) Die Eigenschaften dürfen durch Abschrecken an der Presse erzielt werden.
[8]) Zum Biegen geeignet
[10]) Wenn der Querschnitt eines Profils sich aus unterschiedlichen Dicken zusammensetzt, denen verschiedene Werte der mechanischen Eigenschaften zugeordnet sind, gelten jeweils die niedrigsten festgelegten Werte für den gesamten Querschnitt des Profils.

Tabelle 35: Legierung EN AW-6061 [Al Mg1SiCu]

	Stranggepreßte Stangen								
Werkstoff-zustand	Maße mm		R_m MPa		$R_{p0,2}$ MPa		A %	A_{50mm} %
	D^1)	S^2)	min.	max.	min.	max.	min.	min.
O, H111	≤ 200	≤ 200	—	150	—	110	16	14
T4[5])	≤ 200	≤ 200	180	—	110	—	15	13
T6[5])	≤ 200	≤ 200	260	—	240	—	8	6

	Stranggepreßte Rohre							
Werkstoff-zustand	Maße mm	R_m MPa		$R_{p0,2}$ MPa		A %	A_{50mm} %
	e^3)	min.	max.	min.	max.	min.	min.
O, H111	≤ 25	—	150	—	110	16	14
T4[5])	≤ 25	180	—	110	—	15	13
T6[5])	≤ 5	260	—	240	—	8	6
	5 < e ≤ 25	260	—	240	—	10	8

	Strangpreßprofile[10])							
Werkstoff-zustand	Maße mm	R_m MPa		$R_{p0,2}$ MPa		A %	A_{50mm} %
	e^3)	min.	max.	min.	max.	min.	min.
T4[5])	≤ 25	180	—	110	—	15	13
T6[5])	≤ 5	260	—	240	—	9	7
	5 < e ≤ 25	260	—	240	—	10	8

[1]) D = Durchmesser von Rundstangen
[2]) S = Schlüsselweite von Vierkant- und Sechskantstangen, Dicke von Rechteckstangen
[3]) e = Wanddicke
[5]) Die Eigenschaften dürfen durch Abschrecken an der Presse erzielt werden.
[10]) Wenn der Querschnitt eines Profils sich aus unterschiedlichen Dicken zusammensetzt, denen verschiedene Werte der mechanischen Eigenschaften zugeordnet sind, gelten jeweils die niedrigsten festgelegten Werte für den gesamten Querschnitt des Profils.

Tabelle 36: Legierung EN AW-6261 [Al Mg1SiCu(A)]

Stranggepreßte Stangen

Werkstoff-zustand	Maße mm D^1)	Maße mm S^2)	R_m MPa min.	R_m MPa max.	$R_{p0,2}$ MPa min.	$R_{p0,2}$ MPa max.	A % min.	A_{50mm} % min.
O, H111	≤ 100	≤ 100	—	170	—	120	14	12
T4[5])	≤ 100	≤ 100	180	—	100	—	14	12
T6[5])	≤ 20 20 < D ≤ 100	≤ 20 20 < S ≤ 100	290 290	— —	245 245	— —	8 8	7 —

Stranggepreßte Rohre

Werkstoff-zustand	Maße mm e^3)	R_m MPa min.	R_m MPa max.	$R_{p0,2}$ MPa min.	$R_{p0,2}$ MPa max.	A % min.	A_{50mm} % min.
O, H111	≤ 10	—	170	—	120	14	12
T4[5])	≤ 10	180	—	100	—	14	12
T5	≤ 5 5 < e ≤ 10	270 260	— —	230 220	— —	8 9	7 8
T6[5])	≤ 5 5 < e ≤ 10	290 290	— —	245 245	— —	8 9	7 8

Strangpreßprofile

Werkstoff-zustand	Maße mm e^3)	R_m MPa min.	R_m MPa max.	$R_{p0,2}$ MPa min.	$R_{p0,2}$ MPa max.	A % min.	A_{50mm} % min.
O, H111	alle	—	170	—	120	14	12
T4[5])	≤ 25	180	—	100	—	14	12
Offenes Profil T5	≤ 5 5 < e ≤ 25 > 25	270 260 250	— — —	230 220 210	— — —	8 9 9	7 8 —
T6[5])	≤ 5 5 < e ≤ 25	290 280	— —	245 235	— —	8 8	7 7
Hohlprofil T5	≤ 5 5 < e ≤ 10	270 260	— —	230 220	— —	8 9	7 8
T6[5])	≤ 5 5 < e ≤ 10	290 270	— —	245 230	— —	8 9	7 8

[1]) D = Durchmesser von Rundstangen

[2]) S = Schlüsselweite von Vierkant- und Sechskantstangen, Dicke von Rechteckstangen

[3]) e = Wanddicke

[5]) Die Eigenschaften dürfen durch Abschrecken an der Presse erzielt werden.

[10]) Wenn der Querschnitt eines Profils sich aus unterschiedlichen Dicken zusammensetzt, denen verschiedene Werte der mechanischen Eigenschaften zugeordnet sind, gelten jeweils die niedrigsten festgelegten Werte für den gesamten Querschnitt des Profils.

Tabelle 37: Legierung EN AW-6262 [Al Mg1SiPb]

	Stranggepreßte Stangen							
Werkstoff-zustand	Maße mm		R_m MPa		$R_{p0,2}$ MPa		A %	A_{50mm} %
	D^1)	S^2)	min.	max.	min.	max.	min.	min.
T6[5])	≤ 200	≤ 200	260	—	240	—	10	8

	Stranggepreßte Rohre							
Werkstoff-zustand	Maße mm	R_m MPa		$R_{p0,2}$ MPa		A %	A_{50mm} %	
	e^3)	min.	max.	min.	max.	min.	min.	
T6[5])	≤ 25	260	—	240	—	10	8	

	Strangpreßprofile							
Werkstoff-zustand	Maße mm	R_m MPa		$R_{p0,2}$ MPa		A %	A_{50mm} %	
	e^3)	min.	max.	min.	max.	min.	min.	
T6[5])	≤ 25	260	—	240	—	10	8	

[1]) D = Durchmesser von Rundstangen
[2]) S = Schlüsselweite von Vierkant- und Sechskantstangen, Dicke von Rechteckstangen
[3]) e = Wanddicke
[5]) Die Eigenschaften dürfen durch Abschrecken an der Presse erzielt werden.

358

Tabelle 38: Legierung EN AW-6063 [Al Mg0,7Si]

Stranggepreßte Stangen

Werkstoff-zustand	Maße mm		R_m MPa		$R_{p0,2}$ MPa		A %	$A_{50\,mm}$ %
	D^1)	S^2)	min.	max.	min.	max.	min.	min.
O, H111	≤ 200	≤ 200	—	130	—	—	18	16
T4[5]	≤ 150 150 < D ≤ 200	≤ 150 150 < S ≤ 200	130 120	—	65 65	—	14 12	12 —
T5	≤ 200	≤ 200	175	—	130	—	8	6
T6[5]	≤ 150 150 < D ≤ 200	≤ 150 150 < S ≤ 200	215 195	—	170 160	—	10 10	8 —
T66[5]	≤ 200	≤ 200	245	—	200	—	10	8

Stranggepreßte Rohre

Werkstoff-zustand	Maße mm	R_m MPa		$R_{p0,2}$ MPa		A %	$A_{50\,mm}$ %
	e^3)	min.	max.	min.	max.	min.	min.
O, H111	≤ 25	—	130	—	—	18	16
T4[5]	≤ 10 10 < e ≤ 25	130 120	—	65 65	—	14 12	12 10
T5	≤ 25	175	—	130	—	8	6
T6[5]	≤ 25	215	—	170	—	10	8
T66[5]	≤ 25	245	—	200	—	10	8

Strangpreßprofile[10])

Werkstoff-zustand	Maße mm	R_m MPa		$R_{p0,2}$ MPa		A %	$A_{50\,mm}$ %
	e^3)	min.	max.	min.	max.	min.	min.
T4[5]	≤ 25	130	—	65	—	14	12
T5	≤ 3 3 < e ≤ 25	175 160	—	130 110	—	8 7	6 5
T6[5]	≤ 10 10 < e ≤ 25	215 195	—	170 160	—	8 8	6 6
T64[5], [8])	≤ 15	180	—	120	—	12	10
T66[5]	≤ 10 10 < e ≤ 25	245 225	—	200 180	—	8 8	6 6

[1]) D = Durchmesser von Rundstangen
[2]) S = Schlüsselweite von Vierkant- und Sechskantstangen, Dicke von Rechteckstangen
[3]) e = Wanddicke
[5]) Die Eigenschaften dürfen durch Abschrecken an der Presse erzielt werden.
[8]) Zum Biegen geeignet
[10]) Wenn der Querschnitt eines Profils sich aus unterschiedlichen Dicken zusammensetzt, denen verschiedene Werte der mechanischen Eigenschaften zugeordnet sind, gelten jeweils die niedrigsten festgelegten Werte für den gesamten Querschnitt des Profils.

Tabelle 39: Legierung EN AW-6063A [Al Mg0,7Si(A)]

Werkstoff-zustand	Stranggepreßte Stangen							
	Maße mm		R_m MPa		$R_{p0,2}$ MPa		A %	A_{50mm} %
	D^1)	S^2)	min.	max.	min.	max.	min.	min.
O, H111	≤ 200	≤ 200	—	150	—	—	16	14
T4[5])	≤ 150 150 < D ≤ 200	≤ 150 150 < S ≤ 200	150 140	— —	90 90	— —	12 10	10 —
T5	≤ 200	≤ 200	200	—	160	—	7	5
T6[5])	≤ 150 150 < D ≤ 200	≤ 150 150 < S ≤ 200	230 220	— —	190 160	— —	7 7	5 —

Werkstoff-zustand	Stranggepreßte Rohre						
	Maße mm	R_m MPa		$R_{p0,2}$ MPa		A %	A_{50mm} %
	e^3)	min.	max.	min.	max.	min.	min.
O, H111	≤ 25	—	150	—	—	16	14
T4[5])	≤ 10 10 < e ≤ 25	150 140	— —	90 90	— —	12 10	10 8
T5	≤ 25	200	—	160	—	7	5
T6[5])	≤ 25	230	—	190	—	7	5

Werkstoff-zustand	Strangpreßprofile[10])						
	Maße mm	R_m MPa		$R_{p0,2}$ MPa		A %	A_{50mm} %
	e^3)	min.	max.	min.	max.	min.	min.
T4[5])	≤ 25	150	—	90	—	12	10
T5	≤ 10 10 < e ≤ 25	200 190	— —	160 150	— —	7 6	5 4
T6[5])	≤ 10 10 < e ≤ 25	230 220	— —	190 180	— —	7 5	5 4

[1]) D = Durchmesser von Rundstangen
[2]) S = Schlüsselweite von Vierkant- und Sechskantstangen, Dicke von Rechteckstangen
[3]) e = Wanddicke
[5]) Die Eigenschaften dürfen durch Abschrecken an der Presse erzielt werden.
[10]) Wenn der Querschnitt eines Profils sich aus unterschiedlichen Dicken zusammensetzt, denen verschiedene Werte der mechanischen Eigenschaften zugeordnet sind, gelten jeweils die niedrigsten festgelegten Werte für den gesamten Querschnitt des Profils.

Tabelle 40: Legierung EN AW-6463 [Al Mg0,7Si(B)]

Werkstoff-zustand	Maße mm		R_m MPa		$R_{p0,2}$ MPa		A %	A_{50mm} %
	D^1)	S^2)	min.	max.	min.	max.	min.	min.
			Stranggepreßte Stangen					
T4⁵)	≤ 150	≤ 150	125	—	75	—	14	12
T5	≤ 150	≤ 150	150	—	110	—	8	6
T6⁵)	≤ 150	≤ 150	195	—	160	—	10	8

Werkstoff-zustand	Maße mm	R_m MPa		$R_{p0,2}$ MPa		A %	A_{50mm} %
	e^3)	min.	max.	min.	max.	min.	min.
		Stranggepreßte Rohre					
T6⁵)	≤ 25	195	—	160	—	10	8

Werkstoff-zustand	Maße mm	R_m MPa		$R_{p0,2}$ MPa		A %	A_{50mm} %
	e^3)	min.	max.	min.	max.	min.	min.
		Strangpreßprofile					
T4⁵)	≤ 50	125	—	75	—	14	12
T5	≤ 50	150	—	110	—	8	6
T6⁵)	≤ 50	195	—	160	—	10	8

¹) D = Durchmesser von Rundstangen
²) S = Schlüsselweite von Vierkant- und Sechskantstangen, Dicke von Rechteckstangen
³) e = Wanddicke
⁵) Die Eigenschaften dürfen durch Abschrecken an der Presse erzielt werden.

Tabelle 41: Legierung EN AW-6081 [Al Si0,9MgMn]

Werkstoff-zustand	Maße mm		R_m MPa		$R_{p0,2}$ MPa		A %	A_{50mm} %
	$D^1)$	$S^2)$	min.	max.	min.	max.	min.	min.
	Stranggepreßte Stangen							
T6[5])	≤ 250	≤ 250	275	—	240	—	8	6

Werkstoff-zustand	Maße mm $e^3)$	R_m MPa		$R_{p0,2}$ MPa		A %	A_{50mm} %
		min.	max.	min.	max.	min.	min.
	Stranggepreßte Rohre						
T6[5])	≤ 25	275	—	240	—	8	6

Werkstoff-zustand	Maße mm $e^3)$	R_m MPa		$R_{p0,2}$ MPa		A %	A_{50mm} %
		min.	max.	min.	max.	min.	min.
	Strangpreßprofile						
Offenes Profil T6[5])	≤ 25	275	—	240	—	8	6
Hohlprofil T6[5])	≤ 15	275	—	240	—	8	6

[1]) D = Durchmesser von Rundstangen
[2]) S = Schlüsselweite von Vierkant- und Sechskantstangen, Dicke von Rechteckstangen
[3]) e = Wanddicke
[5]) Die Eigenschaften dürfen durch Abschrecken an der Presse erzielt werden.

Tabelle 42: Legierung EN AW-6082 [Al Si1MgMn]

Stranggepreßte Stangen

Werkstoff-zustand	Maße mm		R_m MPa		$R_{p0,2}$ MPa		A %	A_{50mm} %
	$D^1)$	$S^2)$	min.	max.	min.	max.	min.	min.
O, H111	≤ 200	≤ 200	—	160	—	110	14	12
T4⁵⁾	≤ 200	≤ 200	205	—	110	—	14	12
T6⁵⁾	≤ 20	≤ 20	295	—	250	—	8	6
	20 < D ≤ 150	20 < S ≤ 150	310	—	260	—	8	—
	150 < D ≤ 200	150 < S ≤ 200	280	—	240	—	6	—
	200 < D ≤ 250	200 < S ≤ 250	270	—	200	—	6	—

Stranggepreßte Rohre

Werkstoff-zustand	Maße mm	R_m MPa		$R_{p0,2}$ MPa		A %	A_{50mm} %
	$e^3)$	min.	max.	min.	max.	min.	min.
O, H111	≤ 25	—	160	—	110	14	12
T4⁵⁾	≤ 25	205	—	110	—	14	12
T6⁵⁾	≤ 5	290	—	250	—	8	6
	5 < e ≤ 25	310	—	260	—	10	8

Strangpreßprofile¹⁰⁾

Werkstoff-zustand	Maße mm	R_m MPa		$R_{p0,2}$ MPa		A %	A_{50mm} %
	$e^3)$	min.	max.	min.	max.	min.	min.
O, H111	alle	—	160	—	110	14	12
T4⁵⁾	≤ 25	205	—	110	—	14	12
Offenes Profil T5	≤ 5	270	—	230	—	8	6
T6⁵⁾	≤ 5	290	—	250	—	8	6
	5 < e ≤ 25	310	—	260	—	10	8
Hohlprofil T5	≤ 5	270	—	230	—	8	6
T6⁵⁾	≤ 5	290	—	250	—	8	6
	5 < e ≤ 15	310	—	260	—	10	8

1) D = Durchmesser von Rundstangen
2) S = Schlüsselweite von Vierkant- und Sechskantstangen, Dicke von Rechteckstangen
3) e = Wanddicke
5) Die Eigenschaften dürfen durch Abschrecken an der Presse erzielt werden.
10) Wenn der Querschnitt eines Profils sich aus unterschiedlichen Dicken zusammensetzt, denen verschiedene Werte der mechanischen Eigenschaften zugeordnet sind, gelten jeweils die niedrigsten festgelegten Werte für den gesamten Querschnitt des Profils.

Tabelle 43: Legierung EN AW-7003 [Al Zn6Mg0,8Zr]

Werkstoff-zustand	Maße mm D^{1})	Maße mm S^{2})	R_m MPa min.	R_m MPa max.	$R_{p0,2}$ MPa min.	$R_{p0,2}$ MPa max.	A % min.	A_{50mm} % min.
				Stranggepreßte Stangen				
T5	alle	alle	310	—	260	—	10	8
T6^{5})	≤ 50	≤ 50	350	—	290	—	10	8
	50 < D ≤ 150	50 < S ≤ 150	340	—	280	—	10	—

Werkstoff-zustand	Maße mm e^{3})	R_m MPa min.	R_m MPa max.	$R_{p0,2}$ MPa min.	$R_{p0,2}$ MPa max.	A % min.	A_{50mm} % min.
			Stranggepreßte Rohre				
T5	alle	310	—	260	—	10	8
T6^{5})	≤ 10	350	—	290	—	10	8
	10 < e ≤ 25	340	—	280	—	10	8

Werkstoff-zustand	Maße mm e^{3})	R_m MPa min.	R_m MPa max.	$R_{p0,2}$ MPa min.	$R_{p0,2}$ MPa max.	A % min.	A_{50mm} % min.
			Strangpreßprofile^{10})				
T5	alle	310	—	260	—	10	8
T6^{5})	≤ 10	350	—	290	—	10	8
	10 < e ≤ 25	340	—	280	—	10	8

[1]) D = Durchmesser von Rundstangen
[2]) S = Schlüsselweite von Vierkant- und Sechskantstangen, Dicke von Rechteckstangen
[3]) e = Wanddicke
[5]) Die Eigenschaften dürfen durch Abschrecken an der Presse erzielt werden.
[10]) Wenn der Querschnitt eines Profils sich aus unterschiedlichen Dicken zusammensetzt, denen verschiedene Werte der mechanischen Eigenschaften zugeordnet sind, gelten jeweils die niedrigsten festgelegten Werte für den gesamten Querschnitt des Profils.

Tabelle 44: Legierung EN AW-7005 [Al Zn4,5Mg1,5Mn]

	Stranggepreßte Stangen							
Werkstoff-zustand	Maße mm		R_m MPa		$R_{p0,2}$ MPa		A %	A_{50mm} %
	D^1)	S^2)	min.	max.	min.	max.	min.	min.
T6[5])	≤ 50	≤ 50	350	—	290	—	10	8
	50 < D ≤ 200	50 < S ≤ 200	340	—	270	—	10	—

	Stranggepreßte Rohre							
Werkstoff-zustand	Maße mm	R_m MPa		$R_{p0,2}$ MPa		A %	A_{50mm} %
	e^3)	min.	max.	min.	max.	min.	min.
T6[5])	≤ 15	350	—	290	—	10	8

	Strangpreßprofile							
Werkstoff-zustand	Maße mm	R_m MPa		$R_{p0,2}$ MPa		A %	A_{50mm} %
	e^3)	min.	max.	min.	max.	min.	min.
T6[5])	≤ 40	350	—	290	—	10	8

[1]) D = Durchmesser von Rundstangen
[2]) S = Schlüsselweite von Vierkant- und Sechskantstangen, Dicke von Rechteckstangen
[3]) e = Wanddicke
[5]) Die Eigenschaften dürfen durch Abschrecken an der Presse erzielt werden.

Tabelle 45: Legierung EN AW-7020 [Al Zn4,5Mg1]

	Stranggepreßte Stangen							
Werkstoff-zustand	Maße mm		R_m MPa		$R_{p0,2}$ MPa		A %	A_{50mm} %
	D^1)	S^2)	min.	max.	min.	max.	min.	min.
T6[5])	≤ 50	≤ 50	350	—	290	—	10	8
	50 < D ≤ 200	50 < S ≤ 200	340	—	275	—	10	—

	Stranggepreßte Rohre							
Werkstoff-zustand	Maße mm	R_m MPa		$R_{p0,2}$ MPa		A %	A_{50mm} %
	e^3)	min.	max.	min.	max.	min.	min.
T6[5])	≤ 15	350	—	290	—	10	8

	Strangpreßprofile							
Werkstoff-zustand	Maße mm	R_m MPa		$R_{p0,2}$ MPa		A %	A_{50mm} %
	e^3)	min.	max.	min.	max.	min.	min.
T6[5])	≤ 40	350	—	290	—	10	8

[1]) D = Durchmesser von Rundstangen
[2]) S = Schlüsselweite von Vierkant- und Sechskantstangen, Dicke von Rechteckstangen
[3]) e = Wanddicke
[5]) Die Eigenschaften dürfen durch Abschrecken an der Presse erzielt werden.

Tabelle 46: Legierung EN AW-7022 [Al Zn5Mg3Cu]

Werkstoff-zustand	Maße mm		R_m MPa		$R_{p0,2}$ MPa		A %	A_{50mm} %
	$D^1)$	$S^2)$	min.	max.	min.	max.	min.	min.

Stranggepreßte Stangen

Werkstoff-zustand	$D^1)$	$S^2)$	min.	max.	min.	max.	min.	min.
T6, T6510, T6511[5]	≤ 80	≤ 80	490	—	420	—	7	5
	80 < D ≤ 200	80 < S ≤ 200	470	—	400	—	7	—

Stranggepreßte Rohre

Werkstoff-zustand	Maße mm $e^3)$	R_m MPa min.	max.	$R_{p0,2}$ MPa min.	max.	A % min.	A_{50mm} % min.
T6, T6510, T6511[5]	≤ 30	490	—	420	—	7	5

Strangpreßprofile

Werkstoff-zustand	Maße mm $e^3)$	R_m MPa min.	max.	$R_{p0,2}$ MPa min.	max.	A % min.	A_{50mm} % min.
T6, T6510, T6511[5]	≤ 30	490	—	420	—	7	5

[1] D = Durchmesser von Rundstangen
[2] S = Schlüsselweite von Vierkant- und Sechskantstangen, Dicke von Rechteckstangen
[3] e = Wanddicke
[5] Die Eigenschaften dürfen durch Abschrecken an der Presse erzielt werden.

Tabelle 47: Legierung EN AW-7049A [Al Zn8MgCu]

Stranggepreßte Stangen

Werkstoff-zustand	$D^1)$	$S^2)$	R_m MPa min.	max.	$R_{p0,2}$ MPa min.	max.	A % min.	A_{50mm} % min.
T6, T6510, T6511	≤ 100	≤ 100	610	—	530	—	5	4
	100 < D ≤ 125	100 < S ≤ 125	560	—	500	—	5	—
	125 < D ≤ 150	125 < S ≤ 150	520	—	430	—	5	—
	150 < D ≤ 180	150 < S ≤ 180	450	—	400	—	3	—

Stranggepreßte Rohre

Werkstoff-zustand	Maße mm $e^3)$	R_m MPa min.	max.	$R_{p0,2}$ MPa min.	max.	A % min.	A_{50mm} % min.
T6, T6510, T6511	≤ 30	610	—	530	—	5	4

Strangpreßprofile

Werkstoff-zustand	Maße mm $e^3)$	R_m MPa min.	max.	$R_{p0,2}$ MPa min.	max.	A % min.	A_{50mm} % min.
T6, T6510, T6511	≤ 30	610	—	530	—	5	4

[1] D = Durchmesser von Rundstangen
[2] S = Schlüsselweite von Vierkant- und Sechskantstangen, Dicke von Rechteckstangen
[3] e = Wanddicke

Tabelle 48: Legierung EN AW-7075 [Al Zn5,5MgCu]

Stranggepreßte Stangen

Werkstoff-zustand	Maße mm D^1)	S^2)	R_m MPa min.	max.	$R_{p0,2}$ MPa min.	max.	A % min.	A_{50mm} % min.
O, H111	≤ 200	≤ 200	—	275	—	165	10	8
T6, T6510, T6511	≤ 25	≤ 25	540	—	480	—	7	5
	25 < D ≤ 100	25 < S ≤ 100	560	—	500	—	7	—
	100 < D ≤ 150	100 < S ≤ 150	530	—	470	—	6	—
	150 < D ≤ 200	150 < S ≤ 200	470	—	400	—	5	—
T73, T73510, T73511⁹)	≤ 25	≤ 25	485	—	420	—	7	5
	25 < D ≤ 75	25 < S ≤ 75	475	—	405	—	7	—
	75 < D ≤ 100	75 < S ≤ 100	470	—	390	—	6	—
	100 < D ≤ 150	100 < S ≤ 150	440	—	360	—	6	—

Stranggepreßte Rohre

Werkstoff-zustand	Maße mm e^3)	R_m MPa min.	max.	$R_{p0,2}$ MPa min.	max.	A % min.	A_{50mm} % min.
O, H111	≤ 10	—	275	—	165	10	—
T6, T6510, T6511	≤ 5	540	—	485	—	8	6
	5 < e ≤ 10	560	—	505	—	7	5
	10 < e ≤ 50	560	—	495	—	6	4
T73, T73510, T73511⁹)	≤ 5	470	—	400	—	7	5
	5 < e ≤ 25	485	—	420	—	8	6
	25 < e ≤ 50	475	—	405	—	8	—

Strangpreßprofile¹⁰)

Werkstoff-zustand	Maße mm e^3)	R_m MPa min.	max.	$R_{p0,2}$ MPa min.	max.	A % min.	A_{50mm} % min.
T6, T6510, T6511	≤ 25	530	—	460	—	6	4
	25 < e ≤ 60	540	—	470	—	6	—
T73, T73510, T73511⁹)	≤ 25	485	—	420	—	7	5

¹) D = Durchmesser von Rundstangen
²) S = Schlüsselweite von Vierkant- und Sechskantstangen, Dicke von Rechteckstangen
³) e = Wanddicke
⁹) Siehe Anhänge A und B für Werkstoff in diesem Werkstoffzustand
¹⁰) Wenn der Querschnitt eines Profils sich aus unterschiedlichen Dicken zusammensetzt, denen verschiedene Werte der mechanischen Eigenschaften zugeordnet sind, gelten jeweils die niedrigsten festgelegten Werte für den gesamten Querschnitt des Profils.

Anhang A   (normativ)

Beständigkeit gegen Spannungsrißkorrosion — Prüfung auf Spannungsrißkorrosion

Erzeugnisse der Legierung EN AW-7075 in den Werkstoffzuständen T73, T73510 und T73511 und mit Dicken gleich oder größer als 20 mm dürfen nach Durchführung einer Prüfung nach ASTM G 47 oder ISO 9591 keinerlei Anzeichen von Spannungsrißkorrosion aufweisen. Die Proben müssen dabei in Querrichtung mit einem Spannungsfaktor gleich 75 % der festgelegten Mindestdehngrenze $R_{p0,2}$ belastet werden.

Das Verfahren zum Aufbringen der Spannung sowie die Form und die Maße der Proben sind zwischen Lieferer und Kunden zu vereinbaren.

Die Prüfhäufigkeit muß mindestens einen Probenabschnitt alle 6 Monate für jeden Dicken- oder Durchmesserbereich betragen, sofern nichts anderes vereinbart und in der Bestellung angegeben ist.

Anhang B   (normativ)

Beständigkeit gegen Spannungsrißkorrosion — Elektrische Leitfähigkeit

Die elektrische Leitfähigkeit muß an den Proben für den Zugversuch für jedes Prüflos nach EN 2004-1 bestimmt werden[1]).
Abnahmekriterien eines Prüfloses für die Werkstoffzustände T73, T73510 und T73511:

Elektrische Leitfähigkeit MS/m	Mechanische Eigenschaften	Akzeptanz des Prüfloses
≥23,0	wie in der Norm festgelegt	akzeptabel
22,0 ≤ γ < 23,0	wie in der Norm festgelegt wobei $R_{p0,2}$ den Mindestwert um nicht mehr als 85 MPa überschreitet	akzeptabel
	wie in der Norm festgelegt wobei $R_{p0,2}$ den Mindestwert um mehr als 85 MPa überschreitet	verdächtig[1])
weniger als 22,0	jede Stufe	nicht akzeptabel[2])

[1] Wenn das Los sich bei der Abnahmeprüfung als "verdächtig" erweist, muß das Material nachbehandelt werden oder eine Probe von dem Material muß einer Wärmebehandlung von mindestens 30 min bei einer Temperatur von (465 ± 5)°C unterzogen und danach in kaltem Wasser abgeschreckt werden. Die elektrische Leitfähigkeit muß dann innerhalb 15 min nach dem Abschrecken gemessen werden. Falls die Differenz zwischen dem Ausgangswert und diesem Meßwert ≥ 3,5 MS/m ist, gilt das Prüflos als akzeptabel. Ist der Unterschied kleiner als 3,5 MS/m, gilt das Prüflos als nicht akzeptabel und muß nachbehandelt werden (zusätzliche Warmauslagerungsbehandlung oder Lösungsglühen und Warmauslagerung).

[2] Wenn das Los als "nicht akzeptabel" eingestuft wird, so darf das Material nachbehandelt werden (zusätzliche Warmauslagerungsbehandlung oder Lösungsglühen und Warmauslagerung).

[1] Vorgenanntes stellt die minimal erforderliche Prüfhäufigkeit dar. Zusätzliche Prüfungen dürfen nach Vereinbarung zwischen Lieferer und Kunden durchgeführt werden.

Zink und Zinklegierungen **Anforderungen an gewalzte Flacherzeugnisse für das Bauwesen** Deutsche Fassung EN 988 : 1996	**DIN** ────── **EN 988**

ICS 77.120.60; 77.140.90

Deskriptoren: Bauwesen, Flacherzeugnis, Zink, Zinklegierung

Ersatz für
DIN 17770 : 1990-02

Zinc and zinc alloys — Specifications for rolled flat products for building;
German version EN 988 : 1996
Zinc et alliages de zinc — Spécifications pour produits laminés plats
pour le bâtiment;
Version allemande EN 988 : 1996

Die Europäische Norm EN 988 : 1996 hat den Status einer Deutschen Norm.

Nationales Vorwort

Die Europäische Norm EN 988 : 1996 ist vom Technischen Komitee (TC) 209 "Zink und Zinklegierungen" (Sekretariat: Frankreich) des Europäischen Komitees für Normung (CEN) ausgearbeitet worden.

Das zuständige deutsche Normungsgremium ist der Arbeitsausschuß FNNE-AA 5.2 "Zink" des Normenausschusses Nichteisenmetalle (FNNE) im DIN Deutsches Institut für Normung e. V.

Änderungen

Gegenüber DIN 17770 : 1990-02 wurden folgende Änderungen vorgenommen:

— Inhaltlich und redaktionell unter europäischen Gesichtspunkten überarbeitet.

Frühere Ausgaben

DIN 9721: 1941-06, 1943-05, 1952-07
DIN 9722: 1941x-06, 1972-10
DIN 17770-1: 1979-07
DIN 17770-2: 1979-07
DIN 17770: 1966-07, 1972-11, 1990-02

Fortsetzung 7 Seiten EN

Normenausschuß Nichteisenmetalle (FNNE) im DIN Deutsches Institut für Normung e.V.

EUROPÄISCHE NORM
EUROPEAN STANDARD
NORME EUROPÉENNE

EN 988

Juni 1996

ICS 77.120.60; 77.140.90

Deskriptoren: Walzprodukte, Bänder, Zinkprodukt, Zinklegierung, Gebäude, chemische Zusammensetzung, mechanische Eigenschaft, Abmessung, Prüfung, Bezeichnung, Kennzeichnung, Verpackung

Deutsche Fassung

Zink und Zinklegierungen
Anforderungen an gewalzte Flacherzeugnisse für das Bauwesen

Zinc and zinc alloys — Specifications for rolled flat products for building

Zinc et alliages de zinc — Spécifications pour produits laminés plats pour le bâtiment

Diese Europäische Norm wurde von CEN am 1996-03-07 angenommen.

Die CEN-Mitglieder sind gehalten, die CEN/CENELEC-Geschäftsordnung zu erfüllen, in der die Bedingungen festgelegt sind, unter denen dieser Europäischen Norm ohne jede Änderung der Status einer nationalen Norm zu geben ist.

Auf dem letzten Stand befindliche Listen dieser nationalen Normen mit ihren bibliographischen Angaben sind beim Zentralsekretariat oder bei jedem CEN-Mitglied auf Anfrage erhältlich.

Diese Europäische Norm besteht in drei offiziellen Fassungen (Deutsch, Englisch, Französisch). Eine Fassung in einer anderen Sprache, die von einem CEN-Mitglied in eigener Verantwortung durch Übersetzung in seine Landessprache gemacht und dem Zentralsekretariat mitgeteilt worden ist, hat den gleichen Status wie die offiziellen Fassungen.

CEN-Mitglieder sind die nationalen Normungsinstitute von Belgien, Dänemark, Deutschland, Finnland, Frankreich, Griechenland, Irland, Island, Italien, Luxemburg, Niederlande, Norwegen, Österreich, Portugal, Schweden, Schweiz, Spanien und dem Vereinigten Königreich.

CEN

EUROPÄISCHES KOMITEE FÜR NORMUNG
European Committee for Standardization
Comité Européen de Normalisation

Zentralsekretariat: rue de Stassart 36, B-1050 Brüssel

Ref. Nr. EN 988 : 1996 D

Inhalt

Vorwort

Diese Europäische Norm wurde vom CEN/TC 209 "Zink und Zinklegierungen", dessen Sekretariat von AFNOR gehalten wird, erarbeitet.

Diese Europäische Norm muß den Status einer nationalen Norm erhalten, entweder durch Veröffentlichung eines identischen Textes oder durch Anerkennung bis Dezember 1996, und etwaige entgegenstehende nationale Normen müssen bis Dezember 1996 zurückgezogen werden.

Diese Norm definiert Produktanforderungen, die aus Leistungsanforderungen für die verschiedenen Anwendungsfälle im Bauwesen abgeleitet sind, und wird ergänzt durch weitere Normen für spezifische und allgemeine Prüfverfahren aus der Arbeit des CEN/TC 209/SC 3.

Anhang A (informativ) enthält Angaben über die physikalischen Eigenschaften von gewalzten Erzeugnissen aus Titanzink.

Anhang B (informativ) gibt Hinweise für den Anwender zur Berechnung der Masse für ein Produkt in einem bestimmten Dickenbereich.

Entsprechend der CEN/CENELEC-Geschäftsordnung sind die nationalen Normungsinstitute der folgenden Länder gehalten, diese Europäische Norm zu übernehmen:

Belgien, Dänemark, Deutschland, Finnland, Frankreich, Griechenland, Irland, Island, Italien, Luxemburg, Niederlande, Norwegen, Österreich, Portugal, Schweden, Schweiz, Spanien und das Vereinigte Königreich.

1 Anwendungsbereich

Diese Europäische Norm legt Anforderungen an gewalzte Flacherzeugnisse aus Titanzink zur Verwendung im Bauwesen fest, in der Erzeugnisform für Band, Blech oder Streifen. Sie gilt für Erzeugnisse in Dicken von 0,6 mm bis einschließlich 1,0 mm und mit Breiten von 100 mm bis einschließlich 1 000 mm.

Diese Norm gilt nicht für umgeformte oder profilierte oder sonst in irgendeiner Weise vorgefertigte Erzeugnisse, Zuschneiden ausgenommen.

ANMERKUNG: Nach Absprache zwischen Käufer und Lieferer kann diese Norm oder können Teile dieser Norm auf andere Dicken oder Breiten von Walzerzeugnissen aus Titanzink angewendet werden.

2 Normative Verweisungen

Diese Europäische Norm enthält durch datierte oder undatierte Verweisungen Festlegungen aus anderen Publikationen. Diese normativen Verweisungen sind an den jeweiligen Stellen im Text zitiert, und die Publikationen sind nachstehend aufgeführt. Bei datierten Verweisungen gehören spätere Änderungen oder Überarbeitungen dieser Publikationen nur zu dieser Europäischen Norm, falls sie durch Änderung oder Überarbeitung eingearbeitet sind. Bei undatierten Verweisungen gilt die letzte Ausgabe der in Bezug genommenen Publikation.

EN 1179
Zink und Zinklegierungen — Primärzink

EN 10002-1 : 1990
Metallische Werkstoffe — Zugversuch — Teil 1: Prüfverfahren (bei Raumtemperatur)

EN 10204
Metallische Erzeugnisse — Arten von Prüfbescheinigungen

prEN 12019
Zink und Zinklegierungen — Analyseverfahren durch optische Emissionsspektrometrie

ISO 7438 : 1985
Metallic materials — Bend test

3 Definitionen

Für die Anwendung dieser Norm gelten die folgenden Definitionen:

3.1 Flacherzeugnis: Walzerzeugnis mit rechteckigem Querschnitt, dessen Breite viel größer ist als seine Dicke; die Dicke (Nennmaß) ist einheitlich über die gesamte Länge.

3.2 Band: Flacherzeugnis, das nach dem letzten Walzenstich und/oder etwaigem Behandeln zu einer Rolle aufgewickelt wird. Es wird nicht unterschieden zwischen Band, das auf Fertigbreite gewalzt wird, und Band, das durch Spalten eines breiteren Bandes entsteht.

3.3 Rolle (Coil): Eine Lieferform von Band mit einer Breite von mindestens 600 mm, aufgewickelt in regelmäßig übereinanderliegenden Windungen.

3.4 Spaltband: Eine Lieferform von Band mit einer Breite von weniger als 600 mm, aufgewickelt in regelmäßig übereinanderliegenden Windungen, entstanden durch Spalten eines Bandes.

3.5 Blech: Ein rechteckiges oder quadratisches Flacherzeugnis mit einer Breite von mindestens 600 mm, hergestellt durch Schneiden aus einem Band.

3.6 Streifen: Ein rechteckiges oder quadratisches Flacherzeugnis mit einer Breite von weniger als 600 mm, hergestellt durch Schneiden aus einem Band oder Blech.

4 Anforderungen

4.1 Herstellung:

Titanzink-Legierung muß aus der Zinksorte Z1 nach EN 1179 hergestellt werden, das heißt mit mindestens 99,995 % Zinkgehalt unter Zusatz von Legierungselementen.

Das Flacherzeugnis muß entweder vom gegossenen Walzbarren oder durch kontinuierliches Gießen hergestellt werden. Anschließend muß es gewalzt und zur Rolle aufgewickelt werden.

4.2 Chemische Zusammensetzung:

Die Zusammensetzung der Legierung muß die Anforderungen in Tabelle 1 erfüllen. Die chemische Zusammensetzung ist nach 6.1 und 6.2 zu ermitteln.

Tabelle 1: Chemische Zusammensetzung

Chemische Zusammensetzung in % (Massenanteile)			
Cu	Ti	Al	Zn[1])
min. 0,08 max. 1,0	min. 0,06 max. 0,2	— max. 0,015	Rest

[1]) Zinksorte Z1, siehe 4.1

4.3 Mechanische Eigenschaften

Das Erzeugnis muß die Anforderungen in Tabelle 2 erfüllen. Die Prüfungen sind nach 6.1 und 6.3 durchzuführen.

4.4 Weitere Anforderungen

Die Oberfläche muß glatt sein, frei von Blasen, Rissen oder tiefen Riefen außer den üblichen Walzmarkierungen. Ungleichmäßigkeiten der Oberfläche dürfen jedoch die übliche mechanische Weiterbearbeitung nicht behindern.

ANMERKUNG: Leichte Verfärbungen, Weißrost, Rückstände von Fett oder Schmiermitteln sind zulässig, weil sie verschwinden, wenn die Witterung die Patina bildet, ohne daß dadurch die mechanischen oder physikalischen Eigenschaften der Flacherzeugnisse beeinträchtigt werden.

Besondere Anforderungen an dekoratives Aussehen, z. B. vorbewitterte oder organisch beschichtete Oberflächen müssen bei Bestellung angegeben und zwischen Käufer und Lieferer vereinbart werden.

Tabelle 2: Mechanische Eigenschaften

0,2%-Dehngrenze bei nichtproportionaler Dehnung $R_{p0,2}$ N/mm^2 min.	Zugfestigkeit R_m N/mm^2 min.	Bruchdehnung A_{50mm} % min.	Bleibende Dehnung im Zeitstandversuch % max.	Biegeversuch
100	150	35	0,1	keine Risse auf der Biegekante

5 Maße und Toleranzen

5.1 Dicke

Die maximale Abweichung von der bestellten Dicke (Nennmaß), gemessen im Abstand von mindestens 30 mm von der Kante des Streifens oder Bleches, darf ± 0,03 mm nicht überschreiten.

ANMERKUNG: Bleche und Streifen werden üblicherweise mit folgenden Vorzugsdicken (Nennmaße) geliefert: 0,60 mm; 0,65 mm; 0,70 mm; 0,80 mm; 1,00 mm.

5.2 Breite

Die maximale Abweichung der bestellten Breite (Nennmaß) darf $^{+2}_{0}$ mm nicht überschreiten.

ANMERKUNG: Die minimale Breite (Nennmaß) ist 100 mm und die maximale ist 1 000 mm.

5.3 Länge

Die maximale Abweichung von der bestellten Länge (Nennmaß) des Bleches oder des Streifens darf $^{+10}_{0}$ mm nicht überschreiten.

ANMERKUNG: Die Vorzugslängen sind 2 000 mm und 3 000 mm.

5.4 Säbelförmigkeit

Die Abweichung von der Geradheit, Maß d in Bild 1, darf nicht größer als 1,5 mm/m sein, wenn nach 6.4.2 geprüft wird.

5.5 Planheit

Die Abweichung von der Planheit, Maß d in den Bildern 2 bis 5, darf nicht größer als 2 mm sein, wenn nach 6.4.3 geprüft wird.

6 Probenentnahme und Prüfverfahren

6.1 Probenentnahme

6.1.1 Prüfeinheiten

Für die Bestimmung der chemischen Zusammensetzung muß die Prüfeinheit aus einer Schmelze der Legierung im Ofen bestehen.

Für die Bestimmung der mechanischen Eigenschaften und der Maße muß die Prüfeinheit aus einer Rolle je Schmelze bestehen, die auf die Fertigdicke gewalzt ist.

6.1.2 Proben

Für die Bestimmung der chemischen Zusammensetzung muß eine Probe während des Gießens der Schmelze genommen werden.

Für die Bestimmung der mechanischen Eigenschaften und der Maße bei Band oder Spaltband muß eine Probe am Anfang oder am Ende des jeweiligen Erzeugnisses genommen werden, wobei die Probenlänge nicht mehr als 2 m betragen darf. Für Blech oder Streifen muß die Entnahme des Probestücks dem Prüfer, der die Prüfungen durchführt, überlassen bleiben.

6.1.3 Probestücke

Für die Bestimmung der chemischen Zusammensetzung muß das Probestück nach prEN 12019 hergestellt werden.

Für die Bestimmung der Maße ist die Probe das Probestück.

Für die Bestimmung der mechanischen Eigenschaften muß das Probestück im Abstand von mindestens 50 mm von der Kante der Probe entnommen werden.

6.2 Analysenverfahren

Die Prüfung der chemischen Zusammensetzung muß nach prEN 12019 durchgeführt werden.

6.3 Mechanische Prüfverfahren

6.3.1 Allgemeines

Alle Prüfungen der mechanischen Eigenschaften müssen bei (20 ± 2) °C durchgeführt werden.

6.3.2 Zugversuch

Der Zugversuch muß nach EN 10002-1 an einem Probestück durchgeführt werden, das parallel zur Walzrichtung entnommen wurde.

Die Form der Zugprobe muß Zugprobe Typ 1 nach EN 10002-1 : 1990, A.2.1 entsprechen.

6.3.3 Zeitstandversuch

Der Zeitstandversuch muß mit einer Einrichtung durchgeführt werden, die auf das Probestück nach 6.3.2 eine gleichbleibende Spannung ausübt.

Eine gleichbleibende Spannung von (50 ± 1) N/mm^2 muß für die Dauer von (60 ± 1) min auf das Probestück aufgebracht werden. Die bleibende Dehnung in Prozent muß nach Entfernen der Spannung gemessen werden.

6.3.4 Biegeversuch

Der Biegeversuch muß nach ISO 7438 : 1985 mit einer Zugprüfmaschine nach EN 10002-1 mit folgenden weiteren Anforderungen durchgeführt werden:

Die Länge des Probestücks, entnommen quer zur Walz-richtung, muß (50 ± 1) mm betragen. Seine Breite muß (25 ± 1) mm betragen. Die Biegekante muß parallel zur Walzrichtung liegen.

Das Vorbiegen des Probestücks muß in einer Biegevor-richtung mit zwei Auflagen und einem Dorn vorgenom-men werden, entsprechend 4.1 der ISO 7438 : 1985.

Das Fertigbiegen des Probestücks muß nach 6.3 bis 6.5 der ISO 7438 : 1985 durchgeführt werden, mit einer relati-ven Geschwindigkeit der Platten von 30 mm/min. Die größte Kraft auf das Probestück muß (7 500 ± 100) N bei einem Biegeradius von 0 betragen.

6.4 Prüfverfahren zur Bestimmung der Formabweichungen

6.4.1 Allgemeines

Das Probestück zur Bestimmung der Formabweichung muß entweder ein Blech oder ein Streifen in der bestellten Breite und Länge sein oder ein Teil eines Bandes in der bestellten Breite, auf Länge geschnitten und flach liegend.

Die Bestimmung der Säbelförmigkeit oder der Planheit muß mit einem geeigneten Meßgerät vorgenommen wer-den, wie zum Beispiel einer Fühlerlehre, einer Meßuhr oder einem Meßstab.

6.4.2 Prüfung der Säbelförmigkeit

Die Bestimmung der Säbelförmigkeit (d. h. Abweichung einer Seitenkante von einer Geraden) muß an einem Pro-bestück durchgeführt werden, das auf einer horizontalen Fläche liegt und an einem Meßlineal anliegt, wie in Bild 1 dargestellt. Die Messung muß an der konkaven Seite vor-genommen werden.

6.4.3 Planheit

Es ist nicht erforderlich, die Planheit am Band oder Spalt-band zu prüfen, sofern dies nicht vorher zwischen Käufer und Lieferer vereinbart wurde.

Abweichungen von der Planheit infolge von Querwölbung, Längswölbung, Buckel und Randwellen, d. h. die Maße d in den Bildern 2 bis 5, müssen mit Lehre und Meßlineal gemessen werden, welche das Probestück bei der Mes-sung nicht verformen.

7 Prüfbescheinigungen

Wenn vom Käufer bei Bestellung verlangt, muß der Her-steller eine Prüfbescheinigung nach EN 10204 ausstellen, entweder aufgrund von Prüfungen des gelieferten Loses oder aufgrund von Prüfungen im Rahmen der stati-stischen Qualitätskontrolle, nach Angabe des Käufers.

8 Bezeichnung

Der Aufbau einer Produktbezeichnung ist in den Beispielen 1 und 2 dargestellt.

BEISPIEL 1:
Band in Übereinstimmung mit dieser Europäischen Norm, Dicke (Nennmaß) 0,70 mm, Breite (Nennmaß) 1 000 mm muß wie folgt bezeichnet werden:

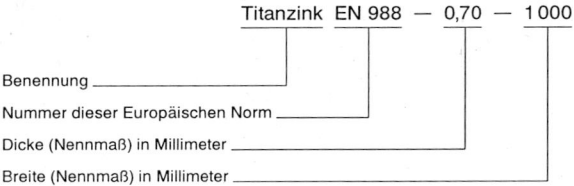

Titanzink EN 988 — 0,70 — 1 000

Benennung

Nummer dieser Europäischen Norm

Dicke (Nennmaß) in Millimeter

Breite (Nennmaß) in Millimeter

ANMERKUNG: Die Benennungen: E: Zinc-copper-titanium
F: Zinc-cuivre-titane
D: Titanzink
bezeichnen das gleiche Erzeugnis.

BEISPIEL 2:
Blech in Übereinstimmung mit dieser Europäischen Norm, Dicke (Nennmaß) 0,70 mm, Breite (Nennmaß) 1 000 mm, Länge (Nennmaß) 2 000 mm muß wie folgt bezeichnet werden:

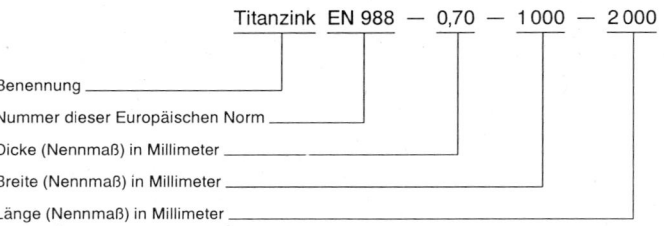

Titanzink EN 988 — 0,70 — 1 000 — 2 000

Benennung

Nummer dieser Europäischen Norm

Dicke (Nennmaß) in Millimeter

Breite (Nennmaß) in Millimeter

Länge (Nennmaß) in Millimeter

9 Kennzeichnung, Etikettierung, Verpackung

9.1 Kennzeichnung und Etikettierung

Wenn bei Bestellung nichts anderes vereinbart wurde, gelten die folgenden Mindest-Anforderungen an die Kennzeichnung:

— Benennung;
— Nummer dieser Europäischen Norm (EN 988);
— Dicke (Nennmaß);
— Nummer der Schmelze und/oder Nummer der Rolle;
— Name oder registriertes Kennzeichen des Herstellers;
— Name oder Kennzeichen des Walzwerkes.

Die Kennzeichnung muß nach dem letzten Walzstich dauerhaft und fortlaufend aufgedruckt werden, mindestens in einer Linie je 600 mm Breite des Bandes.

Für Erzeugnisse mit behandelter Oberfläche muß die Kennzeichnung auf einen Anhänger oder Aufkleber gedruckt sein, der nach Wahl des Herstellers an dem Erzeugnis, an dem einzelnen Bund oder Paket angebracht wird.

9.2 Verpackung

Art und Ausführung der Verpackung müssen der Wahl des Lieferers überlassen bleiben, sofern nicht besondere Anforderungen an die Verpackung zwischen Lieferer und Käufer bei der Bestellung vereinbart wurden. Die Verpackung muß das Produkt bei den üblichen Transport- und Lagerbedingungen schützen.

10 Bestellangaben

Der Käufer muß in der Anfrage und/oder Bestellung folgende Angaben machen, um dem Hersteller die Lieferung des richtigen Produktes zu erleichtern:

— Benennung;
— Nummer dieser Europäischen Norm (EN 988);
— Art des Produktes (Blech, Band, Streifen oder Rolle, Spaltband);
— gewünschte Maße;
— gewünschte Menge;
— bei Band, Innendurchmesser der Rolle;
— besondere dekorative Anforderungen, falls zutreffend;
— besondere Anforderungen an die Verpackung, falls zutreffend;
— besondere Anforderungen an Prüfbescheinigungen, falls zutreffend.

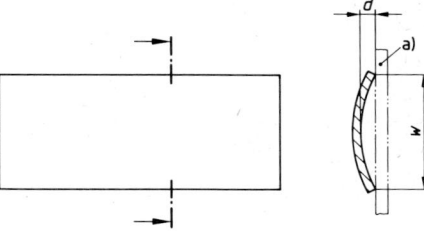

a) Meßlineal

d Abweichung von der Planheit
W Breite des Blechs bzw. Streifens

Bild 2: Querwölbung

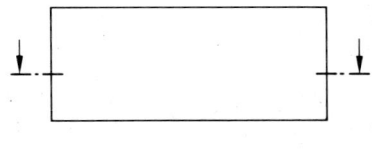

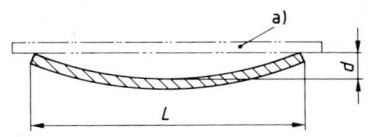

a) Meßlineal

d Abweichung von der Planheit
L Länge des Blechs bzw. Streifens

Bild 3: Längswölbung

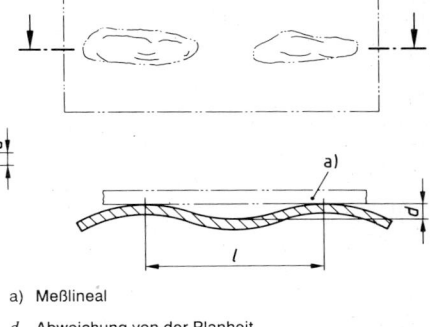

a) Meßlineal

d Abweichung von der Planheit
l Länge des Buckels

Bild 4: Buckel

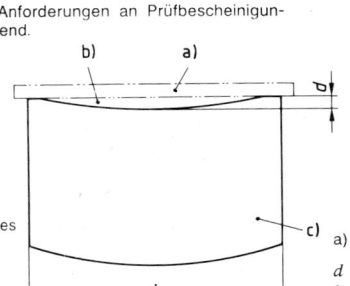

a) Meßlineal
b) Seitenkante (konkave Seite)
c) Blech, Streifen bzw. Teil eines Bandes

d Abweichung von der Geradheit
L Länge

Bild 1: Säbelförmigkeit

375

a) Meßlineal

d   Abweichung von der Planheit

l   Länge der Randwelle

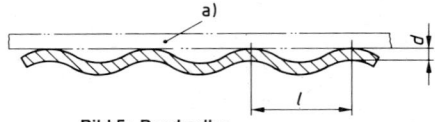

Bild 5: Randwellen

Anhang A   (informativ)

Physikalische Eigenschaften

Tabelle A.1 gibt typische physikalische Eigenschaften an. Diese Werte gelten als Hinweise und unterliegen keiner Abnahmeprüfung.

Tabelle A.1: Physikalische Eigenschaften

Eigenschaft	Einheit	Wert
Dichte	kg/dm^3	7,2
Längenausdehnungskoeffizient, parallel zur Walzrichtung	m/(m · K)	22×10^{-6}
Schmelzpunkt	°C	420
Rekristallisationstemperatur	°C	300
Wärmeleitfähigkeit	W/(m · K)	110
Elektrische Leitfähigkeit	MS/m	17
Gefahr der Funkenbildung	—	schlagfunkenfest
Magnetische Eigenschaften	—	diamagnetisch

Anhang B   (informativ)

Massenberechnung

Die Masse von Blech oder Band kann errechnet werden aus der Dicke, der Breite und der Länge sowie aus der Dichte. Näherungswerte sind als Hinweis in Tabelle B.1 angegeben.

Tabelle B.1: Ungefähre Masse je Quadratmeter

Nenndicke mm	Masse kg/m^2 ungefähr
0,60	4,3
0,65	4,7
0,70	5,0
0,80	5,8
1,00	7,2
ANMERKUNG: Alle aufgeführten Werte sind nur zur Information und unterliegen keiner Abnahmeprüfung.	

	Hartlöten **Flußmittel zum Hartlöten** Einteilung und technische Lieferbedingungen Deutsche Fassung EN 1045 : 1997	**DIN** **EN 1045**

ICS 25.160.50

Deskriptoren: Hartlöten, Flußmittel, Einteilung, Lieferbedingung

Ersatz für
DIN 8511-1 : 1985-07

Brazing — Fluxes for brazing —
Classification and technical delivery conditions;
German version EN 1045 : 1997
Brasage fort — Flux pour le brasage fort —
Classification et conditions techniques de livraison;
Version allemande EN 1045 : 1997

Die Europäische Norm EN 1045 : 1997 hat den Status einer Deutschen Norm.

Nationales Vorwort

Die Europäische Norm EN 1045 wurde im Technischen Komitee CEN/TC 121 "Schweißen" vom Unterkomitee SC 8 "Hart- und Weichlöten" erarbeitet. Das zuständige deutsche Normungsgremium ist der Arbeitsausschuß AA 8/AG V 6 "Löten" im Normenausschuß Schweißtechnik (NAS).

Die bisher in DIN 8511-1 enthaltenen sieben Flußmittel-Typen sind vollständig in dieser Europäischen Norm erfaßt. Zusätzlich wurden zwei weitere Flußmittel FH12 und FH20 aufgenommen.

Bei Anwendung des Flußmittels FL20 kann für bestimmte Zubereitungen (z. B. bei Flußmitteln für Wärmetauscher) auf den Schutz vor Wasser und Feuchtigkeit verzichtet werden.

Änderungen

Gegenüber DIN 8511-1 : 1985-07 wurden folgende Änderungen vorgenommen:

  a) Flußmittel FH12 und FH20 ergänzt.

  b) Kurzzeichen der Flußmittel-Typen geändert.

Frühere Ausgaben

DIN 8511: 1963-01
DIN 8511-1: 1967-08, 1985-07
DIN 8511-3: 1967-08

Fortsetzung 3 Seiten EN

Normenausschuß Schweißtechnik (NAS) im DIN Deutsches Institut für Normung e.V.

EUROPÄISCHE NORM
EUROPEAN STANDARD
NORME EUROPÉENNE

EN 1045

Juni 1997

ICS 25.160.50

Deskriptoren: Lötung, Hartlötung, Flußmittel, Einteilung, Bezeichnung, Lieferbedingungen

Deutsche Fassung

Hartlöten

Flußmittel zum Hartlöten

Einteilung und technische Lieferbedingungen

Brazing — Fluxes for brazing — Classification and technical delivery conditions

Brasage fort — Flux pour le brasage fort — Classification et conditions techniques de livraison

Diese Europäische Norm wurde von CEN am 1997-05-01 angenommen.

Die CEN-Mitglieder sind gehalten, die CEN/CENELEC-Geschäftsordnung zu erfüllen, in der die Bedingungen festgelegt sind, unter denen dieser Europäischen Norm ohne jede Änderung der Status einer nationalen Norm zu geben ist.

Auf dem letzten Stand befindliche Listen dieser nationalen Normen mit ihren bibliographischen Angaben sind beim Zentralsekretariat oder bei jedem CEN-Mitglied auf Anfrage erhältlich.

Diese Europäische Norm besteht in drei offiziellen Fassungen (Deutsch, Englisch, Französisch). Eine Fassung in einer anderen Sprache, die von einem CEN-Mitglied in eigener Verantwortung durch Übersetzung in seine Landessprache gemacht und dem Zentralsekretariat mitgeteilt worden ist, hat den gleichen Status wie die offiziellen Fassungen.

CEN-Mitglieder sind die nationalen Normungsinstitute von Belgien, Dänemark, Deutschland, Finnland, Frankreich, Griechenland, Irland, Island, Italien, Luxemburg, Niederlande, Norwegen, Österreich, Portugal, Schweden, Schweiz, Spanien, Tschechische Republik und dem Vereinigten Königreich.

CEN

EUROPÄISCHES KOMITEE FÜR NORMUNG
European Committee for Standardization
Comité Européen de Normalisation

Zentralsekretariat: rue de Stassart 36, B-1050 Brüssel

Ref. Nr. EN 1045 : 1997 D

Inhalt

Vorwort

Diese Europäische Norm wurde vom Technischen Komitee CEN/TC 121 "Schweißen", dessen Sekretariat vom DS betreut wird, erarbeitet.

Diese Europäische Norm muß den Status einer nationalen Norm erhalten, entweder durch Veröffentlichung eines identischen Textes oder durch Anerkennung bis Dezember 1997, und etwaige entgegenstehende nationale Normen müssen bis Dezember 1997 zurückgezogen werden.

Entsprechend der CEN/CENELEC-Geschäftsordnung sind die nationalen Normungsinstitute der folgenden Länder gehalten, diese Europäische Norm zu übernehmen:

Belgien, Dänemark, Deutschland, Finnland, Frankreich, Griechenland, Irland, Island, Italien, Luxemburg, Niederlande, Norwegen, Österreich, Portugal, Schweden, Schweiz, Spanien, die Tschechische Republik und das Vereinigte Königreich.

1 Anwendungsbereich

Diese Norm legt Flußmittel zum Hartlöten von Metallen nach ihren Eigenschaften und ihrer Verwendung fest. Sie enthält technische Lieferbedingungen sowie Gesundheits- und Sicherheitsmaßnahmen.

2 Einteilung

2.1 Allgemeines

Diese Norm erfaßt zwei Klassen von Flußmitteln, FH und FL. Die Klasse FH wird zum Hartlöten von Schwermetallen (Stähle, rostfreie Stähle, Kupfer und Kupferlegierungen, Nickel und Nickellegierungen, Edelmetalle, Molybdän und Wolfram) verwendet. Die Klasse FL wird zum Hartlöten von Aluminium und Aluminiumlegierungen verwendet.

2.2 Flußmittel zum Hartlöten von Schwermetallen (Klasse FH)

2.2.1 Allgemeines

Die Klasse FH umfaßt sieben Typen von Flußmitteln. Die Kurzzeichen für jeden Typ bestehen aus den Buchstaben FH für die Klasse und zwei Ziffern.

2.2.2 Typ FH10

Flußmittel mit einem Wirktemperaturbereich von 550 °C bis etwa 800 °C. Sie enthalten Borverbindungen, einfache und komplexe Fluoride und werden für Löttemperaturen oberhalb von 600 °C verwendet. Sie sind Vielzweckflußmittel. Die Rückstände sind im allgemeinen korrosiv und müssen durch Waschen oder Beizen entfernt werden.

2.2.3 Typ FH11

Flußmittel mit einem Wirktemperaturbereich von 550 °C bis etwa 800 °C. Sie enthalten Borverbindungen, einfache und komplexe Fluoride sowie Chloride und werden für Löttemperaturen oberhalb von 600 °C verwendet. Diese Flußmittel werden überwiegend zum Hartlöten von Kupfer-Aluminium-Legierungen verwendet. Die Rückstände sind im allgemeinen korrosiv und müssen durch Waschen oder Beizen entfernt werden.

2.2.4 Typ FH12

Flußmittel mit einem Wirktemperaturbereich von 550 °C bis etwa 850 °C. Sie enthalten Borverbindungen, elementares Bor sowie einfache und komplexe Fluoride und werden für Löttemperaturen oberhalb von 600 °C verwendet. Diese Flußmittel werden überwiegend zum Hartlöten von rostfreien und anderen hochlegierten Stählen sowie von Hartmetallen verwendet. Die Rückstände sind im allgemeinen korrosiv und müssen durch Waschen oder Beizen entfernt werden.

2.2.5 Typ FH20

Flußmittel mit einem Wirktemperaturbereich von 700 °C bis etwa 1 000 °C. Sie enthalten Borverbindungen und Fluoride und werden für Löttemperaturen oberhalb von 750 °C verwendet. Sie sind Vielzweckflußmittel. Die Rückstände sind im allgemeinen korrosiv und müssen durch Waschen oder Beizen entfernt werden.

2.2.6 Typ FH21

Flußmittel mit einem Wirktemperaturbereich von 750 °C bis etwa 1 100 °C. Sie enthalten Borverbindungen und werden für Löttemperaturen oberhalb von 800 °C verwendet.

379

Sie sind Vielzweckflußmittel. Die Rückstände sind im allgemeinen nicht korrosiv und können mechanisch oder durch Beizen entfernt werden.

2.2.7 Typ FH30

Flußmittel mit einem Wirktemperaturbereich oberhalb von 1 000 °C. Sie enthalten im allgemeinen Borverbindungen, Phosphate und Silikate und kommen meist beim Gebrauch von Kupfer- und Nickelloten zum Einsatz. Die Rückstände sind im allgemeinen nicht korrosiv und können mechanisch oder durch Beizen entfernt werden.

2.2.8 Typ FH40

Flußmittel mit einem Wirktemperaturbereich von 600 °C bis etwa 1 000 °C. Sie enthalten im allgemeinen Chloride und Fluoride, sind aber borfrei und sind für Anwendungen vorgesehen, wo die Anwesenheit von Bor nicht erlaubt ist. Die Rückstände sind im allgemeinen korrosiv und müssen durch Waschen oder Beizen entfernt werden.

2.3 Flußmittel zum Hartlöten von Leichtmetallen (Klasse FL)

2.3.1 Allgemeines

Die Klasse FL umfaßt zwei Typen von Flußmitteln. Das Kurzzeichen für jeden Typ besteht aus den Buchstaben FL für die Klasse, gefolgt von zwei Ziffern. Diese Flußmittel wirken oberhalb von 550 °C.

2.3.2 Typ FL10

Diese Flußmittel enthalten hygroskopische Chloride und Fluoride, vor allem Lithiumverbindungen. Die Rückstände sind korrosiv und müssen durch Waschen oder Beizen entfernt werden.

2.3.3 Typ FL20

Diese Flußmittel enthalten nicht hygroskopische Fluoride. Die Rückstände sind im allgemeinen nicht korrosiv und können auf dem Werkstück verbleiben, aber die Lötverbindung sollte vor Wasser oder Feuchtigkeit geschützt werden.

3 Bezeichnung

Flußmittel, die in Übereinstimmung mit dieser Norm geliefert werden, sind immer mit der Nummer dieser Norm und dem Flußmittel-Kurzzeichen, wie in Abschnitt 2 beschrieben, zu bezeichnen.

ANMERKUNG: Unter jedem Flußmittel-Kennzeichen sind Flußmittel erhältlich, die sich deutlich unterschiedlich verhalten, z. B. hinsichtlich ihrer Fließfähigkeit, ihrer Widerstandsfähigkeit gegen Überhitzung und dem Ausgasungsverhalten. Deshalb kann es in gewissen Fällen notwendig sein, ein Flußmittel sowohl durch den Handelsnamen als auch durch das Kurzzeichen, wie in Abschnitt 2 beschrieben, anzugeben.

Beispiel einer Bezeichnung eines Flußmittels (Kurzzeichen FH20) in Übereinstimmung mit dieser Norm:

Flußmittel EN1045-FH20

4 Technische Lieferbedingungen

4.1 Lieferformen

Pulver, Paste oder Flüssigkeit, Lot-Flußmittel-Mischungen (als Paste oder Pulver).

4.2 Verpackung und Kennzeichnung

Flußmittel und Metall-Flußmittel-Mischungen, die in Übereinstimmung mit dieser Norm geliefert werden, müssen in geeigneten Behältnissen verpackt sein, die beständig gegenüber den darin enthaltenen Flußmitteln sind und müssen kenntlich gemacht werden mit:

a) Name und Adresse des Lieferanten;

b) Handelsname;

c) Bezeichnung nach Abschnitt 3;

d) Chargen-Nummer / Los-Nummer;

e) Warnungen vor Gefahren entsprechend nationaler Vorschriften oder EU-Richtlinien.

5 Gesundheits- und Sicherheitsmaßnahmen

Beim Arbeiten mit Flußmitteln sind folgende Punkte zu beachten:

Berührung mit der Haut, besonders bei Hautwunden, ist zu vermeiden. Die Werkstatt oder der Arbeitsplatz sollten angemessen gelüftet werden.

Hinweise für Transport, Lagerung, Verarbeitung und Entsorgung von Flußmitteln sind gemäß nationaler Vorschriften zu beachten.

Oktober 1996

	Kupfer und Kupferlegierungen	**DIN**
	## Bleche und Bänder für das Bauwesen	
	Deutsche Fassung EN 1172 : 1996	**EN 1172**

ICS 77.120.30; 77.140.90

Ersatz für DIN 17650 : 1988-12

Deskriptoren: Kupfer, Kupferlegierung, Blech, Band, Bauwesen

Copper and copper alloys —
Sheet and strip for building purposes;
German version EN 1172 : 1996
Cuivre et alliages de cuivre —
Tôles et bandes pour le bâtiment;
Version allemande EN 1172 : 1996

Die Europäische Norm EN 1172 : 1996 hat den Status einer Deutschen Norm.

Nationales Vorwort

Diese Europäische Norm EN 1172 : 1996 ist im Technischen Komitee TC 133 "Kupfer und Kupferlegierungen" (Sekretariat: Deutschland) des Europäischen Komitees für Normung (CEN) ausgearbeitet worden.

Das zuständige deutsche Normungsgremium ist der Arbeitsausschuß FNNE-UA 3.2.4 "Bänder und Bleche für das Bauwesen" des Normenausschusses Nichteisenmetalle (FNNE) im DIN Deutsches Institut für Normung e. V.

Änderungen

Gegenüber DIN 17650 : 1988-12 wurden folgende Änderungen vorgenommen:

— Inhaltlich und redaktionell unter europäischen Gesichtspunkten überarbeitet.

Frühere Ausgaben

DIN 17650: 1988-12

Fortsetzung 7 Seiten EN

Normenausschuß Nichteisenmetalle (FNNE) im DIN Deutsches Institut für Normung e.V.

EUROPÄISCHE NORM
EUROPEAN STANDARD
NORME EUROPÉENNE

EN 1172

August 1996

ICS 77.120.30; 77.140.90

Deskriptoren: Kupfer, Kupferlegierung, Walzwerkerzeugnis, Metallplatte, Metallband, Gebäude, Bezeichnung, chemische Zusammensetzung, mechanische Eigenschaft, Oberflächenstruktur, Abmessung, Maßtoleranz, Prüfung, Kennzeichnung, Etikettierung

Deutsche Fassung

Kupfer und Kupferlegierungen
Bleche und Bänder für das Bauwesen

Copper and copper alloys — Sheet and strip for building purposes

Cuivre et alliages de cuivre — Tôles et bandes pour le bâtiment

---

Diese Europäische Norm wurde von CEN am 1996-06-09 angenommen.

Die CEN-Mitglieder sind gehalten, die CEN/CENELEC-Geschäftsordnung zu erfüllen, in der die Bedingungen festgelegt sind, unter denen dieser Europäischen Norm ohne jede Änderung der Status einer nationalen Norm zu geben ist.

Auf dem letzten Stand befindliche Listen dieser nationalen Normen mit ihren bibliographischen Angaben sind beim Zentralsekretariat oder bei jedem CEN-Mitglied auf Anfrage erhältlich.

Diese Europäische Norm besteht in drei offiziellen Fassungen (Deutsch, Englisch, Französisch). Eine Fassung in einer anderen Sprache, die von einem CEN-Mitglied in eigener Verantwortung durch Übersetzung in seine Landessprache gemacht und dem Zentralsekretariat mitgeteilt worden ist, hat den gleichen Status wie die offiziellen Fassungen.

CEN-Mitglieder sind die nationalen Normungsinstitute von Belgien, Dänemark, Deutschland, Finnland, Frankreich, Griechenland, Irland, Island, Italien, Luxemburg, Niederlande, Norwegen, Österreich, Portugal, Schweden, Schweiz, Spanien und dem Vereinigten Königreich.

CEN

EUROPÄISCHES KOMITEE FÜR NORMUNG
European Committee for Standardization
Comité Européen de Normalisation

Zentralsekretariat: rue de Stassart 36, B-1050 Brüssel

Ref. Nr. EN 1172 : 1996 D

Inhalt

Vorwort

Diese Europäische Norm wurde vom Technischen Komitee CEN/TC 133 "Kupfer und Kupferlegierungen" erarbeitet, dessen Sekretariat vom DIN gehalten wird.

Im Rahmen seines Arbeitsprogramms hat das Technische Komitee CEN/TC 133 beschlossen, die folgende Norm auszuarbeiten:

EN 1172
　　Kupfer und Kupferlegierungen — Bleche und Bänder für das Bauwesen

Diese Europäische Norm muß den Status einer nationalen Norm erhalten; entweder durch Veröffentlichung eines identischen Textes oder durch Anerkennung bis Februar 1997, und etwaige entgegenstehende nationale Normen müssen bis Februar 1997 zurückgezogen werden.

Dies ist eine aus einer Reihe von Europäischen Normen für Walzflacherzeugnisse aus Kupfer und Kupferlegierungen. Andere Produkte sind oder werden wie folgt genormt:

prEN 1652
　　Kupfer und Kupferlegierungen — Platten, Bleche, Bänder, Streifen und Ronden zur allgemeinen Verwendung

prEN 1653
　　Kupfer und Kupferlegierungen — Platten, Bleche und Ronden für Kessel, Druckbehälter und Warmwasserspeicheranlagen

prEN 1654
　　Kupfer und Kupferlegierungen — Bänder für Federn und Steckverbinder

prEN 1758
　　Kupfer und Kupferlegierungen — Bänder für Systemträger

prEN . . .*)
　　Kupfer und Kupferlegierungen — Platten, Bleche und Bänder aus Kupfer für die Elektrotechnik (WI: 00133022)

Entsprechend der CEN/CENELEC-Geschäftsordnung sind die nationalen Normungsinstitute der folgenden Länder gehalten, diese Europäische Norm zu übernehmen:

Belgien, Dänemark, Deutschland, Finnland, Frankreich, Griechenland, Irland, Island, Italien, Luxemburg, Niederlande, Norwegen, Österreich, Portugal, Schweden, Schweiz, Spanien und das Vereinigte Königreich.

---

*) In Vorbereitung

1 Anwendungsbereich

Diese Europäische Norm legt die Anforderungen an Bleche und Bänder aus Kupfer in Dicken von 0,5 mm bis 1 mm und Breiten bis 1 250 mm fest.

Diese Norm gilt für Bleche und Bänder für den Gebrauch im Bauwesen, z. B. für Dachentwässerungen, Dachrinnen, Regenfallrohre, Dachdeckungen, Außenwandbekleidungen, Dachgauben, Ortgänge, Schornsteinverwahrungen und Kehlen.

2 Normative Verweisungen

Diese Europäische Norm enthält durch datierte oder undatierte Verweisungen Festlegungen aus anderen Publikationen. Diese normativen Verweisungen sind an den jeweiligen Stellen im Text zitiert, und die Publikationen sind nachstehend aufgeführt. Bei datierten Verweisungen gehören spätere Änderungen oder Überarbeitungen dieser Publikationen nur zu dieser Europäischen Norm, falls sie durch Änderung oder Überarbeitung eingearbeitet sind. Bei undatierten Verweisungen gilt die letzte Ausgabe der in Bezug genommenen Publikation.

EN 10002-1
   Metallische Werkstoffe — Zugversuch —
   Teil 1: Prüfverfahren (bei Raumtemperatur)
ISO 1811-2
   Copper and copper alloys — Selection and preparation of samples for chemical analysis —
   Part 2: Sampling of wrought products and castings
ISO 4739
   Wrought copper and copper alloy products — Selection and preparation of specimens and test pieces for mechanical testing
ISO 6507-1
   Metallic materials — Hardness test — Vickers test —
   Part 1: HV 5 to HV 100
ISO 6507-2
   Metallic materials — Hardness test — Vickers test —
   Part 2: HV 0,2 to less than HV 5

   ANMERKUNG: Informative Verweisungen auf Dokumente, die bei der Erstellung dieser Norm herangezogen und an den entsprechenden Stellen im Text aufgeführt wurden, sind unter "Literaturhinweise" aufgeführt, siehe Anhang A.

3 Definitionen

Für die Anwendung dieser Norm gelten die folgenden Definitionen, die aus ISO 197-3 abgeleitet sind:

3.1 Blech

Flaches Walzprodukt mit rechteckigem Querschnitt, mit gleichmäßiger Dicke von 0,5 mm bis 1,0 mm und mit Breiten bis 1 250 mm, geliefert in gestreckten Längen mit geschnittenen Kanten.

   ANMERKUNG: Blech ist üblicherweise von Band geschnitten.

3.2 Band

Flaches Walzprodukt mit rechteckigem Querschnitt, mit gleichmäßiger Dicke von 0,5 mm bis 1,0 mm und mit Breiten bis 1 250 mm, hergestellt in Ringen und geliefert mit geschnittenen Kanten.

4 Bezeichnungen

4.1 Werkstoff

4.1.1 Allgemeines

Der Werkstoff wird entweder durch ein Werkstoffkurzzeichen oder durch eine Werkstoffnummer bezeichnet (siehe Tabelle 1).

4.1.2 Werkstoffkurzzeichen

Der Bezeichnung durch Werkstoffkurzzeichen liegt das in ISO 1190-1 enthaltene Bezeichnungssystem zugrunde.

   ANMERKUNG: Obwohl die Werkstoffkurzzeichen, die in dieser Norm verwendet werden, die gleichen sein können wie in anderen Normen, welche das Bezeichnungssystem nach ISO 1190-1 verwenden, können sich die Anforderungen an die Zusammensetzung gleichbezeichneter Werkstoffe im einzelnen voneinander unterscheiden.

4.1.3 Werkstoffnummer

Die Werkstoffnummer entspricht dem in EN 1412 festgelegten System.

4.2 Zustand

Für die Anwendung dieser Norm gelten die nachstehenden Zustandsbezeichnungen; sie entsprechen dem in EN 1173 enthaltenen System:

R . . .   Zustand, bezeichnet mit dem kleinsten Wert für die Anforderung an die Zugfestigkeit für das Produkt mit vorgeschriebenen Anforderungen an die Zugfestigkeit, 0,2%-Dehngrenze und Bruchdehnung;

H . . .   Zustand, bezeichnet mit dem kleinsten Wert für die Anforderung an die Härte für das Produkt mit vorgeschriebenen Anforderungen an die Härte.

Eine genaue Umrechnung zwischen den Zuständen, bezeichnet mit R . . . und H . . ., ist nicht möglich.

Der Zustand wird nur durch eine der obengenannten Bezeichnungen bezeichnet.

4.3 Produkt

Die Produktbezeichnung stellt ein genormtes Bezeichnungsmodell dar, durch das eine schnelle und eindeutige Beschreibung eines Produktes gegeben ist, wenn man sich auf es beziehen will. Das Modell ermöglicht ein gegenseitiges Verstehen auf internationaler Ebene hinsichtlich solcher Produkte, die die Anforderungen der betreffenden Europäischen Norm erfüllen.

Die Produktbezeichnung ist kein Ersatz für den vollen Inhalt der Norm.

Die Produktbezeichnung für Produkte nach dieser Norm muß bestehen aus:

— Benennung (Blech oder Band);

— Nummer dieser Europäischen Norm (EN 1172);

— Werkstoffbezeichnung, entweder Kurzzeichen oder Nummer (siehe Tabelle 1);

— Zustandsbezeichnung (siehe Tabelle 2);

— Nennmaße;

  — Blech: Dicke × Breite × Länge (siehe Beispiel 1);

  — Band: Dicke × Breite (siehe Beispiel 2).

Die Herleitung einer Produktbezeichnung ist in Beispiel 1 dargestellt.

BEISPIEL 1:
Blech in Übereinstimmung mit dieser Norm, Werkstoff entweder bezeichnet mit Cu-DHP oder CW024A, im Zustand R240,
Dicke (Nennmaß) 0,6 mm, Breite (Nennmaß) 1 000 mm, Länge (Nennmaß) 2 000 mm, muß wie folgt bezeichnet werden:

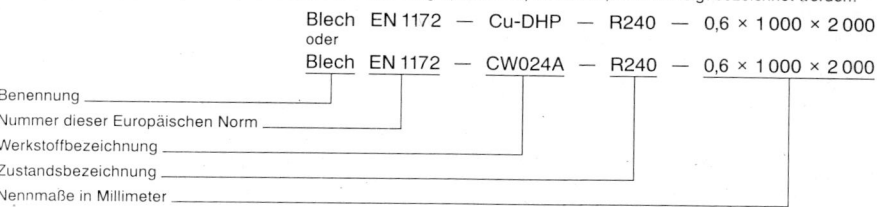

Blech EN 1172 — Cu-DHP — R240 — 0,6 × 1 000 × 2 000

oder

Blech EN 1172 — CW024A — R240 — 0,6 × 1 000 × 2 000

Benennung
Nummer dieser Europäischen Norm
Werkstoffbezeichnung
Zustandsbezeichnung
Nennmaße in Millimeter

BEISPIEL 2:
Band in Übereinstimmung mit dieser Norm, Werkstoff entweder bezeichnet mit Cu-DHP oder CW024A, im Zustand R240,
Dicke (Nennmaß) 0,6 mm, Breite (Nennmaß) 1 000 mm, muß wie folgt bezeichnet werden:

Band EN 1172 — Cu-DHP — R240 — 0,6 × 1 000

oder

Band EN 1172 — CW024A — R240 — 0,6 × 1 000

5 Bestellangaben

Zur Erleichterung von Anfrage, Bestellung und Auftrags-
bestätigung im Bestellvorgang zwischen Käufer und
Lieferer muß der Käufer in seiner Anfrage und Bestellung
folgendes angeben:

a) Menge des verlangten Produktes:
 — Blech: Anzahl der Stücke oder Masse;
 — Band: Masse oder Länge;
b) Benennung (Blech oder Band);
c) Nummer dieser Europäischen Norm (EN 1172);
d) Werkstoffbezeichnung (siehe Tabelle 1);
e) Zustandsbezeichnung (siehe Tabelle 2);
f) Nennmaße (siehe Tabelle 3);
 — Blech: Dicke × Breite × Länge;
 — Band: Dicke × Breite;
g) Ringinnendurchmesser (siehe Tabelle 3);
 ANMERKUNG: Es wird empfohlen, die Produktbezeichnung nach 4.3 für die Angaben zu b) bis f) zu
 verwenden.

Falls erforderlich, muß der Käufer in der Anfrage und im
Auftrag zusätzlich folgendes angeben:
h) besondere Anforderungen an die Oberfläche
 (siehe 6.3);
i) besondere Anforderungen an die Geradheit von
 Band (siehe 6.4.2.3);
j) besondere Anforderungen an die Ebenheit von
 Band quer zur Walzrichtung (siehe 6.4.3);
k) zusätzliche Angaben für die Kennzeichnung
 (siehe 9.1);
l) besondere Anforderungen an die Verpackung,
 falls sie nicht dem Ermessen des Lieferers überlassen
 bleibt (siehe 9.2).

BEISPIEL:
Bestellangaben für 1 000 kg Band in Übereinstimmung
mit EN 1172, Werkstoff entweder bezeichnet mit Cu-DHP
oder CW024A, im Zustand R240, Dicke (Nennmaß)
0,6 mm, Breite (Nennmaß) 1 000 mm, Ringinnendurchmesser (Nennmaß) 500 mm:

**1 000 kg Band EN 1172 — Cu-DHP — R240 — 0,6 × 1 000
— Ringinnendurchmessser (Nennmaß) 500 mm**

oder

**1 000 kg Band EN 1172 — CW024A — R240 — 0,6 × 1 000
— Ringinnendurchmesser (Nennmaß) 500 mm**

6 Anforderungen

6.1 Zusammensetzung

Die Zusammensetzung muß mit den Anforderungen für
den entsprechenden Werkstoff in Tabelle 1 übereinstimmen.

6.2 Mechanische Eigenschaften

Die mechanischen Eigenschaften (Zugfestigkeit, 0,2%-
Dehngrenze, Bruchdehnung und Vickershärte) müssen
mit den entsprechenden Anforderungen der Tabelle 2
übereinstimmen. Die Prüfungen müssen nach 8.2 und 8.3
durchgeführt werden.

6.3 Oberflächenbeschaffenheit

Die Oberflächenbeschaffenheit von Blech und Band muß
dem Herstellungsverfahren entsprechend glatt, sauber
und ohne deutliche Verfärbung sein. Ungleichmäßigkeiten
der Oberfläche, wie Streifigkeit in Walzrichtung, über-
walzte Putzstellen, leichte Kratzer, Schiefer- und Scheuer-
stellen sowie Rückstände von Kühl- und Schmiermitteln
sind zulässig, soweit sie die Verarbeitbarkeit und Verwendbarkeit nicht beeinträchtigen.

Für besondere Anwendungen [z. B wenn Band oder
Blech für Außenwandbekleidungen benutzt werden soll
(Fassadenqualität)] müssen die Anforderungen an die
Oberflächenbeschaffenheit zwischen Käufer und Lieferer
zum Zeitpunkt der Anfrage und des Auftrages vereinbart
werden.

6.4 Maße und Toleranzen

6.4.1 Dicke, Breite, Länge und
 Ringinnendurchmesser

Die genormten Nenndicken, Breiten, Längen und verfügbaren Ringinnendurchmesser sind in Tabelle 3 enthalten.

Die Dicke, Breite und Länge müssen mit den Grenzabmaßen in Tabelle 3 übereinstimmen.

6.4.2 Geradheit der Längskanten (Säbelförmigkeit)
6.4.2.1 Allgemeines

Die Toleranzen der Geradheit der Längskanten sind in
6.4.2.2 und 6.4.2.3 enthalten.

Für besondere Anwendungen [z. B. wenn Blech oder Band
für Außenwandbekleidungen benutzt werden soll (Fassadenqualität)] müssen die Anforderungen an die Geradheit
zwischen Käufer und Lieferer vereinbart werden.

385

6.4.2.2 Blech

Für Bleche bis 3 000 mm Länge darf die Geradheitstoleranz an der Längskante maximal 1 mm je 1 000 mm Meßlänge, bei 3 000 mm Meßlänge jedoch nicht mehr als 3 mm betragen.

6.4.2.3 Band

Die Geradheitstoleranz der Längskanten darf nicht mehr als 1 mm je 1 000 mm Meßlänge, auf eine Meßlänge von 5 000 mm jedoch nicht mehr als 5 mm betragen.

6.4.3 Ebenheit

Die Ebenheit muß mit den Toleranzen in Tabelle 4 übereinstimmen; ausgenommen sind die Zustände R220 oder H040.

Bänder brauchen keine Anforderungen an die Ebenheit in Walzrichtung zu erfüllen, da nach dem Abwickeln in jedem Fall eine gewisse Restkrümmung vorhanden ist.

Für besondere Anwendungen [z. B. wenn Blech oder Band für Außenwandbekleidungen benutzt werden soll (Fassadenqualität)] müssen die Anforderungen an die Ebenheit zwischen Käufer und Lieferer vereinbart werden.

6.4.4 Rechtwinkligkeit von Blech

Die Rechtwinkligkeit muß mit den Toleranzen in Tabelle 5 übereinstimmen.

6.5 Längenbezogene Masse

Die längenbezogene Masse muß aus den Nennmaßen des Bleches oder Bandes und der in Tabelle 1 für den Werkstoff angegebenen Dichte errechnet werden.

ANMERKUNG: Die in Tabelle 3 für die längenbezogene Masse angegebenen Werte dienen nur zur Information. Abweichungen von diesen Werten können aus den Abweichungen von den Nennmaßen resultieren und aus der Schwankung der Dichte, die von der Zusammensetzung des Werkstoffes abhängt.

7 Probenentnahme

7.1 Analyse

Die Probenentnahme, Auswahl der Probenabschnitte und Vorbereitung der Proben muß den Festlegungen in ISO 1811-2 entsprechen.

7.2 Mechanische Prüfungen

Der Probenanteil muß ein Probestück je Prüfeinheit sein, wenn zum Zeitpunkt der Anfrage und des Auftrages nichts anderes zwischen Käufer und Lieferer vereinbart worden ist.

Die Größe einer Prüfeinheit muß Gegenstand einer Vereinbarung zwischen Käufer und Lieferer sein.

Die Auswahl der Probenabschnitte und die Vorbereitung der Proben muß den Festlegungen in ISO 4739 entsprechen.

8 Prüfverfahren

8.1 Analyse

Die Analyse muß an den nach 7.1 aus Probenabschnitten erhaltenen Proben oder einer Prüfmenge durchgeführt werden. Die Wahl des geeigneten Analysenverfahrens bleibt dem Lieferer überlassen. Das gilt jedoch nicht mehr, wenn Analysenergebnisse nicht anerkannt werden. Für die Angabe von Meßergebnissen müssen die Rundungsregeln nach 8.5 angewendet werden.

ANMERKUNG: Falls Analysenergebnisse nicht anerkannt werden, sollten die angewendeten Analysenverfahren mit den entsprechenden ISO-Normen übereinstimmen.

8.2 Zugversuch

Die Zugfestigkeit, 0,2%-Dehngrenze und Bruchdehnung müssen nach EN 10002-1 an Proben bestimmt werden, die aus nach 7.2 entnommenen Probenabschnitten vorbereitet wurden.

8.3 Härteprüfung

Die Vickershärte muß nach ISO 6507-1 oder ISO 6507-2, wie zutreffend, an den Proben bestimmt werden, die aus den nach 7.2 erhaltenen Probenabschnitten hergestellt wurden.

8.4 Nachprüfungen

Falls eine oder mehrere Prüfungen nach 8.1, 8.2 oder 8.3 nicht bestanden werden, so muß zugelassen werden, daß zwei weitere Probenabschnitte der gleichen Prüfeinheit zur Nachprüfung der nicht bestandenen Prüfung(en) entnommen werden. Einer dieser Probenabschnitte muß demselben Teil entnommen werden, aus dem die Probe stammt, welche die Prüfung nicht bestanden hat, es sei denn, daß das betreffende Teil nicht mehr verfügbar ist oder vom Lieferer schon ausgeschieden wurde.

Falls die Proben von beiden Probenabschnitten die Prüfung(en) bestehen, gilt, daß die in Frage gestellte Prüfeinheit die einzelne(n) Anforderung(en) nach dieser Norm erfüllt. Falls einer dieser Proben eine Prüfung nicht besteht, gilt, daß die in Frage gestellte Prüfeinheit die Anforderungen nach dieser Norm nicht erfüllt.

8.5 Runden von Ergebnissen

Zum Nachweis der Einhaltung der Grenzwerte, die in dieser Norm festgelegt sind, muß ein bei einer Prüfung beobachteter oder errechneter Wert nach folgenden Verfahren auf der Grundlage der in ISO 31-0 Anhang B gegebenen Richtlinien gerundet werden. Der Wert muß in einem Schritt auf die gleiche Anzahl von Ziffern gerundet werden, mit der die Grenze in dieser Norm festgelegt ist. Abweichend davon gilt für die Zugfestigkeit und die 0,2%-Dehngrenze ein Rundungsintervall von 10 N/mm^2.

Die folgenden Rundungsregeln müssen angewendet werden:

a) falls die Ziffer unmittelbar nach der letzten beizubehaltenden Ziffer kleiner als 5 ist, darf die letzte beizubehaltende Ziffer nicht verändert werden;

b) falls die Ziffer unmittelbar nach der letzten beizubehaltenden Ziffer gleich oder größer als 5 ist, muß die letzte beizubehaltende Ziffer um eins erhöht werden.

9 Kennzeichnung, Verpackung und Etikettierung

9.1 Kennzeichnung von Blech und Band

Bleche und Bänder nach dieser Norm, geliefert in Breiten von 500 mm, 600 mm, 670 mm, 700 mm, 800 mm und 1 000 mm müssen fortlaufend mit folgenden Angaben gekennzeichnet werden:

a) Dicke (Nennmaß);

b) Nummer dieser Europäischen Norm (EN 1172);

c) Werkstoffkurzzeichen oder Werkstoffnummer;

d) Zustandsbezeichnung;

e) Name oder Kennzeichen des Herstellers;

f) Name oder Symbol des Ursprungslandes.

Vorbehaltlich einer Vereinbarung zwischen Käufer und Lieferer können zusätzliche Angaben in die Kennzeichnung aufgenommen werden, z. B. Markenzeichen, Fassadenqualität.

9.2 Verpackung

Die Verpackung bleibt dem Lieferer überlassen, falls vom Käufer nichts anderes festgelegt ist und mit dem Lieferer vereinbart wurde [siehe 5 l)].

9.3 Etikettierung

Die Verpackung jeder Liefereinheit muß mit mindestens folgenden Angaben etikettiert werden:

a) Menge (Masse, Anzahl von Einheiten);
b) Maße: (für Blech: Dicke × Breite × Länge; für Band: Dicke × Breite × Ringinnendurchmesser);
c) Werkstoffbezeichnung;
d) Hersteller.

Tabelle 1: Zusammensetzung

Werkstoffbezeichnung		Zusammensetzung in % (Massenanteile)					Dichte g/cm³ ungefähr
Kurzzeichen	Nummer	Element	Cu	P	Zn	Sonstige insgesamt	
Cu-DHP[1])	CW024A	min.	99,90[2])	0,015	—	—	8,9
		max.	—	0,040	—	—	
CuZn0,5[3])	CW119C	min.	Rest	—	0,1	—	8,9
		max.	—	0,02	1,0	0,1	

[1]) Sehr gut geeignet zum Schweißen, Hart- und Weichlöten.
[2]) Einschließlich Ag, bis max. 0,015 %.
[3]) Nur für Dachrinnen, Fallrohre und Zubehör. Beim Schweißen, Hartlöten und bei Wärmebehandlung kann Zink ausdampfen.

Tabelle 2: Mechanische Eigenschaften

Bezeichnungen			Zugfestigkeit R_m N/mm²		0,2%-Dehngrenze $R_{p0,2}$ N/mm²		Bruchdehnung A_{50mm} %	Härte HV	
Werkstoff- Kurzzeichen	Nummer	Zustand	min.	max.	min.	max.	min.	min.	max.
		R220	220	260	—	140	33	—	—
		H040	—	—	—	—	—	40	65
Cu-DHP CuZn0,5	CW024A CW119C	R240	240	300	180	—	8	—	—
		H065	—	—	—	—	—	65	95
		R290	290	—	250	—	—	—	—
		H090	—	—	—	—	—	90	—

ANMERKUNG: 1 N/mm² entspricht 1 MPa.

Tabelle 3: Maße, Grenzabmaße und längenbezogene Masse

Nennmaße mm				Grenzabmaße mm			Längenbezogene Masse[1]) bei 100 mm Breite kg/m ungefähr
Dicke	Breite	Vorzugslänge von Blech	Ringinnendurchmesser von Band	Dicke	Breite	Länge von Blech	
0,5	bis 1 250	2 000 oder 3 000	300, 400, 500 oder 600	± 0,02	+ 2 / 0	+ 10 / 0	0,445
0,6							0,534
0,7							0,623
0,8							0,712
1							0,890

[1]) Errechnet mit einer Dichte von 8,9 g/cm³

86/14*

Tabelle 4: Ebenheit von Blech

Breite (Nennmaß) mm	Meßlänge mm	Anzahl der Wellen	Ebenheitstoleranz mm
bis 1 250	1 000	> 1	2
		> 1	1

Tabelle 5: Rechtwinkligkeit von Blech Maße in Millimeter

Breite (Nennmaß)		Maximal zulässige Differenz der Diagonalen für Längen	
über	bis	von 1 000 bis 2 000	über 2 000 bis 3 000
—	700	6	7
700	1 250	8	9

Anhang A (informativ)

Literaturhinweise

Bei der Erstellung dieser Europäischen Norm wurde eine Anzahl von Dokumenten für Verweiszwecke herangezogen. Diese informativen Verweisungen werden an den entsprechenden Stellen im Text angeführt und die Publikationen sind nachstehend aufgeführt.

EN 1173
  Kupfer und Kupferlegierungen — Zustandsbezeichnungen

EN 1412
  Kupfer und Kupferlegierungen — Europäisches Werkstoffnummernsystem

ISO 31-0
  Quantities and units — Part 0: General principles

ISO 197-3
  Copper and copper alloys — Terms and definitions — Part 3: Wrought products

ISO 1190-1
  Copper and copper alloys — Code of designation — Part 1: Designation of materials

Rinnenhalter für Hängedachrinnen

Anforderungen und Prüfung

Deutsche Fassung EN 1462 : 1997

DIN

EN 1462

ICS 91.060.20

Deskriptoren: Rinnenhalter, Hängedachrinne, Anforderung, Prüfung, Bauwesen

Brackets for eaves gutters — Requirements and testing;
German version EN 1462 : 1997
Crochets de gouttières pendantes — Exigences et méthodes d'essai;
Version allemande EN 1462 : 1997

Die Europäische Norm EN 1462 : 1997 hat den Status einer Deutschen Norm.

Nationales Vorwort

Diese Norm wurde vom Technischen Komitee CEN/TC 128 "Dacheindeckungsprodukte für überlappende Verlegung" erarbeitet. Deutschland war durch den NABau-Spiegelausschuß für CEN/TC 128/SC 10 an der Bearbeitung beteiligt.

Fortsetzung 7 Seiten EN

Normenausschuß Bauwesen (NABau) im DIN Deutsches Institut für Normung e.V.

ICS 91.140.80

Deskriptoren: Bedachung, Dachrinnen, Dachrinnenhaken, Bezeichnung, Materialanforderung, Korrosionsbeständigkeit, Festigkeit, Befestigen, Loch, Prüfung, Kennzeichnung

Deutsche Fassung

Rinnenhalter für Hängedachrinnen
Anforderungen und Prüfung

Brackets for eaves gutters — Requirements and testing	Crochets de gouttières pendantes — Exigences et méthodes d'essai

Diese Europäische Norm wurde von CEN am 1996-12-22 angenommen.

Die CEN-Mitglieder sind gehalten, die CEN/CENELEC-Geschäftsordnung zu erfüllen, in der die Bedingungen festgelegt sind, unter denen dieser Europäischen Norm ohne jede Änderung der Status einer nationalen Norm zu geben ist.

Auf dem letzten Stand befindliche Listen dieser nationalen Normen mit ihren bibliographischen Angaben sind beim Zentralsekretariat oder bei jedem CEN-Mitglied auf Anfrage erhältlich.

Diese Europäische Norm besteht in drei offiziellen Fassungen (Deutsch, Englisch, Französisch). Eine Fassung in einer anderen Sprache, die von einem CEN-Mitglied in eigener Verantwortung durch Übersetzung in seine Landessprache gemacht und dem Zentralsekretariat mitgeteilt worden ist, hat den gleichen Status wie die offiziellen Fassungen.

CEN-Mitglieder sind die nationalen Normungsinstitute von Belgien, Dänemark, Deutschland, Finnland, Frankreich, Griechenland, Irland, Island, Italien, Luxemburg, Niederlande, Norwegen, Österreich, Portugal, Schweden, Schweiz, Spanien und dem Vereinigten Königreich.

CEN

EUROPÄISCHES KOMITEE FÜR NORMUNG
European Committee for Standardization
Comité Européen de Normalisation

Zentralsekretariat: rue de Stassart 36, B-1050 Brüssel

Ref. Nr. EN 1462 : 1997 D

Inhalt

Vorwort

Diese Europäische Norm wurde vom Technischen Komitee CEN/TC 128 "Dacheindeckungsprodukte für überlappende Verlegung und Produkte für Außenwandverkleidung" erarbeitet, dessen Sekretariat vom IBN gehalten wird.

Diese Europäische Norm muß den Status einer nationalen Norm erhalten, entweder durch Veröffentlichung eines identischen Textes oder durch Anerkennung bis Juli 1997, und etwaige entgegenstehende nationale Normen müssen bis Juli 1997 zurückgezogen werden.

Entsprechend der CEN/CENELEC-Geschäftsordnung sind die nationalen Normungsinstitute der folgenden Länder gehalten, diese Europäische Norm zu übernehmen:

Belgien, Dänemark, Deutschland, Finnland, Frankreich, Griechenland, Irland, Island, Italien, Luxemburg, Niederlande, Norwegen, Österreich, Portugal, Schweden, Schweiz, Spanien und das Vereinigte Königreich.

1 Anwendungsbereich

Diese Norm legt die Anforderungen für Rinnenhalter fest, die zur Befestigung von Hängedachrinnen nach EN 607 oder EN 612 dienen.

2 Normative Verweisungen

Diese Europäische Norm enthält durch datierte oder undatierte Verweisungen Festlegungen aus anderen Publikationen. Diese normativen Verweisungen sind an den jeweiligen Stellen im Text zitiert, und die Publikationen sind nachstehend aufgeführt. Bei datierten Verweisungen gehören spätere Änderungen oder Überarbeitungen dieser Publikationen nur zu dieser Europäischen Norm, falls sie durch Änderung oder Überarbeitung eingearbeitet sind. Bei undatierten Verweisungen gilt die letzte Ausgabe der in Bezug genommenen Publikation.

EN 485-1
Aluminium und Aluminiumlegierungen — Bänder, Bleche und Platten — Teil 1: Technische Lieferbedingungen

EN 485-2
Aluminium und Aluminiumlegierungen — Bänder, Bleche und Platten — Teil 2: Mechanische Eigenschaften

EN 485-3
Aluminium und Aluminiumlegierungen — Bänder, Bleche und Platten — Teil 3: Grenzabmaße und Formtoleranzen für warmgewalzte Erzeugnisse

EN 485-4
Aluminium und Aluminiumlegierungen — Bänder, Bleche und Platten — Teil 4: Grenzabmaße und Formtoleranzen für kaltgewalzte Erzeugnisse

prEN 513
Profile aus weichmacherfreiem Polyvinylchlorid (PVC-U) zur Herstellung von Fenstern — Bestimmung der Wetterechtheit und Wetterbeständigkeit durch künstliche Bewitterung

EN 573-1
Aluminium und Aluminiumlegierungen — Chemische Zusammensetzung und Form von Halbzeug — Teil 1: Numerische Bezeichnungssysteme

EN 573-3
Aluminium und Aluminiumlegierungen — Chemische Zusammensetzung und Form von Halbzeug — Teil 3: Chemische Zusammensetzung

EN 607
Hängedachrinnen und Zubehörteile aus PVC-U — Begriffe, Anforderungen und Prüfung

EN 612
Hängedachrinnen und Regenfallrohre aus Metallblech — Begriffe, Einteilung und Anforderungen

prEN 754-1
Aluminium und Aluminium-Knetlegierungen — Gezogene Stangen und Rohre — Teil 1: Technische Lieferbedingungen

prEN 755-1
Aluminium und Aluminium-Knetlegierungen — Stranggepreßte Stangen, Rohre und Profile — Teil 1: Technische Lieferbedingungen

prEN 1029
Feuerverzinken von Einzelteilen (Stückverzinken) — Anforderungen und Prüfungen

prEN 1652
Kupfer und Kupferlegierungen — Platten, Bleche, Bänder, Streifen und Ronden zur allgemeinen Verwendung

EN 10025
Warmgewalzte Erzeugnisse aus unlegierten Bau-
stählen — Technische Lieferbedingungen
EN 10088-2
Nichtrostende Stähle — Teil 2: Technische Liefer-
bedingungen für Blech und Band für allgemeine
Verwendung
EN 10088-3
Nichtrostende Stähle — Teil 3: Technische Lieferbe-
dingungen für Halbzeug, Stäbe, Walzdraht und Profile
für allgemeine Verwendung
prEN 10111
Kontinuierlich warmgewalztes Blech und Band aus
weichen Stählen zum Kaltumformen — Technische
Lieferbedingungen
EN 10142
Kontinuierlich feuerverzinktes Band und Blech aus
weichen Stählen zum Kaltumformen — Technische
Lieferbedingungen
EN 10214
Kontinuierlich schmelztauchveredeltes Band und Blech
aus Stahl mit Zink-Aluminium-Überzügen (ZA) —
Technische Lieferbedingungen
EN 10215
Kontinuierlich schmelztauchveredeltes Band und Blech
aus Stahl mit Aluminium-Zink-Überzügen (AZ) —
Technische Lieferbedingungen
EN ISO 105-A02
Textilien — Prüfung der Farbechtheit — Teil A02:
Graumaßstab für die Bewertung der Änderung der
Farbe (ISO 105-A02 : 1993)

3 Definitionen

Für die Anwendung dieser Norm gelten die folgenden
Definitionen:

3.1 Dachrinnenhalter: Ein Rinnenhalter zur Befestigung an Dachsparren.

3.2 Frontrinnenhalter: Ein Rinnenhalter zur Befestigung an einem, parallel zur Dachrinne verlaufendem
Bauteil.

4 Werkstoffe

Rinnenhalter sind aus einem der nachfolgend aufgeführten Werkstoffe herzustellen:
— Stahl nach EN 10025 oder prEN 10111;
— feuerverzinktes Stahlblech DX 51 D oder höherer
Güte, mit einer Gesamt-Nennauflage von mindestens
275 g/m² auf beiden Seiten (Schichtdicke auf jeder
Seite 20 μm) nach EN 10142;
— schmelztauchveredeltes Stahlblech mit Zink-Aluminium-Überzug DX 51 D+ZA oder höherer Güte, mit
einer Gesamt-Nennauflage von mindestens 225 g/m²
auf beiden Seiten (Schichtdicke auf jeder Seite
20 μm) nach EN 10214;
— schmelztauchveredeltes Stahlblech mit Aluminium-Zink-Überzug DX 51 D+AZ oder höherer Güte,
mit einer Gesamt-Nennauflage von mindestens
150 g/m² auf beiden Seiten (Schichtdicke auf jeder
Seite 20 μm) nach EN 10215;
— nichtrostender Stahl nach EN 10088-2 oder
EN 10088-3;
— Kupfer nach prEN 1652;

— Aluminium oder Aluminiumlegierung nach
EN 485-1 bis EN 485-4 aus allen Werkstoffgüten der
Serien 1 000, 3 000, 5 000 und 6 000, oder nach
prEN 754-1 oder prEN 755-1, in der Zusammen-
setzung nach EN 573-3, außer solchen mit einem
Massenanteil von mehr als 0,3 % Kupfer oder 3 %
Magnesium;
— weichmacherfreies Polyvinylchlorid (PVC-U) mit
den Werkstoffanforderungen für Spritzgußteile nach
EN 607.

5 Korrosionswiderstand

5.1 Rinnenhalter aus Stahl nach EN 10025 oder
prEN 10111 müssen durch ein Verfahren nach 5.1.1, 5.1.2
oder 5.1.3 gegen Korrosion geschützt sein.

5.1.1 Feuerverzinken nach prEN 1029. Die Schichtdicke
muß mindestens Tabelle 1 entsprechen.

**Tabelle 1: Mindestdicken der Verzinkung von
Rinnenhaltern aus Stahl bei Stückverzinkung**

Dicke des Rinnenhalters a mm	Schichtdicke	
	kleinster Einzelwert μm	Mittelwert μm
$a > 6$	70	85
$6 \geq a > 3$	55	70
$3 \geq a \geq 1,5$	45	55

5.1.2 Beschichten mit Kunststoff in einer Schichtdicke
von mindestens 60 μm auf einem Zinküberzug mit einer
mittleren Dicke von mindestens 20 μm.

5.1.3 Beschichten mit Kunststoff in einer Schichtdicke
von mindestens 60 μm mit einem geeigneten Haftvermitt-
ler. Bei der Prüfung nach Anhang A dürfen die Probestücke keinen Rost aufweisen und die Beschichtung darf
sich nicht vom Stahl ablösen.

5.2 Rinnenhalter aus Kunststoff müssen einen ausreichenden Widerstand gegen Beanspruchung durch UV-
Strahlung aufweisen. Die Farbe von Probestücken, die
nach prEN 513 einer Strahlung von 2,6 GJ/m² ausgesetzt
werden, darf sich höchstens um 3 Grad der Grauskala
nach EN ISO 105-A02 ändern.

5.3 Rinnenhalter müssen aufgrund ihres Widerstandes
gegen Korrosion in zwei Klassen nach Tabelle 2 eingeteilt
werden. Rinnenhalter der Klasse A sind in aggressiver,
die der Klasse B in milder Atmosphäre einzusetzen.

Tabelle 2: Klassen des Korrosionswiderstandes

Werkstoff des Rinnenhalters	Klasse des Korrosions-widerstandes
Nichtrostender Stahl, Kupfer, Aluminium, Stahl mit Überzug oder Beschichtung nach 5.1.1 oder 5.1.2	A
PVC-U	A
Stahl mit Beschichtung nach 5.1.3, feuerverzinkter oder schmelztauch-veredelter Stahl nach EN 10142, EN 10214 oder EN 10215	B

6 Funktionsanforderungen

6.1 Rinnenhalter für Dachrinnen müssen aufgrund ihrer Tragfähigkeit in drei Klassen eingeteilt werden. Rinnenhalter mit einer oberen Öffnungsweite von 80 mm oder mehr müssen, wenn sie nach Anhang B geprüft werden, eine entsprechende Tragfähigkeit nach Tabelle 3 aufweisen, wobei sich die äußere Kante des Rinnenhalters um höchstens 5 mm bleibend verformen darf.

Tabelle 3: Klassen der Tragfähigkeit

Anwendung	Prüfkraft N	Klasse der Tragfähigkeit
Rinnenhalter für hohe Belastung	750	H
Rinnenhalter für leichte Belastung	500	L
Rinnenhalter für Dachrinnen mit einer oberen Öffnungsweite unter 80 mm	—	O

6.2 Befestigungslöcher

6.2.1 Rinnenhalter müssen Befestigungslöcher mit einem Durchmesser von mindestens 5 mm aufweisen, der auch nach dem Aufbringen eines Korrosionsschutzes vorhanden sein muß.

6.2.2 Dachrinnenhalter müssen mindestens 2 Befestigungslöcher aufweisen. Die Löcher von Rinnenhaltern, die mit Schrauben oder Nägeln zu befestigen sind, müssen untereinander einen Abstand von mindestens 12 Durchmessern haben. Bei Dachrinnenhaltern, die ausschließlich mit Schrauben zu befestigen sind, muß der Abstand mindestens 7 Durchmesser betragen. Solche Rinnenhalter sind mit "S" zu kennzeichnen.

6.2.3 Frontrinnenhalter der Belastungsklasse H müssen mindestens 2 Befestigungslöcher aufweisen. Sind sie senkrecht übereinander auf der Längsachse des Rinnenhalters angeordnet, müssen sie mindestens 4 Durchmesser voneinander entfernt sein. Sind sie waagerecht und beidseitig zur Längsachse des Rinnenhalters angeordnet, müssen sie einen Abstand von mindestens 7 Durchmessern aufweisen. Sind die Befestigungslöcher beidseitig zur Längsachse aber in unterschiedlichen Höhen angeordnet, muß ihr Abstand mindestens 5 Durchmesser betragen.

6.2.4 Frontrinnenhalter der Belastungsklasse L dürfen ein einziges Befestigungsloch auf der Längsachse des Rinnenhalters aufweisen. Ist eine Anordnung auf der Längsachse nicht möglich, gilt 6.2.3.

6.2.5 Die angegebenen Mindestabstände müssen zwischen den Lochmittelpunkten gemessen werden und beziehen sich bei mehr als zwei Löchern auf die beiden mit dem größten Abstand.

6.2.6 Weitere Befestigungslöcher über die erforderliche Mindestanzahl hinaus sind zulässig.

6.3 Rinnenhalter müssen so dimensioniert sein, daß die für sie bestimmten Dachrinnen sich frei in ihnen verschieben können.

6.4 Rinnenhalter müssen so konstruiert sein, daß die Dachrinnen nicht durch starken Wind herausgehoben werden. Sofern dies nicht durch die Form des Rinnenhalters sichergestellt ist, sind Clips oder Federn zur Befestigung der Dachrinne vorzusehen. Sie dürfen aus einem anderen Werkstoff als der Rinnenhalter bestehen, müssen jedoch den Korrosionswiderstand der Klasse A aufweisen, wenn auch der Rinnenhalter der Klasse A entspricht.

Clips und Federn sind aus
— einem Werkstoff nach Abschnitt 4,
— Polyamid oder
— feuerverzinktem Stahlblech mit einer Gesamt-Nennauflage des Überzuges von mindestens 275 g/m² und werkseitiger Anstrichbeschichtung
herzustellen. Die Gefahr der elektrolytischen Korrosion durch Kombination ungeeigneter Metalle ist zu vermeiden.

7 Bezeichnung

Rinnenhalter nach dieser Europäischen Norm sind mit folgenden Angaben zu bezeichnen:
a) Nummer dieser Europäischen Norm (EN 1462);
b) Klasse des Korrosionswiderstandes A oder B nach Tabelle 2;
c) Klasse der Tragfähigkeit H, L oder O nach Tabelle 3;
d) Größe der Dachrinne, für die der Rinnenhalter vorgesehen ist, bei Metalldachrinnen nach EN 612 durch den Blechzuschnitt und bei Kunststoffdachrinnen nach EN 607 durch die obere Öffnungsweite.

8 Kennzeichnung

Rinnenhalter nach dieser Europäischen Norm müssen mindestens mit folgenden Kennzeichnungen versehen sein:
a) Name oder Zeichen des Herstellers;
b) Tragfähigkeitsklasse H, L oder O;
c) Klasse des Korrosionswiderstandes A oder B (nur bei Rinnenhaltern aus Stahl);
d) Vorgesehen für Schraubbefestigung, S (nur bei bestimmten Dachrinnenhaltern, siehe 6.2.2);
e) Werkstoff bei Rinnenhaltern aus Kunststoff, PVC-U.

BEISPIEL:
Ein Dachrinnenhalter aus Stahl, unverzinkt, mit Kunststoffbeschichtung, einer Tragfähigkeit von 750 N und mit zwei Befestigungslöchern von 5 mm Durchmesser in einem Abstand von mehr als 35 mm, sollte wie folgt gekennzeichnet sein:

Name oder Zeichen des Herstellers HBS
Auf der Verpackung sollte auch angegeben sein, für welche Dachrinne der Rinnenhalter bestimmt ist.

Anhang A (normativ)

Prüfverfahren für Kunststoffbeschichtung auf Stahl ohne Verzinkung (Typprüfung)

A.1 Prinzip

Die Kunststoffbeschichtung wird durch eine Reihe von Schnitten in eine Anzahl einzelner kleiner, etwa quadratischer Flächen geteilt und durch Biegen einer Spannung unterworfen. Nachdem der Probekörper eine Woche in Salzwasser gelagert wurde, wird er auf Roststellen und auf Ablösungen der Beschichtung vom Stahluntergrund untersucht. Zur Prüfung werden vollständige Rinnenhalter verwendet, um auch die Haftung der Beschichtung an den Befestigungslöchern und den Kanten prüfen zu können.

A.2 Prüfgerät

a) Ein scharfes Schneidwerkzeug, z. B. ein kleines Messer;

b) ein Stahllineal oder ein anderes Hilfsmittel zur Führung des Schneidwerkzeuges;

c) ein Rundeisen mit einem Durchmesser von (50 ± 5) mm;

d) ein nichtmetallischer Wasserbehälter;

e) Kochsalz (NaCl);

f) sauberes Wasser.

Analytische Reinheit der Prüfstoffe Kochsalz und Wasser ist nicht erforderlich. Geeignet ist Salz zur Wasserenthärtung und destilliertes oder entmineralisiertes Wasser, wie es für Akkumulatoren verwendet wird.

A.3 Durchführung (siehe Bild A.1)

Auf dem geraden Teil jedes Rinnenhalters und in ausreichendem Abstand von Kanten und Befestigungslöchern sind 11 parallele Schnitte zu führen, die etwa unter 45° zur Längsachse des Rinnenhalters verlaufen, untereinander einen Abstand von 1 mm bis 2 mm haben und die Beschichtung vollständig durchschneiden. Im rechten Winkel dazu sind in gleicher Weise weitere 11 Schnitte zu führen, so daß ein Feld von 100 Quadraten entsteht. Falls der Rinnenhalter für die Anordnung des Feldes nicht groß genug ist, sind zwei Felder durch jeweils 8 × 8 Schnitte, d. h. mit insgesamt 98 Quadraten herzustellen. Wenn das Schneidwerkzeug stumpf wird, ist es nachzuschärfen. Wird ein Messer mit auswechselbaren Klingen benutzt, ist für jeden Rinnenhalter mindestens eine neue Klinge zu verwenden.

Die Rinnenhalter sind über dem Rundeisen von (50 ± 5) mm Durchmesser in einem Winkel von (180 ± 5)° zu biegen, wobei das Feld der Einschnitte auf der Außenseite liegt. Es sind insgesamt 3 Rinnenhalter zu prüfen.

In den nichtmetallischer Wasserbehälter ist eine Lösung von 30 g Kochsalz je Liter Wasser einzufüllen. Der Flüssigkeitsspiegel ist zu markieren oder aufzuzeichnen.

Die 3 Rinnenhalter sind 7 Tage bei (23 ± 2)°C in der Salzlösung zu lagern.

Sie sind anschließend auf Rostbildung und das Ablösen der Beschichtung zu untersuchen.

Die Salzlösung darf für maximal 10 Prüfungen wiederverwendet werden, falls sie sauber bleibt. Verdunstungsverluste sind nur durch Wasser, nicht jedoch durch Salzlösung auszugleichen, damit die vorgeschriebene Lösungskonzentration erhalten bleibt.

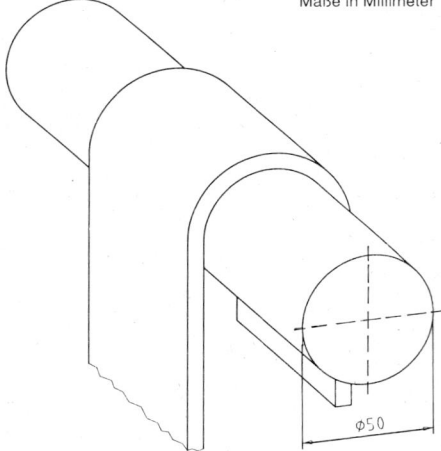

Maße in Millimeter

φ50

Bild A.1: Prüfung der Kunststoffbeschichtung

Anhang B (normativ)

Prüfung der Tragfähigkeit (Typprüfung)

B.1 Prinzip des Verfahrens

Der Rinnenhalter wird einer bestimmten Belastung ausgesetzt und die nach dem Entfernen der Belastung verbleibende Verformung gemessen. Das Verfahren wird unter den üblichen Einbaubedingungen durchgeführt, d. h. mit einer eingelegten Dachrinne, damit das Verwinden des Rinnenhalters verhindert wird. Die Dachrinne wird durch zwei weitere Rinnenhalter in der Einbaulage fixiert, die von dem zu prüfenden Rinnenhalter so weit entfernt angeordnet sind, daß keine nennenswerten Anteile der Prüfkraft auf sie übertragen werden (siehe Bild B.1).

B.2 Prüfgerät

a) Eine feste Unterkonstruktion mit einem Meßbezugspunkt, bestehend aus drei Sparren oder einer Wandfläche in Abhängigkeit von der Art des zu prüfenden Rinnenhalters;

b) eine Haltevorrichtung nach Bild B.3 zum Aufbringen der Prüfkraft;

c) Gewichtstücke zur Darstellung der Prüfkraft;

d) eine Dachrinne von mindestens 2,2 m Länge, für die der Rinnenhalter bestimmt ist;

e) zwei weitere Rinnenhalter, die dem zu prüfenden Rinnenhalter entsprechen.

B.3 Durchführung

Die Rinnenhalter sind an den Sparren nach Bild B.2 bzw. an der Wandfläche zu befestigen, wobei das Prüfstück in der Mitte anzuordnen ist. Der Abstand der Vorderkante des Prüfstücks vom Meßbezugspunkt ist festzustellen.

Die Dachrinne ist in die Rinnenhalter einzulegen, nachdem sie in der Mitte zwei Löcher von 35 mm bis 40 mm Durchmesser und mit einem Abstand von (150 ± 3) mm in den Boden geschnitten worden sind. Die Haltevorrichtung ist in die Dachrinne einzusetzen und durch Gewichtstücke mit einer Masse derart zu belasten, daß Dachrinne und Rinnenhalter durch die in Tabelle 3 angegebene Prüfkraft beansprucht werden. Nach einer Prüfdauer von (310 ± 10) s sind die Gewichtstücke zu entfernen. Danach sind Haltevorrichtung und Dachrinne zu entfernen. (310 ± 10) s nach Entfernen der Gewichte ist der Abstand der Vorderkante des zu prüfenden Rinnenhalters von dem Meßbezugspunkt erneut zu messen. Die Differenz zwischen den Messungen vor und nach der Belastung ist als die bleibende Verformung des Rinnenhalters zu dokumentieren.

Maße in Millimeter

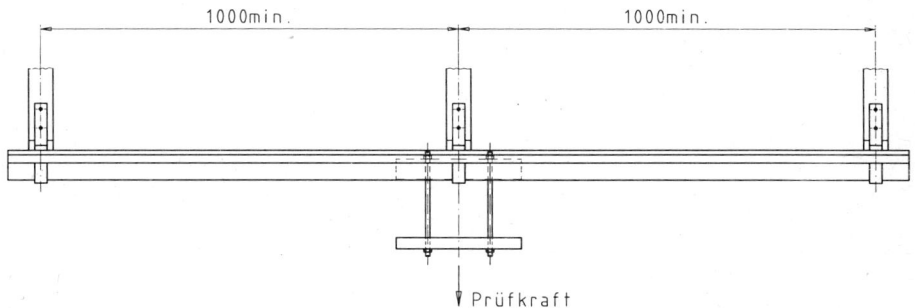

Bild B.1: Ansicht der Prüfanordnung

395

Maße in Millimeter

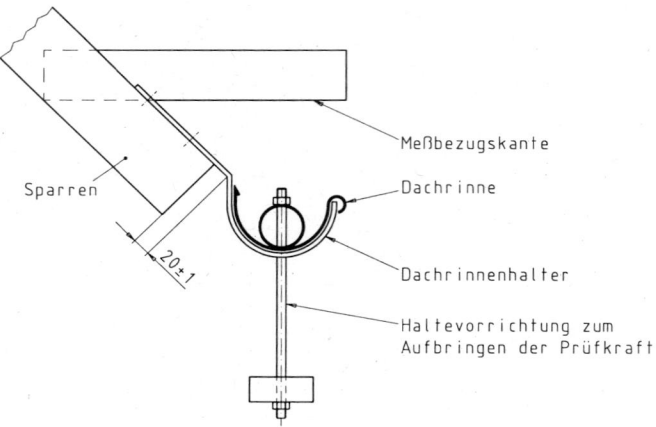

Bild B.2: Anordnung von Dachrinnenhaltern

Maße in Millimeter

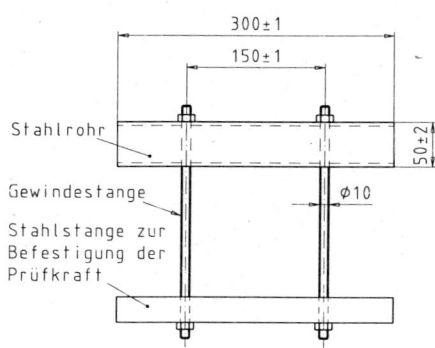

Bild B.3: Haltevorrichtung zum Aufbringen der Prüfkraft

Schweißzusätze
Umhüllte Stabelektroden zum Lichtbogenhandschweißen von nichtrostenden und hitzebeständigen Stählen
Einteilung
Deutsche Fassung EN 1600 : 1997

DIN
EN 1600

ICS 25.160.20

Teilweise Ersatz für
DIN 8556-1 : 1986-05

Deskriptoren: Lichtbogenhandschweißen, Schweißzusatz, Stabelektrode, nichtrostender Stahl, hitzebeständiger Stahl

Welding consumables —
Covered electrodes for manual metal arc welding of stainless and heat resisting steels —
Classification; German version EN 1600 : 1997

Produits consommables pour le soudage —
Electrodes enrobées pour le soudage manuel à l'arc des aciers inoxydables et résistant aux températures élevées —
Classification; Version allemande EN 1600 : 1997

Die Europäische Norm EN 1600 : 1997 hat den Status einer Deutschen Norm.

Nationales Vorwort

Die Europäische Norm EN 1600 wurde im Technischen Komitee CEN/TC 121 "Schweißen" vom Unterkomitee 3 "Schweißzusätze" erarbeitet. Das zuständige deutsche Normungsgremium ist der Arbeitsausschuß AA 3.1/AG W 5.1 "Schweißzusätze für Stähle" im Normenausschuß Schweißtechnik (NAS).

Die Europäische Norm ist, bezogen auf umhüllte Stabelektroden, vergleichbar mit DIN 8556-1 "Schweißzusätze für das Schweißen nichtrostender und hitzebeständiger Stähle — Bezeichnung, Technische Lieferbedingungen".

Für die genormten Schweißstäbe, Schweißdrähte und Drahtelektroden zum Schutzgasschweißen und zum Unterpulverschweißen ist eine Europäische Norm entsprechend prEN 12072 "Schweißzusätze — Drahtelektroden, Drähte und Stäbe zum Lichtbogenschweißen nichtrostender und hitzebeständiger Stähle — Einteilung" in Vorbereitung.

Für die im Abschnitt 2 zitierte Internationale Norm wird im folgenden auf die entsprechende Deutsche Norm hingewiesen:

ISO 31-0   siehe DIN 1313

Änderungen

Gegenüber DIN 8556-1 : 1986-05 wurden folgende Änderungen vorgenommen:

a) Titel und Inhalt der Europäischen Norm übernommen.

b) Inhalt auf umhüllte Stabelektroden eingeschränkt. Weitere Normen für die verschiedenen Verfahren sind in Vorbereitung.

c) Bei vergleichbarer Erfassung und Einteilung nach den kennzeichnenden Eigenschaften der Stabelektroden/ ihres Schweißgutes sind Kurzzeichen und Bezeichnung geändert.

Frühere Ausgaben

DIN 8556-1: 1965-04, 1976-03, 1986-05

Nationaler Anhang NA   (informativ)
Literaturhinweise

DIN 1313
    Physikalische Größen und Gleichungen — Begriffe, Schreibweisen

Fortsetzung 7 Seiten EN

Normenausschuß Schweißtechnik (NAS) im DIN Deutsches Institut für Normung e.V.

EUROPÄISCHE NORM
EUROPEAN STANDARD
NORME EUROPÉENNE

EN 1600

August 1997

ICS 25.160.20

Deskriptoren: Schweißen, Lichtbogenhandschweißen, Stabelektrode, Mantelelektrode, nichtrostender Stahl, Schweißgut, Schweißzusatzwerkstoff, hitzebeständiger Stahl, Eigenschaft, chemische Zusammensetzung, mechanische Eigenschaft, Einteilung, Formelzeichen, mechanische Prüfung, Bezeichnung

Deutsche Fassung

Schweißzusätze

Umhüllte Stabelektroden zum Lichtbogenhandschweißen von nichtrostenden und hitzebeständigen Stählen
Einteilung

Welding consumables — Covered electrodes for manual metal arc welding of stainless and heat resisting steels — Classification

Produits consommables pour le soudage — Electrodes enrobées pour le soudage manuel à l'arc des aciers inoxydables et résistant aux témpératures élevées — Classification

Diese Europäische Norm wurde von CEN am 1997-07-24 angenommen.

Die CEN-Mitglieder sind gehalten, die CEN/CENELEC-Geschäftsordnung zu erfüllen, in der die Bedingungen festgelegt sind, unter denen dieser Europäischen Norm ohne jede Änderung der Status einer nationalen Norm zu geben ist.

Auf dem letzten Stand befindliche Listen dieser nationalen Normen mit ihren bibliographischen Angaben sind beim Zentralsekretariat oder bei jedem CEN-Mitglied auf Anfrage erhältlich.

Diese Europäische Norm besteht in drei offiziellen Fassungen (Deutsch, Englisch, Französisch). Eine Fassung in einer anderen Sprache, die von einem CEN-Mitglied in eigener Verantwortung durch Übersetzung in seine Landessprache gemacht und dem Zentralsekretariat mitgeteilt worden ist, hat den gleichen Status wie die offiziellen Fassungen.

CEN-Mitglieder sind die nationalen Normungsinstitute von Belgien, Dänemark, Deutschland, Finnland, Frankreich, Griechenland, Irland, Island, Italien, Luxemburg, Niederlande, Norwegen, Österreich, Portugal, Schweden, Schweiz, Spanien, Tschechische Republik und dem Vereinigten Königreich.

CEN

EUROPÄISCHES KOMITEE FÜR NORMUNG
European Committee for Standardization
Comité Européen de Normalisation

Zentralsekretariat: rue de Stassart 36, B-1050 Brüssel

Ref. Nr. EN 1600 : 1997 D

Inhalt

Vorwort

Diese Europäische Norm wurde vom Technischen Komitee CEN/TC 121 "Schweißen" erarbeitet, dessen Sekretariat vom DS gehalten wird.

Diese Europäische Norm muß den Status einer nationalen Norm erhalten, entweder durch Veröffentlichung eines identischen Textes oder durch Anerkennung bis Februar 1998, und etwaige entgegenstehende nationale Normen müssen bis Februar 1998 zurückgezogen werden.

Entsprechend der CEN/CENELEC-Geschäftsordnung sind die nationalen Normungsinstitute der folgenden Länder gehalten, diese Europäische Norm zu übernehmen:

Belgien, Dänemark, Deutschland, Finnland, Frankreich, Griechenland, Irland, Island, Italien, Luxemburg, Niederlande, Norwegen, Österreich, Portugal, Schweden, Schweiz, Spanien, Tschechische Republik und das Vereinigte Königreich.

Einleitung

Diese Norm enthält eine Einteilung zur Bezeichnung von umhüllten Stabelektroden mit Hilfe der chemischen Zusammensetzung des reinen Schweißgutes.

Es sollte beachtet werden, daß die für die Einteilung der Stabelektroden benutzten mechanischen Eigenschaften des reinen Schweißgutes abweichen können von denen, die an Fertigungsschweißungen erreicht werden. Dies ist bedingt durch Unterschiede bei der Durchführung des Schweißens, wie z. B. Stabelektrodendurchmesser, Pendelung, Schweißposition und Werkstoffzusammensetzung.

1 Anwendungsbereich

Diese Norm legt Anforderungen für die Einteilung von umhüllten Stabelektroden — basierend auf dem reinen Schweißgut im Schweißzustand oder nach Wärmebehandlung — für das Lichtbogenhandschweißen von nichtrostenden und hitzebeständigen Stählen fest.

2 Normative Verweisungen

Diese Europäische Norm enthält durch datierte oder undatierte Verweisungen Festlegungen aus anderen Publikationen. Diese normativen Verweisungen sind an den jeweiligen Stellen im Text zitiert, und die Publikationen sind nachstehend aufgeführt. Bei datierten Verweisungen gehören spätere Änderungen oder Überarbeitungen dieser Publikation nur zu dieser Europäischen Norm, falls sie durch Änderung oder Überarbeitung eingearbeitet sind. Bei undatierten Verweisungen gilt die letzte Ausgabe der in Bezug genommenen Publikation.

EN 759
    Schweißzusätze — Technische Lieferbedingungen für metallische Schweißzusätze — Art des Produktes, Maße, Grenzabmaße und Kennzeichnung

EN 1597-1
    Schweißzusätze — Prüfmethoden — Teil 1: Prüfstück zur Entnahme von Proben aus reinem Stahl an Stahl, Nickel und Nickellegierungen

EN 1597-3
    Schweißzusätze — Prüfmethoden — Teil 3: Prüfung der Eignung für Schweißpositionen an Kehlnahtschweißungen

EN 22401
    Umhüllte Stabelektroden — Bestimmung der Ausbringung, der Gesamtausbringung und des Abschmelzkoeffizienten (ISO 2401 : 1972)

EN ISO 13916
    Schweißen — Messung der Vorwärm-, Zwischenlagen- und Haltetemperatur beim Schweißen

ISO 31-0 : 1992
    de: Größen und Einheiten — Teil 0: Allgemeine Grundsätze
    en: Quantities and units — Part 0: General principles

3 Einteilung

Die Einteilung enthält die Eigenschaften des reinen Schweißgutes, die mit einer umhüllten Stabelektrode erreicht werden, wie unten beschrieben. Der Einteilung liegt der Stabelektrodendurchmesser von 4 mm zugrunde mit Ausnahme der Prüfung für die Schweißpositionen, für die der Durchmesser 3,2 mm die Grundlage ist.

Die Einteilung besteht aus fünf Merkmalen:

1) das erste Merkmal besteht aus dem Kurzzeichen für das Produkt/den Schweißprozeß;

399

2) das zweite Merkmal enthält das Kurzzeichen für die chemische Zusammensetzung des reinen Schweißgutes;

3) das dritte Merkmal besteht aus dem Kurzzeichen für den Umhüllungstyp;

4) das vierte Merkmal besteht aus einer Kennziffer für das Ausbringen und die Stromart;

5) das fünfte Merkmal besteht aus der Kennziffer für die Schweißposition.

Die Normbezeichnung ist in zwei Teile gegliedert, um den Gebrauch dieser Norm zu erleichtern:

a) Verbindlicher Teil

Dieser Teil enthält die Kennzeichen für die Art des Produktes, die chemische Zusammensetzung und den Umhüllungstyp, d. h. die Kennzeichen, die in 4.1, 4.2 und 4.3 beschrieben sind;

b) Nicht verbindlicher Teil

Dieser Teil enthält die Kennziffern für das Ausbringen, die Stromart und die Schweißpositionen, für die die Stabelektrode geeignet ist, d. h. die Kennziffern, die in 4.4 und 4.5 beschrieben sind.

Die vollständige Normbezeichnung (siehe Abschnitt 8) ist auf Verpackungen und in den Unterlagen sowie Datenblättern des Herstellers anzugeben.

4 Kennzeichen und Anforderungen

4.1 Kurzzeichen für das Produkt/ den Schweißprozeß

Das Kurzzeichen für die umhüllte Stabelektrode zum Lichtbogenhandschweißen ist der Buchstabe E.

4.2 Kurzzeichen für die chemische Zusammensetzung des reinen Schweißgutes

Das Kurzzeichen in Tabelle 1 erfaßt die chemische Zusammensetzung des Schweißgutes nach den in Abschnitt 6 angegebenen Bedingungen. Das reine Schweißgut der umhüllten Stabelektroden in Tabelle 1 muß unter den in Abschnitt 5 enthaltenen Bedingungen auch die mechanischen Eigenschaften nach Tabelle 2 erfüllen.

Tabelle 1: Kurzzeichen für die chemische Zusammensetzung des reinen Schweißgutes

Legierungs-kurzzeichen	Chemische Zusammensetzung[1] [2] [3] % (m/m)								
	C	Si	Mn	P[4]	S[4]	Cr	Ni[5]	Mo[5]	Andere Elemente[5]
Martensitisch/ ferritisch 13	0,12	1,0	1,5	0,030	0,025	11,0 bis 14,0	—	—	—
13 4	0,06	1,0	1,5	0,030	0,025	11,0 bis 14,5	3,0 bis 5,0	0,4 bis 1,0	—
17	0,12	1,0	1,5	0,030	0,025	16,0 bis 18,0	—	—	—
Austenitisch 19 9	0,08	1,2	2,0	0,030	0,025	18,0 bis 21,0	9,0 bis 11,0	—	—
19 9 L	0,04	1,2	2,0	0,030	0,025	18,0 bis 21,0	9,0 bis 11,0	—	—
19 9 Nb	0,08	1,2	2,0	0,030	0,025	18,0 bis 21,0	9,0 bis 11,0	—	Nb[6]
19 12 2	0,08	1,2	2,0	0,030	0,025	17,0 bis 20,0	10,0 bis 13,0	2,0 bis 3,0	—
19 12 3 L	0,04	1,2	2,0	0,030	0,025	17,0 bis 20,0	10,0 bis 13,0	2,5 bis 3,0	—
19 12 3 Nb	0,08	1,2	2,0	0,030	0,025	17,0 bis 20,0	10,0 bis 13,0	2,5 bis 3,0	Nb[6]
19 13 4 N L[7]	0,04	1,2	1,0 bis 5,0	0,030	0,025	17,0 bis 20,0	12,0 bis 15,0	3,0 bis 4,5	N 0,20
Austenitisch-ferritisch. Hohe Korrosions-beständigkeit 22 9 3 N L[8]	0,04	1,2	2,5	0,030	0,025	21,0 bis 24,0	7,5 bis 10,5	2,5 bis 4,0	N 0,08 bis 0,20
25 7 2 N L	0,04	1,2	2,0	0,035	0,025	24,0 bis 28,0	6,0 bis 8,0	1,0 bis 3,0	N 0,20
25 9 3 Cu N L[8]	0,04	1,2	2,5	0,030	0,025	24,0 bis 27,0	7,5 bis 10,5	2,5 bis 4,0	N 0,10 bis 0,25; Cu 1,5 bis 3,5
25 9 4 N L[8]	0,04	1,2	2,5	0,030	0,025	24,0 bis 27,0	8,0 bis 10,5	2,5 bis 4,5	N 0,20 bis 0,30; Cu 1,5; W 1,0
Völl austenitisch. Hohe Korrosions-beständigkeit 18 15 3 L[7]	0,04	1,2	1,0 bis 4,0	0,030	0,025	16,5 bis 19,5	14,0 bis 17,0	2,5 bis 3,5	—
18 16 5 N L[4]	0,04	1,2	1,0 bis 4,0	0,035	0,025	17,0 bis 20,0	15,5 bis 19,0	3,5 bis 5,0	N 0,20
20 25 5 Cu N L[7]	0,04	1,2	1,0 bis 4,0	0,030	0,025	19,0 bis 22,0	24,0 bis 27,0	4,0 bis 7,0	Cu 1,0 bis 2,0; N 0,25
20 16 3 Mn N L[7]	0,04	1,2	5,0 bis 8,0	0,035	0,025	18,0 bis 21,0	15,0 bis 18,0	2,5 bis 3,5	N 0,20
25 22 2 N L[7]	0,04	1,2	1,0 bis 5,0	0,030	0,025	24,0 bis 27,0	20,0 bis 23,0	2,0 bis 3,0	N 0,20
27 31 4 Cu L[7]	0,04	1,2	2,5	0,030	0,025	26,0 bis 29,0	30,0 bis 33,0	3,0 bis 4,5	Cu 0,6 bis 1,5

(fortgesetzt)

Tabelle 1 (abgeschlossen)

Legierungs-kurzzeichen	Chemische Zusammensetzung[1] [2] [3] % (m/m)								
	C	Si	Mn	P[4]	S[4]	Cr	Ni[5]	Mo[5]	Andere Elemente[5]
Spezialsorten 18 8 Mn[7]	0,20	1,2	4,5 bis 7,5	0,035	0,025	17,0 bis 20,0	7,0 bis 10,0	–	–
18 9 MnMo	0,04 bis 0,14	1,2	3,0 bis 5,0	0,035	0,025	18,0 bis 21,5	9,0 bis 11,0	0,5 bis 1,5	–
20 10 3	0,10	1,2	2,5	0,030	0,025	18,0 bis 21,0	9,0 bis 12,0	1,5 bis 3,5	–
23 12 L	0,04	1,2	2,5	0,030	0,025	22,0 bis 25,0	11,0 bis 14,0	–	–
23 12 Nb	0,10	1,2	2,5	0,030	0,025	22,0 bis 25,0	11,0 bis 14,0	–	Nb[6]
23 12 2 L	0,04	1,2	2,5	0,030	0,025	22,0 bis 25,0	11,0 bis 14,0	2,0 bis 3,0	–
29 9	0,15	1,2	2,5	0,035	0,025	27,0 bis 31,0	8,0 bis 12,0	–	–
Hitzebeständige Sorten 16 8 2	0,08	1,0	2,5	0,030	0,025	14,5 bis 16,5	7,5 bis 9,5	1,5 bis 2,5	–
19 9 H	0,04 bis 0,08	1,2	2,0	0,030	0,025	18,0 bis 21,0	9,0 bis 11,0	–	–
25 4	0,15	1,2	2,5	0,030	0,025	24,0 bis 27,0	4,0 bis 6,0	–	–
22 12	0,15	1,2	2,5	0,030	0,025	20,0 bis 23,0	10,0 bis 13,0	–	–
25 20[7]	0,06 bis 0,20	1,2	1,0 bis 5,0	0,030	0,025	23,0 bis 27,0	18,0 bis 22,0	–	–
25 20 H[7]	0,35 bis 0,45	1,2	2,5	0,030	0,025	23,0 bis 27,0	18,0 bis 22,0	–	–
18 36[7]	0,25	1,2	2,5	0,030	0,025	14,0 bis 18,0	33,0 bis 37,0	–	–

[1] Einzelwerte in der Tabelle sind Höchstwerte.

[2] Nicht in der Tabelle aufgeführte umhüllte Stabelektroden sind ähnlich zu kennzeichnen, wobei der Buchstabe "Z" voranzustellen ist.

[3] Die Ergebnisse sind auf dieselbe Stelle zu runden wie die festgelegten Werte unter Anwendung von Regel A nach Anhang B von ISO 31-0 : 1992.

[4] Die Summe von P und S darf 0,050 % nicht übersteigen; dies gilt nicht für 25 7 2 N L, 18 16 5 N L, 20 16 3 Mn N L, 18 8 Mn, 18 9 MnMo und 29 9.

[5] Falls nicht festgelegt: Mo < 0,75 %, Cu < 0,75 % und Ni < 0,60 %.

[6] Nb min. 8 ×% C, max. 1,1 %; bis 20 % des Anteils an Nb können durch Ta ersetzt werden.

[7] Das reine Schweißgut ist weitgehend vollaustenitisch und kann deshalb anfällig sein für Mikrorisse und Erstarrungs-risse. Das Auftreten von Rissen wird dadurch reduziert, daß der Mangananteil im reinen Schweißgut erhöht wird. Deshalb ist der Mangananteil für einige Legierungstypen höher.

[8] Unter diesem Kurzzeichen aufgeführte Stabelektroden werden gewöhnlich für bestimmte Eigenschaften ausgewählt und sind nicht direkt austauschbar.

Tabelle 2: Mechanische Eigenschaften des reinen Schweißgutes

Legierungs-kurzzeichen	Mindest-Streckgrenze $R_{p0.2}$ N/mm^2	Mindest-Zugfestigkeit R_m N/mm^2	Mindest-Bruchdehnung[1] A %	Wärmebehandlung
13	250	450	15	[2]
13 4	500	750	15	[3]
17	300	450	15	[4]
19 9	350	550	30	keine
19 9 L	320	510	30	keine
19 9 Nb	350	550	25	keine
19 12 2	350	550	25	keine
19 12 3 L	320	510	25	keine
19 12 3 Nb	350	550	25	keine
19 13 4 N L	350	550	25	keine
22 9 3 N L	450	550	20	keine
25 7 2 N L	500	700	15	keine
25 9 3 Cu N L	550	620	18	keine
25 9 4 N L	550	620	18	keine
18 15 3 L	300	480	25	keine
18 16 5 N L	300	480	25	keine
20 25 5 Cu N L	320	510	25	keine
20 16 3 Mn N L	320	510	25	keine
25 22 2 N L	320	510	25	keine
27 31 4 Cu L	240	500	25	keine
18 8 Mn	350	500	25	keine
18 9 MnMo	350	500	25	keine
20 10 3	400	620	20	keine
23 12 L	320	510	25	keine
23 12 Nb	350	550	25	keine
23 12 2 L	350	550	25	keine
29 9	450	650	15	keine
16 8 2	320	510	25	keine
19 9 H	350	550	30	keine
25 4	400	600	15	keine
22 12	350	550	25	keine
25 20	350	550	20	keine
25 20 H	350	550	10[5]	keine
18 36	350	550	10[5]	keine

[1] Die Meßlänge entspricht dem Fünffachen des Probendurchmessers.
[2] 840 °C bis 870 °C für 2 h — Ofenabkühlung bis auf 600 °C, dann Luftabkühlung.
[3] 580 °C bis 620 °C für 2 h — Luftabkühlung.
[4] 760 °C bis 790 °C für 2 h — Ofenabkühlung bis auf 600 °C, dann Luftabkühlung.
[5] Diese Stabelektroden haben im Schweißgut einen hohen Kohlenstoffanteil für den Einsatz bei hohen Temperaturen. Die Bruchdehnung bei Raumtemperatur ist von geringer Bedeutung für solche Anwendungen.
   ANMERKUNG: Die Bruchdehnung und Zähigkeit des reinen Schweißgutes können niedriger als die des Grundwerkstoffes sein.

4.3 Kurzzeichen für den Umhüllungstyp

Der Umhüllungstyp einer Stabelektrode bestimmt maßgeblich die Gebrauchseigenschaften der Stabelektrode und die Eigenschaften des Schweißgutes.
Zwei Kurzzeichen werden zur Beschreibung des Umhüllungstyps verwendet:
— R   rutilumhüllt;
— B   basischumhüllt.
ANMERKUNG: Anhang A enthält eine Beschreibung der Merkmale für jeden Umhüllungstyp.

4.4 Kennziffer für Ausbringen und Stromart

Die Kennziffer in Tabelle 3 erfaßt das Ausbringen bestimmt nach EN 22401 mit der Stromart nach Tabelle 3.

Tabelle 3: Kennziffer für Ausbringen und Stromart

Kennziffer	Ausbringen %	Stromart[1])
1	≤ 105	Wechsel- und Gleichstrom
2	≤ 105	Gleichstrom
3	> 105 ≤ 125	Wechsel- und Gleichstrom
4	> 105 ≤ 125	Gleichstrom
5	> 125 ≤ 160	Wechsel- und Gleichstrom
6	> 125 ≤ 160	Gleichstrom
7	>160	Wechsel- und Gleichstrom
8	>160	Gleichstrom

[1]) Um die Eignung für Wechselstrom nachzuweisen, sind die Prüfungen mit einer Leerlaufspannung von max. 65 V durchzuführen.

4.5 Kennziffer für die Schweißposition

Die Schweißpositionen, für die eine Stabelektrode nach EN 1597-3 überprüft wurde, werden durch eine Kennziffer wie folgt angegeben:
1   alle Positionen;
2   alle Positionen, außer Fallposition;
3   Stumpfnaht in Wannenposition, Kehlnaht in Wannen- und Horizontalposition;
4   Stumpfnaht in Wannenposition, Kehlnaht in Wannenposition;
5   Fallposition und Positionen wie Kennziffer 3.

5   Mechanische Prüfungen
5.1   Allgemeines

Zugversuche sowie alle geforderten Nachprüfungen sind mit Schweißgut mit den in Tabelle 2 festgelegten Bedingungen (nach Form 3 im Schweißzustand oder nach der Wärmebehandlung) nach EN 1597-1 und wie in 5.2 und 5.3 beschrieben durchzuführen.

5.2   Vorwärm- und Zwischenlagentemperaturen

Vorwärm- und Zwischenlagentemperaturen für den geeigneten Schweißguttyp sind nach Tabelle 4 auszuwählen.

Tabelle 4: Vorwärm- und Zwischenlagentemperatur

Legierungs-kurzzeichen nach Tabelle 1	Schweißguttyp	Vorwärm- und Zwischenlagen-temperaturen °C
13 17	martensitischer und ferritischer Chrom-Stahl	200 bis 300
13 4	weichmartensitischer nichtrostender Stahl	100 bis 180
Alle anderen	austenitischer und austenitisch-ferritischer nichtrostender Stahl	max. 150

Die Zwischenlagentemperatur ist mit Temperaturanzeigestiften, Oberflächen-Thermometern oder Thermoelementen zu messen, siehe EN ISO 13916.
Die Zwischenlagentemperatur darf die in Tabelle 4 angegebene Temperatur nicht überschreiten. Wenn die Zwischenlagentemperatur bei einer Raupe überschritten wird, muß das Prüfstück bis zu einer Temperatur innerhalb des Bereichs der Zwischenlagentemperatur an der Luft abgekühlt werden.

5.3   Lagenfolge

Die Lagenfolge muß wie in Tabelle 5 angegeben sein.
Die Schweißrichtung zur Herstellung einer aus 2 Raupen bestehenden Lage darf nicht geändert werden, aber nach jeder Lage ist die Richtung zu wechseln. Jede Lage ist mit 90 % der höchsten, vom Hersteller empfohlenen Stromstärke zu schweißen.
Unabhängig vom Umhüllungstyp ist mit Wechselstrom zu schweißen, wenn sowohl Wechsel- als auch Gleichstrom empfohlen wird, und mit Gleichstrom mit der Elektrode am Pluspol, wenn nur Gleichstrom empfohlen wird.

Tabelle 5: Lagenfolge

Stab-elektroden-Durchmesser mm	Lagenaufbau		
	Lagen Nr	Raupen je Lage	Anzahl der Lagen
4,0	1 bis oben	2	7 bis 9

6   Chemische Analyse

Die chemische Analyse darf an jeder geeigneten Schweißgutprobe durchgeführt werden. Jede analytische Methode darf angewendet werden. Im Zweifelsfall muß sie nach eingeführten, veröffentlichten Verfahren vorgenommen werden.

ANMERKUNG: Siehe Anhang B.

7   Technische Lieferbedingungen

Die technischen Lieferbedingungen müssen den Anforderungen nach EN 759 entsprechen.

8 Bezeichnung

Die Bezeichnung einer umhüllten Stabelektrode muß den Grundsätzen gemäß nachfolgendem Beispiel entsprechen.

BEISPIEL:
Bezeichnung einer umhüllten Stabelektrode für das Lichtbogenhandschweißen mit einer chemischen Zusammensetzung des Schweißgutes von 19 % Cr, 12 % Ni und 2 % Mo (19 12 2) nach Tabelle 1. Die Stabelektrode ist rutilumhüllt (R) und verschweißbar an Wechsel- oder Gleichstrom, Ausbringen 120 % (3), und ist geeignet für Stumpf- und Kehlnähte in Wannenposition (4).

Die Bezeichnung ist wie folgt:

Umhüllte Stabelektrode EN 1600-E 19 12 2 R 3 4

Der verbindliche Teil ist:

Umhüllte Stabelektrode EN 1600-E 19 12 2 R

Hierbei bedeuten:

EN 1600	= Norm-Nummer;
E	= umhüllte Stabelektroden/Lichtbogenhandschweißen (siehe 4.1);
19 12 2	= chemische Zusammensetzung des reinen Schweißgutes (siehe Tabelle 1);
R	= Umhüllungstyp (siehe 4.3);
3	= Ausbringen und Stromart (siehe Tabelle 3);
4	= Schweißposition (siehe 4.5).

Anhang A (informativ)
Beschreibung der Umhüllungstypen

A.1 Rutilumhüllte Stabelektroden

Diese Stabelektroden enthalten in der Umhüllung als wesentlichen Bestandteil Titandioxid, meistens in Form von Rutil, veränderliche Silikatanteile und kleine Mengen von Karbonaten und Fluoriden.

Rutilumhüllte Stabelektroden sind geeignet für Gleich- und Wechselstrom. Sie sind leicht zu zünden und wiederzuzünden und weisen einen stabilen Lichtbogen auf. Die Oberfläche der Schweißnaht ist glatt und fein geschuppt, die Schlackenentfernung ist gut.

A.2 Basischumhüllte Stabelektroden

Die Umhüllung weist einen hohen Anteil von Karbonaten und Fluoriden auf.

Basischumhüllte Stabelektroden werden üblicherweise nur für Gleichstrom mit Stabelektrode am Pluspol verwendet.

Anhang B (informativ)
Literaturhinweise

B.1 Handbuch für das Eisenhüttenlaboratorium, VdEh, Düsseldorf.

B.2 BS 6200-3 Probenahme und Analyse von Eisen, Stahl und anderen Eisenmetallen — Teil 3: Analyseverfahren.

B.3 CEN/CR 10261 ECISS-Mitteilung 11 — Eisen und Stahl — Überblick von verfügbaren chemischen Analyseverfahren.

März 1998

Kupfer und Kupferlegierungen Platten, Bleche, Bänder, Streifen und Ronden zur allgemeinen Verwendung Deutsche Fassung EN 1652 : 1997	**DIN** **EN 1652**

ICS 77.150.30

Deskriptoren: Kupfer, Kupferlegierung, Platte, Blech, Ronde

Copper and copper alloys – Plate, sheet, strip and circles for general purposes;
German version EN 1652 : 1997

Ersatz für
DIN 17670-1 : 1983-12 und
DIN 17670-2 : 1969-06
Teilweise Ersatz für
DIN 1751 : 1973-06 und
DIN 1791 : 1973-06

Cuivre et alliages de cuivre – Plaques, tôles, bandes et disques pour usages généraux;
Version allemande EN 1652 : 1997

Die Europäische Norm EN 1652 : 1997 hat den Status einer Deutschen Norm.

Nationales Vorwort

Diese Europäische Norm ist im Technischen Komitee TC 133 "Kupfer und Kupferlegierungen" (Sekretariat: Deutschland) des Europäischen Komitees für Normung (CEN) erarbeitet worden.

Das zuständige deutsche Normungsgremium ist der Unterausschuß FNNE-UA 3.2.3 "Bänder und Bleche für allgemeine Verwendung, Federn und Systemträger" des Normenausschusses Nichteisenmetalle (FNNE) im DIN Deutsches Institut für Normung e. V.

Anforderungen an Produkte für die Anwendung in der Elektrotechnik wurden nicht aufgenommen, diese sind Gegenstand einer separaten Europäischen Norm (WI: 00133022), die zu einem späteren Zeitpunkt veröffentlicht wird. Für die Anwendung von DIN 40500-1 sind DIN 1751 und DIN 1791 weiterhin gültig.

Änderungen

Gegenüber DIN 17670-1 : 1983-12, DIN 17670-2 : 1969-06, DIN 1751 : 1973-06 und DIN 1791 : 1973-06 wurden folgende Änderungen vorgenommen:

a) Werkstoffkurzzeichen teilweise geändert (siehe Tabelle).

b) Werkstoffnummern nach dem Europäischen Werkstoffnummernsystem für Kupfer und Kupferlegierungen nach EN 1412 geändert (siehe Tabelle).

c) Werkstoffe gestrichen und neue hinzugefügt (siehe Tabelle).

d) Zusammensetzungen der Werkstoffe geringfügig geändert.

e) Für die im Zugversuch ermittelten Kennwerte Bezeichnungen nach EN 10002-1 festgelegt.

f) Kennzeichnung der Werkstoffzustände geändert.

g) Bereiche für die mechanischen Eigenschaften geändert.

Fortsetzung Seite 2 und 3
und 34 Seiten EN

Normenausschuß Nichteisenmetalle (FNNE) im DIN Deutsches Institut für Normung e. V.

h) Mindestwerte für die Bruchdehnung A_{10} ($A_{11,3}$) durch die Werte nach $A_{50\,mm}$ ersetzt.

i) Grenzabmaße für die Dicke, Breite und Länge sowie die Toleranzen für die Rechtwinkligkeit und für die Säbelförmigkeit geändert.

j) Grenzabmaße für die Dicke warmgewalzter Produkte zusätzlich aufgenommen.

Tabelle: Gegenüberstellung der neuen Werkstoffbezeichnungen nach DIN EN 1652 zu den früheren Werkstoffbezeichnungen nach DIN 17670-1 : 1983-12

Werkstoffbezeichnung			
DIN EN 1652		DIN 17670-1	
Kurzzeichen	Nummer	Kurzzeichen	Nummer
Cu-ETP	CW004A	–	–
Cu-FRTP	CW006A	–	–
Cu-OF	CW008A	–	–
Cu-DLP	CW023A	SW-Cu	2.0076
Cu-DHP	CW024A	SF-Cu	2.0090
–	–	CuBe1,7	2.1245
CuBe2	CW101C	CuBe2	2.1247
CuCo1Ni1Be	CW103C	–	–
CuCo2Be	CW104C	CuCo2Be	2.1285
–	–	CuCrZr	2.1293
–	–	CuFe2P	2.1310
CuNi2Be	CW110C	CuNi2Be	2.0850
CuNi2Si	CW111C	–	–
CuZn0,5	CW119C	CuZn0,5	2.0205
–	–	CuZr	2.1580
–	–	CuAl8	2.0920
CuAl8Fe3	CW303G	CuAl8Fe3	2.0932
–	–	CuAl9Ni3Fe2	2.0971
–	–	CuAl10Ni5Fe4	2.0966
CuNi25	CW350H	CuNi25	2.0830
CuNi9Sn2	CW351H	CuNi9Sn2	2.0875
CuNi10Fe1Mn	CW352H	CuNi10Fe1Mn	2.0872
CuNi30Mn1Fe	CW354H	CuNi30Mn1Fe	2.0882
–	–	CuNi44Mn1	2.0842
CuNi10Zn27	CW401J	–	–
CuNi12Zn24	CW403J	CuNi12Zn24	2.0730
CuNi12Zn25Pb1	CW404J	–	–
CuNi18Zn20	CW409J	CuNi18Zn20	2.0740
CuNi18Zn27	CW410J	CuNi18Zn27	2.0742

(fortgesetzt)

Tabelle (abgeschlossen)

DIN EN 1652		DIN 17670-1	
Kurzzeichen	Nummer	Kurzzeichen	Nummer
CuSn4	CW450K	CuSn4	2.1016
CuSn5	CW451K	–	–
CuSn6	CW452K	CuSn6	2.1020
CuSn8	CW453K	CuSn8	2.1030
CuSn3Zn9	CW454K	–	–
–	–	CuSn6Zn6	2.1080
CuZn5	CW500L	CuZn5	2.0220
CuZn10	CW501L	CuZn10	2.0230
CuZn15	CW502L	CuZn15	2.0240
CuZn20	CW503L	CuZn20	2.0250
–	–	CuZn28	2.0261
CuZn30	CW505L	CuZn30	2.0265
CuZn33	CW506L	CuZn33	2.0280
CuZn36	CW507L	CuZn36	2.0335
CuZn37	CW508L	CuZn37	2.0321
CuZn40	CW509L	CuZn40	2.0360
CuZn35Pb1	CW600N	CuZn36Pb1,5	2.0331
CuZn37Pb0,5	CW604N	CuZn37Pb0,5	2.0332
CuZn37Pb2	CW606N	–	–
–	–	CuZn38Pb1,5	2.0371
CuZn38Pb2	CW608N	–	–
CuZn39Pb0,5	CW610N	CuZn39Pb0,5	2.0372
CuZn39Pb2	CW612N	CuZn39Pb2	2.0380
–	–	CuZn40Pb2	2.0402
CuZn20Al2As	CW702R	CuZn20Al2	2.0460
–	–	CuZn28Sn1	2.0470
–	–	CuZn38SnAl	2.0525
–	–	CuZn38Sn1	2.0530

Werkstoffbezeichnung

Frühere Ausgaben

DIN 1714: 1936x-02
DIN 1751: 1925-07, 1933-12, 1963-10, 1973-06
DIN 1774: 1929-12, 1939-01
DIN 1791: 1933-12, 1963-10, 1973-06
DIN 17670: 1957-04
DIN 17670-1: 1961-08, 1969-02, 1974-06, 1983-12
DIN 17670-2: 1961-08, 1969-06

EUROPÄISCHE NORM

EUROPEAN STANDARD

NORME EUROPÉENNE

EN 1652

Dezember 1997

ICS 77.150.30

Deskriptoren: Kupfer, Kupferlegierung, Walzerzeugnis, Metallplatte, Bezeichnung, chemische Zusammensetzung, mechanische Eigenschaft, Abmessung, Maßtoleranz, Probenentnahme, Prüfung, Gütenachweis

Deutsche Fassung

Kupfer und Kupferlegierungen
Platten, Bleche, Bänder, Streifen und Ronden zur allgemeinen Verwendung

Copper and copper alloys –
Plate, sheet, strip and circles
for general purposes

Cuivre et alliages de cuivre –
Plaques, tôles, bandes et disques
pour usages généraux

Diese Europäische Norm wurde von CEN am 1997-11-06 angenommen.

Die CEN-Mitglieder sind gehalten, die CEN/CENELEC-Geschäftsordnung zu erfüllen, in der die Bedingungen festgelegt sind, unter denen dieser Europäischen Norm ohne jede Änderung der Status einer nationalen Norm zu geben ist.

Auf dem letzten Stand befindliche Listen dieser nationalen Normen mit ihren bibliographischen Angaben sind beim Zentralsekretariat oder bei jedem CEN-Mitglied auf Anfrage erhältlich.

Diese Europäische Norm besteht in drei offiziellen Fassungen (Deutsch, Englisch, Französisch). Eine Fassung in einer anderen Sprache, die von einem CEN-Mitglied in eigener Verantwortung durch Übersetzung in seine Landessprache gemacht und dem Zentralsekretariat mitgeteilt worden ist, hat den gleichen Status wie die offiziellen Fassungen.

CEN-Mitglieder sind die nationalen Normungsinstitute von Belgien, Dänemark, Deutschland, Finnland, Frankreich, Griechenland, Irland, Island, Italien, Luxemburg, Niederlande, Norwegen, Österreich, Portugal, Schweden, Schweiz, Spanien, der Tschechischen Republik und dem Vereinigten Königreich.

CEN

EUROPÄISCHES KOMITEE FÜR NORMUNG
European Committee for Standardization
Comité Européen de Normalisation

Zentralsekretariat: rue de Stassart 36, B-1050 Brüssel

Ref. Nr. EN 1652 : 1997 D

Inhalt

Seite

Vorwort

Diese Europäische Norm wurde vom Technischen Komitee CEN/TC 133 "Kupfer und Kupferlegierungen" erarbeitet, dessen Sekretariat vom DIN gehalten wird.

Diese Europäische Norm muß den Status einer nationalen Norm erhalten, entweder durch Veröffentlichung eines identischen Textes oder durch Anerkennung bis Juni 1998, und etwaige entgegenstehende nationale Normen müssen bis Juni 1998 zurückgezogen werden.

Im Rahmen seines Arbeitsprogrammes hat das Technische Komitee CEN/TC 133 in Zusammenarbeit mit CEN/TC 133/WG 2 "Walzflacherzeugnisse" die folgende Norm ausgearbeitet:

EN 1652
   Kupfer und Kupferlegierungen – Platten, Bleche, Bänder, Streifen und Ronden zur allgemeinen Verwendung

Dies ist eine aus einer Reihe von Europäischen Normen für Walzflacherzeugnisse aus Kupfer und Kupferlegierungen. Andere Produkte sind oder werden wie folgt genormt:

EN 1172
   Kupfer und Kupferlegierungen – Bleche und Bänder für das Bauwesen

EN 1653
   Kupfer und Kupferlegierungen – Platten, Bleche und Ronden für Kessel, Druckbehälter und Warmwasserspeicheranlagen

EN 1654
   Kupfer und Kupferlegierungen – Bänder für Federn und Steckverbinder

EN 1758
   Kupfer und Kupferlegierungen – Bänder für Systemträger

   Kupfer und Kupferlegierungen – Platten, Bleche und Bänder aus Kupfer für die Elektrotechnik (WI: 00133022)

Entsprechend der CEN/CENELEC-Geschäftsordnung sind die nationalen Normungsinstitute der folgenden Länder gehalten, diese Europäische Norm zu übernehmen: Belgien, Dänemark, Deutschland, Finnland, Frankreich, Griechenland, Irland, Island, Italien, Luxemburg, Niederlande, Norwegen, Österreich, Portugal, Schweden, Schweiz, Spanien, die Tschechische Republik und das Vereinigte Königreich.

1 Anwendungsbereich

Diese Europäische Norm legt die Zusammensetzung, die Anforderungen an die Eigenschaften, Grenzabmaße und Formtoleranzen von Platten, Blechen, Bändern und Ronden aus Kupfer und Kupferlegierungen zur allgemeinen Verwendung fest.

Der Ablauf der Probenentnahme, die Prüfverfahren zur Feststellung der Übereinstimmung mit den Anforderungen dieser Norm und die Lieferbedingungen sind ebenfalls festgelegt.

2 Normative Verweisungen

Diese Europäische Norm enthält durch datierte oder undatierte Verweisungen Festlegungen aus anderen Publikationen. Diese normativen Verweisungen sind an den jeweiligen Stellen im Text zitiert, und die Publikationen sind nachstehend aufgeführt. Bei datierten Verweisungen gehören spätere Änderungen oder Überarbeitungen dieser Publikationen nur zu dieser Europäischen Norm, falls sie durch Änderung oder Überarbeitung eingearbeitet sind. Bei undatierten Verweisungen gilt die letzte Ausgabe der in Bezug genommenen Publikation.

EN 1655
    Kupfer und Kupferlegierungen – Konformitätserklärungen

prEN 1976
    Kupfer und Kupferlegierungen – Gegossene Rohformen aus Kupfer

EN 10002-1
    Metallische Werkstoffe – Zugversuch – Teil 1: Prüfverfahren (bei Raumtemperatur)

EN 10204
    Metallische Erzeugnisse – Arten von Prüfbescheinigungen

EN ISO 2624
    Kupfer und Kupferlegierungen – Bestimmen der mittleren Korngröße (ISO 2624 : 1990)

ISO 1811-2
    Copper and copper alloys – Selection and preparation of samples for chemical analysis – Part 2: Sampling of wrought products and castings

ISO 6507-1
    Metallic materials – Hardness test – Vickers test – Part 1: HV 5 to HV 100

ISO 6507-2
    Metallic materials – Hardness test – Vickers test – Part 2: HV 0,2 to less than HV 5

ISO 7438
    Metallic materials – Bend test

ISO 7799
    Metallic materials – Sheet and strip 3 mm thick or less – Reverse bend test

ISO 8490
    Metallic materials – Sheet and strip – Modified Erichsen cupping test

    ANMERKUNG: Informative Verweisungen auf Dokumente, die bei der Erstellung dieser Norm herangezogen und an den entsprechenden Stellen im Text aufgeführt wurden, sind unter "Literaturhinweise" aufgeführt, siehe Anhang A.

3 Definitionen

Für die Anwendung dieser Norm gelten die folgenden Definitionen, die aus ISO 197-3 abgeleitet sind:

3.1 Platte

Flaches Walzprodukt mit rechteckigem Querschnitt und gleichmäßiger Dicke über 10 mm.

3.2 Blech

Flaches Walzprodukt mit rechteckigem Querschnitt und gleichmäßiger Dicke von 0,2 mm bis 10 mm, geliefert in gerader Länge, überlicherweise mit geschnittenen oder gesägten Kanten. Die Dicke liegt nicht über einem Zehntel der Breite.

3.3 Band

Flaches Walzprodukt mit rechteckigem Querschnitt, mit gleichmäßiger Dicke von 0,1 mm bis 5,0 mm, hergestellt in Ringen und geliefert als längsgeteilte Ringe, gespult oder als Streifen, üblicherweise mit geschnittenen Kanten. Die Dicke liegt nicht über einem Zehntel der Breite.

3.4 Ronde

Kreisförmiger Zuschnitt.

4 Bezeichnungen

4.1 Werkstoff

4.1.1 Allgemeines

Der Werkstoff wird entweder durch ein Werkstoffkurzzeichen oder durch eine Werkstoffnummer bezeichnet (siehe Tabellen 1 und 2).

4.1.2 Werkstoffkurzzeichen

Der Bezeichnung durch Werkstoffkurzzeichen liegt das in ISO 1190-1 enthaltene Bezeichnungssystem zugrunde.

ANMERKUNG: Obwohl die Werkstoffkurzzeichen, die in dieser Norm verwendet werden, die gleichen sein können wie in anderen Normen, welche das Bezeichnungssystem nach ISO 1190-1 verwenden, können sich die Anforderungen an die Zusammensetzung gleichbezeichneter Werkstoffe im einzelnen voneinander unterscheiden.

4.1.3 Werkstoffnummer

Die Werkstoffnummer entspricht dem in EN 1412 festgelegten System.

4.2 Zustand

Für die Anwendung dieser Norm gelten die nachstehenden Zustandsbezeichnungen; sie entsprechen dem in EN 1173 enthaltenen System:

R... Zustand, bezeichnet mit dem kleinsten Wert für die Anforderung an die Zugfestigkeit für das Produkt mit vorgeschriebenen Anforderungen an die Zugfestigkeit und Bruchdehnung;

H... Zustand, bezeichnet mit dem kleinsten Wert für die Anforderung an die Härte für das Produkt mit vorgeschriebenen Anforderungen an die Härte;

G... Zustand, bezeichnet mit dem mittleren Wert für die Anforderung an die Korngröße für das Produkt mit vorgeschriebenen Anforderungen an die Korngröße und Härte.

Eine genaue Umrechnung zwischen den Zuständen, bezeichnet mit R..., H... und G..., ist nicht möglich.

Der Zustand wird nur durch eine der obengenannten Bezeichnungen bezeichnet.

412

4.3 Produkt

Die Produktbezeichnung stellt ein genormtes Bezeichnungsmodell dar, durch das eine schnelle und eindeutige Beschreibung eines Produktes gegeben ist, wenn man sich auf es beziehen will. Das Modell ermöglicht ein gegenseitiges Verstehen auf internationaler Ebene hinsichtlich solcher Produkte, die die Anforderungen der betreffenden Europäischen Norm erfüllen.

Die Produktbezeichnung ist kein Ersatz für den vollen Inhalt der Norm.

Die Produktbezeichnung für Produkte nach dieser Norm muß bestehen aus:

- – Benennung (Platte, Blech, Band oder Ronde);

- – Nummer dieser Europäischen Norm (EN 1652);

- – Werkstoffbezeichnung, entweder Werkstoffkurzzeichen oder Werkstoffnummer (siehe Tabellen 1 und 2);

- – Zustandsbezeichnung (siehe Tabelle 3);

- – Nennmaße:

  - – Platten: Dicke × Breite × Länge [entweder "Herstellänge" (M) oder "Festlänge" (F)] (siehe Beispiel 1);
  - – Bleche: Dicke × Breite × Länge [entweder "Herstellänge" (M) oder "Festlänge" (F)];
  - – Bänder (in Ringen oder auf Spulen): Dicke × Breite;
  - – Streifen: Dicke × Breite × Länge [entweder "Herstellänge" (M) oder "Festlänge" (F)];
  - – Ronden: Dicke × Durchmesser (siehe Beispiel 2).

Die Herleitung einer Produktbezeichnung ist für Platten in Beispiel 1 und eine andere typische Produktbezeichnung ist in Beispiel 2 dargestellt.

BEISPIEL 1:
Platte in Übereinstimmung mit dieser Norm, Werkstoff entweder bezeichnet mit Cu-OF oder CW008A, im Zustand H065, Dicke (Nennmaß) 14,25 mm, Breite (Nennmaß) 350,5 mm, Herstellänge 1 200 mm, muß wie folgt bezeichnet werden:

Platte EN 1652 – Cu-OF   – H065 – 14,25 × 350,5 × 1 200M

oder

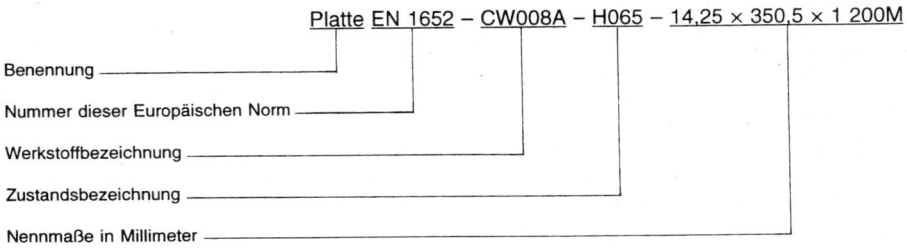

Platte EN 1652 – CW008A – H065 – 14,25 × 350,5 × 1 200M

Benennung ─────────────────────────

Nummer dieser Europäischen Norm ──────────

Werkstoffbezeichnung ─────────────────

Zustandsbezeichnung ─────────────────

Nennmaße in Millimeter ──────────────────

BEISPIEL 2:
Ronde in Übereinstimmung mit dieser Norm, Werkstoff entweder bezeichnet mit CuNi12Zn24 oder CW403J, im Zustand R550, Dicke (Nennmaß) 1,115 mm, Durchmesser (Nennmaß) 345,5 mm, muß wie folgt bezeichnet werden:

Ronde EN 1652 – CuNi12Zn24 – R550 – 1,115 × 345,5

oder

Ronde EN 1652 –   CW403J   – R550 – 1,115 × 345,5

5 Bestellangaben

Zur Erleichterung von Anfrage, Bestellung und Auftragbestätigung im Bestellvorgang zwischen Käufer und Lieferer muß der Käufer in seiner Anfrage und Bestellung folgendes angeben:

a) Menge des verlangten Produktes:

- Platten: Stückzahl oder Masse;
- Bleche: Stückzahl oder Masse;
- Bänder (in Ringen oder auf Spulen): Masse;
- Streifen: Stückzahl oder Masse;
- Ronden: Stückzahl oder Masse;

b) Benennung (Platte, Blech, Band oder Ronde);

c) Nummer dieser Europäischen Norm (EN 1652);

d) Werkstoffbezeichnung (siehe Tabellen 1 und 2);

e) Zustandsbezeichnung (siehe 4.2 und Tabelle 3), wenn die Wahl nicht im Ermessen des Lieferers liegt;

f) Nennmaße:

- Platten, Bleche, Streifen: Dicke × Breite × Länge (entweder "Herstellänge" oder "Festlänge");
- Bänder (in Ringen oder auf Spulen): Dicke × Breite;
- Ronden: Dicke × Durchmesser;

g) Anforderungen an die Ringmaße (Band): Innendurchmesser (Nennmaß) in Millimeter und maximaler Außendurchmesser in Millimeter und entweder maximale Masse in Kilogramm oder ungefähre spezifische Ringmasse (Masse je Breite) in Kilogramm je Millimeter;

h) Spulengröße (Band): Typ oder Maße.

ANMERKUNG: Es wird empfohlen, die Produktbezeichnung nach 4.3 für die Angaben zu b) bis f) zu verwenden.

Falls erforderlich, muß der Käufer in der Anfrage und im Auftrag zusätzlich folgendes angeben:

i) geforderte Grenzabmaße für die Dicke von warmgewalzten Platten oder Ronden mit einer Breite oder einem Durchmesser über 1 500 mm (siehe Tabelle 4);

j) geforderte Grenzabmaße für die Breite von Platten oder Blechen mit einer Breite über 1 250 mm (siehe Tabelle 7);

k) geforderte Rechtwinkligkeit bei geschnittenen Platten oder Blechen mit einer Breite über 1 250 mm (siehe Tabelle 9);

l) geforderte Grenzabmaße für den Durchmesser bei Ronden mit einem Durchmesser über 2 000 mm und einer Dicke über 2,5 mm bis 5,0 mm (siehe Tabelle 10);

m) ob eine oder mehrere technologische Prüfungen verlangt werden und, wenn dies der Fall ist, das (die) Prüfverfahren und die Annahmebedingung(en) (siehe 8.5);

n) ob eine Konformitätserklärung verlangt wird (siehe 9.1);

o) ob eine Prüfbescheinigung verlangt wird und, wenn dies der Fall ist, welche Art (siehe 9.2);

p) ob besondere Anforderungen an die Kennzeichnung, Verpackung oder Etikettierung bestehen (siehe Abschnitt 10).

BEISPIEL:
Bestellangaben für 1 500 kg Band in Übereinstimmung mit EN 1652, Werkstoff entweder bezeichnet mit CuZn37 oder CW508L, im Zustand R480, Dicke (Nennmaß) 0,543 mm, Breite (Nennmaß) 219,25 mm, Ringinnendurchmesser (Nennmaß) 300 mm, maximaler Ringaußendurchmesser 950 mm, spezifische Ringmasse (Masse je Breite) etwa 4,5 kg/mm:

> **1 500 kg Band EN 1652 – CuZn37 – R480 – 0,543×219,25**
> **– Ringinnendurchmesser (Nennmaß) 300 mm**
> **– maximaler Ringaußendurchmesser 950 mm**
> **– spezifische Ringmasse etwa 4,5 kg/mm**
> oder
>
> **1 500 kg Band EN 1652 – CW508L – R480 – 0,543×219,25**
> **– Ringinnendurchmesser (Nennmaß) 300 mm**
> **– maximaler Ringaußendurchmesser 950 mm**
> **– spezifische Ringmasse etwa 4,5 kg/mm**

6 Anforderungen

6.1 Zusammensetzung

Die Zusammensetzung muß mit den Anforderungen für den entsprechenden Werkstoff in den Tabellen 1 und 2 übereinstimmen.

Der prozentuale Anteil des Elements, der mit "Rest" angegeben ist, wird üblicherweise als Differenz von 100 % gerechnet.

6.2 Mechanische Eigenschaften

Die mechanischen Eigenschaften müssen mit den entsprechenden Anforderungen der Tabelle 3 übereinstimmen. Die Prüfungen müssen nach 8.2 und 8.3 durchgeführt werden.

6.3 Korngröße

Die Korngröße für Produkte im Zustand G... muß mit den Anforderungen der Tabelle 3 übereinstimmen. Die Prüfung muß nach 8.4 durchgeführt werden.

6.4 Maße und Toleranzen

Platten, Bleche, Bänder und Ronden müssen mit den entsprechenden Anforderungen an die Grenzabmaße und Formtoleranzen nach den Tabellen 4 bis 10 übereinstimmen. Platten, Bleche und Bänder mit einer Länge bis 5 000 mm dürfen als "Herstellängen" oder "Festlängen" geliefert werden (siehe Tabelle 8).

6.5 Säbelförmigkeit c

Für die Geradheit der Längskante, die, wenn nicht anders zwischen Käufer und Lieferer vereinbart, auf eine Meßlänge von 1 000 mm bezogen sein muß, darf die Säbelförmigkeit c (siehe Bild 1) nicht größer als die nach Tabelle 11 sein.

Wenn Käufer und Lieferer eine Meßlänge von 2 000 mm vereinbaren, darf die Säbelförmigkeit c nicht die in Tabelle 11 angegebenen und mit dem Faktor 4 multiplizierten Werte überschreiten.

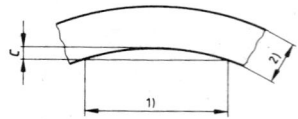

1) Meßlänge
2) Bandbreite

Bild 1: Säbelförmigkeit c

6.6 Oberflächenbeschaffenheit

Die Produkte müssen sauber und frei von Fehlern sein, die zu Schäden führen könnten. Die Fehler müssen zum Zeitpunkt der Anfrage und des Auftrages in einer Vereinbarung zwischen Käufer und Lieferer einzeln festgelegt werden. Die Existenz eines Oberflächenfilms aus Schmiermittelresten auf kaltgewalzten Produkten ist üblich und zulässig, solange keine anderen Festlegungen getroffen werden.

7 Probenentnahme

7.1 Allgemeines

Falls erforderlich (z. B. wenn sich entsprechende Maßnahmen aus den im Qualitätsmanagementsystem des Lieferers festgelegten Arbeitsabläufen ergeben, oder wenn der Käufer Prüfbescheinigungen mit der Angabe von Prüfergebnissen fordert, oder falls Prüfergebnisse nicht anerkannt werden) muß von einer Prüfeinheit eine Probenmenge nach 7.2 und 7.3 entnommen werden.

7.2 Analyse

Der Probenanteil muß den Festlegungen in ISO 1811-2 entsprechen. Von jedem Probestück muß ein Probenabschnitt vorbereitet und zur Bestimmung der Zusammensetzung verwendet werden. Die Vorbereitung muß dem anzuwendenden Analysenverfahren entsprechen.

ANMERKUNG 1: Bei der Vorbereitung des Probenabschitts sollte darauf geachtet werden, daß eine Verunreinigung oder Überhitzung des Probenabschnitts vermieden wird. Die Verwendung hartmetallbestückter Werkzeuge wird empfohlen. Werkzeuge aus Stahl sollten aus magnetischem Material bestehen, um nachfolgend die Beseitigung von Eisenpartikeln zu erleichtern. Falls die Prüfmenge aus Spänen besteht, sollten die Späne (z. B. Bohrspäne, Frässpäne) vorsichtig mit einem starken Magneten behandelt werden, um Eisenpartikel, die bei der Probenvorbereitung eingeschleppt wurden, wieder aus den Spänen zu entfernen.

ANMERKUNG 2: Falls Analysenergebnisse nicht anerkannt werden, sollte die in ISO 1811-2 festgelegte Vorgehensweise vollständig befolgt werden.

Analysenergebnisse, die schon früher im Fertigungsablauf des Produktes, z. B. unmittelbar vor dem Gießen oder an einem Probenabschnitt, entnommen von einer Mutterrolle, ermittelt wurden, dürfen verwendet werden, wenn die Werkstoffidentität während des Fertigungsablaufs erhalten bleibt und der Hersteller über ein zertifiziertes Qualitätsmanagementsystem nach EN ISO 9001 oder EN ISO 9002 verfügt.

7.3 Zugversuch, Härteprüfung, Korngrößenbestimmung und technologische Prüfungen

Der Probenanteil muß ein Probenabschnitt je Mutterrolle sein. Die Probestücke müssen vom fertig hergestellten Produkt entnommen werden. Die Probenabschnitte müssen von den Probestücken entnommen werden. Die Probenabschnitte und die aus ihnen hergestellten Proben dürfen keiner weiteren Behandlung unterworfen werden, außer spanabhebenden Bearbeitungen, die für die Herstellung der Proben notwendig sind.

8 Prüfverfahren

8.1 Analyse

Die Analyse muß an den nach 7.2 aus Probenabschnitten erhaltenen Proben oder einer Prüfmenge durchgeführt werden. Die Wahl des geeigneten Analysenverfahrens bleibt dem Lieferer überlassen. Das gilt jedoch nicht mehr, wenn Analysenergebnisse nicht anerkannt werden. Für die Angabe von Meßergebnissen müssen die Rundungsregeln nach 8.7 angewendet werden.

ANMERKUNG: Falls Analysenergebnisse nicht anerkannt werden, sollten die zu verwendenden Analysenverfahren den zutreffenden ISO-Normen entsprechen und zwischen den Beteiligten vereinbart werden.

8.2 Zugversuch

Die im Zugversuch zu ermittelnden Eigenschaften müssen an Proben bestimmt werden, die aus den nach 7.3 entnommenen Probenabschnitten vorbereitet wurden. Die Prüfung muß nach EN 10002-1 durchgeführt werden, ausgenommen, daß die Meßlänge zur Bestimmung der Dehnung wie folgt sein muß:

a) für Dicken über 2,5 mm, Meßlänge $l_0 = 5,65 \sqrt{S_0}$ (Dehnung A);

b) für Dicken von 0,10 mm bis 2,5 mm, eine feste Meßlänge von 50 mm (Dehnung A_{50mm}).

8.3 Härteprüfung

Die Vickershärte muß nach ISO 6507-1 oder ISO 6507-2, wie zutreffend, an Proben bestimmt werden, die aus den nach 7.3 entnommenen Probenabschnitten vorbereitet wurden.

Bei der Härteprüfung nach Vickers nach ISO 6507-1 muß eine Prüfkraft angewendet werden, die von den in ISO 6507-1 angegebenen Prüfkräften ausgewählt wurde.

Bei der Härteprüfung nach Vickers nach ISO 6507-2 muß eine Prüfkraft angewendet werden, die von den in ISO 6507-2 angegebenen Prüfkräften ausgewählt wurde.

8.4 Bestimmung der mittleren Korngröße

Die mittlere Korngröße muß nach EN ISO 2624 an Proben bestimmt werden, die aus den nach 7.3 erhaltenen Probenabschnitten vorbereitet wurden.

8.5 Technologische Prüfungen

Die technologischen Prüfungen müssen zwischen Käufer und Lieferer vereinbart werden [siehe 5 m)], z. B.:

a) Biegeprüfung nach ISO 7438;

b) Hin- und Herbiegeprüfung nach ISO 7799;

c) Erichsen-Tiefungsprüfung nach ISO 8490.

8.6 Wiederholungsprüfungen

Falls eine oder mehrere Prüfungen nach 8.1 bis 8.5 nicht bestanden werden, so muß zugelassen werden, daß zwei weitere Probenabschnitte der gleichen Prüfeinheit zur Nachprüfung der nicht bestandenen Prüfung(en) entnommen werden. Einer dieser Probenabschnitte muß demselben Teil entnommen werden, aus dem die Probe stammt, welche die Prüfung nicht bestanden hat, es sei denn, daß das betreffende Teil nicht mehr verfügbar ist oder vom Lieferer schon ausgeschieden wurde.

417

Falls die Proben von beiden Probenabschnitten die Prüfung(en) besteht, gilt, daß die in Frage gestellte Prüfeinheit die einzelne(n) Anforderung(en) nach dieser Norm erfüllt. Falls eine dieser Proben eine Prüfung nicht besteht, gilt, daß die in Frage gestellte Prüfeinheit die Anforderungen nach dieser Norm nicht erfüllt.

8.7 Runden von Ergebnissen

Zum Nachweis der Einhaltung der Grenzwerte, die in dieser Norm festgelegt sind, muß ein bei einer Prüfung beobachteter oder errechneter Wert nach folgendem Verfahren auf der Grundlage der in Anhang B von ISO 31-0 : 1992 gegebenen Richtlinien gerundet werden. Der Wert muß in einem Schritt auf die gleiche Anzahl von Ziffern gerundet werden, mit der die Grenze in dieser Norm festgelegt ist. Abweichend davon gilt für die Zugfestigkeit und Dehngrenze ein Rundungsintervall von 10 N/mm^2, und bei der Dehnung muß der Wert auf das nächstliegende 1 % gerundet werden.

Die folgenden Rundungsregeln müssen angewendet werden:

a) falls die Ziffer unmittelbar nach der letzten beizubehaltenden Ziffer kleiner als 5 ist, darf die letzte beizubehaltende Ziffer nicht verändert werden;

b) falls die Ziffer unmittelbar nach der letzten beizubehaltenden Ziffer gleich oder größer als 5 ist, muß die letzte beizubehaltende Ziffer um eins erhöht werden.

9 Konformitätserklärung und Prüfbescheinigung

9.1 Konformitätserklärung

Wenn vom Käufer verlangt [siehe 5 n)] und dies mit dem Lieferer vereinbart wurde, muß der Lieferer für die Produkte die entsprechende Konformitätserklärung nach EN 1655 abgeben.

9.2 Prüfbescheinigung

Wenn vom Käufer verlangt [siehe 5 o)] und dies mit dem Lieferer vereinbart wurde, muß der Lieferer für die Produkte die entsprechende Prüfbescheinigung nach EN 10204 abgeben.

10 Kennzeichnung, Verpackung, Etikettierung

Kennzeichnung, Verpackung und Etikettierung bleiben dem Lieferer überlassen, falls vom Käufer nichts anderes festgelegt ist und mit dem Lieferer vereinbart wurde [siehe 5 p)].

Tabelle 1: Zusammensetzung von Kupfer

Werkstoffbezeichnung		Zusammensetzung in % (Massenanteile)								Dichte[2]) g/cm³
		Element	Cu[1])	Bi	O	P	Pb	Sonstige Elemente (siehe Anmerkung)		
Kurzzeichen	Nummer							insgesamt	ausgeschlossen	ungefähr
Cu-ETP	CW004A	min.	99,90	–	–	–	–	–	Ag, O	8,9
		max.	–	0,000 5	0,040³)	–	0,005	0,03		
Cu-FRTP	CW006A	min.	99,90	–	–	–	–	–	Ag, Ni, O	8,9
		max.	–	–	0,100	–	–	0,05		
Cu-OF	CW008A	min.	99,95	–	–	–	–	–	Ag	8,9
		max.	–	0,000 5	–⁴)	–	0,005	0,03		
Cu-DLP	CW023A	min.	99,90	–	–	0,005	–	–	Ag, Ni, P	8,9
		max.	–	0,000 5	–	0,013	0,005	0,03		
Cu-DHP	CW024A	min.	99,90	–	–	0,015	–	–	–	8,9
		max.	–	–	–	0,040	–	–		

[1]) Einschließlich Ag, bis max. 0,015 %

[2]) Nur zur Information

[3]) Es ist ein Sauerstoffgehalt bis zu 0,060 % zulässig, wenn dies zwischen Käufer und Lieferer vereinbart wurde.

[4]) Der Sauerstoffgehalt muß so eingestellt sein, daß er mit den Anforderungen nach prEN 1976 zur Beständigkeit gegenüber der Wasserstoffversprödung übereinstimmt.

ANMERKUNG: Die Summe von sonstigen Elementen (außer Kupfer) ist definiert als die Summe von Ag, As, Bi, Cd, Co, Cr, Fe, Mn, Ni, O, P, Pb, S, Sb, Se, Si, Sn, Te und Zn, wobei die einzeln angegebenen Elemente ausgeschlossen sind.

419

Tabelle 2: Zusammensetzung von Kupferlegierungen

Kurzzeichen	Nummer	Element	Cu	Al	As	Be	C	Co	Fe	Mn	Ni	P	Pb	S	Si	Sn	Zn	Sonstige insgesamt	Dichte¹ g/cm³ ungefähr
CuBe2	CW101C	min.	Rest	–	–	1,8	–	–	–	–	–	–	–	–	–	–	–	–	8,3
		max.	–	–	–	2,1	–	0,3	0,2	–	0,3	–	–	–	–	–	–	0,5	
CuCo1Ni1Be	CW103C	min.	Rest	–	–	0,4	–	0,8	–	–	0,8	–	–	–	–	–	–	–	8,8
		max.	–	–	–	0,7	–	1,3	0,2	–	1,3	–	–	–	–	–	–	0,5	
CuCo2Be	CW104C	min.	Rest	–	–	0,4	–	2,0	–	–	–	–	–	–	–	–	–	–	8,8
		max.	–	–	–	0,7	–	2,8	–	–	–	–	–	–	–	–	–	0,5	
CuNi2Be	CW110C	min.	Rest	–	–	0,2	–	–	–	–	1,4	–	–	–	–	–	–	–	8,8
		max.	–	–	–	0,6	–	0,3	0,2	–	2,2	–	–	–	–	–	–	0,5	
CuNi2Si	CW111C	min.	Rest	–	–	–	–	–	–	–	1,6	–	–	–	0,4	–	–	–	8,8
		max.	–	–	–	–	–	–	0,2	0,1	2,5	–	0,02	–	0,8	–	–	0,3	
CuZn0,5	CW119C	min.	Rest	–	–	–	–	–	–	–	–	–	–	–	–	–	0,1	–	8,9
		max.	–	–	–	–	–	–	–	–	–	0,02	–	–	–	–	1,0	0,1	
CuAl8Fe3	CW303G	min.	Rest	6,5	–	–	–	–	1,5	–	–	–	–	–	–	–	–	–	7,7
		max.	–	8,5	–	–	–	–	3,5	1,0	1,0	–	0,05	–	0,2	0,1	0,5	0,2	
CuNi25	CW350H	min.	Rest	–	–	–	–	–	–	–	24,0	–	–	–	–	–	–	–	8,9
		max.	–	–	–	–	0,05	0,1	0,3	0,5	26,0	–	0,02	0,05	–	0,03	0,5	0,1	
CuNi9Sn2	CW351H	min.	Rest	–	–	–	–	–	–	–	8,5	–	–	–	–	1,8	–	–	8,9
		max.	–	–	–	–	–	–	0,3	0,3	10,5	–	0,03	–	–	2,8	0,1	0,1	
CuNi10Fe1Mn	CW352H	min.	Rest	–	–	–	–	–	1,0	0,5	9,0	–	–	–	–	–	–	–	8,9
		max.	–	–	–	–	0,05	0,1[2]	2,0	1,0	11,0	0,02	0,02	0,05	–	0,03	0,5	0,2	
CuNi30Mn1Fe	CW354H	min.	Rest	–	–	–	–	–	–	0,4	0,5	30,0	–	–	–	–	–	–	–	8,9
		max.	–	–	–	–	0,05	0,1[2]	1,0	1,5	32,0	0,02	0,02	0,05	–	0,05	0,5	0,2	
CuNi10Zn27	CW401J	min.	61,0	–	–	–	–	–	–	–	9,0	–	–	–	–	–	Rest	–	8,6
		max.	64,0	–	–	–	–	–	0,3	0,5	11,0	–	0,05	–	–	–	–	0,2	
CuNi12Zn24	CW403J	min.	63,0	–	–	–	–	–	–	–	11,0	–	–	–	–	–	Rest	–	8,7
		max.	66,0	–	–	–	–	–	0,3	0,5	13,0	–	0,03	–	–	–	–	0,2	
CuNi12Zn25Pb1	CW404J	min.	60,0	–	–	–	–	–	–	–	11,0	–	0,5	–	–	–	Rest	–	8,7
		max.	63,0	–	–	–	–	–	0,3	0,5	13,0	–	1,5	–	–	0,2	–	0,2	
CuNi18Zn20	CW409J	min.	60,0	–	–	–	–	–	–	–	17,0	–	–	–	–	–	Rest	–	8,7
		max.	63,0	–	–	–	–	–	0,3	0,5	19,0	–	0,03	–	–	0,03	–	0,2	
CuNi18Zn27	CW410J	min.	53,0	–	–	–	–	–	–	–	17,0	–	–	–	–	–	Rest	–	8,7
		max.	56,0	–	–	–	–	–	0,3	0,5	19,0	–	0,03	–	–	0,03	–	0,2	

(fortgesetzt)

Tabelle 2 (fortgesetzt)

Kurzzeichen	Nummer	Element	Cu	Al	As	Be	C	Co	Fe	Mn	Ni	P	Pb	S	Si	Sn	Zn	Sonstige insgesamt	Dichte[1] g/cm³ ungefähr
CuSn4	CW450K	min.	Rest	–	–	–	–	–	–	–	–	0,01	–	–	–	3,5	–	–	8,9
		max.	–	–	–	–	–	–	0,1	–	0,2	0,4	0,02	–	–	4,5	0,2	0,2	
CuSn5	CW451K	min.	Rest	–	–	–	–	–	–	–	–	0,01	–	–	–	4,5	–	–	8,9
		max.	–	–	–	–	–	–	0,1	–	0,2	0,4	0,02	–	–	5,5	0,2	0,2	
CuSn6	CW452K	min.	Rest	–	–	–	–	–	–	–	–	0,01	–	–	–	5,5	–	–	8,8
		max.	–	–	–	–	–	–	0,1	–	0,2	0,4	0,02	–	–	7,0	0,2	0,2	
CuSn8	CW453K	min.	Rest	–	–	–	–	–	–	–	–	0,01	–	–	–	7,5	–	–	8,8
		max.	–	–	–	–	–	–	0,1	–	0,2	0,4	0,02	–	–	8,5	0,2	0,2	
CuSn3Zn9	CW454K	min.	Rest	–	–	–	–	–	–	–	–	0,2	–	–	–	1,5	7,5	–	8,8
		max.	–	–	–	–	–	–	0,1	–	0,2	0,2	0,1	–	–	3,5	10,0	0,2	
CuZn5	CW500L	min.	94,0	–	–	–	–	–	–	–	–	–	–	–	–	–	Rest	–	8,9
		max.	96,0	0,02	–	–	–	–	0,05	–	0,3	–	0,05	–	–	0,1	–	0,1	
CuZn10	CW501L	min.	89,0	–	–	–	–	–	–	–	–	–	–	–	–	–	Rest	–	8,8
		max.	91,0	0,02	–	–	–	–	0,05	–	0,3	–	0,05	–	–	0,1	–	0,1	
CuZn15	CW502L	min.	84,0	–	–	–	–	–	–	–	–	–	–	–	–	–	Rest	–	8,8
		max.	86,0	0,02	–	–	–	–	0,05	–	0,3	–	0,05	–	–	0,1	–	0,1	
CuZn20	CW503L	min.	79,0	–	–	–	–	–	–	–	–	–	–	–	–	–	Rest	–	8,7
		max.	81,0	0,02	–	–	–	–	0,05	–	0,3	–	0,05	–	–	0,1	–	0,1	
CuZn30	CW505L	min.	69,0	–	–	–	–	–	–	–	–	–	–	–	–	–	Rest	–	8,5
		max.	71,0	0,02	–	–	–	–	0,05	–	0,3	–	0,05	–	–	0,1	–	0,1	
CuZn33	CW506L	min.	66,0	–	–	–	–	–	–	–	–	–	–	–	–	–	Rest	–	8,5
		max.	68,0	0,02	–	–	–	–	0,05	–	0,3	–	0,05	–	–	0,1	–	0,1	
CuZn36	CW507L	min.	63,5	–	–	–	–	–	–	–	–	–	–	–	–	–	Rest	–	8,4
		max.	65,5	0,02	–	–	–	–	0,05	–	0,3	–	0,05	–	–	0,1	–	0,1	
CuZn37	CW508L	min.	62,0	–	–	–	–	–	–	–	–	–	–	–	–	–	Rest	–	8,4
		max.	64,0	0,05	–	–	–	–	0,1	–	0,3	–	0,1	–	–	0,1	–	0,1	
CuZn40	CW509L	min.	59,5	–	–	–	–	–	–	–	–	–	–	–	–	–	Rest	–	8,4
		max.	61,5	0,05	–	–	–	–	0,2	–	0,3	–	0,3	–	–	0,2	–	0,2	

(fortgesetzt)

Tabelle 2 (abgeschlossen)

| Werkstoffbezeichnung | | Element | Zusammensetzung in % (Massenanteile) | | | | | | | | | | | | | | | Sonstige insgesamt | Dichte[1] g/cm³ ungefähr |
Kurzeichen	Nummer		Cu	Al	As	Be	C	Co	Fe	Mn	Ni	P	Pb	S	Si	Sn	Zn		
CuZn35Pb1	CW600N	min.	62,5	–	–	–	–	–	–	–	–	–	0,8	–	–	–	Rest	–	
		max.	64,0	0,05	–	–	–	–	0,1	–	0,3	–	1,6	–	–	0,1	–	0,1	8,5
CuZn37Pb0,5	CW604N	min.	62,0	–	–	–	–	–	–	–	–	–	0,1	–	–	–	Rest	–	
		max.	64,0	0,05	–	–	–	–	0,1	–	0,3	–	0,8	–	–	0,2	–	0,2	8,4
CuZn37Pb2	CW606N	min.	61,0	–	–	–	–	–	–	–	–	–	1,6	–	–	–	Rest	–	
		max.	62,0	0,05	–	–	–	–	0,2	–	0,3	–	2,5	–	–	0,2	–	0,2	8,4
CuZn38Pb2	CW608N	min.	60,0	–	–	–	–	–	–	–	–	–	1,6	–	–	–	Rest	–	
		max.	61,0	0,05	–	–	–	–	0,2	–	0,3	–	2,5	–	–	0,2	–	0,2	8,4
CuZn39Pb0,5	CW610N	min.	59,0	–	–	–	–	–	–	–	–	–	0,2	–	–	–	Rest	–	
		max.	60,5	0,05	–	–	–	–	0,2	–	0,3	–	0,8	–	–	0,2	–	0,2	8,4
CuZn39Pb2	CW612N	min.	59,0	–	–	–	–	–	–	–	–	–	1,6	–	–	–	Rest	–	
		max.	60,0	0,05	–	–	–	–	0,3	–	0,3	–	2,5	–	–	0,3	–	0,2	8,4
CuZn20Al2As	CW702R	min.	76,0	1,8	0,02	–	–	–	–	–	–	–	–	–	–	–	Rest	–	
		max.	79,0	2,3	0,06	–	–	–	0,07	0,1	0,1	0,01	0,05	–	–	–	–	0,3	8,4

[1] Nur zur Information

[2] Co max. 0,1 wird als Ni gezählt.

Tabelle 3: Mechanische Eigenschaften

Bezeichnungen Werkstoff Kurzzeichen	Nummer	Zustand	Dicke (Nennmaß) mm von	bis	Zugfestigkeit R_m N/mm² min	max	0,2%-Dehngrenze $R_{p0,2}$ N/mm²	Bruchdehnung A_{50mm} für Dicken bis 2,5 mm % min	A für Dicken über 2,5 mm % min	Härte HV min	max	Korngröße mm min	max
Cu-ETP / Cu-FRTP / Cu-OF / Cu-DLP / Cu-DHP	CW004A CW006A CW008A CW023A CW024A	R200	über 5		200	250	(max. 100)	–	42	–	–	–	–
		H040			–	–	–	–	–	40	65	–	–
		R220	0,2	5	220	260	(max. 140)	33	42	–	–	–	–
		H040			–	–	–	–	–	40	65	–	–
		R240	0,2	15	240	300	(min. 180)	8	15	–	–	–	–
		H065			–	–	–	–	–	65	95	–	–
		R290	0,2	15	290	360	(min. 250)	4	6	–	–	–	–
		H090			–	–	–	–	–	90	110	–	–
		R360	0,2	2	360	–	(min. 320)	2	–	–	–	–	–
		H110			–	–	–	–	–	110	–	–	–
CuBe2	CW101C	R410[1]	1	15	410	–	(max. 250)	20	20	–	–	–	–
		H090[1]			–	–	–	–	–	90	150	–	–
		R1130[2]	1	15	1 130	–	(min. 890)	3	3	–	–	–	–
		H340[2]			–	–	–	–	–	340	410	–	–
		R580[1]	1	15	580	–	(min. 510)	8	8	–	–	–	–
		H180[1]			–	–	–	–	–	180	250	–	–
		R1200[2]	1	15	1 200	–	(min. 980)	2	2	–	–	–	–
		H360[2]			–	–	–	–	–	360	420	–	–

(fortgesetzt)

423

Tabelle 3 (fortgesetzt)

| Bezeichnungen | | | Dicke (Nennmaß) mm | | Zugfestigkeit R_m N/mm² | | 0,2%-Dehngrenze $R_{p0,2}$ N/mm² | Bruchdehnung | | Härte HV | | Korngröße mm | |
Werkstoff Kurzzeichen	Nummer	Zustand	von	bis	min.	max.		A_{50mm} für Dicken bis 2,5 mm % min.	A für Dicken über 2,5 mm % min.	min.	max.	min.	max.
		R240¹)	1	15	240	–	(max. 220)	20	20	–	–	–	–
		H060¹)			–	–	–	–	–	60	130	–	–
		R480¹)	1	15	480	–	(min. 370)	2	2	–	–	–	–
		H140¹)			–	–	–	–	–	140	180	–	–
CuCo1Ni1Be	CW103C	R650⁴)	1	15	650	–	(min. 500)	8	8	–	–	–	–
CuCo2Be	CW104C	H200²)			–	–	–	–	–	200	280	–	–
CuNi2Be	CW110C	R750²)	1	15	750	–	(min. 650)	5	5	–	–	–	–
		H210²)			–	–	–	–	–	210	290	–	–
		R260³)	1	10	260	–	(min. 60)	28	–	–	–	–	–
		H070³)			–	–	–	–	–	70	100	–	–
		R490⁴)	1	10	490	–	(min. 340)	11	–	–	–	–	–
		H140⁴)			–	–	–	–	–	140	190	–	–
CuNi2Si	CW111C	R450¹)	0,6	3	450	–	(min. 360)	2	–	–	–	–	–
		H130¹)			–	–	–	–	–	130	180	–	–
		R640²)	0,6	3	640	–	(min. 590)	8	–	–	–	–	–
		H170²)			–	–	–	–	–	170	220	–	–

(fortgesetzt)

424

Tabelle 3 (fortgesetzt)

| Bezeichnungen | | | Dicke (Nennmaß) mm | | Zugfestigkeit R_m N/mm² | | 0,2%-Dehngrenze $R_{p0,2}$ N/mm² | Bruchdehnung | | Härte HV | | Korngröße mm | |
Werkstoff Kurzzeichen	Nummer	Zustand	von	bis	min.	max.		A_{50mm} für Dicken bis 2,5 mm % min.	A für Dicken über 2,5 mm % min.	min.	max.	min.	max.
CuZn0,5	CW119C	R220	0,2	5	220	260	(max. 140)	33	42	–	–	–	–
		H040			–	–	–	–	–	40	65	–	–
		R240	0,2	5	240	300	(min. 180)	8	15	–	–	–	–
		H065			–	–	–	–	–	65	95	–	–
		R290	0,2	5	290	360	(min. 250)	–	6	–	–	–	–
		H085			–	–	–	–	–	85	115	–	–
		R360	0,2	1,5	360	–	(min. 320)	–	–	–	–	–	–
		H110			–	–	–	–	–	110	–	–	–
CuAl8Fe3	CW303G	R480	3	15	480	–	(min. 210)	–	30	–	–	–	–
		H110			–	–	–	–	–	110	–	–	–
CuNi25	CW350H	R290	0,3	15	290	–	(min. 100)	–	–	–	–	–	–
		H070			–	–	–	–	–	70	100	–	–

(fortgesetzt)

425

Tabelle 3 (fortgesetzt)

Bezeichnungen Werkstoff Kurzzeichen	Nummer	Zustand	Dicke (Nennmaß) mm von	bis	Zugfestigkeit R_m N/mm² min	max	0,2%-Dehngrenze $R_{p0,2}$ N/mm²	Bruchdehnung $A_{5/mm}$ für Dicken bis 2,5 mm % min	A für Dicken über 2,5 mm % min	Härte HV min	max	Korngröße mm min	max
CuNi9Sn2	CW351H	R340	0,2	5	340	410	(max. 250)	30	40	–	–	–	–
		H075			–	–	–	–	–	75	110	–	–
		R380	0,2	5	380	470	(min. 200)	8	10	–	–	–	–
		H110			–	–	–	–	–	110	150	–	–
		R450	0,2	2	450	530	(min. 370)	4	–	–	–	–	–
		H140			–	–	–	–	–	140	170	–	–
		R500	0,2	2	500	580	(min. 450)	2	–	–	–	–	–
		H160			–	–	–	–	–	160	190	–	–
		R560	0,2	2	560	650	(min. 520)	–	–	–	–	–	–
		H180			–	–	–	–	–	180	210	–	–
CuNi10Fe1Mn	CW352H	R300	0,3	15	300	–	(min. 100)	20	30	–	–	–	–
		H070			–	–	–	–	–	70	120	–	–
		R320	0,3	15	320	–	(min. 200)	–	15	–	–	–	–
		H100			–	–	–	–	–	100	–	–	–
CuNi30Mn1Fe	CW354H	R350	0,3	15	350	420	(min. 120)	–	35	–	–	–	–
		H080			–	–	–	–	–	80	120	–	–
		R410	0,3	15	410	–	(min. 300)	–	14	–	–	–	–
		H110			–	–	–	–	–	110	–	–	–

(fortgesetzt)

Tabelle 3 (fortgesetzt)

Bezeichnungen Werkstoff Kurzzeichen	Nummer	Zustand	Dicke (Nennmaß) mm von	Dicke (Nennmaß) mm bis	Zugfestigkeit R_m N/mm² min	Zugfestigkeit R_m N/mm² max	0,2%-Dehngrenze $R_{p0,2}$ N/mm²	Bruchdehnung A_{50mm} für Dicken bis 2,5 mm % min	Bruchdehnung A für Dicken über 2,5 mm % min	Härte HV min	Härte HV max	Korngröße mm min	Korngröße mm max
CuNi10Zn27	CW401J	R360	0,1	5	360	430	(max. 230)	35	45	–	–	–	–
CuNi12Zn24	CW403J	H080			–	–	–	–	–	80	110	–	–
		G020	0,2	2	–	–	–	–	–	–	110	0,015	0,030
		G035			–	–	–	–	–	–	100	0,025	0,050
		R430	0,1	5	430	510	(min. 230)	8	15	–	–	–	–
		H110			–	–	–	–	–	110	150	–	–
		R490	0,1	5	490	580	(min. 400)	–	8	–	–	–	–
		H150			–	–	–	–	–	150	180	–	–
		R550	0,1	2	550	640	(min. 480)	–	–	–	–	–	–
		H170			–	–	–	–	–	170	200	–	–
		R620	0,1	2	620	–	(min. 580)	–	–	–	–	–	–
		H190			–	–	–	–	–	190	–	–	–
CuNi12Zn25Pb1	CW404J	R380	0,5	4	380	470	(min. 260)	15	–	–	–	–	–
		H110			–	–	–	–	–	110	140	–	–
		R460	0,5	4	460	540	(min. 320)	6	–	–	–	–	–
		H130			–	–	–	–	–	130	160	–	–
		R530	0,5	4	530	610	(min. 420)	3	–	–	–	–	–
		H155			–	–	–	–	–	155	185	–	–
		R620	0,5	4	620	700	(min. 530)	–	–	–	–	–	–
		H180			–	–	–	–	–	180	210	–	–
		R700	0,5	4	700	–	(min. 630)	–	–	–	–	–	–
		H200			–	–	–	–	–	200	–	–	–

(fortgesetzt)

427

Tabelle 3 (fortgesetzt)

| Bezeichnungen | | Zustand | Dicke (Nennmaß) mm | | Zugfestigkeit R_m N/mm² | | 0,2%-Dehngrenze $R_{p0,2}$ N/mm² | Bruchdehnung | | Härte HV | | Korngröße mm | |
Kurzzeichen	Nummer		von	bis	min.	max.		A_{50mm} für Dicken bis 2,5 mm % min.	A für Dicken über 2,5 mm % min.	min.	max.	min.	max.
CuNi18Zn20	CW409J	R380	0,1	5	380	450	(max. 250)	27	37	–	–	–	–
		H085			–	–	–	–	–	85	115	–	–
		G020	0,2	2	–	–	–	–	–	–	120	0,015	0,030
		G035			–	–	–	–	–	–	110	0,025	0,050
		R450	0,1	5	450	520	(min. 250)	9	18	–	–	–	–
		H115			–	–	–	–	–	115	160	–	–
		R500	0,1	2	500	590	(min. 410)	3	–	–	–	–	–
		H160			–	–	–	–	–	160	190	–	–
		R580	0,1	2	580	670	(min. 510)	–	–	–	–	–	–
		H180			–	–	–	–	–	180	210	–	–
		R640	0,1	2	640	730	(min. 600)	–	–	–	–	–	–
		H200			–	–	–	–	–	200	230	–	–
CuNi18Zn27	CW410J	R390	0,1	5	390	470	(max. 280)	30	40	–	–	–	–
		H090			–	–	–	–	–	90	120	–	–
		R470	0,1	5	470	540	(min. 280)	11	20	–	–	–	–
		H120			–	–	–	–	–	120	170	–	–
		R540	0,1	2	540	630	(min. 450)	3	–	–	–	–	–
		H170			–	–	–	–	–	170	200	–	–
		R600	0,1	2	600	700	(min. 550)	–	–	–	–	–	–
		H190			–	–	–	–	–	190	220	–	–
		R700	0,1	2	700	800	(min. 660)	–	–	–	–	–	–
		H220			–	–	–	–	–	220	250	–	–

(fortgesetzt)

Tabelle 3 (fortgesetzt)

Werkstoff Kurzzeichen	Nummer	Zustand	Dicke (Nennmaß) mm von	bis	R_m N/mm² min	max	$R_{p0,2}$ N/mm²	A_{50mm} für Dicken bis 2,5 mm % min	A für Dicken über 2,5 mm % min	HV min	max	Korngröße mm min	max
CuSn4	CW450K	R290	0,1	5	290	390	(max. 190)	40	50	–	–	–	–
		H070			–	–	–	–	–	70	100	–	–
		R390	0,1	5	390	490	(min. 210)	11	13	–	–	–	–
		H115			–	–	–	–	–	115	155	–	–
		R480	0,1	5	480	570	(min. 420)	4	5	–	–	–	–
		H150			–	–	–	–	–	150	180	–	–
		R540	0,1	2	540	630	(min. 490)	3	–	–	–	–	–
		H170			–	–	–	–	–	170	200	–	–
		R610	0,1	2	610	–	(min. 540)	–	–	–	–	–	–
		H190			–	–	–	–	–	190	–	–	–
CuSn5	CW451K	R310	0,1	5	310	390	(max. 250)	45	55	–	–	–	–
		H075			–	–	–	–	–	75	105	–	–
		R400	0,1	5	400	500	(min. 240)	14	17	–	–	–	–
		H120			–	–	–	–	–	120	160	–	–
		R490	0,1	5	490	580	(min. 430)	8	10	–	–	–	–
		H160			–	–	–	–	–	160	190	–	–
		R550	0,1	2	550	640	(min. 510)	4	–	–	–	–	–
		H180			–	–	–	–	–	180	210	–	–
		R630	0,1	2	630	720	(min. 600)	2	–	–	–	–	–
		H200			–	–	–	–	–	200	230	–	–
		R690	0,1	2	690	–	(min. 670)	–	–	–	–	–	–
		H220			–	–	–	–	–	220	–	–	–

(fortgesetzt)

Tabelle 3 (fortgesetzt)

Bezeichnungen Werkstoff Kurzzeichen	Nummer	Zustand	Dicke (Nennmaß) mm von	bis	Zugfestigkeit R_m N/mm² min	max	0,2%-Dehngrenze $R_{p0,2}$ N/mm²	Bruchdehnung A_{50mm} für Dicken bis 2,5 mm % min	A für Dicken über 2,5 mm % min	Härte HV min	max	Korngröße mm min	max
CuSn6	CW452K	R350	0,1	5	350	420	(max. 300)	45	55	–	–	–	–
		H080			–	–	–	–	–	80	110	–	–
		R420	0,1	5	420	520	(min. 260)	17	20	–	–	–	–
		H125			–	–	–	–	–	125	165	–	–
		R500	0,1	5	500	590	(min. 450)	8	10	–	–	–	–
		H160			–	–	–	–	–	160	190	–	–
		R560	0,1	2	560	650	(min. 500)	5	–	–	–	–	–
		H180			–	–	–	–	–	180	210	–	–
		R640	0,1	2	640	730	(min. 600)	3	–	–	–	–	–
		H200			–	–	–	–	–	200	230	–	–
		R720	0,1	2	720	–	(min. 690)	–	–	–	–	–	–
		H220			–	–	–	–	–	220	–	–	–

(fortgesetzt)

430

Tabelle 3 (fortgesetzt)

Bezeichnungen Werkstoff Kurzzeichen	Nummer	Zustand	Dicke (Nennmaß) mm von	bis	Zugfestigkeit R_m N/mm² min.	max.	0,2%-Dehngrenze $R_{p0,2}$ N/mm²	Bruchdehnung A_{50mm} für Dicken bis 2,5 mm % min.	A für Dicken über 2,5 mm % min.	Härte HV min.	max.	Korngröße mm min.	max.
CuSn8	CW453K	R370	0,1	5	370	450	(max. 300)	50	60	–	–	–	–
		H090			–	–	–	–	–	90	120	–	–
		R450	0,1	5	450	550	(min. 280)	20	23	–	–	–	–
		H135			–	–	–	–	–	135	175	–	–
		R540	0,1	5	540	630	(min. 460)	13	15	–	–	–	–
		H170			–	–	–	–	–	170	200	–	–
		R600	0,1	5	600	690	(min. 530)	5	7	–	–	–	–
		H190			–	–	–	–	–	190	220	–	–
		R660	0,1	2	660	750	(min. 620)	3	–	–	–	–	–
		H210			–	–	–	–	–	210	240	–	–
		R740	0,1	2	740	–	(min. 700)	2	–	–	–	–	–
		H230			–	–	–	–	–	230	–	–	–

(fortgesetzt)

Tabelle 3 (fortgesetzt)

| Bezeichnungen | | Zustand | Dicke (Nennmaß) mm | | Zugfestigkeit R_m N/mm² | | 0,2%-Dehngrenze $R_{p0,2}$ N/mm² | Bruchdehnung | | Härte HV | | Korngröße mm | |
Werkstoff Kurzzeichen	Nummer		von	bis	min.	max.		A_{50mm} für Dicken bis 2,5 mm % min.	A für Dicken über 2,5 mm % min.	min.	max.	min.	max.
CuSn3Zn9	CW454K	R320	0,1	5	320	380	(max. 230)	25	30	–	–	–	–
		H080			–	–				80	110	–	–
		R380	0,1	5	380	430	(min. 200)	16	22	–	–	–	–
		H110			–	–				110	140	–	–
		R430	0,1	5	430	520	(min. 330)	6	8	–	–	–	–
		H140			–	–				140	170	–	–
		R510	0,1	2	510	600	(min. 430)	3	–	–	–	–	–
		H160			–	–				160	190	–	–
		R580	0,1	2	580	690	(min. 520)	–	–	–	–	–	–
		H180			–	–				180	210	–	–
		R660	0,1	2	660	–	(min. 610)	–	–	–	–	–	–
		H200			–	–				200	–	–	–
CuZn5	CW500L	R230	0,2	5	230	280	(max. 130)	36	45	–	–	–	–
		H045			–	–				45	75	–	–
		R270	0,2	5	270	350	(min. 200)	12	19	–	–	–	–
		H075			–	–				75	110	–	–
		R340	0,2	5	340	–	(min. 280)	4	8	–	–	–	–
		H110			–	–				110	–	–	–

(fortgesetzt)

Tabelle 3 (fortgesetzt)

| Bezeichnungen | | Zustand | Dicke (Nennmaß) mm | | Zugfestigkeit R_m N/mm² | | 0,2%-Dehngrenze $R_{p0,2}$ N/mm² | Bruchdehnung A_{50mm} für Dicken bis 2,5 mm % min. | A für Dicken über 2,5 mm % min. | Härte HV | | Korngröße mm | |
Werkstoff Kurzzeichen	Nummer		von	bis	min.	max.				min.	max.	min.	max.
CuZn10	CW501L	R240	0,2	5	240	290	(max. 140)	36	45	–	–	–	–
		H050			–	–				50	80	–	–
		R280	0,2	5	280	360	(min. 200)	13	20	–	–	–	–
		H080			–	–				80	110	–	–
		R350	0,2	5	350	–	(min. 290)	4	8	–	–	–	–
		H110			–	–				110	–	–	–
		R260	0,2	5	260	310	(max. 170)	36	45	–	–	–	–
		H055			–	–				55	85	–	–
		G010	0,2	1	(340)	–	(190)	(50)	–	–	105	–	0,015
		G020	0,2	2	(300)	–	(125)	(50)	–	–	85	0,015	0,030
		G035	0,2		(290)	–	(110)	(50)	–	–	75	0,025	0,050
CuZn15	CW502L	R300	0,2	5	300	370	(min. 150)	16	25	–	–	–	–
		H085			–	–				85	115	–	–
		R350	0,2	5	350	420	(min. 250)	4	12	–	–	–	–
		H105			–	–				105	135	–	–
		R410	0,2	5	410	–	(min. 360)	–	–	–	–	–	–
		H125			–	–				125	–	–	–

(fortgesetzt)

Tabelle 3 (fortgesetzt)

Bezeichnungen			Dicke (Nennmaß) mm		Zugfestigkeit R_m N/mm²		0,2%-Dehngrenze $R_{p0,2}$ N/mm²	Bruchdehnung		Härte HV		Korngröße mm	
Werkstoff Kurzzeichen	Nummer	Zustand	von	bis	min.	max.		A_{50mm} für Dicken bis 2,5 mm % min.	A für Dicken über 2,5 mm % min.	min.	max.	min.	max.
CuZn20	CW503L	R270	0,2	5	270	320	(max. 150)	38	48	–	–	–	–
		H055		5	–	–		–	–	55	85	–	–
		G010	0,2	1	(340)	–	(190)	(50)	–	–	105	–	0,015
		G020	0,2	2	(300)	–	(125)	(50)	–	–	85	0,015	0,030
		G035	0,2	2	(290)	–	(110)	(50)	–	–	75	0,025	0,050
		R320	0,2	5	320	400	(min. 200)	20	28	–	–	–	–
		H085			400	–		–	–	85	120	–	–
		R400	0,2	5	400	480	(min. 320)	5	12	–	–	–	–
		H120			480	–		–	–	120	155	–	–
		R480	0,2	2	480	–	(min. 440)	–	–	–	–	–	–
		H155			–	–		–	–	155	–	–	–
CuZn30	CW505L	R270	0,2	5	270	350	(max. 160)	40	50	–	–	–	–
		H055			–	–		–	–	55	90	–	–
		G010	0,2	1	(410)	–	(210)	(40)	–	–	120	–	0,015
		G020	0,2	2	(360)	–	(150)	(40)	–	–	95	0,015	0,030
		G030			(340)	–	(130)	(40)	–	–	90	0,020	0,040
		G050			(330)	–	(110)	(40)	–	–	80	0,035	0,070
		G075			(310)	–	(90)	(50)	–	–	70	0,050	0,100
		R350	0,2	5	350	430	(min. 170)	21	33	–	–	–	–
		H095			–	–		–	–	95	125	–	–
		R410	0,2	5	410	490	(min. 260)	9	15	–	–	–	–
		H120			–	–		–	–	120	155	–	–
		R480	0,2	2	480	–	(min. 430)	–	–	–	–	–	–
		H150			–	–		–	–	150	–	–	–

(fortgesetzt)

Tabelle 3 (fortgesetzt)

| Bezeichnungen | | Zustand | Dicke (Nennmaß) mm | | Zugfestigkeit R_m N/mm² | | 0,2%-Dehngrenze $R_{p0,2}$ N/mm² | Bruchdehnung | | Härte HV | | Korngröße mm | |
Werkstoff Kurzzeichen	Nummer		von	bis	min.	max.		A_{50mm} für Dicken bis 2,5 mm % min.	A für Dicken über 2,5 mm % min.	min.	max.	min.	max.
CuZn33	CW506L	R280	0,2	5	280	380	(max. 170)	40	50	–	–	–	–
		H055			–	–	–	–	–	55	90	–	–
		G010	0,2	1	(410)	–	(210)	(40)	–	–	120	–	0,015
		G020	0,2	2	(360)	–	(150)	(40)	–	–	95	0,015	0,030
		G030			(340)	–	(130)	(40)	–	–	90	0,020	0,040
		G050			(330)	–	(110)	(40)	–	–	80	0,035	0,070
		R350	0,2	5	350	430	(min. 170)	23	31	–	–	–	–
		H095			–	–	–	–	–	95	125	–	–
		R420	0,2	5	420	500	(min. 300)	6	13	–	–	–	–
		H125			–	–	–	–	–	125	155	–	–
		R500	0,2	2	500	–	(min. 450)	–	–	–	–	–	–
		H155			–	–	–	–	–	155	–	–	–

(fortgesetzt)

Tabelle 3 (fortgesetzt)

| Bezeichnungen | | | Dicke (Nennmaß) mm | | Zugfestigkeit R_m N/mm² | | 0,2%-Dehngrenze $R_{p0,2}$ N/mm² | Bruchdehnung | | Härte HV | | Korngröße mm | |
Werkstoff Kurzzeichen	Nummer	Zustand	von	bis	min.	max.		A_{50mm} für Dicken bis 2,5 mm % min.	A für Dicken über 2,5 mm % min.	min.	max.	min.	max.
CuZn36	CW507L	R300	0,2	5	300	370	(max. 180)	38	48	–	–	–	–
CuZn37	CW508L	H055			–	–				55	95	–	–
		G010	0,2	1	(410)	–	(210)	(30)	–	–	120	–	0,015
		G020	0,2	2	(360)	–	(150)	(40)	–	–	95	0,015	0,030
		G030			(340)	–	(130)	(40)	–	–	90	0,020	0,040
		G050			(330)	–	(110)	(40)	–	–	80	0,035	0,070
		R350	0,2	5	350	440	(min. 170)	19	28	–	–	–	–
		H095			–	–				95	125	–	–
		R410	0,2	5	410	490	(min. 300)	8	12	–	–	–	–
		H120			–	–				120	155	–	–
		R480	0,2	2	480	560	(min. 430)	3	–	–	–	–	–
		H150			–	–				150	180	–	–
		R550	0,2	2	550	–	(min. 500)	–	–	–	–	–	–
		H170			–	–				170	–	–	–
CuZn40	CW509L	R340	0,3	10	340	420	(max. 240)	33	43	–	–	–	–
		H085			–	–				85	115	–	–
		R400	0,3	10	400	480	(min. 200)	15	23	–	–	–	–
		H110			–	–				110	140	–	–
		R470	0,3	5	470	–	(min. 390)	6	12	–	–	–	–
		H140			–	–				140	–	–	–

(fortgesetzt)

Tabelle 3 (fortgesetzt)

Bezeichnungen			Dicke (Nennmaß) mm		Zugfestigkeit R_m N/mm²		0,2%-Dehngrenze $R_{p0,2}$ N/mm²	Bruchdehnung		Härte HV		Korngröße mm	
Werkstoff Kurzzeichen	Nummer	Zustand	von	bis	min.	max.		A_{50mm} für Dicken bis 2,5 mm % min.	A für Dicken über 2,5 mm % min.	min.	max.	min.	max.
CuZn35Pb1 CuZn37Pb0,5 CuZn37Pb2	CW600N CW604N CW606N	R290	0,3	5	290	370	(max. 200)	40	50	–	–	–	–
		H060			–	–	–	–	–	60	110	–	–
		R370	0,3	5	370	440	(min. 200)	19	28	–	–	–	–
		H110			–	–	–	–	–	110	140	–	–
		R440	0,3	5	440	540	(min. 370)	5	12	–	–	–	–
		H140			–	–	–	–	–	140	170	–	–
		R540	0,3	2	540	–	(min. 490)	–	–	–	–	–	–
		H170			–	–	–	–	–	170	–	–	–
CuZn38Pb2 CuZn39Pb0,5	CW608N CW610N	R340	0,3	10	340	420	(max. 240)	33	43	–	–	–	–
		H075			–	–	–	–	–	75	110	–	–
		R400	0,3	10	400	480	(min. 200)	14	23	–	–	–	–
		H110			–	–	–	–	–	110	140	–	–
		R470	0,3	5	470	550	(min. 390)	5	12	–	–	–	–
		H140			–	–	–	–	–	140	170	–	–
		R540	0,3	2	540	–	(min. 490)	–	–	–	–	–	–
		H165			–	–	–	–	–	165	–	–	–

(fortgesetzt)

437

Tabelle 3 (abgeschlossen)

Bezeichnungen Werkstoff Kurzzeichen	Nummer	Zustand	Dicke (Nennmaß) mm von	bis	Zugfestigkeit R_m N/mm² min	max	0,2%-Dehngrenze $R_{p0,2}$ N/mm²	Bruchdehnung A_{50mm} für Dicken bis 2,5 mm % min	A für Dicken über 2,5 mm % min	Härte HV min	max	Korngröße mm min	max
CuZn39Pb2	CW612N	R360	0,3	5	360	440	(max. 270)	30	40	–	–	–	–
		H090			–	–	–	–	–	90	120	–	–
		R420	0,3	5	420	500	(min. 270)	12	20	–	–	–	–
		H120			–	–	–	–	–	120	150	–	–
		R490	0,3	5	490	570	(min. 420)	–	9	–	–	–	–
		H150			–	–	–	–	–	150	180	–	–
		R560	0,3	2	560	–	(min. 510)	–	–	–	–	–	–
		H175			–	–	–	–	–	175	–	–	–
CuZn20Al2As	CW702R	R330	3	15	330	–	(min. 90)	–	30	–	–	–	–
		H070			–	–	–	–	–	70	105	–	–
		R390	3	15	390	–	(min. 240)	–	25	–	–	–	–
		H100			–	–	–	–	–	100	–	–	–

[1]) Lösungsgeglüht und kaltgewalzt
[2]) Lösungsgeglüht, kaltgewalzt und ausscheidungsgehärtet im Werk
[3]) Lösungsgeglüht
[4]) Lösungsgeglüht und ausscheidungsgehärtet

ANMERKUNG 1: Die Zahlen in Klammern sind keine Anforderungen dieser Norm, sondern sie sind nur zur Information angegeben.

ANMERKUNG 2: 1 N/mm² entspricht 1 MPa.

Tabelle 4: Grenzabmaße für die Dicke warmgewalzter Produkte (Platten, Bleche, Bänder und Ronden)

Werte in Millimeter

Dicke (Nennmaß)		Grenzabmaße für die Dicke für Breiten (Nennmaß)						
		bis 700		über 700 bis 1 000		über 1 000 bis 1 500		über 1 500
über	bis	¹)	²)	¹)	²)	¹)	²)	
–	2,5	nach Vereinbarung		nach Vereinbarung		nach Vereinbarung		
2,5	5,0	±0,25	±0,30	±0,30	±0,35	±0,35	±0,45	nach Verein- barung
5,0	7,5	±0,35	±0,45	±0,40	±0,50	±0,45	±0,55	
7,5	10	±0,45	±0,60	±0,50	±0,65	±0,55	±0,75	
10	15	±0,75	±0,95	±0,80	±1,00	±0,90	±1,10	
15	25	±0,95	±1,20	±1,05	±1,30	±1,30	±1,60	
25	50	±1,30	±1,60	±1,40	±1,75	±1,50	±1,90	
50	–	±1,50	±1,90	±1,65	±2,05	±1,80	±2,20	

¹) Für alle Werkstoffe außer CuAl8Fe3 (CW303G), CuNi10Fe1Mn (CW352H), CuNi30Mn1Fe (CW354H) und CuZn20Al2As (CW702R).

²) Für die Legierungen CuAl8Fe3 (CW303G), CuNi10Fe1Mn (CW352H), CuNi30Mn1Fe (CW354H) und CuZn20Al2As (CW702R).

Tabelle 5: Grenzabmaße für die Dicke kaltgewalzter Produkte (Bleche, Bänder und Ronden)

Werte in Millimeter

Dicke (Nennmaß)		Grenzabmaße für die Dicke für Breiten¹) (Nennmaß)			
über	bis	bis 350	über 350 bis 700	über 700 bis 1 000	über 1 000 bis 1 250
0,1²)	0,2	±0,018	–	–	–
0,2	0,3	±0,022	±0,03	±0,04	–
0,3	0,4	±0,025	±0,04	±0,05	±0,07
0,4	0,5	±0,030	±0,05	±0,06	±0,08
0,5	0,8	±0,040	±0,06	±0,07	±0,09
0,8	1,2	±0,050	±0,07	±0,09	±0,10
1,2	1,8	±0,060	±0,08	±0,10	±0,11
1,8	2,5	±0,070	±0,09	±0,11	±0,13
2,5	3,2	±0,080	±0,10	±0,13	±0,17
3,2	4,0	±0,10	±0,12	±0,15	±0,20
4,0	5,0	±0,12	±0,14	±0,17	±0,23
5,0	6,0	±0,14	±0,16	±0,20	±0,26
6,0	7,0	±0,16	±0,19	±0,23	±0,29
7,0	8,0	±0,18	±0,22	±0,26	±0,32
8,0	9,0	±0,20	±0,25	±0,29	±0,35
9,0	10,0	±0,22	±0,28	±0,32	±0,38

¹) Für die Legierungen CuAl8Fe3 (CW303G), CuNi10Fe1Mn (CW352H), CuNi30Mn1Fe (CW354H) und CuZn20Al2As (CW702R) sind die Grenzabmaße mit dem Faktor 1,25 zu multiplizieren und die Ergebnisse auf die nächstliegenden 0,01 mm zu runden.

²) Einschließlich 0,1

ANMERKUNG: Dicken über 10 mm sind in EN 1653 enthalten.

Tabelle 6: Grenzabmaße für die Breite kaltgewalzter Bänder

Werte in Millimeter

Dicke (Nennmaß) über	bis	Grenzabmaße für die Breite für Breiten (Nennmaß)						
		bis 50	über 50 bis 100	über 100 bis 200	über 200 bis 350	über 350 bis 500	über 500 bis 700	über 700 bis 1 250
0,1¹)	1,0	+0,20 / 0	+0,30 / 0	+0,40 / 0	+0,60 / 0	+1,0 / 0	+1,5 / 0	+2,0 / 0
1,0	2,0	+0,30 / 0	+0,40 / 0	+0,50 / 0	+1,0 / 0	+1,2 / 0	+1,5 / 0	+2,0 / 0
2,0	2,5	+0,50 / 0	+0,60 / 0	+0,70 / 0	+1,2 / 0	+1,5 / 0	+2,0 / 0	+2,5 / 0
2,5	3,0	+1,0 / 0	+1,10 / 0	+1,20 / 0	+1,5 / 0	+2,0 / 0	+2,5 / 0	+3,0 / 0
3,0	4,0	+2,0 / 0	+2,30 / 0	+2,50 / 0	+3,0 / 0	+4,0 / 0	+5,0 / 0	+6,0 / 0

¹) Einschließlich 0,1

Tabelle 7: Grenzabmaße für die Breite von Platten und Blechen

Werte in Millimeter

Dicke (Nennmaß) über	bis	Grenzabmaße für die Breite für Breiten (Nennmaß)		
		bis 350	über 350 bis 1 250	über 1 250
–	2	+2,0 / 0	+6,0 / 0	
2	5	+4,0 / 0	+8,0 / 0	nach Vereinbarung
5	–	+8,0 / 0	+10,0 / 0	

Tabelle 8: Grenzabmaße für die Länge von Platten, Blechen und Streifen für Längen bis 5 000 mm

Werte in Millimeter

Länge	Dicke (Nennmaß)	Grenzabmaße für die Länge
Herstellänge (M)	bis 15	±50
Fixlänge (F)	bis 5	+10 / 0
	über 15	+15 / 0

Tabelle 9: Rechtwinkligkeit von geschnittenen Platten und Blechen

Maße in Millimeter

Breite (Nennmaß) über	bis	Maximal zulässige Differenzen zwischen den Diagonalen, für Längen		
		über 1 000 bis 2 000	über 2 000 bis 3 000	über 3 000
350	700	6	7	8
700	1 250	8	9	10
1 250	–	nach Vereinbarung		

Tabelle 10: Grenzabmaße für den Durchmesser von Ronden

Werte in Millimeter

Durchmesser (Nennmaß)		Grenzabmaße für den Durchmesser für Dicken (Nennmaß)		
über	bis	über 0,3 bis 1,0	über 1,0 bis 2,5	über 2,5 bis 5,0
–	500	±1	±1,5	±2
500	1 000	±2	±2,5	±3
1 000	2 000	±3	±3,5	±4
2 000	–	–	–	nach Vereinbarung

Tabelle 11: Säbelförmigkeit c

Maße in Millimeter

Breite (Nennmaß)		Maximale Säbelförmigkeit c für Dicken (Nennmaß)	
über	bis	bis 1,0	über 1,0 bis 4,0
3[1])	8	12	–
8	15	8	10
15	–	4	6

[1]) Einschließlich 3

Anhang A (informativ)

Literaturhinweise

Bei der Erstellung dieser Europäischen Norm wurde eine Anzahl von Dokumenten für Verweiszwecke herangezogen. Diese informativen Verweisungen werden an den entsprechenden Stellen im Text angeführt und die Publikationen sind nachstehend aufgeführt.

EN 1173
    Kupfer und Kupferlegierungen – Zustandsbezeichnungen

EN 1412
    Kupfer und Kupferlegierungen – Europäisches Werkstoffnummernsystem

EN 1653
    Kupfer und Kupferlegierungen – Platten, Bleche und Ronden für Kessel, Druckbehälter und Warmwasserspeicheranlagen

EN ISO 9001
    Qualitätsmanagementsysteme – Modell zur Darlegung des Qualitätsmanagementsystems in Design, Entwicklung, Produktion, Montage und Kundendienst (ISO 9001 : 1994)

EN ISO 9002
    Qualitätsmanagementsysteme – Modell zur Darlegung des Qualitätsmanagementsystems in Produktion, Montage und Kundendienst (ISO 9002 : 1994)

ISO 31-0 : 1992
    Quantities and units – Part 0: General principles

ISO 197-3
    Copper and copper alloys – Terms and definitions – Part 3: Wrought products

ISO 1190-1
    Copper and copper alloys – Code of designation – Part 1: Designation of materials

441

	Nichtrostende Stähle Teil 2: Technische Lieferbedingungen für Blech und Band für allgemeine Verwendung Deutsche Fassung EN 10088-2 : 1995	 **DIN** **EN 10088-2**

ICS 77.140.20; 77.140.50

Deskriptoren: Nichtrostender Stahl, Lieferbedingung, Band, Stahl, Blech

Stainless steels – Part 2: Technical delivery conditions for sheet/plate and strip
for general purposes;
German version EN 10088-2 : 1995

Aciers inoxydables – Partie 2: Conditions techniques de livraison des tôles et
bandes pour usage général;
Version allemande EN 10088-2 : 1995

Teilweise Ersatz für
DIN 17440 : 1985-07
und
DIN 17441 : 1985-07

Die Europäische Norm EN 10088-2 : 1995 hat den Status einer Deutschen Norm.

Nationales Vorwort

Die Europäische Norm EN 10088-2 : 1995 wurde vom Unterausschuß TC 23/SC 1 "Nichtrostende Stähle" (Sekretariat: Deutschland) des Europäischen Komitees für die Eisen- und Stahlnormung (ECISS) ausgearbeitet.

Das zuständige deutsche Normungsgremium ist der Unterausschuß 06/1 "Nichtrostende Stähle" des Normenausschusses Eisen und Stahl (FES).

Für die im Abschnitt 2 zitierten Europäischen Normen, soweit die Norm-Nummer geändert ist, und EURONORMEN wird im folgenden auf die entsprechenden Deutschen Normen verwiesen:

EURONORM 5 siehe DIN 50133
EURONORM 114 siehe DIN 50914
EN 10204 siehe DIN 50049

Änderungen

Gegenüber DIN 17440 : 1985-07 und DIN 17441 : 1985-07 wurden folgende Änderungen vorgenommen:

a) Inhalt aufgeteilt, wobei die vorliegende Norm nur für Blech und Band für allgemeine Verwendung gilt.

b) Kurznamen teilweise geändert, wobei aber die bisherigen Werkstoffnummern unverändert beibehalten wurden.

c) Von den in DIN 17440 und DIN 17441 als Flacherzeugnisse genormten Sorten sind folgende Sorten entfallen: X15Cr13 (1.4024) und X20CrNi17-2 (1.4057).

d) Zusätzlich aufgenommen wurden 38 Stahlsorten, darunter 11 ferritische, 3 martensitische, 3 ausscheidungshärtende, 16 austenitische und 5 austenitisch-ferritische Güten.

e) Die Festlegungen für chemische Zusammensetzung, mechanische Eigenschaften bei Raumtemperatur und erhöhten Temperaturen, Probenahme, Prüfumfang, Kennzeichnung und Wärmebehandlung überarbeitet.

f) Redaktionelle Änderungen.

Frühere Ausgaben

DIN 17440: 1967-01, 1972-12, 1985-07
DIN 17441: 1985-07

Nationaler Anhang NA (informativ)

Literaturhinweise in nationalen Zusätzen

DIN 50049
Metallische Erzeugnisse – Arten von Prüfbescheinigungen; Deutsche Fassung EN 10204 : 1991
DIN 50133
Prüfung metallischer Werkstoffe – Härteprüfung nach Vickers – Bereich HV 0,2 bis HV 100
DIN 50914
Prüfung nichtrostender Stähle auf Beständigkeit gegen interkristalline Korrosion – Kupfersulfat-Schwefelsäure-Verfahren – Strauß-Test

Fortsetzung 40 Seiten EN

Normenausschuß Eisen und Stahl (FES) im DIN Deutsches Institut für Normung e.V.

EUROPÄISCHE NORM
EUROPEAN STANDARD
NORME EUROPÉENNE

EN 10088-2

April 1995

ICS 77.140.20; 77.140.50

Deskriptoren: Eisen und Stahl, warmgewalzte Erzeugnisse, kaltgewalzte Erzeugnisse, nichtrostender Stahl, Blech, Stahlband, Ablieferung, Bezeichnung, Abmessung, Maßtoleranz, chemische Zusammensetzung, Sorten, Qualität, Klassifikation, mechanische Eigenschaft, Prüfung, Kennzeichnung

Deutsche Fassung

Nichtrostende Stähle
Teil 2: Technische Lieferbedingungen für Blech und Band für allgemeine Verwendung

Stainless steels — Part 2: Technical delivery conditions for sheet / plate and strip for general purposes

Aciers inoxydables — Partie 2: Conditions techniques de livraison des tôles et bandes pour usage général

Diese Europäische Norm wurde von CEN am 1995-02-28 angenommen.

Die CEN-Mitglieder sind gehalten, die CEN/CENELEC-Geschäftsordnung zu erfüllen, in der die Bedingungen festgelegt sind, unter denen dieser Europäischen Norm ohne jede Änderung der Status einer nationalen Norm zu geben ist.

Auf dem letzten Stand befindliche Listen dieser nationalen Normen mit ihren bibliographischen Angaben sind beim Zentralsekretariat oder bei jedem CEN-Mitglied auf Anfrage erhältlich.

Diese Europäische Norm besteht in drei offiziellen Fassungen (Deutsch, Englisch, Französisch). Eine Fassung in einer anderen Sprache, die von einem CEN-Mitglied in eigener Verantwortung durch Übersetzung in seine Landessprache gemacht und dem Zentralsekretariat mitgeteilt worden ist, hat den gleichen Status wie die offiziellen Fassungen.

CEN-Mitglieder sind die nationalen Normungsinstitute von Belgien, Dänemark, Deutschland, Finnland, Frankreich, Griechenland, Irland, Island, Italien, Luxemburg, Niederlande, Norwegen, Österreich, Portugal, Schweden, Schweiz, Spanien und dem Vereinigten Königreich.

CEN

EUROPÄISCHES KOMITEE FÜR NORMUNG
European Committee for Standardization
Comité Européen de Normalisation

Zentralsekretariat: rue de Stassart 36, B-1050 Brüssel

Ref. Nr. EN 10088-2 : 1995 D

Inhalt

Vorwort

Diese Europäische Norm wurde vom SC 1 "Nichtrostende Stähle" des Technischen Komitees ECISS/TC 23 "Für eine Wärmebehandlung bestimmte Stähle, legierte Stähle und Automatenstähle – Gütenormen" ausgearbeitet, dessen Sekretariat vom DIN betreut wird.

Diese Europäische Norm ersetzt

EU88-2 : 1986 Nichtrostende Stähle – Teil 2: Technische Lieferbedingungen für Blech und Band für allgemeine Verwendung.

Diese Europäische Norm muß den Status einer nationalen Norm erhalten, entweder durch Veröffentlichung eines identischen Textes oder durch Anerkennung bis Oktober 1995, und etwaige entgegenstehende nationale Normen müssen bis Oktober 1995 zurückgezogen werden.

Entsprechend der CEN/CENELEC-Geschäftsordnung sind folgende Länder gehalten, diese Europäische Norm zu übernehmen:

Belgien, Dänemark, Deutschland, Finnland, Frankreich, Griechenland, Irland, Island, Italien, Luxemburg, Niederlande, Norwegen, Österreich, Portugal, Schweden, Schweiz, Spanien und das Vereinigte Königreich.

1 Anwendungsbereich

1.1 Dieser Teil der EN 10088 enthält die technischen Lieferbedingungen für warm- oder kaltgewalztes Blech und Band aus Standardgüten und Sondergüten nichtrostender Stähle für allgemeine Verwendung.

> ANMERKUNG: Hier und im folgenden versteht man
> — unter dem Begriff "allgemeine Verwendung" Verwendungen außer den in Anhang C erwähnten besonderen Verwendungen;
> — unter dem Begriff "Standardgüten" Sorten mit relativ guter Verfügbarkeit und einem weiteren Anwendungsbereich;
> — unter dem Begriff "Sondergüten" Sorten für eine besondere Anwendung und/oder mit begrenzter Verfügbarkeit.

1.2 Zusätzlich zu den Angaben dieser Europäischen Norm gelten, sofern in dieser Europäischen Norm nichts anderes festgelegt ist, die in EN 10021 wiedergegebenen allgemeinen technischen Lieferbedingungen.

1.3 Diese Europäische Norm gilt nicht für die durch Weiterverarbeitung der in 1.1 genannten Erzeugnisformen hergestellten Teile mit fertigungsbedingten abweichenden Gütemerkmalen.

2 Normative Verweisungen

Diese Europäische Norm enthält durch datierte oder undatierte Verweisungen Festlegungen aus anderen Publikationen. Diese normativen Verweisungen sind an den jeweiligen Stellen im Text zitiert, und die Publikationen sind nachstehend aufgeführt. Bei datierten Verweisungen gehören spätere Änderungen oder Überarbeitungen dieser Publikationen nur zu dieser Europäischen Norm, falls sie durch Änderung oder Überarbeitung eingearbeitet sind. Bei undatierten Verweisungen gilt die letzte Ausgabe der in Bezug genommenen Publikation.

EN 10002-1
Metallische Werkstoffe — Zugversuch — Teil 1: Prüfverfahren (bei Raumtemperatur)

EN 10002-5
Metallische Werkstoffe — Zugversuch — Teil 5: Prüfverfahren bei erhöhter Temperatur

EN 10003-1 [1]
Metallische Werkstoffe — Härteprüfung — Brinell — Teil 1: Prüfverfahren

EURONORM 5 [2]
Härteprüfung nach Vickers für Stahl

EURONORM 18 [2]
Entnahme und Vorbereitung von Probenabschnitten und Proben aus Stahl und Stahlerzeugnissen

EN 10021
Allgemeine technische Lieferbedingungen für Stahl und Stahlerzeugnisse

EN 10027-1
Bezeichnungssysteme für Stähle — Teil 1: Kurznamen, Hauptsymbole

EN 10027-2
Bezeichnungssysteme für Stähle — Teil 2: Nummernsystem

EN 10045-1
Metallische Werkstoffe — Kerbschlagbiegeversuch nach Charpy — Teil 1: Prüfverfahren

EN 10052
Begriffe der Wärmebehandlung von Eisenwerkstoffen

EN 10079
Begriffsbestimmungen für Stahlerzeugnisse

EN 10088-1
Nichtrostende Stähle — Teil 1: Verzeichnis der nichtrostenden Stähle

EN 10109-1
Metallische Werkstoffe — Härteprüfung — Teil 1: Rockwell-Verfahren (Skalen A, B, C, D, E, F, G, H, K) und Verfahren N und T (Skalen 15N, 30N, 45N, 15T, 30T und 45T)

EURONORM 114 [2]
Ermittlung der Beständigkeit nichtrostender austenitischer Stähle gegen interkristalline Korrosion; Korrosionsversuch in Schwefelsäure-Kupfersulfat-Lösung (Prüfung nach Monypenny-Strauß)

EN 10163-1
Lieferbedingungen für die Oberflächenbeschaffenheit von warmgewalzten Stahlerzeugnissen (Blech, Breitflachstahl und Profile) — Teil 1: Allgemeine Anforderungen

EN 10163-2
Lieferbedingungen für die Oberflächenbeschaffenheit von warmgewalzten Stahlerzeugnissen (Blech, Breitflachstahl und Profile) — Teil 2: Blech und Breitflachstahl

EURONORM 168 [2]
Inhalt von Bescheinigungen über Werkstoffprüfungen für Stahlerzeugnisse

EN 10204
Metallische Erzeugnisse — Arten von Prüfbescheinigungen

Siehe auch Anhang B

3 Definitionen

3.1 Nichtrostende Stähle

Es gilt die Definition nach EN 10088-1.

3.2 Erzeugnisformen

Es gelten die Definitionen nach EN 10079.

3.3 Wärmebehandlungsarten

Es gelten die Definitionen nach EN 10052.

4 Maße und Grenzabmaße

Die Maße und Grenzabmaße sind, möglichst auf die in Anhang B angegebenen Maßnormen, bei der Bestellung zu vereinbaren. EN 10029 ist üblicherweise nur für Erzeugnisform P (einzeln gewalzte Bleche, "Quartobleche") anzuwenden und nicht für Erzeugnisform H (kontinuierlich gewalztes Band und Blech), wofür EN 10051 anzuwenden ist. Bei Bezugnahme auf EN 10029 gilt für die Grenzabmaße der Dicke Klasse A, falls nicht bei der Bestellung ausdrücklich anders vereinbart.

5 Gewichtserrechnung und zulässige Gewichtsabweichungen

5.1 Bei Errechnung des Nenngewichts aus den Nennmaßen sind für die Dichte des betreffenden Stahles die Werte nach EN 10088-1 zugrunde zu legen.

5.2 Die zulässigen Gewichtsabweichungen können bei der Bestellung vereinbart werden, wenn sie in den in Anhang B aufgeführten Maßnormen nicht festgelegt sind.

---

[1] Z. Z. Entwurf

[2] Bis zur Überführung dieser EURONORM in eine Europäische Norm darf — je nach Vereinbarung bei der Bestellung — entweder diese EURONORM oder eine entsprechende nationale Norm zur Anwendung kommen.

6 Bezeichnung und Bestellung

6.1 Bezeichnung der Stahlsorten

Die Kurznamen und Werkstoffnummern (siehe Tabellen 1 bis 4) wurden nach EN 10027-1 und EN 10027-2 gebildet.

6.2 Bestellbezeichnung

Die vollständige Bezeichnung für die Bestellung eines Erzeugnisses nach dieser Europäischen Norm muß folgende Angaben enthalten:

— die gewünschte Menge;

— die Herstellungsart (warmgewalzt oder kaltgewalzt) und die Erzeugnisform (Band oder Blech);

— soweit eine eigene Maßnorm vorhanden ist (siehe Anhang B), die Nummer der Norm und die ausgewählten Anforderungen; falls keine Maßnorm vorhanden ist, die Nennmaße und die gewünschten Grenzabmaße;

— die Art des Werkstoffs (Stahl);

— die Nummer dieser Europäischen Norm;

— Kurzname oder Werkstoffnummer;

— falls für den betreffenden Stahl in der Tabelle für die mechanischen Eigenschaften mehr als ein Behandlungszustand enthalten ist, das Kurzzeichen für die gewünschte Wärmebehandlung oder den gewünschten Kaltverfestigungszustand;

— die gewünschte Ausführungsart (siehe Kurzzeichen in Tabelle 6);

— falls eine Prüfbescheinigung gewünscht wird, deren Bezeichnung nach EN 10204.

BEISPIEL:

10 Bleche einer Stahlsorte mit dem Kurznamen X5CrNi18-10 und der Werkstoffnummer 1.4301 nach EN 10088-2 mit den Nennmaßen Dicke = 8 mm, Breite = 2 000 mm, Länge = 5 000 mm; Toleranzen für Maße, Form und Gewicht nach EN 10029, mit Klasse A für die Grenzabmaße der Dicke und Klasse N für die Ebenheitstoleranz, in Ausführungsart 1D (siehe Tabelle 6), Prüfbescheinigung 3.1.B nach EN 10204:

> **10 Bleche EN 10029 — 8A × 2 000 × 5 000**
> **Stahl EN 10088-2 — X5CrNi18-10+1D**
> **Prüfbescheinigung 3.1.B**

oder

> **10 Bleche EN 10029 — 8A × 2 000 × 5 000**
> **Stahl EN 10088-2 — 1.4301+1D**
> **Prüfbescheinigung 3.1.B**

7 Sorteneinteilung

Die in dieser Europäischen Norm enthaltenen Stähle sind nach ihrem Gefüge eingeteilt in

— ferritische Stähle,

— martensitische Stähle,

— ausscheidungshärtende Stähle,

— austenitische Stähle,

— austenitisch-ferritische Stähle.

Siehe auch die Anmerkung in 1.1 und Anhang B zu EN 10088-1.

8 Anforderungen

8.1 Herstellverfahren

Das Erschmelzungsverfahren der Stähle für Erzeugnisse nach dieser Europäischen Norm bleibt dem Hersteller überlassen, sofern bei der Bestellung nicht ein Sondererschmelzungsverfahren vereinbart wurde.

8.2 Lieferzustand

Die Erzeugnisse sind im — durch Bezugnahme auf die in Tabelle 6 angegebene Ausführungsart und, wenn es verschiedene Alternativen gibt, auf die in den Tabellen 7 bis 11 und 18 angegebenen Behandlungszustände — bei der Bestellung vereinbarten Zustand zu liefern (siehe auch Anhang A).

8.3 Chemische Zusammensetzung

8.3.1 Für die chemische Zusammensetzung nach der Schmelzenanalyse gelten die Angaben in den Tabellen 1 bis 4.

8.3.2 Die Stückanalyse darf von den in den Tabellen 1 bis 4 angegebenen Grenzwerten der Schmelzenanalyse um die in Tabelle 5 aufgeführten Werte abweichen.

8.4 Korrosionschemische Eigenschaften

Für die in EURONORM 114 definierte Beständigkeit gegen interkristalline Korrosion gelten für ferritische, austenitische und austenitisch-ferritische Stähle die Angaben in den Tabellen 7, 10 und 11.

ANMERKUNG 1: EURONORM 114 ist nicht anwendbar auf die Prüfung martensitischer und ausscheidungshärtender Stähle.

ANMERKUNG 2: Das Verhalten der nichtrostenden Stähle gegen Korrosion hängt stark von der Art der Umgebung ab und kann daher nicht immer eindeutig durch Versuche im Laboratorium gekennzeichnet werden. Es empfiehlt sich daher, auf vorliegende Erfahrungen in der Verwendung der Stähle zurückzugreifen.

8.5 Mechanische Eigenschaften

8.5.1 Für die mechanischen Eigenschaften bei Raumtemperatur gelten die Angaben in den Tabellen 7 bis 11 für den jeweils festgelegten Wärmebehandlungszustand. Die Angaben gelten nicht für die Ausführungsart 1U (warmgewalzt, nicht wärmebehandelt, nicht entzundert).

Wenn, nach Vereinbarung bei der Bestellung, die Erzeugnisse im wärmebehandelten Zustand geliefert werden sollen, müssen bei sachgemäßer Wärmebehandlung (simulierende Wärmebehandlung) an Bezugsproben die mechanischen Eigenschaften nach den Tabellen 7, 8, 9, 10 und 11 erreichbar sein.

Für die mechanischen Eigenschaften bei Raumtemperatur gelten bei kaltumgeformten Erzeugnissen die Angaben in Tabelle 17. Die Verfügbarkeit von Stahlsorten im kaltumgeformten Zustand ist in Tabelle 18 angegeben.

ANMERKUNG: Austenitische Stähle sind im lösungsgeglühten Zustand sprödbruchunempfindlich. Da sie keine ausgeprägte Übergangstemperatur aufweisen, was für andere Stähle charakteristisch ist, sind sie auch für die Verwendung bei tiefen Temperaturen nutzbar.

8.5.2 Für die 0,2 %- und 1 %-Dehngrenze bei erhöhten Temperaturen gelten die Werte nach den Tabellen 12 bis 16.

8.6 Oberflächenbeschaffenheit

Geringfügige, durch das Herstellverfahren bedingte Unvollkommenheiten der Oberfläche sind zulässig.

Wenn Erzeugnisse in Coilform geliefert werden, ist ein größeres Ausmaß an solchen Unvollkommenheiten zu erwarten, da das Entfernen kurzer Coillängen undurchführbar ist. Für warmgewalzte Quartobleche (Kurzzeichen P in den Tabellen 7 bis 11) gelten, falls nicht anders vereinbart, die Festlegungen der Klasse A3 nach EN 10163-2. Für andere Erzeugnisse können, wenn erforderlich, genauere Anforderungen an die Oberflächenbeschaffenheit bei der Bestellung vereinbart werden.

8.7 Innere Beschaffenheit

Wenn angebracht, können für die innere Beschaffenheit Anforderungen einschließlich Bedingungen für deren Nachweis bei der Bestellung vereinbart werden.

9 Prüfung

9.1 Allgemeines

Der Hersteller muß geeignete Verfahrenskontrollen und Prüfungen durchführen, um sich selbst zu vergewissern, daß die Lieferung den Bestellanforderungen entspricht.

Dies schließt folgendes ein:

— Einen geeigneten Umfang für den Nachweis der Erzeugnisabmessungen.

— Ein ausreichendes Ausmaß an visueller Untersuchung der Oberflächenbeschaffenheit der Erzeugnisse.

— Einen geeigneten Umfang und Art der Prüfung, um sicherzustellen, daß die richtige Stahlsorte verwendet wird.

Art und Umfang dieser Nachweise, Untersuchungen und Prüfungen wird vom Hersteller bestimmt unter Berücksichtigung des Grades der Übereinstimmung, der beim Nachweis des Qualitätssicherungssystems ermittelt wurde. In Anbetracht dessen ist ein Nachweis dieser Anforderungen durch spezifische Prüfungen, falls nicht anders vereinbart, nicht erforderlich.

9.2 Vereinbarung von Prüfungen und Prüfbescheinigungen

9.2.1 Bei der Bestellung kann für jede Lieferung die Ausstellung einer der Prüfbescheinigungen nach EN 10204 vereinbart werden.

9.2.2 Falls die Ausstellung eines Werkszeugnisses 2.2 nach EN 10204 vereinbart wurde, muß es die folgenden Angaben enthalten:

a) Die Angabenblöcke A, B und Z von EURONORM 168.

b) Die Ergebnisse der Schmelzenanalyse entsprechend den Feldern C71 bis C92 von EURONORM 168.

9.2.3 Falls die Ausstellung eines Abnahmeprüfzeugnisses 3.1.A, 3.1.B oder 3.1.C nach EN 10204 oder eines Abnahmeprüfprotokolles 3.2 nach EN 10204 vereinbart wurde, sind spezifische Prüfungen nach 9.3 durchzuführen, und die Prüfbescheinigung muß mit den nach EURONORM 168 verlangten Feldern und Einzelheiten folgende Angaben enthalten:

a) Wie unter 9.2.2 a) und b)

b) Wie unter 9.2.2 a) und b)

c) Die Ergebnisse der entsprechend Tabelle 19 durchzuführenden Prüfungen (in der zweiten Spalte durch m gekennzeichnet).

d) Die Ergebnisse aller bei der Bestellung vereinbarten weiteren Prüfungen.

9.3 Spezifische Prüfung

9.3.1 Prüfumfang

Die entweder obligatorisch (m) oder nach Vereinbarung (o) durchzuführenden Prüfungen sowie Zusammensetzung und Größe der Prüfeinheiten und die Anzahl der zu entnehmenden Probestücke, Probenabschnitte und Proben sind in Tabelle 19 aufgeführt.

9.3.2 Probenahme und Probenvorbereitung

9.3.2.1 Bei der Probenahme und Probenvorbereitung sind die Angaben der EURONORM 18 zu beachten. Für die mechanischen Prüfungen gelten außerdem die Angaben in 9.3.2.2.

9.3.2.2 Für den Zugversuch und, sofern dieser bei der Bestellung vereinbart wurde, für den Kerbschlagbiegeversuch sind die Proben entsprechend den Angaben in Bild 1 zu entnehmen, und zwar derart, daß die Proben im halben Abstand zwischen Längskante und Mittellinie liegen.

Die Probenabschnitte sind im Lieferzustand zu entnehmen. Auf Vereinbarung können die Probenabschnitte vor dem Richten genommen werden. Für simulierende wärmezubehandelnde Probenabschnitte sind die Temperaturen für das Glühen, Abschrecken und Anlassen zu vereinbaren.

9.3.2.3 Probenabschnitte für die Härteprüfung und die Prüfung auf Beständigkeit gegenüber interkristalliner Korrosion, wenn verlangt, sind an den gleichen Stellen wie für die mechanischen Prüfungen zu entnehmen. Siehe Bild 2 für die Richtung des Biegens der Probe bei der Prüfung auf Beständigkeit gegen interkristalline Korrosion.

9.4 Prüfverfahren

9.4.1 Für die Ermittlung der Stückanalyse bleibt, wenn bei der Bestellung nichts anderes vereinbart wurde, dem Hersteller die Wahl eines geeigneten physikalischen oder chemischen Analyseverfahrens überlassen. In Schiedsfällen ist die Analyse von einem von beiden Seiten anerkannten Laboratorium durchzuführen. Das anzuwendende Analyseverfahren muß in diesem Falle, möglichst unter Bezugnahme auf entsprechende Europäische Normen oder EURONORMEN, vereinbart werden.

9.4.2 Der Zugversuch bei Raumtemperatur ist, unter Berücksichtigung der in Fußnote 1 zu Bild 1 festgelegten zusätzlichen oder abweichenden Bedingungen, nach EN 10002-1 durchzuführen.

Zu ermitteln sind die Zugfestigkeit und die Bruchdehnung sowie bei den ferritischen, martensitischen, ausscheidungshärtenden und austenitisch-ferritischen Stählen die 0,2 %-Dehngrenze und bei den austenitischen Stählen die 0,2 %- und die 1 %-Dehngrenze.

9.4.3 Falls ein Zugversuch bei erhöhter Temperatur bestellt wurde, ist er nach EN 10002-5 durchzuführen. Falls die Dehngrenze nachzuweisen ist, ist bei ferritischen, martensitischen, ausscheidungshärtenden und austenitisch-ferritischen Stählen die 0,2 %-Dehngrenze zu ermitteln. Bei austenitischen Stählen sind die 0,2 %- und die 1 %-Dehngrenze zu ermitteln.

9.4.4 Wenn ein Kerbschlagbiegeversuch bestellt wurde, ist dieser nach EN 10045-1 an Spitzkerbproben auszuführen. Als Versuchsergebnis ist das Mittel von 3 Proben zu werten (siehe auch EN 10021).

9.4.5 Die Härteprüfung nach Brinell ist nach EN 10003-1, die Härteprüfung nach Rockwell nach EN 10109-1 und die Härteprüfung nach Vickers nach EURONORM 5 durchzuführen.

9.4.6 Die Beständigkeit gegen interkristalline Korrosion ist nach EURONORM 114 zu prüfen.

9.4.7 Maße und Grenzabmaße der Erzeugnisse sind nach den Festlegungen in den betreffenden Maßnormen, soweit vorhanden, zu prüfen.

9.5 Wiederholungsprüfungen

Siehe EN 10021.

10 Kennzeichnung

10.1 Falls nicht bei der Bestellung anders vereinbart, ist, mit der in 10.4 erwähnten Ausnahme, jedes Erzeugnis mit den in Tabelle 20 aufgeführten Angaben zu kennzeichnen.

10.2 Das Kennzeichnungsverfahren und das für die Kennzeichnung verwendete Material bleiben, wenn nicht anders vereinbart, dem Hersteller überlassen.

Die Kennzeichnung muß so beschaffen sein, daß sie bei unbeheizter Lagerung unter Abdeckung mindestens ein Jahr haltbar ist. Es ist Sorge zu tragen, daß die Korrosionsbeständigkeit des Erzeugnisses nicht durch das Kennzeichnungsverfahren beeinträchtigt wird.

10.3 Eine Erzeugnisseite ist zu kennzeichnen. Dies ist üblicherweise die bessere Oberfläche bei Erzeugnissen, für die für nur eine Oberfläche ein bestimmter Standard einzuhalten ist.

10.4 Alternativ darf bei aufgerollten, gebündelten oder in Kisten verpackten Erzeugnissen oder Erzeugnissen mit geschliffener oder polierter Oberfläche die Kennzeichnung auf der Verpackung oder auf einem sicher angebrachten Anhängeschild erfolgen.

Probenart	Erzeugnis-dicke	Richtung der Probenlängsachse in bezug auf die Hauptwalzrichtung bei einer Erzeugnisbreite von		Abstand der Probe von der Walzoberfläche
	mm	< 300 mm	≥ 300 mm	mm
Zugprobe[1]	≤ 30	längs	quer	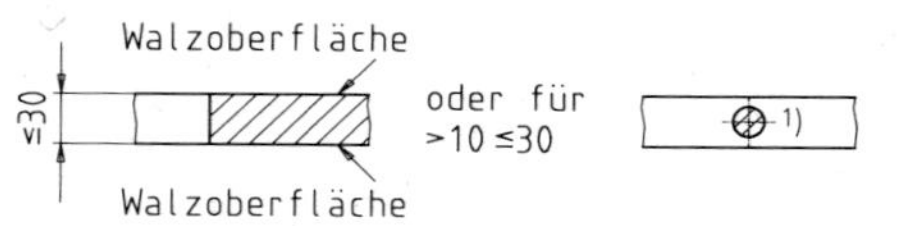
	> 30	längs	quer	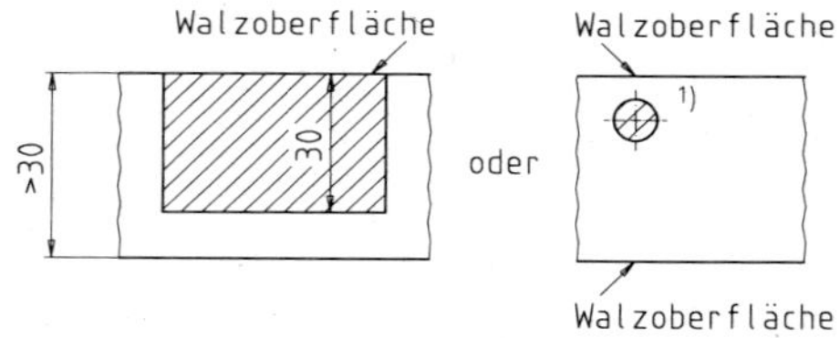
Kerb-schlag-probe[2]	> 10	längs	quer	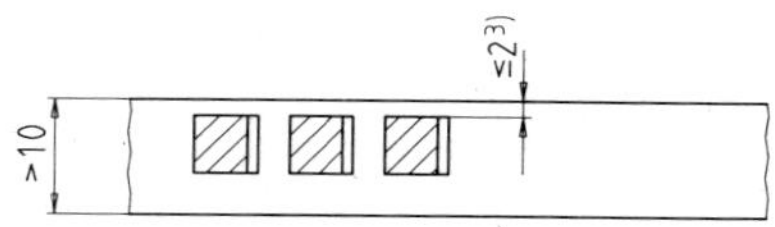

[1] In Zweifels- oder Schiedsfällen muß bei Proben aus Erzeugnissen ≥ 3 mm Dicke die Meßlänge $L_0 = 5,65 \sqrt{S_0}$ betragen. Für Erzeugnisse < 3 mm Dicke sind nichtproportionale Proben mit einer Meßlänge von 80 mm und einer Breite von 20 mm zu verwenden, jedoch dürfen auch Proben mit einer Meßlänge von 50 mm und einer Breite von 12,5 mm verwendet werden. Für Erzeugnisse mit einer Dicke von 3 bis 10 mm sind proportionale Flachproben mit zwei Walzoberflächen und einer maximalen Breite von 30 mm zu verwenden. Für Erzeugnisse mit Dicken > 10 mm kann eine der folgenden Proportionalproben verwendet werden:
— entweder eine Flachprobe mit einer maximalen Dicke von 30 mm; die Dicke darf auf bis zu 10 mm abgearbeitet werden, jedoch muß eine Walzoberfläche erhalten bleiben
— oder eine Rundprobe mit einem Durchmesser ≥ 5 mm, deren Achse so nahe wie möglich in einer Ebene im äußeren Drittel der halben Erzeugnisdicke liegen muß.

[2] Die Längsachse des Kerbes muß jeweils senkrecht zur Walzoberfläche des Erzeugnisses stehen.

[3] Bei Erzeugnisdicken > 30 mm können die Kerbschlagproben in einem Viertel der Erzeugnisdicke entnommen werden.

Bild 1: Probenlage bei Flacherzeugnissen

Walzrichtung

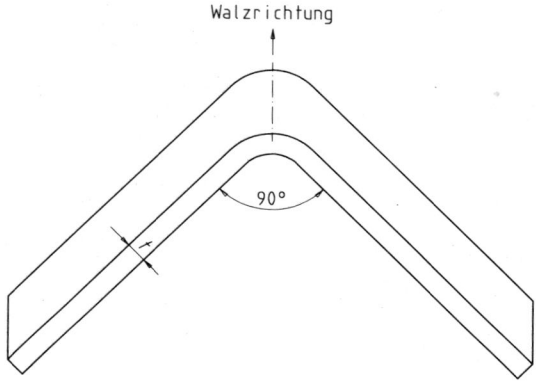

90°

Bild 2: Richtung des Biegens der Probe in bezug auf die Walzrichtung bei der Prüfung auf Beständigkeit gegen interkristalline Korrosion

Tabelle 1: Chemische Zusammensetzung (Schmelzenanalyse) [1]) der ferritischen nichtrostenden Stähle

Stahlbezeichnung		Massenanteil in %							
Kurzname	Werkstoff-nummer	C max.	Si max.	Mn max.	P max.	S max.	N max.	Cr	Mo
Standardgüten									
X2CrNi12	1.4003	0,030	1,00	1,50	0,040	0,015	0,030	10,50 bis 12,50	
X2CrTi12	1.4512	0,030	1,00	1,00	0,040	0,015		10,50 bis 12,50	
X6CrNiTi12	1.4516	0,08	0,70	1,50	0,040	0,015		10,50 bis 12,50	
X6Cr13	1.4000	0,08	1,00	1,00	0,040	0,015[2])		12,00 bis 14,00	
X6CrAl13	1.4002	0,08	1,00	1,00	0,040	0,015[2])		12,00 bis 14,00	
X6Cr17	1.4016	0,08	1,00	1,00	0,040	0,015[2])		16,00 bis 18,00	
X3CrTi17	1.4510	0,05	1,00	1,00	0,040	0,015[2])		16,00 bis 18,00	
X3CrNb17	1.4511	0,05	1,00	1,00	0,040	0,015		16,00 bis 18,00	
X6CrMo17-1	1.4113	0,08	1,00	1,00	0,040	0,015[2])		16,00 bis 18,00	0,90 bis 1,40
X2CrMoTi18-2	1.4521	0,025	1,00	1,00	0,040	0,015	0,030	17,00 bis 20,00	1,80 bis 2,50
Sondergüten									
X2CrTi17	1.4520	0,025	0,50	0,50	0,040	0,015	0,015	16,00 bis 18,00	
X2CrMoTi17-1	1.4513	0,025	1,00	1,00	0,040	0,015	0,015	16,00 bis 18,00	1,00 bis 1,50
X6CrNi17-1*)	1.4017*)	0,08	1,00	1,00	0,040	0,015		16,00 bis 18,00	
X6CrMoNb17-1	1.4526	0,08	1,00	1,00	0,040	0,015	0,040	16,00 bis 18,00	0,80 bis 1,40
X2CrNbZr17*)	1.4590*)	0,030	1,00	1,00	0,040	0,015		16,00 bis 17,50	
X2CrAlTi18-2	1.4605	0,030	1,00	1,00	0,040	0,015		17,00 bis 18,00	
X2CrTiNb18	1.4509	0,030	1,00	1,00	0,040	0,015		17,50 bis 18,50	
X2CrMoTi29-4	1.4592	0,025	1,00	1,00	0,030	0,010	0,045	28,00 bis 30,00	3,50 bis 4,50

[1]) In dieser Tabelle nicht aufgeführte Elemente dürfen dem Stahl, außer zum Fertigbehandeln der Schmelze, ohne Zustimmung des Bestellers nicht absichtlich zugesetzt werden. Es sind alle angemessenen Vorkehrungen zu treffen, um die Zufuhr solcher Elemente aus dem Schrott und anderen bei der Herstellung verwendeten Stoffen zu vermeiden, die die mechanischen Eigenschaften und die Verwendbarkeit des Stahls beeinträchtigen.

[2]) Für zu bearbeitende Erzeugnisse wird ein geregelter Schwefelgehalt von 0,015 bis 0,030 % empfohlen und ist zulässig.

Massenanteil in %			
Nb	Ni	Ti	Sonstige
Standardgüten			
	0,30 bis 1,00		
		$6 \times (C+N)$ bis 0,65	
	0,50 bis 1,50	0,05 bis 0,35	
			Al: 0,10 bis 0,30
		$4 \times (C+N) + 0,15$ bis 0,80 [3]	
$12 \times C$ bis 1,00			
		$4 \times (C+N) + 0,15$ bis 0,80 [3]	
Sondergüten			
		0,30 bis 0,60	
		0,30 bis 0,60	
	1,20 bis 1,60		
$7 \times (C+N) + 0,10$ bis 1,00			
0,35 bis 0,55			$Zr \geq 7 \times (C+N) + 0,15$
		$4 \times (C+N) + 0,15$ bis 0,80 [3]	Al: 1,70 bis 2,10
$3 \times C + 0,30$ bis 1,00		0,10 bis 0,60	
		$4 \times (C+N) + 0,15$ bis 0,80 [3]	

[3] Die Stabilisierung kann durch die Verwendung von Titan und Niob oder Zirkon erfolgen. Entsprechend der Atomnummer dieser Elemente und dem Gehalt an Kohlenstoff und Stickstoff gilt folgendes Äquivalent:

$$Ti \cong \frac{7}{4} Nb \cong \frac{7}{4} Zr.$$

*) Patentierte Stahlsorte

Tabelle 2: Chemische Zusammensetzung (Schmelzenanalyse)¹) der martensitischen und ausscheidungshärtenden nichtrostenden Stähle

| Stahlbezeichnung | | Massenanteil in % | | | | | | | | | | |
Kurzname	Werkstoff-nummer	C	Si max.	Mn max.	P max.	S max.	Cr	Cu	Mo	Nb	Ni	Sonstige
Standardgüten (Martensitische Stähle)²)												
X12Cr13	1.4006	0,08 bis 0,15	1,00	1,50	0,040	0,015³)	11,50 bis 13,50				≤ 0,75	
X20Cr13	1.4021	0,16 bis 0,25	1,00	1,50	0,040	0,015³)	12,00 bis 14,00					
X30Cr13	1.4028	0,26 bis 0,35	1,00	1,50	0,040	0,015³)	12,00 bis 14,00					
X39Cr13	1.4031	0,36 bis 0,42	1,00	1,00	0,040	0,015³)	12,50 bis 14,50					
X46Cr13	1.4034	0,43 bis 0,50	1,00	1,00	0,040	0,015³)	12,50 bis 14,50					
X50CrMoV15	1.4116	0,45 bis 0,55	1,00	1,00	0,040	0,015³)	14,00 bis 15,00		0,50 bis 0,80			V: 0,10 bis 0,20
X39CrMo17-1	1.4122	0,33 bis 0,45	1,00	1,50	0,040	0,015³)	15,50 bis 17,50		0,80 bis 1,30		≤ 1,00	
X3CrNiMo13-4	1.4313	≤ 0,05	0,70	1,50	0,040	0,015	12,00 bis 14,00		0,30 bis 0,70		3,50 bis 4,50	N: ≥ 0,020
X4CrNiMo16-5-1	1.4418	≤ 0,06	0,70	1,50	0,040	0,015³)	15,00 bis 17,00		0,80 bis 1,50		4,00 bis 6,00	N: ≥ 0,020
Sondergüten (Ausscheidungshärtende Stähle)												
X5CrNiCuNb16-4	1.4542	≤ 0,07	0,70	1,50	0,040	0,015³)	15,00 bis 17,00	3,00 bis 5,00	≤ 0,60	5 × C bis 0,45	3,00 bis 5,00	
X7CrNiAl17-7	1.4568	≤ 0,09	0,70	1,00	0,040	0,015	16,00 bis 18,00				6,50 bis 7,80⁴)	Al: 0,70 bis 1,50
X8CrNiMoAl15-7-2	1.4532	≤ 0,10	0,70	1,20	0,040	0,015	14,00 bis 16,00		2,00 bis 3,00		6,50 bis 7,80	Al: 0,70 bis 1,50

1) In dieser Tabelle nicht aufgeführte Elemente dürfen dem Stahl, außer zum Fertigbehandeln der Schmelze, ohne Zustimmung des Bestellers nicht absichtlich zugesetzt werden. Es sind alle angemessenen Vorkehrungen zu treffen, um die Zufuhr solcher Elemente aus dem Schrott und anderen bei der Herstellung verwendeten Stoffen zu vermeiden, die die mechanischen Eigenschaften und die Verwendbarkeit des Stahls beeinträchtigen.

2) Engere Kohlenstoffspannen können bei der Bestellung vereinbart werden.

3) Für zu bearbeitende Erzeugnisse wird ein geregelter Schwefelgehalt von 0,015 bis 0,030% empfohlen und ist zulässig.

4) Zwecks besserer Kaltumformbarkeit kann die obere Grenze auf 8,30% angehoben werden.

— Leerseite —

Tabelle 3: Chemische Zusammensetzung (Schmelzenanalyse) [1]) der austenitischen nichtrostenden Stähle

Stahlbezeichnung		Massenanteil in %				
Kurzname	Werkstoff-nummer	C	Si	Mn	P max.	S
Standardgüten						
X10CrNi18-8	1.4310	0,05 bis 0,15	≤ 2,00	≤ 2,00	0,045	≤ 0,015
X2CrNiN18-7	1.4318	≤ 0,030	≤ 1,00	≤ 2,00	0,045	≤ 0,015
X2CrNi18-9	1.4307	≤ 0,030	≤ 1,00	≤ 2,00	0,045	≤ 0,015[2])
X2CrNi19-11	1.4306	≤ 0,030	≤ 1,00	≤ 2,00	0,045	≤ 0,015[2])
X2CrNiN18-10	1.4311	≤ 0,030	≤ 1,00	≤ 2,00	0,045	≤ 0,015[2])
X5CrNi18-10	1.4301	≤ 0,07	≤ 1,00	≤ 2,00	0,045	≤ 0,015[2])
X8CrNiS18-9	1.4305	≤ 0,10	≤ 1,00	≤ 2,00	0,045	0,15 bis 0,35
X6CrNiTi18-10	1.4541	≤ 0,08	≤ 1,00	≤ 2,00	0,045	≤ 0,015[2])
X4CrNi18-12	1.4303	≤ 0,06	≤ 1,00	≤ 2,00	0,045	≤ 0,015[2])
X2CrNiMo17-12-2	1.4404	≤ 0,030	≤ 1,00	≤ 2,00	0,045	≤ 0,015[2])
X2CrNiMoN17-11-2	1.4406	≤ 0,030	≤ 1,00	≤ 2,00	0,045	≤ 0,015[2])
X5CrNiMo17-12-2	1.4401	≤ 0,07	≤ 1,00	≤ 2,00	0,045	≤ 0,015[2])
X6CrNiMoTi17-12-2	1.4571	≤ 0,08	≤ 1,00	≤ 2,00	0,045	≤ 0,015[2])
X2CrNiMo17-12-3	1.4432	≤ 0,030	≤ 1,00	≤ 2,00	0,045	≤ 0,015[2])
X2CrNiMo18-14-3	1.4435	≤ 0,030	≤ 1,00	≤ 2,00	0,045	≤ 0,015[2])
X2CrNiMoN17-13-5	1.4439	≤ 0,030	≤ 1,00	≤ 2,00	0,045	≤ 0,015
X1NiCrMoCu25-20-5	1.4539	≤ 0,020	≤ 0,70	≤ 2,00	0,030	≤ 0,010
Sondergüten						
X1CrNi25-21	1.4335	≤ 0,020	≤ 0,25	≤ 2,00	0,025	≤ 0,010
X6CrNiNb18-10	1.4550	≤ 0,08	≤ 1,00	≤ 2,00	0,045	≤ 0,015
X1CrNiMoN25-22-2	1.4466	≤ 0,020	≤ 0,70	≤ 2,00	0,025	≤ 0,010
X6CrNiMoNb17-12-2	1.4580	≤ 0,08	≤ 1,00	≤ 2,00	0,045	≤ 0,015
X2CrNiMoN17-13-3	1.4429	≤ 0,030	≤ 1,00	≤ 2,00	0,045	≤ 0,015
X3CrNiMo17-13-3	1.4436	≤ 0,05	≤ 1,00	≤ 2,00	0,045	≤ 0,015[2])
X2CrNiMoN18-12-4	1.4434	≤ 0,030	≤ 1,00	≤ 2,00	0,045	≤ 0,015
X2CrNiMo18-15-4	1.4438	≤ 0,030	≤ 1,00	≤ 2,00	0,045	≤ 0,015[2])
X1CrNiSi18-15-4	1.4361	≤ 0,015	3,70 bis 4,50	≤ 2,00	0,025	≤ 0,010
X12CrMnNiN17-7-5	1.4372	≤ 0,15	≤ 1,00	5,50 bis 7,50	0,045	≤ 0,015
X2CrMnNiN17-7-5	1.4371	≤ 0,030	≤ 1,00	6,00 bis 8,00	0,045	≤ 0,015
X12CrMnNiN18-9-5	1.4373	≤ 0,15	≤ 1,00	7,50 bis 10,50	0,045	≤ 0,015
X1NiCrMoCu31-27-4	1.4563	≤ 0,020	≤ 0,70	≤ 2,00	0,030	≤ 0,010
X1CrNiMoCuN25-25-5	1.4537	≤ 0,020	≤ 0,70	≤ 2,00	0,030	≤ 0,010
X1CrNiMoCuN20-18-7*)	1.4547*)	≤ 0,020	≤ 0,70	≤ 1,00	0,030	≤ 0,010
X1NiCrMoCuN25-20-7	1.4529	≤ 0,020	≤ 0,50	≤ 1,00	0,030	≤ 0,010

[1]) In dieser Tabelle nicht aufgeführte Elemente dürfen dem Stahl, außer zum Fertigbehandeln der Schmelze, ohne Zustimmung des Bestellers nicht absichtlich zugesetzt werden. Es sind alle angemessenen Vorkehrungen zu treffen, um die Zufuhr solcher Elemente aus dem Schrott und anderen bei der Herstellung verwendeten Stoffen zu vermeiden, die die mechanischen Eigenschaften und die Verwendbarkeit des Stahls beeinträchtigen.

Massenanteil in %						
N	Cr	Cu	Mo	Nb	Ni	Ti
Standardgüten						
≤ 0,11	16,00 bis 19,00		≤ 0,80		6,00 bis 9,50	
0,10 bis 0,20	16,50 bis 18,50				6,00 bis 8,00	
≤ 0,11	17,50 bis 19,50				8,00 bis 10,00	
≤ 0,11	18,00 bis 20,00				10,00 bis 12,00	
0,12 bis 0,22	17,00 bis 19,50				8,50 bis 11,50	
≤ 0,11	17,00 bis 19,50				8,00 bis 10,50	
≤ 0,11	17,00 bis 19,00	≤ 1,00			8,00 bis 10,00	
	17,00 bis 19,00				9,00 bis 12,00	5 × C bis 0,70
≤ 0,11	17,00 bis 19,00				11,00 bis 13,00	
≤ 0,11	16,50 bis 18,50		2,00 bis 2,50		10,00 bis 13,00	
0,12 bis 0,22	16,50 bis 18,50		2,00 bis 2,50		10,00 bis 12,00	
≤ 0,11	16,50 bis 18,50		2,00 bis 2,50		10,00 bis 13,00	
	16,50 bis 18,50		2,00 bis 2,50		10,50 bis 13,50	5 × C bis 0,70
≤ 0,11	16,50 bis 18,50		2,50 bis 3,00		10,50 bis 13,00	
≤ 0,11	17,00 bis 19,00		2,50 bis 3,00		12,50 bis 15,00	
0,12 bis 0,22	16,50 bis 18,50		4,00 bis 5,00		12,50 bis 14,50	
≤ 0,15	19,00 bis 21,00	1,20 bis 2,00	4,00 bis 5,00		24,00 bis 26,00	
Sondergüten						
≤ 0,11	24,00 bis 26,00		≤ 0,20		20,00 bis 22,00	
	17,00 bis 19,00			10 × C bis 1,00	9,00 bis 12,00	
0,10 bis 0,16	24,00 bis 26,00		2,00 bis 2,50		21,00 bis 23,00	
	16,50 bis 18,50		2,00 bis 2,50	10 × C bis 1,00	10,50 bis 13,50	
0,12 bis 0,22	16,50 bis 18,50		2,50 bis 3,00		11,00 bis 14,00	
≤ 0,11	16,50 bis 18,50		2,50 bis 3,00		10,50 bis 13,00	
0,10 bis 0,20	16,50 bis 19,50		3,00 bis 4,00		10,50 bis 14,00	
≤ 0,11	17,50 bis 19,50		3,00 bis 4,00		13,00 bis 16,00	
≤ 0,11	16,50 bis 18,50		≤ 0,20		14,00 bis 16,00	
0,05 bis 0,25	16,00 bis 18,00				3,50 bis 5,50	
0,15 bis 0,20	16,00 bis 17,00				3,50 bis 5,50	
0,05 bis 0,25	17,00 bis 19,00				4,00 bis 6,00	
≤ 0,11	26,00 bis 28,00	0,70 bis 1,50	3,00 bis 4,00		30,00 bis 32,00	
0,17 bis 0,25	24,00 bis 26,00	1,00 bis 2,00	4,70 bis 5,70		24,00 bis 27,00	
0,18 bis 0,25	19,50 bis 20,50	0,50 bis 1,00	6,00 bis 7,00		17,50 bis 18,50	
0,15 bis 0,25	19,00 bis 21,00	0,50 bis 1,50	6,00 bis 7,00		24,00 bis 26,00	

[2]) Für zu bearbeitende Erzeugnisse wird ein geregelter Schwefelgehalt von 0,015 bis 0,030 % empfohlen und ist zulässig.

*) Patentierte Stahlsorte

Tabelle 4: Chemische Zusammensetzung (Schmelzenanalyse) ¹) der austenitisch-ferritischen nichtrostenden Stähle

Stahlbezeichnung		Massenanteil in %										
Kurzname	Werkstoff-nummer	C max.	Si max.	Mn max.	P max.	S max.	N	Cr	Cu	Mo	Ni	W
Standardgüten												
X2CrNiN23-4*)	1.4362*)	0,030	1,00	2,00	0,035	0,015	0,05 bis 0,20	22,00 bis 24,00	0,10 bis 0,60	0,10 bis 0,60	3,50 bis 5,50	
X2CrNiMoN22-5-3	1.4462	0,030	1,00	2,00	0,035	0,015	0,10 bis 0,22	21,00 bis 23,00		2,50 bis 3,50	4,50 bis 6,50	
Sondergüten												
X2CrNiMoCuN25-6-3	1.4507	0,030	0,70	2,00	0,035	0,015	0,15 bis 0,30	24,00 bis 26,00	1,00 bis 2,50	2,70 bis 4,00	5,50 bis 7,50	
X2CrNiMoN25-7-4*)	1.4410*)	0,030	1,00	2,00	0,035	0,015	0,20 bis 0,35	24,00 bis 26,00		3,00 bis 4,50	6,00 bis 8,00	
X2CrNiMoCuWN25-7-4	1.4501	0,030	1,00	1,00	0,035	0,015	0,20 bis 0,30	24,00 bis 26,00	0,50 bis 1,00	3,00 bis 4,00	6,00 bis 8,00	0,50 bis 1,00

¹) In dieser Tabelle nicht aufgeführte Elemente dürfen dem Stahl, außer zum Fertigbehandeln der Schmelze, ohne Zustimmung des Bestellers nicht absichtlich zugesetzt werden. Es sind alle angemessenen Vorkehrungen zu treffen, um die Zufuhr solcher Elemente aus dem Schrott und anderen bei der Herstellung verwendeten Stoffen zu vermeiden, die die mechanischen Eigenschaften und die Verwendbarkeit des Stahls beeinträchtigen.

*) Patentierte Stahlsorte

Tabelle 5: Grenzabweichungen der Stückanalyse von den in den Tabellen 1 bis 4 angegebenen Grenzwerten für die Schmelzenanalyse

Element	Grenzwerte der Schmelzenanalyse Massenanteil in %		Grenzabweichung[1] Massenanteil in %
Kohlenstoff		≤ 0,030	+ 0,005
	> 0,030	≤ 0,20	± 0,01
	> 0,20	≤ 0,50	± 0,02
	> 0,50	≤ 0,55	± 0,03
Silicium		≤ 1,00	+ 0,05
	> 1,00	≤ 4,50	± 0,10
Mangan		≤ 1,00	+ 0,03
	> 1,00	≤ 2,00	+ 0,04
	> 2,00	≤ 10,50	± 0,10
Phosphor		≤ 0,045	+ 0,005
Schwefel		≤ 0,015	+ 0,003
	> 0,015	≤ 0,030	+ 0,005
	≥ 0,15	≤ 0,35	± 0,02
Stickstoff	≥ 0,05	≤ 0,35	± 0,01
Aluminium	≥ 0,10	≤ 0,30	± 0,05
	> 0,30	≤ 2,10	± 0,10
Chrom	≥ 10,50	< 15,00	± 0,15
	≥ 15,00	≤ 20,00	± 0,20
	> 20,00	≤ 30,00	± 0,25
Kupfer		≤ 1,00	± 0,07
	> 1,00	≤ 5,00	± 0,10
Molybdän		≤ 0,60	± 0,03
	> 0,60	< 1,75	± 0,05
	≥ 1,75	≤ 7,00	± 0,10
Niob		≤ 1,00	± 0,05
Nickel		≤ 1,00	± 0,03
	> 1,00	≤ 5,00	± 0,07
	> 5,00	≤ 10,00	± 0,10
	> 10,00	≤ 20,00	± 0,15
	> 20,00	≤ 32,00	± 0,20
Titan		≤ 0,80	± 0,05
Wolfram		≤ 1,00	± 0,05
Vanadium		≤ 0,20	± 0,03

[1] Werden bei einer Schmelze mehrere Stückanalysen durchgeführt und werden dabei für ein einzelnes Element Gehalte außerhalb des nach der Schmelzenanalyse zulässigen Bereiches der chemischen Zusammensetzung ermittelt, so sind entweder nur Überschreitungen des zulässigen Höchstwertes oder nur Unterschreitungen des zulässigen Mindestwertes gestattet, nicht jedoch bei einer Schmelze beides gleichzeitig.

457

Tabelle 6: Ausführungsart und Oberflächenbeschaffenheit für Blech und Band [1])

	Kurzzeichen[2])	Ausführungsart	Oberflächenbeschaffenheit	Bemerkungen
Warmgewalzt	1U	Warmgewalzt, nicht wärmebehandelt, nicht entzundert	Mit Walzzunder bedeckt	Geeignet für Erzeugnisse, die weiterverarbeitet werden, z. B. Band zum Nachwalzen.
	1C	Warmgewalzt, wärmebehandelt, nicht entzundert	Mit Walzzunder bedeckt	Geeignet für Teile, die anschließend entzundert oder bearbeitet werden, oder für gewisse hitzebeständige Anwendungen.
	1E	Warmgewalzt, wärmebehandelt, mechanisch entzundert	Zunderfrei	Die Art der mechanischen Entzunderung, z. B. Rohschleifen oder Strahlen, hängt von der Stahlsorte und der Erzeugnisform ab und bleibt, wenn nicht anders vereinbart, dem Hersteller überlassen.
	1D	Warmgewalzt, wärmebehandelt, gebeizt	Zunderfrei	Üblicher Standard für die meisten Stahlsorten, um gute Korrosionsbeständigkeit sicherzustellen; auch übliche Ausführung für Weiterverarbeitung. Schleifspuren dürfen vorhanden sein. Nicht so glatt wie 2D oder 2B.
Kaltgewalzt	2H	Kaltverfestigt	Blank	Zur Erzielung höherer Festigkeitsstufen kalt umgeformt.
	2C	Kaltgewalzt, wärmebehandelt, nicht entzundert	Glatt, mit Zunder von der Wärmebehandlung	Geeignet für Teile, die anschließend entzundert oder bearbeitet werden, oder für gewisse hitzebeständige Anwendungen.
	2E	Kaltgewalzt, wärmebehandelt, mechanisch entzundert	Rauh und stumpf	Üblicherweise angewendet für Stähle mit sehr beizbeständigem Zunder. Kann nachfolgend gebeizt werden.
	2D	Kaltgewalzt, wärmebehandelt, gebeizt	Glatt	Ausführung für gute Umformbarkeit, aber nicht so glatt wie 2B oder 2R.
	2B	Kaltgewalzt, wärmebehandelt, gebeizt, kalt nachgewalzt	Glatter als 2D	Häufigste Ausführung für die meisten Stahlsorten, um gute Korrosionsbeständigkeit, Glattheit und Ebenheit sicherzustellen. Auch übliche Ausführung für Weiterverarbeitung. Nachwalzen kann durch Streckrichten erfolgen.
	2R	Kaltgewalzt, blankgeglüht[3])	Glatt, blank, reflektierend	Glatter und blanker als 2B. Auch übliche Ausführung für Weiterverarbeitung.
	2Q	Kaltgewalzt, gehärtet und angelassen, zunderfrei	Zunderfrei	Entweder unter Schutzgas gehärtet und angelassen oder nach der Wärmebehandlung entzundert.

Fußnoten siehe Seite 17

(fortgesetzt)

458

Tabelle 6 (abgeschlossen)

	Kurzzeichen[2])	Ausführungsart	Oberflächenbeschaffenheit	Bemerkungen
Sonder-ausführungen	1G oder 2G	Geschliffen[4])	Siehe Fußnote 5	Schleifpulver oder Oberflächenrauheit kann festgelegt werden. Gleichgerichtete Textur, nicht sehr reflektierend.
	1J oder 2J	Gebürstet[4]) oder mattpoliert[4])	Glatter als geschliffen. Siehe Fußnote 5	Bürstenart oder Polierband oder Oberflächenrauheit kann festgelegt werden. Gleichgerichtete Textur, nicht sehr reflektierend.
	1K oder 2K	Seidenmattpoliert[4])	Siehe Fußnote 5	Zusätzliche besondere Anforderungen für eine "J"-Ausführung, um angemessene Korrosionsbeständigkeit für architektonische See- und Außenanwendungen zu erzielen. Quer $R_a < 0,5$ μm mit sauber geschliffener Ausführung.
	1P oder 2P	Blankpoliert[4])	Siehe Fußnote 5	Mechanisches Polieren. Verfahren oder Oberflächenrauheit kann festgelegt werden. Ungerichtete Ausführung, reflektierend mit hohem Grad von Bildklarheit.
	2F	Kaltgewalzt, wärmebehandelt, kalt nachgewalzt mit aufgerauhten Walzen	Gleichförmige, nicht reflektierende matte Oberfläche	Wärmebehandlung in Form von Blankglühen oder Glühen und Beizen.
	1M	Gemustert	Design ist zu vereinbaren; zweite Oberfläche glatt	Tränenblech, Riffelblech für Böden.
	2M			Ausgezeichnete Texturausführung hauptsächlich für architektonische Anwendungen.
	2W	Gewellt	Design ist zu vereinbaren	Verwendet zur Erhöhung der Festigkeit und/oder für verschönernde Effekte.
	2L	Eingefärbt[4])	Farbe ist zu vereinbaren	
	1S oder 2S	Oberflächenbeschichtet[4])		Beschichtet mit z. B. Zinn, Aluminium, Titan.

[1]) Nicht alle Ausführungsarten und Oberflächenbeschaffenheiten sind für alle Stähle verfügbar.

[2]) Erste Stelle: 1 = warmgewalzt, 2 = kaltgewalzt.

[3]) Es darf nachgewalzt werden.

[4]) Nur 1 Oberfläche, falls nicht bei der Bestellung ausdrücklich anders vereinbart.

[5]) Innerhalb jeder Ausführungsbeschreibung können die Oberflächeneigenschaften variieren, und es kann erforderlich sein, genauere Anforderungen zwischen Hersteller und Verbraucher zu vereinbaren (z. B. Schleifpulver oder Oberflächenrauheit).

Tabelle 7: Mechanische Eigenschaften bei Raumtemperatur für die ferritischen Stähle im geglühten Zustand (siehe Tabelle A.1) sowie Beständigkeit gegen interkristalline Korrosion

| Stahlbezeichnung | | Erzeugnis-form [1] | Dicke | 0,2 %-Dehngrenze $R_{p\,0,2}$ | | Zugfestig-keit R_m | Bruchdehnung | | Beständigkeit gegen interkristalline Korrosion [4] | |
Kurzname	Werkstoff-nummer		mm max.	N/mm² min. (längs)	N/mm² min. (quer)	N/mm²	$A_{80\,mm}$ [2] < 3 mm Dicke % min. (längs und quer)	A [3] ≥ 3 mm Dicke % min. (längs und quer)	im Liefer-zustand	im ge-schweißten Zustand
					Standardgüten					
X2CrNi12	1.4003	C	6	280	320	450 bis 650		20	nein	nein
		H	12							
		P	25 5)	250	280			18		
X2CrTi12	1.4512	C	6	210	220	380 bis 560		25	nein	nein
		H	12							
X6CrNiTi12	1.4516	C	6	280	320	450 bis 650		23	nein	nein
		H	12							
		P	25 5)	250	280			20		
X6Cr13	1.4000	C	6	240	250	400 bis 600		19	nein	nein
		H	12	220	230					
		P	25 5)	220	230					
X6CrAL13	1.4002	C	6	230	250	400 bis 600		17	nein	nein
		H	12	210	230					
		P	25 5)	210	230					
X6Cr17	1.4016	C	6	260	280	450 bis 600		20	ja	nein
		H	12	240	260			18		
		P	25 5)	240	260	430 bis 630		20		
X3CrTi17	1.4510	C	6	230	240	420 bis 600		23	ja	ja
		H	12							
X3CrNb17	1.4511	C	6	230	240	420 bis 600		23	ja	ja
X6CrMo17-1	1.4113	C	6	260	280	450 bis 630		18	ja	nein
		H	12							
X2CrMoTi18-2	1.4521	C	6	300	320	420 bis 640		20	ja	ja
		H	12	280	300	400 bis 600				
		P	12	280	300	420 bis 620				

Fußnoten siehe Seite 19

(fortgesetzt)

460

Tabelle 7 (abgeschlossen)

Stahlbezeichnung		Erzeugnis-form [1])	Dicke mm max.	0,2 %-Dehngrenze $R_{p\,0,2}$		Zugfestig-keit R_m	Bruchdehnung		Beständigkeit gegen interkristalline Korrosion [4])	
Kurzname	Werkstoff-nummer			N/mm² min. (längs)	N/mm² min. (quer)	N/mm²	$A_{80\,mm}$ [2]) < 3 mm Dicke % min. (längs und quer)	A [3]) ≥ 3 mm Dicke % min. (längs und quer)	im Liefer-zustand	im ge-schweißten Zustand
Sondergüten										
X2CrTi17	1.4520	C	6	180	200	380 bis 530	24		ja	ja
X2CrMoTi17-1	1.4513	C	6	200	220	400 bis 550	23		ja	ja
X6CrNi17-1	1.4017	C	6	480	500	650 bis 750	12		ja	ja
X6CrMoNb17-1	1.4526	C	6	280	300	480 bis 560	25		ja	ja
X2CrNbZr17	1.4590	C	6	230	250	400 bis 550	23		ja	ja
X2CrALTi18-2	1.4605	C	6	280	300	500 bis 650	25		ja	ja
X2CrTiNb18	1.4509	C	6	230	250	430 bis 630	18		ja	ja
X2CrMoTi29-4	1.4592	C	6	430	450	550 bis 700	20		ja	ja

[1]) C = kaltgewalztes Band; H = warmgewalztes Band; P = warmgewalztes Blech

[2]) Die Werte gelten für Proben mit einer Meßlänge von 80 mm und einer Breite von 20 mm; Proben mit einer Meßlänge von 50 mm und einer Breite von 12,5 mm können ebenfalls verwendet werden.

[3]) Die Werte gelten für Proben mit einer Meßlänge von $5,65 \sqrt{S_0}$.

[4]) Bei Prüfung nach EURONORM 114.

[5]) Für Dicken über 25 mm können die mechanischen Eigenschaften vereinbart werden.

461

Tabelle 8: Mechanische Eigenschaften bei Raumtemperatur für die martensitischen Stähle im wärmebehandelten Zustand (siehe Tabelle A.2)

Standardgüten

Stahlbezeichnung Kurzname	Werkstoffnummer	Erzeugnisform[1]	Dicke mm max.	Wärmebehandlungszustand[2]	Härte[3] HRB max.	Härte[3] HB oder HV max.	0,2%-Dehngrenze $R_{p\,0,2}$ N/mm² min.	Zugfestigkeit R_m N/mm²	Bruchdehnung $A_{80\,mm}$[4] <3 mm Dicke % min. (längs und quer)	Bruchdehnung A[5] ≥3 mm Dicke % min. (längs und quer)	Kerbschlagarbeit (ISO-V) KV >10 mm Dicke J min.	Härte HRC	Härte HV
X12Cr13	1.4006	C	6	A	90	200	-	max. 600		20	-	-	-
		H	12										
		P6)	75	QT550			400	550 bis 750		15	nach Vereinbarung	-	-
				QT650			450	650 bis 850		12		-	-
X20Cr13	1.4021	C	3	QT	-	-	-	-		-	-	44 bis 50	440 bis 530
		C	6	A	95	225	-	max. 700		15	-	-	-
		H	12										
		P6)	75	QT650			450	650 bis 850		12	nach Vereinbarung	-	-
				QT750			550	750 bis 950		10		-	-
X30Cr13	1.4028	C	3	QT	-	-	-	-		-	-	45 bis 51	450 bis 550
		C	6	A	97	235	-	max. 740		15	-	-	-
		H	12										
		P6)	75	QT800	-	-	600	800 bis 1000		10	-	-	-
X39Cr13	1.4031	C	3	QT	-	-	-	-		-	-	47 bis 53	480 bis 580
		C	6	A	98	240	-	max. 760		12	-	-	-
		H	12										

(fortgesetzt)

Fußnoten siehe Seite 21

Tabelle 8 (abgeschlossen)

Kurzname	Werkstoffnummer	Erzeugnisform [1]	Dicke mm max.	Wärmebehandlungszustand [2]	Härte [3] HRB max.	Härte [3] HB oder HV max.	0,2%-Dehngrenze $R_{p0,2}$ N/mm² min.	Zugfestigkeit R_m N/mm²	A_{80mm} [4] <3mm Dicke % min. (längs und quer)	A [5] ≥3mm Dicke % min. (längs und quer)	Kerbschlag­arbeit (ISO-V) KV >10 mm Dicke J min.	HRC	HV
Standardgüten													
X46Cr13	1.4034	C	6	A	99	245	–	max. 780		12	–	–	–
		H	12										
X50CrMoV15	1.4116	C	6	A	100	280	–	max. 850		12	–	–	–
		H	12										
X39CrMo17-1	1.4122	C	3	QT	–	–	–	–	–	–	–	47 bis 53	480 bis 580
		C	6	A	100	280	–	max. 900		12	–	–	–
		H	12										
X3CrNiMo13-4	1.4313	P	75	QT780	–		650	780 bis 980		14	70	–	–
		P	75	QT900			800	900 bis 1 100		11			
X4CrNiMo16-5-1	1.4418	P	75	QT840	–		680	840 bis 980		14	55	–	–

1) C = kaltgewalztes Band; H = warmgewalztes Band; P = warmgewalztes Blech
2) A = geglüht, QT = vergütet
3) Bei den Erzeugnisformen C und H im Wärmebehandlungszustand A wird üblicherweise die Härte nach Brinell oder Vickers oder Rockwell bestimmt. In Schiedsfällen ist der Zugversuch durchzuführen.
4) Die Werte gelten für Proben mit einer Meßlänge von 80 mm und einer Breite von 20 mm; Proben mit einer Meßlänge von 50 mm und einer Breite von 12,5 mm können ebenfalls verwendet werden.
5) Die Werte gelten für Proben mit einer Meßlänge von 5,65 $\sqrt{S_0}$.
6) Die Bleche können auch im geglühten Zustand geliefert werden; in solchen Fällen sind die mechanischen Eigenschaften bei der Bestellung zu vereinbaren.

Tabelle 9: Mechanische Eigenschaften bei Raumtemperatur für die ausscheidungshärtenden Stähle im wärmebehandelten Zustand (siehe Tabelle A.3)

Stahlbezeichnung		Erzeugnisform	Dicke	Wärmebehandlungszustand [2]	0,2%-Dehngrenze $R_{p0,2}$	Zugfestigkeit R_m	Bruchdehnung	
							$A_{80\,mm}$ [3] < 3 mm Dicke %	A [4] ≥ 3 mm Dicke %
Kurzname	Werkstoffnummer	[1]	mm max.		N/mm² min.	N/mm²	min. (längs und quer)	min. (längs und quer)
Sondergüte (Martensitischer Stahl)								
X5CrNiCuNb16-4	1.4542	C	6	AT [5]	–	≤ 1 275	5	
				P1 300 [6]	1 150	≥ 1 300	3	
				P900 [6]	700	≥ 900	6	
		P	50	P1 070 [7]	1 000	1 070 bis 1 270	8	10
				P950 [7]	800	950 bis 1 150	10	12
				P850 [7]	600	850 bis 1 050	12	14
				SR630 [8]	–	≤ 1 050	–	
Sondergüten (Semi-austenitische Stähle)								
X7CrNiAl17-7	1.4568	C	6	AT [5] [9]	–	≤ 1 030	19	
				P1 450 [6]	1 310	≥ 1 450	2	
X8CrNiMoAl15-7-2	1.4532	C	6	AT [5]	–	≤ 1 100	20	
				P1 550 [6]	1 380	≥ 1 550	2	

[1] C = kaltgewalztes Band; P = warmgewalztes Blech

[2] AT = lösungsgeglüht; P = ausscheidungsgehärtet; SR = spannungsarmgeglüht

[3] Die Werte gelten für Proben mit einer Meßlänge von 80 mm und einer Breite von 20 mm; Proben mit einer Meßlänge von 50 mm und einer Breite von 12,5 mm können ebenfalls verwendet werden.

[4] Die Werte gelten für Proben mit einer Meßlänge von 5,65 $\sqrt{S_0}$.

[5] Lieferzustand

[6] Anwendungszustand; andere Aushärtetemperaturen können vereinbart werden.

[7] Falls im Endbehandlungszustand bestellt

[8] Lieferzustand für Weiterverarbeitung; Endbehandlung entsprechend Tabelle A.3

[9] Für den federhart gewalzten Zustand siehe EURONORM 151-2.

Tabelle 10: Mechanische Eigenschaften bei Raumtemperatur der austenitischen Stähle im lösungsgeglühten Zustand[1])
(siehe Tabelle A.4) und Beständigkeit gegen interkristalline Korrosion

Stahlbezeichnung Kurzname	Werkstoffnummer	Erzeugnisform [2])	Dicke mm max.	0,2%-Dehngrenze $R_{p0,2}$ N/mm² min. (quer)[3][4]	1%-Dehngrenze $R_{p1,0}$ N/mm² min. (quer)[3][4]	Zugfestigkeit R_m N/mm²	Bruchdehnung A_{80mm}[5] <3 mm Dicke % min. (quer)	Bruchdehnung A[6] ≥3 mm Dicke % min. (quer)	Kerbschlagarbeit (ISO-V) KV >10 mm Dicke J min. (längs)	Kerbschlagarbeit (ISO-V) KV >10 mm Dicke J min. (quer)	Beständigkeit gegen interkristalline Korrosion[7] im Lieferzustand	Beständigkeit gegen interkristalline Korrosion[7] im sensibilisierten Zustand
						Standardgüten						
X10CrNi18-8	1.4310	C	6	250	280	600 bis 950	40	40	–	–	nein	nein
X2CrNiN18-7	1.4318	C	6	350	380	650 bis 850	35	40	–	–	ja	ja
		H	12	330	370	630 bis 830	45	45	90	60	ja	ja
		P	75	330	370	630 bis 830	45	45	–	–	ja	ja
X2CrNi18-9	1.4307	C	6	220	250	520 bis 670	45	45	–	–	ja	ja
		H	12	200	240	500 bis 650	45	45	90	60	ja	ja
		P	75	200	240	500 bis 650	45	45	–	–	ja	ja
X2CrNi19-11	1.4306	C	6	220	250	520 bis 670	45	45	–	–	ja	ja
		H	12	200	240	500 bis 650	45	45	90	60	ja	ja
		P	75	200	240	500 bis 650	45	45	–	–	ja	ja
X2CrNiN18-10	1.4311	C	6	290	320	550 bis 750	40	40	–	–	ja	ja
		H	12	270	310	550 bis 750	40	40	90	60	ja	ja
		P	75	270	310	550 bis 750	40	40	–	–	ja	ja
X5CrNi18-10	1.4301	C	6	230	260	540 bis 750	45[9]	45[9]	–	–	ja	nein[10]
		H	12	210	250	520 bis 720	45	45	90	60	ja	nein[10]
		P	75	210	250	520 bis 720	45	45	–	–	ja	nein[10]
X8CrNiS18-9	1.4305	P	75	190	230	500 bis 700	35	35	–	–	nein	nein
X6CrNiTi18-10	1.4541	C	6	220	250	520 bis 720	40	40	–	–	ja	ja
		H	12	200	240	520 bis 720	40	40	90	60	ja	ja
		P	75	200	240	500 bis 700	40	40	–	–	ja	ja

Fußnoten siehe Seite 27

(fortgesetzt)

Tabelle 10 (fortgesetzt)

Stahlbezeichnung		Erzeugnisform [2]	Dicke mm max.	Dehngrenze 0,2% $R_{p0,2}$ N/mm² min. (quer)[3][4]	Dehngrenze 1% $R_{p1,0}$ N/mm² min. (quer)[3][4]	Zugfestigkeit R_m N/mm²	Bruchdehnung A_{80mm}[5] <3 mm Dicke % min. (quer)	Bruchdehnung A[6] ≥3 mm Dicke % min. (quer)	Kerbschlagarbeit (ISO-V) KV J >10 mm Dicke min. (längs)	Kerbschlagarbeit (ISO-V) KV J >10 mm Dicke min. (quer)	Beständigkeit gegen interkristalline Korrosion[7] im Lieferzustand	Beständigkeit gegen interkristalline Korrosion[7] im sensibilisierten Zustand
Kurzname	Werkstoffnummer											
X4CrNi18-12	1.4303	C	6	220	250	500 bis 650	45	45	–	–	ja	nein[10]
X2CrNiMo17-12-2	1.4404	C	6	240	270	530 bis 680	40	40	–	–	ja	ja
		H	12	220	260	520 bis 670	45	45	90	60		
		P	75	220	260	520 bis 670	45	40	–	–		
X2CrNiMoN17-11-2	1.4406	C	6	300	330	580 bis 780	40	40	–	–	ja	ja
		H	12	280	320	580 bis 780	45	45	90	60		
		P	75	280	320	580 bis 780	45	40	–	–		
X5CrNiMo17-12-2	1.4401	C	6	240	270	530 bis 680	40	40	–	–	ja	nein[10]
		H	12	220	260	520 bis 670	45	45	90	60		
		P	75	220	260	520 bis 670	45	40	–	–		
X6CrNiMoTi17-12-2	1.4571	C	6	240	270	540 bis 690	40	40	–	–	ja	ja
		H	12	220	260	520 bis 670	45	45	90	60		
		P	75	220	260	520 bis 670	45	40	–	–		
X2CrNiMo17-12-3	1.4432	C	6	240	270	550 bis 700	40	40	–	–	ja	ja
		H	12	220	260	520 bis 670	45	45	90	60		
		P	75	220	260	520 bis 670	45	40	–	–		
X2CrNiMo18-14-3	1.4435	C	6	240	270	550 bis 700	40	40	–	–	ja	ja
		H	12	220	260	520 bis 670	45	45	90	60		
		P	75	220	260	520 bis 670	45	40	–	–		

Fußnoten siehe Seite 27

(fortgesetzt)

Tabelle 10 (fortgesetzt)

Kurzname	Werkstoff-nummer	Erzeugnis-form [2]	Dicke mm max.	$R_{p\,0,2}$ (quer) [3][4] min. N/mm²	$R_{p\,1,0}$ (quer) [3][4] min. N/mm²	R_m N/mm²	A_{80mm} [5] <3 mm Dicke (quer) min. %	A [6] ≥3 mm Dicke (quer) min. %	Kerbschlagarbeit (ISO-V) KV >10 mm Dicke J min. (längs)	KV (quer)	Beständigkeit interkr. Korrosion [7] im Lieferzustand	im sensibilisierten Zustand [7]
X2CrNiMoN17-13-5	**1.4439**	C	6	290	320	580 bis 780	35	35	–	–	ja	ja
		H	12	270	310	580 bis 780		40	90	60	ja	ja
		P	75	270	310	580 bis 780		40	90	60	ja	ja
X1NiCrMoCu25-20-5	**1.4539**	C	6	240	270	530 bis 730	35	35	–	–	ja	ja
		H	12	220	260	530 bis 730		35	90	60	ja	ja
		P	75	220	260	520 bis 720		35	90	60	ja	ja
Sondergüten												
X1CrNi25-21	**1.4335**	P	75	200	240	470 bis 670		40	90	60	ja	ja
X6CrNiNb18-10	**1.4550**	C	6	220	250	520 bis 720	40	40	–	–	ja	ja
		H	12	200	240	520 bis 720		40	90	60	ja	ja
		P	75	200	240	500 bis 700		40	90	60	ja	ja
X1CrNiMoN25-22-2	**1.4466**	P	75	250	290	540 bis 740		40	90	60	ja	ja
X6CrNiMoNb17-12-2	**1.4580**	P	75	220	260	520 bis 720		40	90	60	ja	ja
X2CrNiMoN17-13-3	**1.4429**	C	6	300	330	580 bis 780	35	35	–	–	ja	ja
		H	12	280	320	580 bis 780		40	90	60	ja	ja
		P	75	280	320	580 bis 780		40	90	60	ja	ja
X3CrNiMo17-13-3	**1.4436**	C	6	240	270	550 bis 700	40	40	–	–	ja	nein [10]
		H	12	220	260	550 bis 700		40	90	60	ja	nein [10]
		P	75	220	260	530 bis 730		40	90	60	ja	nein [10]

Fußnoten siehe Seite 27

(fortgesetzt)

467

Tabelle 10 (fortgesetzt)

Stahlbezeichnung Kurzname	Werkstoffnummer	Erzeugnisform [2]	Dicke mm max.	Dehngrenze N/mm² min. (quer) [3][4] — 0,2% Rp0,2	1% Rp1,0	Zugfestigkeit Rm N/mm²	Bruchdehnung A80mm [5] < 3 mm Dicke % min. (quer)	A [6] ≥ 3 mm Dicke % min. (quer)	Kerbschlagarbeit (ISO-V) KV > 10 mm Dicke J min. (längs)	(quer)	Beständigkeit gegen interkristalline Korrosion [7] im Lieferzustand	im sensibilisierten Zustand
X2CrNiMoN18-12-4	1.4434	C	6	290	320	570 bis 770	35	35	–	–	ja	ja
		H	12	270	310	540 bis 740	40	40	90	60		
		P	75	270	310	540 bis 740	40	40	90	60		
X2CrNiMo18-15-4	1.4438	C	6	240	270	550 bis 700	35	35	–	–	ja	ja
		H	12	220	260	520 bis 720	40	40	90	60		
		P	75	220	260	520 bis 720	40	40	90	60		
X1CrNiSi18-15-4	1.4361	P	75	220	260	530 bis 730	40	40	90	60	ja	ja
X12CrMnNiN17-7-5	1.4372	C	6	350	380	750 bis 950	45	45	–	–	ja	nein
		H	12	330	370	750 bis 950	40	40	90	60		
		P	75	330	370	750 bis 950	40	40	90	60		
X2CrMnNiN17-7-5	1.4371	C	6	300	330	650 bis 850	45	45	–	–	ja	ja
		H	12	280	320	630 bis 830	35	35	90	60		
		P	75	280	320	630 bis 830	35	35	90	60		
X12CrMnNiN18-9-5	1.4373	C	6	340	370	680 bis 880	45	45	–	–	ja	nein
		H	12	320	360	600 bis 800	35	35	90	60		
		P	75	320	360	600 bis 800	35	35	90	60		
X1NiCrMoCu31-27-4	1.4563	P	75	220	260	500 bis 700	40	40	90	60	ja	ja

Fußnoten siehe Seite 27

(fortgesetzt)

Tabelle 10 (abgeschlossen)

Stahlbezeichnung Kurzname	Werkstoffnummer	Erzeugnisform [2]	Dicke mm max.	0,2%-Dehngrenze $R_{p\,0,2}$ N/mm² min. (quer)[3][4]	1%-Dehngrenze $R_{p\,1,0}$	Zugfestigkeit R_m N/mm²	Bruchdehnung $A_{80\,mm}$[5] <3 mm Dicke % min. (quer)	Bruchdehnung A[6] ≥3 mm Dicke % min. (quer)	Kerbschlagarbeit (ISO-V) KV >10 mm Dicke J min. (längs)	Kerbschlagarbeit (ISO-V) KV >10 mm Dicke J min. (quer)	Beständigkeit gegen interkristalline Korrosion[7] im Lieferzustand	Beständigkeit gegen interkristalline Korrosion[7] im sensibilisierten Zustand
X1CrNiMoCuN25-25-5	1.4537	P	75	290	330	600 bis 800	40	40	90	60	ja	ja
X1CrNiMoCuN20-18-7	1.4547	C	6	320	350	650 bis 850	35	35	–	–	ja	ja
		H	12	300	340				90	60		
		P	75	300	340				90	60		
X1NiCrMoCuN25-20-7	1.4529	P	75	300	340	650 bis 850	40	40	90	60	ja	ja

[1] Das Lösungsglühen kann entfallen, wenn die Bedingungen für das Warmumformen und anschließende Abkühlen so sind, daß die Anforderungen an die mechanischen Eigenschaften des Erzeugnisses und die Beständigkeit gegen interkristalline Korrosion, wie in EU 114 definiert, eingehalten werden.

[2] C = kaltgewalztes Band; H = warmgewalztes Band; P = warmgewalztes Blech

[3] Falls, bei Band in Walzbreiten <300 mm, Längsproben entnommen werden, erniedrigen sich die Mindestwerte wie folgt:
Dehngrenze: minus 15 N/mm²
Dehnung für konstante Meßlänge: minus 5 %
Dehnung für proportionale Meßlänge: minus 2 %

[4] Für kontinuierlich warmgewalzte Erzeugnisse können bei der Bestellung um 20 N/mm² höhere Mindestwerte für $R_{p\,0,2}$ und um 10 N/mm² höhere Mindestwerte für $R_{p\,1,0}$ vereinbart werden.

[5] Die Werte gelten für Proben mit einer Meßlänge von 80 mm und einer Breite von 20 mm; Proben mit einer Meßlänge von 50 mm und einer Breite von 12,5 mm können ebenfalls verwendet werden.

[6] Die Werte gelten für Proben mit einer Meßlänge von 5,65 $\sqrt{S_0}$.

[7] Bei Prüfung nach EURONORM 114

[8] Siehe Anmerkung 2 zu 8.4

[9] Bei streckgerichteten Erzeugnissen ist der Mindestwert 5 % niedriger.

[10] Sensibilisierungsbehandlung von 15 min bei 700 °C mit nachfolgender Abkühlung in Luft.

Tabelle 11: Mechanische Eigenschaften bei Raumtemperatur der austenitisch-ferritischen Stähle im lösungsgeglühten Zustand (siehe Tabelle A.5) und Beständigkeit gegen interkristalline Korrosion

Kurzname	Werkstoffnummer	Erzeugnisform [1]	Dicke mm max.	$R_{p0,2}$ N/mm² min. (quer) [2][3]	R_m N/mm²	A_{80mm} <3mm Dicke [4] % min. (längs und quer)	A ≥3mm Dicke [5] % min. (längs und quer)	KV >10mm Dicke J min. (längs)	KV (quer)	Beständigkeit im Lieferzustand	Beständigkeit im sensibilisierten Zustand [7]
					Standardgüten						
X2CrNiN23-4	1.4362	C	6	420	600 bis 850	20	20	–	–	ja	ja
		H	12	400	630 bis 800	25	25	90	60	ja	ja
		P	75	400	630 bis 800	25	25	90	60	ja	ja
X2CrNiMoN22-5-3	1.4462	C	6	480	660 bis 950	20	20	–	–	ja	ja
		H	12	460	640 bis 840	25	25	90	60	ja	ja
		P	75	460	640 bis 840	25	25	90	60	ja	ja
					Sondergüten						
X2CrNiMoCuN25-6-3	1.4507	C	6	510	690 bis 940	17	17	–	–	ja	ja
		H	12	490	690 bis 890	25	25	90	60	ja	ja
		P	75	490	690 bis 890	25	25	90	60	ja	ja
X2CrNiMoN25-7-4	1.4410	C	6	550	750 bis 1000	15	15	–	–	ja	ja
		H	12	530	730 bis 930	20	20	90	60	ja	ja
X2CrNiMoCuWN25-7-4	1.4501	P	75	530	730 bis 930	25	25	90	60	ja	ja

1) C = kaltgewalztes Band; H = warmgewalztes Band; P = warmgewalztes Blech
2) Falls, bei Band in Walzbreiten <300 mm, Längsproben entnommen werden, erniedrigen sich die Mindestwerte der Dehngrenze um 15 N/mm².
3) Für kontinuierlich warmgewalzte Erzeugnisse können bei der Bestellung um 20N/mm² höhere Mindestwerte für $R_{p0,2}$ vereinbart werden.
4) Die Werte gelten für Proben mit einer Meßlänge von 80 mm und einer Breite von 20 mm; Proben mit einer Meßlänge von 50 mm und einer Breite von 12,5 mm können ebenfalls verwendet werden.
5) Die Werte gelten für Proben mit einer Meßlänge von 5,65 $\sqrt{S_0}$.
6) Bei Prüfung nach EURONORM 114
7) Siehe Anmerkung 2 zu 8.4

Tabelle 12: Mindestwerte der 0,2 %-Dehngrenze ferritischer Stähle bei erhöhten Temperaturen

Kurzname	Werkstoff-nummer	Wärme-behandlungs-zustand[1]	100	150	200	250	300	350	400
Standardgüten									
X2CrNi12	1.4003	A	240	235	230	220	215	−	−
X2CrTi12	1.4512	A	200	195	190	186	180	160	−
X6CrNiTi12	1.4516	A	300	270	250	245	225	215	−
X6Cr13	1.4000	A	220	215	210	205	200	195	190
X6CrAl13	1.4002	A	220	215	210	205	200	195	190
X6Cr17	1.4016	A	220	215	210	205	200	195	190
X3CrTi17	1.4510	A	195	190	185	175	165	155	−
X3CrNb17	1.4511	A	230	220	205	190	180	165	−
X6CrMo17-1	1.4113	A	250	240	230	220	210	205	200
X2CrMoTi18-2	1.4521	A	250	240	230	220	210	205	200
Sondergüten									
X2CrTi17	1.4520	A	195	180	170	160	155	−	−
X6CrMoNb17-1	1.4526	A	270	265	250	235	215	205	−
X2CrNbZr17	1.4590	A	230	220	210	205	200	180	−
X2CrAlTi18-2	1.4605	A	280	240	230	220	200	190	−
X2CrTiNb18	1.4509	A	230	220	210	205	200	180	−
X2CrMoTi29-4	1.4592	A	395	370	350	335	325	310	−

Column header group: Mindestwert der 0,2%-Dehngrenze (N/mm²) bei einer Temperatur (in °C) von

[1] A = geglüht

Tabelle 13: Mindestwerte der 0,2%-Dehngrenze martensitischer Stähle bei erhöhten Temperaturen

Stahlbezeichnung		Wärme-behandlungs-zustand[1])	Mindestwert der 0,2%-Dehngrenze (N/mm^2) bei einer Temperatur (in °C) von						
Kurzname	Werkstoff-nummer		100	150	200	250	300	350	400
Standardgüten									
X12Cr13	1.4006	QT650	420	410	400	385	365	335	305
X20Cr13	1.4021	QT650	420	410	400	385	365	335	305
X3CrNiMo13-4	1.4313	QT780	590	575	560	545	530	515	–
		QT900	720	690	665	640	620	–	–
X4CrNiMo16-5-1	1.4418	QT840	660	640	620	600	580	–	–

[1]) QT = vergütet

Tabelle 14: Mindestwerte der 0,2%-Dehngrenze
ausscheidungshärtender Stähle bei erhöhten Temperaturen

Stahlbezeichnung		Wärme-behandlungs-zustand[1])	Mindestwert der 0,2%-Dehngrenze (N/mm^2) bei einer Temperatur (in °C) von				
Kurzname	Werkstoff-nummer		100	150	200	250	300
Sondergüte							
X5CrNiCuNb16-4	1.4542	P1050	880	830	800	770	750
		P950	730	710	690	670	650
		P850	680	660	640	620	600

[1]) P = ausscheidungsgehärtet

Tabelle 15: Mindestwerte der 0,2%- und 1%-Dehngrenze austenitischer Stähle bei erhöhten Temperaturen

Stahlbezeichnung Kurzname	Werkstoffnummer	Wärmebehandlungszustand [1]	Mindestwert der 0,2%-Dehngrenze (N/mm²) bei einer Temperatur (in °C) von										Mindestwert der 1%-Dehngrenze (N/mm²) bei einer Temperatur (in °C) von									
			100	150	200	250	300	350	400	450	500	550	100	150	200	250	300	350	400	450	500	550
			Standardgüten																			
X10CrNi18-8	1.4310	AT	210	200	190	185	180	180	–	–	–	–	230	215	205	200	195	195	–	–	–	–
X2CrNiN18-7	1.4318	AT	265	200	185	180	170	165	–	–	–	–	300	235	215	210	200	195	–	–	–	–
X2CrNi18-9	1.4307	AT	147	132	118	108	100	94	89	85	81	80	181	162	147	137	127	121	116	112	109	108
X2CrNi19-11	1.4306	AT	147	132	118	108	100	94	89	85	81	80	181	162	147	137	127	121	116	112	109	108
X2CrNi18-10	1.4311	AT	205	175	157	145	136	130	125	121	119	118	240	210	187	175	167	161	156	152	149	147
X5CrNi18-10	1.4301	AT	157	142	127	118	110	104	98	95	92	90	191	172	157	145	135	129	125	122	120	120
X6CrNiTi18-10	1.4541	AT	176	167	157	147	136	130	125	121	119	118	208	196	186	177	167	161	156	152	149	147
X4CrNi18-12	1.4303	AT	155	142	127	118	110	104	98	95	92	90	188	172	157	145	135	129	125	122	120	120
X2CrNiMo17-12-2	1.4404	AT	166	152	137	127	118	113	108	103	100	98	199	181	167	157	145	139	135	130	128	127
X2CrNiMoN17-11-2	1.4406	AT	211	185	167	155	145	140	135	131	128	127	246	218	198	183	175	169	164	160	158	157
X5CrNiMo17-12-2	1.4401	AT	177	162	147	137	127	120	115	112	110	108	211	191	177	167	156	150	144	141	139	137
X6CrNiMoTi17-12-2	1.4571	AT	185	177	167	157	145	140	135	131	129	127	218	206	196	186	175	169	164	160	158	157
X2CrNiMo17-12-3	1.4432	AT	166	152	137	127	118	113	108	103	100	98	199	181	167	157	145	139	135	130	128	127
X2CrNiMo18-14-3	1.4435	AT	165	150	137	127	119	113	108	103	100	98	200	180	165	153	145	139	135	130	128	127
X2CrNiMoN17-13-5	1.4439	AT	225	200	185	175	165	155	150	–	–	–	255	230	210	200	190	180	175	–	–	–
X1NiCrMoCu25-20-5	1.4539	AT	205	190	175	160	145	135	125	115	110	105	235	220	205	190	175	165	155	145	140	135

1) AT = lösungsgeglüht

(fortgesetzt)

473

Tabelle 15 (abgeschlossen)

Sondergüten

Stahlbezeichnung Kurzname	Werkstoffnummer	Wärmebehandlungszustand[1]	Mindestwert der 0,2%-Dehngrenze (N/mm²) bei einer Temperatur (in °C) von										Mindestwert der 1%-Dehngrenze (N/mm²) bei einer Temperatur (in °C) von									
			100	150	200	250	300	350	400	450	500	550	100	150	200	250	300	350	400	450	500	550
X1CrNi25-21	1.4335	AT	150	140	130	120	115	110	105	–	–	–	180	170	160	150	140	135	130	–	–	–
X6CrNiNb18-10	1.4550	AT	177	167	157	147	136	130	125	121	119	118	211	196	186	177	167	161	156	152	149	147
X1CrNiMoN25-22-2	1.4466	AT	195	170	160	150	140	135	–	–	–	–	225	205	190	180	170	165	–	–	–	–
X6CrNiMoNb17-12-2	1.4580	AT	186	177	167	157	145	140	135	131	129	127	221	206	196	186	175	169	164	160	158	157
X2CrNiMoN17-13-3	1.4429	AT	211	185	167	155	145	140	135	131	129	127	246	218	198	183	175	169	164	160	158	157
X3CrNiMo17-13-3	1.4436	AT	177	162	147	137	127	120	115	112	110	108	211	191	177	167	156	150	144	141	139	137
X2CrNiMoN18-12-4	1.4434	AT	211	185	167	155	145	140	135	131	129	127	–	218	198	183	175	169	164	160	158	157
X2CrNiMo18-15-4	1.4438	AT	172	157	147	137	127	120	115	112	110	108	206	188	177	167	156	148	144	140	138	136
X1CrNiSi18-15-4	1.4361	AT	185	160	145	135	125	120	115	–	–	–	210	190	175	165	155	150	–	–	–	–
X12CrMnNiN17-7-5	1.4372	AT	295	260	230	220	205	185	–	–	–	–	325	295	265	250	230	205	–	–	–	–
X2CrMnNiN17-7-5	1.4371	AT	275	235	190	180	165	145	–	–	–	–	305	265	220	205	180	165	–	–	–	–
X12CrMnNiN18-9-5	1.4373	AT	295	260	230	220	205	185	–	–	–	–	325	295	265	250	230	205	–	–	–	–
X1NiCrMoCu31-27-4	1.4563	AT	190	175	160	155	150	145	135	125	120	115	220	205	190	185	180	175	165	155	150	145
X1CrNiMoCuN25-25-5	1.4537	AT	240	220	200	190	180	175	170	–	–	–	270	250	230	220	210	205	200	–	–	–
X1CrNiMoCuN20-18-7	1.4547	AT	230	205	190	180	170	165	160	153	148	–	270	245	225	212	200	195	190	184	180	–
X1CrNiMoCuN25-20-7	1.4529	AT	230	210	190	180	170	165	160	–	–	–	270	245	225	215	205	195	190	–	–	–

[1]) AT = lösungsgeglüht

Tabelle 16: Mindestwerte der 0,2%-Dehngrenze austenitisch-ferritischer Stähle bei erhöhten Temperaturen

Stahlbezeichnung		Wärmebehand- lungszustand[1]	Mindestwert der 0,2%-Dehngrenze (N/mm²) bei einer Temperatur (in °C) von			
Kurzname	Werkstoff- nummer		100	150	200	250
Standardgüten						
X2CrNiN23-4	1.4362	AT	330	300	280	265
X2CrNiMoN22-5-3	1.4462	AT	360	335	315	300
Sondergüten						
X2CrNiMoCuN25-6-3	1.4507	AT	450	420	400	380
X2CrNiMoN25-7-4	1.4410	AT	450	420	400	380
X2CrNiMoCuWN25-7-4	1.4501	AT	450	420	400	380

[1] AT = lösungsgeglüht

Tabelle 17: Zugfestigkeitsstufen im kaltverfestigten Zustand

Bezeichnung	Zugfestigkeit[1][2] N/mm²
C700	700 bis 850
C850	850 bis 1000
C1000	1000 bis 1150
C1150	1150 bis 1300
C1300	1300 bis 1500

[1] Zwischenwerte der Zugfestigkeit können vereinbart werden. Alternativ können die Stähle festgelegt werden durch Mindestwerte der 0,2%-Dehngrenze oder Härte, aber je Bestellung kann nur ein Parameter festgelegt werden.

[2] Für jede Zugfestigkeitsstufe nimmt die Dicke mit der Zugfestigkeit ab. Sie hängt jedoch wie die Dehnung zusätzlich vom Verfestigungsverhalten des Stahles und den Kaltumformbedingungen ab. Folglich können genauere Informationen vom Hersteller angefordert werden.

Tabelle 18: Verfügbarkeit von Stahlsorten im kaltverfestigten Zustand

Stahlbezeichnung		Verfügbare Zugfestigkeitsstufe				
Kurzname	Werkstoff- nummer	C700	C850	C1000	C1150	C1300
Standardgüten						
X6Cr17	1.4016	X	X			
X10CrNi18-8	1.4310	X	X	X	X	X[1]
X2CrNiN18-7	1.4318		X	X		
X5CrNi18-10	1.4301	X	X	X	X	X
X6CrNiTi18-10	1.4541	X	X			
X5CrNiMo17-12-2	1.4401	X	X[1]			
X6CrNiMoTi17-12-2	1.4571	X	X			
Sondergüten						
X6CrNiNb18-10	1.4550	X	X			
X12CrMnNiN17-7-5	1.4372		X	X	X	X[2]
X2CrMnNiN17-7-5	1.4371	X	X			
X12CrMnNiN18-9-5	1.4373	X	X			

[1] Wegen höherer Zugfestigkeitswerte siehe EURONORM 151-2.
[2] Höhere Werte bis zur Zugfestigkeitsstufe C1500 können vereinbart werden.

Tabelle 19: Durchzuführende Prüfungen, Prüfeinheiten und Prüfumfang bei spezifischen Prüfungen

Prüfmaßnahme	1)	Prüfeinheit	Erzeugnisform			Zahl der Proben je Probenabschnitt
			Band und aus Band geschnittenes Blech (C, H) in Walzbreiten		Walztafel (P)	
			< 600 mm	≥ 600 mm		
Chemische Analyse	m	Schmelze	Die Schmelzenanalyse wird vom Hersteller bekanntgegeben.2)			
Zugversuch bei Raumtemperatur	m3)	Dieselbe Schmelze, dieselbe Nenndicke ± 10%, derselbe Endbehandlungszustand (d. h. dieselbe Wärmebehandlung und/oder derselbe Kaltumformgrad)	Der Prüfumfang ist bei der Bestellung zu vereinbaren	1 Probenabschnitt von jeder Rolle	a) Unter identischen Bedingungen hergestellte Bleche können zu einem Los mit höchstens 30 000 kg Gesamtgewicht und höchstens 40 Blechen zusammengefaßt werden. Bei wärmebehandelten Blechen bis 15 m ist 1 Probenabschnitt je Los zu entnehmen. Bei wärmebehandelten Blechen über 15 m ist von beiden Enden des längsten Bleches im Los je 1 Probenabschnitt zu entnehmen. b) Soweit die Bleche nicht losweise geprüft werden, ist bei wärmebehandelten Blechen bis 15 m 1 Probenabschnitt von einem Ende und bei wärmebehandelten Blechen über 15 m je 1 Probenabschnitt von beiden Enden der Walztafel zu entnehmen.	1
Härteprüfung an martensitischen Stählen4)	m5) 6)		Bei der Bestellung zu vereinbaren (siehe Tabelle 8).			1
Zugversuch bei erhöhter Temperatur	o		Bei der Bestellung zu vereinbaren (siehe Tabellen 12 und 16).			1
Kerbschlagbiegeversuch bei Raumtemperatur	o7)		Bei der Bestellung zu vereinbaren (siehe Tabellen 8, 10 und 11).			3
Beständigkeit gegen interkristalline Korrosion	o8)		Bei der Bestellung zu vereinbaren, falls die Gefahr interkristalliner Korrosion besteht (siehe Tabellen 7, 10 und 11).			1

1) Die mit einem "m" (mandatory) gekennzeichneten Prüfungen sind in jedem Fall, die mit einem "o" (optional) gekennzeichneten Prüfungen nur nach Vereinbarung bei der Bestellung als spezifische Prüfungen durchzuführen.
2) Bei der Bestellung kann eine Stückanalyse vereinbart werden; dabei ist auch der Prüfumfang festzulegen.
3) Außer für martensitische Stähle im Wärmebehandlungszustand A (siehe jedoch Fußnote 5).
4) Die Härteprüfung an geglühten martensitischen Stählen ist an der Erzeugnisoberfläche durchzuführen.
5) Durchzuführen für den Wärmebehandlungszustand A. In Schiedsfällen oder nach Wahl des Herstellers ist jedoch der Zugversuch durchzuführen.
6) Durchzuführen für Erzeugnisform C im Wärmebehandlungszustand QT.
7) Bei austenitischen Stählen wird der Kerbschlagbiegeversuch üblicherweise nicht durchgeführt (siehe Anmerkung zu 8.5.1).
8) Die Prüfung auf Beständigkeit gegen interkristalline Korrosion wird üblicherweise nicht durchgeführt.

Tabelle 20: Kennzeichnung der Erzeugnisse

Kennzeichnung für	Erzeugnisse	
	mit spezifischer Prüfung[1])	ohne spezifische Prüfung[1])
Name des Herstellers, Warenzeichen oder Logo	+	+
Nummer dieser Europäischen Norm	(+)	(+)
Werkstoffnummer oder Kurzname	+	+
Ausführungsart	(+)	(+)
Schmelzennummer	+	+
Identifizierungsnummer[2])	+	+
Walzrichtung[3])	(+)	(+)
Nenndicke	(+)	(+)
Andere Nennmaße außer Dicke	(+)	(+)
Zeichen des Abnahme- beauftragten	(+)	−
Bestellnummer des Kunden	(+)	(+)

[1]) Die Symbole bedeuten:

   + = die Kennzeichnung ist anzubringen;

   (+) = die Kennzeichnung ist nach entsprechender Vereinbarung anzubringen oder bleibt dem Hersteller überlassen;

   − = keine Kennzeichnung erforderlich.

[2]) Falls spezifische Prüfungen durchzuführen sind, müssen die zur Identifizierung verwendeten Zahlen oder Buchstaben die Zuordnung der (des) Erzeugnisse(s) zum Abnahmeprüfzeugnis oder Abnahmeprüfprotokoll ermöglichen.

[3]) Die Walzrichtung ist normalerweise aus der Form des Erzeugnisses und der Lage der Kennzeichnung ersichtlich.

   Die Kennzeichnung kann entweder längs mit Rollenstemplung oder nahe dem Erzeugnisende quer zur Walzrichtung angebracht werden.

   Eine besondere Angabe der Hauptwalzrichtung ist normalerweise nicht erforderlich, kann aber vom Kunden verlangt werden.

Anhang A (informativ)
Hinweise für die weitere Behandlung (einschließlich Wärmebehandlung) bei der Herstellung

A.1 Die in den Tabellen A.1 bis A.5 enthaltenen Hinweise beziehen sich auf die Warmumformung und Wärmebehandlung.

A.2 Durch Brennschneiden können Randzonen nachteilig verändert werden; gegebenenfalls sind diese abzuarbeiten.

A.3 Da die Korrosionsbeständigkeit der nichtrostenden Stähle nur bei metallisch sauberer Oberfläche gesichert ist, müssen Zunderschichten und Anlauffarben, die bei der Warmformgebung, Wärmebehandlung oder Schweißung entstanden sind, soweit wie möglich vor dem Gebrauch entfernt werden. Fertigteile aus Stählen mit etwa 13 % Cr verlangen zur Erzielung ihrer höchsten Korrosionsbeständigkeit zusätzlich besten Oberflächenzustand (z. B. poliert).

**Tabelle A.1: Hinweise auf die Temperaturen für Warmumformung und Wärmebehandlung[1])
ferritischer nichtrostender Stähle**

| Stahlbezeichnung | | Warmumformung | | Kurzzeichen für die Wärmebehandlung | Glühen | |
Kurzname	Werkstoff-nummer	Temperatur °C	Abkühlungs-art		Temperatur[2]) °C	Abkühlungs-art
Standardgüten						
X2CrNi12	1.4003				700 bis 760	
X2CrTi12	1.4512				770 bis 830	
X6CrNiTi12	1.4516				790 bis 850	
X6Cr13	1.4000				750 bis 810	
X6CrAl13	1.4002	1 100 bis 800	Luft	A	750 bis 810	Luft, Wasser
X6Cr17	1.4016				770 bis 830	
X3CrTi17	1.4510				770 bis 830	
X3CrNb17	1.4511				790 bis 850	
X6CrMo17-1	1.4113				790 bis 850	
X6CrMoTi18-2	1.4521				820 bis 880	
Sondergüten						
X2CrTi17	1.4520				820 bis 880	
X2CrMoTi17-1	1.4513				820 bis 880	
X6CrNi17-1	1.4017				750 bis 810	
X6CrMoNb17-1	1.4526	1 100 bis 800	Luft	A	800 bis 860	Luft, Wasser
X2CrNbZr17	1.4590				870 bis 930	
X6CrAlTi18-2	1.4605				870 bis 930	
X2CrTiNb18	1.4509				870 bis 930	
X2CrMoTi29-4	1.4592				900 bis 1 000	

[1]) Für simulierend wärmezubehandelnde Proben sind die Temperaturen für das Glühen zu vereinbaren.
[2]) Falls die Wärmebehandlung in einem Durchlaufofen erfolgt, bevorzugt man üblicherweise den oberen Bereich der angegebenen Spanne oder überschreitet diese sogar.

Tabelle A.2: Hinweise auf die Temperaturen für Warmumformung und Wärmebehandlung¹) martensitischer nichtrostender Stähle

Stahlbezeichnung		Warmumformung		Glühen			Abschrecken		Anlassen
Kurzname	Werkstoff-nummer	Temperatur °C	Abkühlungs-art	Kurzzeichen für die Wärmebe-handlung	Temperatur²) °C	Abkühlungs-art	Temperatur²) °C	Abkühlungs-art	Temperatur °C
				Standardgüten					
X12Cr13	1.4006	1 100 bis 800	Luft	A	750 bis 810	–	–	–	–
				QT550	–	–	950 bis 1010	Öl, Luft	700 bis 780
				QT650	–	–			620 bis 700
X20Cr13	1.4021			A	730 bis 790	–	–	–	–
				QT	–	–	950 bis 1050		200 bis 350
				QT650	–	–	950 bis 1010	Öl, Luft	700 bis 780
				QT750	–	–			620 bis 700
X30Cr13	1.4028		langsame Abkühlung	A	730 bis 790	–	–	–	–
				QT	–	–	950 bis 1050		200 bis 350
				QT800	–	–	950 bis 1010	Öl, Luft	650 bis 730
X39Cr13	1.4031			A	730 bis 790	–	–	–	–
				QT	–	–	1 000 bis 1 100	Öl, Luft	200 bis 350
X46Cr13	1.4034			A	730 bis 790	–	–	–	–
X50CrMoV15	1.4116			A	770 bis 830	–	–	–	–
X39CrMo17-1	1.4122			A	770 bis 830	–	–	–	–
				QT	–	–	1 000 bis 1 100	Öl, Luft	200 bis 350
X3CrNiMo13-4	1.4313	1 150 bis 900	Luft	QT780	–	–	950 bis 1050	Öl, Luft,	560 bis 640
				QT900	–	–			510 bis 590
X4CrNiMo16-5-1	1.4418			QT840	–	–	900 bis 1000	Wasser	570 bis 650

¹) Für simulierend wärmezubehandelnde Proben sind die Temperaturen für das Glühen, Abschrecken und Anlassen zu vereinbaren.

²) Falls die Wärmebehandlung in einem Durchlaufofen erfolgt, bevorzugt man üblicherweise den oberen Bereich der angegebenen Spanne oder überschreitet diese sogar.

Tabelle A.3: Hinweise auf die Temperaturen für Warmumformung und Wärmebehandlung¹) ausscheidungshärtender nichtrostender Stähle

| Stahlbezeichnung | | Warmumformung | | Kurzzeichen für die Wärmebehandlung | Spannungsarmglühen | | Lösungsglühen | | Ausscheidungshärten |
Kurzname	Werkstoffnummer	Temperatur °C	Abkühlungsart		Temperatur °C	Abkühlungsart	Temperatur²) °C	Abkühlungsart	°C
						Sondergüten			
X5CrNiCuNb16-4	1.4542	1 150 bis 900	Luft	AT	–	–	1 025 bis 1 055	Luft	–
				P1300	–	–			1 h (470 bis 490)
				P1070	–	–			1 h (540 bis 560)
				P950	–	–	1 025 bis 1 055	Luft	1 h (580 bis 600)
				P900	–	–			1 h (590 bis 610)
				P850	–	–			4 h (610 bis 630)
				SR630	≥ 4 h (600 bis 660)³)	–			–
X7CrNiAl17-7	1.4568			AT	–	–	1 030 bis 1 050	Luft	–
				P1450	–	–	10 min 945 bis 965	⁴)	1 h (500 bis 520)
X8CrNiMoAl15-7-2	1.4532			AT	–	–	1 025 bis 1 055	Luft	–
				P1550	–	–	10 min 945 bis 965	⁴)	1 h (500 bis 520)

1) Für simulierend wärmezubehandelnde Proben sind die Temperaturen für das Lösungsglühen zu vereinbaren.
2) Falls die Wärmebehandlung in einem Durchlaufofen erfolgt, bevorzugt man üblicherweise den oberen Bereich der angegebenen Spanne oder überschreitet diese sogar.
3) Nach martensitischer Umwandlung. Lösungsglühen bei 1025 bis 1055°C ist vor dem Ausscheidungshärten erforderlich.
4) Schnelles Abkühlen auf ≤ 20°C; Abkühlung innerhalb 1 h auf −70°C; Haltedauer 8 h; Wiedererwärmen in Luft auf +20°C.

480

**Tabelle A.4: Hinweise auf die Temperaturen für Warmumformung und Wärmebehandlung[1])
austenitischer nichtrostender Stähle**

Stahlbezeichnung		Warmumformung		Kurzzeichen für die Wärmebehandlung	Lösungsglühen	
Kurzname	Werkstoff-nummer	Temperatur °C	Abkühlungs-art		Temperatur[2][3][4]) °C	Abkühlungs-art
Standardgüten						
X10CrNi18-8	1.4310				1010 bis 1090	
X2CrNiN18-7	1.4318				1020 bis 1100	
X2CrNi18-9	1.4307				1000 bis 1100	
X2CrNi19-11	1.4306				1000 bis 1100	
X2CrNiN18-10	1.4311				1000 bis 1100	
X5CrNi18-10	1.4301				1000 bis 1100	
X8CrNiS18-9	1.4305				1000 bis 1100	
X6CrNiTi18-10	1.4541				1000 bis 1100	
X4CrNi18-12	1.4303	1150 bis 850	Luft	AT	1000 bis 1100	Wasser, Luft[5])
X2CrNiMo17-12-2	1.4404				1030 bis 1110	
X2CrNiMoN17-11-2	1.4406				1030 bis 1110	
X5CrNiMo17-12-2	1.4401				1030 bis 1110	
X6CrNiMoTi17-12-2	1.4571				1030 bis 1110	
X2CrNiMo17-12-3	1.4432				1030 bis 1110	
X2CrNiMo18-14-3	1.4435				1030 bis 1110	
X2CrNiMoN17-13-5	1.4439				1060 bis 1140	
X1NiCrMoCu25-20-5	1.4539				1010 bis 1090	
Sondergüten						
X1CrNi25-21	1.4335				1030 bis 1110	
X6CrNiNb18-10	1.4550				1020 bis 1120	
X1CrNiMoN25-22-2	1.4466				1070 bis 1150	
X6CrNiMoNb17-12-2	1.4580				1030 bis 1110	
X2CrNiMoN17-13-3	1.4429				1030 bis 1110	
X3CrNiMo17-13-3	1.4436				1030 bis 1110	
X2CrNiMoN18-12-4	1.4434				1070 bis 1150	
X2CrNiMo18-15-4	1.4438	1150 bis 850	Luft	AT	1070 bis 1150	Wasser, Luft[5])
X1CrNiSi18-15-4	1.4361				1100 bis 1160	
X12CrMnNiN17-7-5	1.4372				1000 bis 1100	
X2CrMnNiN17-7-5	1.4371				1000 bis 1100	
X12CrMnNiN18-9-5	1.4373				1000 bis 1100	
X1NiCrMoCu31-27-4	1.4563				1070 bis 1150	
X1CrNiMoCuN25-25-5	1.4537				1120 bis 1180	
X1CrNiMoCuN20-18-7	1.4547				1140 bis 1200	
X1NiCrMoCuN25-20-7	1.4529				1120 bis 1180	

[1]) Für simulierend wärmezubehandelnde Proben sind die Temperaturen für das Lösungsglühen zu vereinbaren.

[2]) Das Lösungsglühen kann entfallen, falls die Bedingungen für das Warmumformen und anschließende Abkühlen so sind, daß die Anforderungen an die mechanischen Eigenschaften des Erzeugnisses und die in EU 114 definierte Beständigkeit gegen interkristalline Korrosion eingehalten werden.

[3]) Falls die Wärmebehandlung in einem Durchlaufofen erfolgt, bevorzugt man üblicherweise den oberen Bereich der angegebenen Spanne oder überschreitet diese sogar.

[4]) Bei einer Wärmebehandlung im Rahmen der Weiterverarbeitung ist der untere Bereich der für das Lösungsglühen angegebenen Spanne anzustreben, da andernfalls die mechanischen Eigenschaften beeinträchtigt werden können. Falls bei der Wärmeumformung die untere Grenze der Lösungsglühtemperatur nicht unterschritten wurde, reicht bei Wiederholungsglühungen bei den Mo-freien Stählen eine Temperatur von 980 °C, bei den Stählen mit bis zu 3 % Mo eine Temperatur von 1000 °C und bei den Stählen mit mehr als 3 % Mo eine Temperatur von 1020 °C als untere Grenze aus.

[5]) Abkühlung ausreichend schnell

481

Tabelle A.5: Hinweise auf die Temperaturen für Warmumformung und Wärmebehandlung[1]
austenitisch-ferritischer nichtrostender Stähle

Stahlbezeichnung		Warmumformung		Kurzzeichen für die Wärmebe-handlung	Lösungsglühen	
Kurzname	Werkstoff-nummer	Temperatur °C	Abkühlungs-art		Temperatur[2] °C	Abkühlungs-art
Standardgüten						
X2CrNiN23-4	1.4362	1 150 bis 950	Luft	AT	950 bis 1 050	Wasser, Luft[3]
X2CrNiMoN22-5-3	1.4462				1 020 bis 1 100	
Sondergüten						
X2CrNiMoCuN25-6-3	1.4507	1 150 bis 1 000	Luft	AT	1 040 bis 1 120	Wasser, Luft[3]
X2CrNiMoN25-7-4	1.4410					
X2CrNiMoCuWN25-7-4	1.4501					

[1]) Für simulierend wärmezubehandelnde Proben sind die Temperaturen für das Lösungsglühen zu vereinbaren.
[2]) Falls die Wärmebehandlung in einem Durchlaufofen erfolgt, bevorzugt man üblicherweise den oberen Bereich der angegebenen Spanne oder überschreitet diese sogar.
[3]) Abkühlung ausreichend schnell

Anhang B (informativ)
In Betracht kommende Maßnormen

EN 10029   Warmgewalztes Stahlblech von 3 mm Dicke an – Grenzabmaße, Formtoleranzen, zulässige Gewichts-abweichungen

EN 10048   Warmgewalzter Bandstahl – Grenzabmaße und Formtoleranzen

EN 10051   Kontinuierlich warmgewalztes Blech und Band ohne Überzug aus unlegierten und legierten Stählen – Grenzabmaße und Formtoleranzen

prEN 10258[1]) Kaltband aus nichtrostendem Stahl – Grenzabmaße und Formtoleranzen

prEN 10259[1]) Kaltbreitband und Blech aus nichtrostendem Stahl – Grenzabmaße und Formtoleranzen

Anhang C (informativ)
Literaturhinweise

EN 10028-7[1]) Flacherzeugnisse aus Druckbehälterstählen – Teil 7: Nichtrostende Stähle

EN 10088-1   Nichtrostende Stähle – Teil 1: Verzeichnis der nichtrostenden Stähle

EN 10088-3   Nichtrostende Stähle – Teil 3: Technische Lieferbedingungen für Halbzeug, Stäbe, Walzdraht und Profile für allgemeine Verwendung

EN 10213-4[1]) Technische Lieferbedingungen für Stahlguß für Druckbehälter – Teil 4: Austenitische und austenitisch-ferritische Stahlsorten

EN 10222-6[1]) Schmiedestücke aus Stahl für Druckbehälter – Teil 6: Nichtrostende austenitische, martensitische und austenitisch-ferritische Stähle

EURONORM 95   Hitzebeständige Stähle – Technische Lieferbedingungen

EURONORM 119-5   Kaltstauch- und Kaltfließpreßstähle – Teil 5: Gütevorschriften für nichtrostende Stähle

EURONORM 144   Runder Walzdraht aus nichtrostendem und hitzebeständigem Stahl zur Herstellung von Schweiß-zusätzen – Technische Lieferbedingungen

EURONORM 151-1   Federdraht aus nichtrostenden Stählen – Technische Lieferbedingungen

EURONORM 151-2   Federband aus nichtrostenden Stählen – Technische Lieferbedingungen

[1]) Z. Z. Entwurf

| Kontinuierlich feuerverzinktes Band und Blech aus weichen Stählen zum Kaltumformen
Technische Lieferbedingungen
(enthält Änderung A1:1995)   Deutsche Fassung EN 10142:1990 + A1:1995 | **DIN**

EN 10142 |

ICS 77.140.50

Ersatz für Ausgabe 1991-03

Deskriptoren: Stahlblech, Stahlband, feuerverzinkt, Kaltumformen, Lieferbedingung

Continuously hot-dip zinc coated low carbon steel strip and sheet for cold forming –
Technical delivery conditions (includes amendment A1:1995);
German version EN 10142:1990 + A1:1995

Bandes et tôles en acier doux galvanisés à chaud et en continu pour formage à froid –
Conditions techniques de livraison (inclut l'amendment A1:1995);
Version allemande EN 10142:1990 + A1:1995

Die Europäische Norm EN 10142:1990 + A1:1995 hat den Status einer Deutschen Norm.

Nationales Vorwort

Die Europäische Norm EN 10142:1990 und die Änderung A1:1995 wurden vom Technischen Komitee (TC) 27 "Flacherzeugnisse mit Überzügen" (Sekretariat: Deutschland) des Europäischen Komitees für die Eisen- und Stahlnormung (ECISS) ausgearbeitet.

Das zuständige deutsche Normungsgremium ist der Unterausschuß 01/2 "Oberflächenveredelte Flacherzeugnisse aus Stahl" des Normenausschusses Eisen und Stahl (FES).

Die Festlegungen für die Grenzabmaße und Formtoleranzen sind in DIN EN 10143 enthalten.

Dabei handelt es sich um die Übernahme der "Änderung A1:1995", welche aufgrund der Veröffentlichung von EN 10027-1, EN 10027-2 und ECISS-Mitteilung IC 10 im Auftrag des Lenkungsgremiums von ECISS (COCOR) erstellt wurde, um die jetzt in allen CEN-Mitgliedsländern geltenden neuen Bezeichnungen in die Folgeausgabe einzuarbeiten.

Um die Einführung der neuen Kurznamen zu erleichtern, enthält die nachfolgende Tabelle eine Gegenüberstellung der alten und neuen Bezeichnungen der Stähle sowie die entsprechenden Werkstoffnummern (siehe auch Tabelle B.1).

Bezeichnung nach					
DIN EN 10142:1991 + A1:1995			DIN EN 10142:1991-03	DIN 17162-1:1977-09	
Kurzname	Werkstoff-nummer	Symbol für die Art des Schmelztauchüberzugs	Kurzname	Kurzname	Werkstoff-nummer
DX51D	1.0226	+Z	Fe P02 G Z	St 02Z	1.0226
DX51D	1.0226	+ZF	Fe P02 G ZF	–	–
DX52D	1.0350	+Z	Fe P03 G Z	St 03Z	1.0350
DX52D	1.0350	+ZF	Fe P03 G ZF	–	–
DX53D	1.0355	+Z	Fe P05 G Z	St 05Z	1.0355
DX53D	1.0355	+ZF	Fe P05 G ZF	–	–
DX54D	1.0306	+Z	Fe P06 G Z	St 06Z [1]	1.0306 [1]
DX54D	1.0306	+ZF	Fe P06 G ZF	–	–

[1] Siehe E DIN 17162-1:1988-04

Fortsetzung Seite 2
und 9 Seiten EN

Normenausschuß Eisen und Stahl (FES) im DIN Deutsches Institut für Normung e.V.

86/17*

Für die im Abschnitt 2 zitierten Europäischen Normen, soweit sich die Norm-Nummer ändert, und EURONORMEN wird im folgenden auf die entsprechenden Deutschen Normen hingewiesen:

ECISS-Mitteilung IC 10   siehe Vornorm DIN V 17006-100

EURONORM 12   siehe DIN 50111

Änderungen

Gegenüber der Ausgabe März 1991 wurden folgende Änderungen vorgenommen:

    a) Kurznamen geändert und Werkstoffnummern aufgenommen.

    b) Redaktionell überarbeitet.

Frühere Ausgaben

DIN 17162-1: 1977-09
DIN EN 10142: 1991-03

Nationaler Anhang NA   (informativ)

Literaturhinweise in nationalen Zusätzen

DIN 50111	Prüfung metallischer Werkstoffe – Technologischer Biegeversuch (Faltversuch)
DIN V 17006-100	Bezeichnungssysteme für Stähle – Zusatzsymbole für Kurznamen; Deutsche Fassung ECISS-IC 10 : 1993
DIN EN 10027-1	Bezeichnungssysteme für Stähle – Teil 1: Kurznamen – Hauptsymbole; Deutsche Fassung EN 10027-1 : 1992
DIN EN 10027-2	Bezeichnungssysteme für Stähle – Teil 2: Nummernsystem; Deutsche Fassung EN 10027-2 : 1992
DIN EN 10143	Kontinuierlich schmelztauchveredeltes Band und Blech aus Stahl – Grenzabmaße und Formtoleranzen; Deutsche Fassung EN 10143 : 1993

EUROPÄISCHE NORM
EUROPEAN STANDARD
NORME EUROPÉENNE

EN 10142
Dezember 1990
+ A1
Juni 1995

ICS 77.140.50

Deskriptoren: Eisen- und Stahlerzeugnis, Blech, Band, Stahl mit niedrigem Kohlenstoffgehhalt, Feuerverzinken, kontinuierliche Oberflächenveredelung, Kaltumformen, Lieferzustand, Bezeichnung, Einteilung, Prüfung, Kennzeichnung

Deutsche Fassung

Kontinuierlich feuerverzinktes Band und Blech aus weichen Stählen zum Kaltumformen
Technische Lieferbedingungen
(enthält Änderung A1 : 1995)

Continuously hot-dip zinc coated low carbon steel strip and sheet for cold forming — Technical delivery conditions (includes amendment A1 : 1995)	Bandes et tôles en acier doux galvanisés à chaud et en continu pour formage à froid — Conditions techniques de livraison (inclut l'amendment A1 : 1995)

Diese Europäische Norm wurde von CEN am 1990-08-04 und die Änderung A1 am 1995-05-10 angenommen.

Die CEN-Mitglieder sind gehalten, die CEN/CENELEC-Geschäftsordnung zu erfüllen, in der die Bedingungen festgelegt sind, unter denen dieser Europäischen Norm ohne jede Änderung der Status einer nationalen Norm zu geben ist.

Auf dem letzten Stand befindliche Listen dieser nationalen Normen mit ihren bibliographischen Angaben sind beim Zentralsekretariat oder bei jedem CEN-Mitglied auf Anfrage erhältlich.

Diese Europäische Norm und die Änderung A1 bestehen in drei offiziellen Fassungen (Deutsch, Englisch, Französisch). Eine Fassung in einer anderen Sprache, die von einem CEN-Mitglied in eigener Verantwortung durch Übersetzung in seine Landessprache gemacht und dem Zentralsekretariat mitgeteilt worden ist, hat den gleichen Status wie die offiziellen Fassungen.

CEN-Mitglieder sind die nationalen Normungsinstitute von Belgien, Dänemark, Deutschland, Finnland, Frankreich, Griechenland, Irland, Island, Italien, Luxemburg, Niederlande, Norwegen, Österreich, Portugal, Schweden, Schweiz, Spanien und dem Vereinigten Königreich.

CEN

EUROPÄISCHES KOMITEE FÜR NORMUNG
European Committee for Standardization
Comité Européen de Normalisation

Zentralsekretariat: rue de Stassart 36, B-1050 Brüssel

Ref. Nr. EN 10142 : 1990 + A1 : 1995 D

Inhalt

Vorwort

Diese Europäische Norm wurde von ECISS/TC 27 "Flacherzeugnisse aus Stahl mit Überzügen", dessen Sekretariat vom Normenausschuß Eisen und Stahl (FES) im DIN geführt wird, ausgearbeitet.

Sie ersetzt die von der Europäischen Gemeinschaft für Kohle und Stahl herausgegebene EURONORM 142-79 "Kontinuierlich feuerverzinktes Blech und Band aus weichen unlegierten Stählen für Kaltumformung; Technische Lieferbedingungen".

Vom Europäischen Komitee für die Eisen- und Stahlnormung (ECISS) wurde das Technische Komitee TC 27 beauftragt, die EURONORM 142-79 in eine Europäische Norm (EN 10142) umzuwandeln. Der Entwurf prEN 10142 erschien im September 1988.

Diese Norm wurde von CEN am 1990-08-04 angenommen und ratifiziert.

Entsprechend dem gemeinsamen CEN/CENELEC-Regeln sind folgende Länder gehalten, diese Europäische Norm anzunehmen:

Belgien, Dänemark, Deutschland, Finnland, Frankreich, Griechenland, Irland, Island, Italien, Luxemburg, Niederlande, Norwegen, Österreich, Portugal, Schweden, Schweiz, Spanien und das Vereinigte Königreich.

Vorwort der Änderung A1

Diese Änderung 1 zur Europäischen Norm EN 10142 wurde vom ECISS/TC 27 "Flacherzeugnisse aus Stahl mit Überzügen" erarbeitet, dessen Sekretariat vom DIN betreut wird.

Bei der 14. COCOR-Sitzung am 27. und 28. Mai 1993 in Brüssel wurde ECISS/TC 27 mit der Vorbereitung der Änderung von EN 10142 beauftragt, um die neuen Bezeichnungen für Stähle nach EN 10027-1 und ECISS-Mitteilung IC 10 sowie die Werkstoffnummern nach EN 10027-2 in die Norm einzuarbeiten.

Es ist beabsichtigt, nach Annahme der Änderungen eine Folgeausgabe von EN 10142 zu veröffentlichen.

Diese Änderung 1 zur Europäischen Norm EN 10142 muß den Status einer nationalen Norm erhalten; entweder durch Veröffentlichung eines identischen Textes oder durch Anerkennung bis Dezember 1995, und etwaige entgegenstehende nationale Normen müssen bis Dezember 1995 zurückgezogen werden.

Entsprechend der CEN/CENELEC-Geschäftsordnung sind folgende Länder gehalten, diese Änderung 1 der Europäischen Norm EN 10142 zu übernehmen:

Belgien, Dänemark, Deutschland, Finnland, Frankreich, Griechenland, Irland, Island, Italien, Luxemburg, Niederlande, Norwegen, Österreich, Portugal, Schweden, Schweiz, Spanien und das Vereinigte Königreich.

1 Anwendungsbereich

1.1 Diese Europäische Norm enthält die Anforderungen an kontinuierlich feuerverzinkte Flacherzeugnisse mit — sofern bei der Bestellung nichts anderes vereinbart wird — einer Dicke ≤ 3,0 mm aus den in 5.1 und Tabelle 1 genannten Stählen. Als Dicke gilt die Enddicke des gelieferten Erzeugnisses nach dem Verzinken.

Diese Europäische Norm gilt für Band aller Breiten sowie für daraus abgelängte Bleche (≥ 600 mm Breite) und Stäbe (< 600 mm Breite).

Die lieferbaren Arten, Auflagegewichte und Ausführungen des Überzuges sowie die Oberflächenarten sind in den Tabellen 2 bis 4 angegeben (siehe auch 5.2 bis 5.4).

1.2 Die Erzeugnisse nach dieser Europäischen Norm eignen sich für Verwendungszwecke, bei denen die Umformbarkeit und der Widerstand gegen Korrosion von vorrangiger Bedeutung sind. Der durch den Überzug bewirkte Korrosionsschutz ist dem Auflagegewicht proportional (siehe auch 5.2.2).

1.3 Diese Europäische Norm gilt nicht für

 — kontinuierlich feuerverzinktes Band und Blech aus Baustählen (siehe EN 10147),

 — elektrolytisch verzinkte kaltgewalzte Flacherzeugnisse aus Stahl (siehe EN 10152),

 — kontinuierlich organisch beschichtete (bandbeschichtete) Flacherzeugnisse aus Stahl (siehe EN 10169).

2 Normative Verweisungen

Diese Europäische Norm enthält durch datierte oder undatierte Verweisungen Festlegungen aus anderen Publikationen. Diese normativen Verweisungen sind an den jeweiligen Stellen im Text zitiert, und die Publikationen sind nachstehend aufgeführt. Bei datierten Verweisungen gehören spätere Änderungen oder Überarbeitungen dieser Publikation nur zu dieser Europäischen Norm, falls sie durch Änderungen oder Überarbeitungen eingearbeitet sind. Bei undatierten Verweisungen gilt die letzte Ausgabe der in Bezug genommenen Publikation.

EN 10002-1
  Metallische Werkstoffe — Zugversuch — Teil 1: Prüfverfahren (bei Raumtemperatur)

EN 10020
  Begriffsbestimmungen für die Einteilung der Stähle

EN 10021
  Allgemeine technische Lieferbedingungen für Stahl und Stahlerzeugnisse

EN 10027-1
  Bezeichnungssysteme für Stähle — Teil 1: Kurznamen, Hauptsymbole

EN 10027-2
  Bezeichnungssysteme für Stähle — Teil 2: Nummernsystem

EN 10079
  Begriffsbestimmungen für Stahlerzeugnisse

EN 10143
  Kontinuierlich schmelztauchveredeltes Blech und Band aus Stahl — Grenzabmaße und Formtoleranzen

EN 10204
  Metallische Erzeugnisse — Arten von Prüfbescheinigungen

CR 10260
ECISS-IC 10
  Bezeichnungssysteme für Stähle — Zusatzsymbole für Kurznamen

EURONORM 12 [1])
  Faltversuch an Stahlblechen und -bändern mit einer Dicke unter 3 mm

3 Definitionen

Für die Anwendung dieser Europäischen Norm gelten zusätzlich zu den Definitionen in EN 10020, EN 10021, EN 10079 und EN 10204 (siehe Abschnitt 2) die folgenden Definitionen:

3.1 Feuerverzinken: Aufbringen eines Zinküberzuges durch Eintauchen entsprechend vorbereiteter Erzeugnisse in geschmolzenes Zink.

Im vorliegenden Fall wird Breitband aus Stahl kontinuierlich feuerverzinkt; der Zinkgehalt des Bades muß dabei mindestens 99 % betragen.

3.2 Auflagegewicht: Gesamtgewicht des Überzuges auf beiden Seiten des Erzeugnisses (ausgedrückt in Gramm pro Quadratmeter).

4 Bezeichnung

4.1 Die Kurznamen der Stahlsorten sind nach EN 10027-1 und ECISS-Mitteilung IC 10, die Werkstoffnummern nach EN 10027-2 gebildet worden.

4.2 Die Erzeugnisse nach dieser Europäischen Norm sind in der angegebenen Reihenfolge wie folgt zu bezeichnen:

a) Benennung des Erzeugnisses (z. B. Band, Blech oder Stab),

b) Nummer dieser Norm (EN 10142),

c) Kurzname oder Werkstoffnummer der Stahlsorte und Symbol für die Art des Schmelztauchüberzugs nach Tabelle 1,

d) Kennzahl für das Auflagegewicht (z. B. 275 = 275 g/m² auf beiden Seiten zusammen, siehe Tabelle 4),

e) Kennbuchstabe für die Ausführung des Überzugs (N, M oder R, siehe Tabellen 2 und 3),

f) Kennbuchstabe für die Oberflächenart (A, B oder C, siehe Tabellen 2 und 3),

g) Kennbuchstabe(n) für die Oberflächenbehandlung (C, O, CO oder U, siehe 5.5).

BEISPIEL 1:

Bezeichnung von Band aus Stahl DX52D+Z, Auflagegewicht 275 g/m² (275), Ausführung übliche Zinkblume (N), Oberflächenart A, Oberflächenbehandlung chemisch passiviert (C):

Band EN 10142 — DX52D+Z275−N−A−C
oder Band EN 10142 — 1.0350+Z275−N−A−C

BEISPIEL 2:

Bezeichnung von Blech aus Stahl DX53D+ZF, Auflagegewicht 100 g/m² (100), Ausführung übliche Beschaffenheit (R), Oberflächenart B, Oberflächenbehandlung geölt (O):

Blech EN 10142 — DX53D+ZF100−R−B−O
oder Blech EN 10142 — 1.0355+ZF100−R−B−O

4.3 Der Bezeichnung nach 4.2 sind gegebenenfalls zusätzliche Hinweise zur eindeutigen Beschreibung der gewünschten Lieferung im Klartext anzufügen (siehe Abschnitt 12).

5 Sorteneinteilung und Lieferarten

5.1 Stahlsorten

Eine Übersicht über die lieferbaren Stahlsorten gibt Tabelle 1. Sie enthält — nach zunehmender Eignung zum Kaltumformen geordnet — die Stahlsorten

DX51D+Z, DX51D+ZF: Maschinenfalzgüte

DX52D+Z, DX52D+ZF: Ziehgüte

DX53D+Z, DX53D+ZF: Tiefziehgüte

DX54D+Z, DX54D+ZF: Sondertiefziehgüte

5.2 Überzüge

5.2.1 Für die Erzeugnisse kommen die in den Tabellen 2 und 3 genannten Überzüge aus Zink (Z) oder Zink-Eisen-Legierung (ZF) in Betracht.

5.2.2 Die lieferbaren Auflagegewichte sind in den Tabellen 2 und 3 angegeben. Andere Auflagegewichte müssen bei der Bestellung besonders vereinbart werden.

---

[1]) Bis zu ihrer Umwandlung in eine Europäische Norm kann entweder die EURONORM 12 oder die entsprechende nationale Norm angewendet werden.

Tabelle 1: Stahlsorten und mechanische Eigenschaften

Bezeichnung			Streckgrenze	Zugfestigkeit	Bruchdehnung
Stahlsorte		Symbol für die Art des Schmelztauchüberzugs	R_e [1])	R_m	A_{80}
Kurzname	Werkstoffnummer		N/mm²	N/mm²	%
			max. [2])	max. [2])	min. [3])
DX51D	1.0226	+Z	—	500	22
DX51D	1.0226	+ZF			
DX52D	1.0350	+Z	300 [4])	420	26
DX52D	1.0350	+ZF			
DX53D	1.0355	+Z	260	380	30
DX53D	1.0355	+ZF			
DX54D	1.0306	+Z	220	350	36
DX54D	1.0306	+ZF			

[1]) Die Werte für die Streckgrenze gelten bei nicht ausgeprägter Streckgrenze für die 0,2%-Dehngrenze ($R_{p\,0,2}$), sonst für die untere Streckgrenze (R_{eL}).

[2]) Bei allen Stahlsorten kann mit einem Mindestwert der Streckgrenze (R_e) von 140 N/mm² und einem Mindestwert der Zugfestigkeit (R_m) von 270 N/mm² gerechnet werden.

[3]) Bei Erzeugnisdicken ≤ 0,7 mm (einschließlich Zinkauflage) verringern sich die Mindestwerte der Bruchdehnung (A_{80}) um 2 Einheiten.

[4]) Dieser Wert gilt nur für kalt nachgewalzte Erzeugnisse (Oberflächenarten B und C).

Dickere Zinkschichten schränken die Umformbarkeit und die Schweißeignung der Erzeugnisse ein. Bei der Bestellung des Auflagegewichts sind daher die Anforderungen an die Umformbarkeit und die Schweißeignung zu berücksichtigen.

5.2.3 Auf Vereinbarung bei der Bestellung sind die feuerverzinkten Flacherzeugnisse mit unterschiedlichen Auflagegewichten je Seite lieferbar. Die beiden Oberflächen können herstellungsbedingt ein unterschiedliches Aussehen haben.

5.3 Ausführung des Überzugs
(siehe Tabellen 2 und 3)

5.3.1 Übliche Zinkblume (N)
Diese Ausführung ergibt sich bei einer unbeeinflußten Erstarrung des Zinküberzugs. In Abhängigkeit von den Verzinkungsbedingungen können entweder keine Zinkblumen oder Zinkkristalle mit unterschiedlichem Glanz und unterschiedlicher Größe vorliegen. Die Qualität des Überzugs wird dadurch nicht beeinflußt.

ANMERKUNG: Wird eine ausgeprägte Zinkblume gewünscht, ist dies bei der Bestellung besonders anzugeben.

5.3.2 Kleine Zinkblume (M)
Die Oberfläche weist durch gezielte Beeinflussung des Erstarrungsvorgangs kleine Zinkblumen auf. Diese Ausführung kommt in Betracht, wenn die übliche Zinkblume (siehe 5.3.1) den Ansprüchen an das Aussehen der Oberfläche nicht genügt.

5.3.3 Zink-Eisen-Legierung üblicher Beschaffenheit (R)
Dieser Überzug entsteht durch eine Wärmebehandlung, bei der Eisen durch das Zink diffundiert. Die Oberfläche hat ein einheitliches mattgraues Aussehen.

5.4 Oberflächenart
(siehe Tabellen 2 und 3 sowie 6.8)

5.4.1 Übliche Oberfläche (A)
Unvollkommenheiten wie kleine Pickel, unterschiedliche Zinkblumengröße, dunkle Punkte, streifenförmige Markierungen und kleine Passivierungsflecke sind zulässig. Es können Streckrichtbrüche und Zinkablaufwellen auftreten.

5.4.2 Verbesserte Oberfläche (B)
Die Oberflächenart B wird durch Kaltnachwalzen erzielt.
Bei dieser Oberflächenart sind in geringem Umfang Unvollkommenheiten wie Streckrichtbrüche, Dressierabdrücke, Riefen, Eindrücke, Zinkblumenstruktur und Zinkablaufwellen sowie leichte Passivierungsfehler zulässig. Die Oberfläche weist keine Pickel auf.

5.4.3 Beste Oberfläche (C)
Die Oberflächenart C wird durch Kaltnachwalzen erzielt.
Die bessere Seite darf das einheitliche Aussehen einer Qualitätslackierung nicht beeinträchtigen. Die andere Seite muß mindestens den Merkmalen für die Oberflächenart B (siehe 5.4.2) entsprechen.

5.5 Oberflächenbehandlung (Oberflächenschutz)

5.5.1 Allgemeines
Feuerverzinkte Flacherzeugnisse erhalten üblicherweise im Herstellerwerk einen Oberflächenschutz nach den Angaben in 5.5.2 bis 5.5.4. Die Schutzwirkung ist zeitlich begrenzt, ihre Dauer hängt von den atmosphärischen Bedingungen ab.

5.5.2 Chemisch passiviert (C)
Das chemische Passivieren schützt die Oberfläche vor Feuchtigkeitseinwirkungen und vermindert die Gefahr einer Weißrostbildung bei Transport und Lagerung. Ört-

liche Verfärbungen durch diese Behandlung sind zulässig und beeinträchtigen nicht die Güte.

5.5.3 Geölt (O)

Auch diese Behandlung vermindert die Gefahr einer frühzeitigen Korrosion der Oberfläche.

Die Ölschicht muß sich mit geeigneten zinkschonenden und entfettenden Lösemitteln entfernen lassen.

5.5.4 Chemisch passiviert und geölt (CO)

Diese Kombination der Oberflächenbehandlung kann vereinbart werden, wenn ein erhöhter Schutz gegen Weißrostbildung erforderlich ist.

5.5.5 Unbehandelt (U)

Nur auf ausdrücklichen Wunsch und auf Verantwortung des Bestellers werden feuerverzinkte Flacherzeugnisse nach dieser Norm ohne Oberflächenbehandlung geliefert. In diesem Fall besteht die erhöhte Gefahr der Korrosion.

Tabelle 2: Lieferbare Auflagen, Ausführungen und Oberflächenarten bei Überzügen aus Zink (Z)

Stahlsorte	Auflage [1] [2]	N	M		
		A	A	B	C
DX51D+Z	100	X	X	X	X
	140	X	X	X	X
	200	X	X	X	X
	(225)	(X)	(X)	(X)	(X)
	275	X	X	X	X
	350	X	X	–	–
	(450)	(X)	–	–	–
	(600)	(X)	–	–	–
DX52D+Z	100	X	X	X	X
	140	X	X	X	X
	200	X	X	X	X
	(225)	(X)	(X)	(X)	(X)
	275	X	X	X	X
DX53D+Z und DX54D+Z	100	X	X	X	X
	140	X	X	X	X
	200	X	X	X	X
	(225)	(X)	(X)	(X)	(X)
	(275)	(X)	(X)	(X)	(X)

[1]) Siehe auch 5.2.2
[2]) Die in Klammern angegebenen Auflagen mit den zugehörigen Oberflächenarten sind nach Vereinbarung lieferbar.

**Tabelle 3: Lieferbare Auflagen, Ausführungen und Oberflächenarten
bei Überzügen aus Zink-Eisen-Legierung (ZF)**

Stahlsorte	Auflage[1]	Ausführung des Überzugs R Oberflächenart		
		A	B	C
Alle	100	X	X	X
	140	X	X	–

[1] Siehe auch 5.2.2

6 Anforderungen

6.1 Herstellungsverfahren

Die Verfahren zur Herstellung des Stahls und der Erzeugnisse bleiben dem Hersteller überlassen.

6.2 Wahl der Eigenschaften

6.2.1 Die Lieferung der Erzeugnisse erfolgt im allgemeinen auf der Grundlage der Anforderungen an die mechanischen Eigenschaften nach Tabelle 1.

6.2.2 Auf besondere Vereinbarung bei der Bestellung können Erzeugnisse aus den Stahlsorten DX52D+Z, DX52D+ZF, DX53D+Z, DX53D+ZF, DX54D+Z und DX54D+ ZF mit Eignung zur Herstellung eines bestimmten Werkstückes geliefert werden. In diesem Fall gelten die Werte nach Tabelle 1 nicht. Der durch den Werkstoff bedingte Ausschuß bei der Verarbeitung darf einen bestimmten bei der Bestellung zu vereinbarenden Anteil nicht überschreiten.

6.3 Mechanische Eigenschaften

6.3.1 Bei der Bestellung nach 6.2.1 gelten die Werte für die mechanischen Eigenschaften nach Tabelle 1, und zwar für eine Frist nach der bei der Auftragserteilung vereinbarten Zurverfügungstellung der Erzeugnisse von

— 8 Tagen bei den Stahlsorten DX51D+Z, DX51D+ZF, DX52D+Z, und DX52D+ZF,

— 6 Monaten bei den Stahlsorten DX53D+Z, DX53D+ ZF, DX54D+Z und DX54D+ZF.

6.3.2 Die Werte des Zugversuchs gelten für Querproben und beziehen sich auf den Probenquerschnitt ohne Zinküberzug.

6.4 Freiheit von Rollknicken

Bei besonderen Anforderungen an die Freiheit von Rollknicken kann ein Kaltnachwalzen oder Streckrichten der Erzeugnisse erforderlich sein. Eine solche Behandlung kann die Umformbarkeit einschränken. Für das Auftreten von Rollknicken bestehen ähnliche Voraussetzungen und Bedingungen wie für das Auftreten von Fließfiguren (siehe 6.5).

6.5 Fließfiguren

6.5.1 Um die Bildung von Fließfiguren beim Kaltumformen zu vermeiden, kann es erforderlich sein, daß die Erzeugnisse beim Hersteller kalt nachgewalzt werden. Da die Neigung zur Bildung von Fließfiguren nach einiger Zeit erneut auftreten kann, liegt es im Interesse des Verbrauchers, die Erzeugnisse möglichst bald zu verarbeiten.

6.5.2 Freiheit von Fließfiguren bei den Oberflächenarten B und C liegt für folgende Zeitdauer nach der vereinbarten Zurverfügungstellung der Erzeugnisse vor:

— 1 Monat bei den Stahlsorten DX51D+Z, DX51D+ZF, DX52D+Z und DX52D+ZF,

— 6 Monate bei den Stahlsorten DX53D+Z, DX53D+ZF, DX54D+Z und DX54D+ZF.

6.6 Auflagegewicht

6.6.1 Das Auflagegewicht muß den Angaben in Tabelle 4 entsprechen. Die Werte gelten für das Gesamtgewicht des Überzugs auf beiden Seiten bei der Dreiflächenprobe und der Einzelflächenprobe (siehe 7.4.4 und 7.5.3).

Die Zinkauflage ist nicht immer gleichmäßig auf beiden Erzeugnisseiten verteilt. Es kann jedoch davon ausgegangen werden, daß auf jeder Seite eine Auflage von mindestens 40 % des in Tabelle 4 genannten Wertes für die Einzelflächenprobe vorhanden ist.

6.6.2 Für jede Auflage nach den Tabellen 2 und 3 kann ein Höchstwert oder ein Mindestwert des Auflagegewichts je Erzeugnisseite (Einzelflächenprobe) vereinbart werden.

Tabelle 4: Auflagegewicht

Auflage[1]	Auflagegewicht in g/m², zweiseitig[2] min.	
	Dreiflächenprobe[3]	Einzelflächenprobe[3]
100	100	85
140	140	120
200	200	170
225	225	195
275	275	235
350	350	300
450	450	385
600	600	510

[1] Die für die einzelnen Stahlsorten lieferbaren Auflagen sind in den Tabellen 2 und 3 angegeben.
[2] Einem Auflagegewicht von 100 g/m² (zweiseitig) entspricht eine Schichtdicke von etwa 7,1 μm je Seite.
[3] Siehe 7.4.4 und 7.5.3

490

6.7 Haftung des Überzugs

Die Haftung des Überzugs ist nach dem in 7.5.2 angegebenen Verfahren zu prüfen. Nach dem Falten darf der Überzug keine Abblätterungen aufweisen, jedoch bleibt ein Bereich von 6 mm an jeder Probenkante außer Betracht, um den Einfluß des Schneidens auszuschalten. Rißbildungen und Aufrauhungen sind zulässig, ebenso ein Abstauben bei Überzügen aus Zink-Eisen-Legierung (ZF).

6.8 Oberflächenbeschaffenheit

6.8.1 Die Oberfläche muß den Angaben in 5.3 bis 5.5 entsprechen. Falls bei der Bestellung nicht anders vereinbart, wird beim Hersteller nur eine Oberfläche kontrolliert. Der Hersteller muß dem Besteller auf dessen Verlangen angeben, ob die oben oder die unten liegende Seite kontrolliert wurde.

Kleine Kantenrisse, die bei nicht geschnittenen Kanten auftreten können, berechtigen nicht zur Beanstandung.

6.8.2 Bei der Lieferung von Band in Rollen besteht in größerem Maß die Gefahr des Vorhandenseins von Oberflächenfehlern als bei der Lieferung von Blech und Stäben, da es dem Hersteller nicht möglich ist, alle Fehler in einer Rolle zu beseitigen. Dies ist vom Besteller bei der Beurteilung der Erzeugnisse in Betracht zu ziehen.

6.9 Maße, Grenzabmaße und Formtoleranzen

Es gelten die Festlegungen in EN 10143.

6.10 Eignung für die weitere Verarbeitung

6.10.1 Die Erzeugnisse nach dieser Norm sind zum Schweißen mit den üblichen Schweißverfahren geeignet. Bei größeren Auflagegewichten sind gegebenenfalls besondere Maßnahmen beim Schweißen erforderlich.

6.10.2 Die Erzeugnisse nach dieser Norm sind für das Zusammenfügen durch Kleben geeignet.

6.10.3 Alle Stahlsorten und Oberflächenarten sind für das Aufbringen von organischen Beschichtungen geeignet. Das Aussehen nach dieser Behandlung wird von der bestellten Oberflächenart (siehe 5.4) beeinflußt.

ANMERKUNG: Das Aufbringen von Oberflächenüberzügen und Beschichtungen erfordert eine zweckentsprechende Vorbehandlung beim Verarbeiter.

7 Prüfung

7.1 Allgemeines

7.1.1 Die Erzeugnisse können mit oder ohne Prüfung auf Übereinstimmung mit den Anforderungen dieser Europäischen Norm geliefert werden.

7.1.2 Wenn eine Prüfung gewünscht wird, muß der Besteller bei der Bestellung folgende Angaben machen:
- Art der Prüfung (spezifische oder nichtspezifische Prüfung, siehe EN 10021),
- Art der Prüfbescheinigung (siehe 7.7).

7.1.3 Spezifische Prüfungen sind nach den Festlegungen in 7.2 bis 7.6 durchzuführen.

7.2 Prüfeinheiten

Die Prüfeinheit beträgt 20 t oder angefangene 20 t von feuerverzinkten Flacherzeugnissen derselben Stahlsorte, Nenndicke, Überzugsart oder Oberflächenbeschaffenheit. Bei Band gilt auch eine Rolle mit einem Gewicht von mehr als 20 t als eine Prüfeinheit.

7.3 Anzahl der Prüfungen

Je Prüfeinheit nach 7.2 ist eine Versuchsreihe zur Ermittlung

- der mechanischen Eigenschaften (siehe 7.5.1),
- der Haftung des Überzugs (siehe 7.5.2) und
- des Auflagegewichts (siehe 7.5.3)

durchzuführen.

7.4 Probenahme

7.4.1 Bei Band sind die Proben vom Anfang oder Ende der Rolle zu entnehmen. Bei Blech und Stäben bleibt die Auswahl des Stückes für die Probenahme dem mit der Ablieferungsprüfung Beauftragten überlassen.

7.4.2 Die Probe für den Zugversuch (siehe 7.5.1) ist quer zur Walzrichtung in einem Abstand von mindestens 50 mm von den Erzeugniskanten zu entnehmen.

7.4.3 Die Probe für den Faltversuch zur Prüfung der Haftung des Überzugs (siehe 7.5.2) darf in beliebiger Richtung entnommen werden. Der Abstand von den Erzeugniskanten muß mindestens 50 mm betragen. Die Probe muß so bemessen sein, daß die Länge der gefalteten Kante mindestens 100 mm beträgt.

7.4.4 Die drei Proben für die Prüfung des Auflagegewichts (siehe 7.5.3) sind bei ausreichender Erzeugnisbreite nach den Angaben in Bild 1 zu entnehmen. Die Proben dürfen rund oder quadratisch sein, die einzelne Probe muß eine Größe von mindestens 5 000 mm² haben.

Wenn wegen zu geringer Erzeugnisbreite die Probenahme nach Bild 1 nicht möglich ist, ist nur **eine** Probe mit einer Größe von mindestens 5 000 mm² zu entnehmen. Das an ihr ermittelte Auflagegewicht muß den Festlegungen für die Einzelflächenprobe nach Tabelle 4 entsprechen.

7.4.5 Die Entnahme und etwaige Bearbeitung muß bei allen Proben so erfolgen, daß die Ergebnisse der Prüfungen nicht beeinflußt werden.

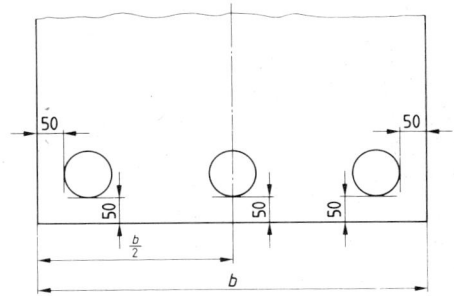

b = Band- oder Blechbreite

Bild 1: Lage der Proben zur Ermittlung der Zinkauflage
(Maße in mm)

7.5 Anzuwendende Prüfverfahren

7.5.1 Der Zugversuch ist nach EN 10002-1 durchzuführen, und zwar mit Proben der Form 2 (Anfangsmeßlänge $L_0 = 80$ mm, Breite $b = 20$ mm) nach Anhang A zu EN 10002-1 (siehe auch 6.3.2).

7.5.2 Der Faltversuch zur Prüfung der Haftung des Überzugs (siehe auch 6.7 und 7.4.3) ist nach EURONORM 12 durchzuführen.

Dabei sind die Durchmesser D des Biegedorns oder der Biegerolle nach Tabelle 5 anzuwenden. Der Biegewinkel beträgt in allen Fällen 180°.

Beim Zusammendrücken der Probenschenkel ist darauf zu achten, daß der Überzug nicht beschädigt wird.

Tabelle 5: Dorndurchmesser beim Faltversuch zur Prüfung der Zinkhaftung (siehe 7.5.2)

Auflage	Dorndurchmesser D beim Faltversuch[1]
100	
140	
200	0
225	
275	
350	1 a
450	
600	2 a

[1] a: Erzeugnisdicke

7.5.3 Das Gewicht der Auflage wird durch chemisches Ablösen des Überzugs aus der Gewichtsdifferenz der Proben vor und nach dem Entzinken ermittelt. Bei der Prüfung nach Bild 1 ergibt sich der Wert für die Dreiflächenprobe als arithmetisches Mittel aus den drei Versuchsergebnissen. Jedes Einzelergebnis muß den Anforderungen an die Einzelflächenprobe nach Tabelle 4 entsprechen.

Für die laufenden Überprüfungen beim Hersteller können andere Verfahren — z. B. zerstörungsfreie Prüfungen — angewendet werden. In Schiedsfällen ist jedoch das im Anhang A zu dieser Norm beschriebene Verfahren anzuwenden.

7.6 Wiederholungsprüfungen

Es gelten die Festlegungen in EN 10021. Bei Rollen sind die Wiederholungsproben in einem Abstand von mindestens einer Windung, jedoch von höchstens 20 m vom Bandende zu entnehmen.

7.7 Prüfbescheinigungen

Auf entsprechende Vereinbarung bei der Bestellung ist eine der in EN 10204 genannten Prüfbescheinigungen auszustellen (siehe auch 7.1.2).

8 Kennzeichnung

8.1 An jeder Rolle oder jedem Paket ist ein Schild anzubringen, das mindestens folgende Angaben enthalten muß:

— Name oder Zeichen des Lieferwerks,
— vollständige Bezeichnung (siehe 4.2),
— Nennmaße des Erzeugnisses,
— Identifikationsnummer,
— Auftragsnummer,
— Gewicht der Rolle oder des Pakets.

8.2 Eine Kennzeichnung der Erzeugnisse durch Stempelung kann bei der Bestellung vereinbart werden.

9 Verpackung

Die Anforderungen an die Verpackung der Erzeugnisse sind bei der Bestellung zu vereinbaren.

10 Lagerung und Transport

10.1 Feuchtigkeit, besonders auch Schwitzwasser zwischen den Tafeln, Windungen einer Rolle oder sonstigen zusammenliegenden Teilen aus feuerverzinkten Flacherzeugnissen kann zur Bildung von mattgrauen bis weißen Belägen (Weißrost) führen. Die Möglichkeiten zum Schutz der Oberflächen sind in 5.5 angegeben. Bei längerem Kontakt mit der Feuchtigkeit kann jedoch der Korrosionsschutz örtlich vermindert werden. Vorsorglich sollten die Erzeugnisse trocken transportiert und gelagert und vor Feuchtigkeit geschützt werden.

10.2 Während des Transportes können durch Reibung dunkle Punkte auf den feuerverzinkten Oberflächen entstehen, die im allgemeinen nur das Aussehen beeinträchtigen. Durch Ölen der Erzeugnisse wird eine Verringerung der Reibung bewirkt. Es sollten jedoch folgende Vorsichtsmaßnahmen getroffen werden: Feste Verpackung, satte Auflage, keine örtlichen Druckbelastungen.

11 Beanstandungen

Für Beanstandungen nach der Lieferung und deren Bearbeitung gilt EN 10021.

12 Bestellangaben

Damit der Hersteller die Erzeugnisse bedingungsgemäß liefern kann, sind vom Besteller folgende Angaben bei der Bestellung zu machen:

a) Benennung des Erzeugnisses (Band, Blech, Stab),
b) Nennmaße (Dicke, Breite und — bei Blech und Stäben — Länge),
c) Liefermenge,
d) vollständige Bezeichnung (siehe 4.2),
e) Grenzgewicht und Grenzmaße der Rollen und einzelnen Blechpakete,
f) etwaige gewünschte Lieferung mit unterschiedlichem Auflagegewicht je Seite (siehe 5.2.3),
g) etwaige Lieferung mit ausgeprägter Zinkblume (siehe 5.3.1),
h) etwaige Lieferung mit Eignung zur Herstellung eines bestimmten Werkstücks (siehe 6.2.2),
i) etwaige Lieferung mit Freiheit von Rollknicken (siehe 6.4),
j) etwaige Anforderungen an den Höchstwert oder den Mindestwert des Auflagegewichts je Erzeugnisseite (siehe 6.6.2),
k) Angabe der zu kontrollierenden Oberfläche (siehe 6.8.1),
l) Prüfung der Erzeugnisse im Herstellerwerk (siehe 7.1.1 und 7.1.2),
m) etwaige Ausstellung einer Prüfbescheinigung und Art der Bescheinigung (siehe 7.7),
n) etwa gewünschte Kennzeichnung durch Stempelung der Erzeugnisse (siehe 8.2),
o) etwaige Anforderungen an die Verpackung (siehe Abschnitt 9).

Anhang A   (normativ)

Referenzverfahren zur Ermittlung des Zinkauflagegewichts

A.1 Grundsatz

Die Probengröße muß mindestens 5 000 mm² betragen. Bei Verwendung einer Probe von 5 000 mm² Größe ergibt der durch die Ablösung des Überzugs entstehende Gewichtsverlust in Gramm nach Multiplikation mit 200 das Gesamtgewicht der Auflage in Gramm pro Quadratmeter auf beiden Seiten des Erzeugnisses.

A.2 Reagenzien und Herstellung der Lösung

Reagenzien:
- Salzsäure (HCl, ϱ_{20} = 1,19 g/cm³)
- Hexamethylentetramin

Herstellung der Lösung:

Die Salzsäure wird mit vollentsalztem oder destilliertem Wasser im Verhältnis von einem Teil HCl zu einem Teil Wasser (50%-Lösung) verdünnt. Dieser Lösung werden unter Rühren 3,5 g Hexamethylentetramin je Liter zugegeben.

Die so hergestellte Lösung ist für die Prüfung von Überzügen sowohl aus Zink als auch aus Zink-Eisen-Legierungen geeignet und ermöglicht zahlreiche aufeinanderfolgende Ablösungen unter zufriedenstellenden Bedingungen im Hinblick auf die Schnelligkeit und Genauigkeit.

A.3 Versuchseinrichtung

Waage, die die Ermittlung des Probengewichts auf 0,01 g gestattet. Für den Versuch ist eine Abzugs-Vorrichtung zu verwenden.

A.4 Versuchsdurchführung

Jede Probe ist wie folgt zu behandeln:
- Falls erforderlich, Entfettung der Probe mit einem organischen, das Zink nicht angreifenden Lösemittel mit anschließender Trocknung der Probe;
- Wägung der Probe auf 0,01 g;
- Eintauchen der Probe in die mit Hexamethylentetramin inhibierte Salzsäure-Lösung bei Umgebungstemperatur (20 °C bis 25 °C). Die Probe wird in dieser Lösung belassen, bis kein Wasserstoff mehr entweicht oder nur noch wenige Blasen entstehen;
- nach dem Ende der Reaktion wird die Probe gewaschen, unter fließendem Wasser gebürstet, mit einem Tuch vorgetrocknet, durch Erwärmen auf etwa 100 °C weitergetrocknet und im warmen Luftstrom abgekühlt;
- erneutes Wägen der Probe auf 0,01 g;
- Ermittlung des Gewichtsunterschiedes der Probe mit und ohne Überzug. Dieser Unterschied, ausgedrückt in Gramm, stellt das Auflagegewicht dar.

Anhang B   (informativ)

Liste früherer vergleichbarer Bezeichnungen

Die folgende Tabelle B.1 enthält die früheren Bezeichnungen nach EN 10142 : 1990 und die neuen Bezeichnungen nach EN 10027-1, ECISS-Mitteilung IC 10 und EN 10027-2.

Tabelle B.1: Liste vergleichbarer Bezeichnungen

	Bezeichnung nach EN 10142/A1 : 1995		Bezeichnung nach EN 10142 : 1990
Kurzname	Werkstoffnummer	Symbol für die Art des Schmelztauchüberzugs	Kurzname
DX51D	1.0226	+Z	Fe P02 G Z
DX51D	1.0226	+ZF	Fe P02 G ZF
DX52D	1.0350	+Z	Fe P03 G Z
DX52D	1.0350	+ZF	Fe P03 G ZF
DX53D	1.0355	+Z	Fe P05 G Z
DX53D	1.0355	+ZF	Fe P05 G ZF
DX54D	1.0306	+Z	Fe P06 G Z
DX54D	1.0306	+ZF	Fe P06 G ZF

Entwurf **Februar 1998**

	Kontinuierlich feuerverzinktes Band und Blech aus weichen Stählen zum Kaltumformen Technische Lieferbedingungen Deutsche Fassung prEN 10142 : 1998	$\overline{\underline{\text{DIN}}}$ EN 10142

Einsprüche bis 31. Mrz 1998

ICS 77.140.50

Vorgesehen als Ersatz für
Ausgabe 1995-08

Continuously hot-dip zinc coated low carbon steel strip and sheet for
cold forming - Technical delivery conditions;
German version prEN 10142:1998

Bandes et tôles en acier doux galvanisés à chaud et en continu pour
formage à froid - Conditions techniques de livraison;
Version allemande prEN 10142:1998

Anwendungswarnvermerk

Dieser Norm-Entwurf wird der Öffentlichkeit zur Prüfung und Stellungnahme vorgelegt.

Weil die beabsichtigte Norm von der vorliegenden Fassung abweichen kann, ist die Anwendung dieses Entwurfes besonders zu vereinbaren.

Stellungnahmen werden erbeten an den Normenausschuß Eisen und Stahl (FES) im DIN Deutsches Institut für Normung e.V., Postfach 105145, 40042 Düsseldorf.

Nationales Vorwort

Der Europäische Norm-Entwurf prEN 10142:1998 ist vom Technischen Komitee (TC) 27 "Flacherzeugnisse mit Überzügen - Güte-, Maß- und besondere Prüfnormen" (Sekretariat: Deutschland) des Europäischen Komitees für die Eisen- und Stahlnormung (ECISS) ausgearbeitet worden.

Das zuständige deutsche Normungsgremium ist der Unterausschuß 01/2 "Oberflächenveredelte Flacherzeugnisse aus Stahl" des Normenausschusses Eisen und Stahl (FES).

Die Festlegungen für die Grenzabmaße und Formtoleranzen sind in DIN EN 10143 enthalten.

Um die Einführung der neuen Kurznamen zu erleichtern, enthält die nachfolgende Tabelle eine Gegenüberstellung der alten und neuen Bezeichnungen der Stähle sowie die entsprechenden Werkstoffnummern (siehe auch Tabelle B.1).

Fortsetzung Seite 2
und 21 Seiten prEN

Normenausschuß Eisen und Stahl (FES) im DIN Deutsches Institut für Normung e.V.

494

Bezeichnung nach					
E DIN EN 10142:1998-02			DIN EN 10142:1991-03	DIN 17162-1:1977-09	
Kurzname	Werkstoff-nummer	Symbol für die Art des Schmelztauch-überzugs	Kurzname	Kurzname	Werkstoff-nummer
DX51D	1.0226	+Z	Fe P02 G Z	St 02Z	1.0226
DX51D	1.0226	+ZF	Fe P02 G ZF	-	-
DX52D	1.0350	+Z	Fe P03 G Z	St 03Z	1.0350
DX52D	1.0350	+ZF	Fe P03 G ZF	-	-
DX53D	1.0355	+Z	Fe P05 G Z	St 05Z	1.0358
DX53D	1.0355	+ZF	Fe P05 G ZF	-	-
DX54D	1.0306	+Z	Fe P06 G Z	St 06Z [1]	1.0306 [1]
DX54D	1.0306	+ZF	Fe P06 G ZF	-	-
DX56D	1.0322	+Z	-	-	-
DX56D	1.0322	+ZF	-	-	-

[1] Siehe E DIN 17162-1:1988-04

Für die im Abschnitt 2 zitierten Europäischen Normen, soweit sich die Norm-Nummer ändert, und EURONORMEN wird im folgenden auf die entsprechenden Deutschen Normen hingewiesen:

CR 10260 (ECISS-IC 10)   siehe DIN V 17006-100
EURONORM 12   siehe DIN 50111

Änderungen

Gegenüber der Ausgabe August 1995 wurden folgende Änderungen vorgenommen:

a)   Aufnahme der Stahlsorten DX56D+Z und DX56D+ZF.
b)   Aufnahme von Festlegungen für die r- und n-Werte bei den Stahlsorten DX54D+Z, DX54D+ZF, DX56D+Z und DX56D+ZF.
c)   Redaktionell überarbeitet.

Nationaler Anhang NA (informativ)

Literaturhinweise in nationalen Zusätzen

DIN 50111   Prüfung metallischer Werkstoffe - Technologischer Biegeversuch (Faltversuch)

DIN V 17006-100   Bezeichnungssysteme für Stähle - Zusatzsymbole für Kurznamen; Deutsche Fassung ECISS-IC 10:1993

DIN EN 10143   Kontinuierlich schmelztauchveredeltes Band und Blech aus Stahl - Grenzabmaße und Formtoleranzen; Deutsche Fassung EN 10143:1993

EUROPÄISCHE NORM	Entwurf
EUROPEAN STANDARD	prEN 10142
NORME EUROPEENNE	Januar 1998

ICS 77.140.50

Wird
EN 10142 : 1990
ersetzen

Deskriptoren: Eisen- und Stahlerzeugnis, Blech, Band, Stahl mit niedrigem Kohlen-
stoffgehalt, Feuerverzinken, kontinuierliche Oberflächenveredelung,
Kaltumformen, Lieferzustand, Bezeichnung, Einteilung, Prüfung,
Kennzeichnung

Deutsche Fassung

Kontinuierlich feuerverzinktes Band und Blech
aus weichen Stählen zum Kaltumformen -
Technische Lieferbedingungen

Continuously hot-dip zinc coated low carbon steel strip
and sheet for cold forming - Technical delivery conditions

Bandes et tôles en acier doux galvanisés à chaud et
en continu pour formage à froid - Conditions techniques de livraison

Dieser Europäische Norm-Entwurf wird den CEN-Mitgliedern zur Umfrage vorgelegt. Er wurde vom Technischen Komitee ECISS/TC 27 erstellt.

Wenn aus diesem Norm-Entwurf eine Europäische Norm wird, sind die CEN-Mitglieder gehalten, die
CEN/CENELEC-Geschäftsordnung zu erfüllen, in der die Bedingungen festgelegt sind, unter denen dieser
Europäischen Norm ohne jede Änderung der Status einer nationalen Norm zu geben ist.

Diese Europäische Norm besteht in drei offiziellen Fassungen (Deutsch, Englisch, Französisch). Eine Fassung
in einer anderen Sprache, die von einem CEN-Miglied in eigener Verantwortung durch Übersetzung in seine
Landessprache gemacht und dem Zentralsekretariat mitgeteilt worden ist, hat den gleichen Status wie die
offiziellen Fassungen.

CEN-Mitglieder sind die nationalen Normenorganisationen von Belgien, Dänemark, Deutschland, Finnland,
Frankreich, Griechenland, Irland, Island, Italien, Luxemburg, Niederlande, Norwegen, Österreich, Portugal,
Schweden, Schweiz, Spanien, der Tschechischen Republik und dem Vereinigten Königreich.

CEN

Europäisches Komitee für Normung
European Committee for Standardization
Comité Européen de Normalisation

Zentralsekretariat: rue de Stassart 36, B-1050 Brüssel

Ref. Nr. prEN 10142 : 1998 D

Seite

Inhalt

Seite

Vorwort

Diese Europäische Norm wurde von ECISS/TC 27 "Flacherzeugnisse aus Stahl mit Überzügen", dessen Sekretariat vom Normenausschuß Eisen und Stahl (FES) im DIN geführt wird, ausgearbeitet.

Bei einer Sitzung von ECISS/TC 27 am 2. September 1997 in Düsseldorf wurde dem Text für die Veröffentlichung als Europäischer Norm-Entwurf zugestimmt. An dieser Sitzung nahmen Vertreter folgender Länder teil: Belgien, Deutschland, Finnland, Frankreich, Niederlande, Österreich, Schweden und Vereinigtes Königreich.

Diese Europäische Norm muß den Status einer nationalen Norm erhalten entweder durch Veröffentlichung eines identischen Textes oder durch Anerkennung bis ...., und etwaige entgegenstehende nationale Normen müssen bis .... zurückgezogen werden.

Entsprechend der CEN/CENELEC-Geschäftsordnung sind die nationalen Normungsinstitute der folgenden Länder gehalten, diese Europäische Norm zu übernehmen: Belgien, Dänemark, Deutschland, Finnland, Frankreich, Griechenland, Irland, Island, Italien, Luxemburg, Niederlande, Norwegen, Österreich, Portugal, Schweden, Schweiz, Spanien und das Vereinigte Königreich.

1 Anwendungsbereich

1.1 Diese Europäische Norm enthält die Anforderungen an kontinuierlich feuerverzinkte Flacherzeugnisse mit - sofern bei der Bestellung nichts anderes vereinbart wird - einer Dicke ≤ 3,0 mm aus den in 4.1 und Tabelle 1 genannten Stählen. Als Dicke gilt die Enddicke des gelieferten Erzeugnisses nach dem Verzinken.

Diese Europäische Norm gilt für Band aller Breiten sowie für daraus abgelängte Bleche (≥ 600 mm Breite) und Stäbe (< 600 mm Breite).

Die lieferbaren Arten, Auflagegewichte und Ausführungen des Überzuges sowie die Oberflächenarten sind in den Tabellen 2 bis 4 angegeben (siehe auch 7.2 bis 7.4).

1.2 Die Erzeugnisse nach dieser Europäischen Norm eignen sich für Verwendungszwecke, bei denen die Umformbarkeit und der Widerstand gegen Korrosion von vorrangiger Bedeutung sind. Der durch den Überzug bewirkte Korrosionsschutz ist dem Auflagegewicht proportional (siehe auch 7.2.2).

1.3 Diese Europäische Norm gilt nicht für

- kontinuierlich feuerverzinktes Band und Blech aus Baustählen (siehe EN 10147),
- elektrolytisch verzinkte kaltgewalzte Flacherzeugnisse aus Stahl (siehe EN 10152),
- kontinuierlich organisch beschichtete (bandbeschichtete) Flacherzeugnisse aus Stahl (siehe EN 10169).

2 Normative Verweisungen

Diese Europäische Norm enthält durch datierte oder undatierte Verweisungen Festlegungen aus anderen Publikationen. Diese normativen Verweisungen sind an den jeweiligen Stellen im Text zitiert, und die Publikationen sind nachstehend aufgeführt. Bei datierten Verweisungen gehören spätere Änderungen oder Überarbeitungen dieser Publikation nur zu dieser Europäischen Norm, falls sie durch Änderungen oder Überarbeitungen eingearbeitet sind. Bei undatierten Verweisungen gilt die letzte Ausgabe der in Bezug genommenen Publikation.

EN 10002-1   Metallische Werkstoffe - Zugversuch - Teil 1: Prüfverfahren (bei Raumtemperatur)

EN 10020   Begriffsbestimmungen für die Einteilung der Stähle

EN 10021   Allgemeine technische Lieferbedingungen für Stahl und Stahlerzeugnisse

EN 10027-1   Bezeichnungssysteme für Stähle - Teil 1: Kurznamen, Hauptsymbole

EN 10027-2   Bezeichnungssysteme für Stähle - Teil 2: Nummernsystem

EN 10079   Begriffsbestimmungen für Stahlerzeugnisse

EN 10143	Kontinuierlich schmelztauchveredeltes Blech und Band aus Stahl - Grenzabmaße und Formtoleranzen
EN 10204	Metallische Erzeugnisse - Arten von Prüfbescheinigungen
CR 10260	ECISS-IC10 Bezeichnungssysteme für Stähle - Zusatzsymbole für Kurznamen
EURONORM 12[1]	Faltversuch an Stahlblechen und -bändern mit einer Dicke unter 3 mm
ISO 10113	Metallic materials - Sheet and strip - Determination of plastic strain ratio
ISO 10275	Metallic materials - Sheet and strip - Determination of tensile strain hardening exponent

3 Definitionen

Für die Anwendung dieser Europäischen Norm gelten zusätzlich zu den Definitionen in EN 10020, EN 10021, EN 10079 und EN 10204 (siehe Abschnitt 2) die folgenden Definitionen:

3.1 Feuerverzinken: Aufbringen eines Zinküberzuges durch Eintauchen entsprechend vorbereiteter Erzeugnisse in geschmolzenes Zink.

Im vorliegenden Fall wird Breitband aus Stahl kontinuierlich feuerverzinkt; der Zinkgehalt des Bades muß dabei mindestens 99 % betragen.

3.2 Auflagegewicht: Gesamtgewicht des Überzuges auf beiden Seiten des Erzeugnisses (ausgedrückt in Gramm pro Quadratmeter).

4 Einteilung und Bezeichnung

4.1 Einteilung

Die Stahlsorten nach dieser Europäischen Norm sind gemäß ihrer zunehmenden Eignung zum Kaltumformen wie folgt eingeteilt:

DX51D+Z, DX51D+ZF: Maschinenfalzgüte,
DX52D+Z, DX52D+ZF: Ziehgüte,
DX53D+Z, DX53D+ZF: Tiefziehgüte,
DX54D+Z, DX54D+ZF: Sondertiefziehgüte,
DX56D+Z, DX56D+ZF: Spezialtiefziehgüte.

---

[1] Bis zu ihrer Umwandlung in eine Europäische Norm kann entweder die EURONORM 12 oder die entsprechende nationale Norm angewendet werden.

4.2 Bezeichnung

4.2.1 Kurznamen

Für die in dieser Europäischen Norm enthaltenen Stahlsorten sind die in Tabelle 1 angegebenen Kurznamen nach EN 10027-1 und CR 10260 gebildet.

4.2.2 Werkstoffnummern

Für die in dieser Europäischen Norm enthaltenen Stahlsorten sind die in Tabelle 1 angegebenen Werkstoffnummern nach EN 10027-2 gebildet.

5 Bestellangaben

5.1 Verbindliche Angaben

Der Besteller muß bei der Anfrage und Bestellung folgende Angaben machen:

a) die zu liefernde Menge;
b) die Benennung der Erzeugnisform (Band, Blech, Band in Stäben);
c) die Nummer der Maßnorm (EN 10143);
d) die Maße, Grenzabmaße und Formtoleranzen und, falls zutreffend, die Kennbuchstaben für etwaige besondere Grenzabweichungen;
e) Nennung des Begriffs "Stahl";
f) die Nummer dieser Europäischen Norm (EN 10142);
g) Kurzname oder Werkstoffnummer der Stahlsorte und Symbol für die Art des Schmelztauchüberzuges nach Tabelle 1;
h) Kennzahl für das Auflagegewicht (z.B. 270 = 270 g/m² auf beiden Seiten zusammen, siehe Tabellen 2, 3 und 4);
i) Kennbuchstabe für die Ausführung des Überzugs (N, M oder R, siehe Tabellen 2 und 3 und 7.3);
j) Kennbuchstabe für die Oberflächenart (A, B oder C, siehe 7.4);
k) Kennbuchstabe(n) für die Oberflächenbehandlung (C, O, CO oder U, siehe 7.5).

BEISPIEL:
1 Blech, geliefert mit Grenzabmaßen nach EN 10143, einer Nenndicke von 0,80 mm mit eingeschränkten Grenzabmaßen (S), einer Nennbreite von 1200 mm mit eingeschränkten Grenzabmaßen (S), einer Nennlänge von 2500 mm und mit eingeschränkten Ebenheitstoleranzen (FS) aus Stahl DX53D+ZF (1.0355+ZF) nach EN 10142, Auflagegewicht 100 g/m² (100), Ausführung übliche Beschaffenheit (R), Oberflächenart B, Oberflächenbehandlung geölt (O):

1 Blech EN 10143-0,80Sx1200Sx2500FS
Stahl EN 10142-DX53D+ZF100-R-B-O
oder
1 Blech EN 10143-0,80Sx1200Sx2500FS
Stahl EN 10142-1.0355+ZF100-R-B-O

502

5.2 Zusätzliche Angaben

Eine Anzahl von zusätzlichen Angaben sind in dieser Europäischen Norm festgelegt und nachstehend aufgeführt. Falls der Besteller nicht ausdrücklich seinen Wunsch zur Berücksichtigung einer dieser zusätzlichen Angaben äußert, muß der Lieferer nach den Grundanforderungen dieser Europäischen Norm liefern (siehe 5.1).

a) etwaige Lieferung mit Eignung zur Herstellung eines bestimmten Werkstücks (siehe 7.1.2),

b) etwaige Lieferung von Auflagegewichten abweichend von denen nach Tabellen 2 und 3 (siehe 7.2.2),

c) etwaige gewünschte Lieferung mit unterschiedlichem Auflagegewicht je Seite (siehe 7.2.3),

d) etwaige Lieferung mit ausgeprägter Zinkblume (siehe 7.3.1),

e) etwaige Lieferung mit Freiheit von Rollknicken (siehe 7.6),

f) etwaige Anforderungen an den Höchstwert oder den Mindestwert des Auflagegewichts je Erzeugnisseite (siehe 7.8.2).

g) Angabe der zu kontrollierenden Oberfläche (siehe 7.10.1),

h) Prüfung der Erzeugnisse auf Übereinstimmung mit den Anforderungen dieser Norm (siehe 8.1.1 und 8.1.2),

i) etwaige Ausstellung einer Prüfbescheinigung und Art der Bescheinigung (siehe 8.7),

j) etwa gewünschte Kennzeichnung durch Stempelung der Erzeugnisse (siehe 9.2),

k) etwaige Anforderung an die Verpackung (siehe Abschnitt 10).

6 Herstellverfahren

Das Verfahren zur Herstellung des Stahls und der Erzeugnisse bleibt dem Hersteller überlassen.

7 Anforderungen

7.1 Mechanische Eigenschaften

7.1.1 Die Lieferung der Erzeugnisse erfolgt im allgemeinen auf der Grundlage der Anforderungen an die mechanischen Eigenschaften nach Tabelle 1.

7.1.2 Auf besondere Vereinbarung bei der Bestellung können Erzeugnisse aus den Stahlsorten DX52D+Z, DX52D+ZF, DX53D+Z, DX53D+ZF, DX54D+Z, DX54D+ZF,

DX56D+Z und DX56D+ZF mit Eignung zur Herstellung eines bestimmten Werkstückes geliefert werden. In diesem Fall gelten die Werte nach Tabelle 1 nicht. Der durch den Werkstoff bedingte Ausschuß bei der Verarbeitung darf einen bestimmten bei der Bestellung zu vereinbarenden Anteil nicht überschreiten.

7.1.3 Bei der Bestellung nach 7.1.1 gelten die Werte für die mechanischen Eigenschaften nach Tabelle 1, und zwar für eine Frist nach der bei der Auftragserteilung vereinbarten Zuverfügungstellung der Erzeugnisse von

- 8 Tagen bei den Stahlsorten DX51D+Z, DX51D+ZF, DX52D+Z und DX52D+ZF,

- 6 Monaten bei den Stahlsorten DX53D+Z, DX53D+ZF, DX54D+Z, DX54D+ZF, DX56D+Z und DX56D+ZF.

7.1.4 Die Werte des Zugversuchs gelten für Querproben und beziehen sich auf den Probenquerschnitt ohne Zinküberzug.

Tabelle 1: Stahlsorten und mechanische Eigenschaften

Bezeichnung			Streck-grenze R_e [1] N/mm² max. [2]	Zugfestig-keit R_m N/mm² max. [2]	Bruchdeh-nung A_{80} % min. [3]	r_{90} min.	n_{90} min.
Stahlsorte		Symbol für die Art des Schmelz-tauchüber-zugs					
Kurzname	Werkstoff-nummer						
DX51D	1.0226	+Z	-	500	22	-	-
DX51D	1.0226	+ZF					
DX52D	1.0350	+Z	300 [4]	420	26	-	-
DX52D	1.0350	+ZF					
DX53D	1.0355	+Z	260	380	30	-	-
DX53D	1.0355	+ZF					
DX54D	1.0306	+Z	220	350	36	1,6	0,18
DX54D	1.0306	+ZF			34	1,4	
DX56D	1.0322	+Z	180	350	39	1,9 [5]	0,21
DX56D	1.0322	+ZF			37	1,7 [5)6]	0,20 [6]

[1] Die Werte für die Streckgrenze gelten bei nicht ausgeprägter Streckgrenze für die 0,2%-Dehngrenze ($R_{p0,2}$), sonst für die untere Streckgrenze (R_{eL}).

[2] Bei allen Stahlsortenkann mit einem Mindestwert der Streckgrenze (R_e) von 140 N/mm² und einem Mindestwert der Zugfestigkeit (R_m) von 270 N/mm² gerechnet werden.

[3] Bei Erzeugnisdicken ≤ 0,7 mm (einschließlich Zinkauflage) verringern sich die Mindestwerte der Bruchdehnung (A_{80}) um 2 Einheiten.

[4] Dieser Wert gilt nur für kalt nachgealzte Erzeugnisse (Oberflächenarten B und C).

[5] Bei Dicken > 1,5 mm verringert sich der r_{90}-Wert um 0,2.

[6] Bei Dicken ≤ 0,7 mm verringert sich der r_{90}-Wert um 0,2 und der n_{90}-Wert um 0,01.

7.2 Überzüge

7.2.1 Für die Erzeugnisse kommen die in den Tabellen 2 und 3 genannten Überzüge aus Zink (Z) oder Zink-Eisen-Legierung (ZF) in Betracht.

7.2.2 Die lieferbaren Auflagegewichte sind in den Tabellen 2 und 3 angegeben. Andere Auflagegewichte müssen bei der Bestellung besonders vereinbart werden.

Dickere Zinkschichten schränken die Umformbarkeit und die Schweißeignung der Erzeugnisse ein. Bei der Bestellung des Auflagegewichts sind daher die Anforderungen an die Umformbarkeit und die Schweißeignung zu berücksichtigen.

7.2.3 Auf Vereinbarung bei der Bestellung sind die feuerverzinkten Flacherzeugnisse mit unterschiedlichen Auflagegewichten je Seite lieferbar. Die beiden Oberflächen können herstellungsbedingt ein unterschiedliches Aussehen haben.

7.3 Ausführung des Überzugs

(Siehe Tabellen 2 und 3).

7.3.1 Übliche Zinkblume (N)

Diese Ausführung ergibt sich bei einer unbeeinflußten Erstarrung des Zinküberzugs. In Abhängigkeit von den Verzinkungsbedingungen können entweder keine Zinkblumen oder Zinkkristalle mit unterschiedlichem Glanz und unterschiedlicher Größe vorliegen. Die Qualität des Überzugs wird dadurch nicht beeinflußt.

> ANMERKUNG: Wird eine ausgeprägte Zinkblume gewünscht, ist dies bei der Bestellung besonders anzugeben.

7.3.2 Kleine Zinkblume (M)

Diese Ausführung ergibt sich durch gezielte Beeinflussung des Erstarrungsvorgangs. Die Oberfläche kann kleine bis makroskopisch nicht mehr erkennbare Zinkblumen aufweisen. Diese Ausfürung kommt in Betracht, wenn die übliche Zinkblume (siehe 7.3.1) den Ansprüchen an das Aussehen der Oberfläche nicht genügt.

7.3.3 Zink-Eisen-Legierung üblicher Beschaffenheit (R)

Dieser Überzug entsteht durch eine Wärmebehandlung, bei der Eisen durch das Zink diffundiert. Die Oberfläche hat ein einheitliches mattgraues Aussehen.

7.4 Oberflächenart

(Siehe Tabellen 2 und 3 sowie 7.10)

7.4.1 Übliche Oberfläche (A)

Unvollkommenheiten wie kleine Pickel, unterschiedliche Zinkblumengröße, dunkle Punkte, streifenförmige Markierungen und kleine Passivierungsflecke sind zulässig. Es können Streckrichtbrüche und Zinkablaufwellen auftreten.

7.4.2 Verbesserte Oberfläche (B)

Die Oberflächenart B wird durch Kaltnachwalzen erzielt. Bei dieser Oberflächenart sind in geringem Umfang Unvollkommenheiten wie Streckrichtbrüche, Dressierabdrücke, Riefen, Eindrücke, Zinkblumenstruktur und Zinkablaufwellen sowie leichte Passivierungsfehler zulässig. Die Oberfläche weist keine Pickel auf.

7.4.3 Beste Oberfläche (C)

Die Oberflächenart C wird durch Kaltnachwalzen erzielt. Die bessere Seite darf das einheitliche Aussehen einer Qualitätslackierung nicht beeinträchtigen. Die andere Seite muß mindestens den Merkmalen für die Oberflächenart B (siehe 7.4.2) entsprechen.

Tabelle 2: Lieferbare Auflagen, Ausführungen und Oberflächenarten bei Überzügen aus Zink (Z)

Stahlsorte	Auflage [1)2)]	Ausführung des Überzugs			
		N	M		
		Oberflächenart [2)]			
		A	A	B	C
DX51D+Z	100	x	x	x	x
	140	x	x	x	x
	200	x	x	x	x
	(225)	(x)	(x)	(x)	(x)
	275	x	x	x	x
	350	x	x	-	-
	(450)	(x)	-	-	-
	(600)	(x)	-	-	-
DX52D+Z	100	x	x	x	x
	140	x	x	x	x
	200	x	x	x	x
	(225)	(x)	(x)	(x)	(x)
	275	x	x	x	x
DX53D+Z und DX54D+Z und DX56D+Z	100	x	x	x	x
	140	x	x	x	x
	200	x	x	x	x
	(225)	(x)	(x)	(x)	(x)
	(275)	(x)	(x)	(x)	(x)

[1)] Siehe auch 7.2.2.
[2)] Die in Klammern angegebenen Auflagen mit den zugehörigen Oberflächenarten sind nach Vereinbarung lieferbar.

Tabelle 3: Lieferbare Auflagen, Ausführungen und Oberflächenarten bei Überzügen aus Zink-Eisen-Legierung (ZF)

Stahlsorte	Auflage [1]	Ausführung des Überzugs R		
		A	B	C
Alle	100	x	x	x
	140	x	x	-

[1] Siehe auch 7.2.2

7.5 Oberflächenbehandlung (Oberflächenschutz)

7.5.1 Allgemeines

Feuerverzinkte Flacherzeugnisse erhalten üblicherweise im Herstellerwerk einen Oberflächenschutz nach den Angaben in 7.5.2 bis 7.5.4. Andere Oberflächenbehandlungen, z.B. phosphatiert oder Antifinger-Print können bei der Anfrage und Bestellung vereinbart werden. Die Schutzwirkung ist zeitlich begrenzt, ihre Dauer hängt von den atmosphärischen Bedingungen ab.

7.5.2 Chemisch passiviert (C)

Das chemische Passivieren schützt die Oberfläche vor Feuchtigkeitseinwirkungen und vermindert die Gefahr einer Weißrostbildung bei Transport und Lagerung. Örtliche Verfärbungen durch diese Behandlung sind zulässig und beeinträchtigen nicht die Güte.

7.5.3 Geölt (O)

Auch diese Behandlung vermindert die Gefahr einer frühzeitigen Korrosion der Oberfläche.

Die Ölschicht muß sich mit geeigneten zinkschonenden und entfettenden Lösemitteln entfernen lassen.

7.5.4 Chemisch passiviert und geölt (CO)

Diese Kombination der Oberflächenbehandlung kann vereinbart werden, wenn ein erhöhter Schutz gegen Weißrostbildung erforderlich ist.

7.5.5 Unbehandelt (U)

Nur auf ausdrücklichen Wunsch und auf Verantwortung des Bestellers werden feuerverzinkte Flacherzeugnisse nach dieser Norm ohne Oberflächenbehandlung geliefert. In diesem Fall besteht die erhöhte Gefahr der Korrosion.

7.6 Freiheit von Rollknicken

Bei besonderen Anforderungen an die Freiheit von Rollknicken kann ein Kaltnachwalzen oder Streckrichten der Erzeugnisse erforderlich sein. Eine solche Behandlung kann die Umformbarkeit einschränken. Für das Auftreten von Rollknicken bestehen ähnliche Voraussetzungen und Bedingungen wie für das Auftreten von Fließfiguren (siehe 7.7).

7.7 Fließfiguren

7.7.1 Um die Bildung von Fließfiguren beim Kaltumformen zu vermeiden, kann es erforderlich sein, daß die Erzeugnisse beim Hersteller kalt nachgewalzt werden. Da die Neigung zur Bildung von Fließfiguren nach einiger Zeit erneut auftreten kann, liegt es im Interesse des Verbrauchers, die Erzeugnisse möglichst bald zu verarbeiten.

7.7.2 Freiheit von Fließfiguren bei den Oberflächenarten B und C liegt für folgende Zeitdauer nach der vereinbarten Zurverfügungstellung der Erzeugnisse vor:

- 1 Monat bei den Stahlsorten DX51D+Z, DX51D+ZF, DX52D+Z und DX52D+ZF,
- 6 Monate bei den Stahlsorten DX53D+Z, DX53D+ZF, DX54D+Z, DX54D+ZF, DX56D+Z und DX56D+ZF.

7.8 Auflagegewicht

7.8.1 Das Auflagegewicht muß den Angaben in Tabelle 4 entsprechen. Die Werte gelten für das Gesamtgewicht des Überzugs auf beiden Seiten bei der Dreiflächenprobe und der Einzelflächenprobe (siehe 8.4.4 und 8.5.4).

Die Zinkauflage ist nicht immer gleichmäßig auf beiden Erzeugnisseiten verteilt. Es kann jedoch davon ausgegangen werden, daß auf jeder Seite eine Auflage von mindestens 40 % des in Tabelle 4 genannten Wertes für die Einzelflächenprobe vorhanden ist.

Tabelle 4: Auflagegewichte

Auflage [1]	Auflagegewicht in g/m^2, zweiseitig [2] min.	
	Dreiflächenprobe [3]	Einzelflächenprobe [3]
100	100	85
140	140	120
200	200	170
225	225	195
275	275	235
350	350	300
450	450	385
600	600	510

[1] Die für die einzelnen Stahlsorten lieferbaren Auflagen sind in den Tabellen 2 und 3 angegeben.
[2] Einem Auflagegewicht von 100 g/m^2 (zweiseitig) entspricht eine Schichtdicke von etwa 7,1 µm je Seite.
[3] Siehe 8.4.4 und 8.5.4

7.8.2 Für jede Auflage nach den Tabellen 2 und 3 kann ein Höchstwert oder ein Mindestwert des Auflagegewichts je Erzeugnisseite (Einzelflächenprobe) vereinbart werden.

7.9 Haftung des Überzugs

Die Haftung des Überzugs ist nach dem in 8.5.3 angegebenen Verfahren zu prüfen. Nach dem Falten darf der Überzug keine Abblätterungen aufweisen, jedoch bleibt ein Bereich von 6 mm an jeder Probenkante außer Betracht, um den Einfluß des Schneidens auszuschalten. Rißbildungen und Aufrauhungen sind zulässig, ebenso ein Abstauben bei Überzügen aus Zink-Eisen-Legierung (ZF).

7.10 Oberflächenbeschaffenheit

7.10.1 Die Oberfläche muß den Angaben in 7.3 bis 7.5 entsprechen. Falls bei der Bestellung nicht anders vereinbart, wird beim Hersteller nur eine Oberfläche kontrolliert. Der Hersteller muß dem Besteller auf dessen Verlangen angeben, ob die oben oder die unten liegende Seite kontrolliert wurde.

Kleine Kantenrisse, die bei nicht geschnittenen Kanten auftreten können, berechtigen nicht zur Beanstandung.

7.10.2 Bei der Lieferung von Band in Rollen besteht in größerem Maß die Gefahr des Vorhandenseins von Oberflächenfehlern als bei der Lieferung von Blech und von Band in Stäben, da es dem Hersteller nicht möglich ist, alle Fehler in einer Rolle zu beseitigen. Dies ist vom Besteller bei der Beurteilung der Erzeugnisse in Betracht zu ziehen.

7.11 Grenzabmaße und Formtoleranzen

Es gelten die Festlegungen in EN 10143.

7.12 Eignung für die weitere Verarbeitung

7.12.1 Die Erzeugnisse nach dieser Norm sind zum Schweißen mit den üblichen Schweißverfahren geeignet. Bei größeren Auflagegewichten sind gegebenenfalls besondere Maßnahmen beim Schweißen erforderlich.

7.12.2 Die Erzeugnisse nach dieser Norm sind für das Zusammenfügen durch Kleben geeignet.

7.12.3 Alle Stahlsorten und Oberflächenarten sind für das Aufbringen von organischen Beschichtungen geeignet. Das Aussehen nach dieser Behandlung wird von der bestellten Oberflächenart (siehe 7.4) beeinflußt.

ANMERKUNG: Das Aufbringen von Oberflächenüberzügen und Beschichtungen erfordert eine zweckentsprechende Vorbehandlung beim Verarbeiter.

8 Prüfung

8.1 Allgemeines

8.1.1 Die Erzeugnisse können mit oder ohne Prüfung auf Übereinstimmung mit den Anforderungen dieser Europäischen Norm geliefert werden.

8.1.2 Wenn eine Prüfung gewünscht wird, muß der Besteller bei der Bestellung folgende Angaben machen:

- Art der Prüfung (spezifische oder nichtspezifische Prüfung, siehe EN 10021),
- Art der Prüfbescheinigung (siehe 8.7).

8.1.3 Spezifische Prüfungen sind nach den Festlegungen in 8.2 bis 8.6 durchzuführen.

8.2 Prüfeinheiten

Die Prüfeinheit beträgt 20 t oder angefangene 20 t von feuerverzinkten Flacherzeugnissen derselben Stahlsorte, Nenndicke, Überzugsart oder Oberflächenbeschaffenheit. Bei Band gilt auch eine Rolle mit einem Gewicht von mehr als 20 t als eine Prüfeinheit.

8.3 Anzahl der Prüfungen

Je Prüfeinheit nach 8.2 ist eine Versuchsreihe zur Ermittlung

- der mechanischen Eigenschaften (siehe 8.5.1),
- der r- und n-Werte, falls in Tabelle 1 festgelegt (siehe 8.5.2),
- der Haftung des Überzugs (siehe 8.5.3) und
- des Auflagegewichts (siehe 8.5.4)

durchzuführen.

8.4 Probenahme

8.4.1 Bei Band sind die Proben vom Anfang oder Ende der Rolle zu entnehmen. Bei Blech und bei Band in Stäben bleibt die Auswahl des Stückes für die Probenahme dem mit der Ablieferungsprüfung Beauftragten überlassen.

8.4.2 Die Probe für den Zugversuch (siehe 8.5.1) ist quer zur Walzrichtung in einem Abstand von mindestens 50 mm von den Erzeugniskanten zu entnehmen.

8.4.3 Die Probe für den Faltversuch zur Prüfung der Haftung des Überzugs (siehe 8.5.3) darf in beliebiger Richtung entnommen werden. Der Abstand von den Erzeugniskanten muß mindestens 50 mm betragen. Die Probe muß so bemessen sein, daß die Länge der gefalteten Kante mindestens 100 mm beträgt.

8.4.4 Die drei Proben für die Prüfung des Auflagegewichts (siehe 8.5.4) sind bei ausreichender Erzeugnisbreite nach den Angaben in Bild 1 zu entnehmen. Die Proben dürfen rund oder quadratisch sein, die einzelne Probe muß eine Größe von mindestens 5000 mm² haben.

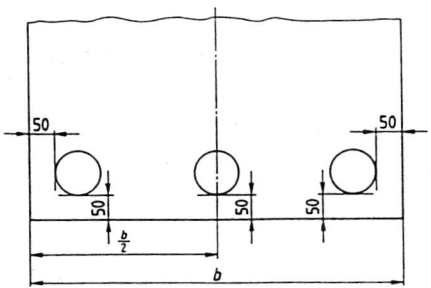

b = Band- oder Blechbreite

Bild 1: Lage der Proben zur Ermittlung der Zinkauflage
(Maße in mm)

Wenn wegen zu geringer Erzeugnisbreite die Probenahme nach Bild 1 nicht möglich ist, ist nur **eine** Probe mit einer Größe von mindestens 5000 mm² zu entnehmen. Das an ihr ermittelte Auflagegewicht muß den Festlegungen für die Einzelflächenprobe nach Tabelle 4 entsprechen.

8.4.5 Die Entnahme und etwaige Bearbeitung muß bei allen Proben so erfolgen, daß die Ergebnisse der Prüfungen nicht beeinflußt werden.

8.5 Prüfverfahren

8.5.1 Der Zugversuch ist nach EN 10002-1 durchzuführen, und zwar mit Proben der Form 2 (Anfangsmeßlänge L_0 = 80 mm, Breite b = 20 mm) nach Anhang A zu EN 10002-1 (siehe auch 7.1.4).

8.5.2 Die Ermittlung der senkrechten Anisotropie r und des Verfestigungsexponenten n sind nach ISO 10113 und ISO 10275 durchzuführen.

Die senkrechte Anisotropie r und der Verfestigungsexponent n werden für den Dehnungsbereich von 10% bis 20% ermittelt. Die Ermittlung muß im Bereich der homogenen plastischen Formänderung erfolgen, deshalb können - wenn die Gleichmaßdehnung des Werkstoffs nicht den Wert von 20% erreicht - Dehnungswerte zwischen 15% und 20% angewendet werden.

8.5.3 Der Faltversuch zur Prüfung der Haftung des Überzugs (siehe auch 7.9 und 8.4.3) ist nach EURONORM 12 durchzuführen.

Dabei sind die Durchmesser D des Biegedorns oder der Biegerolle nach Tabelle 5 anzuwenden. Der Biegewinkel beträgt in allen Fällen 180 °.

Beim Zusammendrücken der Probenschenkel ist darauf zu achten, daß der Überzug nicht beschädigt wird.

Tabelle 5: Dorndurchmesser beim Faltversuch zur Prüfung der Zinkhaftung (siehe 8.5.3)

Auflage	Dorndurchmesser D beim Faltversuch [1]
100	
140	
200	0
225	
275	
350	1a
450	2a
600	
[1] a: Erzeugnisdicke	

8.5.4 Das Gewicht der Auflage wird durch chemisches Ablösen des Überzugs aus der Gewichtsdifferenz der Proben vor und nach dem Entzinken ermittelt. Bei der Prüfung nach Bild 1 ergibt sich der Wert für die Dreiflächenprobe als arithmetisches Mittel aus den drei Versuchergebnissen. Jedes Einzelergebnis muß den Anforderungen an die Einzelflächenprobe nach Tabelle 4 entsprechen.

Für die laufenden Überprüfungen beim Hersteller können andere Verfahren - z. B. zerstörungsfreie Prüfungen - angewendet werden. In Schiedsfällen ist jedoch das im Anhang A zu dieser Norm beschriebene Verfahren anzuwenden.

8.6 Wiederholungsprüfungen

Es gelten die Festlegungen in EN 10021. Bei Rollen sind die Wiederholungsproben in einem Abstand von mindestens einer Windung, jedoch von höchstens 20 m vom Bandende zu entnehmen.

8.7 Prüfbescheinigungen

Auf entsprechende Vereinbarung bei der Bestellung ist eine der in EN 10204 genannten Prüfbescheinigungen auszustellen (siehe auch 8.1.2).

9 Kennzeichnung

9.1 An jeder Rolle oder jedem Paket ist ein Schild anzubringen, das mindestens folgende Angaben enthalten muß:

- Name oder Zeichen des Lieferwerks,
- Bezeichnung (bestehend aus 5.1 b) und 5.1 f) bis 5.1 k)),
- Nennmaße des Erzeugnisses,
- Identifikationsnummer,
- Auftragsnummer,
- Gewicht der Rolle oder des Pakets.

9.2 Eine Kennzeichnung der Erzeugnisse durch Stempelung kann bei der Bestellung vereinbart werden.

10 Verpackung

Die Anforderungen an die Verpackung der Erzeugnisse sind bei der Bestellung zu vereinbaren.

11 Lagerung und Transport

11.1 Feuchtigkeit, besonders auch Schwitzwasser zwischen den Tafeln, Windungen einer Rolle oder sonstigen zusammenliegenden Teilen aus feuerverzinkten Flacherzeugnissen kann zur Bildung von mattgrauen bis weißen Belägen (Weißrost) führen. Die Möglichkeiten zum Schutz der Oberflächen sind in 7.5 angegeben. Bei längerem Kontakt mit der Feuchtigkeit kann jedoch der Korrosionsschutz örtlich vermindert werden. Vorsorglich sollten die Erzeugnisse trocken transportiert und gelagert und vor Feuchtigkeit geschützt werden.

11.2 Während des Transportes können durch Reibung dunkle Punkte auf den feuerverzinkten Oberflächen entstehen, die im allgemeinen nur das Aussehen beeinträchtigen. Durch Ölen der Erzeugnisse wird eine Verringerung der Reibung bewirkt. Es sollten jedoch folgende Vorsichtsmaßnahmen getroffen werden: Feste Verpackung, satte Auflage, keine örtlichen Druckbelastungen.

12 Beanstandungen

Für Beanstandungen nach der Lieferung und deren Bearbeitung gilt EN 10021.

Anhang A
(normativ)

Referenzverfahren zur Ermittlung des Zinkauflagegewichts

A.1 Grundsatz

Die Probengröße muß mindestens 5000 mm² betragen. Bei Verwendung einer Probe von 5000 mm² Größe ergibt der durch die Ablösung des Überzugs entstehende Gewichtsverlust in Gramm nach Multiplikation mit 200 das Gesamtgewicht der Auflage in Gramm pro Quadratmeter auf beiden Seiten des Erzeugnisses.

A.2 Reagenzien und Herstellung der Lösung

Reagenzien:

- Salzsäure (HCl, ρ_{20} = 1,19 g/cm³)
- Hexamethylentetramin

Herstellung der Lösung:

Die Salzsäure wird mit vollentsalztem oder destilliertem Wasser im Verhältnis von einem Teil HCl zu einem Teil Wasser (50 %-Lösung) verdünnt. Dieser Lösung werden unter Rühren 3,5 g Hexamethylentetramin je Liter zugegeben.

Die so hergestellte Lösung ist für die Prüfung von Überzügen sowohl aus Zink als auch aus Zink-Eisen-Legierungen geeignet und ermöglicht zahlreiche aufeinanderfolgende Ablösungen unter zufriedenstellenden Bedingungen im Hinblick auf die Schnelligkeit und Genauigkeit.

A.3 Versuchseinrichtung

Waage, die die Ermittlung des Probengewichts auf 0,01 g gestattet. Für den Versuch ist eine Abzugs-Vorrichtung zu verwenden.

A.4 Versuchsdurchführung

Jede Probe ist wie folgt zu behandeln:

- Falls erforderlich, Entfettung der Probe mit einem organischen, das Zink nicht angreifenden Lösemittel mit anschließender Trocknung der Probe;

- Wägung der Probe auf 0,01 g;

- Eintauchen der Probe in die mit Hexamethylentetramin inhibierte Salzsäure-Lösung bei Umgebungstemperatur (20 °C bis 25 °C). Die Probe wird in dieser Lösung belassen, bis kein Wasserstoff mehr entweicht oder nur noch wenige Blasen entstehen;

- nach dem Ende der Reaktion wird die Probe gewaschen, unter fließendem Wasser gebürstet, mit einem Tuch vorgetrocknet, durch Erwärmen auf etwa 100 °C weitergetrocknet und im warmen Luftstrom abgekühlt;

- erneutes Wägen der Probe auf 0,01 g,

- Ermittlung des Gewichtsunterschiedes der Probe mit und ohne Überzug. Dieser Unterschied, ausgedrückt in Gramm, stellt das Auflagewicht *m* dar.

Anhang B
(informativ)

Liste früherer vergleichbarer Bezeichnungen

Die folgende Tabelle B.1 enthält die früheren Bezeichnungen nach EN 10142:1990 und die neuen Bezeichnungen nach EN 10027-1, CR 10260 und EN 10027-2.

Tabelle B.1: Liste vergleichbarer Bezeichnungen

Bezeichnung nach prEN 10142:1997			Bezeichnung nach EN 10142:1990
Kurzname	Werkstoff-nummer	Symbol für die Art des Schmelztauchüberzugs	Kurzname
DX51D	1.0226	+ Z	Fe P 02 G Z
DX51D	1.0226	+ ZF	Fe P 02 G ZF
DX52D	1.0350	+ Z	Fe P 03 G Z
DX52D	1.0350	+ ZF	Fe P 03 G ZF
DX53D	1.0355	+ Z	Fe P 05 G Z
DX53D	1.0355	+ ZF	Fe P 05 G ZF
DX54D	1.0306	+ Z	Fe P 06 G Z
DX54D	1.0306	+ ZF	Fe P 06 G ZF
DX56D	1.0322	+ Z	-
DX56D	1.0322	+ ZF	-

Kontinuierlich schmelztauchveredeltes Blech und Band aus Stahl
Grenzabmaße und Formtoleranzen
Deutsche Fassung EN 10143 : 1993

DIN

EN 10143

Continuously hot-dip metal coated steel sheet and strip; tolerances on dimensions and shape;
German version EN 10143 : 1993

Tôles et bandes en acier revêtues d'un metal en continu par immersion à chaud; tolerances sur les dimensions et la forme;
Version allemande EN 10143 : 1993

Ersatz für
DIN 59232/07.78

Die Europäische Norm EN 10143 : 1993 hat den Status einer Deutschen Norm.

Nationales Vorwort

Die Europäische Norm EN 10143 ist vom Technischen Komitee (TC) 27 „Flacherzeugnisse aus Stahl mit Überzügen" (Sekretariat: Deutschland) des Europäischen Komitees für die Eisen- und Stahlnormung (ECISS) ausgearbeitet worden.

Das zuständige deutsche Normungsgremium ist der Arbeitsausschuß 20 „Maßnormen für Flacherzeugnisse" des Normenausschusses Eisen und Stahl (FES).

Durch DIN EN 10143 wird DIN 59232 — Flachzeug aus Stahl; Feuerverzinktes Breitband und Blech aus weichen unlegierten Stählen und aus allgemeinen Baustählen; Maße, zulässige Maß- und Formabweichungen — (Ausgabe 07.78) ersetzt. Der Anwendungsbereich der Norm wurde erweitert; neben dem feuerverzinkten Blech und Band sind auch alle anderen (z. B. durch Eintauchen in geschmolzenes Aluminium, Blei usw.) schmelztauchveredelte Flacherzeugnisse aus Stahl erfaßt. Die sonstigen wesentlichen Abweichungen von DIN 59232 sind im Abschnitt „Änderungen" aufgezählt.

Für die im Abschnitt 2 genannten Europäischen Normen und EURONORMEN wird im folgenden auf die entsprechenden Deutschen Normen hingewiesen:

　　　EN 10020 = DIN EN 10020

　　　EN 10079 = DIN EN 10079　(z. Z. Entwurf)

　　　EN 10142 = DIN EN 10142

　　　EN 10147 = DIN EN 10147

　　　EN 10214 = DIN EN 10214　(z. Z. Entwurf)

　　　EN 10215 = DIN EN 10215　(z. Z. Entwurf)

Für die EURONORMEN 153 und 154 gibt es bisher keine DIN-Normen.

Fortsetzung Seite 2
und 6 Seiten EN-Norm

Normenausschuß Eisen und Stahl (FES) im DIN Deutsches Institut für Normung e.V.

Zitierte Normen

— in der Deutschen Fassung:
Siehe Abschnitt 2

— in nationalen Zusätzen:

DIN EN 10020	Begriffsbestimmungen für die Einteilung der Stähle; Deutsche Fassung EN 10020 : 1988
DIN EN 10079	(z. Z. Entwurf) Begriffsbestimmungen für Stahlerzeugnisse; Deutsche Fassung prEN 10079 : 1989
DIN EN 10142	Kontinuierlich feuerverzinktes Blech und Band aus weichen Stählen zum Kaltumformen; Technische Lieferbedingungen; Deutsche Fassung EN 10142 : 1990
DIN EN 10147	Kontinuierlich feuerverzinktes Blech und Band aus Baustählen; Technische Lieferbedingungen; Deutsche Fassung EN 10147 : 1991
DIN EN 10214	(z. Z. Entwurf) Kontinuierlich schmelztauchveredeltes Blech und Band aus Stahl mit Zink-Aluminium-Überzügen (ZA); Technische Lieferbedingungen; Deutsche Fassung prEN 10214 : 1992
DIN EN 10215	(z. Z. Entwurf) Kontinuierlich schmelztauchveredeltes Blech und Band aus Stahl mit Aluminium-Zink-Überzügen (AZ); Technische Lieferbedingungen; Deutsche Fassung prEN 10215 : 1992

Frühere Ausgaben

DIN 59232: 07.78

Änderungen

Gegenüber DIN 59232/07.78 wurden folgende Änderungen vorgenommen:

a) Ausdehnung des Anwendungsbereichs auf Erzeugnisse mit anderen metallischen Überzügen als Zink (z. B. Aluminium, Blei usw.).

b) Einführung von eingeschränkten Grenzabmaßen der Dicke (bei Erzeugnissen aus allgemeinen Baustählen, siehe Tabelle 2) und der Breite (bei Nennbreiten < 600 mm, siehe Tabelle 4) sowie von eingeschränkten Ebenheitstoleranzen bei den Erzeugnissen nach Tabelle 7.

c) Änderungen der Grenzabmaße der Dicke und der Breite (siehe Tabellen 1 bis 4).

Internationale Patentklassifikation

C 23 C 002/00
C 23 C 002/06
C 23 C 002/12
G 01 B 021/00

EUROPÄISCHE NORM
EUROPEAN STANDARD
NORME EUROPÉENNE

EN 10143

Januar 1993

DK 669.14-158-41 : 621.713

Deskriptoren:

Deutsche Fassung

Kontinuierlich schmelztauchveredeltes Blech und Band aus Stahl
Grenzabmaße und Formtoleranzen

Continuously hot-dip metal coated steel sheet and strip — tolerances on dimensions and shape

Tôles et bandes en acier revêtues d'un metal en continu par immersion à chaud — Tolérances sur les dimensions et la forme

Diese Europäische Norm wurde von CEN am 1993-01-12 angenommen.

Die CEN-Mitglieder sind gehalten, die CEN/CENELEC-Geschäftsordnung zu erfüllen, in der die Bedingungen festgelegt sind, unter denen dieser Europäischen Norm ohne jede Änderung der Status einer nationalen Norm zu geben ist.

Auf dem letzten Stand befindliche Listen dieser nationalen Normen mit ihren bibliographischen Angaben sind beim Zentralsekretariat oder bei jedem CEN-Mitglied auf Anfrage erhältlich.

Diese Europäische Norm besteht in drei offiziellen Fassungen (Deutsch, Englisch, Französisch). Eine Fassung in einer anderen Sprache, die von einem CEN-Mitglied in eigener Verantwortung durch Übersetzung in die Landessprache gemacht und dem Zentralsekretariat mitgeteilt worden ist, hat den gleichen Status wie die offiziellen Fassungen.

CEN-Mitglieder sind die nationalen Normungsinstitute von Belgien, Dänemark, Deutschland, Finnland, Frankreich, Griechenland, Irland, Island, Italien, Luxemburg, Niederlande, Norwegen, Österreich, Portugal, Schweden, Schweiz, Spanien und dem Vereinigten Königreich.

CEN

EUROPÄISCHES KOMITEE FÜR NORMUNG
European Committee for Standardization
Comité Européen de Normalisation

Zentralsekretariat: rue de Stassart 36, B-1050 Brüssel

Ref.-Nr. EN 10143 : 1993 D

Inhalt

Vorwort

Diese Europäische Norm wurde von ECISS/TC 27 "Flacherzeugnisse aus Stahl mit Überzügen", dessen Sekretariat vom Normenausschuß Eisen und Stahl (FES) im DIN geführt wird, ausgearbeitet.

Die Europäische Norm EN 10143 ersetzt die von der Europäischen Gemeinschaft für Kohle und Stahl herausgegebenen EURONORMEN

143 (1979)   "Kontinuierlich feuerverzinktes Blech und Band aus weichen unlegierten Stählen für Kaltumformung — Zulässige Maß- und Formabweichungen"

148 (1979)   "Kontinuierlich feuerverzinktes Blech und Band aus unlegierten Baustählen mit vorgeschriebener Mindeststreckgrenze — Zulässige Maß- und Formabweichungen"

In einer Sitzung von ECISS/TC 27 am 11. März 1992 in Düsseldorf wurde dem Text für die Veröffentlichung als Europäische Norm zugestimmt. An dieser Sitzung nahmen folgende Länder teil: Belgien, Deutschland, Finnland, Frankreich, Luxemburg, Niederlande, Österreich, Schweden und Vereinigtes Königreich.

Diese Europäische Norm EN 10143 wurde von CEN am 1992-06-05 angenommen und ratifiziert.

Entsprechend der CEN/CENELEC-Geschäftsordnung sind folgende Länder gehalten, diese Europäische Norm zu übernehmen: Belgien, Dänemark, Deutschland, Finnland, Frankreich, Griechenland, Irland, Island, Italien, Luxemburg, Niederlande, Norwegen, Österreich, Portugal, Schweden, Schweiz, Spanien und das Vereinigte Königreich.

Diese Europäische Norm muß den Status einer nationalen Norm erhalten, entweder durch Veröffentlichung eines identischen Textes oder durch Anerkennung bis Juli 1993, und etwaige entgegenstehende nationale Normen müssen bis Juli 1993 zurückgezogen werden.

1 Anwendungsbereich

1.1 Diese Europäische Norm gilt für die Grenzabmaße und Formtoleranzen von kontinuierlich schmelztauchveredelten Flacherzeugnissen (Band aller Breiten sowie daraus abgelängte Bleche und Stäbe) mit einer Dicke $\leq 3,0$ mm aus weichen Stählen zum Kaltumformen und aus Baustählen. Als Dicke gilt die Enddicke des gelieferten Erzeugnisses einschließlich des metallischen Überzuges.

1.2 Diese Europäische Norm gilt für alle schmelztauchveredelten Flacherzeugnisse mit metallischen Überzügen z. B. aus

— Zink oder Zink-Eisen-Legierung (siehe EN 10142 und EN 10147),

— Aluminium-Zink-Legierung (siehe EN 10215, in Vorbereitung),

— Zink-Aluminium-Legierung (siehe EN 10214, in Vorbereitung),

— Aluminium-Silizium-Legierung (siehe EURONORM 154),

— Blei-Legierung (siehe EURONORM 153),

sofern die jeweiligen technischen Lieferbedingungen keine anderen oder ergänzenden Festlegungen enthalten oder bei der Bestellung keine anderen Vereinbarungen getroffen wurden.

1.3 Diese Europäische Norm gilt nicht für

— kalt- oder warmgewalzte Flacherzeugnisse aus Stahl ohne Überzüge (siehe EN 10131 und EN 10051),

— Flacherzeugnisse aus Stahl mit elektrolytisch aufgebrachtem Überzug (siehe z. B. EN 10152).

2 Normative Verweisungen

Diese Europäische Norm enthält durch datierte oder undatierte Verweisungen Festlegungen aus anderen Publikationen. Diese normativen Verweisungen sind an den jeweiligen Stellen im Text zitiert und die Publikationen sind nachstehend aufgeführt. Bei späteren Verweisungen gehören spätere Änderungen oder Überarbeitungen dieser Publikationen nur zu dieser Europäischen Norm, falls sie durch Änderung oder Überarbeitung eingearbeitet sind. Bei undatierten Verweisungen gilt die letzte Ausgabe der in Bezug genommenen Publikationen.

EN 10020	Begriffsbestimmungen für die Einteilung der Stähle
EN 10079	Begriffsbestimmungen für Stahlerzeugnisse
EN 10142	Kontinuierlich feuerverzinktes Blech und Band aus weichen Stählen zum Kaltumformen — Technische Lieferbedingungen
EN 10147	Kontinuierlich feuerverzinktes Blech und Band aus Baustählen — Technische Lieferbedingungen
EN 10214 [1]	Kontinuierlich schmelztauchveredeltes Band und Blech aus Stahl mit Zink-Aluminium-Überzügen (ZA) — Technische Lieferbedingungen
EN 10215 [1]	Kontinuierlich schmelztauchveredeltes Band und Blech aus Stahl mit Aluminium-Zink-Überzügen (AZ) — Technische Lieferbedingungen

---

[1] In Vorbereitung

EURONORM 153 : 1980[2]) Kaltgewalztes feuerverbleites Flachzeug (Terneblech und -band) aus weichen unlegierten Stählen für Kaltumformung — Technische Lieferbedingungen

EURONORM 154 : 1980[2]) Feueraluminiertes Band und Blech aus weichen unlegierten Stählen für Kaltumformung — Technische Lieferbedingungen

3 Definitionen

Im Rahmen dieser Europäischen Norm gelten zusätzlich zu den Definitionen nach EN 10020 und EN 10079 folgende Definitionen:

3.1 Schmelztauchveredeln

Aufbringen eines metallischen Überzuges durch Eintauchen entsprechend vorbereiteter Erzeugnisse in ein Bad aus geschmolzenem Metall z. B. aus Aluminium, Blei, Zink oder deren Legierungen. Im vorliegenden Fall wird Breitband aus Stahl kontinuierlich schmelztauchveredelt und gegebenenfalls durch Längsteilen zu Band mit geringerer Breite (Spaltband) oder durch Ablängen zu Blech bzw. zu Stäben weiterverarbeitet.

3.2 Auflagegewicht

Gesamtgewicht des Überzuges auf beiden Seiten des Erzeugnisses (ausgedrückt in Gramm je Quadratmeter).

4 Bezeichnung

4.1 Die Erzeugnisse nach dieser Europäischen Norm sind in der angegebenen Reihenfolge wie folgt zu bezeichnen:

a) Benennung des Erzeugnisses (Band, Blech oder Stab),

b) Nummer dieser Europäischen Norm (EN 10143),

c) Nenndicke in mm,

d) Kennbuchstabe S bei Erzeugnissen mit eingeschränkten Grenzabmaßen für die Dicke,

e) Nennbreite in mm,

f) Kennbuchstabe S bei Erzeugnissen mit eingeschränkten Grenzabmaßen für die Breite,

g) Nennlänge in mm (nur bei Blech und Stäben),

h) Kennbuchstabe S bei Blech und Stäben mit eingeschränkten Grenzabmaßen für die Länge,

i) Kennbuchstabe FS für Blech und Stäbe mit eingeschränkten Ebenheitstoleranzen.

4.2 Die Bezeichnung für das Erzeugnis nach 4.1 ist um die vollständige Bezeichnung für die bestellte Stahlsorte (z. B. nach EN 10142, EN 10147, EN 10214 usw., siehe 1.2) zu ergänzen.

4.3 Beispiele für die Bezeichnung

a) Band nach dieser Europäischen Norm mit der Nenndicke 1,20 mm, Nennbreite 1500 mm aus Stahl nach EN 10147 mit der vollständigen Bezeichnung FeE 250G Z275 NA-C

Band EN 10143 − 1,20 × 1500
Stahl EN 10147 − FeE 250G Z275 NA-C

ANMERKUNG: In dem oben angeführten Beispiel entspricht die Bezeichnung für die Stahlsorte den Angaben in EN 10147, Ausgabe November 1991. In der überarbeiteten Fassung der EN 10147 wird die Bezeichnung (entsprechend EN 10027-1) für die genannte Stahlsorte wie folgt lauten: S250GD + Z275 NA-C.

b) Blech nach dieser Europäischen Norm mit der Nenndicke 0,80 mm, eingeschränkten Grenzabmaßen für die Dicke (S), Nennbreite 1200 mm, eingeschränkten Grenzabmaßen für die Breite (S), Nennlänge 2500 mm, mit eingeschränkten Ebenheitstoleranzen (FS) aus Stahl nach EN 10214 mit der vollständigen Bezeichnung DX53D + ZA 130-B-C:

Blech EN 10143 −
0,80 S × 1200 S × 2500 − FS
Stahl EN 10214 − DX53D + ZA130-B-C

5 Lieferart

5.1 Flacherzeugnisse nach dieser Europäischen Norm werden wie folgt geliefert:

a) mit normalen oder mit eingeschränkten Grenzabmaßen für die Dicke (siehe Tabellen 1 und 2),

b) mit normalen oder mit eingeschränkten Grenzabmaßen für die Breite (siehe Tabellen 3 und 4),

c) mit normalen oder mit eingeschränkten Grenzabmaßen für die Länge bei Blech und Stäben (siehe Tabelle 5),

d) mit normalen oder mit eingeschränkten Ebenheitstoleranzen bei Blech und Stäben (siehe Tabellen 6 und 7).

5.2 Wenn die Bestellung keine Angaben zur Lieferart entsprechend 5.1 enthält, werden die Flacherzeugnisse mit normalen Grenzabmaßen für die Dicke, Breite und Länge sowie mit normalen Ebenheitstoleranzen geliefert.

6 Grenzabmaße und Formtoleranzen

6.1 Dicke

6.1.1 Für die Grenzabmaße der Dicke gelten die Werte nach

— Tabelle 1 für schmelztauchveredelte Flacherzeugnisse aus allen weichen Stählen zum Kaltumformen (z. B. nach EN 10142) sowie aus Baustählen mit Mindestwerten für die Streckgrenze < 280 N/mm², ferner für die Stahlsorten FeE 550G bzw. S550GD mit einer Mindest-Streckgrenze von 550 N/mm² im ungeglühten Zustand,

— Tabelle 2 für schmelztauchveredelte Flacherzeugnisse aus Baustählen mit Mindestwerten für die Streckgrenze ≥ 280 N/mm².

6.1.2 Kleinere Grenzabmaße als die eingeschränkten Grenzabmaße nach den Tabellen 1 und 2 können bei der Bestellung vereinbart werden.

---

[2]) Bis zu ihrer Umwandlung in Europäische Normen können entweder die genannten EURONORMEN oder die entsprechenden nationalen Normen angewendet werden.

Tabelle 1: Grenzabmaße der Dicke für schmelztauchveredelte Flacherzeugnisse aus allen weichen Stählen zum Kaltumformen (z. B. nach EN 10142) sowie aus Baustählen mit Mindestwerten für die Streckgrenze < 280 N/mm² (einschließlich Stahlsorten FeE 550G bzw. S550GD)

Maße in mm

Nenndicke	Normale Grenzabmaße [1], [2] für Nennbreiten			Eingeschränkte Grenzabmaße (S) für Nennbreiten [1], [2]		
	≤ 1200	> 1200 ≤ 1500	> 1500	≤ 1200	> 1200 ≤ 1500	> 1500
≤ 0,40	± 0,05	± 0,06	−	± 0,03	± 0,04	−
> 0,40 ≤ 0,60	± 0,06	± 0,07	± 0,08	± 0,04	± 0,05	± 0,06
> 0,60 ≤ 0,80	± 0,07	± 0,08	± 0,09	± 0,05	± 0,06	± 0,06
> 0,80 ≤ 1,00	± 0,08	± 0,09	± 0,10	± 0,06	± 0,07	± 0,07
> 1,00 ≤ 1,20	± 0,09	± 0,10	± 0,11	± 0,07	± 0,08	± 0,08
> 1,20 ≤ 1,60	± 0,11	± 0,12	± 0,12	± 0,08	± 0,09	± 0,09
> 1,60 ≤ 2,00	± 0,13	± 0,14	± 0,14	± 0,09	± 0,10	± 0,10
> 2,00 ≤ 2,50	± 0,15	± 0,16	± 0,16	± 0,11	± 0,12	± 0,12
> 2,50 ≤ 3,00	± 0,17	± 0,18	± 0,18	± 0,12	± 0,13	± 0,13

[1] Bei Breitband und längsgeteiltem Breitband sind im Bereich kaltgewalzter Schweißnähte über eine Länge von 15 m die Grenzabmaße der Dicke um 60% größer.
[2] Für die Zinkauflagen Z 450 und Z 600 erhöhen sich die Grenzabmaße der Dicke um 0,02 mm.

Tabelle 2: Grenzabmaße der Dicke für schmelztauchveredelte Flacherzeugnisse aus Baustählen mit Mindestwerten für die Streckgrenze ≥ 280 N/mm² (jedoch ausschließlich der Stahlsorten FeE 550G bzw. S550GD, siehe Tabelle 1)

Maße in mm

Nenndicke	Normale Grenzabmaße [1], [2] für Nennbreiten			Eingeschränkte Grenzabmaße (S) für Nennbreiten [1], [2]		
	≤ 1200	> 1200 ≤ 1500	> 1500	≤ 1200	> 1200 ≤ 1500	> 1500
≤ 0,40	± 0,06	± 0,07	−	± 0,04	± 0,05	−
> 0,40 ≤ 0,60	± 0,07	± 0,08	± 0,09	± 0,05	± 0,06	± 0,07
> 0,60 ≤ 0,80	± 0,08	± 0,09	± 0,11	± 0,06	± 0,07	± 0,07
> 0,80 ≤ 1,00	± 0,09	± 0,11	± 0,12	± 0,07	± 0,08	± 0,08
> 1,00 ≤ 1,20	± 0,11	± 0,12	± 0,13	± 0,08	± 0,09	± 0,09
> 1,20 ≤ 1,60	± 0,13	± 0,14	± 0,14	± 0,09	± 0,11	± 0,11
> 1,60 ≤ 2,00	± 0,15	± 0,17	± 0,17	± 0,11	± 0,12	± 0,12
> 2,00 ≤ 2,50	± 0,18	± 0,19	± 0,19	± 0,13	± 0,14	± 0,14
> 2,50 ≤ 3,00	± 0,20	± 0,21	± 0,21	± 0,14	± 0,15	± 0,15

[1] Bei Breitband und längsgeteiltem Breitband sind im Bereich kaltgewalzter Schweißnähte über eine Länge von 15 m die Grenzabmaße der Dicke um 60% größer.
[2] Für die Zinkauflagen Z 450 und Z 600 erhöhen sich die Grenzabmaße der Dicke um 0,02 mm.

6.2 Breite

Für die Grenzabmaße der Breite gelten die Werte nach
— Tabelle 3 für Erzeugnisse in Nennbreiten ≥ 600 mm (Breitband und Blech).
— Tabelle 4 für Erzeugnisse in Nennbreiten < 600 mm (längsgeteiltes Breitband und daraus abgelängte Stäbe).

Tabelle 3: Grenzabmaße der Breite bei schmelztauchveredelten Flacherzeugnissen in Nennbreiten ≥ 600 mm
(Breitband und Stäbe)   Maße in mm

Nennbreite	Normale Grenzabmaße		Eingeschränkte Grenzabmaße (S)	
	Unteres Abmaß	Oberes Abmaß	Unteres Abmaß	Oberes Abmaß
≥ 600 ≤ 1 200	0	+ 5	0	+ 2
> 1 200 ≤ 1 500	0	+ 6	0	+ 2
> 1 500	0	+ 7	0	+ 3

Tabelle 4: Grenzabmaße der Breite bei schmelztauchveredelten Flacherzeugnissen in Nennbreiten < 600 mm
(längsgeteiltes Breitband und Stäbe)   Maße in mm

Toleranz-klasse	Nenndicke	Nennbreite							
		< 125		≥ 125 < 250		≥ 250 < 400		≥ 400 < 600	
		Unteres Abmaß	Oberes Abmaß	Unteres Abmaß	Oberes Abmaß	Unteres Abmaß	Oberes Abmaß	Unteres Abmaß	Oberes Abmaß
Normal	< 0,6	0	+ 0,4	0	+ 0,5	0	+ 0,7	0	+ 1,0
	≥ 0,6 < 1,0	0	+ 0,5	0	+ 0,6	0	+ 0,9	0	+ 1,2
	≥ 1,0 < 2,0	0	+ 0,6	0	+ 0,8	0	+ 1,1	0	+ 1,4
	≥ 2,0 ≤ 3,0	0	+ 0,7	0	+ 1,0	0	+ 1,3	0	+ 1,6
Einge-schränkt (S)	< 0,6	0	+ 0,2	0	+ 0,2	0	+ 0,3	0	+ 0,5
	≥ 0,6 < 1,0	0	+ 0,2	0	+ 0,3	0	+ 0,4	0	+ 0,6
	≥ 1,0 < 2,0	0	+ 0,3	0	+ 0,4	0	+ 0,5	0	+ 0,7
	≥ 2,0 ≤ 3,0	0	+ 0,4	0	+ 0,5	0	+ 0,6	0	+ 0,8

6.3 Länge

Für die Grenzabmaße der Länge (bei Blech und Stäben) gilt Tabelle 5.

Tabelle 5: Grenzabmaße der Länge
(bei Blech und Stäben)   Maße in mm

Nenn-länge l	Grenzabmaße der Länge			
	Normal		Eingeschränkt (S)	
	unteres Abmaß	oberes Abmaß	unteres Abmaß	oberes Abmaß
< 2000	0	6	0	3
≥ 2000	0	0,003 × l	0	0,0015 × l

6.4 Ebenheit

6.4.1 Für die Ebenheitstoleranzen bei Blech gelten die Werte nach

— Tabelle 6 für schmelztauchveredeltes Blech aus allen weichen Stählen zum Kaltumformen (z. B. nach EN 10142) sowie aus Baustählen mit Mindestwerten für die Streckgrenze < 280 N/mm²,

— Tabelle 7 für schmelztauchveredeltes Blech aus Baustählen mit Mindestwerten für die Streckgrenze ≥ 280 < 360 N/mm².

6.4.2 Für Blech aus Stählen mit höherem Mindestwert der Streckgrenze (z. B. FeE 550G bzw. S550GD) sowie für Blech mit den Zinkauflagen Z 450 und Z 600 sind die Ebenheitstoleranzen bei der Bestellung zu vereinbaren.

Tabelle 6: Ebenheitstoleranzen für schmelztauchveredeltes Blech aus weichen Stählen zum Kaltumformen (z. B. nach EN 10142) sowie aus Baustählen mit Mindestwerten für die Streckgrenze < 280 N/mm²   Maße in mm

Toleranz-klasse	Nennbreite	Nenndicke		
		< 0,7	≥ 0,7 < 1,2	≥ 1,2
Normal	≥ 600 < 1 200	12	10	8
	≥ 1 200 < 1 500	15	12	10
	≥ 1 500	19	17	15
Einge-schränkt (FS)	≥ 600 < 1 200	5	4	3
	≥ 1 200 < 1 500	6	5	4
	≥ 1 500	8	7	6

Tabelle 7: Ebenheitstoleranzen für schmelztauchveredeltes Blech aus Baustählen mit Mindestwerten für die Streckgrenze ≥ 280 < 360 N/mm²   Maße in mm

Toleranz-klasse	Nennbreite	Nenndicke		
		< 0,7	≥ 0,7 < 1,2	≥ 1,2
Normal	≥ 600 < 1 200	15	13	10
	≥ 1 200 < 1 500	18	15	13
	≥ 1 500	22	20	19
Einge-schränkt (FS)	≥ 600 < 1 200	8	6	5
	≥ 1 200 < 1 500	9	8	6
	≥ 1 500	12	10	9

6.5 Rechtwinkligkeit

Sofern nicht anders vereinbart (siehe 6.7), darf die Abweichung u von der Rechtwinkligkeit maximal 1 % der tatsächlichen Blechbreite betragen.

6.6 Geradheit

Sofern nicht anders vereinbart (siehe 6.7), darf die Abweichung q von der Geradheit maximal 6 mm auf einer Meßlänge von 2 m betragen. Für Längen unter 2 m beträgt die Geradheitstoleranz 0,3 % der tatsächlichen Länge.

Für längsgeteiltes Breitband in Nennbreiten < 600 mm kann eine eingeschränkte Geradheitstoleranz (CS) von 2 mm auf 2 m Länge gefordert werden. Diese eingeschränkte Toleranz gilt nicht für längsgeteiltes Breitband aus Stählen mit einer Mindest-Streckgrenze ≥ 280 N/mm^2.

6.7 Bestellformat

Auf Vereinbarung bei der Bestellung können die Festlegungen über die Toleranzen für die Rechtwinkligkeit und die Geradheit durch die Anforderung ersetzt werden, daß das bestellte Blechformat in den gelieferten Blechen enthalten sein muß.

7 Prüfung

7.1 Dicke

Die Dicke darf an jedem Punkt mit einem Abstand von mehr als 40 mm von den Kanten gemessen werden.

Bei Erzeugnissen < 80 mm Breite ist die Lage der Meßstellen bei der Bestellung zu vereinbaren.

7.2 Breite

Die Breite ist senkrecht zur Längsachse des Erzeugnisses zu messen.

7.3 Länge

Die Länge ist parallel zur Längsachse des Bleches oder Stabes zu messen.

7.4 Ebenheit

Als Abweichung von der Ebenheit gilt der größte Abstand zwischen dem Blech und einer ebenen waagerechten Fläche, auf der es frei ruht.

7.5 Rechtwinkligkeit

Die Abweichung u von der Rechtwinkligkeit ist die senkrechte Projektion einer Querkante auf eine Längskante (siehe Bild 1).

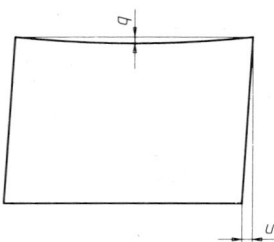

Bild 1: Messung der Rechtwinkligkeit und Geradheit

7.6 Geradheit

Die Abweichung q von der Geradheit ist der größte Abstand zwischen einer Längskante und einer Geraden, die die beiden Enden der Meßstrecke verbindet.

Die Geradheit ist auf der konkaven Seite zu messen.

Die Meßlänge beträgt 2 m an beliebiger Stelle des Erzeugnisses. Bei Blech und Stäben mit einer Länge unter 2 m entspricht die Meßlänge der Erzeugnislänge.

	Kontinuierlich feuerverzinktes Band und Blech aus Baustählen Technische Lieferbedingungen (enthält Änderung A1 : 1995) Deutsche Fassung EN 10147 : 1991 + A1 : 1995	**DIN** **EN 10147**

ICS 77.140.50

Ersatz für Ausgabe 1992-01

Deskriptoren: Stahlblech, Stahlband, feuerverzinkt, Baustahl, Lieferbedingung

Continuously hot-dip zinc coated structural steel strip and sheet —
Technical delivery conditions (includes amendment A1 : 1995);
German version EN 10147 : 1991 + A1 : 1995

Bandes et tôles en acier construction galvanisées à chaud et en continu —
Conditions techniques de livraison (inclut l'amendment A1 : 1995);
Version allemande EN 10147 : 1991 + A1 : 1995

Die Europäische Norm EN 10147 : 1991 + A1 : 1995 hat den Status einer Deutschen Norm.

Nationales Vorwort

Die Europäische Norm EN 10147 : 1991 und die Änderung A1 : 1995 wurden vom Technischen Komitee (TC) 27 "Flacherzeugnisse aus Stahl mit Überzügen" (Sekretariat: Deutschland) des Europäischen Komitees für die Eisen- und Stahlnormung (ECISS) ausgearbeitet.

Das zuständige deutsche Normungsgremium ist der Unterausschuß 01/2 "Oberflächenveredelte Flacherzeugnisse aus Stahl" des Normenausschusses Eisen und Stahl (FES).

Die Festlegungen für die Grenzabmaße und Formtoleranzen sind in der DIN EN 10143 enthalten.

Dabei handelt es sich um die Übernahme der "Änderung A1 : 1995", welche aufgrund der Veröffentlichung von EN 10027-1, EN 10027-2 und ECISS-Mitteilung IC 10 im Auftrag des Lenkungsgremiums von ECISS (COCOR) erstellt wurde, um die jetzt in allen CEN-Mitgliedsländern geltenden neuen Bezeichnungn in die Folgeausgabe einzuarbeiten.

Um die Einführung der neuen Kurznamen zu erleichtern, enthält die nachfolgende Tabelle eine Gegenüberstellung der alten und neuen Bezeichnungen der Stähle sowie die entsprechenden Werkstoffnummern (siehe auch Tabelle B.1).

Bezeichnung nach					
DIN EN 10147 : 1992 + A1 : 1995			DIN EN 10147 : 1992-01	DIN 17162-2 : 1980-09	
Kurzname	Werkstoff-nummer	Symbol für die Art des Schmelz-tauch-überzugs	Kurzname	Kurzname	Werkstoff-nummer
S220GD	1.0241	+ Z	Fe E 220 G Z	—	—
S220GD	1.0241	+ ZF	Fe E 220 G ZF	—	—
S250GD	1.0242	+ Z	Fe E 250 G Z	StE 250–2Z	1.0242
S250GD	1.0242	+ ZF	Fe E 250 G ZF	—	—
S280GD	1.0244	+ Z	Fe E 280 G Z	StE 280–2Z	1.0244
S280GD	1.0244	+ ZF	Fe E 280 G ZF	—	—
S320GD	1.0250	+ Z	Fe E 320 G Z	StE 320–2Z	1.0250
S320GD	1.0250	+ ZF	Fe E 320 G ZF	—	—
S350GD	1.0529	+ Z	Fe E 350 G Z	StE 350–2Z	1.0529
S350GD	1.0529	+ ZF	Fe E 350 G ZF	—	—
S550GD	1.0531	+ Z	Fe E 550 G Z	—	—
S550GD	1.0531	+ ZF	Fe E 550 G ZF	—	—

Fortsetzung Seite 2 und 9 Seiten EN

Normenausschuß Eisen und Stahl (FES) im DIN Deutsches Institut für Normung e.V.

Für die im Abschnitt 2 zitierten Europäischen Normen, soweit sich die Norm-Nummer ändert, und EURONORMEN wird im folgenden auf die entsprechenden Deutschen Normen verwiesen:

ECISS-Mitteilung IC 10   siehe Vornorm DIN V 17006-100
EURONORM 12   siehe DIN 50111

Änderungen
Gegenüber der Ausgabe Januar 1992 wurden folgende Änderungen vorgenommen:
a) Kurznamen geändert und Werkstoffnummern aufgenommen.
b) Redaktionell überarbeitet.

Frühere Ausgaben
DIN 17162-2: 1980-09
DIN EN 10147: 1992-01

Nationaler Anhang NA   (informativ)

Literaturhinweise in nationalen Zusätzen

DIN 50111
    Prüfung metallischer Werkstoffe − Technologischer Biegeversuch (Faltversuch)
DIN V 17006-100
    Bezeichnungssysteme für Stähle − Zusatzsymbole für Kurznamen; Deutsche Fassung ECISS-IC 10 : 1993
DIN EN 10027-1
    Bezeichnungssysteme für Stähle − Teil 1: Kurznamen, Hauptsymbole; Deutsche Fassung EN 10027-1 : 1992
DIN EN 10027-2
    Bezeichnungssysteme für Stähle − Teil 2: Nummernsystem; Deutsche Fassung EN 10027-2 : 1992
DIN EN 10143
    Kontinuierlich schmelztauchveredeltes Band und Blech aus Stahl − Grenzabmaße und Formtoleranzen; Deutsche Fassung EN 10143 : 1993

EUROPÄISCHE NORM
EUROPEAN STANDARD
NORME EUROPÉENNE

EN 10147
November 1991
+A1
Juni 1995

ICS 77.140.50

Deskriptoren: Eisen- und Stahlerzeugnis, Blech, Band, Baustahl, unlegierter Stahl, Feuerverzinken, kontinuierliche Oberflächenveredlung, Lieferzustand, Bezeichnung, Einteilung, Prüfung, Kennzeichnung

Deutsche Fassung

Kontinuierlich feuerverzinktes Band und Blech aus Baustählen
Technische Lieferbedingungen
(enthält Änderung A1 : 1995)

Continuously hot-dip zinc coated structural steel strip and sheet — Technical delivery conditions (includes amendment A1 : 1995)

Bandes et tôles en acier de construction galvanisées à chaud en continu — conditions techniques de livraison (inclut l'amendement A1 : 1995)

Diese Europäische Norm wurde von CEN am 1991-11-30 und die Änderung A1 am 1995-05-10 angenommen.

Die CEN-Mitglieder sind gehalten, die CEN/CENELEC-Geschäftsordnung zu erfüllen, in der die Bedingungen festgelegt sind, unter denen dieser Europäischen Norm ohne jede Änderung der Status einer nationalen Norm zu geben ist.

Auf dem letzten Stand befindliche Listen dieser nationalen Normen mit ihren bibliographischen Angaben sind beim Zentralsekretariat oder bei jedem CEN-Mitglied auf Anfrage erhältlich.

Diese Europäische Norm und die Änderung A1 bestehen in drei offiziellen Fassungen (Deutsch, Englisch, Französisch). Eine Fassung in einer anderen Sprache, die von einem CEN-Mitglied in eigener Verantwortung durch Übersetzung in seine Landessprache gemacht und dem Zentralsekretariat mitgeteilt worden ist, hat den gleichen Status wie die offiziellen Fassungen.

CEN-Mitglieder sind die nationalen Normungsinstitute von Belgien, Dänemark, Deutschland, Finnland, Frankreich, Griechenland, Irland, Island, Italien, Luxemburg, Niederlande, Norwegen, Österreich, Portugal, Schweden, Schweiz, Spanien und dem Vereinigten Königreich.

CEN

EUROPÄISCHES KOMITEE FÜR NORMUNG
European Committee for Standardization
Comité Européen de Normalisation

Zentralsekretariat: rue de Stassart 36, B-1050 Brüssel

Ref. Nr. EN 10147 : 1991 + A1 : 1995 D

527

Inhalt

Vorwort

Diese Europäische Norm wurde von ECISS/TC 27 "Flacherzeugnisse aus Stahl mit Überzügen", dessen Sekretariat vom Normenausschuß Eisen und Stahl (FES) im DIN geführt wird, ausgearbeitet.

Sie ersetzt die EURONORM 147 (1979) – Kontinuierlich feuerverzinktes Blech und Band aus unlegierten Baustählen mit vorgeschriebener Mindest-Streckgrenze; Gütenorm –.

Vom Europäischen Komitee für die Eisen- und Stahlnormung (ECISS) wurde das Technische Komitee TC 27 beauftragt, die von der Europäischen Gemeinschaft für Kohle und Stahl herausgegebene EURONORM 147 in eine Europäische Norm (EN 10147) umzuwandeln. Der Entwurf prEN 10147 erschien im April 1990.

Diese Norm wurde von CEN am 1991-09-30 angenommen und ratifiziert.

Entsprechend der CEN/CENELEC-Geschäftsordnung sind folgende Länder gehalten, diese Europäische Norm zu übernehmen:

Belgien, Dänemark, Deutschland, Finnland, Frankreich, Griechenland, Irland, Island, Italien, Luxemburg, Niederlande, Norwegen, Österreich, Portugal, Schweden, Schweiz, Spanien und das Vereinigte Königreich.

Vorwort der Änderung A1

Diese Änderung 1 zur Europäischen Norm EN 10147 wurde vom ECISS/TC 27 "Flacherzeugnisse aus Stahl mit Überzügen" erarbeitet, dessen Sekretariat vom DIN betreut wird.

Bei der 14. COCOR-Sitzung am 27. und 28. Mai 1993 in Brüssel wurde ECISS/TC 27 mit der Vorbereitung der Änderung von EN 10147 beauftragt, um die neuen Bezeichnungen für Stähle nach EN 10027-1 und ECISS-Mitteilung IC 10 sowie die Werkstoffnummern nach EN 10027-2 in die Norm einzuarbeiten.

Es ist beabsichtigt, nach Annahme der Änderungen eine Folgeausgabe von EN 10147 zu veröffentlichen.

Diese Änderung 1 zur Europäischen Norm EN 10147 muß den Status einer nationalen Norm erhalten; entweder durch Veröffentlichung eines identischen Textes oder durch Anerkennung bis Dezember 1995, und etwaige entgegenstehende nationale Normen müssen bis Dezember 1995 zurückgezogen werden.

Entsprechend der CEN/CENELEC-Geschäftsordnung sind folgende Länder gehalten, diese Änderung 1 der Europäischen Norm EN 10147 zu übernehmen:

Belgien, Dänemark, Deutschland, Finnland, Frankreich, Griechenland, Irland, Island, Italien, Luxemburg, Niederlande, Norwegen, Österreich, Portugal, Schweden, Schweiz, Spanien und das Vereinigte Königreich.

1 Anwendungsbereich

1.1 Diese Europäische Norm enthält die Anforderungen an kontinuierlich feuerverzinkte Flacherzeugnisse mit einer Dicke ≤ 3,0 mm aus den in Tabelle 1 genannten Stählen. Als Dicke gilt die Enddicke des gelieferten Erzeugnisses nach dem Verzinken. Diese Europäische Norm gilt für Band aller Breiten sowie für daraus abgelängte Bleche (≥ 600 mm Breite) und Stäbe (< 600 mm Breite).

Die lieferbaren Arten, Auflagegewichte und Ausführungen des Überzuges sowie die Oberflächenarten sind in den Tabellen 2 bis 4 angegeben (siehe auch 5.2 bis 5.4).

1.2 Nach Vereinbarung bei der Bestellung kann diese Europäische Norm auch auf kontinuierlich feuerverzinkte Flacherzeugnisse in Dicken > 3,0 mm angewendet werden. In diesem Falle sind auch die Anforderungen an die mechanischen Eigenschaften, die Oberflächenbeschaffenheit und die Haftung des Überzugs bei der Bestellung zu vereinbaren.

1.3 Die Erzeugnisse nach dieser Europäischen Norm eignen sich für Verwendungszwecke, bei denen der Mindestwert der Streckgrenze und der Widerstand gegen Korrosion von vorrangiger Bedeutung sind. Der durch den Überzug bewirkte Korrosionsschutz ist dem Auflagegewicht proportional (siehe auch 5.2.2).

1.4 Diese Europäische Norm gilt nicht für

– kontinuierlich feuerverzinktes Band und Blech aus weichen Stählen zum Kaltumformen (siehe EN 10142),

– elektrolytisch verzinkte kaltgewalzte Flacherzeugnisse aus Stahl (siehe EN 10152),

– kontinuierlich organisch beschichtete (bandbeschichtete) Flacherzeugnisse aus Stahl (siehe EN 10169).

2 Normative Verweisungen

Diese Europäische Norm enthält durch datierte oder undatierte Verweisungen Festlegungen aus anderen Publikationen. Diese normativen Verweisungen sind an den jeweiligen Stellen im Text zitiert, und die Publikationen sind nachstehend aufgeführt. Bei datierten Verweisungen gehören spätere Änderungen oder Überarbeitungen dieser Publikationen nur zu dieser Europäischen Norm, falls sie durch Änderungen oder Überarbeitungen eingearbeitet sind. Bei undatierten Verweisungen gilt die letzte Ausgabe der in Bezug genommenen Publikation.

EN 10002-1
Metallische Werkstoffe – Zugversuch – Teil 1: Prüfverfahren (bei Raumtemperatur)

EN 10020
Begriffsbestimmungen für die Einteilung der Stähle

EN 10021
Allgemeine technische Lieferbedingungen für Stahl und Stahlerzeugnisse

EN 10027-1
Bezeichnungssysteme für Stähle – Teil 1: Kurznamen, Hauptsymbole

EN 10027-2
Bezeichnungssysteme für Stähle – Teil 2: Nummernsystem

EN 10079
Begriffsbestimmungen für Stahlerzeugnisse

EN 10143
Kontinuierlich schmelztauchveredeltes Blech und Band aus Stahl – Grenzabmaße und Formtoleranzen

EN 10204
Metallische Erzeugnisse – Arten von Prüfbescheinigungen

CR 10260 ECISS-IC 10
Bezeichnungssysteme für Stähle – Zusatzsymbole für Kurznamen

EURONORM 12 [1])
Faltversuch an Stahlblechen und -bändern mit einer Dicke unter 3 mm

3 Definitionen

Für die Anwendung dieser Europäischen Norm gelten zusätzlich zu den Definitionen in EN 10020, EN 10021, EN 10079 und EN 10204 (siehe Abschnitt 2) folgende Definitionen:

3.1 Feuerverzinken: Aufbringen eines Zinküberzuges durch Eintauchen entsprechend vorbereiteter Erzeugnisse in geschmolzenes Zink. Im vorliegenden Fall wird Breitband aus Stahl kontinuierlich feuerverzinkt; der Zinkgehalt des Bades muß dabei mindestens 99 % betragen.

3.2 Auflagegewicht: Gesamtgewicht des Überzuges auf beiden Seiten des Erzeugnisses (ausgedrückt in Gramm pro Quadratmeter).

4 Bezeichnung

4.1 Die Kurznamen der Stahlsorten sind nach EN 10027-1 und ECISS-Mitteilung IC 10, die Werkstoffnummern nach EN 10027-2 gebildet worden.

4.2 Die Erzeugnisse nach dieser Europäischen Norm sind in der angegebenen Reihenfolge wie folgt zu bezeichnen:

a) Benennung des Erzeugnisses (z. B. Band, Blech oder Stab),

b) Nummer dieser Norm (EN 10147),

c) Kurzname oder Werkstoffnummer der Stahlsorte und Symbol für die Art der Schmelztauchüberzugs nach Tabelle 1,

d) Kennzahl für das Auflagegewicht (z. B. 275 = 275 g/m² auf beiden Seiten zusammen, siehe Tabelle 4),

e) Kennbuchstabe für die Ausführung des Überzuges (N, M oder R, siehe Tabellen 2 und 3),

f) Kennbuchstabe für die Oberflächenart (A, B oder C, siehe Tabellen 2 und 3),

g) Kennbuchstabe(n) für die Oberflächenbehandlung (C, O, CO oder U, siehe 5.5)

BEISPIEL 1:
Bezeichnung von Band aus Stahl S250GD + Z, Auflagegewicht 275 g/m² (275), Ausführung übliche Zinkblume (N), Oberflächenart A, Oberflächenbehandlung chemisch passiviert (C):

Band EN 10147 – S250GD + Z275–N–A–C

oder

Band EN 10147 – 1.0242 + Z275–N–A–C

BEISPIEL 2:
Bezeichnung von Blech aus Stahl S320GD + ZF, Auflagegewicht 100 g/m² (100), Ausführung übliche Beschaffenheit (R), Oberflächenart B, Oberflächenbehandlung geölt (O):

Blech EN 10147 – S320GD + ZF100–R–B–O

oder

Blech EN 10147 – 1.0250 + ZF100–R–B–O

4.3 Der Bezeichnung nach 4.2 sind gegebenenfalls zusätzliche Hinweise zur eindeutigen Beschreibung der gewünschten Lieferung im Klartext anzufügen (siehe Abschnitt 12).

---

[1]) Bis zu ihrer Umwandlung in eine Europäische Norm kann entweder die EURONORM 12 oder die entsprechende nationale Norm angewendet werden.

Tabelle 1: Stahlsorten und mechanische Eigenschaften der Stähle (für Dicken ≤ 3 mm)

Bezeichnung			Streckgrenze R_{eH}	Zugfestigkeit R_m	Bruchdehnung A_{80}
Stahlsorte		Symbol für die Art des Schmelz- tauchüberzugs	N/mm^2	N/mm^2	%
Kurzname	Werkstoff- nummer		min.	min.	min. [1])
S220GD	1.0241	+ Z	220	300	20
S220GD	1.0241	+ ZF			
S250GD	1.0242	+ Z	250	330	19
S250GD	1.0242	+ ZF			
S280GD	1.0244	+ Z	280	360	18
S280GD	1.0244	+ ZF			
S320GD	1.0250	+ Z	320	390	17
S320GD	1.0250	+ ZF			
S350GD	1.0529	+ Z	350	420	16
S350GD	1.0529	+ ZF			
S550GD	1.0531	+ Z	550	560	—
S550GD	1.0531	+ ZF			

[1]) Bei Erzeugnisdicken ≤ 0,7 mm (einschließlich Zinkauflage) verringern sich die Mindestwerte der Bruchdehnung (A_{80}) um 2 Einheiten

Tabelle 2: Lieferbare Auflagen, Ausführungen und Oberflächenarten bei Überzügen aus Zink (Z)

Stahlsorte	Auflage [1]) [2])	Ausführung des Überzugs			
		N	M		
			Oberflächenart [2])		
		A	A	B	C
Alle	100	×	×	×	×
	140	×	×	×	×
	200	×	×	×	×
	225	×	×	×	×
	275	×	×	×	×
	350	×	×	—	—
	(450)	(×)	—	—	—
	(600) [3])	(×)	—	—	—

[1]) Siehe auch 5.2.2
[2]) Die in Klammern angegebenen Auflagen mit den zugehörigen Oberflächenarten sind nach Verein- barung lieferbar.
[3]) Kommt nicht für die Stahlsorte S550GD + Z in Betracht.

Tabelle 3: Lieferbare Auflagen, Ausführungen und Oberflächenarten bei Überzügen aus Zink-Eisen-Legierung (ZF)

Stahlsorte	Auflage [1])	Ausführung des Überzuges		
		R		
		Oberflächenart		
		A	B	C
Alle	100	×	×	×
	140	×	×	—

[1]) Siehe auch 5.2.2

5 Sorteneinteilung und Lieferarten

5.1 Stahlsorten

Eine Übersicht über die lieferbaren Stahlsorten gibt Tabelle 1.

5.2 Überzüge

5.2.1 Für die Erzeugnisse kommen die in den Tabellen 2 und 3 genannten Überzüge aus Zink (Z) oder Zink-Eisen-Legierung (ZF) in Betracht.

5.2.2 Die lieferbaren Auflagegewichte sind in den Tabellen 2 und 3 angegeben. Andere Auflagegewichte müssen bei der Bestellung besonders vereinbart werden.

Dickere Zinkschichten schränken die Umformbarkeit und die Schweißeignung der Erzeugnisse ein. Bei der Bestellung des Auflagegewichts sind daher die Anforderungen an die Umformbarkeit und die Schweißeignung zu berücksichtigen.

5.2.3 Auf Vereinbarung bei der Bestellung sind die feuerverzinkten Flacherzeugnisse mit unterschiedlichen Auflagegewichten je Seite lieferbar. Die beiden Oberflächen können herstellungsbedingt ein unterschiedliches Aussehen haben.

5.3 Ausführung des Überzugs

(siehe Tabellen 2 und 3)

5.3.1 Übliche Zinkblume (N)

Diese Ausführung ergibt sich bei einer unbeeinflußten Erstarrung des Zinküberzugs. In Abhängigkeit von den Verzinkungsbedingungen können entweder keine Zinkblumen oder Zinkkristalle mit unterschiedlichem Glanz und unterschiedlicher Größe vorliegen. Die Qualität des Überzugs wird dadurch nicht beeinflußt.

> ANMERKUNG: Wird eine ausgeprägte Zinkblume gewünscht, ist dies bei der Bestellung besonders anzugeben.

5.3.2 Kleine Zinkblume (M)

Die Oberfläche weist durch gezielte Beeinflussung des Erstarrungsvorgangs kleine Zinkblumen auf. Diese Ausführung kommt in Betracht, wenn die übliche Zinkblume (siehe 5.3.1) den Ansprüchen an das Aussehen der Oberfläche nicht genügt.

5.3.3 Zink-Eisen-Legierung üblicher Beschaffenheit (R)

Dieser Überzug entsteht durch eine Wärmebehandlung, bei der Eisen durch das Zink diffundiert. Die Oberfläche hat ein einheitliches mattgraues Aussehen.

5.4 Oberflächenart

(siehe Tabellen 2 und 3 sowie 6.6)

5.4.1 Übliche Oberfläche (A)

Unvollkommenheiten wie kleine Pickel, unterschiedliche Zinkblumengröße, dunkle Punkte, streifenförmige Markierungen und leichte Passivierungsflecke sind zulässig. Es können Streckrichtbrüche und Zinkablaufwellen auftreten.

5.4.2 Verbesserte Oberfläche (B)

Die Oberflächenart B wird durch Kaltnachwalzen erzielt. Bei dieser Oberflächenart sind in geringem Umfang Unvollkommenheiten wie Streckrichtbrüche, Dressierabdrücke, Riefen, Eindrücke, Zinkblumenstruktur und Zinkablaufwellen sowie leichte Passivierungsfehler zulässig. Die Oberfläche weist keine Pickel auf.

5.4.3 Beste Oberfläche (C)

Die Oberflächenart C wird durch Kaltnachwalzen erzielt.

Die bessere Seite darf das einheitliche Aussehen einer Qualitätslackierung nicht beeinträchtigen. Die andere Seite muß mindestens den Merkmalen für die Oberflächenart B (siehe 5.4.2) entsprechen.

5.5 Oberflächenbehandlung (Oberflächenschutz)

5.5.1 Allgemeines

Feuerverzinkte Flacherzeugnisse erhalten üblicherweise im Herstellerwerk einen Oberflächenschutz nach den Angaben in 5.5.2 bis 5.5.4. Die Schutzwirkung ist zeitlich begrenzt, ihre Dauer hängt von den atmosphärischen Bedingungen ab.

5.5.2 Chemisch passiviert (C)

Das chemische Passivieren schützt die Oberfläche vor Feuchtigkeitseinwirkungen und vermindert die Gefahr einer Weißrostbildung bei Transport und Lagerung. Örtliche Verfärbungen durch diese Behandlung sind zulässig und beeinträchtigen nicht die Güte.

5.5.3 Geölt (O)

Auch diese Behandlung vermindert die Gefahr einer frühzeitigen Korrosion der Oberfläche.

Die Ölschicht muß sich mit geeigneten zinkschonenden und entfettenden Lösemitteln entfernen lassen.

5.5.4 Chemisch passiviert und geölt (CO)

Diese Kombination der Oberflächenbehandlung kann vereinbart werden, wenn ein erhöhter Schutz gegen Weißrostbildung erforderlich ist.

5.5.5 Unbehandelt (U)

Nur auf ausdrücklichen Wunsch und auf Verantwortung des Bestellers werden feuerverzinkte Flacherzeugnisse nach dieser Norm ohne Oberflächenbehandlung geliefert. In diesem Fall besteht die erhöhte Gefahr der Korrosion.

6 Anforderungen

6.1 Herstellungsverfahren

Die Verfahren zur Herstellung des Stahls und der Erzeugnisse bleiben dem Hersteller überlassen.

6.2 Mechanische Eigenschaften

6.2.1 Für die mechanischen Eigenschaften gelten die Anforderungen nach Tabelle 1. Die Werte gelten für jede Probelage, d. h. sowohl für Längsproben als auch für Querproben.

6.2.2 Die Werte des Zugversuchs sind auf den Probenquerschnitt ohne Zinküberzug zu beziehen.

6.2.3 Bei allen feuerverzinkten Erzeugnissen nach dieser Norm kann mit der Zeit eine Verminderung der Umformbarkeit eintreten. Es liegt daher im Interesse des Verbrauchers, die Erzeugnisse möglichst bald nach Erhalt zu verarbeiten.

6.3 Freiheit von Rollknicken

Die gewünschte Lieferung mit Freiheit von Rollknicken ist bei der Bestellung besonders anzugeben.

6.4 Auflagegewicht

6.4.1 Das Auflagegewicht muß den Angaben in Tabelle 4 entsprechen. Die Werte gelten für das Gesamtgewicht des Überzugs auf beiden Seiten bei der Dreiflächenprobe und der Einzelflächenprobe (siehe 7.4.4 und 7.5.3).

Die Zinkauflage ist nicht immer gleichmäßig auf beiden Erzeugnisseiten verteilt. Es kann jedoch davon ausgegangen werden, daß auf jeder Seite eine Auflage von mindestens 40 % des in Tabelle 4 genannten Wertes für die Einzelflächenprobe vorhanden ist.

Tabelle 4: Auflagegewichte

Auflage [1]	Auflagegewicht in g/m², zweiseitig [2] min.	
	Dreiflächenprobe [3]	Einzelflächenprobe [3]
100	100	85
140	140	120
200	200	170
225	225	195
275	275	235
350	350	300
450	450	385
600	600	510

[1] Die für die einzelnen Stahlsorten lieferbaren Auflagen sind in den Tabellen 2 und 3 angegeben.

[2] Einem Auflagegewicht von 100 g/m² (zweiseitig) entspricht eine Schichtdicke von etwa 7,1 μm je Seite.

[3] Siehe 7.4.4 und 7.5.3

6.4.2 Für jede Auflage nach Tabelle 4 kann ein Höchstwert oder ein Mindestwert des Auflagegewichts je Erzeugnisseite (Einzelflächenprobe) vereinbart werden.

6.5 Haftung des Überzuges

Die Haftung des Überzuges ist nach dem in 7.5.2 angegebenen Verfahren zu prüfen. Nach dem Falten darf der Überzug keine Abblätterungen aufweisen, jedoch bleibt ein Bereich von 6 mm an jeder Probenkante außer Betracht, um den Einfluß des Schneidens auszuschalten. Rißbildungen und Aufrauhungen sind zulässig, ebenso ein Abstauben bei Überzügen aus Zink-Eisen-Legierung (ZF).

6.6 Oberflächenbeschaffenheit

6.6.1 Die Oberfläche muß den Angaben in 5.3 bis 5.5 entsprechen. Falls bei der Bestellung nicht anders vereinbart, wird beim Hersteller nur eine Oberfläche kontrolliert. Der Hersteller muß bei der Bestellung auf dessen Verlagen angeben, ob die oben oder die unten liegende Seite kontrolliert wurde.

Kleine Kantenrisse, die bei nicht geschnittenen Kanten auftreten können, berechtigen nicht zur Beanstandung.

6.6.2 Bei der Lieferung von Band in Rollen besteht in größerem Maß die Gefahr des Vorhandenseins von Oberflächenfehlern als bei der Lieferung von Blech und Stäben, da es dem Hersteller nicht möglich ist, alle Fehler in einer Rolle zu beseitigen. Dies ist vom Besteller bei der Beurteilung der Erzeugnisse in Betracht zu ziehen.

6.7 Maße, Grenzabmaße und Formtoleranzen

Es gelten die Festlegungen in EN 10143.

6.8 Eignung für die weitere Verarbeitung

6.8.1 Die Erzeugnisse nach dieser Norm — mit Ausnahme der Sorten S550GD+Z und S550GD+ZF — sind zum Schweißen mit geeigneten, d. h. der Stahlsorte und dem Auflagegewicht angemessenen Schweißverfahren geeignet.

6.8.2 Die Erzeugnisse nach dieser Norm sind für das Zusammenfügen durch Kleben geeignet.

6.8.3 Alle Stahlsorten und Oberflächenarten sind für das Aufbringen von organischen Beschichtungen geeignet. Das Aussehen nach dieser Behandlung wird von der bestellten Oberflächenart (siehe 5.4) beeinflußt.

ANMERKUNG: Das Aufbringen von Oberflächenüberzügen und Beschichtungen erfordert eine zweckentsprechende Vorbehandlung beim Verarbeiter.

7 Prüfung

7.1 Allgemeines

7.1.1 Die Erzeugnisse können mit oder ohne Prüfung auf Übereinstimmung mit den Anforderungen dieser Europäischen Norm geliefert werden.

7.1.2 Wenn eine Prüfung gewünscht wird, muß der Besteller bei der Bestellung folgende Angaben machen:

— Art der Prüfung (spezifische oder nichtspezifische Prüfung, siehe EN 10021),

— Art der Prüfbescheinigung (siehe 7.7).

7.1.3 Spezifische Prüfungen sind nach den Festlegungen in 7.2 bis 7.6 durchzuführen.

7.2 Prüfeinheiten

Die Prüfeinheit beträgt 20 t oder angefangene 20 t von feuerverzinkten Flacherzeugnissen derselben Stahlsorte, Nenndicke, Überzugsausführung und Oberflächenart. Bei Band gilt auch eine Rolle mit einem Gewicht von mehr als 20 t als eine Prüfeinheit.

7.3 Anzahl der Prüfungen

Je Prüfeinheit nach 7.2 ist eine Versuchsreihe zur Ermittlung

— der mechanischen Eigenschaften (siehe 7.5.1),

— der Haftung des Überzugs (siehe 7.5.2) und

— des Auflagegewichts (siehe 7.5.3)

durchzuführen.

7.4 Probenahme

7.4.1 Bei Band sind die Proben vom Anfang oder Ende der Rolle zu entnehmen. Bei Blech und Stäben bleibt die Auswahl des Stückes für die Probenahme dem mit der Ablieferungsprüfung Beauftragten überlassen.

7.4.2 Die Probe für den Zugversuch (siehe 7.5.1) ist in einem Abstand von mindestens 50 mm von den Erzeugniskanten zu entnehmen.

Tabelle 5: Faltversuch zur Prüfung der Haftung des Überzugs (für Erzeugnisdicken ≤ 3 mm)

Stahlsorte	Biegedorndurchmesser D [1]) bei der Auflage							
	100	140	200	225	275	350	450	600
S220GD + Z	1a	1a	1a	1a	1a	1a	1a	2a
S220GD + ZF	1a	1a	–	–	–	–	–	–
S250GD + Z	1a	1a	1a	1a	1a	1a	1a	2a
S250GD + ZF	1a	1a	–	–	–	–	–	–
S280GD + Z	2a	2a	2a	2a	2a	2a	2a	3a
S280GD + ZF	2a	2a	–	–	–	–	–	–
S320GD + Z	3a	3a	3a	3a	3a	3a	3a	4a
S320GD + ZF	3a	3a	–	–	–	–	–	–
S350GD + Z [2])	3a	3a	3a	3a	3a	3a	3a	4a
S350GD + ZF [2])	3a	3a	–	–	–	–	–	–
S550GD + Z	–	–	–	–	–	–	–	–
S550GD + ZF	–	–	–	–	–	–	–	–

[1]) a = Erzeugnisdicke
[2]) Biegedorndurchmesser = 4a bei Erzeugnisdicken > 1,5 mm

7.4.3 Die Probe für den Faltversuch zur Prüfung der Haftung des Überzugs (siehe 7.5.2) darf in beliebiger Richtung entnommen werden. Der Abstand von den Erzeugniskanten muß mindestens 50 mm betragen. Die Probe muß so bemessen sein, daß die Länge der gefalteten Kante mindestens 100 mm beträgt.

7.4.4 Die drei Proben für die Prüfung des Auflagegewichts (siehe 7.5.3) sind bei ausreichender Erzeugnisbreite nach den Angaben in Bild 1 zu entnehmen. Die Proben dürfen rund oder quadratisch sein, die einzelne Probe muß eine Größe von mindestens 5 000 m² haben.

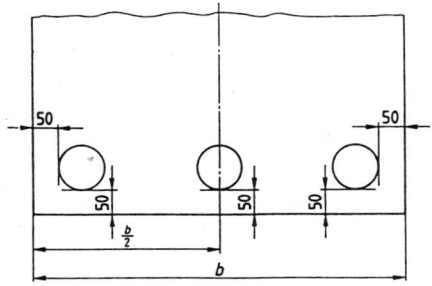

b = Band- oder Blechbreite

Bild 1: Lage der Proben zur Ermittlung der Zinkauflage
(Maße in mm)

Wenn wegen zu geringer Erzeugnisbreite die Probenahme nach Bild 1 nicht möglich ist, ist nur **eine** Probe mit einer Größe von mindestens 5 000 m² zu entnehmen. Das an ihr ermittelte Auflagegewicht muß den Festlegungen für die Einzelflächenprobe nach Tabelle 4 entsprechen.

7.4.5 Die Entnahme und etwaige Bearbeitung muß bei allen Proben so erfolgen, daß die Ergebnisse der Prüfungen nicht beeinflußt werden.

7.5 Anzuwendende Prüfverfahren

7.5.1 Der Zugversuch ist nach EN 10002-1 durchzuführen, und zwar mit Proben der Form 2 (Anfangsmeßlänge $L_0 = 80$ mm, Breite $b = 20$ mm) nach EN 10002-1 (siehe auch 6.2.2).

7.5.2 Der Faltversuch zur Prüfung der Haftung des Überzugs (siehe auch 6.5 und 7.4.3) ist nach EURONORM 12 durchzuführen.

Dabei sind die Durchmesser D des Biegedorns oder der Biegerolle nach Tabelle 5 anzuwenden. Der Biegewinkel beträgt in allen Fällen 180°.

Beim Zusammendrücken der Probenschenkel ist darauf zu achten, daß der Überzug nicht beschädigt wird.

7.5.3 Das Gewicht der Auflage wird durch chemisches Ablösen des Überzugs aus der Gewichtsdifferenz der Proben vor und nach dem Entzinken ermittelt. Bei der Prüfung mit Proben nach Bild 1 ergibt sich der Wert für die Dreiflächenprobe als arithmetisches Mittel aus den drei Versuchsergebnissen. Jedes Einzelergebnis muß den Anforderungen an die Einzelflächenprobe nach Tabelle 4 entsprechen.

Für die laufenden Überprüfungen beim Hersteller können auch andere Verfahren – z. B. zerstörungsfreie Prüfungen – angewendet werden. In Schiedsfällen ist jedoch das im Anhang A zu dieser Norm beschriebene Verfahren anzuwenden.

7.6 Wiederholungsprüfungen

Es gelten die Festlegungen in EN 10021. Bei Rollen sind die Wiederholungsproben in einem Abstand von mindestens einer Windung, jedoch von höchstens 20 m vom Bandende zu entnehmen.

7.7 Prüfbescheinigungen

Auf entsprechende Vereinbarung bei der Bestellung ist eine der in EN 10204 genannten Prüfbescheinigungen auszustellen (siehe auch 7.1.2).

533

8 Kennzeichnung

8.1 An jeder Rolle oder jedem Paket ist ein Schild anzubringen, das mindestens folgende Angaben enthalten muß:

- Name oder Zeichen des Lieferwerks,
- vollständige Bezeichnung (siehe 4.2),
- Nennmaße des Erzeugnisses,
- Identifikationsnummer,
- Auftragsnummer,
- Gewicht der Rolle oder des Pakets.

8.2 Eine Kennzeichnung der Erzeugnisse durch Stempelung kann bei der Bestellung vereinbart werden.

9 Verpackung

Die Anforderungen an die Verpackung der Erzeugnisse sind bei der Bestellung zu vereinbaren.

10 Lagerung und Transport

10.1 Feuchtigkeit, besonders auch Schwitzwasser zwischen den Tafeln, Windungen einer Rolle oder sonstigen zusammenliegenden Teilen aus feuerverzinkten Flacherzeugnissen kann zur Bildung von mattgrauen bis weißen Belägen (Weißrost) führen. Die Möglichkeiten zum Schutz der Oberflächen sind in 5.5 angegeben. Bei längerem Kontakt mit der Feuchtigkeit kann jedoch der Korrosionsschutz örtlich vermindert werden. Vorsorglich sollten die Erzeugnisse trocken transportiert und gelagert und vor Feuchtigkeit geschützt werden.

10.2 Während des Transportes können durch Reibung dunkle Punkte auf den feuerverzinkten Oberflächen entstehen, die im allgemeinen nur das Aussehen beeinträchtigen. Durch Ölen der Erzeugnisse wird eine Verringerung der Reibung bewirkt. Es sollten jedoch folgende Vorsichtsmaßnahmen getroffen werden: Feste Verpackung, satte Auflage, keine örtlichen Druckbelastungen.

11 Beanstandungen

Für Beanstandungen nach der Lieferung und deren Bearbeitung gilt EN 10021.

12 Bestellangaben

Damit der Hersteller die Erzeugnisse bedingungsgemäß liefern kann, sind vom Besteller folgende Angaben bei der Bestellung zu machen:

a) Benennung des Erzeugnisses (Band, Blech, Stab),

b) Nennmaße (Dicke, Breite und – bei Blech und Stäben – Länge),

c) Liefermenge,

d) vollständige Bezeichnung (siehe 4.2),

e) Grenzgewicht und Grenzmaße der Rollen und einzelnen Blechpakete,

f) etwaige gewünschte Lieferung mit unterschiedlichem Auflagegewicht je Seite (siehe 5.2.3),

g) etwaige Lieferung mit ausgeprägter Zinkblume (siehe 5.3.1),

h) etwaige Lieferung mit Freiheit von Rollknicken (siehe 6.3),

i) etwaige Anforderungen an den Höchstwert oder den Mindestwert des Auflagegewichts je Erzeugnisseite (siehe 6.4.2),

j) Angabe der zu kontrollierenden Oberfläche (siehe 6.6.1),

k) Prüfung der Erzeugnisse im Herstellerwerk (siehe 7.1.1 und 7.1.2),

l) etwaige Ausstellung einer Prüfbescheinigung und Art der Bescheinigung (siehe 7.7),

m) etwa gewünschte Kennzeichnung durch Stempelung der Erzeugnisse (siehe 8.2),

n) etwaige Anforderung an die Verpackung (siehe Abschnitt 9).

Anhang A (normativ)

Referenzverfahren zur Ermittlung des Zinkauflagegewichts

A.1 Grundsatz

Die Probengröße muß mindestens 5 000 mm² betragen. Bei Verwendung einer Probe von 5 000 mm² Größe ergibt der durch die Ablösung des Überzugs entstehende Gewichtsverlust in Gramm nach Multiplikation mit 200 das Gesamtgewicht der Auflage in Gramm pro Quadratmeter auf beiden Seiten des Erzeugnisses.

A.2 Reagenzien und Herstellung der Lösung

Reagenzien:

- Salzsäure (HCl, $\varrho_{20} = 1{,}19$ g/cm³)
- Hexamethylentetramin

Herstellung der Lösung:

Die Salzsäure wird mit vollentsalztem oder destilliertem Wasser im Verhältnis von einem Teil HCl zu einem Teil Wasser (50 %-Lösung) verdünnt. Dieser Lösung werden unter Rühren 3,5 g Hexamethylentetramin je Liter zugegeben.

Die so hergestellte Lösung ist für die Prüfung von Überzügen sowohl aus Zink als auch aus Zink-Eisen-Legierungen geeignet und ermöglicht zahlreiche aufeinanderfolgende Ablösungen unter zufriedenstellenden Bedingungen im Hinblick auf die Schnelligkeit und Genauigkeit.

A.3 Versuchseinrichtung

Waage, die die Ermittlung des Probengewichts auf 0,01 g gestattet. Für den Versuch ist eine Abzugs-Vorrichtung zu verwenden.

A.4 Versuchsdurchführung

Jede Probe ist wie folgt zu behandeln:

- Falls erforderlich, Entfettung der Probe mit einem organischen, das Zink nicht angreifenden Lösemittel mit anschließender Trocknung der Probe;
- Wägung der Probe auf 0,01 g;
- Eintauchen der Probe in die Lösung nach A.2 bei Umgebungstemperatur (20 °C bis 25 °C). Die Probe wird in dieser Lösung belassen, bis kein Wasserstoff mehr entweicht oder nur noch wenige Blasen entstehen;
- nach dem Ende der Reaktion wird die Probe gewaschen, unter fließendem Wasser gebürstet, mit Tuch vorgetrocknet, durch Erwärmen auf etwa 100 °C weitergetrocknet und im warmen Luftstrom abgekühlt;
- erneutes Wägen der Probe auf 0,01 g;
- Ermittlung des Gewichtsunterschiedes der Probe mit und ohne Überzug. Dieser Unterschied, ausgedrückt in Gramm, stellt das Auflagegewicht dar.

Anhang B (informativ)

Liste früherer vergleichbarer Bezeichnungen

Die folgende Tabelle B.1 enthält die früheren Bezeichnungen nach EN 10147 : 1991 und die neuen Bezeichnungen nach EN 10027-1, ECISS-Mitteilung IC 10 und EN 10027-2.

Tabelle B.1: Liste vergleichbarer Bezeichnungen

Bezeichnung nach EN 10147/A1 : 1995			Bezeichnung nach EN 10147 : 1991
Kurzname	Werkstoffnummer	Symbol für die Art des Schmelztauchüberzugs	Kurzname
S220GD	1.0241	+ Z	Fe E 220 G Z
S220GD	1.0241	+ ZF	Fe E 220 G ZF
S250GD	1.0242	+ Z	Fe E 250 G Z
S250GD	1.0242	+ ZF	Fe E 250 G ZF
S280GD	1.0244	+ Z	Fe E 280 G Z
S280GD	1.0244	+ ZF	Fe E 280 G ZF
S320GD	1.0250	+ Z	Fe E 320 G Z
S320GD	1.0250	+ ZF	Fe E 320 G ZF
S350GD	1.0529	+ Z	Fe E 350 G Z
S350GD	1.0529	+ ZF	Fe E 350 G ZF
S550GD	1.0531	+ Z	Fe E 550 G Z
S550GD	1.0531	+ ZF	Fe E 550 G ZF

Kontinuierlich feuerverzinktes Band und Blech aus Baustählen Technische Lieferbedingungen Deutsche Fassung prEN 10147 : 1998	**DIN** **EN 10147**

Einsprüche bis 31. Mrz 1998

ICS 77.140.50

Continuously hot-dip zinc coated structural steel strip and sheet - Technical delivery conditions; German version prEN 10147:1998

Vorgesehen als Ersatz für Ausgabe 1995-08

Bandes et tôles en acier de construction galvanisées à chaud en continu - Conditions techniques de livraison; Version allemande prEN 10147:1998

Anwendungswarnvermerk

Dieser Norm-Entwurf wird der Öffentlichkeit zur Prüfung und Stellungnahme vorgelegt.

Weil die beabsichtigte Norm von der vorliegenden Fassung abweichen kann, ist die Anwendung dieses Entwurfes besonders zu vereinbaren.

Stellungnahmen werden erbeten an den Normenausschuß Eisen und Stahl (FES) im DIN Deutsches Institut für Normung e.V., Postfach 105145, 40042 Düsseldorf.

Nationales Vorwort

Der Europäische Norm-Entwurf prEN 10147:1998 ist vom Technischen Komitee (TC) 27 "Flacherzeugnisse mit Überzügen - Güte-, Maß- und besondere Prüfnormen" (Sekretariat: Deutschland) des Europäischen Komitees für die Eisen- und Stahlnormung (ECISS) ausgearbeitet worden.

Das zuständige deutsche Normungsgremium ist der Unterausschuß 01/2 "Oberflächenveredelte Flacherzeugnisse aus Stahl" des Normenausschusses Eisen und Stahl (FES).

Die Festlegungen für die Grenzabmaße und Formtoleranzen sind in DIN EN 10143 enthalten.

Um die Einführung der neuen Kurznamen zu erleichtern, enthält die nachfolgende Tabelle eine Gegenüberstellung der alten und neuen Bezeichnungen der Stähle sowie die entsprechenden Werkstoffnummern (siehe auch Tabelle B.1).

Fortsetzung Seite 2
und 21 Seiten prEN

Normenausschuß Eisen und Stahl (FES) im DIN Deutsches Institut für Normung e.V.

Bezeichnung nach						
E DIN EN 10147:1998-02			DIN EN 10147:1992-01	DIN 17162-2:1980-09		
Kurzname	Werkstoff-nummer	Symbol für die Art des Schmelztauch-überzugs	Kurzname	Kurzname	Werkstoff-nummer	
S220GD	1.0241	+Z	Fe E 220 G Z	-	-	
S220GD	1.0241	+ZF	Fe E 220 G ZF	-	-	
S250GD	1.0242	+Z	Fe E 250 G Z	StE 250-2Z	1.0242	
S250GD	1.0242	+ZF	Fe E 250 G ZF	-	-	
S280GD	1.0244	+Z	Fe E 280 G Z	StE 280-2Z	1.0244	
S280GD	1.0244	+ZF	Fe E 280 G ZF	-	-	
S320GD	1.0250	+Z	Fe E 320 G Z	StE 320-3Z	1.0250	
S320GD	1.0250	+ZF	Fe E 320 G ZF	-	-	
S350GD	1.0529	+Z	Fe E 350 G Z	StE 350-3Z	1.0529	
S350GD	1.0529	+ZF	Fe E 350 G ZF	-	-	
S550GD	1.0531	+Z	Fe E 550 G Z	-	-	
S550GD	1.0531	+ZF	Fe E 550 G ZF	-	-	

Für die im Abschnitt 2 zitierten Europäischen Normen, soweit sich die Norm-Nummer ändert, und EURONORMEN wird im folgenden auf die entsprechenden Deutschen Normen hingewiesen:

CR 10260 (ECISS-IC 10) siehe DIN V 17006-100
EURONORM 12 siehe DIN 50111

Änderungen

Gegenüber der Ausgabe August 1995 wurden folgende Änderungen vorgenommen:

a) Beschränkung der Gültigkeit der mechanischen Eigenschaften auf Längsproben.

b) Einführung eines Bereichs für die Werte der Zugfestigkeit, außer bei den Sorten S550GD+Z und S550GD+ZF.

c) Redaktionell überarbeitet.

Nationaler Anhang NA (informativ)

Literaturhinweise in nationalen Zusätzen

DIN 50111 Prüfung metallischer Werkstoffe - Technologischer Biegeversuch (Faltversuch)

DIN V 17006-100 Bezeichnungssysteme für Stähle - Zusatzsymbole für Kurznamen; Deutsche Fassung ECISS-IC 10:1993

DIN EN 10143 Kontinuierlich schmelztauchveredeltes Band und Blech aus Stahl - Grenzabmaße und Formtoleranzen; Deutsche Fassung EN 10143:1993

EUROPÄISCHE NORM
EUROPEAN STANDARD
NORME EUROPÉENNE

Entwurf
prEN 10147
Januar 1998

ICS 77.140.50

Wird
EN 10147 : 1991
ersetzen

Deskriptoren: Eisen- und Stahlerzeugnisse, Blech, Band, Baustahl, unlegierter Stahl, Feuerverzinken, kontinuierliche Oberflächenveredelung, Lieferzustand, Bezeichnung, Einteilung, Prüfung, Kennzeichnung

Deutsche Fassung

Kontinuierlich feuerverzinktes Band und Blech aus Baustählen - Technische Lieferbedingungen

Continuously hot-dip zinc coated structural steel strip and sheet - Technical delivery conditions

Bandes et tôles en acier de construction galvanisées à chaud en continu - Conditions techniques de livraison

Dieser Europäische Norm-Entwurf wird den CEN-Mitgliedern zur Umfrage vorgelegt. Er wurde vom Technischen Komitee ECISS/TC 27 erstellt.

Wenn aus diesem Norm-Entwurf eine Europäische Norm wird, sind die CEN-Mitglieder gehalten, die CEN/CENELEC-Geschäftsordnung zu erfüllen, in der die Bedingungen festgelegt sind, unter denen dieser Europäischen Norm ohne jede Änderung der Status einer nationalen Norm zu geben ist.

Diese Europäische Norm besteht in drei offiziellen Fassungen (Deutsch, Englisch, Französisch). Eine Fassung in einer anderen Sprache, die von einem CEN-Miglied in eigener Verantwortung durch Übersetzung in seine Landessprache gemacht und dem Zentralsekretariat mitgeteilt worden ist, hat den gleichen Status wie die offiziellen Fassungen.

CEN-Mitglieder sind die nationalen Normenorganisationen von Belgien, Dänemark, Deutschland, Finnland, Frankreich, Griechenland, Irland, Island, Italien, Luxemburg, Niederlande, Norwegen, Österreich, Portugal, Schweden, Schweiz, Spanien, der Tschechischen Republik und dem Vereinigten Königreich.

CEN

Europäisches Komitee für Normung
European Committee for Standardization
Comité Européen de Normalisation

Zentralsekretariat: rue de Stassart 36, B-1050 Brüssel

Ref.-Nr. prEN 10147:1998 D

Seite

Inhalt

Seite

Vorwort

Diese Europäische Norm wurde von ECISS/TC 27 "Flacherzeugnisse aus Stahl mit Überzügen", dessen Sekretariat vom Normenausschuß Eisen und Stahl (FES) im DIN geführt wird, ausgearbeitet.

Bei einer Sitzung von ECISS/TC 27 am 2. September 1997 in Düsseldorf wurde dem Text für die Veröffentlichung als Europäischer Norm-Entwurf zugestimmt. An dieser Sitzung nahmen Vertreter folgender Länder teil: Belgien, Deutschland, Finnland, Frankreich, Niederlande, Österreich, Schweden und Vereinigtes Königreich.

Diese Europäische Norm muß den Status einer nationalen Norm erhalten entweder durch Veröffentlichung eines identischen Textes oder durch Anerkennung bis ...., und etwaige entgegenstehende nationale Normen müssen bis .... zurückgezogen werden.

Entsprechend der CEN/CENELEC-Geschäftsordnung sind die nationalen Normungsinstitute der folgenden Länder gehalten, diese Europäische Norm zu übernehmen: Belgien, Dänemark, Deutschland, Finnland, Frankreich, Griechenland, Irland, Island, Italien, Luxemburg, Niederlande, Norwegen, Österreich, Portugal, Schweden, Schweiz, Spanien und das Vereinigte Königreich.

1 Anwendungsbereich

1.1 Diese Europäische Norm enthält die Anforderungen an kontinuierlich feuerverzinkte Flacherzeugnisse mit einer Dicke ≤ 3,0 mm aus den Tabelle 1 genannten Stählen. Als Dicke gilt die Enddicke des gelieferten Erzeugnisses nach dem Verzinken. Diese Europäische Norm gilt für Band aller Breiten sowie für daraus abgelängte Bleche (≥ 600 mm Breite) und Stäbe (< 600 mm Breite).

Die lieferbaren Arten, Auflagegewichte und Ausführungen des Überzuges sowie die Oberflächenarten sind in den Tabellen 2 bis 4 angegeben (siehe auch 7.2 bis 7.4).

1.2 Nach Vereinbarung bei der Bestellung kann diese Europäische Norm auch auf kontinuierlich feuerverzinkte Flacherzeugnisse in Dicken > 3,0 mm angewendet weren. In diesem Falle sind auch die Anforderungen an die mechanischen Eigenschaften, die Oberflächenbeschaffenheit und die Haftung des Überzugs bei der Bestellung zu vereinbaren.

1.3 Die Erzeugnisse nach dieser Europäischen Norm eignen sich für Verwendungszwecke, bei denen der Mindestwert der Streckgrenze und der Widerstand gegen Korrosion von vorrangiger Bedeutung sind. Der durch den Überzug bewirkte Korrosionsschutz ist dem Auflagegewicht proportional (siehe auch 7.2.2).

1.4 Diese Europäische Norm gilt nicht für

- kontinuierlich feuerverzinktes Band und Blech aus weichen Stählen zum Kaltumformen (siehe EN 10142),
- elektrolytisch verzinkte kaltgewalzte Flacherzeugnisse aus Stahl (siehe EN 10152),
- kontinuierlich organisch beschichtete (bandbeschichtete) Flacherzeugnisse aus Stahl (siehe EN 10169)

2 Normative Verweisungen

Diese Europäische Norm enthält durch datierte oder undatierte Verweisungen Festlegungen aus anderen Publikationen. Diese normativen Verweisungen sind an den jeweiligen Stellen im Text zitiert und die Publikationen sind nachstehend aufgeführt. Bei starren Verweisungen gehören spätere Änderungen oder Überarbeitungen dieser Publikationen nur zu dieser Europäischen Norm, falls sie durch Änderungen oder Überarbeitungen eingearbeitet sind. Bei undatierten Verweisungen gilt die letzte Ausgabe der in Bezug genommenen Publikation.

EN 10002-1   Metallische Werkstoffe - Zugversuch - Teil 1: Prüfverfahren (bei Raumtemperatur)

EN 10020   Begriffsbestimmungen für die Einteilung der Stähle

EN 10021   Allgemeine technische Lieferbedingungen für Stahl und Stahlerzeugnisse

EN 10027-1	Bezeichnungssysteme für Stähle - Teil 1: Kurznamen, Hauptsymbole
EN 10027-2	Bezeichnungssysteme für Stähle - Teil 2: Nummernsystem
EN 10079	Begriffsbestimmungen für Stahlerzeugnisse
EN 10143	Kontinuierlich schmelztauchveredeltes Blech und Band aus Stahl - Grenzabmaße und Formtoleranzen
EN 10204	Metallische Erzeugnisse - Arten von Prüfbescheinigungen
CR 10260	ECISS IC 10: Bezeichnungssysteme für Stähle - Zusatzsymbole für Kurznamen
EURONORM 12 [1]	Faltversuch an Stahlblechen und -bändern mit einer Dicke unter 3 mm

3 Definitionen

Für die Anwendung dieser Europäischen Norm gelten zusätzlich zu den Definitionen in EN 10020, EN 10021, EN 10079 und EN 10204 (siehe Abschnitt 2) folgende Definitionen:

3.1 Feuerverzinken: Aufbringen eines Zinküberzuges durch Eintauchen entsprechend vorbereiteter Erzeugnisse in geschmolzenes Zink. Im vorliegenden Fall wird Breitband aus Stahl kontinuierlich feuerverzinkt; der Zinkgehalt des Bades muß dabei mindestens 99 % betragen.

3.2 Auflagegewicht: Gesamtgewicht des Überzuges auf beiden Seiten des Erzeugnisses (ausgedrückt in Gramm pro Quadratmeter).

4 Einteilung und Bezeichnung

4.1 Einteilung

Die Stahlsorten nach dieser Europäischen Norm sind gemäß steigender Werte für die Mindeststreckgrenze (R_{eH}) eingeteilt.

4.2 Bezeichnung

4.2.1 Kurznamen

Für die in dieser Europäischen Norm enthaltenen Stahlsorten sind die in Tabelle 1 angegebenen Kurznamen nach EN 10027-1 und CR 10260 gebildet.

---

[1] Bis zu ihrer Umwandlung in eine Europäische Norm kann entweder die EURONORM 12 oder die entsprechende nationale Norm angewendet werden.

4.2.2 Werkstoffnummern

Für die in dieser Europäischen Norm enthaltenen Stahlsorten sind die in Tabelle 1 angegebenen Werkstoffnummern nach EN 10027-2 gebildet.

5 Bestellangaben

5.1 Verbindliche Angaben

Der Besteller muß bei der Anfrage und Bestellung folgende Angaben machen:

a) die zu liefernde Menge;
b) die Benennung der Erzeugnisform (Band, Blech, Band in Stäben);
c) die Nummer der Maßnorm (EN 10143);
d) die Maße, Grenzabmaße und Formtoleranzen und, falls zutreffend, die Kennbuchstaben für etwaige besondere Grenzabweichungen;
e) Nennung des Begriffs "Stahl";
f) die Nummer dieser Europäischen Norm (EN 10147);
g) Kurzname oder Werkstoffnummer der Stahlsorte und Symbol für die Art des Schmelztauchüberzuges nach Tabelle 1;
h) Kennzahl für das Auflagegewicht (z.B. 275 = 275 g/m² auf beiden Seiten zusammen, siehe Tabellen 2, 3 und 4);
i) Kennbuchstabe für die Ausführung des Überzugs (N, M oder R, siehe Tabellen 2 und 3 und 7.3);
j) Kennbuchstabe für die Oberflächenart (A, B oder C, siehe Tabellen 2 und 3 und 7.4);
k) Kennbuchstabe(n) für die Oberflächenbehandlung (C, O, CO oder U, siehe 7.5).

BEISPIEL:
1 Blech, geliefert mit Grenzabmaßen nach EN 10143, einer Nenndicke von 0,80 mm mit eingeschränkten Grenzabmaßen (S), einer Nennbreite von 1200 mm mit eingeschränkten Grenzabmaßen (S), einer Nennlänge von 2500 mm und mit eingeschränkten Ebenheitstoleranzen (FS) aus Stahl S320GD+ZF (1.0250+ZF) nach EN 10147, Auflagegewicht 100 g/m² (100), Ausführung übliche Beschaffenheit (R), Oberflächenart B, Oberflächenbehandlung geölt (O):

   1 Blech EN 10143-0,80Sx1200Sx2500FS
   Stahl EN 10147-S320GD+ZF100-R-B-O
oder
   1 Blech EN 10143-0,80Sx1200Sx2500FS
   Stahl EN 10147-1.0250+ZF100-R-B-O

5.2 Zusätzliche Angaben

Eine Anzahl von zusätzlichen Angaben sind in dieser Europäischen Norm festgelegt und nachstehend aufgeführt. Falls der Besteller nicht ausdrücklich seinen Wunsch zur Berücksichtigung einer dieser zusätzlichen Angaben äußert, muß der Lieferer nach den Grundanforderungen dieser Europäischen Norm liefern (siehe 5.1).

544

a) etwaige Lieferung von Auflagegewichten abweichend von denen nach Tabelle 4 (siehe 7.2.2),

b) etwaige gewünschte Lieferung mit unterschiedlichem Auflagegewicht je Seite (siehe 7.2.3),

c) etwaige Lieferung mit ausgeprägter Zinkblume (siehe 7.3.1),

d) etwaige Lieferung mit Freiheit von Rollknicken (siehe 7.6),

e) etwaige Anforderungen an den Höchstwert oder den Mindestwert des Auflagegewichts je Erzeugnisseite (siehe 7.7.2).

f) Angabe der zu kontrollierenden Oberfläche (siehe 7.9.1),

g) Prüfung der Erzeugnisse auf Übereinstimmung mit den Anforderungen dieser Norm (siehe 8.1.1 und 8.1.2),

h) etwaige Ausstellung einer Prüfbescheinigung und Art der Bescheinigung (siehe 8.7),

i) etwa gewünschte Kennzeichnung durch Stempelung der Erzeugnisse (siehe 9.2),

j) etwaige Anforderung an die Verpackung (siehe Abschnitt 10).

6 Herstellverfahren

Das Verfahren zur Herstellung des Stahls und der Erzeugnisse bleibt dem Hersteller überlassen.

7 Anforderungen

7.1 Mechanische Eigenschaften

7.1.1 Für die mechanischen Eigenschaften gelten die Werte nach Tabelle 1.

7.1.2 Die Werte des Zugversuchs gelten für die Längsproben und sind auf den Probenquerschnitt ohne Zinküberzug zu beziehen.

7.1.3 Bei allen feuerverzinkten Erzeugnissen nach dieser Norm kann mit der Zeit eine Verminderung der Umformbarkeit eintreten. Es liegt daher im Interesse des Verbrauchers, die Erzeugnisse möglichst bald nach Erhalt zu verarbeiten.

Tabelle 1: Stahlsorten und mechanische Eigenschaften der Stähle
(für Dicken ≤ 3 mm)

Bezeichnung			Streckgrenze	Zugfestigkeit	Bruchdeh-nung
Stahlsorte		Symbol für die Art des			
Kurzna-me	Werkstoff-nummer	Schmelz-tauchüber-zugs	R_{eH} N/mm^2 min.	R_m N/mm^2 min.[1]	A_{80} % min.[2]
S220GD	1.0241	+Z	220	300	20
S220GD	1.0241	+ZF			
S250GD	1.0242	+Z	250	330	19
S250GD	1.0242	+ZF			
S280GD	1.0244	+Z	280	360	18
S280GD	1.0244	+ZF			
S320GD	1.0250	+Z	320	390	17
S320GD	1.0250	+ZF			
S350GD	1.0529	+Z	350	420	16
S350GD	1.0529	+ZF			
S550GD	1.0531	+Z	550	560	-
S550GD	1.0531	+ZF			

[1] Für alle Stahlsorten außer S550GD+Z und S550GD+ZF kann eine Spanne von 140 N/mm² für die Zugfestigkeit erwartet werden.

[2] Bei Erzeugnisdicken ≤ 0,7 mm (einschließlich Zinkauflage) verringern sich die Mindestwerte der Bruchdehnung (A_{80}) um 2 Einheiten.

7.2 Überzüge

7.2.1 Für die Erzeugnisse kommen die in den Tabellen 2 und 3 genannten Überzüge aus Zink (Z) oder Zink-Eisen-Legierung (ZF) in Betracht.

7.2.2 Die lieferbaren Auflagegewichte sind in den Tabellen 2 und 3 angegeben. Andere Auflagegewichte müssen bei der Bestellung besonders vereinbart werden.

Dickere Zinkschichten schränken die Umformbarkeit und die Schweißeignung der Erzeugnisse ein. Bei der Bestellung des Auflagegewichts sind daher die Anforderungen an die Umformbarkeit und die Schweißeignung zu berücksichtigen.

7.2.3 Auf Vereinbarung bei der Bestellung sind die feuerverzinkten Flacherzeugnisse mit unterschiedlichen Auflagegewichten je Seite lieferbar. Die beiden Oberflächen können herstellungsbedingt ein unterschiedliches Aussehen haben.

7.3 Ausführung des Überzugs (siehe Tabellen 2 und 3)

7.3.1 Übliche Zinkblume (N)

Diese Ausführung ergibt sich bei einer unbeeinflußten Erstarrung des Zinküberzugs. In Abhängigkeit von den Verzinkungsbedingungen können entweder keine Zinkblumen oder Zinkkristalle mit unterschiedlichem Glanz und unterschiedlicher Größe vorliegen. Die Qualität des Überzugs wird dadurch nicht beeinflußt.

ANMERKUNG: Wird eine ausgeprägte Zinkblume gewünscht, ist dies bei der Bestellung besonders anzugeben.

7.3.2 Kleine Zinkblume (M)

Diese Ausführung ergibt sich durch gezielte Beeinflussung des Erstarrungsvorgangs. Die Oberfläche kann kleine bis makroskopisch nicht mehr erkennbare Zinkblumen aufweisen. Diese Ausfürung kommt in Betracht, wenn die übliche Zinkblume (siehe 7.3.1) den Ansprüchen an das Aussehen der Oberfläche nicht genügt.

7.3.3 Zink-Eisen-Legierung üblicher Beschaffenheit (R)

Dieser Überzug entsteht durch eine Wärmebehandlung, bei der Eisen durch das Zink diffundiert. Die Oberfläche hat ein einheitliches mattgraues Aussehen.

7.4 Oberflächenart

(Siehe Tabellen 2 und 3 sowie 7.9)

7.4.1 Übliche Oberfläche (A)

Unvollkommenheiten wie kleine Pickel, unterschiedliche Zinkblumengröße, dunkle Punkte, streifenförmige Markierungen und kleine Passivierungsflecke sind zulässig. Es können Streckrichtbrüche und Zinkablaufwellen auftreten.

7.4.2 Verbesserte Oberfläche (B)

Die Oberflächenart B wird durch Kaltnachwalzen erzielt. Bei dieser Oberflächenart sind in geringem Umfang Unvollkommenheiten wie Streckrichtbrüche, Dressierabdrücke, Riefen, Eindrücke, Zinkblumenstruktur und Zinkablaufwellen sowie leichte Passivierungsfehler zulässig. Die Oberfläche weist keine Pickel auf.

7.4.3 Beste Oberfläche (C)

Die Oberflächenart C wird durch Kaltnachwalzen erzielt. Die bessere Seite darf das einheitliche Aussehen einer Qualitätslackierung nicht beeinträchtigen. Die andere Seite muß mindestens den Merkmalen für die Oberflächenart B (siehe 7.4.2) entsprechen.

**Tabelle 2: Lieferbare Auflagen, Ausführungen und Oberflächenarten
bei Überzügen aus Zink (Z)**

Stahlsorte	Auflage [1)2)]	Ausführung des Überzugs			
		N	M		
		Oberflächenart [2)]			
		A	A	B	C
	100	X	X	X	X
	140	X	X	X	X
	200	X	X	X	X
Alle	225	X	X	X	X
	275	X	X	X	X
	350	X	X	-	-
	(450)	(X)	-	-	-
	(600) [3)]	(X)	-	-	-

[1)] Siehe auch 7.2.2.
[2)] Die in Klammern angegebenen Auflagen mit den zugehörigen Oberflächenarten sind nach Vereinbarung lieferbar.
[3)] Kommt nicht für die Stahlsorte S550GD+Z in Betracht.

**Tabelle 3: Lieferbare Auflagen, Ausführungen und Oberflächenarten
bei Überzügen aus Zink-Eisen-Legierung (ZF)**

Stahlsorte	Auflage	Ausführung des Überzuges		
		R		
		Oberflächenart		
		A	B	C
	100	X	X	X
Alle				
	140	X	X	-

[1)] Siehe auch 7.2.2

7.5 Oberflächenbehandlung (Oberflächenschutz)

7.5.1 Allgemeines

Feuerverzinkte Flacherzeugnisse erhalten üblicherweise im Herstellerwerk einen Oberflächenschutz nach den Angaben in 7.5.2 bis 7.5.4. Die Schutzwirkung ist zeitlich begrenzt, ihre Dauer hängt von den atmosphärischen Bedingungen ab.

7.5.2 Chemisch passiviert (C)

Das chemische Passivieren schützt die Oberfläche vor Feuchtigkeitseinwirkungen und vermindert die Gefahr einer Weißrostbildung bei Transport und Lagerung. Örtliche Verfärbungen durch diese Behandlung sind zulässig und beeinträchtigen nicht die Güte.

7.5.3 Geölt (O)

Auch diese Behandlung vermindert die Gefahr einer frühzeitigen Korrosion der Oberfläche.

Die Ölschicht muß sich mit geeigneten zinkschonenden und entfettenden Lösemitteln entfernen lassen.

7.5.4 Chemisch pasiviert und geölt (CO)

Diese Kombination der Oberflächenbehandlung kann vereinbart werden, wenn ein erhöhter Schutz gegen Weißrostbildung erforderlich ist.

7.5.5 Unbehandelt (U)

Nur auf ausdrücklichen Wunsch und auf Verantwortung des Bestellers werden feuerverzinkte Flacherzeugnisse nach dieser Norm ohne Oberflächenbehandlung geliefert. In diesem Fall besteht die erhöhte Gefahr der Korrosion.

7.6 Freiheit von Rollknicken

Die gewünschte Lieferung mit Freiheit von Rollknicken ist bei der Bestellung besonders anzugeben.

7.7 Auflagegewicht

7.7.1 Das Auflagegewicht muß den Angaben in Tabelle 4 entsprechen. Die Werte gelten für das Gesamtgewicht des Überzugs auf beiden Seiten bei der Dreiflächenprobe und der Einzelflächenprobe (siehe 8.4.4 und 8.5.3).

Die Zinkauflage ist nicht immer gleichmäßig auf beiden Erzeugnisseiten verteilt. Es kann jedoch davon ausgegangen werden, daß auf jeder Seite eine Auflage von mindestens 40 % des in Tabelle 4 genannten Wertes für die Einzelflächenprobe vorhanden ist.

Tabelle 4: Auflagegewichte

Auflage [1]	Auflagegewicht in g/m², zweiseitig [2]	
	min.	
	Dreiflächenprobe [3]	Einzelflächenprobe [3]
100	100	85
140	140	120
200	200	170
225	225	195
275	275	235
350	350	300
450	450	385
600	600	510

[1] Die für die einzelnen Stahlsorten lieferbaren Auflagen sind in den Tabellen 2 und 3 angegeben.
[2] Einem Auflagegewicht von 100 g/m² (zweiseitig) entspricht eine Schichtdicke von etwa 7,1 μm je Seite.
[3] Siehe 8.4.4 und 8.5.3

7.7.2 Für jede Auflage nach Tabelle 4 kann ein Höchstwert oder ein Mindestwert des Auflagegewichts je Erzeugnisseite (Einzelflächenprobe) vereinbart werden.

7.8 Haftung des Überzuges

Die Haftung des Überzuges ist nach dem in 8.5.2 angegebenen Verfahren zu prüfen. Nach dem Falten darf der Überzug keine Abblätterungen aufweisen, jedoch bleibt ein Bereich von 6 mm an jeder Probenkante außer Betracht, um den Einfluß des Schneidens auszuschalten. Rißbildungen und Aufrauhungen sind zulässig, ebenso ein Abstauben bei Überzügen aus Zink-Eisen-Legierung (ZF).

7.9 Oberflächenbeschaffenheit

7.9.1 Die Oberfläche muß den Angaben in 7.3 bis 7.5 entsprechen. Falls bei der Bestellung nicht anders vereinbart, wird beim Hersteller nur eine Oberfläche kontrolliert. Der Hersteller muß dem Besteller auf dessen Verlangen angeben, ob die oben oder die unten liegende Seite kontrolliert wurde.

Kleine Kantenrisse, die bei nicht geschnittenen Kanten auftreten können, berechtigen nicht zur Beanstandung.

7.9.2 Bei der Lieferung von Band in Rollen besteht in größerem Maß die Gefahr des Vorhandenseins von Oberflächenfehlern als bei der Lieferung von Blech und von Band in Stäben, da es dem Hersteller nicht möglich ist, alle Fehler in einer Rolle zu beseitigen. Dies ist vom Besteller bei der Beurteilung der Erzeugnisse in Betracht zu ziehen.

7.10 Grenzabmaße und Formtoleranzen

Es gelten die Festlegungen in EN 10143.

7.11 Eignung für die weitere Verarbeitung

7.11.1 Die Erzeugnisse nach dieser Norm - mit Ausnahme der Sorten S550GD+Z und S550GD+ZF - sind zum Schweißen mit geeigneten, d. h. der Stahlsorte und dem Auflagegewicht angemessenen Schweißverfahren geeignet.

7.11.2 Die Erzeugnisse nach dieser Norm sind für das Zusammenfügen durch Kleben geeignet.

7.11.3 Alle Stahlsorten und Oberflächenarten sind für das Aufbringen von organischen Beschichtungen geeignet. Das Aussehen nach dieser Behandlung wird von der bestellten Oberflächenart (siehe 7.4) beeinflußt.

> ANMERKUNG: Das Aufbringen von Oberflächenüberzügen und Beschichtungen erfordert eine zweckentsprechende Vorbehandlung beim Verarbeiter.

8 Prüfung

8.1 Allgemeines

8.1.1 Die Erzeugnisse können mit oder ohne Prüfung auf Übereinstimmung mit den Anforderungen dieser Europäischen Norm geliefert werden.

8.1.2 Wenn eine Prüfung gewünscht wird, muß der Besteller bei der Bestellung folgende Angaben machen:

- Art der Prüfung (spezifische oder nichtspezifische Prüfung, siehe EN 10021),
- Art der Prüfbescheinigung (siehe 8.7).

8.1.3 Spezifische Prüfungen sind nach den Festlegungen in 8.2 bis 8.6 durchzuführen.

8.2 Prüfeinheiten

Die Prüfeinheit beträgt 20 t oder angefangene 20 t von feuerverzinkten Flacherzeugnissen derselben Stahlsorte, Nenndicke, Überzugsausführung und Oberflächenart. Bei Band gilt auch eine Rolle mit einem Gewicht von mehr als 20 t als eine Prüfeinheit.

8.3 Anzahl der Prüfungen

Je Prüfeinheit nach 8.2 ist eine Versuchsreihe zur Ermittlung

- der mechanischen Eigenschaften (siehe 8.5.1),
- der Haftung des Überzugs (siehe 8.5.2) und
- des Auflagegewichts (siehe 8.5.3)

durchzuführen.

8.4 Probenahme

8.4.1 Bei Band sind die Proben vom Anfang oder Ende der Rolle zu entnehmen. Bei Blech und bei Band in Stäben bleibt die Auswahl des Stückes für die Probenahme dem mit der Ablieferungsprüfung Beauftragten überlassen.

8.4.2 Die Probe für den Zugversuch (siehe 8.5.1) ist in Längsrichtung und in einem Abstand von mindestens 50 mm von den Erzeugniskanten zu entnehmen.

8.4.3 Die Probe für den Faltversuch zur Prüfung der Haftung des Überzugs (siehe 8.5.2) darf in beliebiger Richtung entnommen werden. Der Abstand von den Erzeugniskanten muß mindestens 50 mm betragen. Die Probe muß so bemessen sein, daß die Länge der gefalteten Kante mindestens 100 mm beträgt.

8.4.4 Die drei Proben für die Prüfung des Auflagegewichts (siehe 8.5.3) sind bei ausreichender Erzeugnisbreite nach den Angaben in Bild 1 zu entnehmen. Die Proben dürfen rund oder quadratisch sein, die einzelne Probe muß eine Größe von mindestens 5000 mm² haben.

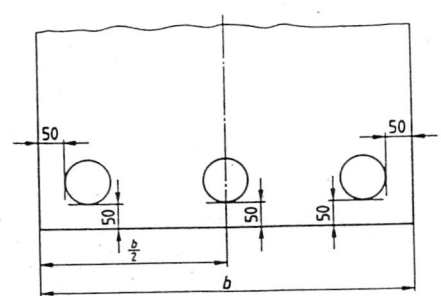

b = Band- oder Blechbreite

Bild 1: Lage der Proben zur Ermittlung der Zinkauflage
(Maße in mm)

Wenn wegen zu geringer Erzeugnisbreite die Probenahme nach Bild 1 nicht möglich ist, ist nur **eine** Probe mit einer Größe von mindestens 5000 mm² zu entnehmen. Das an ihr ermittelte Auflagegewicht muß den Festlegungen für die Einzelflächenprobe nach Tabelle 4 entsprechen.

8.4.5 Die Entnahme und etwaige Bearbeitung muß bei allen Proben so erfolgen, daß die Ergebnisse der Prüfungen nicht beeinflußt werden.

8.5 Prüfverfahren

8.5.1 Der Zugversuch ist nach EN 10002-1 durchzuführen, und zwar mit Proben der Form 2 (Anfangsmeßlänge L_0 = 80 mm, Breite b = 20 mm) nach EN 10002-1 (siehe auch 7.1.2).

8.5.2 Der Faltversuch zur Prüfung der Haftung des Überzugs (siehe auch 7.8 und 8.4.3) ist nach EURONORM 12 durchzuführen.

Dabei sind die Durchmesser D des Biegedorns oder der Biegerolle nach Tabelle 5 anzuwenden. Der Biegewinkel beträgt in allen Fällen 180 °.

Beim Zusammendrücken der Probenschenkel ist darauf zu achten, daß der Überzug nicht beschädigt wird.

**Tabelle 5: Faltversuch zur Prüfung der Haftung des Überzugs
(für Erzeugnisdicken ≤ 3 mm)**

Stahlsorte	Biegedorndurchmesser D [1] bei der Auflage							
	100	140	200	225	275	350	450	600
S220GD+Z	1a	1a	1a	1a	1a	1a	1a	2a
S220GD+ZF	1a	1a	-	-	-	-	-	-
S250GD+Z	1a	1a	1a	1a	1a	1a	1a	2a
S250GD+ZF	1a	1a	-	-	-	-	-	-
S280GD+Z	2a	2a	2a	2a	2a	2a	2a	3a
S280GD+ZF	2a	2a	-	-	-	-	-	-
S320GD+Z	3a	3a	3a	3a	3a	3a	3a	4a
S320GD+ZF	3a	3a	-	-	-	-	-	-
S350GD+Z [2]	3a	3a	3a	3a	3a	3a	3a	4a
S350GD+ZF [2]	3a	3a	-	-	-	-	-	-
S550GD+Z	-	-	-	-	-	-	-	-
S550GD+ZF	-	-	-	-	-	-	-	-

[1] a = Erzeugnisdicke
[2] Biegedorndurchmesser = 4a bei Erzeugnisdicken > 1,5 mm

8.5.3 Das Gewicht der Auflage wird durch chemisches Ablösen des Überzugs aus der Gewichtsdifferenz der Proben vor und nach dem Entzinken ermittelt. Bei der Prüfung mit Proben nach Bild 1 ergibt sich der Wert für die Dreiflächenprobe als arithmetisches Mittel aus den drei Versuchsergebnissen. Jedes Einzelergebnis muß den Anforderungen an die Einzelflächenprobe nach Tabelle 4 entsprechen.

Für die laufenden Überprüfungen beim Hersteller können auch andere Verfahren - z. B. zerstörungsfreie Prüfungen - angewendet werden. In Schiedsfällen ist jedoch das im Anhang A zu dieser Norm beschriebene Verfahren anzuwenden.

8.6 Wiederholungsprüfungen

Es gelten die Festlegungen in EN 10021. Bei Rollen sind die Wiederholungsproben in einem Abstand von mindestens einer Windung, jedoch von höchstens 20 m vom Bandende zu entnehmen.

8.7 Prüfbescheinigungen

Auf entsprechende Vereinbarung bei der Bestellung ist eine der in EN 10204 genannten Prüfbescheinigungen auszustellen (siehe auch 8.1.2).

9 Kennzeichnung

9.1 An jeder Rolle oder jedem Paket ist ein Schild anzubringen, das mindestens folgende Angaben enthalten muß:

- Name oder Zeichen des Lieferwerks,
- Bezeichnung (bestehend aus 5.1 b) und 5.1 f) bis 5.1 k)),
- Nennmaße des Erzeugnisses,
- Identifikationsnummer,
- Auftragsnummer,
- Gewicht der Rolle oder des Pakets.

9.2 Eine Kennzeichnung der Erzeugnisse durch Stempelung kann bei der Bestellung vereinbart werden.

10 Verpackung

Die Anforderungen an die Verpackung der Erzeugnisse sind bei der Bestellung zu vereinbaren.

11 Lagerung und Transport

11.1 Feuchtigkeit, besonders auch Schwitzwasser zwischen den Tafeln, Windungen einer Rolle oder sonstigen zusammenliegenden Teilen aus feuerverzinkten Flacherzeugnissen kann zur Bildung von mattgrauen bis weißen Belägen (Weißrost) führen. Die Möglichkeiten zum Schutz der Oberflächen sind in 7.5 angegeben. Bei längerem Kontakt mit der Feuchtigkeit kann jedoch der Korrosionsschutz örtlich vermindert werden. Vorsorglich sollten die Erzeugnisse trocken transportiert und gelagert und vor Feuchtigkeit geschützt werden.

11.2 Während des Transportes können durch Reibung dunkle Punkte auf den feuerverzinkten Oberflächen entstehen, die im allgemeinen nur das Aussehen beeinträchtigen. Durch Ölen der Erzeugnisse wird eine Verringerung der Reibung bewirkt. Es sollten jedoch folgende Vorsichtsmaßnahmen getroffen werden: Feste Verpackung, satte Auflage, keine örtlichen Druckbelastungen.

12 Beanstandungen

Für Beanstandungen nach der Lieferung und deren Bearbeitung gilt EN 10021.

Anhang A
(normativ)

Referenzverfahren zur Ermittlung des Zinkauflagegewichts

A.1 Grundsatz

Die Probengröße muß mindestens 5000 mm² betragen. Bei Verwendung einer Probe von 5000 mm² Größe ergibt der durch die Ablösung des Überzugs entstehende Gewichtsverlust in Gramm nach Multiplikation mit 200 das Gesamtgewicht der Auflage in Gramm pro Quadratmeter auf beiden Seiten des Erzeugnisses.

A.2 Reagenzien und Herstellung der Lösung

Reagenzien:

- Salzsäure (HCl, ρ_{20} = 1,19 g/cm³)
- Hexamethylentetramin

Herstellung der Lösung:

Die Salzsäure wird mit vollentsalztem oder destilliertem Wasser im Verhältnis von einem Teil HCl zu einem Teil Wasser (50 %-Lösung) verdünnt. Dieser Lösung werden unter Rühren 3,5 g Hexamethylentetramin je Liter zugegeben.

Die so hergestellte Lösung ist für die Prüfung von Überzügen sowohl aus Zink als auch aus Zink-Eisen-Legierungen geeignet und ermöglicht zahlreiche aufeinanderfolgende Ablösungen unter zufriedenstellenden Bedingungen im Hinblick auf die Schnelligkeit und Genauigkeit.

A.3 Versuchseinrichtung

Waage, die die Ermittlung des Probengewichts auf 0,01 g gestattet. Für den Versuch ist eine Abzugs-Vorrichtung zu verwenden.

A.4 Versuchsdurchführung

Jede Probe ist wie folgt zu behandeln:

- Falls erforderlich, Entfettung der Probe mit einem organischen, das Zink nicht angreifenen Lösemittel mit anschließender Trocknung der Probe;

- Wägung der Probe auf 0,01 g;

- Eintauchen der Probe in die Lösung nach A.2 bei Umgebungstemperatur (20 °C bis 25 °C). Die Probe wird in dieser Lösung belassen, bis kein Wasserstoff mehr entweicht oder nur noch wenige Blasen entstehen;

- nach dem Ende der Reaktion wird die Probe gewaschen, unter fließendem

Wasser gebürstet, mit einem Tuch vorgetrocknet, durch Erwärmen auf rd. 100 °C weitergetrocknet und im warmen Luftstrom abgekühlt;

- erneutes Wägen der Probe auf 0,01 g;

- Ermittlung des Gewichtsunterschiedes der Probe mit und ohne Überzug. Dieser Unterschied, ausgedrückt in Gramm, stellt das Auflagewicht m dar.

Anhang B
(informativ)

Liste früherer vergleichbarer Bezeichnungen

Die folgende Tabelle B.1 enthält die früheren Bezeichnungen nach EN 10147:1991 und die neuen Bezeichnungen nach EN 10027-1, CR 10260 und EN 10027-2.

Tabelle B.1: Liste vergleichbarer Bezeichnungen

Bezeichnung nach prEN 10147:1997			Bezeichnung nach EN 10147:1991
Kurzname	Werkstoff-nummer	Symbol für die Art des Schmelz-tauchüberzugs	Kurzname
S220GD	1.0241	+Z	Fe E 220 G Z
S220GD	1.0241	+ZF	Fe E 220 G ZF
S250GD	1.0242	+Z	Fe E 250 G Z
S250GD	1.0242	+ZF	Fe E 250 G ZF
S280GD	1.0244	+Z	Fe E 280 G Z
S280GD	1.0244	+ZF	Fe E 280 G ZF
S320GD	1.0250	+Z	Fe E 320 G Z
S320GD	1.0250	+ZF	Fe E 320 G ZF
S350GD	1.0529	+Z	Fe E 350 G Z
S350GD	1.0529	+ZF	Fe E 350 G ZF
S550GD	1.0531	+Z	Fe E 550 G Z
S550GD	1.0531	+ZF	Fe E 550 G ZF

Oktober 1996

Kontinuierlich organisch beschichtete (bandbeschichtete) Flacherzeugnisse aus Stahl
Teil 1: Allgemeines
(Definitionen, Werkstoffe, Grenzabweichungen, Prüfverfahren)
Deutsche Fassung EN 10169-1:1996

DIN

EN 10169-1

ICS 77.140.50

Deskriptoren: Flacherzeugnis, Beschichtung, Stahl, Lieferbedingung

Continuously organic coated (coil coated) steel flat products —
Part 1: General information (definitions, materials, tolerances, test methods);
German version EN 10169-1:1996
Produits plats en acier revêtus en continu de matières organiques (prélaqués) —
Partie 1: Généralités (définitions, matériaux, tolérances, méthodes d'essai);
Version allemande EN 10169-1:1996

Die Europäische Norm EN 10169-1:1996 hat den Status einer Deutschen Norm.

Nationales Vorwort

Die Europäische Norm EN 10169-1 ist vom Technischen Komitee (TC) 27 "Flacherzeugnisse aus Stahl mit Überzügen" (Sekretariat: Deutschland) des Europäischen Komitees für die Eisen- und Stahlnormung (ECISS) ausgearbeitet worden.

Das zuständige deutsche Normungsgremium ist der Unterausschuß 01/3 "Kontinuierlich organisch beschichtete (bandbeschichtete) Flacherzeugnisse aus Stahl" des Normenausschusses Eisen und Stahl (FES) im DIN.

Die EN 10169-1 enthält allgemeine Angaben zur Auswahl und Bestellung von kontinuierlich organisch beschichteten Flacherzeugnissen aus Stahl und beschreibt angemessene technische Anforderungen z. B. an die Prüfverfahren, die Grenzabmaße der Schichtdicke, das Aussehen sowie die Maß- und Formtoleranzen für diese Erzeugnisse. In der vorliegenden Fassung wurden die Festlegungen der EURONORM 169 (Ausgabe 1986-01) weitgehend überarbeitet und — unter Berücksichtigung der Arbeiten und des Verhandlungsstandes in den Technischen Komitees CEN/TC 139 "Lacke und Anstrichstoffe" sowie CEN/TC 249 "Kunststoffe" — auf den neuesten Stand ausgerichtet. Es besteht die Absicht, die allgemeinen Festlegungen in EN 10169-1 durch weitere Teile der EN 10169 um die spezifischen Anforderungen für bestimmte Verwendungszwecke zu ergänzen. EN 10169-2 "Erzeugnisse für den Bauaußeneinsatz" befindet sich zur Zeit im Entwurfsstadium.

Für die im Abschnitt 2 zitierten Internationalen Normen, EURONORMEN und das CR-Dokument wird im folgenden auf die entsprechenden Deutschen Normen hingewiesen:

CR 10260	siehe DIN V 17006-100
EURONORM 12	siehe DIN 50111
ISO/DIS 1043-1	siehe DIN 7728-1
ISO 2808	siehe DIN EN ISO 2178, DIN EN ISO 2360 und DIN EN ISO 3882, E DIN ISO 2808
ISO 2810	siehe DIN 53166
ISO 2813	siehe DIN 67530
ISO 3668	siehe DIN 53218
ISO 4628-1	siehe DIN 53210 und DIN 53230
ISO 4628-2	siehe E DIN 53209
ISO 4628-3	siehe E DIN 53210
ISO 4628-4	siehe DIN ISO 4628-4
ISO 4628-5	siehe DIN ISO 4628-5
ISO 4628-6	siehe DIN 53223
ISO 4892-1	siehe DIN 53387
ISO 4892-2	siehe DIN 53387
ISO 4892-3	siehe DIN 53384
ISO 4892-4	siehe DIN 53387
ISO 4997	siehe DIN 1623-2
ISO 7253	siehe DIN 53167
ISO 7724-1	siehe DIN 5033-7
ISO 7724-2	siehe DIN 5033-7, 5033-9 und DIN 53236
ISO 7724-3	siehe DIN 6174
ISO 11341	siehe DIN 53231

Für EURONORM 153, ISO 1518 und ISO 2815 gibt es keine entsprechende DIN-Norm.

Fortsetzung Seite 2
und 12 Seiten EN

Normenausschuß Eisen und Stahl (FES) im DIN Deutsches Institut für Normung e.V.

Nationaler Anhang NA (informativ)
Literaturhinweise

DIN 1623-2
Flacherzeugnisse aus Stahl — Kaltgewalztes Band und Blech — Technische Lieferbedingungen — Allgemeine Baustähle
DIN 5033-7
Farbmessung — Meßbedingungen für Körperfarben
DIN 5033-9
Farbmessung — Weißstandard für Farbmessung und Photometrie
DIN 6174
Farbmetrische Bestimmung von Farbabständen bei Körperfarben nach der CIELAB-Formel
DIN 7728-1
Kunststoffe — Kennbuchstaben und Kurzzeichen für Polymere und ihre besonderen Eigenschaften
DIN V 17006-100
Bezeichnungssysteme für Stähle — Zusatzsymbole für Kurznamen; Deutsche Fassung ECISS-IC 10 : 1993
DIN 50111
Prüfung metallischer Werkstoffe — Technologischer Biegeversuch (Faltversuch)
DIN 53166
Prüfung von Anstrichstoffen und ähnlichen Beschichtungsstoffen — Freibewitterung von Anstrichen und ähnlichen Beschichtungen — Allgemeine Angaben
DIN 53167
Lacke, Anstrichstoffe und ähnliche Beschichtungsstoffe — Satzsprühnebelprüfung an Beschichtungen
E DIN 53209
Lacke und Anstrichstoffe — Beurteilung von Beschichtungsschäden — Bezeichnung von Ausmaß, Menge und Größe allgemeiner Schäden — Teil 2: Bezeichnung des Blasengrades; Identisch mit ISO 4628-2 : 1982
DIN 53210
Bezeichnung des Rostgrades von Anstrichen und ähnlichen Beschichtungsstoffen
E DIN 53210
Lacke und Anstrichstoffe — Beurteilung von Beschichtungsschäden — Bezeichnung von Ausmaß, Menge und Größe allgemeiner Schäden — Teil 3: Bezeichnung des Rostgrades; Identisch mit ISO 4628-3 : 1982
DIN 53218
Prüfung von Anstrichstoffen und ähnlichen Beschichtungsstoffen — Visueller Farbvergleich (Farbabmusterung) von Anstrichen und ähnlichen Beschichtungen
DIN 53223
Prüfung von Anstrichstoffen und ähnlichen Beschichtungsstoffen — Bestimmung des Kreidungsgrades von Anstrichen und ähnlichen Beschichtungen nach der Klebebandmethode
DIN 53230
Prüfung von Anstrichstoffen und ähnlichen Beschichtungsstoffen — Bewertungssystem für die Auswertung von Prüfungen
DIN 53231
Lacke, Anstrichstoffe und ähnliche Beschichtungsstoffe — Künstliches Bewittern und Bestrahlen von Beschichtungen in Geräten — Beanspruchung durch gefilterte Xenonbogenstrahlung
DIN 53236
Prüfung von Farbmitteln — Meß- und Auswertebedingungen zur Bestimmung von Farbunterschieden bei Anstrichen, ähnlichen Beschichtungen und Kunststoffen
DIN 53384
Prüfung von Kunststoffen — Künstliches Bewittern oder Bestrahlen in Geräten — Beanspruchung durch UV-Strahlung
DIN 53387
Prüfung von Kunststoffen und Elastomeren — Künstliches Bewittern oder Bestrahlen in Geräten — Beanspruchung durch gefilterte Xenonbogenstrahlung
DIN 67530
Reflektometer als Hilfsmittel zur Glanzbeurteilung an ebenen Anstrich- und Kunststoff-Oberflächen
DIN EN ISO 2178
Nichtmagnetische Überzüge auf magnetischen Grundmetallen — Messen der Schichtdicke — Magnetverfahren (ISO 2178 : 1982); Deutsche Fassung EN ISO 2178 : 1995
DIN EN ISO 3882
Metallische und andere organische Schichten — Übersicht von Verfahren der Schichtdickenmessung (ISO 3882 : 1986); Deutsche Fassung EN ISO 3882 : 1994
DIN EN ISO 2360
Nichtleitende Überzüge auf nichtmagnetischen Grundmetallen — Messen der Schichtdicke — Wirbelstromverfahren (ISO 2360 : 1982); Deutsche Fassung EN ISO 2360 : 1995
E DIN ISO 2808
Lacke, Anstrichstoffe und ähnliche Beschichtungsstoffe — Bestimmung der Schichtdicke; Identisch mit ISO/DIS 2808 : 1988
DIN ISO 4628-4
Lacke, Anstrichstoffe und ähnliche Beschichtungsstoffe — Bezeichnung des Grades der Rißbildung von Beschichtungen; Identisch mit ISO 4628-4, Ausgabe 1982
DIN ISO 4628-5
Lacke, Anstrichstoffe und ähnliche Beschichtungsstoffe — Bezeichnung des Grades des Abblätterns von Beschichtungen; Identisch mit ISO 4628-5, Ausgabe 1982

EUROPÄISCHE NORM
EUROPEAN STANDARD
NORME EUROPÉENNE

EN 10169-1

August 1996

ICS 77.140.50

Deskriptoren: Eisen- und Stahlerzeugnis, Blech, Breitband, Band, Rolle, Stahl, organische Beschichtung, Bezeichnung, Werkstoff, Eigenschaft, Prüfung, Grenzabmaß, Kennzeichnung, Lagerung

Deutsche Fassung

Kontinuierlich organisch beschichtete (bandbeschichtete) Flacherzeugnisse aus Stahl
Teil 1: Allgemeines
(Definitionen, Werkstoffe, Grenzabweichungen, Prüfverfahren)

Continuously organic coated (coil coated) steel flat products − Part 1: General information (definitions, materials, tolerances, test methods)

Produits plats en acier revêtus en continu de matières organiques (prélaqués) − Partie 1: Généralités (définitions, matèriaux, tolérances, méthodes d'essai)

Diese Europäische Norm wurde von CEN am 1996-04-12 angenommen.

Die CEN-Mitglieder sind gehalten, die CEN/CENELEC-Geschäftsordnung zu erfüllen, in der die Bedingungen festgelegt sind, unter denen dieser Europäischen Norm ohne jede Änderung der Status einer nationalen Norm zu geben ist.

Auf dem letzten Stand befindliche Listen dieser nationalen Normen mit ihren bibliographischen Angaben sind beim Zentralsekretariat oder bei jedem CEN-Mitglied auf Anfrage erhältlich.

Diese Europäische Norm besteht in drei offiziellen Fassungen (Deutsch, Englisch, Französisch). Eine Fassung in einer anderen Sprache, die von einem CEN-Mitglied in eigener Verantwortung durch Übersetzung in seine Landessprache gemacht und dem Zentralsekretariat mitgeteilt worden ist, hat den gleichen Status wie die offiziellen Fassungen.

CEN-Mitglieder sind die nationalen Normungsinstitute von Belgien, Dänemark, Deutschland, Finnland, Frankreich, Griechenland, Irland, Island, Italien, Luxemburg, Niederlande, Norwegen, Österreich, Portugal, Schweden, Schweiz, Spanien und dem Vereinigten Königreich.

CEN

EUROPÄISCHES KOMITEE FÜR NORMUNG
European Committee for Standardization
Comité Européen de Normalisation

Zentralsekretariat: rue de Stassart 36, B-1050 Brüssel

Ref. Nr. EN 10169-1 : 1996 D

Inhalt

Vorwort

Diese Europäische Norm wurde vom Technischen Komitee ECISS/TC 27 "Flacherzeugnisse mit Überzügen — Güte-, Maß- und besondere Prüfnormen" erarbeitet, dessen Sekretariat vom DIN gehalten wird.

Die Europäische Norm EN ersetzt die von der Europäischen Gemeinschaft für Kohle und Stahl herausgegebene EURO-NORM 169-1985: Organisch bandbeschichtetes Flachzeug aus Stahl.

Diese Europäische Norm muß den Status einer nationalen Norm erhalten, entweder durch Veröffentlichung eines identischen Textes oder durch Anerkennung bis Februar 1997, und etwaige entgegenstehende nationale Normen müssen bis Februar 1997 zurückgezogen werden.

Entsprechend der CEN/CENELEC-Geschäftsordnung sind die nationalen Normungsinstitute der folgenden Länder gehalten, diese Europäische Norm zu übernehmen:

Belgien, Dänemark, Deutschland, Finnland, Frankreich, Griechenland, Irland, Island, Italien, Luxemburg, Niederlande, Norwegen, Österreich, Portugal, Schweden, Schweiz, Spanien und das Vereinigte Königreich.

1 Anwendungsbereich

1.1 Diese Europäische Norm enthält Angaben über Auswahl und Bestellung kontinuierlich organisch beschichteter (bandbeschichteter) Flacherzeugnisse aus Stahl und legt die angemessenen technischen Anforderungen an die Erzeugnisse fest, z. B. an die Prüfverfahren, an die Grenzabmaße der Schichtdicke, das Aussehen sowie die Maß- und Formtoleranzen für die Erzeugnisse.

Diese Europäische Norm gilt für gewalzte Flacherzeugnisse aus Stahl mit und ohne metallischen Überzug, die kontinuierlich im "coil coating"-Verfahren organisch beschichtet worden sind.

Bei den erfaßten Erzeugnissen handelt es sich um Breitband, daraus abgelängtes Blech, längsgeteiltes Breitband, Band mit Walzbreiten unter 600 mm und Stäbe (aus Blech oder längsgeteiltem Band).

1.2 Die Erzeugnisse nach dieser Europäischen Norm eignen sich für Verwendungszwecke, bei denen Korrosionsschutz und dekoratives Aussehen von vorrangiger Bedeutung sind. In diesem Sinne kommen sie in der gesamten Band und Blech verarbeitenden Industrie, z. B. im Bauwesen, in der Fahrzeug-, Geräte-und Möbelindustrie sowie bei technischen Verpackungen, zum Einsatz.
Je nach dem verwendeten Grundwerkstoff (Stahl der verschiedenen Sorten mit und ohne metallischen Überzug), Beschichtungsstoff und Beschichtungssystem sowie den Anforderungen an Aussehen, Umformbarkeit und allgemeines Gebrauchsverhalten sind bandbeschichtete Flacherzeugnisse in zahlreichen Arten und Sorten lieferbar. In Abhängigkeit von der Wahl der Kombinationen aus genannten Merkmale und der Lagerzeit sind auch die Eigenschaften der Erzeugnisse in mehr oder weniger weiten Grenzen veränderlich.

1.3 Für besondere Anwendungen bandbeschichteter Flacherzeugnisse aus Stahl sind weitere Teile vorgesehen, z. B. Teil 2: Erzeugnisse aus Stahl für den Außeneinsatz im Bauwesen.

1.4 Diese Europäische Norm gilt nicht für kontinuierlich organisch beschichtetes
– Verpackungsblech und -band,
– Elektroblech und -band,
– Stahlpackband.

2 Normative Verweisungen

Diese Europäische Norm enthält durch datierte oder undatierte Verweisungen Festlegungen aus anderen Publikationen. Diese normativen Verweisungen sind an den jeweiligen Stellen im Text zitiert, und die Publikationen sind nachstehend aufgeführt. Bei datierten Verweisungen gehören spätere Änderungen oder Überarbeitungen dieser Publikationen nur zu dieser Europäischen Norm, falls sie durch Änderung oder Überarbeitung eingearbeitet sind. Bei undatierten Verweisungen gilt die letzte Ausgabe der in Bezug genommenen Publikation.

2.1 Normen für die Grundwerkstoffe

ENV 606
Strichcode-Etiketten für den Transport und die Handhabung von Stahlprodukten
EN 10020
Begriffsbestimmungen für die Einteilung der Stähle
EN 10021
Allgemeine technische Lieferbedingungen für Stahl und Stahlerzeugnisse
EN 10025
Warmgewalzte Erzeugnisse aus unlegierten Baustählen – Technische Lieferbedingungen
EN 10027-1
Bezeichnungssysteme für Stähle – Teil 1: Kurznamen, Hauptsymbole
EN 10027-2
Bezeichnungssysteme für Stähle – Teil 2: Nummernsystem
EN 10048
Warmgewalzter Bandstahl – Grenzabmaße und Formtoleranzen
EN 10051
Kontinuierlich warmgewalztes Blech und Band ohne Überzug aus unlegierten und legierten Stählen – Grenzabmaße und Formtoleranzen
EN 10079
Begriffsbestimmungen für Stahlerzeugnisse
EN 10111
Kontinuierlich warmgewalztes Blech und Band aus weichen Stählen zum Kaltumformen – Technische Lieferbedingungen
EN 10130
Kaltgewalzte Flacherzeugnisse aus weichen Stählen zum Kaltumformen – Technische Lieferbedingungen
EN 10131
Kaltgewalzte Flacherzeugnisse ohne Überzug aus weichen Stählen sowie aus Stählen mit höherer Streckgrenze zum Kaltumformen – Grenzabmaße und Formtoleranzen
EN 10139
Kaltband ohne Überzug aus weichen Stählen zum Kaltumformen – Technische Lieferbedingungen
EN 10140
Kaltgewalzter Bandstahl – Grenzabmaße und Formtoleranzen

EN 10142
Kontinuierlich feuerverzinktes Blech und Band aus weichen Stählen zum Kaltumformen – Technische Lieferbedingungen
EN 10143
Kontinuierlich schmelztauchveredeltes Blech und Band aus Stahl – Grenzabmaße und Formtoleranzen
EN 10147
Kontinuierlich feuerverzinktes Blech und Band aus Baustählen – Technische Lieferbedingungen
EN 10152
Elektrolytisch verzinkte kaltgewalzte Flacherzeugnisse aus Stahl – Technische Lieferbedingungen
EN 10154
Kontinuierlich schmelztauchveredeltes Band und Blech aus Stahl mit Aluminium-Silicium-Überzügen (AS) – Technische Lieferbedingungen
EN 10204
Metallische Erzeugnisse – Arten von Prüfbescheinigungen
EN 10214
Kontinuierlich schmelztauchveredeltes Band und Blech aus Stahl mit Zink-Aluminium-Überzügen (ZA) – Technische Lieferbedingungen
EN 10215
Kontinuierlich schmelztauchveredeltes Band und Blech aus Stahl mit Aluminium-Zink-Überzügen (AZ) – Technische Lieferbedingungen
EN 10268 [1]
Kaltgewalzte Flacherzeugnisse mit hoher Streckgrenze zum Kaltumformen aus schweißgeeigneten mikrolegierten Stählen – Technische Lieferbedingungen
CR 10260
Bezeichnungssysteme für Stähle – Zusatzsymbole für Kurznamen
EURONORM 153 [2]
Kaltgewalztes feuerverbleites Flachzeug (Terneblech und -band) aus weichen unlegierten Stählen für Kaltumformung – Technische Lieferbedingungen
ISO 4997
Cold-reduced steel sheet of structural quality

2.2 Normen für die Prüfung organischer Beschichtungen und für allgemeine Begriffsbestimmungen

EN 971-1 [1]
Lacke und Anstrichstoffe – Fachausdrücke und Definitionen für Beschichtungsstoffe – Teil 1: Allgemeine Begriffe
EN 23270
Lacke, Anstrichstoffe und deren Rohstoffe – Temperaturen und Luftfeuchten für Konditionierung und Prüfung
EN ISO 1519
Lacke und Anstrichstoffe – Dornbiegeversuch (zylindrischer Dorn)
EN ISO 1520
Lacke und Anstrichstoffe – Tiefungsprüfung
EN ISO 2409
Lacke und Anstrichstoffe – Gitterschnittprüfung
EN ISO 6272
Lacke und Anstrichstoffe – Prüfung durch ein fallendes Gewichtsstück

---

[1] Z. Z. Entwurf
[2] Bis zu ihrer Umwandlung in Europäische Normen können entweder die genannten EURONORMEN oder die entsprechenden nationalen Normen angewendet werden.

563

EURONORM 12 [2])
    Faltversuch an Stahlblechen und -bändern mit einer Dicke unter 3 mm
ISO/DIS 1043-1
    Plastics — Symbols — Part 1: Basic polymers and their special characteristics
ISO 1518
    Paints and varnishes — Scratch test
ISO 2808
    Paints and varnishes — Determination of film thickness
ISO 2810
    Paints and varnishes — Notes for guidance on the conduct of natural weathering
ISO 2813
    Paints and varnishes — Determination of specular gloss of non-metallic paint films at 20°, 60° and 85°
ISO 2815
    Paints and varnishes — Buchholz indentation test
ISO 3668
    Paints and varnishes — Visual comparison of the colour of paints
ISO 4628-1
    Paints and varnishes — Evaluation of degradation of paint coatings — Designation of intensity, quantity and size of common defect — Part 1: General principles and rating schemes
ISO 4628-2
    Paints and varnishes — Evaluation of degradation of paint coatings — Designation of intensity, quantity and size of common defect — Part 2: Designation of degree of blistering
ISO 4628-3
    Paints and varnishes — Evaluation of degradation of paint coatings — Designation of intensity, quantity and size of common defect — Part 3: Designation of degree of rusting
ISO 4628-4
    Paints and varnishes — Evaluation of degradation of paint coatings — Designation of intensity, quantity and size of common defect — Part 4: Designation of degree of cracking
ISO 4628-5
    Paints and varnishes — Evaluation of degradation of paint coatings — Designation of intensity, quantity and size of common defect — Part 5: Designation of degree of flaking
ISO 4628-6
    Paints and varnishes — Evaluation of degradation of paint coatings — Designation of intensity, quantity and size of common defect — Part 6: Rating of degree of chalking by tape method
ISO 4892-1
    Plastics — Methods of exposure to laboratory light sources — Part 1: General guidance
ISO 4892-2
    Plastics — Methods of exposure to laboratory light sources — Part 2: Xenon-arc sources
ISO 4892-3
    Plastics — Methods of exposure to laboratory light sources — Part 3: Fluorescent UV lamps
ISO 4892-4
    Plastics — Methods of exposure to laboratory light sources — Part 4: Open-flame carbon-arc lamps
ISO 7253
    Paints and varnishes — Determination of resistance to neutral salt spray

ISO 7724-1
    Paints and varnishes — Colorimetry — Part 1: Principles
ISO 7724-2
    Paints and varnishes — Colorimetry — Part 2: Colour measurement
ISO 7724-3
    Paints and varnishes — Colorimetry — Part 3: Calculation of colour difference
ISO 11341
    Paints and varnishes — Artificial weathering of coatings and exposure of coatings to artificial radiation alone — Exposure to filtered xenon-arc radiation
ASTM D 3363-92a
    Standard test method for film hardness by pencil test
ASTM D 4145-83
(Reapproved 1990)
    Standard test methods for coating flexibility of prepainted sheet
ASTM D 4214-89
    Standard test methods for evaluating the degree of chalking of exterior paint films
ASTM E 284-94a
    Standard terminology of appearance

3 Definitionen

Für die Anwendung dieser Europäischen Norm gelten zusätzlich zu den Definitionen in EN 971-1, EN 10020, EN 10021, EN 10079, EN 10204 und ASTM E 284-94a (siehe Abschnitt 2) folgende Definitionen:

3.1 Bandbeschichtung ("coil coating"): Verfahren, bei dem gewalzte Flacherzeugnisse kontinuierlich (organisch) beschichtet werden. Dieses Verfahren schließt die Reinigung (falls erforderlich) und die Oberflächenvorbehandlung der Metalloberfläche und

    — entweder das ein- oder zweiseitige, ein- oder mehrmalige Auftragen flüssiger oder pulverförmiger Beschichtungsstoffe mit anschließender Filmbildung in der Wärme

    — oder das Laminieren mit Kunststoff-Folien

ein.

3.2 Metallischer Grundwerkstoff (Substrat): Grundwerkstoff aus gewalzten Flacherzeugnissen aus Stahl, mit und ohne metallischen Überzug.

3.3 Beschichtungsstoff: Stoff, bestehend aus organischen Polymeren, d. h. Kunstharzen oder Kunststoffen, denen im allgemeinen Pigmente, Additive und Lösemittel (sofern erforderlich) zugesetzt werden. Hierdurch werden sie in eine für die Bandbeschichtung geeignete Form gebracht. Es handelt sich dabei um (flüssige) Lacke oder Pulverlacke, die nach dem Auftragen einen deckenden Film ergeben, oder um Kunststoff-Folien, mit schützenden, dekorativen und/oder spezifischen Eigenschaften.

3.4 Beschichtung: Der Trockenfilm eines beschichteten Erzeugnisses oder die Kunststoff-Folie eines folienbeschichteten Erzeugnisses.

3.5 Oberseite: Die Bandseite mit den höchsten Anforderungen an das Aussehen und/oder den Korrosionsschutz. Diese liegt üblicherweise zuoberst, oder es handelt sich um die Außenseite einer Rolle. Sie wird vom Hersteller fortlaufend kontrolliert.

3.6 Rückseite: Die Bandunterseite, üblicherweise mit einer Rückseitenbeschichtung versehen. Bei besonderen Anforderungen sind andere Systeme möglich (wie in 3.7.2, 3.7.3 und 3.12 beschrieben).

---

[2]) Siehe Seite 3

3.7 Beschichtungssysteme

3.7.1 Allgemeines

Ein Beschichtungssystem ist die Gesamtheit der Schichten auf der Bandoberseite bzw. Bandrückseite, bestehend aus einer oder mehreren Schicht(en) aus einem oder mehreren Beschichtungsstoff(en). Die Bezeichnung des Beschichtungssystems wird vom maßgebenden Beschichtungsstoff abgeleitet.

3.7.2 Einschichtsystem: Bestehend aus einer Schicht, mit Anforderungen an Aussehen (siehe 3.18), Umformbarkeit, Korrosionsschutz, weitere Beschichtung, Schaumhaftung usw. oder als Grundbeschichtung mit besonderen Anforderungen an Haftung und Korrosionsschutz bei einer anschließenden Stückbeschichtung.

3.7.3 Mehrschichtensystem: Umfaßt Grundbeschichtung, gegebenenfalls Zwischenbeschichtung(en) und Deckbeschichtung mit besonderen Anforderungen an Aussehen, Korrosionsschutz, Umformbarkeit usw.

3.8 Rückseitenbeschichtung: Einschichtsystem aus beliebigen Beschichtungsstoffen ohne besondere Anforderungen an Aussehen, Korrosionsschutz, Umformbarkeit usw.

ANMERKUNG: Bei besonderen Anforderungen siehe 3.7.2 und 3.7.3.

3.9 Grundbeschichtung: Erste Beschichtung eines Beschichtungssystems.

ANMERKUNG: Bei besonderen Anforderungen siehe 3.7.2 und 3.7.3

3.10 Zwischenbeschichtung: Jede Beschichtung zwischen Grund- und Deckbeschichtung.

3.11 Deckbeschichtung: Oberste Beschichtung eines Mehrschichtensystems.

3.12 Folienbeschichtung: Kunststoff-Folie auf dem Grundwerkstoff, auf dem zuvor üblicherweise Klebfilm, gegebenenfalls auch eine Grundbeschichtung, aufgebracht worden ist.

3.13 Abziehbare Folie: Eine Kunststoff-Folie, die auf die beschichtete Oberfläche aufgebracht wird, um einen zeitlich begrenzten Schutz gegen mechanische Beschädigungen zu verleihen.

3.14 Unbeschichtet: Zustand, bei dem die Oberfläche des Grundwerkstoffes, d. h. eine Bandseite, unbeschichtet bleibt.

3.15 "Master coil": Erzeugnisse, aus ein und demselben Band stammend und in einer einzigen Fertigung beschichtet.

3.16 Schichtdicke: Gesamtdicke der Beschichtung auf jeder der Bandseiten.

3.17 Nennschichtdicke: Schichtdicke gemäß Bestellung oder Spezifikation.

ANMERKUNG: Die Nenndicke eines bandbeschichteten Erzeugnisses entspricht der des Grundwerkstoffs, d. h. ohne Berücksichtigung der Schichtdicke.

3.18 Aussehen

3.18.1 Farbe/Farbabstand: Farbe ist der durch visuelle Wahrnehmung von Strahlung einer gegebenen Zusammensetzung entstehende Sinneseindruck. Eine Farbe läßt sich (für einen Normalbeobachter und eine Normlichtart

sowie bei einer bestimmten Beleuchtungs- und Betrachtungsgeometrie) durch die Punktkoordinaten im Farbraum eindeutig charakterisieren (farbmetrische Kennzeichnung durch Normfarbwerte).

Farbabstand bedeutet Größe und Art des visuell, d. h. qualitativ erfaßten Unterschiedes zweier Farben unter Tages-und Kunstlicht bzw. Größe und Richtung des instrumentell gemessenen und berechneten Unterschieds zweier Farben.

3.18.2 Glanz/Spiegelglanz (Reflektometerwert): Glanz ist eine optische Eigenschaft der Oberfläche, gekennzeichnet durch die Fähigkeit, Licht zu reflektieren.

Spiegelglanz ist das Verhältnis des Lichtflusses eines Gegenstandes bei gerichteter Reflexion (für eine Normlichtart und einen bestimmten Rückstrahlwinkel) zum Lichtfluß bei einer polierten Schwarzglasplatte.

ANMERKUNG: Für qualitative Zwecke werden einzelne Glanzbereiche häufig als "matt", "niedrigglänzend" bzw. "halbmatt", "seidenmatt", "halbglänzend", "glänzend" und "hochglänzend" umschrieben.

4 Bezeichnung

4.1 Für die Stahl-Grundwerkstoffe nach dieser Europäischen Norm sind die Kurznamen nach EN 10027-1 und CR 10260, die Werkstoffnummern nach EN 10027-2 gebildet worden.

4.2 Die Erzeugnisse nach dieser Europäischen Norm sind in der angegebenen Reihenfolge wie folgt zu bezeichnen:

a) Benennung des Erzeugnisses (z. B. Band, Blech oder Stab),

b) Nummer dieser Norm (EN 10169-1),

c) vollständige Bezeichnung des Grundwerkstoffs nach der entsprechenden Norm, d. h.

— Kurzname oder Werkstoffnummer,

— Art und Nenngewicht des metallischen Überzuges, falls zutreffend,

— Nummer der Norm für den Grundwerkstoff,

d) Kennbuchstaben "OC" für "organisch beschichtet", falls keine anderen Kurzzeichen (siehe Abschnitt 4.2e)) angegeben werden,

e) Bezeichnung des organischen Beschichtungsstoffs auf der Oberseite und — falls erforderlich — auf der Rückseite (siehe Tabelle A.1),

f) Nenndicke der organischen Beschichtung (in μm) auf der Oberseite und — falls erforderlich — auf der Rückseite.

ANMERKUNG 1: Die Angaben zur Beschichtung der Oberseite werden von den Angaben für die Rückseite durch einen Schrägstrich getrennt.

ANMERKUNG 2: Wenn die Art des Beschichtungsstoffs auf der Rückseite dem Hersteller überlassen bleibt, wird sie in der Bezeichnung nicht genannt.

BEISPIEL 1:
Bezeichnung von Blech, Grundwerkstoff aus der Stahlsorte DC03 (oder 1.0347) nach EN 10130, oberseitig organisch beschichtet mit Epoxid (EP) mit einer Nennschichtdicke von 10 μm.

Blech EN 10169-1 — DC03 EN 10130 — EP10

oder Blech EN 10169-1 — 1.0347 EN 10130 — EP10

BEISPIEL 2:
Bezeichnung von Band, Grundwerkstoff feuerverzinkter Stahl der Sorte DX53D+Z (oder 1.0355+Z) mit einem Auflagegewicht von 275 g/m^2 (275) nach EN 10142, oberseitig

organisch beschichtet mit Polyamid-modifiziertem Polyester (SP-PA) mit einer Nennschichtdicke von 25 µm.

Band EN 10169-1 — DX53D+Z275
EN 10142 — SP — PA25

oder Band EN 10169-1 — 1.0355+Z275
EN 10142 — SP — PA25

BEISPIEL 3:
Bezeichnung von Band, Grundwerkstoff Zink-Aluminium schmelztauchveredelter Stahl der Sorte DX53D+ZA (oder 1.0355+ZA) mit einem Auflagegewicht von 255 g/m^2 (255) nach EN 10214, zweiseitig organisch beschichtet mit Polyester (SP) mit einer Nennschichtdicke von je 25 µm.

Band EN 10169-1 — DX53D+ZA255
EN 10214 — SP25/SP25

oder Band EN 10169-1 — 1.0355+ZA255
EN 10214 — SP25/SP25

Wenn der Beschichtungsstoff nicht angegeben wird, ist "+ OC" einzufügen (siehe Abschnitt 4.2d)).

4.3 Der Bezeichnung nach 4.2 sind gegebenenfalls zusätzliche Hinweise zur eindeutigen Beschreibung der gewünschten Lieferung im Klartext anzufügen (siehe Abschnitt 12).

5 Grundwerkstoffe, Beschichtungen und Herstellverfahren

5.1 Stahl-Grundwerkstoffe

Das Ausgangserzeugnis für kontinuierlich organisch beschichtete Flacherzeugnisse nach dieser Europäischen Norm ist gewalztes Band aus Stahl mit oder ohne metallischen Überzug nach folgenden Normen (siehe auch 2.1):

- EN 10025, EN 10111, EN 10130, EN 10139, EN 10142, EN 10147, EN 10152, EN 10154, EN 10214, EN 10215, EN 10268,
- EURONORM 153,
- ISO 4997.

Nach Vereinbarung bei der Bestellung können die Erzeugnisse auch unter Einsatz anderer Grundwerkstoffe geliefert werden.

Mindestwerte des Auflagegewichts metallischer Überzüge, wie sie für bestimmte Verwendungen festgelegt sind, müssen bei der Bestellung angegeben werden.

ANMERKUNG 1: Um das dekorative Aussehen und die Umformbarkeit bandbeschichteter Flacherzeugnisse aus Stahl zu erhalten, empfiehlt es sich gegebenenfalls, die Dicke des metallischen Überzuges auf bestimmten Grundwerkstoffen zu begrenzen.

ANMERKUNG 2: Es ist zu beachten, daß die mechanischen Eigenschaften des Grundwerkstoffs durch das Bandbeschichtungsverfahren verändert werden können. Der Einsatz von nicht alterungsbeständigen Grundwerkstoffen führt zur Erhöhung von Streckgrenze und Zugfestigkeit, zur Abnahme der Dehnung und zum möglichen Auftreten von Lüders-Linien und von Rollknicken.

5.2 Organische Beschichtungen

5.2.1 Beschichtungsstoffe

Die wichtigeren Beschichtungsstoffe, die für beschichtete Flacherzeugnisse in Betracht kommen, sind mit ihren üblichen Schichtdicken im Anhang A (informativ) aufgeführt.

5.2.2 Beschichtungssysteme

Die Auswahl der Beschichtungen und ihre Kombination hängt von der Verwendung des bandbeschichteten Erzeugnisses ab. Diese Auswahl muß zwischen Besteller und Hersteller vereinbart werden.

Je nach Anwendung dürfen die bandbeschichteten Flacherzeugnisse aus Stahl mit festgelegter Beschichtung

a) auf jeder der beiden Seiten,

b) nur auf einer Seite (die andere Seite bleibt unbeschichtet, wird aber üblicherweise vorbehandelt),

d) auf einer Seite, während die andere Seite (Bandrückseite) beliebig ohne bestimmte Eigenschaften beschichtet wird,

geliefert werden.

Bei der Lieferung in Rollen liegt die Oberseite üblicherweise außen, bei Lieferung von Blechen oder Stäben (in Stapeln oder Bunden) nach oben. Wird vom Besteller eine andere Lage gewünscht, ist darauf bei der Bestellung ausdrücklich hinzuweisen.

5.2.3 Oberflächennachbehandlung

Wenn besondere Beanspruchungen bei Transport, Lagerung oder Verarbeitung zu erwarten sind, können bandbeschichtete Erzeugnisse nach Vereinbarung zusätzlich mit einer (abziehbaren) Folie oder gewachst oder geölt geliefert werden.

Bei der Auswahl von abziehbaren Folien sind Art und Dicke zu berücksichtigen.

Die Art der Nachbehandlung muß bei der Bestellung vereinbart werden. Da die Wirksamkeit dieser Nachbehandlung zeitlich begrenzt ist, sollte der Endverbraucher für eine entsprechende Warenumwälzung Sorge tragen.

ANMERKUNG: Abziehbare Folien können nur für eine begrenzte Zeit der Außenbewitterung ausgesetzt werden.

5.3 Herstellverfahren

Im Rahmen der Angaben über die Bandbeschichtung (siehe 5.2) bleiben die Einzelheiten des Herstellverfahrens dem Hersteller überlassen.

6 Eigenschaften und Prüfverfahren

6.1 Allgemeines

Tabelle 1 gibt einen Überblick über wichtige Eigenschaften der nach dieser Europäischen Norm bandbeschichteten Flacherzeugnisse, die für die Verarbeitung und den Gebrauch von Bedeutung sein können. Diese Eigenschaften beziehen sich auf das fertige Erzeugnis.

Die einzuhaltenden Mindest- oder Höchstwerte für die in Tabelle 1 genannten Eigenschaften sind unter Beachtung der in Frage kommenden Prüfverfahren bei der Bestellung zu vereinbaren (siehe 8.3 und Abschnitt 12).

ANMERKUNG: Es sollte beachtet werden, daß sich einige Eigenschaften während der Lagerung ändern.

Für die Ermittlung der in Tabelle 1 genannten Eigenschaften gelten folgende Hinweise (siehe auch 2.2):

6.2 Schichtdicke

Die Verfahren zur Ermittlung der Schichtdicke sind nach ISO 2808 durchzuführen.

Bei Lieferbreiten $\geq$ 600 mm erfolgt die Messung der Schichtdicke an drei Meßorten quer zur Walzrichtung, d. h. in der Mitte und in einem Abstand von jeweils mindestens 50 mm von den Kanten des Erzeugnisses ("Dreiflächenprobe").

Bei Lieferbreiten < 600 mm erfolgt die Messung nur an einer Stelle in der Mitte des Erzeugnisses ("Einzelflächenprobe").

Tabelle 1: Zusammenstellung wichtiger Eigenschaften

Eigenschaft	Herangezogene Normen	Einzelheiten zu den Prüfverfahren und sonstige Hinweise siehe
Schichtdicke	ISO 2808	6.2
Aussehen Farbe/Farbabstand Spiegelglanz	ISO 3668, ISO 7724-1 bis 3 ISO 2813	6.3 6.3.1 6.3.2
Härte der Beschichtung Bleistifthärte Eindruckversuch nach Buchholz Ritzhärte	ASTM D 3363 ISO 2815 ISO 1518	6.4 6.4.1 6.4.2 6.4.3
Haftfestigkeit/Dehnbarkeit Haftfestigkeit nach Tiefung Dehnbarkeit/Biegefähigkeit Haftfestigkeit und Widerstand gegen Rißbildung bei schneller Umformung	EN ISO 1520, EN ISO 2409 EN ISO 1519, EN ISO 2409, ASTM D 4145 EN ISO 2409, EN ISO 6272	6.5 6.5.1 6.5.2 6.5.3
Haltbarkeit Beständigkeit gegen neutralen Salzsprühnebel Verhalten bei künstlicher Bewitterung	EN ISO 2409, ISO 4628-1 bis 3, ISO 7253 ISO 2808, ISO 2813, ISO 3668, ISO 4628-1, 2, 4 bis 6, ISO 4892-1 bis 4, ISO 7724-3, ISO 11341, ASTM D 4214	6.6 6.6.2 6.6.3
Verhalten bei Außenbewitterung	ISO 2810, ISO 2813, ISO 4628-1 bis 6, ISO 3668, ISO 7724-3, ASTM D 4214	6.6.4
Sonstige Eigenschaften		6.7

ANMERKUNG: Einige der in Tabelle 1 genannten Verfahren können entweder für die "ja/nein"-Prüfung oder für eine klassifizierende Prüfung eingesetzt werden.

6.3 Aussehen

6.3.1 Farbe/Farbabstand

Die Übereinstimmung der Farbe der Beschichtung, gegebenenfalls auch des Dessins bei bedruckter Oberfläche, wird durch einen visuellen Vergleich mit einer vereinbarten Vorlage nach ISO 3668 festgestellt.

Eine genauere Prüfung besteht aus der instrumentellen Messung des Farbabstandes zwischen geliefertem Erzeugnis und Referenzmuster.

Das Verfahren zur Messung von Farbabständen (ΔE) zweier Proben vergleichbarer, nicht metamerer Farben unter Verwendung der CIELAB-Farbabstandsformel ist nach ISO 7724-1 bis ISO 7724-3 durchzuführen.

> ANMERKUNG: Dieses Verfahren gibt bei geprägten oder texturierten, metallisch oder perlglanzpigmentierten Beschichtungen keine verläßlichen Werte.

6.3.2 Spiegelglanz (Reflektometerwert)

Das Verfahren zur Ermittlung des Spiegelglanzes ist nach ISO 2813 durchzuführen.

> ANMERKUNG: Das Verfahren gibt bei geprägten oder texturierten Oberflächen sowie bei metallisch- oder perlglanz-pigmentierten Beschichtungen keine verläßlichen Werte.

6.4 Härte der Beschichtung

6.4.1 Bleistifthärte

Das Verfahren zur Ermittlung der Bleistifthärte ist nach ASTM D 3363 durchzuführen.

> ANMERKUNG: Nicht anwendbar bei geprägten oder texturierten Beschichtungen.

6.4.2 Eindruckversuch nach Buchholz

Das Verfahren zur Ermittlung des Eindruckwiderstandes ist nach ISO 2815 durchzuführen. Bei Beschichtungen mit Dicken über 50 μm gibt ein dünnes Kohlepapier, das unter das Eindruckwerkzeug gelegt wird, eine genauere Aufzeichnung des ursprünglichen Eindruckes.

> ANMERKUNG: Nicht anwendbar bei geprägten oder texturierten Beschichtungen.

6.4.3 Ritzhärte

Das Verfahren für die Ermittlung der Ritzhärte ist nach ISO 1518 durchzuführen.

6.5 Haftfestigkeit/Dehnbarkeit

6.5.1 Haftfestigkeit nach Tiefung

Das Prüfverfahren für die Haftfestigkeit nach Tiefung ist nach EN ISO 1520 (Gerät und Durchführung) sowie EN ISO 2409 (Klebeband-Abriß) durchzuführen.

6.5.2 Dehnbarkeit/Biegefähigkeit

Der Biegeversuch wurde ursprünglich von der EURO-NORM 12 abgeleitet. Die Verfahren zur Ermittlung der Haftung und des Widerstandes gegen Rißbildung bei einer 180°-Biegung werden nach EN ISO 1519 (unter Verwendung des Biegegerätes Typ 2) mit oder ohne Klebeband-Abriß (siehe auch EN ISO 2409) sowie ASTM D 4145

("T-bend test") durchgeführt. Der Widerstand gegen Rißbildung und Ablösung bei 180°-Biegung wird wie folgt definiert:

$$T = \frac{\text{min. Biegeradius}}{\text{Dicke des Grundwerkstoffs}}$$

ANMERKUNG: Diese Definition von T weicht von der nach ASTM D 4145 ab. Die dort angegebenen Werte sind doppelt so groß.

6.5.3 Haftfestigkeit und Widerstand gegen Rißbildung bei schneller Umformung

Das Verfahren zur Ermittlung der Haftung und des Widerstandes gegen Rißbildung bei schneller Umformung durch ein fallendes Gewicht ist nach EN ISO 6272 (Gerät und Durchführung) sowie EN ISO 2409 (Klebeband-Abriß) durchzuführen.

6.6 Haltbarkeit

6.6.1 Allgemeines

Die Haltbarkeit bandbeschichteter Erzeugnisse umfaßt sowohl Korrosionsbeständigkeit in einer Vielzahl von äußeren Bedingungen als auch Verhalten bei der Bewitterung. Beschleunigte Laboratoriumsprüfungen lassen wegen zahlreicher Einflußgrößen keine direkten und gültigen Korrelationen zum Außeneinsatz zu.

Sie stellen aber ein erprobtes Mittel zur Qualitätsprüfung und zur Simulation künstlicher Bedingungen, die reproduzierbar sind, dar.

6.6.2 Verhalten gegen neutralen Salzsprühnebel

Das Verfahren zur Ermittlung der Beständigkeit gegen neutralen Salzsprühnebel wird nach ISO 7253 (Gerät und Durchführung) durchgeführt.

Wenn vor der Prüfung ein Ritz durch die Beschichtung bis zum Grundwerkstoff, d. h. bis zum obersten Metallüberzug, angebracht wird, müssen Art und Ort vereinbart werden. Das dabei zu verwendende Schneidwerkzeug ist in EN ISO 2409 beschrieben.

Andere Schneidwerkzeuge können vereinbart werden.

Wenn nicht anders vereinbart, werden aufgetretene Änderungen nach ISO 4628-1 bis ISO 4628-3 ermittelt.

ANMERKUNG: Andere Verfahren zur Ermittlung der Korrosionsbeständigkeit können vereinbart werden.

6.6.3 Verhalten bei künstlicher Bewitterung

Die Verfahren zur Ermittlung des Verhaltens bei künstlicher Bewitterung (allgemeine Hinweise, Geräte und Durchführung) werden nach ISO 4892-1 bis ISO 4892-4 und ISO 11341 durchgeführt.

Einzelheiten zu Gerät und Durchführung sind zu vereinbaren.

Wenn nicht anders vereinbart, werden die aufgetretenen Änderungen nach 6.3.1 (Farbabstand), 6.3.2 (Glanz), ISO 4628-1 und ISO 4628-2 (Blasenbildung) sowie ISO 4628-4 bis ISO 4628-6 (Rißbildung, Abblättern und Kreiden) ermittelt.

ANMERKUNG: Andere Verfahren zur Ermittlung des Kreidens können vereinbart werden, so besonders die nach ASTM D 4214.

6.6.4 Verhalten bei Außenbewitterung

Versuche zur Außenbewitterung werden durchgeführt, um die Haltbarkeit beschichteter Erzeugnisse in verschiedenen Außenklimaten wie Land-, Stadt-, See- und Industrieklima sowie bei hoher Belastung durch UV-Strahlen oder auch Kombinationen davon zu ermitteln. Die Durchführung erfolgt nach ISO 2810.

Die Bewertung entspricht den für das Verhalten bei künstlicher Bewitterung beschriebenen Verfahren (siehe 6.6.3), ergänzt durch ISO 4628-3 (Rostbildung).

ANMERKUNG: Die European Coil Coating Association (ECCA)[3] hat eine Reihe von Empfehlungen, besonders zur Probenvorbereitung und -auslage, in ECCA Test Method T 19 (c): "ECCA Recommendation for panel design and method for atmospheric exposure testing" herausgegeben mit dem Ziel einer allgemeinen europäischen Referenz für Außenbewitterungsversuche.

6.7 Sonstige Eigenschaften

Sonstige Eigenschaften, die je nach Verwendungszweck wichtig sein können, z. B. Abriebbeständigkeit, Überlackierbarkeit, Beschäumbarkeit und Verträglichkeit gegenüber Klebstoffen, Beständigkeit gegen Chemikalien und fleckenbildende Stoffe, Reflexionsvermögen, Metamerie, Schweißeignung, Brandverhalten, Wärmebeständigkeit und Verhalten beim Tiefziehen, sowie die dazu geeigneten Prüfverfahren sind zwischen Hersteller und Besteller besonders zu vereinbaren.

ANMERKUNG: Die Prüfung der Eigenschaften nach 6.6 und 6.7 ist kein Bestandteil des laufenden Prüfprogrammes bei der Fertigungsüberwachung.

7 Anforderungen

7.1 Grenzabweichungen

7.1.1 Grenzabmaße und Formtoleranzen

Für die Grenzabmaße der Dicke des Grundwerkstoffes sowie die Grenzabmaße der Breite und Länge, die Ebenheitstoleranzen, Geradheit und Rechtwinkligkeit der beschichteten Erzeugnisse gelten die folgenden Normen (siehe auch 2.1):

— EN 10048, EN 10051, EN 10131, EN 10140, EN 10143.

7.1.2 Dicke der organischen Beschichtung

Für die Grenzabmaße der Dicke der bestellten Beschichtung in Abhängigkeit vom Schichtdickenbereich gelten die Werte nach Tabelle 2.

Die Grenzabmaße für Schichtdicken $\leq 10\ \mu m$ sind bei der Bestellung zu vereinbaren.

ANMERKUNG 1: Anforderungen an das obere Abmaß der Schichtdicke sind nicht festgelegt.

ANMERKUNG 2: Es bestehen keine Festlegungen für die Beschichtung der Rückseite.

7.1.3 Farbe

Bei der Bestellung sind entsprechende Farbtoleranzen zu vereinbaren.

7.1.4 Glanz

Wenn verlangt, gelten die Grenzabweichungen nach Tabelle 3.

ANMERKUNG 1: Eingeschränkte Grenzabweichungen können zwischen Lieferer und Besteller vereinbart werden.

ANMERKUNG 2: Einschränkungen siehe Anmerkung zu 6.3.2.

7.2 Freiheit von Fehlern

Bezüglich äußerer und innerer Fehler gelten die Anforderungen nach EN 10021. Wenn zwischen Besteller und Lieferer nicht anders vereinbart, wird nur die Oberseite kontrolliert.

ANMERKUNG: Bei Lieferung von Band in Rollen besteht die Gefahr des Vorhandenseins von Oberflächenfehlern in größerem Maße als bei der Lieferung von Blechen und Stäben, da es unmöglich ist, Fehler in einer Rolle zu beseitigen. Dies ist vom Besteller bei der Beurteilung der Erzeugnisse in Betracht zu ziehen.

---

[3] Sekretariat: rue Montoyer 47, B-1000 Bruxelles

Tabelle 2: Grenzabmaße der Schichtdicke

Maße in μm

Bereich der Nennschicht-dicke	> 10 ≤ 20	> 20 ≤ 25	> 25 ≤ 35	> 35 ≤ 60	> 60 ≤ 100	> 100 ≤ 200	> 200 ≤ 500	> 500 ≤ 800
Unteres Abmaß des Mittel-wertes aus drei Messungen	3	4	5	8	15	20	30	40
Unteres Abmaß bei der einzelnen Messung	4	5	7	12	20	25	35	50

Tabelle 3: Grenzabweichungen des Spiegelglanzes (Reflektometerwert)

Reflektometerwerte bei 60°-Winkel

Bereich des Reflektometerwertes	Glanzbereich [1])	Grenzabweichungen vom Nennwert
≤ 10	matt	$\pm$ 3
$> 10 \leq 20$	niedrig-glänzend	$\pm$ 4
$> 20 \leq 40$	seidenmatt	$\pm$ 6
$> 40 \leq 60$	halbglänzend	$\pm$ 8
$> 60 < 80$	glänzend	$\pm$ 10
≥ 80	hochglänzend	mindestens 80

[1]) Die Angaben dienen nur als Hinweise.

Höchstzahl und Art der zulässigen Fehler können zwischen Besteller und Lieferer vereinbart werden. Der Lieferer muß dem Besteller auf Verlangen angeben, welche Oberfläche kontrolliert wurde.

8 Prüfung

8.1 Allgemeines

8.1.1 Wenn eine Prüfung gewünscht wird, muß der Besteller bei der Bestellung folgende Angaben machen:

— Art der Prüfung (spezifische oder nichtspezifische Prüfung, siehe EN 10021),

— Art der Prüfbescheinigung (siehe 8.7).

8.1.2 Spezifische Prüfungen sind nach den Festlegungen in 8.2 bis 8.6 durchzuführen.

8.2 Prüfeinheiten

Die Prüfeinheit beträgt 20 t oder angefangene 20 t von organisch beschichteten Flacherzeugnissen des aus demselben master coil stammenden Grundwerkstoffs mit einer organischen Beschichtung derselben Art, desselben Aussehens und derselben Dicke. Bei Band gilt auch eine Rolle mit einem Gewicht von mehr als 20 t als eine Prüfeinheit.

8.3 Anzahl der Prüfungen und Art der Prüfverfahren

Diese Europäische Norm enthält keine Festlegungen über die Anzahl der Prüfungen je Prüfeinheit und bezüglich der Anforderungen bei den anzuwendenden Prüfverfahren. Diese Anzahl ist zwischen Besteller und Lieferer zu vereinbaren und sollte den Angaben im Abschnitt 6 entsprechen (siehe Tabelle 1 und Abschnitt 12).

8.4 Probenahme

Bei Band sind die Proben vom Anfang oder Ende der Rolle zu entnehmen. Bei Blech und Stäben bleibt die Auswahl

des Stückes für die Probenahme dem mit der Ablieferungsprüfung Beauftragten überlassen.

Die Entnahme und etwaige Bearbeitung muß bei allen Proben so erfolgen, daß die Ergebnisse der Prüfungen nicht beeinflußt werden.

8.5 Anzuwendende Prüfverfahren

Die Prüfverfahren für die Eigenschaften der Beschichtung sind in Abschnitt 6 genannt.

Außer bei den Prüfverfahren zur Haltbarkeit (siehe 6.6) gelten Temperaturen und Luftfeuchten bei der Vorbereitung und Durchführung nach EN 23270.

8.6 Wiederholungsprüfungen

Es gelten die Festlegungen in EN 10021. Bei Rollen sind die Wiederholungsproben in einem Abstand von mindestens einer Windung, jedoch von höchstens 20 m vom Bandende zu entnehmen.

8.7 Prüfbescheinigungen

Auf entsprechende Vereinbarungen bei der Bestellung ist eine der in EN 10204 genannten Prüfbescheinigungen auszustellen.

9 Kennzeichnung

9.1 An jeder Rolle oder jedem Paket ist ein Schild anzubringen, das mindestens folgende Angaben enthalten muß:

— Name oder Zeichen des Lieferwerks,

— vollständige Bezeichnung (siehe 4.2),

— Farbe,

— Nennmaße des Erzeugnisses,

— Identifikationsnummer,

— Auftragsnummer,

— Masse des Loses, der Rolle oder des Pakets.

569

9.2 Strichcode-Etikettierung nach ENV 606 kann zwischen Besteller und Hersteller vereinbart werden.

9.3 Eine Kennzeichnung der Erzeugnisse durch Stempelung kann bei der Bestellung vereinbart werden.

10 Verpackung und Transport

Die Anforderungen an die Verpackung der Erzeugnisse sind bei der Bestellung zu vereinbaren.

Die Rollen sind mit vertikaler oder horizontaler Lage der Achse zu versenden. Die gewünschte Lage der Achse ist bei der Bestellung anzugeben.

11 Beanstandungen

Für Beanstandungen nach der Lieferung und deren Bearbeitung gilt EN 10021.

12 Bestellangaben

Damit der Hersteller die Erzeugnisse bedingungsgemäß liefern kann, sind vom Besteller folgende Angaben bei der Bestellung zu machen:

a) vollständige Bezeichnung (siehe 4.2),

b) gegebenenfalls Einzelheiten zu den gewünschten dekorativen Eigenschaften (Farbe, Glanz, Prägung, Bedruckung) und zur gewünschten Oberflächennachbehandlung (siehe 5.2.3),

c) sonstige Anforderungen an die Merkmale der Erzeugnisse (siehe 4.3),

d) Nennmaße des Erzeugnisses, bezogen auf den Grundwerkstoff,

e) Menge,

f) innerer und maximaler äußerer Durchmesser sowie Grenzgewicht der Rollen oder Grenzabmessungen und Grenzgewichte der Blechstapel,

g) etwaige Prüfung im Herstellerwerk, Art der Prüfung und Art der Prüfbescheinigung (siehe 8.1.1 und 8.1.2),

h) Angabe der Prüfverfahren für die zu prüfenden Eigenschaften und der einzuhaltenden Mindest- oder Höchstwerte (siehe Abschnitt 6, Tabelle 1 und 8.3),

i) etwaige Kennzeichnung des Erzeugnisses durch Strichcode-Etikettierung (siehe 9.2),

j) etwaige Kennzeichnung des Erzeugnisses durch Stempeln (siehe 9.3),

k) Anforderungen an Verpackung und Versand (siehe Abschnitt 10).

Anhang A (informativ)

Übersicht der wichtigeren Beschichtungsstoffe und der entsprechenden Schichtdickenbereiche

Tabelle A.1: Übersicht der wichtigeren Beschichtungsstoffe und der entsprechenden Schichtdickenbereiche

Beschichtungsstoff	Kurzzeichen[1]	Üblicher Bereich der Schichtdicke[2] µm	Übliche Schichtdicke[2][3] µm
1. Flüssige Lacke[4]			
Acrylat	AY	5 bis 25	25
Epoxid	EP	3 bis 20	...
Polyester[5]	SP	5 bis 60	25[6]
Polyamid-modifizierter Polyester	SP-PA	15 bis 50	25
Silicon-modifizierter Polyester	SP-SI	15 bis 40	25
Silicon-modifiziertes Acrylat	AY-SI	25	25
Polyurethan	PUR	10 bis 60	25
Polyamid-modifiziertes Polyurethan	PUR-PA	10 bis 50	25
Polyvinylidenfluorid	PVDF	20 bis 60[7]	25
Polyvinylchlorid-Organosol	PVC(O)	25 bis 60	40
Polyvinylchlorid Plastisol	PVC(P)	40 bis 200[6]	100; 200
Spezialhaftvermittler[8]	SA	5 bis 15	...
Wärmebeständiges Antihaftsystem	HRNS	5 bis 15	...
Schweißbare Zinkstaubgrundierung	ZP	5 bis 20	...
Schweißbare Grundierung mit leitenden Pigmenten außer Zink	CP	1 bis 10	...
2. Pulverlacke			
Epoxid	EP(PO)	30 bis 100	...
Polyester	SP(PO)	30 bis 100	...
3. Folien			
Polyvinylchlorid[9]	PVC(F)	50 bis 800[6]	...
Polyvinylfluorid	PVF(F)	38[10]	38
Polyethylen	PE(F)	50 bis 300	...
Kondenswasser aufnehmendes System	CA(F)	...	z. B. 370

[1] Die Kurzzeichen entsprechen, wo möglich, dem typischen Kunstharz bzw. Kunststoff (nach ISO/DIS 1043-1) oder der wesentlichen funktionellen Eigenschaft. Wo zutreffend, wird in Klammern ein Hinweis hinzugefügt, um zwischen Lacken, Pulverlacken (PO) und Folien (F) bzw. Organosol (O) und Plastisol (P) zu unterscheiden.

[2] Ohne Berücksichtigung eines gegebenenfalls vorhandenen abziehbaren Schutzfilmes.

[3] Übliche Nennschichtdicke, falls nicht bei der Bestellung anders vereinbart.

[4] Die Beschichtungen mit Schichtdicken von 15 µm und darüber hinaus werden üblicherweise als Zweischichtensysteme (Grund- und Deckbeschichtung) aufgebracht, wobei deren Art und Zusammensetzung unterschiedlich sein können.

[5] Auch in texturierter Form erhältlich.

[6] Bezieht sich bei geprägten oder texturierten Beschichtungen auf die mit einer Bügelmeßschraube (Skalenteilung in µm) gemessene Schichtdicke.

[7] Bestehend aus Grundbeschichtung und üblicherweise einer Deckbeschichtung. Es sind auch Zwischenbeschichtungen möglich.

[8] Z. B. zur Erzielung einer Haftfestigkeit für Systeme, die für eine nachfolgende Gummi- oder PVC/Metall-Bindung und dergleichen geeignet sind.

[9] Erhältlich in einfarbiger oder bedruckter sowie geprägter Form.

[10] Ohne den Klebfilm mit einer Schichtdicke um 10 µm.

Anhang B   (informativ)

Lagerung

Eine Lagerung in trockenen bzw. klimatisierten Räumen sollte angestrebt werden. Grundsätzlich sollten die Erzeugnisse vor Feuchtigkeit geschützt und trocken transportiert werden.

Bei der Stapelung von Paketen sollte darauf geachtet werden, daß die Stapelhöhe wegen Druckempfindlichkeit nicht zu hoch gewählt wird. Das Absetzen und Lagern der Rollen soll nie auf bloßem Boden, sondern auf Holzprismen oder schützenden Unterlagen, z. B. Filz, erfolgen.

Es sollte darauf geachtet werden, daß sich keine punktförmigen Erhebungen oder Fremdkörper auf der Lagerfläche befinden. Sie würden zu Druckstellen oder Beulen im Blech führen, die unter Umständen mehrere äußere Windungen einer Rolle unbrauchbar machen können. Ebenfalls ist ein Aufeinanderlegen von Rollen bei waagerechter Rollenachse zu vermeiden.

Die Entnahme von Tafeln soll durch vorsichtiges Abheben, z. B. mit pneumatischen oder magnetischen Blechhebern, Gummisaugern usw., nicht durch Abziehen oder Abschieben erfolgen, damit Kratzer durch einen — oft nicht sichtbaren — Schnittgrad sowie durch Staub oder Schmutz vermieden werden.

Kontinuierlich schmelztauchveredeltes Band und Blech aus Stahl mit Zink-Aluminium-Überzügen (ZA) Technische Lieferbedingungen Deutsche Fassung EN 10214 : 1995	**DIN** **EN 10214**

ICS 77.140.50

Deskriptoren: Stahlband, Stahlblech, Zinküberzug, Lieferbedingung

Continuously hot-dip zinc-aluminium (ZA) coated steel strip
and sheet — Technical delivery conditions;
German version EN 10214 : 1995

Bandes et tôles en acier revêtues à chaud en continu
d'alliage zinc-aluminium (ZA) — Conditions techniques de livraison;
Version allemande EN 10214 : 1995

Die Europäische Norm EN 10214 : 1995 hat den Status einer Deutschen Norm.

Nationales Vorwort

Die Europäische Norm EN 10214 ist vom Technischen Komitee (TC) 27 "Flacherzeugnisse aus Stahl mit Überzügen", (Sekretariat: Deutschland) des Europäischen Komitees für die Eisen- und Stahlnormung (ECISS) ausgearbeitet worden. Das zuständige Deutsche Normungsgremium ist der Arbeitsausschuß 01 "Flacherzeugnisse, Gütenormen" des Normenausschusses Eisen und Stahl (FES) im DIN.

Es handelt sich um die Erstausgabe der technischen Lieferbedingungen für Flacherzeugnisse mit Zink-Aluminium-Überzügen (≈ 5% Al mit geringen Gehalten an Mischmetall, Rest Zink) aus weichen Stählen zum Kaltumformen und aus Baustählen. Die Anforderungen an die mechanischen Eigenschaften in den Tabellen 1 und 2 sind an die Festlegungen für feuerverzinktes Band und Blech angelehnt.

Die Festlegungen für die Grenzabmaße und Formtoleranzen sind in der DIN EN 10143 enthalten. Die Kurznamen und Werkstoffnummern der Stähle entsprechen den Festlegungen in DIN EN 10027-1 und DIN EN 10027-2 sowie in der ECISS-Mitteilung IC 10 und können als endgültig angesehen werden.

Für Flacherzeugnisse aus Stahl mit Aluminium-Zink-Überzügen (≈ 55% Al, ≈ 1,6% Si, Rest Zink) ist DIN EN 10215 erarbeitet worden.

Für die im Abschnitt 2 zitierten Europäischen Normen, soweit sich die Norm-Nummer ändert, und EURONORMEN wird im folgenden auf die entsprechenden Deutschen Normen verwiesen:

EN 10204 siehe DIN 50049

ECISS-Mitteilung IC 10 siehe Vornorm DIN V 17006-100

EURONORM 12 siehe DIN 50111

Nationaler Anhang NA (informativ)

Literaturhinweise in nationalen Zusätzen

DIN 50049	Metallische Erzeugnisse — Arten von Prüfbescheinigungen; Deutsche Fassung EN 10204 : 1991
DIN 50111	Prüfung metallischer Werkstoffe — Technologischer Biegeversuch (Faltversuch)
DIN V 17006-100	Bezeichnungssysteme für Stähle — Zusatzsymbole für Kurznamen; Deutsche Fassung ECISS-IC 10 : 1993
DIN EN 10027-1	Bezeichnungssysteme für Stähle — Teil 1: Kurznamen, Hauptsymbole; Deutsche Fassung EN 10027-1 : 1992
DIN EN 10027-2	Bezeichnungssysteme für Stähle — Teil 2: Nummernsystem; Deutsche Fassung EN 10027-2 : 1992
DIN EN 10143	Kontinuierlich schmelztauchveredeltes Blech und Band aus Stahl — Grenzabmaße und Formtoleranzen; Deutsche Fassung EN 10143 : 1993
DIN EN 10215	Kontinuierlich schmelztauchveredeltes Band und Blech aus Stahl mit Aluminium-Zink-Überzügen (AZ) — Technische Lieferbedingungen; Deutsche Fassung EN 10215 : 1995

Fortsetzung 8 Seiten EN

Normenausschuß Eisen und Stahl (FES) im DIN Deutsches Institut für Normung e.V.

EUROPÄISCHE NORM
EUROPEAN STANDARD
NORME EUROPÉENNE

EN 10214

Februar 1995

ICS 77.140.50

Deskriptoren: Eisen- und Stahlerzeugnis, Blech, Band, Stahl, Erzeugnis mit Überzug, kontinuierliche Oberflächenveredlung, Schmelztauchveredeln, Zinküberzug, Aluminiumüberzug, Bezeichnung, Einteilung, Sorte, mechanische Eigenschaften, Endfertigung, Qualität, Warenlieferung, Prüfung, Prüfverfahren, Kennzeichnung

Deutsche Fassung

Kontinuierlich schmelztauchveredeltes Band und Blech aus Stahl mit Zink-Aluminium-Überzügen (ZA)
Technische Lieferbedingungen

Continuously hot-dip zinc-aluminium (ZA) coated steel strip and sheet — Technical delivery conditions

Bandes et tôles en acier revêtues à chaud en continu d'alliage zinc-aluminium (ZA) — Conditions techniques de livraison

Diese Europäische Norm wurde von CEN am 1995-02-10 angenommen.

Die CEN-Mitglieder sind gehalten, die CEN/CENELEC-Geschäftsordnung zu erfüllen, in der die Bedingungen festgelegt sind, unter denen dieser Europäischen Norm ohne jede Änderung der Status einer nationalen Norm zu geben ist.

Auf dem letzten Stand befindliche Listen dieser nationalen Normen mit ihren bibliographischen Angaben sind beim Zentralsekretariat oder bei jedem CEN-Mitglied auf Anfrage erhältlich.

Diese Europäische Norm besteht in drei offiziellen Fassungen (Deutsch, Englisch, Französisch). Eine Fassung in einer anderen Sprache, die von einem CEN-Mitglied in eigener Verantwortung durch Übersetzung in seine Landessprache gemacht und dem Zentralsekretariat mitgeteilt worden ist, hat den gleichen Status wie die offiziellen Fassungen.

CEN-Mitglieder sind die nationalen Normungsinstitute von Belgien, Dänemark, Deutschland, Finnland, Frankreich, Griechenland, Irland, Island, Italien, Luxemburg, Niederlande, Norwegen, Österreich, Portugal, Schweden, Schweiz, Spanien und dem Vereinigten Königreich.

CEN

EUROPÄISCHES KOMITEE FÜR NORMUNG
European Committee for Standardization
Comité Européen de Normalisation

Zentralsekretariat: rue de Stassart 36, B-1050 Brüssel

Ref. Nr. EN 10214 : 1995 D

Inhalt

Vorwort

Diese Europäische Norm wurde von ECISS/TC 27 "Flacherzeugnisse aus Stahl mit Überzügen-, Güte-, Maß- und Prüfnormen", dessen Sekretariat vom Normenausschuß Eisen und Stahl (FES) im DIN geführt wird, ausgearbeitet.

Der Entwurf prEN 10214 wurde im August 1992 für die CEN-Umfrage veröffentlicht.

Es handelt sich um die Erstausgabe europäischer technischer Lieferbedingungen für kontinuierlich schmelztauchveredeltes Blech und Band mit Zink-Aluminium-(ZA)Überzügen.

In einer Sitzung von ECISS/TC 27 am 16. März 1993 wurde dem Text als Schlußfassung einer Europäischen Norm zugestimmt. An dieser Sitzung nahmen Vertreter folgender Länder teil:

Belgien, Deutschland, Frankreich, Niederlande, Österreich, Schweden und das Vereinigte Königreich.

Diese Europäische Norm muß den Status einer nationalen Norm erhalten; entweder durch Veröffentlichung eines identischen Textes oder durch Anerkennung bis August 1995, und etwaige entgegenstehende nationale Normen müssen bis August 1995 zurückgezogen werden.

Entsprechend der CEN/CENELEC-Geschäftsordnung sind folgende Länder gehalten, diese Europäische Norm zu übernehmen:

Belgien, Dänemark, Deutschland, Finnland, Frankreich, Griechenland, Irland, Island, Italien, Luxemburg, Niederlande, Norwegen, Österreich, Portugal, Schweden, Schweiz, Spanien und das Vereinigte Königreich.

1 Anwendungsbereich

1.1 Diese Europäische Norm enthält die Anforderungen an kontinuierlich schmelztauchveredelte Flacherzeugnisse mit Zink-Aluminium-Überzügen aus weichen Stählen zum Kaltumformen (siehe Tabelle 1) sowie aus Baustählen (siehe Tabelle 2) in Dicken ≤ 3,0 mm. Als Dicke gilt die Enddicke des gelieferten Erzeugnisses nach dem Schmelztauchen.

Diese Europäische Norm gilt für Band aller Breiten sowie für daraus abgelängte Bleche (≥ 600 mm Breite) und Stäbe (< 600 mm Breite).

Der Überzug besteht aus Zink mit ungefähr 5 % Al, er kann geringe Gehalte an Mischmetall aufweisen.

Die lieferbaren Auflagegewichte, Ausführungen des Überzugs und Oberflächenarten sind in 5.2 bis 5.4 und in Tabelle 3 angegeben.

1.2 Die Erzeugnisse nach dieser Europäischen Norm eignen sich für Verwendungszwecke, bei denen der Schutz des Grundwerkstoffs gegen Korrosion von vorrangiger Bedeutung ist.

1.3 Diese Europäische Norm gilt nicht für

— kontinuierlich schmelztauchveredelte Flacherzeugnisse aus Stahl mit Aluminium-Zink-Überzügen (AZ) (siehe EN 10215),

— feuerverzinktes Blech und Band aus weichen Stählen zum Kaltumformen (siehe EN 10142),

— feuerverzinktes Blech und Band aus Baustählen (siehe EN 10147),

— elektrolytisch verzinkte Flacherzeugnisse aus Stahl (siehe EN 10152),

— organisch bandbeschichtete Flacherzeugnisse aus Stahl (EN 10169, in Vorbereitung).

2 Normative Verweisungen

Diese Europäische Norm enthält durch datierte oder undatierte Verweisungen Festlegungen aus anderen Publikationen. Diese normativen Verweisungen sind an den jeweiligen Stellen im Text zitiert und die Publikationen sind nachstehend aufgeführt. Bei starren Verweisungen gehören spätere Änderungen oder Überarbeitungen dieser Publika-

575

tionen nur zu dieser Europäischen Norm, falls sie durch Änderung oder Überarbeitung eingearbeitet sind. Bei undatierten Verweisungen gilt die letzte Ausgabe der in bezug genommenen Publikationen.

EN 10002-1
Metallische Werkstoffe-Zugversuch — Teil 1: Prüfverfahren (bei Raumtemperatur)

EN 10020
Begriffsbestimmung für die Einteilung der Stähle

EN 10021
Allgemeine technische Lieferbedingungen für Stahl und Stahlerzeugnisse

EN 10027-1
Bezeichnungssysteme für Stähle — Teil 1: Kurznamen, Hauptsymbole

EN 10027-2
Bezeichnungssysteme für Stähle — Teil 2: Nummernsystem

EN 10079
Begriffsbestimmungen für Stahlerzeugnisse

EN 10143
Kontinuierlich schmelztauchveredeltes Blech und Band aus Stahl — Grenzabmaße und Formtoleranzen

EN 10204
Metallische Erzeugnisse — Arten von Prüfbescheinigungen

ECISS-Mitteilung IC 10
Bezeichnungssysteme für Stähle-Zusatzsymbole für Kurznamen

EURONORM 12 [1])
Faltversuch an Stahlblechen und -bändern mit einer Dicke unter 3 mm

3 Definitionen

Für die Anwendung dieser Europäischen Norm gelten zusätzlich zu den Definitionen in EN 10020, EN 10021, EN 10079 und EN 10204 folgende Definitionen:

3.1 Schmelztauchveredeln mit Zink-Aluminium-Überzügen (ZA)

Aufbringen eines Zink-Aluminium-Überzugs durch Eintauchen entsprechend vorbereiteter Erzeugnisse in eine geschmolzene Metall-Legierung.

Im vorliegenden Fall wird Breitband aus Stahl kontinuierlich in einem Bad mit der in 1.1 angegebenen Zusammensetzung schmelztauchveredelt.

3.2 Auflagegewicht

Gesamtgewicht des Überzugs auf beiden Seiten des Erzeugnisses (ausgedrückt in Gramm pro Quadratmeter).

4 Bezeichnung

4.1 Die Kurznamen der Stahlsorten sind nach EN 10027-1 und ECISS-Mitteilung IC 10, die Werkstoffnummern nach EN 10027-2 gebildet worden.

4.2 Die Erzeugnisse nach dieser Europäischen Norm sind in der angegebenen Reihenfolge wie folgt zu bezeichnen:

a) Benennung des Erzeugnisses (z. B. Band, Blech oder Stab),

b) Nummer dieser Norm (EN 10214),

c) Kurzname oder Werkstoffnummer der Stahlsorte und Symbol für die Art des Schmelztauchüberzugs nach Tabelle 1 oder Tabelle 2,

d) Kennzahl für das Auflagegewicht (z. B. 130 = 130 g/m² auf beiden Seiten zusammen, siehe Tabellen 3 und 4),

e) Kennbuchstabe für die Oberflächenart (A, B oder C, siehe 5.4 und Tabelle 3),

f) Kennbuchstabe(n) für die Oberflächenbehandlung (C, O, CO oder U, siehe 5.5).

BEISPIEL 1:

BEISPIEL 1:
Bezeichnung von Band aus Stahl DX53D+ZA, Auflagegewicht 130 g/m² (130), Oberflächenart B, Oberflächenbehandlung chemisch passiviert (C):

$$\text{Band EN 10214} - \text{DX53D+ZA130} - \text{B} - \text{C}$$

oder: Band EN 10214 − 1.0355+ZA130 − B − C

BEISPIEL 2:
Bezeichnung von Blech aus Stahl S250GD+ZA, Auflagegewicht 95 g/m² (95), Oberflächenart C, Oberflächenbehandlung chemisch passiviert und geölt (CO):

$$\text{Blech EN 10214} - \text{S250GD+ZA95} - \text{C} - \text{CO}$$

oder: Blech EN 10214 − 1.0242+ZA95 − C − CO

4.3 Der Bezeichnung nach 4.2 sind gegebenenfalls zusätzliche Hinweise zur eindeutigen Beschreibung der gewünschten Lieferung im Klartext anzufügen (siehe Abschnitt 12).

5 Sorteneinteilung und Lieferarten

5.1 Stahlsorten

Die lieferbaren Stahlsorten sind der Tabelle 1 und der Tabelle 2 zu entnehmen.

Tabelle 1 enthält weiche Stähle, die wie folgt nach zunehmender Eignung zum Kaltumformen aufgeführt sind:

DX51D+ZA: Maschinenfalzgüte
DX52D+ZA: Ziehgüte
DX53D+ZA: Tiefziehgüte
DX54D+ZA: Sondertiefziehgüte

Tabelle 2 enthält Baustähle, die nach zunehmenden Mindestwerten der festgelegten Streckgrenze aufgeführt sind.

Tabelle 1: Einteilung und mechanische Eigenschaften der weichen Stähle zum Kaltumformen

Bezeichnung Stahlsorte			Streck-grenze R_e	Zug-festig-keit R_m	Bruch-deh-nung A_{80}
Kurz-name	Werk-stoff-num-mer	Symbol für die Art des Schmelz-tauch-über-zugs	N/mm²	N/mm²	%
			max. [1]) [2]) [3])	max. [1]) [3])	min. [1]) [4])
DX51D	1.0226	+ ZA	−	500	22
DX52D	1.0350	+ ZA	300 [5])	420	26
DX53D	1.0355	+ ZA	260	380	30
DX54D	1.0306	+ ZA	220	350	36

[1]) Die Werte gelten für Querproben.

[2]) Die Werte für die Streckgrenze gelten bei nicht ausgeprägter Streckgrenze für die 0,2 %-Dehngrenze ($R_{p0,2}$), sonst für die untere Streckgrenze (R_{eL}).

[3]) Bei allen Stahlsorten kann mit einem Mindestwert der Streckgrenze (R_e) von 140 N/mm² und der Zugfestigkeit (R_m) von 270 N/mm² gerechnet werden.

[4]) Für Erzeugnisdicken ≤ 0,7 mm verringern sich die Mindestwerte der Bruchdehnung (A_{80}) um 2 Einheiten.

[5]) Dieser Wert gilt nur für kalt nachgewalzte Erzeugnisse (Oberflächenarten B und C).

[1]) Bis zu ihrer Umwandlung in eine Europäische Norm kann entweder die EURONORM 12 oder die entsprechende nationale Norm angewendet werden.

Tabelle 2: Einteilung und mechanische Eigenschaften der Baustähle

Bezeichnung Stahlsorte			Streck-grenze	Zug-festig-keit	Bruch-deh-nung
Kurz-name	Werk-stoff-num-mer	Symbol für die Art des Schmelz-tauch-über-zugs	R_e N/mm^2 min.[1][2]	R_m N/mm^2 min.[1]	A_{80} % min.[1][3]
S220GD	1.0241	+ ZA	220	300	20
S250GD	1.0242	+ ZA	250	330	19
S280GD	1.0244	+ ZA	280	360	18
S320GD	1.0250	+ ZA	320	390	17
S350GD	1.0529	+ ZA	350	420	16
S550GD	1.0531	+ ZA	550	560	–

[1] Die Werte gelten für Längsproben.
[2] Die Werte für die Streckgrenze gelten bei nicht ausgeprägter Streckgrenze für die 0,2%-Dehngrenze ($R_{p0,2}$), sonst für die obere Streckgrenze (R_{eH}).
[3] Für Erzeugnisdicken $\leq$ 0,7 mm verringern sich die Mindestwerte der Bruchdehnung (A_{80}) um 2 Einheiten.

5.2 Überzüge

5.2.1 Die Auflagegewichte sind in Tabelle 3 angegeben. Für besondere Verwendungszwecke können von Tabelle 3 abweichende Auflagegewichte geliefert werden. Das Auflagegewicht und die Oberflächenbeschaffenheit sind in diesem Fall zwischen Hersteller und Verbraucher zu vereinbaren.

Dickere Überzugsschichten schränken die Umformbarkeit und die Schweißeignung der Erzeugnisse ein. Bei der Bestellung des Auflagegewichts sind daher die Anforderungen an die Umformbarkeit und die Schweißeignung zu berücksichtigen.

5.2.2 Auf Vereinbarung bei der Bestellung sind unterschiedliche Auflagegewichte je Seite lieferbar. Die beiden Oberflächen können herstellungsbedingt ein unterschiedliches Aussehen haben.

5.3 Ausführung des Überzugs

Die Erzeugnisse werden mit der üblichen Oberflächenstruktur geliefert.

Diese Ausführung hat einen metallischen Glanz und ergibt sich bei einer unbeeinflußten Erstarrung des Zink-Aluminium-Überzugs. In Abhängigkeit von den Herstellungsbedingungen entstehen Kristalle in unterschiedlicher Größe und mit unterschiedlichem Glanz. Die Qualität des Überzugs wird dadurch nicht beeinflußt.

5.4 Oberflächenart

5.4.1 Allgemeines

Entsprechend den Angaben in Tabelle 3 können die Erzeugnisse mit einer der in 5.4.2 bis 5.4.4 beschriebenen Oberflächenarten geliefert werden (siehe auch 4.2e) und 6.8).

5.4.2 Übliche Oberfläche (A)

Unvollkommenheiten wie kleine Pickel, unterschiedliche Oberflächenstruktur, dunkle Punkte, streifenförmige Markierungen und kleine Passivierungsflecke sind zulässig. Es können Streckrichtbrüche und Ablaufwellen auftreten.

Tabelle 3: Lieferbare Auflagen und Oberflächenarten

Stahlsorten	Auflage [1]	Oberflächenart [2]		
		A	B	C
DX51D+ZA DX52D+ZA S220GD+ZA S250GD+ZA S280GD+ZA S320GD+ZA S350GD+ZA S550GD+ZA	95	×	×	×
	130	×	×	×
	185	×	×	×
	200	×	×	×
	255	×	×	×
	300	×	–	–
DX53D+ZA und DX54D+ZA	95	×	×	×
	130	×	×	×
	185	×	×	×
	200	×	×	×
	255	×	–	–

[1] Siehe auch 5.2.1
[2] × : Laufende Erzeugung
– : Wird nur auf besondere Vereinbarung geliefert

5.4.3 Verbesserte Oberfläche (B)

Die Oberflächenart B wird durch Kaltnachwalzen erzielt.

Bei dieser Oberflächenart sind in geringem Umfang Unvollkommenheiten wie Streckrichtbrüche, Dressierabdrücke, Riefen, Eindrücke, unterschiedliche Oberflächenstruktur und Ablaufwellen sowie leichte Passivierungsfehler zulässig. Die Oberfläche weist keine Pickel auf.

5.4.4 Beste Oberfläche (C)

Die Oberflächenart C wird durch Kaltnachwalzen erzielt.

Die bessere Seite darf das einheitliche Aussehen einer Qualitätslackierung nicht beeinträchtigen. Die andere Seite muß mindestens den Merkmalen für die Oberflächenart B (siehe 5.4.3) entsprechen.

5.5 Oberflächenbehandlung (zeitlich begrenzter Oberflächenschutz)

5.5.1 Allgemeines

Flacherzeugnisse mit Zink-Aluminium-Überzügen erhalten üblicherweise im Herstellerwerk einen Oberflächenschutz nach den Angaben in 5.5.2 bis 5.5.5 (siehe auch 4.2 f). Die Dauer der Schutzwirkung hängt von den atmosphärischen Bedingungen ab.

5.5.2 Chemisch passiviert (C)

Chemisches Passivieren kann vorgenommen werden, um die Oberfläche vor Feuchtigkeitseinwirkungen zu schützen und die Gefahr einer Weißrostbildung zu vermindern.

Örtliche Verfärbungen der Oberfläche aufgrund dieser Behandlung sind zulässig und beeinträchtigen nicht die Güte.

5.5.3 Geölt (O)

Auch diese Behandlung vermindert die Gefahr der Weißrostbildung.

Die Ölschicht muß sich mit geeigneten, die Oberfläche schonenden und entfettenden Lösemitteln entfernen lassen.

577

5.5.4 Chemisch passiviert und geölt (CO)

Diese Kombination der Oberflächenbehandlung kann vereinbart werden, wenn ein erhöhter Schutz gegen Weißrostbildung erforderlich ist.

5.5.5 Unbehandelt (U)

Nur auf ausdrücklichen Wunsch und auf Verantwortung des Bestellers werden die Flacherzeugnisse nach dieser Norm ohne Oberflächenbehandlung geliefert. In diesem Fall besteht eine erhöhte Gefahr der frühen Korrosion bei Transport und Lagerung.

6 Anforderungen

6.1 Herstellungsverfahren

Die Verfahren zur Herstellung des Stahls und der Erzeugnisse bleiben dem Hersteller überlassen.

6.2 Wahl der Eigenschaften

6.2.1 Die Lieferung der Erzeugnisse erfolgt im allgemeinen auf der Grundlage der Anforderungen an die mechanischen Eigenschaften nach den Tabellen 1 und 2.

6.2.2 Auf besondere Vereinbarung bei der Bestellung können Erzeugnisse aus den Stahlsorten DX52D+ZA, DX53D+ZA und DX54D+ZA mit Eignung zur Herstellung eines bestimmten Werkstücks geliefert werden. In diesem Fall gelten die Werte nach Tabelle 1 nicht. Der durch den Werkstoff bedingte Ausschuß bei der Verarbeitung darf einen bestimmten bei der Bestellung zu vereinbarenden Anteil nicht überschreiten.

6.3 Mechanische Eigenschaften

6.3.1 Bei der Bestellung nach 6.2.1 gelten für die weichen Stähle die Werte für die mechanischen Eigenschaften nach Tabelle 1, und zwar für eine Frist nach der bei der Auftragserteilung vereinbarten Zurverfügungstellung der Erzeugnisse von

— 8 Tagen bei den Stahlsorten DX51D+ZA und DX52D+ZA,

— 6 Monaten bei den Stahlsorten DX53D+ZA und DX54D+ZA.

6.3.2 Für Flacherzeugnisse aus Baustählen gelten die Werte nach Tabelle 2. Mit der Zeit kann eine Verminderung der Umformbarkeit eintreten. Es liegt daher im Interesse des Verbrauchers, die Erzeugnisse möglichst bald zu verarbeiten.

6.3.3 Die Werte des Zugversuches gelten für

— Querproben bei den weichen Stählen nach Tabelle 1,

— Längsproben bei den Baustählen nach Tabelle 2.

Die Werte sind auf den Probenquerschnitt ohne Überzug zu beziehen.

6.4 Freiheit von Rollknicken

6.4.1 Weiche Stähle zum Kaltumformen

Bei besonderen Anforderungen an die Freiheit von Rollknicken kann ein Kaltnachwalzen oder Streckrichten der Erzeugnisse erforderlich sein. Eine solche Behandlung kann die Umformbarkeit einschränken. Für das Auftreten von Rollknicken bestehen ähnliche Voraussetzungen und Bedingungen wie für das Auftreten von Fließfiguren (siehe 6.5).

6.4.2 Baustähle

Wenn die Erzeugnisse frei von Rollknicken zu liefern sind, ist dies bei der Bestellung anzugeben.

6.5 Fließfiguren (weiche Stähle zum Kaltumformen)

6.5.1 Um die Bildung von Fließfiguren beim Kaltumformen zu vermeiden, kann es erforderlich sein, daß die Erzeugnisse beim Hersteller kalt nachgewalzt werden. Da die Neigung zur Bildung von Fließfiguren nach einiger Zeit erneut auftreten kann, liegt es im Interesse des Verbrauchers, die Erzeugnisse möglichst bald zu verarbeiten.

6.5.2 Freiheit von Fließfiguren bei den Oberflächenarten B und C liegt für folgende Zeitdauer nach der vereinbarten Zurverfügungstellung der Erzeugnisse vor:

— 1 Monat bei den Stahlsorten DX51D+ZA und DX52D+ZA,

— 6 Monate bei den Stahlsorten DX53D+ZA und DX54D+ZA.

6.6 Auflagegewicht

6.6.1 Das Auflagegewicht muß den Angaben in Tabelle 4 entsprechen. Die Werte gelten für das Gesamtgewicht des Überzugs auf beiden Seiten bei der Dreiflächenprobe und der Einzelflächenprobe (siehe 7.4.4 und 7.5.3).

Die Auflage ist nicht immer gleichmäßig auf beiden Erzeugnisseiten verteilt. Es kann jedoch davon ausgegangen werden, daß auf jeder Seite eine Auflage von mindestens 40 % des in Tabelle 4 genannten Wertes für die Einzelflächenprobe vorhanden ist.

Tabelle 4: Auflagegewichte

Auflage [1])	Auflagegewicht in g/m^2, zweiseitig [2])	
	min.	
	Dreiflächen-probe [3])	Einzelflächen-probe [3])
95	95	80
130	130	110
185	185	155
200	200	170
255	255	215
300	300	255

[1]) Siehe auch 5.2

[2]) Einem Auflagegewicht von 95 g/m^2 (zweiseitig) entspricht eine Schichtdicke von etwa 7,2 μm je Seite.

[3]) Siehe 7.4.4 und 7.5.3

6.6.2 Für jede Auflage nach Tabelle 4 kann ein Höchstwert oder ein Mindestwert des Auflagegewichts je Erzeugnisseite (Einzelflächenprobe) vereinbart werden.

6.7 Haftung des Überzugs

Die Haftung des Überzugs ist nach dem in 7.5.2 beschriebenen Faltversuch zu prüfen. Nach dem Falten darf der Überzug keine Abblätterung aufweisen, jedoch bleibt ein Bereich von 6 mm an jeder Probenkante außer Betracht, um den Einfluß des Schneidens auszuschalten. Rißbildungen und Aufrauhungen sind zulässig.

6.8 Oberflächenbeschaffenheit

6.8.1 Die Oberfläche muß den Angaben in 5.3 bis 5.5 entsprechen. Falls bei der Bestellung nicht anders vereinbart, wird beim Hersteller nur eine Oberfläche kontrolliert. Der

Hersteller muß dem Besteller auf dessen Verlangen angeben, ob die oben oder die unten liegende Seite kontrolliert wurde.

Kleine Kantenrisse, die bei nicht geschnittenen Kanten auftreten können, berechtigen nicht zur Beanstandung.

6.8.2 Bei der Lieferung von Band in Rollen besteht in größerem Maß die Gefahr des Vorhandenseins von Oberflächenfehlern als bei der Lieferung von Blech und Stäben. Dies ist vom Besteller bei der Beurteilung der Erzeugnisse in Betracht zu ziehen.

6.9 Maße, Grenzabmaße und Formtoleranzen
Es gelten die Festlegungen in EN 10143.

6.10 Eignung für die weitere Verarbeitung
6.10.1 Schweißen
Die Erzeugnisse nach dieser Norm sind –mit Ausnahme der Stahlsorte S550GD+ZA– zum Schweißen mit den üblichen Schweißverfahren geeignet. Bei größeren Auflagegewichten sind gegebenenfalls besondere Maßnahmen beim Schweißen erforderlich.

6.10.2 Kleben
Die Erzeugnisse nach dieser Norm sind für das Zusammenfügen durch Kleben geeignet.

6.10.3 Organisches Beschichten
Alle Stahlsorten und Oberflächenarten sind für das Aufbringen von organischen Beschichtungen geeignet. Das Aussehen nach dieser Behandlung wird von der bestellten Oberflächenart (siehe 5.4) beeinflußt.

> ANMERKUNG: Das Aufbringen von organischen Beschichtungen erfordert eine zweckentsprechende Vorbehandlung der Oberfläche beim Verarbeiter.

7 Prüfung
7.1 Allgemeines
7.1.1 Die Erzeugnisse können mit oder ohne Prüfung auf Übereinstimmung mit den Anforderungen dieser Europäischen Norm geliefert werden.

7.1.2 Wenn eine Prüfung gewünscht wird, muß der Besteller bei der Bestellung folgende Angaben machen:
— Art der Prüfung (spezifische oder nichtspezifische Prüfung, siehe EN 10021),
— Art der Prüfbescheinigung (siehe 7.7).

7.1.3 Spezifische Prüfungen sind nach den Festlegungen in 7.2 bis 7.6 durchzuführen.

7.2 Prüfeinheiten
Die Prüfeinheit beträgt 20 t oder angefangene 20 t von schmelztauchveredelten Flacherzeugnissen derselben Stahlsorte, Nenndicke, Überzugsart oder Oberflächenbeschaffenheit. Bei Band gilt auch eine Rolle mit einem Gewicht von mehr als 20 t als eine Prüfeinheit.

7.3 Anzahl der Prüfungen
Je Prüfeinheit nach 7.2 ist eine Versuchsreihe zur Ermittlung
— der mechanischen Eigenschaften (siehe 7.5.1),
— der Haftung des Überzugs (siehe 7.5.2) und
— des Auflagegewichts (siehe 7.5.3)
durchzuführen.

7.4 Probenahme
7.4.1 Bei Band sind die Proben vom Anfang oder Ende der Rolle zu entnehmen. Bei Blech und Stäben bleibt die Auswahl des Stückes für die Probenahme dem mit der Ablieferungsprüfung Beauftragten überlassen.

7.4.2 Die Probe für den Zugversuch (siehe 7.5.1) ist
— quer zur Walzrichtung bei Stählen nach Tabelle 1,
— parallel zur Walzrichtung bei Stählen nach Tabelle 2,
in einem Abstand von mindestens 50 mm von den Erzeugniskanten zu entnehmen.

7.4.3 Die Probe für den Faltversuch zur Prüfung der Haftung des Überzugs (siehe 7.5.2) darf in beliebiger Richtung entnommen werden. Der Abstand von den Erzeugniskanten muß mindestens 50 mm betragen. Die Probe muß so bemessen sein, daß die Länge der gefalteten Kante mindestens 100 mm beträgt.

7.4.4 Die drei Proben für die Püfung des Auflagegewichts (siehe 7.5.3) sind bei ausreichender Erzeugnisbreite nach den Angaben in Bild 1 zu entnehmen. Die Proben dürfen rund oder quadratisch sein, die einzelne Probe muß eine Größe von mindestens 5 000 mm² haben.

Maße in mm

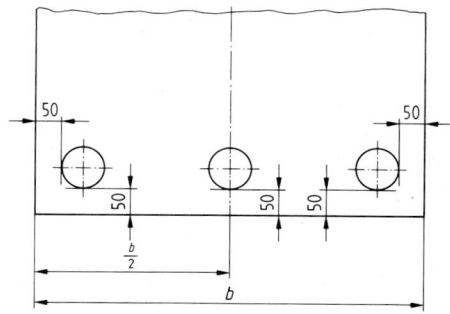

b = Band- oder Blechbreite

Bild 1: Lage der Proben zur Ermittlung der Zink-Aluminium-Auflage

Wenn wegen zu geringer Erzeugnisbreite die Probenahme nach Bild 1 nicht möglich ist, ist nur eine Probe mit einer Größe von mindestens 5 000 mm² zu entnehmen. Das an ihr ermittelte Auflagegewicht muß den Festlegungen für die Einzelflächenprobe nach Tabelle 4 entsprechen.

7.4.5 Die Entnahme und etwaige Bearbeitung muß bei allen Proben so erfolgen, daß die Ergebnisse der Prüfungen nicht beeinflußt werden.

7.5 Anzuwendende Prüfverfahren
7.5.1 Der Zugversuch ist nach EN 10002-1 durchzuführen, und zwar mit Proben der Form 2 (Anfangsmeßlänge L_0 = 80 mm, Breite b = 20 mm) (siehe auch 6.3.3).

7.5.2 Der Faltversuch zur Prüfung der Haftung des Überzugs (siehe auch 6.7 und 7.4.3) ist nach EURONORM 12 durchzuführen.

Dabei sind die Durchmesser D des Biegedorns oder der Biegerolle nach Tabelle 5 anzuwenden. Der Biegewinkel beträgt in allen Fällen 180°.

Beim Zusammendrücken der Probenschenkel ist darauf zu achten, daß der Überzug nicht beschädigt wird.

Tabelle 5: Dorndurchmesser beim Faltversuch zur Prüfung der Haftung des Überzugs (siehe 7.5.2)

Stahlsorte	Dorndurchmesser D [1]) [2]) bei Nenndicken	
	$\leq 1{,}50$ mm	$> 1{,}50 \leq 3{,}0$ mm
DX51D+ZA	0	0
DX52D+ZA	0	0
DX53D+ZA	0	0
DX54D+ZA	0	0
S220GD+ZA	0	1a
S250GD+ZA	0	1a
S280GD+ZA	1a	2a
S320GD+ZA	1a	2a
S350GD+ZA	1a	2a
S550GD+ZA	— [3])	— [3])

[1]) a: Erzeugnisdicke

[2]) Bei der Auflage 300 gelten in allen Fällen um 1a größere Dorndurchmesser.

[3]) Diese Stahlsorte muß dem Faltversuch nicht unterzogen werden.

7.5.3 Das Gewicht der Auflage wird durch chemisches Ablösen des Überzugs aus der Gewichtsdifferenz der Proben vor und nach dem Entzinken ermittelt. Bei der Prüfung mit Proben nach Bild 1 ergibt sich der Wert für die Dreiflächenprobe als arithmetisches Mittel aus den drei Versuchsergebnissen. Jedes Einzelergebnis muß den Anforderungen an die Einzelflächenprobe nach Tabelle 4 entsprechen.

Für die laufenden Überprüfungen beim Hersteller können beliebige Verfahren — z. B. zerstörungsfreie Prüfungen — angewendet werden.

In Schiedsfällen ist das im Anhang A zu dieser Norm beschriebene Verfahren anzuwenden.

7.6 Wiederholungsprüfungen

Es gelten die Festlegungen in EN 10021. Bei Rollen sind die Proben für die Wiederholungsprüfungen in einem Abstand von mindestens einer Windung, jedoch von höchstens 20 m vom Bandende zu entnehmen.

7.7 Prüfbescheinigungen

Auf entsprechende Vereinbarung bei der Bestellung ist eine der in EN 10204 genannten Prüfbescheinigungen auszustellen.

8 Kennzeichnung

An jeder Rolle oder jedem Paket ist ein Schild anzubringen, das mindestens folgende Angaben enthalten muß:

— Name oder Zeichen des Lieferwerks,

— vollständige Bezeichnung (siehe 4.2),

— Nennmaße des Erzeugnisses,

— Identifikationsnummer,

— Auftragsnummer,

— Gewicht der Rolle oder des Pakets.

9 Verpackung

Falls bei der Bestellung nichts anderes vereinbart wird, sind die Anforderungen an die Verpackung der Erzeugnisse dem Hersteller überlassen.

10 Lagerung und Transport

10.1 Feuchtigkeit, besonders auch Schwitzwasser zwischen den Tafeln, Windungen einer Rolle oder sonstigen zusammenliegenden Teilen aus Flacherzeugnissen mit Zink-Aluminium-Überzügen kann zur Bildung von Korrosionsprodukten führen. Die Möglichkeit eines Schutz der Oberflächen ist in 5.5 angegeben. Bei längerem Kontakt mit der Feuchtigkeit kann jedoch der Korrosionsschutz örtlich vermindert werden. Vorsorglich sollten die Erzeugnisse trocken transportiert und gelagert und vor Feuchtigkeit geschützt werden.

10.2 Während des Transportes können durch Reibung dunkle Punkte auf den Oberflächen entstehen, die im allgemeinen nur das Aussehen beeinträchtigen. Durch Ölen der Erzeugnisse wird eine Verringerung der Reibung bewirkt. Es sollten jedoch folgende Vorsichtsmaßnahmen getroffen werden: Feste Verpackung, satte Auflage, keine örtlichen Druckbelastungen.

11 Beanstandungen

Für Beanstandungen nach der Lieferung und deren Bearbeitung gilt EN 10021.

12 Bestellangaben

Damit der Hersteller die Erzeugnisse bedingungsgemäß liefern kann, sind vom Besteller folgende Angaben bei der Bestellung zu machen:

a) Benennung des Erzeugnisses (Band, Blech, Stab);

b) Nennmaße (Dicke, Breite und — bei Blech und Stäben — Länge);

c) Liefermenge;

d) vollständige Bezeichnung (siehe 4.2);

e) Grenzgewicht und Grenzmaße der Rollen und einzelnen Blechpakete;

f) etwaige gewünschte Lieferung mit unterschiedlichem Auflagegewicht je Seite (siehe 5.2.2);

g) etwaige Lieferung von Erzeugnissen aus weichen Stählen mit Eignung zur Herstellung eines bestimmten Werkstücks (siehe 6.2.2);

h) etwaige Lieferung mit Freiheit von Rollknicken (siehe 6.4);

i) etwaige Anforderungen an den Höchstwert oder den Mindestwert des Auflagegewichts je Erzeugnisseite (siehe 6.6.2);

j) Angabe der kontrollierten Oberfläche (siehe 6.8.1);

k) Prüfung der Erzeugnisse im Herstellerwerk (siehe 7.1.1 und 7.1.2);

l) etwaige Ausstellung einer Prüfbescheinigung und Art der Bescheinigung (siehe 7.7);

m) etwaige Anforderung an die Verpackung (siehe Abschnitt 9).

Anhang A (normativ)
Referenzverfahren zur Ermittlung des Auflagegewichts

A.1 Grundsatz

Die Probengröße muß mindestens 5 000 mm² betragen. Bei Verwendung einer Probe von 5 000 mm² ergibt der durch die Ablösung des Überzugs entstehende Gewichtsverlust in Gramm nach Multiplikation mit 200 das Gesamtgewicht der Auflage in Gramm pro Quadratmeter auf beiden Seiten des Erzeugnisses.

A.2 Reagenzien und Herstellung der Lösung

Reagenzien:

- Salzsäure (HCl, ϱ_{20} = 1,19 g/cm³)
- Hexamethylentetramin

Herstellung der Lösung:

Die Salzsäure wird mit vollentsalztem oder destilliertem Wasser im Verhältnis von einem Teil HCl zu einem Teil Wasser (50 %-Lösung) verdünnt. Dieser Lösung wird unter Rühren 3,5 g Hexamethylentetramin je Liter zugegeben.

Die so hergestellte Lösung ermöglicht zahlreiche aufeinanderfolgende Ablösungen unter zufriedenstellenden Bedingungen im Hinblick auf die Schnelligkeit und Genauigkeit.

A.3 Versuchseinrichtung

Waage, die die Ermittlung des Probengewichts auf 0,01 g gestattet. Für den Versuch ist eine Abzugs-Vorrichtung zu verwenden.

A.4 Versuchsdurchführung

Jede Probe ist wie folgt zu behandeln:

    a) Falls erforderlich, Entfettung der Probe mit einem organischen, den Überzug nicht angreifenden Lösemittel mit anschließender Trocknung der Probe;

    b) Wägung der Probe auf 0,01 g;

    c) Eintauchen der Probe in die mit Hexamethylentetramin inhibierte Salzsäure-Lösung bei Umgebungstemperatur (20 °C bis 25 °C). Die Probe wird in dieser Lösung belassen, bis kein Wasserstoff mehr entweicht oder nur noch wenige Blasen entstehen;

    d) nach dem Ende der Reaktion wird die Probe gewaschen, unter fließendem Wasser gebürstet, mit einem Tuch vorgetrocknet, durch Erwärmen auf ≈ 100 °C weitergetrocknet und im warmen Luftstrom abgekühlt;

    e) erneutes Wägen der Probe auf 0,01 g;

    f) Ermittlung des Gewichtsunterschiedes der Probe mit und ohne Überzug. Dieser Unterschied, ausgedrückt in Gramm, stellt das Auflagegewicht dar.

Kontinuierlich schmelztauchveredeltes Band und Blech aus Stahl mit Aluminum-Zink-Überzügen (AZ) Technische Lieferbedingungen Deutsche Fassung EN 10215 : 1995	**DIN** **EN 10215**

ICS 77.140.50

Deskriptoren: Stahlband, Stahlblech, Aluminiumüberzug, Lieferbedingung

Continuously hot-dip aluminium-zinc (AZ) coated steel strip and sheet — Technical delivery conditions; German version EN 10215 : 1995

Bandes et tôles en acier revétues d'alliage aluminium-zinc (AZ) à chaud en continu — Conditions techniques de livraison; Version allemande EN 10215 : 1995

Die Europäische Norm EN 10215 : 1995 hat den Status einer Deutschen Norm.

Nationales Vorwort

Die Europäische Norm EN 10215 ist vom Technischen Komitee (TC) 27 "Flacherzeugnisse aus Stahl mit Überzügen", (Sekretariat: Deutschland) des Europäischen Komitees für die Eisen- und Stahlnormung (ECISS) ausgearbeitet worden.

Das zuständige Deutsche Normungsgremium ist der Arbeitsausschuß 01 "Flacherzeugnisse, Gütenormen" des Normenausschusses Eisen und Stahl (FES) im DIN.

Es handelt sich um die Erstausgabe der technischen Lieferbedingungen für Flacherzeugnisse mit Aluminium-Zink-Überzügen (≈ 55 % Al, ≈ 1,6 % Si, Rest Zink) aus weichen Stählen zum Kaltumformen und aus Baustählen. Die Anforderungen an die mechanischen Eigenschaften in den Tabellen 1 und 2 sind an die Festlegungen für feuerverzinktes Band und Blech angelehnt.

Die Festlegungen für die Grenzabmaße und Formtoleranzen sind in der DIN EN 10143 enthalten.

Die Kurznamen und Werkstoffnummern der Stähle entsprechen den Festlegungen in DIN EN 10027-1 und DIN EN 10027-2 sowie in der ECISS-Mitteilung IC 10 und können als endgültig angesehen werden.

Für Flacherzeugnisse aus Stahl mit Zink-Aluminium-Überzügen (≈ 5 % Al, geringe Mengen Mischmetall, Rest Zink) ist DIN EN 10214 erarbeitet worden.

Für die im Abschnitt 2 zitierten Europäischen Normen, soweit sich die Norm-Nummer ändert, und EURONORMEN wird im folgenden auf die entsprechenden Deutschen Normen verwiesen:

EN 10204 siehe DIN 50049

ECISS-Mitteilung IC 10 siehe Vornorm DIN V 17006-100

EURONORM 12 siehe DIN 50111

Nationaler Anhang NA (informativ)

Literaturhinweise in nationalen Zusätzen

DIN 50049	Metallische Erzeugnisse — Arten von Prüfbescheinigungen; Deutsche Fassung EN 10204 : 1991
DIN 50111	Prüfung metallischer Werkstoffe — Technologischer Biegeversuch (Faltversuch)
DIN V 17006-100	Bezeichnungssysteme für Stähle — Zusatzsymbole für Kurznamen; Deutsche Fassung ECISS-IC 10 : 1993
DIN EN 10027-1	Bezeichnungssysteme für Stähle — Teil 1: Kurznamen, Hauptsymbole; Deutsche Fassung EN 10027-1 : 1992
DIN EN 10027-2	Bezeichnungssysteme für Stähle — Teil 2: Nummernsystem; Deutsche Fassung EN 10027-2 : 1992
DIN EN 10143	Kontinuierlich schmelztauchveredeltes Blech und Band aus Stahl — Grenzabmaße und Formtoleranzen; Deutsche Fassung EN 10143 : 1993
DIN EN 10214	Kontinuierlich schmelztauchveredeltes Band und Blech aus Stahl mit Zink-Aluminium-Überzügen (ZA) — Technische Lieferbedingungen; Deutsche Fassung EN 10214 : 1995

Fortsetzung 7 Seiten EN

Normenausschuß Eisen und Stahl (FES) im DIN Deutsches Institut für Normung e.V.

EUROPÄISCHE NORM
EUROPEAN STANDARD
NORME EUROPÉENNE

EN 10215

Februar 1995

ICS 77.140.50

Deskriptoren: Eisen- und Stahlerzeugnis, Blech, Band, Stahl, Erzeugnis mit Überzug, kontinuierliche Oberflächenveredlung, Schmelztauchveredeln, Aluminiumüberzug, Zinküberzug, Bezeichnung, Einteilung, Sorte, mechanische Eigenschaften, Endfertigung, Qualität, Warenlieferung, Prüfung, Prüfverfahren, Kennzeichnung

Deutsche Fassung

Kontinuierlich schmelztauchveredeltes Band und Blech aus Stahl mit Aluminium-Zink-Überzügen (AZ)
Technische Lieferbedingungen

Continuously hot-dip aluminium-zinc (AZ) coated steel strip and sheet — Technical delivery conditions

Bandes et tôles en acier revêtues d'alliage aluminium-zinc (AZ) à chaud en continu — Conditions techniques de livraison

Diese Europäische Norm wurde von CEN am 1995-02-10 angenommen.

Die CEN-Mitglieder sind gehalten, die CEN/CENELEC-Geschäftsordnung zu erfüllen, in der die Bedingungen festgelegt sind, unter denen dieser Europäischen Norm ohne jede Änderung der Status einer nationalen Norm zu geben ist.

Auf dem letzten Stand befindliche Listen dieser nationalen Normen mit ihren bibliographischen Angaben sind beim Zentralsekretariat oder bei jedem CEN-Mitglied auf Anfrage erhältlich.

Diese Europäische Norm besteht in drei offiziellen Fassungen (Deutsch, Englisch, Französisch). Eine Fassung in einer anderen Sprache, die von einem CEN-Mitglied in eigener Verantwortung durch Übersetzung in seine Landessprache gemacht und dem Zentralsekretariat mitgeteilt worden ist, hat den gleichen Status wie die offiziellen Fassungen.

CEN-Mitglieder sind die nationalen Normungsinstitute von Belgien, Dänemark, Deutschland, Finnland, Frankreich, Griechenland, Irland, Island, Italien, Luxemburg, Niederlande, Norwegen, Österreich, Portugal, Schweden, Schweiz, Spanien und dem Vereinigten Königreich.

CEN

EUROPÄISCHES KOMITEE FÜR NORMUNG
European Committee for Standardization
Comité Européen de Normalisation

Zentralsekretariat: rue de Stassart 36, B-1050 Brüssel

Ref. Nr. EN 10215 : 1995 D

583

Inhalt

Vorwort

Diese Europäische Norm wurde von ECISS/TC 27 "Flacherzeugnisse aus Stahl mit Überzügen – Güte-, Maß- und Prüfnormen", dessen Sekretariat vom Normenausschuß Eisen und Stahl (FES) im DIN geführt wird, ausgearbeitet.

Es handelt sich um die Erstausgabe europäischer technischer Lieferbedingungen für kontinuierlich schmelztauchveredeltes Blech und Band mit Aluminium-Zink-(AZ)Überzügen.

Der Entwurf prEN 10215 wurde im August 1992 für die CEN-Umfrage veröffentlicht.

In einer Sitzung von ECISS/TC 27 am 16. März 1993 wurde dem Text als Schlußfassung einer Europäischen Norm zugestimmt. An dieser Sitzung nahmen Vertreter folgender Länder teil:

Belgien, Deutschland, Frankreich, Niederlande, Österreich, Schweden und das Vereinigte Königreich.

Diese Europäische Norm muß den Status einer nationalen Norm erhalten; entweder durch Veröffentlichung eines identischen Textes oder durch Anerkennung bis August 1995, und etwaige entgegenstehende nationale Normen müssen bis August 1995 zurückgezogen werden.

Entsprechend der CEN/CENELEC-Geschäftsordnung sind folgende Länder gehalten, diese Europäische Norm zu übernehmen:

Belgien, Dänemark, Deutschland, Finnland, Frankreich, Griechenland, Irland, Island, Italien, Luxemburg, Niederlande, Norwegen, Österreich, Portugal, Schweden, Schweiz, Spanien und das Vereinigte Königreich.

1 Anwendungsbereich

1.1 Diese Europäische Norm enthält die Anforderungen an kontinuierlich schmelztauchveredelte Flacherzeugnisse mit Aluminium-Zink-Überzügen aus weichen Stählen zum Kaltumformen (siehe Tabelle 1) sowie aus Baustählen (siehe Tabelle 2) in Dicken $\leq 3,0$ mm. Als Dicke gilt die Enddicke des gelieferten Erzeugnisses nach dem Schmelztauchen.

Diese Europäische Norm gilt für Band aller Breiten sowie für daraus abgelängte Bleche (≥ 600 mm Breite) und Stäbe (< 600 mm Breite).

Die Zusammensetzung der Aluminium-Zink-Legierung in Massenprozent beträgt 55% Al, 1,6% Si, Rest Zink.

Die lieferbaren Auflagegewichte, Ausführungen des Überzugs und Oberflächenarten sind in 5.2 bis 5.4 und in Tabelle 3 angegeben.

1.2 Die Erzeugnisse nach dieser Europäischen Norm eignen sich für Verwendungszwecke, bei denen der Schutz des Grundwerkstoffs gegen Korrosion von vorrangiger Bedeutung ist.

1.3 Diese Europäische Norm gilt nicht für

– kontinuierlich schmelztauchveredelte Flacherzeugnisse aus Stahl mit Zink-Aluminium-Überzügen (ZA) (siehe EN 10214),

– feuerverzinktes Blech und Band aus weichen Stählen zum Kaltumformen (siehe EN 10142),

– feuerverzinktes Blech und Band aus Baustählen (siehe EN 10147),

– elektrolytisch verzinkte Flacherzeugnisse aus Stahl (siehe EN 10152),

– organisch bandbeschichtete Flacherzeugnisse aus Stahl (EN 10169, in Vorbereitung).

2 Normative Verweisungen

Diese Europäische Norm enthält durch datierte oder undatierte Verweisungen Festlegungen aus anderen Publikationen. Diese normativen Verweisungen sind an den jeweiligen Stellen im Text zitiert, und die Publikationen sind nachstehend aufgeführt. Bei starren Verweisungen gehören spätere Änderungen oder Überarbeitungen dieser Publikationen nur zu dieser Europäischen Norm, falls sie durch Änderung oder Überarbeitung eingearbeitet sind. Bei undatierten Verweisungen gilt die letzte Ausgabe der in bezug genommenen Publikationen.

EN 10002-1
Metallische Werkstoffe-Zugversuch — Teil 1: Prüfverfahren (bei Raumtemperatur)

EN 10020
Begriffsbestimmung für die Einteilung der Stähle

EN 10021
Allgemeine technische Lieferbedingungen für Stahl und Stahlerzeugnisse

EN 10027-1
Bezeichnungssysteme für Stähle — Teil 1: Kurznamen, Hauptsymbole

EN 10027-2
Bezeichnungssysteme für Stähle — Teil 2: Nummernsystem

EN 10079
Begriffsbestimmungen für Stahlerzeugnisse

EN 10143
Kontinuierlich schmelztauchveredeltes Blech und Band aus Stahl — Grenzabmaße und Formtoleranzen

EN 10204
Metallische Erzeugnisse — Arten von Prüfbescheinigungen

ECISS Mitteilung IC 10
Bezeichnungssysteme für Stähle-Zusatzsymbole für Kurznamen

EURONORM 12[1])
Faltversuch an Stahlblechen und -bändern mit einer Dicke unter 3 mm

3 Definitionen

Für die Anwendung dieser Europäischen Norm gelten zusätzlich zu den Definitionen in EN 10020, EN 10021, EN 10079 und EN 10204 folgende Definitionen:

3.1 Schmelztauchveredeln mit Aluminium-Zink-Überzügen (AZ)

Aufbringen eines Aluminium-Zink-Überzugs durch Eintauchen entsprechend vorbereiteter Erzeugnisse in eine geschmolzene Metall-Legierung.

Im vorliegenden Fall wird Breitband aus Stahl kontinuierlich in einem Bad mit der in 1.1 angegebenen Zusammensetzung schmelztauchveredelt.

3.2 Auflagegewicht

Gesamtgewicht des Überzugs auf beiden Seiten des Erzeugnisses (ausgedrückt in Gramm pro Quadratmeter).

4 Bezeichnung

4.1 Die Kurznamen der Stahlsorten sind nach EN 10027-1 und ECISS-Mitteilung IC 10, die Werkstoffnummern nach EN 10027-2 gebildet worden.

4.2 Die Erzeugnisse nach dieser Europäischen Norm sind in der angegebenen Reihenfolge wie folgt zu bezeichnen:

a) Benennung des Erzeugnisses (z. B. Band, Blech oder Stab),

b) Nummer dieser Norm (EN 10215),

c) Kurzname oder Werkstoffnummer der Stahlsorte und Symbol für die Art des Schmelztauchüberzugs nach Tabelle 1 oder Tabelle 2,

d) Kennzahl für das Auflagegewicht (z. B. 150 = 150 g/m² auf beiden Seiten zusammen, siehe Tabelle 3),

e) Kennbuchstabe für die Oberflächenart (A, B oder C, siehe 5.4),

f) Kennbuchstabe(n) für die Oberflächenbehandlung (C, O, CO oder U, siehe 5.5).

BEISPIEL 1:

Bezeichnung von Band aus Stahl DX53D+AZ, Auflagegewicht 150 g/m² (150), Oberflächenart B, Oberflächenbehandlung chemisch passiviert (C):

Band EN 10215 — DX53D+AZ150 — B — C

oder Band EN 10215 — 1.0355+AZ150 — B — C

BEISPIEL 2:

Bezeichnung von Blech aus Stahl S250GD+AZ, Auflagegewicht 185 g/m² (185), Oberflächenart C, Oberflächenbehandlung chemisch passiviert und geölt (CO):

Blech EN 10215—S250GD+AZ185—C—CO

oder Blech EN 10215 — 1.0242+AZ185 — C — CO

4.3 Der Bezeichnung nach 4.2 sind gegebenenfalls zusätzliche Hinweise zur eindeutigen Beschreibung der gewünschten Lieferung im Klartext anzufügen (siehe Abschnitt 12).

5 Sorteneinteilung und Lieferarten

5.1 Stahlsorten

Die lieferbaren Stahlsorten sind der Tabelle 1 und der Tabelle 2 zu entnehmen.

Tabelle 1 enthält weiche Stähle, die wie folgt nach zunehmender Eignung zum Kaltumformen aufgeführt sind:

DX51D+AZ: Maschinenfalzgüte

DX52D+AZ: Ziehgüte

DX53D+AZ: Tiefziehgüte

DX54D+AZ: Sondertiefziehgüte

Tabelle 2 enthält Baustähle, die nach zunehmenden Mindestwerten der festgelegten Streckgrenze aufgeführt sind.

Tabelle 1: Einteilung und mechanische Eigenschaften der weichen Stähle zum Kaltumformen

Bezeichnung Stahlsorte			Streckgrenze	Zugfestigkeit	Bruchdehnung
Kurzname	Werkstoffnummer	Symbol für die Art des Schmelztauchüberzugs	R_e N/mm²	R_m N/mm²	A_{80} %
			max.[1)2)3)]	max.[1)3)]	min.[1)4)]
DX51D	1.0226	+ AZ	–	500	22
DX52D	1.0350	+ AZ	300[5)]	420	26
DX53D	1.0355	+ AZ	260	380	30
DX54D	1.0306	+ AZ	220	350	36

[1)] Die angegebenen Werte gelten für Querproben.

[2)] Die Werte für die Streckgrenze gelten bei nicht ausgeprägter Streckgrenze für die 0,2 %-Dehngrenze ($R_{p0,2}$), sonst für die untere Streckgrenze (R_{eL}).

[3)] Bei allen Stahlsorten kann mit einem Mindestwert der Streckgrenze (R_e) von 140 N/mm² und der Zugfestigkeit (R_m) von 270 N/mm² gerechnet werden.

[4)] Für Erzeugnisdicken ≤ 0,7 mm verringern sich die Mindestwerte der Bruchdehnung (A_{80}) um 2 Einheiten.

[5)] Dieser Wert gilt nur für kalt nachgewalzte Erzeugnisse (Oberflächenarten B und C).

[1)] Bis zu ihrer Umwandlung in eine Europäische Norm kann entweder die EURONORM 12 oder die entsprechende nationale Norm angewendet werden.

Tabelle 2: Einteilung und mechanische Eigenschaften der Baustähle

Bezeichnung Stahlsorte			Streck-grenze	Zug-festig-keit	Bruch-deh-nung
Kurz-name	Werk-stoff-num-mer	Symbol für die Art des Schmelz-tauch-über-zugs	R_e N/mm^2 min.[1][2]	R_m N/mm^2 min.[1]	A_{80} % min.[1][3]
S250GD	1.0242	+ AZ	250	330	19
S280GD	1.0244	+ AZ	280	360	18
S320GD	1.0250	+ AZ	320	390	17
S350GD	1.0529	+ AZ	350	420	16
S550GD	1.0531	+ AZ	550	560	—

[1] Die angegebenen Werte gelten für Längsproben.

[2] Die Werte für die Streckgrenze gelten bei nicht ausgeprägter Streckgrenze für die 0,2%-Dehngrenze ($R_{p0,2}$), sonst für die obere Streckgrenze (R_{eH}).

[3] Für Erzeugnisdicken $\leq$ 0,7 mm verringern sich die Mindestwerte der Bruchdehnung (A_{80}) um 2 Einheiten.

5.2 Überzüge

5.2.1 Die Auflagegewichte sind in Tabelle 3 angegeben. Für besondere Verwendungszwecke können von Tabelle 3 abweichende Auflagegewichte geliefert werden. Das Auflagegewicht und die Oberflächenbeschaffenheit sind in diesem Fall zwischen Hersteller und Verbraucher zu vereinbaren.

Dickere Überzugsschichten schränken die Umformbarkeit und die Schweißeignung der Erzeugnisse ein. Bei der Bestellung des Auflagegewichts sind daher die Anforderungen an die Umformbarkeit und die Schweißeignung zu berücksichtigen.

5.2.2 Auf Vereinbarung bei der Bestellung sind unterschiedliche Auflagegewichte je Seite lieferbar. Die beiden Oberflächen können herstellungsbedingt ein unterschiedliches Aussehen haben.

5.3 Ausführung des Überzugs

Die Erzeugnisse werden mit üblicher Blume geliefert. Übliche Blume ist eine Ausführung mit metallischem Glanz, sie ergibt sich bei unbeeinflußtem Wachsen der Alumium-Zink-Kristalle unter normalen Erstarrungsbedingungen.

5.4 Oberflächenart

5.4.1 Allgemeines

Die Erzeugnisse können mit einer der in 5.4.2 bis 5.4.4 beschriebenen Oberflächenart geliefert werden (siehe 4.2e) und 6.8)

5.4.2 Übliche Oberfläche (A)

Unvollkommenheiten wie kleine Pickel, unterschiedliche Blumengröße, dunkle Punkte, streifenförmige Markierungen und kleine Passivierungsflecke sind zulässig. Es können Streckrichtbrüche und Ablaufwellen auftreten.

5.4.3 Verbesserte Oberfläche (B)

Die Oberflächenart B wird durch Kaltnachwalzen erzielt.

Bei dieser Oberflächenart sind in geringem Umfang Unvollkommenheiten wie Streckrichtbrüche, Dressierabdrücke, Riefen, Eindrücke, Zinkblumenstruktur und Ablaufwellen sowie leichte Passivierungsfehler zulässig. Die Oberfläche weist keine Pickel auf.

5.4.4 Beste Oberfläche (C)

Die Oberflächenart C wird durch Kaltnachwalzen erzielt.

Die bessere Seite darf das einheitliche Aussehen einer Qualitätslackierung nicht beeinträchtigen. Die andere Seite muß mindestens den Merkmalen für die Oberflächenart B (siehe 5.4.3) entsprechen.

5.5 Oberflächenbehandlung (zeitlich begrenzter Oberflächenschutz)

5.5.1 Allgemeines

Flacherzeugnisse mit Aluminium-Zink-Überzügen erhalten üblicherweise im Herstellerwerk einen Oberflächenschutz nach den Angaben in 5.5.2 bis 5.5.5 (siehe auch 4.2 f). Die Schutzwirkung ist zeitlich begrenzt, ihre Dauer hängt von den atmosphärischen Bedingungen ab.

5.5.2 Chemisch passiviert (C)

Chemisches Passivieren kann vorgenommen werden, um die Oberfläche vor Feuchtigkeitseinwirkungen zu schützen und die Gefahr einer Schwarzrostbildung zu vermindern.

Chemisches Passivieren kann örtliche Verfärbungen der Oberfläche bewirken, durch die jedoch die Verarbeitbarkeit der Erzeugnisse nicht beeinträchtigt wird.

5.5.3 Geölt (O)

Auch diese Behandlung vermindert die Gefahr einer frühzeitigen Oxidation der Oberfläche.

Die Ölschicht muß sich mit geeigneten, die Oberfläche schonenden und entfettenden Lösemitteln entfernen lassen.

Geölte Erzeugnisse können ein zusätzliches Entfetten vor dem Walzen oder Ziehen erforderlich machen.

5.5.4 Chemisch passiviert und geölt (CO)

Diese Kombination der Oberflächenbehandlung kann vereinbart werden, wenn ein erhöhter Schutz gegen Schwarzrostbildung erforderlich ist.

5.5.5 Unbehandelt (U)

Nur auf ausdrücklichen Wunsch und auf Verantwortung des Bestellers werden die Flacherzeugnisse nach dieser Norm ohne Oberflächenbehandlung geliefert. In diesem Fall besteht eine erhöhte Gefahr der frühen Korrosion bei Transport und Lagerung.

6 Anforderungen

6.1 Herstellungsverfahren

Die Verfahren zur Herstellung des Stahls und der Erzeugnisse bleiben dem Hersteller überlassen.

6.2 Wahl der Eigenschaften

6.2.1 Die Lieferung der Erzeugnisse erfolgt im allgemeinen auf der Grundlage der Anforderungen an die mechanischen Eigenschaften nach den Tabellen 1 und 2.

6.2.2 Auf besondere Vereinbarung bei der Bestellung können Erzeugnisse aus den Stahlsorten DX52D+AZ, DX53D+AZ und DX54D+AZ mit Eignung zur Herstellung eines bestimmten Werkstücks geliefert werden. In diesem Fall gelten die Werte nach Tabelle 1 nicht. Der durch den Werkstoff bedingte Ausschuß bei der Verarbeitung darf einen bestimmten bei der Bestellung zu vereinbarenden Anteil nicht überschreiten.

6.3 Mechanische Eigenschaften

6.3.1 Bei der Bestellung nach 6.2.1 gelten für die weichen Stähle die Werte für die mechanischen Eigenschaften nach Tabelle 1, und zwar für eine Frist nach der bei der Auftragserteilung vereinbarten Zurverfügungstellung der Erzeugnisse von

- 8 Tagen bei den Stahlsorten DX51D+AZ und DX52D+AZ,
- 6 Monaten bei den Stahlsorten DX53D+AZ und DX54D+AZ.

6.3.2 Für Flacherzeugnisse aus Baustählen gelten die Werte nach Tabelle 2. Mit der Zeit kann eine Verminderung der Umformbarkeit eintreten. Es liegt daher im Interesse des Verbrauchers, die Erzeugnisse möglichst bald zu verarbeiten.

6.3.3 Die Werte des Zugversuches gelten für

- Querproben bei den weichen Stählen nach Tabelle 1,
- Längsproben bei den Baustählen nach Tabelle 2.

Die Werte sind auf den Probenquerschnitt ohne Überzug zu beziehen.

6.4 Freiheit von Rollknicken

6.4.1 Weiche Stähle zum Kaltumformen

Bei besonderen Anforderungen an die Freiheit von Rollknicken kann ein Kaltnachwalzen oder Streckrichten der Erzeugnisse erforderlich sein. Eine solche Behandlung kann die Umformbarkeit einschränken. Für das Auftreten von Rollknicken bestehen ähnliche Voraussetzungen und Bedingungen wie für das Auftreten von Fließfiguren (siehe 6.5).

6.4.2 Baustähle

Wenn die Erzeugnisse frei von Rollknicken zu liefern sind, ist dies bei der Bestellung anzugeben.

6.5 Fließfiguren
(weiche Stähle zum Kaltumformen)

6.5.1 Um die Bildung von Fließfiguren beim Kaltumformen zu vermeiden, kann es erforderlich sein, daß die Erzeugnisse beim Hersteller kalt nachgewalzt werden. Da die Neigung zur Bildung von Fließfiguren nach einiger Zeit erneut auftreten kann, liegt es im Interesse des Verbrauchers, die Erzeugnisse möglichst bald zu verarbeiten.

6.5.2 Freiheit von Fließfiguren bei den Oberflächenarten B und C liegt für folgende Zeitdauer nach der vereinbarten Zurverfügungstellung der Erzeugnisse vor:

- 1 Monat bei den Stahlsorten DX51D+AZ und DX52D+AZ,
- 6 Monate bei den Stahlsorten DX53D+AZ und DX54D+AZ.

6.6 Auflagegewicht

6.6.1 Das Auflagegewicht muß den Angaben in Tabelle 3 entsprechen. Die Werte gelten für das Gesamtgewicht des Überzugs auf beiden Seiten bei der Dreiflächenprobe und der Einzelflächenprobe (siehe 7.4.4 und 7.5.3).

Die Auflage ist nicht immer gleichmäßig auf beiden Erzeugnisseiten verteilt. Es kann jedoch davon ausgegangen werden, daß auf jeder Seite eine Auflage von mindestens 40 % des in Tabelle 3 genannten Wertes für die Einzelflächenprobe vorhanden ist.

6.6.2 Für jede Auflage nach Tabelle 3 kann ein Höchstwert oder ein Mindestwert des Auflagegewichts je Erzeugnisseite (Einzelflächenprobe) vereinbart werden.

Tabelle 3: Auflagegewichte

Auflage [1])	Auflagegewicht in g/m², zweiseitig [2]) min.	
	Dreiflächenprobe [3])	Einzelflächenprobe [3])
100	100	85
150	150	130
185	185	160

[1]) Siehe auch 5.2

[2]) Einem Auflagegewicht von 100 g/m² (zweiseitig) entspricht eine Schichtdicke von etwa 13,3 μm je Seite

[3]) Siehe 7.4.4 und 7.5.3

6.7 Haftung des Überzugs

Die Haftung des Überzugs ist nach dem in 7.5.2 beschriebenen Faltversuch zu prüfen. Nach dem Falten darf der Überzug keine Abblätterung aufweisen, jedoch bleibt ein Bereich von 6 mm an jeder Probenkante außer Betracht, um den Einfluß des Schneidens auszuschalten. Rißbildungen und Aufrauhungen sind zulässig.

6.8 Oberflächenbeschaffenheit

6.8.1 Die Oberfläche muß den Angaben in 5.3 bis 5.5 entsprechen. Falls bei der Bestellung nicht anders vereinbart, wird beim Hersteller nur eine Oberfläche kontrolliert. Der Hersteller muß dem Besteller auf dessen Verlangen angeben, ob die oben oder die unten liegende Seite kontrolliert wurde.

Kleine Kantenrisse, die bei nicht geschnittenen Kanten auftreten können, berechtigen nicht zur Beanstandung.

6.8.2 Bei der Lieferung von Band in Rollen besteht in größerem Maß die Gefahr des Vorhandenseins von Oberflächenfehlern als bei der Lieferung von Blech und Stäben. Dies ist vom Besteller bei der Beurteilung der Erzeugnisse in Betracht zu ziehen.

6.9 Maße, Grenzabmaße und Formtoleranzen

Es gelten die Festlegungen in EN 10143.

6.10 Eignung für die weitere Verarbeitung

6.10.1 Schweißen

Die Erzeugnisse nach dieser Norm sind — mit Ausnahme der Stahlsorte S550GD+AZ — zum Schweißen mit den üblichen Schweißverfahren geeignet. Bei größeren Auflagegewichten sind gegebenenfalls besondere Maßnahmen beim Schweißen erforderlich.

6.10.2 Kleben

Die Erzeugnisse nach dieser Norm sind für das Zusammenfügen durch Kleben geeignet.

6.10.3 Organisches Beschichten

Alle Stahlsorten und Oberflächenarten sind für das Aufbringen von organischen Beschichtungen geeignet. Das Aussehen nach dieser Behandlung wird von der bestellten Oberflächenart (siehe 5.4) beeinflußt.

ANMERKUNG: Das Aufbringen von organischen Beschichtungen erfordert eine zweckentsprechende Vorbehandlung der Oberfläche beim Verarbeiter.

7 Prüfung

7.1 Allgemeines

7.1.1 Die Erzeugnisse können mit oder ohne Prüfung auf Übereinstimmung mit den Anforderungen dieser Europäischen Norm geliefert werden.

7.1.2 Wenn eine Prüfung gewünscht wird, muß der Besteller bei der Bestellung folgende Angaben machen:
— Art der Prüfung (spezifische oder nichtspezifische Prüfung, siehe EN 10021),
— Art der Prüfbescheinigung (siehe 7.7).

7.1.3 Spezifische Prüfungen sind nach den Festlegungen in 7.2 bis 7.6 durchzuführen.

7.2 Prüfeinheiten

Die Prüfeinheit beträgt 20 t oder angefangene 20 t von schmelztauchveredelten Flacherzeugnissen derselben Stahlsorte, Nenndicke, Überzugsart oder Oberflächenbeschaffenheit. Bei Band gilt eine Rolle mit einem Gewicht von mehr als 20 t als eine Prüfeinheit.

7.3 Anzahl der Prüfungen

Je Prüfeinheit nach 7.2 ist eine Versuchsreihe zur Ermittlung
— der mechanischen Eigenschaften (siehe 7.5.1),
— der Haftung des Überzugs (siehe 7.5.2) und
— des Auflagegewichts (siehe 7.5.3)
durchzuführen.

7.4 Probenahme

7.4.1 Bei Band sind die Proben vom Anfang oder Ende der Rolle zu entnehmen. Bei Blech und Stäben bleibt die Auswahl des Stückes für die Probenahme dem mit der Ablieferungsprüfung Beauftragten überlassen.

7.4.2 Die Probe für den Zugversuch (siehe 7.5.1) ist
— quer zur Walzrichtung bei Stählen nach Tabelle 1,
— parallel zur Walzrichtung bei Stählen nach Tabelle 2,
in einem Abstand von mindestens 50 mm von den Erzeugniskanten zu entnehmen.

7.4.3 Die Probe für den Faltversuch zur Prüfung der Haftung des Überzugs (siehe 7.5.2) darf in beliebiger Richtung entnommen werden. Der Abstand von den Erzeugniskanten muß mindestens 50 mm betragen. Die Probe muß so bemessen sein, daß die Länge der gefalteten Kanten mindestens 100 mm beträgt.

7.4.4 Die drei Proben für die Püfung des Auflagegewichts (siehe 7.5.3) sind bei ausreichender Erzeugnisbreite nach den Angaben in Bild 1 zu entnehmen. Die Proben dürfen rund oder quadratisch sein; eine einzelne Probe muß eine Größe von mindestens 5 000 mm² haben.

Wenn wegen zu geringer Erzeugnisbreite die Probenahme nach Bild 1 nicht möglich ist, ist nur eine Probe mit einer Größe von mindestens 5 000 mm² zu entnehmen. Das an ihr ermittelte Auflagegewicht muß den Festlegungen für die Einzelflächenprobe nach Tabelle 3 entsprechen.

7.4.5 Die Entnahme und etwaige Bearbeitung muß bei allen Proben so erfolgen, daß die Ergebnisse der Prüfungen nicht beeinflußt werden.

7.5 Anzuwendende Prüfverfahren

7.5.1 Der Zugversuch ist nach EN 10002-1 durchzuführen, und zwar mit Proben der Form 2 (Anfangsmeßlänge $L_0 =$ 80 mm, Breite $b = 20$ mm) (siehe auch 6.3.3).

7.5.2 Der Faltversuch zur Prüfung der Haftung des Überzugs (siehe auch 6.7 und 7.4.3) ist nach EURONORM 12 durchzuführen.

Maße in mm

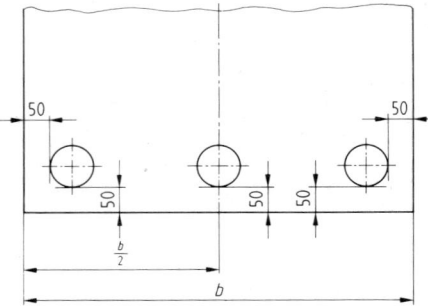

b = Band- oder Blechbreite

Bild 1: Lage der Proben zur Ermittlung der Aluminium-Zink-Auflage

Dabei sind die Durchmesser D des Biegedorns oder der Biegerolle nach Tabelle 4 anzuwenden. Der Biegewinkel beträgt in allen Fällen 180°.

Beim Zusammendrücken der Probenschenkel ist darauf zu achten, daß der Überzug nicht beschädigt wird.

Tabelle 4: Dorndurchmesser beim Faltversuch zur Prüfung der Haftung des Überzugs (siehe 7.5.2)

Stahlsorte	Dorndurchmesser D [1]) bei der Auflage		
	100	150	185
DX51D+AZ	0	0	1a
DX52D+AZ	0	0	0
DX53D+AZ	0	0	0
DX54D+AZ	0	0	0
S250GD+AZ	1a	1a	1a
S280GD+AZ	2a	2a	2a
S320GD+AZ	3a	3a	3a
S350GD+AZ	3a	3a	3a
S550GD+AZ[2])	— [2])	— [2])	— [2])

[1]) a: Erzeugnisdicke
[2]) Diese Stahlsorte muß dem Faltversuch nicht unterzogen werden.

7.5.3 Das Gewicht der Auflage wird durch chemisches Ablösen des Überzugs aus der Gewichtsdifferenz der Proben vor und nach dem Entzinken ermittelt. Bei der Prüfung mit Proben nach Bild 1 ergibt sich der Wert für die Dreiflächenprobe als arithmetisches Mittel aus den drei Versuchsergebnissen. Jedes Einzelergebnis muß den Anforderungen an die Einzelflächenprobe nach Tabelle 3 entsprechen.

Für die laufenden Überprüfungen beim Hersteller können beliebige Verfahren — z. B. zerstörungsfreie Prüfungen — angewendet werden.

In Schiedsfällen ist das im Anhang A zu dieser Norm beschriebene Verfahren anzuwenden.

7.6 Wiederholungsprüfungen

Es gelten die Festlegungen in EN 10021. Bei Rollen sind die Proben für die Wiederholungsprüfungen in einem Abstand von mindestens einer Windung, jedoch von höchstens 20 m vom Bandende zu entnehmen.

7.7 Prüfbescheinigungen

Auf entsprechende Vereinbarung bei der Bestellung ist eine der in EN 10204 genannten Prüfbescheinigungen auszustellen.

8 Kennzeichnung

An jeder Rolle oder jedem Paket ist ein Schild anzubringen, das mindestens folgende Angaben enthalten muß:
- Name oder Zeichen des Lieferwerks,
- vollständige Bezeichnung (siehe 4.2),
- Nennmaße des Erzeugnisses,
- Identifikationsnummer,
- Auftragsnummer,
- Gewicht der Rolle oder des Pakets.

9 Verpackung

Falls bei der Bestellung nichts anderes vereinbart wird, sind die Anforderungen an die Verpackung der Erzeugnisse dem Hersteller überlassen.

10 Lagerung und Transport

10.1 Feuchtigkeit, besonders auch Schwitzwasser zwischen den Tafeln, Windungen einer Rolle oder sonstigen zusammenliegenden Teilen aus Flacherzeugnissen mit Aluminium-Zink-Überzügen kann zur Bildung von Belägen (Schwarzrost) führen. Die Möglichkeiten zum Schutz der Oberflächen sind in 5.5 angegeben. Bei längerem Kontakt mit der Feuchtigkeit kann jedoch der Korrosionsschutz örtlich vermindert werden. Vorsorglich sollten die Erzeugnisse trocken transportiert und gelagert und vor Feuchtigkeit geschützt werden.

10.2 Während des Transportes können durch Reibung dunkle Punkte auf den Oberflächen entstehen, die im allgemeinen nur das Aussehen beeinträchtigen. Durch Ölen der Erzeugnisse wird eine Verringerung der Reibung bewirkt. Es

sollten jedoch folgende Vorsichtsmaßnahmen getroffen werden: Feste Verpackung, satte Auflage, keine örtlichen Druckbelastungen.

11 Beanstandungen

Für Beanstandungen nach der Lieferung und deren Bearbeitung gilt EN 10021.

12 Bestellangaben

Damit der Hersteller die Erzeugnisse bedingungsgemäß liefern kann, sind vom Besteller folgende Angaben bei der Bestellung zu machen:
- a) Benennung des Erzeugnisses (Band, Blech, Stab);
- b) Nennmaße (Dicke, Breite und — bei Blech und Stäben — Länge);
- c) Liefermenge;
- d) vollständige Bezeichnung (siehe 4.2);
- e) Grenzgewicht und Grenzmaße der Rollen und einzelnen Blechpakete;
- f) etwaige gewünschte Lieferung mit unterschiedlichem Auflagegewicht je Seite (siehe 5.2.2);
- g) etwaige Lieferung von Erzeugnissen aus weichen Stählen mit Eignung zur Herstellung eines bestimmten Werkstücks (siehe 6.2.2);
- h) etwaige Lieferung mit Freiheit von Rollknicken (siehe 6.4);
- i) etwaige Anforderungen an den Höchstwert oder den Mindestwert des Auflagegewichts je Erzeugnisseite (siehe 6.6.2);
- j) Angabe der kontrollierten Oberfläche (siehe 6.8.1);
- k) Prüfung der Erzeugnisse im Herstellerwerk (siehe 7.1.1 und 7.1.2);
- l) etwaige Ausstellung einer Prüfbescheinigung und Art der Bescheinigung (siehe 7.7);
- m) etwaige Anforderung an die Verpackung (siehe Abschnitt 9).

Anhang A (normativ)
Referenzverfahren zur Ermittlung des Auflagegewichts

A.1 Grundsatz

Die Probengröße muß mindestens 5 000 mm² betragen. Bei Verwendung einer Probe von 5 000 mm² ergibt der durch die Ablösung des Überzugs entstehende Gewichtsverlust in Gramm nach Multiplikation mit 200 das Gesamtgewicht der Auflage in Gramm pro Quadratmeter auf beiden Seiten des Erzeugnisses.

A.2 Reagenzien und Herstellung der Lösung

Reagenzien:
- Salzsäure (HCl, $\varrho_{20} = 1{,}19 \, g/cm^3$)
- Hexamethylentetramin

Herstellung der Lösung:

Die Salzsäure wird mit vollentsalztem oder destilliertem Wasser im Verhältnis von einem Teil HCl zu einem Teil Wasser (50 %-Lösung) verdünnt. Dieser Lösung wird unter Rühren 3,5 g Hexamethylentetramin je Liter zugegeben.

Die so hergestellte Lösung ermöglicht zahlreiche aufeinanderfolgende Ablösungen unter zufriedenstellenden Bedingungen im Hinblick auf die Schnelligkeit und Genauigkeit.

A.3 Versuchseinrichtung

Waage, die die Ermittlung des Probengewichts auf 0,01 g gestattet. Für den Versuch ist eine Abzugs-Vorrichtung zu verwenden.

A.4 Versuchsdurchführung

Jede Probe ist wie folgt zu behandeln:
- Falls erforderlich, Entfettung der Probe mit einem organischen, den Überzug nicht angreifenden Lösemittel mit anschließender Trocknung der Probe;
- Wägung der Probe auf 0,01 g;
- Eintauchen der Probe in die mit Hexamethylentetramin inhibierte Salzsäure-Lösung bei Umgebungstemperatur (20 °C bis 25 °C). Die Probe wird in dieser Lösung belassen, bis kein Wasserstoff mehr entweicht oder nur noch wenige Blasen entstehen;
- nach dem Ende der Reaktion wird die Probe gewaschen, unter fließendem Wasser gebürstet, mit einem Tuch vorgetrocknet, durch Erwärmen auf ≈ 100 °C weitergetrocknet und im warmen Luftstrom abgekühlt;
- erneutes Wägen der Probe auf 0,01 g;
- Ermittlung des Gewichtsunterschiedes der Probe mit und ohne Überzug. Dieser Unterschied, ausgedrückt in Gramm, stellt das Auflagegewicht dar.

589

Kaltband und Kaltband in Stäben aus nichtrostendem Stahl Grenzabmaße und Formtoleranzen Deutsche Fassung EN 10258 : 1997	$\overline{\text{DIN}}$ EN 10258

ICS 77.140.50

Ersatz für
DIN 59381 : 1980-08

Deskriptoren: Kaltband, Stab, nichtrostender Stahl, Stahl

Cold-rolled stainless steel narrow strip and cut lengths – Tolerances on dimensions and shape;
German version EN 10258 : 1997

Feuillards ou feuillards coupés à longueur en acier inoxydable laminées à froid –
Tolérances sur les dimensions et la forme;
Version allemande EN 10258 : 1997

Die Europäische Norm EN 10258 : 1997 hat den Status einer Deutschen Norm.

Nationales Vorwort

Die Europäische Norm EN 10258 : 1997 ist vom Technischen Komitee (TC) 23 Unterkomitee (SC) 1 "Nichtrostende Stähle" (Sekretariat: Deutschland) des Europäischen Komitees für die Eisen- und Stahlnormung (ECISS) ausgearbeitet worden.

Das zuständige deutsche Normungsgremium ist der Unterausschuß 20/2 "Maßnormen für kaltgewalzte Flacherzeugnisse" des Normenausschusses Eisen und Stahl (FES).

Die vorliegende Erstausgabe einer Europäischen Norm enthält die Festlegungen für die Grenzabmaße und Formtoleranzen von Kaltband aus nichtrostenden und hitzebeständigen Stählen, die bislang in DIN 59381 "Flachzeug aus Stahl – Kaltgewalztes Band aus nichtrostenden und aus hitzebeständigen Stählen – Maße, zulässige Maß-, Form- und Gewichtsabweichungen" enthalten waren.

Fortsetzung Seite 2
und 7 Seiten EN

Normenausschuß Eisen und Stahl (FES) im DIN Deutsches Institut für Normung e.V.

Änderungen

Gegenüber DIN 59381 : 1980-08 wurden folgende Änderungen vorgenommen:

a) Einschränkung des Anwendungsbereiches auf Walzbreiten < 600 mm (vorher: ≤ 650 mm).

b) Erweiterung des Anwendungsbereiches auf hochwarmfeste Stähle.

c) Streichung von Hinweisen auf zu bevorzugende Nenndicken.

d) Einführung eines zusätzlichen Nenndickenbereichs (t < 0,05 mm) für die Grenzabmaße der Dicke, deren Werte bei der Bestellung zu vereinbaren sind.

e) Sämtliche Grenzabmaße der Nenndicke sind im Nenndickenbereich 0,05 mm ≤ t < 0,10 mm als Funktion der Dicke dargestellt.

f) Bei den Grenzabmaßen der Nenndicke wurde im Nenndickenbereich 0,10 mm ≤ t < 0,15 mm der Wert für Präzisionsgrenzabmaße bei Nennbreiten von w < 125 mm auf 0,006 mm angehoben (vorher: 0,005 mm).

g) Bei den Grenzabmaßen der Nenndicke wurden im Nenndickenbereich 0,25 mm ≤ t < 0,30 mm bei Nennbreiten von w < 125 mm die Werte für normale Grenzabmaße auf 0,017 mm (vorher: 0,020 mm), für feine Grenzabmaße auf 0,012 mm (vorher: 0,015 mm) und für Präzisionsgrenzabmaße auf 0,009 mm (vorher: 0,010 mm) abgesenkt.

h) Bei den Grenzabmaßen der Nenndicke wurde im Nenndickenbereich 0,50 mm ≤ t < 0,60 mm der Wert für Präzisionsgrenzabmaße bei Nennbreiten w < 125 mm auf 0,014 mm angehoben (vorher: 0,012 mm).

i) Bei den Grenzabmaßen der Nenndicke wurde im Nenndickenbereich 0,80 mm ≤ t < 1,00 mm der Wert für Präzisionsgrenzabmaße bei Nennbreiten w < 125 mm auf 0,018 mm angehoben (vorher: 0,015 mm).

j) Bei den Grenzabmaßen der Nenndicke wurden die Nenndickenbereiche 1,00 mm ≤ d < 1,25 mm und 1,25 mm ≤ d < 1,50 mm durch 1,00 mm ≤ t < 1,20 mm bzw. 1,20 mm ≤ t < 1,50 mm ersetzt, wobei keine Änderung der Werte für die Grenzabmaße vorgenommen wurde.

k) Bei den Grenzabmaßen der Nennbreite wurden im Nenndickenbereich t < 0,25 mm bei Nennbreiten w ≤ 40 mm die Werte für normale Grenzabmaße auf 0,17 mm (vorher: 0,25 mm), für feine Grenzabmaße auf 0,13 mm (vorher: 0,15 mm) und für Präzisionsgrenzabmaße auf 0,10 mm (vorher: 0,12 mm) abgesenkt; bei Nennbreiten 40 mm < w ≤ 125 mm wurden die Werte für normale Grenzabmaße auf 0,20 mm (vorher: 0,25 mm), für feine Grenzabmaße auf 0,15 mm (vorher: 0,20 mm) und für Präzisionsgrenzabmaße auf 0,12 mm (vorher: 0,15 mm) abgesenkt; bei Nennbreiten 125 mm < w ≤ 250 mm wurden die Werte für normale Grenzabmaße auf 0,25 mm (vorher: 0,40 mm), für feine Grenzabmaße auf 0,20 mm (vorher: 0,30 mm) und für Präzisionsgrenzabmaße auf 0,15 mm (vorher: 0,25 mm) abgesenkt.

l) Bei den Grenzabmaßen der Nennbreite wurden im Nenndickenbereich 0,25 mm ≤ t < 0,50 mm bei Nennbreiten w ≤ 40 mm die Werte für normale Grenzabmaße auf 0,20 mm (vorher: 0,30 mm) und für feine Grenzabmaße auf 0,15 mm (vorher: 0,20 mm) abgesenkt; bei Nennbreiten 40 mm < w ≤ 125 mm wurden die Werte für normale Grenzabmaße auf 0,25 mm (vorher: 0,30 mm) und für feine Grenzabmaße auf 0,20 mm (vorher: 0,25 mm) abgesenkt; bei Nennbreiten 125 mm < w ≤ 250 mm wurden die Werte für normale Grenzabmaße auf 0,30 mm (vorher: 0,50 mm), für feine Grenzabmaße auf 0,22 mm (vorher: 0,30 mm) und für Präzisionsgrenzabmaße auf 0,17 mm (vorher: 0,25 mm) abgesenkt.

m) Bei den Grenzabmaßen der Nennbreite wurde im Nenndickenbereich 0,50 mm ≤ t < 1,00 mm bei Nennbreiten w < 40 mm der Wert für normale Grenzabmaße auf 0,25 mm (vorher: 0,30 mm) abgesenkt; bei Nennbreiten 40 mm ≤ w < 125 mm wurden die Werte für normale Grenzabmaße auf 0,25 mm (vorher: 0,30 mm), für feine Grenzabmaße auf 0,22 mm (vorher: 0,30 mm) und für Präzisionsgrenzabmaße auf 0,17 mm (vorher: 0,20 mm) abgesenkt; bei Nennbreiten 125 mm ≤ w < 250 mm wurden die Werte für normale Grenzabmaße auf 0,40 mm (vorher: 0,50 mm), für feine Grenzabmaße auf 0,25 mm (vorher: 0,40 mm) und für Präzisionsgrenzabmaße auf 0,20 mm (vorher: 0,30 mm) abgesenkt; bei Nennbreiten 250 mm < w < 600 mm wurde der Wert für normale Grenzabmaße auf 0,70 mm (vorher: 0,80 mm) abgesenkt.

n) Bei den Grenzabmaßen der Nennbreite wurden die bisherigen zwei Nenndickenbereiche 1,00 mm ≤ d < 2,00 mm und 2,00 mm ≤ d < 3,00 mm durch die drei Nenndickenbereiche 1,00 mm ≤ t < 1,50 mm, 1,50 mm ≤ t < 2,50 mm und 2,50 mm ≤ t ≤ 3,00 mm ersetzt, wodurch die genaue Zuordnung der Veränderungen nicht mehr möglich ist. Tendenziell werden alle Werte für die Grenzabmaße der Nennbreite erniedrigt, wobei in der vorliegenden Norm keine Werte für die Grenzabmaße der Nennbreite in den Nenndickenbereichen 1,50 mm ≤ t < 2,50 mm und 2,50 mm ≤ t ≤ 3,00 mm bei Nennbreiten w ≤ 40 mm mehr enthalten sind.

o) Bei der Ebenheit von Stäben wurden zusätzlich besondere Ebenheitstoleranzen (FS) eingeführt, die nicht mehr als 7 mm betragen dürfen.

p) Bei der Kantenwelligkeit von Band wurde für Nenndicken > 1,00 mm ein Höchstwert von 2 % festgelegt.

q) Ein zusätzlicher Abschnitt mit den Rechtwinkligkeitstoleranzen wurde aufgenommen.

r) Einführung von normalen und eingeschränkten Seitengeradheitstoleranzen für Meßlängen von 2 000 mm.

s) Der Abschnitt "Gewichte und zulässige Gewichtsabweichungen" wurde gestrichen.

t) Ein zusätzlicher Abschnitt mit Festlegungen zum Bestellformat wurde aufgenommen.

Frühere Ausgaben

DIN 59381: 1975-08, 1980-08

EUROPÄISCHE NORM
EUROPEAN STANDARD
NORME EUROPÉENNE

EN 10258

Mai 1997

ICS 77.140.50

Deskriptoren: Eisen- und Stahlerzeugnis, kaltgewalztes Erzeugnis, Kaltband, nichtrostender Stahl, Bezeichnung, Lieferzustand, Grenzabmaß, Formtoleranz, Prüfung

Deutsche Fassung

Kaltband und Kaltband in Stäben aus nichtrostendem Stahl
Grenzabmaße und Formtoleranzen

Cold-rolled stainless steel narrow strip and cut lengths – Tolerances on dimensions and shape

Feuillards ou feuillards coupés à longueur en acier inoxydable laminées à froid – Tolérances sur les dimensions et la forme

Diese Europäische Norm wurde von CEN am 1997-01-26 angenommen.

Die CEN-Mitglieder sind gehalten, die CEN/CENELEC-Geschäftsordnung zu erfüllen, in der die Bedingungen festgelegt sind, unter denen dieser Europäischen Norm ohne jede Änderung der Status einer nationalen Norm zu geben ist.

Auf dem letzten Stand befindliche Listen dieser nationalen Normen mit ihren bibliographischen Angaben sind beim Zentralsekretariat oder bei jedem CEN-Mitglied auf Anfrage erhältlich.

Diese Europäische Norm besteht in drei offiziellen Fassungen (Deutsch, Englisch, Französisch). Eine Fassung in einer anderen Sprache, die von einem CEN-Mitglied in eigener Verantwortung durch Übersetzung in seine Landessprache gemacht und dem Zentralsekretariat mitgeteilt worden ist, hat den gleichen Status wie die offiziellen Fassungen.

CEN-Mitglieder sind die nationalen Normungsinstitute von Belgien, Dänemark, Deutschland, Finnland, Frankreich, Griechenland, Irland, Island, Italien, Luxemburg, Niederlande, Norwegen, Österreich, Portugal, Schweden, Schweiz, Spanien, Tschechische Republik und dem Vereinigten Königreich.

CEN

EUROPÄISCHES KOMITEE FÜR NORMUNG
European Committee for Standardization
Comité Européen de Normalisation

Zentralsekretariat: rue de Stassart 36, B-1050 Brüssel

Ref. Nr. EN 10258 : 1997 D

Inhalt

Vorwort

Diese Europäische Norm wurde vom Technischen Komitee ECISS/TC 23 "Für eine Wärmebehandlung bestimmte Stähle, legierte Stähle und Automatenstähle – Gütenormen" erarbeitet, dessen Sekretariat vom DIN gehalten wird.

Diese Europäische Norm muß den Status einer nationalen Norm erhalten, entweder durch Veröffentlichung eines identischen Textes oder durch Anerkennung bis November 1997, und etwaige entgegenstehende nationale Normen müssen bis November 1997 zurückgezogen werden.

Es handelt sich um eine Erstausgabe einer Europäischen Norm für die Grenzabmaße und Formtoleranzen von Kaltband und Kaltband in Stäben aus nichtrostendem und hitzebeständigem Stahl.

Entsprechend der CEN/CENELEC-Geschäftsordnung sind die nationalen Normungsinstitute der folgenden Länder gehalten, diese Europäische Norm zu übernehmen:

Belgien, Dänemark, Deutschland, Finnland, Frankreich, Griechenland, Irland, Island, Italien, Luxemburg, Niederlande, Norwegen, Österreich, Portugal, Schweden, Schweiz, Spanien, die Tschechische Republik und das Vereinigte Königreich.

1 Anwendungsbereich

Diese Europäische Norm gilt für kaltgewalzte Flacherzeugnisse aus nichtrostenden, hitzebeständigen und hochwarmfesten Stählen in Dicken ≤ 3,0 mm und in Walzbreiten < 600 mm, lieferbar als:

a) Kaltband (in Rollen in Walzbreiten < 600 mm),

b) Längsgeteiltes Kaltband,

c) Stäbe (abgelängt aus längsgeteiltem Kaltband oder Kaltband).

Diese Norm gilt nicht für Kaltbreitband und Blech (Walzbreiten ≥ 600 mm, siehe EN 10259) aus nichtrostenden, hitzebeständigen und hochwarmfesten Stählen oder für kaltgewalzte Erzeugnisse, für die eigene Normen bestehen.

2 Normative Verweisungen

Diese Europäische Norm enthält durch datierte oder undatierte Verweisungen Festlegungen aus anderen Publikationen. Diese normativen Verweisungen sind an den jeweiligen Stellen im Text zitiert, und die Publikationen sind nachstehend aufgeführt. Bei datierten Verweisungen gehören spätere Änderungen oder Überarbeitungen dieser Publikationen nur zu dieser Europäischen Norm, falls sie durch Änderung oder Überarbeitung eingearbeitet sind. Bei undatierten Verweisungen gilt die letzte Ausgabe der in Bezug genommenen Publikation.

EN 10079
Begriffsbestimmungen für Stahlerzeugnisse

3 Definitionen

Für die Anwendung dieser Europäischen Norm gelten die Definitionen nach EN 10079.

4 Bezeichnung

4.1 Die Erzeugnisse nach dieser Europäischen Norm sind in der angegebenen Reihenfolge wie folgt zu bezeichnen (siehe auch Abschnitt 5):

a) Benennung des Erzeugnisses (Kaltband oder Stab),

b) Nummer dieser Europäischen Norm (EN 10258),

c) Nenndicke in Millimeter,

d) Kennbuchstabe F oder P bei der Bestellung von Erzeugnissen mit feinen Grenzabmaßen der Dicke (F) bzw. mit Präzisionsgrenzabmaßen der Dicke (P),

e) Nennbreite in Millimeter,

f) Kennbuchstabe F oder P bei der Bestellung von Erzeugnissen mit feinen Grenzabmaßen der Breite (F) bzw. mit Präzisionsgrenzabmaßen der Breite (P),

g) Nennlänge in Millimeter (nur für Stäbe),

h) Kennbuchstabe S für besondere Grenzabmaße der Länge,

i) Kennbuchstaben FS bei der Bestellung von besonderen Ebenheitstoleranzen für Stäbe,

j) Kennbuchstabe R bei der Bestellung von eingeschränkten Seitengeradheitstoleranzen bei Band oder Stäben.

4.2 Der Bezeichnung des Erzeugnisses nach 4.1 muß die vollständige Bezeichnung des bestellten Stahls folgen (z. B. nach EN 10088-2).

Ein Bezeichnungsbeispiel ist wie folgt:

Kaltband nach dieser Europäischen Norm mit einer Nenndicke von 0,20 mm und Präzisionsgrenzabmaßen der Dicke (P), mit einer Nennbreite von 25 mm und Präzisionsgrenz-

593

abmaßen der Breite (*P*) sowie mit eingeschränkten Seitengeradheitstoleranzen (*R*) aus der Stahlsorte X5CrNi18-10 (1.4301) im kaltverfestigten Zustand +C850, Ausführungsart 2H nach den Festlegungen in EN 10088-2:

Kaltband EN 10258-0,20Px25P-R
Stahl EN 10088-2-X5CrNi18-10+C850+2H

oder

Kaltband EN 10258-0,20Px25P-R
Stahl EN 10088-2-1.4301+C850+2H

5 Lieferzustand

5.1 Flacherzeugnisse nach dieser Europäischen Norm können wie folgt geliefert werden:

a) mit normalen, feinen oder Präzisions-Grenzabmaßen der Dicke (siehe Tabelle 1);

b) mit normalen, feinen oder Präzisions-Grenzabmaßen der Breite (siehe Tabelle 2);

c) mit normalen oder besonderen Grenzabmaßen der Länge für Stäbe (siehe Tabelle 3);

d) mit normalen oder besonderen Ebenheitstoleranzen für Stäbe (siehe Abschnitt 10);

e) mit normalen oder eingeschränkten Seitengeradheitstoleranzen für Band oder Stäbe (siehe Abschnitt 12).

5.2 Wenn bei der Bestellung keine näheren Angaben bezüglich des Lieferzustandes nach 5.1 gemacht werden, sind die Flacherzeugnisse mit normalen Grenzabmaßen der Dicke, Breite und Länge sowie mit normalen Ebenheits- und Seitengeradheitstoleranzen zu liefern.

5.3 Flacherzeugnisse mit geschnittenen Kanten weisen aufgrund des Längsteilens Grate auf. Falls besondere Anforderungen für diese Kanten gelten sollen, müssen entsprechende Vereinbarungen bei der Bestellung getroffen werden. In diesem Fall gilt Band als gratfrei, wenn die Höhe des Grates weniger als 10 % der Erzeugnisdicke beträgt.

Auf besondere Vereinbarung und in Abhängigkeit von der technischen Ausrüstung des Lieferers können Flacherzeugnisse nach dieser Europäischen Norm mit Spezialkanten, z. B. entgratet oder abgerundet, geliefert werden.

6 Grenzabmaße der Dicke

Die Grenzabmaße der Dicke sind der Tabelle 1 zu entnehmen.

Tabelle 1: Grenzabmaße der Nenndicke[1])   Maße in Millimeter

Nennbreite (*w*)		*w* < 125			125 ≤ *w* < 250			250 ≤ *w* < 600		
Nenndicke (*t*)		Normal	Fein (*F*)	Präzision (*P*)	Normal	Fein (*F*)	Präzision (*P*)	Normal	Fein (*F*)	Präzision (*P*)
größer oder gleich	kleiner als									
0,05[2])	0,10	± 0,10 · *t*	± 0,06 · *t*	± 0,04 · *t*	± 0,12 · *t*	± 0,10 · *t*	± 0,08 · *t*	± 0,15 · *t*	± 0,10 · *t*	± 0,08 · *t*
0,10	0,15	± 0,010	± 0,008	± 0,006	± 0,015	± 0,012	± 0,008	± 0,020	± 0,015	± 0,010
0,15	0,20	± 0,015	± 0,010	± 0,008	± 0,020	± 0,012	± 0,010	± 0,025	± 0,015	± 0,012
0,20	0,25	± 0,015	± 0,012	± 0,008	± 0,020	± 0,015	± 0,010	± 0,025	± 0,020	± 0,012
0,25	0,30	± 0,017	± 0,012	± 0,009	± 0,025	± 0,015	± 0,012	± 0,030	± 0,020	± 0,015
0,30	0,40	± 0,020	± 0,015	± 0,010	± 0,025	± 0,020	± 0,012	± 0,030	± 0,025	± 0,015
0,40	0,50	± 0,025	± 0,020	± 0,012	± 0,030	± 0,020	± 0,015	± 0,035	± 0,025	± 0,018
0,50	0,60	± 0,030	± 0,020	± 0,014	± 0,030	± 0,025	± 0,015	± 0,040	± 0,030	± 0,020
0,60	0,80	± 0,030	± 0,025	± 0,015	± 0,035	± 0,030	± 0,018	± 0,040	± 0,035	± 0,025
0,80	1,00	± 0,030	± 0,025	± 0,018	± 0,040	± 0,030	± 0,020	± 0,050	± 0,035	± 0,025
1,00	1,20	± 0,035	± 0,030	± 0,020	± 0,045	± 0,035	± 0,025	± 0,050	± 0,040	± 0,030
1,20	1,50	± 0,040	± 0,030	± 0,020	± 0,050	± 0,035	± 0,025	± 0,060	± 0,045	± 0,030
1,50	2,00	± 0,050	± 0,035	± 0,025	± 0,060	± 0,040	± 0,030	± 0,070	± 0,050	± 0,035
2,00	2,50	± 0,050	± 0,035	± 0,025	± 0,070	± 0,045	± 0,030	± 0,080	± 0,060	± 0,040
2,50	3,00[3])	± 0,060	± 0,045	± 0,030	± 0,070	± 0,050	± 0,035	± 0,090	± 0,070	± 0,045

[1]) Es können positive, negative oder asymmetrische Grenzabmaße vereinbart werden. In allen Fällen muß der Gesamtbereich der Grenzabmaße aus der Tabelle eingehalten werden.

[2]) Bei Dicken < 0,05 mm sind die Werte für die Grenzabmaße bei der Bestellung zu vereinbaren.

[3]) Einschließlich 3,00 mm.

7 Grenzabmaße der Breite

Die Grenzabmaße der Breite sind der Tabelle 2 zu entnehmen.

Maße in Millimeter

Tabelle 2: Grenzabmaße der Nennbreite¹)

Nenndicke (t)		Nennbreite (w)												
		w ≤ 40			40 < w ≤ 125			125 < w ≤ 250			250 < w < 600		
größer oder gleich	kleiner als	Normal	Fein (F)	Präzision (P)	Normal	Fein (F)	Präzision (P)	Normal	Fein (F)	Präzision (P)	Normal	Fein (F)	Präzision (P)
–	0,25	+ 0,17 / – 0	+ 0,13 / – 0	+ 0,10 / – 0	+ 0,20 / – 0	+ 0,15 / – 0	+ 0,12 / – 0	+ 0,25 / – 0	+ 0,20 / – 0	+ 0,15 / – 0	+ 0,50 / – 0	+ 0,50 / – 0	+ 0,40 / – 0
0,25	0,50	+ 0,20 / – 0	+ 0,15 / – 0	+ 0,12 / – 0	+ 0,25 / – 0	+ 0,20 / – 0	+ 0,15 / – 0	+ 0,30 / – 0	+ 0,22 / – 0	+ 0,17 / – 0	+ 0,60 / – 0	+ 0,50 / – 0	+ 0,40 / – 0
0,50	1,00	+ 0,25 / – 0	+ 0,20 / – 0	+ 0,15 / – 0	+ 0,25 / – 0	+ 0,22 / – 0	+ 0,17 / – 0	+ 0,40 / – 0	+ 0,25 / – 0	+ 0,20 / – 0	+ 0,70 / – 0	+ 0,60 / – 0	+ 0,50 / – 0
1,00	1,50	+ 0,25 / – 0	+ 0,22 / – 0	+ 0,15 / – 0	+ 0,30 / – 0	+ 0,25 / – 0	+ 0,17 / – 0	+ 0,50 / – 0	+ 0,30 / – 0	+ 0,22 / – 0	+ 1,0 / – 0	+ 0,70 / – 0	+ 0,60 / – 0
1,50	2,50	–	–	–	+ 0,40 / – 0	+ 0,25 / – 0	+ 0,20 / – 0	+ 0,60 / – 0	+ 0,40 / – 0	+ 0,25 / – 0	+ 1,0 / – 0	+ 0,80 / – 0	+ 0,60 / – 0
2,50	3,00²)	–	–	–	+ 0,50 / – 0	+ 0,30 / – 0	+ 0,25 / – 0	+ 0,60 / – 0	+ 0,40 / – 0	+ 0,25 / – 0	+ 1,2 / – 0	+ 1,0 / – 0	+ 0,80 / – 0

¹) Auf Vereinbarung können entweder "+/–" oder "–" Grenzabweichungen bestellt werden. In beiden Fällen muß der Gesamtbereich der Grenzabmaße aus obiger Tabelle erhalten bleiben.

²) Einschließlich 3,00 mm.

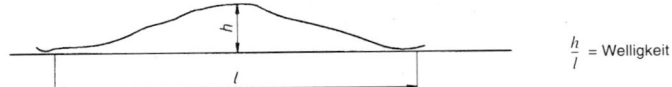

$\dfrac{h}{l}$ = Welligkeit

Bild 1: Kantenwelligkeitstoleranz bei Band

8 Zu bevorzugende Rolleninnendurchmesser

Der Rolleninnendurchmesser sollte im gegenseitigen Einvernehmen vereinbart werden. Zu bevorzugende Rolleninnendurchmesser sind ungefähr 300 mm, 400 mm, 500 mm und 600 mm, mit der Einschränkung, daß ein Durchmesser von 300 mm für Banddicken über 2,0 mm nicht erhältlich ist.

9 Grenzabmaße der Länge

Die Grenzabmaße der Länge sind der Tabelle 3 zu entnehmen.

Tabelle 3: Grenzabmaße der Nennlänge

Maße in Millimeter

Nennlänge (l)	Grenzabmaße	
	Normal	Besonders (S)
$l \le 2\,000$	+ 3,00 – 0	+ 1,50 – 0
$2\,000 < l \le 4\,000$	+ 5,00 – 0	+ 2,00 – 0

10 Ebenheits- und Kantenwelligkeitstoleranz

10.1 Die Ebenheitstoleranz bei Stäben darf im Normalfall nicht mehr als 10 mm und bei der Forderung von besonderen Ebenheitstoleranzen (FS) nicht mehr als 7 mm betragen.

Diese Anforderung gilt nicht für Erzeugnisse, die im kaltverfestigten Zustand geliefert werden.

10.2 Bei leicht nachgewalztem oder streckgerichtetem Band darf die Kantenwelligkeit, d. h., das Verhältnis von Wellenhöhe (h) zu Wellenlänge (l), bei Nenndicken bis 1,00 mm höchstens 0,03 und bei Nenndicken über 1,00 mm höchstens 0,02 betragen (siehe Bild 1).

11 Rechtwinkligkeitstoleranz

Die Rechtwinkligkeit von Stäben in Breiten ≥ 250 mm darf 0,5 % der tatsächlichen Breite des Erzeugnisses nicht überschreiten.

Der Wert für Stäbe in Breiten < 250 mm ist bei der Bestellung zu vereinbaren.

12 Seitengeradheitstoleranz

Die Seitengeradheitstoleranzen sind der Tabelle 4 zu entnehmen. Diese Toleranzen gelten nicht für Erzeugnisse, die im kaltverfestigten Zustand geliefert werden; Festlegungen für diese Erzeugnisse müssen zwischen Hersteller und Käufer vereinbart werden.

Tabelle 4: Seitengeradheitstoleranzen

Maße in Millimeter

Festgelegte Breite		Seitengeradheitstoleranzen			
größer oder gleich	kleiner als	Normal		Eingeschränkt (R)	
		Meßlänge		Meßlänge	
		1 000	2 000	1 000	2 000
10	25	4	16	1,5	6
25	40	3	12	1,25	5
40	125	2	8	1,0	4
125	600	1,5	6	0,75	3

13 Bestellformat (bei Stäben)

Bei der Bestellung von Stäben kann vereinbart werden, daß das bestellte Format in jedem gelieferten Einzelstück enthalten sein muß. In diesem Fall sind die Grenzabmaße der Breite und Länge sowie die Seitengeradheits- und Rechtwinkligkeitstoleranzen bei der Bestellung zu vereinbaren.

14 Prüfung

14.1 Dicke

Die Dicke darf an jedem beliebigen Punkt des Erzeugnisses in einem Abstand von mindestens 10 mm von den Kanten gemessen werden. Bei Breiten ≤ 20 mm ist sie in der Mitte der Erzeugnisbreite zu messen.

Bei der Bestellung von feinen (F) oder Präzisions-Grenzabmaßen (P) der Dicke kann vereinbart werden, daß die Grenzabmaße der Dicke für die gesamte Breite des Erzeugnisses gelten müssen.

14.2 Breite

Die Breite ist senkrecht zur Walzrichtung des Erzeugnisses zu messen.

14.3 Länge

Die Länge ist entlang der Walzrichtung des Stabes zu messen.

14.4 Ebenheit

14.4.1 Die Ebenheit kann auf folgende Arten geprüft werden:

a) Größte Abweichung von einer flachen waagerechten Unterlage. Die Abweichung von der Ebenheit ist der größte Abstand zwischen der unteren Oberfläche des Stabs und der ebenen waagerechten Unterlage, auf der dieser frei aufliegt.

b) Zur Prüfung der Ebenheit muß der Stab auf eine annähernd ebene Unterlage gelegt werden. Als Abweichung von der Ebenheit gilt der größte Abstand zwischen Stab und darauf aufliegender Meßlatte. Die Meßlatte sollte entweder 1 000 mm oder 2 000 mm lang sein. Die Meßlatte darf an jeder Stelle und mit jeder Ausrichtung auf den Stab gelegt werden. Lediglich die Lage zwischen den Berührungspunkten von Stab und Meßlatte ist zu berücksichtigen.

Falls nicht anders vereinbart, bleibt die Wahl der Prüfung dem Hersteller überlassen.

14.4.2 Die Prüfung der Welligkeit wird nur an den Kanten durchgeführt.

14.4.3 Ebenheit und Kantenwelligkeit werden vom Hersteller üblicherweise nicht geprüft, außer wenn die Einhaltung fraglich ist.

14.5 Rechtwinkligkeit
14.5.1 Die Abweichung von der Rechtwinkligkeit ist der größte Abstand einer Querkante von dem Schenkel eines Meßwinkels, der an einem Ende der Querkante im rechten Winkel zur Längskante angelegt wird (siehe Bild 2).

14.5.2 Die Rechtwinkligkeit wird vom Hersteller üblicherweise nicht geprüft, außer wenn die Einhaltung fraglich ist.

14.6 Seitengeradheit
14.6.1 Die Abweichung von der Seitengeradheit ist der größte Abstand zwischen einer Längskante und der Geraden, die die beiden Enden der Meßlänge verbindet. Sie wird auf der konkaven Seite mit einer Meßlatte gemessen (siehe Bild 3).

14.6.2 Die Seitengeradheit wird vom Hersteller üblicherweise nicht geprüft, außer wenn die Einhaltung fraglich ist. Falls eine Prüfung erfolgt, muß diese in einem Abstand von mindestens 3 Windungen vom Ende der Rolle durchgeführt werden.

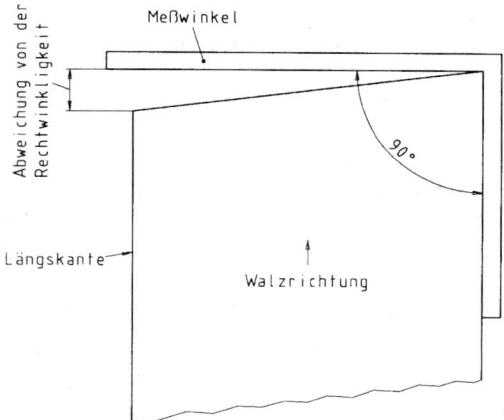

Bild 2: Prüfung der Rechtwinkligkeit

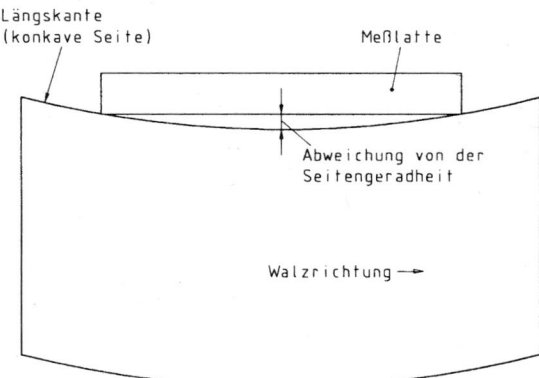

Bild 3: Prüfung der Seitengeradheit

Anhang A (informativ)

Literaturhinweise

EN 10088-2
Nichtrostende Stähle – Teil 2: Technische Lieferbedingungen für Blech und Band für allgemeine Verwendung

EN 10259
Kaltbreitband und Blech aus nichtrostendem Stahl – Grenzabmaße und Formtoleranzen

	Kaltbreitband und Blech aus nichtrostendem Stahl Grenzabmaße und Formtoleranzen Deutsche Fassung EN 10259 : 1997	$\overline{\overline{\text{DIN}}}$ EN 10259

ICS 77.140.50

Deskriptoren: Kaltband, Blech, nichtrostender Stahl, Stahl

Ersatz für
DIN 59382 : 1975-08

Cold-rolled stainless steel wide strip and plate/sheet – Tolerances on dimensions and shape;
German version EN 10259 : 1997
Larges bandes et tôles en acier inoxydable laminées à froid – Tolérances sur les dimensions et la forme;
Version allemande EN 10259 : 1997

Die Europäische Norm EN 10259 : 1997 hat den Status einer Deutschen Norm.

Nationales Vorwort

Die Europäische Norm EN 10259 : 1997 ist vom Technischen Komitee (TC) 23 Unterkomitee (SC) 1 "Nichtrostende Stähle" (Sekretariat: Deutschland) des Europäischen Komitees für die Eisen- und Stahlnormung (ECISS) ausgearbeitet worden.

Das zuständige deutsche Normungsgremium ist der Unterausschuß 20/2 "Maßnormen für kaltgewalzte Flacherzeugnisse" des Normenausschusses Eisen und Stahl (FES).

Die vorliegende Erstausgabe einer Europäischen Norm enthält die Festlegungen für die Grenzabmaße und Formtoleranzen von Kaltbreitband und Blech aus nichtrostenden Stählen, die bislang in DIN 59382 "Flachzeug aus Stahl – Kaltgewalztes Breitband und Blech aus nichtrostenden Stählen – Maße, zulässige Maß- und Formabweichungen" enthalten waren.

Fortsetzung Seite 2
und 7 Seiten EN

Normenausschuß Eisen und Stahl (FES) im DIN Deutsches Institut für Normung e.V.

Änderungen

Gegenüber DIN 59382 : 1975-08 wurden folgende Änderungen vorgenommen:

a) Erweiterung des Anwendungsbereiches auf Walzbreiten 600 mm $\leq w \leq$ 2 100 mm (vorher: 650 mm $< b \leq$ 1 600 mm) sowie auf Nenndicken $\leq$ 6,50 mm (vorher: 0,40 $\leq d \leq$ 6,00 mm).

b) Erweiterung des Anwendungsbereiches auf hitzebeständige und hochwarmfeste Stähle.

c) Bei den zu bevorzugenden Dicken wurden die Werte 0,90 mm, 3,50 mm und 4,50 mm gestrichen und 0,30 mm aufgenommen.

d) Änderung der Abstufungen der Dickenbereiche für die Grenzabmaße der Dicke.

e) Bei den Grenzabmaßen der Nenndicke gibt es für normale Grenzabmaße eine Unterteilung nach drei Nennbreiten (vorher: eine) und für besondere Grenzabmaße ebenfalls nach drei Nennbreiten (vorher: zwei). Außerdem wurden im Nenndickenbereich 2,00 mm $\leq d \leq$ 6,50 mm die Festlegungen für besondere Grenzabmaße gestrichen.

f) Bei den Grenzabmaßen der Nennbreite wurden die Abstufungen der Nenndickenbereiche und der Nennbreitenbereiche geändert und eine zweite Toleranzklasse für besondere Grenzabmaße eingeführt.

g) Einführung von Festlegungen für besondere Ebenheitstoleranzen bei Blechen und Stäben für Längen $\leq$ 3 000 mm und für Längen $>$ 3 000 mm.

h) Einführung von Ebenheitstoleranzen für Band.

i) Einführung eines zweiten Meßverfahrens zur Prüfung der Rechtwinkligkeit durch Messung der Differenz der Diagonalen bei einem Blech oder einem Stab.

j) Einführung einer Tabelle für die Seitengeradheitstoleranzen bei Blechen und Stäben mit Unterteilungen nach unterschiedlichen Nennbreitenbereichen bei Meßlängen von 1 000 mm und 2 000 mm.

Frühere Ausgaben

DIN 59382: 1975-08

EUROPÄISCHE NORM
EUROPEAN STANDARD
NORME EUROPÉENNE

EN 10259

Mai 1997

ICS 77.140.50

Deskriptoren: Eisen- und Stahlerzeugnis, kaltgewalztes Erzeugnis, Blech, Breitband, nichtrostender Stahl, Bezeichnung, Liefer-zustand, Grenzabmaß, Formtoleranz

Deutsche Fassung

Kaltbreitband und Blech aus nichtrostendem Stahl
Grenzabmaße und Formtoleranzen

Cold-rolled stainless steel wide strip and plate/sheet – Tolerances on dimensions and shape

Larges bandes et tôles en acier inoxydable laminées à froid – Tolérances sur les dimensions et la forme

Diese Europäische Norm wurde von CEN am 1997-01-26 angenommen.

Die CEN-Mitglieder sind gehalten, die CEN/CENELEC-Geschäftsordnung zu erfüllen, in der die Bedingungen festgelegt sind, unter denen dieser Europäischen Norm ohne jede Änderung der Status einer nationalen Norm zu geben ist.

Auf dem letzten Stand befindliche Listen dieser nationalen Normen mit ihren bibliographischen Angaben sind beim Zentralsekretariat oder bei jedem CEN-Mitglied auf Anfrage erhältlich.

Diese Europäische Norm besteht in drei offiziellen Fassungen (Deutsch, Englisch, Französisch). Eine Fassung in einer anderen Sprache, die von einem CEN-Mitglied in eigener Verantwortung durch Übersetzung in seine Landessprache gemacht und dem Zentralsekretariat mitgeteilt worden ist, hat den gleichen Status wie die offiziellen Fassungen.

CEN-Mitglieder sind die nationalen Normungsinstitute von Belgien, Dänemark, Deutschland, Finnland, Frankreich, Griechenland, Irland, Island, Italien, Luxemburg, Niederlande, Norwegen, Österreich, Portugal, Schweden, Schweiz, Spanien, Tschechische Republik und dem Vereinigten Königreich.

CEN

EUROPÄISCHES KOMITEE FÜR NORMUNG
European Committee for Standardization
Comité Européen de Normalisation

Zentralsekretariat: rue de Stassart 36, B-1050 Brüssel

Ref. Nr. EN 10259 : 1997 D

Inhalt

Vorwort

Diese Europäische Norm wurde vom Technischen Komitee ECISS/TC 23 "Für eine Wärmebehandlung bestimmte Stähle, legierte Stähle und Automatenstähle – Gütenormen" erarbeitet, dessen Sekretariat vom DIN gehalten wird.

Diese Europäische Norm muß den Status einer nationalen Norm erhalten, entweder durch Veröffentlichung eines identischen Textes oder durch Anerkennung bis November 1997, und etwaige entgegenstehende nationale Normen müssen bis November 1997 zurückgezogen werden.

Es handelt sich um eine Erstausgabe einer Europäischen Norm für die Grenzabmaße und Formtoleranzen von Kaltbreitband und Blech aus nichtrostendem und hitzebeständigem Stahl.

Entsprechend der CEN/CENELEC-Geschäftsordnung sind die nationalen Normungsinstitute der folgenden Länder gehalten, diese Europäische Norm zu übernehmen:

Belgien, Dänemark, Deutschland, Finnland, Frankreich, Griechenland, Irland, Island, Italien, Luxemburg, Niederlande, Norwegen, Österreich, Portugal, Schweden, Schweiz, Spanien, die Tschechische Republik und das Vereinigte Königreich.

1 Anwendungsbereich

Diese Europäische Norm gilt für kaltgewalzte Flacherzeugnisse aus nichtrostenden, hitzebeständigen und hochwarmfesten Stählen in Dicken $\leq 6{,}5$ mm und in Walzbreiten von 600 mm bis zu 2 100 mm, lieferbar als:

a) Kaltbreitband (in Rollen in Walzbreiten ≥ 600 mm),

b) Blech (abgelängt aus Kaltbreitband),

c) Längsgeteiltes Kaltbreitband,

d) Stäbe (abgelängt aus längsgeteiltem Kaltbreitband oder Blech).

Diese Norm gilt nicht für Kaltband und Kaltband in Stäben (Walzbreiten < 600 mm, siehe EN 10258) aus nichtrostenden, hitzebeständigen und hochwarmfesten Stählen oder für kaltgewalzte Erzeugnisse, für die eigene Normen bestehen.

Für kaltgewalzte Erzeugnisse, die durch diskontinuierliche Einzelblechfertigung hergestellt werden, sind die Grenzabmaße der Dicke, Breite und Länge bei der Bestellung zu vereinbaren.

2 Normative Verweisungen

Diese Europäische Norm enthält durch datierte oder undatierte Verweisungen Festlegungen aus anderen Publikationen. Diese normativen Verweisungen sind an den jeweiligen Stellen im Text zitiert, und die Publikationen sind nachstehend aufgeführt. Bei datierten Verweisungen gehören spätere Änderungen oder Überarbeitungen dieser Publikationen nur zu dieser Europäischen Norm, falls sie durch Änderung oder Überarbeitung eingearbeitet sind. Bei undatierten Verweisungen gilt die letzte Ausgabe der in Bezug genommenen Publikation.

EN 10079
Begriffsbestimmungen für Stahlerzeugnisse

3 Definitionen

Für die Anwendung dieser Europäischen Norm gelten die Definitionen nach EN 10079.

4 Bezeichnung

4.1 Die Erzeugnisse nach dieser Europäischen Norm sind in der angegebenen Reihenfolge wie folgt zu bezeichnen (siehe auch Abschnitt 5):

a) Benennung des Erzeugnisses (Kaltbreitband, Blech oder Stab),

b) Nummer dieser Europäischen Norm (EN 10259),

c) Nenndicke in Millimeter,

d) Kennbuchstabe S bei der Bestellung von Erzeugnissen mit besonderen Grenzabmaßen der Dicke,

e) Nennbreite in Millimeter,

f) Kennbuchstabe S bei der Bestellung von Erzeugnissen mit besonderen Grenzabmaßen der Breite,

g) Nennlänge in Millimeter (nur für Bleche und Stäbe),

h) Kennbuchstabe S bei der Bestellung von Erzeugnissen mit besonderen Grenzabmaßen der Länge,

i) Kennbuchstaben FS bei der Bestellung von Band, Blechen oder Stäben mit besonderen Ebenheitstoleranzen.

4.2 Der Bezeichnung des Erzeugnisses nach 4.1 muß die vollständige Bezeichnung des bestellten Stahls folgen (z. B. nach EN 10088-2).

Bezeichnungsbeispiele sind wie folgt:

BEISPIEL 1:

Kaltbreitband nach dieser Europäischen Norm mit einer Nenndicke von 1,2 mm, einer Nennbreite von 1 500 mm aus der Stahlsorte X5CrNi18-10 (1.4301), Ausführungsart 2B nach den Festlegungen in EN 10088-2:

Kaltbreitband EN 10259-1,20x1 500
Stahl EN 10088-2-X5CrNi18-10+2B

oder

Kaltbreitband EN 10259-1,20x1 500
Stahl EN 10088-2-1.4301+2B

BEISPIEL 2:

Blech nach dieser Europäischen Norm mit einer Nenndicke von 0,80 mm und besonderen Grenzabmaßen der Dicke (S), mit einer Nennbreite von 1 200 mm und besonderen Grenzabmaßen der Breite (S), mit einer Nennlänge von 2 500 mm und besonderen Grenzabmaßen der Länge (S) sowie mit besonderen Ebenheitstoleranzen (FS) aus der Stahlsorte X5CrNi18-10 (1.4301), Ausführungsart 2B nach den Festlegungen in EN 10088-2:

Blech EN 10259-0,80Sx1 200Sx2 500S-FS
Stahl EN 10088-2-X5CrNi18-10+2B

oder

Blech EN 10259-0,80Sx1 200Sx2 500S-FS
Stahl EN 10088-2-1.4301+2B

5 Lieferzustand

5.1 Flacherzeugnisse nach dieser Europäischen Norm können wie folgt geliefert werden:

a) mit normalen oder besonderen Grenzabmaßen der Dicke (siehe Tabelle 1);

b) mit normalen oder besonderen Grenzabmaßen der Breite (siehe Tabelle 2);

c) mit normalen oder besonderen Grenzabmaßen der Länge für Bleche oder Stäbe (siehe Tabelle 3);

d) mit normalen oder besonderen Ebenheitstoleranzen für Band, Bleche oder Stäbe (siehe Abschnitt 10).

5.2 Wenn bei der Bestellung keine näheren Angaben bezüglich des Lieferzustands nach 5.1 gemacht werden, sind die Flacherzeugnisse mit normalen Grenzabmaßen der Dicke, Breite und Länge sowie mit normalen Ebenheitstoleranzen zu liefern.

5.3 Wenn nicht anders vereinbart, werden die Erzeugnisse mit geschnittenen Kanten geliefert, die Grate aufweisen dürfen. Falls, auf besondere Vereinbarung, Naturwalzkanten geliefert werden, sollten die Grenzabmaße der Breite zwischen Hersteller und Käufer vereinbart werden.

6 Zu bevorzugende Dicken und Grenzabmaße der Dicke

6.1 Zu bevorzugende Dicken

Es gibt die nachfolgenden zu bevorzugenden Dicken:

0,30 mm; 0,40 mm; 0,50 mm; 0,60 mm; 0,70 mm; 0,80 mm; 1,00 mm; 1,20 mm; 1,50 mm; 2,00 mm; 2,50 mm; 3,00 mm; 4,00 mm; 5,00 mm; 6,00 mm.

6.2 Grenzabmaße

Die Grenzabmaße der Dicke sind der Tabelle 1 zu entnehmen.

Tabelle 1: Grenzabmaße der Nenndicke — Maße in Millimeter

Nenndicke		Normale Grenzabmaße bei einer Nennbreite w von			Besondere Grenzabmaße (S) bei einer Nennbreite w von		
größer oder gleich	kleiner als	$w \leq 1\,000$	$1\,000 < w \leq 1\,300$	$1\,300 < w \leq 2\,100$	$w \leq 1\,000$	$1\,000 < w \leq 1\,300$	$1\,300 < w \leq 2\,100$
–	0,30	± 0,03	–	–	± 0,020	–	–
0,30	0,50	± 0,04	± 0,04	–	± 0,025	± 0,030	–
0,50	0,60	± 0,045	± 0,05	–	± 0,030	± 0,035	–
0,60	0,80	± 0,05	± 0,05	–	± 0,035	± 0,040	–
0,80	1,00	± 0,055	± 0,06	± 0,06	± 0,040	± 0,045	± 0,050
1,00	1,20	± 0,06	± 0,07	± 0,07	± 0,045	± 0,045	± 0,050
1,20	1,50	± 0,07	± 0,08	± 0,08	± 0,050	± 0,055	± 0,06
1,50	2,00	± 0,08	± 0,09	± 0,10	± 0,055	± 0,06	± 0,07
2,00	2,50	± 0,09	± 0,10	± 0,11	–	–	–
2,50	3,00	± 0,11	± 0,12	± 0,12	–	–	–
3,00	4,00	± 0,13	± 0,14	± 0,14	–	–	–
4,00	5,00	± 0,14	± 0,15	± 0,15	–	–	–
5,00	6,50[1]	± 0,15	± 0,15	± 0,16	–	–	–

[1] Einschließlich 6,50 mm.

7 Grenzabmaße der Breite

Die Grenzabmaße der Breite sind der Tabelle 2 zu entnehmen.

Maße in Millimeter

Tabelle 2: Grenzabmaße der Nennbreite

Nenndicke		Normale Grenzabmaße¹) für eine Nennbreite w von					Besondere Grenzabmaße (S)¹) für eine Nennbreite w von		
größer oder gleich	kleiner als	w ≤ 125²)	125 < w ≤ 250²)	250 < w ≤ 600²)	600 < w ≤ 1 000²)	1 000 < w ≤ 2 100²)	w ≤ 125	125 < w ≤ 250	250 < w ≤ 600
–	1,00	+ 0,5 / – 0	+ 0,5 / – 0	+ 0,7 / – 0	+ 1,5 / – 0	+ 2,0 / – 0	+ 0,3 / – 0	+ 0,3 / – 0	+ 0,6 / – 0
1,00	1,50	+ 0,7 / – 0	+ 0,7 / – 0	+ 1,0 / – 0	+ 1,5 / – 0	+ 2,0 / – 0	+ 0,4 / – 0	+ 0,5 / – 0	+ 0,7 / – 0
1,50	2,50	+ 1,0 / – 0	+ 1,0 / – 0	+ 1,2 / – 0	+ 2,0 / – 0	+ 2,5 / – 0	+ 0,6 / – 0	+ 0,7 / – 0	+ 0,9 / – 0
2,50	3,50	+ 1,2 / – 0	+ 1,2 / – 0	+ 1,5 / – 0	+ 3,0 / – 0	+ 3,0 / – 0	+ 0,8 / – 0	+ 0,9 / – 0	+ 1,0 / – 0
3,50	6,50³)	+ 2,0 / – 0	+ 2,0 / – 0	+ 2,0 / – 0	+ 4,0 / – 0	+ 4,0 / – 0	–	–	–

¹) Auf besondere Vereinbarung können die Erzeugnisse mit negativen Grenzabmaßen der Nennbreite geliefert werden. In diesem Fall gelten die in der Tabelle angegebenen Werte als Summe von positivem und negativem Grenzabmaß.

²) Bei Erzeugnissen mit nachgeschnittenen Kanten dürfen die Grenzabmaße der Breite nach Vereinbarung auf 5 mm ansteigen.

³) Einschließlich 6,50 mm.

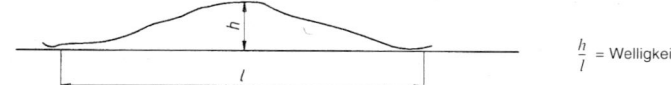

$\dfrac{h}{l}$ = Welligkeit

Bild 1: Kantenwelligkeitstoleranz bei Band

8 Zu bevorzugende Rolleninnendurchmesser

Der Rolleninnendurchmesser sollte im gegenseitigen Einvernehmen vereinbart werden. Zu bevorzugende Rolleninnendurchmesser sind ungefähr 500 mm und ungefähr 600 mm; im Falle von längsgeteiltem Kaltbreitband ist auch ungefähr 400 mm erhältlich.

9 Grenzabmaße der Länge

Die Grenzabmaße der Länge sind der Tabelle 3 zu entnehmen.

Tabelle 3: Grenzabmaße der Nennlänge

Maße in Millimeter

Nennlänge l	Grenzabmaße	
	Normal	Besonders (S)
$l \leq 2\,000$	+ 5 − 0	+ 3 − 0
$2\,000 < l$	+ 0,002 5 × l − 0	+ 0,001 5 × l − 0

10 Ebenheits- und Kantenwelligkeitstoleranz

10.1 Die Ebenheitstoleranz bei Band, Blechen und Stäben bei Längen ≤ 3 000 mm darf im Normalfall nicht mehr als 10 mm und bei der Forderung von besonderen Ebenheitstoleranzen (FS) nicht mehr als 7 mm betragen; bei Längen > 3 000 mm darf sie im Normalfall nicht mehr als 12 mm und bei der Forderung von besonderen Ebenheitstoleranzen (FS) nicht mehr als 8 mm betragen.

10.2 Bei Band darf die Kantenwelligkeit, d. h. das Verhältnis von Wellenhöhe (h) zu Wellenlänge (l), bei allen Nenndicken höchstens 0,03 betragen (siehe Bild 1).

10.3 Die Festlegungen in 10.1 und 10.2 gelten nicht für Erzeugnisse im kaltverfestigten Zustand; Festlegungen für diese Erzeugnisse müssen zwischen Hersteller und Käufer vereinbart werden.

11 Rechtwinkligkeitstoleranz

Die Rechtwinkligkeit von Blechen und Stäben darf 0,5 % der Breite des Erzeugnisses oder wahlweise die Werte in Tabelle 4 nicht überschreiten.

Tabelle 4: Rechtwinkligkeitstoleranz bei Messung der Differenz der Länge der Diagonalen bei einem Blech oder Stab

Maße in Millimeter

Länge des Blechs oder Stabs	Zulässige Differenz der Länge der Diagonalen
$l \leq 3\,000$	6
$3\,000 < l \leq 6\,000$	10
$l > 6\,000$	15

12 Seitengeradheitstoleranz

Die Seitengeradheitstoleranzen sind der Tabelle 5 zu entnehmen. Diese Toleranzen gelten nicht für Erzeugnisse, die im kaltverfestigten Zustand geliefert werden; Festlegungen für diese Erzeugnisse müssen zwischen Hersteller und Käufer vereinbart werden.

ANMERKUNG: Diese Anforderung kann nur an Blechen und Stäben nachgewiesen werden. Dennoch sollten auch die aus Band herausgetrennten Erzeugnisse diese Anforderung erfüllen.

Tabelle 5: Seitengeradheitstoleranzen

Maße in Millimeter

Festgelegte Breite		Seitengeradheitstoleranzen für Meßlängen von	
größer oder gleich	kleiner als	1 000	2 000
10	25	4	16
25	40	3	12
40	125	2	8
125	500	1,5	6
500	2 100[1])	1	4
[1]) Einschließlich einer Breite von 2 100 mm.			

13 Bestellformat (bei Blech)

Bei der Bestellung von Blech kann vereinbart werden, daß das bestellte Format in jedem gelieferten Einzelstück enthalten sein muß. In diesem Fall sind die Grenzabmaße der Breite und Länge sowie die Seitengeradheits- und der Rechtwinkligkeitstoleranzen bei der Bestellung zu vereinbaren.

14 Prüfung

14.1 Dicke

Die Dicke darf an jedem beliebigen Punkt des Erzeugnisses in einem Abstand von mehr als 20 mm von den Kanten gemessen werden.

Im Fall von längsgeteiltem Kaltbreitband und Stäben mit Breiten ≤ 40 mm ist die Dicke in der Mitte der Erzeugnisbreite zu messen.

14.2 Breite

Die Breite ist senkrecht zur Walzrichtung des Erzeugnisses zu messen.

14.3 Länge

Die Länge ist entlang der Walzrichtung des Blechs oder des Stabes zu messen.

14.4 Ebenheit

14.4.1 Die Ebenheit kann auf folgende Arten geprüft werden:

a) Größte Abweichung von einer flachen waagerechten Unterlage. Die Abweichung von der Ebenheit ist der größte Abstand zwischen der unteren Oberfläche des Erzeugnisses und der ebenen waagerechten Unterlage, auf der dieses frei aufliegt.

b) Zur Prüfung der Ebenheit muß das Erzeugnis auf eine annähernd ebene Unterlage gelegt werden. Als Abweichung von der Ebenheit gilt der größte Abstand zwischen Erzeugnis und einer darauf aufliegenden Meßlatte. Die Meßlatte sollte entweder 1 000 mm oder 2 000 mm lang sein. Die Meßlatte darf an jeder Stelle und mit jeder Ausrichtung auf das Erzeugnis gelegt werden. Lediglich die Lage zwischen den Berührungspunkten von Erzeugnis und Meßlatte ist zu berücksichtigen.

Falls nicht anders vereinbart, bleibt die Wahl der Prüfung dem Hersteller überlassen.

14.4.2 Die Prüfung der Welligkeit wird nur an den Kanten durchgeführt.

14.4.3 Ebenheit und Kantenwelligkeit werden vom Hersteller üblicherweise nicht geprüft, außer wenn die Einhaltung fraglich ist.

14.5 Rechtwinkligkeit

14.5.1 Die Abweichung von der Rechtwinkligkeit ist der größte Abstand einer Querkante von dem Schenkel eines Meßwinkels, der an einem Ende der Querkante im rechten Winkel zur Längskante angelegt wird (siehe Bild 2).

14.5.2 Die Rechtwinkligkeit darf wahlweise durch Messung der Differenz der Länge der Diagonalen geprüft werden.

14.5.3 Die Rechtwinkligkeit wird vom Hersteller üblicherweise nicht geprüft, außer wenn die Einhaltung fraglich ist.

14.6 Seitengeradheit

14.6.1 Die Abweichung von der Seitengeradheit ist der größte Abstand zwischen einer Längskante und der Geraden, die die beiden Enden der Meßlänge verbindet. Sie wird auf der konkaven Seite mit einer Meßlatte gemessen (siehe Bild 3).

14.6.2 Die Seitengeradheit wird vom Hersteller üblicherweise nicht geprüft, außer wenn die Einhaltung fraglich ist.

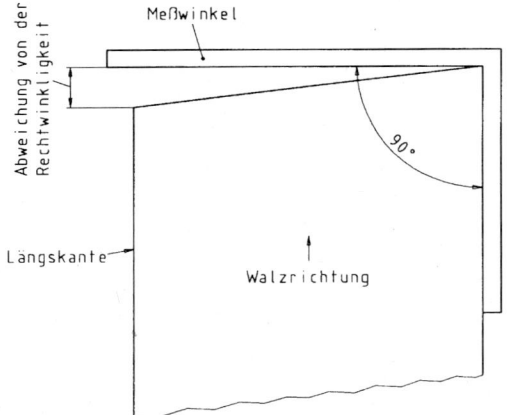

Bild 2: Prüfung der Rechtwinkligkeit

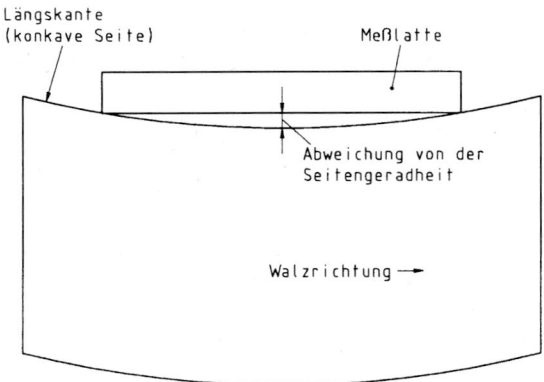

Bild 3: Prüfung der Seitengeradheit

Anhang A   (informativ)
Literaturhinweise

EN 10088-2
Nichtrostende Stähle – Teil 2: Technische Lieferbedingungen für Blech und Band für allgemeine Verwendung

EN 10258
Kaltband und Kaltband in Stäben aus nichtrostendem Stahl – Grenzabmaße und Formtoleranzen

Weichlote
Chemische Zusammensetzung und Lieferformen
(ISO 9453 : 1990)
Deutsche Fassung EN 29 453 : 1993

DIN
EN 29 453

Diese Norm enthält die deutsche Übersetzung der Internationalen Norm **ISO 9453**

Soft solder alloys; Chemical compositions and forms
(ISO 9453 : 1990); German version EN 29 453 : 1993
Alliages de brasage tendre; Composition chimique et formes
(ISO 9453 : 1990); Version allemande EN 29 453 : 1993

Ersatz für DIN 1707/02.81

Die Europäische Norm EN 29 453 : 1993 hat den Status einer Deutschen Norm.

Nationales Vorwort

Die Internationale Norm ISO 9453:1990 wurde im SC 12 „Hart- und Weichlöten" des ISO/TC 44 „Schweißen und verwandte Verfahren" erarbeitet.

Von den in DIN 1707 enthaltenen 50 Legierungen sind in DIN EN 29 453 die Hälfte nicht mehr aufgeführt. DIN EN 29 453 beinhaltet 34 Legierungen, von denen 9 Legierungen bisher nicht in DIN 1707 beschrieben wurden.

Insbesondere die desoxidierten phosphorhaltigen Weichlote der Gruppe B in DIN 1707, welche für ein einwandfreies Lötergebnis bei Maschinenlötungen erforderlich sind, sind in DIN EN 29 453 nicht mehr enthalten. Der notwendige geringe Phosphoranteil in dieser Lotgruppe von nur 0,001 % bis 0,004 % ist zwar nach DIN EN 29 453 generell erlaubt, weil er unter die Summe aller Verunreinigungen von unter 0,08 % fällt, es fehlt jedoch der Hinweis, daß Phosphor nicht als Verunreinigung, sondern als Legierungsbestandteil in diesen Loten wichtig ist.

Der für einen Einsatz in der Elektronikindustrie erforderlichen höheren Reinheit der hier verwendeten Weichlote durch Aufnahme von 3 zusätzlichen Legierungen, die sich von der Standardqualität durch den Zusatz des Buchstabens „E" (Elektronik-Qualität) und eine andere Legierungsnummer unterscheiden, wurde nur ansatzweise entgegengekommen. Die bereits in DIN 1707 zu hohen zulässigen Verunreinigungen für das Schwall- und Tauchlöten wurden in DIN EN 29 453 weiter erhöht.

Die Anwender müssen daher bei der Bestellung von Loten für gedruckte Schaltungen, insbesondere beim Schlepp-, Schwall- und Tauchlöten, zusätzlich auf die gewünschte desoxidierte Qualität hinweisen und evtl. in Hausnormen eine höhere Reinheit der Weichlote vorschreiben.

Mit Ausnahme des niedrigschmelzenden Lotes S-Sn50Pb32Cd18 sind in DIN EN 29 453 keine cadmium- und zinkhaltigen Lote mehr aufgeführt, womit Gruppe D in DIN 1707 „Weichlote für Aluminiumwerkstoffe" weggefallen ist.

Es ist vorgesehen, die nicht mit dieser Norm erfaßten Lote nach DIN 1707 in eine Folgeausgabe aufzunehmen und Maßangaben für die Lote festzulegen.

Fortsetzung Seite 2
und 5 Seiten EN

Normenausschuß Schweißtechnik (NAS) im DIN Deutsches Institut für Normung e.V.

Zitierte Normen

— in nationalen Zusätzen:

DIN 1707   Weichlote; Zusammensetzung, Verwendung, Technische Lieferbedingungen

Frühere Ausgaben

DIN 1707: 04.25, 02.40, 04.52, 04.64, 04.73, 09.73, 01.76, 02.81
DIN 1730: 06.44
DIN 1732: 06.44
DIN 8512: 02.63

Änderungen

Gegenüber DIN 1707/02.81 wurden folgende Änderungen vorgenommen:

a) Der Inhalt der Internationalen Norm ISO 9453 : 1990 wurde vollständig übernommen.

b) Die Sonderweichlote unter den Gruppen C und D, wie z.B. auf der Basis Cadmium-Silber, Cadmium-Zink-Silber, Zinn-Zink und Zink-Aluminium sowie die detaillierten Angaben über Lieferformen, sind nicht mehr in der Norm enthalten.

Internationale Patentklassifikation

B 23 K 003/08
B 23 K 001/19
B 23 K 035/22
G 01 N 033/20

EUROPÄISCHE NORM
EUROPEAN STANDARD
NORME EUROPÉENNE

EN 29453

November 1993

DK 621.791.35.04 : 669.65 ´4 : 543.79

Deskriptoren: Zusätze, Lotflußmittel, Legierungen, chemische Zusammensetzung, Lieferformen, Festlegungen

Deutsche Fassung

Weichlote
Chemische Zusammensetzung und Lieferformen
(ISO 9453 : 1990)

Soft solder alloys — Chemical compositions and forms (ISO 9453 : 1990)

Alliages des brasage tendre — Composition chimique et formes (ISO 9453 : 1990)

Diese Europäische Norm wurde von CEN am 1993-11-15 angenommen.

Die CEN-Mitglieder sind gehalten, die CEN/CENELEC-Geschäftsordnung zu erfüllen, in der die Bedingungen festgelegt sind, unter denen dieser Europäischen Norm ohne jede Änderung der Status einer nationalen Norm zu geben ist.

Auf dem letzten Stand befindliche Listen dieser nationalen Normen mit ihren bibliographischen Angaben sind beim Zentralsekretariat oder bei jedem CEN-Mitglied auf Anfrage erhältlich.

Diese Europäische Norm besteht in drei offiziellen Fassungen (Deutsch, Englisch, Französisch). Eine Fassung in einer anderen Sprache, die von einem CEN-Mitglied in eigener Verantwortung durch Übersetzung in seine Landessprache gemacht und dem Zentralsekretariat mitgeteilt worden ist, hat den gleichen Status wie die offiziellen Fassungen.

CEN-Mitglieder sind die nationalen Normungsinstitute von Belgien, Dänemark, Deutschland, Finnland, Frankreich, Griechenland, Irland, Island, Italien, Luxemburg, Niederlande, Norwegen, Österreich, Portugal, Schweden, Schweiz, Spanien und dem Vereinigten Königreich.

CEN

EUROPÄISCHES KOMITEE FÜR NORMUNG
European Committee for Standardization
Comité Européen de Normalisation

Zentralsekretariat: rue de Stassart 36, B-1050 Brüssel

Ref.-Nr. EN 29453 : 1993 D

Vorwort

1993 hat das CEN-Technische Komitee CEN/TC 121 "Schweißen" beschlossen, die Internationale Norm
ISO 9453 : 1990   Weichlote — Chemische Zusammensetzung und Lieferformen
zur Formellen Abstimmung vorzulegen.
Das Ergebnis war positiv.

Mit dieser Europäischen Norm übereinstimmende nationale Normen sollen spätestens bis zum 1994-05-31 veröffentlicht werden, und entgegenstehende nationale Normen sollen spätestens bis zum 1994-05-31 zurückgezogen werden.

Entsprechend der CEN/CENELEC-Geschäftsordnung sind folgende Länder gehalten, diese Europäische Norm zu übernehmen:

Belgien, Dänemark, Deutschland, Finnland, Frankreich, Griechenland, Irland, Island, Italien, Luxemburg, Niederlande, Norwegen, Österreich, Portugal, Schweden, Schweiz, Spanien und das Vereinigte Königreich.

Anerkennungsnotiz

Der Text der Internationalen Norm ISO 9453 : 1990 wurde von CEN als Europäische Norm ohne irgendeine Abänderung genehmigt.

1   Anwendungsbereich

Diese Internationale Norm enthält Anforderungen für die chemische Zusammensetzung der folgenden Gruppen von Weichloten:

— Zinn/Blei, mit und ohne Antimon;
— Zinn/Silber, mit und ohne Blei;
— Zinn/Kupfer, mit und ohne Blei;
— Zinn/Antimon;
— Zinn/Blei/Wismuth;
— Wismuth/Zinn;
— Zinn/Blei/Cadmium;
— Zinn/Indium;
— Blei/Silber, mit und ohne Zinn.

Angaben für allgemein erhältliche Lieferformen sind auch erfaßt.

2   Definitionen

Im Rahmen dieser Internationalen Norm gelten folgende Definitionen.

2.1   Weichlot

Ein metallischer Zusatzwerkstoff, der benutzt wird, um metallische Teile miteinander zu verbinden, dessen Schmelzpunkt (Liquidus) unterhalb desjenigen der zu verbindenden Teile — üblicherweise unterhalb von 450 °C — liegt. Er benetzt die Grundwerkstoffe.

2.2   Produkteinheit

Die Produkteinheit, die zur Definition der Anforderungen für die Kennzeichnung von Weichloten verwendet wird, hängt von der Lieferform der Weichlote wie folgt ab:

Lieferform	Produkteinheit
Barren, Stange, Block, Platte oder Stab	Ein einzelner Barren, Block, Stab, eine Platte oder Stange
Draht	Eine einzelne Spule oder Rolle
Stanzformteile und Ringe, Kügelchen oder Pulver	Die einzeln abgepackte Menge

2.3   Bunde

Die Summe von einer oder mehreren Produkteinheiten aus einer Schmelze.

3   Chemische Zusammensetzung

Die chemische Zusammensetzung des Weichlotes, entnommen und analysiert in Übereinstimmung mit Abschnitt 5, ist für die entsprechenden Werkstoffe nach den Tabellen 1 und 2 anzugeben.

4   Lieferformen

Weichlote nach dieser Internationalen Norm werden geliefert als Barren, Block, Stab, Platte, Stange, Draht, Kügelchen oder Pulver.

ANMERKUNG 1: Lote in der Form von Stangen, Draht, Formteilen oder Pulver können je nach Absprache zwischen Hersteller und Kunde mit und ohne integrierten Flußmittelanteil geliefert werden.

ANMERKUNG 2: Nicht alle in den Tabellen aufgeführten Lotzusammensetzungen sind auch gleichzeitig in allen angegebenen Produktformen erhältlich.

5   Probenahme und Analyse

Bis zur Veröffentlichung von Internationalen Normen für die Probenahme und Analyse von Weichlotverbindungen sind die angewendeten Verfahren im Streitfall zwischen Lieferer und Abnehmer zu vereinbaren.

6   Kennzeichnung und Verpackung

Jedes Lotbund, das in Übereinstimmung mit dieser Internationalen Norm geliefert wird, muß nach Tabelle 3 gekennzeichnet werden.

Die Kennzeichnung nach Tabelle 3 muß auf den verschiedenen Produktformen wie folgt angegeben werden:

— Barren und Platten: durch Stempeln auf der Oberfläche jedes Produktes;

— Stäbe, Block, Stangen und Draht auf Spulen: Anhängeschild entweder fest auf jeder Produkteinheit aufgebracht oder auf der Verpackung, in der die Produkteinheit enthalten ist;

— Draht auf Rollen: Anhängeschild auf jeder Rolle;

— Kügelchen, Formteile und Pulver: Anhängeschild auf jeder Verpackungsgröße.

Alle Produkte müssen auch mit den entsprechenden Hinweisen für Arbeits- und Gesundheitsschutz versehen sein, die durch entsprechende Bestimmungen oder Gesetz des Herstellerlandes vorgeschrieben sind, oder im Auftrag aufgeführt werden.

Tabelle 1: Chemische Zusammensetzung von Zinn-Blei- und Zinn-Blei-Antimon-Weichlotlegierungen

Gruppe	Legierungs-Nr	Legierungs-Kurzzeichen	Schmelz-temperatur (Solidus/Liquidus) °C	Chemische Zusammensetzung % (m/m)										
				Sn	Pb	Sb	Cd	Zn	Al	Bi	As	Fe	Cu	Summe aller Verunreinigungen, außer Sb, Bi und Cu
Zinn-Blei-Legierungen	1	S-Sn63Pb37	183	62,5 bis 63,5	Rest	0,12	0,002	0,001	0,001	0,10	0,03	0,02	0,05	0,08
	1a	S-Sn63Pb37E	183	62,5 bis 63,5	Rest	0,05	0,002	0,001	0,001	0,05	0,03	0,02	0,05	0,08
	2	S-Sn60Pb40	183 bis 190	59,5 bis 60,5	Rest	0,12	0,002	0,001	0,001	0,10	0,03	0,02	0,05	0,08
	2a	S-Sn60Pb40E	183 bis 190	59,5 bis 60,5	Rest	0,05	0,002	0,001	0,001	0,05	0,03	0,02	0,05	0,08
	3	S-Pb50Sn50	183 bis 215	49,5 bis 50,5	Rest	0,12	0,002	0,001	0,001	0,10	0,03	0,02	0,05	0,08
	3a	S-Pb50Sn50E	183 bis 215	49,5 bis 50,5	Rest	0,05	0,002	0,001	0,001	0,05	0,03	0,02	0,05	0,08
	4	S-Pb55Sn45	183 bis 226	44,5 bis 45,5	Rest	0,50	0,005	0,001	0,001	0,25	0,03	0,02	0,08	0,08
	5	S-Pb60Sn40	183 bis 235	39,5 bis 40,5	Rest	0,50	0,005	0,001	0,001	0,25	0,03	0,02	0,08	0,08
	6	S-Pb65Sn35	183 bis 245	34,5 bis 35,5	Rest	0,50	0,005	0,001	0,001	0,25	0,03	0,02	0,08	0,08
	7	S-Pb70Sn30	183 bis 255	29,5 bis 30,5	Rest	0,50	0,005	0,001	0,001	0,25	0,03	0,02	0,08	0,08
	8	S-Pb90Sn10	268 bis 302	9,5 bis 10,5	Rest	0,50	0,005	0,001	0,001	0,25	0,03	0,02	0,08	0,08
	9	S-Pb92Sn8	280 bis 305	7,5 bis 8,5	Rest	0,50	0,005	0,001	0,001	0,25	0,03	0,02	0,08	0,08
	10	S-Pb98Sn2	320 bis 325	1,5 bis 2,5	Rest	0,12	0,002	0,001	0,001	0,10	0,03	0,02	0,05	0,08
Zinn-Blei-Legierungen mit Antimon	11	S-Sn63Pb37Sb	183	62,5 bis 63,5	Rest	0,12 bis 0,50	0,002	0,001	0,001	0,10	0,03	0,02	0,05	0,08
	12	S-Sn60Pb40Sb	183 bis 190	59,5 bis 60,5	Rest	0,12 bis 0,50	0,002	0,001	0,001	0,10	0,03	0,02	0,05	0,08
	13	S-Pb50Sn50Sb	183 bis 216	49,5 bis 50,5	Rest	0,12 bis 0,50	0,002	0,001	0,001	0,10	0,03	0,02	0,05	0,08
	14	S-Pb58Sn40Sb2	185 bis 231	39,5 bis 40,5	Rest	2,0 bis 2,4	0,005	0,001	0,001	0,25	0,03	0,02	0,08	0,08
	15	S-Pb69Sn30Sb1	185 bis 250	29,5 bis 30,5	Rest	0,5 bis 1,8	0,005	0,001	0,001	0,25	0,03	0,02	0,08	0,08
	16	S-Pb74Sn25Sb1	185 bis 263	24,5 bis 25,5	Rest	0,5 bis 2,0	0,005	0,001	0,001	0,25	0,03	0,02	0,08	0,08
	17	S-Pb78Sn20Sb2	185 bis 270	19,5 bis 20,5	Rest	0,5 bis 3,0	0,005	0,001	0,001	0,25	0,03	0,02	0,08	0,08

ANMERKUNG 1: Einzelwerte sind Höchstwerte.

ANMERKUNG 2: Elemente mit "Rest" gekennzeichnet, sind kalkuliert als Differenz von 100 %.

ANMERKUNG 3: Die Temperaturen in der Überschrift "Schmelztemperatur (Solidus/Liquidus)" sind für Informationszwecke und nicht festgelegte Anforderungen für die Legierungen.

Tabelle 2: Chemische Zusammensetzung von Weichlotlegierungen für andere als Zinn-Blei- und Zinn-Blei-Antimon-Legierungen

| Gruppe | Legierungs-Nr | Legierungs-Kurzzeichen | Schmelztemperatur (Solidus/Liquidus) °C | Chemische Zusammensetzung % (m/m) | | | | | | | | | | | | Summe aller Verunreinigungen |
				Sn	Pb	Sb	Bi	Cd	Cu	In	Ag	Al	As	Fe	Zn	
Zinn-Antimon	18	S-Sn95Sb5	230 bis 240	Rest	0,10	4,5 bis 5,5	0,10	0,002	0,10	0,05	0,05	0,001	0,03	0,02	0,001	0,2
Zinn-Blei-Wismuth und Wismuth-Zinn-Legierungen	19	S-Sn60Pb38Bi2	180 bis 185	59,5 bis 60,5	Rest	0,10	2,0 bis 3,0	0,002	0,10	0,05	0,05	0,001	0,03	0,02	0,001	0,2
	20	S-Pb49Sn48Bi3	178 bis 205	47,5 bis 48,5	Rest	0,10	2,5 bis 3,5	0,002	0,10	0,05	0,05	0,001	0,03	0,02	0,001	0,2
	21	S-Bi57Sn43	138	42,5 bis 43,5	0,05	0,10	Rest	0,002	0,10	0,05	0,05	0,001	0,03	0,02	0,001	0,2
Zinn-Blei-Cadmium	22	S-Sn50Pb32Cd18	145	49,5 bis 50,5	Rest	0,10	0,10	17,5 bis 18,5	0,10	0,05	0,05	0,001	0,03	0,02	0,001	0,2
Zinn-Kupfer und Zinn-Blei-Kupfer-Legierungen	23	S-Sn99Cu1	230 bis 240	Rest	0,10	0,05	0,10	0,002	0,45 bis 0,90	0,05	0,05	0,001	0,03	0,02	0,001	0,2
	24	S-Sn97Cu3	230 bis 250	Rest	0,10	0,05	0,10	0,002	2,5 bis 3,5	0,05	0,05	0,001	0,03	0,02	0,001	0,2
	25	S-Sn60Pb38Cu2	183 bis 190	59,5 bis 60,5	Rest	0,10	0,10	0,002	1,5 bis 2,0	0,05	0,05	0,001	0,03	0,02	0,001	0,2
	26	S-Sn50Pb49Cu1	183 bis 215	49,5 bis 50,5	Rest	0,10	0,10	0,002	1,2 bis 1,6	0,05	0,05	0,001	0,03	0,02	0,001	0,2
Zinn-Indium	27	S-Sn50In50	117 bis 125	49,5 bis 50,5	0,05	0,05	0,10	0,002	0,05	Rest	0,01	0,001	0,03	0,02	0,001	0,2
Zinn-Silber und Zinn-Blei-Silber-Legierungen	28	S-Sn96Ag4	221	Rest	0,10	0,10	0,10	0,002	0,05	0,05	3,5 bis 4,0	0,001	0,03	0,02	0,001	0,2
	29	S-Sn97Ag3	221 bis 230	Rest	0,10	0,10	0,10	0,002	0,10	0,05	3,0 bis 3,5	0,001	0,03	0,02	0,001	0,2
	30	S-Sn62Pb36Ag2	178 bis 190	61,5 bis 62,5	Rest	0,05	0,10	0,002	0,05	0,05	1,8 bis 2,2	0,001	0,03	0,02	0,001	0,2
	31	S-Sn60Pb36Ag4	178 bis 180	59,5 bis 60,5	Rest	0,05	0,10	0,002	0,05	0,05	3,0 bis 4,0	0,001	0,03	0,02	0,001	0,2
Blei-Silber und Blei-Zinn-Silber-Legierungen	32	S-Pb98Ag2	304 bis 305	0,25	Rest	0,10	0,10	0,002	0,05	0,05	2,0 bis 3,0	0,001	0,03	0,02	0,001	0,2
	33	S-Pb95Ag5	304 bis 365	0,25	Rest	0,10	0,10	0,002	0,05	0,05	4,5 bis 6,0	0,001	0,03	0,02	0,001	0,2
	34	S-Pb93Sn5Ag2	296 bis 301	4,8 bis 5,2	Rest	0,10	0,10	0,002	0,05	0,05	1,2 bis 1,8	0,001	0,03	0,02	0,001	0,2

ANMERKUNG 1: Einzelwerte sind Höchstwerte.

ANMERKUNG 2: Elemente mit "Rest" gekennzeichnet sind kalkuliert als Differenz von 100 %.

ANMERKUNG 3: Die Temperaturen in der Überschrift "Schmelztemperatur (Solidus/Liquidus)" sind für Informationszwecke und nicht festgelegte Anforderungen für die Legierungen.

Tabelle 3: Anforderungen zur Kennzeichnung der Weichlote

Angabe	Barren	Block	Platte	Stange	Stab	Draht	Kügelchen	Stanz-formteile	Pulver
Legierungs-Nr oder Legierungs-Kurzzeichen	×	×	×	×	×	×	×	×	×
Schmelz-/Los-Nr	×	×	×	×	×	×	×	×	×
Herstelldatum								×	×
Lagerungs-bedingungen								×	×
Masse und Menge (wo zutreffend)						×	×	×	×
Name des Herstellers oder Warenzeichen						×	×	×	×

DK 621.791.35.048.001.33   Februar 1994

Flußmittel zum Weichlöten
Einteilung und Anforderungen
Teil 1: Einteilung, Kennzeichnung und Verpackung
(ISO 9454-1 : 1990)   Deutsche Fassung EN 29 454-1 : 1993

DIN
EN 29 454
Teil 1

Diese Norm enthält die deutsche Übersetzung der Internationalen Norm **ISO 9454-1**

Soft soldering fluxes; Classification and requirements;
Part 1: Classification, labelling and packaging (ISO 9454-1 : 1990);
German version EN 29 454-1 : 1993
Flux de brasage tendre; Classification et caractéristiques
Partie 1: Classification, marquage et emballage
(ISO 9454-1 : 1990); Version allemande EN 29 454-1 : 1993

Ersatz für DIN 8511 T 2/05.88

Die Europäische Norm EN 29 454-1 : 1993 hat den Status einer Deutschen Norm.

Nationales Vorwort

Die Internationale Norm ISO 9454-1 : 1990 wurde im SC 12 „Hart- und Weichlöten" des ISO/TC 44 „Schweißen und verwandte Verfahren" erarbeitet.

Abweichend von DIN 8511 Teil 2 wurden die Flußmittel nicht mehr nach der Wirkung der Flußmittelrückstände eingeteilt, sondern gemäß dem Gruppen-Aufbau (siehe Tabelle 1) nach den chemischen Hauptbestandteilen.

Es gibt kein Flußmittel, das für alle Zwecke, d.h. für sämtliche Grundwerkstoffe und Lotlegierungen sowie für alle in Frage kommenden Arbeitsweisen, verwendbar ist. Die Eigenschaften und die damit zusammenhängende Zusammensetzung der Flußmittel müssen deshalb angepaßt werden. Die Norm DIN EN 29 454 Teil 1 ermöglicht die Auswahl des geeigneten Flußmittels für den entsprechenden Anwendungszweck.

Flußmittel zum Weichlöten können nach Vereinbarung zwischen Anwender und Hersteller entsprechend den „Richtlinien für die Anwendung von Prüfverfahren" nach ISO 9455 Teil 1 bis Teil 16 (siehe Tabelle A.1) geprüft werden.

Mit Erscheinen dieser Norm muß die Verpackung mit Chargennummer und Herstellungsdatum versehen sein.

Die bisherige Einteilung der Flußmittel nach DIN 8511 Teil 2 ließ eine größere Auswahlmöglichkeit zu. Um den Übergang auf die neuen Typ-Kurzzeichen zu erleichtern, sind die bisher festgelegten Flußmittel zum Weichlöten denen nach DIN EN 29 454-1 gegenübergestellt, wobei die Angabe der Flußmittelart (flüssig, fest, Paste) unberücksichtigt bleibt.

Fortsetzung Seite 2
und 5 Seiten EN

Normenausschuß Schweißtechnik (NAS) im DIN Deutsches Institut für Normung e.V.

Tabelle: Gegenüberstellung der Typ-Kurzzeichen nach DIN 8511 Teil 2 und DIN EN 29 454 Teil 1

Typ-Kurzzeichen nach	
DIN 8511 Teil 2/05.88	DIN EN 29 454 Teil 1
Flußmittel, deren Rückstände Korrosion hervorrufen (Schwermetalle)	
F-SW-11 F-SW-12 F-SW-13	3.2.2. 3.1.1. 3.2.1.
Flußmittel, deren Rückstände bedingt korrodierend wirken können (Schwermetalle)	
F-SW-21 F-SW-22 F-SW-23 F-SW-24 F-SW-25 F-SW-26 F-SW-27 F-SW-28	3.1.1. 3.1.2. 2.1.3. 2.2.1. 2.2.3. 2.1.1. 2.1.3. 2.2.3. 2.1.2. 2.2.2. 1.1.2. 1.1.3. 1.2.2.
Flußmittel, deren Rückstände nicht korrodierend wirken (Schwermetalle)	
F-SW-31 F-SW-32 F-SW-33 F-SW-34	1.1.1. 1.1.3. 1.2.3. 2.2.3.
(Leichtmetalle)	
F-LW-1 F-LW-2 F-LW-3	3.1.1. 2.1.3. 2.1.2.

Zitierte Normen
— in nationalen Zusätzen:
DIN 8511 Teil 2   Flußmittel zum Löten metallischer Werkstoffe; Flußmittel zum Weichlöten

Frühere Ausgaben
DIN 8511: 01.63
DIN 8511 Teil 2: 08.67, 05.88

Änderungen
Gegenüber DIN 8511 T2/05.88 wurden folgende Änderungen vorgenommen:

a) Der Inhalt der Internationalen Norm ISO 9454 : 1990 wurde vollständig übernommen.

b) Die detaillierte praxisorientierte Einteilung der Flußmittel zum Weichlöten von Schwermetallen und Leichtmetallen durch Angabe des Typ-Kurzzeichens, der Typbeschreibung, der Lieferform und dem Hinweis für die Verwendung ist in der Norm nicht mehr enthalten.

c) Zusätzlich ist eine Richtlinie für die Anwendung von Prüfverfahren in Abhängigkeit vom verwendeten Flußmittel mit aufgenommen worden.

Internationale Patentklassifikation
B 23 K 001/20
B 23 K 003/08
B 23 K 035/363

EUROPÄISCHE NORM
EUROPEAN STANDARD
NORME EUROPÉENNE

EN 29454-1

November 1993

DK 621.791.35.048.001.33

Deskriptoren: Weichlöten, Lotflußmittel, Einteilung, Festlegungen, Kennzeichnung, Verpackung

Deutsche Fassung

Flußmittel zum Weichlöten
Einteilung und Anforderungen
Teil 1: Einteilung, Kennzeichnung und Verpackung
(ISO 9454-1 : 1990)

Soft soldering fluxes — Classification and requirements — Part 1: Classification, labelling and packaging (ISO 9454-1 : 1990)

Flux de brasage tendre — Classification et caractéristiques — Partie 1: Classification, marquage et emballage (ISO 9454-1 : 1990)

Diese Europäische Norm wurde von CEN am 1993-11-15 angenommen.

Die CEN-Mitglieder sind gehalten, die CEN/CENELEC-Geschäftsordnung zu erfüllen, in der die Bedingungen festgelegt sind, unter denen dieser Europäischen Norm ohne jede Änderung der Status einer nationalen Norm zu geben ist.

Auf dem letzten Stand befindliche Listen dieser nationalen Normen mit ihren bibliographischen Angaben sind beim Zentralsekretariat oder bei jedem CEN-Mitglied auf Anfrage erhältlich.

Diese Europäische Norm besteht in drei offiziellen Fassungen (Deutsch, Englisch, Französisch). Eine Fassung in einer anderen Sprache, die von einem CEN-Mitglied in eigener Verantwortung durch Übersetzung in seine Landessprache gemacht und dem Zentralsekretariat mitgeteilt worden ist, hat den gleichen Status wie die offiziellen Fassungen.

CEN-Mitglieder sind die nationalen Normungsinstitute von Belgien, Dänemark, Deutschland, Finnland, Frankreich, Griechenland, Irland, Island, Italien, Luxemburg, Niederlande, Norwegen, Österreich, Portugal, Schweden, Schweiz, Spanien und dem Vereinigten Königreich.

CEN

EUROPÄISCHES KOMITEE FÜR NORMUNG
European Committee for Standardization
Comité Européen de Normalisation

Zentralsekretariat: rue de Stassart 36, B-1050 Brüssel

Ref.-Nr. EN 29454-1 : 1993 D

617

Vorwort

1993 hat das CEN-Technische Komitee CEN/TC 121 "Schweißen" beschlossen, die Internationale Norm

ISO 9454-1 : 1990   Flußmittel zum Weichlöten — Einteilung und Anforderungen —
                     Teil 1: Einteilung, Kennzeichnung und Verpackung

zur Formellen Abstimmung vorzulegen.

Das Ergebnis war positiv.

Mit dieser Europäischen Norm übereinstimmende nationale Normen sollen spätestens bis zum 1994-05-31 veröffentlicht werden, und entgegenstehende nationale Normen sollen spätestens bis zum 1994-05-31 zurückgezogen werden.

Entsprechend der CEN/CENELEC-Geschäftsordnung sind folgende Länder gehalten, diese Europäische Norm zu übernehmen:

Belgien, Dänemark, Deutschland, Finnland, Frankreich, Griechenland, Irland, Island, Italien, Luxemburg, Niederlande, Norwegen, Österreich, Portugal, Schweden, Schweiz, Spanien und das Vereinigte Königreich.

Anerkennungsnotiz

Der Text der Internationalen Norm ISO 9454-1 : 1990 wurde von CEN als Europäische Norm ohne irgendeine Abänderung genehmigt.

Einleitung

Flußmittel unterstützen geschmolzenes Lot bei der Benetzung der metallischen Oberflächen, die miteinander verbunden werden sollen, durch Entfernen von Oxiden und anderen Verunreinigungen auf den zu lötenden Oberflächen während der Lötung. Flußmittel schützen auch Oberflächen gegen Oxidation und unterstützen die Benetzung der Grundwerkstoffe bei geschmolzenem Lot.

Vorsicht ist geboten, wenn ein Flußmittel für einen besonderen Anwendungsfall eingesetzt werden muß. Für die Lebensdauer der Schaltung spielen dann Entsorgungsprobleme wie auch Korrosivität, mögliche Gesundheitsschäden und andere Sicherheitsprobleme eine Rolle, und deswegen sollten diese Fälle sorgfältig überprüft werden, bevor man die Auswahl für ein bestimmtes Flußmittel trifft.

1 Anwendungsbereich

Dieser Teil von ISO 9454 legt ein Kurzzeichen-System zur Einteilung von Flußmitteln für Weichlote nach ihren aktiven Flußmittelbestandteilen sowie Anforderungen für die Kennzeichnung und die Verpackung fest.

ACHTUNG: Dieser Teil von ISO 9454 enthält Produkte, die gesundheitliche Schäden oder Gefahren durch Korrosion oder Feuer usw. hervorrufen können, wenn hinreichende Vorsorge nicht getroffen wird. Dies betrifft nur die technische Eignung der Substanzen und entbindet keinesfalls das Prüflabor, den Lieferer oder den Anwender von seinen Verpflichtungen hinsichtlich Gesundheit und Sicherheit bei der Herstellung oder Anwendung der Flußmittel.

2 Einteilung der Flußmittel

Flußmittel nach diesem Teil von ISO 9454 sind nach ihren wesentlichen Bestandteilen einzuteilen und nach Tabelle 1 zu kennzeichnen.

Zum Beispiel ist ein mit Phosphorsäure aktiviertes anorganisches, als Paste geliefertes Flußmittel zu kennzeichnen mit 3.2.1.C, ein nicht halogenhaltiges flüssiges Harz-Flußmittel mit 1.1.3.A.

3 Kennzeichnung und Verpackung

Flußmittel, die in Übereinstimmung mit diesem Teil von ISO 9454 geliefert werden, sind in geeigneten Behältern zu liefern, die widerstandsfähig gegen das Flußmittel sind. Diese Behälter müssen folgende Angaben enthalten:

a) Name und Anschrift des Lieferers;

b) Bezeichnung des Produktes;

c) Nummer nach ISO 9454 und Flußmittel-Kennzeichnung;

d) Chargennummer;

e) Herstellungsdatum;

f) Einzelheiten über die Einhaltung rechtlicher Verordnungen bezüglich sicherheitstechnischer Aspekte.

Aufkleber müssen gegen das im Behälter enthaltene Flußmittel widerstandsfähig sein.

ANMERKUNG 1: Zusätzlich erforderliche Angaben auf dem Aufkleber müssen zwischen Lieferer und Anwender je nach den geltenden Regeln des oder der in Frage kommenden Länder vereinbart werden.

Tabelle 1: Einteilung von Weichlötflußmitteln nach ihren Hauptbestandteilen

Flußmitteltyp	Flußmittelbasis	Flußmittelaktivator		Flußmittelart	
1 Harz	1 Kolophonium (Harz)	1	ohne Aktivator	A	flüssig
	2 ohne Kolophonium (Harz)	2	mit Halogenen aktiviert [1])		
2 organisch	1 wasserlöslich	3	ohne Halogene aktiviert		
	2 nicht wasserlöslich			B	fest
3 anorganisch	1 Salze	1	mit Ammoniumchlorid		
		2	ohne Ammoniumchlorid		
	2 Säuren	1	Phosphorsäure		
		2	andere Säuren	C	Paste
	3 alkalisch	1	Amine und/oder Ammoniak		

[1]) Andere Aktivierungsmittel dürfen verwendet werden.

Anhang A   (informativ)

Prüfung von Flußmitteln

Die Prüfverfahren für die Bestimmung der Eigenschaften und Merkmale von Weichlötflußmitteln sind in ISO 9455 enthalten (siehe Anhang B).
Tabelle A.1 ist als Richtlinie für solche Prüfverfahren anzusehen, die für verschiedene Flußmittel entsprechend ihrer Einteilung anzuwenden sind.
Die Prüfverfahren, die an einer Flußmittelsendung durchgeführt werden sollen, sind zwischen Lieferer und Anwender zu vereinbaren.

Tabelle A.1: Richtlinie für die Anwendung von Prüfverfahren

Entsprechende Prüfmethoden (mit ISO 9455 Teile-Nr in Klammern)

Spaltenüberschriften (Testmethoden):
(1) Festkörpergehalt (1)
(2) ph-Wert (3)
(3) Kupferspiegel (5)
(4) Ionische Rückstände
(5) potentiometrische Methode — *Halogen-Gehalt (6)*
(6) Halogene in wasserlöslichen Flußmitteln — *Halogen-Gehalt (6)*
(7) Halogene in phosphathaltigen Flußmitteln — *Halogen-Gehalt (6)*
(8) Silberchromatpapierprüfung — *Halogen-Gehalt (6)*
(9) Zinkanteil (8)
(10) Ammoniumgehalt (9)
(11) Benetzungsprüfung, statische Methode (10) — *Flußmittel*
(12) Benetzungsprüfung, dynamische Methode (16) — *Flußmittel*
(13) Entfernung von Rückständen (11)
(14) Stahlrohr Korrosionsprüfung (12)
(15) gedruckte Schaltungen – Oberflächenwiderstand
(16) Flußmittelspritzerprüfung (13)
(17) Prüfung des Haftvermögens (14)

Flußmitteltyp	Flußmittelbasis	Flußmittelaktivator	(1)	(2)	(3)	(4)	(5)	(6)	(7)	(8)	(9)	(10)	(11)	(12)	(13)	(14)	(15)	(16)	(17)
1 Harz	1 Kolophonium (Harz)	1 ohne Aktivator	*	*	*	*	*			*			*	*	*	*	*	*	*
	2 ohne Kolophonium (Harz)		*	*	*	*	*			*			*	*	*	*	*	*	*
2 organisch	1 wasserlöslich	2 mit Halogenen aktiviert	*	*	*	*	*			*			*	*		*	*	*	*
	2 nicht wasserlöslich	3 ohne Halogene aktiviert	*	*	*					*			*	*		*	*	*	*
3 anorganisch	1 Salze	1 mit Ammoniumchlorid / 2 ohne Ammoniumchlorid	*		*	*	*			*	*	*	*	*		*		*	
	2 Säuren	1 Phosphorsäure / 2 andere Säuren	*		*	*	*	*		*	*	*	*	*		*			*
	3 alkalisch	1 Amine und/oder Ammoniak			*	*	*				*	*	*						*

ANMERKUNG: Das Zeichen * gibt an, daß die Prüfung für das Flußmittel nach dieser Einteilung geeignet ist.

Anhang B (informativ)

Bibliographie

[1] ISO 9455-1 : 1990, Flußmittel zum Weichlöten — Prüfverfahren — Teil 1: Bestimmung nichtflüchtiger Stoffe — Gravimetrische Methode

[2] ISO 9455-2 : 1993, Flußmittel zum Weichlöten — Prüfverfahren — Teil 2: Bestimmung nichtflüchtiger Stoffe — Ebulliometrische Methode

[3] ISO 9455-3 : 1992, Flußmittel zum Weichlöten — Prüfverfahren — Teil 3: Bestimmung des Säurewertes — Potentiometrische und visuelle Titrationsmethode

[4] ISO 9455-5 : 1992, Flußmittel zum Weichlöten — Prüfverfahren — Teil 5: Kupferspiegeltest

[5] ISO 9455-6 : -[1]), Flußmittel zum Weichlöten — Prüfverfahren — Teil 6: Bestimmung des Halogengehaltes

[6] ISO 9455-8 : 1991, Flußmittel zum Weichlöten — Prüfverfahren — Teil 8: Bestimmung des Zinkgehaltes

[7] ISO 9455-9 : 1993, Flußmittel zum Weichlöten — Prüfverfahren — Teil 9: Bestimmung des Ammoniumgehaltes

[8] ISO 9455-10 : -[1]), Flußmittel zum Weichlöten — Prüfverfahren — Teil 10: Bestimmung der Wirksamkeit des Flußmittels — Benetzungsprüfung, statische Methode

[9] ISO 9455-11 : 1991, Flußmittel zum Weichlöten — Prüfverfahren — Teil 11: Löslichkeit von Flußmittelrückständen

[10] ISO 9455-12 : 1992, Flußmittel zum Weichlöten — Prüfverfahren — Teil 12: Röhrchen-Korrosionstest

[11] ISO 9455-13 : -[1]), Flußmittel zum Weichlöten — Prüfverfahren — Teil 13: Bestimmung von Flußmittelspritzern

[12] ISO 9455-14 : 1991, Flußmittel zum Weichlöten — Prüfverfahren — Teil 14: Bestimmung des Haftvermögens von Flußmittelrückständen

[13] ISO 9455-16 : -[1]), Flußmittel zum Weichlöten — Prüfverfahren — Teil 16: Bestimmung der Wirksamkeit des Flußmittels — Benetzungsprüfung, dynamische Methode

[1]) In Vorbereitung

621

Verzeichnis nicht abgedruckter Normen und Norm-Entwürfe

Dokument	Ausgabe	Titel
DIN 1055-4	1986-08	Lastannahmen für Bauten; Verkehrslasten, Windlasten bei nicht schwingungsanfälligen Bauwerken
DIN 1055-4/A1	1987-06	Lastannahmen für Bauten; Verkehrslasten, Windlasten bei nicht schwingungsanfälligen Bauwerken; Änderung 1; Berichtigungen
DIN 1787	1973-01	Kupfer; Halbzeug
DIN 1960	1992-12	VOB Verdingungsordnung für Bauleistungen – Teil A: Allgemeine Bestimmungen für die Vergabe von Bauleistungen
DIN V 1986-1/A1	1998-07	Entwässerungsanlagen für Gebäude und Grundstücke – Teil 1: Technische Bestimmungen für den Bau; Änderung A1
DIN 1986-1	1988-06	Entwässerungsanlagen für Gebäude und Grundstücke; Technische Bestimmungen für den Bau
DIN 4074-3	1989-09	Sortierung von Nadelholz nach der Tragfähigkeit; Sortiermaschinen; Anforderungen und Prüfung
DIN 4074-4	1989-09	Sortierung von Nadelholz nach der Tragfähigkeit; Nachweis der Eignung zur maschinellen Schnittholzsortierung
DIN 4420-1	1990-12	Arbeits- und Schutzgerüste; Allgemeine Regelungen; Sicherheitstechnische Anforderungen, Prüfungen
DIN 16729	1984-09	Kunststoff-Dachbahnen und Kunststoff-Dichtungsbahnen aus Ethylencopolymerisat-Bitumen (ECB); Anforderungen
DIN 16731	1986-12	Kunststoff-Dachbahnen aus Polyisobutylen (PIB), einseitig kaschiert; Anforderungen
DIN 16734	1986-12	Kunststoff-Dachbahnen aus weichmacherhaltigem Polyvinylchlorid (PVC-P) mit Verstärkung aus synthetischen Fasern, nicht bitumenverträglich; Anforderungen
DIN 16735	1986-12	Kunststoff-Dachbahnen aus weichmacherhaltigem Polyvinylchlorid (PVC-P) mit einer Glasvlieseinlage, nicht bitumenverträglich; Anforderungen
E DIN 16739	1994-05	Kunststoff-Dichtungsbahnen aus Polyethylen (PE) für Deponieabdichtungen; Anforderungen, Prüfung
DIN 16937	1986-12	Kunststoff-Dichtungsbahnen aus weichmacherhaltigem Polyvinylchlorid (PVC-P), bitumenverträglich; Anforderungen
DIN 16938	1986-12	Kunststoff-Dichtungsbahnen aus weichmacherhaltigem Polyvinylchlorid (PVC-P), nicht bitumenverträglich; Anforderungen
DIN 17640-2	1986-01	Bleilegierungen; Legierungen für Kabelmäntel
DIN 17640-3	1986-01	Bleilegierungen; Legierungen für Akkumulatoren
DIN 18338	1998-05	VOB Verdingungsordnung für Bauleistungen – Teil C: Allgemeine Technische Vertragsbedingungen für Bauleistungen (ATV) – Dachdeckungs- und Dachabdichtungsarbeiten
DIN 18360	1998-05	VOB Verdingungsordnung für Bauleistungen – Teil C: Allgemeine Technische Vertragsbedingungen für Bauleistungen (ATV) – Metallbauarbeiten

Dokument	Ausgabe	Titel

DIN 18421   1998-05   VOB Verdingungsordnung für Bauleistungen – Teil C: Allgemeine Technische Vertragsbedingungen für Bauleistungen (ATV) – Dämmarbeiten an technischen Anlagen

DIN 18516-1   1990-01   Außenwandbekleidungen, hinterlüftet; Anforderungen, Prüfgrundsätze

DIN 52131   1995-11   Bitumen-Schweißbahnen – Begriffe, Bezeichnungen, Anforderungen

DIN 68800-3   1990-04   Holzschutz; Vorbeugender chemischer Holzschutz

DIN EN 485-3   1994-01   Aluminium und Aluminiumlegierungen; Bänder, Bleche und Platten; Teil 3: Grenzabmaße und Formtoleranzen für warmgewalzte Erzeugnisse; Deutsche Fassung EN 485-3 : 1993

E DIN EN 504   1991-09   Dachdeckungsprodukte aus Metallblech; Normspezifikation für diskontinuierlich verlegte, vollflächig unterstützte aufgelagerte Bedachungselemente aus Kupferblech; Deutsche Fassung prEN 504 : 1991

E DIN EN 506   1991-09   Dachdeckungsprodukte aus Metallblech; Normspezifikation für diskontinuierlich verlegte, selbsttragende Bedachungselemente aus Kupfer- und Zink-Kupfer-Titanblech (Titanzink); Deutsche Fassung prEN 506 : 1991

DIN EN 516   1995-08   Vorgefertigte Zubehörteile für Dacheindeckungen – Einrichtungen zum Betreten des Daches - Laufstege, Trittflächen und Einzeltritte; Deutsche Fassung EN 516 : 1995

DIN EN 517   1995-08   Vorgefertigte Zubehörteile für Dacheindeckungen – Sicherheitsdachhaken; Deutsche Fassung EN 517 : 1995

DIN EN 573-3   1994-12   Aluminium und Aluminiumlegierungen – Chemische Zusammensetzung und Form von Halbzeug – Teil 3: Chemische Zusammensetzung; Deutsche Fassung EN 573-3 : 1994

DIN EN 1263-1   1997-06   Schutznetze – Teil 1: Sicherheitstechnische Anforderungen, Prüfverfahren; Deutsche Fassung EN 1263-1 : 1997

DIN EN ISO 3506-1   1998-03   Mechanische Eigenschaften von Verbindungselementen aus nichtrostenden Stählen – Teil 1: Schrauben (ISO 3506-1 : 1997); Deutsche Fassung EN ISO 3506-1 : 1997

DIN EN ISO 3506-2   1998-03   Mechanische Eigenschaften von Verbindungselementen aus nichtrostenden Stählen – Teil 2: Muttern (ISO 3506-2 : 1997); Deutsche Fassung EN ISO 3506-2 : 1997

DIN EN ISO 3506-3   1998-03   Mechanische Eigenschaften von Verbindungselementen aus nichtrostenden Stählen – Teil 3: Gewindestifte und ähnliche, nicht auf Zug beanspruchte Schrauben (ISO 3506-3 : 1997); Deutsche Fassung EN ISO 3506-3 : 1997

DIN VDE 0470-1   1992-11   Schutzarten durch Gehäuse (IP Code); #(IEC 60529 (1989), 2. Ausgabe)#; Deutsche Fassung EN 60529 : 1991

Dokument	Ausgabe	Titel
DIN EN 1670	1998-*)	Schlösser und Baubeschläge – Korrosionsverhalten – Anforderungen und Prüfverfahren
DIN EN 1935	1998-*)	Baubeschläge – Tür- und Fensterbänder – Anforderungen und Prüfverfahren
DIN EN 12051	1998-*)	Baubeschläge – Tür- und Fensterriegel – Anforderungen und Prüfverfahren

---

*) Bei Redaktionsschluß lag der Erscheinungstermin dieses Dokumentes noch nicht fest; es ist in Kürze mit der endgültigen Herausgabe zu rechnen.

Anschriftenverzeichnis von "VOB-Stellen/Vergabeprüfstellen", nach Bundesländern geordnet *)

Baden-Württemberg

Regierungspräsidium Stuttgart
70565 Stuttgart
Telefon: (07 11) 90 40   Telefax: (07 11) 9 04 24 08

Regierungspräsidium Karlsruhe
Schloßplatz 1–3
76131 Karlsruhe
Telefon: (07 21) 92 60   Telefax: (07 21) 9 26 62 11

Regierungspräsidium Freiburg
79083 Freiburg
Telefon: (07 61) 20 80   Telefax: (07 61) 2 08 10 80

Regierungspräsidium Tübingen
Konrad-Adenauer-Straße 20
72072 Tübingen
Telefon: (0 70 71) 75 70
Telefax: (0 70 71) 7 57 31 90

Bayern

Regierung von Oberbayern
Maximilianstraße 39
80538 München
Telefon: (0 89) 2 17 60   Telefax: (0 89) 28 59

Regierung von Niederbayern
Regierungsplatz 540
84028 Landshut
Telefon: (08 71) 8 08 01
Telefax: (08 71) 8 08 14 98

Regierung der Oberpfalz
Emmeramsplatz 8
93047 Regensburg
Telefon: (09 41) 5 68 00
Telefax: (09 41) 5 68 04 99/1 88

Regierung von Oberfranken
Ludwigstraße 20
95444 Bayreuth
Telefon: (09 21) 60 41   Telefax: (09 21) 60 46 64

Regierung von Mittelfranken
Promenade 27
91522 Ansbach
Telefon: (09 81) 5 30   Telefax: (09 81) 5 37 72

Regierung von Unterfranken
Peterplatz 9
97070 Würzburg
Telefon: (09 31) 38 00   Telefax: (09 31) 3 80 29 12

Regierung von Schwaben
Fronhof 10
86152 Augsburg
Telefon: (08 21) 3 27 01
Telefax: (08 21) 3 27 26 60

Berlin

Senatsverwaltung für Bauen, Wohnen und Verkehr
Behrenstraße 42–46
10117 Berlin
Telefon: (0 30) 2 17 40
Telefax: (0 30) 21 74 56 54

Brandenburg

Ministerium für Wirtschaft, Mittelstand und Technologie
Heinrich-Mann-Allee 107
14473 Potsdam
Telefon: (03 31) 8 66 16 64
Telefax: (03 31) 8 66 17 99

Bremen

Senator für Bauwesen
Ansgaritorstraße 2
28195 Bremen
Telefon: (04 21) 3 61 44 72
Telefax: (04 21) 3 61 20 50

Hamburg

VOB-Prüf- und Beratungsstelle Hamburg
Neuer Wall 88
20354 Hamburg
Telefon: (0 40) 3 49 13 30 41
Telefax: (0 40) 3 49 13 24 96

Hessen

Oberfinanzdirektion Frankfurt
Adickesallee 32
60322 Frankfurt
Telefon: (0 69) 1 56 03 91/68
Telefax: (0 69) 1 56 07 77

Hessisches Landesamt für Straßen- und Verkehrswesen
Wilhelmstraße 10
65185 Wiesbaden
Telefon: (06 11) 36 61   Telefax: (06 11) 36 64 35

_____

*) Stand: Mai 1998

Hessisches Landesamt für Regionalentwicklung
und Landwirtschaft
Parkstraße 44
65189 Wiesbaden
Telefon: (06 11) 57 90   Telefax: (06 11) 57 91 00

Hessisches Ministerium für Wirtschaft, Verkehr
und Landesentwicklung
Kaiser-Friedrich-Ring 75
65185 Wiesbaden
Telefon: (06 11) 8 15 20 74
Telefax: (06 11) 8 15 22 25/6

Regierungspräsidium Darmstadt
67278 Darmstadt
Telefon: (0 61 51) 12 60 36
Telefax: (0 61 51) 12 63 82

Regierungspräsidium Gießen
35338 Gießen
Telefon: (06 41) 30 30/1   Telefax: (06 41) 21 97

Regierungspräsidium Kassel
Steinweg 6
34117 Kassel
Telefon: (05 61) 10 61   Telefax: (05 61) 16 32

Mecklenburg-Vorpommern

Ministerium für Wirtschaft, Technik, Energie,
Verkehr und Tourismus
19048 Schwerin
Telefon: (03 85) 58 80   Telefax: (03 85) 5 88 58 61

Oberfinanzdirektion Rostock
18055 Rostock
Telefon: (03 81) 46 90
Telefax: (03 81) 4 69 49 00/49 10

Innenministerium des Landes Mecklenburg-
Vorpommern
Wismarsche Straße 133
19048 Schwerin
Telefon: (03 85) 58 80   Telefax: (03 85) 5 88 29 72

Niedersachsen

Niedersächsischer Minister für Wirtschaft,
Technologie und Verkehr
30001 Hannover
Telefon: (05 11) 12 01   Telefax: (05 11) 1 20 80 18

Bezirksregierung Braunschweig
38022 Braunschweig
Telefon: (05 31) 48 40   Telefax: (05 31) 4 84 32 16

Bezirksregierung Hannover
30002 Hannover
Telefon: (05 11) 10 61   Telefax (05 11) 1 06 24 84

Bezirksregierung Lüneburg
21332 Lüneburg
Telefon: (0 41 31) 1 50
Telefax: (0 41 31) 15 29 43

Bezirksregierung Weser-Ems
26106 Oldenburg
Telefon: (04 41) 79 90   Telefax: (04 41) 7 99 20 04

Bezirksregierung Weser-Ems
49025 Osnabrück
Telefon: (05 41) 31 41   Telefax: (05 41) 31 44 00

Nordrhein-Westfalen

Minister für Wirtschaft und Mittelstand,
Technologie und Verkehr
Haroldstraße 4
40190 Düsseldorf
Telefon: (02 11) 8 37 02
Telefax: (02 11) 8 37 22 00

Bezirksregierung Arnsberg
Seibertzstraße 1
59821 Arnsberg
Telefon: (0 29 31) 8 20   Telefax: (0 29 31) 82 25 20

Bezirksregierung Detmold
Leopoldstraße 15
32756 Detmold
Telefon: (0 52 31) 7 10
Telefax: (0 52 31) 71 12 95/7

Bezirksregierung Düsseldorf
Cäcilienallee 2
40474 Düsseldorf
Telefon: (02 11) 4 75 22 84
Telefax: (02 11) 4 75 26 71

Bezirksregierung Köln
Zeughausstraße 2–10
50667 Köln
Telefon: (02 21) 14 70   Telefax: (02 21) 1 47 31 85

Bezirksregierung Münster
48128 Münster
Telefon: (02 51) 41 10   Telefax: (02 51) 4 11 25 25

Rheinland-Pfalz

Bezirksregierung Koblenz
56002 Koblenz
Telefon: (02 61) 12 00   Telefax: (02 61) 1 20 22 00

Saarland

Ministerium für Umwelt, Energie und Verkehr
Talstraße 43–51
66119 Saarbrücken
Telefon: (06 81) 5 01 00
Telefax: (06 81) 5 01 35 09

Ministerium für Wirtschaft und Finanzen
Hardenbergstraße 6
66119 Saarbrücken
Telefon: (06 81) 5 01 00
Telefax: (06 81) 5 01 44 40

Ministerium des Innern
Franz-Josef-Röder-Straße 21
66119 Saarbrücken
Telefon: (06 81) 5 01 00
Telefax: (06 81) 5 01 22 22

Oberfinanzdirektion Saarbrücken
Präsident-Baltz-Straße 5
66119 Saarbrücken
Telefon: (06 81) 5 01 00
Telefax: (06 81) 5 01 65 94

Sachsen

Regierungspräsidium Chemnitz
Altchemnitzer Straße 41
09105 Chemnitz
Telefon: (03 71) 53 20   Telefax: (03 71) 5 32 19 29

Regierungspräsidium Dresden
01294 Dresden
Telefon: (03 51) 4 69 50
Telefax: (03 51) 4 69 54 99

Regierungspräsidium Leipzig
Braustraße 2
04107 Leipzig
Telefon: (03 41) 97 70
Telefax: (03 41) 97 73 09 99

Oberfinanzdirektion Chemnitz
Brückenstraße 10
09111 Chemnitz
Telefon: (03 71) 45 70   Telefax: (03 71) 4 57 22 34

Sachsen-Anhalt

Ministerium für Wirtschaft, Technologie und
Verkehr
Wilhelm-Höpfner-Ring 4
39116 Magdeburg
Telefon: (03 91) 5 67 43 45
Telefax: (03 91) 5 67 44 44

Schleswig-Holstein

Innenminister des Landes Schleswig-Holstein
Postfach 11 33
24100 Kiel
Telefon: (04 31) 98 80   Telefax: (04 31) 9 88 28 33

Oberfinanzdirektion Kiel
Postfach 11 42
24096 Kiel
Telefon: (04 31) 59 51   Telefax: (04 31) 5 95 25 51

Thüringen

Oberfinanzdirektion Erfurt
Jenaer Straße 37
99099 Erfurt
Telefon: (03 61) 50 70   Telefax: (03 61) 5 07 21 99

Thüringer Finanzministerium
Jenaer Straße 37
99099 Erfurt
Telefon: (03 61) 5 07 10
Telefax: (03 61) 5 07 16 50

Thüringer Landesamt für Straßenbau
Hallesche Straße 15
99085 Erfurt
Telefon: (03 61) 5 96 70
Telefax: (03 61) 5 96 73 18

Thüringer Ministerium für Landwirtschaft, Natur-
schutz und Umwelt
Rudolfstraße 47
99092 Erfurt
Telefon: (03 61) 6 66 00
Telefax: (03 61) 2 14 47 50

Thüringer Landesverwaltungsamt
Carl-August-Allee 2a
99423 Weimar
Telefon: (0 36 43) 5 85
Telefax: (0 36 43) 58 81 13

Druckfehlerberichtigungen abgedruckter DIN-Normen

Folgende Druckfehlerberichtigungen wurden in den DIN-Mitteilungen + elektronorm zu den in diesem DIN-Taschenbuch enthaltenen Normen veröffentlicht.

Die abgedruckten Normen entsprechen der Originalfassung und wurden nicht korrigiert. In Folgeausgaben werden die aufgeführten Druckfehler berichtigt.

DIN 1748-4

In die Bilder 12 und 14 bis 16 der o.g. Norm muß das Maß b jeweils wie folgt eingetragen werden:

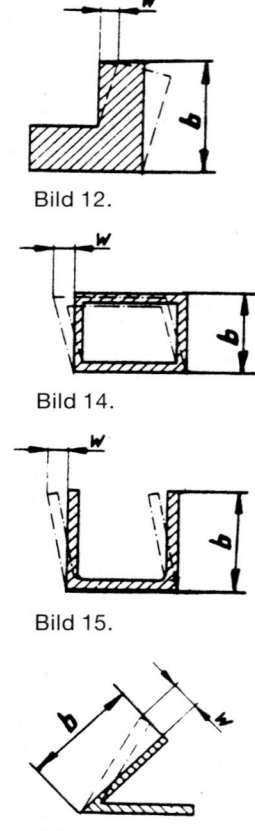

Bild 12.

Bild 14.

Bild 15.

Bild 16.

In der Tabelle 9 "Rechtwinkligkeits- und Neigungstoleranz" muß es im Tabellenkopf richtig lauten:

"Schenkellänge b" (statt: "Breite b").

In der ersten Zeile des Abschnittes 5.1 "Herstellängen" muß die Mindestlänge richtig lauten:

2000 mm (statt: 200 mm).

DIN 50976

In Tabelle 1 muß es in der 2. waagerechten Spalte heißen: "Stahlteile mit einer Dicke ≥ 1 mm bis < 3 mm". In der 3. waagerechten Spalte muß es lauten: "Stahlteile mit einer Dicke ≥ 3 mm bis < 6 mm. Im Abschnitt 11 muß das Kurzzeichen in Zeile 5 lauten: "...(Kurzzeichen t Zn b). Die...". In den Erläuterungen zu Tabelle 1, Zeile 13, muß es heißen: "...im Vergleich zu 70 μm bei...". In den Erläuterungen zum Abschnitt 9.2, Beispiel 2, Zeile 2, muß es lauten: "...eine mittlere örtliche Schichtdicke $\bar{x}$ von 55 μm vorhanden sein...".

DIN EN 485-2

Auf Seite 32 der o.g. Norm muß die Überschrift der Tabelle 29 wie folgt richtig lauten: "Tabelle 29: Legierung EN AW-6082 [Al Si1MgMn]"

Analog ist der Inhalt auf Seite 2 zu berichtigen.

DIN EN 485-4

Im Anhang A (normativ) muß es in der Tabelle A.1: "Legierungsgruppen, Gruppe II" "5083" statt "5082" heißen.

DIN EN 612

Im Abschnitt 6.3 der o.g. Norm ist beim zweiten Spiegelstrich, letzte Zeile, die Angabe "EN 10142" durch die Angabe "EN 10214" zu ersetzen. Im Abschnitt 6.5 "Nichtrostendes Stahlblech" sind die zweite und dritte Zeile wie folgt zu korrigieren:

"5 CrNi 18-10, Werkstoffnummer 1.4301" und "X CrNiMo 17-12-2, Werkstoffnummer 1.4401". Der zitierte prEN 10088-1 liegt inzwischen als DIN EN 10088-1:1995-08 vor.

Auf Seite 7 ist ein Bild 1 um folgende Abbildung zu ergänzen:

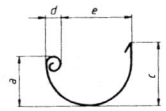

Gesamt-Stichwortverzeichnis

Die hinter den Stichwörtern stehenden Nummern sind die DIN-Nummern (ohne die Buchstaben DIN) der abgedruckten Normen bzw. der Norm-Entwürfe.

Für das Fachgebiet Bauwesen bestehen folgende DIN-Taschenbücher:

TAB		Titel
5	Bauwesen 1.	Beton- und Stahlbeton-Fertigteile. Normen
33	Bauwesen 2.	Baustoffe, Bindemittel, Zuschlagstoffe, Mauersteine, Bauplatten, Glas und Dämmstoffe. Normen
34	Bauwesen 3.	Holzbau. Normen
35	Bauwesen 4.	Schallschutz. Anforderungen, Nachweise, Berechnungsverfahren und bauakustische Prüfungen. Normen
36	Bauwesen 5.	Erd- und Grundbau. Normen
37	Bauwesen 6.	Beton- und Stahlbetonbau. Normen
38	Bauwesen 7.	Bauplanung. Normen
39	Bauwesen 8.	Ausbau. Normen
68	Bauwesen 9.	Mauerwerksbau. Normen
69	Bauwesen 10.	Stahlhochbau. Normen, Richtlinien
110	Bauwesen 11.	Wohnungsbau. Normen
111	Bauwesen 12.	Vermessungswesen. Normen
112	Bauwesen 13.	Berechnungsgrundlagen für Bauten. Normen
113	Bauwesen 14.	Erkundung und Untersuchung des Baugrunds. Normen
114	Bauwesen 15.	Kosten im Hochbau, Flächen, Rauminhalte. Normen, Gesetze, Verordnungen
115	Bauwesen 16.	Baubetrieb; Schalung, Gerüste, Geräte, Baustelleneinrichtung. Normen
120	Bauwesen 18.	Brandschutzmaßnahmen. Normen
129	Bauwesen 19.	Bauwerksabdichtungen, Dachabdichtungen, Feuchteschutz. Normen
133		Partikelmeßtechnik. Normen
134	Bauwesen 20.	Sporthallen, Sportplätze, Spielplätze. Normen
144	Bauwesen 22.	Stahlbau; Ingenieurbau. Normen, Richtlinien
146	Bauwesen 23.	Schornsteine. Planung, Berechnung, Ausführung. Normen, Richtlinien
158	Bauwesen 24.	Wärmeschutz. Planung, Berechnung, Prüfung. Normen, Gesetze, Verordnungen, Richtlinien
199	Bauwesen 25.	Bauen für Behinderte und alte Menschen. Normen
240	Bauwesen 26.	Türen und Türzubehör. Normen
253	Bauwesen 27.	Einbruchschutz. Normen, Technische Regeln (DIN-VDE)

DIN-Taschenbücher mit Normen für das Studium:

176 Baukonstruktionen; Lastannahmen, Baugrund, Beton- und Stahlbetonbau, Mauerwerksbau, Holzbau, Stahlbau

189 Bauphysik; Brandschutz, Feuchtigkeitsschutz, Lüftung, Schallschutz, Wärmebedarfsermittlung, Wärmeschutz

DIN-Taschenbücher sind vollständig oder nach verschiedenen thematischen Gruppen auch im Abonnement erhältlich.

Für Auskünfte und Bestellungen wählen Sie bitte im Beuth Verlag Tel.: (030) 2601 - 2260.

Für das Fachgebiet "Bauen in Europa" bestehen folgende DIN-Taschenbücher:

Bauen in Europa.
Beton, Stahlbeton, Spannbeton.
Eurocode 2 Teil 1 · DIN V ENV 206.
Normen, Richtlinien

Bauen in Europa.
Beton, Stahlbeton, Spannbeton.
DIN V ENV 1992 Teil 1-1 (Eurocode 2 Teil 1), Ergänzung

Bauen in Europa.
Stahlbau, Stahlhochbau.
Eurocode 3 Teil 1-1 · DIN V ENV 1993 Teil 1-1.
Normen, Richtlinien

Bauen in Europa.
Verbundtragwerke aus Stahl und Beton.
Eurocode 4 Teil 1-1 · DIN V ENV 1994-1-1.
Normen, Richtlinien

Bauen in Europa.
Geotechnik.
Eurocode 7-1 · DIN V ENV 1997-1.
Normen

DIN-Taschenbücher sind vollständig oder nach verschiedenen thematischen Gruppen auch im Abonnement erhältlich.

Für Auskünfte und Bestellungen wählen Sie bitte im Beuth Verlag Tel.: (0 30) 26 01 - 22 60.